《中国传统工艺全集　第二辑》

· 中国科学院“九五”重大科研项目
  国家新闻出版总署“九五”重点图书出版项目

· 中国科学院自然科学史研究所主办
  中国科学技术史学会传统工艺研究会和上海分会协办

· 中国科学院和大象出版社共同资助编纂出版

制砚・制墨

图书在版编目(CIP)数据

制砚 · 制墨 / 方晓阳, 王伟, 吴丹彤著.— 郑州 :
大象出版社, 2015. 9
(中国传统工艺全集 / 路甬祥主编. 第2辑)
ISBN 978-7-5347-7357-0

Ⅰ. ①制… Ⅱ. ①方… ②王… ③吴… Ⅲ. ①砚—制作—中国②墨—制作—中国 Ⅳ. ①TS951. 2

中国版本图书馆 CIP 数据核字(2014)第 063985 号

制砚 · 制墨

方晓阳　王　伟　吴丹彤　著

出 版 人　王刘纯
责任编辑　徐淯琪
责任校对　钟　骄
封面设计　付锬锬
内文设计　付锬锬

出　　版　大象出版社(郑州市开元路 16 号　邮政编码 450044)
　　　　　　发行科　0371-63863551　总编室　0371-65597936
网　　址　www.daxiang.cn
发　　行　全国新华书店
印　　刷　郑州新海岸电脑彩色制印有限公司
开　　本　890mm×1240mm　1/16
印　　张　36.25
版　　次　2015 年 10 月第 1 版　2015 年 10 月第 1 次印刷
定　　价　570.00 元

印厂地址　郑州市文化路 56 号金国商厦七楼
邮政编码　450002　　　　　电话　0371-63944233

中国传统工艺全集　第二辑

路甬祥　主　编

制砚·制墨

方晓阳　王　伟　吴丹彤　著

中原出版传媒集团
大地传媒

大象出版社
·郑州·

总序

中国的传统工艺源远流长，种类繁多，技艺精湛，科学技术和文化内涵极为丰富，其影响遍及社会生活的各个方面。所有传世和出土的人工制作的文物几乎都出自传统工艺，据此，在一定程度上可以说，中国古代灿烂多彩的物质文明是由众多传统工艺所创造的。即此一端，可见传统工艺对于民族和社会的发展曾起过何等重大的历史作用。

传统工艺的现代价值同样不容忽视。作为中华民族固有文化重要组成部分的传统工艺，既是弥足珍贵的科学遗产，又是技术基因的载体。古老的用作艺术铸件的失蜡法，经过现代科学技术的改造，跃变成为先进的、规模宏大的精密铸造行业，这是人们所熟知的科学技术史上推陈出新、古为今用的范例。许多传统工艺（诸如宣纸、紫砂、景泰蓝、锣钹制作等）至今仍在生产中应用，且因其自身工艺特点和文化特质而难以为现代技术所替代。随着我国现代化建设的进展、人们物质生活和精神生活水准的提高，对传统工艺制品的需求将不断增长。传统工艺定将在社会经济文化发展、提高国民素质、美化人民生活、对外贸易、国际文化交流方面进一步发挥作用，满足各阶层的多层次需要，从而显现其科学价值、文化价值和经济价值。

所有文明国度都十分珍视自己的文化史、科学史、艺术史和工艺史。在现代化进程中，如何保护包括传统工艺在内的民族文化，是一个带有普遍性的问题。在我国，传统工艺的保护和继承发扬同样面临严峻的挑战；在改革开放的形势下，又有再度焕发青春的大好机遇。基于这种情况，我们把传统工艺的文献资料整理、考订、实地考察、模拟实验等研究成果的编撰、出版视作我国科学文化事业的一项基础性建设，既具有存亡续绝的抢救性质，又可对弘扬民族文化、进行爱国主义教育、实现传统工艺的现代价值起到积极的推动作用，在学术层面上，对科学技术史、人类学、民俗学等相关学科也有重要意义。

鉴于我国目前尚无传统工艺的系列著作，中国科学院在“九五”规划中，特将“中国传统技术综合研究”列为重大科学研究项目。“中国传统工艺全集”则是这一项目的两个子课题之一。

本课题系由我院自然科学史研究所主持，中国科学技术史学会传统工艺研究会和上海分会协助，第一辑共14卷，包括陶瓷、丝绸织染、酿造、金属工艺、传统机械调查研究、漆艺、雕塑、造纸与印刷、金银细金工艺和景泰蓝、中药炮制、文物修复和辨伪、历代工艺名家、民间手工艺和甲胄复原等分卷；第二辑共6卷，包括造纸（续）•制笔、陶瓷（续）、制墨·制砚、农畜矿产品加工、锻铜与银饰工艺、中国传统工艺史要等分卷。为保证编撰质量，特聘一批著名学者为顾问，从全国范围延请多年从事传统工艺研究、有较深学术造诣和丰富实践经验的专家学者和工程技术人员，担任各分卷的主编、副主编、编委和特约撰稿人。

由于传统工艺各分支学科的研究基础和具体条件不尽相同，本书现有的卷目设置和所涵盖的工艺类目与内容是存在欠缺之处的。我们希望在《全集》各卷推出之后，在各有关部门的支持下，继续予以充实、完善，俾能名实相符，也希望读者和学界同仁对已出的各分卷给予批评指教，容我们在修订再版时补正。

本书在立项和编撰过程中，得到院内外众多单位和专家学者的大力支持，大象出版社慨允承担出版任务并予资助，在此谨致谢忱。

2004年8月

目　录

制砚

第三章　歙砚

第四章 红丝砚

第五章 洮砚

第六章　松花石砚

第七章　陶瓷砚

第八章 澄泥砚

第九章 漆砂砚

第十章　砚林别录

附　录

制墨

第一章　墨史概论

第二章 松烟墨

第三章 油烟墨

第四章 余论

附录一 宋代墨工考

附录二

制砚

前　言

砚是中华民族独特的发明，历史悠久，文化深厚，不仅在几千年的中华文明发展与进步中发挥了重要的作用，而且影响与促进了中国周边国家的文化发展与文明进步。砚作为文房四宝之一，不仅具有不可替代的实用价值，而且具有集诗、书、画、雕刻、金石诸艺于一身的艺术价值。

古往今来，与砚相关的著述有近百种，就其文献价值而言，宋、明、清三朝论著尤为重要，虽然此中以端、歙内容居多，但却也记载了百余种其他地方的砚，为后人保留了一大批可供参考的珍贵资料。民国期间砚著不多，其中韩军一先生的《甘肃洮砚志》是有史以来第一部洮砚专著，具有非常重要的史学价值。中华人民共和国成立以后，一些重要的砚著纷纷问世，但此中除一些文房四宝的综合性图书与画册外，研究性专著仍然集中在端、歙、鲁上。直至近年，有关红丝、澄泥、洮河以及其他地方砚的专著方才出现。这些论砚专著各有所长，熠熠生辉，是学界珍视的宝藏，也是本书撰著的参考文献之一。

中国砚是一个大家族，从材质上可以分为石质砚与非石质砚两大类。其中石质砚是指用自然界所产天然岩石为原料制成的砚，而非石质砚是指用除天然岩石外其他材料制成的砚，如陶瓷、金属、竹木、玉石等。据笔者收集到的资料统计，见诸古代文献与实物的石质砚约 130 种，非石质砚约 43 种；见诸近现代文献与实物的石质砚约 52 种，非石质砚约 2 种。这些砚散布于全国多个地区，有的仅见于文献而无实物，有的仅见于实物而缺少文献，有的砚文献记载连篇累牍，有的砚仅见一条文献。

为了将历史上出现的砚尽量收录且维持本书层次清晰的框架结构，我们将其中文献记述较多的端砚、歙砚、红丝砚、洮砚、松花石砚、澄泥砚、漆砂砚与陶瓷砚各单列一章，而那些文献记述较少的砚，因为难以较为全面地对其历史脉络、形制样式、流布地区、技艺传承等进行较为详尽的研究，故只能收录于“砚林别录”一章中。

本书是中国科学院重要方向项目子课题，由方晓阳负责并与吴丹彤、沈晓筱共同承担，其中第一、第二、第三、第四、第九、第十章由方晓阳执笔，第五、第六、第七章由吴丹彤执笔，第八章由沈晓筱执笔。在研究与写作中，我们力求以传统工艺技术为主线，重视文献研究，注重实地调查，结合模拟实验，同时借鉴当代科学仪器进行理化分析，用多重证据法对问题进行研究，取得了一些较为欣慰的成果。全书历时八年，数易其稿，虽然尽力，但疏漏与谬误在所难免，尤其在砚种收集与分类上多有偏见，为此诚望专家学者与读者不吝指教。

在研究过程中，我们先后赴广东肇庆，安徽黄山、寿县、宿州，山东青州、临朐，山西新绛，河南新安，江苏扬州，吉林通化等地，分别得到了刘演良、王建华、程均棠、梁焕明、汪培坤、甘而可、蔡永江、戚良伯、李英、刘克唐、高东亮、蔺涛、解玉霞、游敏、李忠献、李赞、孙卫华、刘祖林等诸位先生与朋友的帮助与支持，在此一并表示衷心的感谢。此外，我们还要感谢中国科学院自然科学史所华觉明先生与李小娟女士为本课题顺利完成所提供的重要帮助与鼎力支持。

方晓阳　吴丹彤　沈晓筱

2015 年 4 月

第一章　概述

砚是一种研墨沘笔的文具，又称砚台，是中国文房四宝之一。作为一种集实用性与艺术性于一体的文房用具，砚台不仅为人们从事文化活动提供了重要的工具，而且为人们享受文化艺术奉献了精美的实物。砚与笔、墨、纸关系密切，通过墨石相交、相濡以沫、沘笔润毫、楮墨芸香，共同为中华民族的文化发展与文明进步做出了不朽的贡献。在5000年的历史长河中，中国砚的历史与技艺，不仅铭刻着文人雅士的清雅情怀，而且绽放着传统技艺的不朽灿烂。

第一节　史海浮槎

从新石器时期的研磨器到近年来新出的砚，我国砚的历史延绵5000多年，种类达百种以上，随着历史的发展，不同种类的砚或登台或退场，共同演绎了一部灿烂的中国砚史。本节拟以时间为坐标，根据现存遗物与文献，对我国砚史做一个上迄远古、下止民国的概述。[1]

一、远古时期

新石器时代，砚作为一种研磨颜料的工具已经出现。如1958年陕西宝鸡北首岭仰韶文化遗址出土的石砚，距今约5000年，椭圆形，有大、小两个凹槽，残存少量的红色颜料（图1–1）。[2] 该砚现存中国国家博物馆，从其形式与残存颜料来看，这是一种典型的研磨颜料器具。其研磨颜料的方法可能是先将赭石、朱砂等天然颜料置于石砚上，再用研石压住颜料在石砚上用力研磨，直至颜料成为细细的粉末，然后加水调和，或者采用在颜料中加水然后再研磨的方法。

图1–1　新石器时代方格石砚（笔者摄于中国国家博物馆）

1972~1979年在陕西临潼姜寨二期遗址发现了一套包括有盖的石砚、石磨棒、颜料、陶质水杯的完整彩绘工具，年代距今5000余年。这套彩绘工具中的石砚，长8厘米，宽6.4厘米，砚面略呈方形，一角残，砚面及底平整光滑，器表中部略偏处有直径7.1厘米、深2厘米的规整的圆形臼窝，窝内壁及砚面上有许多红色颜料痕迹（图1–2）。

图1–2　陕西临潼姜寨二期遗址出土的彩绘工具组合（取自《中国名砚鉴赏》）

这套距今已有5000多年的彩绘工具，被认为是迄今为止发现最早的成套文具。石磨棒的存在，说明当时还不曾将颜料直接在石砚上研磨，因而也不存在刻意选择砚石的研磨特性，即当时也没有产生所谓的“发墨”概念。但是，在砚石上加盖以防止研磨好的颜料水分散发的做法，却说明先民们在石砚材料的选择上，已经具备了刻意选择吸水率较小的石材制作石砚的理念。因为只有当砚石的质地细密、吸水率很小时，在砚上加盖以防止水分散发的做法才是有效的。这种用于湿法研磨颜料的石砚，与粮食加工使用的研磨器，以及用于干法研磨颜料的研磨器，在石材选择标准上有很大的不同。因为将谷物碾去皮壳或研磨成粉，以及将矿物颜料干研成粉末，都不需要考虑石料的吸水率，但用于制作加水研磨颜料的石砚，则不仅需要考虑所选石材的硬度，而且必须考虑石材的吸水率。只有选择石质细密、吸水率小的石料制成的研磨器，才能使加水研磨的颜料在研磨时保持较多的水分，从而得到含水量可以人为控制的、颗粒更细更均匀的颜料。因此，就陕西临潼姜寨二期遗址发现的加盖石砚而言，早在新石器时代，我国先民们在湿法研磨颜料的生产实践中，不仅发明了加盖防止研磨好的颜料水分散失的方法，而且已经开始有意识地挑选石质细腻、吸水率很小的石材制作石砚。

二、商周秦汉

商周时期，玉质研磨器已经出现，如河南省安阳殷墟妇好墓中就曾出土一件方形玉质调色器，从此调色器的形制来看，已经初具砚的形态。虽然宋代的苏易简（958~997）在《文房四谱》之中言：“昔黄帝得玉一纽，治为墨海，云其上篆文曰：‘帝鸿氏之研。’”[3] 即在商代之前已有玉砚，但事实上，目前尚未见有商代之前的玉砚。

西周石砚的代表之一为河南洛阳西周墓出土的一件长方形石板调色器，此石板经过人为磨光，前宽后窄，砚面残留有朱色颜料，其造型与功用已经非常接近后世的石砚。

对商周时期石砚的记载，最早出现在苏易简所著《文房四谱》中：“又太公金匮砚之书曰：石墨相着而黑，邪心谗言得无污白？是知砚其来尚矣。”[4] 苏氏在此所言“太公”应为太公望，这是一个在宋代文献中记述为生活在商末周初的人物。

春秋时期的石砚见诸苏易简的《文房四谱》：“伍缉之《从征记》云：鲁国孔子庙中有石砚一枚，制甚古朴，盖夫子平生时物也。”[5] 伍缉之为南朝刘宋人，曾作有《杂歌》二首[6]，《隋书》《旧唐书》与《新唐书》记载其著有文集 11~12 卷。《从征记》最早见于北魏郦道元的《水经注》：“《从征记》曰泰山有上中下三庙[7]”，唐代李元甫的《元和郡县志》等也援引过《从征记》中与地理有关的若干内容，以此可见历史上确曾有过伍缉之的《从征记》一书。

战国末年到秦初，出现了专门用于研磨书写颜料的砚。1975 年在湖北云梦睡虎地战国末年至秦初墓葬中出土了一件石砚和石质研杵（图 1–3），由于与此砚同时出土的还有其他的相关文具，故学界认为这是最早用于书写的砚。

图 1–3　秦砚、研石与秦墨（1975 年湖北云梦县睡虎地秦代墓葬出土）

西汉时期的石砚中有一部分是对前代石砚的简单延续或稍做改进，如在砚形上基本未做大的改变，但对砚面却做了磨平处理。这一类砚的形制多为扁平状的圆饼形或类圆饼形，如 1975 年湖北江陵楚县凤凰山墓出土，现藏中国国家博物馆的石砚（图 1–4）；1983 年广东广州南越王墓出土，现藏广东西

图 1-4　1975 年湖北江陵楚县凤凰山墓出土的汉代石砚、研石及墨丸（笔者摄于中国国家博物馆）

图 1-5　1983 年广东广州南越王墓出土的汉代石砚（取自《中国文房四宝全集·砚》）

图 1-6　1956 年安徽省太和县李关乡汉墓出土的圆形三足石砚（笔者摄于安徽省博物院）

汉南越王墓博物馆的石砚（图 1–5）。此类石砚的特点是：其一，没有砚盖，也无装饰性纹饰。其二，砚面多为人工精心磨制，表面平滑。其三，附有形状与大小不同的研石，其研墨方式应该是用研石压着墨丸在砚面上研磨。

西汉时期还出现了形制上改变较大的石砚，这类石砚不仅上有砚盖，下有砚身，身下有三足，而且在砚盖、砚身与砚足上还雕刻有花纹，例如 1956 年安徽省太和县李关乡汉墓出土的圆形三足石砚（图 1–6），1978 年河南省南乐县汉宋耿洛墓出土的圆形三足石砚，以及现藏北京故宫博物院的汉双鸠盖三足石砚。此类砚台的特点是：其一，砚体由砚盖与砚身两部分组成，砚盖与砚体配合紧密，可以有效地防止研磨好的颜料水分散发。其二，砚盖与砚身多雕有纹饰，具有很高的艺术性。如河南省南乐县汉宋耿洛墓出土的圆形三足石砚砚盖上的纽是由雕刻的六条相互缠绕戏宝珠的飞龙组成，龙身阴刻龙鳞，龙翼饰以羽毛，龙足饰以爪趾。制作者以浮雕与线刻相结合的高度技巧，将群龙欢快云游的情景表现得酣畅淋漓；再如汉双鸠盖三足石砚的砚盖上雕刻有两嘴相吻、形态可爱的双鸠，形象生动，饶有情趣，具有很高艺术品位。其三，此类砚的砚面上均有一形态不同的凹窝，有人以为此凹窝可以用于安放研石，但笔者认为由于这类砚台在出土时并未附有研石，故这些凹窝也有可能是制作者刻意开挖出的具有存水贮墨功能的砚池。

西汉时，用研石与漆盒组合而成的砚已经出现，如 1978 年山东省临沂市金雀山出土的西汉长方形漆盒石砚，长 21.4 厘米，宽 7.4 厘米，采用上下相合的漆盒作为底和盖，内有一大的长方形凹槽用来扣住一块用沉积岩类变质的板岩制成的石板砚，另有一小的方形凹槽用来安放研石（图 1–7）。此研石长、宽各 2.5 厘米，高 0.2 厘米，粘在一块厚 1.1 厘米的方形木块上，在使用时用手捏住木块，将墨丸压在石板砚与研石之间进行研磨。由于此砚与带有笔帽的笔与木牍等随葬品一起出土，故应该是一种书写工具。此外，该砚的盒底和盒盖均饰以朱红、土黄、深灰三色绘出的虎、熊、鹿、羊等兽，并以流云纹饰相间，形态生动、彼此呼应、色彩丰富、笔调流畅，除实用性外还具有很高的艺术欣赏价值。

图 1–7　西汉长方形漆盒石砚（笔者摄于中国国家博物馆）

另外，汉代还出现了研石与金属组合而成的铜盒石砚。例如 1957 年安徽省肥东县草庙乡大孤堆汉墓出土的鎏金兽形铜盒石砚，此砚长 12.5 厘米，宽 7.7 厘米，通高 6.5 厘米，特点是将一块长方形研石置于一怪兽形铜质砚盒中（图 1–8）。该砚盒由铜质盒盖与盒身以子母扣相合而成，外观呈怪兽状，原物全身鎏金，并镶嵌青金石、绿松石等，尤其是其前伸的下颌，巧妙地构成存水贮墨的砚池，展现出汉代工匠设计与制作石料金属镶嵌砚的极高水平。与此砚设计相仿的是 1970 年江苏省徐州市土山汉墓出土的鎏金兽形铜盒石砚，长 25 厘米，宽 14.8 厘米，通高 10.2 厘米（图 1–9）。该砚盒也是由铜质盒盖与盒身以子母扣相合而成，内置一块长方形研石，并附一块圆形研石，外观呈怪兽状，通体鎏金，并镶嵌有珊瑚、青金石、绿松石等，珠光宝气，雍容华贵。其盒身、盒盖、石质砚板以及存水贮墨的砚池设计都与上述安徽肥东汉墓出土的鎏金兽形铜盒石砚相同，标志着在两汉期间人们在石料与金属组合砚的设计与制作技艺上的传承关系。

汉代制作陶砚在技艺上采用了原料精细淘洗、控制烧成温度与窑内气氛等方法，使制出的陶砚质地细腻、吸水率较小，具有较高的实用性，例如现存北京故宫博物院的汉十二峰陶砚。

东汉时期的石砚出土数量较多，在形制上以长方形砚板居多，并附有研石。如 2001 年 6 月河南省巩义市新华小区东汉墓出土的石板砚（M1:59）、研磨石（M1:58）和形状上窄下宽的墨球（M1:63）（图 1–10）。该石板砚呈长方形，青黄色页岩，板材由两面切割而成，正面黑色，中间有长期濡笔留下的墨痕，

图 1–8　1957 年安徽省肥东县草庙乡大孤堆汉墓出土的鎏金兽形铜盒石砚（笔者摄于安徽省博物院）

图 1–9　1970 年江苏省徐州市土山汉墓出土的鎏金兽形铜盒石砚（取自《中国文房四宝全集•砚》）

长 13.6 厘米，宽 6.7 厘米，厚 0.8 厘米；研磨石方形，青黄色页岩，单面切割制成，正面黑色，有墨的残迹，边长 3.2 厘米，厚 0.4 厘米。[8] 再如 2000 年 9 月从重庆巫山水田湾东周、两汉墓中发掘出土的石黛板和砚（研）石 2 件（M5:12、M5:13）。灰色石质，长方形，板上残留朱砂印迹，砚（研）石正方形，侧视呈梯形。砚板长 11.3 厘米，宽 6.1 厘米，厚 0.7 厘米；研石长 2.9 厘米，厚 0.7 厘米。[9] 此外，在湖北省巴东县西瀼口古墓葬的东汉墓与山西广灵北关汉墓出土的也为砚板与研石。[10][11]

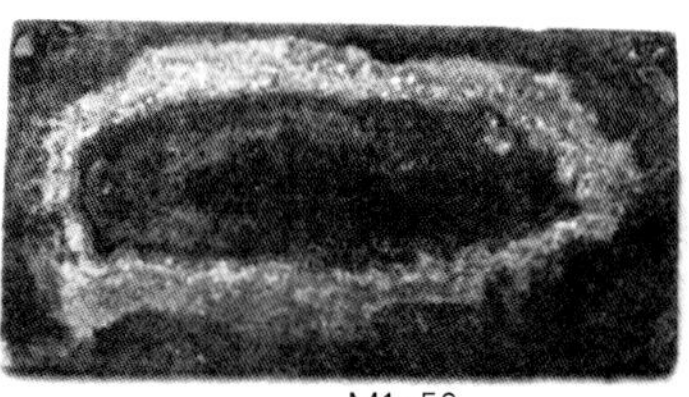

图 1-10　河南东汉墓出土的石板砚、研磨石及墨块组合（取自《河南巩义市新华小区汉墓发掘简报》）

三、三国两晋南北朝

三国时期，石砚的形制承继汉代的三足形式，如三国时魏国的繁钦曾作《砚颂》："有般倕之妙匠兮，倪诡异于遐都。稽山川之神瑞兮，识嘉璇之内敷。遂萦绳于规矩兮，假卞氏之遗模。拟浑灵之肇制兮，效羲和之毁隅。钧三趾于夏鼎兮，象辰宿之相扶。供无穷之秘用兮，御几筵而优游。"[12] 对《砚颂》中提到的砚有"三趾"的问题，苏易简曾在《文房四谱》中有所阐释："又繁钦《砚颂》曰：钧三趾于夏鼎，象辰宿之相扶。今绝不见三足砚。仆常游盱眙泉水寺，过一山房，见一老僧拥衲向阳模写梵字，前有一砚三足如鼎，制作甚古，仆前举而讶之，僧白眼默然不答，仆因不复问其由，是知繁钦颂足可征矣。"[13] 繁钦（？ ~218），字休伯，东汉颍川（今河南禹县）人，出身望族，少时即有才名，曾依附刘表，后任曹操主簿，善为诗赋。

除石砚外，陶砚在三国时期依然流行，如曹操高陵出土的遗物中就有陶砚。[14] 另外，漆盒石砚在三国时期仍然继续使用。

两晋时期，随着制瓷技术的日趋成熟，瓷砚开始流行，瓷砚多作三足圆盘形，基本上继承了汉代三足石砚的形制。如现藏北京故宫博物院的西晋青釉三足砚，圆形砚面，周缘下凹，底作三个兽形足，呈鼎立状。砚胎灰白，砚身及底施以黄釉，釉面光洁，有细小开片。砚面未曾上釉，以利研墨。20 世纪，在浙江、江西、湖北、湖南、四川等地发现的瓷砚多为青瓷砚，以瓷土为胎，挂青釉，砚堂无釉，以利研磨，其形多为圆形蹄足。

瓷砚的出现，是我国制砚工艺史上一个划时代的进步。其进步之一是创造了一种前所未有的新砚材。其进步之二是利用瓷胎本身具有的研磨性，摒弃了研石，使墨锭与瓷砚较为完美地组合起来，促成瓷砚作为一种独立的专用研墨工具而正式出现。从西晋瓷砚已无研石以及汉代石砚中部分有研石而部分无研石的事实进行推断，在中国砚的制作历史上，摒弃研石的时间估计开始于汉代中期，全面摒弃大概是在三国期间。

晋代的石砚，近年来在洛阳晋墓、长沙晋墓都有出土，一为长方形，两端略呈弧形；一为圆形四足，砚侧刻有青龙、卧虎、玄武，是辟雍砚的早期形式。晋代的青铁砚见于苏易简的《文房四谱》："王子年拾遗云：张华造博物志成，晋武帝赐青铁砚，此铁于阗国所贡铸为砚也。"[15] 漆砚与漆书砚也见于苏易简的《文房四谱》："东宫故事云：晋王太子初拜有漆砚一枚，牙子百副。"[16]"又皇太子纳妃有漆书砚一。"[17]

南北朝时期，在北方，一些经过精心雕刻的方形石砚开始出现，如出土的北魏石雕方砚、北燕石雕方砚、北齐武平五年造像石砚等。其中最精美者为北魏石雕方砚，带有典型的地方风格与民族色彩，表明我国北方少数民族也掌握了制作砚台的工艺技术，并在砚的形制上较前代有所发展。

南北朝期间还出现了以铜为原料制作的砚，如苏易简《文房四谱》记有："魏有芝生铜砚。"另外，一种罕见的蚌砚也见诸文献"袁彖赠庾易蚌砚"。[18]袁彖《南齐书》有传："袁彖，字伟才，陈郡阳夏人也。……隆昌元年，卒。年四十八。谥靖子。"[19]对此蚌砚究竟用何材料制成，笔者试作如下猜测：一种可能是将普通蚌壳嵌在木材等物中制作成可以注墨的砚。另一种可能是用砗磲（chē qú）的壳制成的砚。砗磲是广泛分布于热带珊瑚礁海域的大型贝类，大者直径可达 1.8 米，其壳坚硬如石，厚达数寸，可制器皿及装饰品，古代有以砗磲为酒碗者，故用砗磲制砚也有可能。

四、隋唐五代

隋唐五代时期，是中国古代制砚工艺技术高速发展的重要历史阶段。唐代高度繁荣的经济与文化，尤其是以书取仕，促进了以书写工具为代表的文房用具的高速发展。唐代是多种砚材被广泛应用并被著录的时代，石质砚中的端砚、歙砚、红丝砚都在这个时代出现，此外还出现了稠桑砚与叠石砚。虽然这两种石质砚最早被收录在苏易简的《文房四谱》中，但其原文均出自唐代文献。由于在本书第十章中对此两种砚有较为详细的讨论，故此处暂略。

从诸多唐墓出土的石砚来看，箕形砚是唐代较为流行的形制之一。箕形砚的特点是砚形前窄后宽，前低后翘，如生活中使用的簸箕，又如汉字的"凤"字，故称之为箕形砚或凤字砚。唐代早期的箕形砚形制较为古朴，较少雕刻纹饰。

瓷砚在隋唐之际仍然流行，形制多为圆形多足与圈足，足部常有纹饰较为复杂的兽面；砚体通常高四五寸，直径有逾尺者，冠名"辟雍"，取像于汉代太学一种四面环水的建筑形式。辟雍瓷砚的砚面居中而圆，砚面或平或凸或凹，周边下凹成为环绕砚面的水槽。此种砚形的产生，虽然与瓷砚的制作工艺有关，但在贮水研墨与泚笔书写的功用上确实好于砚堂与砚池不分的箕形砚。唐代瓷砚的制作地区较为广泛，形制与釉料也多带有产出地的若干特点，如南方出土的多为青釉制品，陕西出土过三彩制品，有的辟雍砚还带有笔插。

从唐墓出土砚台的种类与数量来看，唐人使用较多的仍然是陶砚。另外从现存文献来看，一些著名的文人使用的也是陶砚。如韩愈因一陶砚不慎摔碎而作《瘗砚文》。诗人贯休的《咏砚诗》："浅薄虽顽朴，其如近笔端。低心蒙润久，入匣更身安。应念研磨苦，无为瓦砾看。倘然人不弃，还可比琅玕。"[20]其所吟咏的也是一枚陶砚。

唐代的陶砚在形制上多为两足箕形，即宋人米芾（1051~1107）《砚史》中所谓"凤字两足者"。由于陶砚在制作中采用的是湿塑法，故在形制上多有变化，有圆首、小圆首、方圆首、花瓣首等，两足亦有方圆变化，晚唐时期还出现了一端作莲叶花边，称为七曲纹的箕形陶砚。另外造型各异的龟形陶砚在唐墓中也屡屡出土，是唐代陶砚中具有较高观赏价值与使用价值的造型之一。

唐代也是澄泥砚兴盛的时期，品类主要有青州石（末）砚、绛州澄泥砚与虢州绝瓦砚。[21]据苏易简记载，唐人柳公权认为青州所产的石（末）砚在质量上优于绛州澄泥砚。虢州绝瓦砚首见于《新唐书》，从其作为土贡来看，品质应该非同一般，但为何后世文献缺少记载且未见流传，有待进一步研究。

在中国砚史上，隋唐五代是一个非常重要的时期。首先，当时的人们已经接触并使用了包括陶、瓷、石等在内的多种砚材，虽然陶因价廉而使用量很大，但色泽美观、研磨性能良好的端、歙、红丝、桑稠、澄泥等也逐渐成为人们追求的上等砚材。其次，砚已从纯文房用品逐渐演变为兼具实用价值与艺术价值的工艺品，如砚的形制不断增多，砚面也从通常没有纹饰而逐渐演化为注重砚面纹饰的艺术性。其三，出现了对不同砚材的评价，诚如《文房四谱》记载："柳公权常论砚，言青州石为第一，绛州者次之。"即至少从唐初开始，人们就已经在大量使用不同砚材的基础上，建立了以某些客观指标作为评价标准来探讨砚材的优劣，为后人进一步评价与发现新的砚材提供了重要的物质与理论基础。

五、宋辽金元

宋代砚的种类较唐代更加丰富，在石质砚中除端砚、歙砚、红丝砚、洮砚外，还发现归州、万州、吉州、青州、淄州、登州、秭归州等地所产的一些石料也可以作为砚石。另外，澄泥砚制作技术也在这个时代成熟起来，在质量上远远超过了汉唐时期的陶砚，其制作艺术、实用程度，有的甚至超过某些石砚，故产量较大、流传较广，其生产地区有山西绛州、河南虢州、山东柘沟三地。宋代的瓷砚也在全国性瓷业大发展形势的促动下，形成产地分布较广且各有特色的景象。

宋代对砚的实用价值与欣赏价值都十分关注，与前代相比，宋代可谓是砚的形制样式大发展的时代。据宋代朱长文（1039~1098）《墨池编》记载："砚之形制，古今相传，有如鼎足者，如人面者，如蟾蜍者，如风字者，如瓜状者，如龟形者，如马蹄者，如葫芦者，如璧池者，如鸡卵者，如琴足者，亦有如琴者，有外方内圆者，有内外皆方者，或有虚其下者，亦有实之者，此二种皆上锐下广，又有外皆正方别为台于其中，谓之墨池，此皆予尝所见者。"[22] 另据不著撰人名氏的《端溪砚谱》记载，当时端砚的形制样式就达到 50 种，其中如斧样、瓜样、卵样、璧样、人面、莲、荷叶、仙桃、瓢样、鼎样、玉台、天研、蟾样、龟样、曲水、钟样、圭样、笏样、梭样、琴样、鏊样、双鱼样、团样、竹节样、琵琶样、腰鼓样、马蹄样、月池样、阮样、蓬莱样等极可能是宋人新创。另外，宋人还对前代一些砚的形制样式进行了改进，"抄手砚"即为典型一例。所谓"抄手"，是后人根据砚形而命名的，该砚的砚首一端低，砚尾一端高，砚底挖空，砚面两侧有墙，砚体较轻，取砚时用手抄砚底便可，在形制上与唐代的箕形砚或风字砚有相似之处，但经过宋人的改进之后，砚体变得轻盈，使用与携带更加方便，造型也更为多变。

宋人对砚的认识更加深刻，对砚的评价更为客观，尤其是设定的若干评价指标，至今仍被砚界广为沿用。这些指标大致可概括为四种：其一是发墨，此指标是以墨在砚上研磨时墨的磨损快慢程度来评价砚材的研磨性能。其二是益毫，此指标是以毛笔在砚面上泚笔时笔锋受损程度来评价砚材的研磨特性。其三是用"贮水不涸""呵之成露""触手生晕"等来评价砚材的吸水率。其四是从艺术欣赏角度评价砚材的天然色泽与纹理。这些评价指标的建立不仅为宋代及后人评价砚材建立了一套可操作的程序，而且为后人发现与利用新的砚材提供了相应的质量标准。

两宋时期，文人墨客们不仅收藏、馈赠、鉴赏砚，而且对砚的研究也更加深入，与砚相关的论著大量出现，如苏易简、欧阳修、唐询、米芾、高似孙、唐积、洪适等为砚著书立说，对砚的历史、产地、性质等详加记述，为后人留下了许多重要的历史文献。

辽朝虽然是在游牧部落联盟基础上建立的政权，但由于辽朝统治者与大臣中汉学修养颇深者众多，故中原的制砚工艺与砚文化也对辽朝产生过较大的影响。从现存辽朝的砚来看，其材质主要为陶、石、玉。其中陶砚数量居多，形制有三彩八角形、三彩圆形、黄釉鼓形以及无釉的箕形、抄手形、风字形等。石砚有长方形歙砚、万岁台石砚等（图 1–11）。玉砚两方，均为风字形（图 1–12），且都出土于内蒙古自治区奈曼旗青山镇辽陈国公主墓。

金朝的砚存世很少，如现存于首都博物馆的长方形石砚，石质不详，砚池深凹，砚堂平直，造型承继唐宋（图 1–13）；而另一方云纹风字形陶砚，虽然承继唐宋流行的风字砚造型，但由于此砚两侧与顶端的

图 1–11　辽万岁台石砚（取自《中国文房四宝全集•砚》）

图 1–12　辽风字形玉砚（取自《中国文房四宝全集 · 砚》）

边墙却向外延伸成为檐状，故观之又有较为浓郁的少数民族风格（图 1–14）。

元朝虽然重武轻文，但延袭汉制，也许是受此风气的影响，现存的元朝的石砚在形式上多仿制于唐宋而朴素粗犷，如现存首都博物馆的元朝双狮石砚与现存北京故宫博物院的元朝贞款石砚都具有此种特点。另外，元朝在暖砚的设计与制作上别具一格，如现存首都博物馆的元雕花石暖砚，由砚体、砚盖、底座三部分组成（图 1–15）。其砚座为方形，座面正中向下挖一正方形凹槽，用以盛放炽热木炭对砚体进行加热。砚座之上是方形砚体，刻有砚堂与砚池，砚体四周分别雕镂有菊花纹与牡丹纹。砚体之上为方形砚盖，砚盖的四周雕镂有几何纹。设计巧妙，风格粗犷，是历代暖砚中造型独特的一种，堪称石暖砚中的上品。而另一方现存于上海博物馆的镂空刻花铜暖砚，由铜铸成，分上、下两层，上层为砚，下层设一抽屉，其内可放置炽热的木炭以暖砚，砚侧四周均透雕镂空成缠枝纹，既透气又美观，是暖砚中的精品（图 1–16）。

图 1–13　金石砚（取自《中国文房四宝全集•砚》）

图 1–14　金云纹凤字形陶砚（取自《中国文房四宝全集•砚》）

图 1-15 元雕花石暖砚（取自《中国文房四宝全集·砚》）

图 1-16 元镂空刻花铜暖砚（取自《中国文房四宝全集·砚》）

六、明清民国

明代是砚雕工艺承前启后的重要时代。明代的砚形一方面继承和发展了唐宋以来的形制，保留着端庄厚重的风格，纹饰不甚繁琐；另一方面又创制了一些新的砚形与砚式，其中的竹节形与蝉形以物喻人，寄托了文人们高洁清远的品行志趣，很好地表达了当时文人的志向与情怀。如曹学佺端石凌云竹节砚，砚作竹节形，背有明代文学家、藏书家曹学佺楷书题记："香山养竹记云：竹本固以树德，竹性直以立身，竹心空以体透，竹节贞以立志。是固称为君子，一日所不可无也。今因之以琢研，又一日所不可少，以不可少之物，而貌不可无之象，趣熟甚焉。"观此砚阅此铭，可以想见当时文人的君子风度，令人眷惟而不能已。

明代也是鉴砚、藏砚之风盛行的时期，人们不仅注重砚石的品质，而且还看重砚台的形制设计与雕刻技艺，加之当时的文人雅士与达官贵人们又多好在砚底、砚侧镌刻砚铭，故明代的砚雕往往是集形制、雕刻、绘画、诗词、书法、篆刻等于一体的综合技艺，此时的砚台已经不仅仅是一种研墨泚笔的文房用具，而且是文人们寄托精神世界的艺术品。诚如明人陈继儒在《妮古录》中所言："文人之有砚，犹美人之有镜也，一生之中最相亲傍。"[23]

明代之时，制砚材质仍为石、瓷、玉、金属以及澄泥。在石质砚中，以端砚数量最大，雕刻工艺也最精，这可能与明代端石的产量远大于歙石、洮河石等有密切关系。瓷砚的制作工艺基本延续前代，在形制上以鼓形暖砚居多。澄泥砚较之前代有较大突破，烧出了朱砂澄泥砚，这是未见于前代著录的新品种。

另外明人还发明了多种用于洗涤砚台的物品，如莲房壳、半夏、枯炭、皂角、端溪所产洗砚石等，认为用这些物品洗砚可以去垢起滞。另外还提出了忌用毡片、故纸洗砚，忌用滚水、茶、酒磨墨等保护砚台的新观点。

清代在砚材的使用上，虽然也重端、歙、洮河，但自清圣祖康熙在第三次东巡时发现松花石，命工匠雕琢取墨试磨后，发现此砚的发墨效果"远胜绿端，即旧坑诸名产，亦弗能出其右"[24]。于是这种清绿秀美的松花石砚自此便为清代皇家专用，独享皇宫御品荣耀300多年。另外，清代也是漆砂砚再度兴盛的时期，漆砂砚是用木料等制成胎骨，砚面用天然大漆调和金刚砂等研磨物加以髹饰而制成的一种砚体轻巧、坚细耐磨、美观实用的砚台。自宋室南迁之后，漆砂砚的制作技艺可能失传，直到清初才由扬州漆器制作者卢映之加以恢复，后由卢葵生发扬光大。

清代使用的砚材，除了前代常用的石、陶、瓷、玉、金属、澄泥、漆砂，还增加了象牙、水晶、翡翠与料器。这些新砚材的应用一方面表达了人们对制砚新材料的尝试，另一方面也表达了清代对砚的艺术性有了更多的追求。因为这些新开发的砚材虽然在外观上十分俏丽，品质上也非常高贵，但由于不具研磨性能，故大多仅作为一种艺术品供欣赏而已。

清代砚雕技艺的特点：其一是选题十分广泛，花鸟虫鱼、亭台楼阁、山川河流、珍禽异兽、历史典故、人物故事等都可以选作图案。其二是砚雕工艺非常精细且复杂繁缛，雕刻技术也比前代有所提高。其三是形成了若干砚雕工艺流派，如以图案清雅秀丽、高雅脱俗而见长的江南“浙派”；以制品纹饰丰满、图案繁缛为特色的广东“广作”；以专诸故里顾二娘为代表的“吴门派”[25]；以选材考究，制作精美，专为取悦皇帝而制作的“宫作”；由文人雅士或亲手制作或与砚工合作，以体现文雅情味为风格的“文人砚”。由此可以说，清代是将不同的制砚风格、不同的艺术风格、不同的雕刻纹饰、不同的质地原料进行大融合并由此推动中国的砚雕技艺走向更加绚丽多彩的新时代。

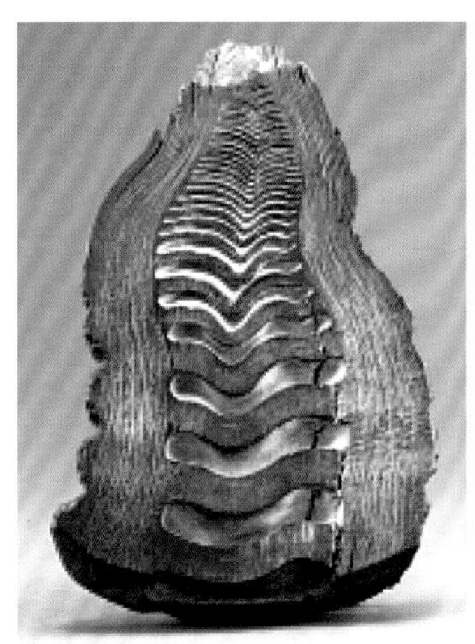

图1-17 笋形端砚（取自《写实与摹古——陈端友的砚世界》）

图1-18 蘑菇澄泥砚（取自《制砚大师陈端友》）

民国时期，虽然战乱频仍，社会动荡不安，但却出现了一些制砚高手，他们崇尚写真肖物，推崇雕刻精细，追求艺术效果，侧重观赏性，其翘楚者为陈端友。陈端友（1892~1959），江苏常熟王市人，名介，字介持，又字荣生，后改名端友，海派砚雕开山之祖，享有“近代琢砚艺术第一大师”的称誉。观现存陈端友所制之砚，大致可以分为肖形与摹古两类，其中肖形砚的艺术成就达到了登峰造极的境界，其所制甜瓜、竹节、竹笋、螺蛳、蘑菇、蝉形、蕉叶、荷叶、双鱼、蚕桑、古钱等形制砚，无不逼真肖形、活灵活现。例如陈端友所制的笋形端砚，其砚身观之如一段纵向剖开的毛竹笋，砚面为竹笋之外形，自上而下琢出层层叠叠布满条纹的笋壳和笋节，砚堂开于笋体中部，周边作不规则曲线，将竹笋的表面形态表现得更加自然。砚背设计为毛竹笋的剖面，竹节同向弯曲，下疏上密，与砚面相互呼应（图 1–17）。再如陈端友所制的另一方蘑菇澄泥砚，其砚身为一堆蘑菇，大小各异、相互缠连，砚堂为一硕大蘑菇之菌盖，砚背由多个大小不等的蘑菇堆积而成（图 1–18）。该砚无论是菌盖还是菌褶，其纹路与质感都被表现得惟妙惟肖。陈端友的这种雕刻技艺虽源于古人，但在写实肖形方面却超越前代，将中国传统砚雕技艺推向了更高的艺术境界。

七、现代

中华人民共和国成立之后，1950 年年初政务院成立中央合作事业管理局，主管全国供销、消费、工业生产合作社工作。同年 7 月 6 日至 27 日，政务院财政经济委员会召开中华全国合作社工作者第一次代表会议，选举出中华全国合作社联合总社理事会和监事会。1951 年 6 月 6 日至 26 日 ，中华全国合作社联合总社举行第一次全国手工业生产合作会议，明确了发展手工业合作社的方针是："走社会主义方向，发展的道路是由个体到集体，由手工具到半机械化进而机械化，由小生产过渡到大生产。"会上还制定了《手工业生产合作社示范章程（草案）》。在全国手工业合作化的大潮中，一些制砚师傅带着工具与技术进入手工业合作社，开始勤勉工作并培养了一批年轻的制砚骨干。在 20 世纪 50 年代初到 70 年代中期的这段时间内，我国砚雕产品不仅满足了国内需求，而且还出口其他国家，为国家创汇做出了贡献。

改革开放之后，砚雕业与全国其他手工业群体一样，经历了一些沟沟坎坎，大多数企业经历了解体与重组。进入 90 年代后，一批个体经营者进入砚雕领域，他们为传统的制砚行业带来了新生力量。在此时期内，一些被湮没多年的砚种如澄泥砚、漆砂砚等被重新发掘出来，一些新的砚种如江西石城砚等也不断出现，为中国传统砚的大家族又增添了新成员。

就当下使用的砚材而言，虽然端、歙、洮河、红丝、松花石的老坑砚材仍然是人们首选与追捧的对象，但在多数坑口已经封闭的情况下，目前已有一些砚雕工作者开始将目光转移到质地较之老坑稍次的石材之上，如端砚品系中的宋坑与梅花坑、歙砚品系中的大畈鱼子、洮河品系中水泉湾所产的石材等。此外，漆砂砚制作技艺在当代再度失而复得，经安徽屯溪与江苏扬州数位漆艺名家的复兴与创新，目前已基本形成以歙州漆砂砚与扬州漆砂砚为代表的中国漆砂砚两个著名品系，此两品系不仅制作技艺有所不同，而且在外观形态上也基本形成了各自特色，成为名震大江南北的佳品。享誉千年的澄泥砚制作技艺也在当代得到恢复并有新的发展，其中山西绛州澄泥砚的制作者蔺永茂与蔺涛父子贡献尤大。

当下也是多种石质砚材大发现与大应用的时代，据笔者统计见诸近现代文献与实物的砚种计有 57 种，其中大部分是 20 世纪 80 年代之后出现的。在近现代出现的砚材中，以四川所产的苴却砚石、河北所产易水砚石、江西所产龙城砚石品质较高，用这些砚石制成的砚台影响也最大。而其他新出的砚材，大多数品质一般，有的甚至根本就不能用于制作砚台。虽然这些新砚材的发现与应用，增加了中国传统砚材的种类，但一厢情愿地将一些原本并不合适制作砚台的石料制成了砚台，不免为人们理解中国传统砚的概念制造了混乱。因为用这种不具研墨特性的石料制成的砚台，仅具砚之形态，却不具研墨性能，充其量就是一种形似砚台的石雕工艺品。

当代砚雕技艺的特点也比较明显，其一是选题十分广泛，除历史题材外还创作了一些与当代密切相关的新题材，如以 2008 年北京奥运会主要场馆为题材而创作的鸟巢砚等。其二是砚雕技艺打破门派之见。随着现代交通与传播手段的现代化，前代形成的"浙派""广作""吴门派"等砚雕技艺得到广泛流布并被制砚者有效吸收，故而融汇各派技艺的砚雕大师在当代时有出现，其作品已难以用原有门派的技艺特点加以点评，确实已达到"青出于蓝而胜于蓝"的艺术境界。然而，在这些名为综合各派技艺的砚雕者中也有相当一部分是仅得各派砚雕技艺之皮毛而未得其精髓者。其三是系列砚开始兴盛，如以中国经典名著《三国演义》《红楼梦》《西厢记》等题材创作的系列砚数量可达几十方，此中有些作品应当褒奖，但也有一些作品将系列砚变成了古典名著连环画的石雕版。

第二节 砚种辑录

中国砚的历史源远流长，品类繁多，据笔者查阅有限文献可知，见诸历代文献与实物的砚计有227种[26]，其中用天然石料制作的石质砚有182种，用陶瓷、漆砂、金属、玉石等材料制作的砚有45种。由于这些搜集到的石质砚与非石质砚在本书的相关章节已有记叙，故在此仅列出砚名或石材名，欲详者可参阅相关章节。

一、石质砚

我国石质砚的品类较多，产地几乎遍布全国各大省、直辖市、自治区。在这些石质砚中见诸古代文献与遗物者130种，见诸近现代文献与实物者50种，合计182种。表1–1所列省、直辖市、自治区的顺序是以省、直辖市、自治区全称的汉语拼音为序，孰先孰后，请勿在意。

表1–1 见诸文献与实物的石质砚

产地	见诸古代文献与文物者	数量	见诸近现代文献与实物者	数量
安徽	歙砚 寿州紫金砚 宿州乐石砚、宿石砚 宣州石砚、宣石砚 庐州青石砚 徽州婺源石 祁门文溪青紫石 歙县小沟石 四环鼓砚 灵璧砚山、灵璧山石砚 豆斑石砚	11	紫石砚	1
澳门	无	0		0
北京	无	0	潭柘紫石砚 黄土坡青石砚	2
重庆	万州悬金崖石、万石砚 夔州黟石砚、夔石砚	2	嘉陵峡石砚 太保金音石砚、金音石砚、石柱金音石砚 北泉石砚、北培石砚	3

续表

产地	见诸古代文献与文物者	数量	见诸近现代文献与实物者	数量
福建	建溪黯淡石、黯淡滩石 凤咮砚 建州石 南剑石 卤水石 花孜石、花纹石 将乐石、龙池石、龙池砚	7	海棠石	1
甘肃	洮砚 通远军漞石砚 巩石 成州栗亭石 成州栗玉砚 宁石砚 嘉裕石砚	7	无	0
广东	端砚 茶坑石	2	恩州奇石砚	1
广西	柳石砚、柳砚	1	无	0
贵州	思州石砚、思砚、金星石	1	织金石砚 紫袍玉带砚 龙溪石砚	3
海南	无	0	琼州金星石砚	1
河北	无	0	易水砚 野三坡石砚 乌金砚	3
河南	稠桑砚 虢州钟馗石砚 唐州方城县葛仙公岩石、唐州紫石、唐石砚、方城石、黄石砚、方城黄石砚 虢州石砚 虢石砚 蔡州白砚 西都会圣宫砚	7	盘谷砚、盘砚、天坛砚	1
湖北	归州大沱石、大沱石、归石砚 归州昊池石砚 归州绿石砚	3	角石砚 云锦砚、古陶石砚	2
湖南	潭州谷山砚 龙牙石 岳麓砚 溹石砚 辰沅州黑石、黑端、辰沅砚 辰州石 墨玉砚 菊花石砚	8	桃江石砚、舞凤石砚、凤山石砚 水冲石砚 双峰石砚 永顺石砚 龟纹石砚	5
黑龙江	无	0	无	0
吉林	松花石砚	1	无	0

续表

产地	见诸古代文献与文物者	数量	见诸近现代文献与实物者	数量
江苏	吴都砚山石 苏州褐黄石砚、揭黄石砚 臒村石砚 吕梁洪石 常熟苑山石 太湖砚、太湖石	6	无	0
江西	兴平县蔡子池青石、书砚 吉州永福县石、吉石砚 吉州石 庐山砚 石钟山石砚 修口石 分宜石 玉山石 怀玉砚	9	金星宋砚、金星砚、星子砚 石城砚	2
辽宁	桥头石 浮金石 绿端石	3	铁岭紫石 金坑青石 辽阳紫石	3
内蒙古	无	0	无	0
宁夏	贺兰端	1	无	0
青海	滩哥石砚	1	无	0
山东	红丝砚 孔砚 青州石末砚、潍州石末砚、潍砚 青州石砚 青州紫金石 青金石 青雀山石 驼基岛石、鼍矶砚、罗文金星砚、雪浪砚、砣矶砚 青州青石 青石 青州蕴玉石 淄石砚 金雀石砚 密石 鹊金砚 黑玉砚 黄玉砚 黑角砚 褐石研 青州姜跂石 蠘蟔砚、燕子石砚 莒州砚 田横石砚 尼山砚	24	金星石砚 薛南山石砚 浮莱山石砚 木纹石砚 龟砚 蛤砚 冰纹石砚 徐公石砚 温石砚 泰山奇石砚 木鱼石砚 鹤石砚 崂山绿石砚	13

续表

产地	见诸古代文献与文物者	数量	见诸近现代文献与实物者	数量
山西	绛州墨砚、绛州黑砚 绛州角石 文石砚 形石 静乐腻石	5	台砚、段砚、五台山砚 鱼子石砚	2
陕西	无	0	无	0
上海	无	0	无	0
四川	戎卢州试金石 戎石砚、戎州试金石 泸川石砚、泸石砚 磁洞砚 中正砦石砚 中江石砚	6	苴却砚 凉山西砚 蒲石砚、蒲砚 广元白花石砚	4
台湾	东螺溪砚 彰化山石 大武郡山五色石	3	无	0
天津	无	0	无	0
香港	无	0	无	0
西藏	无	0	仁布砚	1
新疆	无	0	无	0
云南	石屏文石 点苍石砚	2	凤羽砚	1
浙江	温州华严尼寺岩石 华严石 吴兴青石砚 仙石砚 明石砚、明州石砚 永嘉石砚、永嘉观音石砚 衢砚 玉带砚	8	青溪龙砚 越砚 豹皮石砚	3
产地不详	太公金匮砚 叠石砚 青石砚 丹石砚 金坑矿石 淮石砚 沅石砚 黛陁石砚 栗冈砚 花蕊石砚 翠涛砚 红云砚	12	无	0
总数		130		52

在上表所记见诸古代文献与实物者中，现今仍在开采使用者为数较少，大部分仅存其名，而无实物传世，究其原因主要是：其一，石料贮藏数量有限，经多年开采后，石材枯竭，难以为继。其二，该石料的品质相对于端、歙等较差，被其他砚材逐步取代。其三，石料开采困难，花工费时，就地取材不如向外购买，或用其他材料替代。

在上表所记见诸近现代文献与实物者数量虽多，但问题也大。其一是忽视了中国传统砚台的实用性，把一些原本不具有研墨性能的石头都“创新”成了有砚台之名、无研墨之用的石雕艺术品。其二是忽视文献记载与历史事实，凭借主观想象将某些仅见于近现代文献记载的砚台，杜撰成“起于唐、兴于宋”等。其三是忽视对古代文献的研读，将现今发现的某些石材想当然地与古代文献记载的砚材联系起来，强冠古名，殊不知极可能是张冠李戴。

二、非石质砚

我国的非石质砚大约可以分为用硅酸盐等无机材料直接烧制而成的陶砚、瓷砚、澄泥砚、琉璃砚，用烧成后的砖、瓦、缸等雕刻而成的砖砚、瓦砚与缸砚，用银、铜、铁等金属铸造而成的金属砚，用玉石、水晶、玛瑙等制成的宝玉石砚，用木、竹、漆等有机材料制成的木砚、竹砚、漆砂，以及用贝壳制成的蚌砚等。

据笔者已查阅的资料统计，我国的非石质砚计有 45 种，见诸古代文献与文物者有 43 种，其中纸砚与漆砂砚虽然外表都髹有漆砂，但由于砚内所用材料不同，故分为两类；见诸近现代文献与实物仅有 2 种[27]，其中安徽歙州漆砂砚与江苏扬州漆砂砚在制作技艺上有所不同，故分为两个种类。

分析近现代非石质砚数量急剧减少的原因，笔者以为主要是人们通过长期的制砚与用砚实践，最终发现非石质砚材中具有与端、歙等砚发墨效果相当且不伤笔毫的，也就是漆砂砚、澄泥砚以及少数几种用澄泥法制作的砖瓦砚，故千百年来使用过的非石质砚材虽然较多，但后来终因其品质很难与端、歙、洮等石质砚媲美而逐渐淡出。

表 1–2 见诸文献与实物的非石质砚

产地	见诸古代文献与文物者	数量	见诸近现代文献与实物者	数量
安徽	无	0	漆砂砚	1
澳门	无	0	无	0
重庆	无	0	无	0
北京	无	0	无	0
福建	无	0	无	0
甘肃	无	0	无	0
广东	无	0	无	0
广西	无	0	无	0
贵州	纸砚	1	无	0
海南	无	0	无	0
河北	邺郡三台旧瓦砚 汉祖庙瓦砚 磁砚	3	无	0
河南	绝瓦砚 虢州澄泥砚 卢村砚	3	无	0
湖北	楚王庙砖砚	1	无	0

续表

产地	见诸古代文献与文物者	数量	见诸近现代文献与实物者	数量
湖南	无	0	无	0
黑龙江	无	0	无	0
吉林	无	0	无	0
江苏	漆砂砚 紫砂砚 紫澄砚 纸砚	4	新紫澄砚	1
江西	信州水晶砚 灌婴庙瓦砚 新造汉未央宫瓦砚	3	无	0
辽宁	无	0	无	0
内蒙古	西京澄泥砚	1	无	0
宁夏	无	0	无	0
青海	无	0	无	0
山东	柘砚、柘沟陶砚 青州熟铁砚 青州铁砚	3	无	0
山西	澄泥砚 吕道人陶砚 秦王研	3	无	0
陕西	汉瓦砚、瓦头砚	1	无	0
上海	无	0	无	0
四川	缸砚	1	无	0
台湾	无	0	无	0
天津	无	0	无	0
香港	无	0	无	0
西藏	无	0	无	0
新疆	无	0	无	0
云南	竹砚	1	无	0
浙江	宋复古殿瓦砚 上皋古砖砚	2	无	0
产地不详	东魏兴和瓦砚 魏兴和砖砚 古陶砚 夷陵砖砚 玉砚 玄玉砚 水精砚 玛瑙砚 琉璃砚 青铁砚 银砚	16	无	0

续表

产地	见诸古代文献与文物者	数量	见诸近现代文献与实物者	数量
产地不详	蚌砚 骨砚 木砚 浮楂研、鱼研			
总数		43		2

注释：

[1] 中华人民共和国成立以后的砚史，在后续各章多有涉及，故此章不再专门讨论。

[2] 蔡鸿茹、胡中泰：《中国名砚鉴赏》，山东教育出版社，1992 年，第 2 页。

[3] [4] [5]〔宋〕苏易简：《文房四谱》卷三，清十万卷楼丛书本。

[6] 徐宝余、蒋宁：《魏晋南北朝文人乐府创作述论》，《中国韵文学刊》2011 年第 2 期，第 24 页。

[7]〔北魏〕郦道元：《水经注》卷二十四，清武英殿聚珍版丛书本。

[8] 郑州市文物考古研究所、巩义市文物保护管理所：《河南巩义市新华小区汉墓发掘简报》，《华夏考古》2001 年第 4 期，第 33~51 页。

[9] 武汉市文物考古研究所、巫山县文物管理所：《重庆巫山水田湾东周、两汉墓发掘简报》，《文物》2005 年第 9 期，第 4~13 页。

[10] 广西壮族自治区文物工作队：《巴东县西瀼口古墓葬 2000 年发掘简报》，《江汉考古》2002 年第 1 期，第 15~30 页。

[11] 大同市考古研究所：《山西广灵北关汉墓发掘简报》，《文物》2001 年第 7 期，第 4~18 页。

[12] 转引自苏易简著《文房四谱》卷三，清十万卷楼丛书本。

[13] [15] [16] [17] [18]〔宋〕苏易简：《文房四谱》，清十万卷楼丛书本。

[14] 潘伟斌：《安阳西高穴曹操高陵发掘获重要成果》，《中国文物报》2010 年 1 月 8 日第 5 版。

[19]〔梁〕萧子显：《南齐书》卷四十八，《列传第二十九　袁彖　孔稚珪　刘绘》。

[20]〔唐〕贯休：《禅月集》卷八，四部丛刊景宋钞本。

[21]〔宋〕欧阳修：《唐书》卷三十八，《志第二十八　地理志》。

[22]〔宋〕朱长文：《墨池编》卷六，清知不足斋丛书本。

[23]〔明〕陈继儒：《妮古录》卷二，明宝颜堂秘籍本。

[24]〔清〕张廷玉：《皇清文颖》卷首一，清文渊阁四库全书本。

[25] 此说为笔者观顾二娘所制之砚及读邓石如《骨董琐记》中“顾二娘制砚”一节后，认为吴门顾二（青）娘、王幼君等在砚的设计理念及雕刻技艺上确实具有自己的特点，赞同将其称为“吴门派”。

[26] 笔者经眼的古今文献中，仅见于砚名而无产地、形态、品质等相关描述的石质砚也不在本文统计范围之内；另近现代以来出现的新砚种，因未见于相关史料记载或笔者暂时未能详查者也未收录其中。

[27] 笔者经眼的古今文献中仅见于砚名而无产地、形态、品质等相关描述的非石质砚不在本文统计范围之内。

第二章　端砚

端砚是用产于古代端州（今广东肇庆市）北郊羚羊峡东侧端溪畔的斧柯山以及北岭山、羚羊山、烂柯山、七星岩、笔架岭一带所产砚石，经人工制作而成的砚台。端砚的石材种类较多，分布也较广，坑口多达数十种。其中著名的采石坑有老坑、坑仔岩、麻子坑、朝天岩等，尤以老坑所产砚石最为名贵。上等端砚具有质细润滑、发墨而不损笔、贮水不涸、呵气即泽、磨墨无声等优良特性。千百年来，颇受文人墨客的青睐。

第一节 历史沿革

一、端砚始于唐前的文献考证

持端砚肇始于唐代之前的观点主要有西汉说与东晋说。[1]

持西汉说者的文献依据是苏轼（1037~1101）《万石君罗文传》中的“元狩中，诏举贤良方正，淮南王安举端紫，以对策高第，待诏翰林，超拜尚书仆射，与文并用事。紫虽乏文彩，而令色尤可喜，以故常侍左右，文浸不用。上幸甘泉，祠河东，巡朔方，紫常息从，而文留守长安禁中”[2]。苏轼是宋代大文学家，在诗、词、赋、散文各领域均有极高成就，生性豪放，滑稽幽默，曾写过一批幽默滑稽的以物拟人、为物作传的传记作品，如《万石君罗文传》《江瑶柱传》《黄甘陆吉传》《叶嘉传》及《温陶君传》。这种以物拟人、为物作传的文学形式肇始于唐代韩愈为毛笔所作的传记《毛颖传》，其后有唐代司空图以镜拟人而作的《容成侯传》，这种文学作品诙谐有趣，在对事物本源的追述上缺少严格的考证，故是否可以此作为重要的史料依据还需慎重考虑。

持东晋说者所依据的文献是宋人米芾《砚史》中的：“今人有收得右军砚，其制与晋图画同，头狭四寸许，下阔六寸许……色紫类温岩。”[3] 另宋人高似孙（1158~1231）在《砚笺》的“右军砚”条下也曾言到一方王右军的紫石砚：“石夷叟家右军古凤池，紫石，心凹。”[4] 对此砚所用石材高似孙未做鉴定，但笔者以为此砚极可能就是米芾《砚史》中所言的那方砚。有人据此认为紫石是端砚的代称，紫石砚又简称紫砚，别称有端紫、紫端、紫玉、紫英石、紫玻璃、紫琳腴、紫蟾蜍、紫龙卵等。王右军（羲之）的凤池砚为紫石，应系端砚。然而若细读米芾《砚史》中的这段文献，则发现这位见过多种砚石并编写《砚史》的米芾对这块紫色的王右军砚台早有定论，认为其“色紫类温岩”，而没有说其“类端岩”，故上说难以成立。

二、唐与五代

唐代是端砚声名大显、流布广远的时期。至少在唐初，端溪之石已经被取之作砚，并被人们所器重。北宋文学家、大诗人苏轼曾在《东坡志林》卷六中记载了这样一件事：

> 杜叔元，字君懿，为人文雅，学李建中书，作诗亦有可观。蓄一砚，云家世相传，是许敬宗砚。始亦不甚信之，其后官于杭州，渔人于浙江中网得一铜匣，其中有铸成许敬宗字，砚有两足正方，而

匣亦有容足处，不差毫毛，始知是真敬宗物。君懿与吾先君善，先君欲求其砚而不可。君懿既死，其子沂以砚遗余，求作墓铭。余平生不作此文，乃归其砚，不为作。沂乃以遗孙觉莘老，而得志文。余过高邮，莘老出砚示余，曰：敬宗在，正好棒杀，何以其砚为。余以谓憎而知其善，虽其人且不可废，况其砚乎？乃问莘老求而得。砚，端溪紫石也，而滑润如玉，杀墨如风，其磨墨处微洼，真四百余年物也。匣今在唐湮处，终当合之。[5]

此文献曾被宋人朱翌（1097~1167）收录于《猗觉寮杂记》，高似孙在《砚笺》也曾转载。另外许敬宗（592~672）在《旧唐书》中有传：“武德初，赤牒拟涟州别驾。太宗闻其名，召补秦府学士。贞观八年，累除著作郎，兼修国史，迁中书舍人……”[6]在《新唐书》中也有传，只是被列入“奸臣传”中。由上述可见，许敬宗确有其人，且其人品也与《东坡志林》所述相同。另据《新唐书》记载，许敬宗卒于咸亨初，年81，故盛装端砚的铜盒应铸成在此之前。综合上述文献，笔者认为，苏轼所记许敬宗砚一事应为信史。以此推论，至少在唐初端砚已经面世并为人们所珍重。

清人计楠在《石隐砚谈》言：“东坡云，端溪石始于唐武德之世。”[7]查武德为唐高祖年号，时间为618~626年，这段时间虽然是许敬宗盛年之际，但苏轼仅言此砚“真四百余年物也”，并未指明在武德年间，“始于唐武德之世”应为计楠本人据苏轼记载推论所得。笔者认为，当下人们对端砚石“始于唐武德之世”一语还是慎用为佳，假如将来考古发掘出唐代之前的端砚，则“始于”一词如何应对？所以在端砚肇始问题的探讨上还是用“至少在唐初端砚已经面世并为人们所珍重”一语可能更为合适一些。

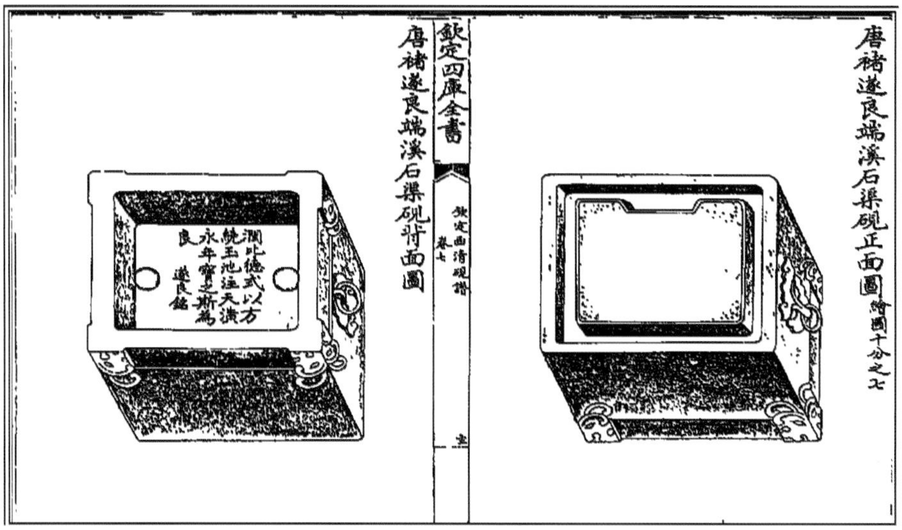

图 2–1 《钦定西清砚谱》中收录的褚遂良端溪石渠砚

唐初端砚已经面世的另一条证据是《西清砚谱》中收录的一方“唐褚遂良端溪石渠砚”（图 2–1）。该砚之所以被判定为唐代书法家褚遂良之砚，一是“内镌铭二十九字，下署遂良铭三字，俱篆书”；二是“此砚较内府唐石渠砚，体式正同，虽雕刻青绿微逊，而浑璞弥佳”[8]。

唐人中最早记述端砚的可能是刘禹锡（772~842），他在《唐秀才赠端州紫石砚，以诗答之》[9]中写道：“端州石砚人间重，赠我应知正草玄。阙里庙中空旧物，门方灶下岂天然。玉蜍吐水霞光静，彩翰摇风绛锦鲜。此日慵工记名姓，因君数到墨池前。”[10]由此诗可见至少在刘禹锡生活的年代，端砚已经名垂天下。

首次对端砚品质进行较为详细描述的可能是李贺（790~816），他在《杨生青花紫石砚歌》中对端砚作如下评价：“端州石工巧如神，踏天磨刀割紫云。佣刓抱水含满唇，暗洒苌弘冷血痕。纱帷昼暖墨花春，轻沤漂沫松麝薰。干腻薄重立脚匀，数寸光秋无日昏。圆毫促点声静新，孔砚宽硕何足云！”[11] 该诗从端砚的色泽入手，笔饱墨酣地络绎而下，将端砚石质细腻、暗藏青花纹理、研墨干腻薄重均匀、不损笔毫等特点一一做了详细的描述。字句精练，思路清晰，层层递进，面面俱到。如果不是十分熟悉端砚与其他砚种的人，是极难写出这种酣畅淋漓、表述清楚、特点突出之诗句的。这说明至少在李贺生活的年代，端砚的流布已经较广，且其中不乏品质上乘者。因为端砚中含有青花的石质通常被认为是质地最为纯净，易于下墨发墨的，如清代的陈龄就认为水坑青花“皆古今之最推重者，品上上”[12]。

唐代诗人皮日休（约 838~ 约 883）曾将一方端砚寄给陆龟蒙，并作《以紫石砚寄鲁望兼酬见赠》：“样如金蹙小能轻，微润将融紫玉英。石墨一研为凤尾，寒泉半勺是龙睛。骚人白芷伤心暗，狎客红筵夺眼明。两地有期皆好用，不须空把洗溪声。”[13] 陆龟蒙收到此砚后欣喜不已，作《袭美以紫石砚见赠以诗迎之》：“霞骨坚来玉自愁，琢成飞燕古钗头。澄沙脆弱闻应伏，青铁沉埋见亦羞。最称风亭批碧简，好将云窦渍寒流。君能把赠行吟客，遍写江南物象酬。”[14] 上述两诗都对端砚大加褒扬。通过研读皮、陆两人的诗，可以得知当时皮日休寄给陆龟蒙的是一方颜色紫红、质坚石润、小巧质轻、状如凤尾的箕形砚。

唐代端砚遗物主要有 1952 年湖南长沙 705 号墓出土的唐端溪箕形砚，1965 年 12 月 25 日出土于广州动物公园唐墓的箕形砚，台北“故宫博物院”藏八棱式观象砚，安徽省博物院藏唐代箕形端砚（图 2–2）等。

图 2–2　唐箕形端砚（笔者摄于安徽省博物院）

上述文献与唐砚实物一方面使我们得知唐时端砚除箕形外，还有方形、八棱形、长方形等样式。其石质滋润，色泽偏紫，但文献中未曾提到石眼，现存实物中也未见到石眼。另一方面得知端砚在唐代虽然流布较广，但珍重异常，文人们常作为相互馈赠的礼物，也许并不像唐人李肇在《唐国史补》中所言“端州紫石砚，天下无贵贱通用之”[15]，而主要是在具有一定文化背景的文人雅士之间流传，平民百姓所用的砚台主要还是陶砚与一般的石砚，这是笔者对考古发掘报告中出土砚台的种类与数量进行初步统计后得出的一孔之见。

在唐末还出现了专门修补端砚者，如“近石晋之际，关右有李处士者，放达之流也。能画驯狸，复能补端砚，至百碎者，赍归旬日即复旧焉，如新琢成，略无瑕颣，世莫得其法也”[16]。

三、两宋时期

两宋时期是端砚发展的一个高峰，一是端砚因其品质优良而“非独重于流俗，官司岁以为贡”[17]，受到皇家的重视，获得了极高的地位；二是当时的诸多知名学者对端砚的考究更加深入，他们品砚、惠砚、藏砚，细辨不同坑口端砚之差别，甚至还亲临端溪进行实地考察，对宋代端砚的发展起到了直接推动的作用。宋人对端砚的贡献，一是对端砚的坑口与石质石品的关系进行了较为深入的考察与研究；二是拓展了端砚的形制样式并详加记录；三是对端砚石病进行了归纳与初步研究。

在端砚的坑口与石质石品的关系探讨上，苏易简可能为始作俑者。他在《文房四谱》中说端砚的石材可分为：“水中石，其色青；山半石，其色紫；山绝顶者，尤润。如猪肝色者佳。其贮水处有白赤黄色点者，世谓之鸲鹆眼。或脉理黄者谓之金线纹，尤价倍于常者也。其山号曰斧柯山，即观棋之所也。……其次有将军山，其砚已不及溪中及斧柯者。”[18] 这是目前所见史料中最早讨论端砚坑口与石质石品相互关系的重要文献。苏易简虽然未曾到过斧柯山，但指出端砚石材可依山势分为水中石、山半石、山绝顶石，并有“鸲鹆眼”“金线文”，倒也不谬。不过他记载的“端州石砚匠，识山石之文理及凿之。五七里有一窟，自然有圆石，青紫色，琢之为砚，可直千金，故谓之子石砚。窟虽在五里外，亦识之”却是以讹传讹，忽悠了不少人。

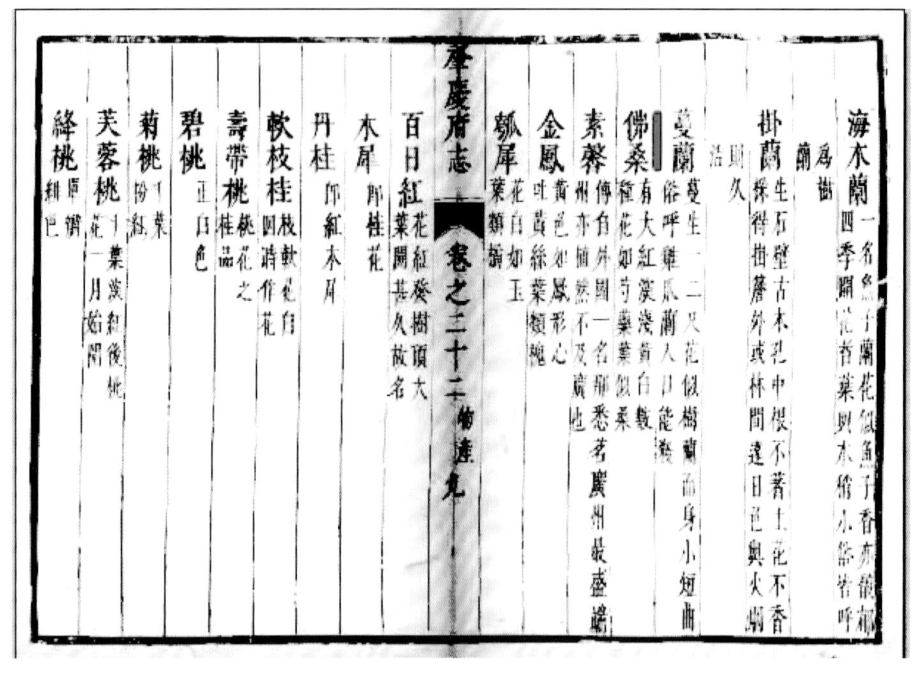
海木蘭 一名魚子蘭花似魚子香亦微郁四季開花香葉與木犀小粤皆呼為樹蘭
掛蘭 生石壁古木孔中根不著土花不香採得掛簷外或林間逢日色與火[illegible]則久活
蔓蘭 蔓生一二尺花似樹蘭而身小短曲俗呼雞爪蘭入口能[illegible]
佛桑 有大紅淡淺黃白數種花如芍藥葉似桑
素馨 傳自外國一名耶悉茗廣州最盛端州亦植然不及廣地
金鳳 黃色如鳳形心吐黃絲葉類槐
瓠犀 花白如玉葉類[illegible]
肇慶府志 卷之二十二 物產 九
百日紅 花紅發樹頂大葉開甚久故名
木犀 即桂花
丹桂 即紅木犀
軟枝桂 枝軟花白四時作花
壽帶桃 桃花之佳品
碧桃 正白色
莉桃 千葉粉紅
芙蓉桃 千葉淡紅後桃花一月始開
絳桃 單瓣緋色

图 2–3　清康熙十二年（1673）《肇庆府志》“物产”中有关佛桑的记载（国家图书馆藏）

对红丝砚情有独钟的唐询对端砚的记载详于苏易简，他所记载的端砚坑口有“上岩、下岩、西坑、后历，悉其下也”[19]。利用颜色、润泽、声音、有无芒四个指标并对不同坑口的石质石品做了更为详细的鉴别，提出“石之品有数种：其色正紫而微有润泽，无芒，扣之无声，此近水者也。其色微紫而不深重，近日视之，似有芒，扣之有声，此岩壁之石。二者最为发墨。其次，青紫参半，或紫而近赤，或青多紫少者，皆石之下也”[20]。另外，他还记载了“端人每为砚，凡色不佳者，须佛桑花染渍之，初亦可爱，至经水，即色如故也”[21]。这可能是历史上最早记载利用植物颜料对端砚石材进行染色的文献。查《肇庆府志》卷二十二“物产”下有“佛桑，有大红淡浅黄白数种，花如芍药，叶似桑”的记载（图 2–3）[22]。可知当地盛产佛桑。考佛桑花即扶桑花，为锦葵科植物朱槿的花。花有红、黄、白三色，此处用来染端石者应为红色，因黄、白之色很难将端砚原石染成紫红色。用红色的佛桑花对其他物品染色在古代典籍中记载较多，如宋人蔡襄在《荔枝谱》中就记有“民间以盐梅卤浸佛桑花为红浆，投荔枝渍之，曝干，色红而甘酸，可三四年不虫”[23]。《岭南风物记》也记有妇人用佛桑花染红指甲，鲜艳夺目，就好像是桃花片一样。

北宋时，绿端已被用来制作砚台，米芾在《砚史》中首次记录了端州所产绿石，并对其石质进行介绍：“绿石带黄色，亦为砚。多以为器材，甚美，而得墨快，少光彩。”[24] 王安石（1021~1086）曾作《元珍以诗送绿石砚所谓玉堂新样者》：“玉堂新样世争传，况以蛮溪绿石镌。嗟我长来无异物，愧君特赠有佳篇。久埋瘴雾看犹湿，一取春波洗更鲜。还与故人袍色似，论心于此亦同坚。”[25] 高似孙认为此诗中的“蛮溪绿石”可能就是绿端。目前从文献上所能见到的宋代绿端，一是《西清砚谱》中的宋绿端兰亭砚（图 2–4），二是《御制文集》中记载的“题宋绿端兰亭砚”“宋绿端石龙池砚铭”与“应真渡海歌题宋绿端石砚”，其中题宋绿端兰亭砚与《西清砚谱》中的宋绿端兰亭砚同为一物，而另外两方目前仅见有诗铭而未见实物与图。

在宋人中，亲临端砚产地并得其详的是米芾，他在《砚史》中对端砚论述较唐询更详，对下岩、上岩、半边岩的分辨，在颜色、润泽、声音、有无芒四个指标上增加了利用石眼的形态以及长期研磨是否依然发墨两个新指标，丰富了端砚石材分辨方法。另外，他是第一个对端砚“子石”提出质疑并遍询石工后对“子石”之说加以否定的人。《四库全书提要》称其《砚史》是“所论皆得砚理，视他家之耳食者不同”。

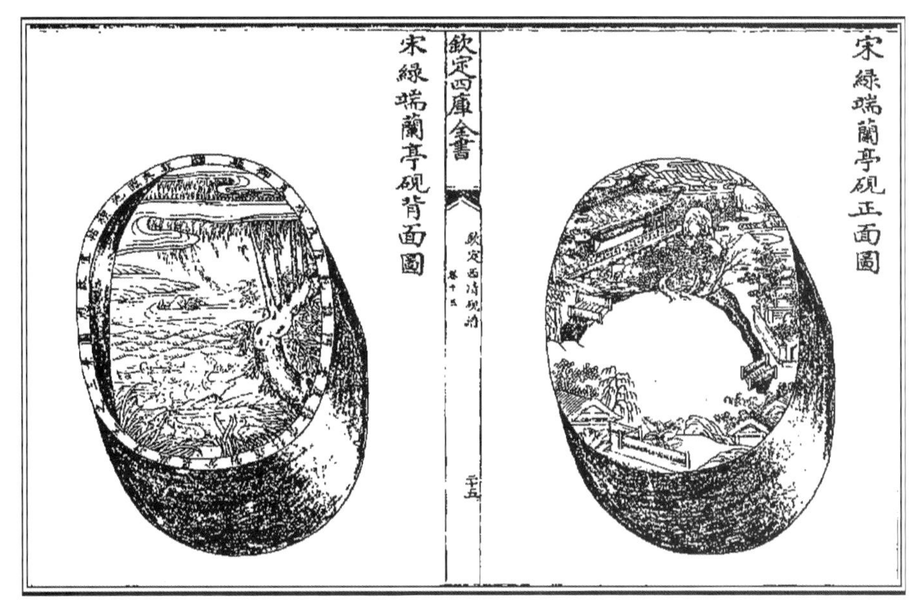

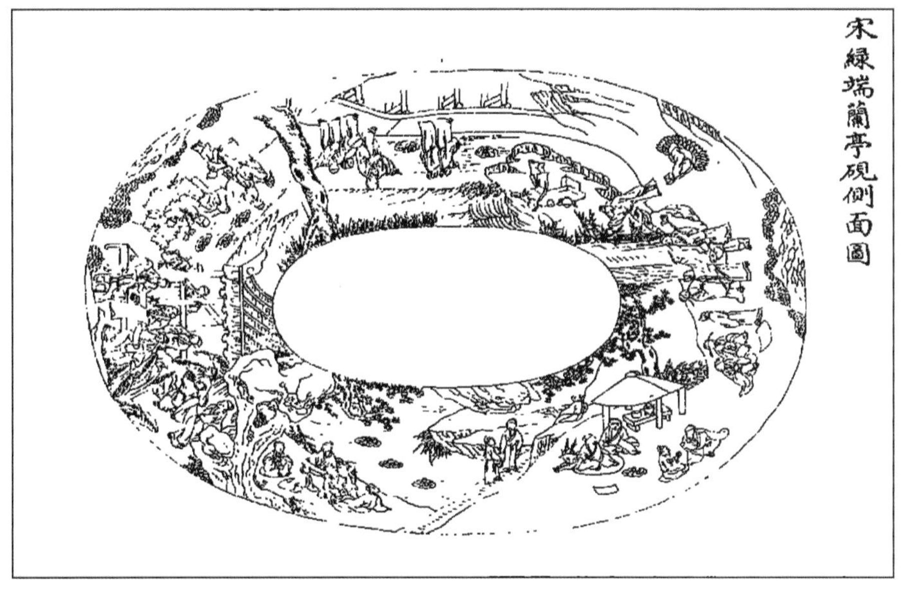

图 2–4　宋绿端兰亭砚（取自《西清砚谱》）

不著撰人名氏的《端溪砚谱》对端砚鉴别之法“剖析微至”，对各坑口的地理位置及行走路线的阐述详于前人，“自江之湄登山，行三四里，即为砚岩也。先至者曰下岩，下岩之中有泉出焉，虽大旱未尝涸。下岩之上曰中岩，中岩之上曰上岩。自上岩转山之背曰龙岩。龙岩盖唐取砚之所，后下岩得石胜龙岩，龙岩不复取。自山之下分路，稍东至半边山诸岩。西南沿溪而上曰蚌坑”[26]。此书还对端砚的坑口与石质进行了更为详细的分类，如将上岩分为三穴，“上穴曰土地岩，以土地祠居其上名焉。中穴曰梅树岩。下穴，今石工以为中岩者是也……土地岩石带黄赤，眼亦如之。梅树岩石微黄，赤稍轻，而带灰苍色，眼黄绿。中岩两壁石与梅树岩同，而少胜焉”。再如“蚌坑石性坚，颜色深紫。有眼即黄白，微带青色，不正，无瞳子，虽润也不发墨”，“黄坑石即与上岩石相类，新坑石与半边石之劣者相类”，“小湘峡在州之西四十里。其石类岩石，而性软燥，色深紫，如蚌坑及后历石。眼亦类蚌坑石。大抵润及坑石，而发墨胜之”[27] 等记载均未见于前人文献。

另一位对端砚鉴别做出重要贡献的是南宋的赵希鹄，他以金石鉴赏家的角度对端砚的鉴别提出了一些新的见解，其中古砚辨 12 条，涉及端砚 5 条。《四库全书提要》对其《洞天清录》的评价是“其援引考证，类皆确凿，固赏鉴家之指南也”，评价甚高。

两宋时期有多人对前朝及两宋时期的砚雕形制做了较为详细的记录，对了解砚雕形制与艺术风格的发展史颇有帮助，如《宋史·艺文志》中记有《端砚图》一卷，应为摹绘端砚式样的谱录，只是未见流传。现今所见者多为文字阐述，其中以米芾的《砚史》与不著撰人名氏的《端溪砚谱》记录最为丰富。米芾在《砚史》中对晋、唐以来包括铜砚、陶砚、瓷砚、石砚在内的多方名砚，从形制、质地、是否发墨、是否损笔等方面做了较为详细的记载。故《四库全书提要》称其是“其论历代制作之变，考据尤极精确，有足为文房家鉴古之助者焉”。在《端溪砚谱》中列出端砚形制计 48 种，另外还记载了宣和初御府专供太上皇书府使用的砚台式样：“若风字，如凤池样，但平底耳。有四环，刻海水、鱼龙、三神山，水池作昆仑状，左日右月，星斗罗列，以供太上皇书府之用。”[28] 如此详细的描述，不仅可使人得知宋代御制端砚的形制，而且也为后世砚雕者提供了创作思路。

宋人虽有多人论及端砚石病，但以不著撰人名氏的《端溪砚谱》论述最详，“曰铁线，乃是膘皮隔处，若于线上凿之，则应手而断；曰瑕，白文；曰钻，如蛀虫眼；曰惊，斧凿触裂者；曰火黯，一名熨火焦，惟岩石有之，斜斑处如火烧状；曰黄龙，灰黄色如龙蛇横斜布石上。唯火黯端人不以为病，盖岩石必有之，他山石皆无”[29]。如今，上述这些石病中的“火黯”与“黄龙”已成为端砚石品花纹中的特色，经雕工巧用之后，更能彰显端砚的艺术风格。以此可见，相对于石病而言，若能巧用，也未必为病，重在有所感悟与有所创新。

宋代存世的端砚数量不少，值得一提的是 1958 年 9 月广东省博物馆对宋刘景[30] 墓进行清理时发现的一方端砚（图 2–5）。此砚为灰色端石，长方形，底有抄手槽，长 16.5 厘米，宽 10.4 厘米，厚 2.45 厘米，是广东省第一件有准确出土地点和年代的宋砚。[31] 另外安徽省文物总店藏有一方宋代长方形抄手柱眼端砚，不仅砚底有十数个柱眼，而且砚面还有十数个石眼（图 2–6）。在雕刻中，在砚面的这些石眼根据所在位置的不同被分别处理，如在砚池中的石眼被处理成几根高低不平的柱眼，在砚堂处的石眼被处理成与砚面高低相同的平面，这种按石眼所在位置不同而采用不同处理方法的雕刻工艺，显示出宋人对石眼的重视。

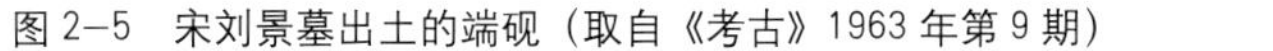

图 2–5　宋刘景墓出土的端砚（取自《考古》1963 年第 9 期）

图 2–6　宋长方形抄手柱眼端砚（笔者摄于安徽省博物院）

四、元代

由于元代尚武之风极盛，较少开科举士，加上战火连年，端砚制作处于低谷。另外，元人谈论端砚的著述，虽有王恽的《玉堂嘉话》、陆友的《研北杂志》、郑元祐的《遂昌杂录》、吾衍的《闲居录》等，但多传抄于前代，缺少新作。

元人对端砚的贡献，一是珍重端砚，视为至宝，宫中有蓄，偶作赏赐。如仁宗（1312~1320 年在位）时，西京宣慰使张思明，“因疏和林运粮不便事十一条，帝劳以端砚”[32]。二是元代在砚雕技艺上承继了唐宋遗风并有所创新，如陈继儒在《妮古录》中记载了元代的一方绿端砚：“绿端松磬砚，长七八寸，盖研板也。其上刻松枝石磬，而以半磬为研池，细润发墨。赵子昂铭其阴。”[33] 赵子昂即元代画家、书法家赵孟頫（1254~1322）。根据此砚为松磬结合的砚板来看，该砚的设计者具有很深的传统文化功底，以松象征长寿与高洁，以磬象征高雅与喜庆，意境深远，高雅清新，具有极深厚的汉文化气息，极可能是元代文人与端砚雕刻工匠合作的产物。

五、明代

自1368年朱元璋称帝以来，经洪武、建文、永乐三朝励精图治，至明宣宗时，天下大治，一派盛世景象。此后又经仁宣之治、弘治中兴、隆庆新政、万历中兴，明朝的经济文化迅速发展，出现了所谓的中华资本主义萌芽。

明代也是中国古代手工业迅速发展的时期，知名的“宣德炉”“景泰蓝”等就诞生于这一时期。就端砚而言，明人在形制风格、雕刻技艺、品种拓展、砚台保护上都较前代更进一步。

明人尤为重砚，不仅把砚台当作研墨和濡的文房用具，而且将其作为丰富精神生活的艺术品，认为“文人之有砚，犹美人之有镜也，一生之中最相亲傍”[34]，十分看重砚的艺术品味与文化价值，在形制的论述上也更为精辟。如文震亨（1585~1645）在《长物志》中认为砚的形制有雅、俗、恶之分，“研之样制不一，宋时进御，有玉台、凤池、玉环、玉堂诸式。今所称贡研，世绝重之。以高七寸，阔四寸，下可容一拳者为贵。不知此特进奉一种，其制最俗。余所见宣和旧研，有绝大者，有小八棱者，皆古雅浑朴。别有圆池、东坡、瓢形、斧形、端明诸式，皆可用。葫芦样稍俗，至如雕镂二十八宿、鸟兽、龟龙、天马及以眼为七星形，剥落研质，嵌古铜、玉器于中，皆入恶道”[35]。

明代的端砚在形制设计与雕刻技艺上也有所突破：一是注重砚面装饰。虽然宋代已经用一些细小的花纹对砚面进行装饰，但明人在纹饰花样上有所增加。另外雕镂得更加精细，在继承中有发扬，如明代的端石饕餮夔纹砚的砚边花纹就较为典型（图2–7）。二是圆雕技术更加成熟，样式种类增加，如以表现海水汹涌澎湃的端石海天浴日砚（图2–8）与以灵芝为立体造型的端石灵芝砚（图2–9）。三是创制了一些新的形制样式，在提高砚的美学价值的同时注重方便使用。如明人李日华（1565~1635）在《六研斋笔记》中记其所购端砚，形制为“回环如镜，厚六分，面径二寸五分，中作直界，分左右。左如常，一腰子，砚右上方一圆陷，旁屈曲沟，道通左砚池，导墨渖蓄陷中。下方一方沼，贮清水可渍笔。制度极有思致，可便老年近视者移就目前，审谛为用，不至误谬笔墨，乃张句曲写经砚也。其背右刻‘伯雨’二字，方寸许，严整有法。

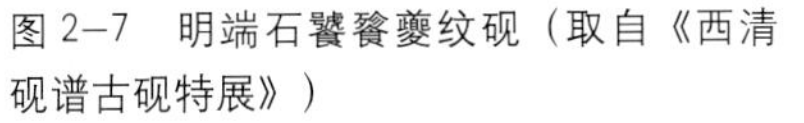

图2–7 明端石饕餮夔纹砚（取自《西清砚谱古砚特展》）

图2–8 明端石海天浴日砚（正、背）（取自《西清砚谱古砚特展》）

左刻‘项墨林珍秘’五字，盖曾入天籁阁[36]中者。石质温纯，有一眼，色晕甚淡，旁挟小点五六余，号之‘淡月疏星砚’”[37]。

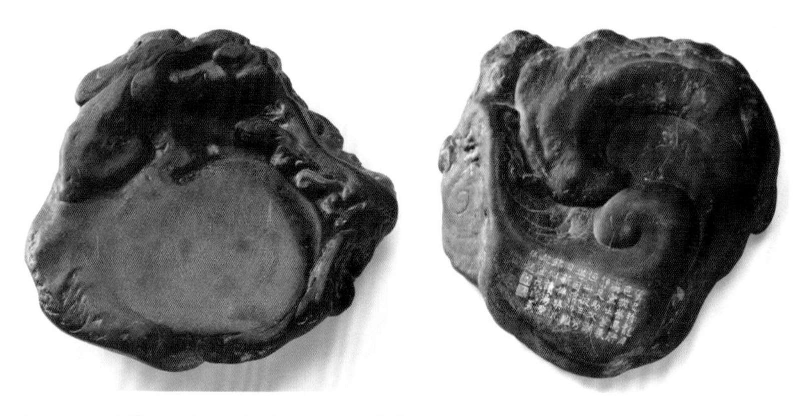

图 2–9 明端石灵芝砚（取自《西清砚谱古砚特展》）

白端是明代端砚中新增品种之一。耐人寻味的是，白端产地在今肇庆七星石牌村附近石山，距著名的端砚老坑直线距离约 15 千米，中间还隔着一条水面开阔的西江。另外，白端在色泽、石质、化学成分以及研磨特性上与老坑、坑仔岩、麻子坑、朝天岩、宋坑、梅花坑等砚石也相距甚远，且清代时端州早已更名为肇庆(自宋徽宗重和元年，赐肇庆府名以后，端州之名就再也没有用过）。因此，究竟是谁发现了这种白色的石头，又是谁将这种与其他端石差异很大的石头命名为白端？有待进一步考证（图 2–10）。

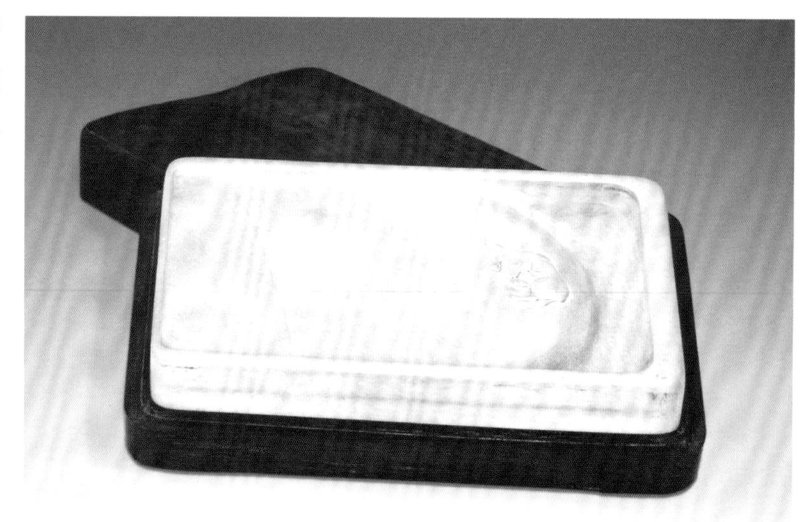

图 2–10 清白端石柳如是写经砚（取自《中国文房四宝全集•砚》）

另据清钱朝鼎《水坑石记》“宣德中所开者曰宣德岩”[38]以及《梅山周氏砚坑志》“宣德岩，岩口刻宣宗遣官监督姓名及开坑封坑月日”[39]可知，明代在端砚品种的拓展上除白端外，还有宣德岩。

明人非常重视砚台的保护，认为“涤研用莲房壳，去垢起滞，又不伤研。大忌滚水磨墨，茶酒俱不可，尤不宜令顽童持洗”[40]。除莲壳房外，明人还有“切半夏洗之”[41]，“或挼皂角水洗之”[42]，或用枯炭以及端溪所产洗砚石洗之，忌用毡片、故纸。究此洗砚法，是相当科学的。莲房壳为取出莲子后的莲房，富含植物纤维，质地松软，是理想的洗涤用具。半夏为天南星科半夏的块茎，主要成分也是纤维素，其硬度远小于端砚，也不会在端砚上磨出擦痕。另外半夏有毒，也许古人想借此杀灭书鱼蠹虫。皂角水含有皂甙，能降低表面张力，遇油类物质亦可借皂甙薄膜而形成乳剂，是古代常用的洗涤剂，用此洗砚也许是为了更好地清洁砚面。

六、清代

清代有关端砚的著述甚为丰富，在砚坑考辨、品类鉴定、端溪老坑开采情景的记录上较前人阐述得更为详尽。在砚雕技艺上吸收了竹、木、漆器以及寿山石的雕刻技法，丰富了传统端砚雕刻的技法，强化了端砚在文房珍品中的地位。

在砚坑考辨上，以《梅山周氏砚坑志》最为详实：“雍正元年冬，余客端州，适开砂皮、飞鼠、文殊三坑，因躬至其间采石，遍历诸洞，尤以不得亲入水岩为恨。至三年冬，始开水岩，余得入洞采石，前后共二百余片"[43]。另外，周氏还对亚婆坑、白婆坟、黄坑、梅花坑、朝天岩、岩仔坑、古塔岩、屏风背、宣德岩、飞鼠岩、砂皮洞、将军坑（又名北岭坑）、七星岩石、小湘岩等数个坑口进行了考察，并记录了这些坑口砚石的特点。由于此书是据作者亲身经历而写，具有很高的可信度与重要的参考价值。另外，李兆乐（1769~1841）的《端溪砚坑记》也为根据实地考察所记，所列砚坑甚多，有些坑口不仅未见于前人著述，而且今人也多不知晓，颇有参考价值。

在品类鉴定上，曾出任广东布政使的曹溶（1613~1685）在《砚录》中对老坑砚石品类做了较为详细的分级，认为有眼青花为最贵，无眼青花紫石次之，蕉叶白又次之，火黯纹又次之；并言"以上五种皆端溪贵族，远近交重，物无异评者也"[44]。《梅山周氏砚坑志》对老坑洞内大西洞、小西洞、中洞、东洞之中三层砚石的特点描述更为仔细，"近山面砂水透漏，石中如蠹蚀，名曰虫蛀。火捺重浊，蕉叶白老而不润。中层较嫩，下层更胜，至青花惟下层为最。过此则为底板石矣"[45]。另外该书对火捺的描述也详于他人，"火捺如朝霞蔚起，鸿鸿蒙蒙为上品。如玫瑰红，如马尾临风，飘扬无定，为马尾火捺；或如五铢钱，四轮有芒，色淡而晕，为金钱火捺，俱可贵；或如火烧漆器，或坚黑如铁，名铁捺者，俱碍黑不取"[46]。清乾隆十七年（1752）至十九年（1754）任肇庆知府的吴绳年在《端溪砚志》之《水岩大西洞砚石说》中对石质讨论较之周氏更为详细。吕留良（1629~1683）集数十年所见所闻著，将老坑端砚分为五品：一曰青花。一曰鱼脑，一曰蕉叶白，一曰天青，一曰冰纹。并对五品再做细分，建立了一套细致的品类鉴定标准。如将鱼脑分为"白如晴云，吹之欲散，松如团絮，触之欲起者，是无上品，亦名鱼脑冻。冻，水肪之所凝也。白而嫩者次之，灰与红下矣"[47]。高兆在《端溪砚石考》中也对老坑中的中洞、东洞、西洞中的上、中、下三层岩石的特点做了比较，文字不长，但很详实，为人所重视。

在端溪老坑开采情景记录上，以吴绳年《端溪砚坑开采图记》记录最详，这是作者亲临端溪老坑开采现场考察所记，情景真实，场面感人，读之如亲临其境。另外一篇为《梅山周氏砚坑志》，虽稍逊于吴绳年之作，但也为作者据亲身经历所写，值得珍重。由于上述文献均有文而无图，故人们对清代端砚老坑洞内的情况只能做一些推测，所幸是天津艺术博物馆藏有一方清代端砚，上面刻有一幅《端溪研坑图》（图2–11）[48]，对研究清代端溪砚坑及其附近的地理有一定参考价值。

图 2–11 《端溪研坑图》（取自《端溪研坑图——一幅刻在端砚上的地图》）

在雕刻技法上，一是吸收了竹、木、漆器以及寿山石等的雕刻技法，并根据端石本身的特点，将圆雕、透雕、深雕、浅雕、薄意等雕刻技法运用于端砚之中，形成了工艺精致、雕镂纤巧、花纹繁缛、装潢讲究的特点。二是在对包括石眼在内的石品花纹设计上更加注重整体效果，讲究呼应关系，画面更加灵活生动。如清端石六龙砚用"天然石材琢成椭圆形，除砚面受墨处外，四周琢六龙相互纠缠，其间以云纹相衬，犹如云气升降，荡潏生动，而墨池在六龙相围中而成，墨池上下方各有一石眼，恰如云龙戏珠之状，极为壮观"（图 2–12）[49]。

清代也是端砚著述集大成的时期，主要有唐秉钧的《文房四考图说》、吴绳年的《端溪砚志》、朱玉振的《增订端溪砚坑志》、黄钦阿的《端溪砚史汇参》、谢慎修的《谢氏砚考》、朱栋的《砚小史》、李兆乐的《端溪砚坑记》、陈龄的《端石拟》、何传瑶的《宝研堂研辨》、吴兰修的《端溪砚史》、孙森的《砚辨》等，主要以采录前人论说为主，参以个人见解，对端砚文献的保存功不可没。其中朱玉振编撰于嘉庆四年（1799）的《增订端溪砚坑志》不仅汇聚了大量的前代资料，而且绘有许多精美的插图，其中端州全图（图 2–13）、砚山外图（图 2–14）、坑洞内图（图 2–15）为我们提供了 16 世纪末期的端州全景、砚山外以及坑洞内有关信息的宝贵图像资料，尤其是坑洞内图可能比上述刻在端砚上的《端溪研坑图》更早，对坑洞内的情况描述得也更加详细，如“小西洞无石可开，石渣叠满”“大西洞内开发日久，宽大如屋，惟以石渣随鏨随砌，以防不虞”“东洞地势略高，引水将至脚即干，一过东门洞以下更如釜底形状矣”“正洞无石可开，石渣叠满”[50] 等是之前资料未见记载的。

图 2–12　清端石六龙砚（取自《西清砚谱古砚特展》）

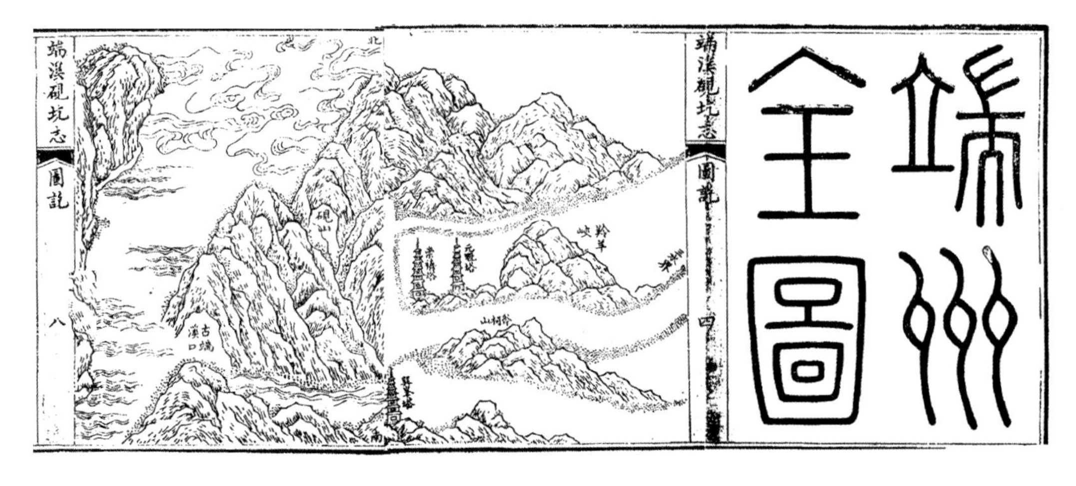

图 2–13　端州全图（取自《增订端溪砚坑志》）

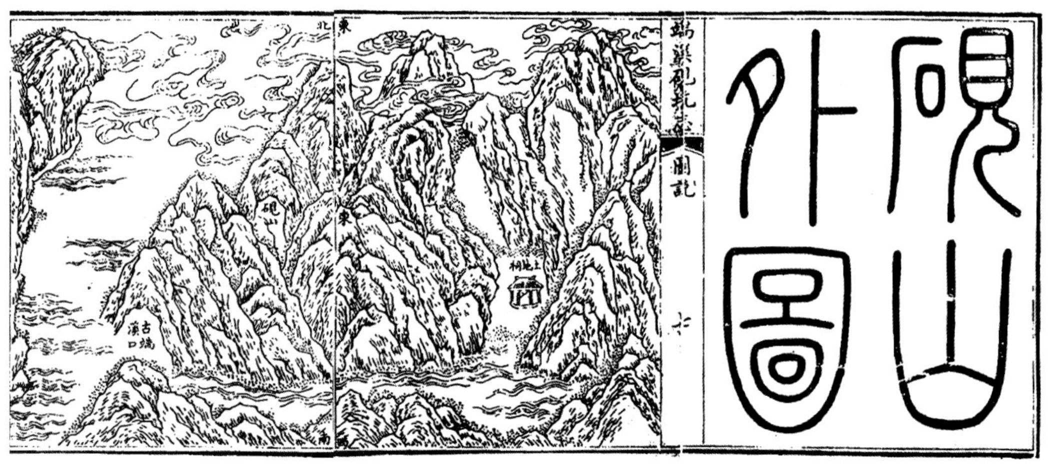

图 2–14　砚山外图（取自《增订端溪砚坑志》）

图 2–15 坑洞内图（取自《增订端溪砚坑志》）

七、民国

民国时期，战火连绵，民不聊生，端砚发展基本停滞，自宋至今享山岩之利者数百年的黄冈村（今黄冈镇）只有惠福坊和应日坊的村民有传统的制砚技艺，掌握制砚技艺者包括采石工在内约有 160 人。[51] 他们以雕刻端砚勉强维生，很多制砚艺人沦落他乡，或转为务农，端砚制作业一落千丈。

民国时期对端砚的学术研究成果，一是出现在一些辨识古董的书籍中，如邓之诚在《骨董琐记》中从前代文献中摘出有关端砚条目 23 条，并加以考释，对正确辨识端砚大有裨益。二是出现在一些集砚之大成的著作中，如嗜砚成癖的马丕绪广集天下名砚并博览古人论砚之书，著成《砚林脞录》，其中专有一卷讨论端石。除此之外，一些端砚还以拓片形式寓于砚谱之中，如徐世昌的《归云楼砚谱》、邹安的《广仓研录》、沈汝瑾的《石友藏砚》、周庆云的《梦破室藏砚》中均收有端砚的拓片，为辨识端砚与续存端砚文献留下了珍贵的图片资料。

八、当代

中华人民共和国成立之后，在党和政府的关怀和大力支持下，端砚生产很快得到了恢复。1958 年肇庆的端砚业组织起“石刻小组”，1959 年与牙雕、红木雕刻、檀香木扇三大手工业合并成立了“文教用品生产合作社”，1960 年转为地方国营工艺厂，1961 年改称“肇庆工艺厂”[52]。1962 年麻子坑最早重新开采，其次是老坑（1972），再次是坑仔岩（1978）[53]，接着一些历史上有记载的与未见记载的砚坑也陆续被发现。此外，一些机械也开始应用于岩洞开凿、石料运输、锯切钻磨等生产工艺中，促进了端砚生产的发展与繁荣。2001 年，肇庆市端砚业发展指导委员会成立，对端砚事业的发展起到保护、规划、协调、发展作用。同年在民间成立端砚协会。2004 年 9 月 5 日，中国轻工业联合会、中国文房四宝协会授予肇庆“中国砚都”称号（图 2–16）；2006 年 5 月 20 日端砚制作技艺经国务院批准列入第一批国家级非物质文化遗产名录，端砚被列为地理标志产品，进一步推动了端砚制作技艺的保存与发展。近十年来，端砚产品畅销国内外，

图 2–16 2004 年 9 月 5 日，中国轻工业联合会、中国文房四宝协会授予肇庆“中国砚都”称号

仅肇庆白石村及宾日、东禺村就有从事端砚生产的工厂及作坊 200 多家，其周边从事端砚雕刻以及与端砚生产相关产业的从业人员达 10 万余人，每年生产总值近 3 亿元，已形成以白石村为中心的集端砚制作、旅游观光、商品销售于一体的端砚文化产业基地。

在制作技艺上，1958 年，白石村罗氏家族的罗沛佳、罗耀、罗星培与程氏家族的程泗等老艺人，带着祖辈留下来的制砚工具参加了文教用品生产合作社，率先打破端砚制作技艺的家族传承制度，公开向社会招收学徒，培养了一批又一批端砚制作技艺的接班人。1966 年，专门从事端砚生产的人数达 20 多人。进入 70 年代，一批青年艺人在师傅和技术人员的指导下，开始进行独立设计，有了自己的作品。改革开放之后，端砚创作进入了百花齐放、异彩纷呈的时期。端砚制作者们不仅继承了前辈留传的雕刻技术与艺术风格，而且广泛地吸收其他雕刻门类与流派的技艺与风格，在题材选择、造型设计、雕刻技艺等方面都有更多的创新，出现了一批制砚名家。其中包括国家级制砚大师 12 人，省级工艺美术大师 24 人，肇庆市制砚名师 16 人，高级工艺美术师 26 人以及砚雕技术骨干近百人。[54] 他们的作品创意新颖、雕刻有方、用料多样、各有千秋，是今日支撑端砚发展的中坚力量。

在学术研究上，出现了一批高质量的学术论著与论文，其中刘演良先生著述颇丰。刘先生是被誉为引导端砚再续辉煌的重要人物之一，其 1961 年毕业于华南师范大学中文系，50 多年来，潜心治砚，敦志著书，端砚作品与学术论著远播海内外。就其著作而言，1978 年、1979 年《端砚全书》和《端溪名砚》先后由广东人民出版社出版，1988 年《端溪砚》由北京文物出版社出版，《端砚全书》1994 年被香港八龙书屋再版（图 2–17），同年在日本东京出版了《新说端溪砚》，2000 年《刘演良端砚设计作品集》在台湾出版，2001 年《端砚世界》在日本出版，《端砚的鉴别和欣赏》（中国名砚鉴赏丛书）近期由湖北美术社出版。其成就促进了端砚发展，弘扬了端砚文化，延续了端砚历史。

图 2–17　《端砚全书》1994 年被香港八龙书屋再版

在砚石的石质研究上，最早从地质学角度对端石产出地层、砚石特征及其形成环境与形成机制进行探讨的可能是季明钧。[55] 2003 年，凌井生在《中国端砚——石质与欣赏》一书中，从地质学、岩石学、矿物学角度对端砚石的成因、化学成分、矿物结构、物理性质等做了详细介绍与科学阐释。近年来，卢友任、陈志强等又对老坑、坑仔岩、梅花坑、麻子坑、宋坑、斧柯东、木纹石、绿端、有冻岩 9 种端砚石料从宝石学特征方面进行了研究，得出了“除石眼和火捺外，其他石品花纹均可能在别的类型（品种）砚石中出现，故不能单独作为端砚鉴别特征，但两个以上的石品花纹同时出现时，则是端砚的可能性就非常大，应综合考虑判断”[56] 等结论，对端砚的鉴定具有一定的意义。此外，陈志强、何小青等还采用 X 荧光光谱分析方法与等离子体质谱（ICP-MS）方法分别测定了梅花坑、宋坑、绿端、斧柯东、木纹石、有冻岩、坑仔岩、麻子坑、老坑等 10 个样品的主元素与微量元素 [57]，为鉴别端砚石质提供了重要的科学数据。上述研究为揭示端砚石质的地质学、矿物学，以及化学、物理特性等做出了重要的贡献。

在文化建设上，端砚远远超越其他砚种。现位于肇庆市黄冈镇的白石村是目前展示端砚文化最有代表

图 2–18　由 10 位制砚艺术大师集资筹建的“十研堂 • 国家级制砚大师艺术馆”

性的场所。记得 2006 年 8 月笔者走访白石村时，端砚协会的王建华秘书长曾谈起白石村的远景规划，当时感觉非常遥远，但 2007 年 3 月当笔者陪同中国科协考察团再访白石村时大为震惊，原来非常普通甚至还较为破旧的村落已被改造成树木郁郁葱葱、街道整齐干净、房屋鳞次栉比、荷塘清香宜人、小桥曲折通幽的文化旅游风景区。当时并非节假日，但来自国内外的旅游观光者、前来采购端砚的商贾、美术学校的学生等已将原本不大的白石村“塞”得满满的，人们或仔细鉴赏端砚，或认真考察工艺，或欣赏小桥流水，或醉心绿树成荫，整个村子充满了深厚的文化气息。如今在端砚文化活动中又增添了祭拜祖师活动[58]，每年的农历四月初八是端砚祖师伍丁宝诞之日，这天一早村子里就热闹起来，在锣鼓声中，村民们抬着伍丁先师的神位绕村而行，前有舞狮献艺，后有大师随行，村民与游客们夹道恭迎，共同祈求国泰民安，端砚事业蒸蒸日上，构成了端砚文化中最为亮丽的风景之一。

端砚的文化建设还表现在博物馆的建设上，2006 年 12 月，中国端砚博物馆竣工。该馆坐落在中国端砚文化村中央，建筑面积 11500 平方米，以展示中国端砚发展史为主要内容。2010 年 2 月，由刘演良、梁金凌等 10 位制砚艺术大师集资筹建的“十研堂 · 国家级制砚大师艺术馆”建成并对公众开放，为端砚文化的传承与发展做出了新的贡献（图 2–18）。

第二节　砚坑与石品

端砚石是滨海沉积形成的产物。其中紫端石与绿端石母岩物质聚集阶段距今约 4 亿年，后经石炭纪、二叠纪、三叠纪等地质时代连续下降沉积，又经褶皱隆起变质阶段与表生成岩（矿）阶段而最终成为今日的紫（绿）端砚石。白端石的母岩物质形成阶段在距今 3.5 亿 ~2.8 亿年的石炭纪，主要沉积物为碳酸盐类，如石灰岩与含镁石灰岩等，后经地壳运动和变质作用，含镁碳酸盐变成了白云岩或白云质灰岩，最终形成了产于今七星岩的白端。此外，端砚石在形成过程中由于受到了地壳构造运动的影响，故而形成了多种石品花纹。如在泥盆纪、二叠纪与三叠纪等地质时代形成的砚石石品花纹除石眼、火捺、虫蛀的原形之外，还有青花、天青、翡翠、彩带、黄龙、鹧鸪斑、金星点、同心圆、五彩钉等。在褶皱隆起变质阶段形成了蕉叶白、冻、冰纹冻、冰纹、银线、玉带、玉点等石品花纹。在表生成岩（矿）阶段生成了鸲鹆眼、鸡眼、金线、铁线、铁捺、石皮、虫蛀、玫瑰紫、油涎光、朱砂钉等。这些不同地质时期形成的砚石以及石品花纹不仅提升了端砚石的美学价值，而且为后人分辨端砚石坑口与石品花纹奠定了基础。

一、砚坑及分类

自北宋至民国，对端砚坑口有所记述的文献有数十种，现将其中记述较详而又非纯粹转抄他人的文献选出，从中将砚坑之名坑摘出列成表 2–1，以便读者对自宋以来端砚坑口的概况有所了解。此表对民国之后出现的砚坑名未作统计的主要原因，一是其命名时间较短，命名较为混乱，多数尚未得到学界的公认；二是命名方法简单，多以新开坑口的石质类似前代某坑口，而在前代某砚坑前加一“新”字或一“仿”字。

表 2–1　北宋至民国时期端砚砚坑名概览

作者与著作	端砚砚坑名
宋 · 苏易简《文房四谱》	水中石，山半石，山绝顶者
宋·唐询《砚录》，引自朱长文《墨池篇》	上岩，下岩，西坑，后历
宋 · 欧阳修《欧阳文忠集》	子石，北岩
宋 · 米芾《砚史》	下岩，上岩，半边岩，后砾岩
宋 · 魏泰《东轩笔录》	岩石，西坑，后历
宋 · 不著撰人名氏《端溪砚谱》	砚岩（下岩、中岩、上岩），龙岩，半边山岩，蚌坑，黄坑，小湘峡，后历山
宋 · 高似孙《砚笺》	砚岩（下岩、中岩、上岩），龙岩，小湘峡，半岩，蚌坑，子石，绿石
宋 · 李之彦《砚笺》	子石，斧柯东，茶围，将军地
宋 · 姚宽《西溪丛语》	下岩，秋枫岩，梅根岩（一名中岩），桃花岩（一名上岩），新坑石，后崖石，西坑六崖石
宋 · 赵希鹄《洞天清录》	下岩旧坑，中岩旧新坑，上岩旧新坑
宋 · 杜绾《云林石谱》	小湘石，后历石，蚌坑，子石，下岩，半边山诸坑
宋 · 王恽《玉堂嘉话》	上岩，下岩，西坑，后历
明 · 曹昭著、王佐补《格古要论》	下岩，龙岩，汲绠，黄圃，后历，小湘，唐窦，黄坑，蚌坑，铁坑
明 · 文震亨《长物志》	上岩，下岩，西坑石，白端，青绿端
清 · 曹溶《砚录》	下岩，中岩，上岩，屏风岩（屏风背），朝天岩，梅花坑，黄坑，白端，绿端，老鼠坑，将军坑，宣德岩
清 · 施闰章《砚林拾遗》	水岩，朝天岩，屏风背，梅花坑
清 · 高兆《端砚考》	阿婆，白婆，水岩，梅花坑（三水梅花坑），坑仔岩，新坑，朝天岩，古塔岩，屏风背，宣德岩，水坑
清 · 朱彝尊《说砚》	水岩，上岩，中岩，下岩，朝天岩，屏风山背，西坑，北岭，宣德岩，三水梅花坑
清 · 屈大均《广东新语》	水岩，虎坑，文殊坑，屏风背，朝天岩，新坑，岩仔，宣德岩，亚婆坑，黄坑，梅花坑，将军坑
清《梅山周氏砚坑志》	文殊坑，砂皮洞（虎坑），飞鼠岩，宣德岩，治平坑（岩仔坑），水岩（康子岩），屏风背，朝天岩，新坑，古塔岩（半边山岩），桃花岩，亚婆坑，白婆坟，黄坑，紫端，梅花坑，将军坑（北岭坑），七星岩石，小湘砚（黄、绿两石，绿端）

续表

作者与著作	端砚砚坑名
《端州郡志》，引清 · 陈元龙《格致镜原》	旧坑有龙岩、汲绠、黄圃，新坑有后磨（历）、小湘、唐窦、黄坑、蚌坑、铁坑
清 · 潘永因《宋稗类钞》	下岩，秋枫岩，梅根岩（中岩），桃花岩（上岩），新坑，后历石
清 · 张渠《粤东闻见录》	水岩，虎坑，文殊坑，屏风背，朝天岩，新坑，古塔岩，宣德岩，亚婆坑，黄坑，梅花坑
清 · 吴绳年《端溪砚志》	西首南岸梅花坑，北岸亚婆、白婆等，新坑，屏风，朝天岩，后岩百丈坑
清 · 李兆洛《端溪砚坑记》	老坑，坑仔岩，宣德岩，老岩洞，坑仔历，屏风岩，屏风背，飞鼠岩，坑尾，麻子坑，青花坑，瓦昴洞，杉篷岩，松树根，龙尾青，朝天洞，石土夅洞，旱历蕉，散锦青花，老苏坑，飞来洞（坑头），上田坑，下田坑，虎坑，铁稳坑，文殊坑，金鸡坑，金毛狮子，龙仔角，七岭根坑，大头竹根坑，阿婆岩，金鸡坑，白婆坟，黄鱼坑，朝京岩，青石坑，宋坑（将军坑），陈坑，杂坑，锦石坑，东冈坑，绿石，红石，蟾蜍坑，新坑，唐窦坑，九龙坑（梅花坑），蒲田，新苏坑
清 · 陈龄《端石拟》	水坑，中岩（旧、新坑），上岩（旧、新坑），龙岩，半边山诸岩（大秋风、小秋风、兽头、狮子、桃花、河头等名），新坑（半边山新坑），黄坑，蚌坑，朝天岩，坑仔岩，新坑（在朝天岩之西），屏风岩（土名屏风背，有黄竹根、梨花根等名），宣德岩，古塔岩，黄龙坑，高要峡，白婆坟，哑婆坟（也称哑婆坑，一作阿婆坑），铁窟，七星岩，黄冈，将军坑（小将军坑），老鼠坑，锦云坑，黄山岩，小仙坑，梅花坑，后历岩，小湘峡，企文坑，上蕉园（相公坑），下蕉园，通天岩，天堂坑
清 · 江藩《端研记》	水坑：老坑，飞鼠岩，龙尾坑，龙爪坑，锦云坑，狮子岩，青点岩，碑底洞，老岩洞，麻子坑 旱坑：宋坑，宣德岩，岩仔坑（坑仔），阿婆坑，白婆坑，沈坑，苏坑，碧落洞，屏风背，白线坑，老崖洞，梅花坑（在三水境），恩平坑，白端石，绿端石
清 · 计楠《墨余赘稿》	水岩，朝天岩，屏风背，梅花坑
清 · 何传瑶《宝研堂研辨》	老坑，旧苏坑（名西岸），朝天岩（一名二辉坑），龙爪岩，白线岩，坑仔岩，麻子坑，正洞，软石涤岩，硬石涤岩，打木棉蕉岩，塘窦岩，蟾蜍坑，大坑头石，蒲田坑，宋坑，小西洞，飞鼠岩，青点岩，七稔根岩，结白岩，菱角肉岩，朝敬岩，龙尾表岩，东洞，果盒络岩，黄蚓矢岩，虎尾坑，白蚁窝岩，藤菜花岩，黄坑，砂皮洞，阿婆高，宣德岩

由上表可见，两宋时期见诸记录的砚坑不多，也就十多种；明代在宋代的基础上也仅仅是增加几种，其中较有代表性的是白端与青绿端；但到了清代，见诸记载的砚坑总数已超过 40 种，如陈龄在《端石拟》中就记载了拟水坑 10 种、拟山坑 33 种。究其主要原因应该是，进入明代后，前代名坑的石料越来越少，开采难度与开采成本越来越大，人们被迫舍弃前代名坑，转而寻找新的砚石产地并且有所发现。

古人对砚坑的分类方法大致有三种：一是以砚坑的地理位置为主，以坑口形式、开采模式、石质特点等为辅的方法，如下岩、中岩、上岩、屏风背、小湘峡、上蕉园、下蕉园、朝天岩、白线坑、白端、绿端等。二是以水与旱为标准，将砚坑分为拟水坑与拟旱坑，其代表人物为陈龄。三是以老与新为标准，根据开采的时间进行分类，如老坑、新坑、新宋坑等。这些分类方法虽然都带有较深厚的主观色彩，但基本为砚界与学界所认可。为此联想起近年来新开采的一些砚坑分类与命名，笔者认为砚界与学界可给予必要的关注。

二、主要历史名坑

古代文献记载的砚坑多达数十个，分布在今肇庆市的斧柯山、北岭山、羚羊山、烂柯山、七星岩、笔架岭等方圆 200 多平方千米的矿区内，其中屡见于前代文献记载的砚坑主要有老坑（又称水岩、皇岩）、坑仔岩、麻子坑、宣德岩、朝天岩、冚罗蕉、古塔岩、宋坑（将军坑）、梅花坑、绿端、白端、白线岩（白线坑）等（图 2–19）。在端砚诸坑中，石质最为优秀者是老坑，其次是坑仔岩与麻子坑，三者并称为三大名坑。宣德岩、朝天岩、冚罗蕉的石品虽较三大名坑稍次，但其中品质上乘者可与坑仔岩与麻子坑比肩，古塔岩中品质上乘者则可与宣德岩、朝天岩相媲美，白线岩中也不乏品质较好者。

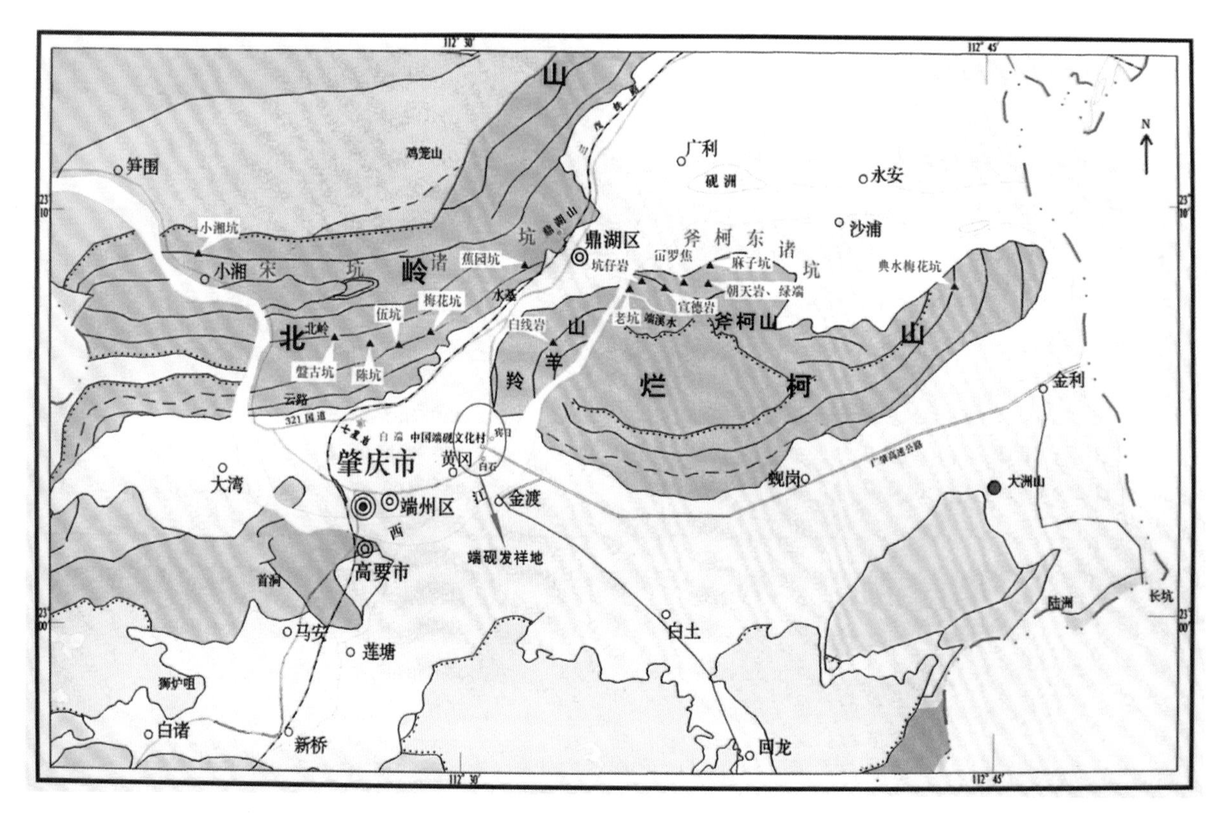

图 2–19　端砚石坑洞分布图（取自《端砚大观》）

1. 老坑

端砚石材中品质最上乘者多出于老坑之中。老坑位于西江岸边，是端溪矿区地理位置最低的砚坑。在丰水季节，随着西江水位的升高，江水漫上江岸，老坑洞口便被淹没在水中。在枯水季节，西江水位下降时，老坑洞口虽然会显露出来，但洞内仍然被积水灌满。据米芾《砚史》“下岩第一，穿洞深入。治平中贡砚……闻有仁庙，已前赐史院官砚多是”[59] 可知，老坑至少在宋仁宗（1023~1063 年在位）时已经开采，所制之砚用于赏赐史官，治平（1064~1067）年间作为贡品。老坑洞内常年被水浸渍，石质润泽，故又称作水岩。

老坑的开采一直断断续续，明代永乐（1403~1424）、成化（1465~1487）、万历（1573~1619）与清代乾隆（1736~1795）、光绪（1875~1908）年间都曾有过开采，但由于开凿所得砚材极少，故通常是开采一段时间后而被迫停采。老坑最后一次开采是在 1972 年，由当时的肇庆市端溪名砚厂主持。由于老坑的旧洞口（图 2–20）低窄狭小，出入不便且不安全，1976 年由国家轻工业部投资在旧洞口以东 30 米处另辟新洞口（图 2–21）通过坑道接入到大西洞。新洞口的坑道高、宽各为 1.8 米，总长约 90 米，安装了轨道翻斗车，用于运输开凿出的石料，改善了工作条件也提高了工作效率。老坑自 1972 年恢复开采至 2000 年肇庆市政府发文封坑的 28 年里，洞内新开采面积超过了历代开采总和，大西洞与水归洞工作面也连成一片（图 2–22）。

老坑砚石外观呈青灰色，微带紫蓝色，石质细、润、密、滑，摩氏硬度为 2.8~3.5，主体矿物成分为水白云母（含绢云母），含有适量的赤铁矿、磁铁矿、绿泥石以及微量的电气石、金红石、黄铁矿等。石品花纹丰富，主要有鱼脑冻、蕉叶白、冰纹、金银线、天青、火捺、青花等（图 2–23）。

图 2–20 老坑旧洞口

图 2–21 老坑新洞口

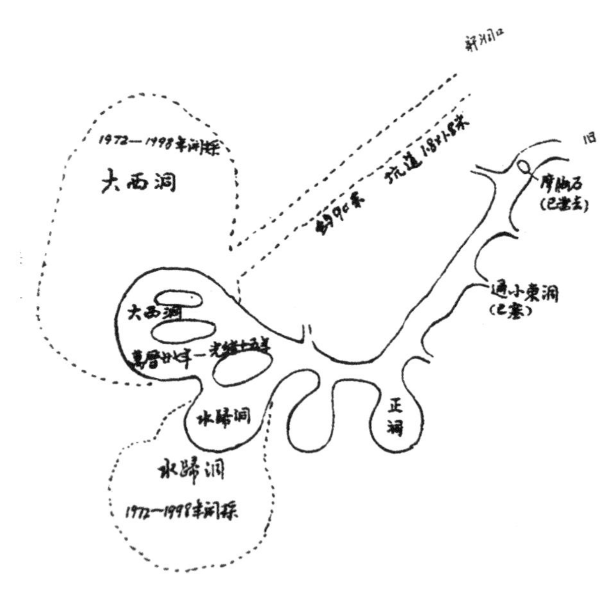

图 2–22 老坑洞内开采面积示意图（刘演良绘）

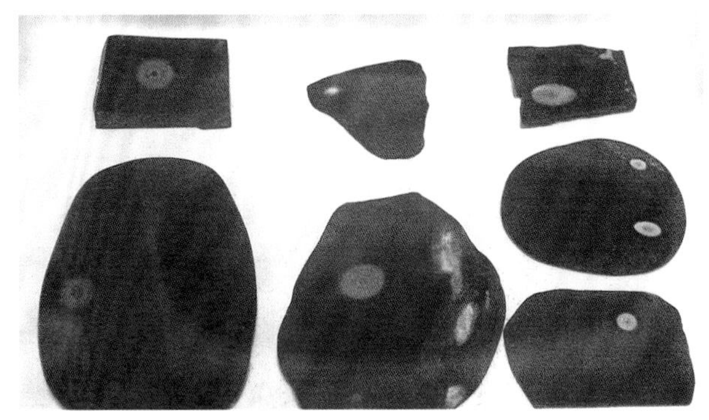

图 2–23 老坑石料（笔者摄于肇庆端砚博物馆）

2. 坑仔岩

坑仔岩距老坑约 600 米，站在老坑洞口可以清楚地看见从坑仔岩洞中开采出的废料已堆积成一条貌似瀑布的石流，从半山腰直泻山脚（图 2–24）。坑仔岩极可能就是米芾《砚史》中所言的“上岩”，北宋仁宗之后岁贡的砚石便出自此坑。坑仔岩历代均有开采，后因咸丰年间洞内多次塌方，造成人员伤亡而封坑。坑仔岩最后一次开采是在 1978 年，因原坑口为石块碎屑所填塞，故在离旧坑口不远处重新开凿了一条高、宽各 1.8 米，长约 90 米的坑道，连接到坑仔岩的原采石区，采出大批优质砚石。2004 年肇庆市政府发文封闭坑仔岩新、老洞口（图 2–25）。

坑仔岩石色青紫而稍赤，其石质虽不及老坑石滋润细腻也无冰纹、金银线，但是鱼脑冻、蕉叶白之细嫩者颇似老坑大西洞，也有青花、火捺，尤以石眼多而著称（图 2–26），摩氏硬度为 2.8~3.5，主体矿物成分为水白云母（含绢云母），矿物含量、化学成分、主要物理参数与老坑相仿。而米芾在《砚史》中则认为其“石性干，紫色深，理粗，性硬，眼黄，差不圆而青色淡。其岩深处间有润者，而眼终不如下岩也。有着墨者、拒墨者。其着墨者，初用半月前甚快，盖细砂石所发出理也；半月后则退，生光挞墨又须以柔石发之，已而复然。拒墨者虽新成便拒墨。此等石扣之声皆坚响而老”[60]。对于古今之人对坑仔岩的石质认识产生较大差距的原因，笔者认为可能与米芾等古人所获之端石的数量不多且质量稍次有关。

3. 麻子坑

“乾隆年间，高要有陈麻子者开此坑。”[61] 麻子坑虽也在端溪之畔，但山高路险，从远处望去，长年开采出的废料从洞口直泻山下，形成一条长达 100 多米的石流。2006 年夏天，笔者在程八师傅及其子程海

图 2–24　老坑与坑仔岩位置图

图 2–25　坑仔岩洞口

图 2–26　坑仔岩石料

峰的陪同下探访麻子坑，从摩托车不能行走的山脚攀登到麻子坑洞口花了足足一个半小时（图 2–27）。走在崎岖的羊肠小道上，追想当年的采石者们沿此小路将粮食等日用品背上山，然后又将重达百十斤的石块背下山，此中艰辛，不言而喻。

麻子坑自清末塌方后被迫停止开采，直到 1962 年年底才重新开采。据程八师傅介绍，麻子坑石料多在山腹部，自洞口向内 120 米才有石料可采。麻子坑最初有旱洞、水洞之分，后经开采者挖掘，旱洞与水洞相连。1990 年，麻子坑优质砚石几乎告罄而停止开采。后又有承包者在原坑口周围开凿了十多个新洞口，开采出了一些石料，其中也不乏佳品。2006 年笔者探访麻子坑时，所有洞口都已废弃，但仍有人在废料堆与废弃的洞内寻找石料，与他们交谈得知，每天收获很少，虽多为当年丢弃之物，但也偶有佳品，如图 2–28 中的麻子坑石料就是从山上

图 2–27　麻子坑口（自左至右：笔者、寻石者、程八师傅）

图 2–28　麻子坑石料

图 2–29　麻子坑、宣德岩、朝天岩、冚罗蕉诸坑位置图

的废料堆中寻得的，虽然不大但正、反两面有七八个石眼，甚是难得。

麻子坑砚石“色青质细，甚似大西洞。然眼大如拇指头。蕉白、鱼脑冻皆实而滑，如粉涂成者。天青微红，青花多极长点，不浮动，且多织席纹，缕缕相续，直而不曲。其有黄龙者可混小西洞，然两洞亦无织席纹”[62]，摩氏硬度为 2.8~3.5，主体矿物成分为水白云母（含绢云母），矿物含量、化学成分、主要物理参数与老坑相仿。

4. 宣德岩

“宣德岩”一词出现于高兆、曹溶、施闰章、朱彝尊等明末清初文人笔下，也有称为宣德坑的。宣德岩位于斧柯山的半山腰，水平位置低于麻子坑，与冚罗蕉、朝天岩等位于同一地层（图 2–29）。朱彝尊《曝书亭集》言：“宣德岩在屏风山半，开自宣德年（1426~1435）。”[63] 此屏风山即为今日之斧柯山。宣德岩的石质较好，曹溶认为：“惟宣德岩，石深紫色，坚细发墨，为山坑中上品，可与水坑作中驷。”[64] 陈龄认为宣德岩“质性坚细，色紫，发墨。或一方中五色俱备。其最嫩者仿佛水岩。亦有眼，但止三四晕而多泪……亦有粗硬者，色深紫近黑，久用能滑”[65]。

5. 朝天岩

“朝天岩”一词出自明末清初的文人之手。曹溶《砚录》载：“离高峡里许，东南处最高，起名朝天岩。其石类上岩，色紫而干，久乃拒墨。”[66] 施闰章《砚林拾遗》载：“坑近江者曰水岩……其次距水略远，曰朝天岩，色稍燥。”[67] 朝天岩位于斧柯山之半山腰，在去往麻子坑的必经之路旁，其洞口宽大，深度很浅，像个露天矿（图 2–30）。有关朝天岩砚石的品质，《广东通志》言：“其石坚实，不能滑腻，火捺纹成结不运，若蜡炬着垩壁斜焰及烧损几案处，蕉叶白色晦气黄，纯洁无痕者亦可贵。”[68] 何传瑶认为：“朝天岩（一名二辉坑），质色并佳，惟蕉叶白稍少活气，天青、青花俱似大西洞。然青花俱大如椒子，颗颗无分，具每颗中必有白点，扣之亦作金声。”[69]（图 2–31）

6. 冚罗蕉

冚罗蕉位于斧柯山半山腰，位置较麻子坑低，与宣德岩、朝天岩处于同一石层。历年开采冚罗蕉的坑口共有十多个，但开采出的石料不多，现已停采（图 2–32）。冚罗蕉砚石为青灰色，石质细腻，有平行纹理，

图 2–30　朝天岩坑口

图 2–31　朝天岩石料（程八馈赠）

图 2–32　冚罗蕉洞口

图 2–33　冚罗蕉砚石（程八馈赠）

有的砚石上有蕉叶白、火捺、天青等，也是一种品质较好的砚材（图 2–33）。然而，对于“冚罗蕉”这样一种砚材质量较高、被人普遍认可、开采时间又较早的砚坑为何民国之前的文献未见记载，颇令笔者费解。查清代李兆洛在《端溪砚坑记》中记有一个砚坑叫“早历蕉”，其后的清代与民国文献中再也没有出现这个名字，按理说一个较有名气的砚坑是不会无缘无故消失的，故笔者猜测可能彼“早历蕉”就是此“冚罗蕉”吧。此猜测并非是要证明“早历蕉”就是“冚罗蕉”，而是提出一个问题，即希望有人深入探讨历代砚坑名称的演替。

7. 古塔岩

古塔岩在《广东通志》所录高兆《端砚考》中有记载，位置在今斧柯山之南，其石料色如猪肝，石质可比朝天岩，但无火捺纹、蕉叶白，该砚石现已采竭。

8. 宋坑（将军坑）

宋坑是指位于北岭山南坡的整个矿区内的砚坑（图 2–34），其中老宋坑“质细结软滑，可比正洞。色纯紫如马肝，莹彻浑活，多鲜艳翡翠及绿色虫蛀，端溪之佳石也。但此岩搜采已罄，惟收藏家间有之”[70]。陈坑、伍坑、盘古坑也是宋代主要的砚石坑，已经断断续续地开采了 1000 多年。由于宋坑砚石包括多个坑口，故石质粗细不等，色泽也稍有不同。笔者所见之宋坑通常是紫如猪肝，色较坑仔偏红，在阳光下可见砚面针头银星密布，火捺色深，又圆又大（图 2–35）。宋坑砚石的“摩氏硬度 3.5 左右，体积质量 2.71g/cm^3，显孔隙率 3.49g/cm^3，饱和吸水率 1.29%”[71]。另宋坑砚石中石英碎屑可达 10%~15%，故锉墨较佳。

图 2–34　宋坑（将军坑）砚坑分布（笔者摄于肇庆端砚博物馆）

图 2–35　宋坑石料

9. 梅花坑

宋代已经开始取梅花坑石制砚，如《西清砚谱》中就收有用梅花坑石制作的宋苏轼从星砚与宋端石重卦砚，但对梅花坑位置与石质的记载却出现在清代。如高兆在《端砚考》中言："梅花坑在峡外三水境中。"[72]朱彝尊在《说砚》中也言："典水梅花坑，去溪四十里，在三水县境。"[73]

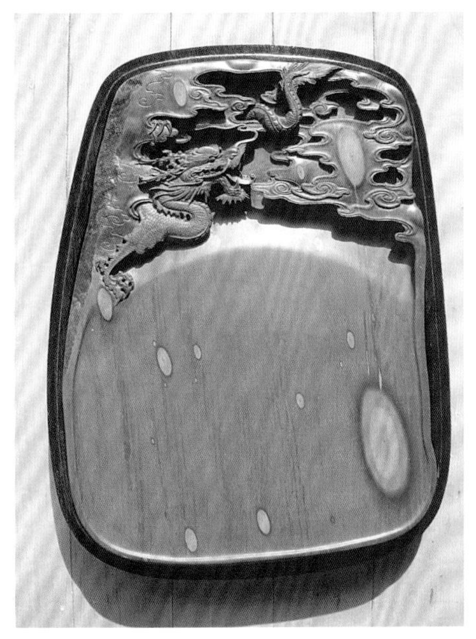

图 2-36 现代梅花坑端砚（正面）

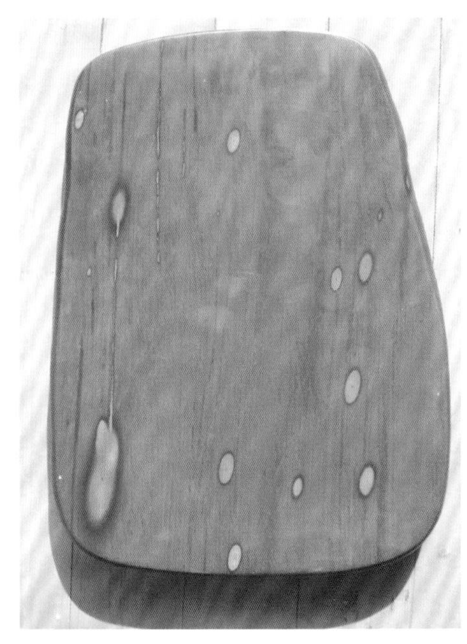

图 2-37 现代梅花坑端砚（背面）

梅花坑实有两处：一在今三水县沙浦镇典水村附近，即上述高兆、朱彝尊所说的梅花坑。此坑砚石以石眼多为其特点，"竟尺之石，眼或多至百数"，石眼大而且中间有点，晕重但层次不分明。另一个梅花坑在今北岭山的前村坑和蕉园坑，此坑可能自宋代就已开采，砚石具有较多的石眼，但有眼而无瞳（图2–36、图2–37）。

10. 绿端

绿端至少在北宋时就已被用来制作砚台，王安石在《元珍以诗送绿石砚所谓玉堂新样者》一诗中就有"玉堂新样世争传，况以蛮溪绿石镌"。对此"蛮溪绿石"高似孙认为是端州所产。元代也有绿端砚，如陈继儒在《妮古录》中就记载了元代的一方绿端松磬砚。

绿端的产地共有四处：一在北岭山东岗坑附近，但早已采竭。二在朝天岩附近，也已采竭，不过在端溪中还能找到当年开采时滑落于溪中的绿端，石质较为细腻。（图2–38）三在小湘镇大龙。四在沙浦苏一村的山上，石材内绿而皮黄，大块的多被用来加工成茶盘与摆件，小块的被用来制作砚台。由于绿端外通常有黄、红色的石皮，故经过制砚者巧妙设计制作的绿端砚，外观非常漂亮，令人爱不释手（图2–39）。

矿物分析显示，绿端的主要成分为白云石，次为水白云母、石英碎屑等，与三大名坑、宋坑等主要成

图 2-38 端溪中的绿端石

图 2-39 现代绿端砚（周边黄色为石皮）

分为白水云母（含绢云母）并不相同，但其中也不乏品质优良者，如清代的纪昀曾为自己使用的一方绿端石砚作铭：“端溪绿石，砚谱不以为上品，此自宋代之论耳，若此砚者，岂新坑紫石所及耶。”[74] 对绿端评价颇高。

11. 白端

白端产于今肇庆市七星岩附近（图 2–40）。白端属碳酸盐类岩石，主要成分为白云石，另含少量方解石，石色乳白，石质细腻、硬度较高。白端质地纯净者并不多，大块者也较少见，且用白端制作的砚并不发墨，故白端通常极少用于研墨，而是用于研磨朱砂、石绿一类的矿物颜料，并非端砚中的主流，仅因其颜色有异于其他端砚而在端砚家族中占有一席地位（图 2–41）。

图 2–40 白端产地肇庆七星岩

12. 白线岩

白线岩可能就是清代江藩（1761~1830）在《端研记》中所记载的“白线坑”，位于羚羊峡北岸之羚羊山的东侧，砚坑均较浅。“白线岩”与“白线坑”之名估计与砚石上浮现有稀疏的白色网格状绢云母脉线有关。此坑于 1975 年被李金娣、杨树德等石工重新发现并开采。白线岩砚石色青，“多白筋如粗银线，石工以充冰冻纹。然石筋粗大无活色，且一片红灰浑浊气，无洁白融液如大西洞冰纹者”[75]。（图 2–42）

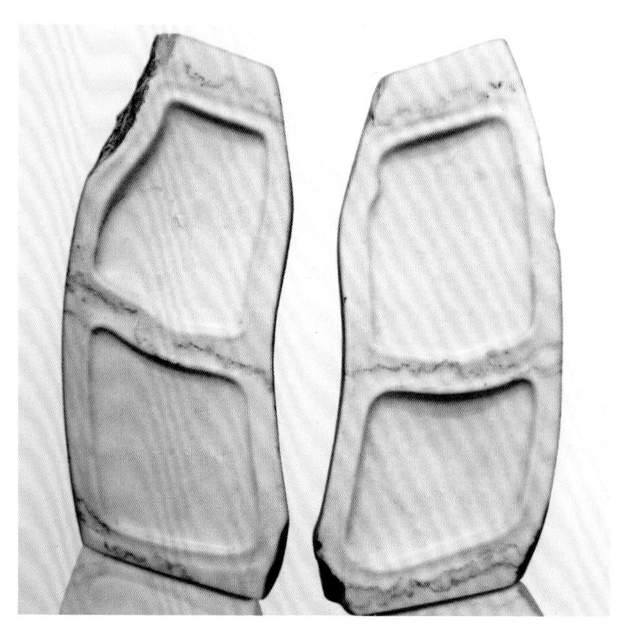

图 2–41 现代竹报平安砚（白端）（取自《端砚大观》）

13. 其他

端砚中还有一些品类比较独特的砚石，如金星石、银星石、锦石等。《肇庆府志》对其产地及形态特点多有描述（图 2–43），民间也有一些收藏，但数量不多。

图 2–42 现代白线岩砚台《溪山行旅砚》（笔者摄于广东民间工艺精品暨文化创意展）

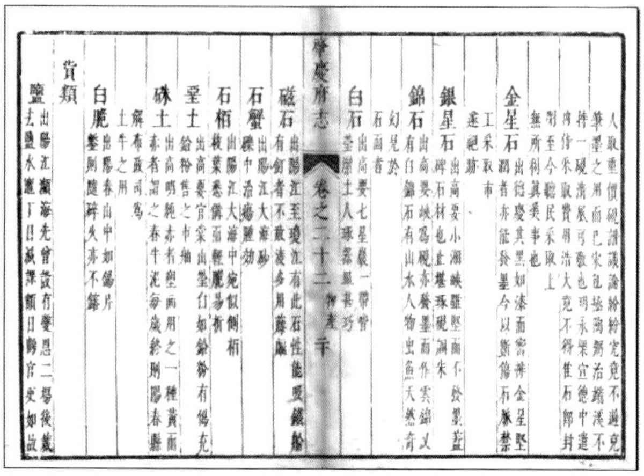

图 2–43 《肇庆府志》（国家图书馆藏）

三、石品花纹

识别并巧用端砚的石品花纹是端砚制作者必须掌握的重要技艺之一。端砚的石品花纹十分丰富，主要有石眼、鱼脑冻、蕉叶白、天青、青花、冰纹、金线与银线、火捺、翡翠、鹧鸪斑、黄龙纹、虫蛀、五彩斑、朱砂斑等。其中石眼则身居两职，不仅可以用于判定砚石的坑口与细嫩优劣，而且还可以显示砚石之美，令人"望眼欲穿"。故凡有石眼的砚石，制作者在设计中通常都要苦思冥想，巧做安排。鱼脑冻、蕉叶白、天青、青花、冰纹不仅美观且与发墨关系密切，故制作者在设计中通常将这些石品花纹安排在砚堂之中。而虫蛀、五彩斑、朱砂斑则为石病，制作者在设计中通常需要将这些石品花纹安排在砚堂之外。金线与银线、火捺、翡翠、鹧鸪斑、黄龙纹是端砚中色彩斑斓者，也最能体现端砚之美，故制作者通常会精心设计甚至呕心沥血，用最优的构图模式与雕刻手法将这些石品花纹突出地表现出来。所以只有对端砚的石品花纹有充分的认识，并知道不同石品花纹的性质特点，才能真正做到巧用其质、巧现其美、巧去其弊，达到扬长避短、抑恶扬善、天人合一的境界。

1. 石眼

石眼是指端砚砚石上一种近似于鸟兽眼睛的花纹。石眼通常是几种不同的颜色组成的同心圆。最内部分为瞳子，其色或深或浅、或黄或褐，相当于动物眼睛的瞳孔。瞳子的外围是数层颜色不同的圆环，相当于动物眼睛的角膜与巩膜。石眼的最外一层颜色通常较深，相当于动物眼睛的眼睑。石眼的颜色主要是指类比于动物眼睛的角膜与巩膜部位而言，有翠绿色、粉绿色、黄绿色、米黄色、黄白色等。由于石眼由多层不同颜色的同心圆构成，神态多样、生动活泼，于是人们充分发挥自己的想象，将石眼分别称之为鸲鹆眼、鹦哥眼（鹩哥眼）、珊瑚鸟眼、鸡公眼、雀眼、猫眼、象牙眼、绿豆眼、怒眼、泪眼（图 2–44）等。

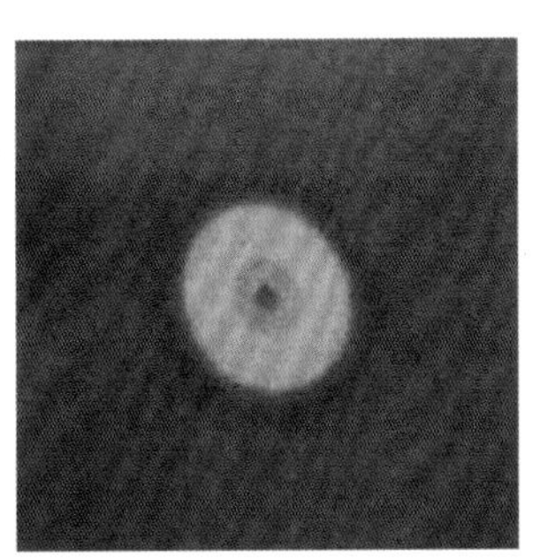
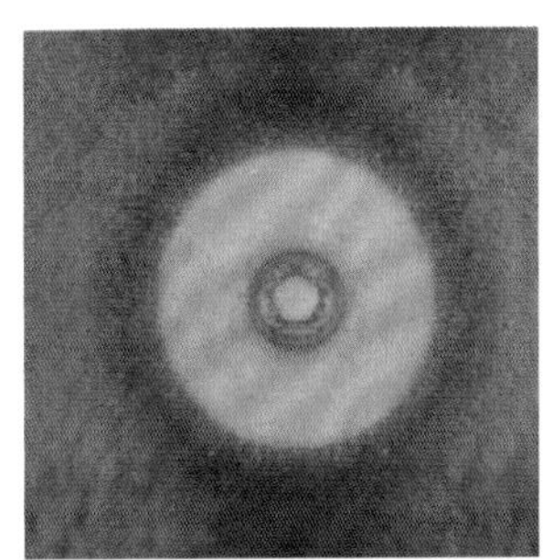
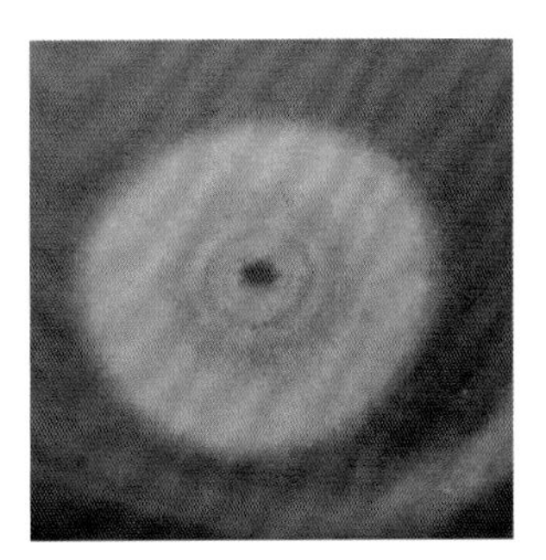

图 2–44　自左至右：鸲鹆眼、鹦哥眼、鸡公眼、象牙眼（取自《端砚大观》）

石眼的形成"是在岩石的沉积过程中，矿物聚集和迁移，在成岩过程中，矿物的交代和重结晶引起的。在矿物的运移过程中，微细的火山尘和黏土矿物滚动聚集，形成了似球状的结核或扁豆体。在交代作用中产生了微粒黄铁矿，成为结核体的核心"[76]。由结核体所构成的花纹就是石眼。在结核体外围，由黏土矿物转变成的水云母定向排列形成鳞片结构的晕圈，被称为眼廓。石眼在表生条件下， 其核心的黄铁矿风化产生的二价铁和三价铁，在向外扩散并再沉淀时，可将石眼染成绿色或棕黄色，由于石眼、结核、自身的韵律构造影响，铁质呈现周期性沉淀，因而在石眼内产生了环带，即石眼的晕圈。这些晕圈少者二三圈，多者八九圈，甚至有十三重者。石眼风化以后，结核体中心残留有褐铁矿和绿泥石类矿物，外观呈黑色点状，状似眼瞳，故名活眼；结核体中心无残留的，则形成无瞳的死眼。

石眼可用来判定砚石的坑口产地，如苏易简在《文房四谱 • 砚谱》中谈到上、下岩时说："其贮水处有白赤黄色点者，世谓之鸲鹆眼。"唐询则认为"惟上岩之石乃有眼"。其实端砚中的三大名坑皆有石眼，但不同坑口石眼的颜色与形态是不同的，可以作为鉴别坑口的重要依据之一。

2. 冻

冻是端溪砚石中色泽洁白或白中略带黄、青，边界较清楚，观之类似低温下凝结的动物脂肪的部分。端砚中的冻根据形态可分为鱼脑冻、浮云冻、碎冻等。冻的矿物成分主要为绢云母和水白云母，不含或微含铁矿物。其中绢云母是由两层硅氧四面体夹着一层铝氧八面体构成的复式硅氧层。解理完全，可劈成极薄片状，片厚可达 1 微米以下。硬度虽低（摩氏 2~3），却又具有较好的抗磨性和耐磨性。故含绢云母高的砚石通常具有滑润益毫、贮墨不涸的特点。水白云母属水云母家族，其化学成分中的钾含量较云母低而水含量则较之为高，是云母族矿物向蒙脱石族矿物转变的过渡产物。水云母通常呈鳞片状，具珍珠光泽，弹性较云母差，有滑腻感。另外，冻的三氧化二铝（Al_2O_3）含量比砚石其他部分要高，等于在柔滑的绢云母中加入了一定数量且粒度大小合适的金刚砂，使其具有良好的锉墨效果。故古人认为鱼脑冻是砚中质地最细腻、最幼嫩、最纯净、最发墨益毫之处，在制砚时通常都把有鱼脑冻的那部分完整地保留在墨堂之中，这是经过长期积累而归纳出的实践经验，其中具有一定的科学道理。鱼脑冻只在极少数的老坑、麻子坑、坑仔岩等砚石中出现，它之所以名贵，不仅因为有很高的欣赏价值，而且还因为有良好的研磨性与发墨效果（图 2–45）。

3. 蕉叶白

蕉叶白又称蕉白（图 2–46）。它的矿物成分、化学成分、物理性能与鱼脑冻相同，成因也相同。两者的区别是鱼脑冻比蕉叶白颜色更白，边界更清楚。故蕉叶白也是“石之嫩处”，在制砚时通常都把有蕉叶白的那部分完整地保留在墨堂之中。

4. 天青

在端砚石中色青而微带苍灰，纯洁无瑕者谓天青（图 2–47），即恰如临近黎明前的天空，深蓝微带苍灰色，又即古人所谓：“如秋雨乍晴，蔚蓝无际。”制砚者常以为天青也是端石中细腻、幼嫩、滋润之处，并认为天青位置若有浮云冻就显得更加名贵。究其原因，可能还是因为浮云冻的矿物成分主要是绢云母与水白云母，有较好的研磨性，加之青白相混，有蓝天白云之态，颇有观赏价值，故在端砚制作中，天青部位也通常被完整地安排在砚堂之中。

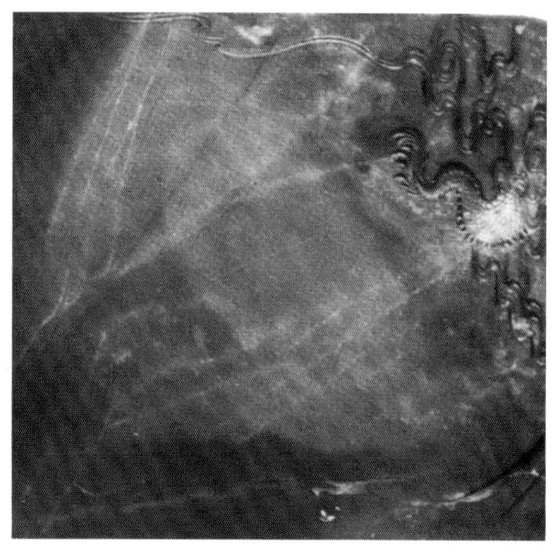

图 2–45 鱼脑冻（取自《中国名砚·端砚》）

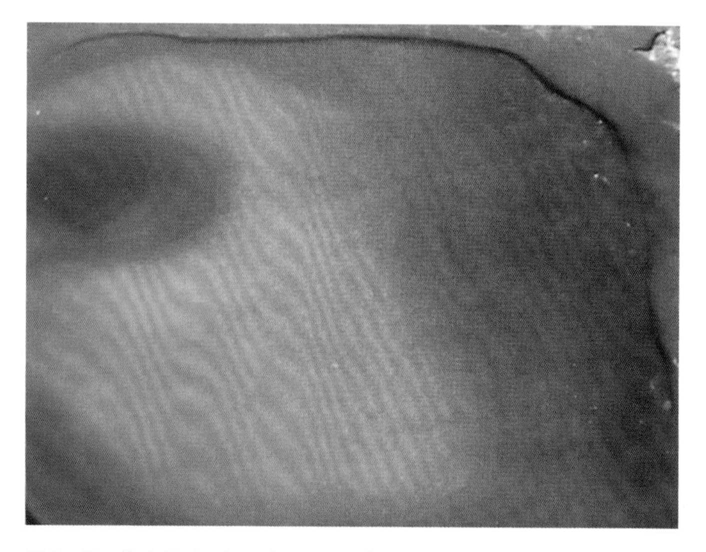

图 2–46 蕉叶白（取自《端砚大观》）

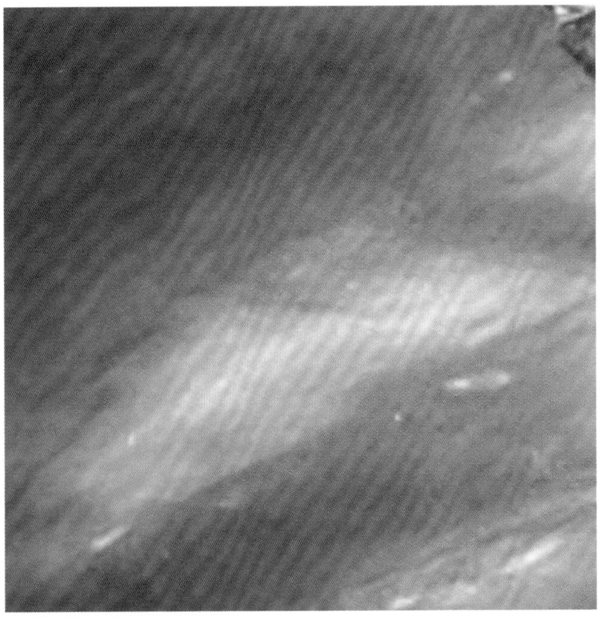

图 2–47　天青（取自《中国名砚 • 端砚》）

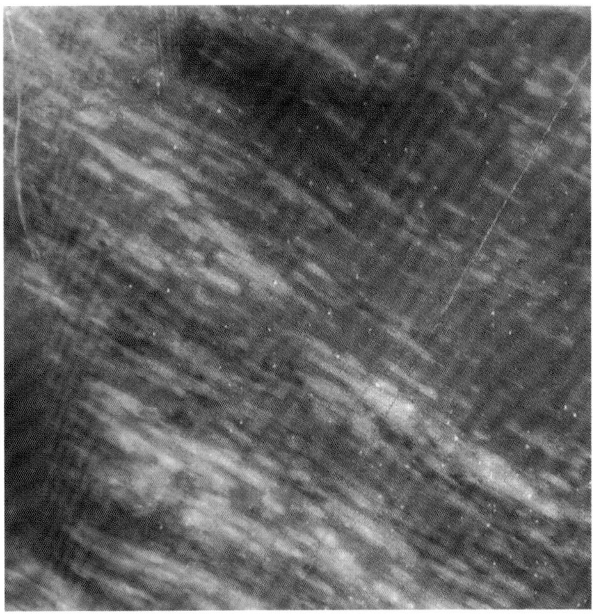

图 2–48　雨淋墙青花（取自《中国名砚 • 端砚》）

5. 青花

青花是端溪砚石中一种十分名贵的石品花纹，是一种自然生长在砚石中呈青蓝色的微小斑点，一般要湿水方能显露。青花的地质学名称为铁矿物质点，是由砚石内粉末状赤铁矿、磁铁矿、菱铁矿、绿泥石等聚集而成的小于 0.5 毫米的小质点。青花种类较多，有微尘青花、雨淋墙青花（图 2–48）、冬瓜瓤青花等。在端砚制作中，青花也通常被完整地安排在砚堂之中。

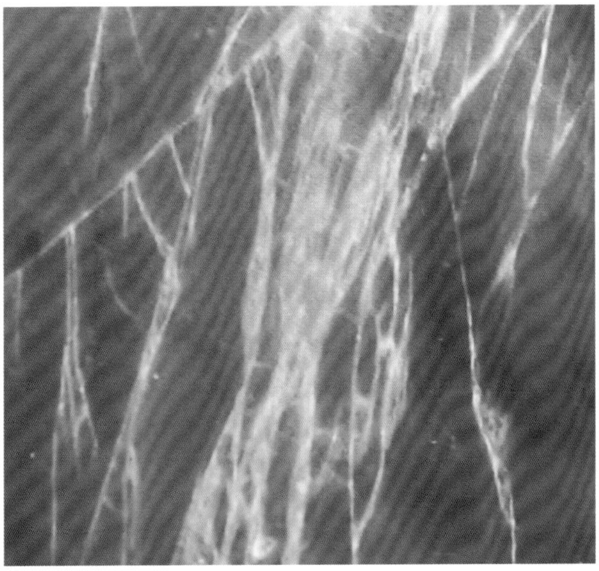

图 2–49　冰纹（取自《中国名砚 • 端砚》）

6. 冰纹

冰纹是老坑独有的一种石品花纹（图 2–49）。它白中有晕，向两边融化，似线非线，似水非水，与砚石本身融为一体，有时像冰上裂纹，有时像悬崖上的瀑布，给人以纯洁朴素之感。冰纹的矿物成分主要是绢云母，在端砚制作中，冰纹也被安放在砚堂或能够更好地体现冰纹之美的地方。

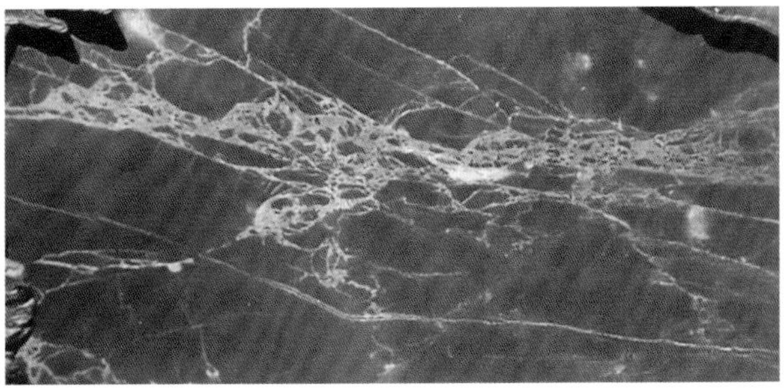

图 2–50　金线与银线（取自《端砚大观》）

7. 金线与银线

金线与银线是多见于老坑砚石中的石品花纹（图 2–50），坑仔岩、麻子坑和宋坑、罗蕉的砚石在偶然情况下也有发现。它呈线条状横斜或竖立在砚石之中，黄色者称金线，白色者称银线。一般而言，稀疏的金线与银线并不影响端砚的质量，但密度过高则有碍研墨，应视为砚疵，但自从端砚的实用性降低、玩赏性增加之后，这种金线与银线也就变疵为宝了。

8. 火捺

火捺是指在端砚石中有些部分出现好像用火烙过的痕迹，呈紫红微带黑色，主要成分是微粒赤铁矿（图 2–51）。端石的火捺有老嫩之分，老者紫中微带黑，嫩者紫中微带红。火捺的类别又分为胭脂火捺、金钱火捺、猪肝冻、马尾纹火捺、铁捺、火焰青等。

9. 翡翠

翡翠在端石中呈翠绿色的圆点、椭圆点斑块或条状。翡翠有别于石眼，它既无瞳子，又不像石眼那样圆正，外围也没有明显的蓝黑色边缘（图 2–52）。翡翠可细分为翡翠纹、翡翠斑、翡翠点、翡翠条和翡翠带。

10. 鸲鸪斑

鸲鸪斑也称麻雀斑，它是呈椭圆形的小斑点，疏密不一地洒落在砚面上（图 2–53）。这些斑点有白中带黄色的，有黄中带褐色的，有青中带黑色的，因其像鸲鸪或麻雀羽毛上的斑点而得名。

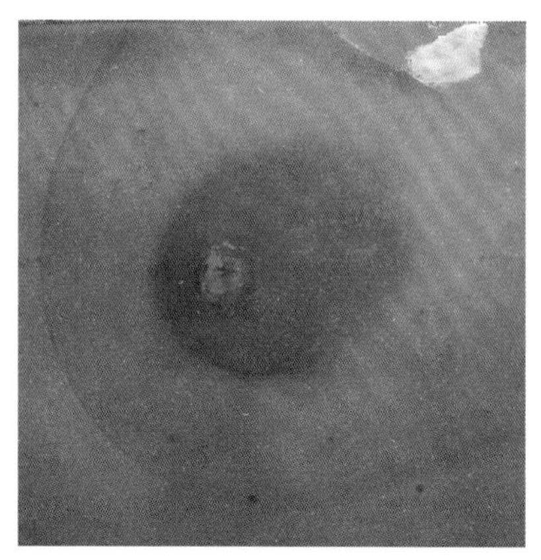

图 2–51 火捺

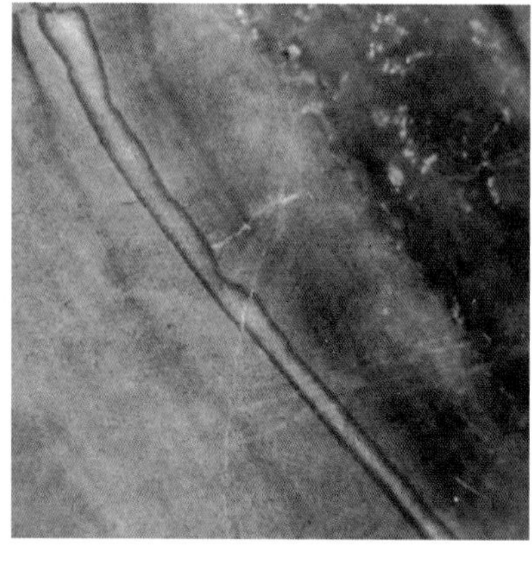

图 2–52 翡翠（取自《端砚大观》）

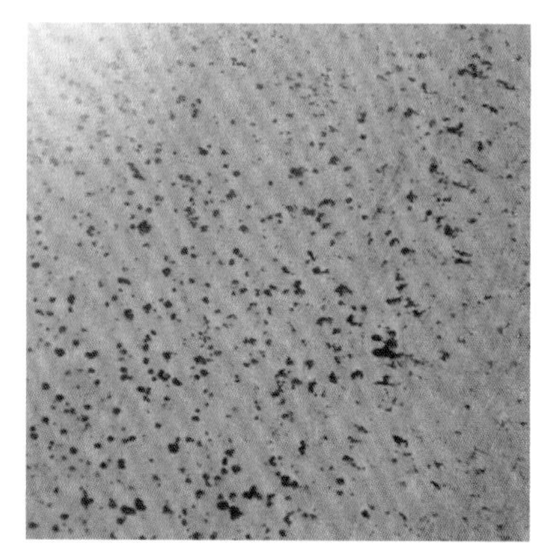

图 2–53 鸲鸪斑（取自《中国名砚·端砚》）

11. 黄龙纹

黄龙纹俗称黄龙，其色泽似由土黄、黄褐、米黄及青绿、苍灰混合而成，通常在砚石表层出现，跨度较大，呈条带状（图 2–54）。不著撰人名氏的《端溪砚谱》认为黄龙是一种“灰黄色如龙蛇横斜布石上”的石病，但如果巧妙利用，也可制出巧夺天工的作品。

12. 虫蛀

在端石的边皮部位，或靠近底板、顶板部位，偶有出现似虫蛀的千疮百孔，或如风化的岩穴。其色近黄褐，有时是黄褐中带几点黑色。虫蛀（图 2–55）是端石中的瑕疵，但它有一种出自大自然的朴实美，在雕刻创作中可变为名贵的“花纹”。虫蛀偶尔见于麻子坑，老坑和坑仔岩则少有这种石品。

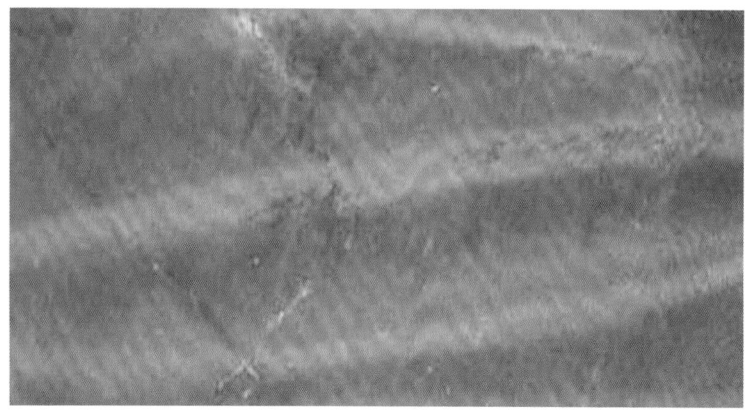
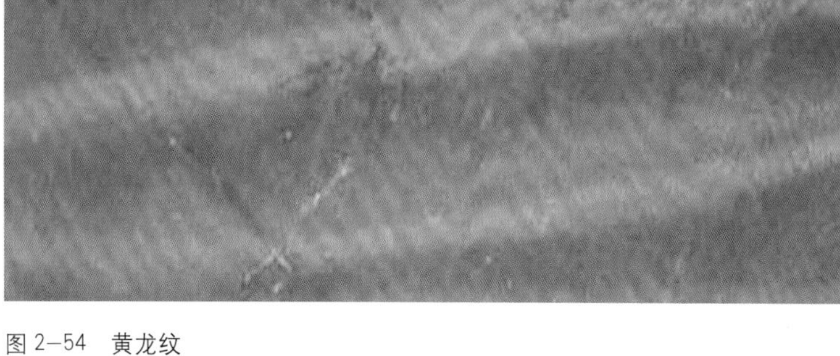

图 2–54 黄龙纹

图 2–55 虫蛀（取自《中国名砚·端砚》）

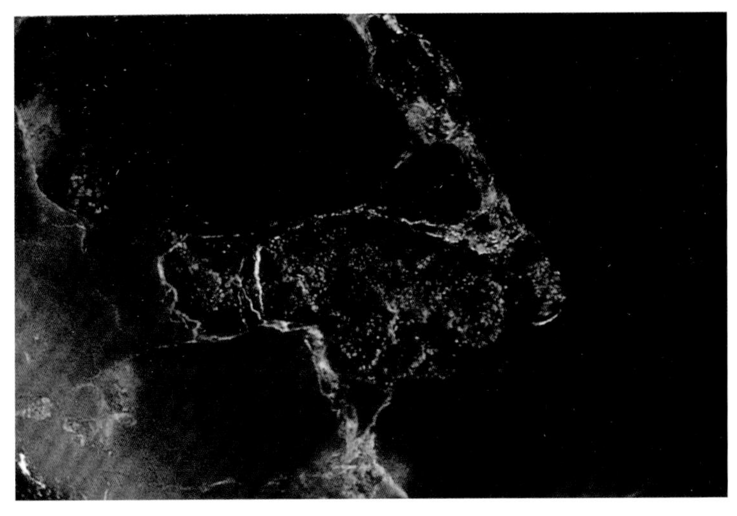

图 2–56　五彩斑（取自《中国端砚——石质与鉴赏》）

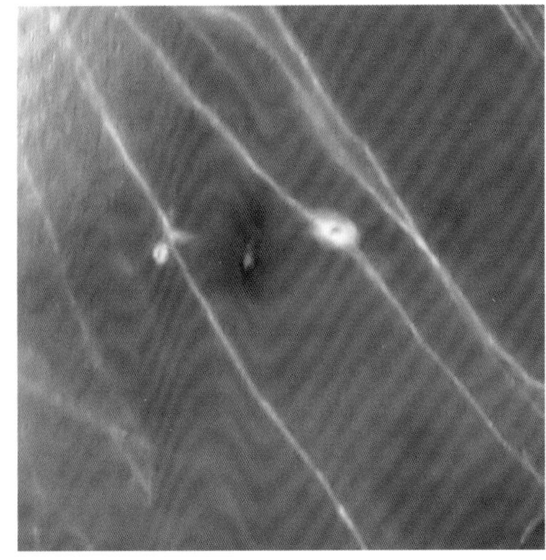

图 2–57　朱砂斑（取自《中国名砚・端砚》）

13. 五彩斑

五彩斑也称五彩钉，是一种由绿、黄、赭、蓝、紫等色组成的结晶状斑块，十分坚硬，拒刀凿，影响研墨，为石疵之一，但有时也可以在创作设计中派上用场（图 2–56）。五彩斑是老坑独有的花纹，是辨别老坑砚石的特征指标之一。

14. 朱砂斑

朱砂斑也称朱砂钉，从形态来看称为朱砂点更合适（图 2–57）。偶尔在老坑砚石中出现，最大直径不超过 1 厘米，呈朱砂色，质地比砚石稍硬，影响研墨，故在端砚制作中常将朱砂钉放在砚堂之外，通过构思与雕刻可对整块端砚起到美化作用。

第三节　理化特性

作为历史名砚，端砚自古以来一直受到文人墨客的赞美，言其色美者用“紫云”，言其细腻者用“石嫩甚者如泥”，言其润泽者用“衬手而润”“呵之则水流”等。为了能更好地理解端砚所具有的优良品质特征，解析端砚石所具有的理化特性也许可以对古人的赞美之词给予恰当的阐释。

一、基本矿物组成与特征

如果以端砚石具有的色泽进行分类，可分为三大色系：一是紫色系，通常称为紫端；二是绿色系，通常称为绿端；三是白色系，通常称为白端。

组成紫端的矿物主要是黏土矿物类的水白云母以及由水白云母变质的绢云母，另外还有少量的石英碎屑、铁矿物、绿泥石等。其中水白云母是白云母的水化产物，其形态为鳞片状，颗粒细小、色白、滑腻、有珍珠般光泽，含有结构水和吸附水。其含量较多时，砚石细腻、娇嫩、滋润，反之则粗糙、干涩。故水白云母含量的多寡，基本可以决定端砚石品质的优劣。绢云母是水白云母变质的产物，是层状结构的硅酸盐，晶体为鳞片状，晶体结合体呈块状，具有强烈的丝绢光泽，主要存在于端砚石中的鱼脑冻、蕉叶白、冰纹冻等石品之中。石英碎屑的主要成分是 SiO_2，摩氏硬度为 7，其颗粒大小与含量多少也是评定端砚石质量的重要指标之一。若颗粒较细且含量适当，则既发墨又不损毫；若颗粒粗且含量较高，则下墨虽快但损毫，且手感粗糙；若颗粒太小且含量过低，则下墨较慢甚至磨墨打滑。铁矿物主要包括赤铁矿、磁铁矿、褐铁矿、黄铁矿与菱铁矿。赤铁矿与端砚的颜色密切相关，其含量的多少可使端砚的石体呈现不同的紫色调，含量高时色深，含量低时色浅。另外，端砚石中的火捺、青花两种石品花纹也主要由赤铁矿局部富集形成。绿泥石通常是指斜绿泥石、鲕绿泥石等，主要成分是镁和铁，也是紫端砚石的呈色物质之一。有时绿泥石与其他铁矿物组成集合体可形成五彩钉。

组成绿端的矿物主要为白云石，其次为水白云母、石英碎屑、磁铁矿、方解石等。白云石为三方晶系，化学式为 $CaMg(CO_3)_2$，主要是由碳酸钙与碳酸镁所组成的矿物。绿端中的白云石呈微晶粒状，粒径在 0.01 毫米以下，其颗粒之间充填有水白云母、磁铁矿、石英碎屑及方解石等。方解石是一种碳酸钙矿物，分布很广，晶体形状多种多样，集合体可以是一簇簇的晶体，也可以是粒状、块状、纤维状、钟乳状、土状等。方解石在绿端中含量很低，对绿端的品质影响很小。

组成白端的矿物主要是白云岩。白云岩是一种沉积碳酸盐岩，主要由白云石组成，常混有石英、长石、方解石与黏土矿物。产于肇庆七星岩石牌村附近的白端石，主要矿物成分为白云石 98%、方解石 2%，颜色呈白色或灰白色。

2010 年卢友任等利用偏光显微镜对紫端与绿端中的部分样品薄片进行了观察，认为端砚品种之间，其矿物组成变化不大，主要矿物成分含量及粒度大小略有变化（表 2–2）。

表 2-2　不同品种端砚的显微特征

样号	品种	岩性	绢云母 /（水云母）		绿泥石		石英		赤铁矿	
			wB/%	粒径 /mm	wB/%	粒径 /mm	wB/%	粒径 /mm	wB/%	粒径 /mm
yk001	梅花坑	粉砂质泥岩	75	＜ 0.001	5	＜ 0.005	15	＜ 0.01	2	＜ 0.01
yk002	宋坑	凝灰质泥岩	80	＜ 0.001	5	＜ 0.005	8	＜ 0.01	5	＜ 0.01
yk003	绿端	泥岩	85	＜ 0.001	9	＜ 0.005	5	＜ 0.01	1	＜ 0.01
yk004	斧柯东	泥岩	80	＜ 0.001	5	＜ 0.005	5	＜ 0.01	3	＜ 0.01
yk005	木纹石	泥岩	80	＜ 0.001	8	＜ 0.005	7	＜ 0.01	3	＜ 0.01
yk006	有冻岩	泥岩	80	＜ 0.001	5	＜ 0.005	10	＜ 0.01	3	＜ 0.01
yk007	坑仔	泥岩	82	＜ 0.001	5	＜ 0.005	5	＜ 0.005	5	＜ 0.005
yk008	麻坑	泥岩	85	＜ 0.001	5	＜ 0.005	5	＜ 0.005	2	＜ 0.005
yk009	老坑	凝灰质泥岩	90	＜ 0.001	5	＜ 0.005	3	＜ 0.005	2	＜ 0.005

数据来源：卢友任、陈志强、喻亨祥等：《端砚的宝石学特征及其仿制品鉴别》，《桂林理工大学党学报》2011 年第 5 期，第 200 页。

二、主要化学成分

1. 紫端石

紫端石的主量化学元素主要有硅、铝、铁、镁、钾，微量化学元素主要有钙、钛、钠、磷等。这些化学元素均以氧化物的形式存在于端石之中。其含量分别是：二氧化硅（SiO_2）58.66%~65.22%；三氧化二铝（Al_2O_3）15.67%~19.88%；三氧化二铁（Fe_2O_3）4.04%~7.49%；氧化铁（FeO）0.71%~2.03%；氧化镁（MgO）1.83%~3.37%；氧化钾（K_2O）4.84%~6.14%；氧化钠（Na_2O）0.13%~0.24%；二氧化钛（TiO_2）0.78%~0.81%；氧化钙（CaO）0.13%~0.24%；五氧化二磷（P_2O_5）0.08%~0.20%；氧化锰（MnO）0~0.09%。从化学成分来看，紫端石应属富铝硅酸盐类矿物。

2. 绿端石

绿端石的主要化学成分为硅、镁、钙、铝、铁、钛等。其含量分别是：二氧化硅（SiO_2）30%；氧化镁（MgO）15%；氧化钙（CaO）15%；三氧化二铝（Al_2O_3）11%；三氧化二铁（Fe_2O_3）4%；氧化铁（FeO）3%；二氧化钛（TiO_2）0.73%。

3. 白端石

白端石的主要化学成分为钙、镁、硅、铝、铁、锰、钾、钠及微量的磷。其含量分别是：氧化钙（CaO）30.37%；氧化镁（MgO）20.87%；二氧化硅（SiO_2）0.83%；三氧化二铝（Al_2O_3）0.12%；三氧化二铁（Fe_2O_3）0.11%；氧化锰（MnO）0.005%；氧化钾（K_2O）0.025%；氧化钠（Na_2O）0.06%。[77]

三、主要物理性质

凌井生曾对紫端石的物理性质做过测试，其摩氏硬度为2.8~3.5（4个样）；体积质量为2.7~2.82g/cm^3；显孔隙率为0.93%~3.49%；饱和吸水率为0.36%~0.59%；抗压强度为660~114kg/cm^2；抗剪强度为181~212 kg/cm^2。

卢有任等用摩氏硬度计对多个品种的端砚硬度进行了测量，得出平均摩氏硬度为3~4，与凌井生所测数值接近。此外，卢有任等还用静水称重法测定了9个端砚石样品的密度，得出端砚石的密度范围在2.59~2.84 g/cm^3，平均值为2. 76 g/cm^3，并认为造成不同品种间的密度差异是由于矿物成分及含量略有不同。

第四节　形制风格

一、端砚形制风格的演化

据《歙砚说》：“旧有古端样，并世传晋右军将军王逸少端样皆外方内若峻坂，然使墨下入水中，至写字时更不费研磨之工，今之端样盖其遗法也。”[78]由此可见，端砚制作者们很早就为端砚的形制样式进行了定位，认为王羲之所用的那种“外方内若峻坂”的砚就是端砚。

初唐时期的端砚注重实用，故形制样式比较简单，主要为箕形、八棱形、长方形、方形和开有环状水槽的等，砚面通常没有花纹。中唐之后，端砚与其他砚种一样，从纯文房用品逐渐演变为兼具实用与艺术价值的工艺品，形制样式的种类较之初唐有所增加。

两宋时期，端砚的石品花纹受到人们的关注，出现了“天青”“鱼脑冻”“蕉叶白”“石眼”“冰纹”等专门用于描述端砚石品花纹的专用术语，端砚的设计与雕刻也通过精巧构思与巧施妙手，将这些天然石品呈现在端砚的不同部位，如砚堂、砚池、砚额、砚面、砚底。这种巧借天工、妙用人工、天人合一、呈现大美的设计思想与雕刻技法，不仅促进了端砚形制样式的多样化，而且成为后代端砚制作的圭臬。

两宋时期的样式花纹非常丰富，唐询曾在其方冠时得先君所授端溪石砚，“其制上圆下方，才长四寸余，心有鸲鹆眼，又有金线，亦当时人所罕睹者”[79]。另据不著撰人名氏《端溪砚谱》记载，当时端砚的形制样式主要有平底风字、有脚风字、垂裙风字、吉祥风字、凤池、四直、古样四直、双锦四直、合欢四直、箕样、斧样、瓜样、卵样、璧样、人面、莲、荷叶、仙桃、瓢样、鼎样、玉台、天研、蟾样、龟样、曲水、钟样、圭样、笏样、梭样、琴样、鏊样、双鱼样、团样、八棱角柄秉砚、八棱秉砚、竹节秉砚、砖砚、砚板、房相样、琵琶样、月样、腰鼓、马蹄、月池、阮样、歙样、吕样、琴足风字、蓬莱样，计49种。然而，由于宋代端砚仍以实用为主，故其形制样式虽然很多，但构图简练、主题突出、风格质朴、清淡雅美、少有繁缛。

蒙元贵族以弓马取天下，重武轻文，端砚业停滞不前，现存元人文献中也缺少端砚形制样式的记载。

明、清两代，端砚在选材、设计、雕刻上，一方面继承唐宋遗风，另一方面也有较多的创新与突破。在形制风格的演变上最为突出的是规矩形砚[80]逐渐减少，随形砚[81]不断增多。例如唐砚主要为箕形、八棱形、长方形、方形（石渠砚）等规矩形砚。即便是小砚，也是经过切割打磨而成的规矩形砚。再如宋代端砚的形制风格虽较唐代多，但仍以四直砚、箕形砚、凤字砚、抄手等样式规整的规矩形砚为主。但自明代以来，规矩形砚日渐减少，而随形砚不断增多。虽然明清端砚中有许多不是以“随形”命名的，但细审其样式风格与加工技艺，就可发现其本质上还是利用石材的自然形态而制成的随形砚。此种变化趋势，与笔者对《四清砚谱》中所列历代端砚样式统计结果相符，进一步证明了自唐至明端砚样式变化的趋势。

细究产生这种变化趋势的原因，主要是唐宋之后端砚佳料，尤其是大块石料日渐减少，价格高涨，巧用石材的自然形态制作随形砚显然比用大裁大切方法制作规矩形砚更能合理地利用石料，节省资源、降低成本。

时至今日，端砚业可谓是空前繁荣，然而由于端砚优质资源更加稀少，故当下用老坑石料制作的端砚几乎没有一方是规矩形砚，用坑仔岩、麻子坑石料制作的规矩形砚也是凤毛麟角。其原因依然是与明清以来端砚优质石料来源渐少有关。

二、端砚样式风格特点

因材施艺是所有砚雕艺术甚至是所有雕刻技艺者们所遵循的宗旨，端砚也不例外。但是要想在因材施艺的基础上创造出与其他砚种不同的雕刻技艺并形成自己的形制风格，首先必须要熟悉砚石的品质，其次要在继承前人雕刻技法的基础上推陈出新。端砚的制作技艺自唐至今已流传千年，现存的历代名砚数量逾百，不同朝代各有佳品，风格有异。尤其是当代，端砚从业者甚多，作品题材选取广泛，雕刻技法多种并用，琳琅满目，蔚为大观。面对众多题材的端砚作品，哪些才是端砚所特有的样式风格呢？笔者不揣浅陋，根据所见端砚实物与图片，认为端砚有别于其他砚种的独特的制砚技艺与形制风格主要表现在“以眼为贵、巧用石品、山水入砚、精繁绮丽”四个方面。

1. 以眼为贵

石眼是大自然赋予端砚的特别宠爱。最早记载石眼的是苏易简，以石眼为贵者最早见于北宋唐询的《砚录》：“大抵以石中有眼者最为贵，谓鸲鹆眼，盖石纹精美者。”由于制砚者与爱砚者对石眼的认识相同，所以自宋代以来，在端砚制作技艺中，以石眼为中心进行构图、设计、雕刻，已成为古今端砚制作者的共识，故笔者将此现象归纳为端砚制作技艺与形制风格的特点之一，即“以眼为贵”[82]。

如现存台北“故宫博物院”的宋苏轼从星砚，用宋端溪梅花坑石雕刻而成，制作者利用梅花坑端石多眼的特点，在墨池上凸起一眼如同明月，下刻流云簇拥，有彩云追月之意（图 2–58）。在砚背则根据眼的位置与高低，雕刻成 70 根小圆柱，每根圆柱的顶端皆有石眼，放眼望去，群星璀璨，有“日月之行，若出其中；星汉灿烂，若出其里”之诗意（图 2–59），是北宋时期梅花坑石料用“以眼为贵”技艺制作的代表作品。

图 2–58 宋苏轼从星砚（正）（取自《西清砚谱古砚特展》）

再如现存台北“故宫博物院”的宋旧端石鹅砚（图 2–60），“全砚作鹅形回环，鹅首即为砚堂，左右翼环抱砚边，洼入处为墨池，鹅首回眸至砚面，并于颈部琢一孔，使能相通，并有一石眼恰好作为鹅眼，全器满刻羽翎纹，砚背中心雕鹅双掌，似恰在划掌于水波中”[83]。这方以石眼作鹅眼的鹅砚，是“以眼为贵”的另一代表作，充分体现了设计者围绕石眼进行设计构图的高超技巧，将人工与天然融为一体，表现自然，令人赞叹。1995 年从六安市金安区宋墓出土的抄手端砚（图 2–61），砚面上的三个柱眼分别雕刻了花瓣状的纹饰，这种刻意对柱眼进行美化的技艺，也从一侧面反映出人们对柱眼的珍视。

图 2–59 宋苏轼从星砚（背）（取自《西清砚谱古砚特展》）

“以眼为贵”的审美观在端砚业界薪火传承，在现存的元、明、清及民国期间的端砚中多有出现。时至当代，端砚界仍然“以眼为贵”，其中作品可谓琳琅满目，美不胜收。然而限于篇幅，笔者仅以刘演良先生的晓风残月砚与黎铿大师的端溪红棉吐蕊砚试作探析。

图 2–60 宋旧端石鹅砚（正）（取自《西清砚谱古砚特展》）

图 2–61 宋抄手端砚（六安市文物局藏，笔者摄于安徽省博物院）

刘演良先生的晓风残月砚（图 2–62）在设计中以石眼为主题，以北宋柳永《雨霖铃》词“今宵酒醒何处？杨柳岸，晓风残月”为砚境，精心构思，巧妙布局。作者用一轮西沉之月、几缕风中垂柳、数枝莲叶残荷，将“方留恋处，兰舟催发。执手相看泪眼，竟无语凝噎”，以及“多情自古伤离别，更那堪、冷落清秋节”的离别之情浓缩于一砚之中。若非文化底蕴深厚，难成如此佳品。

图 2–62 现代晓风残月砚（刘演良制）

黎铿大师的端溪红棉吐蕊砚（图 2–63）在设计上也是以“石眼”为主题，以“红棉花开、春意盎然”为砚境。红棉花又称攀枝花、英雄花、烽火花、木棉花。其盛开时，满树枝干缀满深红而硕大的花朵，如火如荼，耀眼醒目，极为壮丽，素有“英雄树”之美称。作者以石眼作为红棉花的花蕊，用圆雕技法将花朵与花蕊立体地展现开来，令人观之油然而生蓬勃向上和生机勃勃之情，可称端砚制作技艺中“以眼为贵”的又一典型代表。

2. 巧用石品

在端砚制作技艺中，“巧用石品”是端砚制作者必须掌握的技艺之一。可以说“端砚之美，美在石品；端砚之用，也在石品”。端砚的石品花纹品类较多，细细分辨可达数十种。那么如何巧用这些石品？千百年来，端砚制作者们创作了大量的作品，如用鱼脑冻、蕉叶白、荡表现白云与浪花，用冰纹表现水流与瀑布，用石皮表现山石与树干……最终达到扬长抑短、师法天然的目的。

历史最为悠久的“巧用石品”，是对“冻”“荡”“蕉叶白”等类石品花纹的处理。由于“冻”“荡”“蕉

图 2–63 现代端溪红棉吐蕊砚（黎铿制）

图 2–64　宋旧端石松皮砚（取自《西清砚谱古砚特展》）

图 2–65　现代春雨砚（取自《中国端砚名家名作精品展》）

叶白”等与发墨关系密切，故一直被认为是端石中石质最为细腻的部分。将此部分放在砚堂之中，已成为千百年来端砚制作者墨守成规的铁律，是“巧用石品”的典型代表之一。如清代的《西清砚谱》中就有“宋蕉白七子砚”“宋蕉白太素砚”“宋蕉白文澜砚”，以及“旧蕉白绒锁砚”“旧蕉白双螭砚”“旧蕉白瓠叶砚”“旧蕉白双螭瓦式砚”“旧蕉白龙池砚”“旧蕉白瓜瓞砚”，共计 9 方。在台北“故宫博物院”出版的《西清砚谱古砚特展》，目录中明确注明色泽为“蕉叶白”的就有“宋端石松皮砚”“明端石饕餮夔纹砚”“清旧端石六龙砚”。其中旧端石松皮砚（图 2–64）“高五寸二分，宽三寸五分，厚七分许，旧水坑端石为之。质理细润，蕉白莹洁，刻作松段，砚面右方就木节凹处为墨池，背刻松皮鳞纹隐起，上、下、侧面俱有火捺，宛如木理截处，佳手所制也”。乾隆御铭“蕉叶白，松皮青，坚且润，廉以贞，出水岩，龙为睛，黍谷春，研田耕”[84]。

在当代，许多端砚制作者在“巧用石品”上大做文章，创作了很多优秀作品，限于篇幅，仅以春雨砚（图 2–65）为例略作说明。该砚作者通过精心设计，将看似纷繁的冰纹巧妙地化为绵绵春雨，与云朵、农夫、耕牛、树木、农田共同编织成一幅春耕遇雨返家图，给人以“春耕遇雨急返家，牵牛疾行微风斜。紧勒蓑衣手扶笠，闲了田中鼓噪蛙”的清新意境。

3. 山水入砚

在端砚制作技艺中，“山水入砚”并非是指能在砚上雕刻出山水、楼台、树木、云石等山水画元素并凑成一幅画，而是指能真正地领会中国传统山水画的精髓并结合石质石品构思布局，将山水画的精髓用刀与石重新展现。因此“山水入砚”强调的是以端石制作技艺与传统文化底蕴为依托，巧妙利用天然石品花纹，将一段精彩的历史或一个宏大的历史场景或一片绚丽的自然妙境，表现在设计中，浓缩在构图里，附着在砚体上。

在端砚上雕刻山水以抒发制砚者的感情，宋代早已有之，如宋端石洛书砚（图 2–66），其“砚背浅凹刻苏东坡赤壁赋景象，左上方亦有一小眼，衬以景象，犹如高山俏壁云遮月，水落石出一遍（扁）舟之感，舟中人物四五人，似在咏唱欢歌之状，构图极为工巧”[85]。清代的端砚中雕以山水的较多，如端石印心石屋图砚（图 2–67）、端石西庐读书图砚（图 2–68）等，但这些山水多作于砚背。与前代不同的是，当代的“山水入砚”则在砚面上潜心经营，从中国山水画的视角入手将砚面上的石品作为绘画元素，以铁笔作毛颖，孜孜追求。在众多的端砚制作者中，对“山水入砚”有所贡献者很多，刘演良先生可称为代表人物。刘先生的创作不囿古制，以“集百仞为一拳，纳千里为一瞬”，变腐朽为神奇的艺术目标，因石构图，巧借天然石品花纹乃至“石疵”，为天然石材注入人文意趣，创作了许多耳目一新的作品，如“秋山夕照”“桃花源记”“赤壁赋”与“山村雨霁砚”（图 2–69）等。其中山村雨霁砚可以说是“巧用石品”与“山水入砚”的完美结合，是化腐朽为神奇、变瑕疵为珍品的神来之笔。在石品中，黄龙通常被认为是石疵之一，尤其是出现在砚心的黄龙常常令制砚者大伤脑筋。但在山村雨霁砚中，那条横贯砚心的半圆形黄龙变成了雨后初霁的彩虹，悬挂天上。在彩虹之下，先生用红色石皮作为山石，用几根横竖线条制成田埂，再雕耕牛与农夫若干，配上茅屋、山石、树木，寥寥数刀，一幅山村雨霁农耕图便跃然砚上，令人观之顿觉山野清风扑面而来，真可谓：“彩

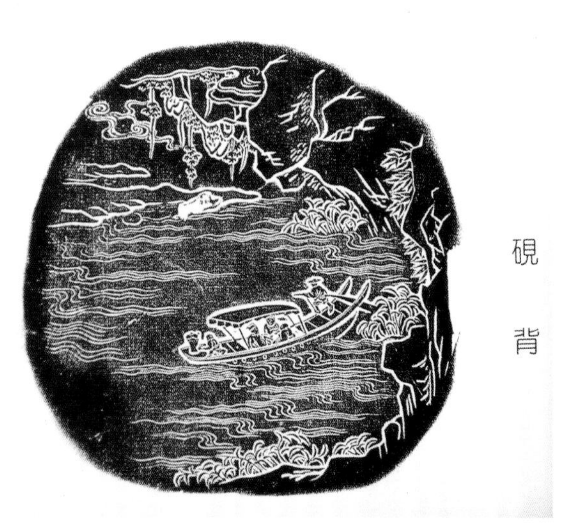

图 2–66　宋端石洛书砚（背）（取自《西清砚谱古砚特展》）

图 2–67　清端石印心石屋图砚（取自《中国文房四宝·砚》）

图 2–68　清端石西庐读书图砚（取自《中国文房四宝·砚》）

图 2–69　现代山村雨霁砚（取自《中国文房四宝》2003 年第 1、2 期）

虹悬挂山雨霁，山泉潺潺涨小溪。农夫挽牛耕不缀，林荫深处布谷啼。”

4. 精繁绮丽

端砚制作技艺中，“精繁绮丽”产生的原因主要有两种：一是自然原因，即端砚石料本身的特殊性，不仅可以精雕细刻，而且可以深雕、透雕。二是社会原因，即受“广作”的影响较深，做工细致，精益求精。对此原因更加深入的探讨，他人已有专论，笔者不再赘述。

对于“精繁绮丽”的理解，笔者认为是通过精雕细琢对天然石品的价值进行点化与升华，是技术与艺术的交融，而不仅仅是技术。若一味追求精细，不惜繁工精镂，其结果不仅画蛇添足，而且是对天然石品的蹂躏与亵渎。诚如清人施闰章在《砚林拾遗》中所言：“石产于端而工不善斫。近日官吏饷贵人，命工镂琢，有星宿海、珊瑚岛、龙虎风云、赤云捧日、三台独柱、人物山水等名状，愈工愈俗，是为石灾。”[86]

端砚“精繁绮丽”的作品早期的可以追溯到宋代，如端石海天砚（图 2–70）背面的海浪纹共由几百朵浪花组成，每一朵浪花刻有 6~10 根线，而每根线都镌刻得一丝不苟。清代是端砚“精繁绮丽”趋于鼎盛的时期，作品较多，在此就不一一举例了。时至当代，由于端砚的实用价值几乎完全消退，故“精繁绮丽”较之清代更加盛行，赋予端砚作品更多的艺术性与观赏价值，其种类大致可归纳为三种，即雕龙刻凤、瓜果翎虫、古玩珍趣。

（1）雕龙刻凤　在所有的砚雕品类中，用精细的刀法雕龙刻凤，端砚制作者的技艺可谓是天下第一。其原因之一是端砚石材的特性决定了端砚可以精雕细刻，而其他砚材较少能够具有如此特性。原因之二是雕龙刻凤作为一种文化现象已经深植于端砚技艺之中，至少从清代开始，端砚中的龙凤雕刻技艺就已达到很高水平。如清端石双龙戏珠砚（图 2–71）与清端石乾隆御题鱼龙纹砚中的龙，个个充满灵气，神气活现。在现代作品中，端砚制作者们为了表达美好的祝愿，经常也会雕一些以“龙凤呈祥”为题材的砚（图 2–72）。

图 2–70　宋端石海天砚（取自《西清砚谱古砚特展》）

这些题材不仅古老而且还有点“俗”，但从中映射出的“龙凤呈祥”之美好祝愿却是绝大多数人都乐意接受的。

（2）瓜果翎虫　肇庆地处亚热带，瓜果翎虫种类丰富，古往今来的端砚制作者通过对大自然的观察，深得雕刻瓜果翎虫的精髓。如清代的端石荔枝形砚（图 2–73），精细到荔枝果实外壳上的每一个凸起都用刻刀交代得明明白白。再如现代的葫芦螳螂砚（图 2–74），葫芦叶弯曲有致、叶脉分明，螳螂栩栩如生，利爪清晰有力，充分体现了作者深厚的雕刻技艺。

图 2–71　清端石双龙戏珠砚（取自《中国文房四宝·砚》）

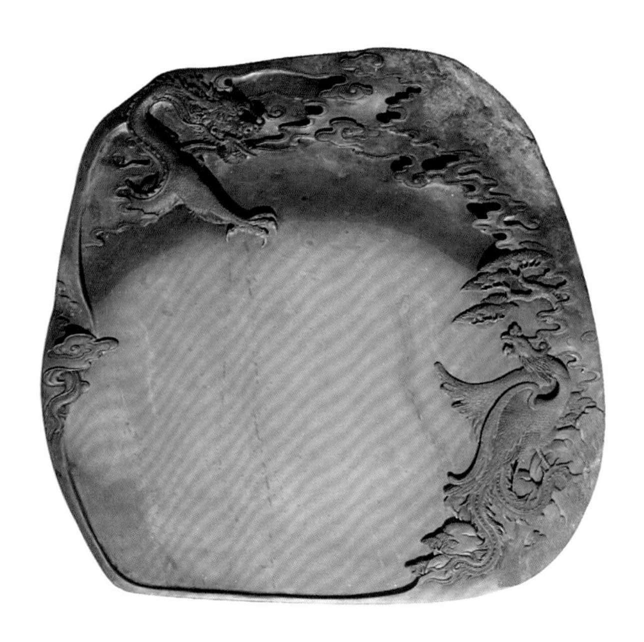

图 2–72　现代龙凤砚（梁金凌制）

图 2–73　清端石荔枝形砚（背）（取自《中国文房四宝·砚》）

（3）古玩珍趣　取古玩珍趣为创作对象，施以妙手，精雕细琢，也是最能体现“精繁绮丽”技法的重要题材。如清旧端石蟠夔钟砚（图 2–75），用端石琢为钟形，其背琢钟形纹，砚顶以螭纹为纽，钟体上部刻有经过变形处理的兽面纹，中间浮刻横铭 24 字，下部则为兽面纹，钟口浅凹刻波浪纹，上下部的兽面纹隙地之间布以雷纹。花纹纤细，极其精致，可视为清代将“精繁绮丽”技艺用于古玩珍趣的代表作之一。当代的端砚制作者以古玩珍趣为题也创作了大量的作品，古琴砚即是其中的一类（图 2–76）。古琴砚的外形近似古琴，但上端开有如意纹的砚池，下端琢成环水式砚堂，使之不悖“砚台”。为了增加砚台的艺术性与观赏价值，制作者通常会雕以繁复的螭纹、雷纹、回纹，以及象征性的七根琴弦。这类砚台通常雕刻得非常精细，尤其是环绕琴边的回纹，虽然每根线条细达 0.5 毫米，但一丝不乱，环环相扣，令人叫绝。

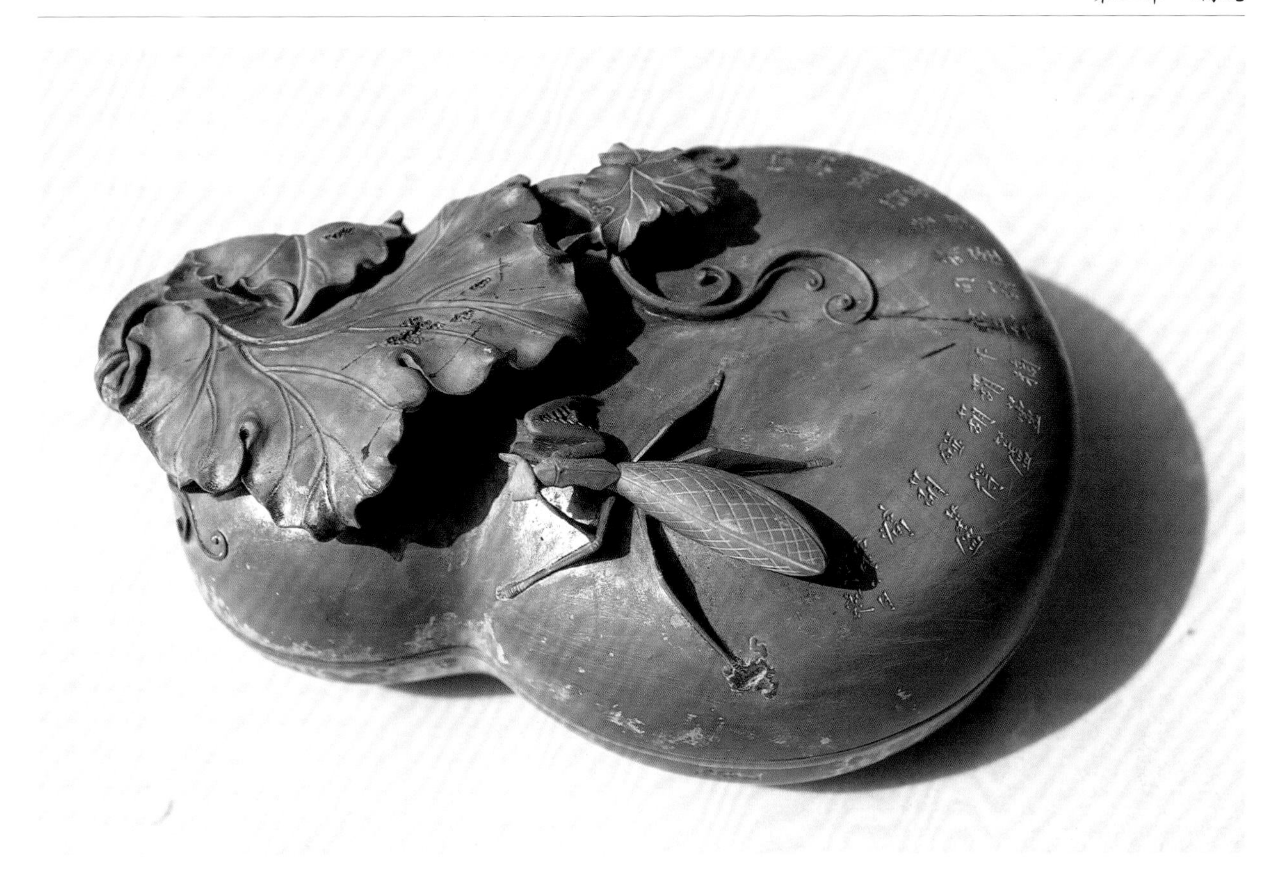

图 2–74 现代葫芦螳螂砚（程八制，笔者收藏）

图 2–75 清旧端石蟠夔钟砚（取自《西清砚谱古砚特展》）

图 2–76 现代古琴砚（程八制，笔者收藏）

第四节　制作技艺

端砚的制作技艺可以分为采石、维料、设计、雕刻、配盒、打磨、浸色润石、上蜡、包装等工序。

一、采石

采石（图 2–77、图 2–78）是端砚制作技艺中的第一环。由于端砚的名贵与否主要取决于砚石的品质，故采石这道工序极为重要。端溪名坑之砚石，自古以来都以手工开采，劳动强度非常大，苏轼《端砚铭》中“千夫挽绠，百夫运斤，篝火下缒，以出斯珍”[87] 就是对端砚制作中采石者艰辛劳动场面的描述。曹溶曾为广东布政使，对水岩坑洞端石采凿记述更详：“开山者秋尽冬初，募人累数百人，操一瓢，林立如贯鱼，舀水瓢中，递出之人足不移，而水潜去，费莫大于此。水既去，以枯蒿籍足，燃脂油之灯，使烟不灼目，仰而凿石。”[88]

图 2–77　古代水岩坑洞采石图（笔者摄于肇庆市端砚博物馆）

由于端溪砚石大多不抗震，故砚石开采至今仍以手工为主。在开采中，采石工必须掌握砚石生长的规律，顺其自然，按部就班，从接缝处下凿，尽量保住砚材的完整。由于有用的砚石层即所谓的“石肉”只有 20~30 厘米厚，而石肉又与上面的顶板石和下面的底板紧密结合在一起，因此采石工必须要有一套寻找石肉与剔除顶板与底板的本领。通常的做法是，当发现石肉后，在顶板石和底板石离石肉 15 厘米处下凿，上、下、左、右四边各凿 5~8 厘米宽的槽（砚工叫“开铆”），深度以刚好凿到石格（石层）为准，然后再用凿子从四边进行敲击，把砚材震开，以保住砚材的完整。

采石工人所使用的工具主要有（图 2–79、图 2–80）：

图 2–78　当代老坑洞采石图（肇庆市端砚博物馆藏）

图 2–79　采石工具凿子

图 2–80　采石工具镢头、手锤

凿：采石工称为上山凿、入岩凿。用铁枝或钢枝打制而成，长 40~60 厘米，直径约 1~2 厘米，凿口部分经淬火钢化处理，主要用于“开铆”凿石。

铁笔：直径 2~3 厘米，长约 150 厘米，用于撬石之用。

铁锤：又称日字锤，长约 12 厘米，宽约 8 厘米，重 5~6 斤，锤把长 25~30 厘米，有圆形、蛋形两种。圆形直径约 2.5 厘米，蛋形 3 厘米 ×2.5 厘米，主要用于敲击铁凿和“搜石”。

手炮凿：20 世纪初期以后用，主要用于打炮眼，长 40~60 厘米，直径 1.6~1.8 厘米，凿头为“鱼尾叉”形。

采石工具的使用要因地制宜，根据端砚石的硬度、成分、厚度（页岩和板岩）而有别，以凿为主，又分尖嘴凿和平口凿，以尖嘴凿为多。这些刀具长短有异，大小不一，粗细不同，但每个石工必备三四十把，每天工作后都要修理或磨砺。

油灯：20 世纪 60 年代之前砚坑采石用的照明器具。用砚石凿成油盏状，中间盛花生油点燃灯芯草或绳制灯芯作为照明之用，油盏直径 10~15 厘米不等，中间凹，平底。

二、维料

维料又称选料制璞（图 2–81）。由于开采出来的砚石并不是全部可以制砚，因此要通过维料，即通过肉眼的观察将石料中有瑕疵的、有裂痕的、烂石、石皮、顶板、底板等去掉。内行的维料石工具有独特的看石本领，不仅可以准确判定哪些石块是可以用于雕刻端砚的石肉，而且还可以准确地预测一块石料内部的石品花纹。对选出的石料，维料石工还要用锤子与凿子根据砚石的天然形状与目测的石料最佳品质部位做“开窗”处理，“开窗”也叫“开

图 2–81　维料

墨堂”，即在石料上凿出一个圆形或随形的凹面，作为日后制砚的砚堂位置。“开窗”时尽量避开瑕疵，但要彰显石品石质，然后再做一些加工制成砚璞，维料工艺就算完成了。过去维料是人工用锤与凿完成的，现在已被手提打磨机代替。

三、设计

设计的目的之一是将砚石的优点展现出来，目的之二是将砚石上的瑕疵化腐朽为神奇，以锦上添花，增加其艺术价值。砚的设计要求是“因石构图，因材施艺”，并考虑题材、立意、构图、形制与雕刻技法如刀法、刀路之间的相互联系。另外还要充分考虑如何利用天然石皮，以制作出融天然与人工于一体的端砚佳品。通常的设计准则是将砚石中石质最幼嫩、最细腻、最发墨的部分留作砚堂，一方面易于发墨，提高实用性，另一方面增加观赏性，提高艺术价值。

设计可以先在纸上画出草图（图 2–82），然后复写到砚坯上，也可以直接将图案纹饰绘在砚坯上（图 2–83）。对于一些具有保留价值的经典图案，通常在砚制好后拓出拓片（图 2–84），以供下次临摹。

图 2–82　在纸上画出的设计图

图 2–83　直接在砚坯上设计画图

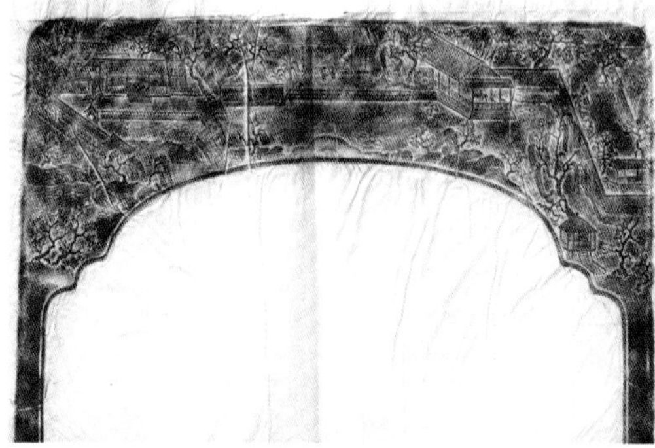

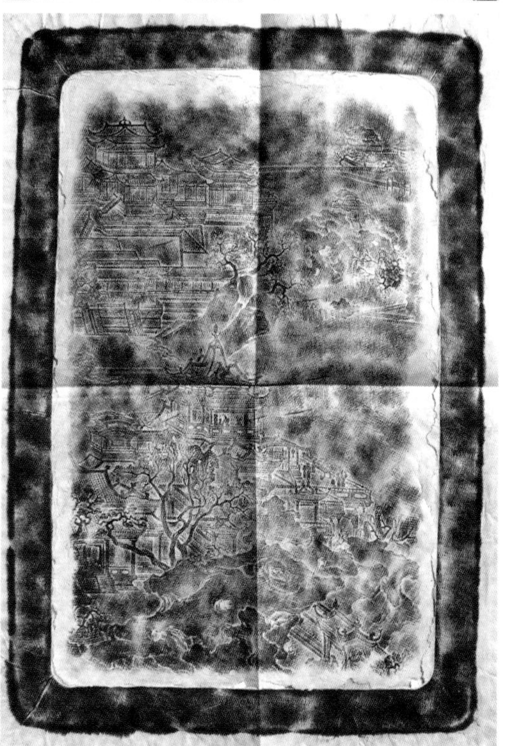

图 2–84　拓片（正面局部）与背面（程八提供）

四、雕刻

雕刻是端砚制作过程中极其重要的工序。要使一块天然朴实的砚石，成为一件精美的工艺品，不仅需要有新颖的造型设计，而且还需要有水平高超的雕刻技艺。雕刻技艺运用得当，可使端砚锦上添花，运用不当则画蛇添足甚至弄巧成拙，故雕刻艺人不仅要因石构图，还要因砚施艺，去粗存精，端砚雕刻主要有深刀（高深雕）与浅刀（低浮雕）雕刻，还有细刻、线刻，适当的通雕（镂空）等。但有些石品花纹非常美观的砚石，制作者则不雕或少雕，稍加打磨后制成具有观赏性的平板砚。

1. 常用的雕刻工具

（1）锤　用来敲打凿子、砚石，分木锤、铁锤两种。木锤，当地匠人叫“凸拍”，选用坚硬的杂木、花梨木、酸枝木等制成，3 厘米 ×5 厘米长方形，长 25~30 厘米，有方头圆把和整条方形两种。铁锤为（3~4）厘米 ×（4~5）厘米的长方形铁块，高约 5 厘米，重 1~2 斤，锤把长 25~30 厘米，由硬木制成，接锤头一段长约 8 厘米，为长方形，抓手处为直径约 3 厘米的圆形或蛋形。木锤主要用于雕刻图案，铁锤主要用于“凿大坯”和“搜石”（敲去无用之石）。

（2）凿　雕砚的主要工具，分为文凿和武凿。文凿主要用于雕刻和精细处理之用，大致分方口凿、圆口凿、勾线凿、铲凿（鲤鱼肚）。其中方口凿用于刻画线条，圆口凿用于雕刻弧形图案，勾线凿用于拉线条、刻画对称线条等，铲凿用于铲平图案底部。武凿用于制坯（摘石），有方口凿和尖口凿两种。方口凿用于凿去无用之石，尖口凿用于制大坯、开砚堂。

（3）凿卡（图 2–85）　又叫“抓”，是一种凿刻砚的辅助工具。其用酸枝木等硬木制作，长方形，长约 6 厘米，边宽约 1.5 厘米 ×1.5 厘米，两头各钻有大小不等的孔。使用时把凿穿入孔中，然后将凿卡抓在手中能稳稳地握住凿并方便操作（图 2–86）。

图 2–85　凿卡

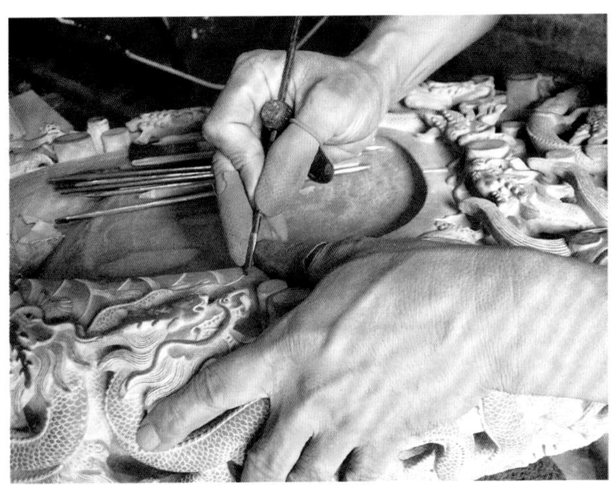

图 2–86　凿卡的用法

（4）钻　钻孔工具。长约 50 厘米，硬木制成，一头有可旋转的抓手，一头安装粗细不等的钢制尖嘴钻头，中间用硬木制“拉”，拉两头绑麻绳，麻绳缠住中间木杆，用手来回拉，用于钻孔。这种钻孔工具目前已极少有人使用，多用电钻代替。

（5）锯　对端砚传统技艺继承较好的制作者们，锯解砚石所用工具为一种无齿锯，有长短之分（图 2–87）。长锯 60~80 厘米，厚 0.1 厘米，锯方璞砚石之用，一次可锯多块砚石。短锯主要锯“对璞”石用，即将一块端石纵向锯开分为两块，若其中有图案则正好成镜像，浑然有趣。锯条用无齿的钢片制成或直接

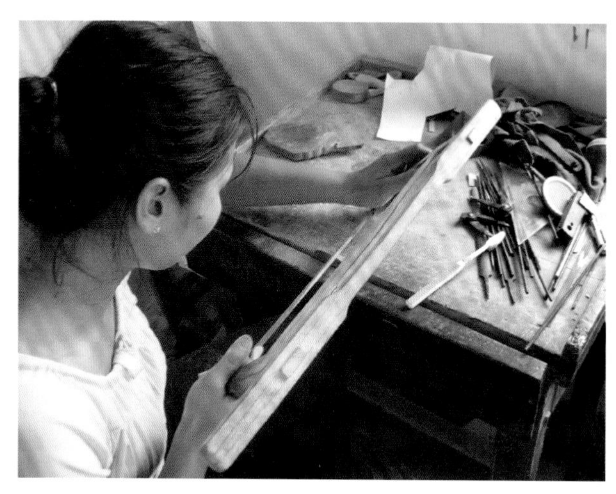

图 2—87 锯料

图 2—88 功夫台

使用木工锯条，在锯砚石时通常要在锯解处放入筛过的细沙和水，一人或两人拉锯。此无齿锯以及锯解方法，清人施闰章在《砚林拾遗》中有记录："解石之锯无齿，视墨绳处撒沙，加水引锯，斯入。盖籍沙为锯锋也。"[89]此方法显然来自解玉工艺，应该对端石影响甚小，但今日之端砚制作者已极少使用此法，而代之以电动切割工具。

（6）滑石　20 世纪 70 年代前用的滑石多为天然石料，有粗细之分。在打磨端砚时，先用粗滑石用于磨去凿口、沙划痕并磨平，再用细滑石磨滑砚的各个部位。20 世纪 70 年代后用粗细不等的油石、水磨砂纸作为打磨工具。

（7）工作台（功夫台）（图 2–88）　砚工雕刻砚时用的工作台，有功夫位、三角功夫台和四脚功夫台三种。

传统的端砚雕刻技艺很重视"动"与"静"的和谐统一。例如在雕刻"云龙吐珠""二龙戏珠""云龙""云蝠"中的龙时，一方面是考虑龙的动感，如上下舞动的龙体，翘起的龙首，龙口吐的气或珠；另一方面则用祥云萦绕、风起云涌，加以衬托，加强动感。

传统的端砚雕刻艺术还很重视"线"与"面"的统一。使"面"显得更加宽广和粗犷，使"线"显得更加细腻、婉转和流畅。

2. 端砚雕刻的主要技法

（1）线刻　用线来表现形象与景物，有阴刻和阳刻两种。阴刻是用刻刀刻出沟槽似的线条，有粗细均匀的精细线条，也有粗犷顿挫的变化线条；阳刻，就是用刻刀铲出凸起的线条。

（2）浅浮雕（图 2–89）　所刻景物有一定厚度、有层次、有立体感的雕刻技法。根据所刻景物的远近关系，刻出深浅不同的变化层次，呈现出较强的高低起伏。

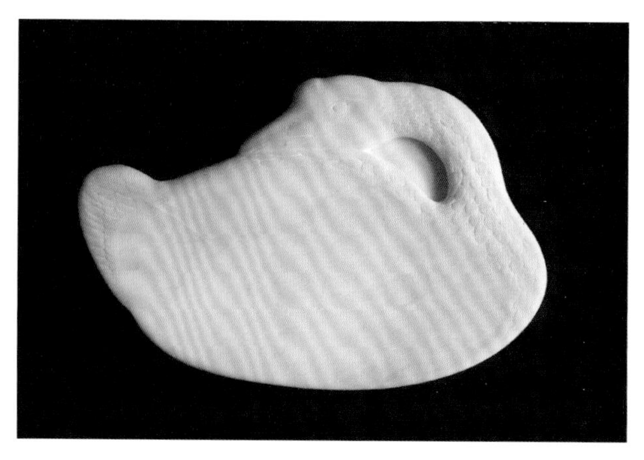

图 2—89 浅浮雕

（3）高浮雕　所刻形象的厚度与圆雕相近，形象景物有较强烈的高低起伏，层次丰富，常常与浅浮雕相结合，使前景、中景、远景的空间关系得到充分的表现。

（4）立体雕　又称圆雕，多用于将整个砚雕成某种动物、瓜果、器具，有的还可以从中分为两半，

图 2–90 透雕

一半为砚，用于研墨；一半为盖，防止墨液蒸发。

（5）透雕（图 2–90）又叫镂空雕，是在浅浮雕或深浅雕的基础上，将某些画面以外的空白部位镂空，或层次之间透空，使形象具有很强的立体感，影像轮廓更加鲜明。

五、配盒

砚石雕刻完毕，通常还需配上砚盒（图 2–91、图 2–92）。砚盒起着防尘和保护砚石的作用，同时，质量好的砚盒本身也是一件艺术品、装饰品。砚盒的用料很讲究，名贵的甚至用紫檀、酸枝、楠木、鸡翅等木料。一般的砚盒用坤甸木、杂木，还有的用锦盒。砚与盒必须吻合，所以在制作时要考虑到木盒的干湿度，为防止砚盒收缩后小于砚台，砚盒本身要稍比砚石四周宽些，以便能够取出砚石洗涤。砚台配上砚盒，不仅能使端砚显得更加古朴凝重，而且还可以保护砚面甚至避免整个砚台意外破损。

图 2–91 制作纸盒

图 2–92 制作木盒

六、打磨

打磨（图 2–93）工序一般放在配盒之后。据屈大均（1630~1696）《广东新语》所载，端砚打磨“先以水岩口之前亚婆井粗石磨之，次以灵山寺前细沙和粗石磨之，次以蚺蛇坑之石细磨之，又以飞鼠岩之石细细磨之”[90]。江藩认为，端砚打磨使用的是产于羚羊峡的五道石，“以粗细分为五道。治研者以第一道石磨之，以次递磨于五道而砚成矣。予尝亲试之，第一、二道无异砺石 ，下石如泥，三、四道石质细而不伤砚，到五道水乳交融，如蜡涂热金，研面无磨砻之迹矣。岂天生是石为攻砚之用耶”[91]。现代则先用粗油石粗磨，去除凿口、刀路，再用细油石细磨（图 2–94），然后用粗的水砂纸蘸水打磨，最后用 1000 目以上的水砂纸反复打磨，直到砚台手感光滑细腻为止。砚石打磨质量的高低，直接影响砚的品质与使用效果。人们在选择端砚的时候，除以水湿石察看石色，鉴赏石质和石品花纹外，还常用手按摸砚堂，看是否细腻、润滑。

图 2–93 打磨

图 2–94 打磨用的油石

七、浸色润石

对于某些石质不佳的砚台，有人会将磨好的端砚浸入到一定浓度的墨汁之中，让墨液充分滋润砚石，过一两天后再取出进行褪墨处理，使处理后的砚台颜色变得黝黑一些。另一种方法是用佛桑花液进行染渍，使处理后的砚台颜色变得稍红一些，不过用这两种方法处理后的砚台若遇水洗，都可能掉色，现在已较少采用这种方法。

八、上蜡

将打磨好的砚用热水或慢火加温，以砚台表面温度达到能让蜡熔化即可，然后趁热涂上蜜蜡或白蜡，再用布或刷子把蜡擦匀，待砚冷却后用木炭粉将砚堂部位的蜡擦去，这样一方端砚的制作工艺就算全部完成了。然而古人中有极力反对在端砚外熔蜡封之的做法，认为这种做法对端砚无补。如曹溶在《砚录》中言：“石本水德，今乃火攻，芳润之性，十损其五。蜡本韧腻，受尘垢，不数年磨去旧蜡，上新蜡，蜡数上而石全枯矣，蜡中视石，如隔云见月，昏翳闷人。且蜡石不发墨，未审于砚何补也。”[92]

图 2–95 内用黄花梨木盒外用锦盒包装的端砚（笔者收藏）

九、包装

据苏易简记载，端砚的包装是用溪水中所产的一种草裹之，“故自岭表迄中夏而无损”。其后应以木盒包装为主，纸盒则是现代的产物。通常品质较高的端砚配以木盒，品质较次者配以纸盒，但也有在木盒外再套纸盒双重包裹者，以显其珍贵（图 2–95）。

注释：

[1] 陈大同：《端砚在唐以前已面世辩》，《肇庆学院学报》2006 年第 27 卷第 4 期，第 33~34、47 页。

[2] 苏轼著，孔凡礼点校：《苏轼文集》卷十三《万石君罗文传》，中华书局，1999 年，第 424~425 页。

[3] [24] [56] [60] 〔宋〕米芾：《砚史》，宋百川学海本。

[4]〔宋〕高似孙：《砚笺》，清栋亭藏书十二种本。

[5]〔宋〕苏轼：《东坡志林》卷六，明刻本。

[6]〔五代后晋〕刘昫、张昭远等：《旧唐书·许敬宗传》。

[7]〔清〕计楠：《石隐砚谈》，载邓实、黄宾虹编：《中华美术丛书》十四，北京古籍出版社，1998 年。

[8]《西清砚谱》，上海书店出版社，2010 年。

[9] 此诗之名在诸种文献中不太相同，本名引自清康熙四十四年(1705)曹寅、彭定求、沈立曾、杨中讷等奉敕编纂的《全唐诗》。

[10]〔唐〕刘禹锡：《刘梦得文集》卷二十四，四部丛刊景宋本。

[11]〔清〕陈龄：《端石拟》，清同治十二年（1873）刻本。

[12]〔唐〕李贺：《杨生青花紫石砚歌》，〔清〕《御定全唐诗》卷三百九十二，清文渊阁四库全书本。

[13]《御定全唐诗》卷六百一十三，清文渊阁四库全书本。

[14]《御定全唐诗》卷六百二十五，清文渊阁四库全书本。

[15]〔唐〕李肇：《唐国史补》卷下，明津逮秘书本。

[16] [18]〔宋〕苏易简：《文房四谱》卷三，清十万卷楼丛书本。

[17]〔宋〕欧阳修：《欧阳文忠公集》外集卷第二十二，四部丛刊景元本。

[19] [20] [21]〔宋〕朱长文：《墨池编》卷六，清文渊阁四库全书本。

[22]〔清〕史树骏、区简臣：《肇庆府志》，清康熙十二年。

[23]〔宋〕蔡襄：《荔枝谱》，宋百川学海本。

[25]〔宋〕王安石：《临川集》卷二十三，四部丛刊景明嘉靖本。

[26] [27] [28] [29] 不著撰人名氏：《端溪砚谱》，清文渊阁四库全书本。

[30] 刘景为广东海阳县人，乃北宋哲宗绍圣四年（1097）正奏三甲进士刘允的次子，于北宋徽宗靖康元年（1126）荐辟为银青光禄大夫、拜赐开国男的爵位，曾任台州、南雄二州的知事。

[31] 广东省博物馆：《广东潮州北宋刘景墓》，《考古》1963 年第 9 期，第 499~500、515 页。

[32]《元史》卷一百七十七《张思明传》。

[33] [34]〔明〕陈继儒：《妮古录》，明宝颜堂秘笈本。

[35] [40]〔明〕文震亨：《长物志》卷六，清粤雅堂丛书本。

[36] 天籁阁为明代嘉兴项元汴的藏书阁名。元汴，字子京，号墨林居士。

[37]〔明〕李日华：《六研斋笔记》卷三，明刻清乾隆修补本。

[38] [39]〔清〕朱玉振辑：《端溪砚坑志》卷五，清嘉庆求已轩刻本。

[41]〔明〕宋诩：《竹屿山房杂部》卷七，清文渊阁四库全书本。

[42]〔明〕曹昭著，王佐补：《格古要论》，清惜阴轩丛书本。

[43] [45] [46]〔清〕吴绳年编：《端溪砚志》卷中，清乾隆王永熙刻本。

[44]〔清〕曹溶：《砚录》，引自〔清〕曹溶辑、〔清〕陶越增删：《学海类编》，涵芬楼，民国 9 年（1920）影印本。

[47]〔清〕吕留良著，徐正注解：《吕留良诗文集》（下册），浙江古籍出版社，2011 年。

[48] 宋向阳：《端溪研坑图——一幅刻在端砚上的地图》，《地图》2000 年第 4 期，第 49~52 页。

[49] 台北“故宫博物院”编辑委员会：《西清砚谱古砚特展》，台北“故宫博物院”，1997 年，第 286 页。

[50]〔清〕朱玉振：《增订端溪砚坑志》，《续修四库全书》第 1113 卷，上海古籍出版社，2002 年，第 480 页。

[51] 何向：《从仪式走向信仰——端砚行业神崇拜复兴的田野调查》，《中南民族大学学报》（人文社会科学版）2010 年第 30 卷第 5 期，第 17~21 页。

[52] 李玮：《肇庆端砚业合作社的时代特征》，载《星湖砚语》，广东人民出版社，2011 年，第 289~292 页。

[53] 刘演良：《端砚三大名坑概述》，《收藏》2010 年第 9 期，第 120 页。

[54] 柳新祥：《中国名砚——端砚》，湖南美术出版社，2010 年，第 21 页。

[55] 季明钧：《广东端砚石产出地质特征及其成因机制探讨》，《广东地质》1990 年第 5 卷第 3 期，第 88、95 页。

[56] 卢友任、陈志强、喻亨祥等：《端砚的宝石学特征及其仿制品鉴别》，《桂林理工大学学报》2011 年第 31 卷第 2 期，第 198~201 页。

[57] 陈志强、何小青、卢友任等：《端砚微量元素地球化学特征研究》，《地球化学》2011 年第 40 卷第 4 期，第 387~391 页。

[58] 有关端砚行业祭拜祖师活动可参考何向著：《从仪式走向信仰——端砚行业神崇拜复兴的田野调查》，《中南民族大学学报》（人文社会科学版）2010 年第 30 卷第 5 期，第 17~21 页。

[61] [91]〔清〕江藩：《端研记》，载〔清〕江藩：《炳烛斋杂著四种》，合众图书馆，民国 37 年（1948）石印本。

[62] [64] [69] [70] [75]〔清〕何传瑶：《宝研堂研辨》，清道光十九年（1839）刻本。

[63] [73]〔清〕朱彝尊：《曝书亭集》卷六十，四部丛刊景清康熙本。

[64] [66] [88] [92]〔清〕曹溶《砚录》，载〔清〕曹溶辑、〔清〕陶越增删：《学海类编》，涵芬楼，民国 9 年影印本。

[65]〔清〕陈龄：《端石拟》，清同治十二年（1873）刻本。

[67] [86] [89]〔清〕施闰章：《学余堂集》外集卷一《砚林拾遗》，清文渊阁四库全书本。

[68] [72]〔清〕郝玉麟等：《广东通志》卷五十二，清文渊阁四库全书本。

[71]《端砚大观》编写组：《端砚大观》，红旗出版社，2005 年，第 17 页。

[74]〔清〕纪昀：《阅微草堂砚谱》，湖北美术出版社，2002 年据民国 5 年（1916）影印本影印。

[76] 郑辙：《砚和砚的研究现状》，《珠宝》1991 年第 2 期，第 5 页。

[77] 紫端石、绿端石、白端石的化学成分与含量等相关数据引自《端砚大观》第 10~12 页。

[78]〔宋〕不著撰人名氏：《歙砚说》，宋百川学海本。

[79]〔宋〕朱长文：《墨池编》卷六，清文渊阁四库全书本。

[80] 笔者对“规矩形砚”的定义是，较少考虑石料的自然形态，由人工对石料进行较多的切割打磨，使之成为可以用中轴线分为左右两半对称的一类砚台。

[81] 笔者对“随形砚”的定义是，依照原石料的自然形态，随形进行雕刻，较少进行切割，其成品不可以用中轴线分为左右两半对称的一类砚台。

[82] 按理对石眼巧加运用也应算是“巧用石品”，但鉴于石眼本身的特殊性，故而单独列出另加阐述。

[83] 台北“故宫博物院”编辑委员会：《西清砚谱古砚特展》，台北“故宫博物院”，1997 年，第 234 页。

[84] 台北“故宫博物院”编辑委员会：《西清砚谱古砚特展》，台北“故宫博物院”，1997 年，第 238 页。

[85] 台北“故宫博物院”编辑委员会：《西清砚谱古砚特展》，台北“故宫博物院”，1997 年，第 206 页。

[87]〔宋〕苏轼：《东坡全集》卷九十六，清文渊阁四库全书本。

[90]〔清〕屈大均：《广东新语》卷五，清康熙水天阁刻本。

第三章　歙砚

歙砚是用产于古代歙州辖地内（今安徽省歙、黟、休宁、绩溪、祁门县及江西省婺源县）所产砚石，经人工制作而成的砚台。歙石种类较多，分布较广，其中出产优质歙石石料的坑口主要集中在今江西省婺源县溪头乡砚山村附近的龙尾山一带，故歙砚在历史上也被称为龙尾砚。上等的歙石兼具坚、润之质，有涩不留笔、滑不拒墨、叩之有声、抚之若肤、磨之如锋等特点，具备“坚、润、柔、健、细、腻、洁、美”之八德，是我国著名的砚台品类之一。

第一节　历史沿革

一、唐与五代

从现存文献来看，最早提及歙砚的是生活在五代至北宋间的陶穀（903~970）。他在《清异录》“宝相枝”条目下记载了：“开元二年，赐宰相张文蔚、杨涉、薛贻宝相枝各二十，龙鳞月砚各一。宝相枝，斑竹笔管也，花点匀密，纹如兔毫。（龙）鳞，石纹似之，月砚，形象之，歙产也。”[1] 从文献学的角度来看，在中国国家图书馆中藏有多部不同版本的《清异录》，“宝相枝”条目下“龙鳞月砚”的记载完全相同。另外，《清异录》中包括“龙鳞月砚”在内的许多内容曾被元人陶宗仪（1329~约1412）抄录在《说郛》之中。陶宗仪是中国历史上著名的史学家、文学家，《说郛》是陶宗仪汇集汉魏至宋元时期名家作品617篇编纂而成，为私家编集大型丛书较重要的一种，以上可证历史上确有《清异录》一书。另从学界对《清异录》的认可程度来看，《清异录》是中国古代一部重要笔记，最早完成于五代末至北宋初，保存了中国文化史和社会史方面的很多重要史料，该书中一半以上的条目分别被《辞源》和《汉语大词典》所采录，故《清异录》中相关文献的真实性与价值由此可见一斑。

至于《清异录》“宝相枝”条目下所记载的“龙鳞月砚”是否就是歙砚，笔者试从以下几个方面进行探讨。首先是“歙产也”中的“歙”究竟是指何地。查《旧唐书》江南道中有“歙州，隋新安郡。武德四年，平汪华，置歙州总管，管歙、睦、衢三州。贞观元年，罢都督府。天宝元年，改为新安郡。乾元元年，复为歙州。旧领县三，户六千二十一，口二万六千六百一十七。天宝领县五，户三万八千三百三十，口二十六万九千一百九。在京师东南三千六百六十七里，至东都二千八百二十六里”[2]。这五个县分别是歙、休宁、黟、绩溪、婺源。查《新唐书》中有“歙州新安郡……县六：歙、休宁、黟、绩溪、婺源、祁门”[3]。再查《宋史》中有“徽州，上，新安郡，军事。宣和三年，改歙州为徽州。崇宁户一十万八千三百一十六，口一十六万七千八百九十六。贡白苎、纸。县六：歙、休宁、祁门、婺源、绩溪、黟”[4]。由上述可知，“歙”在唐代指歙州，下辖歙、休宁、黟、绩溪、婺源五县，在宋代更名“徽州”，下辖歙、休宁、黟、绩溪、婺源、祁门六县。而上述六县的行政区划与今日差别不大。故《清异录》中“龙鳞月砚”的产地即在今歙、休宁、黟、绩溪、婺源、祁门六县之内。其次是歙砚石料中有没有石品花纹看似龙鳞的品种。从历史文献可知，歙砚向来以石品花纹丰富而著称，笔者在调研中对歙砚的石品花纹进行了较为广泛的收集，其中确有砚石具

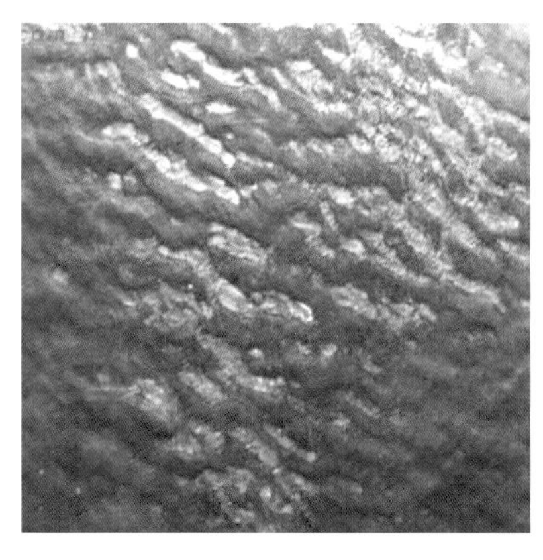

图 3–1 近似龙鳞纹样的歙石（1）

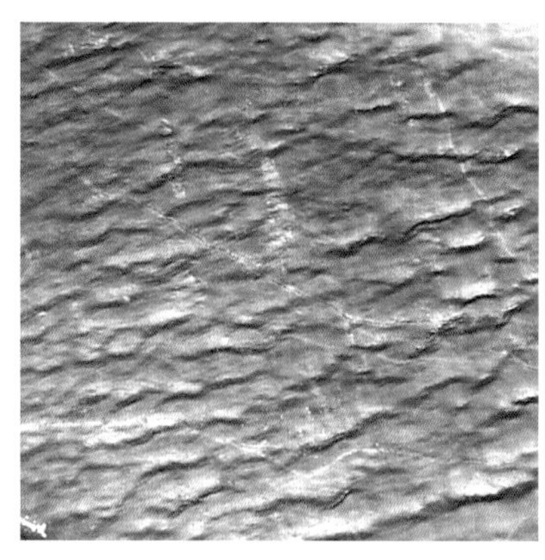

图 3–2 近似龙鳞纹样的歙石（2）

图 3–3 近似龙鳞纹样的歙石（3）

有鳞片状花纹（图 3–1、图 3–2、图 3–3），观之凹凸不平，抚之平坦如纸，与传说中的龙鳞非常相象。这种歙石不仅花纹美观，而且发墨益毫。但此类砚石即使在今天也不太多见，是歙砚爱好者与收藏家们追求的上等宝物。在中国古代，皇帝们常以“真龙天子”自诩，这些具有龙鳞状花纹的歙州所产砚石，被精心设计雕琢成具有龙鳞纹的砚台供皇帝御用，是非常有可能的。再次是唐代的砚台样式中是否已有“月形”。笔者回忆自己经眼的唐代石砚的实物与图片，确实未曾见有整体为满月形或砚池开成弯月形的造型，但是两汉期间的石砚与晋隋期间的瓷砚，整体为圆形的却很多。另外，在宋人唐积的《歙州砚谱》“名状第六”中明确记有“月样”“方月样”与“新月样”。虽然这些“月样”出现在宋人的著作中，但其渊源也许可以追溯到唐代或更早。（图 3–4、图 3–5）

由上所述，笔者认为《清异录》“宝相枝”条目下记载的“龙鳞月砚”基本可以确定为是用产于歙州的花纹近似龙鳞的砚石制作的月形砚台，也即至少在唐开元二年（714），歙砚已经成为唐玄宗的御用文物并用于赏赐大臣。至于陶穀为何不将“龙鳞月砚”直接称为“歙砚”的原因，笔者认为根据砚石产地而将砚台命名为端砚、歙砚、洮砚是宋人的习惯，而在唐代，人们多是根据砚台的石质特点冠名以示区别，如端砚被李贺称为“青花紫石砚”，被刘禹锡称为“紫石砚”，甚至连晚年生活在五代时期的皮日休也仍然称之为“紫石砚”一样，《清异录》按唐人冠名的习惯称之为“龙鳞月砚”也就不奇怪了。另外，这种按砚台材质特点命名的习惯仍有延续，如产于山东青州的红丝砚以及产于多个地区的澄泥砚虽经历宋代，但至今其名并未变更。

对于此砚的制作技艺，根据文献所言石品与样式分析可知，当时的制砚工匠们已经知道将石品花纹与造型巧妙地结合起来。虽然一片具有鳞片状石纹的歙石可以被想象为“龙鳞”，也可以被想象为“水浪”或其他，但若将具有“龙鳞”“水浪”的部位放在砚堂，却一定是一位具有丰富的雕刻与设计经验的歙砚制作者所为。如果还能在砚堂上方开一个满月或弯月形的砚池，则这位歙砚制作者一定还具有较为深厚的文化修养，因为这种造型不仅会让观者感受到一股清雅淡泊的文人之气，而且面对此砚也会产生无限遐想。虽然《清异录》中的“龙鳞月砚”未能传世，但可从现存婺源博物馆的宋代龙鳞纹抄手砚（图 3–4）以及当代制作的古坑鱼鳞罗纹月华砚（图 3–5）去追想其当年的形态。另外，此砚的制作技艺水平还可从同时赏赐的“宝相枝”中得到佐证。宝相枝是用斑竹为笔杆制成的毛笔，斑竹又名“湘妃竹”“潇湘竹”“泪痕竹”，其名不仅来自一个凄美的故事，而且也因其花纹美丽。斑竹是我国古今制作笔杆与扇骨等的优质竹材，其中花点匀密、纹如兔毫者尤为珍贵，非常契合文人雅士的审美观。既然唐代开元年间在笔的制作技艺上已经非常注重文房用品的艺术性，那么在砚台的制作上为何又不能将石材的天然花纹与人工雕琢融为一体呢？如现藏首都博物馆的唐代歙石古凤池砚，砚材选用的就是上等水波罗纹石，这种水波罗纹“看似不平，以

图 3-4　宋代龙鳞纹抄手砚（笔者摄于婺源博物馆）　图 3-5　当代古坑鱼鳞罗纹月华砚（取自《歙之国宝》）

手抚之，平滑润泽，恰似‘风乍起，吹皱一池春水’”[5]。以此可证唐代的歙砚制作技艺确实已经达到较高的水平，已经能将石材的天然花纹与雕琢工艺巧妙综合加以考虑，构思并制作出石品花纹运用合理、样式优美文雅、文化内涵丰厚的砚台。

歙砚在唐代已经面世的另一条文献出自唐积所著《歙州砚谱》[6]：“婺源砚，在唐开元中，猎人叶氏逐兽至长城里，见迭石如城垒状，莹洁可爱，因携以归，刊粗成砚，温润大过端溪。后数世，叶氏诸孙持以与令，令爱之，访得匠手斫为砚，由是山下始传。”此说流传甚广，明弘治、清康熙、清道光《徽州府志》以及清康熙、清道光、清光绪《婺源县志》均沿用此说。考作者唐积，其人在《宋史》以及《徽州府志》与《婺源县志》中均无记载，据陈振孙（1179~1262）[7]《书录解题》得知唐积曾担任过婺源知县，其所言婺源砚在唐开元中被一叶姓猎户发现，极可能源自当地俚传。再考发现的婺源砚地点“长城里”，查自明弘治至清末的《徽州府志》在“物产”中均有砚，或沿用唐积之说，或直接记作“龙尾山”而无“长城里”。再查现存清康熙三十三年（1694）《婺源县志》，其中确有“长城里”这一地名，隶属位于县城东北的万安乡，下辖九、十两都，而十都下辖村落中包括龙尾村。可是在“地产”部分却记为：“砚，出七都龙尾。唐开元中，有叶姓者因猎得一石，制以为砚，甚佳。至南唐，遂置歙砚务，搜取殆尽，甚为民患。今砚山鲍氏居之，工琢砚，而佳石已竭矣。”此处“出七都龙尾”与十都所辖龙尾以及多部文献中提到的“龙尾山在婺源县长城里亦名罗纹山”究竟是何关系呢？查康熙三十三年《婺源县志》，长城里所辖的十都下有龙尾、外庄、溪头、晓起、芦头，但七都所辖村的那一部分因印刷模糊，无法辨认。为此只好改查道光六年（1826）《婺源县志》，发现大鳙里七都所辖村中有个“砚山村”（图 3-6）。再查清道光六年《婺源县志》中的疆域图（图 3-7），从中可以发现图中虽未标出“砚山村”，但却有“龙尾”与“龙尾砚山”，两者相距一定距离。再查今江西省婺源县溪头乡行政区划，龙尾村与砚山村分别为两个独立的行政村。此外，经实地考察也发现，龙尾山出产砚石的那一段山脉即龙尾砚山，距现今的砚山村只有 1 千米左右，但距龙尾村却有几千米之遥，与在谷歌地图中看到的龙尾村与砚山村是两个地点且彼此间直线距离 3 千米多相一

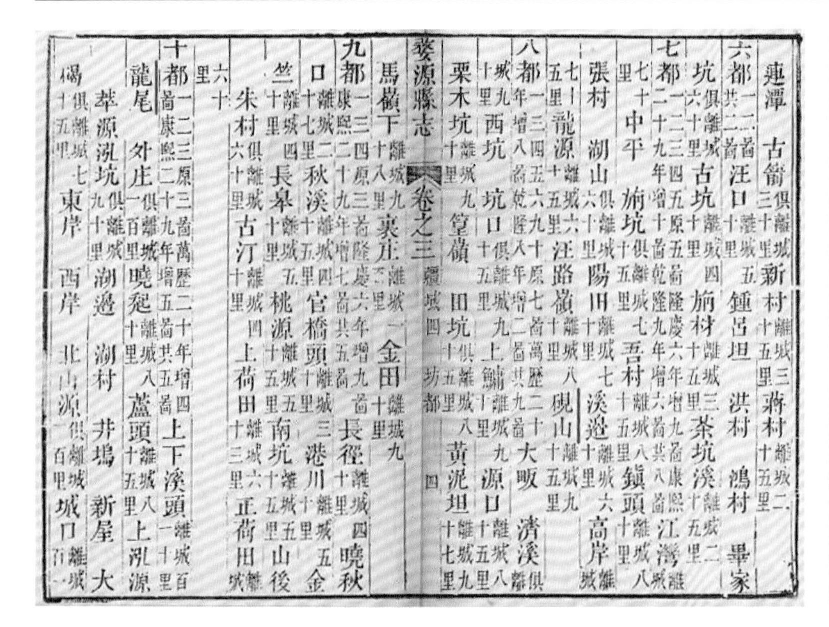

图 3–6　清道光六年《婺源县志》中七都与十都下辖村名（取自国家图书馆）

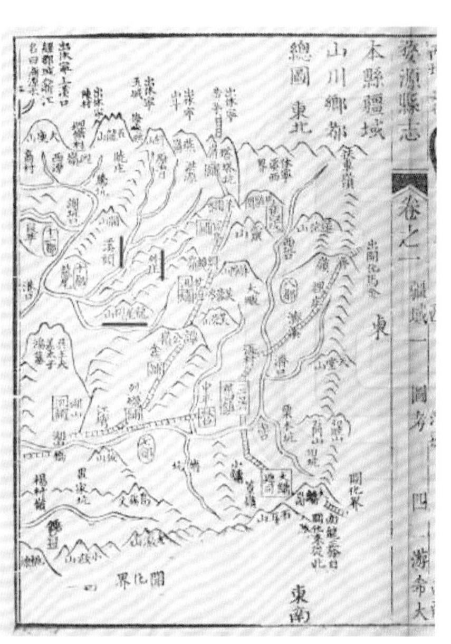

图 3–7　清道光六年《婺源县志》中的疆域图（取自国家图书馆）

图 3–8　当代龙尾村与砚山村地域图（取自谷歌地图）

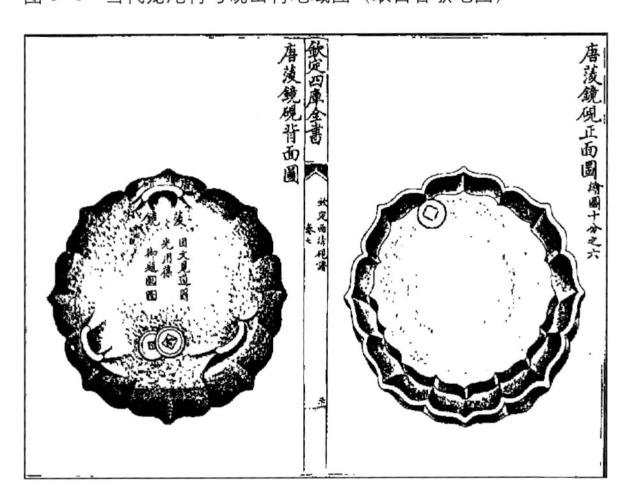

图 3–9　唐菱镜砚（取自《西清砚谱》）

致（图 3–8）。至此，笔者认为宋代多部文献中言歙石产地在长城里，而清代数部县志则言“出七都龙尾”的主要原因是，在唐积为县令的那个时代，出产砚石的那一段龙尾山脉在长城里管辖区域内，但大约在明代，出产歙石的那一段龙尾山脉即龙尾砚山已划归大鳙里七都的砚山村管理了。也许有人以为笔者作此推断过于主观，其实不然。明人李日华在《六研斋笔记》中对歙砚发现的历史有如下说：“婺砚，出龙尾山，唐开元中，叶氏耕山田，同众列殖。忽一日，有一翁撒蓑草数茎，化为鲤鱼入田，众逐之，隐入地，掘得石，琢为砚，良材也。因益劚地，而砚石尽出。南唐立砚务于此，其品有眉子、金星、罗纹、刷丝、牛毛诸种。”[8] 此说与唐积在《歙州砚谱》中的说法显然不同，笔者认为明人记述的寻鲤鱼发现歙石之说中的“鲤鱼”，极可能与“大鳙”有关。鳙者，又称鲢鳙，中国著名四大家鱼之一，故“大鳙”一名极可能又与当地产鱼有关。

唐代歙砚流存于今世的数量很少，见诸文献的有《西清砚谱》中的唐菱镜砚（图 3–9），其“砚八棱，棱径六寸八分，厚六分。唐歙溪石仿菱镜式刻作菱花再重为受墨处。外环墨池左上方粘五铢钱一枚，周结土锈，丹黄斑驳。砚背仰承如盂，下抱三足，足高四分，微屈如璜，上方足外镌唐砚二字，足内镌菱镜二字俱隶书”[9]。

图 3–10　唐歙石箕形砚（取自《中国文房四宝 • 砚》）

图 3–11　唐歙石古凤池砚（取自《中国文房四宝全集 • 砚》）

图 3–12　唐凤字型线刻花卉歙砚（笔者摄于安徽省博物院）

唐代遗存的歙砚实物并不多见，其中安徽省博物馆藏歙石箕形砚（图 3–10），长 19.4 厘米，宽 13.5 厘米，高 3.1 厘米，“石质细润，色淡青，箕形，方首。首底凸起着地，砚面平直且向前倾斜，折壁，膛、池一体”[10]。首都博物馆藏歙石古凤池砚（图 3–11），长 37.6 厘米，宽 19.4 厘米，高 4.5 厘米，采用上等水波罗纹歙石制作，砚呈“凤”字形，砚池与砚堂一体，砚面水波粼粼，看似不平，抚之却同小儿肌肤，有“春波浮砚池，下笔有水声”之意。歙县博物馆藏凤字型线刻花卉歙砚（图 3–12），在砚池与砚堂之间作一有孔隔梁，使用时将砚台前后稍加倾斜便可方便地使墨或水在砚池与砚堂间进行交流。这三方唐砚用材讲究、设计巧妙、造型大气，于简朴中凸现艺术之美，显示出唐代歙砚的制作技艺已经达到很高的水平。

南唐时期，中主李璟（916~961）多才艺，工诗词，奢侈无度。当时的歙州太守便“献砚并斫砚工李少微，国主嘉之，擢为砚官”[11] 为南唐朝廷督造歙砚，并“令石工周全师之，尔后匠者增益颇多”。[12] 南唐后主李煜也喜爱歙砚，将澄心堂纸、李廷珪墨、龙尾砚并称为天下之冠。

由于李唐中主与后主对歙砚的偏爱，龙尾山砚石在李唐时期被大量开采，并且发现了若干新坑口，丰富了歙石的品种，但由于开采过度，也造成了歙石被“搜取殆尽，甚为民患”的负面影响。

关于南唐时期歙砚的制作技艺水平，据现存文献可知南唐砚务官与制砚名匠李少微制作的歙砚已达到“人间一绝”与“绝工致”的水平。如宋人胡仔在《渔隐丛话》中记有：“东坡云，余家有歙研，底有款识云：吴顺义元年处士汪少微。铭之：松操凝烟，楮英铺雪，毫颖如飞，人间五绝。所颂者三物耳，盖研与少微为五邪。”[13] 即苏轼认为汪少微与其所制歙砚以及墨、纸、笔可以称为“人间五绝”，评价极高。另外，明代的宋濂曾得到一方砚腹刻有“李少微造”的歙砚，他也认为此砚“制作绝工致，可宝”[14]。南唐歙砚的实物，笔者目前仅见有现藏婺源博物馆的一方五代蝴蝶纹淌池砚，从此砚的雕刻技艺来看，虽然雕刻在砚首的两只蝴蝶图案很小，但却可从中感觉到五代时期的砚雕者们已经意识到在砚上增加一些纹饰或可提高砚的艺术性与审美价值。

二、两宋时期

两宋时期，经济文化快速发展，歙砚的发展进入一个高峰期，在砚石开采技术与新坑口的发现、石品花纹的辨析与评价、石病的认识与归纳、歙砚的生产规模、歙砚制作技艺的提高等方面均较前代有了长足的进步。

在砚石开采技术与新坑口的发现方面，北宋期间凡在歙州为官者多尽力搜求歙石，以官府名义组织人工加以开采。其中最为重要的一次是北宋仁宗景祐年间（1034~1037）歙州太守钱仙芝在龙尾山原南唐采石处对歙石的开采。不著撰人名氏的《歙砚说》对此事记载较详："李后主留意翰墨，用澄心堂纸、李廷珪墨、龙尾砚，三者为天下冠，当时贵之。自李氏亡，而石不出，亦有传至今者。景祐中校理钱仙芝守歙，始得李氏取石故处。其地本大溪也，常患水深，工不可入。仙芝改其流，使由别道行，自是方能得之。其后县人病其须索，复溪流如初，石乃中绝。后邑官复改溪流遵钱公故道，而后所得尽佳石也，遂与端石并行。"[15]由此文献可知，钱仙芝为了获取歙石，在上游另掘开口，让溪流改道，使原来淹没在溪流之下的矿坑显露出来，然后进行开采。这种开采方法可谓是"釜底抽薪"，此举一次性摆脱了长期以来砚石开采受制于溪流水量、雨量、季节等自然因素的影响，大大降低了砚石开采的难度，是中国古代砚石开采史中利用人力改变河道、暴露矿床、方便开采的典型事例。对于此举，历史文献中多言是钱仙芝所为，但南宋周应合[16]在《景定建康志》中则认为："景祐中，校理钱仙芝知歙州，访得其所，乃大溪也。李氏尝患溪深不可入，断其流使由他道。李氏亡，居民苦溪之回远，导之如初，而石乃绝。仙芝移溪还故道，石乃复出，遂与端溪并行。"[17]即让大溪改道原是唐宋的事，钱仙芝只是让大溪再次返行故道以利开采。上述两说，孰是孰非，有待进一步考证。

自钱仙芝之后，后任官员又对龙尾山进行了一次较大规模的开采，这次开采沿用了钱仙芝将大溪改道，把坑口暴露出来的方法，开采出了许多品质优良的砚石。此外，北宋景祐与嘉祐（1056~1063）年间，官府还组织人工对驴坑进行了开采。"驴坑，在县之西北七十里，属詹观。景祐中，曹平为令时取之，后王君玉为守又取之。近嘉祐中，刁璆为尉又取之。其石有青绿晕也。"[18]类似开采在北宋期间时有发生，开采的坑口除了开元年间开发的眉子坑、唐代开发的罗纹里山坑与罗纹坑外，还有一些新发现的坑口，如眉子坑外临溪的水舷坑、在罗纹山西北的水蕨坑、在罗纹山金星坑之北二三里的溪头坑（主持山）、在溪头坑之西约 1 里的叶九山坑、在罗纹山西北的罗纹金星坑、在县之西北 70 里的驴坑、在县之正北的济源坑、在县西北 120 里的洞灵岩，其中济源坑三坑并列，洞灵岩三洞相连。[19]这些砚坑的发现与开采，扩展了歙石的品类，增加了歙石的产量，促进了歙砚加工业在当地的兴盛与发展，推动了歙砚制作技艺的提高，加快了歙砚向不同地区尤其是京师的流布，为更多的文人墨客认识、评析、比较歙砚，奠定了重要的物质基础。

在石品花纹的辨析与评价方面，《歙州砚谱》按歙石的产地对不同坑口的砚石进行了仔细辨析，选其石品花纹特殊者分为 8 类，每类下又分若干种，共计 37 种。《歙砚说》的分类方法与《歙州砚谱》相似，在石品花纹的分类上略有不同并有所拓展，如增加了雁湖眉子、绿豆眉子、泥浆罗纹、算子罗纹等。《辨歙石说》的分类更细一些，如增加了膳肚眉子，将枣心分为粗枣心与细枣心等，此外还对祁门县出的细罗纹石与歙县出的刷丝砚进行了细致描述并告诉人们"当需精辨之"，不要将泥浆石误以为是刷丝罗纹（参见表 3–1）。

表 3-1　宋代歙砚专著中记录的歙石种类

专著	大类	细类
唐积《歙州砚谱》	眉子石其纹七 种	金星地眉子、对眉子、短眉子、长眉子、簇眉子、阔眉子、金眉子
	外山罗纹其纹十三种	粗罗纹、细罗纹、古犀罗纹、角浪罗纹、金星罗纹、松纹罗纹、石心罗纹、金晕罗纹、绞丝罗纹、刷丝罗纹、倒理罗纹、乌钉罗纹、卵石罗纹
	大类	细类
	里山罗纹一等	疏慢金星
	金星其纹三种	葵花、金晕、金星
	驴坑一等	青色绿晕
	洞灵岩紫石	（原文注：大小者如肝色，今产孚梁县岩岭，处处有。其匠者或琢为茶瓯，凌冬不可用也。）
	浙石一等	纹如玳瑁斑
	水舷金纹厥状十种	金纹如长寿仙人者，青斑金纹如鹤舞者，金纹如双鸳鸯者，金纹如斗者，金纹如枯槎仙人者，如金云气者，眉如卧蚕者，如双鱼蹲鸱者，金纹如湖中寒雁者，如金壶瓶者
不著撰人名氏《歙砚说》	眉子精绝凡九品	雁湖眉子、对眉子、金星眉子、绿豆眉子、锦蹙眉子、短眉子、长眉子、簇眉子、阔眉子
	罗纹十二品	细罗纹、粗罗纹、暗细罗纹、松纹罗纹、角浪罗纹、金星罗纹、刷丝罗纹、倒地罗纹、石心罗纹、卵石罗纹、泥浆罗纹、算子罗纹
	驴坑	石色青绿晕
	枣心	青润可爱，中有小斑纹，中广上下皆锐，形若枣核。然虽少疵瑕，多失之顽固。
	里山一种	金星而疏慢
	水舷金纹凡十种	青斑如舞鹤者、如长寿仙人者、如双鸳鸯者、如枯槎仙人者、如朝霞云气者、如湖中寒雁者、如双鱼蹲鸱者、如壶瓶者、如卧蚕者、如斗者
不著撰人名氏《辨歙石说》	罗纹	细罗纹、粗罗纹、暗细罗纹、刷丝罗纹、金花罗纹、金晕罗纹、金星罗纹、算条罗纹、角浪罗纹、瓜子罗纹
	枣心	细枣心、粗枣心
	水波	
	眉子	对眉子、锦蹙、锦蹙眉子、罗汉入洞、金星眉子、鳝肚眉子、雁攒湖眉子、绿豆眉子、金花眉子、短眉子、长眉子
	泥浆	
	卵石	
	雨点石	
	水波坑	枣心石
	细罗纹石	（原文注：祁门县出，酷似泥浆石，亦有罗纹，但石理稍慢不甚坚，色淡易干耳。此石甚能乱真，人多以为婺源泥浆石，当须精辨之也。）
	刷丝砚	歙县出，甚好，但纹理太分明，无罗纹，间有白路、白点者

在石病的认识与归纳方面，米芾在《砚谱》中指出："土人以线、脉、隔为三种病。"[20]《歙砚说》则细分为 10 种："痕，如蚓行迹；鸡脚，如鸡迹麻石黯色；乌肫，有痕如木叶，若肉中胜也；浪痕，遍缠如布帛纹，作浅深黑色；赘子，如乌豆隐起，碍手，开之多成大墨；搭线，斜纹若断裂者；黄烂者，土中石皮也；硬线，高起隐手，虽良工不能砺平也；石上有微尘孔者，石之肤也；断纹，两不相着。"[21] 高似

孙在《砚笺》中也将歙砚石病分为10种："石黯类鸡迹，乌肫若肉胜，隔路如蚓迹，浪痕如帛纹，赘子若豆搭，线斜纹断裂，硬线起处隐手名工不能砺平，断纹两不相着，石孔石之肤，黄烂土中石皮。"[22]在石病排列顺序及语言描述上与米芾所言稍有差异。

在歙砚的生产规模方面，宋代从事歙砚制作的人员应该远远超过了唐代，在出产歙石的龙尾山下甚至出现了百余户人家制作歙砚的繁荣景象。北宋诗人、词人、书法家黄庭坚（1045~1105）曾亲临龙尾山，并将其目睹写成了《砚山行》：

> 新安出城二百里，走峰奔峦如斗蚁。陆不通车水不舟，步步穿云到龙尾。……其间石有产罗纹，眉子金星相间起。居民山下百余家，鲍戴与王相邻里。凿砺磨形如日生，刻骨镂金寻石髓。选堪去杂用精奇，往往百中三四耳。磨方剪锐熟端相，审样状名随手是。不轻不燥禀天然，重实温润如君子。日辉灿灿飞金星，碧云色夺端州紫。……自从元祐献朝贡，至今人求不曾止。研工得此赡朝餐，寒谷欣欣生暗喜。愿从此砚镇相随，带入朝廷扬大义。写开胸臆化为霖，还与空山救枯死。

原注云："此山谷奉朝命取砚，与鲍曰仁善，因主其家，作此以留记。"[23]

此诗在宋人黄㽦撰《山谷年谱》、今人郑永晓著《黄庭坚年谱新编》中均未收入，尤其是"自从元祐献朝贡，至今人求不曾止"，指出了元祐（1086~1093）年间歙砚就已是进献朝廷的贡品，这是其他文献中所未见记载的，可补宋代歙砚史料之缺佚。

有关此诗的写作年代，前人无考。现据诗中"自从元祐献朝贡，至今人求不曾止"推断黄庭坚作此诗的时间应在元祐年间或之后。再据原注"此山谷奉朝命取砚"及《宋史》黄庭坚传"绍圣（1094~1098）初，出知宣州，改鄂州"后因坐修《神宗实录》失实"贬涪州别驾、黔州安置""羁管宜州。三年，徙永州，未闻命而卒，年六十一"[24]的推论，此诗极可能作于绍圣元年初，即1094年。这是因为绍圣初年黄庭坚因坐修《神宗实录》失实被贬后，直到去世再也没有回到京城。

那么，元祐年间是否为歙砚进入宋代皇宫最早的时间呢？近日笔者在元代江宾旸的《送侄济舟售砚序》中发现这样一段话："谢公塈之知徽州也，于理庙有椒房之亲，贡新安四宝，澄心堂纸、汪伯立笔、李廷珪墨、砚则取之旧坑。"[25]其中"谢塈之"极可能就是明弘治间刻本《徽州府志》宋代名宦中的"谢济之"。谢济之，名涛，字济之，杭州富阳人，登淳化三年第，曾出知泰州后来徙歙州，官至太子宾客。[26]由于谢涛此人《宋史》无传，《万历泰州志》与康熙《富阳县志》中又仅有名而无字，故目前还难以完全肯定谢塈之与谢济之为同一人。不过由于"塈"与"济"读音相近，加之徽州宋、元两代职官中仅有此一人姓谢且字为济之，故笔者推测谢塈之极有可能就是谢济之。如此说成立，则歙砚进入宋代皇宫的时间可以提早到宋真宗景德（1004~1007）或大中祥符（1008~1016）年间，而不是黄庭坚所说的元祐年间，这样也就可以解释为什么钱仙芝、曹平、王君玉等人在景祐年间以及刁璆在嘉祐年间能以官府的名义组织民众开采歙石了。

在歙砚制作技艺方面，从现存文献与实物来看，宋代的歙砚制作技艺较之前代有较大进步。一是在造型设计时将歙砚的天然石品花纹巧妙地表现出来，如《西清砚谱》中的宋杨时金星歙石砚（图3–13），"砚高八寸八分，宽五寸四分，厚一寸五分，宋坑歙溪石，质细而黝，遍体金星"[27]。另一方宋龙尾石涵星砚（图3–14）"砚高五寸二分，宽三寸五分，厚七分，歙龙尾石，石色纯黑，密布银星，墨池刻作荷叶形，碧筒倒垂入池，亦朴亦雅"[28]。再如米芾："尝一士人家见一金丝罗纹砚，其纹半金半黑，光彩与常异。"[29]二是出现了一些新样式，如苏易简在《文房四谱》中谈及歙砚时言："今歙州之山有石，俗谓之龙尾石

图 3–13 宋杨时金星歙石砚（取自《西清砚谱古砚特展》）

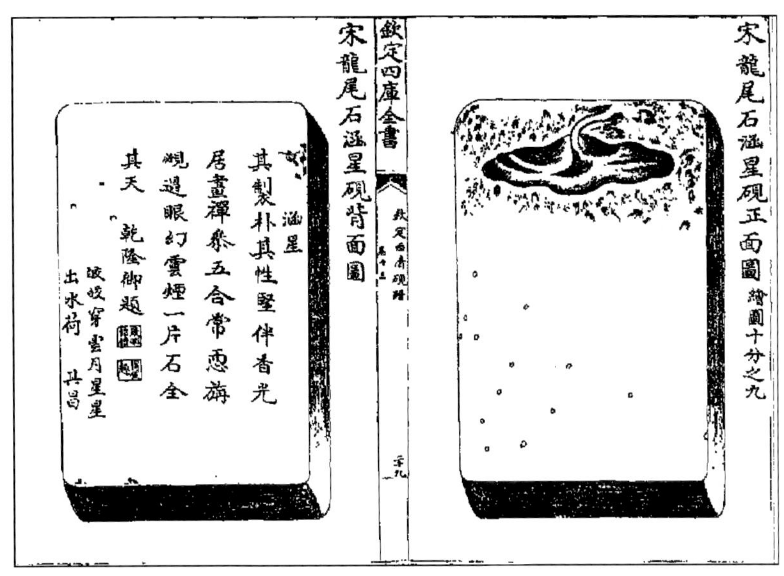

图 3–14 宋龙尾石涵星砚（取自《西清砚谱》）

……若得其石心，则巧匠就而琢之，贮水之处圆转如涡旋可爱矣。”[30] 再如米芾：“少时见一砚于士人赵光□家，其样上狭四寸许，下阔六寸许，如二十幅纸厚，色绿如公裳，而点如紫金，斑斑匀布，无罗纹，点中无窍，自后不复睹。”[31]

现存宋代歙砚实物除清宫与部分博物馆旧藏外，考古工地也时有发现。如 1953 年安徽省歙县小北门宋代窑藏就出土了 17 方歙砚，1973 年安徽省合肥市大兴集包绶夫妇墓出土了包绶用砚，1988 年 1 月安徽省合肥市城南乡北宋夫妇合葬墓出土了一方长方形砚。这些歙砚石质各异、样式不同、造型优美，表现出宋代歙砚制作技术的娴熟与精巧，是研究宋代歙砚的重要资料。

宋代的雕砚匠人，据《歙州砚谱》记载，当时（治平年间）：

> 县城三姓四家一十一人，刘大，名福诚，第三，第四，第五，第六。周四名全年，七十，周二名进诚，周小四，周三名进昌。刘二无官名，朱三名明。灵属里一姓三家六人，戴二名义和，第三，第五，第六戴大名文宗，戴四名义诚。大容里济口三姓四人，方七名守宗，男，庆子。胡三名嵩兴，汪大号汪王二。

以此可见当时从事歙砚制作的工匠在县城的居多，其余的分布在“灵属里”与“大容里济口”。查康熙、道光、光绪《婺源县志》，确有“灵属里”，下辖五都与六都，但未见“大容里”与“济口”。笔者怀疑《歙州砚谱》中的“大容里”极可能就是《婺源县志》中的“大鏞里”。究其原因：一是两者读音相同。二是大鏞里所辖的七都与八都均有歙石产地，如七都辖地有“砚山”，八都辖地有“大畈”，这些地名自清以来一直未变。其中“砚山”就是龙尾山，著名的歙砚坑口多集中于此。“大畈”也是歙石的主要产地之一，“大畈鱼子砚”是歙砚中声名远播者之一。2004~2010 年间，笔者曾数次到大畈考察，不仅砚石的开采仍在继续，而且镇上至少有百十家从事雕砚以及与制砚相关的工厂与作坊。三是古代歙砚制作多在产地附近，诚如黄庭坚在《砚山行》中所言：“居民山下百余家，鲍戴与王相邻里。凿砺磨形如日生，刻骨镂金寻石髓。”故“大容里”也应无例外。

三、元代

元代的历史虽然比较短暂，但歙石的开采与歙砚的制作并未完全中断。元代文献中记录歙砚的很少，其中最重要的是元代江宾旸的《送侄济舟售砚序》。

江宾旸，字光启，《元史》无传，其祖父江明德是婺源旃坑人，南宋咸淳元年进士授庐州梁县尉。元代唐元筠的《轩集》，明代程敏政（1446~1499）的《新安文献志》、陆深（1477~1544）的《俨山外集》与王世贞（1526~1590）的《弇州四部稿》等著述中分别收有江宾旸的诗歌与《送侄济舟售砚序》。

《送侄济舟售砚序》的重要性主要在于：其一是表明了歙石的开采在元代并未中断，且发现了两个新坑，即紧足坑与庄基坑，位置都在罗纹坑附近。其二是记载了采石坑崩塌事件时有发生，如“至元十四年辛巳（1277），达官属婺源县尹汪月山求砚，发数都夫力，石尽山颓，压死数人”[32]。另外，至元五年[33]（1339）十月二十八日夜晚紧足坑突然崩塌，“声如惊雷，隔溪屋瓦皆震，禽惊兽骇”[34]。其三是表明了当时一些旧坑的砚石已经基本采竭，当地居民往往在梅雨季节的大水退去之后沿着溪流寻找那些从山上自然崩落或人工开采崩落于溪流中的残珪断璧，但这些石材长度能达到五寸的都已经非常少了。其四是元代已经有人“采他山顽黝滑枯粗燥而有丝纹之石炫于旧坑之下，或反得高价，而真石卒不售”[35]。这些他山丝石主要有 5 种：三衢丝石、南路丝石、绵潭丝石、夹路丝石、水池山丝石。

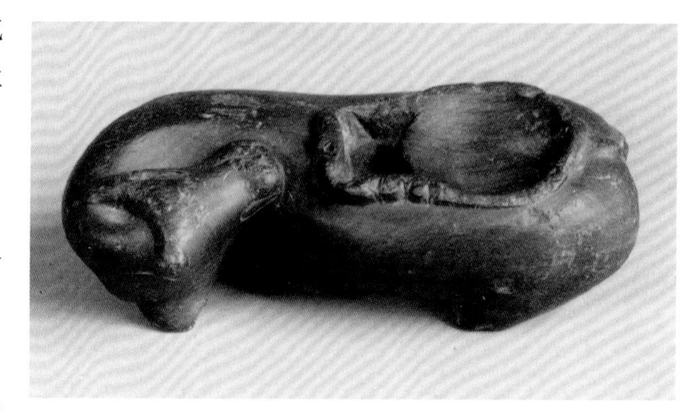

图 3–15　元卧牛歙砚（取自《中国名砚鉴赏》）

虽然元代开采到的优质歙石并不多，但民间从事歙砚制作的工匠仍在。从现存的元卧牛歙砚（图 3–15）来看，此种造型具有汉文化风格，且融实用性与艺术性为一体，是现存元代歙砚中不可多得的珍品之一。

四、明代

在文献记载方面，明人文献中与歙砚有关的记载多在一些综合性典籍之中，且多是只言片语。对歙砚叙述较详的，多转录于宋、元人的文献。能在前人基础上加入自己新识歙砚谱录的极少，一是饶州太守叶良贵所著《歙砚志》四卷[36]，另一个是婺源人，官绍兴府教授江贞著的《歙砚谱》三卷[37]。对《歙砚志》与《歙砚谱》的关系，《钦定四库全书总目》卷一一六子部二六谱录类存目中叙述较详：“歙砚志三卷，明江贞撰。贞，字吉夫，婺源人，官绍兴府教授，其书以饶州守叶良贵与其弟东昌守良器所撰砚志，及贞族祖逊砚谱参合成编，大约皆以宋治平歙砚谱洪适砚说为蓝本而稍增益之。”但可惜的是上述两书均只存目，不知其具体内容。

在砚石开采方面，目前未见明代有官府组织开采歙石的任何记录。其原因极可能是由于歙砚旧坑砚石基本采竭，继续开采不仅费时费力而且产出量少，故而将开采目标重点放在较之歙石易于开采且产量大的端砚石材上，最为典型的是宣德岩。由于明代端砚石材的开采已在“端砚”一章记述，故不再赘述。

五、清代与民国

清代与民国时期有关歙砚的专著目前所知有徐毅的《歙砚辑考》与汪士鋐的《龙尾石辨》，见于综合性著作的主要是程瑶田（1725~1814）的《纪砚》以及《歙县志》《婺源县志》等。

《歙砚辑考》一卷，“乾隆庚辰蒲月（1760 年农历五月）渠阳徐毅书于新安之米山堂”，现存于《续修四库全书》第 1113 册，为影印上海图书馆藏清乾隆刻本。此书是徐毅在雍正十二年（1734）奉命出守新安卫后，询之士绅故老，考之典舆之书，穷理格物，编撰而成。此书从内容来看虽然多是前人著作搜集，但在歙砚石品评方面由于作者亲自参与，手抚目睹，故颇为中肯。另外书中有关清代皇帝搜集歙砚一事，可补清代歙砚史料之缺佚。原文有“幸值我皇上御极之初，以文明经理天下，诸臣工仰体上意，拘求精砚，以备文房。先是，大中丞孙委其事于前太守杨，以余协理；继则大中丞陈，暨臬宪刘，皆檄余专办，前后数役，凡绅士家藏古式，与砚山居民所存之老坑旧石悉用重价征怪，搜罗几遍……所进果称上意”[38]。虽然《歙砚辑考》中的“我皇上”未指明是雍正还是乾隆，但据文中多次催办，以及雍正于 1735 年驾崩，故“我皇上”应为乾隆，由此可知乾隆皇帝登位之初并未下令开采歙石，而是委托地方官员从民间征集士绅所藏古砚与居民所存老坑砚石。采用如此做法的原因大概与当时歙砚旧坑多数崩塌及砚石已基本采竭有关。

《纪砚》是清代著名学者程瑶田（1725~1814）所著，书中记载了乾隆丁酉年（1777）他在返还歙县时正遇到官府开采龙尾石作为方物之贡，这是现存史料中记录清代官方开采歙石的唯一记录。《纪砚》中也记录了歙石中有一种红色的石料，称之为“庙前洪”[39]。

朱玉振在《增订端溪砚坑志》中也对歙砚的品种进行了记录：“若江南则安徽歙县产石如庙前红、桃花浪、龙爪、龙尾、牛毛、蛾眉、金星银星等名目，作砚久为世赏。”[40] 其中的“庙前红”与《纪砚》中的“庙前洪”应为同一品种，而“桃花浪”“龙爪”究竟为何品种，还有待进一步考证。

《龙尾石辨》不足千字，收入在清道光八年（1828）《歙县志》中，传世甚少。此文的价值在于对歙砚的评价并不盲从古人，而是自有精湛见解，认为“龙尾之精以色青肌腻为贵，不在金星与刷丝罗纹也”。另外《龙尾石辨》中还记载了一些坑口的现状，如“旧有眉子坑，今在水底；李氏取石故处，已没；曰罗纹、紧足、庄基诸坑，皆冒旧坑名；即泥浆、枣心、绿石诸坑，亦不易得。今市者皆祁门细罗纹石，色淡易干，非真龙尾也，清鉴者自辨之”[41]。

《歙县志》现存版本有清乾隆三十六年（1771）、清道光八年（1828）（图 3–16）与民国 26 年（1937）的。其中有关歙砚的记录最早载于乾隆三十六年刻本卷六《食货志贡品》条下：“乾隆年间……充贡总视歙之物产，无定额也无常品，大要以砚与墨为最，其他则北源茶、紫源茶……”但记述得非常简略。道光八年本与乾隆三十六年本相同。民国 26 年本记载较详：在道光之前“原额每年三贡，春贡、万寿贡、年贡。每贡徽墨伍分（原文注：作十提），砚二分（原文注：陆方者肆匣，两方者两匣，共贰拾捌方）。”道光元年万寿贡“歙砚两分改壹分”，道光二年年贡“歙砚两分改壹分”。为了完成每年多则几十方、少则十几方的歙砚贡赋，社会上必须要有一定数量的上乘歙石存储，这些石材从哪里来？民间存留是来源之一，但可能性更大的还是来自小规模的开采。另外，作为贡赋的歙砚在制作上必定要求工艺精美，因此在歙县或周边地区必然存在着若干技艺高超的歙砚制作工匠群体。由此笔者认为，歙砚的开采与制作在清代并未完全中断，只是开采规模较小且主要是民间个别

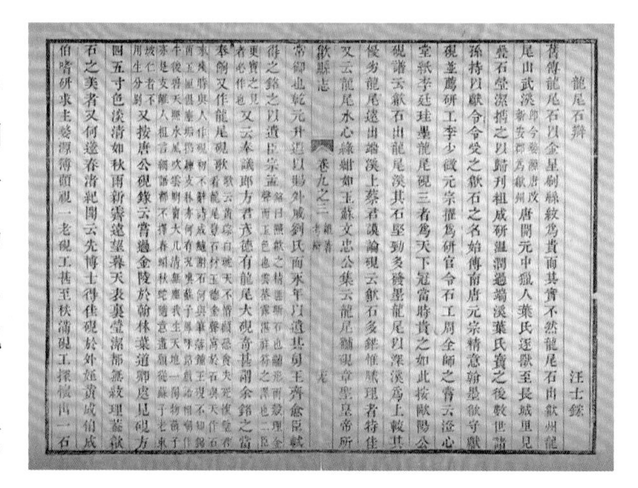

图 3–16 清道光八年《歙县志》中的《龙尾石辨》（图片来源于国家图书馆）

图 3–17 最早恢复歙砚生产的歙县工艺厂

民众的行为，故未被记载于官方文件之中。

六、当代

中华人民共和国成立之后，在人民政府的支持下，歙砚的发展蒸蒸日上。1963 年 2 月，歙县手工业管理局组织了歙砚石探察小组，到江西省婺源县砚山进行考察，历时三个月。在当地教师汪义宝的指点下，找到了老砚坑。5 月份进行试采，10 月份第一方金星歙砚重新问世，停产近 200 年的歙砚获得了新生。1964 年 5 月，新华社报道了“歙砚正式恢复生产”的新闻。[42]

自 1964 年歙砚恢复生产后（图 3–17），为了寻找更多的歙砚石资源，安徽省地质局三二二地质队组织人员在 1964 年 7 月至 1982 年 1 月对皖赣边区、休宁的汪村到大连地区、休宁的板桥一带、歙县的大谷运双河一带等进行了考察，编写了《皖赣边区歙县、休宁、婺源一带砚石材料调查简报》《安徽省休宁县汪村、大连地区砚石板岩调查报告》《安徽省休宁县樟前——花桥地区砚石板岩地质工作简报》《安徽省歙县大谷运双河口歙砚石调查简报》《安徽省徽州地区砚石普查设计书》，初步拟定了寻找砚石原料的地层层位和工作靶区。1982 年 3 月安徽省地质局三三二地质队正式成立砚石普查组，由程明铭任组长兼技术负责人，余书亭为副组长，带领曹诚等 9 人，历时八个月，对江西、安徽两省的婺源、玉山、祁门、休宁、歙县等六县进行调查，踏勘路线长 5000 余千米，控制面积约 2000 平方千米，实测地质剖面 6 条，全长 18490.02 米，新发现砚石矿点 14 处，检查砚石采坑 14 处，编写了《1982 年徽州地区砚石工作报告》。1982 年 7 月至 9 月，歙县工艺厂又组织人员于休宁五城、岭南、大连以及祁门的芒溪等地进行调查。上述几十年间的歙石调查，不仅发掘了一些老坑，而且还发现了一些新坑，挖掘出了“歙红”“歙青”“紫云”等新品种，为歙砚的进一步发展奠定了重要的物质基础。[43]

在歙砚研究上，程明铭工程师凭借多年从事地质工作的经历，先后对 29 处歙石产地进行考察并对所收集的标本进行了分析，从获得的大量资料中遴选、提炼、加工完成了《中国歙砚研究》一书。该书从歙砚史、歙石产地的历史地理和地质、雕刻艺术、保养使用、评价标准、鉴定方法以及砚石的形成与质量等七个方面进行了研究，解决了一些重要问题，填补了近现代歙砚研究的空白。1991 年程明铭的《歙砚丛谈》出版，该书集逸闻、趣谈、传说、考证、分析为一体，与《中国歙砚研究》相得益彰。1999 年，胡鹏浩等借助于扫描电镜、轮廓仪等测试手段，对歙砚的岩石结构、发墨原理和歙砚抛光的机理进行了较深入的研究[44]，其后胡鹏浩又对歙砚抛光最佳工艺参数进行了确定[45]。2008 年张莹、陈涛运用电子天平、显微硬度计、偏光显微镜以及 X 射线粉末衍射仪、环境扫描电子显微镜，对歙砚原石的宝石矿物学性质进行了较深入的研究，综合分析了歙砚的组成成分、质量分数及结构特征。[46] 上述工作为深入研究歙砚奠定了重要的基础。

有关歙砚制作技艺的传承，据汪培坤先生介绍，主要路径有两条：

一条源自吴有清与汪福林等徽州本地区能工巧匠。如吴有清是著名的砚雕师傅，砚雕、木雕的技艺都很高，其 20 世纪 50 年代制作的木雕作品《天安门》就被选送北京展览。汪培坤 14 岁入工艺品厂拜吴有清为师，经多年潜心学习深得砚雕精髓，1972 年任工艺品厂砚雕车间主任，1978 年他创作的荷叶青蛙砚在全国工艺美术展览会上展出，获得好评。1983 年屯溪工艺美术研究所成立，汪培坤担任所长，不仅将当时徽州地区身怀绝技的老艺人请入所内从事生产与教学，使砚雕、漆艺、竹编等传统技艺得到了保护与发展，

图 3–18　位于黄山屯溪老街上的三百砚斋

图 3–19　三百砚斋之歙砚“兰亭雅集”

并且还培养了一批年轻人，为传承与光大包括歙砚制作技艺在内的国家级非物质文化遗产做出了重要贡献。

另一条源自上海著名砚雕家陈端友的徒弟张景定。20 世纪 60 年代，歙县的叶善祝与孙为秀等人去上海拜张景定为师学习砚雕，学成后返回歙县从事歙砚雕刻，其后叶善祝分别担任过歙县工艺厂厂长与歙县文房四宝公司经理，为歙砚的雕刻技艺的传承又培养了一批新人。

20 世纪 80 年代是歙砚调整发展时期，屯溪、歙县、婺源、黟县等地兴办了不同规模的制砚厂。到了 90 年代，多数制砚厂因种种原因而解体，随之而来占据主流的是歙砚的个体制作与销售者。他们或者以制作为主，或者以销售为主，或者制作与销售兼顾，从产品制作到装潢工种齐全，歙砚也进入全国制砚行业前列。在这些经营个体中，笔者认为对当代歙砚发展做出贡献最大的是三百砚斋（图 3–18）的主人周小林。2006 年夏天好友甘而可带笔者首访三百砚斋，在那里一边品尝着主人的猴魁，一边静静地端详着歙砚（图 3–19）。此刻外界的炎热与喧闹瞬间逝去，顿觉心灵一片清凉与宁静，于砚石中笔者读出了唐宋诗韵，看见了曲觞流水，听到了渔樵对答，嗅到了深谷幽兰……不仅佩服砚斋主人能融黄山之歙砚、漆艺、木工为一体，创造了集砚、盒、漆三美于一体的歙砚新境界，而且钦佩砚斋主人在创意“歙之国宝”时保存并光大了徽州的砚雕、木作与漆艺。

2006 年 6 月 7 日，歙砚制作技艺进入第一批国家级非物质文化遗产名录，进一步促进了歙砚制作技艺的传承与发扬光大。

第二节　砚坑与石品

歙石产于黄山山脉与天目山、白际山之间的婺源、歙县、休宁、祁门、黟县等地，处于地质学说的“江南古陆”的东北端。歙石是一种海相沉积，属于前震旦系上溪群地层，距今已有 13 亿 5 千万年了。在地质学上，歙石属于变质岩，是古代大陆上风化物经过搬运、沉积、成岩等地质作用而形成的产物。岩性为泥质、粉砂质板岩——千枚岩。歙石的产地较多，颜色与石质多不相同，常见歙石以青黑色为主，紫红、青、黄、绿色较少。由于不同产地与坑口歙石的矿物组成与形成期间的地质条件不尽相同，故不同坑口的歙砚往往具有独特的天然纹理与金属矿物斑点，并由此构成变幻多端的美妙图案。如天然纹理有眉纹、罗纹、水波、水浪等，或如美女蹙眉，或如罗绢纹理，或如湖水荡漾，或如水流湍急。再如石上斑点，或金或银，或大或小，或疏或密，或清或晕。这些美妙异常的高品质歙石本身就是一种珍稀的艺术品，若能巧施人工、天人合一，便是珍品，具有极高的观赏价值和收藏价值。

一、砚坑及分类

在古代文献中对歙砚坑口及地点记载较详细的主要见于宋、元人的著作，其中唐积的《歙州砚谱》、不著撰人名氏的《歙砚说》、高似孙的《砚笺》、元人江宾旸的《送侄济舟售砚序》具有重要的参考价值，而《说郛》《通雅》《格致镜原》等则有转录他人之嫌，为此笔者在剔除转录他人文献的基础上将歙砚坑口整理成表 3–2，以方便读者较为全面地了解古代歙砚坑口。

表 3–2　古代文献中记录的歙砚坑口

作者与著作	歙砚砚坑名
宋 · 唐积《歙州砚谱》	眉子坑，罗纹里山坑，罗纹坑，水舷坑，水蕨坑，溪头坑，叶九山坑，罗纹金星坑，驴坑，济源坑（碧里坑、水步石、里山石），洞灵岩，浙石（玳瑁石）
宋 · 不著撰人名氏《歙砚说》	眉子坑，罗纹里山坑，罗纹旧坑，水舷坑，水蕨坦坑，溪头坑，叶九坑，金星坑，驴坑，济源坑（碧里坑、水步石、大雨点石、里山石），洞灵岩，浙石
宋 · 高似孙《砚笺》	罗纹旧坑，罗纹上坑，罗纹坑，罗纹里坑，眉子坑，金星坑，碧里坑，水蕨坑，溪头坑，叶九坑，驴坑，济源坑，灵岩山
元 · 江宾旸《送侄济舟售砚序》	紧足坑，罗纹坑（旧坑），庄基坑，眉子坑

由上表可见，自元代之后，在古代文献中暂未发现歙砚新坑的记录。这也许意味着从唐中期至清晚期，品质优良与品质较高的歙石坑口数量仅限于此。虽然清代程瑶田记有“庙前洪”，当代也发现并开采了一些新的砚石，但其质量与表中所列坑口的石质相比还是有一定的差距，今人程明铭在《中国歙砚研究》中对当代新坑的发现与石材质量有详细阐述，笔者在此不作赘述。

二、主要历史名坑

在古代文献中记载的歙砚名坑也就十几个，主要分布在今江西省婺源县溪头乡的砚山、外庄、溪头与大畈镇的济溪（图 3–20）。由于歙石的开采自明代以来只在乾隆丁酉年有过一次官府组织的开采，故这些历史坑口及开采情况在明、清两代的官方文献上没有留下什么有价值的资料。加上这些历史名坑有的早已被采竭而废弃，有的早已崩塌或被山石掩埋，有的虽然还能挖出砚石但多系民间采石者的个人行为，故一些历史名坑的准确地点、开采历史、石材品质与石材特点等都已较为模糊。

（一）龙尾砚山

龙尾山是一条延绵数里的山脉，出产歙石的地点主要集中在一小段，位置在今江西省婺源县砚山村入口处。在道光六年至民国 14 年的《婺源县志》“疆域志”中，龙尾为一村名，与外庄、溪头、晓起、芦头同属于万安乡长城里十都。在上述县志的图考中，“龙尾”与“龙尾砚山”为两个地名，在图考中分别有不同的地标，即“龙尾砚山”被作为一个专有地名而记录在图考中，应为古人为将两者加以区别而特别予

图 3–20 婺源县歙石主要产区：砚山、溪头、外庄、济溪

图3–21 2005年9月20日笔者在龙尾山考察（左起 村民、叶枝光、笔者、汪培坤）

以的说明，故笔者认为将这一小段出产歙石的龙尾山地名仍按道光《婺源县志》称为“龙尾砚山”比现今称为“龙尾山”或“砚山”都更为合适。龙尾砚山的坑口主要有眉子坑（分上坑、中坑、下坑）、罗纹里山坑、罗纹坑、罗纹金星坑、水舷坑，水蕨坑、紧足坑、庄基坑等。

2005 年 9 月 20 日笔者在叶枝光与汪培坤先生等人陪同下考察了龙尾山（砚山）（图 3–21），但所见之处砚坑早已坍塌，前人开采时丢弃的废石像瀑布一样从山顶直泻到芙蓉溪里（图 3–22）。芙蓉溪边也是杂草树木丛生，旧时的水舷坑等洞口因公路拓宽而被填没，只有溪水依旧潺潺，与溪边的老樟树互相诉说着前人开采的故事。

图 3—22 龙尾山老坑矿区图（吴玉民提供）

1. 眉子坑（眉纹坑）

据《歙州砚谱》记载，眉子坑在罗纹山，唐开元中开采，从溪下至取石处九丈五尺，其阔二丈六尺，深一丈三尺，皆无土相杂。据汪培坤先生介绍，眉子坑虽可分为上、中、下三坑，但实际上是同一条矿脉，随着山势而出现由低向高的倾斜。眉子坑早已停采，坑口也早被废弃的石料所掩埋，目前只能知道大概的位置。该坑出产的砚石品类主要有金星地眉子、对眉子、短眉子、长眉子、簇眉子、阔眉子、金眉子、雁攒湖眉子等。

眉子坑出产的砚石质地细润，由于在青灰色具有金属光泽的基底上有颜色偏黑的眉状纹理，故称之为眉子，眉子又称眉纹。眉纹的成分为铁锰矿物、炭质及绿泥石。眉子坑出产砚石的岩性为含粉砂板岩，石质由少量粉砂和大量绢云母组成，发墨益毫，纹饰美丽，是难得的歙石珍品之一。

清人徐毅在《歙砚辑考》中曾言："歙石以眉子为绝。而眉子品目不一，要以石色青碧，石质莹润而纹理匀净者为精绝。至于金星之类，乃其余事。"[47] 此说与宋人认为歙石"以金星为贵"[48] 乍看似乎有悖，但细思却颇有道理。就现知的龙尾砚山坑口而言，在宋人论述歙砚的著作中明确标注出金星歙石的一个是罗纹坑，因其石品中有一种"金星罗纹"，另一个是罗纹金星坑，虽然历代文献未见有其石质石品花纹的记述，但从坑口之名或可推定其出产的歙石应以罗纹金星为主。根据以上文献分析，不论是罗纹坑的"金星罗纹"还是罗纹金星坑的歙石，其砚石的质地都是罗纹，且有金星分布于其中。至于宋人看重罗纹金星的原因，笔者认为一是因为罗纹中有金星者，既发墨又美观，且物稀为贵；二是因为金星的主要化学成分是二硫化亚铁（FeS_2），纯的二硫化亚铁矿中含有 46.67% 的铁和 53.33% 的硫，在研墨过程中，金星中的二硫化亚铁以微小颗粒进入墨汁中，用此墨汁作画，不仅不易被虫蛀，而且二硫化亚铁与风化后形成的褐铁矿或黄钾铁矾还可使墨色更加丰富。由此我们便可理解米芾在《砚史》中所言 "金星宋坑，其质坚丽，呵气生云，贮水不涸，墨水于纸，鲜艳夺目，数十年后，光泽如初"[49] 的深刻道理了。

2. 罗纹里山坑

该坑在罗纹山后，发现并开采于李唐时期，但在李唐末或北宋初就已废弃，至今未再开发，所产的砚石品质与花纹等不详。

3. 罗纹坑

此坑在眉子坑之东，发现并开采于李唐时期。据文献记载，从山下至取石处计七十五丈，阔十八丈，深十五丈三尺，是一个地理位置较高，采矿面较大，有一定深度的砚坑。此坑所出砚石品类主要有细罗纹、粗罗纹、暗细罗纹、刷丝罗纹、金花罗纹、金晕罗纹、金星罗纹、算条罗纹、角浪罗纹、瓜子罗纹等。

对罗纹坑开挖与堙没的历史，现据江宾旸《送侄济舟售砚序》中“旧坑在双溪时已堙，不知何年再辟，至元辛巳再堙而石尽”[50]作如下分析：其中“双溪”者，应指钱仙芝于景祐中在龙尾山开采砚石时曾在芙蓉溪的上游另开一条河道，让溪水分流，老溪加新溪故而称之为“双溪”。文中的“至元辛巳”虽然可以对应为元世祖至元十八年即1281年，但也有可能是对应于“至元十四年辛巳”，即原文有可能衍去“十四年”，之所以作此解释，是因为此时间正好与原文献中的“至元十四年辛巳，达官属婺源县尹汪月山求砚，发数都夫力，石尽山颓，压死数人”[51]相对应。因此笔者认为，开采于李唐时期的罗纹坑，在宋代景祐年间曾被堙没，其后又被重新开采，至元十四年或至元十八年再次堙没，自此石尽，现今已很难找到大块无石筋、无杂质的优质石料。

罗纹是所有歙石中最为发墨，同时益毫的一种。宋人十分看重罗纹砚，如苏东坡偶得一方罗纹砚，试研之后欣然赋诗：“罗细无纹角浪平，半丸犀壁浦云泓。午窗睡起人初静，时听西风拉瑟声。”[52]这种将墨锭在罗纹砚上研磨时发出的声音比拟为西风拉瑟极为巧妙，读此佳句可以神追东坡，体会他手随墨动，心旷神怡的心境。

图3-23 1988年水舷坑采石现场（1）（吴玉民提供）

图3-24 1988年水舷坑采石现场（2）（吴玉民提供）

图3-25 1989年水舷坑已停采（吴玉民提供）

图3-26 2005年2月4日水舷坑因公路加宽而被填没（图片左边是被填没的水舷坑，右边是芙蓉溪。吴玉民提供）

4. 罗纹金星坑

在罗纹山西北，与罗纹坑相距四十五丈，因为用工多而所得少，在宋代就已废弃，故对此坑砚石的品质花纹等未见有相关论述。

5. 水舷坑

距眉子坑不远，坑口在芙蓉溪畔。丰雨时节溪水上涨坑口便被淹没，通常只有在秋冬季节雨水稀少溪流水涸时才能开采。所出砚石品类大多数是金花眉子，《歙州砚谱》等将这些金花按形态分为 10 种：如长寿仙人者、如枯槎仙人者、如鹤舞者、如双鸳鸯者、如斗者、如金云气者、如卧蚕者、如双鱼蹲鸱者、如湖中寒雁者、如金壶瓶者。该坑在 1988 年时还有人开采，从图中可见当年开采时虽然采用了抽水机排水，但开采出的石料与废料还是由人工肩挑（图 3–23、图 3–24）。水舷坑在 1989 年因石料基本采竭而停采（图 3–25），2005 年 2 月 4 日因拓宽公路而被填没（图 3–26）。

6. 水蕨坑

在罗纹山西北，距水舷坑五丈五尺，阔一丈三尺，宋代景祐中被发现并开采，但到唐积著《歙州砚谱》时已经废弃 40 年了。该坑在开采时，要用“穿笼”法，即用编成的空心竹笼装上石块，堆砌在坑口周围形成水坝，阻止溪水进入坑中，然后再行开采。后来的采石者不知道应用这种“穿笼”法，故坑口长年被水淹没，难以开采。该坑所出的歙石具有波浪般的纹理。

7. 紧足坑

据江宾旸《送侄济舟售砚序》文中“唐开元间，猎人叶氏得石于长城里，因以为砚，自是歙砚闻天下。其山为羊斗岭之巘，两水夹之至尽处乃产砚石，其一曰紧足坑，次曰罗纹坑，今曰旧坑，又次曰庄基坑”[53] 分析，紧足坑可能就在罗纹坑附近。紧足坑的发现与开采应始于元代，至元辛巳時紧足坑还能出产大块砚石，

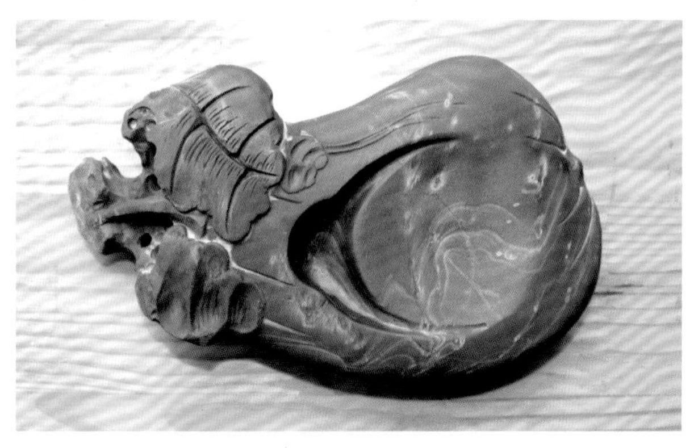

图 3–27　用子石加工成的小手把砚（1）

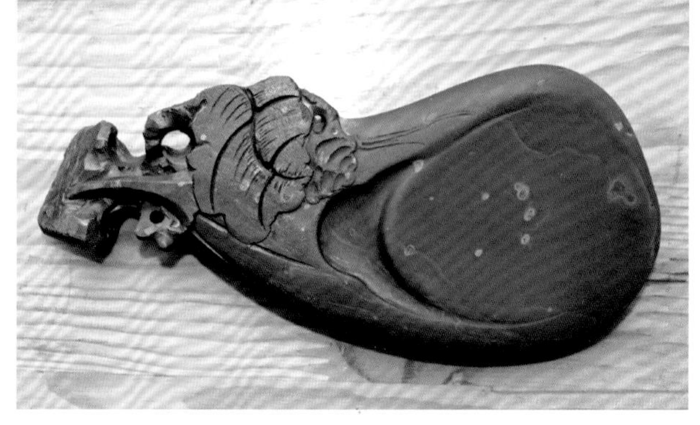

图 3–28　用子石加工成的小手把砚（2）

图 3–29　村民在老坑废料中筛选有用的石材（吴玉民提供）

图 3–30　在芙蓉溪中挖子石（吴玉民提供）

但至元五年十月二十八日夜，紧足坑崩塌，声音如同惊雷，隔溪屋瓦震动，鸟兽惊骇。自紧足坑堙没之后，原坑口一直未能找到，也没有重新开采，因此对紧足坑的石材品质，难以得知。

8. 庄基坑

据《送侄济舟售砚序》中“自庄基北行二里溯溪微上曰眉子坑”[54]可知，庄基坑应在眉子坑的南边，芙蓉溪的下游约 2 里的地方。其石材品质未见有文献记载，也难以得知。

9. 芙蓉溪

芙蓉溪是流过龙尾山（砚山）脚下的一条溪流，长期以来，由于自然崩塌与人工开采，一些砚石滚落进溪流之中，经过溪水的冲击与浸润，这些砚石不仅变得更加圆润，而且有的还披上一层金色的外衣，成为一种经过大自然特殊加工的珍贵砚石，被称为“子石”。其中大块的尤其珍贵，经精心设计加工后成为歙砚中的精品。小块的则常被加工成一些供人把玩的小砚（图 3–27、图 3–28）。

从芙蓉溪里拣取砚石古已有之，20 世纪末与 21 世纪初，随着歙砚价格的攀升以及由于山村公路拓宽，一些砚坑与芙蓉溪河床将被掩埋，村民们有的在山上拣选老坑废料中有用的歙砚石料（图 3–29），有的在芙蓉溪中进行了大规模的挖掘与筛拣（图 3–30），甚至还用上了挖掘机。目前，芙蓉溪部分河床已被拓宽的公路掩埋，溪流中也很难再找到品质较好的歙石了。

（二）溪头

在康熙三十八年（1699）《婺源县志》中，溪头与龙尾同属十都，两地相距不远。溪头坑与叶九山坑（又称叶九坑）虽距罗纹山的金星坑二三里地，但所辖地应属溪头村。

1. 溪头坑

在《歙州砚谱》中有“溪头坑又曰主持山，在罗纹山金星坑之北二三里，废已二十年不取，其石金星率多虚慢焉”[55]。该坑 20 世纪 80 年代曾重新开采，但不久又停产。其石材虽然也有金星、金晕，但质地较为粗松，颜色也较黯淡，俗称“溪头石”。

2. 叶九山坑（叶九坑）

唐积《歙州砚谱》中的“叶九山坑”在不著撰人名氏的《歙砚说》与高似孙的《砚笺》中都称为“叶九坑”。其坑口位置在“溪头坑之西约一里，不取已三十年，有眉子石，纹粗慢，与溪头相次也”[56]。该坑 20 世纪 80 年代恢复开采，石品虽为眉纹，但质地与花纹均较眉纹坑稍次，俗称“岭背眉”。

（三）大畈

著名的济源坑位于今济溪村境内。在清康熙到民国期间，大畈与济溪都只是万安乡大鳙里八都辖下一个村，两村相邻。自从大畈作为乡镇所在地后，济溪成了大畈乡镇管辖下的一个村，也许由于这种原因，济溪村辖区内济源坑所出的砚石便都冠上了大畈的名，到 2010 年 10 月笔者到济溪村考察（图 3–31）。

图 3–31 2010 年 10 月笔者在济溪村考察

按《歙州砚志》等文献所述，济源坑由三个坑组成，一名为碧里坑，一名为水步石、大雨点石，一名为里山石。其中碧里坑在山上，色理青莹。水步石与大雨点石有白晕。里山石色青、质细，有金纹。济源坑所产的砚石虽然石质比不上眉子、罗纹等名坑所出，但其中的大畈鱼子与大畈金晕也很有特色。

今人汪向群在《中国名砚•歙砚》中认为济溪的砚坑可分为济源坑与碧里坑。济源坑位于济溪村后山上，20 世纪 80 年代初恢复开采，1997 年前后开发出“水坑”与“山坑”。石品主要有青灰色的鳅背纹、鳝鱼黄、鱼子青等，其中有鱼子与金星金晕相间的称为大畈金晕（图 3–32），石质较佳。而碧里坑在济溪村河对面的济山上，也是 20 世纪 80 年代恢复开采，石品主要是金星与金晕，偶有刷丝纹。

图 3–32 堆放在村民家中的大畈金晕砚石

大畈所出的鱼子纹又称鳝肚纹或鳅背纹，是指青或黄的质地上有一些青黑斑点呈散点状均匀分布的砚石。大畈鱼子岩性为含粉砂板岩，石质由少量粉砂和大量绢云母组成。斑点由绿泥石、隐晶质矿物等聚集而成，粒度一般为 0.3~1.2 毫米。用这种砚石制作的歙砚，外观美丽，发墨益毫，是品质较好的歙砚之一。

（四）其他

1. 驴坑

据《歙州砚谱》记载：“驴坑在县之西北七十里，属詹观，景祐中曹平为令时取之，后王君玉为守又取之，近嘉祐中刁璆为尉又取之，其石有青绿晕也。”[57] 由于此坑自宋代景祐之后未再见有开采记录，所以推测其也早已废弃。查清康熙至民国期间的数部《婺源县志》也未发现有“驴坑”与“詹观”的地名，此坑的具体位置今已模糊，石材品质也难以知晓。

2. 洞灵岩

据《歙州砚谱》记载：“洞灵岩在县西北一百二十里，三洞相连，石产岩之左右无定处，材璞至少而瑕脉多，或有绝病莹净者，可拟端溪之品，而石理燥慢。”[58] 此砚坑具体位置今也不可寻，其石品从“可拟端溪之品”来看，颜色可能偏紫。

3. 现今发现的一些坑口

现今发现的坑口主要在安徽省的歙县、休宁、祁门与黟县。如安徽省休宁县有大连砚坑、岭南乡砚坑、冯村砚坑，歙县有溪头坑、岩源坑、紫云坑、庙前坑、洽河坑、苏川坑、清溪坑、车川坑、中河坑、樟坑等。其中歙县北部上丰乡岩源坑的“歙红”与“歙青”，质地细腻，发墨益毫，是理想的砚材。其余坑口的石材中，性质良好的可以制砚，差的就只能加工成石雕了。

4. 见于古籍记载但不明坑口的

如明代的高濂在《遵生八笺》中记有一种银丝砚，“长五寸，阔寸半，石色如漆，上有银丝纹如画横经石中，温润如玉，呵气成水，砚谱不录，此必歙石龙尾石类也，纹甚可爱”[59]（图 3–33）。笔者虽然经眼的歙石品种较多，但这种银丝横贯的

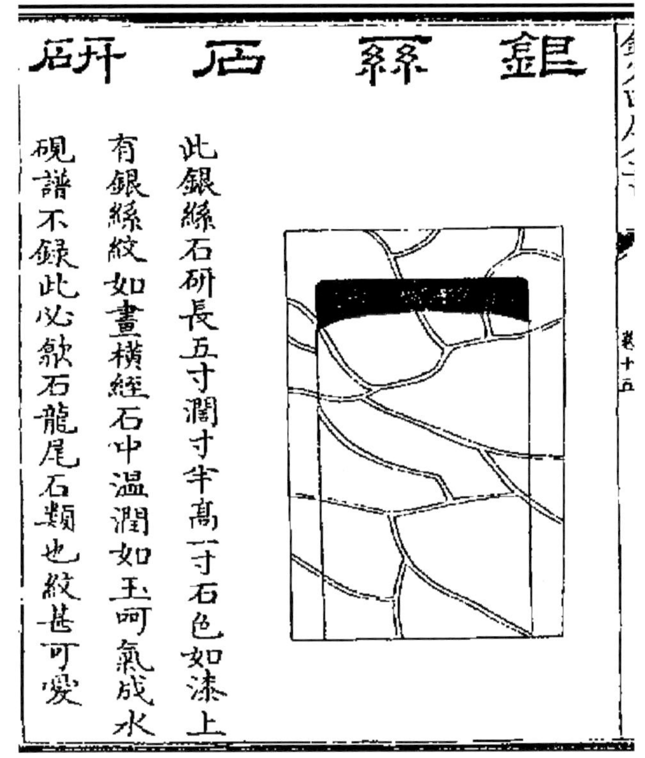
銀絲石研

此銀絲石研長五寸闊寸半高一寸石色如漆上有銀絲紋如畫横經石中温潤如玉呵氣成水硯譜不録此必歙石龍尾石類也紋甚可愛

图 3–33 明高濂在《遵生八笺》中记载的银丝石砚（取自《四库全书》）

砚石却未曾发现，是否确为歙石龙尾，还有待进一步考察。

三、石质石品

歙砚具有石色黝黑，略泛青紫，坚润不吸水，发墨如油不损毫，用后余墨涤之即净等特点。苏轼在《孔毅甫龙尾砚铭》中称之为“涩不留笔，滑不拒墨，瓜肤而縠理，金声而玉德”[60]。“涩”是指砚石中含有较为锋利但颗粒细小的石英颗粒，发墨但不损毫；“滑”是指石质细腻，但墨锭磨上去不打滑，即容易发墨；“瓜肤”是指石质摸上去像有蜡质的瓜皮一般，既有一定的硬度又滑嫩；“縠理”是指砚石能发出丝绸般的光泽；“金声”是指砚石叩之有金属般的清越声音，与端砚叩之“笃笃”的“木声”大不相同；“玉德”是指砚石像玉一样温润。

歙砚纹色十分优美，黄庭坚尤为推崇，认为金星歙砚的纹色是“日辉灿灿飞金星，碧云色夺端州紫”[61]。由于歙砚石质优美，雕刻精细，佳品迭出，深得文人墨客青睐。对于歙砚的品质，苏东坡在《龙尾砚歌》中大加褒奖：“黄琮白琥天不惜，顾恐贪夫死怀璧。君看龙尾宝石材，玉德金声寓于石。与天作石来几时，与人作砚初不辞。诗成鲍谢石何与，笔落钟王砚不知。”[62]蔡襄也在《徐虞部以龙尾石砚邀予第品仍授来使持还书府》中言：“玉质纯苍理致精，锋芒都尽墨无声。相如闻道还持去，肯要秦人十五城。”[63]

歙砚砚石的品类十分丰富，宋代陈櫄在《负暄野录》中将歙石按纹理分为4种：“一曰刷丝，乃直纹也。二曰萝菔，乃交罗纹也。三曰眉子，上有黄黑纹如眉。四曰金星，状若洒金。此四纹中唯刷丝为上，其间复有差等，但金星之质最顽，不堪用。”[64]由于刷丝实为罗纹之一种，济源的鱼子虽然后出但品质花纹可另列一类，故笔者认为将歙石分为眉子（纹）、罗纹、金星、鱼子四大类也许较为合适。

1. 眉子（纹）

眉子又称眉纹（图3–34），是指在底色为青灰色的砚石之中分布有黑色酷似人眉的条状纹理，折光闪烁，极为悦目。眉子是歙石所特有的，是由微粒碳质质点构成的斑点结构或由绿泥石聚集后受到挤压再聚合连成。[65]眉子的纹理丰富，阔窄、长短、密疏等多不相同，为了将不同形态特征的眉子区别开来，古人根据纹理形态与质地等进行了分类，如宋代唐积在《歙州砚谱》中将眉子分为7种，《歙砚说》将其分为9种，《辨歙石说》将其分为11种，高似孙在《砚笺》中也将其分为11种。另外《辨歙石说》与《砚笺》还对眉子的形态特点进行了较为详细的描述（表3–3）。

图3–34　眉纹

图3–35　雁攒湖眉子

表 3–3 宋代主要歙砚文献中对眉子的分类与描述

眉子分类	〔宋〕不著撰人名氏《辨歙石说》	〔宋〕高似孙《砚笺》
对眉子	石纹如人画眉而细，遍地成对者	遍地成对
锦蹙	石晕如画，云气间以金晕如蹙锦然	
锦蹙眉子	石纹横如眉子，间有金晕	横如眉，有金晕
罗汉入洞	石中有金晕如云气，下有罗汉龛座之形	
金星眉子	眉子疏匀，而有金星间之	眉疏，金星间之
鳝肚眉子	眉子疏而匀，石纹如人字鳝肚纹，间有金晕金星者	眉疏而匀，金晕金星
雁攒湖眉子	砚心有纹晕如汪池，四外眉子密密如群雁飞集之状	心晕如池，密如雁集
绿豆眉子	石理稍黑微暗，而斑内有短密眉子纹	石黑斑内有短密眉
金花眉子	眉子石中有金花金晕者	金花金晕
短眉子	眉子密短而匀	短密而匀
长眉子	眉子长而差大	长如眉差大

在上述眉子中，雁攒湖眉子（眉湖眉子）最为美观（图 3–35）。此种眉子的砚石一部分纹理如同微波粼粼的湖水，另一部分纹理如同湖面上群雁飞集，令人观之遐想无限，富有诗情画意，是歙砚中的珍品，现今若能获此佳石，通常多是稍加打磨后制作砚板观赏收藏。

2. 罗纹

罗纹是指砚石的纹理有如丝罗织纹那样旖旎。古人对罗纹的评价甚高，如米芾认为：“今人以细罗纹无星为上。”[66] 曾为洪迈《夷坚甲志》题跋的汪彦章有诗赞美罗纹砚：“冰蚕吐茧抽银忽，仙女鸣机号月窟。云绡裂断掷残缟，沦入空山作尤物。中书君老不任事，蛛网陶泓空俗骨。故令玉质傲松腴，万缕秋毫聊出没。”[67] 此外，宋代的赵抃与陈了翁曾作歙砚诗，其中分别提到了“罗纹洗莹致”[68] 与“熟视微见青罗纹”[69]。罗纹也是歙石所特有的，是层状硅酸盐矿物挤压定向排列，产生有柔皱或无柔皱的微层理构造。[70]

最早对罗纹进行系统分类的是唐积，他在《歙州砚谱》列罗纹 14 种，其中外山罗纹 13 种，里山罗纹 1 种。《歙砚说》列罗纹 12 种，与《歙州砚谱》相比，少了金晕、绞丝、乌丁、里山罗纹，多了暗细、泥浆罗纹。《辨歙石说》列罗纹 13 种，其中龙尾砚山坑口所出 11 种，祁门县与歙县各出 1 种。高似孙《砚笺》综合前人所述，列罗纹 17 种。米芾在《砚谱》中记有金丝罗纹 1 种。综上所述，宋人依据纹理分罗纹共为 22 种（表 3–4）。此外，最早从形态上对不同罗纹进行描述的也是宋人，其中以不著撰人名氏的《辨歙石说》最为系统（表 3–5）。

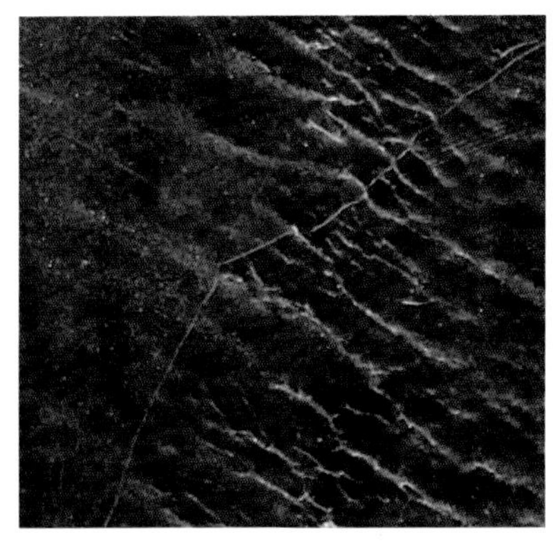

图 3–36 角浪罗纹

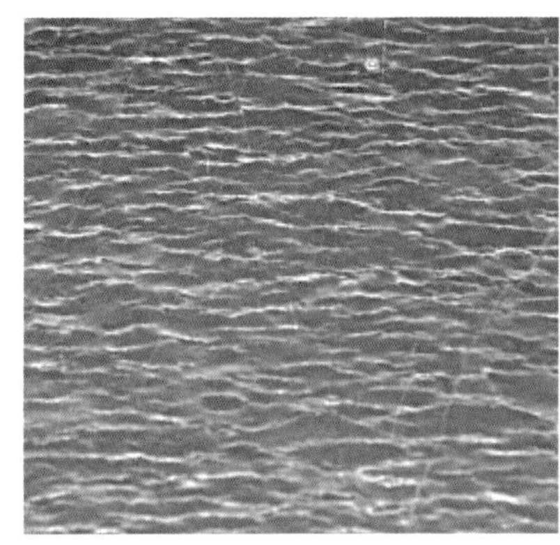

图 3–37 松纹罗纹

图 3–38 刷丝罗纹

表 3–4　宋代主要文献对罗纹的分类

序号	罗纹种类	《歙州砚谱》	《歙砚说》	《辨歙石说》	《砚笺》	《砚谱》
1	粗罗纹	√	√	√	√	
2	细罗纹	√	√	√	√	
3	古犀罗纹	√	√		√	
4	角浪罗纹（图 3–36）	√	√	√	√	
5	金星罗纹	√	√	√	√	
6	松纹罗纹（图 3–37）	√	√		√	
7	石心罗纹	√	√		√	
8	金晕罗纹	√		√	√	
9	绞丝罗纹	√			√	
10	刷丝罗纹（图 3–38）	√	√	√	√	
11	倒理（地）罗纹	√	√			
12	乌钉罗纹	√			√	
13	卵石罗纹	√	√		√	
14	里山罗纹	√			√	
15	暗细罗纹		√	√	√	
16	泥浆罗纹（泥浆）		√			
17	金花罗纹			√	√	
18	算条（子）罗纹			√	√	
19	瓜子罗纹			√	√	
20	金丝罗纹					√
21	祁门县出细罗纹石			√		
22	歙县出刷丝砚			√		

注：“√”为在此书中列出的罗纹种类。

表 3–5　十三种罗纹的形态特点

罗纹种类	描述
细罗纹	石文如罗縠精细，其色青莹，其理紧密，坚重莹净，无瑕璺，乃砚之奇材也
粗罗纹	似细罗纹而文理稍粗
暗细罗纹	罗纹虽细，晦而不露，纹理隐隐，石色微青黑
罗纹种类	描述
刷丝罗纹	石纹精细缠密如刷丝然
金花罗纹	罗纹地上间以金花，乱点大细不常，如画工销金
金晕罗纹	金晕数重如抹书者，或晕如卵形及杏叶，皆重迭数重
金星罗纹	细金点如撒星者，有金抹如眉子者，有横抹金纹长短不定者
算条罗纹	比刷丝纹理疏而粗大，正如�算子
角浪罗纹	直纹数路如角浪然
瓜子罗纹	比细罗纹尤细狭如瓜子者
泥浆	细罗纹而尤温润，乃罗纹下坑石

续表

罗纹种类	描述
祁门县出细罗纹石	酷似泥浆石，亦有罗纹，但石理稍慢不甚坚，色淡易干耳
歙县出刷丝砚	甚好，但纹理太分明，无罗纹，间有白路白□者是

3. 金星

金星是指在灰黑色歙石中分布的大小不同、闪闪发光的金黄色颗粒与纹饰。金星有两种解释：一是《歙州砚谱》中认为的“金星其纹三种：葵花、金晕、金星”[71]，即歙砚中所有的金色斑点与纹饰都称为金星。二是特指那些颗粒细小、呈点状分布的一类金色斑点。现今的歙砚界一般将这些金色的斑点与纹饰按形态与大小分为金星、金花、金晕三类。

金星是指歙石上分布的一些细小的金色斑点，犹如夜空中闪烁的星斗，故名金星（图 3–39）。金星看似金光闪闪，但并非真金，其主要化学成分是二硫化亚铁（FeS_2），可以多种形态特征聚焦与分布在眉子、罗纹等歙石上。若在眉子上嵌有金星则称之为金星眉子，若在罗纹上嵌有金星则称之为金星罗纹，若在角浪罗纹上嵌有金星则称之为水浪金星……从现存文献来看，古人未对金星进行过详细分类，所谓的雨点金星、雨丝金星、雪花金星等应是今人对一些形态特征明显的某类金星的俗称。如雨点金星像是从天空落下的金色雨点，雨丝金星如同飘落的长条状金色雨丝，雪花金星则呈不规则的圆形且无方向感，凤眼金星则像凤凰的眼睛那样妩媚……

金花是指砚石上的金色斑点比金星大一些，看起来更像是金色的花朵（图 3–40）。金花的主要化学成分也是二硫化亚铁。

金晕是指砚石上布有形态如同云雾般的金黄色花纹（图 3–41），这些花纹如同国画家笔下的大写意作品，或如云雾，或如神仙。从文献来看，水蕨坑出产的砚石中金晕较多，且形态多变，如舞鹤、如长寿仙人、双鸳鸯、枯槎仙人、朝霞云气、湖中寒雁、双鱼蹲鸱以及壶瓶、卧蚕等，形态万千，极难穷尽。

4. 鱼子

鱼子主要产于大畈济源村，因砚石中密布如鱼腹内的鱼卵（鱼子）的斑点状花纹而得名。鱼子根据石材质地、颜色又分为青鱼子（又称鳅背纹鱼子）（图 3–42）、黄鱼子（又称鳝黄鱼子）（图 3–43）等多种。尤其是鳝黄鱼子，其纹色酷似鳝鱼腹底的肌肤，色黄而有一些形如鱼子的黑色小点散布其上，十分形象。此外，还有鱼子金星、鱼子眉纹、鱼子金晕（图 3–44）、鱼子罗纹等。鱼子纹（鳅背纹）是由绿泥石聚集成的粒径 1~2 毫米、外观呈纺锤形的一种花纹，是歙石在变质过程中变余球粒构造所形成的。[72]

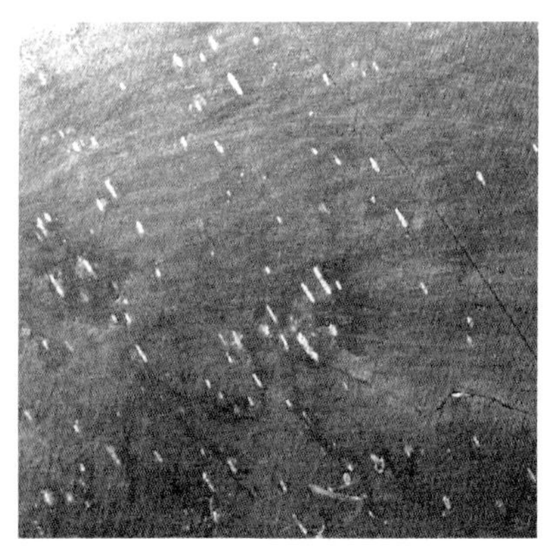
图 3–39　金星

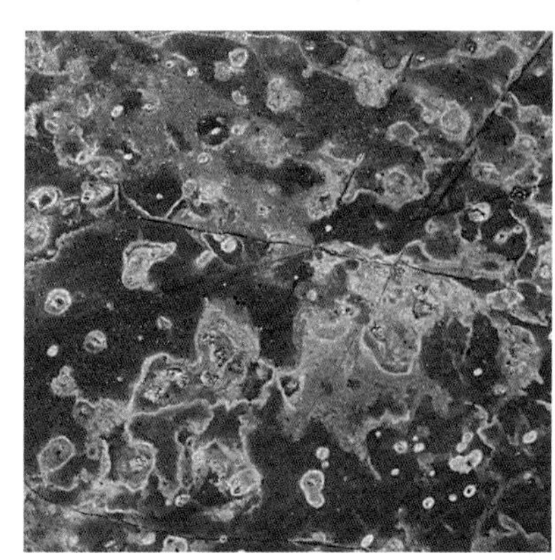
图 3–40　金花

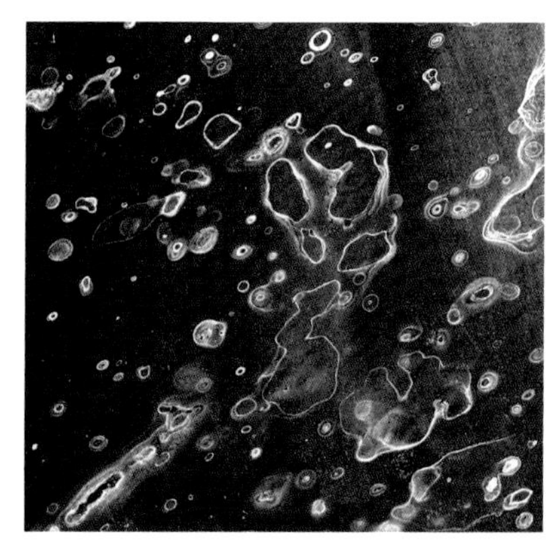
图 3–41　金晕

图 3–42　青鱼子

图 3–43　黄鱼子

图 3–44　鱼子金晕

第三节　理化特性

歙石属于变质岩，它是由古代大陆上的风化物经过搬运、沉积、成岩等地质作用而形成的产物。岩性主要为泥质板岩、含粉砂板岩与粉砂质板岩。其中优质砚材与一般砚材在岩性、主要矿物成分含量、矿物特征、主要化学成分与物理性质方面均有所不同。

一、基本矿物组成与特征

1. 优质砚材

歙砚的优质砚材主要用于制作高档歙砚，主要有泥质板岩、含粉砂板岩和斑点含粉砂板岩。绢云母及部分隐晶质 70%~95%，粉砂 2%~15%，含砂量< 1%，绿泥石 1%~6%，金属矿物 1%~2%，炭质 2%~3%。

2. 一般砚材

歙砚的一般砚材主要用于制作低档歙砚，主要有粉砂质板岩、含粉砂砂质板岩。绢云母及部分隐晶质 55%~75%，粉砂 13%~35%，砂质 4%~15%，绿泥石 1%~6%，金属矿物 1%~2%，炭质 2%~3%。

3. 矿物特征

1999 年胡鹏浩等采用能谱分析和电子探针分析后确定矿物特征如下：①多硅云母。其化学结构形式是 K0.6(Mg 0.06 Fe 0.15 Al 1.85)$(OH)_2$。多硅云母在薄片中无色，粒度小，在 1~10 微米之间，少数脉状云母较大。②蠕绿泥石。其化学结构是 (Mg 0.8 Fe2.1 Al 1.2)(Si 2.4 Al 1.6 Ti 0.08)$(OH)_3$。蠕绿泥石有明显多色性，在显微镜下呈黑绿色矿物，它是歙砚呈黑色的主要色素矿物，它对砚台性能有主要影响，颗粒约为 10 微米。③石英，即 SiO_2。在砚台中多呈粒状，粒径为 5 ~10 微米，局部石英化的地方，石英粒径较大，可达数毫米。在歙石中以上矿物的含量蠕绿泥石为 35%~40%，多硅云母为 25%~30% ，石英为 25%~35%，长石等碎屑为 2%~3%，其他为 1%~2% 。[73]

2008 年张莹等利用环境扫描电子显微镜及其能谱仪测量的结果显示，歙砚样品的主要矿物为多硅白云母，其单晶颗粒好，呈叶片状、定向排列，其集合体呈叠瓦状结构分布；其平均化学式为 K0.59 Na 0.50{(Al 2.86Mg 0.50 Fe 3 +0.75) 4.11 [(Al 0.91 Si 7.09) 8O20] $(OH)_4$ }。[74]

二、主要化学成分

程明铭等根据不同地区 28 个采坑样品化学全分析资料得出如下参数：二氧化硅（SiO_2）的含量一般为 60%~65%，最大不超过 70%，最小不低于 55%。三氧化二铝（Al_2O_3）的含量一般为 15%~20%，最小不低于 13%。三氧化二铁（Fe_2O_3）的含量一般在 0.3%~1.5%。氧化亚铁（FeO）的含量一般在 2%~7%。氧化镁（MgO）的含量一般在 1.5%~3%。氧化钙（CaO）的含量一般在 0.5%~3%。氧化钠（Na_2O）的含量一般在 1.5%~4%。氧化钾（K_2O）的含量一般在 2.5%~3.5%，最大不超过 6%，最小不低于 1.5%。

三、主要物理性质

优质的歙石多质地细腻，结构致密，吸水小，硬度适中，宜于加工，所含矿物颗粒 80% 以上都在 0.01~0.05 毫米，且分布均匀。其颜色多呈青黑色，不透明，丝绢光泽，参差状断口，密度为 2.74 g/ cm^3，维氏硬度为 237.35~353.00 g/ mm^2，摩氏硬度为 4.20~4.62，其平均值为 4.45。[75]

第四节　形制风格

一、歙砚形制风格的演化

从现存几方唐代的歙砚来看，唐代歙砚的形制样式为典型的箕形砚与凤池砚，造型端庄大方，砚边与砚背没有精雕细刻的花纹图案，总体感觉简略朴实但内蕴艺术之美。唐代的歙砚与其他砚种的箕形砚、凤池砚在外形上几乎没有差别。五代时期歙砚的雕刻开始注意细节，如现藏婺源博物馆的一方五代蝴蝶纹淌池砚的砚首就用阴刻线雕出两只蝴蝶（图 3–45），提高了此砚的艺术性与审美价值。

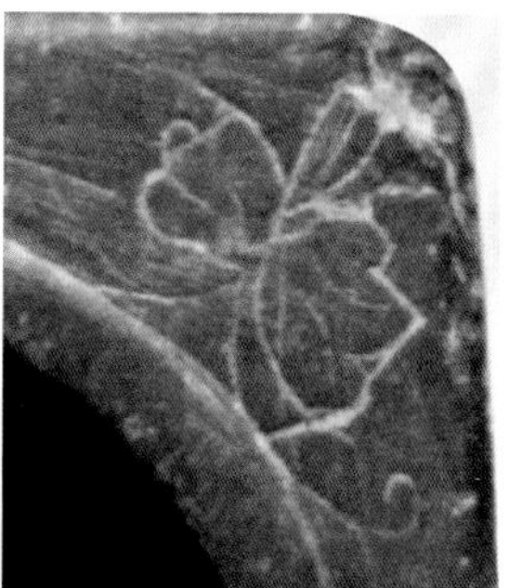
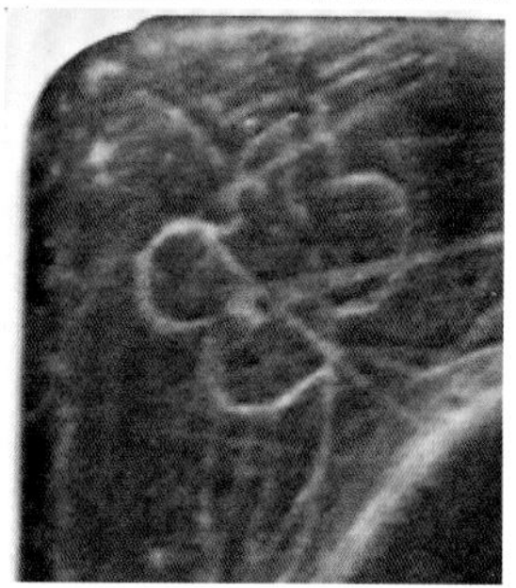

图 3–45　婺源博物馆藏五代蝴蝶纹淌池砚以及砚首左右角的阴刻蝴蝶纹（笔者摄于婺源博物馆）

宋代是包括歙砚在内所有砚种在形制样式与雕刻技术上高度发展的时期，考其主要原因，与宋代文人爱砚、赏砚、辨砚、考砚之风昌盛有关。由于文人的介入，包括歙砚在内的砚雕技术在承继唐砚注重实用的基础上融入了更多的人文与艺术元素，在形制样式上出现了一些新的品类，唐积在《歙州砚谱》中选取样制古雅的歙砚样式39种，如：端样、舍人样、都官样、玉堂样、月样、方月样、龙眼样、圭样、方龙眼样、瓜样、方葫芦样、八角辟雍样、方辟雍样、马蹄样、新月样、鏊样、眉心样、石心样、瓢样、天池样、科斗样、银铤样、莲叶样、人面样、球头样、宝瓶样、笏头样、风字样、古钱样、外方里圆筒砚样、蟾蜍样、辟雍样、方玉堂样、尹氏样、虾样、犀牛样、鹦鹉样、琴样、龟样。

除此之外，还有一些样式因状样都俗，舍之不取。另外，《端溪砚谱》中所载的端砚形制样式中有一种"歙样"，虽然现今我们已经不知道宋代的歙样究竟有何特点，但由此可见，至少在宋代，歙砚在雕刻技法与形制样式上已形成了自己独特的风格。

从现存宋代歙砚实物来看，其制作技艺确实已趋成熟，不仅很好地承继了汉唐砚雕的实用性，而且在多样化与艺术性方面有了较大拓展，仅就其形制样式而言，除对传统的箕形与风字形砚进行变形外，还出现了长方形、椭圆形、圆形与象形砚，这些歙砚不仅在外形上自成体系，而且在砚堂与砚池的设计上别具心裁，充分体现出宋代砚工在歙砚制作技术上的开拓与创新。

图3-46 1973年合肥市北宋包拯家族墓出土的宋砚（笔者摄于安徽省博物院）

图3-47 宋长方形椭圆池歙砚（笔者摄于安徽省博物院）

就长方形砚而言，外形虽然中规中矩，但却规矩而不呆板，凝重而不沉闷。如1973年合肥市北宋包拯家族墓出土的宋砚（图3–46），虽然外形横平竖直，边棱分明，但砚内凿就相互映衬的方形圆角砚堂与莲叶状的如意砚池，使整方砚台呈现出特有的美感，不仅含意深刻而且实用美观。尤其是雕刻者在砚堂与砚池之间所开的那条深浅适度的水槽，既可使砚堂与砚池之水墨易于沟通，又不会彼此产生干扰，此种匠心独运的雕刻技巧，应是文人与砚雕者沟通合作的创见。再如1988年合肥宋太师舒国公孙马绍庭夫妇墓出土的长方形椭圆池歙砚（图3–47），此砚外形虽然中规中矩，但当将砚堂与砚池开成一椭圆形，并在砚堂周围雕刻出一圈微微突起的边时，整个砚体顿时变得既凝重又灵动。此外，在长方形砚中开出"门"字形砚堂（图3–48），以及在砚首开一圆形砚池（图3–49）的做法，都体现出宋人在长方形砚的设计与制作上已具有较多的思考与创新。

就椭圆形砚而言，其总体设计趋于简略大方。如1953年歙县小北门出土的椭圆形砚（图3–50），虽然雕刻者仅在砚石上按照砚形浅浅地开出一个砚堂与一个相当窄的砚池，但正是这种"浅"与"窄"反而映衬出此砚的凝重与厚实，令笔者甚为感叹宋人在处理此类砚材上的绝妙思考。

就圆形砚而言，由于圆形通常给人以圆润的感觉，故宋人在圆形砚的砚堂与砚池设计上基本以不破坏圆润感为基础，多选择如意形、圆形、椭圆形等图案进行修饰。如1953年歙县小北门出土的圆形砚（图3–51、图3–52），其上虽然仅开一如意形砚池，但却与其砚整体配合恰当，使此砚既秀美又不失凝重之感。

图 3-48 宋长方形“门”字淌池歙砚（笔者摄于安徽省博物院）

图 3-49 宋长方形圆墨池歙砚（笔者摄于安徽省博物院）

图 3-50 宋椭圆形歙砚（笔者摄于安徽省博物院）

图 3-51 宋圆形歙砚（笔者摄于安徽省博物院）

图 3-52 宋圆形歙砚（笔者摄于安徽省博物院）

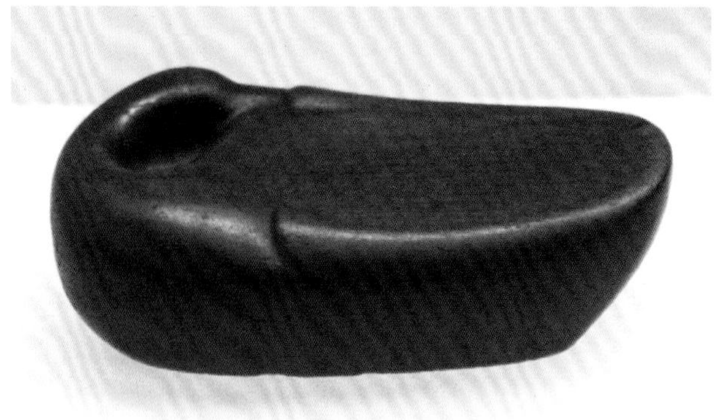

图 3-53 宋鹅形牛毛纹歙砚（现存安徽省文物总店）

再如另一方圆形砚(图3-52),设计者为了不破坏原器物的圆润感,仅依砚之外形开一圆形砚堂与新月形砚池,抚之圆润，观之生动，既实用又有美感。

在现存宋代歙砚中，象形砚较为罕见，这可能与当时的砚雕文化主流有较大关系。就象形砚的设计与雕刻而言，其难度往往在箕形、风字形、矩形、圆形与椭圆形砚之上，因为象形砚的设计多是根据砚石本身的自然形态，充分发挥想象后凝练而成，一方好的象形砚不仅凝聚着设计者深厚的文化与艺术造诣，而且需要雕刻者具有较高的技艺，如现存安徽省文物总店的鹅形牛毛纹歙砚（图 3-53）即为一例。此砚虽然没有繁缛的雕工，但却于寥寥几笔中将一卧眠之鹅的形象刻画得栩栩如生。

宋人在歙砚制作技艺上的最大贡献是发明了“活心砚”，这种用上等砚石制成砚心嵌入砚体的做法，除在汉代漆石砚及金属砚中时有应用外，尚未在宋代及以前的其他砚种中发现。目前笔者经眼的宋代歙砚中的“活心砚”有两枚，一枚为1953年歙县小北门出土的宋代眉纹枣心歙砚（图3–54），长21.3厘米，宽13.5厘米，厚2.5厘米，砚体由两部分组成，一部分是用一大块细罗纹歙石制成的既有砚堂也有砚池的砚台，另一部分是一块可以嵌入在砚堂内的色泽青莹的眉纹石片，两部分既可分离又可合并，构思巧妙，用材合理，可称为宋代歙砚制作者善用佳石、巧心妙手的代表。另一枚为现藏歙县博物馆的宋代活心歙砚（图3–55），砚体也是由两部分组成，砚台部分应为一石渠砚，砚心部分为一颜色黝黑的砚板，其形制样式与歙县小北门出土的宋代眉纹枣心歙砚有异曲同工之妙，都可堪称宋代歙砚中“活心砚”的代表。

图3–54　宋眉纹枣心歙砚（笔者摄于安徽省博物院）

图3–55　宋活心歙砚（笔者摄于安徽省博物院）

明代是歙砚由实用转向欣赏收藏的早期阶段，其赏用结合、不失古风是这个时代的主要特色。如现藏北京故宫博物院的歙石眉子抄手砚（图3–56），长24.9厘米，宽15厘米，高9.7厘米，厚大宽重，是一方典型的长方形抄手式实用砚。为了提高该砚的艺术性，设计者在砚侧雕刻了苏轼赞美歙砚的名句“涩不留笔，滑不拒墨，瓜肤而縠理，金声而玉德。厚而坚，足以阅人于古今。朴而重，不能随人以南北。苏轼”，并镌“子瞻”印，巧妙地将此砚的实用性与艺术性融为一体，实现了赏用结合且不失古风的创作理念。再如现藏安徽省博物院的蝉形歙砚（图3–57），此砚长34.3厘米，宽22.3厘米，高5.5厘米，砚堂平而宽大，砚池较大且深，便于研墨也颇能贮墨，具有很好的实用性。加之此砚采用蝉形造型，以蝉之两眼作砚池，腹背作砚堂，砚首雕出蝉首特征，后部以两乳状足落地，使人既能从中感受到创作者之新意，又能追溯唐

图3–56　明歙石眉子抄手砚（取自《中国文房四宝·砚》）

图3–57　明蝉形歙砚（笔者摄于安徽省博物院）

宋之遗风，令人观之既有豪放洒脱之感又不失稳固凝重，也是一方赏用结合、不失古风的明代歙砚代表。

清代是歙砚由实用转向欣赏收藏的成熟阶段，形式多样、题材丰富、雕刻精巧、注重观赏是这个时代的特有风格。如现藏北京故宫博物院的歙石乾隆御铭腰圆形砚（图 3–58），此砚整体呈腰圆形，砚堂为日形，砚池为月形，取日月相交合璧之意。砚侧一周雕刻着非常精细美观的双龙戏珠海浪翻腾花纹，砚底同样刻以精美的水波纹与神龟负碑，碑上阴镌隶书“乾隆御用”。此砚设计立意深远，花纹繁复，雕刻精细，是一方艺术性很强的御用歙砚。再如现藏北京故宫博物院的歙石各式套砚（图 3–59），共有六方，分别为仿汉石渠阁瓦砚、仿汉未央砖瓦海天初月砚、仿唐八棱澄泥砚、仿宋玉兔朝元砚、仿宋天成风字砚、仿宋德寿殿犀纹砚，是清宫内务府以歙石仿造的历代名砚，具有很强的观赏性与收藏价值。

图 3–58 清歙石乾隆御铭腰圆形砚（取自《中国文房四宝 • 砚》）

图 3–59 清歙石各式套砚（取自《中国文房四宝 • 砚》）

另外，清代还出现了盖盒连体形制的歙砚，如现存台北“故宫博物院”的明清歙溪石函鱼藻砚（图 3–60）。此砚的砚体与砚盖系从同一块子石中间劈开的上下两半扣合而成，外形近似圆形，直径 9.6 厘米，厚 2 厘米。砚体中央略加打磨形成下凹的砚堂，砚池深雕为一鱼形，砚盖满刻波浪与浮藻花纹，与砚池相对应处嵌一玉鱼，与砚池相互呼应。此种盖盒连体形式在歙砚中极为罕见，但这种利用同种石料一劈两半分别制作砚体与砚盖的技艺，确实具有一定的创意，有可能对洮砚等其他砚种形制样式的发展产生较大的影响与促进。

图 3–60 明清歙溪石函鱼藻砚（取自《西清砚谱古砚特展》）

二、歙砚样式风格特点

自唐宋至明清，歙砚样式风格的演变与其他砚种类似，从朴实端庄转向轻巧灵动，从方正严谨转向自然随形，从题材较少转向题材广泛，从刀法简单转向多法并用。到了现代，文化交流之风日盛，歙砚制作者们博采他人之长，大大丰富和拓宽了歙砚制作的技术与艺术领域，样式形制更加多样，创造题材更加广泛，表现手法更加娴熟，产生了具有当代风格特点的制作技艺，与古代歙砚制作技艺相映成辉，形成了歙砚制作技艺独特的样式风格特点。由于当代歙砚制作者颇多，其工艺技术各有特色，他人书中已有专门介绍，故本书仅选取若干笔者认为较有代表性的歙砚进行粗略介绍。

1. 巧用石品　彰显纹理

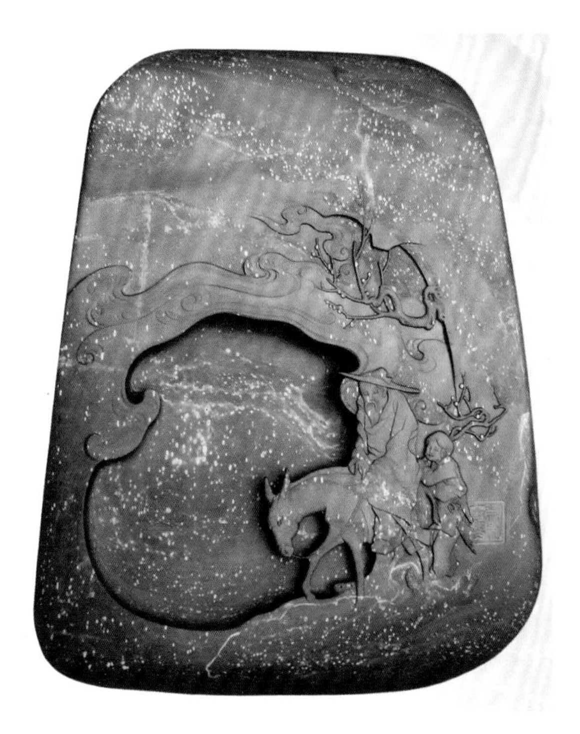

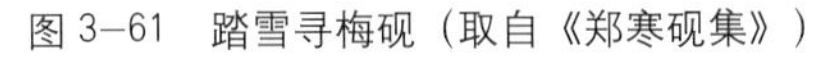

图 3–61　踏雪寻梅砚（取自《郑寒砚集》）

图 3–62　李白诗意砚（取自《歙之国宝》）

歙石多具纹理，如眉子、罗纹、金星、金花、金晕、鱼子等，这些纹理或单独存在，或与其他纹理交织一起，美不胜收，令人陶醉。故古往今来的歙砚制作高手不仅善于辨识纹理，而且善于设计与利用这些天然纹理，在不悖歙砚雕刻常理的前提下，巧用石品，彰显纹理。如踏雪寻梅砚（图 3–61）的原材料是一块有着大片雪花金星的歙石，作者以“踏雪寻梅”为题，使之成为一方巧用石品、彰显纹理的佳作。踏雪寻梅的故事可追溯到唐代的孟浩然，原意用于形容文人雅士赏爱风景、苦心作诗的情致，后演变成刻画文人雅士踏雪寻梅之雅事。此砚制作者取文人雅士踏雪寻梅之意，将散布于全砚面的金星设计成漫天飞舞的雪花，然后再将一骑驴老翁与一肩扛梅枝的童子置于风雪之中，画面静肃，宁静深远，观之令人联想到“北风料峭雪满天，溪畔老梅花灿然。唤童采得冷香玉，脚步蹒跚返家园”之意境。再如李白诗意砚（图 3–62），作者将水舷坑石的天然云雾金晕、银晕设计成天然瀑布，右下雕出尺寸很小的几株松树与一位人物，以小衬大，将李白“飞流直下三千尺，疑是银河落九天”之诗意表达得淋漓尽致。

2. 线条挺秀　遒劲风韵

由于歙石质地较为坚韧细腻，易于雕刻出纤细的线条，再加上受到徽派版画雕刻风格的影响，故歙砚在线条雕刻技艺上有自己的风格特点。歙砚对线条刻画的要求：一是运刀刚健，线条遒劲。如现藏北京故宫博物院的清代歙石井字砚（图 3–63）与歙石乾隆御铭仿唐八棱澄泥砚（图 3–64）。井字砚长 32.5 厘米，宽 6.5 厘米，砚堂正方形，外环“井”字石渠，为唐代石渠砚变形。该砚制作者下刀稳重、功力非凡，运用横平竖直、遒劲有力、不偏不倚的线条制作成一方稳重大气、刚柔相济、宽窄得体、棱角分明的歙砚精品。二是刀头具眼，线条纤细，流畅挺秀，具有徽派版画特有的风韵。如当代蔡永江所刻蓬莱道山砚（图 3–65），砚面刻蓬莱道山，楼台琼阁，云气细缊，洪波翻涌，浪花飞溅。砚背刻海中神兽，出没水中，鳞甲分明，须发毕现。线条细者仅 0.2~0.5 毫米，观其拓片宛如徽派版画，诚为歙砚线条雕刻中的典范，此砚在首届杭州西泠印社印文化博览会上获得特等奖。

图 3–63　歙石井字砚（取自《中国文房四宝全集·砚》）

图 3–64　歙石乾隆御铭仿唐八棱澄泥砚（取自《中国文房四宝全集·砚》）

图 3–65　蓬莱道山砚（正、背面）（蔡永江提供）

3. 意到神存　亦真亦幻

此种风格的最大特点是制作者在创作与雕刻中重点追求作品的意蕴与神存，造型夸张抽象，线条简练，少加修饰。乍看多觉粗犷失真，但细品却能让人充分发挥想象，继而从似是中求得真趣。其代表人物方建成的作品超凡脱俗、气势恢宏、意境深远、不尽琢磨、自成一家。如乐乐砚（图 3–66）就是作者利用自己独特的创作理念与灵感，大胆设计，精心构图，稍事雕琢，就制成一方意到神存、亦真亦幻的的艺术佳品。再如笑脸砚（图 3–67），原材料是一块名贵的对眉，制作者巧用两对眉纹，将其中一对设计成眉，另一对设计成眼，再将适当部位下挖突出两个鼓嘟嘟的脸蛋，一个经过夸张放大，但又形神兼备、亦真亦幻的笑脸就呈现在人们的眼前，令人爱不释手。

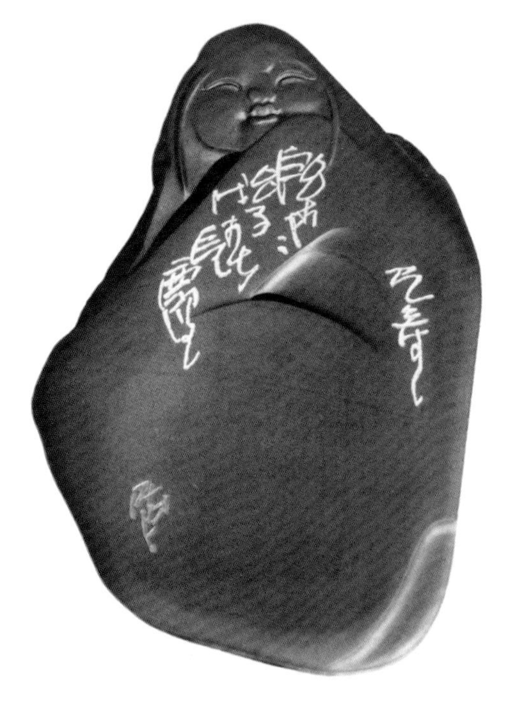

图 3–66　乐乐砚（取自《中国名砚 · 歙砚》）

图 3–67　笑脸砚（取自《中国名砚 · 歙砚》）

4. 援引他长　推陈出新

由于歙石较为坚硬且多为片层状结构，若在砚侧雕刻具有一定深度且较细的花纹非常容易崩落，故长期以来歙砚的侧面很少雕有纤细的纹饰，而三百砚斋的兰亭雅集砚（图 3–68）则在传统歙砚雕刻技艺的基础上援引薄意浅雕技术[76]，将《兰亭集序》中描述的曲水流觞、楼台亭阁、树木花草、文人肖像以及《兰亭集序》全文分别雕刻在一方古坑眉纹歙砚的正面、背面与侧面，改写了“歙砚无兰亭”的历史。

图 3–68　兰亭雅集砚（左上砚面、右上砚背、左下与右下砚侧局部）（取自《歙之国宝》）

第五节　制作技艺

歙砚的制作主要由采石、选料、构思、勾画草图、雕刻、打磨、配制砚盒等多道工序构成（图 3–69）。

图 3–69　制砚图（笔者摄于婺源博物馆）

一、采石

歙砚原料产地主要集中在今江西省婺源县溪头乡龙尾砚山与大畈乡济溪村，另外在今安徽省歙县、黟县、祁门、休宁等地也有一些坑口。这些坑口多位于崇山峻岭之上或深谷溪流之中，故开采之前通常需要做好相应的准备工作，如位于深谷溪流中的坑口，一定要选择秋冬雨水稀少的时节，此时溪流水位较低或干涸，有些坑口全部露出水面，这时就可以将坑内的积水排出后进行开采。对于一些部分淹没在溪水中的砚坑则可以在坑口与溪水间筑坝，阻止溪水继续进入坑内，然后再将坑内积水排出进行开采。如唐积在《歙州砚谱》中记载在开采水蕨坑时采用了在坑口与溪水间用穿笼法筑坝，然后将坑口内的水取出后再行开采的方法。另外，在开采前还需要准备一些必要的取水、开凿、照明、运输等工具，以及生活用品与用具。

在古代，开采砚石之前还需要举行一些仪式，通常“先具牲醪祝版，择日斋戒，至山下设神位十余于坛埠之上祝讫发之。若稍亵慢，必有蜂虿虫蟒毒物伤人之患立出”[77]。其原因是这些砚石被“山川神物所拥护秘惜，尤不欲广传人间，所得不过百十枚即竭矣”[78]。此解释虽然看似荒诞，但却反映出古时开采砚石的艰难与危险，另外也间接起到了保护这种不可再生资源的作用，以免开采过度造成山崩坑陷，资源过早枯竭。

歙石的开采（图 3–70、图 3–71）非常困难，因为“砚材之在石中如木根之在土中，大小曲直悉如之。斫者先剥去顽石，次得石。为砚材而极粗，工人名曰粗麻石，之心最紧处为浪，又出至漫处为丝，又外愈漫处为罗纹……”[79] 即可用的歙石通常夹在两层普通石材之间，如玉在璞中，开采时工人们在坑道内凭借

图 3–70 开采石料（1）（吴玉民提供）

经验顺着歙石矿脉的走向用凿子在藏有歙石的岩层上、下开凿。由于歙石质地细腻，不耐打击，故敲击力量较大就有可能会使砚石产生裂纹，更不能用炸药爆破，否则产出的歙石将成为次品或废品。即使是在今天，歙石的开采仍以手工为主，工人往往要冒着生命危险，在岩洞中用铁锤击打钢钎，一点一点地开凿。使用的钢钎粗细不同，长短有异，有尖头的也有平口的，工人们根据砚石在砚坑中的位置分别使用。另外，在开采中，锤子、照明工具、跳板、绳索以及排水、提土、吊石等工具也是不可缺少的。在枯水季节，人们也会在砚山边的芙蓉溪里捡石料。

2010 年秋，笔者在汪培坤、蔡永江等陪同下对江西省婺源县大畈镇济溪村济源坑的砚石开采现状进行了考察。一进入村内就能看到许多人家的门边都有成堆的砚石，房间内也放了一些已经初步加工的砚石，有些村民的墙上还贴有“出售砚坯”的广告。

目前济溪村内的砚坑主要有两处，一个在距今村委会直线距离约 1000 米、路程约 1500 米的山上，从塌陷的部位与高度来看，此坑的坑口应在半山腰接近山顶的部位。从塌陷的面积与倾泻下来的废料数量判断，此坑的开采时间较长，开采量也很大，应该是文献记载中的济源坑之一，但现已停止开采（图 3–72）。

另一个坑口在距今村委会约 2500 米路程的山上（图 3–73）。笔者考察时正值采石者在山脚下的乡村公路上利用葫芦起吊刚从山上开采出的大砚石，这块砚石长约 3 米，宽约 5 米，厚 0.6 米，重量在 2 吨左右（图 3–74）。根据笔者目测，这个坑口相对公路高 100 多米（图 3–75），从山脚下到达坑口是一条羊肠小道，攀行较为困难，该坑口在半山腰（图 3–76），里面是一个向下开挖了约 10 米深的矿坑，工人们通过木跳板从坑口深入到采石面进行工作（图 3–77）。开采方法仍然是手工，工具主要是钢钎、铁锤、铁镐，还有吊运砚石与废料用的杉木架、钢丝绳等。从此坑的开挖面积与山下堆积的废料数量判断，此砚坑的开采量不大，

图 3–71 开采石料（2）（吴玉民提供）

图 3–72 济溪村附近的砚坑之一，顶部凹陷是因砚坑塌陷造成，现已废弃

图 3–73 济源村附近的砚坑之二（远眺），现仍在开采

图 3–74　工人们正在吊起从山上开采下来的砚石，准备放到拖拉机上

图 3–75　济源村附近的砚坑之二（近观），目测坑口距地面 100 多米

图 3–76　济源村附近的砚坑之二的出入口

图 3–77　济源村附近的砚坑之二的内部

图 3–78　公路旁随处可见的砚石矿脉

图 3–79　山崖上正在开挖的另一处砚坑

图 3–80　放置在山间小路旁的砚石

图 3–81　在河里捡选砚石的人们

开采时间可能也不太长。

从考察结果来看，济溪村砚石的矿脉延绵数里，蕴藏量较为丰富（图 3–78），在公路的山脚下常可以看到一些新开挖的砚坑（图 3–79），大小深浅各不相同，山间小路旁有放置的砚石（图 3–80），河道里也有人在捡选砚石（图 3–81），块头大小都有。从挖出与捡选到的砚石质量来看，品质有高有低，通常质量高的用于制作砚台，质量较低的用于制作笔筒、镇纸等石质工艺品。

二、选料

开采出来的砚石要经过筛选，首先要将有瑕疵、裂纹的去掉。对于石筋较多的石料，则要看石筋是什么材质，如果石筋的硬度与砚石相差不多则留用，如果是石英一类较硬的石筋，则需要根据石筋的多少与走向决定取舍。选料的传统方法是用手锤击打钢凿将石料表面的风化层剔除，同时用水将石材润湿以观察石材的质地、颜色、花纹及杂质等（图 3–82）。现在则用电动砂轮机在石材上打磨，将风化层去除，这种方法不仅可以有效提高工作效率，而且还可以顺便对砚坯进行初步整理，如磨平等（图 3–83）。

图 3–82 手工选料

图 3–83 用机械打磨方法选料

三、构思

构思即设计，其目的是根据砚石的形态、大小、色彩与纹饰，充分发挥想象力，因石构图，因材施艺，变瑕疵为特色，化腐朽为神奇，将天然石材升华至欣赏与实用相结合的艺术品，达到锦上添花的目的。为了巧用天然的纹理色彩，加以创意、工艺来表达心中的感情、意境，达成天人合一的效果，设计者们往往会对着一块石料反复端详数日或数月，直到有了灵感为止。通常是石材越好，构思的时间越长，一定要有一个很完美的构思才敢动刀。绝非简单地将金星都构建成雨点与雪花，将眉纹都构建成水浪，而是要针对石料的大小厚薄、花纹的形态位置、有无石瑕石病等综合考虑。例如一块石筋较多的罗纹砚石，在制砚时要尽量避开石筋，实在避不开的，就要考虑放到砚背，至少要避免出现在砚堂。因为石筋的成分一般为石英，硬度高于歙石，在磨墨时不仅有碍手的感觉，而且时间一长会凸起在砚面，所以若将石筋放在砚堂，定成瑕疵。对于黑线较多的砚石，需要考虑这些线条如何应用，若确实不好利用，通常也需放在砚背，而将无筋无线、质地纯净的一面作为正面。另外，有些眉纹虽然美丽，但硬度较高，磨墨时会有碍手的感觉，也需认真考虑，尽量避免出现在砚堂部位。

图 3–84　砚坯（巴锡辉提供）

图 3–85　勾画草图（巴锡辉提供）

四、勾画草图

构思成熟之后，便可以进行较为细致的图案设计。一个琢砚高手，通常会根据砚璞的石质认真构思（图 3–84），并考虑题材、立意、构图、形制以及雕刻技法如刀法、刀路等，设计出一个相当精细的图案，就像国画中的白描，并以此为原稿进行雕刻。但大多数刻工往往喜欢直接在砚石上先用毛笔勾画出草图（图 3–85），满意后用钢质画线工具在墨线上刻画一遍，以保证勾出的草图墨线不会在雕刻中被抹掉，刻画时也可对原草图做些补充与修改。如果需要制作圆形的砚，通常要借助一些工具，例如用普通游标卡尺焊接合金钢头制作而成的圆规，这种工具的优点是可以将线条浅显地刻画在砚坯的表面，不会被轻易擦掉。

五、出坯

出坯是用工具对已勾出草图的砚坯进行初步处理，通常是先根据草图用锤凿在砚坯上开挖出砚堂与砚池，然后再对砚坯进行切割，确定砚的外形（图 3–86）。出坯时需要注意的是开挖砚堂与砚池时要逐步深入、不断扩大，挖一挖、看一看，同时思考不同部位的比例、深浅、层次，最后根据出坯效果对原草图进行修改与补充（图 3–87）。经细化后设计，可用墨笔或铁笔直接勾画在砚坯上，为下一步雕刻做好准备。

图 3–86　出坯 1（巴锡辉提供）

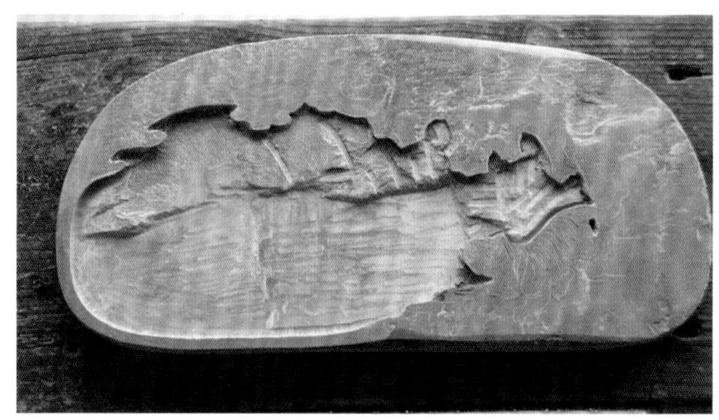

图 3–87　出坯 2（巴锡辉提供）

六、雕刻

雕刻是歙砚制作过程中极其重要的工序。要想制造一方好砚，除石材本身之特质、设计者的创意外，还需要技艺超群的雕刻家，只有三者并美才能制出艺术精品。歙砚对雕刻的要求相当高，它要求雕刻者既是雕刻家又是画家。因为雕刻就如同在画一幅精美的图画一样，谋篇布局故然已经成竹在胸，但手上功夫也必须过硬，手劲要匀，持刀要稳，下刀要准，推刀要狠，一次成型，不能有丝毫闪失。同时在布局上要掩疵显美，不留刀痕。只有这样才能雕刻出浑厚朴实、美观大方、刀法刚健、师法自然、图案均匀饱满、能够体现徽州版画风格的精品。

砚雕通常分徽、粤、苏三大流派，而歙砚所属的徽派素以精细见长，所雕瓜果、鱼龙、殿阁、人物，无不神态入微。歙砚的雕琢，有浓厚的地方风格。一般以浮雕浅刻为主，不采用立体的镂空雕，但由于受到砖雕的影响，有时也会出现深刀雕刻。歙砚利用深刀所琢的殿阁、人物等，手法比较细腻，层次分明，而砚池的开挖也能做到相互呼应，因而显得十分协调。

（一）雕刻常用的工具主要有以下几种（图 3–88）

1. 锤

分铁锤、木锤两种。铁锤主要用于直接敲击砚石制作砚坯或敲打凿子对砚石进行雕刻。木锤主要用于敲击凿子，对砚石进行更加细致的雕刻。

2. 凿

雕砚的主要工具，按凿口形态可分为方口凿、圆口凿、勾线凿等，凿口有大有小，直径有粗有细。通常用粗细不同的圆钢打制而成，杆长 18~20 厘米，前端焊有合金钢头，后端有的加有木柄（不同凿口凿子的用途详见“端砚”一节）。歙砚雕刻工具中还有一种凿口较宽的铲凿，主要用于平整砚坯与开砚堂，使用时将有木柄的一头抵在肩上，全身用力铲凿砚坯。

3. 钻与锯

雕刻歙砚不可缺少的工具，其形制与用途详见“端砚”相关部分。如今，一些电动工具也被应用于歙砚雕刻，如切割机、角向砂轮机等。

（二）雕刻的工序有以下几个步骤

1. 铲砚堂

将钢铲具有木柄的一头抵在肩窝，铲口对准砚坯上需要开出砚堂的部分用力铲，铲时注意用力不能过猛，以免将砚铲坏（图 3–89）。铲出砚池轮廓之后，就可用凿先凿一遍，将砚堂修理得较为平整，然后再用刻刀将凿痕剔平（图 3–90）。

2. 粗雕

在进行粗雕前通常需要认真审查一下勾画出的草图，看是否还有需要修改的地方。在粗雕中要根据砚石因雕刻而产生的上下层颜色或纹理的变化，适时对原图进行修改（图 3–91、图 3–92）。有时这种修改可能是小范围的，比较容易控制，当出现一些意外而需要对原草图做较大修改时，一定要认真

图 3–88　传统雕刻工具

图 3–89　铲砚堂

图 3–90　铲过砚堂的砚坯（巴锡辉提供）

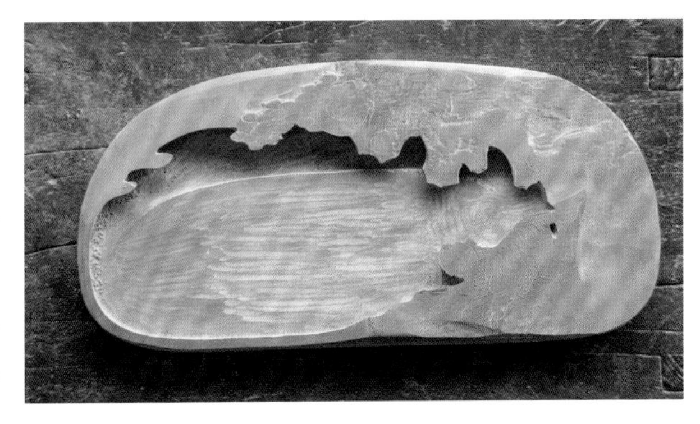
图 3–91　粗雕 1（巴锡辉提供）

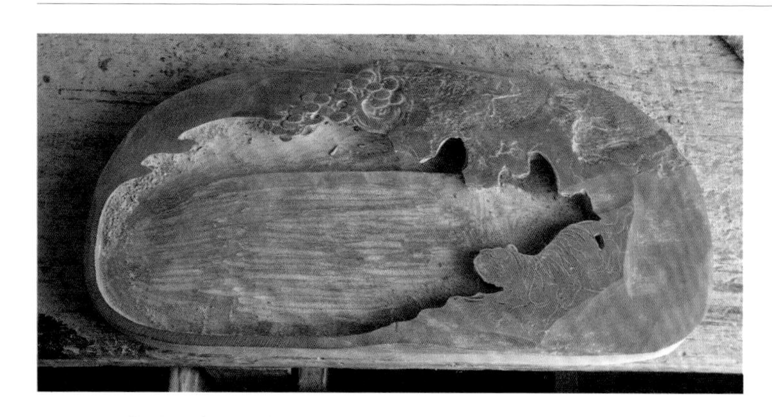

图 3-92 粗雕 2（巴锡辉提供）

图 3-93 粗雕（局部放大）（巴锡辉提供）

考虑、反复思考，必要时可做冷处理，等有了好的构思之后再继续雕刻。

粗雕使用的工具虽然还是合金钢的凿子等，但较之出坯用的工具尺寸要小得多。粗雕通常是用手捏住雕刻工具在砚坯上直接雕刻，而较少使用锤凿。通过粗雕，砚坯上的高低起伏、图饰纹样大体已经成型，整体形态已经基本确定，但还剩下一些关键部位或细节需要进一步加工处理（图 3–93）。

3. 细雕

细雕是雕刻的最后一道工序，主要是用刻刀对砚坯的关键与细节部位进行最后的处理（图 3–94）。精雕是一项精细的工作，处理得当往往能起到画龙点睛的效果。细雕时下刀要轻，边刻边修理，不让砚坯上留下刀痕，因为这些需要细雕的部分往往是砚坯上最精细的部位，也是难以打磨的地方。另外，细雕的另一个任务是将粗雕时留下的刀痕细心除去，这样可以大大节省打磨的时间（图 3–95）。

图 3-94 细雕

图 3-95 经过细雕的砚坯（巴锡辉提供）

4. 薄意浅雕

薄意是一种极富诗情画意的浅浅的微型浮雕艺术，发端于杨玉璿、周尚均，后经福州潘氏兄弟继承与发扬，为日后薄意浮雕奠定了初步的艺术基础。清末民初的林清卿是使薄意艺术趋于成熟的人。在林清卿的雕刀下，石、刀、意合为一处，把篆刻的刀法韵味与中国文人画追求飘逸和淡雅的精神境界有机地结合起来，完美地实现了一种民间石刻工艺向薄意艺术的过渡（图 3–96）。

在歙砚的传统雕刻技艺中原无薄意，将薄意艺术引入歙砚雕刻并得到砚界认可者为令人蔡永江，代表性作品为《兰亭雅集砚》（图 3–97）。将薄意艺术引入歙砚雕刻技艺的意义在于：其一，在歙砚的制作技艺中增加了一种新的薄意浅浮雕技法，解决了长期以来歙砚侧壁雕刻纹饰易于崩落的问题。其二，提高了歙砚制作技艺中的艺术含量与文化品位，促进了歙砚制作技艺向薄意浅雕艺术的过渡。

歙砚的薄意浅雕制作程序与普通的歙砚雕刻工艺相似，也可分为构思、构图、雕刻（图 3–98）、打磨（图 3–99、图 3–100），但其作品已属薄意艺术而非普通的砚雕技艺（图 3–101）。

图 3–96　林清卿创作的《王羲之爱鹅》薄意拓片

图 3–97　蔡永江雕刻的《兰亭雅集砚》薄意拓片

图 3–98　薄意浅雕 • 雕刻（蔡永江制作，笔者摄）

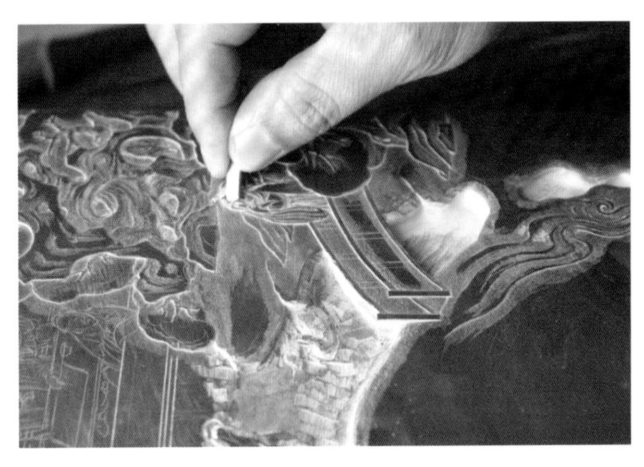

图 3–99　薄意浅雕 • 油石打磨（蔡永江制作，笔者摄）

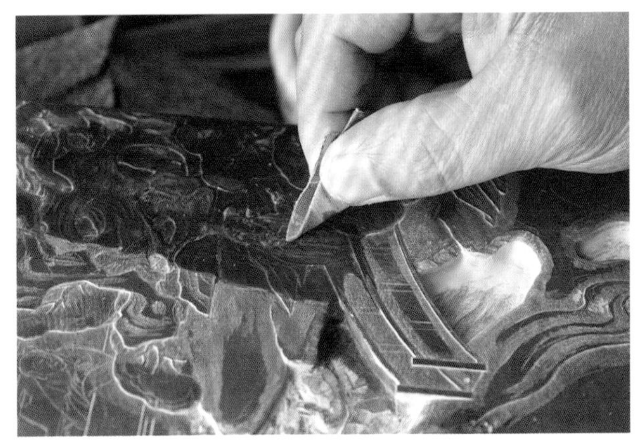

图 3–100　薄意浅雕 • 水砂纸打磨（蔡永江制作，笔者摄）

图 3–101　薄意浅雕 • 成品（蔡永江制作，笔者摄）

七、打磨

民国时期之前用粗细不等的天然滑石打磨，现代使用油石与水砂纸。打磨时先将砚坯放在水盆中，用粗油石蘸水在砚坯上反复打磨去除凿口、刀路；然后再用细油石蘸水对砚坯继续打磨，直到无肉眼可见的纹路为止。最后用 1000 目或 2000 目的水砂纸蘸水反复打磨，直到用手按摸砚的任一部分都有细腻、润滑的感觉为止（图 3–102、图 3–103）。

图 3–102 打磨

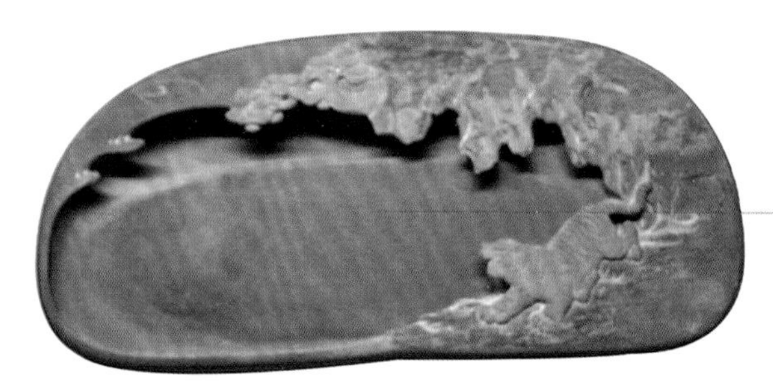

图 3–103 经过打磨的砚坯（巴锡辉提供）

八、涂油

经过打磨的歙砚通常需要涂上一层薄薄的胡桃油，一方面可以保护砚石，另一方面可使砚石的花纹得到更好的显现，令人观之赏心悦目。对于一些石质较差或吸水率较高的砚石，人们往往用缝纫机油反复涂抹。这种在砚上涂油的方法不知始于何时，但至少在宋代是不用此法的，如唐积在《歙州砚谱》中记载的方法：

> 砚斫初成，先以蜡涂内外，盖与石相益，须借此则温润光洁可爱，于石殊无损而便于洗濯，不惹墨渍。初使以生姜汁涂研处即着墨。今人多不知此，云是瑕病以墨蜡盖灭痕璺，又云不发墨光。始初磨墨，兼带少蜡，滞暗墨色故也。使三五度，则无此病矣。又出墨色者便使益好，多渍难爱护，欲着手气，必成痕迹，故人多用蜡盖，免此患也。砚须每日洗涜，去其积墨败水，则墨光莹泽也。[80]

从以上文献可见，这种在歙砚外涂蜡以使砚温润光洁、防止污渍附着的方法在宋代已被运用，与文献及现实中的端砚涂蜡保护方法是相同的，考究歙砚改为涂油的主要原因可能是：其一，龙尾砚山所出的歙砚石材大多数结构致密，墨汁很难浸入砚石内部形成污渍。其二，大多数歙砚石材都有珍珠般或丝绸般的光泽与美丽的纹理，一旦涂蜡就会掩盖歙砚本身的光泽，那些美丽的纹理也变得如同雾中之花，朦胧而不清晰。其三，歙砚向以发墨著称，若砚堂涂蜡则会明显影响歙石的发墨效果。故真正的老坑歙石通常是不需要在表面涂蜡的。在现实中优质的歙砚通常并不涂蜡，而是在砚表薄薄地涂一层油，令砚石看起来更加光润（图 3–104、图 3–105）。

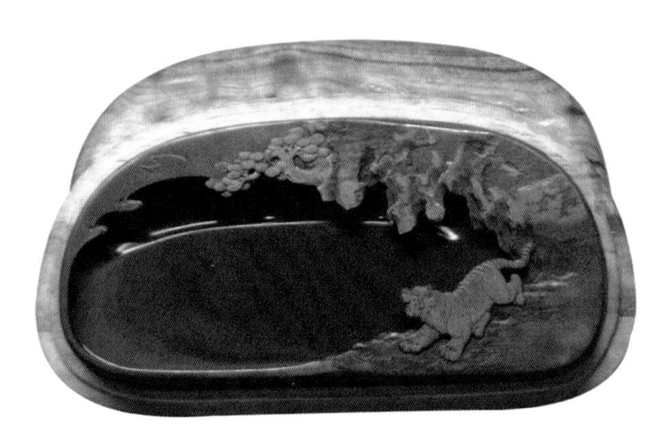

图 3–104 经过涂油处理后的歙砚（巴锡辉提供）

图 3–105 经过涂油处理后的歙砚（局部）（巴锡辉提供）

九、配盒

歙砚经雕刻、打磨、上油完毕之后，还须配上砚盒。砚盒一方面起着防尘和保护砚石的作用，另一方面好的砚盒（图 3–106、图 3–107）本身就是一件精美的艺术品。在所有的砚种中，歙砚的砚盒制作是最具特色的，其中刘年宝制作的木盒无论在结构造型上还是在制作工艺上都能将木器文化的睿智与机巧充分表现出来，可称为砚盒一绝，用“鬼斧神工”“惊世骇俗”形容其作品绝不过分。甘而可制作的菠萝漆器达到了目前该类漆器的领先水平，其制作的菠萝漆砚盒（图 3–108、图 3–109）完全可以用“精美绝伦”加以形容，堪称砚盒一绝。尤其是刘年宝与甘而可合作制作的砚盒在当今尚无人能够超越。

图 3–106　木砚盒 1

图 3–107　木砚盒 2

图 3–108　绿金斑菠萝漆砚盒（甘而可提供）

图 3–109　褐金斑菠萝漆砚盒（甘而可提供）

注释：

[1]〔宋〕陶穀：《清异录》卷下，民国景明宝颜堂秘籍本。

[2]〔后晋〕刘昫：《旧唐书》卷四十，清文渊阁四库全书本。

[3]〔宋〕欧阳修：《新唐书》卷四十一，清文渊阁四库全书本。

[4]〔元〕托克托：《宋史》卷八十八，清文渊阁四库全书本。

[5] [10] 张淑芳主编：《中国文房四宝全集·砚》图版说明，北京出版社，2007 年，第 10 页。

[6]〔宋〕陈振孙《书录解题》卷十四“《歙砚图谱》一卷，太子中舍知婺源县唐积撰，治平丙午岁。案：歙砚图谱以下三种俱系洪适撰，其弟迈有跋可证此。以《歙砚图谱》为唐积撰，而下二种俱不知名氏。《文献通考》《宋史·

艺文志》及《说郛》遂因之然。适本有谱无图或图系唐积所补邪。”

[7] 何广棪：《陈振孙生卒年新考》，《文献》2001 年第 1 期。

[8]〔明〕李晔：《六研斋笔记》二笔卷四，清文渊阁四库全书本。

[9]《钦定西清砚谱》卷七，上海书店出版社，2010 年，第 122 页。

[11] [12] [18] [19] [55] [56] [57] [58] [71] [77] [78] [80]〔宋〕唐积：《歙州砚谱》，清雪津讨原本。

[13]〔宋〕胡仔：《渔隐丛话》前集卷四十六，清文渊阁四库全书本。

[14]〔明〕宋濂：《文宪集》卷十五，清文渊阁四库全书本。

[15] [21]〔宋〕不著撰人名氏：《歙砚说》，宋百川学海本。

[16]〔南宋〕周应合，生年不详，南宋淳祐十年（1250）进士，撰有《景定建康志》。

[17]〔宋〕周应合：《景定建康志》卷五十，清文渊阁四库全书本。

[20] [29] [31] [49] [66]〔宋〕米芾：《砚史》，宋百川学海本。

[22] [68] [69]〔宋〕高似孙：《砚笺》，清栋亭藏书十二种本。

[23] [38] [47] [61]〔清〕徐毅：《歙砚辑考》，《续四库全书》1113 册，子部谱录类。

[24]〔元〕托克托：《宋史》卷四百四十四，清文渊阁四库全书本。

[25] [32] [34] [35] [50] [51] [53] [54]〔元〕江宾旸：《送侄济舟售砚序》；〔明〕程敏政：《新安文献志》卷十九。

[26] 参见〔明〕弘治间刻本《徽州府志》卷四，第 63~64 页，《万历泰州志》及清康熙二十二年《富阳县志》。

[27]《钦定西清砚谱》卷十三，上海书店出版社，2010 年。

[28]《钦定西清砚谱》卷九，上海书店出版社，2010 年。

[30]〔宋〕苏易简：《文房四谱》，清十万卷楼丛书本。

[33] 元朝使用至元这个年号一共两次，一是元世祖的年号，1264~1294 年，共 31 年。二是元的第二个年号，1335~1340 年，共 6 年。由于元顺帝时至元只有 6 年，故“至元十四年辛巳”应为元世祖的年号，即 1277 年。后一个至元五年应为元惠宗年号，即 1339 年。

[36]〔清〕张廷玉等：《明史》卷九十八《艺文志》。

[37]〔清〕《钦定续文献通考》卷一百八十一《经籍考》。

[39]〔清〕程瑶田：《纪砚》，载邓实等编，黄宾虹续编：《美术丛书》第 4 集第 40 辑第 124 册，上海神州国光社，民国 25 年（1936）。

[40]〔清〕朱玉振：《增订端溪砚坑志》，《续修四库全书》第一千一百一十三卷，上海古籍出版社，2002 年，第 500 页。

[41]〔清〕劳逢源、沈力棠：《歙县志》卷九《艺文志》，清道光八年刻本。

[42] 程明铭：《歙砚丛谈》，黄山书社，1991 年，第 12 页。

[43] 程明铭：《歙砚丛谈》，黄山书社，1991 年，第 12~17 页。

[44] 胡鹏浩、费业泰、安成祥：《歙砚抛光机理研究》，《中国机械工程》1999 年第 10 期，第 736~738 页。

[45] 胡鹏浩:《歙砚抛光最佳工艺参数的确定》,《合肥工业大学学报》(自然科学版) 2000 年第 3 期, 第 413~416 页。

[46] 张莹、陈涛：《歙砚的宝石矿物学特征研究》，《宝石和宝石学杂志》2008 年第 3 期，第 12~15 页。

[48] 此说在宋代文献中出现较多，如欧阳修《砚谱》、罗愿《新安志》、杜绾《云林石谱》等。

[52]〔清〕《御定佩文斋咏物诗选》卷一百八十二，清文渊阁四库全书本。

[59]〔明〕高濂：《遵生八笺》卷十五，清文渊阁四库全书本。

[60]〔宋〕苏轼：《苏文忠公全集》东坡集卷二十，明成化本。

[62]〔宋〕苏轼：《苏文忠公全集》东坡集卷十四，明成化本。

[63]〔宋〕蔡襄：《端明集》，宋刻本。

[64]〔宋〕陈槱：《负暄野录》卷下，清知不足斋丛书本。

[65] [70] [72] 郑辙：《砚和砚的研究现状》，《珠宝》1991 年第 2 期，第 5 页。

[67]〔清〕倪涛：《六艺之一录》卷三百八，清文渊阁四库全书本。

[73] 胡鹏浩、费业泰、安成祥：《歙砚抛光机理研究》，《中国机械工程》1999 年第 10 期，第 736 页。

[74] 张莹、陈涛：《歙砚的宝石矿物学特征研究》，《宝石和宝石学杂志》2008 年第 3 期，第 12~15 页。

[75] 程明铭：《歙砚丛谈》，黄山书社，1991 年，第 74~78 页。张莹、陈涛：《歙砚的宝石矿物学特征研究》，《宝石和宝石学杂志》2008 年第 3 期，第 12~15 页。

[76] 薄意浅雕技术详见“制作技术”一节。

[79]〔明〕程敏政：《新安文献志》卷十九。

第四章　红丝砚

红丝砚是用产于山东青州与临朐的红丝石经人工制作而成的砚台。红丝石具有红（紫）色与灰黄色相间的丝状纹层理，绚丽多姿，尤以红丝缠绕而令人赞叹，故得名。红丝石的岩石学名称为红褐色、黄褐色微细纹层状铁质微晶灰岩、白云岩、泥云岩及泥灰岩，主要由方解石（或白云石）、褐铁矿及泥质组成，其中的红色或紫色纹理含较高的褐铁矿。[1]红丝石因产地不同而有紫红地中灰黄丝纹、黄丝纹、红丝纹等，纹理多者达十多层，或似山水云雾，或如阳光月晕，或类人物兽禽，或如水波冰痕，或如旋转不绝但又层次分明的丝纹。千姿百态，华丽和谐，悦人眼目，美轮美奂。

第一节　历史沿革

一、唐与五代

红丝石何时开采并用于制砚今已难考，从现存文献来看，至少在唐代中期，红丝砚已被选作宫廷御用文具。不过此时并未称之为“红丝砚”或“红丝石砚”，而是因其石色命名为“红砚”。中唐著名诗人王建（约768~约830)《宫辞》“延英引对碧衣郎，红砚宣毫各别床，天子下帘亲自问，宫人手里过茶汤”[2]中的“红砚”，宋人姚宽（1105~1162）就以为“恐是用红丝研”[3]。从已知文献与砚台实物来看，石质为红色的，一种是红丝石，包括青州黑山的与临朐大崖崮的。另一种是苏轼在《丹石砚铭》中所记载的红色石砚：“唐林父遗予丹石砚，灿然如芙蕖之出水，杀墨而宜笔，尽砚之美。唐氏谱天下砚，而独不知兹石之所出，余盖知之。铭曰：彤池紫渊，出日所浴。蒸为赤霓，以贯阳谷。是生斯珍，非石非玉。因材制用，璧水环复。耕予中洲，艺我玄粟。投种则获，不炊而熟。”[4]不过细究此铭中的“灿然如芙蕖之出水”一句，笔者认为荷花虽带红色，但多为淡淡的粉红，极少会有鲜艳的红色。其次“彤池紫渊”一句给人感觉似乎此砚是由一种红色与紫色分层相叠的石头琢制而成，否则不可能出现一层为红一层为紫的效果。再次，苏轼曾见过红丝砚并加以评述，按理不会将红丝砚说成丹石砚的。故笔者还是赞同姚宽的说法，即王建《宫辞》中的红砚应为红丝砚。

另据北宋书学理论家朱长文在《墨池编》中转引唐询《砚录》所记，宋嘉祐六年（1061）时任青州知府的唐询听青州益都县石工苏怀玉说：“州之西四十里有墨（应为黑——笔者注）山，山高四十余丈，西连兖州，凡三百里。山顶出泉，悬流至于山下，青甘芬香，与诸泉特异。传有灵草生于上，泉出其间故渍染而香。由山之南盘折而上五百余步，乃有洞穴深才六七尺，高至数丈，其狭止能容一人。洞之前复有大石，欹悬若欲坠者。石皆生于洞之两壁，不知重数，如积迭而成。大率上下皆青或紫石，数重其中乃有红黄，而其文如丝者一。相传曰红丝石。去洞口绝壁有镌刻文字，乃唐中和年采石者所记，竟不知取之何用，迄今经二百余年不复有人至其上者。独山下民时往视芝草，不知以为奇宝。”[5] 1978年春，石可先生为了查明究竟，“经益都至黑山脚下王家辇村，请林业队老社员引路盘山而上，凡四五里，终于找到了红丝石洞。洞口石壁凿有‘黑山’‘红丝石洞’六字，尚依稀可辨，但不知刻于何年。另有‘唐中’两字残存，之后的有‘大元至正二年’‘洪武二年’‘弘治七年’‘大清乾隆……’‘道光七年’‘同治三年’‘光绪三十四年’‘民国十四年’等凿字，则比较清晰，多是采石者所留记”（图 4–1）[6]。由上可见，至少在唐僖宗中和年间（881~885）黑山红丝石（图 4–2）已被人为开采。

图 4–1　青州黑山红丝石洞（高东亮提供）

在《墨池编》转引的唐询《砚录》中还记载了一条与红丝石相关的文献。至和二年（1055），有一人“自云王右军之后，持一风字砚示予（唐询——笔者注），大且尺余，石色正赤，其理亦细，用之不减端石，云右军所用者，不知果然否。后左史杨休以钱二万购得之”[7]。高似孙在《砚笺》中也记录了此事：“山阴老叟称右军后，持一砚，长尺，色赤，风字样，云右军所用石，杨休得之。”[8] 从上述文献来看，这种“石色正赤，其理亦细”的砚石，与笔者所见青州黑山红丝石中的一种非常相似，虽然上述文献中的砚未必为东晋王羲之的遗物，但至少可以说明红丝石被开采并用于制砚应早于宋嘉祐六年唐询发掘黑山红丝石之前。

唐代的红丝砚极为罕见，“1926 年在青州出土了一方唐代箕形砚，专家鉴定为唐代红丝砚，现存山东博物馆”。[9] 此砚被蔡鸿茹、胡中泰收入《中国名砚鉴赏》之中（图 4–3）。从已发表的照片来看，此砚石质偏紫，且花纹不显，与笔者所见过的黑山红丝石不太相同。

图 4–2　青州黑山红丝石（高东亮提供）

图 4–3　唐箕形红丝石砚（取自《中国名砚鉴赏》）

五代时期，红丝砚受到了江南李氏皇族的青睐。姚宽在《西溪丛语》中说：“红丝石砚，江南李氏时犹重之。”[10] 另外，宋代诗人晁叔用所作《李廷珪墨诗》中“君不见江南墨官有诸奚，老超尚不如廷珪。……银钩洒落桃花笺，牙床磨拭红丝砚。”[11] 将“廷珪墨”与“红丝砚”并列，也从另一个侧面说明了五代时南唐李氏对红丝砚的钟爱。

至于红丝砚的历史是否可以追溯到唐代之前，清人毛奇龄在《西河合集》中曾说《博物志》中有：“天下名砚四十有一，以青州红丝石为第一。”原文如下：

姜仲子僦吴门，藏管夫人砚，绿石，径五寸，横半之，厚如横。池子与面若两环互抱，而面侵于池，其蚀绣黝泽往往四射，予啧啧久之。仲子遽邀予过邻家观宣和红丝砚，按《博物志》载，天下名砚四十有一，以青州红丝石为第一，而宣和尤红丝之冠也。质莹甚而朱纹隐起，上如红羽下如丹叶，故又名朱雀琼花。

仲子云，初吴门陆履长孝廉名坦者，其家得此砚时，以彩舆鼓吹迎归，每岁时祠砚，帅子姓盥献成礼，故彭城万年少有祠砚图。图子姓男女长幼伛偻历历而娄，东吴学士云间陈黄门皆有诗歌记之。今已两易主，适所藏者钱氏耳。予闻之愀然，尝欲赋，以诗不得，因漫笔此。钱氏字我，安隐者也，亦字卧广，时乙卯腊月初六日。[12]

毛奇龄（1623~1716），字大可，又名甡，萧山人。清初经学家、文学家，与兄毛万龄并称为“江东二毛”。明末诸生，康熙时荐举博学鸿词科，授检讨，充明史馆纂修官。治经史及音韵学，著述极富。所著《四河合集》分经集、史集、文集、杂著，共四百余卷，《清史稿》有传。依毛氏的学术造诣，此说按理应该成立，但查晋张华《博物志》未发现有此记述。再查宋代李石（1108~？）的《续博物志》方才发现其中记有《砚谱》载天下之砚四十余品，以青州红丝石砚为第一，端州斧柯山石为第二，歙州龙尾石为第三”。[13] 原来毛奇龄所引是宋人李石的《续博物志》而非晋人张华的《博物志》。由此而知，将红丝砚的历史追溯到张华《博物志》的始作佣者为毛奇龄，若今人至此仍不加细辨而言张华《博物志》中记有红丝砚，则可能贻笑大方。

二、两宋时期

两宋时期是红丝石被再次发掘，红丝砚盛名广布天下的时期。在众多的文人墨客中对红丝砚贡献最大者为北宋时期的唐询。唐询（1005~1064），字彦猷，杭州钱塘人，天圣中诏赐进士及第，曾任“尚书工部员外郎，迁江南转运使。擢起居注，出知苏杭青三州，拜翰林学士，有集三十卷”[14]。好蓄砚，《宋史·艺文志》记有唐询《砚谱》二卷，但现存文献中，唐询的《砚录》被宋代的朱长文收集在《墨池编》中，其他宋人文献虽也有若干记叙，但可能《墨池编》记录得最为完整。

从现存文献来看，北宋时期对青州黑山红丝石的产地、品质等进行认真探究的是时任青州知府的唐询。宋嘉祐六年当唐询从石工苏怀玉口中得知青州黑山有唐中和年间开采红丝石的洞，便认为可取为砚，于是就遣人与苏怀玉一起去黑山寻找红丝石。

初颇辞以高险不可得入，因厚给其赀勉之使行，既往六七日，仅得方四五寸者二。其外有若皮肤掩蔽，渐以粗石磨治已，而文理尽露，华缛密致，皆极其妍。既加镌镵，则其声清越，锵若金石，殆非耳目之所闻见。亟命裁而为砚，以墨试之。异于他石有三：他石不过以温润滑莹以是为尤，此乃清之以水而有滋液出于其间，以手磨拭之久，黏着如膏，一也。他石与墨色相发不过以其体质坚美，此乃常有膏润浮泛，墨色故其相凝若纯漆，二也。他石用讫甚者不过宿，次止终食之间，墨即干矣。此石覆之以匣，数日墨色不干，经夜即其气上下蒸濡，著于匣中，有如雨露，三也。此三者虽世之称为好事者，非精于物理，则无由得之。[15]

关于唐询对红丝石的评价，笔者认为相当中肯，并无夸张之嫌。此外，唐询对红丝石矿藏分布与开采方式的描述也与事实相符。

其采凿，于洞中皆就壁间先以凿去其上下石，然后乃及美材。每患引錾之不能加长，故所获无大者。又在外多黄，近内则红，虽其体则均，而色未能纯。后乃于洞之侧穿为一穴，其广盈丈，掘土至六七尺，往往得成片者，大或逾尺而色皆纯。其上不坚，土皆成乳末。推寻石之聚结，盖山之髓脉也。[16]

在此之后的两年时间内，唐询先后派人去黑山开采红丝石十多次，共得到可以制作砚台的红丝石50多块，直到某一天巨石坠落掩埋洞口而止。对唐询开采红丝石之举，笔者认为功莫大焉。其一，这是自唐代中和之后对黑山红丝石进行的一次大规模开采，使沉寂了200多年的黑山红丝石得以重见天日。其二，为当时人们重新认识这种历史名砚打开了眼界，使红丝石之名得以广布并流传至今。其三，此举为后人再次寻找黑山红丝石，尤其是为今日红丝石被再次发现提供了重要线索。

唐询对红丝石的贡献还在于对青州黑山红丝石的石质与石品进行了详细的描述，为后人辨识黑山红丝石提供了重要的参照标准：

> 青州黑山红丝石，其外有皮表，或白或赤者。有文如林木之状，既加磨砻，即其理红黄相参，二色皆不甚深。理黄者其丝红，理红者其丝黄。若其文上下通彻匀布，此至难得者。又有理黄而文如柿者，或无文而纯如柿者，或其理纯红而文之红又深者，若黄红相渐而不成文，此其下也。文之美者，则有旋转连接团圆，方二三寸而其丝凡十余重，次第不乱。或如月晕，自心及外，及六七重者。或如山石，而尖峰奇势皆具者。或如云霞、花卉、禽鱼之类者。此但论石之文采不一，至于石质润美以及发墨，则皆均也。其石久为水所浸渍，即有膏液出焉。若久干者，以手拭之，则有白屑被其上，乃膏液之所结积也。凡为砚，初用之固有法，今更不载。惟精于物理者，自当得之。然世之大，罕有识者，往往徒得之而不能用也。此石之至灵者，非他石可与较，故列之于首。[17]

由于唐询对青州红丝石的开采与其所制红丝石砚的转赠，京城的一些文人们开始认识红丝砚并有了一些评论，不过这些评论多与唐询密切相关。

例如宋代文学家欧阳修（1007~1072）言："红丝石砚者，君谟赠余。云此青州石也，得之唐彦猷。云须饮以水使足乃可用，不然渴燥。彦猷甚奇此砚，以为发墨不减端石。君谟又言，端石莹润，惟有铓者尤发墨，歙石多铓，惟腻理者特佳，盖物之奇者必异其类也。此言与余特异，故并记之。"[18] 文中"君谟"即为蔡襄，由此可见，欧阳修所得红丝砚来自蔡襄，而蔡襄（1012~1067）的红丝砚又来自唐彦猷，即唐询。

再如蔡襄对红丝砚的评价也与唐询有关，"唐彦猷作红丝石砚，自第为天下第一，黜端岩而下之。论者深爱端岩，莫肯从其说。予尝求其所以胜之理曰：墨，黑物也，施于紫石，则昧暧不明，在黄红自现其色，一也。研墨如漆，石有脂脉，助墨光，二也。砚必用水，虽先饮之，何研之差，故为天下第一"。[19]

《渑水燕谈录》的作者王辟之（1032~？）在评价红丝砚时说："唐彦猷清简寡欲，不以世务为意。公退居一室，萧然终日默坐，惟吟诗、临书、烹茶、试墨，以此度日。嘉祐中守青社得红丝石于黑山，琢以为砚，其理红黄相参，文如林木，或如月晕，或如山峰，或如云雾花卉。石自有膏润，泛墨色。覆之以匣，数日不干。彦猷作砚录，品为第一，以为自得此石，端溪龙尾皆置不复视矣。"[20] 显然王辟之对红丝砚的评论也与唐询有关。

从以上评论可见，一是对红丝石的评价颇高，二是评价依据多源自唐询所赠或所言的红丝砚，据此可以推断，宋代嘉祐六年之后的这段时间内，北宋部分文人墨客得到或见到的红丝砚的石料多出自唐询之手。由于唐询用于制砚的红丝石多出于黑山红丝石洞，品质相当优秀，故令文人们赞不绝口。

北宋末、南宋初的抗金名臣李纲（1083~1140）也有一首赞美红丝砚的短歌《唐植甫左司许出示所藏红丝砚辄成短歌奉呈并简顾子美》，对红丝石品质的描述更详：

羲和整御升旸谷，赤云夹日如飞鹜。晶光下射东方山，石卵含丹孕岩腹。

谁令巧匠凿山骨，截此赪坚一肪玉。琢为巨砚形制奇，中有彤云烂盈目。

端溪美璞色马肝，黟歙珍胚纹雾縠。岂知至宝出嵎夷，散绮浮花彩尤缛。

凤咮空闻名字佳，龙尾苦笑规模俗。谩夸眉子斗婵娟，休认明眸类鸲鹆。

顾眄幸蒙君子知，拂拭自远尘埃辱。火轮炫熀赤乌流，墨海斎沦玄兔浴。

千金象管雕镂精，百炼松煤龙麝馥。怒猊渴骥纵奔挐，春蚓秋蛇相绾束。

楮生便觉肌理妍，毛颖何尝免冠秃。公家三世擅直声，此砚提携资简牍。

力侔天地掌中□，胆落奸□笔端戮。固宜秘玩不轻示，神物护持无瓤黩。

窗明几净斋阁深，日暖风清霭松竹。试将墨妙写新诗，落笔烟云叹神速。

矧公早年曾饵丹，龟鹤精神鬓毛绿。久卧商山茹紫芝，行度天门骑白鹿。

猗兰玉树富阶庭，黄卷青缃剩编轴。愿言什袭遗云仍，大笔高文永相续。[21]

从李纲在该卷卷首记载的“癸卯至甲辰岁作四十四首，乙巳春赴奉常召如京作八首”来推断，癸卯为宣和五年，也就是 1123 年，离唐询开采红丝石并制砚已经过去了 62 年。

唐植甫为何人？《宋史》虽未有传，但从其姓唐并藏有品质如此之好的红丝砚来推断，可能为唐询之后。为此笔者依据李纲诗中的“公家三世擅直声”做以下考证。查《宋史》中与唐询有关的记载，得知唐询之父为唐肃：

唐肃字叔元，杭州钱塘人。当钱俶时，始七岁，能诵《五经》，名闻其国中。后与孙何、丁谓、曹商游，学者慕之。举进士，调郿县主簿，徙泰州司理参军。有商人寓逆旅，而同宿者杀人亡去，商人夜闻人声，往视之，血沾商人衣，为捕吏所执，州趣狱具。肃探知其冤，持之，后数日得杀人者。后守雷有终就辟为观察推官。迁秘书省著作佐郎，历知闻喜、福昌县，通判陕州。召拜监察御史。[22]

再查《宋史》中唐肃传附子询传，其中有“后询终以故事罢御史，除尚书工部员外郎、直史馆、知湖州，徙江西转运使”[23]。不过此处之“御史”是否就是监察御史尚待验证确定。接着再查宋人李焘的《续资治通鉴长编》：“癸丑，诏监察御史唐询更不赴庐州，询，肃子也。”[24] 则唐询确实做过监察御史。

唐询之子为谁？笔者发现《宋史》唐肃传附子询传中有“子坰，附王安石为监察御”[25]。即唐询之子应为唐坰。为慎重起见，再查《宋史》中王安石传附唐坰传得知：“唐坰者，以父任得官。熙宁初，上书云：‘秦二世制于赵高，乃失之弱，非失之强。’神宗悦其言。又云：‘青苗法不行，宜斩大臣异议如韩琦者数人。’安石尤喜之，荐使对，赐进士出身，为崇文校书。上薄其人，除知钱塘县。安石欲留之，乃令邓绾荐为御史，遂除太子中允。数月，将用为谏官，安石疑其轻脱，将背己立名，不除职，以本官同知谏院，非故事也”。[26] 为明确此中“荐为御史”是否就是监察御史，由宋人李焘《续资治通鉴长编》中进一步得到证实，唐坰确曾做过监察御史。至此明确唐坰确也做过监察御史。

由职官志可知，监察御史初设于隋朝，属御史台。唐代御史台分为三院，监察御史属察院，品秩不高而权限广。《新唐书·百官志三》明确规定了监察御史的人数与职责：“监察御史十五人，正八品下。掌分察百寮，巡按州县，狱讼、军戎、祭祀、营作、太府出纳皆莅焉。知朝堂左右厢及百司纲目。”[27] 宋承唐制，也明确规定了“监察御史六人，掌分察六曹及百司之事，纠其谬误，大事则奏劾，小事则举正”[28]。

从职责上看，唐宋时期的监察御史与今日的纪检人员颇有些相似，就是监察政府部门中那些违法乱纪者，故用“擅直声”来褒扬监察御史应该是非常贴切的。而唐门三代（唐肃、唐询、唐垌）确实均做过监察御史，与李纲诗中“公家三世擅直声”又非常吻合，故笔者初步判定，唐植甫应为唐询后人。以此再次证明宋代唐询从青州黑山红丝石洞中开采出的红丝石品质非常优秀。

但在唐询之后，社会上也出现了一些对红丝石评价不高的说法。如苏轼曾言：“唐彦猷以青州红丝石为甲，或云惟堪作骰盆，盖亦不见佳者。今观雪庵所藏，乃知前人不妄许尔。”[29] 即当时的红丝石品质有好有差，差的只能制作成投骰子的盘子。米芾在《砚史》中对红丝石的评价更差，认为“红丝石作器甚佳，大抵色白而纹红者，慢发墨亦渍墨，不可洗，必磨治之。纹理斑石赤者，不渍墨，发墨有光，而纹大不入看。慢者经暍，则色损，冻则裂，干则不可磨墨，浸经日方可用。一用又可涤，非品之善”。[30] 杜绾在《云林石谱》（约成书于1118~1133年）中也言：“青州县红丝石产土中，其质赤黄，红纹如刷丝，萦绕石面，而稍软，扣之无声。琢为砚，先以水渍之乃可用。盖石质燥渴，颇发墨。”[31] 南宋张邦基（约1131年前后在世）在《墨庄漫录》中论砚时也说：“予伯父毅老提学尝官青社，得红丝石砚，虽文彩诚如彦猷之说，但石理粗慢，殊不发墨，时堪为几案之奇玩耳。”[32]

究以上文人对红丝石评价不高的原因，笔者试作如下分析：

其一，对红丝砚评价不高的作者，在年龄上均小于唐询，其中苏轼比唐询小32岁，米芾比唐询小46岁，而《云林石谱》成书时距唐询开采黑山红丝石至少已经过去了57年。这说明他们与唐询并非同一时代人，也许未能亲眼见过或试用过唐询用黑山红丝石制成的砚。

其二，从唐询《砚录》中“自辛丑夏四月至癸卯春三月，经二年，凡工人数十往，其所得可为砚者大小共五十余”，直至洞门被巨石摧掩，“而人不可复入，其石遂绝”可知，嘉祐八年（1063）春天之后，黑山红丝石洞的洞口便被巨石封闭，自此黑山红丝石无法开采。此时，极可能有人为了满足社会对红丝石的需求，将一些外观与红丝石较为相像的石头拿来冒充黑山红丝石，以至于当这些假冒的红丝石被后来的文人获得后，未加细辨，就认定是黑山红丝石而加以使用，其结果必然是评价不高。

其三，根据实地考察，笔者发现在青州有若干种与黑山红丝石较为相像的石头。其中有一种颜色发红但纹理很少或几乎没有纹理、吸水率也较大的石头，被当地人称为“观赏石”。还有一种是紧贴在红丝石砚材的上面与下面的板岩，其颜色与红丝石有些相近。这两种石材与真正的黑山红丝石在品质上相差较大，但在外观上却不是一般人能够辨识的。

另外，关于苏易简在《文房四谱》中是否论及红丝砚一事，文献中的记录并不一致。

如宋人曾慥在《类说》中记有：“苏易简作《文房四谱》，谱言四宝砚为首，笔墨兼纸皆可随时收索，可与终身俱者惟砚而已。谱中载四十余品，以青州红丝石第一，斧柯山第二，龙尾石第三，余皆在中下，虽铜雀台石瓦砚，列于下品，特存古物耳。”[33] 曾慥字端伯，晋江人。官至尚书郎，直宝文阁。奉祠家居，撰述甚富。《类说》是其侨寓银峰时所作，成于绍兴六年（1136），取自汉以来百家小说，采掇事实，编纂成书。

宋代罗愿（1136~1184）在《新安志》中抄录了曾慥《类说》中的该段文字：“苏易简《文房四谱》中载研四十余品，以青州红丝石第一，端州斧柯山第二，龙尾石第三，余皆在中下，虽铜雀台古瓦研，列于下品，特存古物耳。”[34] 李石在《续博物志》中记载的“《砚谱》载天下之砚四十余品，以青州红丝石砚为第一，端州斧柯山石为第二，歙州龙尾石为第三”[35]，显然也是来自曾慥的《类说》。宋人李之彦在《砚谱》中也同样照抄了曾慥的这段文字。

然而令人奇怪的是，笔者查找了现存清十万卷楼丛书本、清文渊阁四库全书本的苏易简《文房四谱》，却没有发现其中有类似的记载，究竟是曾慥的《类说》衍文，还是现存的苏易简《文房四谱》脱文，目前较难考证，存疑备查。

在宋人之中对红丝石有过重要论述的还有姚宽，可能是他最早提出中唐诗人王建《宫辞》中的“红砚”“恐是用红丝研”，并指出“王建集中有作工研，又作洪研，皆非也”。[36]

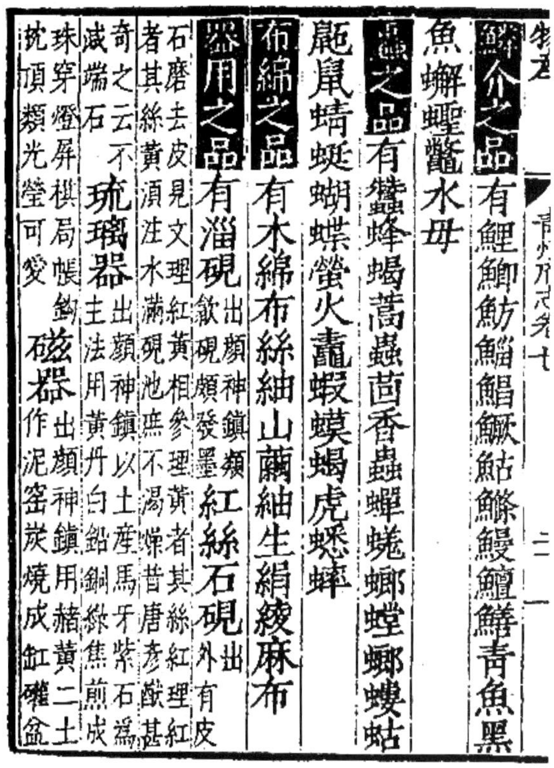

三、元明之际

元代的红丝石开采与红丝砚制作已近沉寂。虽然青州黑山红丝石洞口石壁留有“大元至正二年”等凿字，但从现存文献来看，除马端临《文献通考》、佚名撰《居家必用事类全集》中录有前人有关红丝砚的记载外，没有出现与红丝砚相关的新史料，也未见有元代的红丝砚实物传世。

明代民间虽然也曾在黑山开采过红丝石，并在洞口石壁凿留了“洪武二年”“弘治七年”等字，但鉴于当时的开采工具与现存石洞的开采规模判断，从此石洞之中开采获得的红丝石料应当极少。

图 4—4　嘉靖《青州府志·卷七·物产》（取自《天一阁藏明代方志选刊》（电子版））

在明人著述中，曹学佺《石仓历代诗选》、陈耀文《天中记》、单宇《菊坡丛话》、丰坊《书廖》、高濂《遵生八笺》、顾起元《说略》、焦竑《焦氏类林》、彭大翼《山堂肆考》、余怀《砚林》等人的著述中虽然记有红丝石、红丝砚，但均抄录于前人著作，文献价值较低。但明人著述中也有文献价值较高者，如曹昭撰、王佐增《新格古要论》中所记载的“红丝石类土玛瑙，质粗不润，白地上有赤红纹路，并无云头等花，亦可锯板嵌台桌，大者五六尺，不甚值钱。”[37]以及《长物志》中所记载的“土玛瑙，出山东兖州府沂州，花纹如玛瑙，红多而细润者佳。有红丝石，白地上有赤红纹。有竹叶玛瑙，花斑与竹叶相类，故名。此俱可锯板嵌几榻屏风之类，非贵品也”[38]。由这两条文献我们可以得知，在山东沂州（今山东省临沂市及周边部分地区）也出产一种“红丝石”，为白地上有赤红纹路，多用来嵌桌面、制屏风。另外两条史学价值较高的文献是明嘉靖四十四年（1565）《青州府志》卷七“物产”中记载的“红丝石砚，出□□外有皮，石磨去皮，见文理红黄相参。理黄者，其丝红；理红者，其丝黄；须注水满砚池庶不渴燥。昔唐彦猷甚奇之，云不减端石”[39]，以及陆釴所撰明嘉靖《山东通志》卷八“物产”中记载的“红丝石砚出青州，外有皮，磨砻去，即其理。红黄相参，理黄者其丝红，理红者其丝黄，须饮水使足可用，不然渴燥，唐彦猷甚奇之，谓不减端石”[40]。从这两条文献中可以得知，明代及稍前一段时期内，青州出产的红丝石虽然文理上“红黄相参”但从“须注水满砚池庶不渴燥”与“须饮水使足可用，不然渴燥”来推断，这种石料显然质地较为疏松，吸水率较高、品质也较次。

四、清与民国

清代是红丝砚摆脱元明两代的沉寂而再次崭露头角的时期。无论是实物还是文献均较元明两代有所凸现。其中最为著名的当推清乾隆四十三年（1778）于敏中等奉敕编写《西清砚谱》时所收录的三方红丝砚。其中实物仍有部分现藏台北“故宫博物院”，为后人留下了极其珍贵的清代红丝砚资料。

其一为《西清砚谱》卷二十中的旧红丝石鹦鹉砚（图 4–5），“砚高五寸，宽三寸三分，厚七分，旧坑红丝石为之。椭圆式，琢为鹦鹉形，色黄而泽，砚面正平，斜带红丝，缕缕墨池上。左方鹦鹉首亦带红丝，赤如鸡冠，左顾作饮水状，左右侧两翼下垂，下左方尾上卷，翎羽分明，生动可爱”[41]。砚背镌有乾隆皇帝为这方旧红丝石鹦鹉砚的题诗：“鸿渐不羡用为仪，石亦能言制亦奇。疑是祢衡成赋后，镂肝吐出一丝丝。”[42]（图 4–6、图 4–7）此外，《西清砚谱》中还对这方红丝砚作如下说明：“考高似孙《砚笺》载红丝石出临朐县，其色红黄相间，佳者绝不易得，故世罕流传。是砚红丝映带，鲜艳逾常，而质古如玉，洵为佳品。”[43]从编著者对此砚的评价可知，这方红丝石鹦鹉砚应该是鲜艳的红色，但现存台北“故宫博物院”的旧红丝石鹦鹉砚虽然有一些红丝，但整体却偏紫色，难以辨认产于何地。

其二为《西清砚谱》卷二十三中的红丝石风字砚（图 4–8），“砚高三寸八分，上宽二寸四分，下宽三

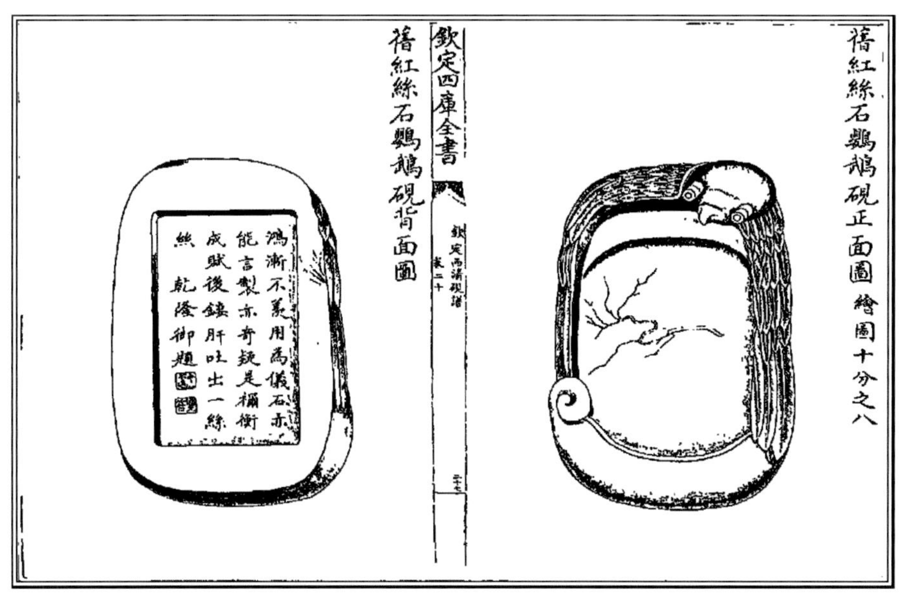

图 4–5　《钦定西清砚谱》中的旧红丝石鹦鹉砚

图 4–6　台北“故宫博物院”藏旧红丝石鹦鹉砚（砚底）（取自《西清砚谱》）

图 4–7　台北“故宫博物院”藏旧红丝石鹦鹉砚（砚面）（取自《西清砚谱》）

寸八分，厚七分，临朐红丝石琢为风字形，砚面宽平，墨池深四分许，式古雅而便染翰，砚背正平，无复手”[44]。砚侧镌有乾隆皇帝御诗：“石出临朐，红丝组锦，制为风字，宣和式审，既坚以润，腴发墨，虽逊旧端，足备一品。”[45] 根据现存台北“故宫博物院”的红丝石风字砚照片（图 4–9、图 4–10）分析，笔者认为此砚所用石料与现产于青州的黑山红丝石非常相像，后经青州名砚堂高东亮辨认也认为是黑山老坑红丝石。

其三为《西清砚谱》卷二十三中红丝石四直砚（图 4–11），“砚高三寸六分，宽二寸四分，厚七分，石质细润，黄理而红丝，边勒四直，受墨处正平”[46]。砚背镌乾隆御诗一首：“红丝鹦鹉咋曾吟，小式直方兹盍簪。未识拔茅声应处，能如斯否惕予心。”[47] 编著者对此砚的考证与评价是：“宋高似孙《砚笺》引唐录称，唐中和年青州石工苏怀玉于石洞中得石四五寸，磨治为砚，墨膏浮泛，蒸濡如露，异于他石，后洞门石摧遂绝。又引欧谱称，红丝砚须饮水乃发墨云云，似旧石久稀，而宋时新制稍嫌渴墨。是砚虽非旧石，而莹润宜墨，文彩焕发，真文房佳器也。”[48] 由于没有此砚照片，故此砚的石料是来自何地，暂无从判断。

通过《西清砚谱》与现存台北“故宫博物院”红丝砚实物的比较，并结合康熙《临朐县志》与光绪《临

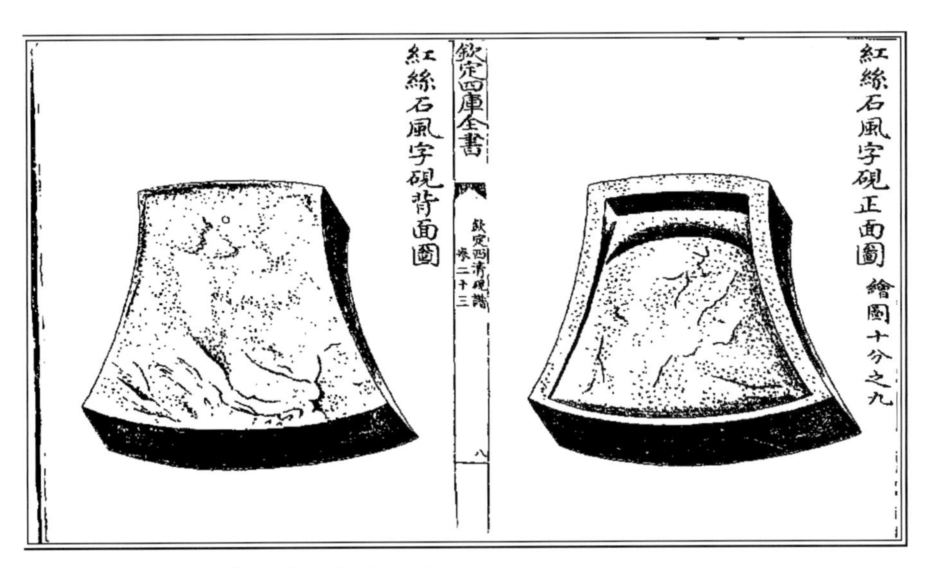

图 4–8 《钦定西清砚谱》中的红丝石风字砚

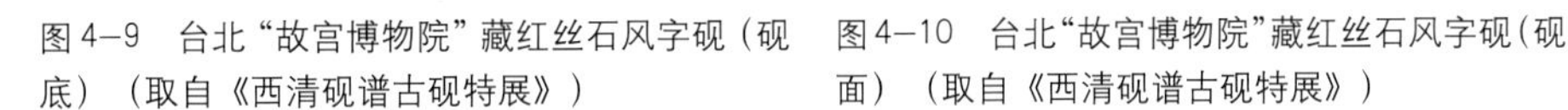

图 4–9 台北“故宫博物院”藏红丝石风字砚（砚底）（取自《西清砚谱古砚特展》）

图 4–10 台北“故宫博物院”藏红丝石风字砚（砚面）（取自《西清砚谱古砚特展》）

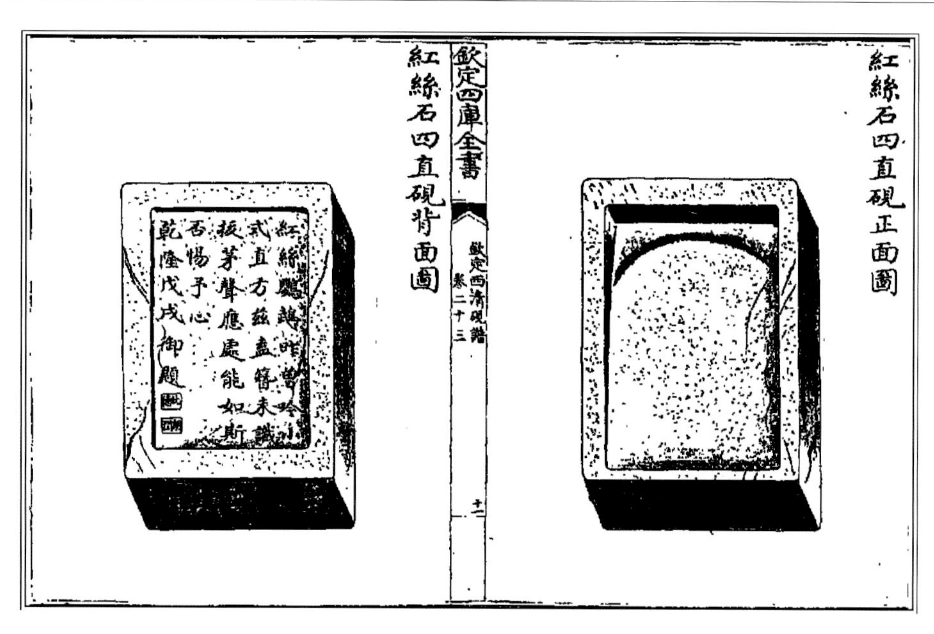

图 4–11　《钦定西清砚谱》中的红丝石四直砚

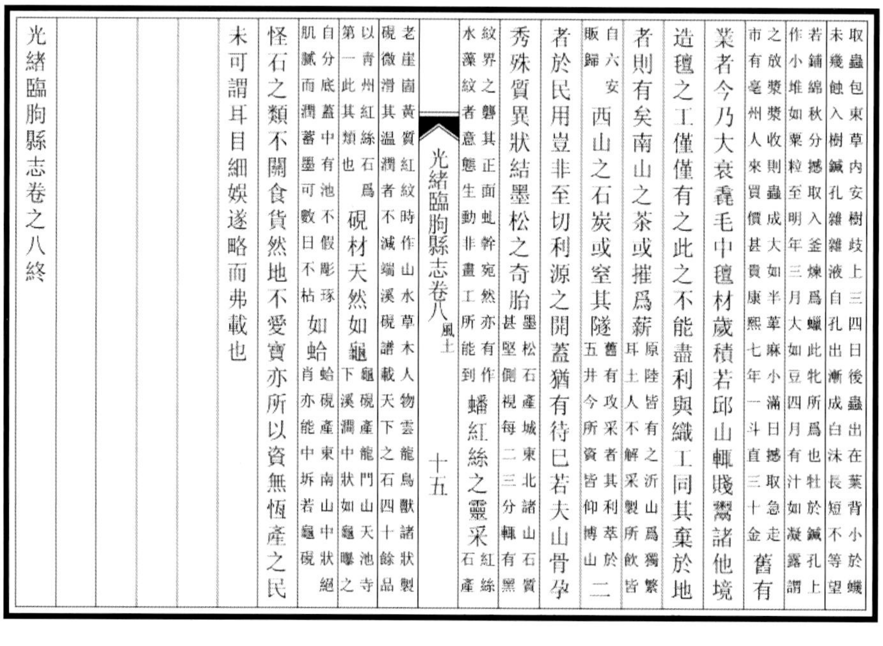

取蟲包束草内安樹歧上三四日後蟲出在葉背小於蟻未幾蝕入樹鍼孔雜雜液自孔出漸成白沫長短不等望若鋪綿秋分撼取入釜煉爲蠟此牝所爲也牡於鍼孔上作小堆如粟粒至明年三月大如豆四月有汁如凝露謂之放漿漿收則蟲成大如半草麻小滿日撼取急走市有亳州人來買價甚貴康熙七年一斗直三十金舊有業者今乃大衰蠶毛中氈材歲積若邱山輒賤鬻諸他境造氈之工僅僅有之此之不能盡利與織工同其棄於地者則有矣南山之茶或摧爲薪原陸皆有之沂山爲獨繁耳土人不解采製所飲皆自六安販歸西山之石炭或窒其隧舊有攻采者其利萃於二五井今所資皆仰博山者於民用豈非至切利源之開蓋猶有待已若夫山骨孕秀殊質異狀結墨松之奇胎墨松石產城東北諸山石質甚堅側視每二三分輒有黑紋界之彎其正面虬幹宛然亦有作水藻紋者意態生動非畫工所能到蟠紅絲之靈采紅絲石產

光緒臨朐縣志卷八　風土　十五

老崖窟黃質紅紋時作山水草木人物雲龍鳥獸諸狀製硯微滑其溫潤者不減端溪硯譜載天下之石四十餘品以青州紅絲石爲第一此其類也硯材天然如龜龜硯產龍門山天池寺下溪澗中狀如龜嚗之自分底蓋中有池不假彫琢肌膩而潤蓄墨可數日不枯如蛤蛤硯產東南山中狀絕肖亦能中坼若龜硯怪石之類不關食貨然地不愛寶亦所以資無恆產之民未可謂耳目細娛遂略而弗載也

光緒臨朐縣志卷之八終

图 4–12　光绪《临朐县志》（选自中国国家图书馆数字方志馆）

朐县志》（图 4–12），笔者认为：临朐红丝石的开发时间应在清乾隆年间。其理由一是康熙《临朐县志》[49] 中并无红丝石的记载，这说明至少这本续修明嘉靖三十一年（1552）版的康熙《临朐县志》在康熙十一年（1672）编写之际，临朐红丝石可能尚未得到开采或开采规模很小，或仅局限于民间，否则当时的县志不可能不记；二是《钦定西清砚谱》中多次提到“石出临朐”，则从另一个侧面说明乾隆年间临朐红丝石已得到开采，并有了一定知名度。但从《钦定西清砚谱》中仅仅收入了三方来推断，当时临朐红丝石的开采规模应该很小，所得的红丝石数量也很少。

在清人著述中，记载红丝石与红丝砚的主要有陈元龙《格致镜原》、方以智《通雅》、谷应泰《博物要览》、胡敬《胡氏书画考》、胡渭《禹贡锥指》、毛奇龄《西河合集》、倪涛《六艺之一录》、潘永因《宋稗类钞》、沈可培《泺源问答》、孙承泽《砚山斋杂记》、唐秉钧《文房肆考图说》、张金吾《爱日精庐藏书志》、张英《渊鉴类函》、张玉书《佩文韵府》、朱玉振《端溪砚坑志》等，但从所记内容来看，多抄录于唐询、米芾等人旧作。

可能是在清代的中晚期，临朐红丝石得到了大量开采，从印行于光绪十一年（1885）七月的《临朐县志》中的“红丝石产老崖崮，黄质红纹，时作山水、草木、人物、云龙、鸟兽之状，制砚微滑，其温润者不减端溪。砚谱载，天下之石四十余品，以青州红丝第一，此其类也”[50]可知，至少在光绪十年（1884），人们不仅对临朐红丝石的产地、石品有了较为深入的了解，而且认识到临朐的红丝石与青州红丝石属于同类。

民国时期，由于日本商人到临朐采购红丝石，使红丝石的开采出现了小高潮。民国24年《临朐续志》记载：“……数年前，曾有日本商人驻冶源收买，居民纷往采掘，抱璞竞售，辄得善价。不数月，售者日多，日人辇运所得，一去遂不复来。”又记：“近因外人购者渐多，城内亦有制砚者矣。”[51]

五、当代

1965年，石可先生根据《青州府志》与《临朐县志》中有关红丝石的记载，“先到益都，所询之处都说黑山石源早已枯竭，而谓临朐老崖崮蕴藏较丰。于是辗转多次到临朐，在冶源公社社员协助下，在老崖崮找到了红丝石的产地”[52]，并对老崖崮不同地层的石质进行了研究，认为“老崖崮地处山岭，沟壑中即有红丝石风化层可见。下掘数尺即有大片红丝石岩层，其石地灰红，有灰黄色回旋花纹，但石质干燥，吸水渍墨，这是红丝石的上层，当地把它叫做红花石。继续下掘十余尺，所见石材多柑黄地，红刷丝纹，色泽鲜艳夺目，质坚而润，不渗水不渍墨，叩之其声清悦，为所见砚材中之最妍丽的，但理滑下墨较钝，与府、县志所记‘红丝石黄质红纹者佳，但微滑’相同”[53]。

1966年，临朐县工艺美术研究所成立，临朐县红丝砚生产在县政府的支持下得到恢复，产品主要销往日本以换取外汇。此后临朐县工艺美术研究所更名为临朐县工艺品厂，扩大生产规模，产品种类也有所增加。此时的红丝砚以随形为主，雕刻工艺简洁大方，配上红木砚盒，既美观又实用，在日本很受欢迎。

1978年，以红丝砚为主的鲁砚展在北京团城举办，红丝砚的石质与制砚技艺受到了诸多国内外知名人士的赞扬。赵朴初先生在观看红丝砚展览后，即兴赋《临江仙》一首（图4–13），并手书五言诗一首：“昔者柳公权，论砚推青州。青州红丝石，奇异盖其尤。云水行赤天，墨海翻洪流。临砚动豪兴，挥笔势难收。品评宜第一，吾服唐与欧。”启功先生也作诗赞曰：“唐人早重青州石，田海推迁世罕知。今日层台观鲁砚，百花丛里见红丝。”（图4–14）

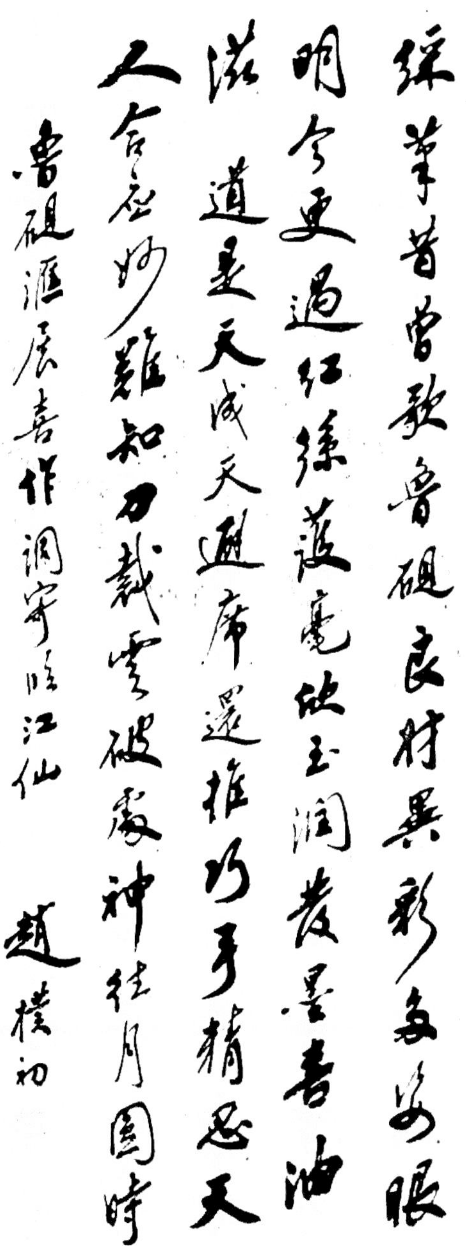

图4–13　赵朴初先生题词（取自《鲁砚》）

此后，用临朐红丝石制成的红丝砚又先后在日本、美国、香港等地展出，均获得好评。

1979 年，临朐县工艺品厂生产的红丝砚被山东省第二轻工业厅命名为优质产品。1982 年临朐县冶源镇为了更好地利用当地的红丝石矿产与人力资源，成立了冶源镇工艺品厂，红丝砚的生产规模进一步扩大。一些个人也加入到红丝砚的加工销售队伍之中。然而，随着红丝砚名声的不断扩大，社会需求量不断增加，红丝砚的产品质量也出现了良莠不齐的现象，在一定程度上影响了红丝砚制作技艺的发展，红丝砚的发展也曾因此而陷入低潮。

20 世纪 90 年代中后期，临朐奇石产业飞速发展，形成了我国江北最大的奇石市场，来自全国各地的奇石、红丝砚爱好者不仅推动了临朐奇石业的发展，拓展了红丝砚外销渠道，而且促进了红丝砚制作技艺的提高。在诸多关心与喜爱红丝砚的人士的推动下，红丝砚的制作技艺有了长足的进步，涌现出了一批年轻的红丝砚制作人才，并逐渐形成了自己的艺术风格。

2005 年，青州黑山又发现多处红丝石坑口，令世所罕见的黑山红丝石更多地展现在今人眼前，自此，黑山红丝砚的制作与经营也开始兴起。如今，临朐、青州两地制作与经营红丝砚的厂、店约有百余家，并成立了一些民间红丝砚研究机构，对红丝砚的历史、文化、制作技艺等进行研究与交流，在造型、雕刻等方面也有不少创新，红丝砚的发展进入了繁荣的新时期。

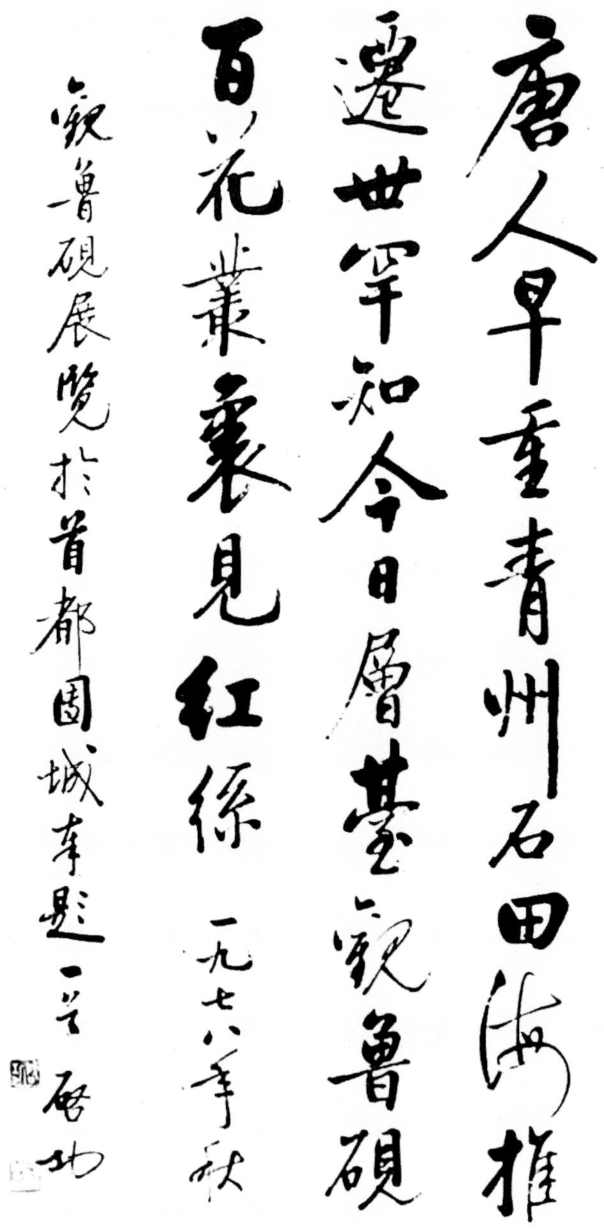

图 4–14 启功先生题词（取自《鲁砚》）

第二节 分布与石质

从地质方面而论，红丝石赋存于中奥陶统马家沟组第一岩段的顶部与第二岩段的接触部位，矿层厚几厘米到 1 米，沿走向断续延长百余米，矿层不稳定。砚石主要由方解石组成，含有铁质物和极少量的石英，是隐晶微粒结构，假层理构造。方解石呈他形粒状，粒径 0.01 毫米，铁质物参与构成弯曲、不规则的波纹状或同心圆状纹理，宽 0.02~0.04 毫米，时隐时现变动无穷的纹理，被称为“红丝”。其形成机理乃岩石在沉积过程中，受到沉积环境变化的影响，沉积物发生频繁交替，或是尚处于可塑的具有微纹理的碳酸盐岩层发生拖动变形。[54] 根据目前已发现与开采的红丝石情况来看，红丝石主要分布在今山东省青州市与临朐县境内，且不同地域的红丝石因受地质变化的影响不同而品质多异。

图 4–15 青州黑山远眺

一、青州黑山

位于今山东省青州市邵庄镇的黑山是历史上著名的红丝石产地（图 4–15），唐代中期已进行开采的红丝石洞在今黑山之阴坡半山腰部，洞口石壁上凿有“红丝石洞”，残存的“唐中”二字依稀可见（图 4–16），洞内可以看到明显的人工开凿痕迹（图 4–17）。不过从洞内已被挖凿的空间以及岩石分布的层次与颜色来看，笔者认为虽然自唐代中期以来就有人不断在此洞中开采红丝石，但从此洞之中开采出的红丝石数量一定非常之少。若今人还想从此洞内开采出质量上等的红丝石，即便使用现代化的开凿工具，花费更多的人力物力，恐怕也非常困难。

图 4–16 青州黑山老红丝石洞口

2011 年 11 月 11 日，笔者在高东亮父子陪同下对青州黑山的多个红丝石坑口进行考察，在交流中得知 2006 年青州市邵庄镇老石工高长辉根据家传多年的石料开采经验，结合自己的采石实践，对黑山红丝石资源进行了探查与试掘，成功地在黑山开采出了品质优良的红丝石，使沉寂千年的黑山红丝石再次展示在人们的眼前。这些新坑（相对于山阴的老坑而言）主要分布在黑山的阳坡半山腰，矿脉呈明显的层状分布。据石工高长辉介绍，当年为了寻找红丝石，他们历尽艰难，为了看管保护这些红丝石资源，防止他人偷盗，高师傅长期睡在阴暗潮湿的洞内，经历了多个酷暑与严冬。现在这些新发现的红丝石洞已被较好地保护起来，洞口（图 4–18~ 图 4–20）用水泥与石块封堵，山脚下也有专人看守，以防滥挖滥采。

图 4–17 青州黑山老红丝石洞内

据笔者从已开挖的岩层断面来看，青州黑山红丝石矿体呈夹层状分布，即矿体的上、下被其他种类的岩石所覆盖与依托，由于上、下岩层的保护作用，其石材的品质较高，具有石质稍硬，质润理滑，色泽沉稳凝重，砚面似有脂液渗透，手拭如膏，下墨虽慢，发墨如油，墨色相凝如漆，润笔护毫等特点。

2014 年 12 月 12 日，笔者在北京幸会青州红丝砚协会杜吉河副会长，获赠济南出版社 2014 年 6 月出版的《青州红丝砚谱》。由此书得知杜吉河、孙洪圣等人曾对青州黑山从古到今共有的 40 余处新老红丝石洞的资源及洞口分布进行了全面调查、拍照、

图 4–18　新坑洞口之一

图 4–19　新坑洞口之二

图 4–20　新坑洞口之三

丈量、取样存档，其中《青州黑山区域红丝石坑口数字地形图》与《青州黑山区域红丝石坑口数字地形图顺序表》及 34 幅坑口照片等，令笔者对黑山区域红丝石坑口的分布有了更加深入的了解。

青州黑山红丝石的颜色以底色深红，有黄色刷纹与斑点者为主（图 4–21），也有黄底而呈现红色刷丝与斑点者（图 4–22），诚如唐询所言："其理红黄相参，二色皆不甚深。理黄者其丝红，理红者其丝黄。若其文上下通彻匀布，此至难得者。又有理黄而文如柿者，或无文而纯如柿者，或其理纯红而文之红又深者，若黄红相新而不成文，此其下也。"[55] 此外，黑山红丝石中还有纹理与古书记述的"文之美者，则有旋转连接团圆，方二三寸而其丝凡十余重，次第不乱。或如月晕（图 4–23），自心及外，及六七重者。或如山石，而尖峰奇势皆具者。或如云霞、花卉、禽鱼之类"[56] 相符者（图 4–24），但数量极少。

图 4–21　红底黄丝的黑山红丝石（高东亮提供）

图 4–22　黄底红丝的黑山红丝石（高东亮提供）

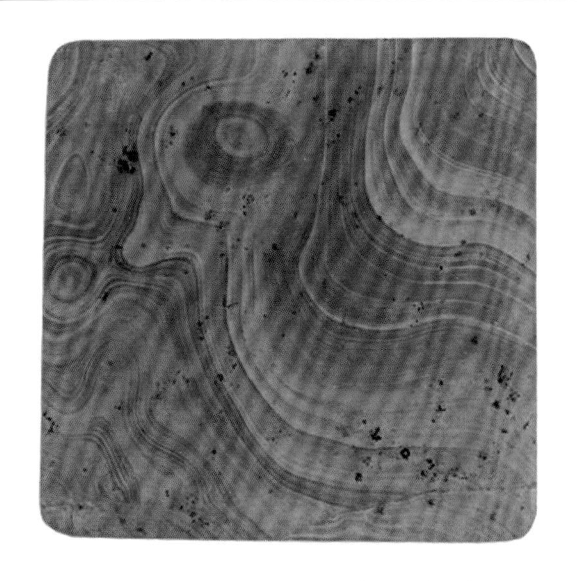

图 4–23　有如月晕流水的黑山红丝石（杜吉河提供）

图 4–24　有如人形的黑山红丝石（高东亮提供）

二、临朐老崖崮

今山东省潍坊市临朐县冶源镇老崖崮村周边是红丝石的另一重要产地（图 4–25）。从文献来看，乾隆年间临朐红丝石已得到开采，并有了一定知名度，但大量开采可能是在清代中晚期，其后中断。1965 年，石可先生根据有关红丝石的文献记载，在冶源公社社员协助下，在老崖崮找到了红丝石的产地，并对老崖崮不同地层的石质进行了研究。前些年，随着临朐红丝石声名的远播，社会需求大增，滥采滥挖者日益增多，一些大型矿山机械也先后投入到红丝石的开采之中。2011 年 11 月 12 日笔者在刘文远、冯曰宝陪同下对临朐老崖崮红丝石产地进行了实地观察，发现老崖崮方圆约 5 千米内，废弃的采石坑一个接着一个，真可谓“满目疮痍”（图 4–26~ 图 4–28）。好在目前这种滥采滥挖的现象已得到了较好的制止，在老崖崮内随处可见用红漆写的“封”字警示（图 4–29），并有相关人员进行管理监督。

临朐老崖崮的红丝石呈层状分布，上面覆盖约 3~5 米的红黄泥与石质较松软的岩石层，红丝石矿体层厚度约 30 厘米（图 4–30）。由于临朐老崖崮红丝石长期经含水丰富的泥土包裹浸润，故其石质的主要特点是石质细腻，摩氏硬度为 3~3.5，色彩艳丽，纹理丰富，灵动多变。主要有红底黄刷丝纹（图 4–31）、黄底红刷丝纹（图 4–32）、紫红地黄刷丝纹（图 4–33）、猪肝色地灰黄刷丝纹（图 4–34）、红底黄旋花纹（图 4–35）、猪肝色地灰黄旋花纹（图 4–36）等。有些石料具有石眼，灵动有趣；有的具有金色条带，闪光耀眼；这些丝纹虚幻神妙，回旋变动，萦回石面，变幻无穷而次第不乱，构成了临朐红丝石特有的文采。可谓：云纹、水纹、

图 4–25　老崖崮远眺

图 4–26　开采后废弃的坑口

图 4-27　风镐钻孔留下的痕迹

图 4-28　遗留在坑中的紫地黄旋花纹石料

图 4-29　“封”字警示

图 4-30　老崖崮红丝石矿体（夹在岩石之间）

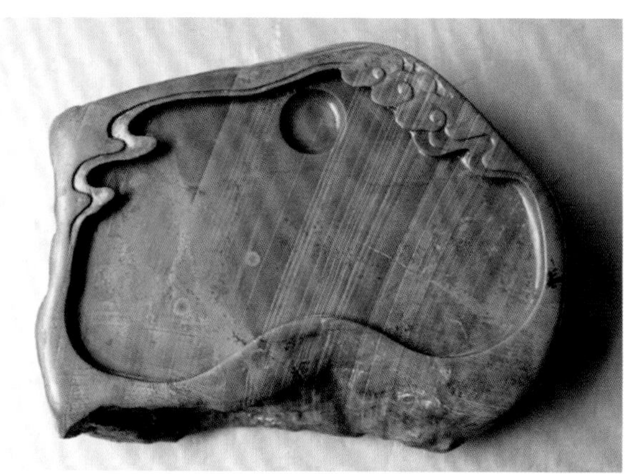

图 4-31　红底黄刷丝纹

图 4-32　黄底红刷丝纹（冯曰宝提供）

图 4-33　紫红地黄刷丝纹

图 4-34　猪肝色地灰黄刷丝纹

图 4–35　红底黄旋花纹

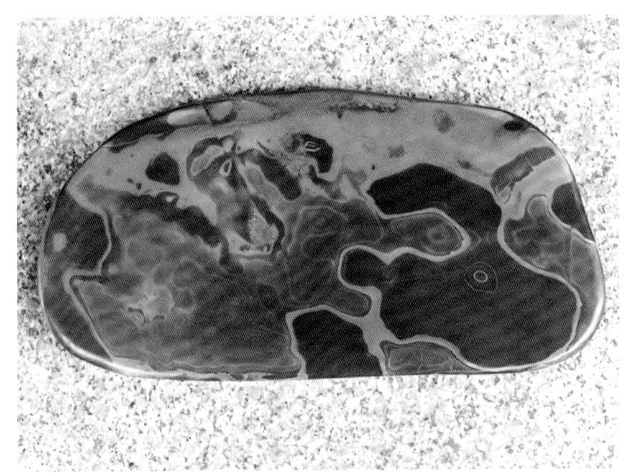

图 4–36　猪肝色地灰黄旋花纹

冰纹、刷丝纹，天然成趣；山川、云龙、草木、异鸟兽，浑然天成。诚如《西清砚谱》所云："红丝石出临朐县，其色红黄相间，佳者绝不易得，故世罕流传。是砚红丝映带，鲜艳逾常，而质古如玉，洵为佳品。"[57]

三、其他产地

近年来，一些新的红丝石产地在青州市与临朐县内不断被发现，主要分布地点与石质在《青州红丝砚谱》一书中，杜吉河、葛福兴等人撰文作了较火详细的介绍，笔者在此不揣浅陋，根据文献与实地考察，将青州市与临朐县的红丝石坑分别介绍如下：

（一）青州市

1. 邵庄镇的黑山区域是优质红丝石产地之一，主要坑口有老母洞、阿弥陀佛洞、唐宋洞、明清洞、宋洞、基建连洞、松林坑、主峰阳坡坑、獾洞、磨悠台坑、北尾巴岭坑。河庄村出产的红丝石颜色较黑山略浅，以橘红色为多，纹理有红底黄斑点、黄底红斑点，丝纹较少。另外，老山村、刁庄村、高薛村、闫家村、范家林村等地也有零星开采。

2. 王坟镇的东乖场村、西乖场村、苏峪村等地主要出产红丝石奇石。

3. 王府街道办所辖区域出产的石料以红丝石奇石为主，其质地、颜色、纹理逊于黑山所出。

4. 庙子镇的九公台村也有零星开采的红丝石。

（二）临朐县

临朐县红丝石产地主要集中在冶源镇的栗沟、石湾崖、宫家坡等地。

1. 栗沟位于老崖崮东偏南约 2 千米处，所产红丝石以红底红丝、红底无丝为主，间有红底黄丝，常有豆青色石眼出现，石质润泽发墨，但石英线较多（图 4–37）。

2. 石湾崖位于老崖崮西约 3 千米处，石料品种较多，以红底黄旋花纹为多，间有红底无纹、红底黄斑，颜色对比明显，石质润泽，石层较厚，理稍滑，发墨稍慢。有时也可发现紫红地紫黑色纹的红丝石，颜色深厚古朴（图 4–38）。

3. 宫家坡位于老崖崮南偏东约 2 千米处，石料佳者颜色紫红，丝纹金黄，石质润泽。带钟乳边的红丝石偶有出现，其质地更佳（图 4–39）。

4. 冶源镇的王家河（图 4–40）、三羊山、赤良峪、井头等村也有红丝石产出，其品类大同小异。

图 4-37 现代栗沟红丝石（取自《中国名砚 • 红丝砚》）

图 4-38 现代石湾崖红丝石（取自《中国名砚 • 红丝砚》）

图 4-39 现代宫家坡红丝石（取自《中国名砚 • 红丝砚》）

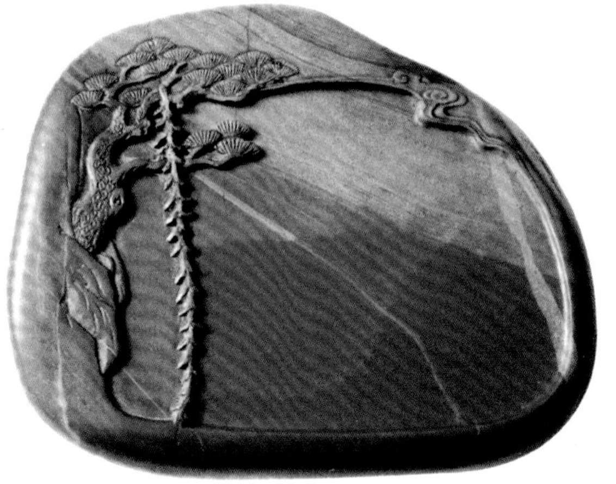

图 4-40 现代王家河红丝石（取自《中国名砚 • 红丝砚》）

四、红花石与旋花石

在临朐三羊山、赤良峪的山中还有一种红花石。其颜色相对于黑山与老崖崮的红丝石稍淡或稍暗，纹理丰富，石质较软，吸水率稍高。此类石材虽然不太适合雕刻砚台，但制成笔筒、笔洗、笔架、镇纸等文房用具也颇受人们青睐，有些形态特异的红花石则被当地人稍加修饰，配上合适的底座作为奇石，也颇有观赏价值，是当下收藏的一个热点。

旋花石因岩石中花纹呈盘旋状缭绕而得名，也是临朐县较为重要的奇石种类之一。其质底为灰色、灰红色或淡红白色， 纹层则为暗红色、猪肝紫色，纹理丰富，呈旋卷状，或同心圆状，或不规则波纹状，纤细致密，萦绕如缕，延绵不绝。旋花石粗看与红丝石极为相似，但其石质不如红丝石致密细腻，较为粗糙，吸水率较高，表面显得较为干涩，色泽也不如红丝石鲜亮润滑，价值与红丝石相去甚远。旋花石硬度较低（摩氏硬度为 3） ， 具有很好的加工性能， 适于加工成砚台、花瓶、笔筒、茶具、镇纸、印章等工艺品， 集观赏与实用于一体， 也深得人们的喜爱。

由于如今称为“红花石”与“旋花石”者，外观与红丝石极为相似，非行家里手难以辨别，故由此推断当年苏轼所见“或云惟堪作骰盆”[58]的、米芾所见“干则不可磨墨，浸经日方可用”[59]的，以及杜绾所见“其质赤黄，红纹如刷丝，萦绕石面，而稍软，扣之无声。琢为砚，先以水渍之乃可用。盖石质燥渴，颇发墨”[60]的所谓“红丝石”，可能就是上述的红花石或旋花石，或是青州黑山与临朐红丝石矿料周边那些质地松软但颜色与红丝石相近的岩石。

第三节　形制风格

据笔者所见红丝砚的实物与图片，窃以为红丝砚的形制风格可概括为：“随形居多规矩少，象形砚中树桩妙，题镌砚铭文味浓，巧用天工不多雕。”下面分别叙之。

一、随形居多规矩少

此处所言之“随形”与“规矩”乃特指随形砚与规矩形砚。

随形砚是以砚的自然外形为主体，在保持整个砚体稳定、协调、匀称的前提下随形变化，灵活设计。随形砚的形制变化不定，无固定规矩，但如何随形而动制出佳砚，则需要制砚者有较高的综合素质，需要人石之间有较为默契的配合。如《西清砚谱》中所收的旧红丝石鹦鹉砚即为根据原石料形状加工制作而成的随形砚，此砚将红丝石中的红色丝纹与斑点用得恰到好处，如将缕缕斜带红丝用在墨池，将赤如鸡冠的红丝用在鹦鹉之首，令乾隆皇帝大为称赞，书题御诗“鸿渐不羡用为仪，石亦能言制亦奇。疑是祢衡成赋后，镂肝吐出一丝丝”。

另如现藏青州博物馆的明代红丝石山形砚（图4–41），雕刻者巧妙地利用了该石料高低不平的特点，将低平处开出砚堂，而高处保留原状，使这块原本难以雕琢的随形红丝石料不仅具有砚台的使用价值，而且具有很好的观赏价值，置之文案颇能体现砚台主人的风雅情致。

图 4–41　明红丝石山形砚（笔者摄于青州博物馆）

再如图 4–42 中的清代青州红丝石砚也是随石材

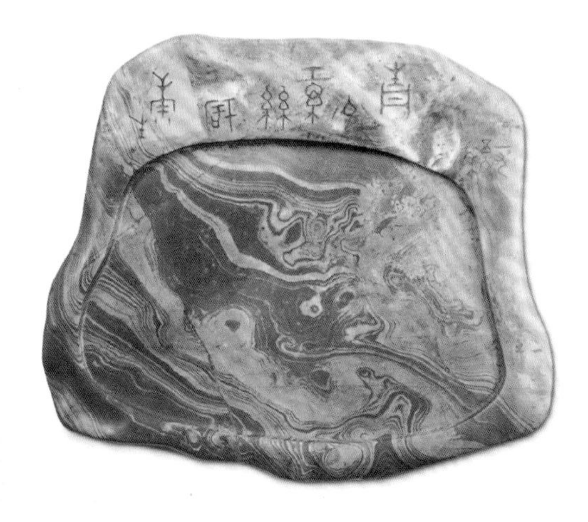

图 4–42　清代青州红丝石砚（正、背面）（取自《文房四宝 • 纸砚》）

图 4–43 首都博物馆藏清代回纹红丝砚

图 4–44 刘克唐先生所作灵芝云蝠砚（取自《刘克唐砚谱》）

原状略加打磨成形。砚面开斜通式砚池，低凹处为墨池，上缘刻篆书铭。充分体现了该砚石质坚实细腻，光泽柔和，甚为妖艳的天然红、黄美丽条纹，天然美感胜于人工。

规矩形砚是以正圆、椭圆、半圆、正方、长方、六棱、八棱等几何图案为基本造型的一类砚。此类砚台所需石材原料相对较大，并需要根据造型对原石材进行切割，这对于石材多呈不规则自然形的红丝石而言，切除边角后所获得的规矩形砚虽然造型周正匀称，但必然会减小砚台的体积，尤其会减小砚面的面积，除非这块石材的自然形貌稍作切割便能成为规矩形砚，否则制砚者通常是不会无故将一块砚材切除边角制成规矩形砚的。故无论是古代还是当代，红丝砚中规矩形砚的数量都相对较少。据文献记载，宋代“唐彦猷作红丝辟雍砚”[61]应该是一方四周环水的圆形砚台，与其他砚种中的辟雍砚形状相似。而长方形的古代规矩砚中，目前所知一方是《西清砚谱》中所收红丝石四直砚，棱角分明，中规中矩。另一方是首都博物馆所藏清代回纹红丝砚（图 4–43），长 16.3 厘米，宽 12.5 厘米，高 2.6 厘米，厚重沉稳，古朴大方。

究红丝砚中规矩形砚少的原因，笔者认为主要是由于红丝石纹理繁复，如果设计成随形砚，则砚型与纹理较易统一；如果设计成规矩形砚，则极可能造成红丝石的天然色泽与纹理难以充分展现，这种作品充其量最多也就称之为形状规矩、纹理清晰、朴实大方而已。鉴于红丝石规矩形砚设计有较高难度，故通常很少有人愿意为此花费心血。在当代作品中，笔者认为刘克唐先生的灵芝云蝠砚（图 4–44）堪称上品。此砚为黄底紫纹，其紫纹盘旋颇似仙草灵芝，黄底泅润堪比祥云缭绕。作者借此天工乘兴发挥，于砚额再凿一灵芝状砚池，边角处再雕琢几只象征福瑞的蝙蝠，名之为“灵芝云蝠砚”。笔者认为此砚名形相符，蕴意丰富，静观此物，氤氲欲动，真佳品也。

二、象形砚中树桩妙

象形砚是指外观模仿自然界天然产物形体而制作的砚。如箕形砚、钟形砚、琴形砚、箆箩砚、各种瓜果形砚以及吉祥动物砚等。如《钦定西清砚谱》中的红丝石风字砚，其原型应来自日常家用工具簸箕，只是后来人们将圆头的箕形砚改成方头之后，觉得更像汉字的“风”字，故称之为风字砚。

在当代红丝石象形砚中，笔者认为树桩砚[62]应为红丝砚的形制风格有别于他砚的特点之一。据笔者所见，红丝石中确有一些色泽纹理酷似天然树纹者，而其他砚种中这种纹理是极为罕见的。妙在山东临朐与青州的砚雕者能发现并加以充分利用，将其作为特色大加彰显。笔者曾于2011年秋在青州见到一方红丝砚，粗看就极像一截被烟熏火燎多年的松树桩，细看才知原来是一方色泽纹理极似树木的红丝砚，砚雕者巧妙地利用了这块红丝石的天然刷丝纹理，顺势雕刻成了一块貌似部分带皮的松木桩，又将原石料上小块的旋花纹刻成松树的疤节，再辅以形态逼真的松皮、瘿瘤，可谓惟妙惟肖，算得上是代表当代红丝砚雕刻风格之一的象形砚（图4–45）。

图4–45　树桩砚（松）（2011年秋摄于古州名砚堂）

在树桩砚中除象形于松树（图4–46）外，还有象形于梅树（图4–47）的，制作者与作品都比较多。

图4–46　树桩砚（松）（刘文远提供）

图4–47　树桩砚（梅）

三、题镌砚铭文味浓

于砚上题镌砚铭，古已有之，这种字见功底、铭有深意，寥寥数语，点石成金的做法在其他砚种上也时有出现，但笔者据经眼过的砚台实物与图片粗率统计，题镌砚铭应为当代红丝砚形制风格较他砚有异的特点之一。

笔者以为在红丝砚上镌刻砚铭的形制风格可能源于清人高凤翰。高凤翰（1683~1748），字西园，别号有南村、南阜老人、后尚左生、老阜、南阜山人、不顽老子、松懒道人等40多个，晚署南阜左手等，山东胶州人。工书画诗词，善篆刻，喜收藏，精鉴赏，曾收藏砚石数百方，亲自雕刻。手书铭词，自行刻凿，著有《砚史》《南阜山人全集》等行世。使鲁砚重显于世的石可先生对高凤翰的制砚技艺有深刻的领会，他说："特别是清雍正、乾隆间的高凤翰，也是山东胶州人，著名的诗人、画家、书法家、金石篆刻家和制砚艺术家；他所制的砚是诗、书、画、篆相结合的艺术结晶，是文人砚的典型。……鲁砚在探讨艺术风格的过程中，得到高氏的启发很大。因此，当鲁砚在北京展出时，许多专家、学者看后，认为鲁砚有'高风'。"[63]

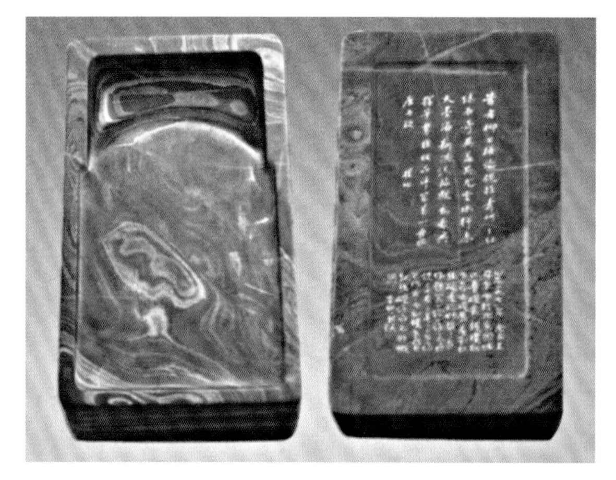

图 4–48　姜书璞铭赵朴初诗赞红丝（选自《鲁砚鉴赏》）

图 4–49　刘克唐先生在书写砚铭

石可先生也是“高风”的践行者，多次为包括红丝砚在内的多方鲁砚书刻铭文。当代制砚大师姜书璞、刘克唐也承“高风”，逐渐形成了红丝砚重视手书铭词，自行刻篆的形制风格（图 4–48、4–49）。

四、巧用天工不多雕

“巧用天工不多雕”是红丝砚在形制风格上的另一特点，即巧妙应用自然赋予红丝石的特征，尽量少雕甚至不雕，充分显示红丝石的自然美。

此种形制风格的形成也与红丝石本身的特点有关。红丝石通常色泽红黄相间，有回旋状刷丝纹萦绕于石面，或如云，或如海，或如兽，或如神，变化多端，故大师在制砚时首先要考虑的是如何巧用其纹而不伤害其纹，如何突出天工而不损伤天工。在设计上强调以天工为主，人工为辅。如一块自然形的红丝石料，随形开出墨堂后发现其纹理回旋婉约，很像一位手挥红绸的舞蹈者，于是作者仅在砚额刻上“谁持彩练当空舞”七个字，稍加雕琢，使色、纹、字和谐，令人观后产生无限遐想（图 4–50）。再如一方老坑红丝石砚，当制作者从砚面向下磨出微凹砚池后，观察到此砚的下半部有紫红色底的黄刷丝纹，犹如风起云涌，左上角为此砚旋丝纹的中心，极似月晕。经过反复推敲，制作者在此砚的右上部刻一月牙形墨池，与月晕相对，而周边保留原石材的自然形态，背面稍加打磨，镌两行铭文，大体保持天然之形，命名为“云月砚”（图 4–51），使人观之不禁想起李白的《关山月》：

明月出天山，苍茫云海间。
长风几万里，吹度玉门关。
汉下白登道，胡窥青海湾。
由来征战地，不见有人还。
戍客望边邑，思归多苦颜。
高楼当此夜，叹息未应闲。

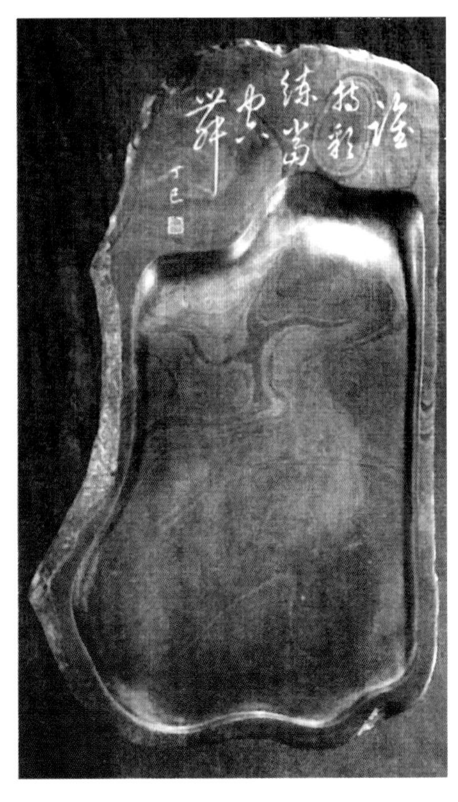

图 4-50　谁持彩练当空舞（取自《鲁砚》）

图 4-51　云月砚（取自《刘克唐砚谱》）

第四节　制作技艺

一、采料

青州黑山与临朐老崖崮的红丝石矿体虽然都呈夹层状分布，但由于地质原因，两地的红丝石贮藏地层有所不同，青州黑山的红丝石矿体多分布在黑山的半山腰，而临朐红丝砚矿体则分布在老崖崮地表以下3~10米的深处。

青州黑山红丝石的开采非常艰难，挖掘的方式是根据外露的红丝石矿苗，选择合适的地点横向挖掘。通常是先在山坡上挖一个与山体近似垂直、与红丝石矿体分布平行的横向山洞。为了防止砚石破碎，山洞的开凿是不能使用炸药进行爆破的，只能靠人工用钢钎与铁锤一点一点地开凿。在开凿中要不断注意红丝石矿体的走向，不断调整山洞的走向。由于黑山红丝石在形成之后因地壳变化而破碎并被搬运与掩埋，故黑山红丝石多是独立成块，大小不一，分布并无规律，即使是经验丰富的采石者，也往往会花很多时间与精力挖一个洞，但最终却可能是一无所获。

由于考虑开采成本并防止塌方，开采红丝石的山洞截面大小通常以仅容一人屈体在洞内凿取石料为准

（图 4–52）。在洞内，开采者通常都是屈体蹲在洞内用铁锤敲击着钢钎，将红丝石上、下的岩层一点一点地凿去，将夹在岩石间的红丝石剥露出来（图 4–53）。然后再用小胀钎、小手锤等将石料开采出来（图 4–54）。

图 4–52 当今黑山山坡上新开挖的洞口

图 4–53 高长辉师傅在开采黑山红丝石 1（高东亮提供）

图 4–54 高长辉师傅在开采黑山红丝石 2（高东亮提供）

临朐老崖崮红丝石矿体也是夹在两层岩石之间，但与黑山不同的是，这些红丝石是被埋藏在老崖崮地表之下 3~10 米深处，其开采方法是从地表向下挖一深坑，将覆盖在红丝石矿体上的泥土与岩石层层去除，直待发现红丝石矿体并取出为止。在古代，老崖崮红丝石的开采全凭人力，虽然在石料的获取上比黑山红丝石少了剔除上、下层岩石的工序，但仅凭人力挖除覆盖在红丝石矿体上的数吨泥土并凿开岩石实非易事。加之老崖崮红丝石也多是独立成块，分布没有规律，故在缺少大型矿山机械的年代里，古人从老崖崮开采出的红丝石数量也非常有限。

当代老崖崮红丝石的开采方式，笔者根据现场遗留的痕迹推测，应该是先使用挖掘机将覆盖在岩石表层数米厚的泥土挖去，再用风镐或钢钎将覆盖在红丝石矿体上的岩石层剥去。当上面覆盖的岩石层较厚时，有的开采者是先用风镐在岩石上打出一个个深孔，然后用钢钎插入深孔中将岩石一块块撬下来。还有些开采者则先用风镐在需要破碎的岩石上向下打出若干个离红丝石矿体有段距离的深孔，接着放入少量炸药引爆，将岩石震出裂纹，然后再用钢钎等将震出裂纹的岩石撬成较小的碎块。这种开采方式虽然可将红丝石矿体上面覆盖的岩石尽快除去，但如果放入的炸药量控制不当，爆破猛烈，则会使下层的红丝石产生裂纹，影响质量。

二、选料

开采者们通常会从事先带在身上的矿泉水瓶中倒出一些水淋洒在刚从山洞中或地底下开采出来的红丝石上，以观察红丝石的颜色、花纹以及吸水率，进行初步选择。之后，开采者们通常用手锤、钢钎对石料进行初步修整或不作修整直接搬运到工厂或驻地，未被选中者则丢弃在坑口附近。

对一些暂时无法确定品质优劣的红丝石，开采者们通常都会运到加工厂中堆放起来，等需要加工前再进行一次选择。通常的做法是将准备制作砚台的红丝石用水洗净泥土，仔细辨认色泽纹理的分布与变化。有时还需要用角向砂轮在石材表面轻轻打磨（图 4–55），以观察石材的质地、色泽与纹理，有时还需要用锤轻轻敲击并细听石材发出的声音，以辨明石材的质地以及有无因开采或其他原因造成的裂纹等。对一些块头太大又缺少纹理的红丝石，则需要用电锯将其切割成大小合适的石料（图 4–56）。

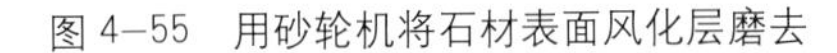

图 4–55　用砂轮机将石材表面风化层磨去

图 4–56　锯石头用的电锯

三、设计

因红丝石的特点是天然色泽美丽、纹理丰富，故红丝砚的设计要点之一就是巧用其天然色泽与纹理，使造化与人工合而为一，令色泽、纹理、造型、雕刻融为一体（图 4–57、图 4–58）。为了设计出具有较高艺术价值与使用价值的红丝砚，当代砚雕艺术大师们提出了一些自己的观点。如石可先生曾对包括红丝砚在内的鲁砚的艺术风格进行了探讨，提出了关于制砚艺术的几个规律性问题，如粗和细的问题，主和次的问题，线、体、面的关系问题，动和静的问题，方和圆的问题，刚和柔的问题，有法和无法的问题。[64] 中国工艺美术大师刘克唐先生也从艺术欣赏的角度将我国近、当代制砚作品大致归类为十二品与四病。十二品是：质朴浑厚、玉德金声、文心雕龙、简朴大方、巧借天工、大巧若拙、清新意远、妍秀圆润、富丽华贵、精工繁绮、惟肖惟真、稚拙乡淳；四病是：繁臃赘复、淫巧纤细、悖谬失位、俚俗呆板。[65] 上述理论对现今的红丝石设计具有重要的指导意义。

由于红丝石通常具有色泽与纹理，所以如何巧用其天然色泽与纹理，则需要设计者面对石材反复推敲，尤其是面对一些自然形态特殊、颜色特异、纹理变化丰富的石材时，砚堂与砚池的形态与位置如何确立、纹理如何体现、何处雕琢、何处保留等，通常需要耗费设计者很多的时间与精力，只有经过反复推敲，才有灵感出现。

当设计灵感出现后，设计者们通常会用铅笔在石材上画出一个草图（图 4–59），将砚堂、砚池及主要纹饰、图案等勾勒出来。有时这种草图还会被再次修改，甚至全盘否定，直到设计者完全满意为止。图 4–60 即为

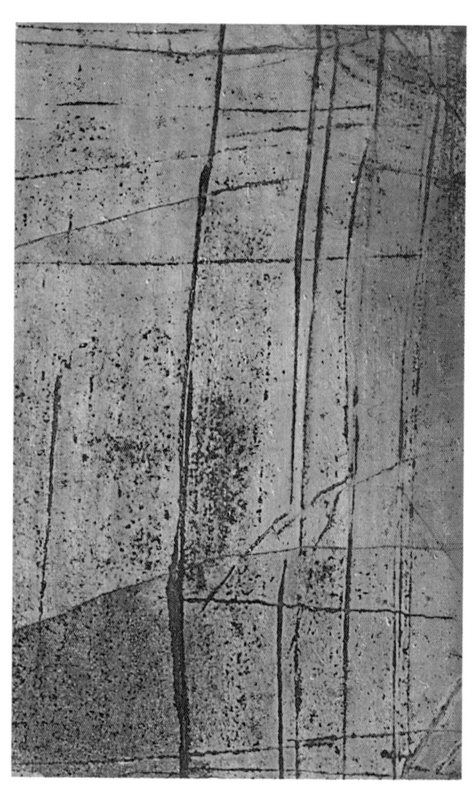

图4-57 青州黑山红丝石砚板(杜吉河制,笔者收藏)

图 4-58 临朐老崖崮红丝石砚板（笔者收藏）

考察者与雕刻者在探讨设计与雕刻方案。由于红丝石具有天然花纹，色泽美观，纹理绮丽，故设计时更多考虑石料本身的特点，发挥其天然之美。

如有一块黄底红纹并有若干墨点的狭长形红丝石，粗看并无特别之处，但作者将此石竖置，巧用石上自然纹理与墨点使其成为一长发少女，其上刻《诗经 · 蒹葭》之全文，顿使“在水一方”（图 4–61）的思念之情跃然石上。

再如有一块下方天然纹理为水波纹，中部纹理形似浪花，顶部为一片金色的自然边红丝石，制砚者经巧妙构思之后，据此纹理，别不施艺，只在水波与浪花之间将墨堂铲成一轮红日，巧妙地将其天然纹理与人工雕刻融为一体，呈现出东海日出的自然景观，洋溢出一种奋发向上的精神，命名为云海旭日砚（图 4–62）。

若红丝石上有“虫蛀”边与“全自然”边，在设计时应注重该砚在造型、雕饰上应较好地表现出砚体与砚边的协调统一。如一块红如朱砂、黄似黄铜的临朐红丝石，被作者设计成湖光山色砚（图 4–63）。其

图 4-59 在石料上画出草图

图 4-60 考察者与雕刻者进行探讨

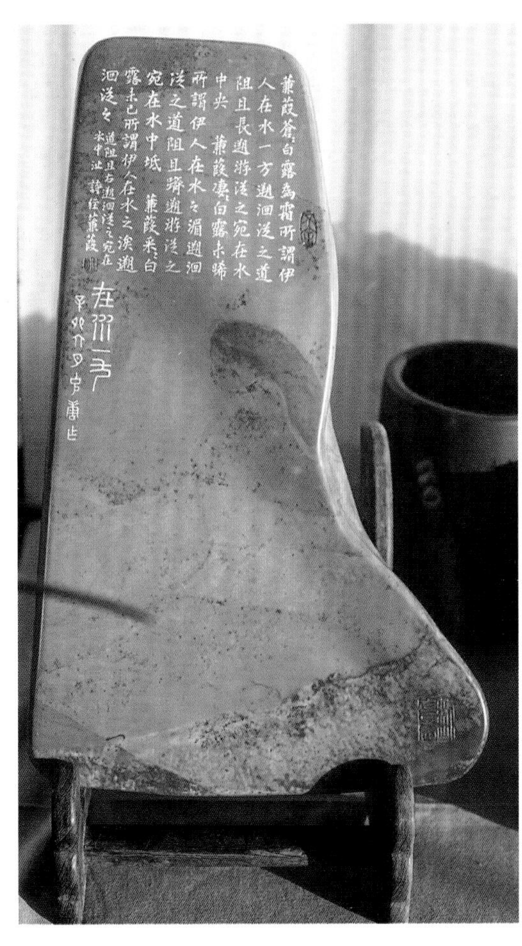

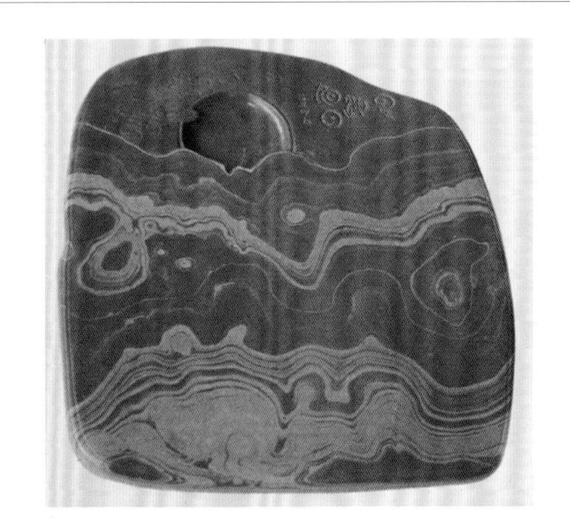

图 4–62 云海旭日砚（取自《中国名砚·红丝砚》）

图 4–61 “在水一方”砚（高东亮提供）

图 4–63 湖光山色砚（取自《中国名砚·红丝砚》）

砚中为墨池，池内纹理环绕，似湖水荡漾，池周利用自然边稍做雕饰成为山石、树木，另刻两只渔船悠然划向湖心，给人以山水相映、波光粼粼、静谧恬淡、渔歌唱晚之感。

当红丝石上的颜色与纹理象形于某种图案时，或者设计者一时没有好的构思时，设计者常常是将原石打磨光滑而不加雕琢，将其作为砚板或专供观赏。

四、雕刻

红丝石的雕刻通常分为粗雕、细雕与精雕。

传统的红丝石粗雕（图 4–64）工艺是由人工手持锤、凿、铲等工具，按照设计草图，雕琢出砚台的外形，并将砚堂与砚池开挖出来（图 4–65）。细雕（图 4–66）与精雕（图 4–67），主要是由手工完成的，其雕刻使用的工具、技艺等与制作端砚、歙砚时大致相同。

当下，在粗雕时使用电动工具（图 4–68、图 4–69）的现象非常普遍，主要用于砚台毛坯的成型，如平整石料、去除棱角等（图 4–70）。另外电动工具也可以用于开挖砚堂与砚池（图 4–71），但是仍然需要由人工用凿、铲等进行修整才能大致成型。对电动工具的引入，笔者认为只要运用得合理，无可厚非。因为电动工具不仅可以大大提高工效，而且减少了锤、凿对砚台的反复敲击，对砚台的制作有益而无弊，可视为砚雕工艺与时俱进的表现之一。

此外，目前也有人尝试利用数控雕刻机（图 4–72）对红丝石进行雕刻。2011 年秋笔者在青州对这台数控雕刻机以及雕刻出的产品（图 4–73）进行了观察，认为用数控雕刻机进行雕刻，虽然轮廓清楚，深浅也

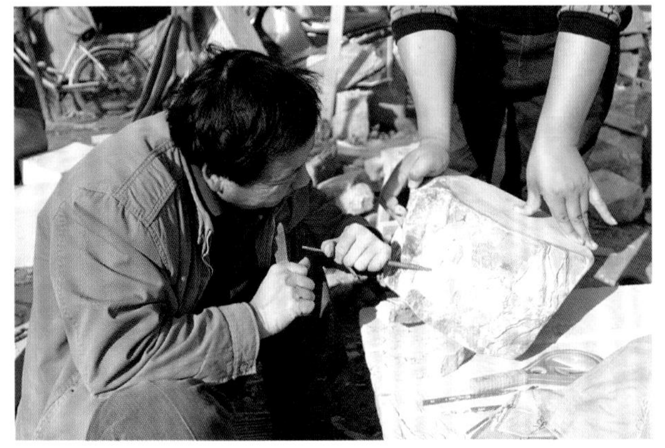

图 4–64 粗雕

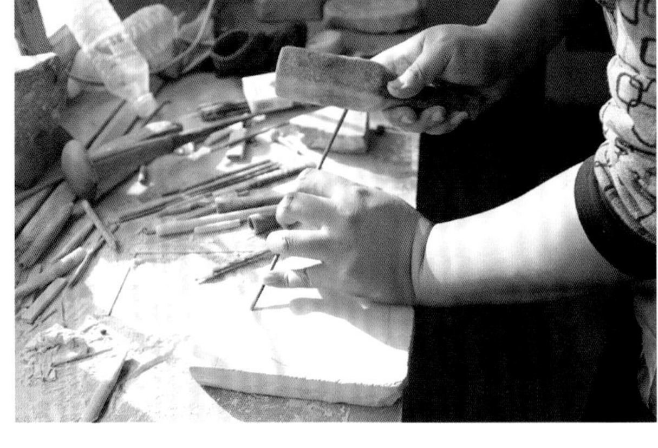

图 4–65 开砚池

图 4–66 细雕

图 4–67 精雕

图 4–68 电动工具 1

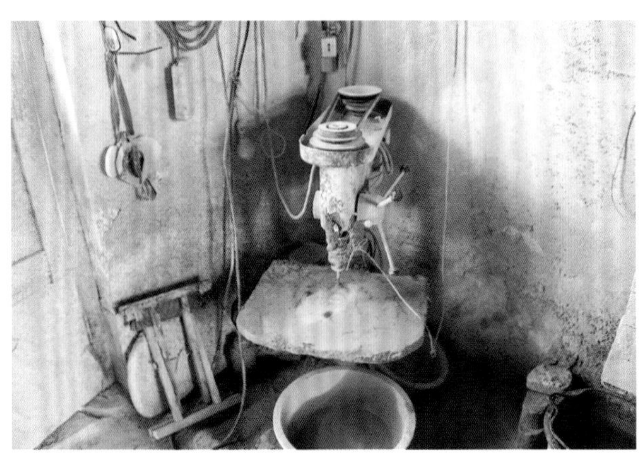

图 4–69 电动工具 2

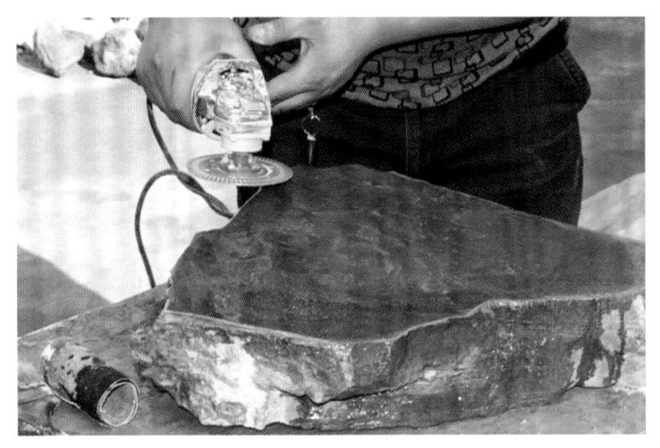

图 4–70 最为常用的角向砂轮机

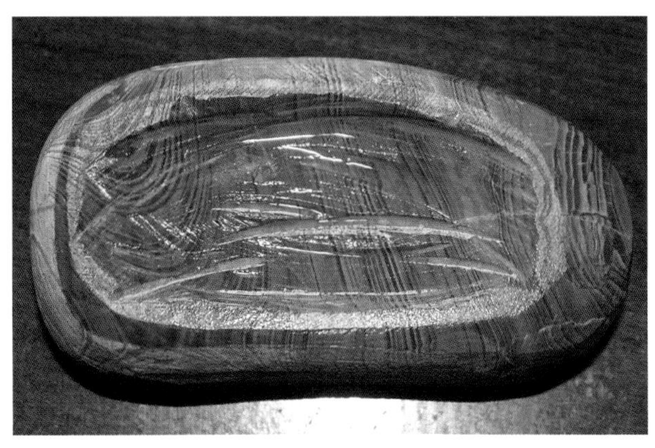

图 4–71 用角向砂轮机开出砚堂的砚坯

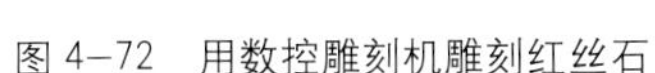

图 4–72　用数控雕刻机雕刻红丝石

图 4–73　用数控机床加工出的石雕产品

能控制，但是加工精度不高，细节难以体现，也缺少手工雕刻所具有的“刀味”。不过，如果利用这种数控雕刻机进行粗雕，然后再由人工进行细雕与精雕，也许可以更好地发挥出机械与人工各自的优势。

五、打磨

红丝砚的打磨工艺与端、歙基本相同，通常是先用粗油石、后用细油石磨去凿痕与刀痕（图 4–74），并将砚坯中的砚堂、砚池等打磨成型。再用砂布对砚的边角、砚面等进行打磨（图 4–75），最后用水砂纸由粗及细地反复打磨（图 4–76），直至红丝砚通体打磨平滑，以手感细润并能凸显红丝石自身的天然纹理与色泽为度（图 4–77）。

图 4–74　用油石打磨

图 4–75　用砂布打磨

图 4–76　用水砂纸打磨后的红丝石砚坯

图 4–77　观看打磨效果

六、打蜡

由于现今使用红丝砚研墨的人越来越少，多数的红丝砚都被作为文房珍品而收藏，为了使红丝砚艳丽的色泽、纹理得到更好的体现，制作者们通常都会在打磨好的红丝砚表面上一层蜂蜡。上蜡的方法有几种，青州与临朐通常是先把红丝砚放在水锅中加热，然后把加热后的砚台从锅中取出，趁热将蜂蜡薄薄地涂刷在砚台的表面。经过打蜡的红丝砚不仅外观更润泽、色彩更艳丽，而且对石材本身也有一定的保护作用。

七、包装

20 世纪六七十年代临朐县工艺美术研究所与工艺品厂生产的红丝砚主要配以红木砚盒（图 4–78），砚盖浅雕嵌银丝或用大漆描绘花纹，与红丝砚相得益彰，深受日本客商的喜爱。而现今的红丝砚则以配底座者居多（图 4–79），较少采用木盒与锦盒包装，这也许与当今的红丝砚多作为文房陈设有关。

图 4—78　20 世纪 70 年代临朐县工艺品厂生产的红丝砚（取自《中国名砚 • 红丝砚》）

图 4—79　配以底座的红丝砚（高东亮提供）

注释：

[1] 田洪水、张增奇、张邦花等：《山东临朐红丝石层中的古地震事件记录》，《中国地质》2006 年第 33 卷第 5 期，第 1137 页。

[2]〔唐〕范摅：《云溪友议》卷下，四部丛刊续编景明本。

[3] [10] [36]〔宋〕姚宽：《西溪丛语》卷下，明嘉靖俞宪昆鸣馆刻本。

[4]〔宋〕苏轼：《东坡全集》卷九十六，明成化本。

[5] [7] [15] [16] [17] [55] [56]〔宋〕朱长文：《墨池篇》卷六，清文渊阁四库全书本。

[6] 石可：《鲁砚》，齐鲁书社，1979 年，第 24 页。

[8]〔宋〕高似孙：《砚笺》卷一，清栋亭藏书十二卷本。

[9] 傅绍祥：《中国名砚 • 红丝砚》，湖南美术出版社，2010 年，第 30 页。

[11]〔清〕郑方坤：《五代诗话》卷三，清粤雅堂丛书本。

[12]〔清〕毛奇龄：《西河合集》卷二十三，清文渊阁四库全书本。

[13] [35]〔宋〕李石：《续博物志》卷九，明古今逸史本。

[14]〔明〕李贤等：《明一统志》卷三十八，清文渊阁四库全书本。

[18]〔宋〕欧阳修：《宋欧阳文忠公集》卷七十二，四部丛刊景元本。

[19]〔宋〕蔡襄：《端明集》卷三十四，宋刻本。

[20]〔宋〕王辟之：《渑水燕谈录》卷九，清知不足斋从书本。

[21]〔宋〕李纲：《梁溪集》卷十六，清文渊阁四库全书本。

[22] [23] [24] [25] [57]〔元〕托克托：《宋史》卷三百三，清文渊阁四库全书本。

[26]〔元〕托克托：《宋史》卷三百二十七，清文渊阁四库全书本。

[27]〔宋〕欧阳修：《新唐书》卷四十八，清乾隆武英殿刻本。

[28]〔元〕托克托：《宋史》卷一百六十四，清文渊阁四库全书本。

[29] [58]〔宋〕苏轼：《东坡全集》卷一百零四，清文渊阁四库全书本。

[30] [59] [61]〔宋〕米芾：《砚史》，宋百川学海本。

[31] [60]〔宋〕杜绾：《云林石谱》卷下，清知不足斋从书本。

[32]〔宋〕张邦基：《墨庄漫录》卷七，四部丛刊三编景明钞本。

[33]〔宋〕曾慥：《类说》卷五十九，清文渊阁四库全书本。

[34]〔宋〕罗愿：《新安志》卷十，清嘉庆十七年刻本。

[37]〔明〕曹昭撰、王佐增：《新格古要论》卷七，清惜阴轩丛书本。

[38]〔明〕文震亨：《长物志》卷一室庐，清粤雅堂丛书本。

[39]〔明〕冯惟讷：（嘉靖）《青州府志》卷七，中国国家图书馆，数字方志，1965上海古籍出版社据明嘉靖44年（1565）刻本影印。

[40]〔明〕陆釴：嘉靖《山东通志》卷八物产，明嘉靖刻本。

[41] [42] [43] [57]《西清砚谱》卷二十，上海书店出版社，2010年，第368~369页。

[44] [45]《西清砚谱》卷二十三，上海书店出版社，2010年，第406~407页。

[46] [47] [48]《西清砚谱》卷二十三，上海书店出版社，2010年，第408~409页。

[49]〔清〕屠寿徵、尹所遴：《临朐县志》，康熙十一年刻本。凡例曰："朐志创修于明嘉靖三十一年。"

[50]〔清〕姚延福、邓嘉缉、蒋师辙：光绪《临朐县志》卷八，光绪十年刻本。书签题十一年七月印行。

[51]〔民国〕周钧英修，刘仞千等纂：《临朐续志》，民国二十四年排印本。

[52] 石可：《鲁砚》，齐鲁书社，1979年，第21页。

[53] 石可：《鲁砚》，齐鲁书社，1979年，第22页。

[54] 张希雨：《鲁砚及其地质特征》，《山东地质》1993年第9卷第1期，第113页。

[62] 其实每一方以树桩为基本造型的红丝砚都有自己的命名，笔者为了将此类砚台聚为一类加以表述而统称为"树桩砚"，还望雕刻与持有此类砚者能予见谅。

[63] 石可：《鲁砚》，齐鲁书社，1979年，第71页。

[64] 石可：《鲁砚》，齐鲁书社，1979年，第108~142页。

[65] 刘克唐、刘克唐：《砚谱》，山东美术出版社，2008年，第117~120页。

第五章　洮砚

洮砚又称洮石砚、洮河石砚、洮河绿石砚、洮河绿漪石砚等，主要是用位于洮河流域内的今甘肃省甘南藏族自治州卓尼县及周边地区所产砚石制作的砚台，尤以石料矿带面临洮水的喇嘛崖老坑所产的“鸭头绿”与距喇嘛崖约1500米的苟巴崖之水泉湾老坑所产的“鹦哥绿”所制者品质最优。洮砚石质细密坚实，温润如玉，发墨如油，不损笔毫，绿质黄章，色泽雅丽，贮墨不干，便于雕刻，是我国历史上著名的砚种之一，颇受文人墨客喜爱。

第一节 历史沿革

一、唐代

最早记载唐代已有洮砚的是陆深，他在《俨山外集》卷十六中言：“洮河绿石出洮州卫上关西与西番接境，唐以来名人多采之以制砚。宋失其地，故士夫尤贵重之。色有浅深，体有老嫩，猿头斑、瓜皮黄、蚤子纹者为佳，雪花无景者不足贵。今泯州亦产砚石，似一类云。”

明人记唐人之事，按理应予质疑，但陆深为明代著名文学家、书法家，“最留心史学”[1]，“尝以唐刘知幾《史通》刊本多误为校定之，凡补残刓谬若干言。又以其因习上篇缺佚，乃订正曲笔鉴识二篇错简类为一篇以还之。复采其中精粹者别纂为会要三卷”[2]。以此可见，陆深之于唐史颇有研究，故其所述唐以来名人多采洮河绿石制砚之说应可信赖。

二、宋代

从现存文献来看，最早记载洮砚的是苏轼的《鲁直所惠洮河石砚铭》：“洗之砺，发金铁。琢而泓，坚密泽。郡洮岷，至中国。弃予剑，参笔墨。岁丙寅，斗南北。归予者，黄鲁直。”由于苏轼出生于1037年，去世于1101年，在世64年中仅度过一个“丙寅”年，即元祐元年（1086），也就是说，苏轼获得洮河石砚并作铭记之的时间是在1086年，这是目前所见最早一篇明确记有“洮河石砚”字样的历史文献。另外，此砚铭中所言“归予者，黄鲁直”即苏门四学士之一，宋代著名的文学家与书法家黄庭坚。由此可以推断，至少在1086年，洮河石砚已经流入京师且到了黄庭坚之手，然后黄庭坚又转赠一方给苏东坡。

也许有人会说，洮砚流入北宋京师的时间还应提前，如现藏北京故宫博物院的一方宋洮河蓬莱山砚，此砚之背雕刻成龟负石碑图样，在碑额有隶书“雪堂”二字，碑铭为“缥缈神山栖列仙，幻出一掬生云烟，予以宝之斯万年。元丰四年春苏轼识”。若从此碑铭文来看，似乎元丰四年，即1081年时苏轼就已经拥有此洮砚，比苏轼1086年作《鲁直所惠洮河石砚铭》时要早5年。然而，据有些专家考证，“雪堂为苏轼斋号，碑铭为后人托名之作”[3]。

北宋时期对洮砚最为情有独钟的应该是当时著名的文学家与书法家黄庭坚。从现存文献来看，居于京师的黄庭坚会不时收到他人馈送的洮砚。如黄庭坚《山谷集》卷三中有《谢王仲至惠洮州砺石黄玉印材》：“洮砺发剑虹贯日，印章不琢色蒸栗。磨砻顽钝印此心，佳人持赠意坚密。佳人鬓雕文字工，藏书卷万胸次同。日临天闲豢真龙，新诗得意挟雷风。我贫无句当二物，□公倒海取明月。”此中的“洮砺”应是洮砚。考王仲至即王钦臣，《宋史》有传：“清亮有志操，以文贽欧阳修，修器重之。用荫入官，文彦博荐试学士院，赐进士及第。历陕西转运副使。元祐初，为工部员外郎。奉使高丽，还，进太仆少卿，迁秘书少监……平生为文至多，所交尽名士，性嗜古，藏书数万卷，手自雠正，世称善本。”由于王仲至曾任陕西转运副使，而出产洮砚的临洮恰归陕西路下熙州所辖，故王仲至的洮砚极可能是在陕西任上所得，元祐初入京为工部员外郎时赠送给黄庭坚。在黄庭坚的《山谷集》卷五中还有一篇《刘晦叔许洮河绿石》：“久闻岷石鸭头绿，可磨桂溪龙文刀。莫嫌文吏不知武，要试饱霜秋兔毫。”刘晦叔名昱，《宋史》虽无传，但《西台集》卷十三《吏部郎中刘公墓志铭》记述甚详，其为嘉祐进士，曾任“京西、成都、陕西、河东转运副使，间为户部、吏部员外郎”。因刘晦叔也曾任陕西转运副使，故刘晦叔赠予黄庭坚的洮砚也可能得之于在陕西任职期间。

在洮砚史上，元祐二年（1087）是一个最值得重视的时期，因为在这一年曾在陕西担任过转运副使的王仲至与刘晦叔将洮砚带到京师，赠送给了当时在内府担任著作佐郎、秘书丞的黄庭坚，而黄庭坚在收下洮砚之后欣然写下了《谢王仲至惠洮州砺石黄玉印材》与《刘晦叔许洮河绿石》二首答谢诗，遂使洮砚名动京师。更为重要的是在这一年里黄庭坚将原属自己的两方洮砚分别赠给了刚入秘书省的晁补之（无咎）（1053~1110）与刚入太学的张耒（文潜）（1054~1114）[4]，并写下了《以团茶洮州绿石研赠无咎文潜》诗：

> 晁子智囊可以括四海，张子笔端可以回万牛，自我得二士意气倾九州岛。道山延阁委竹帛，清都太微望冕旒。贝宫胎寒美明月，天网下罩一日收。此地要须无不有，紫皇放问富春秋。晁无咎赠君越侯所贡苍玉璧，可烹玉麈试春色，浇君胸中过秦论，斟酌古今来活国。张文潜赠君洮州绿石含风漪，能淬笔锋利如锥，请书元祐开皇极，第入思齐访落诗。

诗中的“洮州绿石”显然是指洮砚。此诗一出，收到洮砚的张耒与晁补之随之唱和。这些诗作不仅对黄庭坚的文章、书法大加赞扬，而且也对洮砚的色泽、质地、砚式等进行了较为客观的描述，为后人了解与认识洮砚提供了重要文献。如张耒所作《鲁直惠洮河绿石研冰壶次韵》：

> 洮河之石利剑刃，磨之日解十二牛。千年塞地困沙砾，一日见宝来中州。黄子文章妙天下，独驾八马森幢旒。平生笔墨万金直，奇煤利翰盈箧收。谁持此研参案几，风澜近手寒生秋。包持投我弃不惜，副以清诗帛加璧。明窗试墨吐秀润，端溪歙州无此色。野人斋房无玩好，惭愧衣冠陈裸国。晁侯碧海为文辞，盘礴万顷澄清漪。新篇来如彻札箭，劲笔更似划沙锥。知君自足报苍璧，愧我空赋琼瑰诗。[5]

此诗对洮砚的评价很高，尤其是对洮砚的色泽与纹饰大加褒扬，但诗名中的“冰壶”作何解释，作者并未说明。为此勘查后世转抄此诗的文献，发现在宋代胡仔撰《渔隐丛话》、清代《御定佩文斋咏物诗选》、清人吴之振编《宋诗抄》、清人陈焯编《宋元诗□》、清人钱涛撰《六艺之一录》中，原诗名《鲁直惠洮河绿石研冰壶次韵》变成了《鲁直惠洮河绿石作冰壶研次韵》与《文潜和鲁直惠洮河之石冰壶研》，即在这几本书中原来的“研冰壶”都变成了“冰壶研”。因“研”通“砚”，故“冰壶研”即为“冰壶砚”，至此笔者猜想，当年黄庭坚赠送张耒的极可能是一方造型为冰壶样的洮砚。

再如晁补之所作《初与文潜入馆鲁直贻诗并茶砚次韵》：

黄侯阅世如传邮，自言何预风马牛。草经不下天禄阁，诗入鸡林海上州。兼陈九鼎灿玉铉，并缀五冕森珠旒。后来傀磊有张子，姓名并向紫府收。青春一篇更奇丽，势到屈宋何秋秋。洮州石贵双赵璧，汉水鸭头如此色。赠酬不鄙亦及我，刻画无盐誉倾国。月团聊试金井漪，排遣滞思无立锥。乘风良自兴不浅，愁报孟侯无好诗。[6]

此诗除了对黄庭坚的文采大加赞扬，也对洮砚的色泽与样式进行了描述，如“汉水鸭头如此色”应是引李白《襄阳歌》中的“遥看汉水鸭头绿，恰似葡萄初酦醅”之意来形容洮砚绿如江水的色泽。而“月团聊试金井漪”则提示晁补之获赠的洮砚极可能是一种造型独特的“井渠”砚。

从现存文献来看，洮砚流入北宋京城之后一是集中在黄庭坚处，再由黄庭坚转赠苏轼、晁补之、张耒，主要在苏门四学士之间流传。晁补之共有两方，一方应该是来自黄庭坚，另一方不知来自何处。当晁补之将其中的一方换取贾彦德的端砚之后，在北宋期间拥有洮砚的就有了五人，这可从晁补之《以洮砚易贾彦德所藏端砚因以铭之》的铭文“洮之崖，端之谷，匪山石，惟水玉。不可得兼一可足，温然可爱目鸲鹆，何以易之鸭头绿”[7] 中“不可得兼一可足”得以佐证。

洮砚流入北宋京城之后另一个集中地就是米芾处。米芾与苏轼、黄庭坚、晁补之、张耒为同一时代人，是当时著名的书法家。米芾对砚的痴迷是有名的，见到好砚便想据为己有，史书中虽未见到米芾搜求洮砚的记载，但从其所著《砚史》中“通远军潩石砚”条目内容来看，他所见过的与收藏的洮砚品种肯定较多，否则很难对洮砚的特点与种类进行详细的记述：

石理涩可砺刀，绿色如朝衣，深者亦可爱，又则水波纹，间有黑小点，土人谓之湔墨点。有紧甚奇妙。而硬者与墨斗，而慢甚者渗墨无光，其中者甚佳，在洮河绿石上。自朝廷开熙河，始为中国有。亦有赤紫石，色斑为砚，发墨过于绿者。而不匀净又有黑者，戎人以砺刀，而铁色光肥，亦可作砚，而坚不发墨。

由此文献可见，米芾接触过的洮砚从色泽上讲就有绿色、深绿色、绿色间有黑点者（湔墨点）、赤紫色、黑色、铁色，共计六种，这标志着北宋年间流入京师的洮砚虽然数量可能不多，但造型与砚石的品质、色泽等却有多种。

南宋之时，洮砚已难得一见。当时的皇族后裔、鉴赏家赵希鹄（约1231年前后在世）在作《洞天清录》时，虽然知道“除端歙二石外，惟洮河绿石北方最为贵重。绿如蓝，润如玉，发墨不减端溪下岩”，但也只能感叹道：“虽知有洮砚，然未目睹。今或有绿石砚名为洮者，多是漆石之表或长沙谷山石。漆石润而光不发墨，堪作砥砺耳。”南宋陈槱在《负暄野录•论砚材》中也言：“洮石今亦绝少，歙之祁门有一种石，淡绿色而理细，土人以之为假洮石，但性极燥，故为贱耳。”即南宋人已很少能够见到洮砚，于是出现了用其他绿石冒充洮石的做法。

对于南宋期间洮砚面世甚少的主要原因，笔者认为，一是原料开采困难，“砚石在临洮大河深水之底，非人力所致，得之为无价之宝”。其实即使在洮河水位下降、坑口露出时进行开采，稍有不慎也会有生命危险，开采条件较之端、歙应该更为艰险。二是洮砚石材产地位于偏僻的少数民族地区，其石料的开采极可能像韩军一在《甘肃洮砚志》中所描述的那样由当地的少数民族头领负责，不仅技术落后，而且还受到当地民风民俗的影响，开采的时间与数量都受到较多限制。三是由于宋金战争，战火连绵，人们惶恐不安度日如年，哪有心思赏玩洮砚。四是宋室南迁之后，长江以北大部分地区在金人统治之下，洮砚的流通较为困难。

然而南宋期间洮砚虽少，但也非完全绝迹，如宋代张孝祥在《于湖集》卷十五中就记有“李周翰所藏洮石铭，出西河之结绿，荐中洲之隐君。盖未始用吾力，也不必发于硎，若夫砥节砺行不见其颖，则所以表一世而无群者耶。周翰，蕲州人，中洲乃其隐号也”。此外，南宋皇宫也藏有一定数量的洮砚，如孝宗赵昚（1127~1194，1162~1189 在位）就曾赐周必大洮河绿石砚，并亲笔书写“洮琼”二字，此说在多部明人著作中都有记述。[8]

三、金元时期

金与南宋时期，洮砚的原料产地归属于金临洮路（图 5–1）[9]，而端砚与歙砚的原料产地归属于南宋辖地，故宋金时期“除端歙二石外，惟洮河绿石北方最贵重”[10]。从现存文献来看，翠绿色的洮砚很受金人疆域内文人墨客的喜爱，这说明此时洮砚的石料开采仍在延续，制作技艺也在传承。另外，在此时间内洮砚的名称也趋于统一，称“洮石砚”。究其名称统一的主要原因，极可能是洮砚在金人统治区内已成为一个主要砚种，随着洮砚流布范围的扩大与人们对洮砚认识程度的提高，人们需要对洮砚有一个较为统一的称呼，于是“洮石砚”之名应运而生，一改北宋期间洮砚被称为“洮河石砚”“洮州砺石”“洮州绿石研”“洮河绿石研”的混乱局面。

金代赞美洮砚的文献主要保存在金人元好问的《中州集》中，其中有曾任金国史院编修官兼翰林修撰，礼、吏二部侍郎，刑部尚书冯延登（1175~1233）的《洮石砚》诗：“鹦鹉洲前抱石归，琢来犹自带清辉，云窗近日无人到，坐看玄云吐翠微。”还有曾任监察御史雷渊的《洮石砚》：“缇囊深复有沧洲，文石春融翠欲流。退笔成丘竟何益，乘时直欲砺吴钩。”对冯、雷二人的赞美之辞，后人的评价是“冯内翰延登、雷御史渊二诗颇尽洮砚之妙……观二诗则洮砚之足珍信夫”[11]。此外，被誉为“金士巨擘”的赵秉文也曾作《洮石砚》诗：“何年洮石鸭头绿，磨研来伴中书公。乞与玉堂挥翰手，便欲草檄系西戎。”[12]

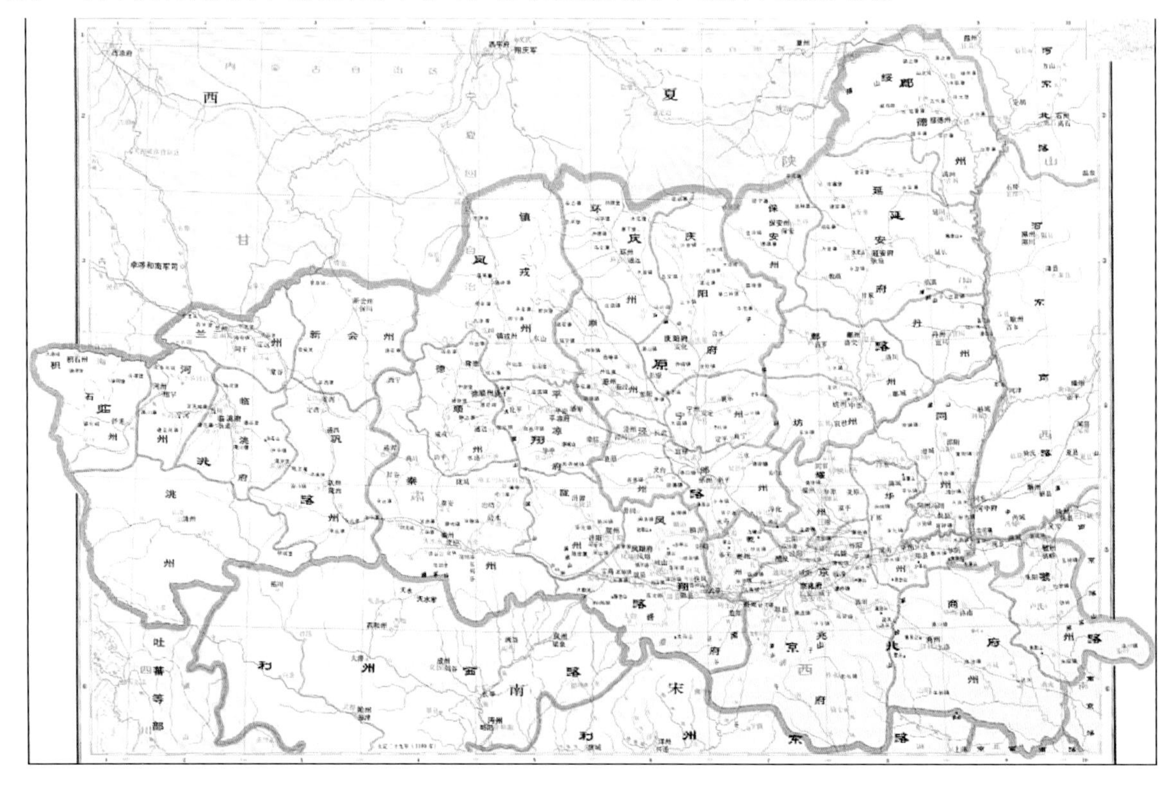

图 5–1　金—南宋时期临洮路（取自《中国历史地图集》）

冯延登、雷渊、赵秉文在《金史》中均有传，均曾供职翰林，是国家重臣，也是名重一时的文人，他们对洮砚的赞美按理可以代表当时文人墨客对洮砚的认知。

另外，北宋年间的洮砚也曾流传到金代，如一位叫郭唐臣的就收藏有一方黄庭坚的洮砚，为此元好问特作《赋泽人郭唐臣所藏山谷洮石研》记之："旧闻鹦鹉曾化石，不数鹳鹆能莹刀。县官岁费六百万，才得此研来临洮。玄云肤寸天下遍，璧水直上文星高。辞翰今谁江夏笔，三钱无用试鸡毛。"[13]

在元代，洮砚的原料产地临洮在蒙元的统治区域之内[14]，可能仍有开采并被制成洮砚流入到文人墨客手中的，如元代著名学者王恽就曾作《洮石砚铭》："吁尔洮，水中沚，翠欲流，砺于砥，考之谱，端歙齿，波及余，古月子，斫而泓，坚泽玭，孰为尸（使——笔者注），王御史。"[15] 另外，洮石还被用来制作佛像一类的物件，如元代著名画家倪瓒在《清閟阁全集》中就记有"洮石班卜佛二件"。

四、明代

明代是洮砚历史上继北宋之后另一个较为兴盛的时期。

其一，洮砚受到了明代皇家的垂青，成为洮州卫的贡物之一[16]，这是前代文献所未见记录的重要信息。

其二，发现了一些洮石的新品类，如陆深在《俨山外集》中谈到洮砚时说："色有浅深，体有老嫩，猿头斑、瓜皮黄、蚤子纹者为佳，雪花无景者不足贵。"李日华在《六研斋笔记》中也记有："洮河石三种，黄、白、碧皆浅淡有韵，今人指深绿粗石为洮，非也。"即明代开采出的洮石除了绿色外，还有黄色与白色。明人周瑛在《翠渠摘稿》中也记载了一种黄色的洮石："王节判赠予以洮石，予谓《砚谱》洮石色绿，此色黄，如何？王曰固洮石也。因治为砚而制之铭曰：维洮含英，维奎降精，色幻黄绿，五行攸属，不驳而淳，不燥而温，敦之琢之，久相斯文。"[17] 另外，李日华还记载了一种较为罕见的洮砚品种，"儿辈阅肆得一卵子研，四旁皆蜡色，明透类玉尘，面有二圆晕如蛤肉，所谓鸡公眼也。竹懒铭之曰：于阗之河，洮去不远，玉之支庶，散布流衍，千波所淘，万沙作碾，斫霜无声，兴云有滃，每一启奁，白虹在槛"。

其三，对洮砚石材的产地有了较为明确的标定，如陆深指出"洮河绿石出洮州卫上关西与西番接境"。此外，陆深还指出："今泯州亦产砚石，似一类云。"即在明代洮砚的石材产地已出现两处，一在洮州卫，一在岷州。

其四，对洮砚品质的认识更加深刻，如陆深在获得洮石并琢成砚后在砚背作铭称赞说："缜乎玉，黯乎绿。用斯郁郁，俨乎君子。若内足，而不以。污墨辱，惟不辱。坏不速，几哉福。"[18]

其五，明代的洮砚制作技艺已达到较高水准，如现存中国国家博物馆的洮河石蓬莱山图砚、天津博物馆的洮河石十八罗汉图砚、安徽省博物馆的洮河石兰亭修禊图砚，都具有砚型大气、设计合理、构图巧妙、雕刻精细的特点，加上砚壁四侧的薄意浅雕，给人的感觉是大方、雅致、文人味很重。

然而，洮砚虽美，毕竟开采出的石料数量有限，加之珍品主要集中在皇宫大内与著名文人之手，普通之人仍然难得一见，故当时流通于民间市面上的所谓"洮砚"，多数是用色泽与洮石相近的其他石料仿造而成。这些石料一部分是用赵希鹄在《洞天清录》中谈及的漆石之表与长沙谷山石，另一部分是陈槱在《负暄野录》中提到的歙州祁门绿石。

五、清与民国

洮石的开采在清代仍在延续并不断有佳石或佳砚流传到内地的一些文人墨客手中，如当时居住在北平的孙承泽（1593~1676）就曾获得过品质优良的洮砚。他在《砚山斋杂记》卷三中言："洮石砚乃砚之佳品，余所深赏，以为在端溪之上，而古今论者绝少，惟冯内翰延登、雷御史渊二诗颇尽洮砚之妙……观二诗则洮砚之足珍信夫。”

明末清初的大思想家黄宗羲（1610~1695）也曾从史滨若处获赠洮石砚，并欣然命笔写下脍炙人口的《史滨若惠洮石砚》诗：

> 古来砚材取不一，海外羌中恣求索。今人唯知端歙耳，闻见无乃太迫求。水岩活眼既难逢，龙尾罗纹亦间出。遂使顽石堆几案，仅与阶础相甲乙。犹之取士止科举，号嗄雷同染万笔。鸡舞瓮中九万里，鼠穴乘车夸逐日！吾家诗祖黄鲁直，好奇亟称洮河石。既以上之苏子瞻，复与晁张同拂拭。欲使苏门之文章，大声挟洮争气力。吾友临洮旧使君，赠我一片寒山云。金星雪浪魂暗惊，恍惚喷沫声相闻。欲书元祐开皇极，愧我健笔非苏门。[19]

由此诗后注有“甲寅”推断，黄宗羲获得此砚的时间是在1674年，即康熙十三年，此时的黄宗羲正在慈溪、绍兴、宁波、海宁等地设馆讲学，洮砚不远万里流传到浙江，并进入当时三大思想家之一的黄宗羲之手，也算是洮砚史上的一段佳话。

从此诗中还可以看出，黄宗羲获得洮砚的途径与其先祖黄庭坚相同，都是获赠于曾经在洮石原料产地做官的朋友，这说明从北宋到清初，洮砚主要流通模式是依靠那些曾在洮砚产地供职的官员们带入内地或京城，然后转送至当时名气较大的文人之手。这种流通模式几百年未变的主要原因，可能还是与洮石原料开采困难相关，产量很少，需求强烈，其结果必然是只有那些曾在洮砚产地担任过一定职务的官员才有可能获得且数量有限，故不仅寻常之人难得一见，就连当时酷爱文房用具的乾隆皇帝收藏的洮砚也是数量寥寥。在《西清砚谱》中，注明为洮砚者也就两方，其中一方为旧洮石黄标砚，另一方是乾隆御诗中被误定为端溪宋坑砚石，在《西清砚谱》中也被定名为“宋端”的洮河石归去来辞图砚。[20]

在清代，出现了记载洮砚坑口位置的文献。其一是编撰于清雍正七年（1729）、刊刻于乾隆元年（1736）的《甘肃通志》，其中记有“柳林沟，在县北五十里，内产碧色洮石，可作砚”[21]。其二是光绪三十三年（1907）刻本《洮州厅志》（图5–2）：“洮河石，出喇嘛崖。在厅治东北，距城九十里。其道由城至石门口渡洮河，经岷地哇儿沟下石门峡，交咎、杨土司界，过丁哈族、哈古族、纳儿族，路径迂折陡险。其崖西临洮水、磴道盘空，崖半横凿，一径缘崖而过。其石即于径侧凿坑取之。向犹浅，今则渐深，用力倍难。闻崖底石甚美，理亦近是，然洮水至此流绝，驶浪激崖而转，不可至也。又山既险峻，神亦灵异，夏秋间或凿取之，辄降冰雹，灾及数十百里焉！”（图5–3）此书第一次记载了洮砚石材的重要产地喇嘛崖，并对喇嘛崖的地理位置、周边环境、通行道路、采石方法进行了较为详细的描述，自此“喇嘛崖”一词方为世人所知。

民国期间研究洮砚最重要的文献是现珍藏于甘肃省图书馆的韩军一先生的《甘肃洮砚志》手抄本。鉴于前代对洮砚所述虽有只言片语，但多是逸闻散言，且虽有诗词歌吟，不过是即兴而发的史实，该书作者为了深究洮砚之实，于1924年以参事挂名河州镇守时，在河州、洮州、临洮民间与坊肆间进行调查，随后于故宫及各图书馆搜集资料，并于1936年亲至洮石产地喇嘛崖石窟中进行考察，前后用了十多年的时间才完成此书。《甘肃洮砚志》分为“叙意”、“史征”、“洮州”、“洮水”、“土司”、“石窟”、“途程”、“采取”、“石品”、“纹色”、“音声”、“斫工”、“仇直”、“式样”、“砚展”、“篇后”等条目，其中有关喇嘛崖坑口、石材采取、石料品类、洮砚工匠、洮砚的图案样式及买卖情况等都有所阐述，是前无古人的第一部洮砚专著，具有非常重要的史学价值。

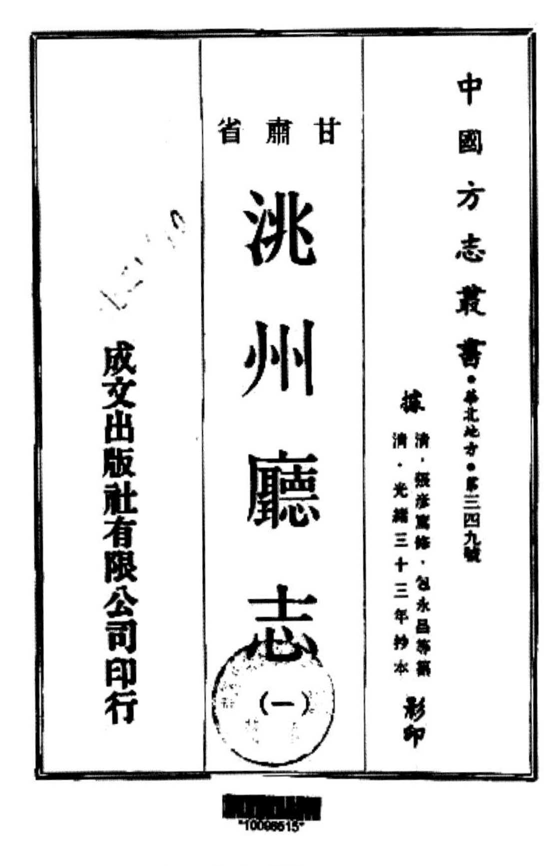

图 5–2 《洮州厅志》（一）封面

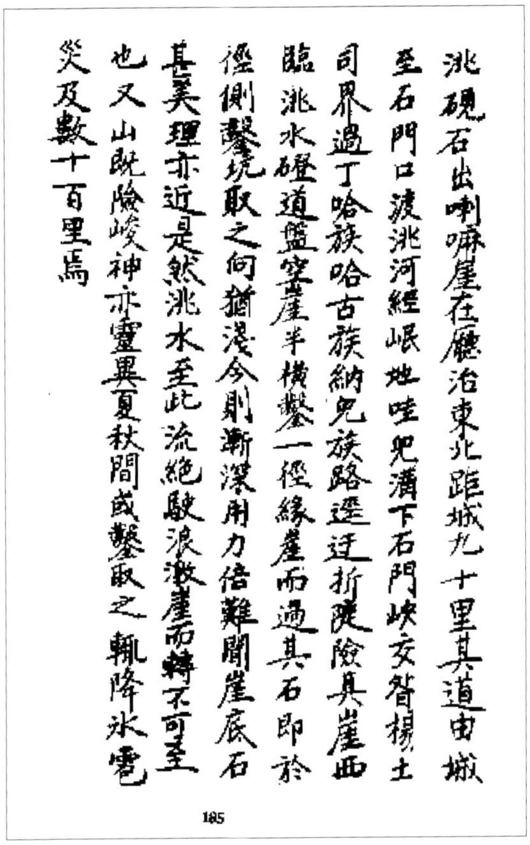

洮硯石出喇嘛崖在廳治東北距城九十里其道由城至石門口渡洮河經岷地哇兒灘下石門峽交智楊土司界過丁哈族哈古族納兒族路逕迂折陡險其崖西臨洮水磴道盤空崖半横鑿一徑緣崖而過其石即於徑側鑿坑取之向猶淺今則漸深用力倍難聞崖底石甚美理亦近是然洮水至此流絶駛浪激崖而轉不可至也又山既險峻神亦靈異夏秋間或鑿取之輒降冰雹災及數十百里焉

185

图 5–3 《洮州厅志•卷三•物产》(由原书 184 页与 185 页拼接)

六、现代

大约在 1964 年，洮砚由甘肃省工艺美术厂恢复生产。“1995 年卓尼县洮砚乡被文化部命名为‘中国民间艺术洮砚之乡’，1980 年第一次文物普查时列为文物保护单位，卓尼县洮砚‘宋坑’于 2004 年被卓尼县政府列为县级重点文物保护单位，2006 年卓尼洮砚工艺列为甘肃省级‘非物质文化遗产’”[22]，2008 年 6 月洮砚制作技艺进入第二批国家级非物质文化遗产名录。目前在卓尼县洮砚乡，“从事洮砚雕刻的有 2000 多人，每年开采砚石 8 万千克”[23]。截至 2011 年年底，洮砚制作队伍中已有国家级非物质文化遗产洮砚传承人 1 人、省级工艺美术大师 5 人，洮砚生产欣欣向荣，产品行销国内外。

第二节 砚坑与石品

洮砚石主要产于甘肃省卓尼县喇嘛崖（含纳儿崖、水泉湾）、岷县境内，另根据矿脉的地质分布特点，漳县与渭源县境内可能也有。不同产地的洮石具有不同的特点，其石质与颜色也不太相同。洮砚石以碧绿色为主，带有石膘的更为名贵。洮砚品质上乘者有“鸭头绿”“柳叶青”“鹦鹉血”等，石中往往含有绮丽典雅的纹理，犹如云霞，宛似涟漪，形状奇幻，千姿百态，色彩典雅，温润如玉，有“绿漪石”“鹦哥绿”等雅称。用此类砚石琢成的洮砚具有发墨如油、不损笔锋、温润如玉、呵之成珠、贮墨不涸且不变质的特点。此外，洮砚石中还有黄、紫、白及不同两色相间的品类，其中也不乏品质上乘者。用这些洮石制成的洮砚，具有极高的使用价值、观赏价值和收藏价值。

一、砚坑及分类

清代之前的文献虽对洮砚有所记载，但对洮砚石产地的描述较为模糊，仅知来自洮州之崖，产于洮水之下。现存最早记录洮砚石材坑口的文献是清光绪三十三年刻本《洮州厅志》，洮石坑口产地之一“喇嘛崖”最早出自此书。对洮砚石坑口描述较为详尽的是民国时期的《甘肃洮砚志》，其中对洮砚坑口的记述除喇嘛崖外还有水泉湾，此外还对出产紫石、纳儿石、哈古族石、青龙山石等洮石的产地与坑口进行了记载。发表于 1998 年《丝绸之路》杂志上的《洮砚石材产地考察》一文的作者通过数年间“对洮砚石材产地进行了间断考察，发现其矿点分布范围较为广泛，除卓尼县喇嘛崖矿带外，在岷县境内就有多处矿体露头，即使卓尼境内，也非喇嘛崖（含纳儿崖、水泉湾）独有，矿带范围大大超出喇嘛崖（图 5–4）。根据地质分布特点，估计漳县和渭源县境内也有砚石矿体存在的可能性，惜未实地考察”[24]，并将岷卓境内的洮砚石材产地分为岷县铁池矿带、岷县岷山矿点、岷县禾驮矿带与卓尼县喇嘛崖矿带。在 2010 年出版的《中国名砚·洮砚》中，安庆丰按石色、石纹、膘皮的分类方法，对多种洮石进行了记述，其中涉及多个砚坑。

笔者则根据相关文献将洮石坑口大致分为三类（图 5–5）：一类为开采历史悠久，具有相当知名度的重要坑口，如喇嘛崖、水泉湾、纳日村，在图中用红色方块标识；一类为具有一定开采历史的，如结拉、沙扎、丁尕，用蓝色方块标识；还有一类是目前尚未开采的，如圈滩沟、崖沟、下巴都等，用黄色方块标识。

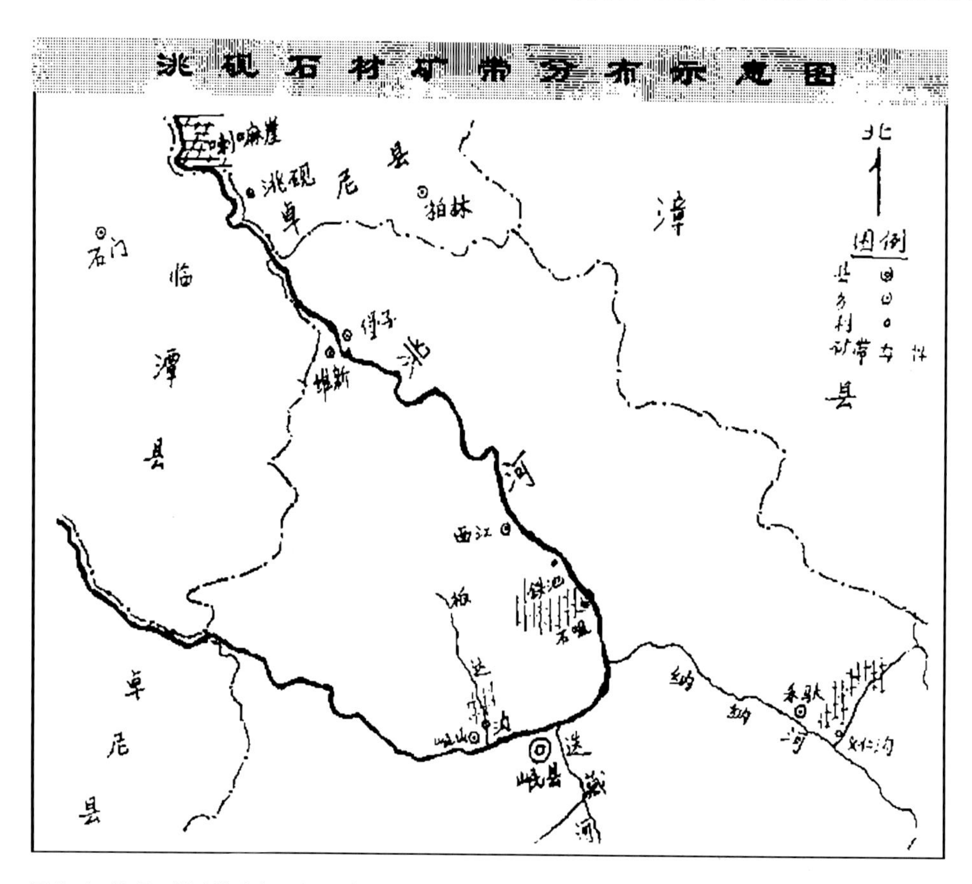

图 5–4　洮砚石材矿带分布示意图（取自《洮砚石材产地考察》）

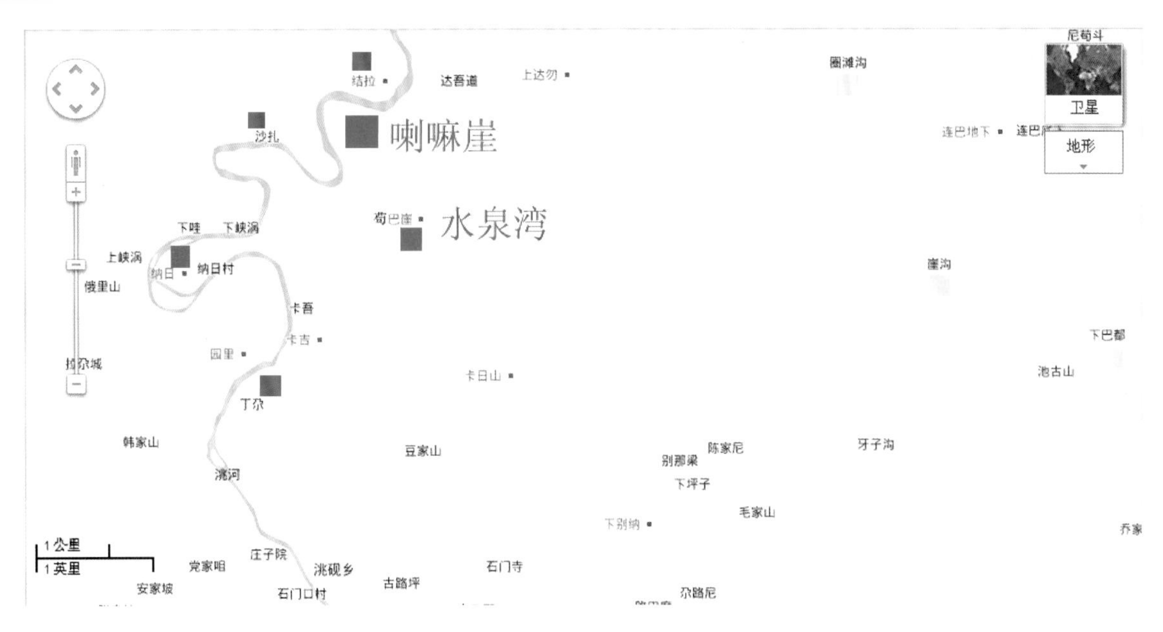

图 5–5　笔者根据相关文献对洮石坑口的分类

二、主要历史名坑

1. 喇嘛崖老坑

图 5–6　喇嘛崖全貌（取自《中国名砚 • 洮砚》）

图 5–7　喇嘛崖上的砚坑（取自《中国名砚 • 洮砚》）

喇嘛崖位于今洮砚乡境内，整个山崖被回折的洮河围成了一个“U”字形，三面环水，恰似一个缩小的半岛。喇嘛崖临水的崖壁与洮河水面几乎垂直，后缘与主脉连为一体，崖峰突起，形似僧帽，因此而得名“喇嘛崖”（图 5–6）。喇嘛崖坑口“垂直高度约 100 米，崖面展开约 80 余米。在约 50 米一线，有坑洞式采坑 5 个，横向排列，一般深达 20~30 米，最深者达 60~80 米。崖面 10 米以下及近 80 米处，有废坑 3 个，已全部淤塞，难以断定是哪代老坑”[25]（图 5–7）。

喇嘛崖的洮砚石矿体分布面积约 14000 平方米（图 5–8），出露标高在 2200~2280 米范围内，该片内有 Ⅰ、Ⅱ、Ⅲ、Ⅳ号砚石层体出露，展布方向呈近 SN 向（图 5–8）。其中，Ⅰ号砚石矿体岩性为灰绿色泥质板岩；Ⅱ号砚石矿体岩性为灰绿色粉砂质板岩；Ⅲ号砚石矿体由三个小砚石层组成，第一、第三层为紫红色粉砂质板岩，第二层为绿灰色含粉砂泥质板岩；Ⅳ号砚石矿体岩性为绿灰色含粉砂泥质板岩，该砚石矿体为优质石材，著名的喇嘛崖宋坑就位于该层内。[26]

2. 水泉湾

水泉湾在距离喇嘛崖东南约 1500 米的荀巴崖下的一个小沟处，开采时间与喇嘛崖同时或稍晚。水泉湾矿体的倾斜度达 30 度以上，矿体经常被瀑布般的小溪所流浸，寒冷季节一到，包括矿体在内的山崖则被冰冻所覆盖，可供开采的时间较短。当下的水泉湾是洮砚石材的主要开采坑口之一，开采石量较大，大量的碎渣废料从坑口泻下，如同瀑布（图 5–9）。

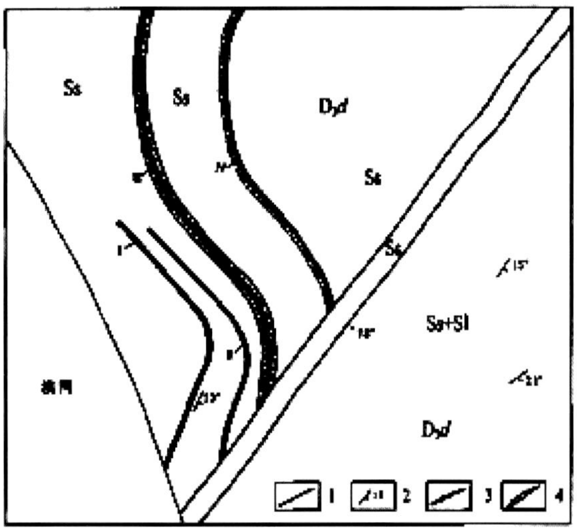

图 5–8　喇嘛崖洮砚石矿地质矿产示意图（取自《甘肃卓尼喇嘛崖洮砚地质特征及成因》）
D3d—上泥盆纪大草滩组　Ss—砂岩　Sl—板岩　1—断层
2—产状　3—灰绿色洮砚石　4—紫红色洮砚石

图 5–9　水泉湾坑（取自《中国名砚·洮砚》）

三、石质石品与分类

最早对洮砚石进行系统分类者应为清末民初的韩军一，他在《甘肃洮砚志》中对喇嘛崖、水泉湾、青龙山、水城右边石、哈古等地的洮砚石材分别进行了较为详细的描述。如他认为喇嘛崖旧窟中所产石材，“其石嫩，其色绿，朗润清华，略无片瑕。如握之稍久，掌中水滋，按之温润，呵之成液，真文明之璞，圭璋之质，未可与水泉、青龙诸山石并语而称者也”。同时他还认为喇嘛崖旧窟中所产砚石，“其材质亦不能尽居上品，粗涩者充盈其间，举凡皆是。清润者不过十之二三，固寥落无其几。盖璞中砚材，久已不易多得矣”。还认为水泉湾所产砚石虽然较逊于喇嘛崖，但其中的上品也具有润丽之质，不减于崖石。“水城右边石，有莹致可爱者，有坚粗枯燥者，有遍满黑类者，有色如砖灰者，中下品也。哈古及青龙山石，虽亦灵秀之脉，然石质粗糙，多有斑玷，色虽绿而不洁，终鲜润理，石之下品矣。”

从色泽上看，洮砚以碧绿色为主，砚材有上、中、下之分。上品为绿如蓝、润如玉的“绿漪石”。此石质地细润晶莹，色泽碧绿，石中往往含有绮丽典雅的纹理，犹如云霞，宛似涟漪，千姿百态，发墨如油，呵之成珠，贮墨不涸且不变质。绿漪石以带有石膘的最为名贵。石膘不但是洮河砚真假贵贱的衡量标准，而且也是区分于其他砚的重要标志之一。石膘以形定名，主要品种有鱼鳞膘、鱼卵膘、松皮膘、蛇皮膘、玉脂膘等。石膘的颜色主要有铁锈红、橘红、浅黄、米黄、金黄、紫、白、黑、褐等。洮砚有好的石膘，其石质也好，尤其是黄膘带绿波的洮石，品质最为优良。

绿石中还有一种带有小黑点，即米芾《砚史》中所称“水波间有黑点，土人谓之湔墨点”的石材。其质地、纹理与发墨均稍逊于绿漪石，被列为洮石中的上中品。除绿漪石与湔墨点外，还有深绿色的“鹦哥绿”，淡绿色的“柳叶青”等。

除绿色之外，洮砚石中还有黑色的“玄璞”、玫瑰色的“鹛鸪血”、紫红色的“羊肝红”，以及近年来发现的禾驮石、紫睛石、阴阳石、中沟石、水泉湾黄石、喇嘛岩东坑黄石、水纹紫石等（图 5–10）。

在洮河砚石的分类上，甘肃省工艺美术厂雕刻大师郝进贤做了大量的工作。他旁征博引历代名士对洮砚的赞誉和品评，参以自己亲手雕刻的经验，将洮石按矿坑、效能、石质、纹理等特征分成数等（表 5–1）。

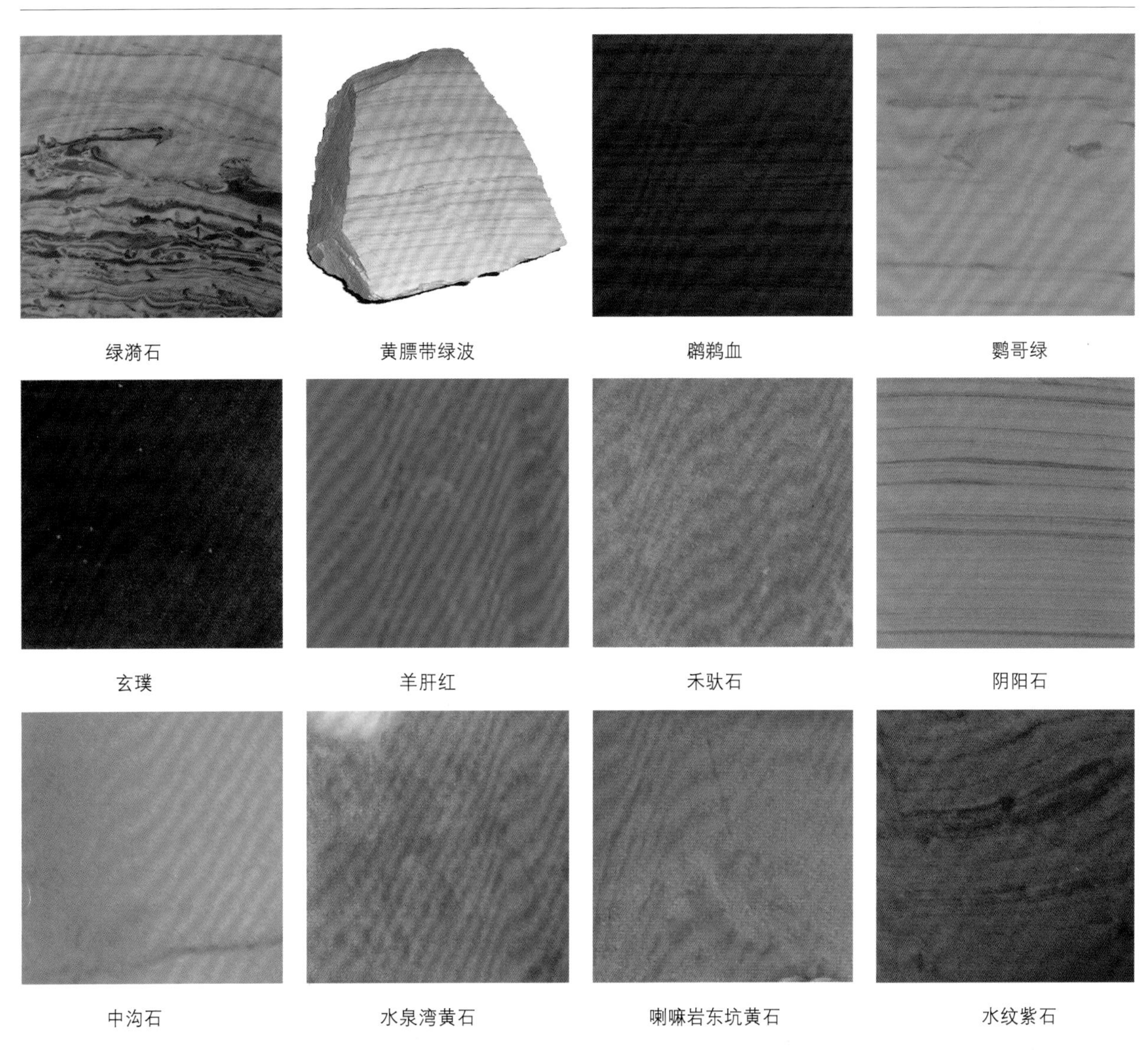
绿漪石　黄膘带绿波　鹛鹆血　鹦哥绿
玄璞　羊肝红　禾驮石　阴阳石
中沟石　水泉湾黄石　喇嘛岩东坑黄石　水纹紫石

图 5–10　洮河砚石的品类（部分）

表 5–1　郝氏洮河砚石等级分类表

等级	特等	一等	一等	二等	二等	三等
	上上	上中	上中	中平	中平	中下
坑历	老坑（宋）	旧坑（明）	旧坑	旧坑	新坑	新坑
坑名	喇嘛崖	水泉岩	碣仔岩	滨上岩	扎甘岩	大谷岩
效能	下墨快，发墨生光，贮墨经久不干，虽暑季既不发酵，又不损笔。	下墨细，贮墨经久不干，暑季既不发酵，又不损笔。	下墨快，贮墨经久不干，暑季既不发酵，又不损笔。	下墨细，贮墨经久不干，不发酵。	下墨细，渗墨慢。	下墨细，渗墨慢。
色质	绿如兰，润如玉，呵之出水珠，古称鸭头绿。	深绿，古称鹦哥绿，细润。	玫瑰红，古称鹛鹆血，坚润。	墨色，古称“玄璞”，坚韧。	绿色，古称柳叶青，较硬。	淡绿色，较燥。
纹理	涟漪、云纹	鹊桥纹、云雾纹、木板纹	水波纹、云雾纹	涟漪纹	涟漪纹	细涟漪纹
特征	黄膘、金星冰雪斑、游丝纹。	黄膘、湔墨点。			朱砂点	

《中国名砚·洮砚》作者安庆丰根据自己对洮砚石质石品的理解，将洮河砚材按石色、石纹、膘皮进行了分类（表 5–2），也颇有特色。

表 5–2 洮砚的石色、石纹、膘皮的类别与产地 *

类别	名称		产地
石色	鸭头绿		喇嘛崖老坑、水泉湾老坑
	玄璞		喇嘛崖洮河底、卡古沟、达勿沟
	辉绿（鹦哥绿）		水泉湾、喇嘛崖
	翠绿（鹦哥蓝）		水泉湾、纳儿村
	淡绿（柳叶青）		水泉湾、卡日山有似“柳叶青”砚材
	瓜皮黄（水泉湾黄石）		喇嘛崖东坑、喇嘛崖
	虎皮黄（喇嘛崖东坑黄石）		喇嘛崖东 1 千米处
	紫石		喇嘛崖老坑右侧、纳儿村
	羊肝红（鷴鹈血）		喇嘛崖坑口
	阴阳石		喇嘛崖、喇嘛崖周围
石纹	水波纹型	细水纹型	喇嘛崖
		粗水纹型	喇嘛崖
		细粗相间水纹型	喇嘛崖
		直纹型	水泉湾
	云气纹型	绿石	水泉湾
		紫石	喇嘛崖老坑右侧
	湔墨点型		卡古沟、纳儿村，喇嘛崖老坑旁
	紫睛石型		水泉湾旁约 1 千米处的蝎子崖
	无纹石型		水泉湾
	鹊桥纹型		水泉湾
	洮水流珠型		喇嘛崖
膘皮	鱼卵膘		喇嘛崖
	松皮膘		
	鱼子膘		
	油脂膘		
	冰雪膘		
	油松熟栗膘		
	瓜皮黄膘皮		
	脂玉膘		水泉湾
	白色膘		
	橘黄色膘皮		
	白色、黑色膘皮		达勿中沟、卡日山
	土黄色膘皮		中沟石
	褐红色膘皮		蝎子岩
	树皮膘 **		卡古沟
	赭色膘 **		

* 此表由笔者根据《中国名砚•洮砚》第 75~95 页内容整理而成。

** 笔者根据原书文字描述而命名。

利用人的直观感觉与简单的物理指标如颜色不同、发墨快慢、是否损笔、干涸速度等对洮石进行分类，自古以来就是辨别洮砚质地优劣的有效方法之一，但由于此法需要长期的经验积累，真正能看一看再摸一摸就能正确鉴别的人并不太多，其中能深知为什么不同产地或同一产地不同地层的洮砚石材会有不同特性的人就更少。故笔者认为有必要在洮砚石质石品的分类上引入一些科学检测分析方法并建立相关标准，如基本矿物组成、主要化学成分、硬度、密度（致密性）、吸水率、石英粉砂比例及粒度大小、粉砂在岩石中分布形态等。如果用这些科学指标建立起洮砚的分类标准，不仅有助于对历代洮砚的品质进行较为公正的评价，而且有助于对新发现洮河原料的品质进行较为科学的鉴定，有益于洮砚的可持续发展。

第三节　理化特性

一、基本矿物组成与特征

卓尼县喇嘛崖一带赋存洮砚的地层相当于泥盆纪大草滩组下部层位，岩性为灰绿色中－细粒长石石英砂岩夹紫红色薄层状泥质粉砂岩、灰绿色含粉砂泥质板岩，属冲积扇相。[27] 其是在海陆交互相的沉积环境，在以高价铁为主的氧化环境中碎屑物供应充足的情况下所形成的以碎屑岩为主体的冲积扇相的快速堆积物并经浅的区域变质作用而形成的特定地质构造。

喇嘛崖洮砚石的基本矿物组成为绢云母及少量绿泥石、金属矿物、粉砂等。其中绢云母为鳞片状，晶体大小在 0.01~0.05 毫米之间，在岩石中呈定向排列。绿泥石为橄榄绿色至绿黑色，与绢云母、水云母共生，是洮砚石的主要呈色成分。金属矿物中以铁与钙居多，其中褐铁矿主要沿裂隙面分布，黄铁矿在岩石中呈星点状分布；以碳酸钙为主要成分的方解石脉沿裂隙充填，呈线状或层状分布。这些不同的金属矿物成分在洮石的成岩过程中分布于不同的位置并显现不同的颜色，为洮河砚石增添了一些独特的光彩。如金星纹饰主要是由 Fe、Cu 等元素在成岩过程中沿裂隙运移，在压力缓解处重新结晶形成的黄铁矿；黄膘纹饰主要是由原岩中的黄铁矿、磁铁矿在表生作用下风化、水解成褐铁矿脉沿裂隙分布而成；银线纹饰主要是由方解石脉沿裂隙充填而形成。这些纹饰在能工巧匠的手下往往成为具有艺术魅力的点睛妙笔。另外，洮砚石中粉砂的含量及粒度大小与洮砚石种类有关，其中以中－细粒长石石英砂岩、石英粉砂岩中的粉砂含量较高，泥质板岩中的粉砂含量较低（表 5–3）。

表 5–3　洮砚岩石结构特征一览表

岩石类型	结构类型	泥质（%）	砂质（%）
泥质板岩	泥质结构 变余泥质结构	>95 97	<5 2~3
含粉砂泥质板岩	含粉砂泥质结构 显微鳞片变晶结构	>90 >95	>10 >5
粉砂泥质板岩	粉砂泥质结构 变余粉砂泥质结构	>80 >60	<20 <40

数据来源：杨春霞、王晓伟、汤庆艳等：《甘肃卓尼喇嘛崖洮砚地质特征及成因》，《矿产与地质》2010 年第 4 期，第 346 页。

二、主要化学成分

1. 主量元素特征

喇嘛崖洮砚石材的主量元素特征是富含三氧化二铝（Al_2O_3），而贫氧化钙（CaO），其中 Al_2O_3>（K_2O+Na_2O + CaO），K_2O > Na_2O，属于富铝系列特征。Al_2O_3 随着 SiO_2 含量的增高而变化，Al_2O_3 与 SiO_2 的比值约为 2.6~3。另外岩石中 Fe_2O_3、FeO、MgO、K_2O 的含量较高，而 MnO_2、CaO、P_2O_5 的含量较低（表 5–4）。

表 5–4 洮砚岩石氧化物含量一览表 WB/10^{-2}

岩石名称	SiO_2	Al_2O_3	Fe_2O_3	FeO	MgO	K_2O	Na_2O	TiO_2	MnO_2	CaO	P_2O_5	H_2O^+	H_2O^-
含粉砂泥质板岩	60.8	16.2	6.74	3.56	3.72	3.68	0.77	0.81	0.07	1.45	0.18	3.4	0.34
粉砂泥质板岩	62.4	16.9	7.9	3.92	3.7	5.1	0.48	0.41	0.07	1.33	0.16	3.43	0.28
含粉砂泥质板岩	61.7	19	6.48	3.92	4.15	5.28	1.19	0.42	0.06	0.81	0.15	3.53	0.26

数据来源：杨春霞、王晓伟、汤庆艳等：《甘肃卓尼喇嘛崖洮砚地质特征及成因》，《矿产与地质》2010 年第 4 期，第 345 页。

2. 微量元素特征

根据检测结果可知，喇嘛崖洮砚石中 Ni、Ba、Pb、Ti、Mn、Cr、V、Cu、Zr、Zn、Co 这 11 种元素含量高于报出限，Be、Y 这 2 种元素含量等于报出限（表 5–5）。

表 5–5 洮砚岩石微量元素含量一览表 WB/10^{-2}

元素名称	Be	Ni	Ba	Pb	Ti	Mn	Cr	V	Cu	Zr	Zn	Co	Y
报出限	0.0003	0.001	0.03	0.001	0.003	0.001	0.0003	0.001	0.0003	0.001	0.01	0.001	0.003
微量元素含量	0.0003	0.005	0.05	0.002	0.4	0.03	0.01	0.01	0.005	0.005	0.02	0.003	0.003

数据来源：杨春霞、王晓伟、汤庆艳等：《甘肃卓尼喇嘛崖洮砚地质特征及成因》，《矿产与地质》2010 年第 4 期，第 345 页。

三、主要物理性质

洮砚石的岩石物理特征主要包括颜色、粒度、密度、硬度、饱和吸水率、孔隙度、抗压强度与抗剪凝聚力等。就颜色而言，有绿、紫、黄三大类，细分则有鸭头绿、玄璞、辉绿、翠绿、淡绿、瓜皮黄、虎皮黄、紫石、羊肝红、白色石及两种颜色比邻相接而成的阴阳石。就粒度而言，由于喇嘛崖洮砚石主要是由矿物碎屑经海陆相沉积并经浅的区域变质作用后形成的含粉砂泥质板岩、粉砂质泥质板岩，且具微弱的由下向上粒度逐渐变细的层序，故“通过对主要石材岩层的采样分析（含粉砂泥质板岩粒度为 0.011~ 0.031 毫米，紫红色砂质板岩粒度为 0.022~0.053 毫米，粉砂质泥质板岩粒度为 0.022~0.053 毫米），每个地点的岩石层的岩石粒度均在 0.011~0.053 毫米之间，都能达到砚石材的粒度标准”[28]。有关喇嘛崖洮砚石的其他物理特征，杨春霞等对其中灰绿色与暗紫红色两种进行了密度、硬度、饱和吸水率、孔隙度、抗压强度与抗剪凝聚力检测，岩石物理特征如表 5–6。

表 5–6 洮砚岩石物理特征一览表

颜色	密度 (g/cm^3)	肖氏硬度 (HS)	饱和吸水率	孔隙度 (%)	抗压强度 (MPa)	抗剪凝聚力 (MPa)	强度内摩擦角
灰绿色	2.75	56	0.45	1.2	106.8	6.5	32° 34′ 25″

续表

颜色	密度 (g/cm^3)	肖氏硬度 (HS)	饱和吸水率	孔隙度 (%)	抗压强度 (MPa)	抗剪凝聚力 (MPa)	强度内摩擦角
暗紫红	2.77	51	0.47	1.3	68.4	13.1	26°46′47″

数据来源：杨春霞、王晓伟、汤庆艳等：《甘肃卓尼喇嘛崖洮砚地质特征及成因》，《矿产与地质》2010 年第 4 期，第 346 页。

通过以上理化分析数据可以得知，由于喇嘛崖洮砚石中的石英粉砂含量适中（约占 5% ~30%），粒度大小合适（多在 0.011~0.053 毫米之间），且分布均匀，故具有发墨如油、不损笔毫的特点。又由于喇嘛崖洮砚石在成岩过程中固结程度适中，岩石硬度中等，相对塑性较好，故洮砚便于镂空雕刻。再由于喇嘛崖洮砚石的密度高，饱和吸水率低，孔隙度小，故可以呵气成晕，贮水不涸，储墨不干。

第四节　形制风格

一、洮砚形制风格的演化

北宋年间，洮砚在文人墨客的推崇之下进入繁盛时期，一些具有很高艺术水平的作品应运而生。从现存文献来看，根据张耒所作《鲁直惠洮河绿石研冰壶次韵》推测，黄庭坚馈赠张耒的极可能是一方冰壶样造型的洮砚[29]。查“冰壶”一词在古代主要有四种指代：一指清澈的明月；一指为官廉洁，为人清白；一指贮冰器具；一指照鉴用具，与玉鉴组成“冰壶玉鉴”一词。在上述四种指代中，除为官廉洁、为人清白外，其他三种都可以作为砚的造型。虽然原文献对冰壶砚的外形缺少描述，但此砚无论是明月造型还是贮冰器造型，抑或是照鉴用具造型，都可从中感知到宋代洮砚的形制风格已经多样化且具有较高的艺术水平。再如金代元好问在《遗山集》中记载了郭唐臣收藏的一方黄庭坚洮砚，此砚铭文为：“王将军为国开临洮，有司岁馈可会者六百巨万，其于中国得用者此研材也，研作壁水样。”[30]

从现存的洮砚文物来看，宋代的洮砚不仅形制多样而且雕刻精致、风格典雅。

如北京故宫博物院珍藏的宋代洮河石蓬莱山砚（图 5–11），其色浅绿，砚体长 16.9 厘米，宽 9.8 厘米，高 3.9 厘米。砚面下半部开一方形砚堂，上方开一较深的长方形槽式蓄水池，砚池下方及周边雕二龙戏珠图；砚面上半部雕有叠嶂起伏的山峦图，中间雕有重檐殿阁，阁额刻篆书“蓬莱阁”三字。砚背凹进 1.5 厘米，雕有赑屃座碑石形象，碑额刻“雪堂”二字，碑面刻隶书砚铭：“缥缈神仙栖列仙，幻出一掬生云烟，予以宝之斯万年。元丰四年春苏轼识。”碑身刻边栏，配以花瓣图案，周边刻有激浪纹，衬以云气纹，水波浩荡，云水相接。于敦厚中见灵动，古朴中见典雅，构思巧妙，雕刻精细。此砚虽有专家考评认为“雪堂为苏轼斋号，碑铭为后人托名之作”[31]，但制作时间可能仍在北宋期间，故以此可见北宋时期洮河砚制作技艺之一斑。

次如宋代洮河石雕兰亭修禊图砚（图 5–12）。此砚现存北京故宫博物院，以东晋永和九年（353）王羲

图 5-11　宋洮河石蓬莱山砚（取自《文房四宝·纸砚》）

图 5-12　宋洮河石雕兰亭修禊图砚（取自《文房四宝·纸砚》）

之同谢安等41人在会稽兰亭行“修禊”之礼时的场景作为主题，砚面雕刻兰亭景色，以曲水作墨池，池间以小桥连接到中部宽阔平坦的砚堂，四侧壁刻环景兰亭修禊图，砚背雕群鹅嬉戏于水中、岸上。该砚设计巧妙，主题突出，面、背、侧交相呼应，相映成趣，雕刻技法多样，制作精细。

图5–13　宋洮河石雕应真渡海图砚（取自《文房四宝·纸砚》）

再如宋代洮河石雕应真渡海图砚（图5–13）。此砚通体雕刻细致，表现细腻，形象生动，神态各异。充分运用了线刻、浅浮雕、高浮雕等多种技法，将砚周侧通景式的十八应真渡海图、砚面的海水楼阁图、砚底的云龙图，雕刻得灵动有神，栩栩如生。

图5–14　明洮河石蓬莱山图砚（取自《中国文房四宝全集·砚》）

金元时期虽然元好问、冯延登、雷渊、赵秉文、王恽等人均有赞美洮砚的诗词，但却无对洮砚形制样式的具体描述，加之也未见有金元时期洮砚的实物，故金元时期洮砚的形制样式目前尚缺少可以详加说明的资料。

明代的洮砚制作技艺已达到较高水准，虽然在形制样式上部分继承了宋代洮砚的一些题材与构图，但又加入了新的设计思路与艺术元素。从现存明代洮砚来看，多数具有砚型大气、设计合理、构图巧妙、雕刻精细的特点，加上砚之侧壁的薄意浅雕，给人的感觉是大方、雅致、文人味重，较好地体现了传承与创新的关系。

例如现存中国历史博物馆的明代洮河石蓬莱山图砚（图5–14），其砚面的设计构图虽然与宋代的蓬莱山砚较为相似，如同样在砚面的下半部开一方形砚堂，又在砚堂的上方开一较深的长方形槽式蓄水池，砚池下方及周边雕有二龙戏珠图，砚面上半部雕有叠嶂起伏的山峦图，中间雕有重檐殿阁，甚至连阁额上刻的“蓬莱阁”三字用的也是篆书，但是此砚并非完全模仿宋制，制作者为了有别于宋代的形制或者是为了更好地体现出制作者对海上仙山蓬莱阁的理解，在此砚侧的四周雕刻上翻腾的海水与海水中灵动的神龟、海马、鲸鱼、蛟龙等。这种巧妙的构思，不仅使此砚的砚面与砚侧的图案造型更加丰满与完整，而且更好地显现出此砚的磅礴气势。

再如现存安徽省博物馆的明代洮河石兰亭修禊图砚（图5–15），其砚面构图与宋代的洮河石兰亭修禊图砚（图5–16）较为相似，可以看出两者之间具有较为明显的传承关系。如在砚首有亭阁，亭阁内有文士正在几案上作文，亭阁之下有小桥、池塘与树木环绕的砚堂。但是，通过比较图5–15与图5–16，也可看出明代的兰亭修禊图砚较之宋代的还是有若干不同。其一是砚首亭阁内的人物成为全砚最为突出的重点，人物衣着古朴、形态生动、主次分明、眉目传情，较之宋代的兰亭修禊图砚更好地表现出兰亭修禊者的风雅。其二是亭台桥槛雕刻得更加细腻精致，这些雕花的围栏与桥槛，望之便知是士大夫的清雅居所，文人之气

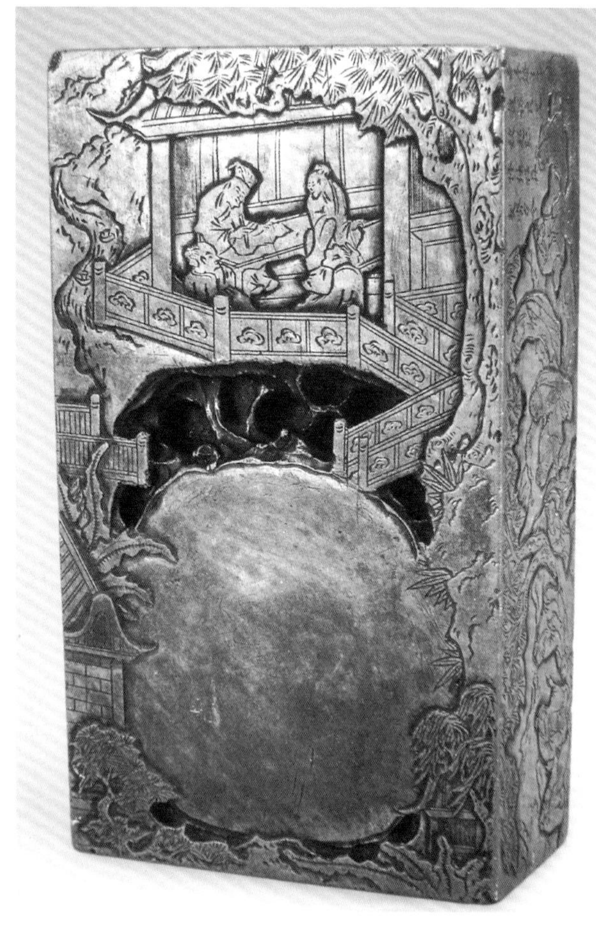

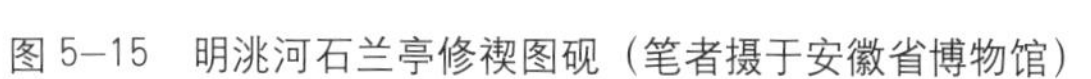

图 5–15 明洮河石兰亭修禊图砚（笔者摄于安徽省博物馆）

图 5–16 宋洮河石兰亭修禊图砚拓片（取自《文房四宝·纸砚》）

浓郁，较之宋代构图与雕刻更能表现出“兰亭修禊”的主题。此砚或此类题材的洮砚曾受乾隆皇帝的钟爱，如乾隆皇帝曾作《咏洮石兰亭砚》：“洮石虽然逊旧端，质佳亦得伴文翰。坐来贤主对嘉客，疑是羲之与谢安。讶抚画图原述晋，可知亭子得称兰。题斯景不一而足（内府所藏兰亭砚入《西清砚谱》者五方俱经题咏——原注），摹帖永和每惭（去声——原注）难。”[32]

再以天津艺术博物馆藏明代洮河石十八罗汉砚（图 5–17）为例。该砚虽然部分承继了宋代应真渡海图砚的造型特点，如砚体呈椭圆形，砚堂微凹，砚池呈向前的倾斜状，但此砚主题的周边侧面用线刻技法环雕手执法器的十八罗汉，形态各异，栩栩如生，大有铁线勾勒的艺术效果。另外，砚池平出，呈日轮形，线刻楼阁、宫殿、云龙及海水激浪纹，全然一幅旭日出海图。砚底内凹，用浮雕技法刻出海浪、柱石、鱼龙图案，刀法苍劲，浑厚大度，明确表现出明代洮砚的创新。

清代洮砚虽然较为少见，但从《西清砚谱》中所载归去来辞图砚（图 5–18）与旧洮石黄膘砚（图 5–19）来看，其形制风格仍然承继了宋代洮砚重文人雅士、重清雅之气的遗风。如归去来辞图砚的题材显然是选自东晋陶渊明的一篇著名辞赋作品。此砚为长方形石函形式，砚面开长方形砚堂，一端深凹为砚池，四周边框上镌有阳文隶书铭：“有美琅玕，气凌结缘，铲迹柴桑，镂情松菊，石友隃麋，移□□□，维黑与玄，淄磷不辱，用尔磨历，仪尔止足，尔维它山，我以攻玉。”[33] 四面侧壁刻有陶渊明的《归去来辞》及据此文意而镌的连景图，将陶渊明《归去来辞》中其决心辞官归田、鄙弃官场、赞美农村、归隐乡间的心情浓缩于砚间，与宋明时期的兰亭修禊图砚图有异曲同工之妙。“乾隆在题诗中误将此砚定为端溪宋坑石材所制，《西清砚谱》亦定名‘宋端’，实为洮河石精品。”[34]

图 5–17　明洮河石十八罗汉砚（取自《中国文房四宝全集 • 砚》）

图 5–18　清（乾隆年）洮河石归去来辞图砚（取自《中国文房四宝全集 • 砚》）

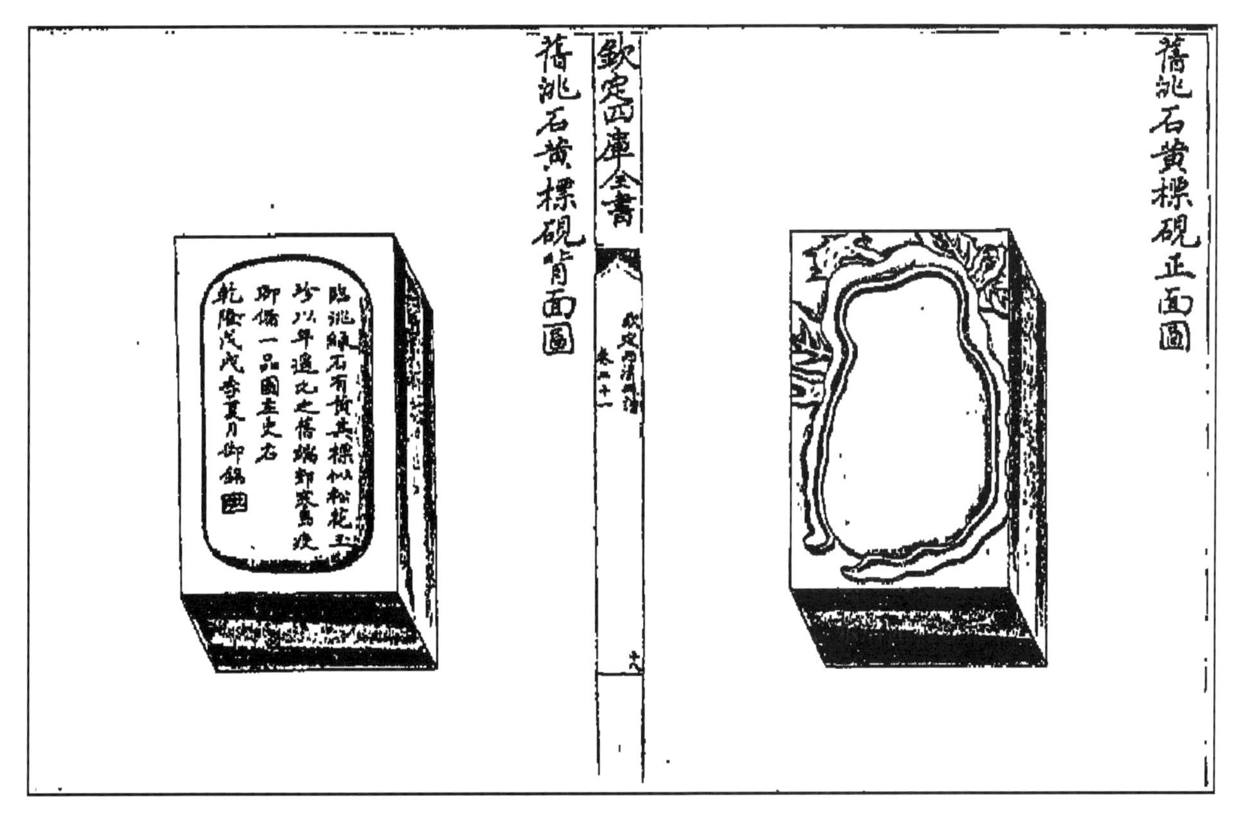

图 5–19　旧洮石黄膘砚（取自《西清砚谱》）

另一方载于《西清砚谱》的旧洮石黄膘砚，“砚高三寸二分，宽一寸七分许，厚一寸。临洮石，质极细腻，面背俱黄色，中层微绿，颇类松花石。砚面刻为佛手柑形，近蒂处为墨池。右上方缀小佛手柑，一梗叶掩映左侧”。[35] 其造型可谓优雅，构思堪称独特，可视为清代洮砚形制样式的一种新类型。

现今的洮砚形制样式，除了继承传统之外，与时代精神相一致的创新也多有体现，砚形、图案、纹饰与技法的运用也更加丰富多彩。既有凝重、古朴、典雅的简洁之品，也有图案繁琐、镂空透雕、重叠累赘的繁缛之作。品种之多为历代所不及，呈现出一派繁荣态势。

二、洮砚样式风格特点

人们通常认为洮砚的制作工艺大致可以分为两派：一派是以镂空雕刻为主，高浮雕、浅浮雕、透雕、凹凸雕为辅的制砚工艺。此种技法费工费时，要求制作者技艺娴熟且一丝不苟。用此法雕刻出的作品，气势宏大、手法精细，有强烈的艺术震撼力。另一派是以浅浮雕为主，因材施工，随形就势，十分讲究膘皮的利用，重点强调天然石形与后天雕琢相融合的天人合一。但细加分析就会发现，洮砚所特有的样式风格或区别于其他砚种的特色若简单地用以上两种制作工艺加以概括未必太过简略。笔者根据所见洮砚实物与图片，认为洮砚样式风格可以用“人物雕刻传千年，巧用石纹起波澜，盖盒连体手艺巧，洗尽铅华展素颜”加以概括，下面分别叙之。

1. 人物雕刻传千年

就笔者所阅文献与实物而言，虽然人物雕刻并非洮砚之专属，如宋绿端兰亭砚“侧面通刻兰亭全景，桥亭树石布置绝有章法，人物行住坐卧精神意态种种生动，恰合四十二贤之数，而携琴捧砚司尊童子不与此数焉。覆手自上□削下深一寸五分，刻高柳梢云，青蒲□渚，鳞纹隐起，浴鹅翔集。通体刀法圆劲精细如发，不减龙眠白描之笔”，另如宋薛绍彭兰亭砚的侧面也是“杂刻山水竹树四十二贤，行立坐卧意态闲旷，与宋绿端石兰亭砚同工”，但是将此人物雕刻样式与技法传承千年并发扬光大者，当属洮砚。

笔者曾对清代乾隆年间钦定《四库全书》之《西清砚谱》、《中国文房四宝全集》编辑委员会之《中国文房四宝全集·砚》、北京故宫博物院藏文物珍品大系之《文房四宝·纸砚》中的洮砚做过统计，共有宋代 3 方（兰亭修禊图砚、蓬莱山砚、应真渡海图砚）、明代 3 方（兰亭修禊图砚、蓬莱山图砚、十八罗汉砚）、清代 2 方（归去来辞砚、旧洮石黄膘砚），但是在这 8 方砚上精细地雕刻出众多人物的多达 5 方，如宋代的兰亭修禊图砚与应真渡海图砚，明代的兰亭修禊图砚与十八罗汉砚，清代的归去来辞砚。人物雕刻比例之大远非其他砚种可比，充分显示出洮砚制作技艺中人物雕刻的传承与发展。下面的几张图为自宋代到清代洮砚中人物雕刻的拓片或局部，由此可见洮砚中人物雕刻技艺的传承与发展。其中图 5–20 为宋代洮河兰亭修禊图砚侧面雕刻的人物拓片局部，图 5–21 为宋代洮河应真渡海图砚侧面雕刻的人物局部，图 5–22 为明代洮河十八罗汉砚侧面雕刻的人物局部，图 5–23 为清代洮河归去来辞砚侧面雕刻的人物拓片局部。

时至今日，洮砚的人物雕刻人才辈出，如被授予国家级非物质文化遗产洮砚传承人的李茂棣，曾用浅浮雕的表现手法将我国古代四大美女用貂蝉拜月、西施浣纱、昭君出塞、贵妃醉酒的形式分别雕刻在四块砚盖上。再如 2007 年由王玉明设计创作的红楼梦砚（图 5–24），由四块上等洮河绿石雕刻而成，“全长 586 厘米，砚身长 486 厘米，宽 55 厘米，深 12 厘米，雕刻红楼人物 100 余人”，布局合理，造型准确，雕刻精细，集材质、构思、造型、技艺为一体，荣获甘肃省工艺美术百花奖产品创新一等奖。此外还有一些洮砚制作者，他们的作品也表现出较为深厚的人物雕刻技法（图 5–25）。不过若将古代与现代的洮砚人物雕刻进行比较就会发现有两个较大的不同：一是雕刻技法有所改变，即从浅浮雕或线刻变得越刻越深，圆雕、

图 5–20 宋洮河兰亭修禊图砚侧面雕刻的人物拓片局部（取自《文房四宝·纸砚》）

图 5-21　宋洮河应真渡海图砚侧面雕刻的人物局部（取自《文房四宝·纸砚》）

图 5-22　明洮河十八罗汉砚侧面雕刻的人物局部（取自《中国文房四宝全集·砚》）

图 5-23　清洮河归去来辞图砚侧面雕刻的人物拓片局部（取自《文房四宝·纸砚》）

图 5-24　红楼梦砚局部（取自《中国名砚·洮砚》）　图 5-25　嫦娥奔月砚（取自《中国名砚·洮砚》）

透雕等技法的运用也越来越普遍；二是人物造型从古朴飘逸富有个性变得有些模式化，即人物造型借鉴其他艺术形式的痕迹较重，总觉得似曾相识，脱胎于某处。

2. 巧用石纹起波澜

千百年来，人们之所以赞美洮砚，除了其圆润细腻、发墨利笔之外，另一重要的原因是洮石具有美妙绝伦的天然纹理。这些天然纹理有的如微风吹皱的涟漪，有的似层层涌动的波浪，有的像天空飘荡的云气……观之使人浮想联翩，情趣盎然，令古今文人雅士赞不绝口，留下了许多千古传颂的佳句。如黄庭坚《以团茶洮州绿石研赠无咎文潜》诗中的“洮州绿石含风漪，能淬笔锋利如锥”，晁补之所作《初与文潜入馆鲁直贻诗并茶砚次韵》中的“月团聊试金井漪，排遣滞思无立锥”，冯延登《洮石砚》中“鹦鹉洲前抱石归，琢来犹自带清辉。云窗近日无人到，坐看玄云吐翠微”，以及雷渊《洮石砚》中“缇囊深复有沧洲，文石春融翠欲流。退笔成丘竟何益，乘时直欲砺吴钩”等。

这些被称为“绿漪”“风漪”“绿波”的天然纹理，主要有水波纹、鹊桥纹、云气纹、洮水流珠纹等。其中水波纹就像是海洋、湖泊、大河、小溪中波动的浪花，根据纹理的粗细与曲折又可分为粗水纹、细水纹、粗细相间水纹与直纹。鹊桥纹是指由许多形如鹊鸟的花纹聚集而形成的卷曲状纹理。云气纹的纹理变化较大，往往可以幻化出多种象形图样，给人以很大的想象空间。洮水流珠纹是指在粗、细水纹之间分布着一些大小不等、排列无规则的黑色点状物，犹如洮水上滚动的冰珠。

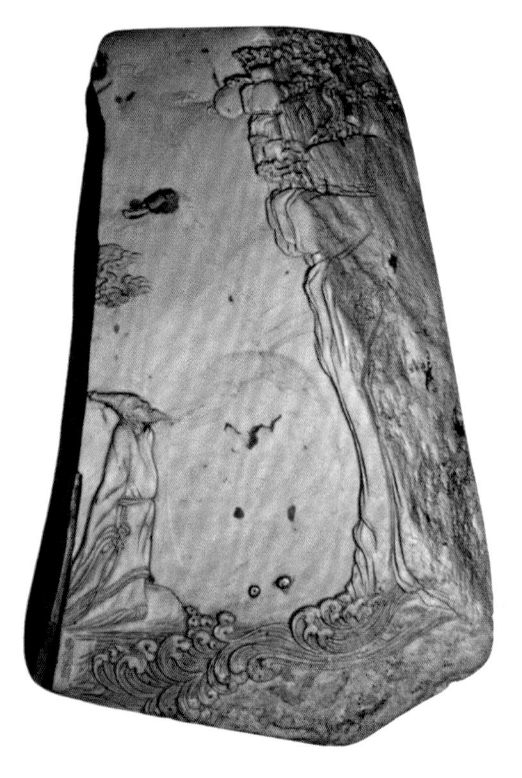
图 5–26　赤壁怀古砚（取自《中国名砚•洮砚》）

千百年来，聪明的洮砚制作者们，面对洮石佳质天成的纹理，呕心沥血，巧加利用，用一方方美轮美奂的洮砚续写着洮砚大美的华丽篇章。尤其是在当代，时有佳作面世，令人欣慰。如赤壁怀古砚（图 5–26），作者随形构图，利用砚石一侧天然纹理作为耸立的山崖，再用天然水波纹与湔墨点及人工雕刻的波浪共同组成了惊涛拍岸卷起千堆雪的浩瀚江面，此砚人物的构图比例虽然偏大，但也较好地借砚表达了原词作者观景抒怀的复杂心境。再如夏夜砚（图 5–27），作者利用洮石的天然纹理稍加雕琢使之成为一泓清水的池塘，塘埂低浅，水波荡漾，清风徐来，莲叶摇曳，叶下之蛙，跃跃欲动。此砚砚堂宽大，便于贮水研墨掭笔，具有很好的实用价值，砚池虽小但有蛙踞内，倒也平添几分情趣。此砚可谓较好地融砚的实用性与艺术性于一体，观之令人不由想起南宋辛弃疾的“明月别枝惊鹊，清风半夜鸣蝉。稻花香里说丰年，听取蛙声一片”。

图 5–27　夏夜砚（取自《中国名砚•洮砚》）

3. 盖盒连体手艺巧

在传统名砚制作技艺中，盖盒连体制作技艺主要见于洮砚。这种盖盒连体技艺的主要特点是将一块石料从中分成两半，一半作砚底一半作砚盖，这样不仅可以保证整块砚台外观纹饰的一致性，而且可以有效防止砚内墨水蒸发，同时还有很好的防尘作用。据右文堂的石民介绍，在电动工具使用之前，这种将洮石从中劈开的技艺主要是利用铁锤与钢凿。首先用凿子沿洮石周边凿出一圈深浅合适的槽，然后再用一个刃口宽大的凿子对准开出的槽用锤猛击，这样就可以将一块洮石一劈两半。由于此种劈开法需要一定的技巧，故为了免去凿劈石料的麻烦与可能出现劈坏的风险，也可以用颜色、石纹、石理十分接近的两块砚材进行制作，这种方法在一些普通的盖盒连体砚中多有应用，但若是制作高档的盖盒连体砚则不妥，用两块石料制成的砚台，在整体色调、纹理与效果上总不如一块石料劈开后制成的更为协调与美观。

目前，多数规矩型盖盒连体砚多是采用电动工具锯解分割的，使用电动工具不仅可提高切割石料的速度，而且也可使切割面更加平整，便于后续加工。

盖盒连体技艺最为关键的技术之一是合口，即通过对砚体和砚盖的精细加工，使砚体与砚盖在扣合时能达到严丝合缝。由于合口的加工基本上只能用手工制作，尤其是对于一些形状不规则的砚体，要想使砚体与砚盖精确配合，必须从一开始就认真考虑砚体与砚盖的造型与协调、砚体与砚盖的切割与配合、上下启口的高度与角度等，另外在雕刻中还需要不断地对砚体与砚盖进行修整，以使砚体与砚盖紧密配合。如洮河紫石菱镜砚（图 5–28），造型借用中国古代的菱花铜镜，共有菱花 10 瓣。为了使砚体与砚盖紧密配合，要求每一瓣菱花的花瓣大小尺寸几乎完全一致，只有这样才能保证无论砚盖与砚体的相对位置如何变动，砚体与砚盖都能准确配合，严丝合缝。

盖盒连体技艺的另一个关键技术是盒盖面板的设计与雕刻。将图案雕刻在砚盖上虽然古已有之，但近些年来此风愈演愈烈，已为众多洮砚雕刻者相互攀比追求的目标之一。笔者以为在砚盖上雕刻图案花纹无可厚非，但一定要在一个明确的创作目的或创作思想的指引下，综合考虑石料的颜色、纹理、砚体、砚盖

图 5–28　洮河紫石菱镜砚（上盖、下底）（右文堂提供）　　图 5–29　神笔马良砚（李茂棣作）

等多个要素，精心构思，巧妙布局，使砚盖与砚体统一于作者的创作思想，而不能为了雕刻而雕刻，反而降低其艺术价值。

当代盖盒连体技艺的代表人物之一为李茂棣，他所制作的神笔马良砚（图 5–29），砚体和砚盖加工精细，扣合时严丝合缝，砚盖雕刻题材取自我国著名儿童文学作家、理论家洪汛涛于 20 世纪 50 年代创作的《神笔马良》。为了将这一享誉世界的经典文学作品展现于洮砚盖上，制作者除了选用一块有云气纹理与栗子膘的洮砚石作为雕刻原料外，还充分发挥了自己的艺术想象力，借鉴“画龙点睛”题材，运用多种雕刻技法，通过人物、云龙、石纹、石膘的综合运用，勾勒出一位笔走龙蛇、墨舞风云的中年马良形象。然而也许是因为笔者对《神笔马良》的故事太过熟悉，尤其对儿时看过的动画片《神笔马良》印象太深，所以看到砚盖上这位长有胡须的中年马良时总觉得有些陌生。

4. 洗尽铅华展素颜

在众多的洮砚制作者中，大多以雕龙刻凤、花鸟人物、神山仙境等为主，突出强调雕刻技艺，以至于现今的洮砚制作中出现了不重砚体重砚盖，不重造型重纹饰的风气。虽然当下砚的实用功能已较难展现，也较少有人能静下心来用墨锭在砚上轻研，但砚的本质毕竟是研墨工具，如果砚体上华藻纹饰越雕越多，砚堂留得越来越小，最终极可能会将传承千年的砚雕工艺引向歧路。因此，在当下已有不少制砚者开始反思并着手追求砚雕工艺的真谛，摒弃繁缛雕饰，注重素砚制作，强调造型设计，可谓洗尽铅华，返璞归真。有此思考并践行者，洮砚制作者中也不乏其人，并有较多作品问世，可视为当代洮砚制作技艺的又一特色。如石民就认为：砚之为砚，形有其形，工有其工，器用为上，朴素大方。然而此处之朴素并非不重细节，而是更加注重细节，以达到粗看并不起眼，细观令人感叹的地步。如石民制作的洮河绿石淌池长方砚（图 5–30），整体而言，大气凝重，素雅静谧，面平线直；仔细观之，砚岗略高，砚堂微凹，砚尾上挑，砚堂外与砚边之间还有直通砚池的水槽。用此砚研墨，若注水适量，则水聚于砚堂之内，所研之墨汁也不会外溢；若注水过多，则多余之水便从砚堂外与砚边之间的水槽流向砚池，以保证砚堂之内的水量不多不少。此砚可视为器用为上、注重细节、洗尽铅华、朴素大方的典型代表。另一方右文堂制作的洮河紫石淌池椭圆砚（图 5–31）在设计加工上与洮河绿石淌池长方砚也有异曲同工之妙。

图 5–30　洮河绿石淌池长方砚（右文堂提供）

图 5–31　洮河紫石淌池椭圆砚（右文堂提供）

第五节 制作技艺

洮河砚的制作技艺主要由采石、选料、下料、制坯、雕刻、打磨、上光、配盒等工序组成。

一、采石

采石是洮砚制作技艺中极为重要的一道工序，原料品质的高低直接影响到制成洮砚的质量。与端、歙的采石过程相比，洮石的开采更为困难。其一是开采环境险恶，如喇嘛崖老坑多在几乎垂直的石壁之上，下面是水流湍急、波涛汹涌的洮河，采石者若不小心跌落山崖，就会被崖下奔流的洮河所吞没。其二是开采时间受到民俗影响，“盖俗传山高隆峻，石不有语，山岂无灵，且石窟中有毒蛇，色黄，长四尺余，不时出现。若不以时取石，或无故而加斧凿，神将立有谴谪，辄降冰雹为灾。数十里地方咸受其害云”[36]。虽然冰雹的形成与神谴并无关系，但对于藏族先民长期流传的说法，采石者们需要予以尊重。其三是开采手续办理麻烦，据《甘肃洮砚志》记载，民国时期如欲采石需先期上报洮岷路或卓尼土司衙门，征取同意后由土官用官文通知驻纳儿总管，由总管为欲采石者安排采掘，采取时间多在秋后或者春仲。另外在喇嘛崖采石时还需用绵羊一只祭祷山神及喇嘛爷碑，并以祭肉随地分饷土民，用以酬谢当地土民开采之劳。

洮石的开采方法是先用铁锤与钢凿等工具将外层的粗砺劈剥净尽，然后沿着洮石矿带的走向与分布，用铁锤与钢凿将上下层的青粗石与洮石剥离，使之成为大小不等的洮砚石料。对于一些体积较大或短时间内较难剥净的，则运出洞外后再进行加工。由于洮砚石料在受到剧烈打击时会发生破裂，故在采石中不仅要避免直接对洮石进行猛烈敲击，而且在剔除外层粗砺与上下层青粗石时也要注意打击的力度。

二、选料

选料的目的是去粗取精（图 5–32）。通常是用铁锤与钢凿等工具将石料上下层的粗石去掉。方法是先用铁锤沿着石料上下层粗砺与洮石的边缘敲击尖头钢凿，凿出一周深陷的解槽，然后再将平口钢凿插入解

图 5–32 经过挑选的洮石原料（右文堂提供）

槽中，用铁锤大力敲击钢凿，将粗砺与洮砚石料劈开。选料通常是在石料开采出洞后就进行，也有人将出洞后的石料稍加挑选，然后运回家中再做处理。

在选料时既可以通过在石料上洒水或将石料直接浸泡在水中的方法，观察石料的颜色与纹理，也可以将石料浸入水中稍过片刻取出观看有无裂纹，凡有裂痕者，其缝隙间着水不干，此法对判别石料是否有细裂纹最为方便。在选料时还可以用小铁锤轻轻敲击石料听其声音，凡声音清越者，石质致密且无裂纹；凡声音低沉者，则石质较为疏松；当石料发出闷哑的破裂声时，则可能会有裂纹。

按理有裂纹的石料是不能用来制砚的，但过去有人用熔化的黄蜡灌注于裂缝之中，使人难以发现石料的裂纹；如今也有人用强力胶灌注于裂缝之中进行黏合，且这种现象也不仅仅是出现在制作洮砚之中，经过这种处理的石料，若不认真观察则很难发现石料上原有裂纹。

三、下料

下料就是利用工具将石料进行再次加工，使之成为大小合适的毛坯。对规矩形砚而言，通常需要利用工具将石料切割成型；对随形砚而言，则根据原石形状稍做加工，如将上、下两个面切平，将石料上一些突出的棱角除掉等。

图 5–33　电动切割工具

四、制坯

就随形砚而言，制坯通常是在设计之后。设计是洮砚制作中最为重要的工序之一，设计的好坏通常直接影响到雕的品质，尤其是对有石纹与膘皮的洮石而言，“七分构图，三分雕琢”显得尤为重要，因为只有精心设计才能巧用石纹与膘皮，从而达到主题明确、色彩丰富、物尽其用、天人合一的效果。

对设计好的砚就可以制坯了，对规矩形砚而言，制坯就是利用工具将下料后形状还不太规则的砚坯通过切割、打磨，制成正方形、长方形、八棱形、圆形、椭圆形等中规中矩的砚坯，并将上、下两个面磨平。对盖盒连体砚而言，制坯还包括用工具将石料横向切割成砚底与砚盖。对随形砚而言，制坯是用钢凿或其他工具对砚石表面作进一步的修整。

在右文堂，规矩形砚的制坯工作一部分是用机械完成的（图 5–33、图 5–34），这也许与制作者具有机械加工专业背景有较大关系。对这些石料加工机械的运用，笔者仍然坚持自己的观点，即只要是有益于提高工效与精度、节省人力与原料，且是原有人工加工方法的机械延伸，基本不对石料本身产生伤害的，就可以加以运用。

图 5–34　电动打磨工具

五、画线

画线主要应用于规矩形砚，制作者往往利用规、矩及其他的刻画工具在砚坯上画出砚堂、砚池的位置，以备雕刻。如图 5–35、图 5–36 就是画线工具，那个近似于钉帽状的圆片是一块合金钢制成的刀具，用此工具不仅可以保证画出的线与砚边的距离相等，而且速度也快。

图 5–35 用直尺画线

图 5–36 用自制工具画线

对随形砚而言，则通常用铅笔在砚坯上勾勒出设计草图，如砚堂与砚池的位置，欲进行雕刻的山水树木、楼台亭阁、花鸟虫鱼、龙凤神兽、波浪藻纹等大致位置与大体形态。对一些更加精细的纹饰，则需要先在硫酸纸上一丝不苟地将全部花纹描出，然后再将描有花纹的硫酸纸连同复写纸一同铺在砚台上，在硫酸纸上再次描摹，将纸上的花纹转印到砚台上。

六、下膛

下膛即在砚坯上开出砚堂与砚池。砚堂通常在一方砚中占有较大面积，是用来研墨、掭笔的地方。故有经验的制砚者通常将一方砚料中质地最优异、纹理最精美的部分设计为砚堂，这不仅益于发墨、不损笔毫，而且可以让使用者欣赏到美丽的天然石纹。砚池为一方砚中贮水或贮墨的地方，通常较砚堂面积小但较深。砚堂与砚池是构成一方砚最主要的两个要素，两者相互依存、相得益彰。在砚台的设计中最重要的就是首先要确定好砚堂与砚池的位置、大小、形态、深浅。对不同的制作者而言，他们对一方砚台上的砚堂与砚池的位置、形态、大小、深浅等会有不同的理解与设计，但都以彼此呼应、整体协调、具备功用为其宗。

图 5–37 开砚堂（局部）

图 5–38 开砚堂

洮砚砚堂的开凿通常使用刃口较宽的平口凿（图 5–37），此平口凿刃口为合金钢，凿柄用硬木制成，使用时用肩膀抵住木柄然后发力向前铲（图 5–38），这样不仅铲除面积较大，而且铲出的砚堂面也较平，便于后期加工。

七、取盖与合口

取盖与合口是制作盖盒连体砚的重要工序之一，取盖与合口的技术目标就是让砚体与砚盖通过套合模式连成一体，而实现套合模式至少有两种方法：一种是将砚盖设计成母榫结构，砚体设计为公榫结构（图 5–39）；另一种是将砚盖设计为公榫结构，砚体设计为母榫结构（图 5–40）。这两种方式在洮砚的盖盒连体砚的制作中均有使用。

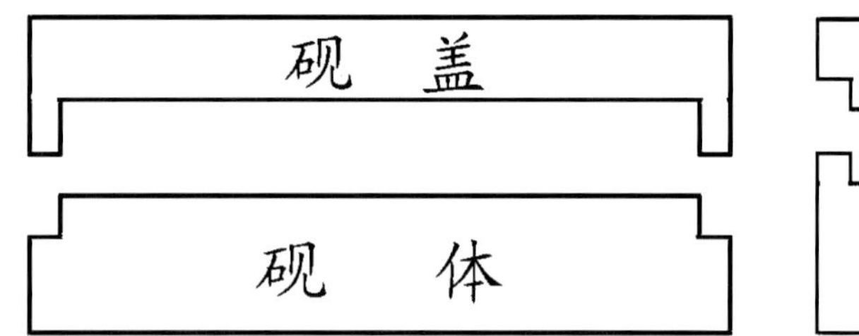

图 5–39　砚盖母榫、砚体公榫结构示意图

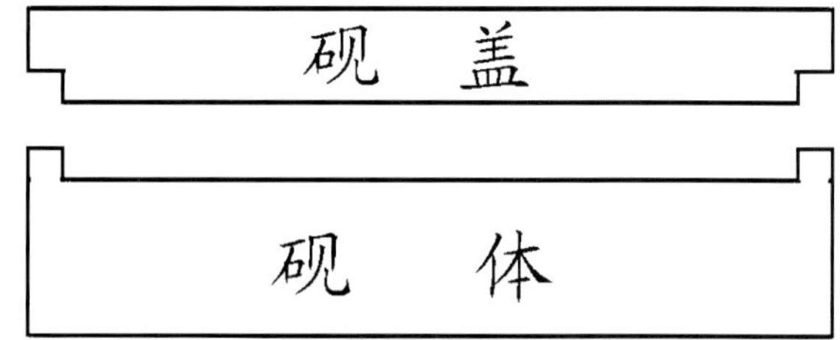

图 5–40　砚盖公榫、砚体母榫结构示意图

虽然取盖与合口的套合模式比较容易理解，但在实际制作中能否达到紧密配合却是考量制砚者技术水平高低的标准之一。就像人们在挑选紫砂壶时总爱认真考量壶盖与壶体的配合是否紧密一样，对盖盒连体洮砚的考量也是看砚盖与砚体的配合是否紧密。在盖盒连体砚的制作中，正四边形砚的制作难度要高于长方形与椭圆形，因为正四边形的盖盒配合有四种模式，而长方形与椭圆形只有两种模式。以此类推，边棱越多，配合模式越多，制作的难度也越高，故正六棱形、正八棱形、正十棱形等盖盒连体砚的制作难度又高于正四边形。

八、雕刻

雕刻洮砚的工作台较为简陋（图 5–41），主要工具是若干把刃口形状与宽度大小不等的雕刀，这些雕刀的刃口均为合金钢，不仅锋利而且耐用（图 5–42）。在雕刻中制作者们会根据待雕刻纹饰的形状与大小选用刃口形状与宽度不同的雕刀，当雕琢面积较大时就会选用刃口较宽的雕刀，当雕琢的纹饰精细时就会选用刃口较窄的雕刀。

图 5–41　洮砚雕刻工作台

图 5–42　洮砚雕刻工具

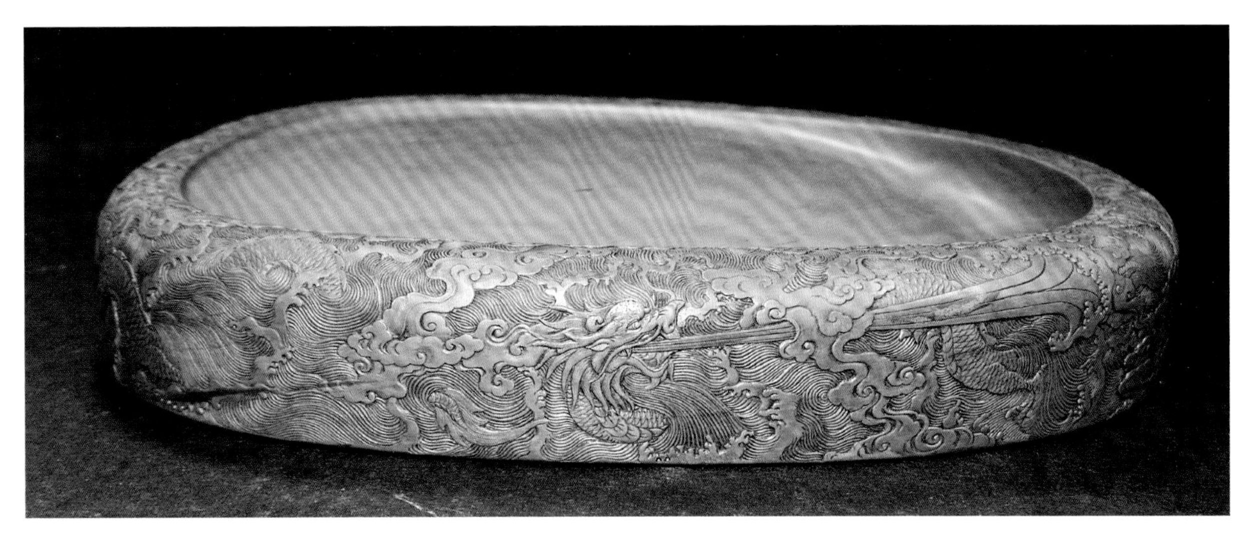

图 5–43 洮河云龙纹砚（右文堂提供）

图 5–44 经过雕刻的门式淌池砚（正面）

图 5–45 经过雕刻的门式淌池砚（背面）

洮砚雕刻的技法，近年来主要以深浮雕、圆雕、透雕为主，也有以线雕与浅浮雕技法为主制作的产品，如云龙纹砚（图 5–43），还有砚体没有纹饰但注重造型与线条的素砚，如门式淌池砚（图 5–44、图 5–45）等。

九、打磨

经过雕刻的洮砚通常还需要再用磨石与水砂纸进行打磨。打磨的工序是先用粒度较粗的磨石蘸水打磨，接着用粒度较细的磨石蘸水再次打磨（图 5–46），然后用较粗的水砂纸打磨，最后用 1200 目或更细的水砂纸打磨（图 5–47），经过上述多次打磨之后，洮砚的表面就会变得细腻莹滑，眼观之如同美玉，手抚之如同丝绢（图 5–48、图 5–49）。

图 5-46　用细磨石打磨

图 5-47　用水砂纸打磨

图 5-48　打磨好的门式淌池砚（正面）

图 5-49　打磨好的门式淌池砚（背面）

十、上光

上光通常是用蜂蜡、石蜡、植物油等物质涂在洮砚的表面，使洮砚看起来色泽更润。一些石质较为粗松的洮砚经此处理后，外观会大大改善。但对于石料品质上乘的洮砚而言，经过精细的打磨之后通常是不需要再上光的。

由于经过上光的洮砚表面被蜡或油所覆盖，在研墨时会发生墨锭打滑的拒墨现象，所以这类经过上光的洮砚在使用时还需要用柳木炭在砚堂上轻轻地研磨，将黏附在砚堂表面上的蜡或油除去。这种去除砚堂蜡或油的方法被称为“发研”，意思是让砚恢复其应有的研磨功能。

图 5-50 绿漪石小平板（右文堂提供）

图 5-51 淡细水纹铜镜纹砚（右文堂提供）

图 5-52 洮河门式淌池砚（右文堂提供）

十一、配盒

洮砚既是实用性很强的文房用具，又是艺术性很强的文房清供，故洮砚的配盒既要考虑实用性也要考虑艺术性。即在配盒时不仅要考虑到有效降低研磨出的墨液中水分蒸发的速度，防止尘土与其他杂物进入墨液，而且还要考虑到配上的砚盒是否可以更好地表现洮砚之美。

配盒用的材料有很多种，最能彰显洮砚之美并且实用性很强的还是用花梨、紫檀、酸枝、红豆杉、樟木、菠萝格等制成的木盒（图 5–50~ 图 5–52）。

注释：

[1]《四库全书总目提要》史部九，杂史类存目二，《南巡日录》一卷，《北还录》一卷。

[2]《四库全书总目提要》史部四十五，史评类存目一，《史通会要》三卷。

[3] [31] 张淑芬主编：《中国文房四宝全集 • 砚》，北京出版社，2007 年，第 24 页。

[4] 据宋人黄□所撰《山谷年谱》卷二十一“按蜀本诗集注云，按实录，元祐元年十二月试太学录张耒试太学正晁补之并为秘书省正字而此诗有道山延阁委竹帛之句盖今岁所作”，可知应在元祐丁卯二年。

[5]〔宋〕张耒：《柯山集》卷十一，清文渊阁四库全书本。

[6]〔宋〕晁補之：《鸡肋集》卷十二，四部丛刊景明本。

[7]〔宋〕晁補之：《鸡肋集》卷三十二，四部丛刊景明本。

[8]〔明〕顾起元：《说略》卷二十二，清文渊阁四库全书本；〔明〕徐应秋：《玉芝堂谈荟》卷二十八等，清文渊阁四库全书本。

[9]〔元〕脱脱等：《金史•地理志下•临洮路》。

[10]〔宋〕赵希鹄：《洞天清录》，清海山仙馆丛书本。

[11]〔清〕孙承泽编：《砚山斋杂记》卷三，清文渊阁四库全书本。

[12]〔金〕赵秉文：《滏水集》卷九，四部丛刊景明钞本。

[13]〔金〕元好问：《遗山集》卷三，四部丛刊景明弘治本。

[14] 见《元史•地理志三•巩昌府条》：巩昌府，唐初置渭州，后曰陇西郡，寻陷入吐蕃。宋复得其地，置巩州。金为巩昌府。元初改巩昌路便宜都总帅府，统巩昌、平凉、临洮、庆阳、隆庆五府及秦、陇、会、环、金、德顺、徽、金洋、安西、河、洮、岷、利、巴、沔、龙、大安、褒、泾、邠、宁、定西、镇原、阶、成、西和、兰二十七州，又于成州行金洋州事。

[15]〔元〕王恽：《秋涧集》卷六十六，四部丛刊景明弘治本。

[16]〔明〕章潢：《图书编》卷八十九《贡物总叙》，清文渊阁四库全书本。

[17]〔明〕周瑛：《翠渠摘稿》卷四，清文渊阁四库全书本。

[18]〔明〕陆深：《俨山集》卷三十五，清文渊阁四库全书本。

[19]〔清〕黄宗羲：《黄梨洲诗集》卷二，中华书局，1959 年，第 58~59 页。

[20] 张淑芳主编：《文房四宝•纸砚》，上海科学技术出版社，2005 年，第 145 页。

[21]《甘肃通志》卷五，清文渊阁四库全书本。

[22] [23] 刘军、于国伟：《甘肃卓尼洮砚非物质遗产保护地规划研究》，《城市设计》2011 年第 8 期，第 60 页。

[24] [25] 李 *：《洮砚石材产地考察》，《 丝绸之路》1998 年第 2 期，第 11~12 页。

[26] 杨春霞、王晓伟、汤庆艳等：《甘肃卓尼喇嘛崖洮砚地质特征及成因》，《矿产与地质》2010 年第 4 期，第 344 页。

[27] 杨春霞、王晓伟、汤庆艳等：《甘肃卓尼喇嘛崖洮砚地质特征及成因》，《矿产与地质》2010 年第 4 期，第 344~347 页。

[28] 杨春霞、王晓伟、汤庆艳等：《甘肃卓尼喇嘛崖洮砚地质特征及成因》，《矿产与地质》2010 年第 4 期，第 346 页。

[29] 参见本章第一节历史沿革中“宋代”部分。

[30]〔金〕元好问：《遗山集》卷三，四部丛刊景明弘治本。

[32]《御制诗》五集卷五十六，古今体五十一首庚戌六，清文渊阁四库全书本。

[33]《西清砚谱》，上海书店出版社，2010 年，第 201 页。

[34] 张淑芬主编：《中国文房四宝全集•砚》，北京出版社，2007 年，第 91 页。

[35]《西清砚谱》，上海书店出版社，2010 年，第 379 页。

[36]〔民国〕韩军一：《甘肃洮砚志》，原文来源：http://www.wenfangcn.com/viewthread.php?tid=13743。*：此文作者在原文献中无法识别

第六章　松花石砚

松花石砚是用产于今吉林与辽宁等地之松花石雕琢而成的砚台。松花石砚具有温润如玉、质细而坚、色嫩而莹、纹如刷丝、多色相间、俏色灿然、滑不拒墨、呵气成晕的优良品质，可使隃糜浮艳，毫颖增辉。不仅具有神妙兼备、赏用两全的艺术与实用价值，而且蕴含着丰富的历史与文化沉淀，是弥足珍贵的非物质文化遗产之一。[1]

第一节　历史沿革

一、始兴年代

用松花石制砚究竟始兴于何年？从现存文献来看，主要有以下四种观点：其一是松花石在唐代已经出现；其二是元代已用松花石制砚；其三是松花石砚在明代已经出现；其四是松花石砚始出于康熙年间。上述观点，孰是孰非，学界莫衷一是，各执己言。究其原因，可能与不同时期或不同人对“松花石”的定义不同有密切关系。为此，笔者认为要想对古代文献中出现的“松花石”进行考辨，首先必须确定松花石的概念。在参阅了当代松花石砚研究者们的工作之后，笔者选定了松花石应该具有若干标准：（1）是一种沉积岩；（2）岩性为含硅质泥晶岩；（3）主要矿物成分为微晶方解石、石英、绿泥石等；（4）主要产地在今吉林通化、白山以及辽宁本溪桥头等地，以下考辨中凡未加引号的松花石皆以此作为标准。

1. 唐代使用松花石考

此说始见于《西清砚谱》第十四卷的元代赵孟頫松化石砚说：

> 砚高约五寸，宽三寸五分许，厚一寸五分，松化石为之，木理犹存，黄黑相间，面正平可以受墨，背及四周皆天然不加砻琢，凝腻如松脂。背镌御题铭一首，楷书……考松花石，唐六帖载回纥有康干河，断松投之三年化为石，色黄节理犹在，砚或即是石也。

由于此文之中将“松花石”与“唐六帖”联系起来，故而很容易使人认为松花石在唐代就已经出现。为了厘清《西清砚谱》中所言之“唐六帖”是否为唐代白居易编辑的《白氏六帖》，笔者查阅了现存于《四库全书》中的《白孔六帖》[2]，其结果是现存的《白孔六帖》中并无“松花石”“松化石”“康干河”“断松投之三年化为石”等记载。但是在《通典》《新唐书》《唐会要》《太平寰宇记》等书中却有若干条与《西清砚谱》中“元赵孟頫松化石砚说”所述相似的内容。如《通典》：“□野古国，在仆骨东境胜，兵一万户六万人，皆殷富。其地东北一千里曰康干河，有松木入水三年乃化为石，其色青。有国人居住，其人谓之康干石，其松为石，以后仍似松文。”《新唐书》：“拔野古（图 6–1），一曰拔野固或为拔曳固，漫散碛北，地千里，直仆骨东，邻于靺鞨，帐户六万，兵万人。地有荐草，产良马精铁。有川曰康干河，断松投之三年辄化为石，色苍致然节理犹在，世谓康干石。”此外，《唐会要》与《太平寰宇记》中也有类似

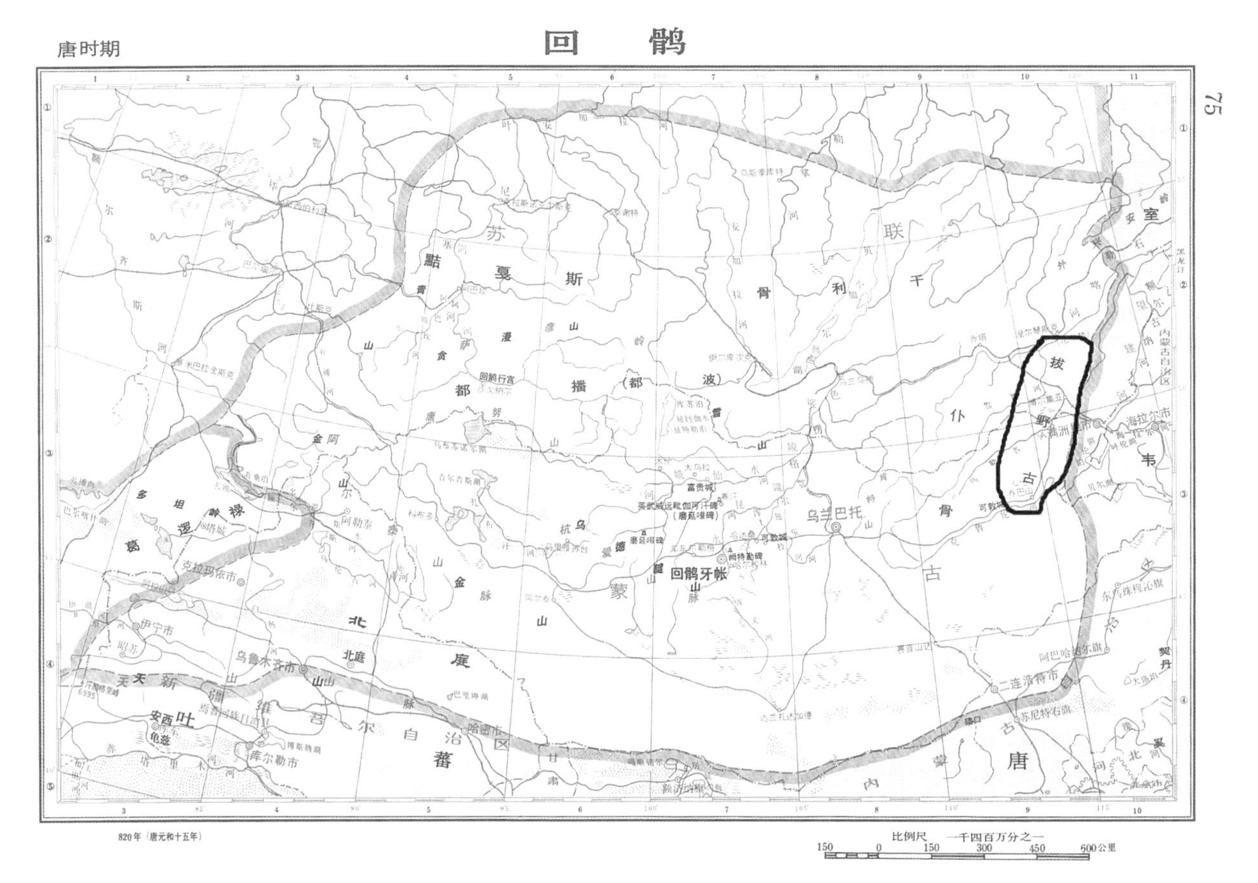

图 6–1　唐代拔野古的地理位置（取自《中国历史地图集》）

记载。据此笔者认为《西清砚谱》编撰者所言唐六帖中“松化石”就是《通典》与《新唐书》等文献中记载的拔野古之康干河的“康干石”，地点可能在今蒙古人民共和国的巴彦东附近。

康干石又称木变石，如乾隆皇帝在《咏木变石》诗及注中明确地指明了这一点。其诗曰：“不记投河日，宛逢变石年。磕敲自铿尔，节理尚依然。旁侧枝都谢，直长本自坚。康干虽岁贡，逊此一峰全。”其注曰：“六帖回纥有康千（干）河，断松化为石，今吐鲁番、哈（疑脱——笔者注）密每岁贡木变石，然长不逾尺，以为砺器而。未若此石，长且逾寻，天然一峰也。”

那么木变石是否就是松花石呢？在回答此问题之前，先让我们看看乾隆皇帝的几首咏木变石的诗作：

《咏木变石》：“千年木抱石为胎，根柢纠缠犹木理。名之为木已换形，黝然古泽芝朵紫。绳墨既不中琢磨，非所拟材不材间。全其天此木，实达蒙庄旨。”

《木变石》：“形殊朽社侧，质藉圮桥阴。曰曲斯惟直，能浮独乃沉。楩楠不辨昔，琼玖忽成今。物幻有如此，一般无觉心。”

《瀛台观木变石诗》：“异质传何代，天然挺一峰。谁知三径石，本是六朝松。苔点犹疑叶，云生欲化龙，当年吟赏处，借尔抚遐踪。”

《瀛台木变石六韵》：“香扆前墀屿，棱棱胜国留。莫稽来所自，难悟是何由。风雨长林里，荆凡大海陬。精华有独得，气味本相投。宁介荣枯意，还辞斤斧修。春明如续录，文献此堪求。”

从以上四首诗作来看，乾隆描述的木变石是一种外形与色泽都很像松木段的物体，这种形态的物体与笔者所见过的松花石中任一类都不相似，反倒是与今日所谓的“木化玉”“树化玉”，即硅化木非常相像。

硅化木通常是由数亿年前因种种原因被埋入地下的树木的树干中的次生木质部组织被二氧化硅（或碳酸钙、硫化铁等）所替代而形成。在火山地区，如果被埋在地下的硅化木离岩浆热液很近，在火山的烘烤

图 6–2　玛瑙质硅化木

作用下，硅化木内的二氧化硅会再次全部或部分融化后凝固成玛瑙，形成玛瑙质硅化木（图 6–2）。除被氧化硅替代外，植物木质部还可以被方解石、白云石、磷灰石以及部分褐铁矿、黄铁矿等所替代，可呈现出土黄、淡黄、黄褐、红褐、灰白、灰黑等颜色。由于有的硅化木抛光面可具玻璃光泽，不透明或微透明，在外观色泽上极似自然界含有松脂的松木段，故人们形象地称之为“松化石”。如清人吴宝芝在《花木鸟兽集》中就言：“《唐书》仆骨东境，其地东北一千里，有康干河，投松木入水一二年乃化为石，其色青，谓之康干石，有松文，又名松化石即此。”

综上所述，可知《西清砚谱》中所言唐六帖中的“松花石”从文献学的角度来看应该对应于“康干石”，而“康干石”又称“木变石”，再从乾隆对木变石的描述可知，木变石极可能就是一种硅化木，因这种硅化木的形态与含有松脂的松木段较为相像，故而又被称为松化石，而非松花石。

2. 元代已用松花石制砚考

元代已用松花石制砚说也源自《西清砚谱》，因为不仅该书目录中明确写有“元赵孟頫松花石砚”，而且正文之中还有“御制元赵孟頫松花石砚铭”字样。由于这方有元代赵孟頫铭识的砚台既未曾展出过实物，也无彩色图片出版，故而是否为松花石所制一直困扰学界。为了究明此事，笔者试作如下解析。

首先从现存于文渊阁《四库全书》之《西清砚谱》中的图片来看，这是一方自然形的砚台，除正、背两面磨平外，四周皆保持天然形态。砚面可见天然纵向条纹，依文献所言“木理犹存，黄黑相间”判断，此砚是用一方黄色为主，兼有黑色条纹，并有木理存在的石料制作而成。而自然界有此特点的石料，最有可能的是硅化木，而松花石中尚未见有此种类别。

其次从现存《四库全书》之《西清砚谱》的文献来看，虽然目录与砚铭中有“松花石”字样出现，但所指实为“松化石”。如目录标题虽为“元赵孟頫松花石砚”，但正文标题却是“元赵孟頫松化石砚”；铭文标题为“御制元赵孟頫松花石砚铭”，但铭文内容却为“松化石须千年松花……”。由于古代“化”

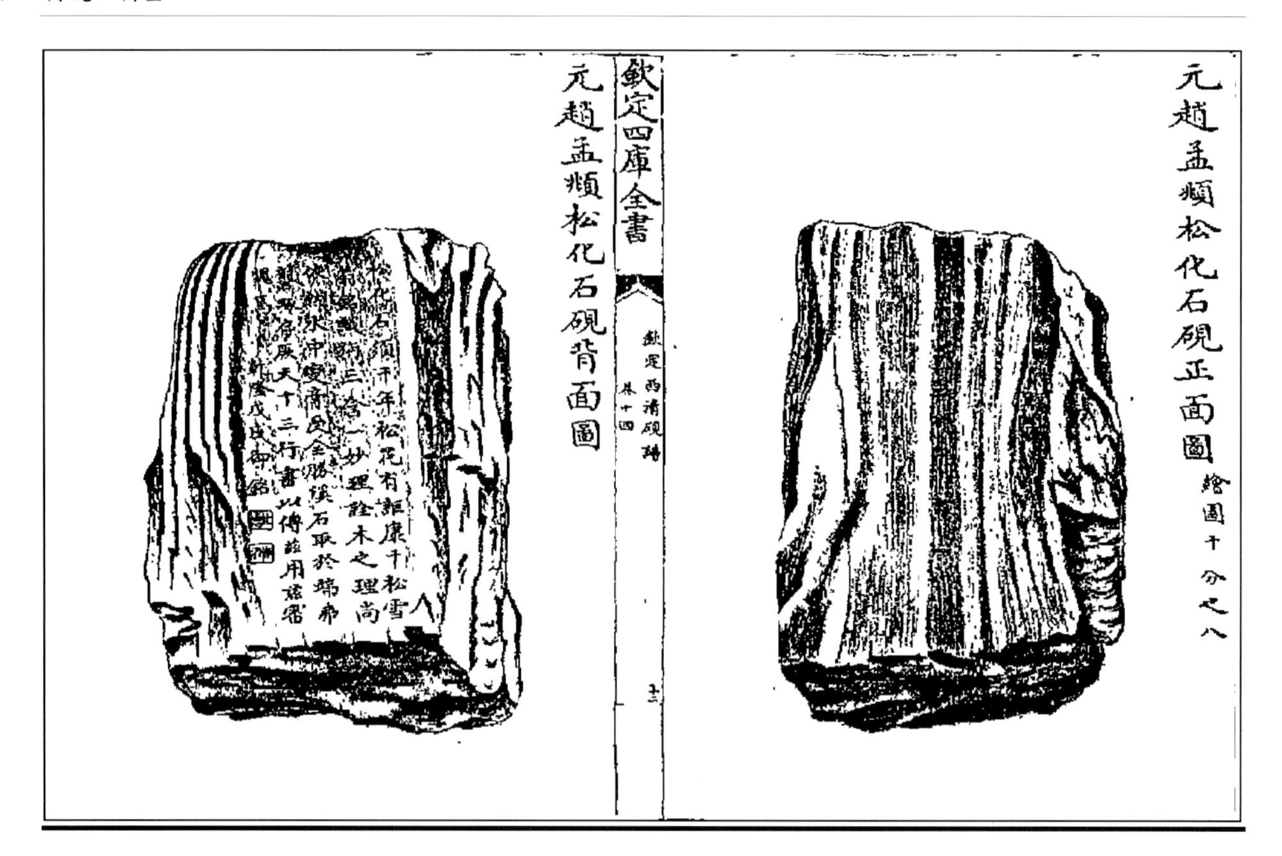

图 6–3 元赵孟頫松化石砚（取自《西清砚谱》）

同“花”，所以在《西清砚谱》中出现的“松花石”即为“松化石”，“松花”即“松化”，如“松化石须千年松花”实为“松化石须千年松化”（图 6–3）。

至此也许有人会问，既然古代“化”“花”通假，那么古代文献中出现的松化石是否就是松花石呢？回答是否定的，因为古人虽然有时会将松化石写成松花石，但却可通过分析文献中对其形态的描述将两者分清。如宋人杜绾在《云林石谱》中记述的：“松化石，产婺州永康县，松林顷因。马自然先生在山，一夕大风雨，松忽化为石，仆地悉皆断截，大者径三二尺，高 [3] 有松节脂脉纹。土人运而为坐具，至有小如拳者，亦堪置几案间。”[4] 以及清初孔尚任在《享金簿》中记述的：“松化石，旧出永康，相传仙人马湘至永康延真观指松树曰：‘此松已三千年矣，当化为石。’一夕大雷雨，松果化，人多取为玩具。近世京师往往见之，云出自辽东。予获一石，颇有槎枒之势，节脂脉纹皆如真松，更有蛀孔斧痕，亦奇物也。辽人云磨军器甚利，试之果然。侍郎西安言此石以为箭镞即楛矢也。”[5] 由于上述文献将松化石所特有的“松节脂脉纹”记述得清清楚楚，故仅从文献推论便知是松化石而非松花石。再如清代的朱彝尊（1629~1709）在《曝书亭集》中不仅将松化石与松花石区分为不同的两类，而且还在砚铭中对松化石砚与松花石砚的砚材质地、色泽等特点做了非常精辟的描述。如松化石砚的砚铭为：“截松肪，守苍精，寿且贞，保百龄。”[6] 松花石砚的砚铭为：“东北之美珣玗琪，绿如陇右鹦□衣，琢为平田水注兹，三真六草无不宜。”[7]

3. 明初已有松花石砚

此说主要依据的是清初孔尚任所著《享金簿·九龙山人绿端砚》：“慈仁寺廊下购得绿端砚，式甚古雅，质尤细润，旁镌‘绿玉馆家珍’，又刻‘孟端氏’，盖九龙山人王绂物也。宋时为玉堂新样，王介甫诗云‘玉堂新制世争传，称以蛮溪绿□镌’，或即此耳。金殿扬辨是辽东松花石，较绿豆端色尤旧润。殿扬琢砚名手，供奉内廷，制松花石砚甚夥，予得一小者，名曰‘春波不啻’，径寸之珠矣。”[8]

王绂（1362~1416）《明史》有传，“字孟端，无锡人。博学，工歌诗，能书，写山木竹石，妙绝一时。

洪武中，坐累戍朔州。永乐初，用荐，以善书供事文渊阁。久之，除中书舍人。绂未仕时，与吴人韩奕为友，隐居九龙山，遂自号九龙山人”[9]。金殿扬的生平与事迹虽然暂不可考，但从孔尚任所述可知，金殿扬是当时供奉内廷的琢砚高手并且琢制过多方松花石砚应该不谬。

绿端是产于古端州今广东肇庆市的特色石头。绿端石色青绿微带土黄色，石质细腻、幼嫩、润滑，最佳者为翠绿色，纯浑无瑕，晶莹油润，别具一格，也是一种较为名贵的端溪砚石之一。与松花江石在产地、颜色、花纹、硬度、润泽程度上是有一定区别的，尤其是较为典型者彼此间差别更大，懂行之人一眼便可辨认。但是在松花石中确实有一些色泽与绿端较为相近与极为相似者，尤其是那些刷丝纹不明显的，若不仔细辨认往往会误以为是绿端。

孔尚任(1648~1718)，字聘之，又字季重，号东塘，别号岸堂，自称云亭山人。山东曲阜人，孔子六十四代孙，清初诗人、戏曲作家。孔尚任在康熙二十四年（1685）正月进京入国子监为博士，充誊录官。[10] 康熙二十五年（1686）随工部侍郎孙在丰奉命赴江南治水，康熙二十九年（1690）奉调回京，康熙三十三年升户部主事，职务为宝泉局监铸，康熙三十九年（1700）升户部广东司员外郎，不到一月即被罢官。罢官后在京滞留两年，康熙四十一年（1702）回曲阜石门山老家，之后再也没有到过京城。故笔者认为孔尚任在慈仁寺购得王绂旧砚的时间应在康熙二十九年到四十一年之间。孔尚任虽然颇有才学，有时也到宫中讲经授课，但并非长期在康熙身边工作，康熙也未曾赏赐给他松花石砚，对松花石砚可能也仅仅是有所耳闻而未得亲睹，加之所购王绂旧砚极可能又是一种在外观上与绿端较为相近者，故而将王绂的松花石砚误认为绿端是极有可能的。

金殿扬虽然生平暂时无考，但从其是供奉内廷的琢砚名手并雕刻过多块松花石砚，可以推断其具有较为深厚的阅历与技术背景，虽然有人认为金殿扬极有可能误认绿端石为松花石[11]，但笔者认为金殿扬对孔尚任从慈仁寺廊下购得的明代王绂的遗砚是“辽东松花江石”的判断是可信的，即明代初年已有松花石砚的说法是可以成立的。

4. 松花石砚始自康熙年间

此说主要依据是康熙皇帝所撰《制砚说》：

> 盛京之东，砥石山麓，有石垒垒，质坚而温，色绿而莹，文理灿然，握之则润液欲滴。有取作砺具者，朕见之，以为此良砚材也，命工度其大小方圆，悉准古式，制砚若干方，磨隃麋试之，远胜绿端，即旧坑诸名产，亦弗能出其右。爰装以锦匣，胪之棐几，俾日亲文墨。寒山磊石，洵厚幸矣。顾天地之生材甚多，未必尽见收于世，若此石终埋没于荒烟蔓草，而不一遇，岂不大可惜哉！朕御极以来，恒念山林薮泽，必有隐伏沉沦之士，屡诏征求，多方甄录用，期野无遗佚，庶惬爱育人材之意，于制砚成而适有会也，故濡笔为之说。[12]

由于该文献出自《清圣祖御制文二集》，且有《西清砚谱》之《松花石双凤砚说》中的“松花石出混同江边砥石山……自康熙年至今取为砚材以进御者”[13] 等文献相佐证，加之有康熙年间所制实物相印证，故赞同松花石砚始自康熙年间之说者众多。然而，康熙皇帝的《制砚说》虽然对松花石砚材的发现与制作过程等做了较为详细的描述，但何年“命工度其大小方圆，悉准古式，制砚若干方”却未加说明。

常建华在《康熙制作赏赐松花石砚考》中言，康熙所撰《制砚说》收入《圣祖仁皇帝御制文》第二集，而收入此集的文章系康熙二十二年（1683）至三十六年（1697）所作，则《制砚说》的写作也在这一时期。

并认为"二十一年二月至五月间的第二次东巡，离写作《制砚说》时间最近，特别是这次东巡以平定三藩之乱祭告祖先，康熙帝心情愉快，途中不断行围打猎，东巡期间在盛京附近盘桓八天，然后前往吉林乌喇视察，抵达后还登舟泛松花江，归途亦很轻松。第二次东巡历时79天，较首次东巡的历时50天多出一个月。因此，我们推测康熙帝在二十一年东巡时，关注到砥石。"[14]即康熙关注砥石的时间为1682年。

董佩信、张淑芬曾在2004年出版的《大清国宝松花石砚》中认为"康熙三十年（1691），康熙帝在完成了平定三藩、攻克台湾、抗击沙俄、征剿噶尔丹之后，携多伦诺尔会盟的愉悦心情回到京城。看到江山一统，政权稳固，禁不住又想起了开发松花石砚一事。命令内务府造办处在外朝武英殿设松花石砚作，成立专司衙门，负责长白山下松花石的开采、运输及管理。石料运到宫廷后，同宫中画家设计图样，最后由砚匠琢制成砚。第一批新砚出来之后，康熙皇帝亲自执笔试墨，亲撰《松花石砚制砚说》以志其事"[15]。2008年董佩信又撰文，"1677年，康熙皇帝派内大臣爱新觉罗・武默纳带队，拜寻传说中的始祖发祥地——长白山，寻山途中，他们获取了长白山下的松花石作砺具，并在寻山问顶过程中立下了头功。回京后，松花石也随之进入了宫廷"[16]，将松花石砚的发现时间定在1677年。

也有人认为松花石砚产生于康熙四十一年。其理由是从清宫档案和文献资料来看，最早记录松花石砚的是王士禛的《香祖笔记》。据《香祖笔记》记载，在康熙四十一年间，康熙皇帝多次将松花石砚赏赐给宫廷大臣。"御赐内直吏部尚书陈廷敬、副都御史励杜讷、右谕德查升各松花江石小研一方，色淡绿如洮石，腹有御书研铭八字，云'以静为用，是以永年'。"这就是说，松花石砚产生于康熙四十一年应该是准确无误的。[17]

然而，笔者认为，虽然康熙所撰《制砚说》收入《圣祖仁皇帝御制文集》第二集的时间可能不晚于康熙三十六年，但从现存文献与实物来推测，康熙制作松花石砚的时间极可能在三十七年（1698），其理由简述如下：

其一，目前所见最早一篇记述清康熙年间松花绿石砚的文献是《词林典故》中"三十四年三月赐讲官陈元龙御书'凤池良彦'四大字，三十七年复赐御书手卷一轴，三十八年复赐内制松花绿石砚一方"[18]。

陈元龙（1652~1736），字广陵，号乾斋，浙江海宁人。康熙二十四年一甲二名进士，授编修，直南书房。工书，为圣祖所赏，尝命就御前作书，深被奖许，多有赏赐，松花绿石砚便是其中之一。从文献中"松花绿石砚"已作为赏赐之品，故可推断，康熙发现松花石砚材并命工匠制作松花石砚确实是在康熙三十八年（1699）之前，但也不可能太早，原因是笔者很难理解康熙帝在1682年或1677年制成松花石砚后，直到17年或22年后才开始赏赐重臣。

2008年5月31日北京万隆拍卖公司曾以902000元的价格拍卖一方康熙御赐松花石砚（图6–4）[19]，其砚背有铭文如下："康熙三十八年春三月十有八日，皇上驻跸吴门，是日恭遇。万寿圣节臣士奇家居侍养，仍叨扈从之班，蒙示绿石研，谕曰：'此朕去冬巡行乌喇山中所得石也。治为研二，颇能适用。一留御前，此特赐尔，以旌文学侍从之劳。臣敬奉珍藏拜手为铭曰：'混同分绿，长白输苍。山辉泽媚，气属虹光。斫而成研，制出维皇。润宜翰墨，重比珪璋。式砺臣节，永守坚刚。'日讲官起居注詹事兼侍读学士臣高士奇并书。"

高士奇，字澹人，浙江钱塘人，"幼好学能文。贫，以监生就顺天乡试，充书写序班。工书法，以明珠荐，入内廷供奉，授詹事府录事。迁内阁中书，食六品俸，赐居西安门内。康熙十七年（1678），圣祖降敕，以士奇书写密谕及纂辑讲章、诗文，供奉有年，特赐表里十匹、银五百。十九年（1680），复谕吏部优叙，授为额外翰林院侍讲。寻补侍读，充日讲起居注官，迁右庶子。累擢詹事府少詹事"[20]。康熙二十八年（1689）

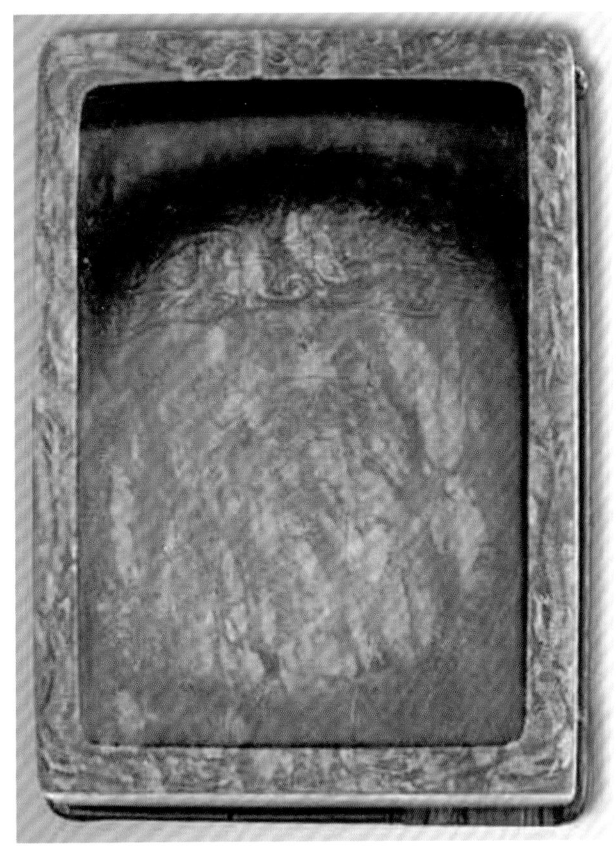

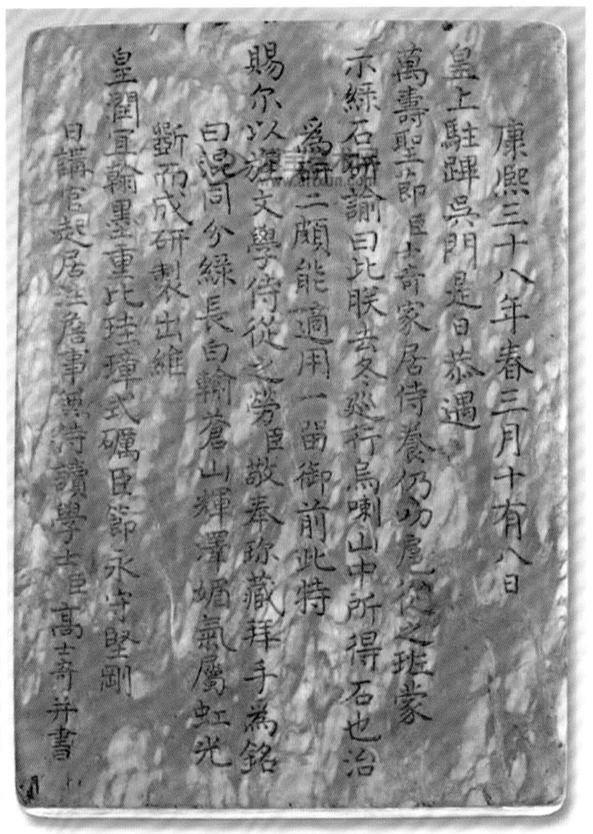

图 6–4　康熙御赐松花石砚（正、背面）（14.4 厘米 ×10.5 厘米 ×4.5 厘米）（取自博宝拍卖网）

因被左都御史郭琇劾奏而休致回籍。三十三年，召来京修书。士奇既至，仍直南书房。三十六年，以养母乞归，诏允之，特授詹事府詹事。寻擢礼部侍郎，以母老未赴。四十二年（1703），上南巡，士奇迎驾淮安，扈跸至杭州。及回銮，复从至京师，屡入对，赐予优渥。[21]

参照《清史稿》康熙三十八年“三月庚午，上次清口，奉皇太后渡河。辛未，上御小舟，临阅高家堰、归仁堤、烂泥浅等工。截漕粮十万石，发高邮、宝应等十二州县平粜。壬申，上阅黄河堤。丙子，车驾驻扬州。谕随从兵士勿践麦禾。壬午，诏免山东、河南逋赋，曲赦死罪以下。癸未，车驾次苏州。辛卯，车驾驻杭州。丙申，上阅兵较射。戊戌，上奉皇太后回銮”可知康熙皇帝确于三十八年南巡，而此时高士奇恰在钱塘家中侍母，故当康熙驾次苏州时，高士奇极有可能前往扈驾，而受赐松花石砚并作此砚铭。

再查《清史稿》确有康熙三十七年“上奉皇太后东巡，取道塞外”的记载[22]，且时间也与高士奇在砚铭中所述相同。因此，若那方有高士奇砚铭的松花石砚为真[23]，则康熙发现并命工匠制作松花石砚的时间应是康熙三十七年冬，即 1698 年的冬天。

由上所述，笔者认为对松花石砚之始兴可用“始于明而盛于清”进行总括。即明代已有人拣取松花石制砚，但数量很少，且被误识为绿端。直至 1698 年冬天被第三次东巡的康熙皇帝发现并选为砚材，带回京师，琢之为砚，方成为清宫御宝，跻身名砚。此说如何与康熙所作《制砚说》被收入《圣祖仁皇帝御制文集》第二集的时间（康熙二十二年至三十六年）相拟合，尚需做更加深入的研究。

二、名之演变

从现存文献来看，松花石砚在历史上还有其他的名称，如绿石研、松花江石砚、松花绿石砚等，这些产生于不同时期的名称虽然各不相同，但无不体现出人们对松花石砚的不同认知。

1. 绿石研

"绿石研"之名出现最早，显然是以石材特点命名。首见于高士奇砚铭"康熙三十八年春三月十有八日，皇上驻跸吴门，是日恭遇。万寿圣节臣士奇家居侍养，仍叨扈从之班，蒙示绿石研，谕曰：'此朕去冬巡行乌喇山中所得石也。治为研二，颇能适用。一留御前，此特赐尔，以旌文学侍从之劳。……"该砚之所以被称为"绿石研"，可能是因为松花石砚刚被开发出来，康熙皇帝尚未想好使用何名最为合适，故根据此砚石"色绿而莹，文理灿然"而称之为"绿石研"。因"研"与"砚"通用，故"绿石研"也即"绿石砚"。

2. 松花绿石砚

"松花绿石砚"之名使用的时间可追溯到康熙三十八年，如"三十四年三月赐讲官陈元龙御书'凤池良彦'四大字，三十七年复赐御书手卷一轴，三十八年复赐内制松花绿石砚一方"[24]。晚可抵乾隆七年（1742）二月，如"右庶子张鹏翀进奏经史，召对便殿。温语移时，赐御书文绮，鹏翀作纪恩诗六章。次日画春林澹霭图进呈，即题其上。上用元韵俯和，龙章立就，笔不停缀，兼命大学士张廷玉传谕，乘兴偶成，非夸多斗靡，蹈玩物丧志之戒。鹏翀复于宫门赓韵以进，上嘉其敏捷，复赉松花绿石砚一方"[25]。其中还有康熙"五十五年（1716）三月赐翰林诸臣松花绿石砚，中使宣旨，查慎行、吴廷桢、廖赓谟、宋至、吴士玉五人向在武英殿纂修，着拣式样佳者给与"[26]的记载。

3. 松花江石砚

"松花江石砚"之名最早出现于王士禛的《香祖笔记》："御赐内直吏部尚书陈廷敬、副都御史励杜讷、右谕德查升各松花江石小研一方。色淡绿如洮石，腹有御书研铭八字，云'以静为用，是以永年'。继又赐大学士张玉书、吴琠熊、赐履工部尚书王鸿绪各一方。"受赐时间为康熙壬午年（1702）十月二十七日至十一月底之间。另外，储大文在《存研楼文集》卷十三中也记有中丞潘宗洛于"癸未正月朔，复获赐松花江石砚"，时间应为1703年。加之朱彝尊在《曝书亭集》中所作《松花江石砚铭》的时间不会晚于1709年，故松花江石砚之名出现于1698年康熙制作松花石砚之后的11年之间。

4. 砥石砚

"砥石砚"显然是因产地而得名，该名出现的时间在康熙四十四年左右。首见于康熙四十四年三月詹事陈元龙迎驾，康熙皇帝"赐元龙父陈之暗内制砥石砚一方"[27]。其后此砚名多次见诸文献，如清廷大臣陈廷敬受赐后作有《赐砥石砚恭纪》："王气留京奕叶隆，五丁遗石自鸿蒙。削成宝砚天开辟，制出文思帝化工。玉几依光加洗濯，清班分赐并磨礲。承恩真比丘山重，岁岁三呼万岁嵩。"[28]大学士李光地作有《砥石砚铭》"用汝作砺，牛角相属。元德既升，巧匠斯琢。赐等夏后之璜，价重荆山之璞"[29]等。

5. 砥石山绿砚

此名应是产地与砚材特点相结合的产物，该名不仅把砚材的产地交代清楚，而且还把砚材的特点显现出来，可视为松花石砚之名形成过程中的一个进步。"砥石山绿砚"一名主要出现在康熙晚年，见诸文献的有查慎行（1650~1727）作于康熙四十二年的《恩赐砥石山绿砚恭纪十韵》与励廷仪（1669~1732）不知作于何年的《恩赐砥石山绿砚一方恭纪》等。

6. 松花石砚

"松花石砚"之名最早出现于康熙五十一年（1712）《万寿盛典初集》中，此名虽然出现较晚，但却极可能是康熙皇帝在晚年时钦定的松花石砚标准命名。其原因之一为《万寿盛典初集》属于史部政书类仪制之属，出现在该书中的"松花石砚"应该具有官方标准命名性质；原因之二为其后的钦定或奉敕编写的大型政书如《钦定大清会典则例》《皇朝通典》《皇朝文献通考》之中仅出现"松花石砚"一词，而"松

图 6–5　自然状态的松花

图 6–6　平行排列的松树针叶

图 6–7　清康熙松花石嵌鱼化石夔龙砚（局部）

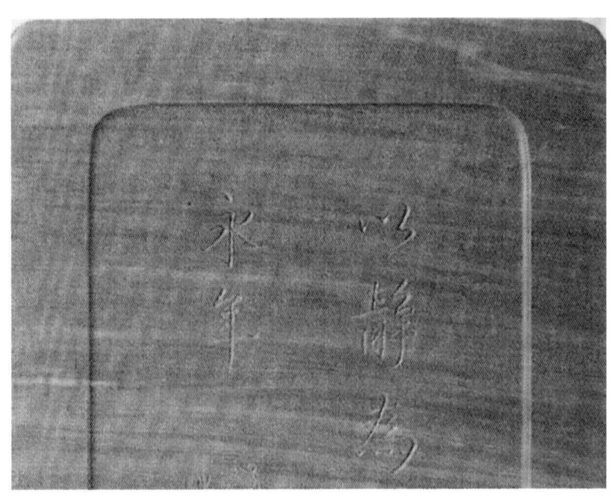

图 6–8　清康熙凤纹砚背面（局部）

花绿石砚”“绿石研”“砥石砚”“砥石山绿砚”等一概不见；原因之三为乾隆四十三年编撰《西清砚谱》时，全部采用了“松花石 × × 砚”的命名形式，如“松花石双凤砚”“松花石甘瓜石函砚”“松花石壶卢砚”“松花石翠云砚”“松花石蟠螭砚”“松花石河图洛书砚”等。

至于为何用“松花石砚”作为标准命名，尤其是“松花”两字究竟指何意，长期以来未有定论。如有人认为是借地域而得名，与石料产于松花江畔有关。有人认为“松花石是以石材纹理形象命名的，即松花石所呈现出的刷丝纹理，如同松树躯干剖面刷丝状年轮，纹理清晰，变化无穷。所为松花二字，形容的是松木美丽的花纹”[30]。而笔者根据现存康熙、雍正时期松花石砚绝大部分都是绿刷丝纹，且同时期文献记载的松花石砚均为绿色，并通过对生长在吉林通化、白山地区松树的观察，认为“松花”一词应该是对砚石外观形态的描述，因为具有绿色刷丝纹的松花石与当地生长的松树的针叶非常相像。笔者 2013 年 5 月在吉林白山特地将一簇松树针叶用手理成一个叶片彼此平行的平面，由于这簇松叶的阴阳向背不同，故而有绿有黄。当将自然生长的松花（图 6–5）、平行排列的松叶（图 6–6）与康熙朝两方松花石砚（图 6–7、图 6–8）的绿色刷丝纹相比较时，可见自然界生长的松花在形态上与松花石砚的色泽纹理并无多少相似，而松树的针叶却与绿色刷丝纹有更多的共同之处，但问题是松树的针叶是否曾被古人们称为松花。

三、清宫延绵

自松花石被康熙皇帝发现并带回京师雕琢成砚后，圣祖磨墨试之，认为其质地远胜绿端，甚至超过了端砚旧坑名产，自此宫中开始大量制作松花石砚。

在康熙年间，松花石砚的制作先是归外朝武英殿造办处，康熙四十四年改归养心殿造办处。当时掌管监造的官员有两名，知名的工匠有金殿扬与顾公望。金殿扬是较早入宫从事砚雕的工匠之一，“制松花石砚甚夥”[31]。顾公望字仲吕，是清初琢砚名手顾二娘之侄，习得琢砚技艺，于康熙年间奉诏入内廷承办活计。[32]

康熙年间制作的松花石砚数量较多，除御用之外，还用于赏赐群臣。如曾赐“吏部尚书陈廷敬、副都御史励杜讷、右谕德查升，各松花江石小研一方”[33]。封疆大吏陈元龙曾多次蒙赐松花石砚，一次是在康熙四十六年（1707）获赐一方绿色松花石砚，还有一次是康熙五十五年的四月与九月各获赐一方松花石砚。另一位大臣查慎行也是先后获赐三方松花石砚。康熙赏赐群臣松花石砚最多的一次是在康熙四十二年，曾命翰林院官 67 人齐集南书房，每人赐“砥石山绿砚”一方。[34]

雍正年间，清世宗秉承康熙遗绪，借松花石砚笼络统御群臣。获赐松花石砚者，多感激涕零，视为无上荣耀，作为传家之宝。也许是为了增加松花石砚的需求量，雍正九年（1731）黄声远、王天爵、汤褚冈三名琢砚工匠被召进造办处制砚。[35]

乾隆年间，松花石砚也受到了乾隆皇帝珍爱。这位热爱各类文房珍宝的皇帝，不仅用这种来自龙兴宝地的松花石制作精美的砚台，而且还颇有创意地试制了松花石砚屏，其时间不晚于乾隆四年（1739）。

从现存文献来看，乾隆御笔题词的松花石屏共有 4 块，现存 2 块，均藏于台北“故宫博物院”。其中一块为松花石山水人物插屏，屏长 20.4 厘米，宽 17.1 厘米，厚 1.6 厘米，一面巧雕山水人物，另一面阴刻乾隆御题行书铭：“鬼工磨刀劚山骨，女娲乏材补天窟；琉璃罘罳失颜色，光夺青铜凛毛发。不圆而方崒且屼，都尉憨直绛侯讷；勤思负扆其可忽。乾隆甲子秋御题。”下方雕刻两方篆体方印。另一块为松花石山水插屏，屏长 29 厘米，宽 24.1 厘米，厚 1.3 厘米，一面巧雕仙山楼阁，另一面阴刻行书填金铭与楷书填金款“乾隆辛酉夏日，御题。臣，梁诗正敬书”与两方雕刻的篆体印。

乾隆之后，嘉庆朝已不再自东北贡进松花石，所用石砚均取自前朝所藏。道光朝以后，外强入侵、内乱不已，国力大不如前。加之清宣宗崇尚节俭，松花石砚不再受到清帝的重视。从北京故宫博物院所藏有款的松花石砚来看，其中康熙款者 10 方，雍正款者 16 方，乾隆款者 13 方，嘉庆款者 9 方，道光款者 1 方。光绪款者虽然有 5 方，但所用石料“则是用乾隆以前剩余的砚材制成，皆为‘径寸之石’的小砚而已”[36]。由此可见松花石砚的制作自康熙至光绪年间的延续与衰落。清代末年，松花石砚随着清王朝的灭亡而淡出人们的视野。

四、瑰宝重现

据中国文房四宝艺术大师刘祖林介绍，1977 年春天，吉林省通化市工艺美术厂为了开发新的产品，由技术厂长张友发牵头组成了以张云福为组长的找矿小组和以刘祖林为组长的新产品开发研制小组。经过长达两年的查访，直到 1979 年 3 月才偶然从一位农村老汉处得到一块鹅蛋大小、纹理分明、翠绿如玉的石块。此石块经刘祖林磨制抛光后，一方圆润翠绿的随形砚出现了（图 6–9），经过试墨，大家意识到这极可能就是寻求多年的松花石。

为了进一步考证试制出的小砚的石料是否就是松花石，张厂长于当晚便乘车赶到北京，直奔故宫博物院，拿出试制的小砚与珍宝馆玻璃展柜内的清宫旧藏松花石砚进行比对，觉得两者无论在颜色上还是在纹理上都十分相像。于是他返回厂里，让找矿小组按照农村老汉提供的方位，对浑江北岸的大安乡进行搜寻，但没有收获。在回来的路上，找矿小组意外发现南岸的“磨石山仙人洞”周边崖面上有绿色、紫色与紫绿相间的矿脉。经过采挖与挑选，终于得到了三方淡绿色的松花石砚材，当用这些砚材雕刻的小砚得到一些

图 6–9 1979 年刘祖林磨制的当代第一方松花石砚（刘祖林提供）

图 6–10 “松花石砚欣赏鉴定会”吉林省代表团合影（刘祖林提供）

文物专家确认之后，一个在北京举办“松花石砚欣赏鉴定会”的构想产生了，随之筹备工作也紧锣密鼓地开展起来。为了寻找到更多更好的松花石，找矿小组扩大了编制，对浑江北岸进行了拉网式的搜索，终于在大安乡湖上村东南山半坡上找到了优质的松花石矿。接着在北京故宫博物院与荣宝斋等有关专家学者的帮助下，第一批试生产的松花石砚于 1980 年春问世了。[37]

1980 年 5 月 25 日，首批生产的 52 方松花石砚运抵北京，由吉林省工艺美术学会和荣宝斋文物商店在四川饭店联合举办了“松花石砚欣赏鉴定会”，当时吉林省与通化市多位领导以及工艺美术厂的同志（图 6–10）带着新制的松花石砚（图 6–11）与国内 100 多位专家学者见面。通过实物比对以及残片检测数据对照等，专家们认为现今制作的松花石砚与清宫旧藏松花石砚石质相同。至此，新试制的松花石砚终于得到确认，失传已久的松花石砚重现光彩。为了恭贺昔日国宝重获新生，相继有 60 多位国内著名学者与书画界名人为松花石砚赋诗题词。其中，中国佛教协会会长赵朴初先生题词为：“色欺洮石风漪绿，神夺松花江水寒；重见云天供割踏，会看墨海壮波澜。”（图 6–12）著名书法家启功先生题词为：“鸭头春水浓于染，柏叶贞珉翠更寒；相映朱珅山色好，千秋长漾砚池澜。”（图 6–13）[38] 他们分别从色彩、质地、造型、研墨性能等多个角度对沉寂了近百年后获得新生的松花石砚大加褒扬。

图 6-11 “松花石砚欣赏鉴定会”部分展品（刘祖林提供）

色欺洮石风漪绿，神夺松花江水寒。重见云天供割踏，会看墨海壮波澜。

松花石砚恢复采製志喜 一九八零年五月 赵朴初

鸭头春水浓于染，柏叶贞珉翠更寒。相映朱砂山色好，千秋长漾砚池澜。

题松花江砚次横翁韵一首 一九八零年 启功

图 6-12 赵朴初先生题词（取自《松花石砚》） 　图 6-13 启功先生题词（取自《松花石砚》）

有关松花石矿藏的重新发现，董佩信与张淑芬还有另外一种说法：1979年地质勘察队的宝石分队在浑江市（今白山市）库仓沟村发现了一种绿色的泥质岩，具有质地致密、细腻温润、纹理清晰，浸水后呈现出嫩绿的色泽，用锤击之声音清越的特点。长春地质学院对此石进行岩矿鉴定和化学分析后，确定为硅质泥晶灰岩。在鉴定过程中，曾经被北京故宫遣散回家的老太监对工作人员说："这些石料是北京故宫内务府造办处内为皇帝生产砚台的砚石，我在造办处见过。雕琢出的砚叫松花石砚，一般人是不能用和见不到的。"其后李崇元拿着标本先后三次进京，到故宫博物院找周南泉，就此石与宫廷中的松花石御砚与其进行了较为详细的探讨。1980年年初，宝石分队将新发现的松花石送交长春市玉雕厂雕刻，自此松花石砚在沉寂了百年之后又重放异彩。[39] 但此说之中"曾经被北京故宫遣散回家的老太监"是否确有其人，笔者认为有待考证。

第二节　砚坑与色系

松花石是一种海陆相交替沉积、叠层石开始出现时期形成的产物。它的生成时间距今约8.8亿年，所处的地质时期为元古宙新元古代的南芬组，岩性为含硅质泥晶岩。主要矿物成分为微晶方解石、石英、绿泥石等。

松花石在沉构过程中，由于受到地壳构造运动及古地理的控制，初期海水由西南向东北侵入，在鸭绿江凹陷处接受了大量的含赤铁、鲕绿泥石沉积物后，经过复杂的地质变化形成海绿石～石英砂含铁建造。其后又在大量的多色沉积物的作用下，形成了由黄绿色、浅灰色、紫色、紫红色、蛋青色粉砂质、泥质、碳酸盐等物质构成的特有层理结构，使松花石呈现出色彩斑斓的颜色与清晰分明的纹理，有如大海波涛、行云流水、激流旋涡、暮霭炊烟，令人遐想无限，产生淳美的艺术感受。

松花石的色彩主要为绿色，最受人们推崇的也是绿色，其中又可分为深绿、浅绿、蓝绿，还有紫褐、紫绿等。由于沉积中形成的特有层理结构，故从侧面观看松花石可见多种色彩彼此相间，形成状如刷丝的美丽纹理。其中，以深绿色的刷丝为上品，而绿如孔雀石者则为精品。松花石中也有黄、黑、灰、浅粟色等色彩特殊的品类，还有的松花石因一些金属矿物的渗入而形成金钱、金星、石眼等。松花石绚丽多姿的外观，加上滑不拒墨、涩不滞笔的特性，故而跻身上乘砚材，受到清代诸位皇帝的青睐，乾隆对其评价尤高，认为松花石砚"品埒端歙"。

从现存于北京故宫博物院与台北"故宫博物院"的百余方清宫松花石砚与相关文献来看，清代的松花石可能主要来自两个产地，一为今吉林省通化市浑江南岸的磨石山（清代称砥石山）仙人洞，一为今辽宁省本溪市平山区桥头镇。现今的松花石来源较多，如20世纪70年代末发现的大安乡湖上坑，80年代末发现的珍珠崖和库仓坡，90年代末在浑江北岸开发的独石坑，以及浑江上游深沟峡谷中发现的古峡坑。刘祖林先生根据多年的考察研究认为，当代松花石发掘的先后顺序依次为：通化大安乡的湖上坑、通化长盛村的仙人洞、白山库仓沟的库仓坡、通化葫芦套的独石坑、白山协力村的古峡坑、白山三岔子的五〇一、白山板石沟的珍珠崖、通化孤砬子村的山水源、柳河三源浦的三源彩、辽宁本溪恒仁的普乐堡、辽宁本溪的思山岭、辽宁的辽阳以及辽宁的瓦房店。董佩信认为："辽宁的本溪，吉林的通化、白山、江源、安图，都有此类岩石出露。”并言“1983 年，他们又在长白山下松花江边找到了当年清代的古采场。从此，神秘的松花石得以重见天日”。[40]

在此需要指出的是，上述各地出产的石料虽然都被称为松花石，但颜色、硬度、密度等有所不同，各有特色。

一、砚坑

1. 仙人洞

仙人洞遗址在今吉林省通化市二道江区长胜村的磨石山，位于浑江的东南岸。据说磨石山原来绵延较长，后因 20 世纪 50 年代部队在此开山取石修建营房，加上 70 年代改建铁路，靠近江边的那部分已被炸毁，目前所能见到的是残存于铁路边的部分山脉，在经过人工开凿的峭壁上，肉眼可见岩壁上裸露的一些紫绿相间的岩层，有些地方还有新开凿的痕迹。据刘祖林先生介绍，康乾时期很多松花石砚精品都可能出自仙人洞，如现存台北“故宫博物院”的“康熙松花石嵌鱼化石夔龙砚”“乾隆松花石松树砚”等。由于此洞屡经破坏，在经历了 200 多年之后，仙人洞中纯正的深绿与蓝绿色的松花石精品已经很少，像北京故宫博物院及台北“故宫博物院”收藏的青绿刷丝纹更是极为少见。如今在仙人洞西侧与老坑中还有一些以紫色为主的砚材，如“紫袍玉带”“紫绿相间”“绿袍紫带”等。

2013 年 5 月，笔者在刘祖林先生带领下考察了磨石山，到达那里后，首先映入眼帘的是一段高约十多米的山崖，山崖边就是铁路。在地面向山崖望去，可见紫绿相间的岩层横亘整座山崖。目前，磨石山仙人洞（图 6–14）附近的岩石（图 6–15）已经几乎无人开采了，究其主要原因可能如下：其一，此处靠近铁路，属于禁止开采之地；其二，此处石料因长期裸露在外，经风吹日晒之后石材变得较为枯燥；其三，此处石料中有大量细小的石英筋脉，不太适合制作上等松花石砚；其四，如今在通化境内已发现多处松花石产地，多数产地的石质优于此处。

图 6–14　磨石山仙人洞遗址（摄于 2013 年 5 月）

图 6–15　磨石山仙人洞遗址附近峭壁上紫绿相间的岩层，但石材中有大量细小的石英筋脉

2. 桥头石

桥头石出产于辽宁省本溪市平山区桥头镇的小黄柏峪（图 6–16），品种主要有纯紫色的紫云石、纯绿色的青云石、青紫相间的线石与木纹石（图 6–17）。线石之名缘自这种石料往往是在一块厚约 3~4 厘米的紫色石中夹有 3 至 4 道厚约 2~3 毫米的线状绿色石。木纹石又可分为通体黄色、木纹清晰与黄绿相间、木纹不完整的两种。用木纹石与松花石相嵌制作的砚台，既典雅文静又不失富丽堂皇，如康熙松花石嵌蚌式砚（图 6–18）便可作为典范之一。该砚将小块上等绿色松花石嵌合木纹石中以形成大幅面砚台的做法，可

谓是宋代窖藏出土的眉纹枣心嵌合歙砚制作模式在松花石砚上的运用与发展。

鉴于现今辽宁本溪桥头镇所产的桥头石在颜色与花纹上与清代康熙、雍正、乾隆等朝代制作松花石砚及石盒的石料比较接近，故有学者提出了康熙、雍正两朝松花砚之“盒身部分多用紫色桥头石琢制，盒盖则多用紫绿色相叠之桥头石制成”的观点。笔者虽有同感，但一直不明白的是当时既然已用桥头石制作砚台与砚盒，为什么没有相关的文献记载呢？要知道吉林通化与辽宁本溪两地之间直线距离有200多千米，石材的颜色与质地又有较大差别，是什么原因使清代的皇帝们将两者混为一谈呢？这确实令人费解，存疑待查。

桥头石当下的开采量较大，除了在当地雕刻成砚与制作砚盒外，还有相当一部分石料因吉林通化与白山的松花石砚雕刻者多用其制作砚盒而被购买。

3. 湖上坑

湖上坑位于今吉林省通化市通化县大安镇湖上村的一座山林之中，此坑于20世纪70年代末被发现（图6–19）。2013年5月，我们沿着一条陡峭的砂石路，开车到达湖上坑的松花石开采地点（图6–20）。在此采矿点，我们看到了20世纪70年代末发现的砚石坑，但目前此坑已经停采多年，从已被开挖的面积与深度来看，此坑的开采量并不大。据刘祖林先生介绍，当时从此坑中出产过一些黄绿相间

图6–16　桥头石产地小黄柏峪的地理位置（取自百度地图）

图6–17　小黄柏峪紫云石矿山（取自《中国辽砚》）

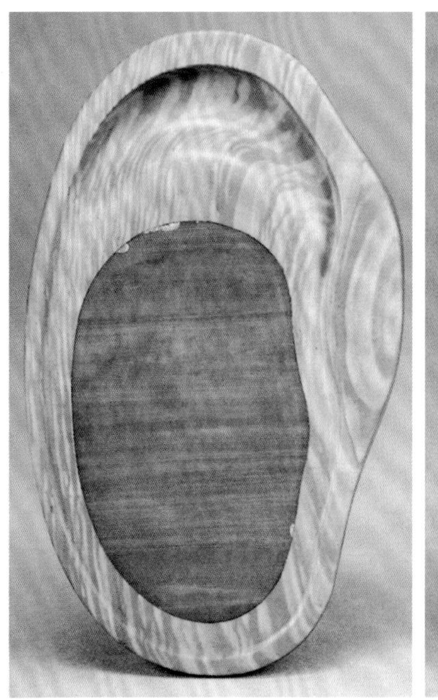
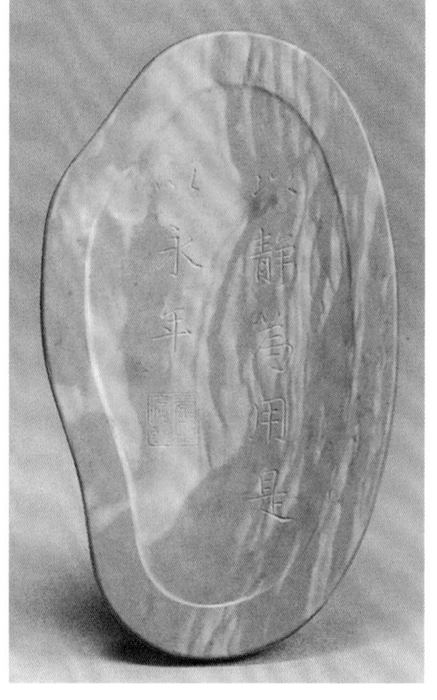

图6–18　清康熙松花石嵌蚌式砚（正、背）（取自《品埒端歙》）

图 6–19　20 世纪 70 年代末发现的湖上坑砚坑

图 6–20　笔者与刘祖林先生等考察湖上坑

图 6–21　湖上坑石品中的静水刷丝（取自《松花石砚》）

图 6–22　湖上坑新开采的坑口

图 6–23　从湖上坑新开采坑口挖出的松花石

图 6–24　湖上坑石品中的紫锦撒珠（取自《松花石砚》）

的松花石，若将此坑之石以层间色彩分明的侧理作为砚面，则砚面上会呈现出刷丝清晰、或刚或柔、或密或疏的“静水刷丝”（图 6–23）与“荡水刷丝”纹；若将石材的侧理放在砚侧，则正面的砚堂、砚池中又会呈现出千姿百态的“云丝纹”。比照此坑所产之石的颜色与温润程度，刘先生认为现藏台北“故宫博物院”那方纯绿温润的松花石甘瓜石函砚的石料有可能采自湖上坑。

当下的松花石开采地点位于 20 世纪 70 年代末发现的砚坑附近（图 6–22），开采面长达 200 多米，被开采出来的松花石数量很大，堆积于道路一旁（图 6–23）。从山崖上裸露的地层断面来看，湖上坑的松花石在表土层下约 1 米深处，矿脉分布较广，蕴藏量很大，但上层石材风化较为严重，下层石材质量较好。从当下开采地点取出的松花石岩层较厚、块头挺大，重量多在数百千克，颜色主要为深绿与黄绿，层片状结构，黄绿相间的居多。从石质来看，开采出的大多数岩石风化较为严重，其中有一部分可稍做修整作为松花石奇石，只有少部分质量上等的石料可以作为砚材。另外，湖上坑还出产紫褐色的松花石，有的上面还布满大小不同、疏密不匀的灰绿色小点，被称为紫锦撒珠，经精心设计雕成砚台后别有一番韵味（图6–24）。

4. 珍珠崖

珍珠崖位于浑江上游白山市江北五六千米的一条东西向的山脉旁，20 世纪 80 年代末被发现。其石质比较坚硬，敲击时声音清脆，颜色以青绿为主，色泽有深有浅，石质纯净清新，细腻温润，偶尔可见深浅相间，但没有刷丝。珍珠崖的石材常用“龙泉青”（图 6–25）作为通称，可再细分为“瓷灰”、“瓷青”（图6–26）、“瓷绿”、“瓷蓝”。

图 6–25 珍珠崖石品之龙泉青（取自《松花石砚》）

图 6–26 珍珠崖石品之瓷青（取自《松花石砚》）

5. 库仓坡

库仓坡松花石砚坑位于今吉林省白山市浑江区库仓沟的一个山坡上，20 世纪 80 年代末被发现（图6–27）。从现场来看，松花石矿藏距表土仅几十厘米，矿脉分布较广，出产的松花石量也很大（图6–28），笔者在考察此地时随手可捡到品质较好的松花石样品（图 6–29），有些住户甚至用松花石作为建筑材料（图 6–30）。库仓坡所产松花石岩层较厚，石块较大，石质比较坚硬，敲击时声音清脆，颜色以蓝绿为主，大多是与珍珠崖相似的无任何图案的“龙泉青”，也有与独石坑砚石颜色相近的“俏银灰”（图6–31）。由于库仓坡的砚材长年饱受地下水的浸润，故石质润泽细腻，色彩柔和。另外库仓坡的石质中还有一些色彩相间，对比强烈，刷丝明显，纹理清晰的砚材（图 6–32），以及绿石中布满大小不等的黄绿或

图 6–27 库仓坡松花石砚坑

图 6–28 砚坑旁堆积的松花石

图 6–29 笔者在采集松花石样品

图 6–30 库仓坡附近住户用松花石砌成的矮墙

图 6–31 库仓坡石品中的俏银灰（取自《松花石砚》）

图 6–32 葫芦套乡附近公路旁的松花石矿脉

深绿斑纹的石品。

6. 独石坑

独石坑于 20 世纪 90 年代末被发现，因砚坑附近有一块特大的孤石耸立而得名。独石坑是由若干个位置相距不远的大小砚坑所组成，主要分布在今吉林省通化市通化县葫芦套乡的孤砬子村与清沟子村。据实地考察，葫芦套乡的松花石矿藏分布较广，蕴藏量也较大，从公路一侧山崖到几里远外的山坡，矿脉相连（图 6–32）。公路一侧崖壁上显现出的松花石岩层多为紫绿相间，有的地方石质滋润嫩绿，可作为上等砚材，只是因为紧邻公路而不允许开采。

在从公路一侧通往小溪对面一个独石坑坑口的一条小路上，随处可见大小不等的松花石块（图 6–33），笔者也忍不住低头寻找，很快就在路旁捡到了一大块品质较好的松花石（图 6–34），在刘祖林先生的帮助下搬到了停在公路旁的汽车上。在砚坑下的小溪里，松花石块的数量更多，由于石料经过溪水的冲刷，更易分辨质量高低，故经常有人到小溪里捡选松花石，笔者就在路上遇见了两位从小溪中捡选到松花石并持之返回的人（图 6–35）。

独石坑的松花石质地较为细腻，色彩丰富，除常见绿黄相间外，还有绿色岩面凸现点点红晕的“彩红晕”、绿色之中有一片令人瞩目的银灰色斑纹的“俏银灰”，以及浅灰绿和紫绿相间的板石、自然石。这些石料常被雕刻者巧加利用，收到意想不到的艺术效果，如黄绿深浅图纹相互交融的“腾云纹”与黄绿相间纹线缠绵的“云丝纹”就是利用绿黄相间石料创作出的艺术佳品（图 6–36）。再如李白醉酒砚（图 6–37），就是巧用天然石料具有的黄、紫、绿等多种色彩，在黄色石层上用大写意的手法雕刻出酒仙李白，用具有天然水波纹的紫色石层雕刻成盛装佳酿的酒坛，再用飘逸的云纹制成砚池，成功地将诗仙李白浪漫奔放的性情、

图 6–33　小溪岸边的独石坑坑口之一

图 6–34　笔者从山路旁捡到的松花石

图 6–35　从小溪中捡选到松花石并持之返回的人

图 6–36　库仓坡石品中的云丝纹（取自《松花石砚》）

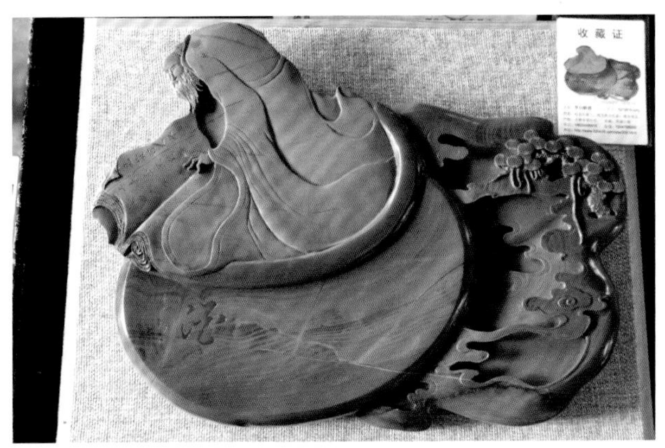

图 6–37　用独石坑石料制成的李白醉酒砚（徐军提供）

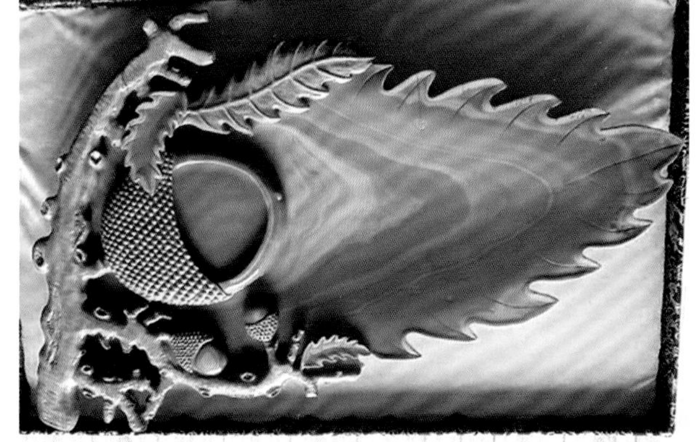

图 6–38　用独石坑石料制成的成就大业砚（徐军提供）

如行云流水般的诗句和其中大气磅礴的意境浓缩于一砚之中，观之如读李白之《将进酒》：

君不见黄河之水天上来，奔流到海不复回。

君不见高堂明镜悲白发，朝如青丝暮成雪。

人生得意须尽欢，莫使金樽空对月。

天生我材必有用，千金散尽还复来。

烹羊宰牛且为乐，会须一饮三百杯。

岑夫子，丹丘生，将进酒，杯莫停。

与君歌一曲，请君为我侧耳听。

钟鼓馔玉不足贵，但愿长醉不复醒
古来圣贤皆寂寞，惟有饮者留其名。
陈王昔时宴平乐，斗酒十千恣欢谑。
主人何为言少钱，径须沽取对君酌。
五花马，千金裘，呼儿将出换美酒，与尔同销万古愁。

另外，像成就大业砚（图 6–38），则利用了天然石料绿如嫩叶的品质，巧施妙手，将其琢成一片绿叶加几颗橡实，既展现了石料的天然之美，又赋予此砚以美好寓意，一扫前人“年末锄犁傍空室，呼儿爬山收橡实”的困苦之意，改为喜庆丰收的愉悦场面。

7. 古峡坑

古峡坑位于吉林省白山市江源区协力村胡家沟，地处浑江上游的深沟峡谷之中。笔者一行从公路旁沿着一条石子路徒步而行到达采石地点，用了 20 多分钟（图 6–39、图 6–40）。古峡坑松花石采矿点面积很大，采下的石料堆积如山（图 6–41），东边的山崖紫石较多，西边的山崖绿石较多。除紫、绿之外，古峡坑松花石中还有紫褐与绿色相间者、绿色与红褐或淡红相间者、白色与黄褐相间者，有的石材上还具有被称为“闪电纹”（图 6–42）的彩色条纹。古峡坑石料的特点是色彩较为丰富，但质地偏软，个别石质较粗，敲击时声音低闷。

图 6–39 笔者一行在前往古峡坑考察的路上

图 6–40 笔者在古峡坑考察

图 6–41 古峡坑松花石开采现场

图 6–42 古峡坑石品中的闪电纹

8. 安图县两江镇六人沟村石灰窑沟采石场

此采石场位于吉林省延边朝鲜族自治州安图县两江镇六人沟村石灰窑沟二道江边。从六人沟村去采石场，只有一条泥泞的小道，因担心轿车陷入泥坑，故笔者一行只能徒步而行。沿途树林茂密，有的地方还

图 6–43　安图县两江镇六人沟村石灰窑沟二道江边的两处采石场

图 6–44　刘祖林先生与刘成在二道江边采石场考察

图 6–45　具有众多小裂纹的石料（手机尺寸 110 毫米 ×55 毫米）

图 6–46　疑似石灰岩的石料

有未融化的冰，路上除了我们一行步行者外，偶尔还有从江边耕种归来的牛车与拖拉机。临近江边时，可以见到堆积数米厚的火山灰，这是长白山地区有过多次火山喷发的历史证明。根据地图测量，这里距长白山天池直线距离约为 80 千米。到达江边后，可以看见远处江边的山崖下有两处采石场（图 6–43）。由于原来沿着江边可供载重汽车与拖拉机行驶的道路在前年被洪水毁坏，所以我们只好小心翼翼、手脚并用，在乱石嶙峋的江岸边向采石场缓慢靠近。通过对采石场及附近岩石的观察（图 6–44），可以看到此处的绿色石料表面风化较为严重，多数具有纵横裂纹（图 6–45）。据同行的松花石砚制作者刘成介绍，他曾在此采石场挑选过制砚的石料，但从众多的石料中只能选出很少几块。笔者与同行的刘祖林先生还发现此采石场的石料中有很多疑似石灰岩（图 6–46），刘成也说在江边的道路被洪水冲毁之前，经常有拖拉机来此装载石块运往附近的石灰窑烧制石灰。

二、色系

在现存清代宫廷松花石砚中，以绿色刷丝纹居多，其他颜色较少，这一方面反映了清代皇帝们对绿色松花石的嗜好，另一方面也反映了清代发现的松花石种类较少。自 20 世纪 70 年代末以来，在吉林通化、白山等地发现了多个松花石产地，仅就其颜色细分就可达近百种。近年来，刘祖林先生将已发现的松花石从色彩上进行了归类，分为绿色系、紫色系、黄色系、白色系、黑色系与彩色系，并按此色彩系列创制了六套松花石砚，观之令人赞叹不已。

1. 绿色系

在已发现的松花石中，绿色系松花石是数量最多也是最有代表性的色系（图 6–47），绿色系的石料主

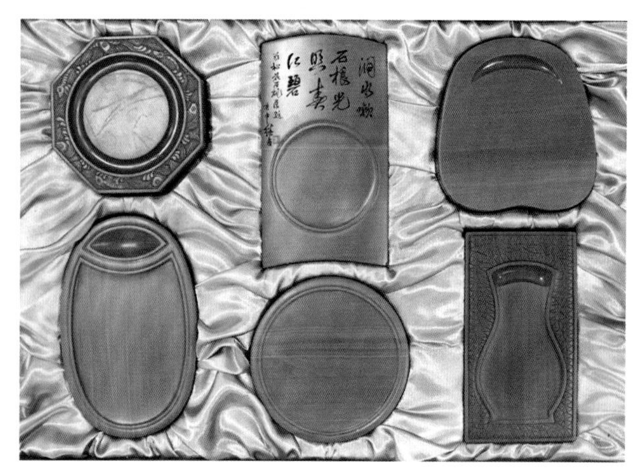

图 6–47　绿色系套砚（刘祖林提供）

图 6–48　紫色系套砚（刘祖林提供）

要产于吉林的通化与白山。虽然松花石的绿色系中也可分为深绿与浅绿等多种，但其绿色仍有自己的特色。就笔者所见有限松花石砚石而言，品质上等的松花石之绿通常比洮河砚的“鸭头绿”色调偏暖，较绿端偏冷。刘祖林先生颇有创意地将松花石的绿色系称为“松花绿”，因为他认为松花石的绿色系列包含了长白山松叶随四季变化而产生的多种绿色。

2. 紫色系

紫色系在松花石中所占比例较大（图 6–48），通常与绿色系的石料相伴而生，如仙人洞遗址的山崖上、通化葫芦套村附近公路的山崖上都可见到紫绿相间的岩层，另外古峡坑中出产的松花石也有很大一部分为紫色。松花石中的紫色系虽然也可细分为数种，但总体而言其紫色与端砚、苴却砚、贺兰砚、易水砚的紫还有一些差异，最为突出的是松花石的紫通常是深紫与浅紫相间，具有明显的层次。

3. 黄色系

黄色系的松花石主要产于辽宁的本溪与瓦房店，吉林的通化与白山也有出产（图 6–49）。其中辽宁所产多为板材，以宽大厚重、纹饰绚丽为特点，主要用于制作砚盒。吉林所产多为孤石、奇石，除内外均为黄色的石材之外，还有一种集黄、白两色于一体的石材，通常是外层黄色，内里白色，人们形象地称其为“金包玉”（图 6–50）。

图 6–49　黄色系套砚（刘祖林提供）

图 6–50　黄色系中的金包玉（刘祖林提供）

4. 白色系

白色系的松花石一般多出于黄色松花石的孤石之中，被黄色的外层紧紧地包裹着（图 6–51）。这些白色的松花石小的只有指头大小，大的可重达几十斤甚至上百斤。白色系的松花石可细分为纯白、乳白、灰

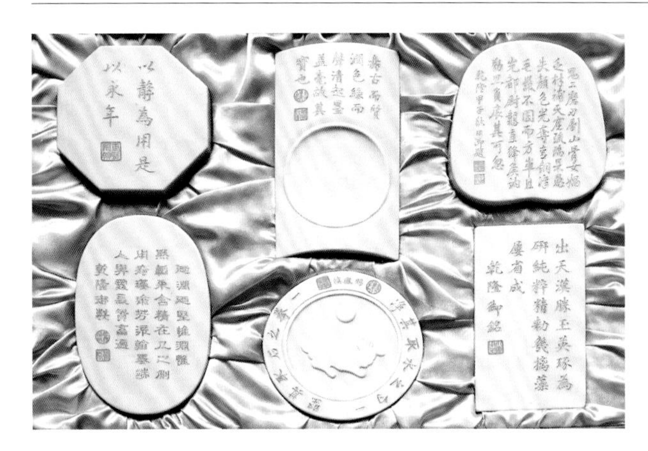

图 6–51　白色系套砚（刘祖林提供）

图 6–52　黑色系套砚（刘祖林提供）

白泛绿等多种，其中洁白如玉者最难得，尤其是丝纹清晰的白色石料更是可遇而不可求。

5. 黑色系

黑色系的松花石较之白色系更为难得（图 6–52），这种松花石质地温润细腻，硬度比其他松花石稍低（4 度左右），若以岩石的侧面为砚面可出现深浅不同的黑色刷丝纹，若以岩石的岩面为砚面，切开挖出的砚堂与墨池内会出现缠绕的黑丝锦纹。据刘祖林先生介绍，他曾在 2003 年偶然得到几块这种黑色的松花石，如今这片出产黑色系松花石的土地上已盖起厂房，无法开采。

图 6–53　彩色系套砚（刘祖林提供）

6. 彩色系

彩色系是对绿、紫、黄、白、黑色系之外的全部松花石的色系总称（图 6–53），主要指那些多种颜色相间或交织于一体的松花石，如有的集黄、紫、绿、灰于一体，有的集黄、绿、白、红于一身，有的蓝与紫交织，还有的绿与白相间。这些彩色系的松花石数量虽然较多，但能够对其巧施妙手而成佳作者并不多见，图 6–54、图 6–55 是笔者认为较有代表性的几方彩色系松花石砚，附于书中，与读者共飨。

图 6–54　具有绿、紫、灰、黄等色的搏击砚

图 6–55　具有绿、红、黄、白等色的松花石鱼砚

第三节 理化特性

一、物理特性

从松花石的物理性能（表 6–1）上看，其具有以下特点：

（1）结构致密，质重沉稳；吸水率低，呵气成润。品质等级由高向低依次为绿色、黄绿色、紫色。

（2）抗压强度大，不易碎裂；抗冻系数小，冬季温度低时不影响使用；性质稳定，防酸、碱腐蚀能力强。品质等级由高向低依次为绿色、黄绿色、紫色。

（3）硬度适中，绿色—紫色的松花石硬度为 4.0~4.5，适合雕琢；质地细腻，受刀均匀；温润如玉，光泽适宜。

（4）石英颗粒均匀，排列规则，且均匀地分布其间，故松花石砚料细中有锋、柔中有刚，发墨益毫；又因微晶石英组分含量适中，故松花石砚涩不损笔，不减其锋。

表 6–1　松花石的物理特性表 [41]

测试项目	绿色松花石	黄绿色松花石	紫色松花石
密度 /（$g \cdot cm^{-3}$）	2.80	2.66	2.61
湿密度 /（$g \cdot cm^{-3}$）	2.78	2.67	2.64
吸水率 /%	0.17	0.25	0.98
抗压强度（干）/MPa	121.20	96.66	78.13
抗压强度（湿）/ MPa	116.43	91.46	70.66
抗冻系数	0.98	0.95	0.00
孔隙率	1.20	1.85	4.04
强度损失率 /%	2.16	5.96	
软化系数 /%	0.97	0.94	0.90
pH 值	10.48	9.66	9.37
硬度（摩氏）	4.50	4.44	4.00
耐碱 /%	99.95	99.96	99.97
耐酸（H_2SO_4）	99.60	99.54	99.45
耐酸（HCl）	99.54	99.63	99.94
光泽	油脂光泽	油脂光泽	油脂光泽

二、化学特性

1. 岩性鉴定

深绿色松花石为含硅质泥晶灰岩，岩石的主要矿物成分为微晶方解石，颗粒极细小，在 0.001 毫米左右，他形，还有少量的隐晶质或非晶质的二氧化硅条带和团块泥晶结构，块状构造并含有少量的黏土矿物。灰绿色松花石为泥晶岩，主要矿物成分为微晶方解石，颗粒极细小，在 0.001 毫米左右，他形，泥晶结构，水平层理构造较发育，并含有少量黏土矿物。紫色松花石为泥晶灰岩，主要矿物成分为微晶方解石，颗粒极细小，在 0.001 毫米左右，他形，泥晶结构，水平层理构造较发育，发育有方解石石脉，沿层理平直延伸，并含有少量的黏土矿物。[42]

2. 化学成分全分析

依据表 6–2 对北京故宫（宫藏）、安图县古采场、白山市、通化市松花石化学成分全分析的结果表明，二氧化硅（石英）含量依次为 42.62%（白山，深绿）、41.24%（通化，深绿）、39.93%（白山，浅绿）、36.15%（通化，浅绿）、30.12%（安图，浅绿）、29.63%（北京，浅绿）、17.61%（白山，紫）、11.80%（通化，紫）。

方解石（CaO）含量依次为 27.56%（白山，深绿）、27.89%（白山，浅绿）、29.10%（通化，深绿）、30.77%（通化，浅绿）、32.23%（安图，浅绿）、33.54%（北京，绿）、42.38%（白山，紫）、47.12%（通化，紫）。

烧失量依次为 15.56%（通化，深绿）、22.18%（白山，浅绿）、22.25%（白山，深绿）、24.45%（通化，浅绿）、27.02%（安图，浅绿）、27.16%（北京，绿）、34.59%（白山，紫）、36.90%（通化，紫）。

其他黏土矿物的含量可以忽略不计，从以上岩性鉴定，二氧化硅（石英）、方解石、烧失量几项指标综合分析结果，对照砚材的标准，可以得出以下结论：

白山市的深绿色松花石（硅质泥晶灰岩）是上等的砚材，石英和方解石的百分比例使其用作砚材时便于发墨；适中的烧失量，表明岩石富含充足的水分，岩石温润细小的颗粒使其细腻。其他松花石就其用作砚材的适宜程度来讲，依次为通化深绿、白山浅绿、通化浅绿、安图浅绿、北京绿色、白山紫色、通化紫色。紫色松花石比绿色更加温润，但是发墨远不能与绿色相比。[43]

表 6–2　松花石化学成分全分析结果表 [44]

化学成分 \ 松花石名称		北京故宫（宫藏）	安图县古采场	白山市			通化市		
				深绿	浅绿	紫（黄）	深绿	浅绿	紫
WB /%	SiO_2	29.63	30.12	42.62	39.93	17.61	41.24	36.15	11.80
	CaO	33.54	32.23	27.56	27.89	42.38	29.10	30.77	47.12
	Al_2O_3	2.64	2.78	4.64	4.52	2.22	6.59	3.49	1.68
	TFe_2O_3	1.07	1.21	1.77	8.17	1.40	4.30	3.08	1.23
	TiO_2	0.10	0.12	0.12	0.17	0.20	0.30	0.18	0.10
	Na_2O	0.14	0.10	0.18	0.18	0.12	0.08	0.05	0.12
	MnO	0.05	0.04	0.05	0.05	0.06	0.03	0.05	0.66
	MgO	0.46	0.48	0.42	0.73	0.69	1.03	0.97	0.15
	K_2O	0.51	0.53	0.68	0.88	0.28	1.45	0.50	0.28
	P_2O_5	0.60	0.59	0.16	0.24	0.06	0.32	0.30	0.06
	烧失量	27.16	27.02	22.25	22.18	34.59	15.56	24.45	36.90

第四节　形制样式

松花石砚自康熙年间由皇家主持开发雕琢以来，至今已有300多年。从北京故宫博物院与台北“故宫博物院”现藏的清代松花石砚来看，其设计与雕琢主要围绕着松花石特有的绚丽纹理而展开。这些集庄重严谨的皇家气派与高雅精美的艺术风格于一身的作品，虽然总体上可以用造型规矩、图案精美、寓意吉祥等加以概括，但在不同的历史时期其仍然具有各自独特的形制样式。尤其是20世纪70年代末松花石资源被重新发现之后，松花石砚的创作进入了新阶段，在石材新品与才思灵感的碰撞涌动之下，一大批形制新颖、样式独特的艺术珍品被创造出来，极大地丰富了松花石砚这一绚丽的宝库。

一、清康熙年间

从珍存北京故宫与台北“故宫”的宫廷御砚来看，康熙朝的砚材主要选用深绿与浅绿、绿色与黄绿相叠而形成的刷丝纹，砚形多为长方形，间有瓜形、笋形、木笔花形、鱼形、蚌形、仿古风字形、天然子石形等，墨池常浮雕有异兽、夔龙、飞凤、蝙蝠，以及瓜果、石榴等，池旁雕饰花叶纹饰，砚面四周常用勾云纹、回纹等仿古纹饰围饰，砚背常有砚铭和款、印。如清宫旧藏的松花石瓜池砚，砚堂平滑，砚池斜浅，池上雕饰瓜纹及波浪纹。砚缘四周的边框上雕有花纹。砚背有康熙皇帝的御题砚铭“寿古而质润，色绿而声清，起墨益毫，故其宝也”，并镌“康熙宸翰”印。配黑漆描金砚盒，绘猫蝶花卉纹，取“耄耋”谐音，寓意长寿延年。

清康熙朝松花石砚的形制特点还表现在设计制作砚体与砚盒时采用了镶嵌工艺。如清宫旧藏康熙松花

图6−56　清康熙松花石嵌螺钿砚（取自《品埒端歙》）

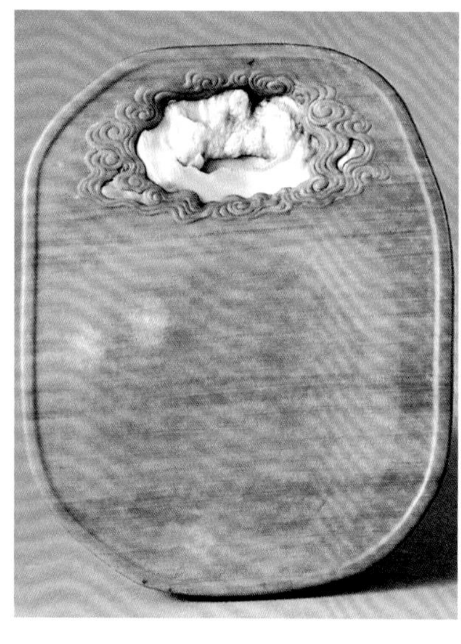

图6−57　清康熙松花石山水纹砚（取自《品埒端歙》）

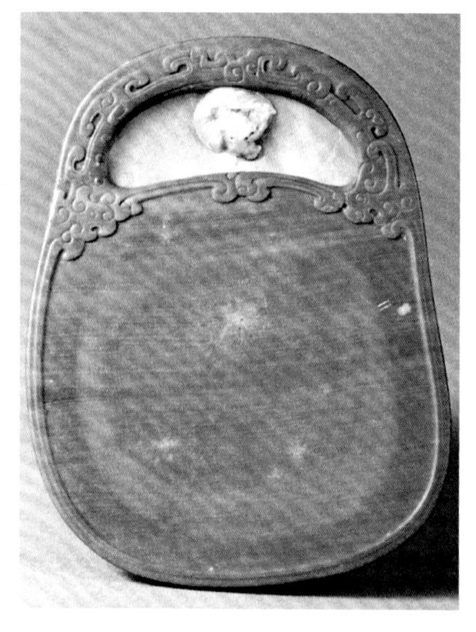

图6−58　清康熙松花石山水纹砚（取自《品埒端歙》）

图 6–59　清康熙松花石嵌鱼化石容德砚盒盖（取自《品埒端歙》）

图 6–60　清康熙松花石嵌鱼化石龙纹砚盒盖（取自《品埒端歙》）

图 6–61　清康熙松花石庆寿砚盒盖（取自《品埒端歙》）

石嵌螺钿砚（图 6–56），砚面上部开墨池，池内用螺钿嵌成小山，小巧玲珑，别有情趣。墨池四周浮雕云龙纹围护，砚堂中间留有圆形受墨处。砚背楷书砚铭“瘦古而质润，色绿而声清。起墨益毫，故其宝也”，并镌“康熙”“御铭”印。配绛紫色松花石嵌玻璃盒，边雕夔龙纹。此砚最大特点在于首次在墨池中嵌入螺钿，使绿如春水的砚底与螺钿之珍珠白相互映衬，有碧水孕珠之意，美不胜收，令人赏心悦目。另外两方康熙松花石山水纹砚（图 6–57、图 6–58）虽形态各异，但砚池内都嵌入表面凹凸不平的白色贝壳，尤显华贵大气。

在砚盒上镶嵌鱼化石可视为康熙皇帝对松花石砚盒制作技艺的贡献之一（图 6–59）。据《圣祖仁皇帝御制文集》第四集卷二十六记载：“石鱼，喀尔沁地方有青白色石，开发一片辄有鱼形，如涂雌黄，或三或四鳞鳍，首尾形体具备，各长数寸，与今所谓马口鱼者无异。扬鬐振鬣，犹作鼓浪游泳状。朕命工琢磨，以装砚匣，配以松花江石，诚几案间一雅玩也。”这种嵌有鱼化石的砚盒至今犹存，如现藏台北“故宫博物院”的清康熙松花石嵌鱼化石龙纹砚盒盖（图 6–60）、清康熙松花石嵌鱼化石双凤砚盒盖上就分别嵌有鱼化石。这些鱼化石在当时被称为“石鱼”与“鱼儿石”，如“鱼儿石，产朝阳县西北山中，石不甚坚，层层可剥，各有鱼形，随剥随异，无相同者，纤悉如画，土人名曰鱼儿石”。[45]

此外，在砚盒上镶嵌其他材质的装饰品，也是康熙朝较为流行的一种技艺，如现藏台北“故宫博物院”的清康熙松花石庆寿砚的砚盒上就镶嵌了一个用土黄色石材雕镂的圆形寿字（图 6–61），原本颜色灰暗的砚盒因此而显得华美。

清康熙年间松花石砚制作技艺的另一特色是采用多层色石分层雕镂工艺，制作出不同颜色镶嵌于一体的石质砚盒。在此之前，砚盒多用木、漆制作，而康熙年间则采用多层色石制作砚盒，通过精心雕琢，砚盒呈现两种颜色镶嵌的美丽外观。如一方松花石凤纹砚的砚盒（图 6–62）就是用紫绿两层色石琢制而成，盒身整体为长方形，盒盖与盒身借砚身扣合。盖之周边为紫色突起窄棱，中间偏上方为一紫色长方框，框周雕饰云纹与“卍”字，寓意“万福”。紫色的盖边与方框之间用暗绿色雕镂出双凤纹，凤首于紫色长方框下方相对，凤爪抱着凤首，凤之双翼环绕于紫色窄棱之内，另于下方雕两个相互对视的小凤首。纹饰下嵌一玻璃，可透视砚面。这种巧妙地利用松花石层次不同、颜色相异而制作的砚盒，前无古人，可谓康熙年创制的一种新工艺。制作这种砚盒的工艺复杂性胜于砚台本身，说明松花砚的观赏价值在此时已经得到大幅度提升，从文房用品变成皇宫珍品，为皇家御用以及赏赐臣子与馈赠他国奠定了重要的物质与文化基础。

图 6—62　清康熙松花石凤纹砚砚盒（取自《品埒端歙》）

图 6—63　清康熙松花石苔纹砚砚盒（取自《品埒端歙》）

康熙朝松花石砚的砚盒除了使用松花石制作外，还采用了其他石料，如现存台北“故宫博物院”的清康熙松花石苔纹砚砚盒（图 6–63）表面镶嵌的那块具有墨绿、浅绿、白、黑、灰诸色的天然苔纹色石，从照片上看颇似产于今天江西省石城县龙岗乡黄石山的石城石。如果此砚盒表面所嵌石料确实为石城石，则一方面可以了却笔者多年的一个猜测，即松花石砚在砚盒用料的选材上并不局限于产自东北的松花石，而是取材于多个地区；另一方面可以将缺少文献记载的江西省石城县的石城砚历史至少上溯到清朝康熙年间。

二、清雍正年间

雍正朝的松花石砚多承袭康熙朝的形制，砚材主要选用深浅相叠与黄绿相错而形成的刷丝纹，颜色仍以绿色为贵。砚形多为长方形，也有一些如葫芦形、如意首形、竹节形的不规则砚形。墨池浮雕中多如意、仙鹤、瑞兽等吉祥语意纹。砚周琢饰的纹饰中，前朝喜用的勾云纹及回纹少见，而桃、灵芝等具吉祥语意的纹饰居多。雍正朝松花石砚在砚形上与前代最大的不同是出现了竹节形砚。此类竹节形砚的特点是砚盒与砚体都呈竹节形，砚身与砚盒随所用石料而变，或作长方形或作曲边形，尤其是在砚盒的设计雕琢上，不仅将竹节、竹根、竹叶等雕刻得栩栩如生，而且还巧妙地利用了松花石中颜色分层的石料，将雕刻精细的竹叶与作为主体结构的竹节分为两种颜色，形成鲜明的对比，不仅具有很强的艺术渲染力，而且寓意深刻又清秀美观。如现存台北“故宫博物院”的三方雍正朝竹节砚，其中一方的砚盒底色为黄，浮雕的竹叶

图 6—64　清雍正三款竹节砚砚盒（取自《品埒端歙》）

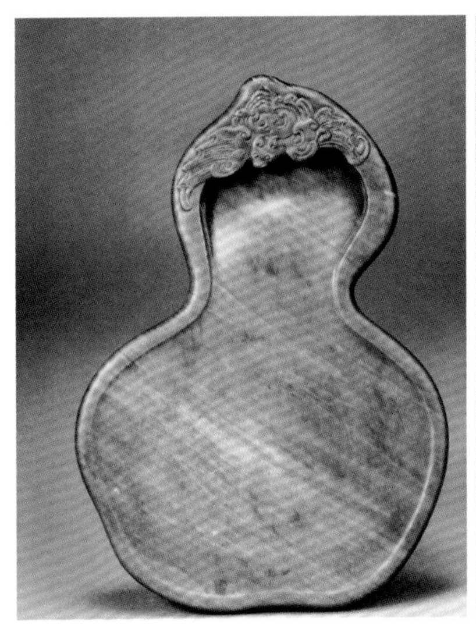

图 6–65　清雍正葫芦砚与砚盒之二（取自《品埒端歙》）

图 6–66　清雍正葫芦砚与砚盒之一（取自《品埒端歙》）

为紫；另一方的砚盒底色为紫，浮雕的竹叶为绿；还有一方的砚盒底色为浅黄，浮雕的竹叶为深黄（图 6–64）。以此可见当时松花石原料的色彩不仅丰富，而且工匠们在设计与雕刻时也是极尽巧思，充分地利用天然石料的特点又巧夺天工。

雍正朝的葫芦砚较之前代也较有特色，即从砚形到砚盒都制成葫芦形，似乎更加注重葫芦砚的砚身与砚盒的统一性。如现存台北“故宫博物院”的清雍正松花石壶卢（葫芦）砚，其砚身为一黄绿相间刷丝纹松花石制成的葫芦形砚，其砚盒也用紫色与绿色分层的色石制成葫芦形，并在砚盒上雕镂出葫芦的藤蔓、叶片，另加蝙蝠与寿字（图 6–65）。另一方雍正松花石壶卢（葫芦）砚也采用了砚身与砚体造型都极似天然葫芦的形式，并且在葫芦形砚盒上雕镂出葫芦的藤蔓与叶片以及象征福寿的蝙蝠与灵芝（图 6–66）。另一方松花石葫芦砚，砚作亚腰葫芦形，砚材选用绿色水浪刷丝纹。砚面开斜通式墨池，砚缘雕饰蔓枝，砚背开覆手，阴刻篆书“雍正年制”。该砚的特点在于选用黄色松花石作为砚盒，这种色黄如木的松花石砚盒被设计成一对寿桃，并巧用石色在砚盒表面雕刻出一段桃枝与数片桃叶，砚盒内琢成葫芦形，刚好嵌入绿色的葫芦砚。葫芦寓意“子孙万代”，寿桃寓意“长寿平安”，两者相加，福寿双全，真可谓构思巧妙。

三、清乾隆年间

乾隆朝的松花石砚在承袭前朝的基础上有一些新的变化。

其一，上等石料的使用更加合理，砚盒纹饰更加繁缛，雕刻也更加精细。也许是因为乾隆时期上等的绿色刷丝纹松花石料贮量已经不多，故乾隆皇帝一方面清查内务府所存松花石数量，另一方面将一些小块的上等绿色松花石嵌入到色彩绚丽但发墨较次的石材之中，以最大限度地发挥上等石材的研磨发墨性能。如台北“故宫博物院”所藏乾隆松花石河图洛书砚，该砚的砚身与砚盒均为黄色的松花石（桥头石），但在砚身内巧嵌一块周边曲折婉转的绿色刷丝纹松花石材，将色绿如玉、水波荡漾、光润细腻、起墨益毫、品埒端歙的上等绿色刷丝纹石材物尽其用，可谓搭配巧妙、慧心独具。此外，乾隆朝时松花石砚的造型与

图 6–67　清乾隆蟠螭砚砚底（取自《品埒端歙》）

图 6–68　清乾隆河图洛书砚砚盒（取自《品埒端歙》）

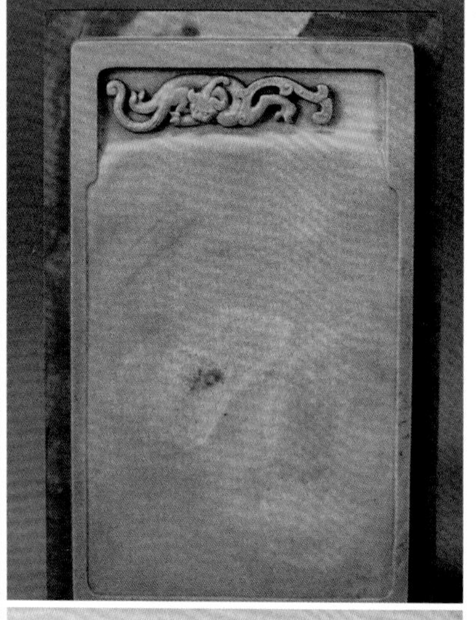

图 6–69　乾隆朝用紫色及其他颜色石料制作的松花石砚（取自《品埒端歙》）

纹饰多交给如意馆画家设计，经皇帝御览批准后方得琢制。这些由宫中画家设计出的图案，造型美观，纹饰较为繁缛，其中以松花石蟠螭砚的砚底（图 6–67）与河图洛书砚的砚盒（图 6–68）最为典型，不仅构图饱满而且雕工精细，每一片龙鳞与每一丝水纹，都勾画与雕刻得一丝不苟、纤毫毕现。

其二，制作砚台的原料更加广泛，一些紫色的石料也用来制作松花石砚；而在此之前，这种紫色的石料仅仅用来制作砚盒。如《品埒端歙》中共收集了乾隆朝的松花砚 36 方，其中用紫色石料雕刻成的松花石砚就达 21 方，另外还有黄色的 1 方，浅黄的 1 方，黄色嵌绿色的 1 方（图 6–69）。采用紫色及其他颜色石料制作松花石砚，显然扩大了松花石砚的原料来源，但另一方面也说明到乾隆朝时，宫中收藏的上等绿色松花石数量已经不多了。故而乾隆帝才会下令对宫中存储的松花石原料进行清查，并下令对长白山实行进一步封禁，禁止闲杂人等进山狩猎、下河捕捞，名义上是以免惊扰山神，但其主要目的可能是借此阻止人们进山采集松花石原料。

其三，形制与砚池的形态更加多样化。乾隆朝松花石砚的形制除长方形、如意首形、葫芦形外，还有珮形、磬形等形制，并出现横长大于纵长者。此时期的松花石砚的池周、砚周的雕饰较前朝

图 6–70　清乾隆松花石山水砚屏（正、背面）（取自《品埒端歙》）

为少，但墨池中的浮雕出现了一些形式特殊的叶形、笋形、桃形、如意首形，另外椭圆形、八边形、偃月形、矩形的墨池也出现较多。

其四，砚背镌印较多。乾隆朝时的松花石砚上镌刻的印相当多，且大多刻在乾隆御用砚上。常见的有“乾隆清玩”“乾隆宸翰”“永宝用之”“会心不远”“几暇怡情”“奉三无私”“惟精惟一”“长春居士”“古稀天子之宝”“八徵耄念之宝”“德充符”“得佳趣”“玉”“质”等。

其五，创制了松花石砚屏。乾隆皇帝除命工匠雕制松花石砚外，还利用松花石不同层次的色彩差异，雕制双色砚屏。砚屏是一种特殊的文房用品，据宋代赵希鹄《洞天清录》“自东坡山谷始作砚屏，既勒铭于砚又刻于屏砚”[46] 可知砚屏可能出现于北宋年间。砚屏大都选取具有美感的天然石材雕刻成某种形式，有的还镌刻若干自励的铭文，常置于几案砚端以障风尘，同时也供陈设赏玩与自勉自励。清代宫廷造办处制作的松花石砚屏，巧妙地利用松花石的色彩，巧施妙手，精雕而成。如现存台北“故宫博物院”的松花石山水砚屏（图 6–70），用赭褐色间豆沙绿的松花石雕制而成。该砚屏呈长方形，取暗绿色为底，作为湖水与天空；取紫色巧雕出仙山楼阁。由于合理地运用了浅雕与深雕的手法，将不同层次的色彩通过山石树丛、临水楼阁、石砌拱桥、数里长堤等巧妙地显现出来，其形色皆备，栩栩如生，再配以紫色松花石底座，更显典雅稳重。此屏之另一面阴刻行书填金铭“卞璞蔺璧纷纵横，锦囊宝椟缄瑶瑛。坐令玩物丧厥志，楚贾吴商空复情。松花之源产石子，由来王气常钟美。含奇韫灵正此时，疑有烟云绕江水。制为石屏胜荆玉，非夸雕琢夸淳朴。慎勿蔽彼贤，慎勿遮吾目，但令长陪几席间，直者见直曲者曲”[47]，以及楷书填金款“乾隆辛酉夏日，御题。臣，梁诗正敬书”，并雕刻了一方减地浮雕圆印“臣”，一方阴刻方印“诗正”，使此松花石砚屏更具人文情趣。

图 6–71 清光绪松花石葫芦砚（取自《文房四宝•纸砚》）

四、清嘉庆到光绪年间

嘉庆皇帝当政期间，共计雕刻了 9 方松花石砚。从现存于北京故宫博物院的一方嘉庆御用砚来看，其在形制上沿用前朝。该砚用绿色松花石雕琢而成，长方形，长 12 厘米，宽 8 厘米，厚 2 厘米。砚池上方浮雕一只磬，砚堂受墨处为圆形，砚的四周雕饰花纹，砚背用篆字刻有“嘉庆御赏”四字。

道光、咸丰与同治三朝，皇帝们时常在内外事务中忙得焦头烂额，对松花石砚虽然钟爱，但对用料与形制的研究似乎已经没有兴趣。在这三朝之中，雕刻的松花石砚数量很少，除了砚背铭文上出现的“道光御赏”“咸丰御赏”标示出此砚的制作时间外，在形制上均较之前朝缺乏创新，也缺少文采。

光绪皇帝对松花石砚的造型与设计似乎颇有兴趣，这位维新失败后被慈禧幽禁于瀛台的皇帝整日处在太监们的严密监视之下，在愁思哀伤、苦思冥想之余，就是偷偷地记点日记，倾诉衷肠。为了消磨时光，光绪把部分时间用在了设计松花石砚上，他把所设计好的图案与款式交由内务府派砚工进行琢制。这些凝聚了光绪灵感与心血的设计，造型新颖，突破了前朝的形制，具有典型的宫廷风格。如现存北京故宫博物院的一方小葫芦砚（图 6–71），砚材为温润如玉没有刷丝纹的纯绿松花石，砚体呈椭圆形，长 13.7 厘米，宽 3.8 厘米，高 1.2 厘米，砚面由三枚葫芦组成，一大二小。其以大葫芦为砚堂，束腰上开如意形墨池，砚缘处枝叶缠绕，砚背填金隶书款“光绪年制”，砚盒用紫檀嵌玉制作。该砚无论是外形设计还是雕刻手法，都较前代有所不同，显现出常用于玉雕与石雕的圆雕工艺痕迹。

五、现代

自 20 世纪 70 年代末松花石资源被重新发现之后，随着砚石品种的增加与工艺技术的进步，松花石砚的形制样式有了更加广阔的拓展空间。

首先，在砚材的使用上采用断面与平面并用的方法，以断面显现刷丝纹理，以平面显现云纹虹晕，两者都可以很好地展示松花石特有的天然纹理。如利用独石坑石材浅绿与黄绿相重叠的特点，砚材平用，则

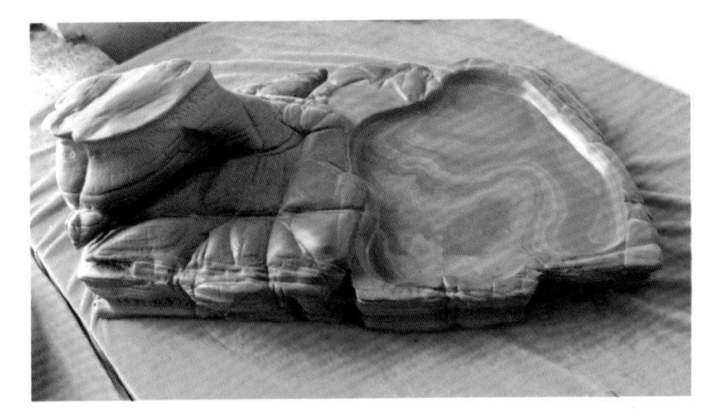

图 6–72　如春水荡漾般的纹理

图 6–73　古峡坑砚材“雪脑栗”（取自《松花石砚》）

砚池之中绿黄图纹相互交融，观之或如祥云萦绕，或如风云涌动，令人心随砚动，神清气爽。再如一方奇石砚，左边取自然之形，观之若山；右边凿一砚池，因砚材平用而使砚池出现云丝缭绕之纹理，观之如山泉入池激起的荡漾水波（图 6–72），不禁使人联想到朱熹的《观书有感》：“半亩方塘一鉴开，天光云影共徘徊。问渠那得清如许？为有源头活水来。”另外将古峡坑中紫色与白色相重叠的砚材平用，会使砚池与砚堂显现出紫如蒸栗与白如冰雪的效果，所谓的“雪脑栗”（图 6–73）就是古峡坑砚材平用而产生的特殊效果。

其次，在造型上突破了清代松花石砚大都造型规矩的传统，更加注重突出石质本身的天然美。造型上依材定形，因形施艺，妙思巧雕，主题鲜明，尤以松花奇石砚最为典型。如松花奇石脚踏实地砚（图 6–74），就是在一块酷似双脚的天然松花奇石上琢出两只类似脚形的砚堂，外周不加雕饰，保留原有的自然形态，观之饶有天然情趣。再如为杨振宁博士制作的松花石三宝砚（图 6–75），以东北的天池与长白山为主要造型，于其中嵌入人参、梅花鹿、黑熊三宝，构图取自传统题材，但造型却有时代特色。另一方由刘祖林创作的同舟共济砚（图 6–76），以一条渔船作为载体，拼合在一起时为一艘内河的乌篷船，拆分后则为笔筒、笔架、砚滴、印章以及一条用船身制成的组合砚，此组合巧妙之处在于用船舱将船身分隔为砚池、砚堂与印盒，分别用于贮水、研墨、存放印泥，可谓一物多用，创作思路清新，令人赞叹。

最后，精仿清宫旧作，用与清宫旧作相似的石料雕以相似的形制与纹饰，以达到在外形上与清宫旧作高度相似。目前制作此类砚的人较多，且仿制水平很高，几乎可以达到以假乱真的水准。这种技艺虽然以仿制为主，但由于技艺复杂且加工精度高，故也可视为当代松花石砚制作技艺中较有特色的一种。如当代刘祖林仿刻的清雍正葫芦砚（图 6–77、图 6–78），与真品在外形上高度相似，可谓惟妙惟肖。

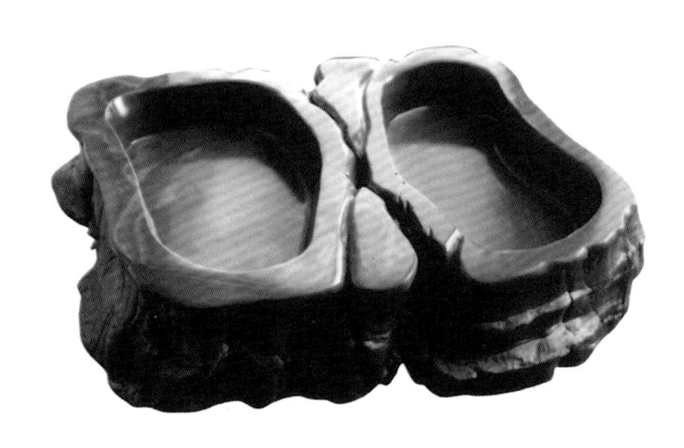

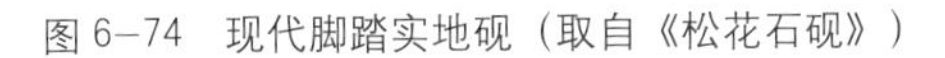

图 6–74　现代脚踏实地砚（取自《松花石砚》）

图 6–75　现代为杨振宁博士设计制作的松花石三宝砚（取自《大清国宝松花石砚》）

图 6-76 现代同舟共济砚（刘祖林提供）

图 6-77 清雍正松花石葫芦砚（取自《品埒端歙》）

图 6-78 刘祖林仿刻的清雍正葫芦砚（取自《地方砚》）

第五节 制作技艺

砚是人们用来研墨以供书写绘画的器具，随着砚雕技术与审美情趣的结合，砚从单纯的研墨工具逐渐走向实用性与艺术性完美结合的境地。为了追求实用性与艺术性的和谐统一，砚的制作技艺在汲取石雕、玉雕、木雕等制作技艺的基础上不断进步。千百年来，雕砚者根据砚材特点，丰富雕刻技法，形成了针对不同砚材的特殊雕刻技艺。

一、选料

松花石砚材的选取通常在采石现场进行，面对大量的石料，需要选料者独具慧眼，当挑选者在众多的

图 6–79　笔者在通化青龙松花石砚雕刻有限公司考察时与刘祖林先生合影

图 6–80　琳琅满目的松花石砚（笔者摄于刘祖林先生店铺）

石料中相中某块时，便可以采用以下方法进行初步筛选。其一是敲击石料听声音，即用一把小锤对石材进行轻轻敲击，倾听声音，清脆的金属声与瓷声表明该砚材密度较高，石质坚硬；若声音低闷则密度较低，石质疏松；若不同部位声音不同，则需要考虑该砚材是否有暗伤，如内部是否有裂纹等。其二是取水淋湿看颜色，即用水洒在石料上或将小块石料直接浸入水中清洗掉表面的腐土与杂质，这样不仅可以看清砚材的色泽、纹理，而且还可以辨别石料是否有裂纹、石筋等瑕疵。由于松花石的产地多在较为偏远的地区，交通与住宿均不方便，故选料者大多数是用肉眼查看与敲击听声的方法进行粗选，只要品质没有大问题就装车运回，等制砚时再精挑细选。

制砚前的选料较为精细，除了湿水、敲击、清除表层泥土与杂质外，有的还需磨去部分表皮，以确认砚材的颜色纹理，以及是否存在缺陷。如果一块石料在完成设计并已经雕刻时才发现存在较大缺陷，则通常只能选择放弃或改变原设计，既浪费原料又浪费精力。

二、切割

对于体积较大且形态不规则的松花石料，通常需要切割使之成为大小合适的砚坯。由于松花石料硬度较高，故笔者推测传统的切割方法应该与解玉工艺较为相近，即先在需要切割的石料上画好线，在切割线上放上一些潮湿的研磨剂，如石英砂、刚玉砂等，然后由两人或一人反复拉扯无齿锯进行切割，在切割过程中要不断地在无齿锯下添加研磨剂与水，利用硬度较高的石英砂或刚玉砂等把松花石切割成大小合适的砚坯。对于体形较小的松花石，则可以放在玉床上用轧砣加研磨砂与水进行切割。对一些拟制作随形砚的松花石，既可以直接用锤与凿子等对石料进行修整，也可以放在玉床上用轧砣加研磨砂与水进行加工。

如今，松花石的切割多利用电动切割机，通常先用大型切割机（图 6–81）将石料切割成一定厚度的砚板，然后再用台式切割机将砚板切割成一定规格的砚坯。由于松花石具有天然纹理，故在切割前通常需要认真研究一下石料的纹理，决定利用侧面还是平面作为砚面后再开始切割。切割后的石料通常还需磨平表面（图 6–82），并进一步观察，及时发现瑕疵。对一些拟制作随形砚的石料，如今则使

图 6–81　大型电动切割机

用手持电动研磨机，对其外形进行打磨修整。

图 6–82 用电动工具磨平砚坯表面

三、设计

由于松花石叠层颜色丰富，故常见的松花石砚在雕刻中大多选取砚材的断面进行设计，以显现石材的刷丝纹理，但有时为了表现出缤纷缭绕的云纹，也可选取砚材的平面进行设计。苍松翠柏、青竹红梅、行云流水、海浪云月、山水花卉、龙凤云鹤以及神话传说和历史典故等是松花石砚经常选用的题材，但高明的设计者并不局限于此，而是采用由设计寻原料、由石料找灵感、遇突变出新意的思路进行设计。

1. 由设计寻原料

此方法即有了设计灵感之后去寻找合适的砚材，然后根据砚材的颜色、纹理、大小、厚薄、瑕疵等特点对已有设计灵感进行修改，以达到原设计与砚材的完美结合。用此方法设计作品的人大致可分为两类：第一类为具备相当高的艺术修养与雕刻技巧者，其设计具有明确的目标，且多具系统性，如刘祖林先生，其设计的六色系套砚，不仅较为全面地展示了松花石的色彩与品质之美，而且集当代几十位书法家的精品于其中，可称为惊人之作，具有很强的艺术震撼力。第二类为模仿创新者，当他们发现某种古代砚或当代砚的形制样式较为美观时，便以原物为基准或在原物的基础上加入一些新的元素而衍生出一种新样式，然后据此去寻找原料，制作加工。用此方法设计制作出来的作品通常也有些新意，尤其是模仿古代砚式的作品具有较好的传统艺术美，但总体说来，因为受到思维与原料的限制，其作品很难有大的突破。

2. 由石料找灵感

这种创作方法的时间序列是这样的：当获取一块砚材之后，直接通过观察外观形态或稍做打磨再观察砚材的石品与特色，经过反复端详、不断揣摩以获得创作灵感。用此方法设计完成的作品，通常具有较强的创新性，往往给人们带来强烈的艺术感受或震撼力。然而，此法对设计者的艺术素养要求较高，否则极可能糟蹋了好原料。

3. 遇突变出新意

在原设计已经完成，但在加工过程中出现了意想不到的变故，如颜色变化、纹理改变、瑕疵突现等，部分打破或完全打破了原设计方案时，设计者必须根据出现的问题修改原设计或重新设计。此时需要设计者积极调动自身的艺术底蕴，思考应对方案，创新设计思路，以化灾异为祥和，变瑕疵为珍宝。用此方法设计完成的作品，往往令人观之赞叹有神来之笔。

在实际操作中，上述三种设计通常是相互融合的，高明的制砚大师绝不会拘泥于一成不变的设计，在雕刻过程中他们会不断地观察砚材的石品、颜色、纹理，及时地部分修改或完全推翻原设计方案，用新的设计去雕琢并完成整个砚台。

设计完成后，通常需要画出草图（图 6–83），然后对照原料多次修改直至满意为止，最后将设计图描画到砚材上（图 6–84），准备雕刻。

图 6–83　描画在砚石上的云蝠砚设计图

图 6–84　描画在砚石上的仿古砚设计图（刘浩音提供）

四、雕刻

由于松花石的硬度大于端、歙，故传统的松花石砚雕刻工具除了与其他砚雕相同的凿、钎、铲、刀、锯、锤等外，还引入了传统碾玉工艺所使用的方法与工具。

1. 开凿砚堂与墨池（图 6–85、图 6–86）

传统的做法是用手锤敲击凿、钎、铲、刀，按照已经勾画在砚材上的墨线凿、铲出砚堂与墨池。砚堂与墨池的深浅与形态要根据整块砚台的设计方案来决定。对砚堂与墨池的开凿要求是宁浅勿深，由浅及深。因为由浅加深易，而由深变浅难。一旦挖深则不仅原有设计会因之变动，而且可能产生废品或有瑕疵者。目前，砚雕界开凿砚堂与墨池多使用电动工具，虽然笔者为传统技艺被现代工艺所代替而惋惜，但同时也认为适当地利用电动工具也较为合理。因为松花石既脆又硬，在开凿砚堂与墨池时，若敲击力度较大，往往造成砚坯碎裂，故适当地利用电动工具不仅可以减少因手工开凿砚堂与墨池时用力不当而造成砚坯破碎，而且可以极大提高工作效率。

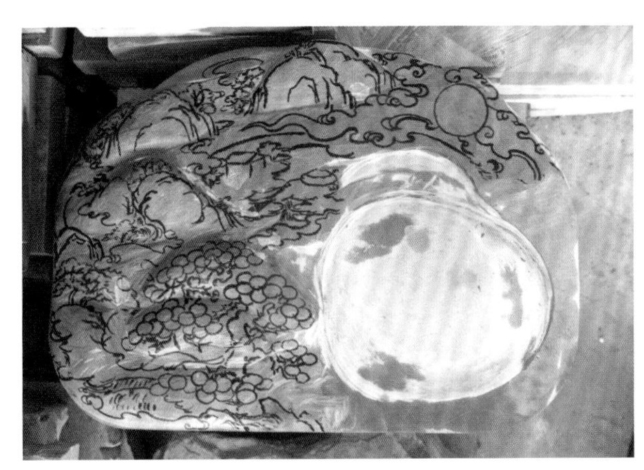
图 6–85　开凿出砚堂与墨池的砚坯（1）

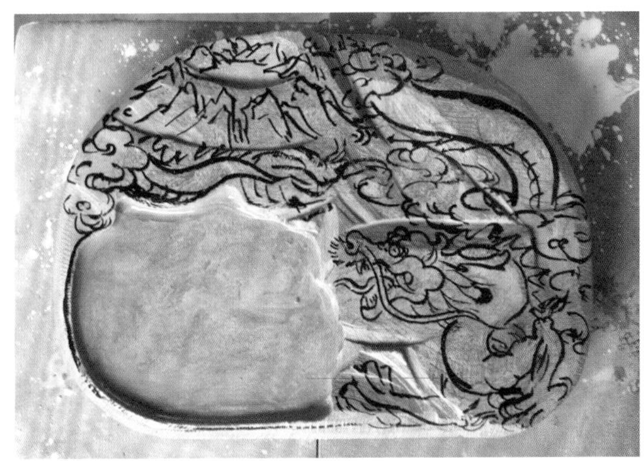
图 6–86　开凿出砚堂与墨池的砚坯（2）

2. 粗雕

粗雕的传统做法是用手锤轻轻敲击凿、钎、铲、刀，对开凿砚堂与墨池后的砚坯进行雕刻（图6–87），将砚堂、墨池、砚面、砚侧等部分修理平整，将砚面与砚周的图案粗雕成型（图6–88）。目前，传统的粗雕工艺正逐渐被电动工具粗磨逐渐取代，虽然工效有所提高，但却因此失去传统砚雕的刀味，是得是失，希望砚雕界能予以认真考虑。

3. 细雕

对细雕工艺的要求，一方面是用刀仔细地将砚堂与墨池修理平整圆润，边缘不留死角，不留刀痕（图6–89）；另一方面是对较为精细的纹饰进行雕刻，使其清晰（图6–90）。目前，传统的细雕工艺也正在被电动工具细磨所代替。虽然砚坯经过细磨后，砚堂与墨池的平滑度以及较为圆润的图案花纹可以达到传统细雕的效果，但对于某些棱角分明的线条，使用电动工具仍然难以加工成型。

最近市场上还出现了一种用雕刻机直接制作成型的松花石砚与松花石装饰品，这些产品神态呆板、缺乏韵味，但由于价格低廉，故多作为旅游纪念品。

4. 精雕（图6–91、图6–92）

此工艺要求砚雕者手持刻刀，成竹在胸，运刀如笔，画龙点睛，通过具有深厚艺术功底的神来之笔，使砚体上的图案、纹饰、线条灵动活泼、富有韵味。另外，精雕还包括在砚边与砚背镌刻铭文、印鉴以及薄意等，以提升砚的艺术性与文化品位。

在雕刻中要注意在不同阶段与不同部位应选用不同的雕刻工具与雕刻手法。因为一方上乘的松花砚作品除石品上乘与设计造型新颖外，还要求无论是浅浮雕还是深浮雕抑或是透雕，都能表现出娴熟的刀法与

图6–87 粗雕

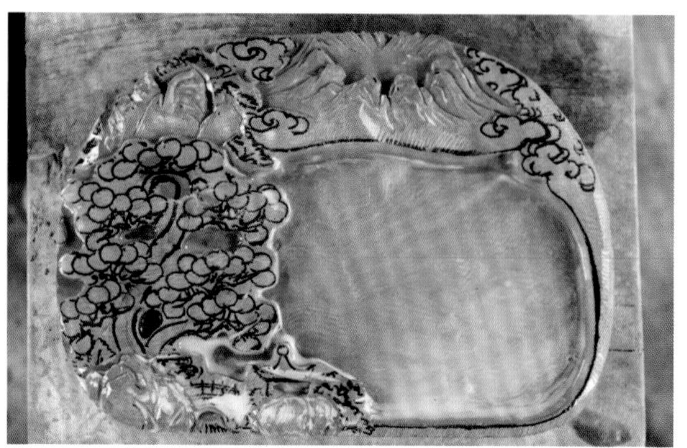

图6–88 经过粗雕的砚坯

图6–89 细雕（刘浩音提供）

图6–90 经过细雕的砚坯

图 6–91 刘祖林先生正在精雕

图 6–92 笔者尝试雕刻松花石砚

艺术底蕴。运用不同的下刀手法，使作品上的纹饰或粗或细，或浅或深，或轻或重，或缓或急，或虚或实，以产生特有的人工雕刻韵味。其运用之妙，存乎一心。

近年来，随着电动工具与金刚石磨头的引入，松花石砚雕刻行业的生产效率得到极大提高，但同时也致使传统雕刻工具逐渐淡出，带有浓厚传统工艺特色的“刀法”与“刀味”逐渐丧失，如果不能及时纠正，松花石砚传统雕刻技艺的传承必然会受到影响，其艺术性也会大为降低。

5. 砚背处理

对砚背进行加工也是松花石砚制作技艺的特点之一，这种对砚背进行加工的技法，虽然在别的砚种中也曾有出现，但在松花石砚中这种现象十分普遍。最常见的做法是在砚背开挖出一个形状与砚外轮廓相近的凹槽，然后镌刻铭文，如清康熙瓜池砚、清康熙麒麟池砚、清雍正如意纹砚、清雍正葫芦式砚、清光绪葫芦砚等都开有凹槽并镌有铭文。这种在砚背进行雕刻修饰的做法，不仅将松花石砚打上了清代皇家御用的烙印，而且极大地提高了松花石砚的文化与艺术价值（图 6–93）。

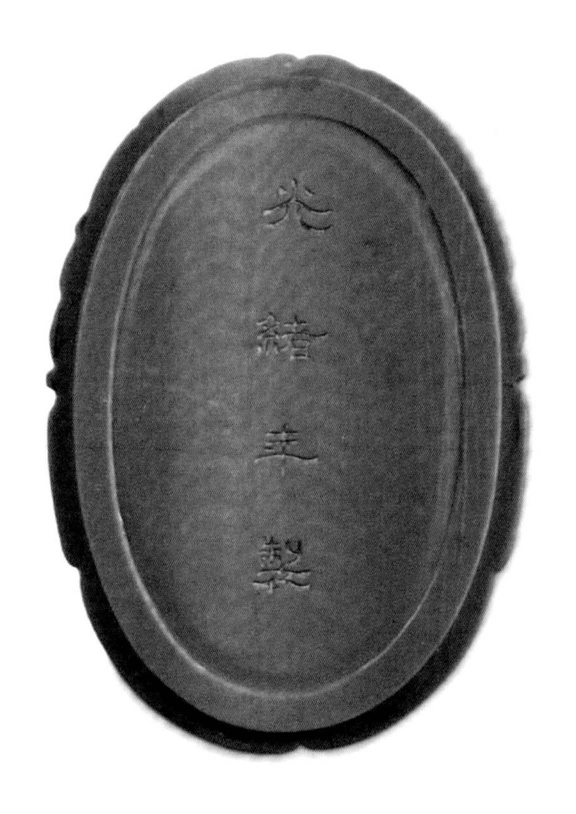

图 6–93 砚背经过加工的松花石砚——清康熙瓜池砚（左）、清光绪葫芦砚（右）

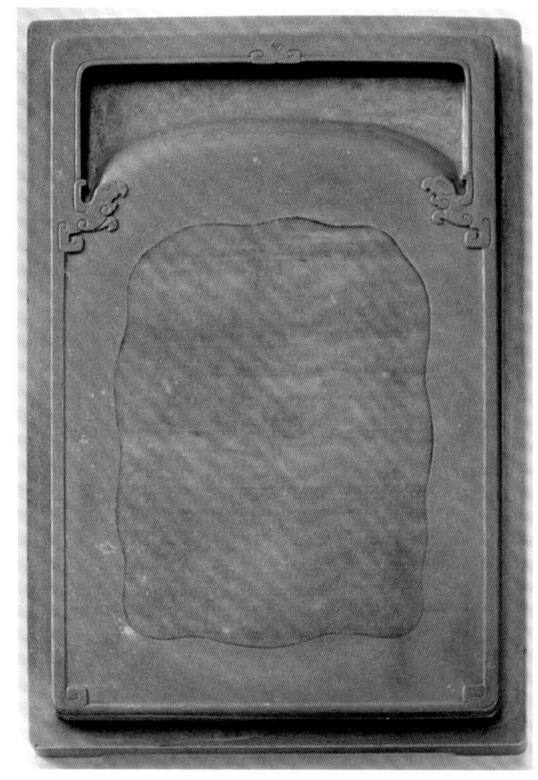

图 6–94　清乾隆松花石河图洛书砚（取自《西清砚谱古砚特展》）

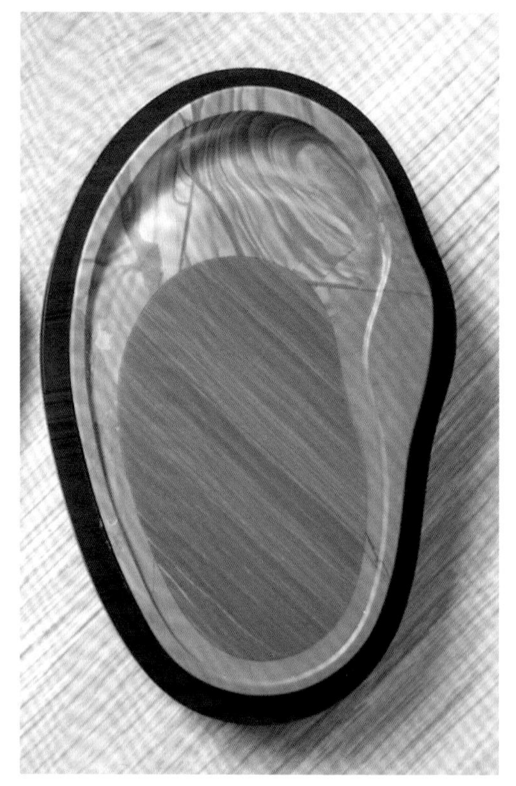

图 6–95　刘祖林仿清康熙松花石蚌式砚（刘祖林提供）

五、镶嵌

镶嵌是松花石砚制作技艺中较常使用的一种工艺，这种工艺最早见于清康熙松花石蚌式砚。全器用土黄色带有木纹样纹理的石料雕琢成一长蚌形，砚面嵌一片不规则长椭圆绿色松花石作为砚膛，周缘一圈打磨光滑，仅留下嵌入其中的绿色松花石受墨。此砚镶嵌技艺极高，绿色松花石与周缘的黄色木纹石结合紧密，没有一丝缝隙。此种镶嵌技术不仅解决了木纹石色泽虽美而不发墨与绿色松花石发墨而石材较小的弊病，而且使砚黄绿镶嵌，美观大方，观之有皇家气派。这种镶嵌技艺在乾隆松花石河图洛书砚（图 6–94）上也有体现，但乾隆之后较为少见。近年来此种技艺在松花石砚制作者中多有传承，如刘祖林仿刻的清康熙蚌式砚（图 6–95），就将此技艺运用得非常娴熟，所制仿品与真品相比，除石料的色泽与纹理有所不同外，镶嵌技术堪称一流。

六、磨光

磨光是用手工或机械对雕刻后的松花石砚进行研磨抛光。由于松花石的硬度较高，在电动工具未曾出现之前，应该是用以人工为动力的玉床作为磨光松花石砚的主要工具。玉床由木案与蹬板组成，操作者通过上下踏动蹬板使玉床上的木轴带动轧砣旋转，配上研磨剂，对加工物进行打磨抛光。用玉床抛光分为粗抛与细抛，粗抛时用木砣配硬度较高、粒度较大的研磨料，精抛时用皮砣配硬度较低、粒

图 6–96　用电动工具进行研磨（刘浩音提供）

图 6–97 用油石蘸水打磨砚膛与墨池（刘浩音提供）

图 6–98 用油石蘸水打磨砚侧（刘浩音提供）

度较小的研磨料。另外在研磨时还需根据研磨的部位与花纹图案更换大小不同、形状各异的砣，以保证加工出的物品外观平滑，手感柔润。目前，松花石砚的磨光工艺主要由电动工具研磨与手工磨光两部分组成。制作者通常先用电动工具对砚坯进行粗磨（图 6–96），然后用油石蘸水对砚膛、墨池、砚侧以及砚背进行打磨（图 6–97、图 6–98），直至平滑光润。

七、上蜡

为了保护砚体少受墨渍污染，也为了使砚体看起来更加光滑温润，经过磨光的松花石砚表面通常还需再上一层蜡（图 6–99、图 6–100）。传统上蜡的方法是将制好的砚放入锅中蒸热，然后趁热将蜂蜡均匀地涂抹在砚体的表面，当下则通常用液体石蜡直接涂抹在砚的表面。

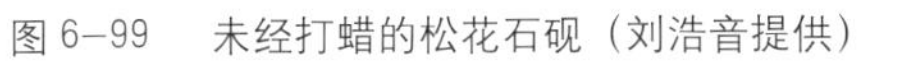

图 6–99 未经打蜡的松花石砚（刘浩音提供）

图 6–100 经过打蜡的松花石砚（刘浩音制，笔者收藏）

八、包装

清代松花石砚的砚盒有石盒、木盒、珐琅盒、漆盒等，如王士禛在《香祖笔记》中记载了御赐大学士张玉书、吴琠熊、履工部尚书王鸿绪的松花石小砚各一方，其中“鸿绪所得有倭漆研匣，匣中有御用墨四笏”说明康熙之时的松花石砚已采用了一种内部可以放置墨锭的精巧漆盒包装。乾隆时期的松花石砚也有采用漆盒包装的，如现存台北“故宫博物院”的一方松花石砚就盛放于描金漆盒内。此砚盒盖外面四周浮雕带状勾云纹与折带纹，中间用黑漆髹底，用金漆勾描花卉与蝙蝠（图6–101）；盖里也髹以黑漆，用金漆勾描出折枝花卉（图6–102）；其盒底背面与盒里也用黑漆髹底，用金漆描绘出折枝花卉（图6–103、图6–104）。这些用金漆描绘在黑漆底上的花卉，形态或正或侧、或含苞或盛开，轻盈飘逸。

图6–101　木质髹漆描金砚盒（盖面）（取自《品埒端歙》）

图6–102　木质髹漆描金砚盒（盖里）（取自《品埒端歙》）

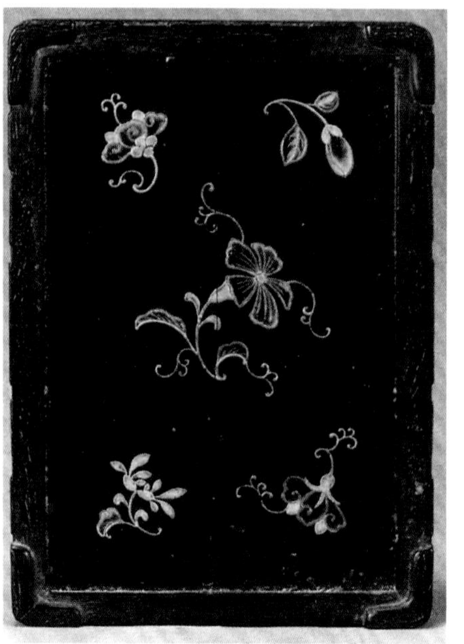

图6–103　木质髹漆描金砚盒（盒背）（取自《品埒端歙》）

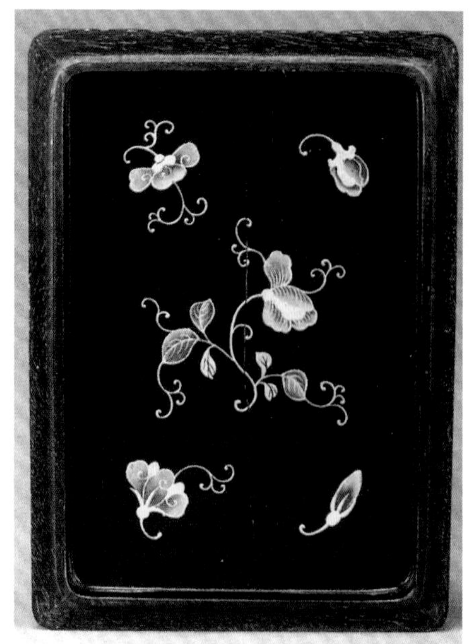

图6–104　木质髹漆描金砚盒（盒里）（取自《品埒端歙》）

然而，从现存清代松花石砚来看，漆盒毕竟还是少数，大量的松花石砚盒是用多种色彩的松花石制作而成。采用松花石制作砚盒的主要原因：其一是物尽其用，因为出产松花石的坑或崖，不仅有当时主要用于砚材的绿色的石料，还有紫、黄等其他颜色的石材，它们都是宝贵的松花石原料。为了不浪费原料，人们选用绿色的石料制砚，而将其他颜色的石料制盒，不仅可使砚与砚盒因色彩错落有致而更加美观大方，而且可以物尽其用。其二是坚固耐用，松花石砚自被康熙皇帝开发以来就定为御砚，主要使用地区在气候干燥的北京。木盒虽然美观但易受冷热干湿的影响而开裂，金属盒也会因外界因素影响而锈蚀，唯有松花石盒与松花石砚同源同宗，可以达到砚与盒相伴始终。从现存北京与台湾的清宫松花石砚来看，使用石盒的占据多数。其三是颜色俏丽，由于松花石中具有很多色彩分层相间的石料，可以人为地控制其雕刻深度而使之呈现出不同颜色。如现存清乾隆松花石蟠螭砚的砚盒（图6–105）就是利用俏色雕刻技艺，以浅色松花石作底衬，在深色松花石上雕刻出数根芦苇、几只白鹭，构图清雅，俏色巧用，浑然天成。再如清乾隆

图 6–105　清乾隆蟠螭砚砚盒（取自《品埒端歙》）

图 6–106　清乾隆山水人物砚砚盒（取自《品埒端歙》）

松花石山水人物砚的砚盒（图 6–106）则是一幅典型的一河两岸式山水画构图，远山近树、流水小桥相映成趣，前有一策杖老者缓步过桥，后有一童子肩扛花枝紧随，俨然有深山访游后欣然归来之感。

现代的松花石砚砚盒，除了石质砚盒外，也有用紫檀、红酸枝、黄花梨等高档木材制成的木盒。为了防止木质砚盒在温湿度变化较大时开裂，通常需要在木盒的内外两面烫蜡或薄薄地刷一层大漆。由于此类木质砚盒造价较高，故盒内所盛松花石砚也多是精品。一些常用于其他砚台包装的锦盒，在松花石砚中较少出现。总之，用不同材质与颜色的砚盒与品质及色泽不同的松花石砚进行配合，不仅可以更好地烘托主题，提高松花石砚的艺术魅力，而且能对松花石砚起到重要的保护作用，延长松花石砚的使用寿命。

注释：

[1]《吉林省人民政府关于公布第二批省级非物质文化遗产名录的通知》，吉政发〔2009〕16 号。

[2]《白孔六帖》由唐代白居易所辑《白氏六贴》与南宋孔传所辑《孔氏六帖》合编而成，保存了《白氏六帖》中的内容。

[3] 此处疑脱字。

[4]〔宋〕杜绾：《云林石谱》卷中，清知不足斋丛书本。

[5]〔清〕孔尚任：《享金簿》，载黄宾虹、邓实编：《中华美术丛书（四）》初集第七辑，北京古籍出版社，第 233~234 页。

[6] [7] [31] 朱彝尊：《曝书亭集》卷六十一，四部丛刊景清康熙本。

[8]〔清〕孔尚任：《享金簿》，载黄宾虹、邓实编：《中华美术丛书（四）》初集第七辑，北京古籍出版社，第 233 页。

[9]《明史》卷二百八十六《列传第一百七十四　文苑列传二・王绂列传》。

[10]《出山异数记》："二十四年乙丑正月十八日，乘传赴京。二十八日，升国子先生座……二月初七日，入礼闱，充誊录官。"

[11] 傅秉全：《松花石砚》，《故宫博物院院刊》1981 年第 3 期。

[12]《清圣祖御制文二集》卷三十，清文渊阁四库全书本。

[13]《钦定西清砚谱》，上海书店出版社，2010 年。

[14] 常建华：《康熙制作赏赐松花石砚考》，《故宫博物院院刊》2012 年第 2 期，第 8 页。

[15] 董佩信、张淑芬编著：《大清国宝松花石砚》，地质出版社， 2004，第 95 页。

[16] 董佩信：《长白山下的清宫御宝》，《中国地名》2008 年第 9 期，第 67~68 页。

[17] 罗扬：《清康熙松花石砚研究》，《中国历史文物》2008 年第 5 期，第 39 页。

[18] [24] [25] [26] [27]〔清〕张廷玉：《词林典故》卷四，清文渊阁四库全书本。

[19] 博宝拍卖网（http://auction.artxun.com/pic-28481328-0.html），2013 年 6 月 1 日。

[20] [21]《清史稿》卷二百七十一《高士奇传》。

[22] 康熙在位期间共有三次东巡。首次东巡于康熙十年（1671）九月初三由京启程，至十一月初三返京，历时 60 天，以寰宇一统，用告成功。第二次东巡于康熙二十一年二月十五日由京启程，至五月初四返京，历时 79 天，以平定三藩叛乱告祭祖先。第三次东巡于康熙三十七年七月二十九日启程，至十一月十三日返京，历时 103 天，以平定噶尔丹叛乱奉祀祖陵。

[23] 2013 年 5 月笔者特请刘祖林先生对这枚有高士奇铭的松花石砚照片进行辨识，言与清宫旧藏及现已发现的任一坑口的松花石料均不相同。但笔者认为由于文献中言明此石料出自乌喇山中并制成两方砚，故有一方存世倒也在情理之中，只是此石花纹独特，也是笔者从未见过的石料之一，故究竟产于何地，有待进一步考察。

[28]〔清〕陈廷敬：《午亭文编》卷十八，清文渊阁四库全书本。

[29]〔清〕李光地：《榕村集》卷三十四，清文渊阁四库全书本。

[30] 刘祖林：《松花石砚》，吉林摄影出版社，2005 年，第 17 页。

[32] [35] 周南泉：《明清琢玉 \ 雕刻美术名匠》，《故宫博物院院刊》1983 年第 1 期，第 81 页。

[33]〔清〕王士禛：《香祖笔记》卷一，清文渊阁四库全书本。

[34] 章唐容辑：《清宫述闻》，转引自嵇若昕：《品埒端歙——松花石砚研究》，第 35 页。

[36] 傅秉全：《松花石砚》，《故宫博物院院刊》1981 年第 3 期，第 96 页。

[37] 刘祖林：《松花石砚》，吉林摄影出版社，2005 年，第 12 页。

[38] 董佩信、张淑芬编著：《大清国宝松花石砚》，地质出版社，2004 年；刘祖林：《松花石砚》，吉林摄影出版社，2005 年。

[39] 董佩信、张淑芬编著：《大清国宝松花石砚》，地质出版社， 2004 年，第 164~165 页。

[40] 董佩信：《“圣山”走出来的“御石”“江源”流淌出的“文化”》，《中国地名》2009 年第 7 期，第 14~19 页。

[41] 董佩信、张淑芬编著：《大清国宝松花石砚》，地质出版社，2004 年，第 75 页。

[42] 董佩信、张淑芬编著：《大清国宝松花石砚》，地质出版社，2004 年，第 71~72 页。

[43] 董佩信、张淑芬编著：《大清国宝松花石砚》，地质出版社，2004 年，第 72~73 页。

[44] 董佩信、张淑芬编著：《大清国宝松花石砚》，地质出版社，2004 年，第 72 页。

[45]《钦定热河志》卷九十六《物产》，清文渊阁四库全书本。

[46]〔宋〕赵希鹄：《洞天清录》，清海山仙馆丛书本。

[47]《御制诗初集》卷六，清文渊阁四库全书本。

第七章　陶瓷砚

本章所言之陶瓷砚，实际包括了陶砚与瓷砚两种砚台。陶砚是指以陶土为原料，经湿塑成型，再经高温烧结而制成的一种砚台。瓷砚是指以瓷土与高岭土为原料，经湿塑成型，再经高温烧结而制成的一种砚台。从制作原料上看，陶砚与瓷砚不应归于一类，诚如陶器与瓷器不同归于一类一样，但从其制作技艺与主要工序来看，两者又有较多的相似之处，故将陶砚与瓷砚放在同一章中加以阐述。

第一节　历史沿革

一、两汉时期

两汉时期是陶砚形成与发展的重要时期。现今可见最早的陶砚遗物为现藏北京故宫博物院的汉十二峰陶砚（图 7–1）[1]。据《记十二峰陶砚》作者所述："砚为细陶制，中部为不规则椭圆形，下有叠石状三足，上有十二峰耸列。砚面上窄、下宽、斜面、箕形。沿砚首及左右两侧，环以砚池，十二峰夹池井列。池内岸有左、中、右三峰鼎立，外岸有九峰环之。外左一峰与右一峰之间（即砚下部箕口处）为砚池，与砚面左右两角相联。故砚虽箕形，因三面环池列，而全面组成圆形，圆周约六十五公分，直径约二十公分，通高十一七公分。由足底至砚面高九公分，砚面厚钓二公分。砚底部微凸，面平，无款。此砚形之大略也。"[2] 此砚独特之处在于砚内中峰有一龙首，口中一孔，通于峰后之扁形水滴，若从峰后水滴中注水则水可以通过龙口小孔流到砚上用于研墨。

图 7–1　汉十二峰陶砚（取自《中国文房四宝全集 • 砚》）

有关此砚的制作年代，《记十二峰陶砚》作者言："此砚不详其为何地出土，观其砚形、山形、水滴，特别是人像之塑造风格，似为西汉文物，而其结构之奇特则从未见诸任何著录，诚砚中之孤品，文房之至宝也。"[3] 王冶秋在《文物》1964 年第 1 期《刊登砚史资料说明》中认为"此种陶砚，不详其为何地出土，观其砚形、山形、水滴，特别是人像之塑造和风格，似为西汉文物"[4]。新近出版的故宫珍品大系《文房四宝 • 纸砚》《中国名砚鉴赏》等在收录此砚时也注明是汉砚。而郑珉中在 1998 年《对两汉古砚的认识兼及误区的商榷》一文中，分析了十二峰陶砚的箕形砚面、山形、水滴、人像的风格，认为"把它定为唐代之作是比较妥当的"[5]。华慈祥在 2012 年《龟砚与十二峰砚》一文中，认为河南洛阳隋唐东都皇城遗址中出土一方红陶砚"与十二峰陶砚几乎一致，同为箕形砚面，同为十二峰，同为三足。以这两方出土的陶砚为参照物，结合郑氓中先生的论述，把十二峰陶砚定为唐代较为可信"[6]。

笔者比较了汉十二峰陶砚（图 7–2）与河南洛阳隋唐东都皇城遗址中出土的红陶砚（图 7–3）的相关图片之后，认为两者之间存在较大的差异。其一是砚池的形态不同，从图 7–2 可见汉十二峰陶砚的砚池是群山环绕下四边较高中间较低的“锅底形”，并不是前低后高的“箕形”，而河南洛阳隋唐东都皇城遗址中出土的红陶砚则是典型的前低后高的“箕形”。其二是砚脚的高度与粗细不同，汉十二峰陶砚的砚脚较高且较为纤细，而河南洛阳隋唐东都皇城遗址中出土的红陶砚的砚脚则短而较为粗壮。其三是砚面厚度不同，汉十二峰陶砚的砚面厚度较薄，仅为 2 厘米左右，而河南洛阳隋唐东都皇城遗址中出土的红陶砚的砚面却相当厚。其四是砚侧山峰环绕模式不同，汉十二峰陶砚的山峰环绕四周，围成一个有缺口的圆形，所围砚池的面积约占砚池总面积的 2/3，而河南洛阳隋唐东都皇城遗址中出土的红陶砚的山峰却集中在砚的前端，所围砚池的面积仅占砚池总面积的 1/4。

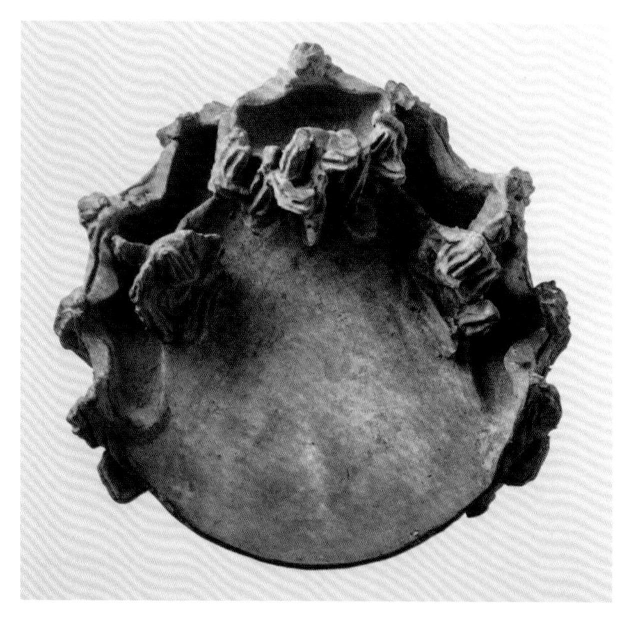

图 7–2　汉十二峰陶砚（俯视）（取自《文房四宝·纸砚》）

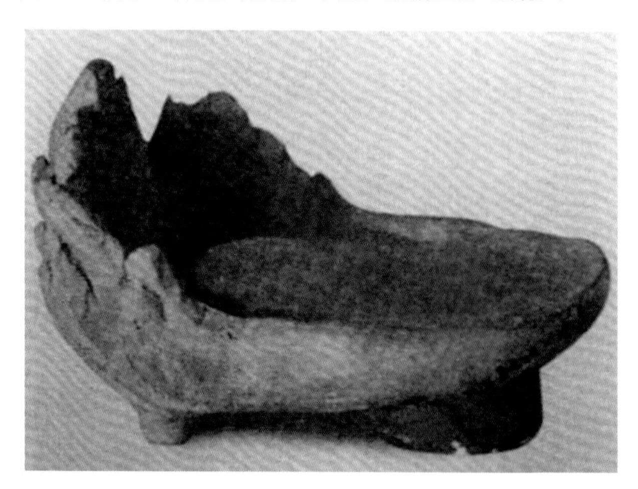

图 7–3　唐红陶砚（河南洛阳隋唐东都皇城遗址中出土）（取自华慈祥《龟砚与十二峰砚》）

通过以上比较，笔者认为汉十二峰陶砚，砚池低凹，砚脚细长，砚面较薄，四周环山，重心不稳，抗压能力较弱，按理仅适合于在此砚中放入含胶量较少、结构较为疏松、较易用研石压碎的墨丸，经加水研磨后成为墨汁，或者直接加入墨汁用笔掭墨书写。如果使用唐代坚硬如石的墨锭加水进行研磨，一是重心不稳，磨墨过程中砚体晃动，用力稍大还可能造成砚脚断裂；二是砚面较薄，砚脚间跨度较大，研墨过程中用力稍大极可能会造成砚体断裂。另外，汉十二峰陶砚高挑的砚脚也与汉人席地而坐、执简书写的习惯相适应。而河南洛阳隋唐东都皇城遗址中出土的红陶砚，砚池箕形，砚脚短粗，砚面厚实，山峰集于砚之前端，重心沉稳、抗压耐磨，非常适宜于使用墨锭研磨，且此砚之砚形也与唐人使用桌椅和在书案上书写的习惯相吻合。故由此推测，汉十二峰陶砚与河南洛阳隋唐东都皇城遗址中出土的红陶砚并非同一时代的产品，两者相较，汉十二峰陶砚的制作年代应该早于河南洛阳隋唐东都皇城遗址中出土的红陶砚，将其视为西汉遗物较为可信。

此外，若将汉十二峰陶砚与 1984 年江苏省邗江县姚庄西汉墓出土的漆砂砚进行比较，还可以发现两者之间有个非常重要的相通之处，即将水滴、砚池、注水、研墨、贮墨等功用组合在一方砚中。如邗江县姚庄西汉墓出土的漆砂砚，前端半椭圆形盝顶式中空砚盒用于贮水，砚池与砚盒之间用板隔开，中心有一个截面呈三角形的出水孔，孔内塞有一个三角形的木栓，栓头雕一羊首，在使用中若需水研墨，则拔出活动的羊首木栓，水便从出水孔中流出。而汉十二峰陶砚的设计在功能的实现上与上述西汉漆砂砚完全相同，如在砚的前端用中空的山峰贮水，在中峰处设一龙首，龙口中一孔通于峰后之扁形水滴，此龙口之中按理也应有一木栓，当需要注水研墨时，则拔出木栓，贮存于山峰中的水就可通过龙口小孔滴于砚上用于研墨。鉴于两砚的功用设计与实现方式完全相同，且这种设计又仅出现在西汉，故为汉十二峰陶砚为西汉遗物又增添一个佐证。

东汉时期的陶砚较西汉时期有所进步，如2000年3月至5月，湖北省文物考古研究所与襄樊市襄阳区文物管理处在对湖北襄阳马集、李食店墓葬的发掘中，在一东汉墓（马M3）中出土一原始陶砚（马M3:12），该砚褐红陶胎（图7–4），圆形、平沿、口微敛、平底。器内施豆青釉，器外及底露胎。口径10.4厘米，底径9.2厘米，高2.2厘米。[7]从此陶砚的器型结构推测，这种平底设计可以使陶砚底部面积增大，可将陶砚内受到的较大压力均匀地分散而不会造成断裂；器内施釉一方面提示该陶砚需要借助于研石对墨丸进行研磨，另一方面提示当时人们已经开始采用施釉技艺降低陶砚的吸水率。由此砚可见，东汉时期的陶砚在造型设计与制作技艺上已经将陶砚的功用与结构有机结合起来，使之具有很强的实用性。

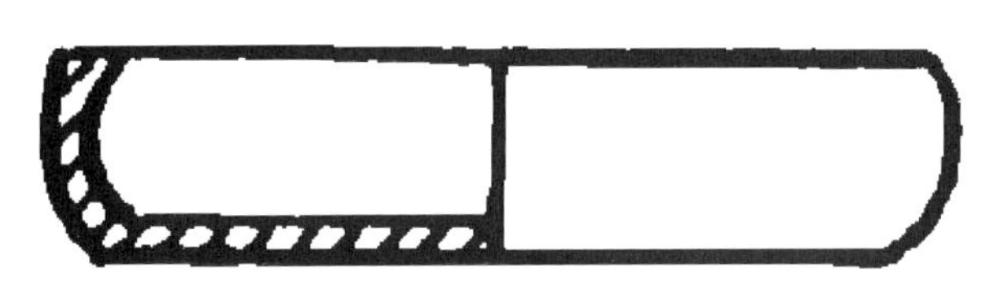

图7–4 湖北襄阳马集、李食店墓葬出土的陶砚剖面图（取自《湖北襄阳马集、李食店墓葬发掘简报》）

另一件出自广州市东郊一座东汉墓的陶砚为圆形，下有三足，上有漏斗形高盖，未闻附有研石与残存的墨迹。[8]这种三足有盖的陶砚，与同时期的石砚在形制上非常相像，虽然有人认为其可能是一件殉葬用的明器，但笔者认为，由于此砚造型与后世的三足瓷砚非常相像，加之器内未曾施釉，正好可以证明此陶砚已经摆脱了借助研石研墨的历史，可直接用墨锭在砚内研磨。

两汉时期，瓷砚未曾出现，究其原因可能是因为我国青瓷演进过程的完成是在东汉晚期或稍前。[9]即在瓷器的制作技艺尚不成熟，瓷器也尚未普及的年代里，作为文房用具的瓷砚基本不可能早于碗、罐、杯、盘等生活用瓷出现。

二、三国两晋南北朝

三国时期，陶砚作为主要的文房用具被人们所使用，如2008年12月至2009年12月，河南省文物考古研究所在河南省安阳市西北安阳县安丰乡西高穴村抢救性考古发掘的两座古代墓葬中，发现了一批重要文物，其中就有陶砚。[10]2010年中国社会科学院考古研究所刘庆柱通过深入研究，撰文论证西高穴二号墓墓主人就是曹操，西高穴二号墓就是曹操高陵。[11]即曹操生前使用的文房用具中也有陶砚。

两晋与南北朝时期，由于当时质地坚硬、研磨性能好、吸水率小、色泽莹润、造型美观的瓷砚在外观、研磨性能、耐久性等方面已经大大超越了陶砚，故民间虽然有人仍在制作与使用陶砚，但此时期的陶砚已经几乎湮没在瓷砚的光环之下，直到唐代才再次绽放光彩。

我国瓷砚的兴起与东汉末年制瓷技术的兴起关系密切。三国两晋时期，随着制瓷技术的日趋成熟，原先用漆器与陶器制作的大量日常生活用品逐渐被瓷器所取代，原先使用较多的陶砚也在瓷砚的冲击下退居次要位置。

现存最早的瓷砚遗物可能为北京故宫博物院所藏的西晋青釉三足瓷砚（图7–5）。此砚1953年出土于江苏宜兴周氏墓群，造型简洁精巧，整体呈圆形，下有三兽足。砚面圆形，边缘有凸起一周，似为子口，有砚盖。砚堂圆形平整，未曾施釉，以利研墨。砚身及底施有青釉，釉面光洁莹润，有细小开口，为越窑青瓷精品。就此砚的设计与制作而言，西晋时越窑生产的瓷砚已较好地将实用性与艺术性融合于一体，其制作技艺已经相当成熟，绝非瓷砚之雏型，故由此推断我国瓷砚的发明不仅极可能在东汉晚期至三国期间，

图 7–5 西晋青釉三足瓷砚（笔者摄于中国国家博物馆）

图 7–6 1958 年出土于安徽省马鞍山市 27 号晋墓的晋代青釉三足瓷砚（笔者摄于安徽省博物院）

图 7–7 南北朝青瓷褐釉十足砚（笔者摄于中国国家博物馆）

而且最早烧制的瓷砚可能就是越窑。

现存于安徽省博物馆的青釉三足瓷砚，于 1958 年出土于安徽省马鞍山市 27 号晋墓之中（图 7–6）。此砚圆形，下有三熊足，直径 12.6 厘米，高 3.6 厘米。砚面圆形，中为砚堂，平整无釉，近边处凸起一周，既利于蓄水贮墨，又借此形成子口，但未发现砚盖。此砚除砚堂外，砚身与砚底均施以青釉，色微泛黄，也应为越窑制品。

纵观三国两晋时期的瓷砚，虽然造型简略，但却能将一方砚台应有的功用完整地组合起来。如圆形低凹且不施釉料的砚膛，不仅非常适宜于手持墨锭在砚膛上打圈研墨，而且下墨快捷。低矮且设三足的整体结构，不仅可使砚体在研墨时保持稳定不发生晃动，而且又宜于书写者于几案之上掭笔蘸墨。四周凸起的一圈，不仅围出了一个圆形的砚膛可以蓄水、研墨、贮墨，而且在结构上又可形成子母口，以便与砚盖紧密配合，阻止墨液蒸发干涸。砚身与砚底上釉，不仅可使砚体莹润光泽，增加其艺术性，而且可以防止墨液对砚体的污染。总体而言，三国两晋时的瓷砚已经具备了砚台的所有功能，可视为技艺较为成熟的产品。

南北朝时期的瓷砚，在整体造型与装饰上基本承袭三国两晋之风格，但在一些细节处理上更加科学。下面以 1982 年在江苏省镇江市出土的南北朝时期的褐釉十足砚（图 7–7）为例加以说明。此方褐釉十足砚的砚体呈圆形，直径 13.4 厘米，高 4.7 厘米，粗看与前代瓷砚没有多少差别，但若仔细观察就会发现此砚在一些处理上独具匠心，且更为科学。首先是该砚的砚堂设计有别于前代。这种中心微凸、四周略凹、剖面呈馒头形的砚膛，在注水研墨后，墨汁就会流向砚膛四周聚集成一环状的水渠，而砚膛中心微凸部分却没有墨汁渚留，这样在用笔蘸墨后，为了将笔上多余的墨汁沥出，只需将笔在砚膛中心微凸处掭一掭，就可以随心所欲地将毛笔中所含墨汁的调节到最佳，以便写字与绘画。其次是该砚的砚脚多于前代，数量达到了 10 个。这种多足瓷砚的出现一方面标志着设计者已经注意到砚足多少与研墨时砚的稳定性有直接关系，另一方面标志着设计者试图通过增加砚足或改变砚足造型来提高瓷砚的艺术性。

上述南北朝时期用于控制毛笔含墨量的中心微凸、四周略凹的砚膛设计，以及既可提高砚的稳定性又能增加砚的艺术性的多足设计，不仅提高了瓷砚的使用价值，而且增强了瓷砚的艺术价值，被后世所承继并加以发展。

三、隋唐五代

自 581 年北周静帝禅让帝位于杨坚，至 619 年隋哀帝禅让王世充，隋朝灭亡，国祚 38 年。隋朝历年短促，在陶瓷工艺上虽然不曾有超越前代的创建，但在促进北方瓷业的发展上有过重要的贡献。在隋代之前，烧瓷的窑场主要在长江以南和长江上游的今四川省境内，北方没有发现值得重视的窑场。但入隋以后，这个趋势有了改变，瓷业在大河南北发展起来[12]，瓷砚的生产也不例外。

隋代的瓷砚并不多见，其中一方为 1952 年在安徽省无为县严家桥出土的赭釉多足圆形瓷砚（图 7–8），该瓷砚外形呈口小底大的圆柱形，口径 15 厘米，底径 18 厘米，高 6.5 厘米。砚膛位于砚面中央，微凸，砚池为砚膛周边凹陷所形成的一圈水池。砚底有 21 个排列整齐的蹄形足，足底相连形成圈足。砚身及砚池均施赭釉，砚膛未曾施釉以利研墨。另一方为 1988 年山东兖州县旧关村在修路挖沟时从一土坑墓中发现的。该砚为“青瓷质，圆形。小开片呈冰裂纹状。砚面呈辟雍形，有砚墙、水池，中间为雍台，略凹，台面粗糙，有斑点，以便研墨。台四周呈斜坡状伸向水池，与砚墙相连。斜坡四周上面有印纹八组，如水鸟啄鱼图。砚下部由二十八个高浮雕象头组成圈足。砚外部施青釉。通高 9 厘米，口径 20 厘米、底径 28 厘米。根据其形制及同出的五铢钱判断，该砚当为隋代遗物”[13]。

图 7–8　1952 年安徽省无为县严家桥出土的隋代赭釉多足圆形瓷砚（笔者摄于安徽省博物院）

图 7–9　唐白瓷砚（笔者摄于中国国家博物馆）

唐代是我国古代政治、经济、科技、文化等最为发达的历史时期之一，瓷器使用的范围更加宽广，从实用的瓶罐、茶具、餐具、酒具、文具、玩具、乐器等到各类陈设装饰器类，几乎无所不备，其中瓷砚造型与釉色远超前代。

在现存的唐代瓷砚中，大多为圆形圈足的辟雍砚。此类瓷砚的特点一是砚膛微凸，围以凹槽，蓄水贮墨，名为辟雍；二是砚足较多，足底相连，形成圈足。如现藏北京故宫博物院的青釉多足瓷砚、青釉辟雍瓷砚、越窑青釉瓷砚、邛窑多足瓷砚与现藏中国国家博物馆的白瓷砚（图 7–9）等，其中青釉多足瓷砚的砚足多达 29 个，密列于圈足周围。唐代的瓷砚中也有非圈足形的，如现存安徽省望江县博物馆的赭釉多足砚（图 7–10）。除此之外，现存唐代瓷砚中还有一些造型较为独特者，如现存北京故

图 7–10　唐赭釉多足瓷砚（笔者摄于安徽省望江县博物馆）

图 7–11　唐青釉五连水丞瓷砚（选自《文房四宝·纸砚》）

图 7–12　安徽省宿州市隋唐运河遗址出土的箕形陶砚（笔者摄于安徽省博物院）

宫博物院的青釉五连水丞瓷砚（图 7–11），其底座为五个相同大小的瓷质水丞相连，上托一圆形瓷砚。五水丞均为敛口、圆腹，内外施青黄釉，既可盛水，也可贮墨。构思巧妙，物尽其用，在文房用品中实属罕见。

陶砚在经历了三国两晋南北朝 400 多年的沉寂之后，终于在盛唐时期得以复苏与发展。从文献来看，陶砚在唐代深受文人墨客的喜爱。如韩愈因自己一枚使用四年的陶砚坠地毁坏，而十分心痛，遂作《瘗砚文》。贯休不仅使用陶砚而且还作《咏砚诗》加以称赞："浅薄虽顽朴，其如近笔端。低心蒙润久，入匣更身安。应念研磨苦，无为瓦砾看。倘然人不弃，还可比琅玕。"另外，从广东韶关张九龄墓曾出土一枚箕形陶砚来看，唐代中期的一些知名文人使用的也是陶砚。

从现存唐代陶砚遗物来看，不仅其品种类别远超汉代，而且陶砚的品质有了很大的提高。如安徽省宿州市隋唐运河遗址出土的箕形陶砚（图 7–12）与抄手陶砚（图 7–13），不仅制作工艺精致，而且质地较为紧密，是两方兼具有实用价值与艺术价值的陶砚。

再如 1985 年秋，从河南省偃师县城东北侧瑶头村砖厂唐墓中出土的陶砚（图 7–14），其独特的形制样式体现出唐代陶砚制作者已具备很高的艺术素养与精湛的制作技艺。此砚为细泥模制，呈立体长方形。砚面刻箕形砚槽与葵花形水盂，两侧有两道细长凹槽以置笔，砚身四面各有一对壶门状镂孔，延镂孔席围细刻网纹。做工细腻，造型精巧。长 21.4 厘米，宽 20 厘米，通高 10.2 厘米（图 7–15）。[14]

细究唐代陶砚品质得以大幅提高的原因，笔者认为唐人在制作陶砚时极可能使用了以下几种工艺：其一，唐代制作陶砚的原料经过了更加精细的淘洗与澄泥工艺，使制作陶砚的黏土颗粒更加细微，用这种泥料制成的陶砚，在烧制温度适宜时，可以使陶砚的结构更加致密，手感更加细腻，吸水率更小，从而具有发墨不损笔的特点。其二，唐代烧制陶砚

图 7–13　安徽省宿州市隋唐运河遗址出土的抄手陶砚（笔者摄于安徽省博物院）

图 7–14　河南偃师唐墓出土的陶砚（取自《河南偃师县隋唐墓发掘简报》）

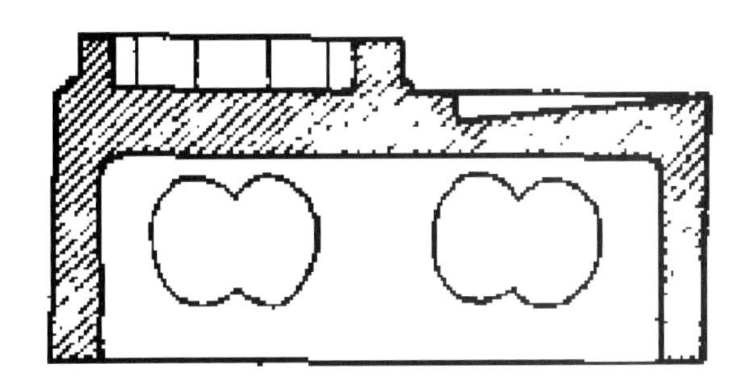

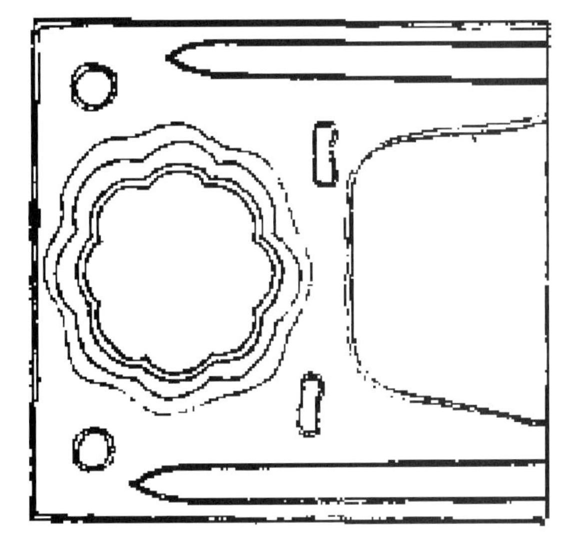

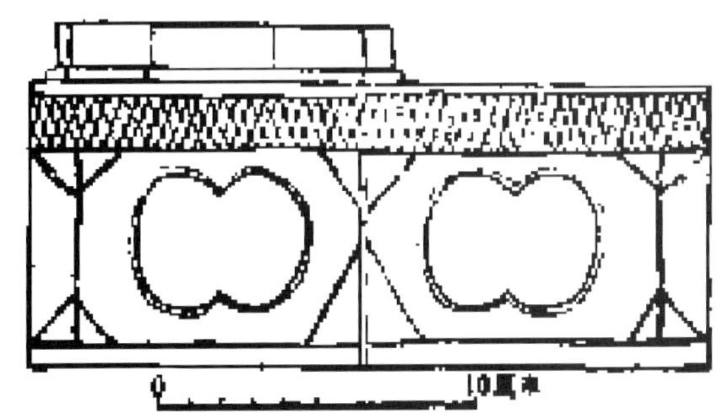

图 7–15　河南偃师唐墓出土陶砚的线描图（取自《河南偃师县隋唐墓发掘简报》）

的温度要比汉代高。较高的温度可以提高陶土的玻化程度，使烧制出的陶砚质地更加致密，吸水率更小，从而具有呵气成润、贮水不涸的效果。其三，唐代制作陶砚的砚坯经过了磨砑。所谓的磨砑是趁砚坯具有湿塑性时，用骨角类的小棒在砚坯表面进行磨压，使砚坯表面变得致密与光滑。经过磨砑的砚坯烧成陶砚之后，不仅表面密度增大，而且还会使砚表的光泽度增加。

四、宋元明清

两宋期间，曾经受到文人墨客追捧的瓷砚与陶砚逐渐被端砚、歙砚、洮砚与红丝砚以及澄泥砚等所取代。然而，瓷砚与陶砚并未因此完全沉沦。就瓷砚而言，一般的商铺业主与家境并不富庶的普通人家对价格相对较低的瓷砚仍有一定的需求，而一些造型美观、釉色润泽的瓷砚则成为文人雅士的收藏对象，成为他们的文房清供。就陶砚而言，包括读书人在内的大多数民众，通常使用的仍然是价格低廉的陶砚，这可以从宋代墓葬出土的陶砚数量远大于石砚而得到证实。如 1995 年 10 月到 2000 年 3 月，江苏宝应县城区安宜东路宋代墓群共出土砚台 10 多方，从公布的砚台品类来看，端砚、歙砚、澄泥砚各 1 方，而陶砚却有 5 方。[15]

由于两宋期间社会上对陶砚需求量仍然较大，因此一些专门制作陶砚的作坊也在多个地区出现。如米芾在《砚史》中提到：“相州土人自制陶砚，在铜雀上以熟绢二重淘泥澄之，取极细者燔为砚，有色绿如春波者，或以黑白填为水纹，其理细滑，着墨不费笔，但微渗。”[16]《砚史》还提到：“泽州有吕道人陶砚，以别色泥于其首纯作吕字，内外透，后人效之有缝不透也。其理坚重，与凡石等，以沥青火油之坚响渗入三分许，磨墨不乏，其理与方城石等。”[17] 除河南的相州与山西的泽州外，山东的泗水也产陶砚，1983 年济南市东郊王舍人庄出土的一方陶质抄手砚的砚背上就印有一个长方形的戳（图 7–16），内有两竖行阴文楷书铭文：“柘沟徐老功夫细砚。”[18] 此铭文之中，“柘沟”为地名，即宋代泗水县柘沟镇（今山东泗水县西北），是当时著名的陶砚产地，所产陶砚被称为“柘砚”。“徐老”应为制作此方陶砚的作坊主。“功夫细砚”意指此砚经过精细加工而成。

与宋代对峙的辽朝也从事陶砚与瓷砚的制作，由于辽朝的制瓷业在技术上受中原影响，制瓷工艺与器物造型与中原北方各窑大致相近。所以在陶砚与瓷砚的制作上，其形制样式总体与中原较为相似，但在一些具体的器物造型与釉料色彩运用上也有自己的民族特色。如 1976 年秋，在内蒙古赤峰市巴林右旗巴彦琥硕镇西北 2 千米处的红柯罗坝山南麓东部的辽墓中出土了一件风字暖砚。“砚长 27.6 厘米，宽 20.5 厘米，

图 7–16　1983 年济南市东郊王舍人庄出土的陶质抄手砚及砚背的铭文（取自《介绍两方陶砚》）

厚 1.5 厘米，上口平，面中间有‘风’字形凸起堆沿，砚身后端有一弧形靠壁，壁上画勾纹，砚身下加一暖炉装置，高 11 厘米，前方有方形火门，旁有气眼。暖炉底托呈长方形，长 23.5 厘米，宽 17.3 厘米，底托上部边沿密排一周扣状乳钉（共 78 个）。”[19] 这种设有暖炉的陶砚非常适合地处北方寒冷地带的辽人使用，具有非常明显的地域特点，是研究我国古代少数民族文化用品的重要素材。再如辽代的圆形三彩砚（图 7–17、图 7–18）与八角三彩砚（图 7–19），其砚堂与墨池组合成开口的圆形，在造型上采用了一面为砚，另一面为笔洗的组合模式。这种砚与洗的组合，具有一物两用的特点，其设计思路应该源自生活实践。另外，此砚在设计中还充分考虑到研墨与贮墨的问题，为了方便研墨，这两方砚的砚堂均不施釉，但为了防止砚体渗水而使墨液干涸，则在墨池部位施以绿釉与黄釉，既防止渗水又美观大方，提高了整个砚体的实用性与艺术性。

在赤峰市宁城县头道沟子乡埋王沟也出土过一件辽代八角形三彩砚（图 7–20），与上述辽代八角三彩砚在结构上非常相似，也是一面为砚另一面为洗，是一种具有辽代三彩陶砚典型特征的文房用品。另外，在巴林左旗辽庆州城遗址出土的一方印有“西京仁和坊李让”款的澄泥砚，其形制也为八角形（图 7–21），提示八角形砚似乎是辽人非常喜爱的造型之一。

两宋期间，在金人统治的地区也有专人从事陶砚生产，如出土于金上京故城白城（北城）的“济州和家造”陶砚[20]，即为金代济州（今吉林省农安县古城）一家专门从事陶砚制作的工坊所造。

元代瓷砚的传世品数量较少，从目前所见器物来看，基本承袭宋代旧制，但制作粗率，在器型、胎质、釉色等方面也远不如宋代。元代的陶砚制作处于低潮，主要原因之一是元代崇尚武功，长期废止科举，读

图 7–17　辽代圆形三彩砚（正面）（笔者摄于赤峰博物馆）

图 7–18　辽代圆形三彩砚（背面）（笔者摄于赤峰博物馆）

图 7-19　辽代八角形三彩砚（正面）（笔者摄于赤峰博物馆）

图 7-20　赤峰市宁城县头道沟子乡埋王沟出土的八角形三彩砚（背面）（笔者摄于安徽省博物院）

图 7-21　印“西京仁和坊李让”款的辽代八角形澄泥砚（笔者摄于巴林右旗博物馆）

书人地位低下，社会上对陶砚的需求量大大减少。原因之二是入宋以来石砚日益受到人们的重视，随着石砚原料开采量的增加以及制作技术的提高，低端石砚的制作成本大为降低，逐渐取代了色泽与品质都较石砚为次的陶砚。

明、清两代，瓷砚生产达到新的高峰，其样式、花纹、釉色等多超越前代，但其实用性已经大为降低，演变成人们收藏的玩物。陶砚则一蹶不振，很少有人从事大批量商业化的陶砚生产，市场上也极少流通。

五、当代

民国以来，随着砚石新品种的不断发现，以及石砚制作工具的改善，石砚的制作成本已经低于陶瓷砚，俗称“学生砚”的低档石砚不仅价格低廉，而且结实耐用，石砚一统天下的局面逐渐形成，陶砚与瓷砚淡出了人们的视野。

在相当长的一段时间内，陶砚的制作完全中断。近年来，随着收藏热的兴起，陶砚的制作开始兴旺起来，但这些看起来造型奇特、纹饰复杂的陶砚，实际上大部分是用模具压制而成（图 7-22），手工雕刻的非常罕见。

图 7-22　当代模压制作的陶砚

图 7-23　当代制作的瓷砚

当代的瓷砚制作也是近年方才兴起（图 7–23）。其制作者大致可以分为两类：一类专门仿制古代瓷砚，高明者可以做到惟妙惟肖；另一类从事瓷砚的艺术创作，将瓷砚的实用性与艺术性在更高的层次上结合起来，其代表性人物如福建德化的陈仁海，他以喜迎澳门回归为主题制作的德化瓷砚《母亲，我回来了》（图 7–24），气韵生动，场面欢庆，格调清新，明快大方，将喜迎澳门回归的炽热情感很好地融入其中。此瓷砚虽然可以称为当代瓷砚制作技艺与形制样式的代表，但是其已经较少具有实用价值，更像是一件唯美的艺术收藏品。

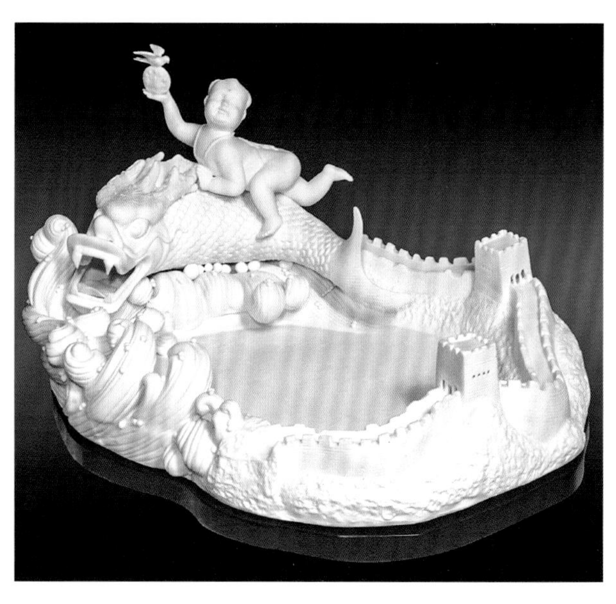

图 7–24　德化瓷砚《母亲，我回来了》（中国白陶瓷有限责任公司提供）

第二节　形制样式

一、古代陶砚的形制样式

我国古代陶砚的形制样式在不同的历史时期分别具有不同的特点。

两汉期间的陶砚，形制样式最具特色的当数汉十二峰陶砚，此砚不仅造型雄浑大气，而且在设计上将砚池、水滴融为一体。巧用中峰龙首的龙口与相通，当需要注水研墨时，只要将塞在中峰龙首中的木栓拔出，贮存于山峰中扁形水滴中的水就可通过龙口的小孔滴于砚上用于研墨，使一物具多种功效。

汉十二峰陶砚的这种设计模式对后世陶砚的形制样式产生了一定的影响，如河南洛阳隋唐东都皇城遗址中出土的一方红陶砚，在形制上与十二峰陶砚就较为相像，如同为十二峰，同为三足。但两者也有不同，汉十二峰陶砚的砚面近似圆形，十二峰从三面环绕砚池，在造型设计上应该是圆形砚的艺术变形；而东都皇城红陶砚的砚面为椭圆形，砚池后高前低呈箕形，十二峰全部集中在砚的前端，在造型设计上应该是箕形砚的艺术变形。

另外汉代出现的三足陶砚虽然其形制样式应来自三足石砚，但这种造型对后世的陶砚与瓷砚也产生了较大的影响，如两晋时期流行的三足瓷砚，其设计思路应该主要来自三足陶砚。

盛唐时期，陶砚的形制样式较为丰富，其中造型最富艺术性的是龟形陶砚。如清宫旧藏的双龟陶砚（图 7–25），此砚颜色发灰，质地细腻，龟背为盖，龟腹为体，双龟连体，头尾相交，仅生四足，实为罕见。其造物者之灵感也许来自凭空想象，也可能来自对自然现象的真实描述。但不管其思路来自哪里，这种双龟造型的设计不仅具有很高的艺术水平，而且也体现出唐代制砚工匠高超的塑胎与烧造技艺。

在现存唐代龟形砚遗物中，数量较多的是单龟砚。如现藏北京故宫博物院的龟形陶砚（图 7–26），长

图 7–25　唐双龟陶砚及腹部形态（取自《文房四宝 · 纸砚》）

图 7–26　唐龟形陶砚及头部放大（取自《文房四宝 · 纸砚》）

22.5 厘米，宽 16 厘米，高 9.5 厘米。以龟背为砚盖，上刻六棱形龟背纹，龟腹为砚体，下凹为砚堂，砚堂后高前低，自然形成墨池。腹底有四足，前肢稍短，后肢伸长，龟首造型准确，鼻眼刻画清晰细腻，生动自然。该砚龟盖与龟体配合紧密，体现出设计者与制作者高超的造型与烧造技艺。

唐代的另一方龟形砚于 1976 年出土于济南市历城县邵而乡，该砚陶质细腻，砚体龟形，龟引颈侧视，四足踞地，背下凹为砚堂。砚长 20 厘米，宽 13.4 厘米。[21] 此砚现藏济南市博物馆，是唐代龟形砚中造型别致的一款。

两宋期间的陶砚在形制上多沿袭前代，现存遗物多为抄手、凤字形等，如在已公布的江苏宝应县城区安宜东路宋代墓群出土的 5 方陶砚中，有凤字形 3 方、抄手 1 方、长方形椭圆砚池 1 方（图 7–27）。其中凤字形砚中的一方“长 14.5 厘米，前宽 8.2 厘米，后宽 9.8 厘米，高 4.6 厘米，重 256 克，泥质灰陶，色微黄，砚面束腰呈凤字形，一端砚腹着地，另一端下置双足，砚池较深，池内有研磨的墨迹”。与米芾在《砚史》中描述的“有如凤字两足者”十分相像，是一种比较程式化的陶砚样式。抄手砚于 1995 年 10 月从 9 号墓出土，“砚长 12 厘米，前宽 7.4 厘米，后宽 9.2 厘米，前高 2.8 厘米，后高 3 厘米。砚面倾斜为坡形，弧凸，前端较深作砚池，陶色微发紫红，质地坚硬似石，砚背刻划楷书‘元’字款。砚面有残留墨迹，应是墓主人生前使用过后砚”，也是宋代十分流行的式样。另一枚长方形椭圆砚池陶砚于 2000 年 3 月出土于 3 号墓，“长 10 厘米，宽 6.8 厘米，高 1.5 厘米，重 110 克。深灰色素面陶质。砚身呈长方形，椭圆形砚池”[22]，其样式较为独特。

图 7–27 江苏宝应县宋墓群出土的陶砚（上左、上右，凤字形；下左，长方形椭圆池；下右，抄手）（取自《江苏宝应出土的几方宋砚》）

二、古代瓷砚的形制样式

三国两晋至隋唐时期瓷砚的形制样式主要呈有足圆盘状，这种形制样式的产生与制作瓷砚时采用转轮拉坯工艺有关。由于转轮拉坯制作瓷砚的速度比制作异形砚快，成本比异形砚低，故可以有效满足市场对瓷砚的需求。

虽然在这一时期内，瓷砚的主要形制为有足的圆盘状，但不同时期的瓷砚在足的数量上是有差异的，总体趋势是由少到多。如两晋时期以 3 足为主，南北朝时出现了 10 足，隋唐时期则多达 22 足。另外，砚足的形式也从独立的足演变为连成一体的圈足，如现藏于北京故宫博物院的一方唐代圆形陶砚，其圈足就是由 22 个兽面柱所组成。这种有足圆盘式的瓷砚形制不仅一直延续到明清，甚至影响到当代。

两宋期间，瓷砚的形制除有足圆形外，还有无足的鼓形与其他形制，如现藏中国国家博物馆的北宋青釉瓷砚，其形制就是一种典型的长方形抄手砚（图 7–28）。

图 7–28 北宋青釉瓷砚（取自《中国文房四宝全集 · 砚》）

明代早期瓷砚以鼓形空腹居多，砚面或凹或平，造型多为辟雍式，砚堂居中，四周环水，砚腹中空，砚面上开有一注水孔，天气寒冷时，可由此注水孔将热水注入砚的空腹之中，使砚体保持一定的温度，以防墨汁因气温太低而冻结。如现藏北京故宫博物院的青花仙人对弈图瓷暖砚（图 7–29），砚呈鼓形，砚腹中空，砚面一侧开有一银锭形注水口，可在冬季寒冷时向砚腹注入热水，以防墨汁冻结凝滞。

明代中期瓷砚以实腹圆饼形居多，砚面多下凹，造型仍多为辟雍式，砚堂与砚边之间有一环形水槽。

图7-29　明青花仙人对弈图瓷暖砚（取自《中国文房四宝全集·砚》）

图 7-30　清天蓝釉瓷砚（取自《中国文房四宝全集 · 砚》）

明代晚期瓷砚的样式风格与明代中期相仿，但胎质较粗，制作工艺也较为粗糙。

清代瓷砚的形制风格较多，砚式除圆形外，还有长方形、荷叶形、钟形等。所施釉色有青花、绿釉、红釉、五彩、哥釉、汝釉等。纹饰较明代更加丰富，有龙凤、花鸟、山水、人物等。清代早期的瓷砚品质较高，从器型设计、瓷胎制造到釉料选用都相当讲究，尤其是一些由文人参与制作的瓷砚，更让人觉得造型优雅，气质不凡。如现藏上海博物馆的天蓝釉瓷砚（图 7-30），样式为辟雍形，砚面微凹，砚堂与砚边弧形连接，砚底内凹，除砚面外整体施天蓝釉。底部釉下用青花题"凡砚石质，今或陶成，将之以兄，兄冶之意，又不知磨穿于何日。丁未秋日为□思先生，爱闲朽民制并识"。此砚制作于乾隆年间，做工考究，胎体厚重，釉色淡雅，莹润透彻，是清代瓷砚中罕见的佳品。

清代后期所产瓷砚大都仿制康熙年间的产品，在形制样式上缺少创新。晚清民国期间，民窑出产的瓷砚大多为市侩牙驵托名逐利仿冒赝品，这些诡制仿器粗制滥造，动辄数百上千件，冒充古玩，流布广泛。

第三节　制作技艺

由于陶砚与瓷砚分别属于制陶业与制瓷业，两者在原料的选择以及烧成温度上有较大差异，故对其制作技艺分别述之。

一、陶砚制作技艺

陶砚的制作工序主要包括选泥、粗筛、淘洗、脱水、陈化、设计、揉泥、制坯、阴干、雕刻、烧制、出窑。

1. 选泥

制作陶砚的原料在北方多选择可塑性较好、含钙量较低的红黏土为原料。马兰黄土、全新世黄土则不适宜制作陶砚，因为上述两种黄土颗粒粗、含钙量高，既不利于成型又容易烧流和开裂。南方以普通易熔黏土制作陶砚时，既可用红黏土，也可用黄黏土与灰白黏土。还可以选择高镁质易熔黏土和高铝质耐火黏土，用这两种黏土烧制成的陶砚颜色较浅，有的甚至为白色。

2. 粗筛

无论是北方的红黏土，还是南方的红黏土、黄黏土与灰白黏土，往往混有树根、草屑、瓦砾等杂质，去除这些杂质的方法是先将土晒干，再用木槌等工具将土块槌碎，然后用网眼较粗的铁筛进行粗筛。

3. 淘洗

淘洗的目的是为了去除黏土中粒径较大的沙子与较粗的黏土颗粒，以便获得较为细腻的泥料，从而使制出的陶砚质地细腻，吸水率小，发墨而不损毫。常用的淘洗方法有两种：一种方法是将粗筛后的泥料放入陶质大缸或其他不渗水的容器中，加入清水，以水量淹没泥料为准，静置 3~5 天，使泥料充分吸水湿润，然后用木棍在容器内进行搅动，将泥料与水充分混合成稀泥浆，然后用较细的筛网进行过滤，这样就可得到去除沙子与较粗颗粒的细泥浆。另一种方法是将粗筛过的泥料放入布袋中，然后将装有泥料的布袋（图 7–31）浸泡在盛有清水的容器中，待布袋中的泥料充分吸水湿润后，用手反复挤揉布袋，使颗粒细小的黏土颗粒从布袋的网状空隙中透出，这样也可以得到去除沙子与较粗颗粒的细泥浆（图 7–32）。

图 7–31　装有泥料的布袋

图 7–32　挤揉出的泥浆

4. 脱水

陶砚泥料的脱水通常采用自然沉淀法，其具体做法是将淘洗后的细泥浆注入不渗水的容器中，然后静置，让泥浆中的黏土在重力的作用下自然沉淀（图 7–33）。沉淀的时间通常为 5~7 天，有时更长。等泥料沉淀完成后（图 7–34），可用瓢或其他工具将泥料上层的清水撇出，然后取出下层泥浆装入布袋中吊起过滤，或者加压过滤，由此可以得到含水率适宜揉制的泥料。

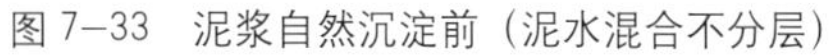

图 7–33　泥浆自然沉淀前（泥水混合不分层）

图 7–34　泥浆自然沉淀后（泥与水已经分层）

5. 陈化

经过脱水的泥料通常并不会很快用于制作陶砚，而是需要放置半年以上的时间，其目的是利用微生物将泥料中的有机物分解腐烂，陈化不仅可以提高泥料的可塑性，而且可以避免在烧制时因有机物的烧蚀而使陶砚内部出现较多的孔隙。

6. 设计

陶砚的设计通常可分为两类：一类是以实用性为主，艺术性为辅，其形制样式与当时流行的砚式相仿，如唐宋时期的箕形砚、凤字形砚等。另一类是实用性与艺术性并重，讲究造型，注重艺术，如汉十二峰陶砚、唐龟形砚等。因此在设计陶砚时，一定要有清晰的设计思路，尽量将实用性与艺术性完美地组合起来。有了设计思路之后，可以先在纸上绘出草图，也可以用湿泥捏出模型，然后反复观察、审视、修改，直到满意为止。另外在设计时还要考虑到该陶砚的制作工艺，如果采用模压制坯，则设计出的砚型不仅需要易于模压，还要易于脱模。如果采用纯手工制坯，则需要考虑到砚坯制成后如何进行刻画、雕塑等。

7. 揉泥

揉泥是在正式制作陶砚砚坯之前，用手对泥料进行反复搓揉。揉泥的目的是使泥料的含水率更加均匀，泥料的组织结构更加紧密。揉泥工艺不仅是一种体力活，而且也是技术活，手法非常讲究。如果揉泥手法不对，将空气揉入泥坯之中，轻则会使陶砚在烧制时产生气泡和微小裂纹，重则会使陶砚在烧制时发生爆裂。

8. 制坯

制坯的方法大致可以分为两种，一种是手工捏制，一种是模具压制。从现存陶砚遗物来看，多为手工捏制，如汉十二峰陶砚、唐代的龟形砚（图 7–35）、宋代的箕形砚（图 7–36）、凤字形砚等。对一位技术熟练的陶工而言，用手工捏制出一方造型并不复杂的陶砚坯并不需要花费太多的时间。模具压制主要用于生产数量较大、砚式与花纹较为复杂的陶砚。模具压制需要的模具通常用木料雕刻而成，这种模具具有使用时间长、不易损坏的特点。

图 7–35 笔者捏制的仿唐龟形砚泥坯

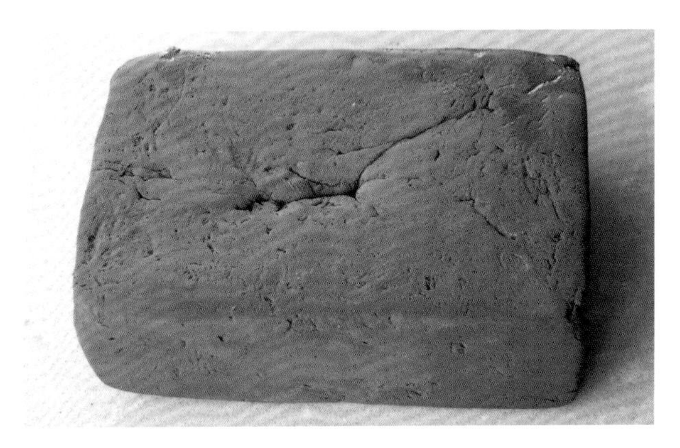

图 7–36 笔者捏制的仿宋箕形砚泥坯

据笔者测试，制作陶砚坯的泥料含水率通常控制在 20% 左右为宜。水分太高，可塑性虽强但粘手；水分太低，虽不粘手但可塑性又会降低。另外，不同制坯模式所用泥料的含水率是不一样的，如果是手工捏制，应选用含水率稍高的，可以保证塑造过程中造型准确且泥料不会开裂，如果是模具压制，则应选用含水率稍低的，以保证砚坯易于出模且出模后不易变形。

9. 阴干

雕刻后的陶砚还需放在密闭阴凉的地方任其自然阴干，待阴干到一定程度时，即可进行雕刻。雕刻中的砚坯要保持一定的湿度，一次未刻完的砚坯还需放回密闭阴凉的地方防止干燥。

10. 雕刻（图 7–37、图 7–38）

无论是手工捏制的砚坯还是模具压制的砚坯通常都还需要进行适当的雕刻。雕刻的时间通常选在砚坯

图 7–37 雕刻中的仿宋箕形砚泥坯（砚面）

图 7–38 雕刻中的仿宋箕形砚泥坯（砚底）

稍加阴干之后，用锋利的钢刀进行雕刻。由于雕刻是决定砚坯形态的最后一道工序，所以要求雕刻者不仅需要具备较高的雕刻技艺，而且需要有较高的审美观与悟性，只有这样才能雕刻出精美的作品。

11. 干燥

雕刻后的砚坯需要放在阴凉的地方进行干燥，在干燥中要防止风吹，更不能日晒，否则砚坯会因干燥不均而翘裂。

12. 烧制

经过干燥的砚坯就可以进行烧制了。陶砚的烧成温度与泥料的成分有很大关系，如果是用低熔点泥料制作的，则烧成温度较低；如果是用高铝质耐火黏土制作的，则烧成温度高。由于陶砚需要同时具有发墨、不渗水两种功能，因此在烧制时对温度的控制相当严格。如果烧制温度偏高，砚体玻化程度会变高，虽然吸水率会降低，但砚面就会变得光滑，致使研墨打滑，发墨效果不好。如果烧制温度偏低，砚体的孔隙度就会增加，吸水率就会提高，加水即渗，贮墨即干。因此，只有严格控制窑炉温度才能烧制出品质较高的陶砚（图 7–39、图 7–40）。

13. 检选

将陶砚从窑内取出后，将破碎、断裂、变形、有裂纹、有气泡者挑出，保留合格者。

图 7–39 笔者烧制的仿唐龟形砚

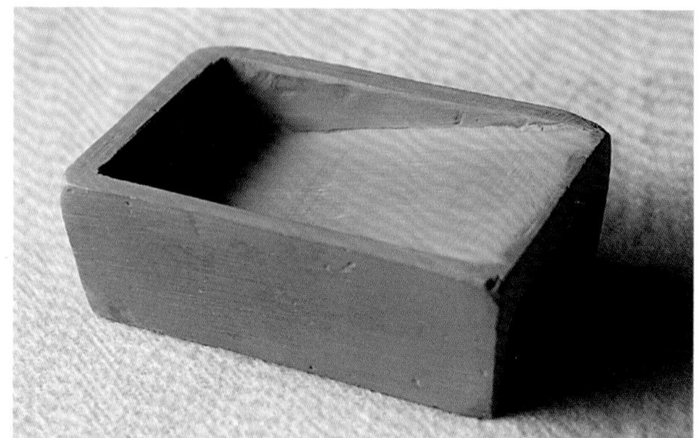

图 7–40 笔者烧制的仿宋箕形砚

二、瓷砚制作技艺

传统的瓷砚制作工序主要包括粉碎、淘洗、脱水、练泥、制坯、施釉、入窑烧制。

1. 粉碎

取回的原料通常需要进行研磨。研磨的方法：其一是利用畜力或者水力转动石碾，通过碾压对原料进行粉碎。其二是利用人力脚踏石碓或水力带动水碓进行舂击将原料进行粉碎（图 7–41）。

2. 淘洗

瓷土的淘洗一般是在淘洗池与沉淀池中完成的（图 7–42）。通常淘洗池的位置较高，沉淀池位置较低，两池之间有一条溢流口。当粉碎的原料被倒入淘洗池后，就加水进行搅拌，待颗粒较大的瓷土渣沉淀后，就打开溢流口让上层的细泥浆流到沉淀池中进行沉淀。待泥浆自然沉淀后，再打开沉淀池的溢流口让上层的清水流出。然后把沉淀的瓷泥装入袋中进行脱水。

图 7–41 粉碎（中国磁州窑博物馆）

图 7–42 淘洗（中国磁州窑博物馆）

淘洗也可以使用水缸进行操作，如《天工开物》所言："造器者将两土等分入臼，舂一日，然后入缸水澄。其上浮者为细料，倾跌过一缸，其下沉底者为粗料。细料缸中再取上浮者，倾过为最细料，沉底者为中料。"

3. 脱水

脱水的方法主要有自然脱水法、火力脱水法和袋装脱水法（图 7–43）。自然脱水法就是利用自然界的阳光、流动的空气使泥土中的水分蒸发。火力脱水法是将淘洗后的泥料放入用砖砌成的方塘内，"逼靠火窑，以借火力"[23]。袋装脱水法是把沉淀后的瓷泥装入布袋，扎紧袋口，然后把装有瓷泥的布袋摆放到脱水架上，上铺一层木板后，压上大石块加压脱水。

4. 练泥

练泥是用手将脱水后的瓷泥翻来覆去地反复搓揉，搓揉的时间越长，瓷泥的韧性就越好，塑性也越强（图 7–44），现在多采用机械真空练泥，以节省人力。练好的泥通常还需要静置半年或更长一段时间才能用于制坯。

图 7–43 脱水

图 7–44 练泥（中国磁州窑博物馆）

5. 制坯

制坯是瓷砚制作技艺中最重要的工序，瓷砚的制坯工艺可分为成型工艺和修坯工艺。从现存瓷砚遗物分析，古代瓷砚中的三足圆形、多足圆形、圈足辟雍形、鼓形、碟形等瓷砚采用的应该是手工拉坯工艺。

手工拉坯是在陶轮上进行的（图 7–45）。用陶轮拉坯时，通常先将一团湿泥放在陶轮中央的泥座上，然后拉坯人手执木棍插入陶轮边缘处的孔洞中，用手转动木棍使陶轮快速旋转，然后放下木棍，借助陶轮的惯性作用，用手对泥料进行拉坯。当陶轮转速减慢后，拉坯人再次用木棍转动陶轮，按此方法反复多次，直到拉坯完成为止。拉坯需要相当的经验与技巧，否则很难拉出外形美观的瓷砚坯。

修坯是将已经拉好的砚坯进行必要的修整（图 7–46），用刻刀进行雕刻是当代德化白瓷砚的特色之一，通常由经验丰富的制瓷大师进行雕刻，使作品更加精细，也更有艺术性（图 7–47、图 7–48）。此外，修坯还包括磨掉接缝、打磨表面使其光洁等。经过修坯的瓷砚可以放在阴凉处进行干燥。

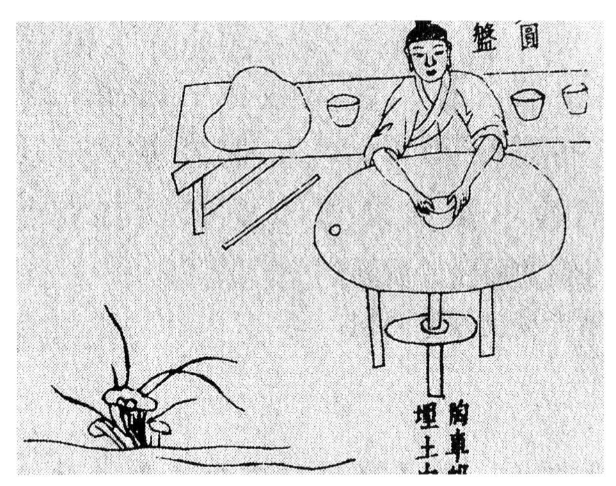

图 7–45　拉坯（取自《天工开物》）

图 7–46　修坯（取自《天工开物》）

图 7–47　修坯 1（中国白陶瓷有限责任公司提供）

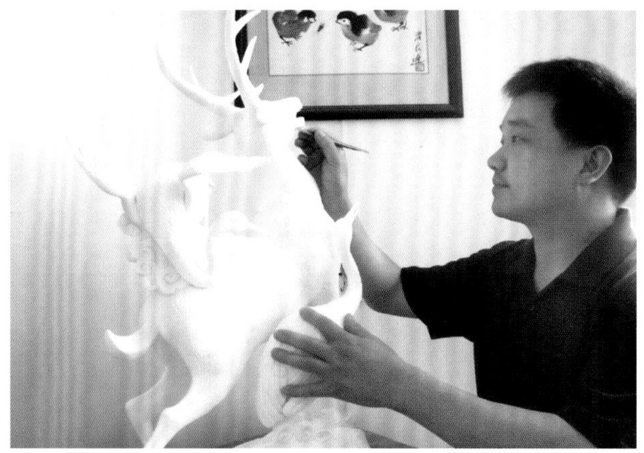

图 7–48　修坯 2（中国白陶瓷有限责任公司提供）

6. 描绘

描绘就是用画笔在砚坯上描绘出图案花纹，如山水、人物、花鸟、鳞介等（图 7–49），不同窑口的绘画师傅们的绘画水平有高有低，绘画风格也有差异，但就瓷砚而言，由于此物为文房用具，故所绘纹饰大体较为文雅。

7. 施釉

釉是覆盖在陶瓷制品表面上的均匀玻璃薄层，它不但具有防止制品被外物污染，使其免受腐蚀性气体、

图 7-49 描绘（中国磁州窑博物馆）

图 7-50 制作釉料（中国磁州窑博物馆）

图 7-51 施釉（中国磁州窑博物馆）

图 7-52 装入匣钵（中国磁州窑博物馆）

液体侵蚀的功能，而且可以使制品外表光润美观。

施釉之前先要准备好釉料，制作釉料（图 7–50）的程序通常是选取一定比例的原料，研磨后过筛，然后贮藏在专门的陶缸中，并不时地进行搅拌。

常用的施釉（图 7–51）方法主要有浸釉与吹釉。浸釉是将砚坯放在釉料内蘸一下迅速拿起，这种施釉方法速度比较快，但要求施釉者手法熟练，否则釉上薄了难以遮盖砚坯，过厚又会产生蒙花。吹釉一般指人工用嘴吹喷桶，将釉喷在砚坯上，这种施釉方法可以保证釉层厚薄均匀，但较费时间。

8. 烧制

准备烧制的瓷砚需要先装入匣钵（图 7–52），然后连同匣钵一起放入窑内烧制（图 7–53）。匣钵通常用耐高温的泥料制造，分上、下两部分，可以扣合。砚坯较大者，一个匣钵只装一个；砚坯较小者，一个匣钵内可以装数个。

瓷砚烧制的温度在不同地区与不同窑口并不相同。究其主要原因有以下四点：其一，制作的瓷砚的原料配方不同；其二，制作的釉料配方不同；其三，使用的窑炉不同；其四，所用燃料不同。故在缺少控温设备的古代，瓷砚的烧制主要靠烧制者凭经验加以控制，在熊熊的烈火中，烧制出一件件精美的瓷砚（图 7–54）。

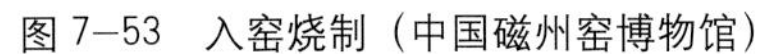
图 7-53 入窑烧制（中国磁州窑博物馆）

图 7-54 德化瓷砚《一树寒梅》（中国白陶瓷有限责任公司提供）

注释：

[1] 在巴黎的切鲁努斯基美术馆也收藏有一例此种类型的砚台。

[2] [3]《记十二峰陶砚》，《文物参考资料》1956 年第 10 期，第 46、47 页。

[4] 王冶秋：《刊登砚史资料说明》，《文物》1964 年第 1 期，第 50 页。

[5] 郑珉中：《对两汉古砚的认识兼及误区的商榷》，《故宫博物院院刊》1998 年第 4 期，第 20 页。

[6] 华慈祥：《龟砚与十二峰砚》，《上海文博论丛》2006 年第 4 期，第 34~35 页。

[7] 湖北省文物考古研究所、襄樊市襄阳区文物管理处：《湖北襄阳马集、李食店墓葬发掘简报》，《江汉考古》2006 年第 3 期，第 21~36 页。

[8] 参见郑珉中：《对两汉古砚的认识兼及误区的商榷》，《故宫博物院院刊》1998 年第 4 期，第 18 页。

[9] 中国硅酸盐学会主编：《中国陶瓷史》，文物出版社，1982 年，第 127 页。

[10] 河南省文物考古研究所潘伟斌：《安阳西高穴曹操高陵发掘获重要成果》，《中国文物报》，2010 年 1 月 8 日第 5 版。

[11] 刘庆柱：《曹操高陵的考古发现与研究》，《中原文物》2010 年第 4 期，第 8 页。

[12] 中国硅酸盐学会主编：《中国陶瓷史》，文物出版社，1982 年，第 182 页。

[13] 解华英、王登伦：《山东兖州发现一件隋代瓷砚》，《考古》1995 年第 9 期，第 853 页。

[14] 偃师县文物管理委员会：《河南偃师县隋唐墓发掘简报》，《考古》1986 年第 11 期，第 944~999 页。

[15] 赵进、季寿山：《江苏宝应出土的几方宋砚》，《收藏》2003 年第 2 期，第 2~4 页。

[16] [17]〔宋〕米芾：《砚史》，宋百川学海本。

[18] 赵智强：《介绍两方陶砚》，《文物》1992 年第 8 期，第 94 页。

[19] 朝格巴图：《内蒙古巴林右旗出土陶“凤”字暖砚》，《北方文物》1996 年第 3 期，第 21 页。

[20] 张明友：《金“济州和家造”陶砚》，《北方文物》1998 年第 4 期，第 60 页。

[21] 赵智强：《介绍两方陶砚》，《文物》1992 年第 8 期，第 94 页。

[22] 赵进、季寿山：《江苏宝应出土的几方宋砚》，《收藏》2003 年第 2 期，第 2~4 页。

[23]〔明〕宋应星：《天工开物》，明崇祯初刻本。

第八章　澄泥砚

澄泥砚，中国砚史上较为特殊的一种砚，它是当今社会人们不太熟悉的非石质砚，却能和端砚、歙砚、洮砚比肩，跻身"四大名砚"之列，在很长的时间内都以具备"贮墨不耗，积墨不腐""呵气生津，触手生晕""发墨而不损毫"等特点为历朝文人墨客所喜爱，在中国名砚中居于非常重要的地位。澄泥砚完全由人工烧制而成，造型色彩多变，集艺术性与实用性于一体，其制作工艺源远流长，因此也被列入国务院于2008年6月7日发布的第二批国家级非物质文化遗产名录，成为我国非物质文化遗产保护的一项重要内容。

第一节　历史沿革

在创制之初，澄泥砚其实并没有固定的名称。细数澄泥砚在历代文献记载中的名称，有根据材质命名的"陶砚"、根据制作工艺命名的"澄泥砚"，也有根据制作者姓氏命名的"吕砚"等。这些命名都有着各自的依据，比如"陶砚"，正是由于澄泥砚与陶砚、瓦砚等非石质砚一样同是泥料烧制而成，故诞生之初常常一概以"陶"命名，从这一命名也可以看出，古代澄泥砚的创制与古代陶砚、瓦砚的制作工艺有着密不可分的亲缘关系。

一、　澄泥砚的初创

澄泥砚初创于唐。唐代经济、文化高度发达，这一时期人们对用于书写绘画的文房用具的需求增加、要求提高，各类文房用具的制作与选材都有较大的发展，而澄泥砚，应该也同样是当时人们对砚台的质量及精细程度有了更高要求时的产物之一。

在澄泥砚出现之前，陶砚一直是当时使用最为广泛的砚台之一。陶砚是最早出现的泥质砚台，它的出现可以追溯至东汉时期。陶砚制作受地域限制小，简便易得，价格也不高，自然使用者众多。然而陶砚作为直接使用的文房用具，缺点也显而易见。其吸水率较大，质地也不够坚硬，这都是陶砚难以成为砚中佳品的原因。直至魏晋之后，以一些秦砖汉瓦为原料进行加工的砖瓦砚开始出现，这些砖瓦砚质地坚硬、吸水率小，最重要的是善发墨，品质较之传统陶砚要好很多。再结合澄泥砚制作中所采用的"澄泥工艺"，故而有理由推测，砖瓦砚的出现很可能为唐代传统陶砚品质的改进提供了思路，当时人们很可能是将秦砖汉瓦所使用的澄泥工艺用于陶砚的制作并加以改良，澄泥砚便应时而生了。

目前，在文献记录、博物馆藏及考古发现中，最早的澄泥砚实物均为唐代之物。清乾隆时期《西清砚谱》中曾收录两款唐代精品澄泥砚，分别是唐澄泥六螭石渠砚（图8–1）和唐八棱澄泥砚，唐澄泥六螭石渠砚实物现存放于台北"故宫博物院"，北京故宫博物院中也藏有一方唐澄泥"唐天策府制"铭三足风字砚，亦为唐代澄泥砚为数不多的存世珍品。也有一些考古发现的例证，如20世纪80年代，洛阳隋唐故都遗址出土了一件唐代早期龟形澄泥残砚，该砚"表里呈青灰色，质地细腻坚硬，是为澄泥砚……此种形制的唐代泥砚，在洛阳地区是首次发现"[1]。由此可见，唐代已有澄泥砚是毋庸置疑的。

自诞生之日起至今，澄泥砚和陶砚、瓦砚的界限便一直模糊，这与澄泥砚的命名有着很大关系。在历

图 8–1　唐澄泥六螭石渠砚（清藏内务府，现台北“故宫博物院”馆藏）（取自《西清砚谱古砚特展》）

代相关文献中，很多都将澄泥砚直接称作陶砚，如米芾在《砚史》中，就将澄泥砚记为陶砚，而在清代《西清砚谱》中，则将瓦砚和澄泥砚都归于陶之属等。从广义上来说，这样的分类自有其道理，毕竟，无论是澄泥砚、陶砚，还是砖瓦砚，都是属于以土质为原料，再经过烧制而成的砚台。但是，这样广义的陶砚，并不是这里说的真正意义上的澄泥砚。

澄泥砚创制之初，应该是有其物而无其名的，最明显的表现是在唐代的文献中，没有任何“澄泥砚”之名的出现。正是因为澄泥砚制作工艺与陶砚、砖瓦砚制作工艺有相似之处，所以唐代的澄泥砚，大多直接以陶砚或瓦砚命名。苏易简《文房四谱》中有如此叙述：“陇西李元宾始从进士，贡在京师。或贻之砚，既四年悲欢否泰，未尝废用，凡与之试艺春官。天宝二年登上第，行于褒谷间，误坠地毁焉，乃匣归埋设于京师里中。昌黎韩愈，其友人也，赞而识之曰：土乎成质，陶乎成器。复其质非生死类，全斯用毁，不忍弃。埋而识之仁之义，砚乎研乎与瓦砾异。”[2] 这段最后提到的昌黎先生韩愈之语就是被人们广为引用来形容早期“澄泥砚”的《瘗砚文》，从这里可以看出，韩愈所惋惜的这一方烧制而成的砚台，虽让他感到其与传统陶砚、瓦砚的不同，但却没有称呼和命名。

澄泥砚其名，取自其制作工艺中所采用的“澄泥”工艺，这也是澄泥砚与传统陶砚最重要的区别。关于“澄泥”工艺的记载最早见于苏易简《文房四谱》，后世澄泥砚相关文献多参考其中记录。《文房四谱》中对于“澄泥”工艺的描述为“作澄泥砚法，以墐泥令入于水中，挼之贮于瓮器内，然后别以一瓮贮清水，以夹布囊盛其泥而摆之，俟其至细，去清水，令其干”[3]。其中详细介绍了利用清水与夹布囊对泥料进行淘洗筛选的过程，可见能被称为澄泥砚者，最重要的是其制作工艺中使用的泥料必须经过精细的淘洗，即所谓的“澄泥”工艺。

澄泥砚的出现，代表唐代手工制砚的工艺已经达到很高的水平。从现存实物来看，唐代虽为澄泥砚的初创时期，但澄泥砚制作技术已经非常纯熟。虽然端砚、歙砚等名砚在唐代均开始出现，但澄泥砚仍然以其上佳的砚品为文人墨客所喜爱。

二、澄泥砚的兴盛

宋代是澄泥砚的兴盛时期，“澄泥砚”之名亦首见于宋代文献中。最早提及“澄泥砚”之名及其制作方法的是苏易简的《文房四谱》和张洎的《贾氏谭录》，这两部书均成书于宋代早期，其中记载的澄泥砚工艺方法非常详细，可知由唐至宋澄泥砚的工艺已经日趋成熟而且也已为文人所知，“澄泥砚”之名在此时出现，也是理所当然。宋代澄泥砚形制多样，品质上乘，在各类文献中多有赞誉，而在清代《西清砚谱》中，收录的宋代澄泥砚数量高达25方。和唐代相比，宋代澄泥砚制作工艺的流传范围更为广泛；和后世相比，宋代澄泥砚制作地点的数量也达到了历代的最高峰，并且制砚名家也开始出现。

图8-2　北宋张思净造澄泥砚（取自蔡鸿茹、胡中泰等《中国名砚鉴赏》）

宋代澄泥砚上开始出现了标明产地、制砚者的印款，这也可以算是宋代澄泥砚的一大特色。时至今日，仍然有许多带有印款的澄泥砚存世，如首都博物馆收藏的西京澄泥砚，背铭“西京南关史思言罗土澄泥砚瓦记”，可知其产地为宋代的西京[4]；再如上海博物馆藏北宋张思净造澄泥砚（图8–2），该砚砚底印款为“己巳元祐四祀姑洗月中旬一日雕造，是者箩土澄泥打刻。张思净题”[5]，从该款题可知，此砚制作于宋元祐四年（1089）三月，制作者张思净，取材箩土，但没有产地记录；又如《砚史资料》所载宋元丰六年澄泥砚[6]，砚底款题“元丰六年（1083）造砚子记”八字，据此可推断出制砚的时间信息。此般实例尚有许多，但值得一提的是，以上提及各类印款仅见于如图8–2所示类似抄手砚形制的澄泥砚底，而其他形制的宋代澄泥砚则未见有类似印款者存世。

图8-3　宋澄泥虎符砚（清藏符望阁，现台北“故宫博物院”馆藏）（取自《西清砚谱古砚特展》）

宋代澄泥砚存世者较多，其中不乏品质上佳的精品。从存世砚台形制上看，宋代澄泥砚形制更加多变，开始出现了如虎符砚（图8–3）、蕉叶砚（图8–4）等各类仿生形制的砚台。总体说来，宋代是澄泥砚产地最多的繁盛时期，澄泥砚的制作已成规模，工艺成熟，澄泥砚也从此成为历代砚史、砚谱记载中不可或缺的一大类别。

图8-4　宋澄泥蕉叶砚（台北“故宫博物院”馆藏）（取自《西清砚谱古砚特展》）

三、澄泥砚的发展变化

元代尚武轻文，关于元代澄泥砚的制作与流传，在文献或方志中都没有发现记载，然而存世实物表明，元代澄泥砚的制作并未停止、中断。元代澄泥砚在工艺上基本延续了宋代的传统，但其形制则带有鲜明的时代特征和蒙族文化特点，多以动物、花卉、人物等纹饰作为雕刻制作的主题，有典型的元代器物的粗犷劲逸的风格（图 8–5）。

图 8–5　元饮翰人物澄泥砚（取自蔡鸿茹、胡中泰等《中国名砚鉴赏》）

在《西清砚谱》中收录元代澄泥砚三方，其中澄泥龙珠砚（图 8–6）实物现存台北“故宫博物院”，该砚整体呈蟠龙抱珠形，砚背作龙腹，刻篆字铭一首，十六字缺一字，为“乾魁至文，阴阳既分，爱此龙□，曰美斯闻”。款属“鲁宜”，钤印“圭仲”系元代吴镇字，其人善书画，此砚盖其所宝者。[7]

总体而言，因为元代澄泥砚存世稀少且无相关文字记载，所以元代澄泥砚常常被人遗忘，鲜少提及。

直至明代，澄泥砚的制作发生了一些变化，根据文献记载及现存实物来看，明代澄泥砚在继承宋代工艺的基础上有所创新，尤其体现在澄泥砚的色彩和雕刻工艺上。

宋代澄泥砚虽然制作技艺纯熟，但鲜少有人在其呈色着色上下功夫，多顺其自然，不过还是有一些文人在宋代就表现出了对澄泥砚颜色的关注，如米芾《砚史》中所载：“有色绿如春波者，或以黑白填为水纹，其理细滑，着墨不费笔，但微渗。”[8] 其中所提“黑白填为水纹”的绞泥工艺可以说是明代创制出更多颜色造型的一个工艺基础。明代之前的文献中，关于澄泥砚颜色的记录唯米芾《砚史》此条而已，明代之后，

图 8–6　元澄泥龙珠砚（清藏乾清宫，现台北“故宫博物院”馆藏）（取自《西清砚谱古砚特展》）

图 8–7　明朱砂澄泥荷鱼砚（取自蔡鸿茹、胡中泰等《中国名砚鉴赏》）

此类记录开始大量出现在关于澄泥砚的文献中。如清代林在峩辑《砚史》中有形容鸭绿澄泥砚“秀可餐，翠欲滴，文而明，理而泽，兹泥之姿，温如璧”[9]，朱栋《砚小史》中更是明确地对澄泥砚的颜色做出评价，他认为：“澄泥之最上者为鳝鱼黄，其次为绿豆砂，又次为玫瑰紫……然不若朱砂澄泥之尤妙”。[10]朱砂澄泥乃明代所创，传世精品有北京故宫博物院所藏牧牛澄泥砚、天津艺术博物馆藏朱砂澄泥荷鱼砚（图 8–7）等。朱砂澄泥荷鱼砚“雕刻线条流畅，造型生动活泼，为了突出鱼的形象，鱼的四周及托鱼的荷叶上呈黑色。这种着色工艺，增强了艺术效果，使作品达到了更加完美的境界”[11]。该砚无使用痕迹，反而更似一件观赏品，可以看出此时的明代澄泥砚已经不仅仅作为实用文具了。

总体说来，明代澄泥砚色彩多样、造型多变，雕刻纹饰较唐、宋、元时期更为丰富，极具艺术性与观赏性，带有文学色彩的砚铭也开始被铭刻在砚台之上，这都使得明代澄泥砚不再仅仅是实用文具，而是开始步入收藏品和艺术品的行列。

四、澄泥砚的衰落

清代早期，前朝澄泥砚技艺已经中断，民间也无古法制作澄泥砚，直到清高宗乾隆时期，仿古澄泥砚开始出现。仿古澄泥砚的出现源于乾隆对澄泥砚的偏爱，这从其主持编写的《西清砚谱》中仅澄泥砚就占40余方之多就可窥见一斑。乾隆自乾隆四十年（1775）开始使用澄泥砚，发现甚为好用并留下《澄泥砚铭》：“欲善其事，先利其器，卌年始用，澄泥习字，日实踈乎，斯亦有义，初缘弗知，兹知乃试，偶命求之，不胫而至，汾水之泥，墨池之制，色古质润，体轻理致，比玉受墨，较石宜笔，临池虽助，书法实愧，更予戒哉，玩物丧志。”该砚铭本刻在旧澄泥玉堂砚背，此砚也收录于《西清砚谱》（后流落日本，并曾收入《古名砚》乙书——笔者注）。[12]翌年起乾隆开始“谕旨仿照贾氏谭录于汾河试取澄泥砚材，每年九月间预令绛州及稷山、河津二县各制绢囊安放河流渟缓之处收取澄泥”[13]，后制成澄泥砚若干方，是为仿古澄泥砚。这时期制作的仿古澄泥砚在《西清砚谱》中也有收录，其中澄泥砞砚（图 8–8）、澄泥墨砚（图 8–9）实物现存台北“故宫博物院”，此二方澄泥砚形制、大小、质地完全相同，合放一匣，澄泥墨砚砚背有乾隆御题砚铭为：“绛县得材偶仿古，余制二砚砚匣贮，临池五合之一助，逮忆苏言意则怃。”两方砚台均款题“乾隆丙申御铭”，乾隆丙申为乾隆四十一年（1776），可见此二砚均为在绛县得到的材料，于乾隆四十一年仿古制作而成。乾隆四十三年还制成有仿澄泥伏虎砚等，俱为清代仿古澄泥砚的珍品。

清朝时仿古澄泥砚的制作是乾隆御令，倾能工巧匠之力而为之，自不乏珍品，可其制作方法并不是澄泥砚制作古法，而是苏州织造利用绛县所得的泥料制作完成的，如乾隆在《咏澄泥仿唐石渠砚》中所说：“澄泥易细不易坚，既坚而润斯为全，是在火候精陶甄，吴中近来得法便，奚必远溯吕翁传，石渠唐制兹肖焉，益毫起墨佐翰筵，用彰厥美摛文篇。”[14]无论此时澄泥砚品质如何，但仿古澄泥砚和前世澄泥砚自是有所不同了。

仿古澄泥砚在清代乾隆时期昙花一现之后，便渐渐衰落直至失去踪迹。然而，这样的衰落并不是指澄

图 8–8　清澄泥砯砚（清藏懋勤殿，现台北“故宫博物院”馆藏）（取自《西清砚谱古砚特展》）

图 8–9　清澄泥墨砚（清藏懋勤殿，现台北“故宫博物院”馆藏）（取自《西清砚谱古砚特展》）

泥砚制作突然消失，而是指乾隆之后很长时期都再也未见澄泥砚制作的相关文献及实物，不过清末民国时期“王玉瑞澄泥砚”的记载与实物的出现可以说是表明当时澄泥砚仍有零星制作的切实证据。“王玉瑞澄泥砚”在民国 25 年（1936）的《河南陕县志》“物产”类目中有明确记载：“澄泥砚，此砚今产于人马寨王玉瑞制造，取土于土门村，土质如红石碾碎成粉，掺和为料，甚佳。”而“王玉瑞澄泥砚”的现存实物在天津艺术博物馆有所收藏，该砚作蟾蜍形，底部有“陕州工艺局澄泥砚王玉瑞造”的明确印记，但这种清末澄泥砚，质地颇为粗糙。[15] 在“王玉瑞澄泥砚”之后，澄泥砚再无实物与记载，可谓自此失去踪迹，直至由当代工艺美术家复原后才又有出现，这一部分将在后文中详细介绍。

第二节 产地分布

澄泥砚是人工制砚，因此其并不像端砚、歙砚等石质砚一样拥有绝对固定的产地，但是由于澄泥砚制作采用泥料的限制，使得一直以来高品质澄泥砚的出现都与其所在地的地理环境有着紧密的联系。

一、澄泥砚的初创地

在澄泥砚初创的唐代，常有“以州名物”的习惯，也就是说某处特产就以该处州名来命名，如在唐代出现的端砚、歙砚就均是以州名来命名的。但是澄泥砚却是以工艺或者材质命名，这除了因为其工艺的特殊性，还隐含了另一原因——即当时澄泥砚初创时的产地已不止一处。

关于唐代澄泥砚的产地，人们普遍认为有“山东的青州潍州，山西的绛州以及河南的虢州”[16]三处，然而根据古代文献记载来分析，有确切记录的唐代澄泥砚产地，应只有绛州、虢州两处而已。

绛州，即绛县，今山西新绛，位于黄河第二大支流——汾河之畔。南唐张洎《贾氏谭录》中“绛县人善制澄泥砚”[17]便是指这里。虢州，位于河南省境内，历史上的虢州包括如今的灵宝、卢氏全境。欧阳修在所著《砚谱》中曾赞曰：“虢州澄泥，唐人品砚以为第一。”[18]早期澄泥砚在这两处创制并不是偶然的，首先从地理上看，绛州与虢州都位于黄河中下游地区，这里也是华北沉积泥土矿床区，无疑便于取得优质的泥料，可以说具备了制作优质澄泥砚的客观条件。其次，这两地位于陕西省与河北省之间，而最著名的瓦砚产地就在陕西、河北。陕西的咸阳是秦时都城，阿房宫遗址所在地，在程先贞《海右陈人集》中载“秦阿房宫硖碱砖，蜜蜡色，肌理莹滑如玉，厚三寸，方可盈尺，最发墨。不知何时取以为砚”[19]。而河北的临漳是古相州、邺城所在地，这里是自三国曹魏起到隋400余年间，曹魏、后赵、冉魏、前燕、东魏、北齐六个割据王朝的都城，著名的铜雀台瓦砚便出于此处。关于铜雀台瓦砚的记载屡见于文献，如宋代何薳著《春渚纪闻》中有“相州魏武故都所筑铜雀台，其瓦初用铅丹杂胡桃油捣治，火之，取其不渗，雨过即干耳。后人于其故基掘地得之，镵以为砚”[20]。澄泥砚与古瓦砚的密切联系，前文已经提及，如此看来，位于陕西省与河北省之间的绛州与虢州，在唐代成为澄泥砚最初的发源地，可以说不是一种偶然，而是在各种客观条件都具备的情况下的必然。

不过，绛州与虢州，究竟哪一处才是澄泥砚的最初产地？这个问题至今仍然没有确切的答案，一直以来学者亦是议论纷纷，莫衷一是。其实，绛州与虢州相距不远且彼此间有水路相连，这通常是古代工艺技术传播的便捷途径。但是在唐代澄泥砚初创时期，应以绛州所造为佳。《旧唐书·柳公绰传附弟公权传》中便有柳公权“论砚”之说，柳公权“所宝唯笔砚图画，自扃鐍之。常评砚，以青州石末为第一，言墨易冷，绛州黑砚次之”[21]。绛州历代所产砚台，知名者唯澄泥砚与角石砚而已，其中角石砚“色如白牛角，有花浪，顽滑不发墨”[22]，因此可以判断柳公权所说的“绛州黑砚”便是澄泥砚，柳公权此处评砚之语在后世各类《砚谱》描述澄泥砚之时常被引用（最早引用的亦是最早记载澄泥砚工艺的苏易简《文房四谱》——笔者注），可见尚未有澄泥砚名之时，绛州所产的澄泥砚也曾以产地州名命名。张洎在他的《贾氏谭录》中所说擅制澄泥砚的地点也为绛县，而没有提起其他地点。由于《贾氏谭录》是作者张洎“庚午岁余衔命宋都舍，于怀信驿左補阙贾黄中，丞相魏公之裔也，好右博雅，善于谈论，每款接尝益所闻，公馆多暇偶成，编缀凡二十九条件”[23]，即张洎作为南唐使者出使宋时，由接待宋史贾黄中处传载资料编辑而成，可见当时绛州所作澄泥砚已颇有盛名。并且唐时绛州制作澄泥砚之名也流传后世，如在《西清砚谱》中收录的唐八棱澄泥砚（图 8–10），砚背便镌乾隆御题铭一首：“汾水澄泥绛县制，贾氏谭录详纪事。建武庚子分明识，海马飞鱼出波际。佐我文房之五艺，挥毫只欲书亥字。”至于虢州澄泥也渐为人所知，甚至声名一度超过绛州，应为宋时之事了。

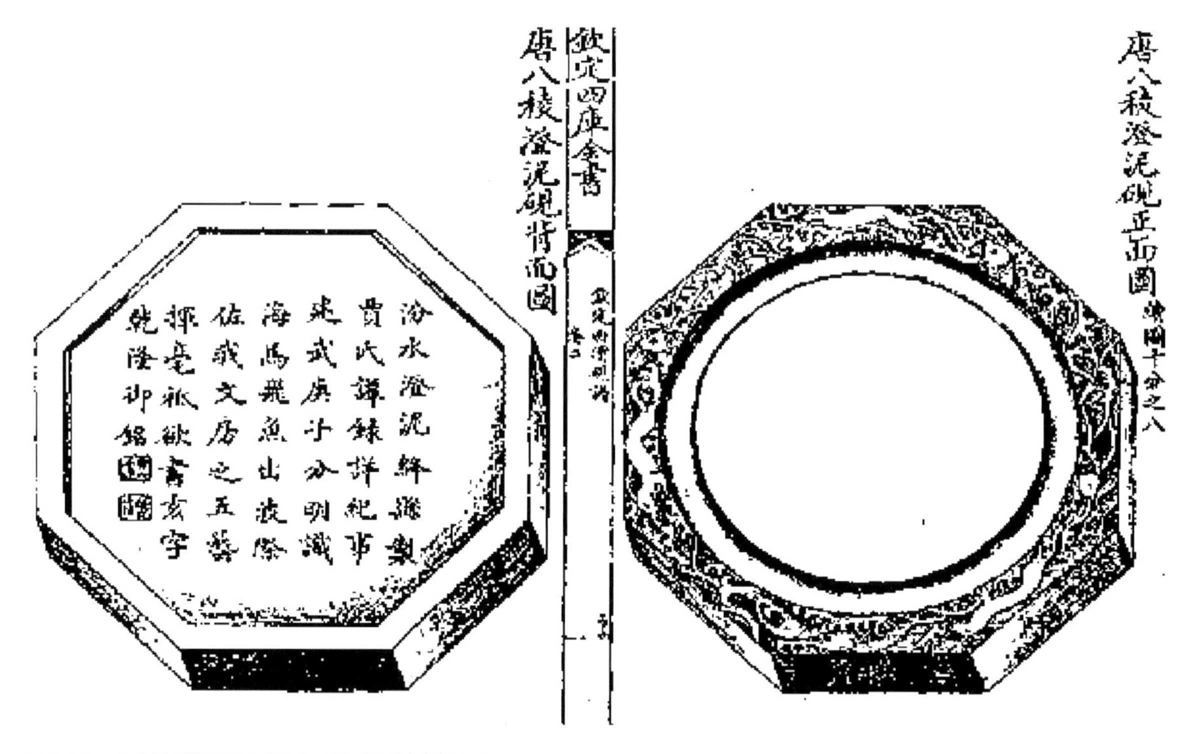

图 8–10 唐八棱澄泥砚图（取自《钦定西清砚谱》）

不过，绛州澄泥在唐代的知名度和绛州所处的位置也是分不开的。古绛州所在地区是秦、晋、豫三省交界地带，得黄河、汾水之利而与长安交往，汉时，山西河东、上党、太原等郡的大批粮食也是由汾河漕运至京师长安，至隋唐时期，长安至雁门关的驰道从河东通过，绛州便是重要一站。[24] 占据有利地理位置的古绛州，一直是古代交通要塞、水旱码头，同时也是河东地区最重要的工商都会和货物运输的中枢，素来有“南绛北代”之誉。如此交通要塞，可谓为澄泥砚的广泛流传提供了最为便利的条件。

山东的青州潍州，唐时期盛产石末砚，其被误载为澄泥砚产地的原因是石末砚与澄泥砚被看作是同一种砚台。而事实上关于石末砚制作的古文献记载有两类：第一类最早出自欧阳修《砚谱》：“石末本用潍水石，前世已记之，故唐人惟称潍州，今而州所作皆佳，而青州尤擅，名于世矣。”[25] 第二类最早出自朱长文《墨池编》：“潍州北海县石末砚，皆县山所出烂石，土人研澄其末，烧之为砚，即唐柳公权所云青州石末砚者。潍乃青之故北海县，而公权以为第一，当是未见歙砚以上之品，而以今参较，岂得为然。且出于陶灼，本非自然，乌足道哉。”[26] 从记载中可以看出，石末砚的原料无论是“潍水石”还是“县山所出烂石”，都和澄泥砚所采用的泥料不同，高似孙在《砚笺》中曾引苏东坡及宋代书法家蔡君谟对石末砚的评价，“苏东坡曰：‘青州易得无足珍，唐人做羯鼓[27]鞚，岂砚材乎？’蔡君谟直接评价曰：‘青州石末，受墨而费笔’。”[28] 从中也可以看出石末砚的品质与澄泥砚还是有很大差距的，并且前文所提到的柳公权《论砚》，同样将青州石末砚与被称为“绛州黑砚”的澄泥砚分开，足见两者之间的不同，因此将石末砚看作澄泥砚之属显然是颇为牵强的。

二、古代澄泥砚的产地

宋代澄泥砚的产地之多可谓历代之最，如图 8–11 所示，当时中原很多地区，都有制作澄泥砚。

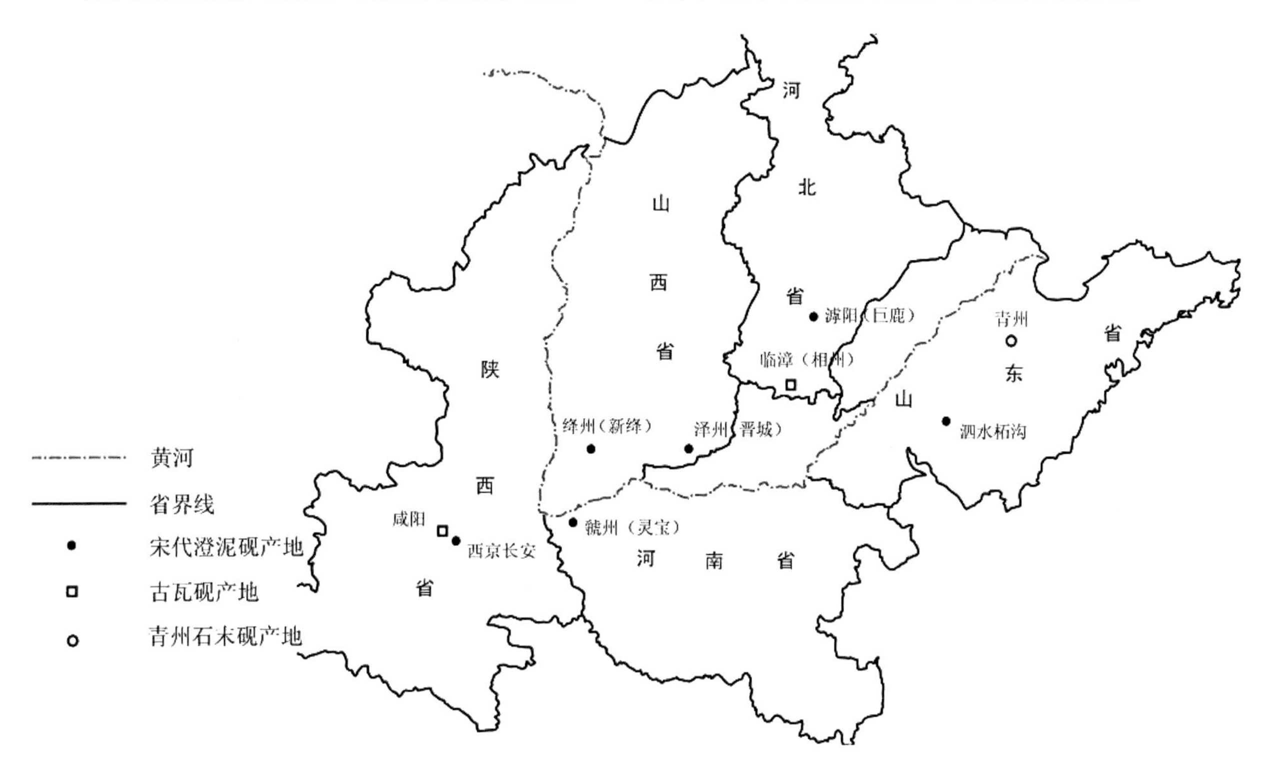

图 8–11　宋代澄泥砚主要产地分布图

绛州、虢州在宋代仍然是澄泥砚的最主要产地，但是宋代虢州澄泥砚的声名逐渐超过了唐时独领风骚的绛州。“虢州澄泥，唐人品砚以为第一”[29] 的赞誉最早出现在欧阳修的《砚谱》中，该评价应是出于这一时期。宋代虢州澄泥砚存世实物不少，天津博物馆就藏有一方宋虢州裴氏澄泥抄手砚，砚色灰黑，砚底有“虢州裴第第三箩（罗）土澄泥造”十一字印记，有同样印记的澄泥砚在《文物》所辑《砚史资料》[30] 中亦有收录。《砚史资料》还收录一款宋虢州法造澄泥抄手砚（图 8–12），砚底同样有印记，为“虢州法造闰金砚子”八字。[31] 目前发现最早具有年代可考的虢州澄泥砚亦为宋代之物，此块虢州澄泥砚实物出土于洛阳白居易故居中的宋代地层，砚为长圆形，有残，色灰，质地细腻，砚底印有“魏家虢州，澄泥砚瓦”八字，字体雄浑苍劲。[32] 这些现存虢州澄泥砚上的印记，同样也印证着宋代虢州澄泥砚的辉煌，不同的印款、不同的制砚者，可以想象，当时的虢州澄泥砚制作已颇具规模。

山西省境内的泽州，也是宋代澄泥砚的主要产地之一，这里的澄泥砚因为制砚名家“吕道人”而闻名于世。“泽州吕道人砚”是宋代澄泥砚的典型代表，宋代澄泥砚的制作在吕道人手中达到一个巅峰。米芾在《砚史》中对吕道人砚的形态特点与制作技艺进行了阐述：“泽州有吕道人陶砚，以别色泥于其首纯作吕字，内外透，后人效之，有缝不透也。其理坚重与凡石等，以沥青火油之坚响，渗入三分许，磨墨不乏，其理与方城石等。”[33] 这段话也成为描述澄泥砚的一段经典文字，在后世著作中被多次引用，可见“吕砚”影响之广泛。然据《春渚纪闻》所载：“高平[34] 吕老，造墨常山，遇异人传烧金诀，煅出视之，瓦砾也。有教之为研者，研成坚润，

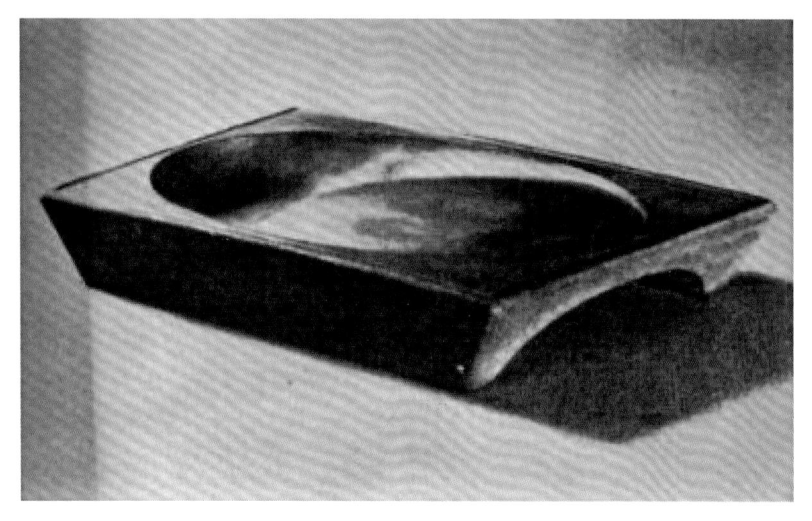

图 8–12　宋虢州法造澄泥抄手砚（取自《砚史资料（七）》）

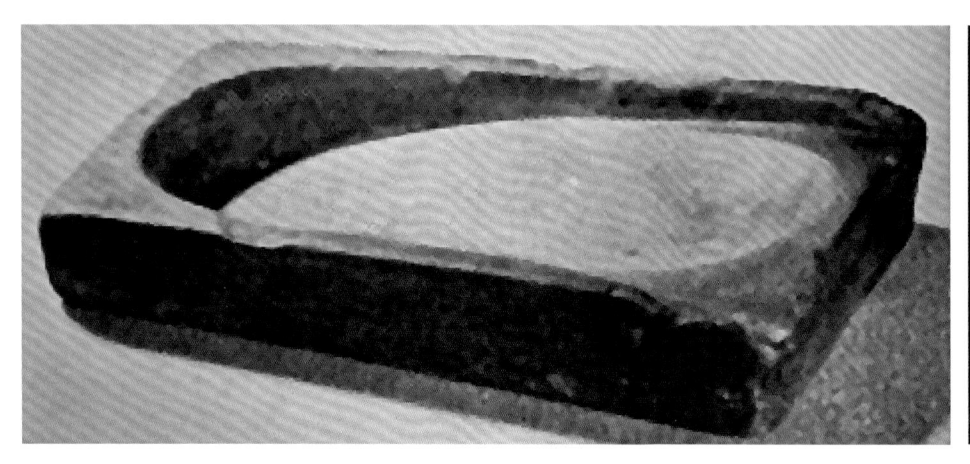

图 8–13　宋西京澄泥砚（取自《砚史资料（八）》）

宜墨，光溢如漆，每研首必有一白书‘吕’字为志，吕老既死，法不授子，而汤阴人盗其名而为之，甚众。”[35]可见，正因吕道人澄泥砚享有盛名，为诸多文人墨客所好，所以甚至有仿品出现。然而真正的吕道人砚制法为不传之秘，吕道人不在，吕砚自然不在，故而泽州澄泥砚在吕道人之后便再无盛名了。

宋代西京的澄泥砚制作虽在文献中没有提及，但从现存实物来看当时西京的澄泥砚制作同样颇具规模。西京澄泥砚底部亦多有印款，可见不同砚家。天津博物馆收藏的西京澄泥砚背铭“西京东关作监砚瓦”，首都博物馆收藏的西京澄泥砚背铭“西京南关史思言罗土澄泥砚瓦记”[36]。《砚史资料》中也收录有底部印款为“西京□关□刘砚瓦”的西京澄泥砚（图 8–13）。[37]

宋代澄泥砚的产地还有河北滹阳（滹沱河南岸，今巨鹿所在地——笔者注）和山东泗水流域的柘沟。古滹阳砚实物曾于民国 8~9 年（1919~1920）间巨鹿城内大量出土，盖皆大观（宋徽宗赵佶年号——笔者注）二年（1108）河决时埋覆之物，其中有印款者较少，但发现有砚底为“滹阳刘万功夫法砚”印款的古滹阳澄泥砚。[38] 天津艺术博物馆亦收藏有同款印记砚台。“刘万”应为滹阳制砚者名，在蔡鸿茹《澄泥砚》一文中也提及留有“刘万功夫法砚”“墨刘万造”等印款的澄泥砚制品。[39] 泗水流域的柘沟，产黏土，制陶业发达，这也为制作澄泥砚提供了得天独厚的条件，如《砚史资料》所载宋代“东鲁柘砚”，砚底有“东鲁柘砚”四字印款。[40] 其他印款还有“柘沟刘家石泥砚子”“柘沟徐老功夫细砚”等。[41] 不过从实物来看，这两处所出澄泥砚明显较之其他产地澄泥砚略为粗糙，很可能因为是民间产物而工艺较为粗糙，这也使得这两处所出澄泥砚在古文献中并未被提及。

元代澄泥砚存世稀少且无文献记载，故元代澄泥砚产地不可考，但既然元代澄泥砚制作大体沿袭宋制，那么产地应该也不出以上几产区之外，产地数量上较之宋代应该有所减少。

明代澄泥砚的产地，在文献及逐渐被砚铭所取代的印章款中并没有切实证据，较之前文所提及历代澄泥砚产地，明代新出现的澄泥砚产地为河南的陕州。陕州，今河南陕县，位于灵宝东北方，在《明一统志》《河南通志》里出现有“澄泥砚，俱陕州出”的记载，在民国25年的《河南陕县志》卷十三“物产”类目中，土属第一便是澄泥砚。从地理位置上看，陕州西靠虢州，北临黄河，同样具有制作澄泥砚的地理便利，只可惜文献中除记载此处有产澄泥砚外，并无其他，而且存世实物中也未见陕州澄泥砚精品，因此其声名自不能与绛州、虢州等相比。

三、当代澄泥砚产地

从清代开始，澄泥砚的制作就逐步衰落直至消失，直到当代，一些有志之士和工艺美术家开始对澄泥砚制作工艺进行探索复原，澄泥砚的制作才开始恢复。不过当代进行澄泥砚制作的区域仍然是聚集在山西、河南两省及山东省的柘沟镇，这样的地域分布几乎是沿袭了古代澄泥砚的产地分布，可见澄泥砚制作对于原料要求的特殊性及一定程度上对地理环境的依赖。

山西省运城市新绛县，位于山西省西南部，东界侯马，西邻稷山，南接闻喜，北连襄汾。据民国17年（1928）《新绛县志》所载“绛在清以前为州，亦先有故绛、新绛及南北绛之异称，民国纪元改州为县，以避免与绛县同名之嫌，故定名新绛”[42]，可知今之新绛即为古之绛州，该地在唐代时就为澄泥砚初创地之一，如今更是当代澄泥砚的主要产地之一。

绛州境内，有汾河横贯。汾河自山西北部的管涔山发源，汇太岳、太行、吕梁、恒山、五台、中条诸山支流水系，一并流经新绛，新绛境内有古汾水泥沙沉积而成的古河床，河床泥质富含各种金属矿物，是制作澄泥砚的优质原料。如前文所述，清代虽有乾隆下令到绛州取材进行澄泥砚制作的官方复原行为，但实质上澄泥砚的制作古法已经失传，到了近代以后，澄泥砚便再无制作，近乎绝迹了。

当代最早在山西省新绛县进行澄泥砚复原制作的是书法家徐文达先生，徐先生在20世纪从事文化工作时就开始进行澄泥砚的试制。在1973年到1993年的20年间，他探索澄泥砚的制作方法，并制作出几千方澄泥砚，形制各异、色彩多变，这在1996年10月由山西人民出版社出版的徐文达先生所著《徐氏澄泥砚》一书中可见图例，遗憾的是徐氏澄泥砚在徐先生去世之后便淡出人们的视野，几不可见，而《徐氏澄泥砚》一书由于当时刊印册数极少，所以也鲜为人知，时至今日，徐氏澄泥砚已几乎为人所淡忘，但徐先生作为当代最早进行澄泥砚复原制作的工艺美术家是毋庸置疑的。

20世纪80年代初，新绛县工艺美术厂也曾试图恢复澄泥砚生产工艺，但由于澄泥砚制作成本高而成品率极低、名声衰落、市场销路不乐观等多方面现实原因，不久便停止生产。直至1984年，新绛县博物馆业务馆长、文博副研究员蔺永茂先生与其子蔺涛开始着手进行澄泥砚的复原制作工作，并于1986年成立“新绛县绛州澄泥砚研制所”，一直制作澄泥砚至今。如今，新绛县澄泥砚的复原制作工作早已形成一定的规模，在2006年新绛县申报山西省省级非物质文化遗产时，新绛县从事澄泥砚制作的已经有以下多家机构[43]：

（1）蔺永茂、蔺涛父子的澄泥砚研制所。澄泥砚研制所成立于1986年，蔺永茂担任艺术总监制，蔺涛担任所长，有技术人员30余人，拥有绛州澄泥砚这一注册品牌。绛州澄泥砚在1994年获得名砚博览会金奖后，近年来享誉海内外，蔺涛也被评为“山西省工艺美术大师”“山西省民间文化遗产杰出传承人”。澄泥砚研制所可以说是目前最具代表性、影响最为广泛的澄泥砚制作机构。目前，蔺永茂是澄泥砚制作工艺非物质文化遗产项目唯一的国家级代表性传承人，蔺涛是省级代表性传承人。

（2）王学仁、王云鸿父子的绛艺苑砚社。绛艺苑砚社于1996年创办，王氏父子总结了一套传统工艺与现代高科技相结合的“八大工艺，四十二道工序”的澄泥砚生产技术，并定名为“绛艺苑澄泥技艺”。成品率在80%以上，生产具有一定规模。

（3）闫鹏的绛源斋砚社。闫鹏师承王学仁先生，于2000年自主创业，创办绛源斋砚社，设计制作亦有其独特的风格。

（4）王兰成、王志斌父子的龙香汉陶仿古厂亦于2000年开始研制生产澄泥砚。

截至2011年，由于多方面原因，有些机构已经不再从事澄泥砚的制作生产，目前新绛县颇具影响力、规模较大的澄泥砚制作机构主要为澄泥砚研制所、绛艺苑砚社两家。

山西省五台县目前也有澄泥砚的制作，借助五台山为佛教圣地、旅游景区的优势，五台山澄泥砚在当地是作为一种旅游纪念品和工艺品，生产也颇具规模。如今，五台山河边村有40余家从事澄泥砚生产，形成独特的艺术风格，是当地民间手工艺的拳头产品。[44]

河南省也是澄泥砚制作相对密集的区域，在当今社会也具有很大的影响力，借助其旅游环境与文化背景，澄泥砚在河南也同样被当作旅游纪念品和工艺品。但正因如此，一些“仿冒的澄泥砚”开始频繁地出现在市场上。之所以称之为“仿冒”，是因为这些所谓“澄泥砚”根本非泥料所作，更不曾烧制。经过实地调研发现，这样的“澄泥砚”价格低廉，从几元到几十元不等，用火烧之，很快熔融。这样的“澄泥砚”多是将树脂、石蜡等材料经过模具直接压制而成，再用着色剂做出类似火灼的烟熏色，烧之可融，当然更无法研墨，这类冒“澄泥砚”之名的工艺品制作简单，不需要技艺，随便一个作坊皆可制作，因此只在此提及以供区别，并不作为澄泥砚产地之列。

当前河南省进行澄泥砚制作的厂家数量较多，比较集中的地区最主要是在洛阳市新安县，另孟州、郑州、陕县等地也有少量厂家。

河南省洛阳市新安县，位于东经112° 6′，北纬34° 48′，处于河南省西北部，洛阳市西。境内有黄河、涧河等多条河流流经。新安县北临黄河，是河洛文化的发源地之一。

新安县虽无关于澄泥砚制作生产的文献记载，但新安县在仰韶文化时期就有陶窑的烧制，而且之后新安县的陶器和瓷器制作也一直较为发达和繁盛，这从目前在新安县发现的宋代陶瓷窑的遗址已有几十处之多便可窥见一斑，而且新安县在历史上一直与澄泥砚著名产地虢州、陕州相邻，可以说在理论上具有很好的地理位置，具备澄泥砚制作泥料采集的前提条件。而事实也正是如此，新安县属于黄河中下游地区，黄河在这里水流缓慢，黄土高原上的泥沙在此沉积，形成了非常适合烧制澄泥砚的泥料。

图8–14 中国澄泥砚之乡

当前，澄泥砚已经成为洛阳市新安县的主要特产之一，新安县也在2003年被中国工艺美术协会评为“中国澄泥砚之乡”（图8–14），虽然后来随着一些制作者的退出或迁走，目前仍在新安县进行澄泥砚生产的主要只有河洛澄泥砚及虢州澄泥砚两家，但这也是迄今为止河南澄泥砚制作最有影响力的两家。

山东省的澄泥砚产地柘沟也同样是古代澄泥砚的产地之一，今天泗水县柘沟镇生产的澄泥砚依然延续了古代澄泥“鲁柘砚”的名称，泗水鲁柘砚工艺研究所出产的澄泥砚在国内外也具有一定的影响力，是“山东省标志旅游商品”。

第三节 制作技艺

澄泥砚，取“澄泥”工艺名称命名，足见其制作技艺的特殊性。由古至今，澄泥砚制作技艺多有变化，各家制砚也常各具特色，是中国砚史上最具工艺技术研究价值的一种。

一、古法澄泥砚制作的工艺特点

由于澄泥砚制作古法并没有代代相传地流传下来，故而澄泥砚制作古法已无实地可考察，只能通过古代文献中的记录来了解当时的制作技艺。

古代涉及澄泥砚制作工艺的文献非常有限，这在前文已经提及，苏易简的《文房四谱》是最早也是最详细记载澄泥砚制作工艺的文献，后世澄泥砚相关文献多参考其中记录。《文房四谱》中对澄泥砚制作工艺记述如下：

> 作澄泥砚法，以墐泥令入于水中，挼之贮于瓮器内，然后别以一瓮贮清水，以夹布囊盛其泥而摆之，俟其至细，去清水，令其干。入黄丹团和，溲如面。作二模如造茶者，以物击之，令至坚，以竹刀刻作砚之状，大小随意。微阴干，然后以刀手刻削，如法曝过，间空垛于地，厚以稻糠并黄牛粪搅之而烧一复时，然后入墨蜡，贮米醋而蒸之五七度，含津益墨，亦足亚于石者。[45]

与《文房四谱》大约同一时期的《贾氏谭录》，也记载了当时张洎作为南唐使者出使宋朝时听闻的绛县澄泥砚制作工艺：

> 绛县人善制澄泥砚，缝绢囊致汾水中，踰年而后取，则沙泥之细者，已实囊矣，陶为砚，水不涸然。[46]

米芾所著《砚史》中仍然将澄泥砚称为陶砚，且细分为两条，一者为相州澄泥砚的制作，另一者则单独介绍了前文提及的宋代“吕道人澄泥砚”，其中相州澄泥砚的制作方法为：

> 相州土人自制陶砚，在铜雀上以熟绢二重，淘泥澄之，取极细者，燔为砚。有色绿如春波者，或

以黑白填为水纹，其理细滑，著墨不费笔，但微渗。[47]

后世但凡涉及澄泥砚制作工艺的文献大多源自以上三条，据此可以总结出古法澄泥砚制作过程中的特殊工艺特点：

一是“澄泥”工艺。即澄泥砚的制作原料泥土必须经过精细的淘洗。《文房四谱》中对“澄泥”工艺的描述为“以墐泥令入于水中，挼之贮于瓮器内，然后别以一瓮贮清水，以夹布囊盛其泥而摆之，俟其至细，去清水，令其干”。简单概括就是用夹布囊在盛有清水的瓮器中将泥料进行淘洗并过滤的过程。《贾氏谭录》与《砚史》中虽然对“澄泥”的方法表述不同，但可以看出其目的都是对泥料进行淘洗过滤以达到一定的细腻程度。至于三则文献中提及的“夹布囊”“绢囊”和“熟绢两重”，则是人们在实际淘洗泥料时所采用的不同材质的工具。姑且不论这些材质不同的淘洗工具和不同的“澄泥”方式对澄泥砚的品质有何影响，可以肯定的是，未有此道工序者，实难称澄泥砚了。

二是“入黄丹”工艺。《文房四谱》中对澄泥砚工艺的记载明确有“入黄丹，团和，溲如面”的过程，“溲”意为用液体调和，即在制作澄泥砚的泥料中加入黄丹，再加适量的水调和。黄丹又名铅丹、红丹，是一种铅的化合物，将其以一定比例加入泥料中，可以在高温焙烧时起到助熔剂的作用，从而提高澄泥砚的致密度和硬度（将在后文详细介绍）。虽说不能肯定古代所有的澄泥砚制作工艺中都加入了黄丹作为助熔剂，但从这一文献记载可以看出，“入黄丹”这一工艺无疑曾在澄泥砚的烧制过程中被使用过，这也是在传统陶砚制作工艺基础上做的又一技术改进。

三是模具制坯工艺。《文房四谱》中有“作二模如造茶者，以物击之，令至坚，以竹刀刻作砚之状，大小随意。微阴干，然后以刀手刻削”，记载的是利用模具制作澄泥砚砚坯的过程，砚坯制成后方才阴干雕刻，可见整个工艺流程有粗有细，模具制作是为提高效率，阴干刻削则为细节修饰，可见当时的澄泥砚制作工艺已经非常成熟。

四是“入墨蜡”工艺。在澄泥砚之前的砚台制作中，并没有见过任何有关“入墨蜡”的记载，但凡是烧制而成的砚台，几乎都具有一定的吸水率，如若墨汁置于其中则难免渗墨，而“入墨蜡”很好地解决了这个问题，故苏易简也在《文房四谱》中称“入墨蜡”之后的砚台“含津益墨，亦足亚于石者”。后世制砚，甚至包括石质砚的制作有时也会采用这种方法降低砚的吸水率，不过是“入墨蜡”变成了“入蜡”而已。“入墨蜡”工艺可以说是澄泥砚制作方法对改进砚台制作技艺的一大贡献。

二、当代澄泥砚制作工艺调查

当代澄泥砚制作工艺多是以古代文献记载工艺特点为基础，加以反复实践制作成功的产物。这里选取了全国最具影响力及代表性的三家制作单位对其制作工艺进行实地调查。

（一）山西新绛澄泥砚研制所澄泥砚制作工艺调查

新绛县博物馆文博副研究员、版画艺术家蔺永茂在20世纪80年代末就开始对澄泥砚制作工艺进行了多方位的探索与试制。蔺永茂与其子蔺涛潜心研究历时六个春秋，终于掌握了澄泥的物质成分和焙烧过程中的变化规律，于1991年8月试制成功。

澄泥砚研制所制作的绛州澄泥砚在继承传统的基础上又有所发展。由于制作工艺合理，新的绛州澄泥砚硬度较高、质地细润、耐磨发墨、贮水不渗、不损笔锋。在颜色上不仅烧出了文献中所提鳝鱼黄、朱砂红、玫瑰紫、蟹壳青等色，更有多色相混合、相协调，可谓丰富多变。在造型设计上，身为版画家的蔺永

• Excellent
• Authentic
• Innovative
• Eco-friendly
• Marketable

Seal of Excellence
for Handicrafts
2007 East Asia Programme

Peace Chengni Ink Stone
China
Submitted by *Tao Lin, Institute of Chengni Ink Stone, Jiangzhou, Shanxi Province*

The International 2007 Jury acknowledges that this handicraft product conforms to the rigorous standards set by the Seal of Excellence programme. The criterion looks at excellence in production, cultural authenticity, innovative features or techniques, eco-friendly materials and processes, and potential for the world market.

Richard A. Engelhardt
Regional Advisor for Culture in Asia and the Pacific, UNESCO

Deng Ying
President,
China Arts and Crafts Association

图 8–15　和平砚（蔺涛制）

国家级非物质文化遗产

砚台制作技艺·澄泥砚制作技艺

中华人民共和国国务院公布
中华人民共和国文化部颁发
2008年6月

图 8–16　国家级非物质文化遗产——澄泥砚制作技艺

茂和原本为美术工作者的蔺涛将其自身的艺术功底奏刀于泥砚之上，并巧妙地利用焙烧后泥质变化所形成的纹理，以与雕刻辉映，增加了砚的观赏性、艺术性，使澄泥砚展现出了新的风采。

绛州澄泥砚于 1994 年在北京参加了中国名砚博览会，1997 年参加了中国文房四宝展览会，得到多位专家与同行的肯定，获得了很高的荣誉和嘉奖。从 2007 年开始，蔺氏父子澄泥砚研制所制作的绛州澄泥砚连续三届获得“联合国教科文组织杰出手工艺品徽章”，三方获奖澄泥砚云海腾蛟澄泥砚、和平砚（图 8–15）及箕形梅花砚均被联合国教科文组织永久收藏。

2007 年 1 月，绛州澄泥砚传统手工技艺被列入 “山西省非物质文化遗产保护名录”，蔺永茂与蔺涛为代表性传承人。

2008 年 6 月，澄泥砚制作技艺作为砚台制作技艺的一种被列入“第二批国家级非物质文化遗产名录”（图 8–16）。

蔺氏父子经过对澄泥砚长期反复试制得出的实际经验摸索出一套包括采泥、配料、雕刻、焙烧等工序的完整的绛州澄泥砚制作工艺，归纳起来，可以分为以下几个步骤：

1. 选择泥料与采泥

澄泥砚自诞生以来，产地就有所局限，质地上乘的澄泥砚尤其如此。从前文中对古代澄泥砚的历史演变分析来看，除历史上的绛州、虢州为澄泥砚产地外，其他澄泥砚产地，如古滹阳等地所产澄泥砚质地均

图 8–17 汾河湾今景

图 8–18 古河床采泥

比较粗糙，颜色品相也较为单一，这与制作澄泥砚的泥料选择有直接关系。现今新绛县澄泥砚研制所的澄泥砚成品色彩多变，与其选取的泥料中所含各种致色金属元素的作用是分不开的，因此泥料选择可以说是能否烧制出精品澄泥砚的前提条件，同样也是澄泥砚制作技艺中最为重要的基础工序，从某种程度上说，澄泥砚泥料的选择就如同石质砚台的石材选择一样重要。

据古文献记载，古代绛州澄泥砚的采泥是在汾河水中进行，然而如今汾河早已不是古时汾河之面貌，不仅河道变窄，河水枯竭，甚至已经被污染（图 8–17），因此直接在汾河水中取泥显然是不现实的。绛州澄泥砚制作使用的泥料均为汾河湾上古河床上沉积的泥料（图 8–18），这种泥料只存在于临汾以南的河床上，临汾以北则没有。取料的地域范围是从新绛直至稷山。这种泥料由古代汾水中泥沙沉积而成，质地非常细腻，可塑性好，所含致色金属元素丰富，是制作澄泥砚的上佳泥料。

2. 澄泥

“澄泥”工艺是澄泥砚制作工艺中最具特色的工艺程序之一。张洎在《贾氏谭录》中记载的方法是：“绛县人善制澄泥砚，缝绢囊置汾水中，踰年而后取，沙泥之细者，已实囊矣。”这是利用绢囊和河水的自然流动来达到澄泥过滤的目的，但是如今该方法显然不具备可操作性，因此绛州澄泥砚采用的澄泥过滤方法是在古法的基础上进行了一些调整，以适应当代生产的需求，这一程序可以简单分解归纳为①取料→②搅拌→③过滤→④澄泥四个工序步骤，其中②③④三个步骤要经过十几次重复方可。以春秋季节泥浆的沉淀速度来算，完成整个澄泥过程需要 20 多天。

（1）取料　已经采集回来的泥料经过长期放置，泥性会更适宜澄泥砚的制作。由于澄泥砚研制所的位置并不是在汾河湾取泥的河床附近，不可能在制作澄泥砚的过程中随时采泥，因此出于实际情况的考虑，一般是一次性取得大量的泥料储存在原料库（图 8–19）中，每次使用时从原料库中取料，如果有烧制前就已经开裂或雕刻失误的砚坯，也同样回收于此。取料的做法是将原料库里的大块泥料砸碎，粗略地将其中混杂的草根、树皮、碎叶等较大杂物剔除，再将泥料倒入准备好的大缸清水中（图 8–20）。

（2）搅拌　用木棍将倒入清水中的泥料充分搅拌（图 8–21）。

（3）过滤　用绢制的箩（图 8–22）对已经搅拌充分的泥浆进行过滤（图 8–23），如此，稍粗的泥沙与杂质便会留在绢箩上（图 8–24），在整个工序中，这样的过滤与接下来的澄泥步骤都要反复进行，一次次的过滤之后，极细的泥浆便会留于缸中了。

（4）澄泥（图 8–25）　将过滤完成的泥浆置于缸中任其自然沉淀，同时在缸上加盖，防止灰尘或其他杂物掉入。完全沉淀需要的时间根据季节不同会有所差异，春秋季节时，一缸泥浆完全沉淀需要 24 小时左右，冬天气温很低时沉淀速度会变慢，如果是 0℃以下，那么泥浆结冰将无法沉淀，因此在实际操作中该程序多

图 8–19　泥料原料库

图 8–20　取料

图 8–21　搅拌

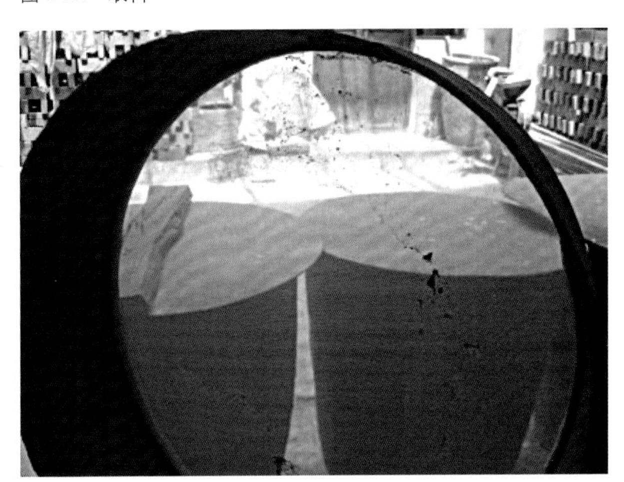

图 8–22　绢箩

图 8–23　过滤

图 8–24　滤除杂质

会在冬季之前完成，避开结冰的季节。待水缸中泥浆完全沉淀分层后（图 8–26），将清水舀出，继续重复过滤的程序得到泥浆，接着仍然任其自由沉淀。当缸中分层的澄泥距离缸口约有 10 厘米的高度时，就可以进行下一步的工艺流程了。

3. 绢袋压滤

澄泥结束后，将最后一个缸中的上层清水（上文所提的 10 厘米）舀出，缸里剩下的便是最终所需要的极为细腻的泥浆。首先将泥浆充分搅拌后装入网眼更细的绢袋中扎紧袋口（图 8–27），再将绢袋平放在具

图 8–25　澄泥

图 8–26　泥浆沉淀分层

有一定吸水率的砖块上，绢袋上面也同样以砖块相压（图 8–28），目的是加快绢袋里的水从绢袋网眼排出的速度。虽然此法有助于提高泥浆的脱水速度，但一般来说，从泥浆开始脱水到水分脱出成为含水量适宜的泥料，需要一周左右的时间（图 8–29）。

4. 陈泥

陈泥，亦可称陈腐。陈，久置之意。顾名思义，陈泥就是将泥料长期放置的过程，这一过程颇似平常人们所说的发酵。在上一程序后得到的经过脱水的澄泥是不能直接使用的，必须将其以塑料布覆盖，并堆放在阴凉的房间（图 8–30）至少一年的时间，尤其是要经过夏季。夏季时，微生物活性最高，这样泥土中

图 8–27　泥浆装袋

图 8–28　绢袋压滤

图 8–29　脱水的澄泥

图 8–30　陈泥

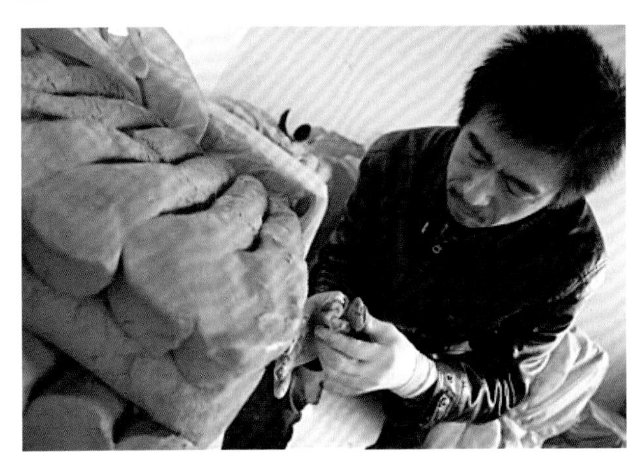
图 8–31 检查泥样

图 8–32 揉泥

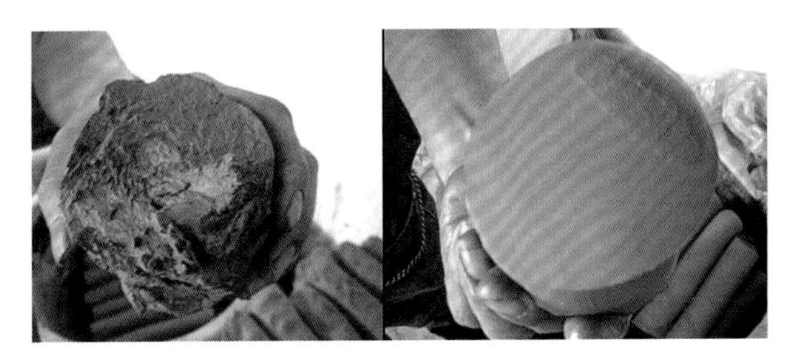
图 8–33 揉泥前后泥料剖面对比图

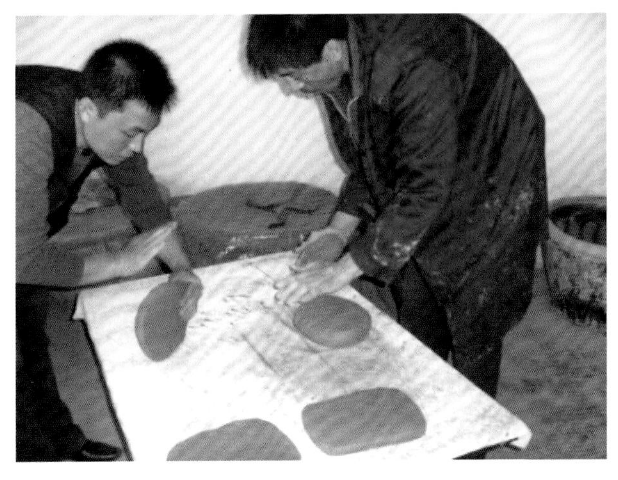
图 8–34 砚坯制作中初步泥料分割

所含的有机物在微生物作用下会分解腐烂，从而使泥料的质地更加细腻，泥土中所含气泡也大大减少，更具可塑性。

5. 检查泥样

对长期放置的泥料进行检查，以判断其中有机物是否完全腐化，同时根据泥样的湿度、黏度等性质来确定泥料是否已经达到进行下一程序的标准（图 8–31），这一般都是由经验丰富的师傅来完成的。

6. 揉泥

揉泥既是技术活，也是体力活（图 8–32）。从工艺角度上看，揉泥最主要目的是为了排出泥料中的气泡，使泥料结构更加致密均匀（图 8–33）。如果泥料中存在气泡，那么制成的砚坯阴干、入窑烧制都容易开裂，进而导致整个制作过程的失败，也意味着前期所有的工作全部白费，这对于成品率本就不高的澄泥砚制作来说无疑是很大的损失，因此揉泥至关重要。另外，如果需要在泥料中加入一些添加剂或者显色剂，就更要通过揉泥将其均匀地融入泥料之中，因为不同材料会有不同的膨胀系数，如果揉泥不充分也必然会导致后期砚坯开裂的后果。

7. 制作砚坯

这里的制作砚坯是指粗坯的制作，即根据要制作的砚的形制与样式进行初步泥料分割（图 8–34）和总体形制设计（图 8–35），这样既可以提高后期的雕刻效率，也达到了有效利用泥料的目的。

不过，砚台的粗坯由于含水量仍然较高，因此绛州澄泥砚的制作中并不直接对粗坯进行雕刻。粗坯一般设计成长方体的形状，以适合大多数砚台的形制。

制作粗坯的第一步是大致考虑坯体的大小尺寸，在绛州澄泥砚研制所的砚台尺寸中，以大约 20 厘米、40 厘米两种尺寸的砚台居多。第二步再根据设计的需求修改粗坯的大体轮廓形制。制作粗坯的泥料含水率一般在 20% 左右为宜，但在实际操作中，并不需要通过仪器准确测量含水率，一般都是由制砚师傅凭经验进行判断。泥料含水率太高的明显特征是泥料粘手，而含水率太低则可塑性不够，因此把握

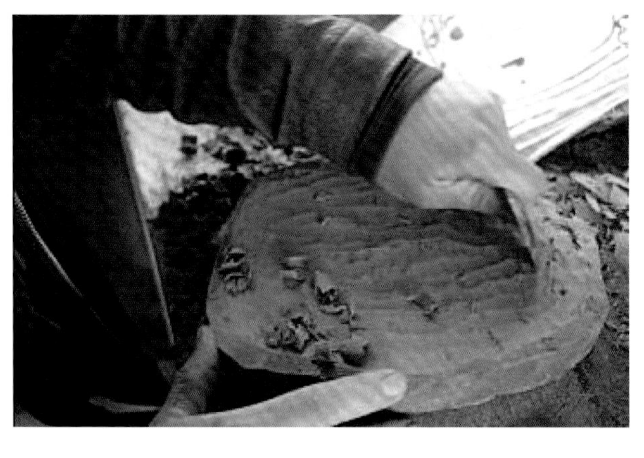

图 8–35　砚坯制作中总体形制设计

好制作砚坯泥料的干湿程度也是非常重要的。

8. 阴干

为了能进行下一步对粗坯的雕刻，必须要降低粗坯的含水量。粗坯不能进行暴晒，只能放在室内阴干（图 8–36）。这里尤其需要注意的是雨季时的阴干，雨季空气湿度比较大，阴干的砚坯很容易反潮，这也会导致砚台坯体的破裂，因此雨季时对室内湿度的控制便尤为重要。通常泥料含水率在 16% 左右时即可雕刻，制砚师傅一般也是凭借经验用手按压，无法按动的时候便可进行粗雕。

图 8–36　室内阴干

9. 雕刻

这里的雕刻是指烧制前的雕刻，可以分为粗雕和细雕两个部分。粗雕是在砚坯如上述稍阴干一段时间后进行的雕刻，并不需要等到砚坯完全干透。粗雕主要是根据设计图纸对砚坯进行首次雕刻，即将平面图纸上的样式设计立体地呈现在砚坯之上（图 8–37），这是体现澄泥砚艺术价值的关键工艺之一。粗雕一般是由技术最为熟练的雕刻师傅来完成的，因为这一工艺不仅要求雕刻者要具备较高的雕刻技艺，更要求雕刻者要有一定的审美能力和领悟能力，能充分理解设计者的设计理念和意境，并将其转化为精美的雕刻。粗雕（图 8–38）时为了追求其艺术水平的最完美表现，很可能要数次尝试才能令人满意。

细雕是在砚坯完全阴干后进行的（图 8–39）。这时候的砚坯从内到外已完全干透，表层通常由于最先

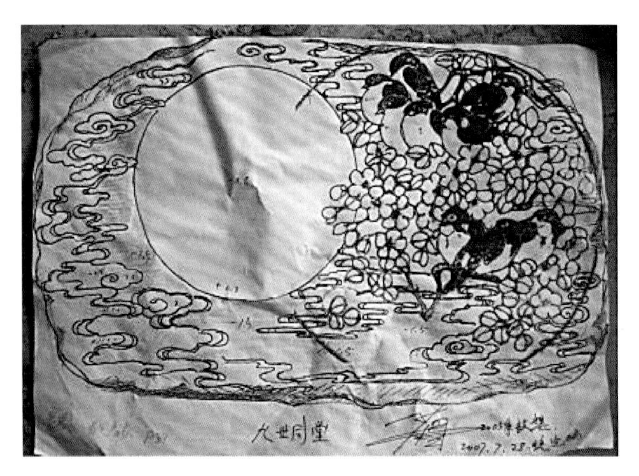

图 8–37　粗雕设计图与砚坯轮廓

图 8–38　粗雕设计

图 8–39　细雕

干透氧化会形成一层偏深色表层（雕刻师傅将其称作黑皮）。因此细雕首先要对砚坯表面黑皮进行打磨，其次就是用刻刀对粗雕过的砚坯一点一点进行细致的修正与雕琢。

10. 砂磨

经过细雕后的澄泥砚还需要进行砂磨（图 8–40），砂磨是利用粗细不同的砂纸对雕刻后的砚坯进行打磨，彻底去除其表面残余的深色“黑皮”，增加砚坯的光泽度。这也是入窑前对砚坯进行的再一次精细加工。

图 8–40　砂磨

11. 窑炉烧制

在确认澄泥砚的砚坯完全干透后，便可进行入窑烧制的程序。澄泥砚的入窑烧制是澄泥砚制作工艺中最为重要的部分，烧制温度、窑内气氛的控制，甚至不可预测的窑变，都将决定澄泥砚成品的最终品质。绛州澄泥砚研制所所用的窑炉是间歇式倒焰窑。窑炉烧制的第一个步骤便是装窑（图 8–41），绛州澄泥砚装窑所采取的是“叠压法”，即将砚台以耐火材料隔开后，块块相叠放置窑中。装窑完毕后便是引火、发

图 8–41　装窑

图 8–42　烧制过程中的窑炉

图 8–43　出窑

火进行烧窑的过程。澄泥砚的烧制过程总体可以分为三个阶段：低火阶段、中火阶段、烧结点阶段。其烧制从引火到关火的时间一般为 7 天左右，这与窑内烧制的澄泥砚的大小、数量等都有着直接关系。

12. 出窑

在澄泥砚的窑炉烧制过程完成之后，并不能直接开窑出窑，因为窑炉内外巨大的温差将会使得烧好的砚台破裂，一般来说要经过 10 天左右的关火保温过程（不同季节保温时间有 1~2 天的差异），待到炉内澄泥砚成品的温度降到 40℃左右之时，方可将烧制完成的澄泥砚从窑内取出（图 8–43）。

13. 成品水磨

烧制并不是澄泥砚制作的最后工序，烧制完工的澄泥砚成品还需用细油石、粗细不同的砂纸等工具对砚体加水，进行细细的研磨（图 8–44），水磨除了可以对烧制出现的一些微小变化进行修正，还可以使砚体表面更加温润。

图 8–44　成品水磨

14. 精雕抛光

水磨过后的澄泥砚还需要进行反复的精雕（图 8–45）与抛光（图 8–46），一般要重复多次。精雕和抛光是两个完全不同的步骤，精雕是在成品的基础上对澄泥砚的雕刻进行最后的精细修改，不过由于此处澄泥砚已经经过窑炉烧制，硬度较高，前面用来雕刻砚坯的一般钢制、铁制刻刀是不能使用的，所以对澄泥砚进行精雕采用的是合金刀头的刻刀。用刻刀细修精雕之后就是加蜡抛光程序，这样做除了可以降低吸水率，

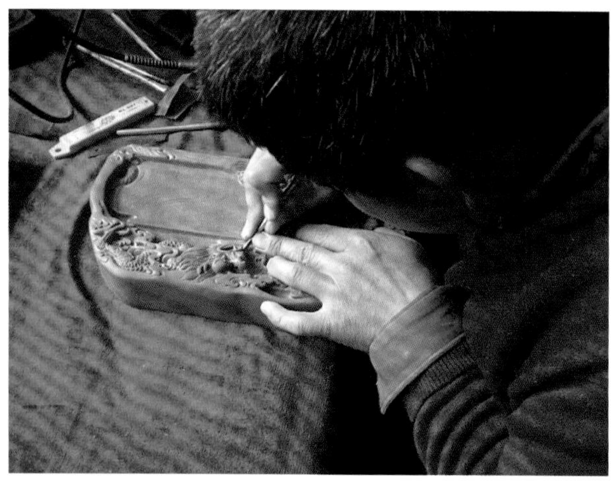

图 8–45　精雕

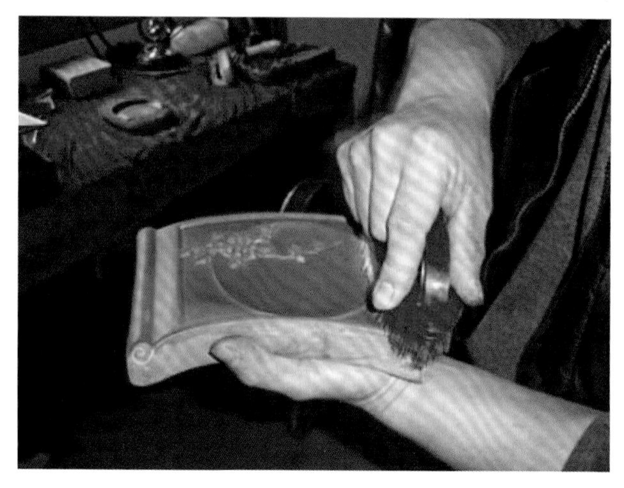

图 8–46　抛光

还可使澄泥砚最终呈现水色，这里的“水色”是指抛光后的澄泥砚即使是在自然环境中也呈现其放在水中的颜色。

15. 检验包装

直至此时，澄泥砚制作的前期工艺流程才完成，检验包装是绛州澄泥砚研制所澄泥砚成品诞生前的最后一道工序（图 8–47）。

图 8–47　检验包装

绛州澄泥砚制作工艺已然非常成熟，它在造型设计上十分注重图案、色彩与造型的相互协调，雕刻的形式也多种多样。现在绛州澄泥砚已有近百种造型独特的设计品种。在雕刻技术上，充分运用了浮雕、深雕、立体、过通等多种雕刻手法；在形制与样式上，有圆形、椭圆形、半圆形、正方形、长方形、随形等多样形制，除了一些常见的仿古砚式，还有创新的形制；在图案纹饰上，有山水人物、草树花卉、走兽飞禽、仿古石渠阁瓦等；在色泽上，有朱砂红、鳝鱼黄、蟹壳青、豆沙绿、檀香紫等，单色或多色不定，澄泥砚本就泥土烧成，色泽出自天然，色浅者甚至可见细微沙粒状斑点，极为古朴大方。总之，绛州澄泥砚的设计制作精巧凝练，技艺精湛，见之爱不释手者众。

（二）河南新安河洛澄泥砚制作工艺调查

河洛澄泥砚的制作者是河南省工艺美术大师游敏，他也是河南省首批非物质文化遗产的代表性传承人。20 世纪 70 年代，游敏就曾在新安县西沃陶瓷厂学习制作泥砚，多年来一直致力于澄泥砚的复原制作，直至 20 世纪 90 年代研制成功。1998 年，游敏开始筹建河洛澄泥砚艺术馆，2002 年 10 月开馆，这是我国第一个澄泥砚艺术馆，其中不仅展示了一些历代砚谱、砚铭等，也展示了他制作澄泥砚的很多成果与经历，内容丰富（图 8–48）。

河洛澄泥砚也同样有它自己的一套制作工艺方法，基本步骤如下：

图 8–48　河洛澄泥砚艺术馆及其展品

1. 寻泥

在前文中已经提及，泥料的选择是澄泥砚是否能烧制成功的前提条件，也是澄泥砚制作技艺中最为重要的前期基础工序，因此每一个澄泥砚制作者首先要面对的问题就是在哪里寻找适合制作澄泥砚的泥料。地处黄河水系和涧河水系的新安县，自古便与澄泥砚的重要产地虢州、陕州相毗邻，虽然说看起来似乎具备寻找合适泥料的地理优势，但随着地理环境的变化，若想沿着黄河堤岸找到合适的泥料显然已不容易。

寻泥的过程无法一蹴而就，同样也会有几个步骤。首先是看，结合周边环境看泥料的外观形貌、沉积状态；接着是挖，河堤的泥土沉积物有的表面看起来是细腻的泥料，但深挖下去便是沙粒的状态，这显然不适合烧制澄泥砚；然后便是手捏和鼻闻，经验丰富者凭借此步骤便可大致判断泥料是否可以烧制（图8–49）。经过以上几个步骤之后，便是将多处寻找的泥料取样带回进行试烧，判断其耐火度及呈色状况等，再根据试烧的结果来最终判断哪种才是最为适合烧制澄泥砚的泥料。

图 8–49　寻泥

2. 采泥

多年来，河洛澄泥砚所采用的泥料一直是位于黄河中下游禹门口至花园口近300里河堤两岸的沉积河泥。但是随着黄河小浪底水利工程的竣工，此处的采泥点已经被水淹没，这就意味着，新的寻泥过程也开始了。

3. 泥料的自然风干

经过选择采回的适宜烧制的泥料，一般也不直接使用，而是要放在露天的自然环境中任其风干和风化，这个过程至少要半年到一年以上，据实地了解发现，烧制河洛澄泥砚的泥料，很多已经是囤积了七八年的老泥料（图8–50）。在这个过程中，由于泥料长期放置在露天的环境中，会经历夏日的暴晒与冬日的冰冻，使得原料碎散，泥料中的水分分布更加均匀，更便于下一步对原料的粗选，同时也由于腐植酸的作用更增加泥料的可塑性。

图 8–50　囤泥

4. 选泥及人工粉碎（图8–51）

长期放置的泥料，其中难免混杂一些杂物，所以要先进行人工的粗选。粗选过后要对其进行粉碎混合，这也是为下一步过泥工艺做好准备。

5. 过泥（澄泥）

过泥即澄泥，是对泥料进行水法过滤的过程。这里为了与河洛澄泥砚制作者自述的工艺步骤名称统一

图 8–51　泥料粗选及人工粉碎

图 8–52　淘洗池与沉淀池

图 8–53　绢箩过滤

而称过泥。河洛澄泥砚的过泥过程是在一个淘洗池与四个沉淀池中进行的（图 8–52），主要分为以下步骤：①往淘洗池中注入清水，再将上一步经人工粗选过的泥料撒入其中进行充分搅拌，这是第一遍的淘洗过滤，一些细小的草木枝叶之类会漂浮在水面上，可用筛网捞取，这一步骤可以浮选掉较大的、漂浮的杂质。②将搅拌过的泥浆悬浮液经过绢制筛箩过滤（图 8–53），这样一些较粗的夹杂物或沙粒便会留在绢筛上，而过滤过的较细泥浆便会进入第一个沉淀池中。③将第一个沉淀池中的较细泥浆充分搅拌后静置，使其中的泥料悬浮颗粒自然沉淀，由于颗粒较大、密度较大的较粗颗粒一般会置于池中最底部，而颗粒较细、密度较小的颗粒则位于其上，再加上上层清水，因此静置几天后的泥浆会呈现自然分层的状态。④搅动分层后的上层泥浆与清水，略放置后舀上层泥浆进入第二个沉淀池中，这里要注意的是，舀动的是上层较细颗粒的泥浆悬浮液，切勿搅动下层较粗颗粒，这样，较粗颗粒留在第一个沉淀池中，而较细颗粒的泥浆就进入了第二个沉淀池中。⑤重复上述③④中搅动—静置—分层—搅动—取上层悬浮液入下一沉淀池的步骤，这样留在最后一个沉淀池中的便是最细的泥浆了（简易步骤如图 8–54 所示）。

6. 入黄丹

“入黄丹”是古文献记载中制作澄泥砚的一个重要步骤。河洛澄泥砚的制作在这一步骤上延续古

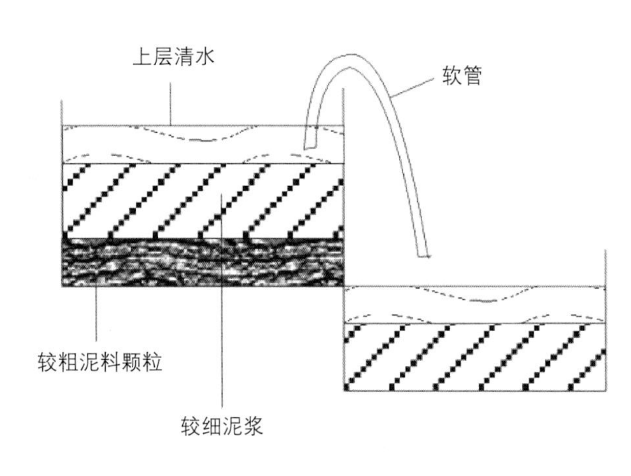

图 8–54 澄泥分层示意图

图 8–55 河洛澄泥砚制作中采用的添加剂

法，但又有创新。作为一种添加剂、黄丹在古代澄泥砚的制作中就被使用，而且作为澄泥砚制作的一道重要工序被记载在了古代文献中，时至今日，河洛澄泥砚的制作不仅仅把黄丹作为添加剂，为了提高澄泥砚的硬度，有时还会加入云母粉末等其他添加剂（图 8–55），这一加入添加剂的步骤是在过泥之后最细的泥浆中完成的。

当然，无论是黄丹还是云母粉末，添加剂加入的分量多少也是经过多年反复实验的结果，而且添加剂粉末的制备也同样必须足够细腻，加入后更要求和泥浆充分搅拌，使其与制备好的泥浆充分融合。

7. 泥浆脱水

对于澄泥砚的制作来说，几乎每一道工序都需要较长的时间，泥浆脱水也不例外。泥浆脱水分为以下几个步骤：①将加入了添加剂的泥料静置几天，待其分层后，用软管将其上层的清水舀出或用软管吸出，下层的泥浆便可出池了（图 8–56 左图）。②将出池的泥浆进一步脱水。出池的泥浆虽然已经很细腻，但含水量却非常高，这时的泥浆当然不便贮藏，更不能直接使用，还需要进行十几天到几十天的脱水。泥浆脱水是在空地上用砖头和布料搭建的脱水池中进行的（图 8–56 右图），泥浆的四周都需要用质地致密的布料围住，这样做不仅是为了使泥浆中的水分通过布料细小的空隙自然排出，而且有这样的布料遮挡，可以防止其他杂质的污染。

图 8–56 泥浆脱水与脱水池

8. 贮泥

贮意味着贮藏、陈腐，即制备好的泥料要经过长期的贮藏放置。因为即使是经过上述多个步骤处理的泥料，仍然是不能直接制作澄泥砚的，这时得到的泥料，其内部所含水分不均匀，而且含有一些有机物和大量的气泡，这些都会在澄泥砚的制作过程中导致砚台开裂，而贮泥的工艺过程会使泥料中的水分分布更为均匀，也会使泥料中的有机物在一些细菌的作用下腐烂，进一步提高泥料的可塑性。当然贮泥的场地也是有条件限制的，需要在保持一定的温度和湿度的室内进行，泥料也需用塑料布封存以保存泥料的水分（图 8–57）。

图 8–57　贮泥

图 8–58　待练泥的小片泥料

9. 揉泥与练泥

贮泥虽然可以在一定程度上改善泥料的性能，但泥料中的气泡无法通过贮泥排出，这就需要经验丰富的师傅通过揉泥来推挤出泥料中的气泡。揉泥并不是随意进行的，没有经验或者不懂揉泥手法者常常在揉泥过程中一边推挤泥料中的气泡一边又揉进了新的气泡。在河洛澄泥砚的制作过程中，推挤气泡一般采用“菊花型揉泥法”，这是从揉泥的形状角度进行的一个直观描述，是指揉泥师傅固定向某一时针的方向进行揉泥，在此过程中泥料的形状看起来如层层叠叠的菊花形状，故由此得名。如果泥料中被有意地掺入了其他含有某种矿物质较多的特殊泥料，则还需要进行捶打，使其更充分地融合，如若不然，由于不同泥料在膨胀收缩等各方面特性上的差异，则容易在接下来的制作环节中造成砚台破裂。为了提高生产效率，在这一过程中有时也会借助“真空练泥机”来辅助推挤泥料中的气泡。真空练泥机是现代陶瓷工艺中常用的设备之一，其原理主要是利用泥料内气泡与练泥机中真空室内的压力差来抽走泥料内的空气，这里需要注意的是，为了使真空练泥机能更有效、更充分地推挤泥料中的气泡，必须事先把泥料切分成小片（图 8–58）。不过即使是有真空练泥机的辅助作用，人工揉泥的过程仍然是不可替代的，一方面从真空练泥机出来的泥条需要揉和在一起以方便进行下一步的制坯，另一方面制作师傅也需要通过揉泥来更好地感受泥料的特性。

10. 制坯

泥料制备完成之后就可以进行制坯。在河洛澄泥砚的生产过程中，对于不同类型的砚台有不同的制坯方式，主要可以分为两大类。

第一类是对于较大批量生产的砚台坯体的制作，可以通过事先做好的石膏模具来完成。石膏模具一般由两块或多块拼接而成，从理论上说，石膏模具的块数越少，粘接缝就越少，砚台在制作过程中破裂的风险就越小，但对于形制比较复杂的砚台来说，使用多块模具拼接也是不可避免的，如图 8–59 所示，图中砚台仅仅上部砚盖部分的坯体制作便使用了六块模具。石膏模具制作砚坯的过程一般分为以下几个步骤：

图 8–59　河洛澄泥砚制作模具

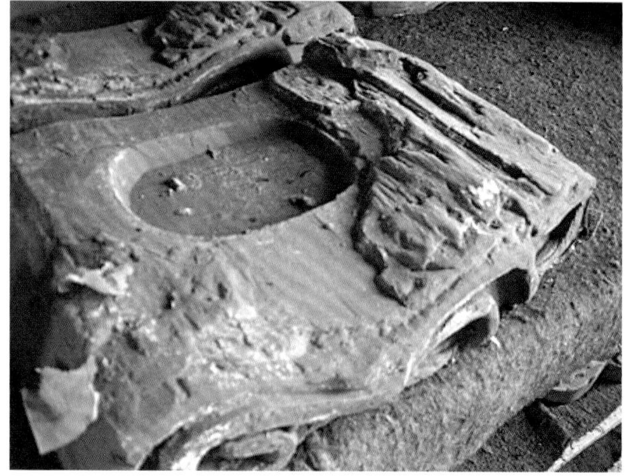

图 8–60　脱模的砚台粗坯

①石膏模具在使用前需清理，要保持石膏模具的干净干燥，这也是为了保证模具能很好地吸收坯体的水分并防止杂质混入坯体。②将合适大小的块状泥料均匀地填入石膏模具中，填入过程中需要对泥料进行合适的按压，以保证模具的各个部位都被泥料均匀填满。③在边缘部分也要涂上泥浆粘接，确保坯体的合缝。④自然干燥一段时间后，坯体的水分被模具吸收，已经具有一定强度时取出（图 8–60）。模具制作方法适用于同款砚台的重复制作，可以大大节省人工，不过需要特别注意的是填充泥料的含水量，既要保证泥料有一定的流动性便于模具的填充，也要保证泥料的稳定性使得制作的坯体均匀，同时还要使得坯体易脱模并具有一定的强度，稍有差池便会导致砚台制作的失败。

第二类是对于特殊定制砚台或精品砚台坯体的制作，这是无法通过模具来完成的，而是需要经过创意、设计再进行制坯。由于这类砚台多具有特殊意义，因此设计创意的过程尤其重要，从构思到画出设计草图再到设计图的最后定稿，往往需要多次设计、反复修改方能完成。在设计图定稿后便是砚台坯体的制作，由于没有模具，因此这种砚坯的制作步骤与上一类完全不同，主要是根据不同的设计图中的砚台尺寸及形制专门制坯（图 8–61）。

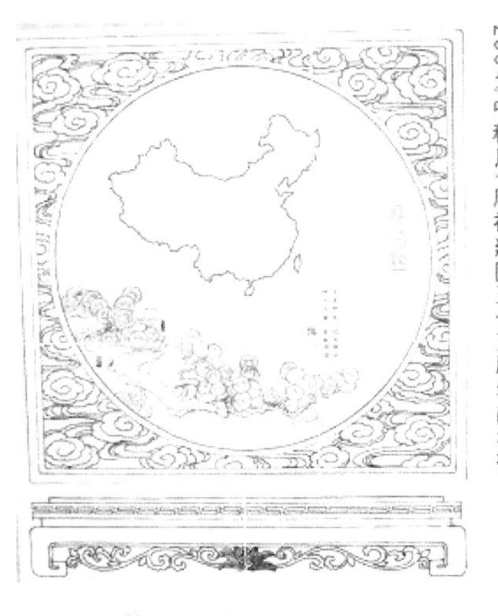

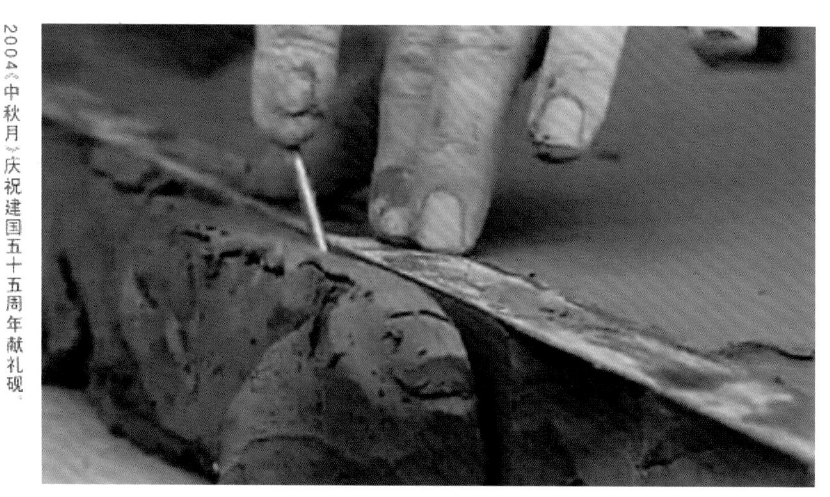

图 8–61　按图人工制坯

11. 砚坯阴干

虽然砚台坯体具有一定强度后就可以脱模，但此时含水量仍然较高，因此需要略放置一段时间方可进行下一步的修坯与雕刻。当然这里的阴干并不需要砚坯完全干透，待砚坯达到一定硬度时即可，一般来说，

图 8–62 砚坯阴干

图 8–63 修坯

图 8–64 河洛澄泥砚雕刻

阴干到砚坯含水量为 16%~19% 时即可（图 8–62）。不过阴干砚坯的环境也是很有讲究的，需要很好地控制温度和湿度，否则也容易造成坯体的损坏破裂。

12. 修坯与雕琢

无论是脱模后的砚台坯体还是专门设计的砚台坯体，都还只具有很粗略的外形轮廓，尤其是利用石膏模具制作出的砚坯，一般表面都很粗糙，因此在略阴干后都需要再进行修坯（图 8–63）。多块石膏模具制作出的砚台坯体有的还会有拼接痕迹，这些都需要在修坯的过程中进行处理。修坯的同时还要对砚坯进行第一次的雕刻，这对于模具制作出的砚坯来说是一次精雕细琢的过程，而对于专门设计的砚坯来说，是将砚台的设计图纸转化为实体的第一次雕琢（图 8–64），因此对砚台的制作者有很高的要求，即使是同样的图纸，由不同制作者雕琢制作出来的成品也会不同。

13. 完全阴干

雕刻好的砚坯需要完全阴干，排出坯体内的剩余水分，这也需要对外界温度和湿度进行很好的控制。而且对于有些各部位复杂程度差异很大的砚台，由于其自身各部分干燥速率可能差别很大，在阴干的过程中就很容易破裂，那么有时就需要在这些砚台的一些部分单独包上塑料皮对其干燥速率进行一定程度的人工控制，尽量使一块砚台的干燥速率保持一致。

14. 细修打磨

对于完全阴干的砚坯还需要进行细修打磨（图 8–65）。在这个过程中，砚坯的每个边缘细节都需要细细修理，尤其对于有盖砚来说，在细修的过程中还需要考虑到坯体的烧成收缩程度，事先在砚台和砚盖的边缘部分都留好余地，使得砚台烧成后边缘仍能严丝合缝。而细修过的砚台还要经过粗、细砂纸的打磨抛光，

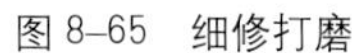

图 8–65 细修打磨

图 8–66 细修打磨后的砚坯

图 8–67 河洛澄泥砚烧制窑炉与内部“架窝”

使砚台的各个部位均光滑细腻，呈现出温润的光泽（图 8–66）。细修打磨的过程一般要重复多次，细致而繁琐。

15. 入窑烧制

即使澄泥砚的前期制作过程是如此漫长复杂，但入窑烧制仍是澄泥砚制作最为关键的环节。窑炉烧制有很多不可控性，这是风险，但同时也是造就澄泥砚独特魅力的重要因素之一。一窑经过长期制备的砚坯是成为澄泥砚的精品还是废渣皆在此一举。河洛澄泥砚制作采用的也是间歇式倒焰窑（图 8–67 左图），窑室里采用的是耐火砖垒成的“架窝”（图 8–67 右图），装窑时根据砚坯的大小将砚坯分别放置在“架窝”的不同隔层之中，烧制时需用砖与泥将窑门封闭，仅留透火孔，之后便是为期大约一周的窑炉烧制过程。虽然说窑炉烧制的时间、升温的速率与窑内砚台的数量、装窑的密度以及砚台的大小都有关系，但总体来说，砚台烧制的过程中，升温的速率都是非常缓慢的。

16. 出窑

澄泥砚窑炉烧制关火后不能直接出窑，一般要有半个月左右的自然降温过程，直到窑炉内温度和室外温度差别不大时方可出窑。

17. 入蜡蒸煮

澄泥砚作为烧制而成的砚台，具有一定的吸水率在所难免，为使其能达到“贮墨不耗”的效果，最好的办法仍然是沿用古法将烧制好的砚台用蜂蜡进行蒸煮，用蜂蜡蒸煮后的砚台不仅吸水率降低，而且开砚后的砚膛发墨更为细腻不损笔锋，砚台的色泽也愈加美观。

18. 中药熏蒸

中药熏蒸是河洛澄泥砚在澄泥砚古法基础上适应现代人偏好的创新，但不是所有的砚台均有此过程，有些应特殊要求制作而成的砚台经此步骤后会具有特殊的香味，为当今许多人所好。

19. 细磨抛光

细磨抛光是河洛澄泥砚制作工艺流程的最后一个步骤，对入蜡蒸煮或中药熏蒸过后的砚台进行最后的打磨抛光，再进行细致的检验过后，便可入盒包装成为河洛澄泥砚的最终成品。

河洛澄泥砚的形制与样式依然延续了澄泥砚作为手工制砚的一贯特色，颜色与造型多样。在颜色上，朱砂红、鳝鱼黄、蟹壳青等色均可见，单色或多色都有；在造型上，河洛澄泥砚不拘一格，除了传统多见的各种砚制，还有玺、印、青铜器形等多种创新的砚台形制出现；在图案纹饰上，除了有仿古的瓦当、辟邪等纹饰，还有山水人物、飞禽走兽等，值得一提的是，河洛澄泥砚中有一系列以弘扬河洛古文化为主题的相关纹饰，如洛阳牡丹、卢舍那佛像、河图洛书等，可以说带有鲜明的地域文化特征。

（三）河南新安虢州澄泥砚制作工艺调查

虢州澄泥砚是新安县另一具有代表性的澄泥砚，其制作者是河南省省级非物质文化遗产代表性传承人、河南省工艺美术大师李中献及其子李赞。据称李中献的曾祖曾跟随清末陕州工艺局王玉瑞制作过澄泥砚，但毕竟年代久远，因此当今的虢州澄泥砚可以说是李中献与其子李赞在祖辈技艺的基础上多次实践出来的，其工艺流程既来源于传统，同时又有新的思路。

同样，虢州澄泥砚的制作工艺也可以细分为以下步骤：

1. 寻泥采泥

对于任何一个澄泥砚制作者来说，寻泥采泥都是整个制作工艺的开始，也是澄泥砚是否能够制作的前提。因此各个澄泥砚的制作者对于自己的采泥点都是反复寻找，最后选择的确切采泥点也都是保密的。新安县具备澄泥砚制作的良好地理条件，古黄河河床的泥料本身就是制作澄泥砚的绝佳材料，虢州澄泥砚的制作在泥料的选择上可谓思维现代，在选择了合适的黄河泥料的基础上还加入含有大量呈色金属元素的矿石材料，从而使得虢州澄泥砚的颜色首先在泥料本身来说具备最大程度的可控性。

2. 泥料风化

每个制作澄泥砚的地方都有露天囤泥厂，虢州澄泥砚也不例外（图 8–68）。任泥料在自然环境中被长期放置，其质地较刚取得的天然泥料要松散许多，泥料的颗粒也较之前更为细腻，同时也有利于下一步泥料的粉碎。

图 8–68　虢州澄泥砚制作原料

3. 加入矿石

这是虢州澄泥砚很有特色的工艺步骤，为了使烧成的澄泥砚更大可能具有人们期望的色泽，因此会在泥料中加入含有某些特定致色金属元素的矿石，如赤铁矿等。

4. 球磨粉碎

由于泥料中加入了金属矿石，因此人工粉碎很难达到制作要求，便会借助球磨机这种陶瓷工艺中常用的粉碎设备。球磨机不仅能够粉碎泥料，而且也能使矿石与泥料混合得更为均匀。

5. 澄泥过滤

虢州澄泥砚的澄泥过滤过程也是在淘洗池与沉淀池（图 8–69）中完成的，这里淘洗池也是一个，沉淀池的数量为两个，主要步骤为：①第一遍淘洗，主要是将粉碎后的泥料与矿石的混合物在淘洗池中充分搅拌淘洗。②利用绢筛澄泥过滤，是用绢制筛箩过滤淘洗池中所出的较细泥浆，过滤后的泥浆流入第一个沉淀池中，然后将第一个沉淀池中的泥浆充分搅拌，静置，使其粗细颗粒的泥浆自然分层沉淀，再将上层较细泥浆用软管导入第二个沉淀池中。③在第二个沉淀池中重复第一个沉淀池中的过程，将泥浆充分搅拌并静置后，将分层的上层细浆通过沉淀池侧的沟槽（图 8–70）导入稠化浓缩池中。

图 8–69　虢州澄泥砚的淘洗池与沉淀池

图 8–70　沉淀池侧沟槽

6. 泥浆脱水

虢州澄泥砚的泥浆脱水分为两个阶段：第一阶段是将上一流程中后一个沉淀池中的泥浆导入全部由红砖所砌的稠化浓缩池中，任其自然滤去大多的水分（图 8–71）；第二阶段是将稠化浓缩池中已经滤去大多水分的泥料用布料包好置于煤渣灰上（图 8–72），再在包好的泥料上层用布料覆盖铺煤渣灰，利用煤渣灰吸收泥料中多余的水分。值得注意的是，这里包裹泥料的布料需质地厚实且致密，这样既可以防止煤渣灰过度吸水，又可以防止煤渣灰污染泥料。

图 8–71　第一阶段稠化浓缩池脱水

图 8–72　第二阶段煤渣灰脱水

7. 练泥与揉泥

“练泥”是指借助真空练泥机来辅助推挤泥料中的气泡。同样地，在这一阶段中，机械是无法完全替

图 8–73　虢州澄泥砚的揉泥

代人工的，制砚师傅仍然需要通过揉泥的方法来对泥料进行进一步的处理（图 8–73），不过虢州澄泥砚的揉泥工艺中还包含了甩泥这一程序，甩泥同样可以排出泥料中的气泡，但这也是一件熟练方能生巧的技艺，其方式与力道都很有讲究。

8. 制坯

虢州澄泥砚的制坯方式同样分为通过石膏模具批量制坯与针对专门砚台专门制坯两种方式。

9. 修坯与雕塑

修坯与雕塑是指对脱模后的砚台坯体及专门设计的砚台坯体进行精细修坯和精雕细琢的过程（图 8–74）。虢州澄泥砚制作中所使用的适用工具也是经长期实践探索出来的，甚至为了保证砚台坯体的足够平整，连工作台上的强化玻璃台面厚度都有严格的要求。另外，虢州澄泥砚有几款精品砚台的设计，在模具制坯的基础上还使用了雕塑法进行进一步的加工制作，可以说是砚台制作技艺中比较特殊的方式。

图 8–74　虢州澄泥砚的修坯雕琢与使用工具

10. 阴干与打磨

上一流程中制作好的砚坯需要放置在室内进行阴干，以便进行进一步的细修与打磨。对于每一方澄泥砚来说，这个过程都要被重复数遍，方能使烧制前的砚坯精细光滑（图 8–75），以保证经过烧制之后仍然有很好的效果。

11. 入窑烧制

同其他烧制澄泥砚的窑炉一样，虢州澄泥砚制作采用的也是间歇式倒焰窑，窑室内有用耐火砖砌好的“架窝”，装窑时砚坯的放置采取在“架窝”中侧叠压的方式垒放。装窑过程如图 8–76 所示。

图 8–75　李赞与打磨好的虢州澄泥砚

图 8–76 虢州澄泥砚的装窑过程

12. 出窑

虢州澄泥砚的窑炉烧制时间一般为一周左右，保温时间需要 10~15 天。

13. 入蜡蒸煮抛光

为了降低吸水率并使烧制的砚台色泽更为美观，虢州澄泥砚的处理方式是采取蜂蜡蒸煮后再进行抛光的工艺流程。

14. 检验包装

最后对制作好的澄泥砚进行检验之后便可进行相应的包装，虢州澄泥砚的制作也最终完成。

虢州澄泥砚的形制同样多变，河洛文化在其澄泥砚形制设计与制作中也多有体现，其中的很多精品砚台便是以此为主题的。值得注意的是，虢州澄泥砚多以红色与黑色为主要色调，可以说带有较为鲜明的艺术特征。

三、当代澄泥砚制作工艺比较研究

经过对各家澄泥砚制作工艺的实地调研发现，即使同是澄泥砚的制作工艺，具体工艺流程仍然不尽相同，这里分别就工艺中的选料、澄泥、脱水、揉泥、制坯及雕刻等流程进行比较。

（一）选料工艺

虽然澄泥砚的制作从古至今都有非常明显的地域性特征，但总体而言，仍然是就地取材。就现今而言，无论是山西省新绛县还是河南省新安县，虽然选取泥料的地点各自不同，新绛制澄泥砚取汾水沉积之泥，而新安取黄河沉积之泥，且不同澄泥砚的制作者采泥点也都各有差异，但不可否认的是，这两地都具备制作澄泥砚的先天之便。

既然是“澄泥砚”，其制作材料必然是以采集的泥料为主，但事实上，当代各家澄泥砚制作厂家选料工艺的最大差异在于是否在泥料中添加别的物质。

山西省新绛县绛州澄泥砚的制作一直遵循纯泥料烧制的原则，澄泥砚产生的各种色彩也主要依赖于后期窑内气氛控制与窑变，各种色彩珍稀的澄泥砚的产生更是无法预计。总体来说，绛州澄泥砚的制作追求泥料自身所含元素导致的变化，因此在绛州澄泥砚的制作原料中是不加任何其他材料的。据澄泥砚研制所的蔺涛所长所说，他在澄泥砚的反复制作过程中也曾经多次尝试过添加其他物质，但烧制结果却并没有太大变化，甚至不尽如人意，反而是纯泥料烧制的效果最好，所以就一直延续下来。当然，这和新绛县所取得泥料本身的特性是分不开的。关于各地澄泥砚制作泥料的理化性质，将在后文中详细解释。

在河南省新安县河洛澄泥砚和虢州澄泥砚的制作过程中都会在原料中加入其他物质，河洛澄泥砚制作中加入的是黄丹、云母粉末等物质。如前文所提，黄丹在古代制作澄泥砚时就已经被作为添加剂来使用，河洛澄泥砚制作中对它的使用仍然是沿用古法借以达到降低砚台烧成温度、提高砚台硬度及耐磨度的效果，至于河洛澄泥砚的色彩变化则也是多依赖于泥料本身，这一点与绛州澄泥砚颇为相近。虢州澄泥砚在制作中添加的物质是赤铁矿等含有较高致色金属元素的矿石（图 8–77），目的是改变澄泥砚烧成后的色泽，自古人们就偏好澄泥砚各种色彩中的红色与黑色，如前文中所提早期澄泥砚制作以黑色为多，清代文人朱栋更是直接评价“澄泥之最上者为鳝鱼黄，其次为绿豆砂，又次为玫瑰紫……然不若朱砂澄泥之尤妙”[48]，所以在制作中加入赤铁矿石正是为了能更好地烧出澄泥砚的这两种色泽，因为铁元素是红色澄泥砚烧制中的最主要致色元素，若想烧成朱砂红色的澄泥砚，除在烧制过程中采用氧化气氛外，泥料中铁元素的含量在很大程度上也决定了澄泥砚的最终成色。

图 8–77　虢州澄泥砚原始泥料与加入矿石后泥料色泽对比图

由此可见，当代澄泥砚选料工艺可以说是各有侧重，各家制作者主要根据不同的需求来决定除泥料外其他物质的选择。

（二）澄泥工艺

澄泥工艺是澄泥砚制作的特色工艺。澄泥工艺用现代语言表述可以说就是对澄泥砚制作原料的精选过程，其目的是不仅使泥料更加细腻，而且通过对泥料颗粒大小的控制使得泥料达到适宜制作砚台的标准，这个过程即使在当代澄泥砚制作工艺中也仍然需要由人工来完成，是无法用机械替代的。之所以这么说，是因为如果将当代瓷器制作工艺中用来进行原料精选的水力旋流器等机械运用于澄泥砚制作中的澄泥工艺，那么精选出的泥料颗粒必然过细，从而导致砚台成品虽然不损毫但也不易发墨，故为了达到古人所称的“发墨而不损毫”[49]的砚台佳品之水准，唯有通过人工对泥料的细腻程度进行把握。

在当代澄泥砚制作工艺中，虽然澄泥工艺的目的相同，但各家制作者采用的澄泥方法却各有特色，而从制砚的结果来看，可谓殊途同归。

山西省新绛县绛州澄泥砚的澄泥工艺更多来自古代文献与实践经验，使用工具看似简单，主要由绢箩与十几口大缸组成，但实际操作起来确是将澄泥过滤的过程来回重复了十多次，整个过程繁复但细致。

河南省新安县河洛澄泥砚与虢州澄泥砚的制作受瓷器制作工艺的影响颇深，均引入了瓷器制作中的淘洗池与沉淀池，这应该是受到新安县一直以来较为发达的瓷器制作工艺的影响。这样利用淘洗池、沉淀池与绢布筛箩的组合方式进行澄泥过滤，在很大程度上节省了人力，也是为了适应当代社会提高生产效率而进行的技术改进。

现在的人们，常常既期望看到传统工艺的全貌，又希望能提高传统工艺产品的生产效率，因此，如此不同方式澄泥工艺的存在，也不能不说是一桩幸事。

（三）脱水工艺

澄泥砚制作工艺环环相扣，每一个工艺环节几乎都可以体现出制作者们的智慧与实践经验，就连泥浆脱水这一看似简单的过程也不例外。

山西省绛州澄泥砚制作中，泥浆的脱水工艺采用绢袋进行绢袋压滤，其中绢袋的再次使用是来自古代文献中“夹布囊”[50]和“熟绢两重”[51]的智慧，“绢”既在澄泥工艺中保证了泥料足够细腻，又保证了泥料适宜制砚的颗粒度，可谓环环相扣。而在制砚实际操作中使用绢袋的同时，还利用现代吸水率高的红砖分别在绢袋的上下进行压滤，则是长期实践经验的体现。

河南省河洛澄泥砚制作中的脱水工艺也在实践中经历了数次改进。据河洛澄泥砚的制作者游敏所称，原先的脱水工艺是将最后一个沉淀池中可以出池的细泥浆分别装入多个布袋，然后将布袋吊在空中滤去水分，此法与绛州澄泥砚的绢袋压滤法有类似之处，但相对于我们现在看到的工艺流程要耗时耗力许多。如今河洛澄泥砚制作采取的利用脱水池脱水的方式为布袋法的改进，这里将原先的多个布袋改成同样用布料围成的大脱水池，并在其下部以红砖堆砌架空，提高泥料脱水的效率。

河南省虢州澄泥砚制作的脱水工艺则又有不同，其工艺流程中使用了红砖砌成的稠化浓缩池，这是来自瓷器制作工艺中的经验（图 8–78）。虢州澄泥砚的制作将稠化浓缩池脱水的方法与布袋法进行了结合，形成现在的虢州澄泥砚脱水工艺。泥浆经过稠化浓缩池脱水后，已经具备一定稠度，所以不再需要灌注入布袋严密封口，而只要用布料包裹即可，这同样提高了制作效率。这一过程中煤渣灰的引入也是为了提高泥料的脱水速率，进而缩短整个工艺流程的时间。

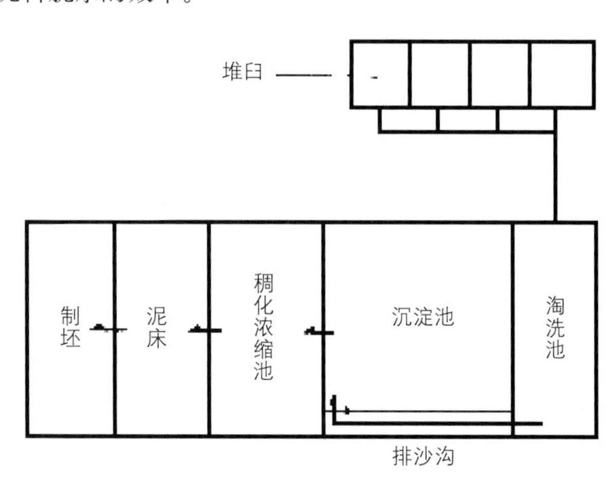

图 8–78　瓷石淘洗制坯流程示意图（取自《中国传统工艺全集·陶瓷》）

综上所述，在澄泥砚的脱水工艺中，每个制作者都不约而同地采用了布料、红砖及煤渣灰等吸水材料，这是制作者经过长期实践总结出的控制泥料颗粒大小与脱水速率的最佳材料，至于具体的使用情况，则各有经验与习惯了。

（四）揉泥工艺

澄泥砚的揉泥工艺主要是为了排出泥料中的气泡，使得泥料内部组织更加均匀。因为不均匀的泥料在干燥和烧制过程中的干燥收缩率和烧成收缩率不同，容易导致后期制作好的砚坯在干燥和烧成的过程中产生破裂。

当代澄泥砚制作工艺中，多采用人工揉泥与真空练泥机相配合使用的方式，用以提高澄泥砚制作的效率。但正如前文中所提到的，为了把多个练泥机所出的泥条融合起来成为方便制作砚坯的形状，也为了能更好地感受泥料的可塑性程度等因素，人工揉泥的方式是无法被替代的。人工揉泥既是体力活也是技术活，为了均匀推挤泥料中的气泡，不仅要求揉泥的师傅有一定的臂力与腕力，也需要特殊的手法以防在揉泥的过程中混入新的杂质或气泡。人工揉泥的方法一般都是人们在实践中总结出来的，因此虽然目的相同，但手法则多有不同。

在山西省绛州澄泥砚的制作中，人工揉泥手法主要是沿着一个方向推挤或卷起，再加上适当的拍打或捶打（图 8–79）。

河南省河洛澄泥砚的揉泥手法是工具捶打（图 8–80）和菊花形揉泥法相结合，用工具捶打泥料主要是为了使泥料中的添加剂和泥料能更均匀、更充分地混合，而菊花形揉泥法是向同一个方向推挤气泡，由于

图 8–79　绛州澄泥砚揉泥工艺

图 8–80　河洛澄泥砚捶打、揉泥工艺

其推挤方向是沿圆周进行的，所以在这个过程中泥料的形状有如层叠的花瓣，故而得名，用菊花形揉泥法揉好的泥料形状一般为直径20多厘米的短粗圆柱体，用切弦切割观其剖面，可见非常致密均匀的内部结构（图8–80）。

河南省虢州澄泥砚的甩泥技艺也是用来排出泥料气泡的特别手法，因为在甩泥时，泥料的含水量略高于揉泥时的泥料，所以虢州澄泥砚的人工揉泥过程可以分解为“先甩泥再揉泥”。甩泥也不是随意进行的，首先要注意甩泥的泥料大小，必须是小块的泥料，只有这样才能保证泥料中的气泡在甩泥的过程中能被排出，其次要注意甩泥的力道，力道太轻则气泡无法完全排出，实际中甩泥的师傅技艺熟练所以力道均匀，对于甩泥的新手来说，则可以通过甩泥时溅至对面墙上的泥点来判断甩泥的力道是否合适（图 8–81）。同样用切弦切割甩泥形成的泥堆观察剖面，如果内部结构均匀致密无气泡，便可进行下一步的揉泥制坯了。

（五）制坯修坯工艺

前文已经提到，制坯总的来说有人工制坯和模具制坯两种成形方式。在实际制坯过程中，制砚师傅不会具体测量泥料的水分含量，而是一般凭借经验进行。笔者经过实际的称重计算得知，适宜进行人工制坯的泥料含水量一般在 16%~23% 最为适宜。而模具制坯则是先将设计制作好的砚台母型翻制成多孔性模具，这里主要采用石膏模具，这样在砚台的批量生产中，便可将泥料压入石膏模具压模成型。由于泥料进行模具制坯时需要具备一定的流动性，这意味着泥料的水分含量要比人工制坯时高，但模具制坯同样也要保证

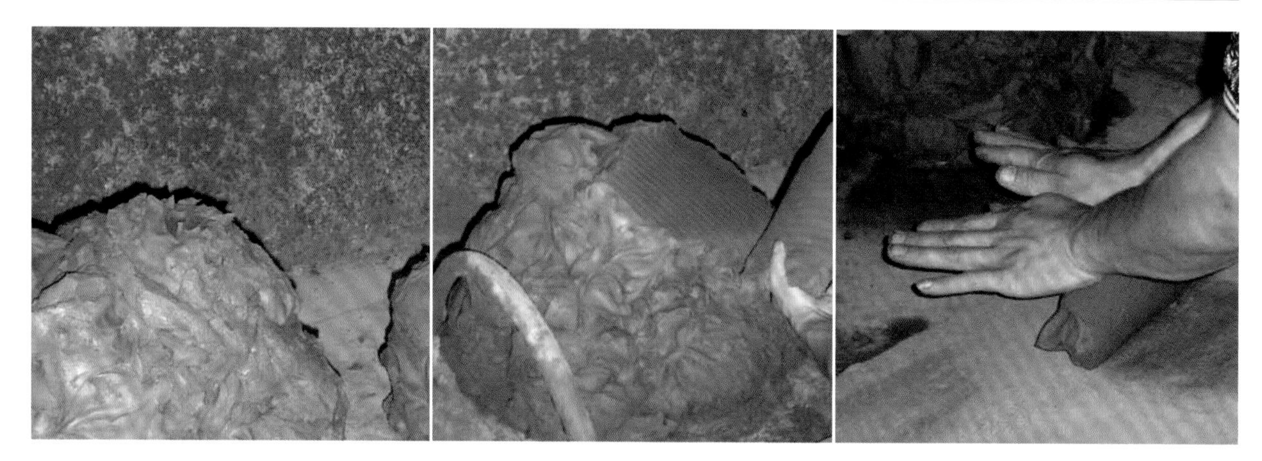

图 8–81　虢州澄泥砚甩泥、揉泥工艺

坯体成形的强度，也就是需要在保证泥料流动性的同时尽量减少含水量，经实测，适宜进行模具制坯的泥料含水量一般在 25% 左右较为适宜。

在当代澄泥砚的实际制作中，山西省绛州澄泥砚的制坯仍然主要采取人工制坯的方式，河南省河洛澄泥砚与虢州澄泥砚则采用人工制坯与模具制坯相结合的方式，不过对于专门设计的精品砚台，则都必须进行人工制坯。

不管是人工制坯还是模具制坯，都只是砚台的粗坯，对粗坯进一步处理的首要步骤是修坯。山西省绛州澄泥砚和河南省河洛澄泥砚、虢州澄泥砚的修坯过程截然不同，山西省绛州澄泥砚采用的是“干修”，而河南省河洛澄泥砚和虢州澄泥砚则采用“湿修”。所谓“干修”（图 8–82 左图）是指等制作好的粗坯阴干至完全干燥后方才进行修坯和雕刻的操作，这时候的粗坯强度已经很高，因此修坯除采用砂纸打磨外，使用的细修工具也是硬度较高的铁质或钢质的铲及系列刻刀（图 8–82 右图）。而湿修则是指人工制坯完成或者砚坯从模具脱模后，将含水量依然较大的砚坯略微阴干，待硬度稍微加强、整个坯体不粘手后即可进行细修操作（图 8–83 左图），由于进行湿修的砚坯仍然具有一定的含水量，因此硬度不是很高，所以很多种材质均可用来作为细修工具，如刻刀、铁片、木条等，甚至还可以根据需要加工改造（图 8–83 右图）。如河洛澄泥砚在修坯过程中使用的转角等工具都是在经验中摸索出来，可以说是专为澄泥砚制作而设计的。

干修与湿修各有优势与不足，干修由于砚坯硬度高而加大了人工雕刻的难度，但同样也因为砚坯的硬度高，所以在修坯与雕刻过程中砚坯损坏较少，而湿修由于砚坯在修坯和雕刻过程中都还具备一定的含水量，虽然雕刻方便，但有许多需要注意的细节，比如修坯和雕刻常常不能针对同一方砚坯或砚坯的某一个位置

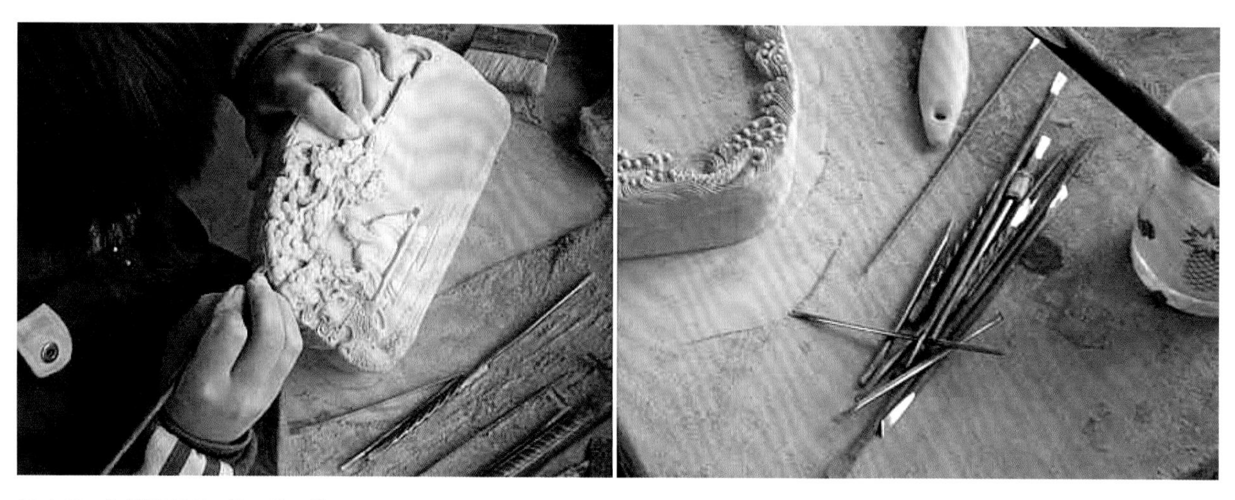

图 8–82　绛州澄泥砚干修工艺及其工具

图 8–83　河洛澄泥砚“湿修”工艺及其工具

持续进行，因为如果这样，手长期停留于砚坯的某个部分容易导致整个砚坯各部分有湿度差异，这样的差异也会造成坯体的破裂或损坏。总体而言，砚坯的干修与湿修可以理解为工艺本身的地域差异，而且只是技艺不同，并没有好坏之分。

（六）雕刻成型工艺

对于任何一款砚台，除其本身材质需要符合砚台的使用标准外，其图案的雕琢也直接决定了砚台的艺术价值，尤其是在人们看重砚台的艺术价值甚于使用价值的今天，雕刻成型技艺的好坏更是尤为重要。

就当代澄泥砚的制作技艺来看，山西省绛州澄泥砚的雕刻主要是在完全干透的砚坯以及高温烧制成砚以后的砚台上进行的，其雕刻加工的对象硬度都较高，因此绛州澄泥砚的雕刻工艺更类似木制品以及石制品的雕刻。绛州澄泥砚的雕刻技法简单概括有以下几种方式：阴刻、阳刻、深浅浮雕，偶尔立体雕等。阴刻和阳刻都属于线刻，是石砚雕刻技法中最为常见的方式，阴阳分别对应凹凸，用来描述线条是凹进还是凸起的形态；深浅浮雕的雕刻技法在砚台雕刻中常常是伴随出现的，属于体现一定立体感的雕刻技法，使用深浅浮雕雕刻出的砚台，图案常常体现出一定的层次，更有意境，如图 8–84；立体雕则属于一种仿真雕法，即砚台整体为某种动物、器具等的形貌，如图 8–85，这在绛州澄泥砚的制作中偶尔可见。绛州澄泥砚的雕

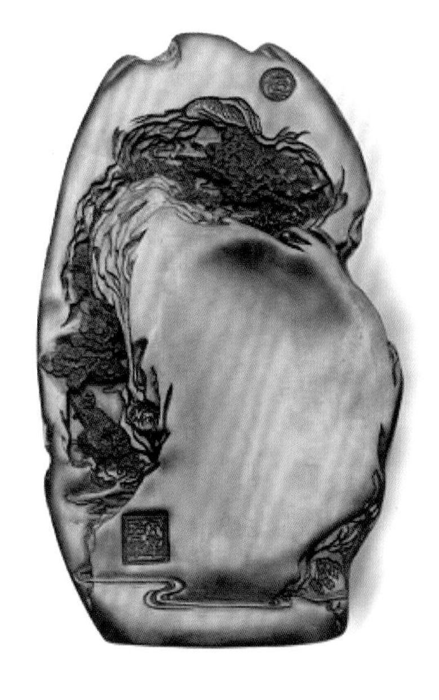
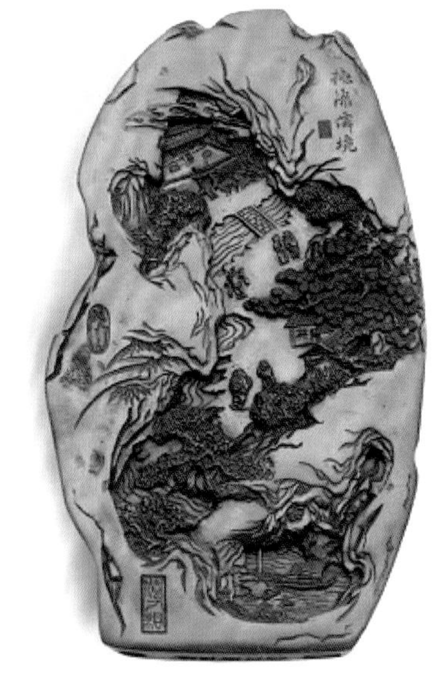

图 8–84　蔺涛制桃源仙境砚

图 8–85 蔺涛制龙龟砚

图 8–86 虢州澄泥砚中的“捏”法牡丹

刻题材非常广泛，设计多样，技法大气优雅、美观大方，虽然带有一些明显的石刻技法风格，但由于其制作原料工艺不同而有其独特的艺术特色，而立体雕法又是澄泥砚雕刻技艺中因材施技的雕刻技法。一般来说，澄泥砚的雕刻以不显刻痕迹为佳，但调研中发现，随着时代发展，人们对于手工艺制品的偏好亦不同，甚至有些人专门购买、收藏留有刀痕的澄泥砚，因此绛州澄泥砚有时也会根据人们的要求留有刀痕，这也是顺应时代需求、因人而异的体现。

河南省河洛澄泥砚与虢州澄泥砚的精雕细琢都是在具有一定含水量的砚坯上进行的，这和陶瓷工艺中的雕塑成型较为类似，因此严格来说这一工艺流程应称为“雕塑”。“雕”是雕刻，“塑”是塑造，这是对可塑性材料制作成型的特有描述，河南省澄泥砚的制作也应属于此类，澄泥砚的雕塑过程多根据砚台的具体设计与形制差异，使用“捏”“塑”“雕”“刻”“贴”等手法，如图 8–86，这样的雕塑成型方式也是河南省澄泥砚制作中多见形制比较立体的仿真型砚的原因。

山西省绛州澄泥砚与河南省河洛澄泥砚、虢州澄泥砚虽然同属于泥料烧制而成的人工制砚，但就当代澄泥砚的雕刻成型工艺来说，山西省绛州澄泥砚的雕刻技法偏向硬质的雕刻，而河南省河洛澄泥砚、虢州澄泥砚则偏向可塑性材料的雕塑。

（七）烧制工艺

没有烧制就没有澄泥砚，毫无疑问，烧制工艺是澄泥砚制作工艺中最为关键的步骤，在当代澄泥砚的制作工艺中，几乎每一家澄泥砚制作厂家在这一步骤中都有自己独特的方法、经验，甚至诀窍，而这也多是各家澄泥砚制作者的不传之秘。这里仅就一些可以公开的部分进行比较分析。

1. 窑炉选择

窑炉选择是当代各家澄泥砚制作烧制工艺中的最大共同点。无论是山西省绛州澄泥砚的制作，还是河南省河洛澄泥砚、虢州澄泥砚的制作，各家所使用的窑炉都是自己搭建、人工控制的传统窑炉而不是现在现代化的电窑炉、气窑等，而且各家使用的都是传统窑炉中的间歇式倒焰窑，主要燃料都是煤。

这当然不是偶然的，究其原因，主要有以下两个方面：

一是间歇式倒焰窑结构较为简单，易于搭建，更可以根据实际情况决定要搭建的窑炉大小及容量，非常适宜小规模的制作和生产。目前我国所有的澄泥砚生产厂家几乎都是小规模生产的，即使是当代生产规模最大的山西省新绛县澄泥砚研制所也不过有30余人而已。从这点看，间歇式倒焰窑的运行规模非常适合澄泥砚制作和生产的需求。

二是澄泥砚在烧制时窑变出的各种色彩是澄泥砚的重要魅力之一，间歇式倒焰窑可以在烧制时根据观察，灵活地改变窑内气氛，由于这种完全凭借人工经验进行烧制的传统窑炉不可能达到精确控制，所以窑变时有发生，这也是每一个澄泥砚制作者在烧制澄泥砚时都既紧张又期待的原因。而电窑、气窑这类通过程序精确控制的窑炉烧制出的砚台色泽普遍单一，显然不符合澄泥砚烧制的需求。

以现代观点来看，间歇式倒焰窑也是有缺点的，间歇式倒焰窑不能连续生产，每一次烧制完成后，都要待其自然冷却，然后将砚台出窑，才能继续下一次的烧制，冷却时间通常都要若干天，因此每完成一次装窑、烧窑、出窑的过程都需要较长的周期。由于这些操作全部需要人工来完成，因此即使是小规模生产，劳动强度也并不小。但是，由于目前并没有好的可以替代间歇式倒焰窑的窑炉来进行澄泥砚的烧制，所以可以预见在当代澄泥砚的烧制中，间歇式倒焰窑还将被继续使用很长时间。

2. 装窑方式

装窑是将制作好的澄泥砚砚坯放入窑炉，并在窑室按照一定的方式摆放，这是烧制澄泥砚的第一步（图8–87）。装窑不当也会导致澄泥砚烧制的失败。一般来说，针对不同的烧制对象会有不同的装窑方式。

当代澄泥砚的制作中，山西省绛州澄泥砚采用的是叠压法装窑，装窑所使用的窑具主要为垫具。垫具是用耐火材料制成的，在叠压法装窑方式中，澄泥砚坯体就是靠垫具支撑与分隔，并且一件一件垒叠起来放置在窑炉之中，同时位于最底层的砚台坯体也是靠垫具隔开与窑底的空间，便于烧制过程中火焰的流通。

河南河洛澄泥砚、虢州澄泥砚的制作中都采用“架窝放置法”装窑，装窑所使用的窑具主要为耐火砖、棚板等耐火材料。这里是将耐火材料事先垒成分格状架窝，再将制作好的澄泥砚砚坯依次竖向置于架窝之中，不过垒砌架窝时耐火材料也不能直接紧贴窑底，要留出空间便于火焰流通。

虽然间歇式倒焰窑烧制过程中，窑内最高温度与最低温度差一般不会超过50℃，但在装窑时仍然要遵循一些规律，如同样形制、同样大小的砚台尽量放置同一火位，形制较大、砚坯较厚的砚台一般放置在中间或底部的位置，而形制很小的砚台可置于顶部或见缝插针地摆放，相对较为随意。

图8–87 绛州澄泥砚、河洛澄泥砚、虢州澄泥砚装窑方式（从左往右）

3. 烧成气氛

窑内烧成气氛的不同对澄泥砚的成品颜色有着至关重要的影响，色彩丰富的澄泥砚正是在各种不同烧成气氛下生成的，一般情况下，主色为红色、橙色、橙黄色等暖色的澄泥砚是在氧化焰气氛下烧成的，而主色为青灰色、青黑色等色调的澄泥砚则多是在还原焰气氛下烧成的，至于一些复杂的混合颜色，则可能是在烧成过程中窑变产生的。

在当代澄泥砚制作工艺中，山西省绛州澄泥砚和河南省河洛澄泥砚在澄泥砚的烧成过程中偏好多变的颜色，因此其澄泥砚产品既有在氧化焰气氛下烧成的，又有在还原焰气氛下烧成的。而河南省虢州澄泥砚由于比较偏好朱砂红色与黑色，因此其澄泥砚烧制过程中多采取氧化气氛，但是黑色澄泥砚又是在强还原焰气氛中进行渗碳烧制而成，具体操作是在烧制过程的后期，当澄泥砚已经烧成后，封闭窑炉的风口，减少氧气的进入量使得窑内氧气不足而产生大量黑烟，黑烟实际由微小碳粒组成，这些碳粒在窑内附着在高温烧成的砚台表面，进而被砚台内的小孔隙吸附，从而形成表面呈黑色的澄泥砚。观察这类澄泥砚的剖面可以发现，红色的胎体外侧有黑色表层，即呈黑红分层的剖面状态，如若剖面本身存在自然裂缝，则渗入的黑色层厚度会略厚，分层也更为明显，这与山西省绛州澄泥砚在还原气氛下烧制而成的整个剖面均匀为青黑色或黑色的剖面形态完全不同。

这种利用窑内渗碳烧制而成的黑色澄泥砚，在河南省河洛澄泥砚与虢州澄泥砚中均有制作，但在山西省绛州澄泥砚制作中未见用此方式烧制黑色澄泥砚。

4. 烧成温度

硬度、致密度、吸水率都是决定一方砚台品质的重要因素，对于澄泥砚来说也不例外。作为人工烧制的砚台，澄泥砚的硬度、致密度、吸水率与其烧成温度的高低有最为直接的联系。如果澄泥砚烧成温度过高，固然质地坚硬、致密度高、吸水率低，但这也意味着砚坯玻化程度高，会导致其砚堂在研墨时打滑，不利于发墨；反之，如果澄泥砚烧成温度过低，固然相对粗糙可发墨，但由于玻化程度不够而吸水率高，且致密度和坚硬度都不够。因此为了使澄泥砚达到“发墨而不损毫”“贮墨不耗”的目的，适宜的烧成温度非常重要。

在澄泥砚生产的实际情况中，烧成温度除影响以上因素外，同样还对澄泥砚生产的烧制成品率有很大的影响，由于澄泥砚砚台坯体厚度较大，所以温度越高，烧制的风险也越大。在当代澄泥砚制作工艺中，各家的澄泥砚烧成温度都不同，基于传统工艺保密的原因，这里不公开具体数据。仅就平均烧成温度高低而言，山西省绛州澄泥砚烧成温度是实地调研中三家澄泥砚制作厂中最高的，河南省河洛澄泥砚居其次，虢州澄泥砚烧成温度最低。以烧制 20 厘米左右见方的澄泥砚为例，虢州澄泥砚的成品率可达 70%，河洛澄泥砚成品率 50%，而绛州澄泥砚的成品率则只有 30%，这与实际烧制中烧成温度的高低差异的影响是分不开的。

四、当代澄泥砚制作工艺与文献古法工艺对比分析

在前文对古代澄泥砚进行的追溯中已经提到，澄泥砚制作工艺古法曾出现过传承的断层，如今的澄泥砚制作技艺是当代工艺美术家根据古代文献中的记载再结合实际制作的经验不断实验得以产生的。当代各家澄泥砚制作技艺都存在各自特色，工艺流程也有一定程度差异。然而，当代澄泥砚制作技艺与澄泥砚制作古法是否存在差异，因为难以建立客观的判断标准，所以一直未有定论。因此这里仅是对当代澄泥砚制作工艺中的关键步骤与相关古代文献中的工艺记载做一些对比分析，尽可能从科学角度进行解读，以便更

深入地了解澄泥砚制作技艺的古今差异。

当然，由于中国传统手工技艺的传承一直以来很大程度上都依赖于口传心授、带徒传艺，而这些从事手工技艺制作的工匠本身大多并不是文人学者，且手工技艺又常是这些手工艺者赖以生存的技能，所以不可能将这些工艺环节用文字的形式详细保留下来，也不可能随便向无关人士透露手工技艺的核心内容，因此记录这些手工技艺的文人学者，有可能本身也不够了解这些工艺的关键操作，甚至还可能存在以讹传讹的臆测，故而对于古代文献中相关工艺的记载应该持有谨慎分析的态度，笔者在进行对比分析时也首先对文献本身进行了筛选与分析。

（一）古今澄泥工艺比较分析

澄泥工艺是澄泥砚制作工艺中最为关键的“特色”工艺步骤之一，古代澄泥砚之名便由此而来，在古代各类文献中，对澄泥工艺也多有提及，其中具体涉及澄泥工艺操作方式的记载有：

成书于宋雍熙三年（986）的苏易简著《文房四谱》，是最早记载澄泥砚工艺的文献，也是迄今为止对澄泥砚制作工艺描述最为详细的古代文献，其中对澄泥工艺的描述为：

> 作澄泥砚法，以墐泥令入于水中，挼之贮于瓮器内，然后别以一瓮贮清水，以夹布囊盛其泥而摆之，俟其至细，去清水，令其干。入黄丹团和，溲如面。作二模如造茶者，以物击之，令至坚，以竹刀刻作砚之状，大小随意。

与《文房四谱》成书时间差不多的张洎《贾氏谭录》则描述为：

> 绛县人善制澄泥砚，缝绢囊置汾水中，踰年而后取，沙泥之细者，已实囊矣。

米芾《砚史》中“陶砚”款对澄泥的描述为：

> 相州土人自制陶砚，在铜雀上以熟绢二重，淘泥澄之，取极细者，燔为砚。

乾隆时期仿造复制古法澄泥砚采取的是《贾氏谭录》记载的方法，于汾河水中取泥，“缝绢囊置汾水中，踰年而后取，沙泥之细者，已实囊矣”。这实际上同时包括了取材与澄泥两个工艺程序，然而，此法若在当今使用显然是不现实的，原因之一在前文中已经提到，即汾河已不是古时汾河之面貌，河道变窄，河水经常枯竭，甚至已经有了污染；原因之二是地点问题，如今汾河水位、河道都已和唐宋时期不同，因此悬置绢囊的位置选择很难确认；原因之三是时间问题，如此方法取泥，耗时过长，这在乾隆时期不计时间、不计成本倾国家之力之时可以实现，在如今显然不符合当代需求。

如此看来，虽然当代制作澄泥砚的主要产地山西省新绛县及河南省新安县分别毗邻汾河与黄河，但根据实际情况，当代澄泥砚制作工艺的取泥之法显然没有采用“缝绢囊置汾水中”的方法，而取泥之后的澄泥之法反倒与苏易简《文房四谱》及米芾《砚史》中对于澄泥工艺的描述更为接近。

首先在取材上，《文房四谱》中所提“墐泥”的现代释义即为黏土，但并未对取泥的具体地点加以描述，米芾的《砚史》也并未对泥料加以描述，只根据“相州”及“铜雀”判断其取泥的地点是在相州铜雀台的旧址之处。而当代的绛州澄泥砚泥料取材于由古汾河沉积而成的汾河湾古代河床上的沉积泥料，河洛澄泥砚与虢州澄泥砚取材于黄河河岸的沉积河泥，虽然各处取泥的地点都有所不同，但只要接下来澄泥之法适当，这其实与《贾氏谭录》中的汾河取泥之法有异曲同工之处。

其次便是澄泥工艺，澄泥工艺里的“澄”字，取其“使杂质沉淀，使液体变清澈”之释义。虽然从澄泥的释义上就可以看出其工艺的目的，但从苏易简《文房四谱》的记载中还可以对其工艺步骤进一步解读，“以墐泥令入于水中，挼之贮于瓮器内”中的“挼”是揉搓之意，是指将所取黏土粉碎混入容器里的水中，“然后别以一瓮贮清水，以夹布囊盛其泥而摆之，俟其至细”则是指将第一个容器中的泥浆盛入夹布囊中，再放入清水中摆动，那么极细的泥浆则会通过夹布囊进入清水中，而“去清水，令其干”则隐含沉淀之意，混入清水中的极细泥料经过沉淀与清水分层，则可“去清水”，再根据后文中“入黄丹团和，溲如面”可以判断这里“令其干”是指略为干燥脱水，使得到的泥浆干燥程度可以达到与黄丹团和，揉似面的程度。《文房四谱》中记载澄泥所用的材料是“夹布囊”，而《贾氏谭录》中记载的是“绢囊”，《砚史》中记载的则是“熟绢二重”，可见不论取材如何，其最终目的就是要达到“俟其至细”“泥沙之细者”“取极细者”的效果。

从前文所述的工艺程序可以看出，如今山西省绛州澄泥砚的制作中进行澄泥工艺所采用的工具主要是缸、绢箩及绢袋，其过程是由澄泥和绢袋压滤两个步骤组成的，主要是将块状泥料加水搅拌后直接用绢制的箩进行过滤，过滤之后的泥浆还要经历自然沉淀使其分层的过程，如此将过滤与自然沉淀的过程多次反复，最终去除清水，留下极细的澄泥浆，然后将其装入绢袋中进行压滤，将水排开才得到制砚所用的泥料。其工艺流程中反复用绢箩过滤的过程无疑达到了文献中利用“夹布囊”过滤泥料的效果，而最后经过绢袋压滤脱水的泥料也正如文献中所述的黏稠度。

山西省绛州澄泥砚采用绢制箩过滤泥料的过程很容易让人与很多宋代澄泥砚实物底部的印款联系起来，如前文所提“虢州裴第第三箩（罗）土澄泥造”[52]“西京南关史思言罗土澄泥砚瓦记”[53]“己巳元祐四祀姑洗月中旬一日雕造，是者箩土澄泥打刻。张思净题”[54]。此处关于“箩土”并无任何具体文献记载，但据推测应为澄泥砚制作匠人在实际制作中的澄泥操作，“箩”在《康熙字典》中的释义为竹器，进一步引《扬子·方言》之解释：“箕，陈魏宋楚之间谓之箩。一说江南筐，底方上圆曰箩。”箩做动词用则有用箩筛或滤之意，因此这里的“箩土”很可能是指这种利用箩来过滤筛选泥土的技艺，类似《文房四谱》中夹布囊过滤工艺改进后的产物，而在前文也已经提到过，宋代诸如此类澄泥砚制作已经很具规模，如果都是如《贾氏谭录》之法于河中取泥显然不合实际，反倒是如此利用夹布囊或者箩这类易于取得及制作的工具来对泥料进行过滤更为恰当，这种澄泥的程序显然也更适合具有一定规模的澄泥砚制作。

当代河南省河洛澄泥砚与虢州澄泥砚制作中的澄泥工艺仍然遵循这种过滤、沉淀、布料滤水、取其细泥的原理，但在操作上更为现代。沉淀池和虹吸法在澄泥过程中得到充分的使用，进一步提高了澄泥工艺的效率。

（二）黄丹在古今澄泥砚制作工艺中的使用

苏易简《文房四谱》对澄泥砚工艺的记录中明确有“入黄丹团和，溲如面”的工艺流程记载，“溲”意为用液体调和，即在制作澄泥砚的泥料中加入“黄丹”，再加适量的水调和。“入黄丹团和”包括了两个工艺过程，一是加入添加剂，二是揉泥。

虽然苏易简在《文房四谱》中明确提出了澄泥砚制作中需要加入黄丹，但事实上关于古代制作澄泥砚时是否如苏易简所称都在泥料中加入黄丹，以及制作澄泥砚是否需要加入黄丹一直未有定论。

黄丹，又名铅丹、红丹，是一种铅的化合物，其主要成分为 Pb_3O_4。[55] 黄丹的出现和我国古代炼丹术密切相关，我国现存最早的炼丹著作东汉魏伯阳的《周易参同契》中有“采之类白，造之则朱”，其中“朱”便是指朱红色的铅丹（黄丹）[56]，其化学过程为：

$$PbCO_3\text{（白铅矿）}\xrightarrow{\text{灼烧}}PbO\text{（黄色）}\xrightarrow{\text{灼烧}}Pb_3O_4\text{（朱红色）}$$

由此可见，黄丹的制作极为方便，《天工开物》中记载制作黄丹的古法为：“凡炒铅丹，用铅一斤，土硫黄十两，硝石一两。熔铅成汁，下醋点之。滚沸时下硫一块，少顷入硝少许，沸定再点醋，依前渐下硝、黄。待为末，则成丹矣。”[57]值得注意的是，在古代澄泥砚的相关文献中，说道人擅长烧制砚台的屡见不鲜，如前文中数次提及的为众多文人墨客所称道的泽州“吕道人砚”，还有宋代曾敏行《独醒杂志》中也有“今人制陶砚，惟武昌万道人所制以为极精”这样的记载，据此推测，如果这些道人在炼丹的过程中发现黄丹可以起到助熔剂的作用，并进而将其用来提高烧制砚台的品质，之后便将此法流传下来作为澄泥砚烧制过程的必要步骤，也是不无可能的。

当然，鉴于澄泥砚制作工艺与古代“瓦砚”制作工艺之间密切的联系，追溯其工艺来源，“入黄丹”之说也可能是源自秦砖汉瓦的烧制工艺。

如《谢氏砚考》中有如是记载：

《崔后渠彰德府志》：世传邺城古瓦砚，皆曰曹魏铜雀砖砚，又曰水井台，徇名而未审，其实魏之宫室焚荡于汲桑之乱，赵燕而后迭兴代毁，何有于瓦砾乎。《邺中记》云：北齐起邺南城，屋瓦皆以胡桃油油之，光明不藓。筒瓦用在覆，故油其背，版瓦用在仰，故油其面，筒瓦长二尺、阔一尺，版瓦之长如之，而其阔倍。今或得其真者，当油初必有细纹，俗曰：琴纹。有花，曰：锡花。传言当时以黄丹铅锡和泥，积岁久而锡花乃见。……夫甄陶之物，土以为质，水以和之，必得火而后成。火力方胜则土暵而水绝，虽有黄丹铅锡，焉能润泽哉，唯古瓦与砖没地中数百年，感霜雪风雨之润，即久火力已绝，复受水气，所以含蓄润泽，而资水发墨者也。[58]

这里“以黄丹铅锡和泥”中的黄丹，仍然是上述铅丹，不过根据文献所提“黄丹铅锡”推测，可能除了加入黄丹作为助熔剂，还加入了铅锡。我国自古便有“加铅勾锡”的炼锡之法，如宋应星《天工开物》中记述：“凡炼煎亦用洪炉，入砂数百斤，丛架木炭亦数百斤，鼓鞲熔化。火力已到，砂不即熔，用铅少许，方始沛然流注。”[59]铅锡合金是低熔点合金，熔点一般在200~320℃之间，而且铅锡合金具备流动性好的特点，如果确有铅锡合金的加入，那么在烧成实物上应该有所体现：其一在质量上，虽然说澄泥砚由于经过澄泥工艺烧制而成，其质地本就较一般黏土烧制成的陶砚更加致密，如果加入铅锡，其重量显然要比不加任何添加剂纯烧制而成的陶砚重量更大，这与很多文献中所引澄泥砚“坚重如石”[60]之记载倒是不谋而合；其二在外观上，如上述文献中的“传言当时以黄丹铅锡和泥，积岁久而锡花乃见”，而加入铅丹在外观上的体现同样也是岁久可见斑点，不同的是锡花色白，而铅斑色深，此外由于经过均匀的揉泥，在砚体上多呈星点均匀分布（图 8–88）。这里提到的加入铅丹后的斑点必须“岁久可见”，在一些其他文献中也可找到类似例证，如在清代唐秉钧《文房四考图说》中“家先生桐园公澄泥砚说”中就有这样的记载：

时值奉旨修城，而通城倾倒者什之七八。余于公之书厅外，见有毛石数方。心窃异之。因问此是何物，曰：此宋澄泥也。余询何以知为宋澄泥，曰：通州城乃宋韩世忠所建，后未曾修，州志可考，此番工同新建，重做水关，改换石底。斯砖于关底拆出，验之固系澄泥，故知为宋朝物也。余即乞惠一块。入笥中带

图 8–88　私人藏古代澄泥箕形砚

至苏州，制砚作匣，共付工价银三两。成之坚重细润，四周鳝鱼黄与绿豆青相间，如虹晕月华五六层。针头银星密布满面，水中日光射之，闪烁耀目。豆瓣砂朗朗疏杂其间。落墨速而且细，真宝砚也。[61]

虽然此处作者是取“毛石”制砚，可归为砖砚之列，但由于该通州城砖制作也为澄泥之法，故适合为砚。其中“豆瓣砂朗朗疏杂其间”的描述，很有可能正是由宋至清岁久而见的铅斑。

另外，根据现代模拟实验表明，加入黄丹烧制的澄泥砚，在短期内并不会有斑点出现，这也是推测图 8–88 中所示私人藏品并不是当世之物的依据之一。

为了进一步验证，笔者采用日本电子 JSM-6510LA 分析型扫描电子显微镜上配备的日本电子公司的元素分析仪 (EDS，日本电子株式会社) 对图 8–88 中的澄泥砚的主要元素进行了测试。测试地点：北京印刷学院印刷史研究室实验室。测试条件：低真空，加速电压 10~20kV，背散射电子成像。从澄泥砚的不同部位共沾取样品 8 个。样品编号为 Sample1~Sample8，其中 Sample2 与 Sample3 分别取自砚面上深色斑点处及斑点旁侧。如图 8–89、图 8–90 所示，可以看出两处样品的主要元素为 Mn、Fe、Al、Pb 等，其中 Pb 是取自深色斑点处的 Sample2 中最主要的元素，而该元素在取自旁侧的 Sample3 中也有存在。

该方澄泥砚形制简单，总体来说仍然较为粗糙，但由于加了含铅助熔剂的缘故，质地仍然较普通陶砚更为致密。虽具体年代不可考，但应为民间作坊大量生产以供实用用途。在清代唐秉钧的《文房四考图说》中“家先生桐园公澄泥砚说”另有描述澄泥砚外观的段落为“其黄上见斑点，大者为豆瓣砂，小者为绿豆砂，

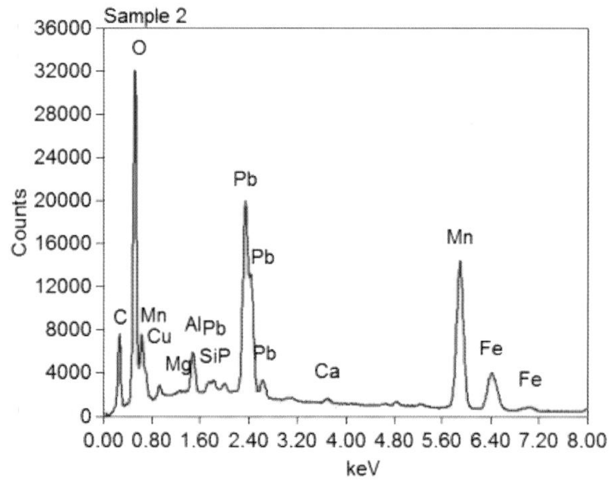

图 8–89　澄泥砚扫描电镜 EDS 能谱图（Sample2）

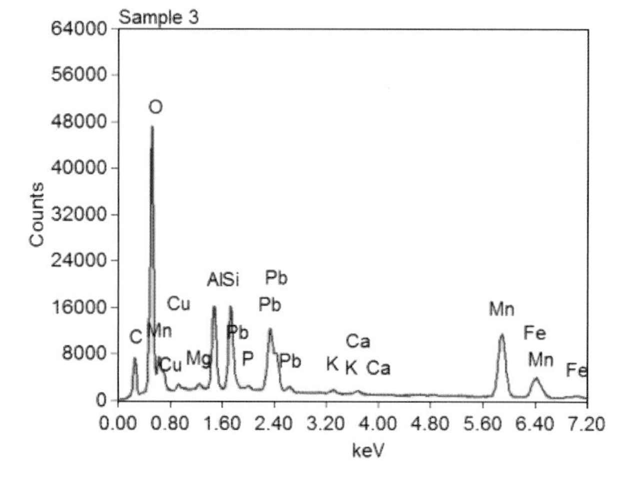

图 8–90　澄泥砚扫描电镜 EDS 能谱图（Sample3）

有二砂者，善落墨”，与此砚外观甚是相符。但是，在大量博物馆藏的精品澄泥砚之中，并未见有锡花和铅斑出现。因此根据含铅化合物可以作为助熔剂的特性推断，很可能这种加铅丹的澄泥砚制法多用于烧造条件相对简陋的民间作坊进行实用性澄泥砚的制造，根据相关文献记载推断时间也可能是宋代某一特定阶段烧造工艺的产物。

在当代澄泥砚制作的工艺调查中，山西省绛州澄泥砚、河南省虢州澄泥砚的制作中均未发现黄丹作为添加剂的加入，依然还保持着以黄丹作为添加剂的只有河南省河洛澄泥砚的制作。在目前看来，烧制技术的成熟导致澄泥砚制作工艺中入黄丹的工艺步骤已经并非不可或缺，因为黄丹在澄泥砚的烧制中主要是作为助熔剂，在同等烧成条件下，以提高澄泥砚致密度及硬度，然而实际上，提高澄泥砚的致密度及坚硬程度也可以通过提高澄泥砚的烧成温度来实现，从对当代澄泥砚中烧成温度最高的山西省绛州澄泥砚工艺的实地调查看来，即使不加入黄丹作为助熔剂，其烧成温度也同样能够使澄泥砚达到所需求的适宜致密度与硬度，因此这也是绛州澄泥砚的制作放弃用铅丹作为助熔剂的主要原因。而河南省河洛澄泥砚仍然选择使用黄丹作为助熔剂则意味着其烧制过程中若想达到同样的致密度与硬度不需要提高烧成温度。由此可见，当代澄泥砚的制作中入黄丹已非必然步骤，如何选择主要取决于制作者。

前文已经提及，澄泥砚的色彩是体现澄泥砚价值的一个重要因素，目前很多精品澄泥砚的产生仍然依赖于窑变的自然发生。为了使澄泥砚能呈现更多人们偏好的色彩甚至纹理，在澄泥砚原料中加入致色添加剂也是当代澄泥砚制作工艺的探索与尝试，如河南省虢州澄泥砚制作中所采用的加入矿石来制作红色、黑色澄泥砚的方法，即为这种添加剂使用方法的实例。其实在古代文献中，也可以见到古人对人工控制颜色的偏好，如米芾《砚史》中所提“或以黑白填为水纹，其理细滑”。但毕竟古代制作者对澄泥砚烧制的呈色原理认识不够，因此对色彩的控制非常有限。如今，制作者尝试在制作澄泥砚的泥料中加入不同致色金属元素的矿石或者其他泥料作为添加剂，再结合烧制过程中的窑内气氛控制，以期能使澄泥砚的主要色彩实现更高程度的可控性，这不能不说是一种改进澄泥砚制作工艺的有益探索。但值得注意的是，无论使用何种添加剂，都需要通过揉泥的程序将其与制作澄泥砚的泥料充分融合，即对应古代工艺流程中的“团和”。

（三）古今澄泥砚的模具成型工艺

古代澄泥砚成型，即借助模具来对澄泥砚的泥料进行压模、塑型成砚坯的过程，同样文献中也有模具成型的记载。苏易简《文房四谱》载：“作二模如造茶者，以物击之，令至坚，以竹刀刻作砚之状，大小随意。”“模”在此处为模型、模具之意，这里说的“造茶”应特指宋代贡茶龙凤团茶的模具成型工序，如宋代《宣和北苑贡茶录》记载：“圣朝开宝末下南唐，太平兴国初，特置龙凤模，遣使即北苑造团茶，以别庶饮，龙凤茶盖始于此。”[62]这里的龙凤模就是指两件上下相合的模具，其可以对研细的茶叶进行“压饼”成型，从而在茶饼的茶面上留下模具上所刻的龙凤图案。《文房四谱》中所说的澄泥砚成型工艺便与此类似。虽然“龙凤团茶”兴于北宋，但澄泥砚的此般砚台成型工艺应源于唐代，图 8–91 所示为鲁柘古窑址出土的唐代箕形砚压模实物[63]，此为制作箕形砚“上下二模”之上压模部分，虽

图 8–91　唐制作箕形砚上压模（取自《紫方馆藏砚》）

然此压模上部已残缺，但仍可看出其形制，压模上部有短柄，方便压制时手持，在《紫方馆藏砚》中对于该模具上短柄的设计还有理解认为其柄之所以短，是为方便压制时可以重叠放置。总而言之，压模的存在大大节省了当时雕塑砚形所需要的人力，这也使得在当时的制作条件下，澄泥砚就具备了可以小规模作坊生产的直接条件。

这一成型工序如果要对应现代澄泥砚制作工艺的话，应是制作砚坯的程序，在当代澄泥砚的制作中，河南省河洛澄泥砚与虢州澄泥砚的制作中对一些批量生产的砚台仍然采用了压模成型来制作砚台的粗坯。但是如今的压模成型工艺较之古代已有很大差异。首先是模具材料的差异，当代澄泥砚制作中用以制作砚坯的模具多采用石膏材料，而不再是古代所用的石刻模具，石膏作为多孔性材料，具有很好的吸水性，石膏模具的使用无形中也加快了坯体的脱水干燥速度；其次是模具的复杂程度，当代模具较古代复杂很多，早已不再是古代文献中"上下二模"的简单模具，复杂砚台的模具甚至有数块之多，当然，这与模具材质是分不开的，相对古代的石材模具而言，石膏材料模具翻刻容易，即使是有些形制复杂的砚台也可以翻刻成石膏模具来制作砚台粗坯，这对于石材模具来说是难以实现的。

虽说压模成型工序由于具备可以节约人工、提高效率的优点而被保留下来，并顺应时代需求还有新的发展，但总体来说，这种成型工艺仍然大多适用于形制相对较为简单、最终雕刻成型方式相对单一、批量生产的砚台坯体制作。对于一些形制复杂、需要用到多种雕刻成型方式的，或者专门设计的砚台，各家澄泥砚制作者都不约而同地仍然选择完全的人工制坯方式，山西省绛州澄泥砚甚至基本不使用压模成型工艺。毕竟，在当今社会，人们对砚台的艺术价值与文化内涵的关注已经远远高于对其使用价值的关注，因此澄泥砚的形制不再如同古代砚台形制那样大多形制简单、偏重于实用性，从某种程度上说，如今澄泥砚的制作生产更接近于艺术品、收藏品的生产，笔者在实地调研中发现，形制简单、外观古朴的砚台并不为大多数人所喜好，反而是形制复杂、雕刻复杂的砚台销路更好，因此压模成型工艺在一定程度上被人工制坯所取代可以说是适应一定时代需求的工序变革。

至于古代澄泥砚压模成型后砚坯的处理，《文房四谱》也同样给予了具体的描述："作二模如造茶者，以物击之，令至坚。以竹刀刻作砚之状，大小随意。微阴干，然后以刀手刻削，如法曝过。"可见古代澄泥砚制作中压模制作而成的也仅仅只是砚台的粗坯，之后还需要进行进一步的人工雕刻，而"刀手刻削"之前还要将砚坯略阴干，这都与现代压模成型之后的后续工艺极为相符。唯一不同的是"如法曝过"的工艺程序，在古代澄泥砚雕刻完成后会有一道在阳光下曝晒的工艺流程，这在当代澄泥砚制作中是没有的。分析原因可知，古代文献中曝晒的过程其实是进一步排出坯体中自然水的过程，经过曝晒的砚台坯体在接下来的烧制过程前期，可以相对快速地进行升温，当然这也可能与当时烧制澄泥砚的窑炉比较简易因而无法很好地控制升温速率有关。但是在当代澄泥砚制作工艺中，这样的方式显然不合适。经过观察古代砚谱及古代澄泥砚实物可以发现，其实古代澄泥砚尺寸普遍偏小，这也意味着其坯体厚度也相对较小，这可以说是砚台坯体经过曝晒还完好无损的一个重要原因，而当代澄泥砚形制则普遍偏大，最为常见的 20 厘米左右砚台的体积几乎是古代澄泥砚的 2~3 倍，更不用说一些大型砚台了，如此厚重的砚台坯体，如果在其内部水分残留仍然较多时贸然曝晒，则必然会导致砚坯开裂的后果，因此在当代澄泥砚的制作工艺中，一般都在砚坯阴干后进行烧制，其内部最后自然水残余则主要是在窑炉内烧制初期通过严格控制升温速率来缓慢排出的。

（四）古今澄泥砚的烧制工艺

澄泥砚的烧制工艺一直以来是人们关注的重点，而古代文献对澄泥砚烧制的具体工艺也是语焉不详，以至于后人对古代澄泥砚的具体烧制方式以猜测居多。

1. 烧造方法及窑炉选择

澄泥砚的烧制在古文献中鲜少被提及，大多时候仅用“烧”“陶”“火攻”[64]等一字一词带过，唯一有形容的仍是在苏易简的《文房四谱》中，用“间空垛于地，厚以稻糠并黄牛粪搅之而烧一复时”描述了澄泥砚的烧制过程。仅仅从此文献描述来看，这种烧制方法十分类似陶器烧造初期的“平地堆烧法”。该方法不需要窑炉，而是直接将器物置于燃料之上进行烧制。此类平地堆烧法在我国新石器时代仙人洞遗址、甑皮岩遗址均有发现，其陶片为不均匀的红褐色，火候甚低，陶器烧成温度为600~680℃，质地松而易碎，至今没有完整陶器遗存。[65]600~680℃的陶器烧造温度可以说是非常低的。有实验表明关于无窑烧制，能够达到的最高温度不超过900℃。[66]平地堆烧法看似简单，但缺点也显而易见，首先是露天烧造受天气影响大；其次是由于没有窑炉，器物直接暴露在空气中，容易造成温差过大导致器物碎裂；最后则是平地堆烧升温速率快且温度难以控制。澄泥砚成品质地致密而坚硬，这与烧成温度有密切的联系，即使加入了黄丹等助熔剂，想来用平地堆烧的方法烧制澄泥砚也应是难以实现的。

根据宋代澄泥砚砚底印记可以推断当时同一地区内制作澄泥砚的就有多家，如虢州、西京等。这在说明当时澄泥砚的烧制非常普遍的同时，也意味着澄泥砚的烧造并不是如大的瓷器窑那般有成规模性的窑址，而多是作坊式的生产。再结合苏易简《文房四谱》中这句对烧制的描述推测，当时澄泥砚的烧制使用的窑炉很可能是介于无窑烧制与窑炉烧制中间状态的“一次性泥制薄壳窑”或者是早期直焰窑。熊海堂在《东亚窑业技术发展与交流史研究》中曾经对陶器发展史上的这种过渡性窑炉形式进行了系统的归纳总结，其中所引日本学者加藤伟三所绘一次性泥制薄壳窑概念图（图8–92）与《文房四谱》中的描述很是相符。它是在器物的外围堆满稻草、牛粪、木柴等燃料，再以泥土敷在最外围形成简单的一次性窑室，在烧造完成后，也将其拆除。这种一次性泥制薄壳窑是早期直焰窑的前身，两者烧造时内部气体均由下至上经过器物从顶部气孔排出，这样的窑炉形制在烧造时虽然存在内部温度不均匀的情况，但实验证明烧制效果较之平地堆烧好很多。由此推断，这种一次性泥制薄壳窑与早期直焰窑已经基本可以达到当时实用性澄泥砚的烧制需求。另外，无论是一次性泥制薄壳窑还是早期直焰窑，均结构简单，很适合小规模生产，这显然与当时澄泥砚的烧造历史背景也是相符的。

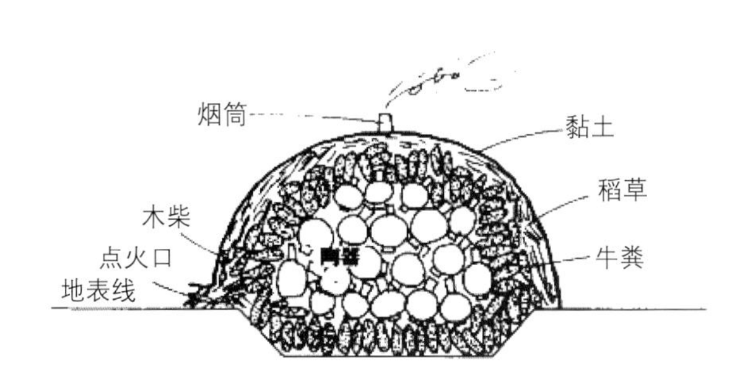

图8–92 一次性泥制薄壳窑概念图（取自《东亚窑业技术发展与交流史研究》）

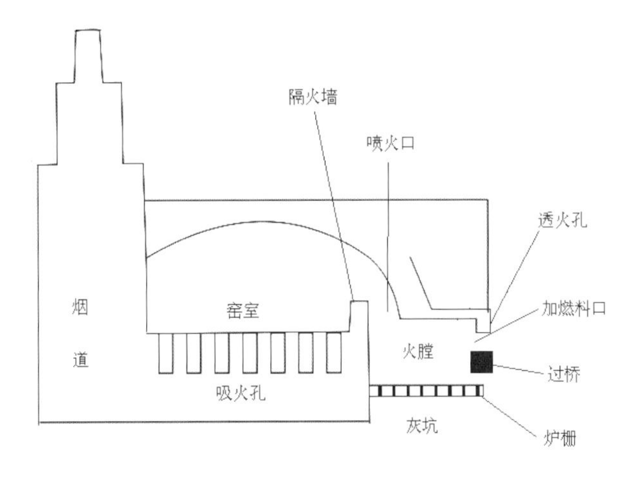

图8–93 澄泥砚烧造窑炉剖面图

在当代澄泥砚的制作工艺中，进行澄泥砚烧制的都是间歇式倒焰窑。这种窑炉显然比直焰窑要优越许多，其中最为显著的优点便是窑炉内部温度分布均匀。如图8–93澄泥砚烧造窑炉剖面图所示，火膛中燃烧的火焰为隔火墙所挡，气体从喷火口冲至窑顶，由于其吸火孔在窑床下均匀分布，使得上升到窑顶的气体由上至下均匀地穿过所有砚坯流进吸火孔进入烟道，再从烟道上方烟囱排出。经测试表明，该窑炉内部器物受热温差只有30~50℃，由此可以很容易看出，正是因为气体均匀地覆盖了所有砚坯，所以砚坯本身受热也更加均匀，这对于比陶瓷类器物胎体要厚很多的砚坯烧制来说是至关重要的，可以有效地减少同一窑炉相同烧制时间内由于高低温差过大而造成的过烧与欠烧情况的发生。

2. 烧造观察及温度控制

为了使澄泥砚达到“发墨而不损毫”的标准，要严格控制澄泥砚的烧造温度。如果烧制温度偏高，砚面光滑度也会随之增加，发墨效果无疑会受到影响，如果超过了烧结温度，则会导致砚坯的软化变形；

图 8–94 绛州澄泥砚烧造窑炉外观

如果烧制温度偏低，则会导致成品的致密度、硬度都不够，孔隙度增加，加水即渗，贮墨即干，不具备优质砚台的品质。因此，在澄泥砚烧造的后期阶段，烧窑的师傅是不能离开窑炉的，要时时关注窑炉的变化。如图 8–94 所示，观察窑内的烧造情况和温度主要是通过加燃料口上方的透火孔进行的。与陶瓷烧造中观察火锥烧熔情况判断温度的方法 [67] 类似，这里可以通过观察隔火墙的耐火砖的烧熔程度来进行判断，当然，技术熟练的师傅可凭经验通过观察火焰情况以及闻烟的味道来判断。

3. 色彩控制

色彩多样是澄泥砚最为引人注目的一大特色，无论是鳝鱼黄、绿豆砂、玫瑰紫还是朱砂红，各种品相的澄泥砚色彩变化多端，独一无二。如前文所述，迄今为止真正精品的颜色多依赖于自身的窑变，但是仍然可以通过控制窑内气氛来达到对某一窑成品主色的控制。众所周知，陶器制品的颜色变化主要是由金属元素造成的，澄泥砚的颜色变化便是这些金属元素共同作用的结果。比如 Fe、Cu、Ti、Mn 等元素都可以对陶器颜色有所影响。 但是，Fe 元素是陶瓷烧造中最主要的致色元素之一，不同价态的 Fe 元素也会形成不同的颜色，如氧化铁（Fe_2O_3）呈红色，而氧化亚铁（FeO）则常常和其他元素共同致色使得砚台呈现青灰色。根据这一原理，可以通过对窑内氧化、还原气氛进行控制从而控制整窑砚台成品的主色。简而言之，火焰气氛通过加煤的频率和煤块的大小便可得到控制。如还原焰便是在正压状态下，保持较快的投煤频率，以达到不断火、不断焰的目的；而氧化焰则是在负压状态下，减慢投煤频率，使得火净时间大于存焰时间。如此一来，便可使得澄泥砚的色彩具备一定程度的可控性。

4. 烧成时间

同样记载了澄泥砚烧制工艺的还有清代倪涛的《六艺之一录》，其中大部分内容与苏易简的《文房四谱》相同，“间空垛于地，厚以稻糠并黄牛粪搅之而烧一伏时”[68]，唯一可见不同的便是烧成时间差异。《文房四谱》中所载为“一复时”，而这里为“一伏时”。这里并不是笔误，而是“复”与“伏”可同声通假，一伏时通解为一昼夜，不过此释义如果用于当今澄泥砚的烧制显然是谬误。比照现代澄泥砚工艺的烧制时间，反而是解释为伏天十日或二十日之数更为合适。但是如果是在古代使用一次性泥制薄壳窑或者早期直焰窑进行烧造且制作的澄泥砚器形较小、烧造数量也不多的情况下，一昼夜的时间便可得到合理解释。

（五）古今澄泥砚加蜡工艺

《文房四谱》中对于烧制完成的澄泥砚的后续处理描述如下：“厚以稻糠并黄牛粪搅之而烧一复时。然后入墨蜡，贮米醋而蒸之五七度，含津益墨，亦足亚于石者。”虽然烧制澄泥砚的泥料经过澄泥工艺已经极为细腻，因此成品也比原来的陶砚致密度更好，但以澄泥砚的烧制温度来看，其烧制好的成品必定仍然具有一定的吸水率，而作为好的砚台，虽说“贮墨不耗”颇有古代文人夸张之嫌，毕竟墨汁只要处于空气中，久置难免会自然干燥，然后干涸，但切实看来“发墨而不渗墨”的确是衡量一方砚台品质的标准，因此为了降低澄泥砚的吸水率，加蜡工艺便是最好的选择。

中国古代对蜡的使用由来已久，如用蜡入药、制烛等。但古代使用的蜡有两种，分别为蜂蜡与虫白蜡。蜂蜡在中国古代又名黄蜡、蜜蜡，明代李时珍在《本草纲目》中有详细解释：“蜡乃蜜脾底也。取蜜后炼过，滤入水中，候凝取之，色黄者俗名黄蜡，煎炼极净色白者为白蜡，非新则白而久则黄也。与今时所用虫造白蜡不同。”[69]这里介绍了蜜蜂建造蜂窝之“蜡”的取炼，并说明与“虫造白蜡”不同。虫造白蜡即虫白蜡，《本草纲目》中进一步解释为“虫白蜡与蜜蜡之白者不同，乃小虫所作也。其虫食冬青树汁，久而化为白脂，粘敷树枝，人谓虫屎着树而然，非也。至秋刮取，以水煮溶，滤置冷水中，则凝聚成块矣。碎之，纹理如白石膏而莹澈。人以和油浇烛，大胜蜜蜡也”，说明了白蜡虫寄生于冬青树上进而得到虫白蜡的方法，并称其做蜡烛比蜜蜡要好。但据李时珍所称：“唐宋以前浇烛、入药所用白蜡，皆蜜蜡也。此虫白蜡，则自元以来，人始知之，今则为日用物矣。”另也有前人研究成果称白蜡虫的产蜡记载最早见于宋元之间周密所书《癸辛杂识》。[70]据此推断元代以前所用蜡多为蜂蜡。但不管是蜂蜡还是虫白蜡，其共同特点是两者均不溶于水，在常温下呈固态，加热至一定温度时呈熔融液态，具有流动性。这便是澄泥砚制作中所需的特性，熔融液态的蜡可以填充澄泥砚内部的孔隙，降低其吸水率，这一目的无论是蜂蜡还是虫白蜡均可达到。但根据年代证据，由于澄泥砚制作技艺创于唐而兴于宋，故推测宋代之前澄泥砚“入墨蜡”所用之蜡应为蜂蜡。宋元之后虫白蜡的使用开始普及，因此亦不排除后来的澄泥砚入蜡工艺中也会采用虫白蜡。而《文房四谱》中所提“五七度”是中国古代中医著作如《普济方》《本草纲目》中的常用词，有多次反复之意，此处则是指要使得所加之蜡充分渗入砚台内部。

加蜡工艺在当代的砚台制作工艺中已经被普遍使用，不仅仅是澄泥砚，如端砚等名贵石砚也多采用此方法来降低石材的吸水率。不过正如前文中所提，澄泥砚制作技艺中所需要的蜡的特性也是各种蜡的共性，故笔者在调研中发现，当代澄泥砚制作工艺中的加蜡工艺所用之蜡也并无限制，蜂蜡、虫白蜡，甚至石油中提炼出的石蜡等蜡均可作为加蜡工艺中的蜡。唯一与古代文献记载相区别的是，当代加蜡工艺只是纯粹加蜡，而不是墨蜡，至于古代文献中“入墨蜡”的方式及目的，将在后文“模拟实验”部分具体说明。

第四节　模拟实验与理化分析

一直以来，澄泥砚以其特殊的选料及制备工艺、缤纷绚丽的色彩成为中国名砚中最为独特的一种。当今社会，虽然砚台已经不再作为人们日常必需的文房用具，但澄泥砚的制作仍在继续，澄泥砚也作为一种文化的载体被人们所收藏。但由古至今，人们对于砚台品质好坏的判断多依赖于文献记载、众人评价及个人经验感受，建立于理化性质分析基础上的客观研究和评价则非常少见，近年来，只有少数学者对“四大名砚”中属于石质砚的端砚、歙砚做了一些理化分析的工作。因此这里主要对澄泥砚的制作原料、理化性质进行分析讨论，并将通过模拟实验的方式验证澄泥砚的最佳烧成温度、古代文献中所提“入黄丹”的作用及最佳配比、“入墨蜡”的多种方式等几个关键问题。

一、澄泥砚泥料选择及泥料特性

无论是古代还是当代，澄泥砚的制作都有较为鲜明的地域性特征。总体归纳看来，澄泥砚制作的泥料多选择河水之中夹杂泥料或河床上沉积下来的泥料，其实这些泥料由于地域的不同，其矿物成分及特性都各有差异，因此在这里对我国当代澄泥砚的主要制作地点——汾河流域的山西省新绛县、黄河流域的河南省新安县澄泥砚制作采用的原料分别进行了采样分析。

（一）澄泥砚制作原料的成分分析与矿物组成

实验主要采用 X 荧光光谱仪（XRF）、样品水平型大功率 X 射线粉末衍射仪（XRD）对山西省新绛县、河南省新安县澄泥砚制作原料的化学成分及矿物组成进行测试分析，并用场发射扫描电子显微镜（SEM）对其自然断面的微观形貌进行观测。

1. 实验样品

作为澄泥砚制作原料的实验样品分别取自山西省新绛县绛州澄泥砚研制所泥料库、河南省新安县河洛澄泥砚泥料库、虢州澄泥砚泥料库。样品编号分别为 SXN1、HNN1、HNN2（图 8–95）。SXN1、HNN1、HNN2 三个样品外观均呈淡黄色，色泽较为接近，HNN2 略深，三个样品结构均非常致密，质地坚硬，以指甲刻划有蜡状光泽出现。

图 8–95 澄泥砚制作原料样品

2. 化学成分测定（XRF）

XRF 测试仪器为 WD-1800 波长色散型 X 荧光光谱仪（日本 SHIMADZU 公司），测试地点为中国科技大学理化科学中心。工作条件：4 kW 端窗铑（Rh）靶 X 光管，管口铍窗厚度为 75 μm，工作管压 40 kV，工作管流 95 mA。所得结果如表 8–1 所示：

表 8–1 SXN1、HNN1、HNN2 的化学成分（%）

Sample	SXN1	HNN1	HNN2
SiO_2	50.0280	56.1653	62.4230
Al_2O_3	15.0572	16.8345	19.5430
CaO	13.1101	8.5023	2.0704
K_2O	6.8214	4.0255	2.9394
Fe_2O_3	6.6604	7.0476	6.3511
Na_2O	4.6328	4.6938	3.5616
TiO_2	2.0619	—	1.9351

续表

Sample	SXN1	HNN1	HNN2
MgO	0.7625	0.7348	0.4645
CuO	0.1440	0.6436	0.1576
P_2O_5	0.1411	0.4891	0.1666
MnO	0.1403	0.1431	0.4645
SO_3	0.0964	0.4336	—
Cl	0.0939	—	—
ZrO_2	0.0834	0.0916	0.0871
ZnO	0.0533	0.0621	0.0389
SrO	0.0455	0.0448	0.0163
Cr_2O_3	0.0396	0.0363	0.0393
Rb_2O	0.0191	—	0.0155
Y_2O_3	0.0088	—	—
Co_2O_3	—	0.0324	—

3. X 射线衍射物相分析（XRD）

XRD 测试仪器为样品水平型大功率 X 射线粉末衍射仪（型号 TTR-III，日本理学电机公司），测试地点为中国科技大学理化科学中心。工作条件：工作管压 40 kV，工作管流 200 mA，扫描角度范围 (2θ) 为 5°~70°。所得结果如图 8–96、图 8–97、图 8–98 所示：

根据样品的XRD谱图检索PDF卡片可知，SXN1、HNN1、HNN2样品的物相组成主要为 α - 石英、蒙脱石、方解石、长石等。但样品 SXN1 中还含有白云石、白云母等。除 α - 石英、蒙脱石、长石等陶瓷烧制中常见的矿物原料外，其中方解石主要成分为 $CaCO_3$，加热至 850℃开始分解，方解石分解前起瘠化作用，分解后起溶剂作用，且方解石可以与坯料中的黏土与石英在低温条件下发生反应，缩短烧成时间。[71] 白云石加热时分解温度为 730~830℃，730℃左右时，在分解出 $MgCO_3$ 和 $CaCO_3$ 的同时 $MgCO_3$ 也开始分解，830℃时 $CaCO_3$ 开始分解。黏土中的白云石可以起到降低烧成温度、扩大烧成范围的作用 [72]，这些可以说都是澄泥砚烧制中的有利成分。

4. 微观形貌观察（SEM）

SEM 测试仪器为场发射扫描电子显微镜（型号 Sirion 200，FEI 公司），测试地点为中国科技大学理化科学中心。测试前期预处理：样品自然断面喷金处理。测试结果如图 8–99、图 8–100 所示：

5. 结论

通过对山西省新绛县绛州澄泥砚、河南省新安县河洛澄泥砚、虢州澄泥砚的制作泥料样品 SXN1、HNN1、HNN2 的分析，可以得出以下结论：

（1）根据 X 射线衍射的分析结果，可以得知当代澄泥砚制作原料的主要物相均为 α - 石英、蒙脱石、

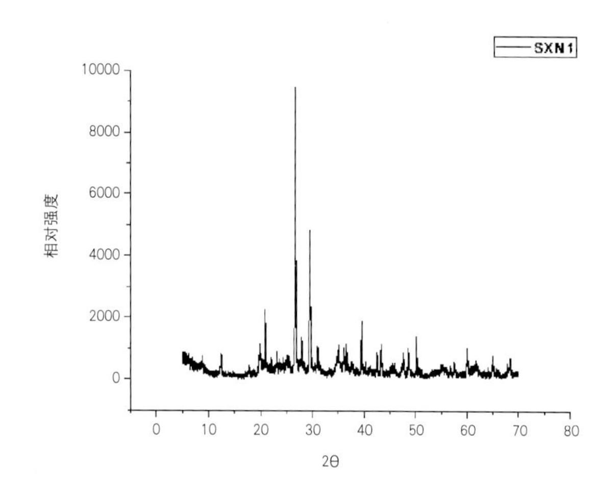

图 8–96　样品 SXN1 的 X 射线衍射图

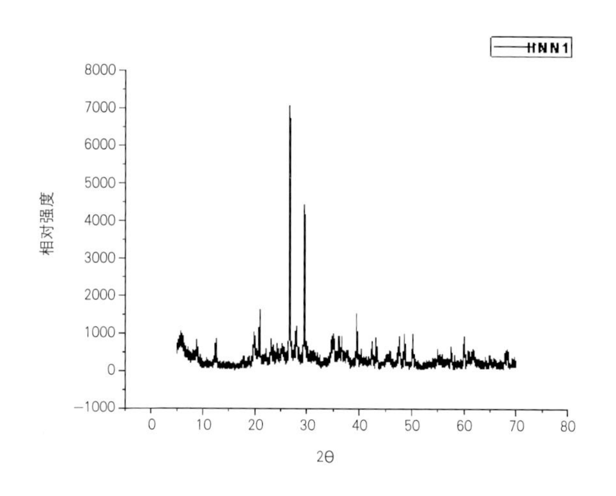

图 8–97　样品 HNN1 的 X 射线衍射图

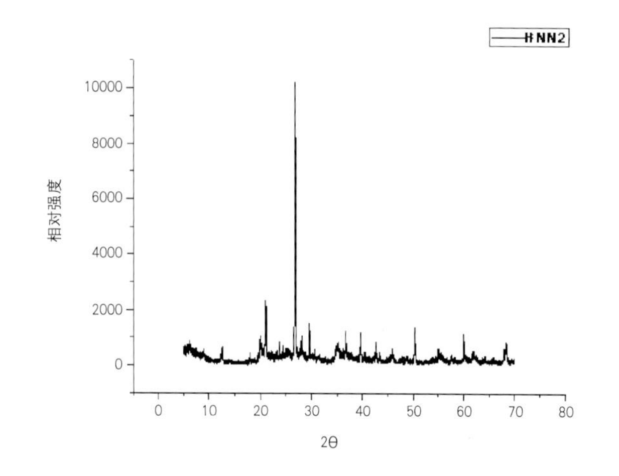

图 8–98　样品 HNN2 的 X 射线衍射图

方解石（$CaCO_3$）、长石，根据表 8–1 所示样品化学成分含量百分比，比照我国各时期不同地点陶器、烧制砖瓦制品化学组成[73]可知，澄泥砚的制作原料属于黏土矿物范畴。

（2）从表 8–1 中可以看出三种原料熔剂的含量与种类，三个样品中熔剂（CaO、MgO、Fe_2O_3、K_2O、Na_2O、TiO_2）的质量分数均较高，应属于含熔剂较高的易熔黏土。如果分别计算出三个样品中各种熔剂 R_XO_Y 的质量分数与 Al_2O_3 的质量分数比值（$[w(R_XO_Y)\%]/[w(Al_2O_3)\%]$），可以发现，取自山西的样品 SXN1 中 CaO、MgO、Fe_2O_3、K_2O、Na_2O、TiO_2 等熔剂质量分数与 Al_2O_3 的质量分数比值远远高于其他两个样品，而 HNN2 样品比值最低。

（3）根据表 8–1 所示，取自山西的样品 SXN1 中 CaO 含量很高，根据图中 X 射线衍射的物相分析结果，这和其含有方解石（$CaCO_3$）、白云石 [$CaMg(CO_3)_2$] 有关。结合方解石、白云石的性质考量，这也应是绛州澄泥砚不另加助熔剂烧制的原因之一。

（4）根据表 8–1 所示，三个样品中均含有较多的 K_2O 与 Na_2O，结合图 8–96、图 8–97、图 8–98 中 X 射线衍射的分析结果，推知其应主要来自原料中的长石成分。而长石在陶瓷原料的坯体制备过程中是作为瘠性原料存在的，可以减少坯体的干燥时间并减弱坯体的收缩程度，防止坯体变形。因此，这三种澄泥砚的制作原料应具有较好的成型性能。

（5）根据表 8–1 所示，三个样品中 SXN1 所含致色金属元素种类最多，所占质量分数比例也最大。

（6）从图 8–99、图 8–100 中可见三个样品在扫描电镜下的微观形貌，三个样品的剖面形态均为鳞片状排列，在 10000X 条件下可见明显层状结构，除矿物晶体的一些较大颗粒外，黏土颗粒普遍很小，甚至小于 1 μm。

（二）澄泥砚制作原料的主要工艺特性

1. 可塑性

澄泥砚作为一种泥料制坯、人工烧制的砚台，其原料的选择与制备首先要具备可塑性。目前，各种陶

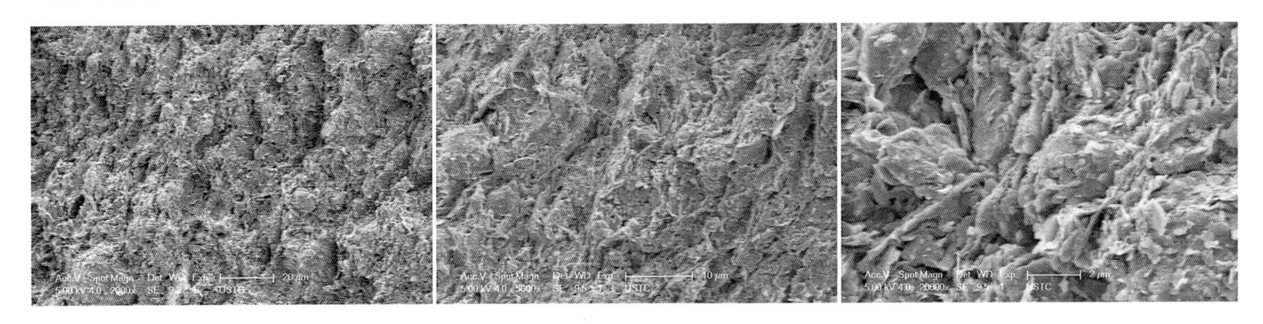

图 8–99　样品 SXN1 的 SEM 图

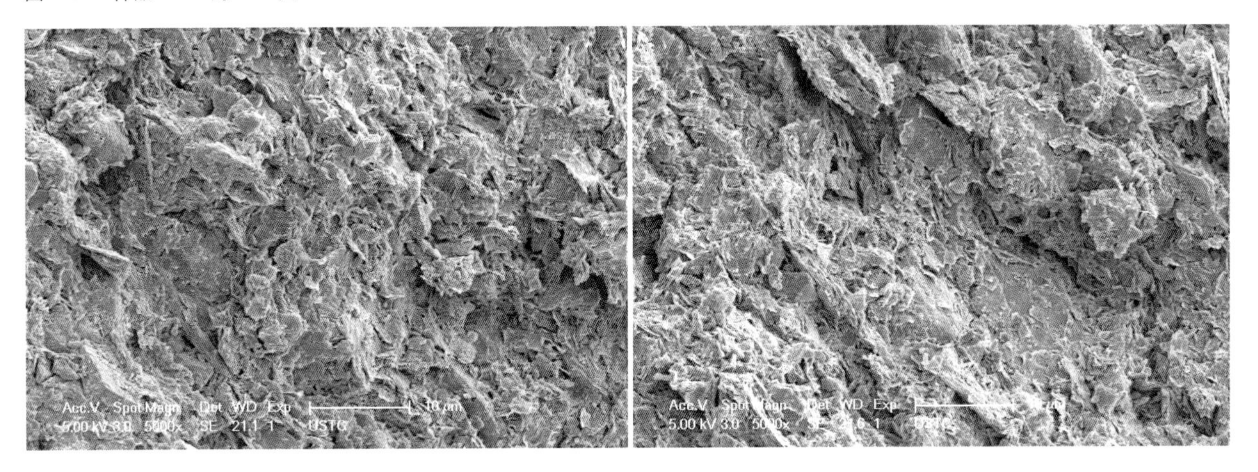

图 8–100　样品 HNN1 及 HNN2 的 SEM 图

瓷原料用来衡量可塑性的标准多有差异，有的使用“塑性指标”[74]，有的使用“塑限”“液限”[75]，但在实际生产中，仍然是多凭借经验来判断，因此这里采取了以下可塑性实验（图 8–101）。实验方法参照《陶瓷艺术与工艺》中可塑性测试方法。[76]

实验样品仍然是山西省新绛县绛州澄泥砚、河南省新安县河洛澄泥砚和虢州澄泥砚的制作原料。

（1）制备泥料，本实验中所有泥料的含水量经电子天平测定为 20%~23%，这也是实际澄泥砚制作中制坯时泥料的大约含水量。

（2）将原料拍打成厚度为 0.5 厘米左右，面积为 45 平方厘米左右的泥片，弯曲提起，观察泥片是否可以被提起及韧性情况。

（3）将制备好的黏土原料搓成圆柱形泥条，弯成圆周形，观察泥条是否断裂及出现的自然裂痕情况。

（4）继续搓动上一步骤中的泥条，使其更加细长，加大弯曲、扭曲程度，观察泥条是否断裂及自然裂痕情况。

（5）将搓制的泥条拍打成厚 0.2 厘米左右，长 20 厘米左右，宽 2~3 厘米的长形泥片，大幅度扭曲弯曲泥片，观察泥片的韧性程度、是否断裂及自然裂痕情况。

结论：澄泥砚制作原料在以上实验步骤中均未出现断裂情况，在大尺度弯曲时有自然裂痕出现，随着弯曲幅度略有变化。泥片在拍打、提起、压制过程中韧性很好，且在整个实验过程中泥料均未出现被操作台上的布料或手掌粘下小部分泥料的状况，可见在该含水量下，原料具有适宜操作塑形的黏度。

2. 干燥收缩与烧成收缩

可塑性泥料在干燥及烧制后都会发生收缩现象，分别称为干燥收缩与烧成收缩。干燥收缩是指泥料干燥后由于水分蒸发，黏土颗粒间距离缩短而产生的体积收缩；烧成收缩是指烧结以后由于某些结晶物质形成而造成的体积收缩。两种收缩构成总收缩。[77]

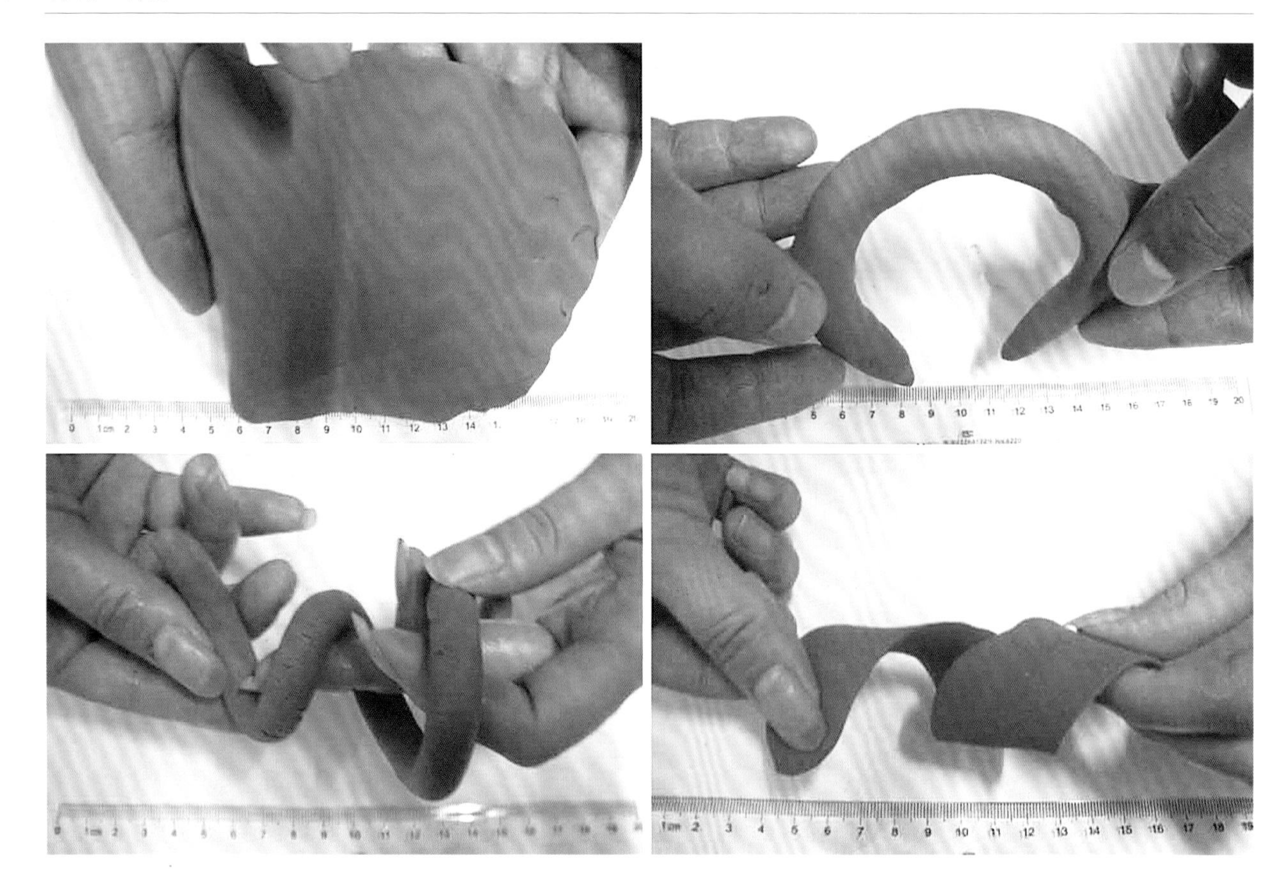

图 8–101 澄泥砚制作泥料可塑性测试实验

在澄泥砚的制作工艺中，原料的干燥收缩率与烧成收缩率与坯体的外形与尺寸设计、石膏模具设计息息相关，因此是在原料选择中需要考虑的重要因素。

实验样品：山西省新绛县绛州澄泥砚制作原料（SXN1），河南省新安县河洛澄泥砚制作原料（HNN1），虢州澄泥砚制作原料（HNN2）

实验工具：游标卡尺，电热鼓风恒温干燥箱（型号：DHG-9101-OSA，上海三发），箱式马弗炉（型号：SXF-4-13，杭州蓝天试验仪器厂）

实验方法：

（1）将含水泥料制备成标准长方形，用游标卡尺分别测出其长、宽尺寸 a1、a2（鉴于澄泥砚实际制作中制坯时泥料含水量为 20% 左右，因此这里泥料制备时含水量也为 20% 左右），统称为干燥前尺寸 a。

（2）将测量过干燥前尺寸的泥料放置于干燥箱中加热至 110℃烘干 2 小时。取出干燥后的样品测量其长、宽尺寸 b1、b2。统称为干燥后尺寸 b。

（3）将干燥后的泥料置于马弗炉中加热至成品烧成温度 [78]。烧成后测量样品长、宽尺寸 c1、c2。统称为烧成后尺寸 c。

（4）利用以下公式计算样品的干燥收缩率、烧成收缩率与总收缩率。由于 a、b、c 均测量了长、宽两个数据，因此每个样品分别计算 a1、b1、c1 与 a2、b2、c2 后求平均值。

$$干燥收缩率 = \frac{a-b}{a} \times 100 \quad (\%)$$

$$烧成收缩率 = \frac{b-c}{b} \times 100 \quad (\%)$$

总收缩率 $=\frac{a-c}{a}\times 100$ (%)

SXN1、HNN1、HNN2 三个样品的干燥收缩率、烧成收缩率、总收缩率结果见表 8–2（因为所测均为直线尺寸，故所得结论均为线收缩率）：

表 8–2 澄泥砚制作原料收缩率（%）

样品编号	干燥收缩	烧成收缩	总收缩
SXN1	8.13	1.56	9.57
HNN1	6.2	1.7	7.84
HNN2	4.07	5.86	9.69

结论：从表 8–2 可以看出，较一般黏土矿物 10%~15% 的收缩率范围来说 [79]，澄泥砚制作原料总体来说收缩率都较小，即原料制坯到烧制的整个过程中，坯体变形、破裂的可能性相对其他黏土矿物原料较小。这对于澄泥砚的制作尤为重要，因为澄泥砚坯体体积较大，厚度均较厚，收缩率越高的原料在制作过程中由于坯体收缩不均导致破裂的可能性就越大。而样品 SXN1 与 HNN1 收缩特性非常相似，二者的烧成收缩率都非常小，尤其适宜澄泥砚的烧制，这也应是绛州澄泥砚敢于进行高温烧制而河洛澄泥砚常进行大型砚台烧制的原因之一。

二、澄泥砚制作模拟实验及理化性质分析

为了进一步了解澄泥砚制作工艺中的关键步骤，笔者对澄泥砚制作的整个工艺流程（除选泥、采泥步骤外）进行了模拟实验。

为了使实验结果更具可比性，所选原料取自山西省新绛县澄泥砚研制所，模拟实验在中国科技大学进行，原料制备具体步骤如下。

（1）淘洗　将泥料粉碎后混入水中，淘洗去水中较大的漂浮杂质物。

（2）澄泥　按前文中所述搅拌、过滤、澄泥的程序对泥浆进行澄泥过滤，重复多次。

（3）泥浆脱水　由于制备的泥浆量并不算大，因此用较为致密的布兜起泥浆扎紧，悬于水池上方，利用其自身重力自然脱水。

（4）将脱水至含水量为 25% 左右的泥料用塑料袋封好置于朝北的阴面房间保存，以便进行接下来的实验。

（一）“入黄丹”模拟实验

为了验证文献记载，也为了验证至今仍有澄泥砚制作者使用的黄丹究竟在澄泥砚的制作工艺中可以起到什么样的助熔剂的作用，且合适的配比为多少，笔者设计了以下实验：

（1）将准备好的黄丹粉末（图 8–102）用玛瑙研钵研细后再过筛，取过筛后足够细的粉末。

（2）取制备好的泥料与黄丹粉末，分别在样品编号为 LABS1~LABS11 的 11 个泥料中，加入不同比例（与泥料重量比）的黄丹粉末，依此顺序为 LABS1—0%，LABS2—5%，LABS3—10%，LABS4—15%，LABS5—0%，LABS6—5%，LABS7—8%，LABS8—10%，LABS9—15%，LABS10—0%，LABS11—10%，混合后用铁锤充分捶打，再顺着同一方向进行进一步揉泥，使得黄丹与泥料充分混合。

(3）将样品均分割成面积约为6cm²，厚度约为0.5cm的小块，阴干。将制备好的样品分组，样品LABS1~LABS4为第一组，样品LABS5~LABS9为第二组，样品LABS10和LABS11为第三组。

图8–102　制备好的泥料与未研磨过筛的黄丹粉末

(4）将样品按照分组放入可编程电脑控制箱式电炉中进行烧制，第一组烧制温度为800℃，第二组烧制温度为950℃，第三组烧制温度为1050℃。由于样品较小，坯体较薄，故升温速度相对比实际中真正烧制大块澄泥砚的速度快，但在300℃以下的水分蒸发期升温速度仍然要有所控制。因此在对电炉的实际操作中，800℃设18个程序段，整个升温时间共16小时30分钟；950℃设22个程序段，整个升温时间共21小时；1050℃设24个程序段，整个升温时间共24小时。成品烧成后均在炉内自然降温后取出。

(5）对烧成后的样品分别进行吸水率及摩氏硬度测试。

吸水率测试方法：煮沸法

摩氏硬度测试方法：使用摩氏硬度计按硬度从小到大的顺序依次刻划样品

(6）对烧成后样品的自然断面用场发射扫描电子显微镜（SEM）进行显微观察。

对样品吸水率、硬度测试结果如表8–3所示。

表8–3　烧制样品吸水率、硬度测试结果

样品编号	吸水率（%）	摩氏硬度	烧成温度（℃）
LABS1	14.901	3~4	800
LABS2	14.08	3~4	800
LABS3	16.023	3~4	800
LABS4	16.82	3~4	800
LABS5	13.971	4	950
LABS6	13.27	4~5	950
LABS7	13.117	4~5	950
LABS8	15.32	4~5	950
LABS9	18.722	4~5	950
LABS10	13.530	4~5	1050
LABS11	15.432	4~5	1050

样品自然断面微观形态观察借助扫描电子显微镜完成，测试条件同上文所述。SEM测试仪器：场发射扫描电子显微镜（型号：Sirion 200，FEI公司），测试地点：中国科技大学理化科学中心。测试前期预处理：

样品自然断面喷金处理。测试结果如图 8–103~ 图 8–107 所示：

根据图 8–103、图 8–104 可以发现，在 800℃时样品微观形态仍然与原始的黏土原料形态相似，微观颗粒仍然棱角分明，没有圆滑边缘出现，可见其仍然处于未烧结状态。在此温度下，从微观形态上无法看出任何不同比例黄丹的加入对于烧制程度的影响，比较明显的是，大比例黄丹的加入与原料的混合更加困难，这从图 8–104 中样品明显比图 8–103 中样品的孔隙度增大可以看出。

根据图 8–105 所示，样品在 950℃时已经烧结状态明显。样品 LABS5 与 LABS6 烧结状态虽然从整体上看差别不大，但观察其中细小颗粒可以发现，样品 LABS5 中的细小颗粒仍然有棱角，边缘不圆滑，由于颗粒极小，因此在视觉上呈“毛刺”状。但样品 LABS6 的细小颗粒已经因烧结而变得圆滑，基本未见棱角。由于加入黄丹揉泥不够充分的问题，样品 LABS6 气孔比样品 LABS5 略多。

由图 8–106 可以看出，样品 LABS7 整体烧结程度要比样品 LABS5 高。

由图 8–107 中放大 100x 的扫描电镜图片可以看出大比例加入黄丹导致黄丹与泥料混合不均匀出现较明显的孔隙与裂缝，但从放大 10000x 与 20000x 的扫描电镜图片中可以看出样品 LABS9 中大量出现了如图中所示完全烧结的状态。

由图 8–108 可见，样品 LABS10 呈现出对于砚台来说较为理想的烧结状态，烧结程度适中，自然断面微观结构均匀，呈片状定向排列，烧结颗粒度基本在 5μm~10μm。而样品 LABS11 除了孔隙较大，已经基本完全烧结。

在整个模拟实验制备样品的过程中，值得注意的是加入黄丹后制作的坯体较之只用泥料制作的坯体要

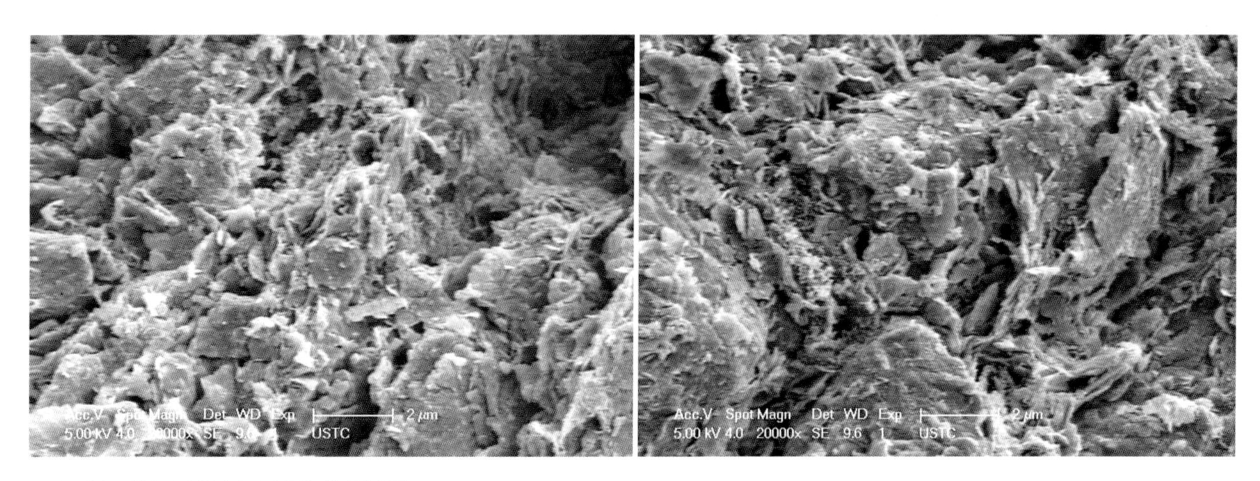

图 8–103　样品 LABS1 与 LABS2 的 SEM 图

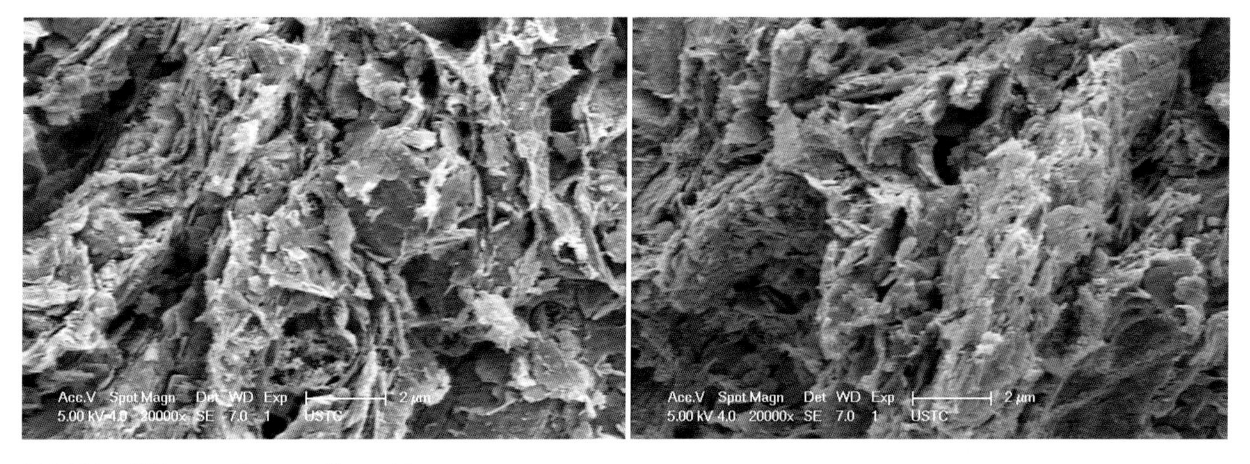

图 8–104　样品 LABS3 与 LABS4 的 SEM 图

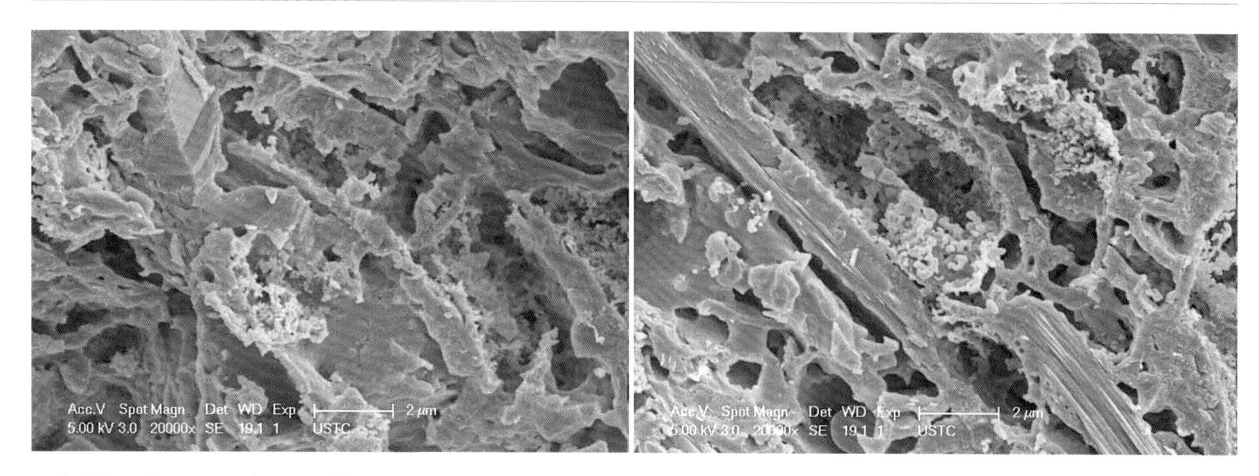

图 8–105　样品 LABS5 与 LABS6 的 SEM 图

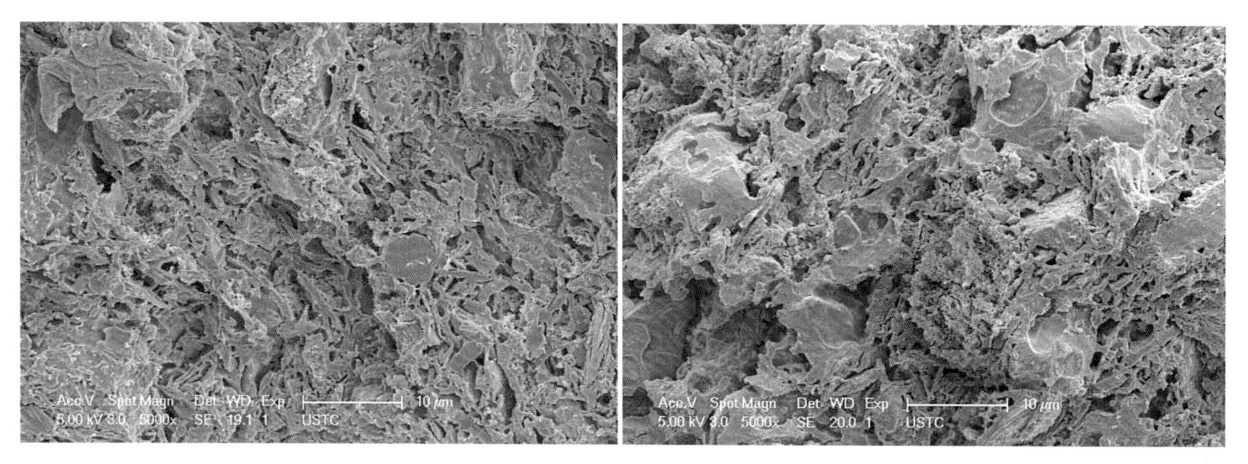

图 8–106　样品 LABS5 与 LABS7 的 SEM 图

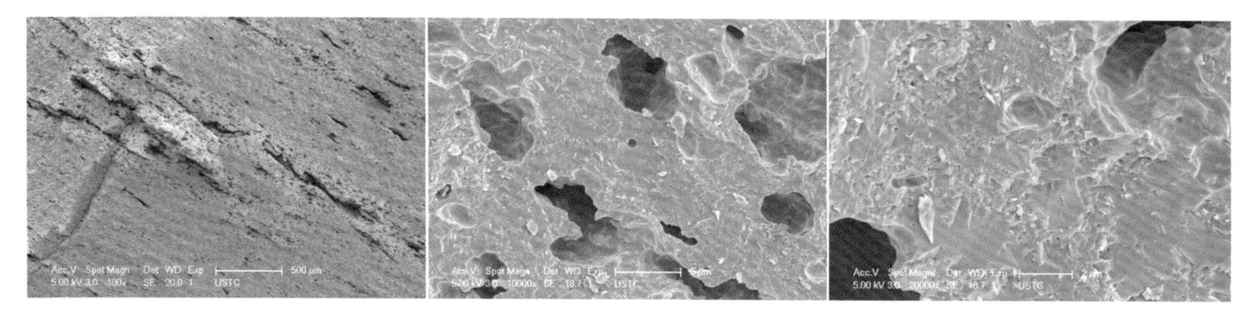

图 8–107　样品 LABS9 的 SEM 图

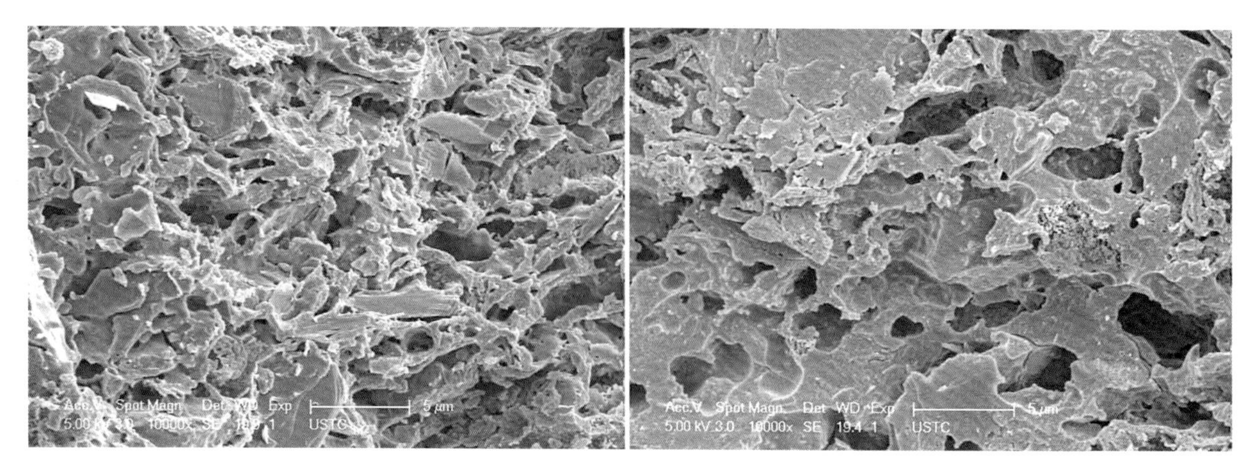

图 8–108　样品 LABS10 与 LABS11 的 SEM 图

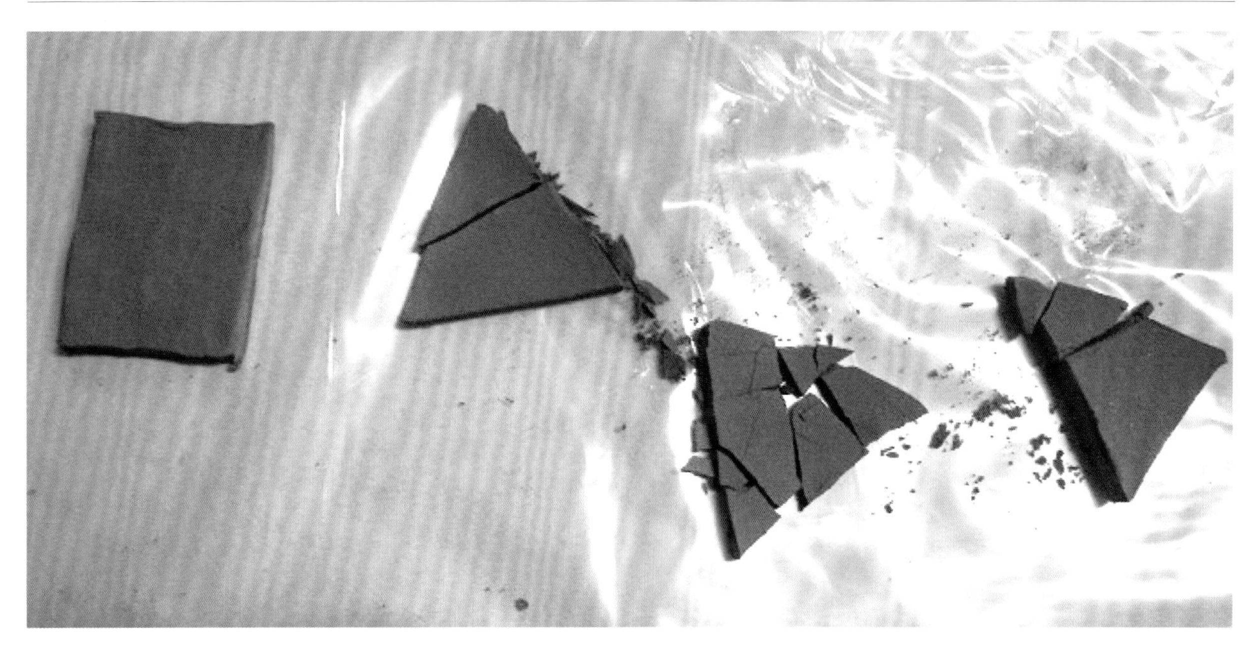

图 8–109　模拟实验中制备的坯体

更容易破裂（图 8–109）。笔者在实验中制备了 20 件纯泥料坯体和 20 件泥料与黄丹混合坯体，在这些泥料坯体自然阴干的 15 天中，纯泥料坯体无一破裂，而黄丹与泥料混合坯体破裂 6 块。分析原因主要应该是黄丹与泥料仍没有混合得足够均匀。在泥料中加入黄丹的情况下，揉泥不够均匀充分会使坯体内含有气泡，在阴干时导致坯体破裂，另外也由于黄丹与泥料本是两种物质，具有不同的膨胀收缩率，如果没有混合得足够均匀，坯体在阴干时由于内部干燥收缩率不同也会导致破裂。在前文中已经提过当代河南省的澄泥砚制作都有加入添加剂的工艺，因此这也是在调研中发现河南的澄泥砚制作较之山西要更注重坯体阴干这一程序的原因。

结论：

（1）鉴于揉泥经验不足，导致坯体内存在一些孔隙，加入黄丹的坯体尤为明显，因此此处吸水率仅作为参考因素。同时由于样品为烧结品，并不是单晶矿物，所以摩氏硬度的测试在某种程度上来反映的是该烧制品致密度与结合力的情况。

（2）从样品 LABS1、LABS5、LABS10 的吸水率与硬度数据可以发现，烧成温度对澄泥砚烧制的致密度与硬度有明显影响。

（3）实验表明，未烧结状态与完全烧结状态的坯料都不适宜于砚台的制作。

未烧结状态的坯料中微观颗粒间未出现烧结颈所以连接力相对较弱，故相对易于断裂。根据显微结构观察其剖面虽然有层状或点状“砚锋”，但砚锋间距较大。根据前人研究，如果“砚锋”间距大于 1.5μm，虽然能够发墨但墨粒大小不均匀，不能形成稳定的分散体系。[80] 因此不利于书写且略损笔尖。另外，未烧结状态的砚台由于孔隙度较大而吸水率相对较高。

完全烧结的坯料虽不损毫，但观其显微结构可以发现，微观颗粒因为完全烧结而融合，呈光滑平面，无层状或点状砚锋存在，所以不发墨，即拒墨。

（4）对于一方好的砚台来说，需要达到“发墨而不损毫”的目的，必须烧结状态适中。就多次模拟实验的结果来看，在不加任何添加剂纯泥料烧制的状态下，适宜砚台制作的最佳烧成温度为 1050℃左右。

（5）模拟实验表明，黄丹的确可以起到助熔剂的作用，在澄泥砚的烧制过程中可以降低烧成温度并提高澄泥砚的致密度和硬度，但需以一定比例加入澄泥砚制作所用泥料中，经模拟实验测定适宜比例为5%~10%，不宜超过10%，而加入黄丹后适宜制砚的烧成温度在950℃左右，不宜超过1000℃。如果在制砚原料中加入黄丹，必须通过充分揉泥将其与泥料尽可能均匀混合方可。

（二）“入墨蜡”模拟实验

苏易简在《文房四谱》中记载了澄泥砚制作工艺中“入墨蜡”的工艺步骤，这是古代人们针对澄泥烧制成品砚台仍然具有一定吸水率的特性而采取的有效方法。《文房四谱》中对于入墨蜡的具体方式及入墨蜡的效果描述为“然后入墨蜡，贮米醋而蒸之五七度，含津益墨，亦足亚于石者”，从直观上描述出了入墨蜡后的澄泥砚润泽且不渗墨的特点。在前文中已经提到，如今加蜡工艺已经是砚台制作中普遍使用的工艺程序，但仅仅是加蜡而不是入墨蜡，为了进一步验证澄泥砚制作工艺中加蜡与入墨蜡的实现方式及工艺目的，笔者进行了以下模拟实验：

（1）将实验室中烧制完成的样品直接放入加热至70℃呈熔融态的石蜡蜡液中，保持70℃恒温加热的状态1小时。加热完毕后待其自然冷却，将样品从蜡中剥出，将表面多余的蜡打磨除去。

（2）将实验室中烧制完成的样品放入恒温干燥箱中加热至65℃，因样品尺寸不大，故保温半小时。半小时后不需降温直接取出，用固态石蜡蜡块直接涂抹样品，因样品温度较高，因此蜡块涂抹处略呈熔融液态，反复涂抹之后，用刷子打磨表面除去多余的蜡。

（3）直接用液态石蜡涂抹烧制好的样品的整个外部表面，同样涂抹之后用刷子打磨去除多余的蜡。

（4）将烧制好的样品放入墨汁中浸泡2小时，取出后晾干。分别重复上述步骤1、2、3的加蜡过程。

为验证加蜡后的样品表面是否吸水，可采取两个方法：一是将加蜡后的样品置于水中，观察是否有气泡冒出；二是在样品表面滴墨，待其自然干涸后观察样品内是否有渗墨现象。

为了确认蜡液是否渗入样品内部，可采取两个方法：一是将加蜡样品反复清洗去除表面蜡层后将其置于水中煮沸，反复多次，看是否有蜡液析出浮于表面；二是直接利用场扫描电子显微镜对加蜡样品内部自然断面进行显微观察。测试结果如图8–110所示：

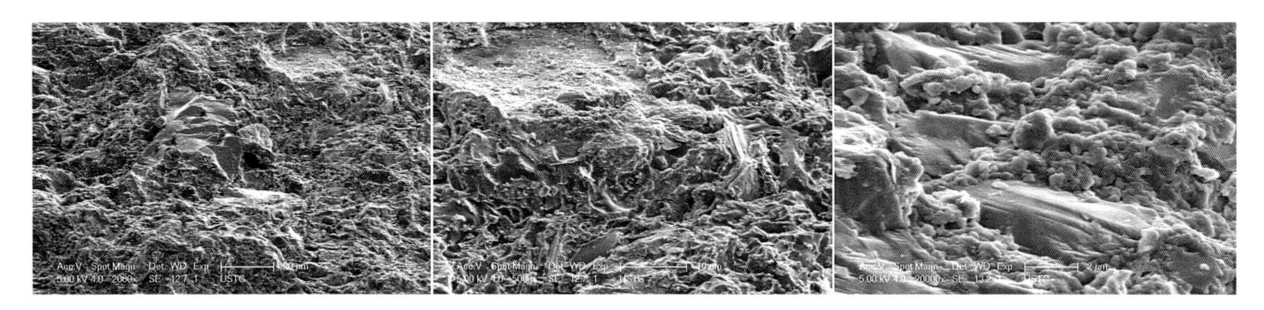

图8–110　加蜡后样品内部断面SEM图

由此可见，蜡液已经填满烧成样品的孔隙，在扫描电镜下隐约可见填充液曾经呈现流动性的特征。

结论：

（1）实验表明，1、2、3种加蜡方法均可用于澄泥砚的加蜡工艺。

（2）实验表明，将样品在墨汁中浸泡后再加蜡，样品呈黑色，且泡水不散，显然所加之蜡对样品上的黑色有很好的保护作用。

（3）根据实验结果推测，古代文献中“入墨蜡”的方法应为早期制作黑色澄泥砚之法。因为从现存古代澄泥砚实物来看，很多澄泥砚的砚堂在经过长期研磨之后呈现出红色，如图8–111。这样的黑色澄泥砚制作之法无非两种，其一便是入墨蜡，应为早期制作之法；其二则是前文已经提及的窑内渗碳的方法，该法

图 8–111　宋澄泥石渠砚（清旧藏，现台北“故宫博物院”馆藏）（取自《西清砚谱古砚特展》）

至迟在明代就已经出现，典型实例就是前文所提北京故宫博物院所藏明代澄泥牧牛砚和天津艺术博物馆藏明代朱砂澄泥荷鱼砚。第二种着色工艺显然较之前者更为成熟，着色也更为均匀美观，故在如今的制作工艺中多采用后者，前者已不可见。

（4）显微观察的结果表明，蒸煮法及加热加蜡法比直接加液态石蜡的渗透效果更好，入蜡更为充分。

三、当代澄泥砚理化性质测定

鉴于模拟实验的目的是为了验证与解读古代文献中的工艺内容，且由于存在泥料陈腐时间不足或揉泥工艺不够熟练等不利因素，因此一些理化分析数据只能作为在同等条件下相对关系的反映，并不能代表当代澄泥砚的普遍水平，因此这里仍然对当代绛州澄泥砚、河洛澄泥砚、虢州澄泥砚样品进行了相关理化性质的测定。样品均为未曾加蜡的烧制成品。但由于测试结果大多涉及保密因素及利益因素，故这里仅从学术角度将一些数据公开作为对当代澄泥砚的物理性质的了解，不公布样品编号所对应的烧成温度及制作者，微观形态扫描电子显微镜观察结果亦不公布。

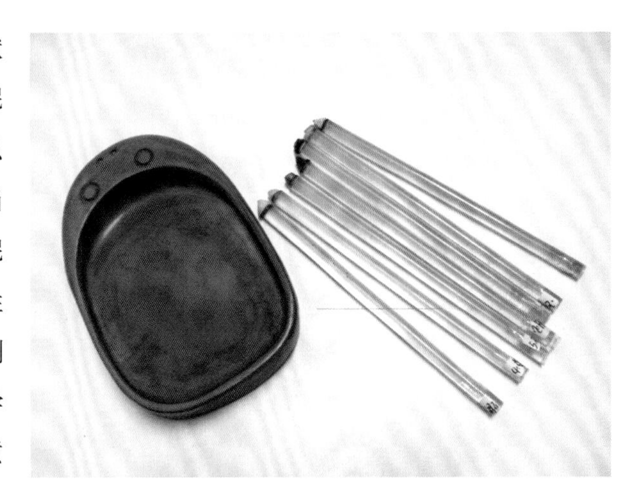

图 8–112　摩氏硬度测试

当代澄泥砚吸水率、摩氏硬度测试（图 8–112）结果如表 8–4。

表 8–4　当代澄泥砚吸水率、摩氏硬度测试表

样品编号	吸水率（%）	摩氏硬度
1	8.72	4~5
2	8.63	4
3	9.48	4~5
4	7.26	4

续表

样品编号	吸水率（%）	摩氏硬度
5	9.25	4
6	17.31	2~3
7	9.39	3~4

当代澄泥砚加蜡成品的渗墨测试：墨汁置于澄泥砚成品砚堂之上，待自然干涸后看砚堂有无墨色渗入的痕迹（图 8–113）。

结论：

（1）虽然烧制而成的澄泥砚仍然需要经过加蜡工艺降低吸水率，但就未加蜡的烧制样品来说，样品的吸水率在陶瓷制品中仍然较低。

（2）同等烧成温度下，还原气氛下烧成的成品吸水率较之氧化气氛下烧成成品略低、致密度略高。

（3）对于加过蜡的澄泥砚成品进行渗墨测试，发现加蜡后的澄泥砚成品均不渗墨。

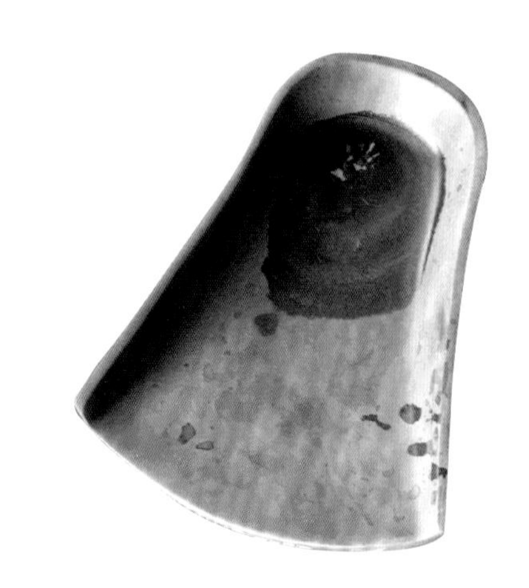

图 8–113 澄泥砚加蜡成品渗墨测试

第五节 澄泥砚制作技艺的传承与保护

澄泥砚制作工艺自唐代初创延续至今，属于中国传统手工技艺的一种。在前文的研究中可以得出，澄泥砚制作技艺是一项多变的、集技术性与经验性于一体的复杂传统手工技艺。2008 年 6 月，澄泥砚制作技艺作为砚台制作技艺的一种被列入“第二批国家级非物质文化遗产名录和第一批国家级非物质文化遗产扩展项目名录”的传统技艺类别。作为国家级非物质文化遗产，当代一些工艺美术家为澄泥砚制作工艺的传承与保护做了很多重要的工作，但实际上我国澄泥砚工艺的传承与保护仍然处于刚刚起步阶段，因此这里通过对中国澄泥砚制作工艺的文献调研、实地工艺调查及实验研究中的体会，希望就澄泥砚制作工艺的保护价值、保护的可行性、保护措施等方面问题提出一些思考和建议，希望能为我国类似传统手工技艺的保护与传承提供一些有利的思路。

一、中国澄泥砚制作技艺的保护价值分析

2007 年，我国文房四宝传统制作技艺联合申报世界非物质文化遗产的项目已正式启动。[81] 众所周知，中国古代有着独特的书写绘画方式，而文房四宝正是适应这种方式的文房用具。澄泥砚作为中国名砚的一种，

首先就具备很高的文化价值，而从其作为传统手工技艺的角度考虑，在当今社会又同时具备一定的科学价值与艺术价值。

1. 澄泥砚制作技艺的文化价值

澄泥砚是在中国古代文化和经济高度繁荣的唐代创制的，它是在当时制砚材料多样化，而人们开始对日常使用的砚台材质有了更高要求的社会需求下产生的，是中国古代非石质砚制作技艺发展成熟达到顶峰的历史见证。

澄泥砚和其他砚台一样，在古代首重实用性，同时，它作为一种古代文人日常使用的文房用具，本身就是记载和传承中国古代文明的载体。在当今社会，虽然砚台和古代传统笔、墨等用具都已不再作为普遍使用的实用工具，但有越来越多的人开始透过这些文房用具来了解中国独特的历史与文化，而砚台由于自身的材质特点，是中国传统文房四宝中唯一的非消耗品，具备可以长久保存的优势，故尤其被人所关注。澄泥砚诞生伊始便品质上乘，为古代文人墨客争相使用并赞誉有加，从而有了规模生产，甚至出现制砚名家，其原始的单一实用性范畴也逐渐被突破，人们不仅仅使用此砚，更兼之收藏鉴赏，甚至在砚台之上铭刻砚铭，赋予诗词歌赋，其中不乏名家之作，如是以来，经过长期的积累与历史的沉淀，形成了澄泥砚独特的文化内涵，成为中国古代砚文化的重要组成部分。

2. 澄泥砚制作技艺的科学价值

中国古代澄泥砚制作技艺吸取了当时陶砚、瓷砚、砖瓦砚等所有其他泥料烧制而成砚台的工艺优点，并形成了独立、完整的工艺体系，这从前文中屡次提及的苏易简《文房四谱》中较为详细的工艺步骤记载便可窥见一斑。

中国当代澄泥砚制作技艺虽非完全源自古代技艺传承，但从前文的调查研究可以看出其是根据古代文献记录复原制作，并在此基础上再借鉴了当今陶器、瓷器制作的一些先进经验或适当借助现代化机械对其中一些工艺步骤进行了技术改进，使之更能适合当今社会的需求。

澄泥砚制作技艺工艺流程复杂，其中烧成温度的设定、窑内气氛的控制、添加剂的使用等关键工艺步骤都蕴藏着丰富的科学内涵。

3. 澄泥砚制作技艺的艺术价值

澄泥砚从“实用品”向“艺术品”的转变可以追溯至唐宋时期，这与其他材质砚台乃至其他文房用具从“实用”到“艺术”的转变趋势及转变时期几乎是一致的。如《宋代工艺美术》中所说：“文房四宝作为一种特殊的工艺美术品，为宋代的文化繁荣和发展提供了必不可少的器具支持。”[82] 在对古代砚台的文献资料与现存实物资料的研究中可以发现，从宋代开始，砚台的形制开始越发多样化，不再如汉代石板砚、两晋三足青瓷砚那般造型单一，各种材质砚台的制式设计都开始有了在保证实用性的基础上兼顾艺术性的转变。由于人们在使用砚台时也开始看重砚台的外观，因此砚台的各种雕刻图案在此时也开始出现。澄泥砚作为人工烧制而成的砚台，砚式较之石质砚台更为多样，从现存实物来看，除祥瑞图案、鸟兽虫鱼、花草植物等丰富的雕刻题材外，一些仿生形砚式如澄泥虎符砚、龟形砚等也成为澄泥砚的特色砚式而流传下来。

砚台制作的艺术性倾向到了明清时期则体现得更为明显，各类品砚、论砚的专门著作中对于砚台样式的介绍开始占据更多的分量，甚至出现了大量详尽的图录。如清代唐秉钧的《文房四考图说》、谢慎修的《谢氏砚考》等著作均对各种砚形进行了图文并茂的描述。对于澄泥砚来说，人们对其艺术性的关注除式样外，还有其烧成的各种色彩，如朱栋《砚小史》等著作就曾对澄泥砚的颜色进行过品评。这种对于色彩的看重也直接体现在了澄泥砚的色彩控制与着色工艺上，前文所提的朱砂澄泥荷鱼砚便是体现这一工艺特点的代表性澄泥砚。根据一些流传至今的无使用痕迹的砚台判断，从此时开始，专门作为观赏收藏之用的艺术品砚台已经出现。

当代，中国传统笔墨纸砚已经不再是人们日常使用的文房用具，同样地，人们对于澄泥砚的关注也从首重实用性转至首重艺术性。澄泥砚从某种程度上说已经完全步入了“工艺美术品”的行列。

二、中国澄泥砚制作技艺的传承与保护现状

相对于澄泥砚制作工艺曾出现间断、无人制作的历史，现今澄泥砚制作工艺的发展还是有一定规模的。目前我国在山西省的新绛县，河南省的新安县、焦作市、郑州市等地均有澄泥砚的制作生产，但在全国范围看来，进行澄泥砚制作的厂家也不过几家而已，且均是较小规模的手工作坊，另外近年来也一直有退出此行业的制作者，归结起来有以下几个方面的原因：首先，传统澄泥砚制作工艺复杂，整个生产过程耗时费工且成品率不高，生产初期探索与实践阶段还有可能出现零成品率的状况，这使得很多制作厂家资金周转困难，甚至难以为继；其次，澄泥砚制作工艺属于当代复原制作的古代工艺，在过去相当长一段时期内，当地政府对生产厂家扶持的力度不够，致使很多澄泥砚生产厂家都在竞争激烈的现代化商业社会中逐渐倒闭，目前还在进行澄泥砚制作生产的厂家多是一些技术成熟、具备稳定年产量和销售量的厂家，笔者在实地调研中了解到，即使是这些厂家，也无一例外地经历过风雨飘摇的阶段；最后，在一些旅游胜地当代澄泥砚仿冒者众，也从一定程度上影响了澄泥砚的形象与声誉。

目前，虽然澄泥砚制作技艺已经被列入我国“第二批国家级非物质文化遗产名录”，政府对该项传统手工技艺也逐渐开始重视，总体形势较之从前有所改善，但这些生产厂家的经济效益远远无法和一些现代化企业相比。我国传统手工技艺保护的困境，在澄泥砚制作技艺上也同样存在。笔者在对绛州澄泥砚研制所的蔺涛所长的访谈中得知，我国四大名砚中，发展最好的端砚年销量为 30 万方左右，占全国砚台年销量的 70%，歙砚年销量 6 万方左右，洮河砚年销量 2 万方左右，而澄泥砚的年销量则仅仅只有数千方，可以说是四大名砚中发展形势最为严峻的一种。

三、中国澄泥砚制作技艺保护与传承的可行性分析

山西省新绛县蔺氏父子所作绛州澄泥砚曾经在 2006、2007、2008 年连续三年获得联合国教科文组织颁发的“世界杰出手工艺品徽章”，是中国制砚行业中唯一获此殊荣者，究其原因，除了本身制作技艺精湛，还在于制作材料的选择。无论是端砚还是歙砚，但凡石质砚台，其采用的制作原料均为不可再生的矿石资源，长此以往无止尽地开采下去，迟早会面临原料形势堪忧的状况。而澄泥砚制作则不同，其采用的原料是黄河中沉积的泥料，根据上文中对各家澄泥砚制作所采用的泥料进行的理化分析可以发现，这些泥料属于黏土范畴，黏土在我国含量非常丰富，再加上现今的技术改进，基本上我国黄河流域沉积的黏土经过筛选与处理后都可以达到制作澄泥砚原料的需求。因此，从生产原料供给角度来看，澄泥砚制作技艺的发展具备其他石质砚台制作无法比拟的优势，也更为符合当今社会环境保护和可持续发展。

另外，就当今现存的澄泥砚制作厂家来看，各家生产技术已经非常成熟，且产量稳定，只要相关条件成熟，便具备规模生产的实力。

原料与技术可以说是澄泥砚制作技艺能够得以传承的必须条件，只有这两者同时具备，才能使得澄泥砚的制作生产不断延续下去，不致重蹈历史上制作技艺中断的覆辙，也不致成为一纸空谈。

四、中国澄泥砚制作技艺的传承与保护措施建议

正因为澄泥砚制作技艺具有很高的保护价值，因此充分的研究亦是希望能为如何更好地保护这一项传统手工技艺提供一些有益的建议，结合我国澄泥砚制作生产的现状，笔者尝试从制作技艺本身、人才培养及综合保护三个角度，分别提出以下建议。

1. 对制作技艺本身的保护建议

中国古代传统手工技艺的产生，多是源于当时人们生产或生活的日常需求，澄泥砚的诞生也不例外。随着时代的发展进步，一旦这种社会需求逐渐消失，那么相应的手工技艺也就失去了存在的前提，这也是诸多传统手工技艺面临生存困境的根本原因之一。相对于其他已经失传的传统手工技艺，当代澄泥砚由于其自身的文化价值而被恢复制作生产已非常幸运，但其工艺究竟该以何种方式被保护或传承下去，仍是亟需解决的现实问题。对于一项传统手工技艺来说，技艺本身的保护是关键问题，更是难点问题。很多传统手工技艺中纯人工的技艺都存在学习周期长、劳动强度大、产品产出率不高的特点，与现代化社会生产中所追求的经济效益相悖，因此，是否应该完全将传统手工技艺原样照搬地保留下来呢？笔者认为，应采取技术改进与传统保护相结合的方式。

技术改进，是指为了提高生产率、减少人工劳动强度而采取的技术变革或机械引进。如河南省新安县澄泥砚制作中真空练泥机的使用，大大降低了人工揉泥的强度，提高了效率。这种技术变革或机械引进在当今我国传统手工技艺生产中已有先例，如安徽省泾县宣纸厂就已经用机械代替人工来捣纸浆，用蒸汽代替火墙来烘干纸张。[83] 这种能够达到同样目的的技术改进并不是对原有传统方式的抛弃，而是使之能更好地适应当代社会生产的需求，传统手工技艺本就是一种“活态”文化，对于这种技术改进，应以发展的眼光来看待。

如果说技术改进是为了使当代从事传统手工艺品制作的厂家能更好地生存，那么传统保护则是为了最大程度地保留这些传统工艺的历史原貌。对于技术改进不能完全替代的传统技艺步骤，自然是以人工传承的方式保留下来，如澄泥砚制作技艺中的真空练泥机就不能完全取代人工揉泥，因此人工揉泥的方式仍然需要人工传承进行保留。如果是可以完全被替代的传统技艺步骤，则可以借助文字、图片及影像资料对其进行真实、全面的记录和整理，并保留相关实物或工具于博物馆等机构中，以达到需要时可以借助这些资料对工艺步骤完全复原的目的。

无论是技术改进还是传统保护，具备条件的澄泥砚制作厂家均可以自主完成。如笔者在实地工艺调查中就了解到，山西省新绛县绛州澄泥砚研制所的新厂建设计划中，就包括了一些现代化设备的引进用以提高生产效率，但现今的全套人工制作的传统方式也将作为一条特殊的生产线被完整保留下来，用以生产制作一些专门设计的澄泥砚珍品。这种做法对澄泥砚制作传统工艺的保护具有积极意义，非常值得借鉴与发扬。

不具备自主完成技术改进与传统保护的制作厂家则可以采用与高校、研究所等学术机构合作的模式，这对发现传统工艺背后的科学大有助益。“技术偏向”的工艺传承人与“学术偏向”的学者合作的模式使得深入挖掘传统手工技艺蕴含的科学原理成为可能，有助于使传统手工技艺真正保留下来。这一模式在传统手工技艺的技术改进上曾有过成功实例，如安徽巢湖掇英轩文房用品厂的刘靖厂长与中国科技大学科技史与科技考古系张秉伦教授、樊嘉禄博士合作，成功复原了明代的金银印花笺制作工艺，制作出了泥金笺新品种，还进行了多种传统加工纸的开发。[84] 在传统保护方面，学术机构的知识体系与学术背景可以对传统手工技艺进行更为全面的研究，在对技术本身进行记录与研究的同时，还对相关文献记载、历史背景、

文化内涵等进行研究，从而为技艺的保护提供指导性的方案。

2. 对人才培养的建议

传承人一直是传统工艺传承与保护的最核心要素，我国传统手工技艺大多是通过传承人的带徒传艺、口传身授来实现的，这也是我国几千年文明沿袭下来的一种特定的传承机制。不过这种单一的传承方式显然是比较脆弱、不够稳固的，一旦传承人不在，便很可能导致某项技艺的中断乃至消失。在澄泥砚的制作历史上就曾出现过类似情形，宋代的澄泥砚制作名家吕道人制作澄泥砚之法为不传之秘，吕道人去世后此法便随之失传。为了避免这种情况再次发生，应对当代澄泥砚的传承人进行登记，建立个人档案库，甚至可以由地方政府等机构搭建交流平台，进一步拓宽掌握澄泥砚制作技艺的传承人进行“传、帮、带”的途径，培养更多的掌握澄泥砚制作技艺的人才。

当然，这里的人才培养不仅仅是针对传承人的培养，也包括一些具体操作的工人的培养。同样以笔者进行调研的新绛县澄泥砚研制所为例，目前澄泥砚研制所总共有 20 余人，但值得注意的是，此处从事澄泥砚制作年限最少的也已经有 7 年，大多数都是 10 年以上的熟练工人。询问原因发现，学习澄泥砚制作技艺首先便要学习雕刻，而进行澄泥砚雕刻的工人是计件发工资，如果是新来的学徒工，雕刻速度慢且容易觉得枯燥无味，往往都会来了又走，如此反复，最终剩下的仍然还是最初的熟练工人。如果这里借鉴非物质文化遗产保护类别中美术曲艺的学习经验，让年轻的学徒先在高等职业技术学院或者艺术院校中学习雕刻，熟练上手后再来澄泥砚研制所进行技艺的学习和工作，也未尝不是一种新的思路。

3. 综合保护建议

虽说这里探讨的是澄泥砚这种传统手工技艺的保护，但技艺同样需要厂房、工具等物质载体才能得以体现，没有这些物质载体，手工技艺便无法实施。因此若想长久保护澄泥砚制作技艺，应对其技艺连同整个生存环境进行综合保护。

首先可以采用建立向大众开放的主题博物馆、文化园、艺术馆的方式，展示澄泥砚制作技艺与澄泥砚文化，将澄泥砚设计制作、学术研究与技术保护融为一体，使人们能亲自体验，从而更加了解澄泥砚制作这项传统手工技艺。在前文中“当代工艺调查”部分已经提到，2002 年河洛澄泥砚的制作者游敏先生创办了河洛澄泥砚艺术馆，其中以图片和文字的方式收录整理了澄泥砚制作的相关资料，实物则以展示河洛澄泥砚中精品砚台为主，辅以制作原料、雕刻工具展示。虽然由于规模有限，整个工艺的制作流程没有条件进行直观的展示，但这种方式的确可以为澄泥砚的综合保护提供思路与方向。据了解，目前山西省绛州澄泥砚研制所正在向政府申报，致力于建立这样一个大规模的澄泥砚文化艺术园。

其次是为澄泥砚的制作生产创造更好的外部环境。不可否认，发展是最好的保护。澄泥砚制作作为中国古代的传统手工技艺，它在当时的发展动力是人们的使用需求，如今，虽然其原始的使用需求已经逐渐消失，但人们对其艺术性、观赏性的需求已经作为新的社会需求产生，因此现今应为澄泥砚的制作生产提供适宜的发展环境，使其在新需求下保持传承与发展的活力。当前澄泥砚的主要产地中，山西省新绛县为历史文化名城，具有丰厚的历史底蕴；河南省新安县毗邻旅游胜地洛阳，地理位置得天独厚。由此可以看出，新绛县与新安县都具备发展旅游业的潜质，因此政府可以考虑以澄泥砚来开发旅游业，创建诸如“澄泥砚工艺一日游”之类的品牌。这种方式在当今世界运作最为成功的当属日本京都的“西阵织”，它是日本京都丝织物生产的中心区域，也是著名的旅游胜地，其最大的特色是展示日本传统织造手工技艺与织造文化，“西阵织和服会馆一日游”等品牌可谓名扬天下。利用旅游保护文化，国际旅游组织已经取得共识[85]；文化也同样可以促进旅游，这还需要进一步的努力。

注释：

[1] 洛阳市文物工作队：《隋唐东都城遗址出土一件龟形澄泥残砚》，《文物》1984 年第 8 期，第 63 页。

[2] [3] [45] [50]〔宋〕苏易简：《文房四谱》，明龙山童氏刻本。

[4] [16] [36] [41] [53] 章放童：《泥砚遗韵》，浙江大学出版社，2008 年。

[5] [54] 蔡鸿茹、胡中泰：《中国名砚鉴赏》，山东教育出版社，1992 年。

[6] 《砚史资料（九）》，《文物》 1964 年第 8 期，图版十一。

[7] 台北“故宫博物院”：《西清砚谱古砚特展》，台北“故宫博物院”，1997 年。

[8] [33] [47] [51]〔宋〕米芾：《砚史》，宋左圭编百川学海二十六册，明弘治十四年华程刻本。

[9] [64]〔清〕林在莪：《 砚史》， 清抄本。

[10] [48]〔清〕朱栋：《砚小史》，清嘉庆五年楼外楼刻本。

[11] [39] 蔡鸿茹：《澄泥砚》，《 文物》1982 年第 9 期，第 76~77 页。

[12] 嵇若昕：《乾隆朝澄泥砚研制》，《故宫学术季刊》第 5 卷第 1 期，第 59 页。

[13] 雅德奏折，乾隆朝宫中档， 台北“故宫博物院”。

[14]〔清〕乾隆：《御制诗集》 四集卷六十五，文渊阁四库全书本。

[15] [63] 李碧珊、许乐心：《紫方馆藏砚》，文物出版社， 2006 年。

[17] [23] [46]〔南唐〕张洎：《贾氏谭录》，明抄本 （与桂苑丛谈历代帝王传国玺谱合一册）。

[18] [25] [29]〔宋〕欧阳修：《砚谱》，《文忠集》卷七十二。

[19] 马丕绪：《砚林脞录》，民国 25 年（1936）马氏心太平斋排印本。

[20] [35]〔宋〕何薳：《春渚纪闻》卷九，文渊阁四库全书本。

[21]〔五代后晋〕刘昫、张昭远等：《韦夏卿传 • 柳公绰传附弟公权传》，《 旧唐书》卷一百六十五。

[22] [28]〔宋〕高似孙：《砚笺》，明万历四十二年潘膺祉如韦馆刻本。

[24] 王艳红：《新绛非物质文化遗产保护研究》，华中科技大学， 2006 年。

[26]〔宋〕朱长文：《墨池编》，明隆庆二年李向永和堂刻本。

[27] 羯鼓：乐器的一种，唐时期流行。

[30] [37] [52]《砚史资料（八）》，《文物》1964 年第 8 期，图版二十。

[31] [40]《砚史资料（七）》，《 文物》 1964 年第 7 期，图版十七 ~ 十八。

[32] 中国社会科学院考古研究所洛阳唐城队：《洛阳唐东都履道坊白居易故居发掘简报》，《考古》1994 年第 8 期，第 692~701 页。

[34] 高平：属泽州辖，位于山西省东南部，泽州盆地北端，太行山西南边缘。

[38] 范建宏：《宋河北地区制作的一种澄泥砚》，《文物春秋》2004 年第 3 期，第 76 页。

[42] 徐昭简：《新绛县志》，《 中国方志丛书》，成文出版社，民国 18 年（1929）。

[43] 山西省新绛县文化馆：《山西省运城市绛州澄泥砚生产工艺省级非物质文化遗产代表作申报书》，2006 年 9 月 14 日。

[44] 蔺涛：《澄泥砚》，湖南美术出版社，2010 年。

[49]〔清〕孙承泽：《砚山斋杂记》卷三。

[55] 刘文铭、杨维增：《〈天公开物〉“黄丹”制备及还原的模拟实验研究》，《重庆师范学院学报》1988 年第 3 期，第 41~47 页。

[56] 容志毅：《〈参同契〉与中国古代炼丹学说》，《自然科学史研究》2008 年第 4 期，第 429~450 页。

[57] [59]〔明〕宋应星：《天工开物》，岳麓书社，2002 年。

[58]〔清〕谢慎修：《谢氏砚考》，清乾隆刻本。

[60]〔宋〕无名氏：《砚谱》，《百川学海》，明弘治十四年华程刻本。

[61]〔清〕唐秉钧：《文房四考图说》，广文书局，1981 年。

[62]〔宋〕熊蕃：《宣和北苑贡茶录》，文渊阁四库全书本。

[65] 曾劲松、孙天健：《新石器时代的陶器工艺成就》，《景德镇陶瓷学院学报》1995 年第 3 期，第 48~54 页。

[66] 熊海堂：《东亚窑业技术发展与交流史研究》，南京大学出版社，1995 年。

[67] 刘志国：《磁州窑的馒头窑与烧成技术》，《陶瓷研究》1992 年第 12 期，第 215~218 页。

[68]〔清〕倪涛：《六艺之一录》卷三百八，文渊阁四库全书本。

[69]〔明〕李时珍：《本草纲目》，文渊阁四库全书本。

[70] 龙村倪：《中国白蜡虫的养殖及白蜡的西传》，《中国农史》2004 年第 4 期，第 18~23 页。

[71] 李家驹等：《陶瓷工艺学》（上册），中国轻工业出版社，2001 年。

[72] [74] [77] [79] 西北轻工业学院等：《陶瓷工艺学》，中国轻工业出版社，1980 年。

[73] 李家治：《中国科学技术史　陶瓷卷》，科学出版社，1998 年。

[75] 杨永善等：《中国传统工艺全集　陶瓷》，大象出版社，2004 年。

[76] 陈琦：《陶瓷艺术与工艺》，高等教育出版社，2005 年。

[78] 基于传统工艺保密的理由，此处不公布具体数据。

[80] 郑辙：《砚和砚的研究现状》，《珠宝》1991 年第 2 期，第 1~5 页。

[81] [83] 廖育群、华觉明：《传统手工技艺的保护和可持续发展》，大象出版社，2009 年。

[82] 杨伯达：《中国大百科全书·美术卷二·宋代工艺美术》，中国大百科全书出版社，1990 年。

[84] 华觉明：《传统手工技艺保护、传承和振兴的探讨》，《广西民族大学学报》2007 年第 2 期，第 6~10 页。

[85] 徐赣丽：《非物质文化遗产的开发式保护框架》，《广西民族研究》2005 年第 4 期，第 174 页。

第九章　漆砂砚

漆砂砚是用木材或其他材料制成胎骨，砚膛部分用天然大漆调和金刚砂等研磨物加以髹饰，其他部分用天然大漆髹饰而成的一种砚体轻巧、漆砂作研、坚细耐磨、美观实用的砚台。漆砂砚的创作理念源于自然而高于自然，制作工艺源于漆、砂而优于漆、砂，是我国先民最富创意的佳作之一，尤其是漆砂砚的制作工艺曾数次失传，继而又得以恢复的历史，更为其华贵的外表笼罩了一层深郁的传奇色彩。

第一节　历史沿革

一、西汉时期

1984 年江苏省邗江县姚庄西汉墓出土了大量的漆器，其中有两件是砚盒与砚池两部分合在一起的前所未见的漆制书写用具。1988 年扬州博物馆李则斌在《文物》月刊上以“汉砚品类的新发现”为题作了具体论述，并将出自 101 号西汉墓的较为完整的西汉书写用具（M101：11）定名为“漆砂砚”（图 9–1），这是目前所知我国出土漆砂砚中年代最早的。[1]此砚平面呈凤尾形，前端为半椭圆形盝顶式中空砚盒，容积 200 多毫升。后端为梯形砚池，容积 195 毫升。池面木质坚硬，髹深黑色漆，触摸似有极细砂粒的感觉。砚池与砚盒之间用板隔开，中心有一个截面呈三角形的出水孔，孔内塞有一个三角形的木栓，栓头雕一羊首。在使用中若需水研墨，则拔出活动的羊首木栓，便有水从出水孔中流出。当研磨出的墨汁在使用后有剩余时，中空的砚盒则可以将余墨贮入，再次使用时将砚盒羊首木栓拔掉，砚身倾斜就可把余墨倒出。这种将墨汁贮入封闭的盝顶式砚盒的做法，不仅可以有效保存多余的墨汁并使其不蒸发，而且方便使用，充分体现了器具设计者将实用功能与审美功能完美结合的创作理念。另外，这方漆砂砚的装饰也非常美丽，表面满髹黑漆，除砚面之外，均用褐彩描绘出纤细的云纹。砚外侧用银箔贴饰精美图案。砚盒盝顶上饰四出柿蒂银扣。盝顶正面饰雁，左侧饰虎，右侧饰豹，后部饰一小鹿。砚池的外侧，正面饰一跽坐的高髻羽人，对面一只展翅的孔雀。左侧中间饰一只猛虎，两边为奔逃的一牛一羊。右侧饰一手持短剑之人，面对一只猛兽。砚底用朱漆髹底，边缘用黑漆绘几何勾连纹，中间用黑漆绘云气纹及一腾舞于云端的蛟龙，在顶端侧立面空隙上还墨绘一只开屏的孔雀，具有很强的艺术表现力（图 9–2）。仅就此砚的设计与髹饰而言，我国西汉时期的漆砂砚制作技艺已经达到很高的水平了。

图 9–1　江苏省邗江县姚庄 101 号西汉墓出土漆砂砚（彩图）（取自《中国名砚鉴赏》）

此漆砂砚的纹饰虽然具有较为明显的汉代风格，

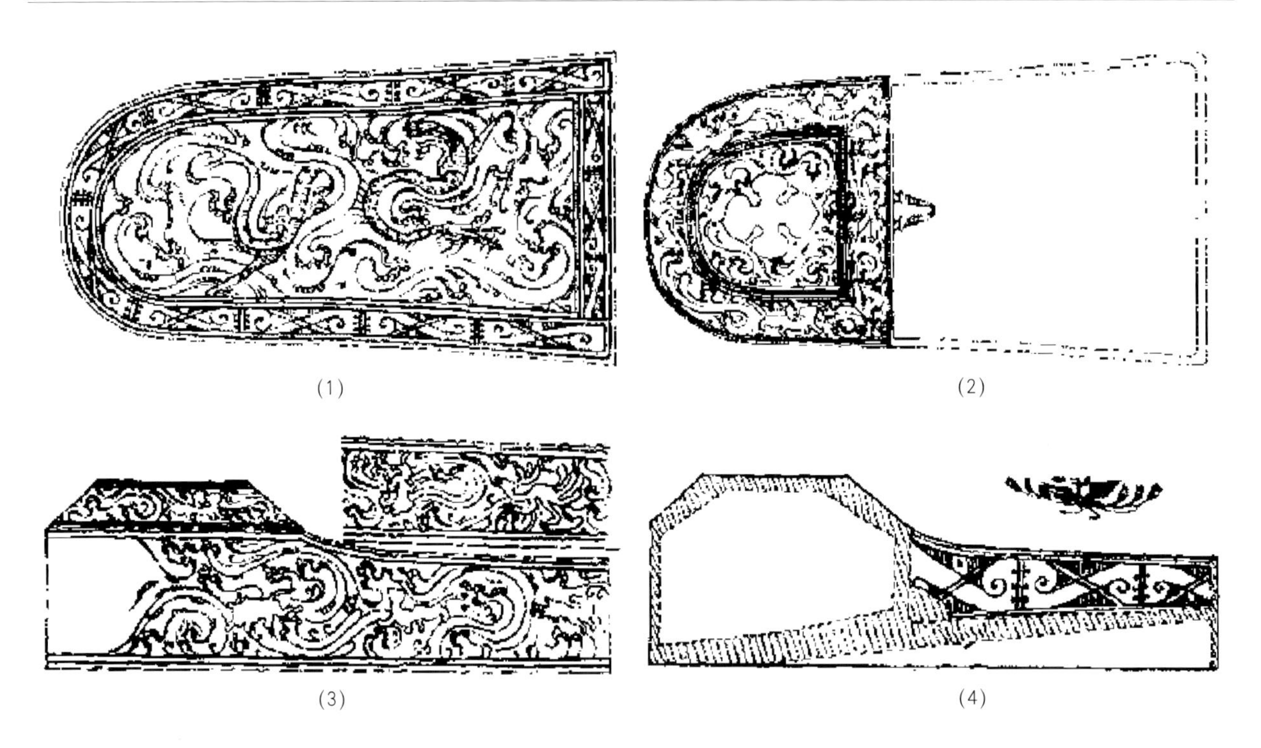

图 9–2　江苏省邗江县姚庄 101 号西汉墓出土漆砂砚：（1）砚底；（2）砚俯视；（3）砚侧；（4）砚身剖视（取自《文物》1988 年第 2 期《汉砚品类的新发现》）

但其中也包含有较多的楚漆器文化因素，如以黑色为地，用朱红赭色或朱红色作画，红黑相配，艳丽照人。就此漆砂砚的制作技艺而言，其中的嵌银箔工艺应为秦代漆器的装饰手法之一。这种用银箔镂刻成图案花纹贴在器壁上再用朱漆压线的方法，可以使砚台呈现出银光闪烁、灿烂辉煌的特殊效果。这些纹饰与技法一方面反映了汉代漆砂砚与春秋战国时期漆器工艺的传承关系，另一方面也体现出汉代漆器工艺在继承前代漆器工艺的基础上又有新的发展。

二、三国两晋南北朝

1984 年 6 月安徽省文物考古研究所会同马鞍山市文物普查工作队对马鞍山市雨山乡安民村林场的三国东吴右军师、左大司马朱然墓进行了发掘，出土了一批珍贵的漆木器、青瓷器与其他遗物，其中有漆砂砚一方（图 9–3）。该漆砂砚为“木胎，长方盒形，分为四层，为三盘一盖，可以叠合。下为底盘，可以放置研石、颜料等，附壶门状足。上为砚盘。砚池长 27.4 厘米，宽 24 厘米，池内涂黑漆和细砂粒，以增强摩擦糙度；池上方有一方形小水池。再上为笔架盘，内嵌两条锯齿状笔架。最上面是盖。外髹黑红漆，内髹赭红漆。出土时已散碎漂移，待修复。长 37.2 厘米，宽 26.8 厘米”[2]。从此方漆砂砚的设计来看，这种多层组合的漆砂砚已成功地将笔架、砚、水池、研石、颜料等多种文房用具集成为一体，不仅体现了三国时期漆砂砚制作工艺的进步，而且填补了我国汉末到六朝时期漆砂砚制作工艺史的空白。对朱然墓内漆砂砚的产地，从有关专家认为“这批漆器产地相同，均产于蜀郡”[3] 来推测，此漆砂砚虽未见有“蜀郡作牢”的铭记，但也应是蜀郡产品。

据《三国志 • 吴书》记载，朱然“年六十八，赤乌十二年卒”[4]，查赤乌十二年为 249 年，故由此可知此方漆砂砚的制作年代应该不晚于 249 年。

另一方 1985 年在安徽省南陵县发镇麻桥永联村出土的漆砂砚，其制作时间为赤乌八年（245），此砚形制为一长方形平板，四周为漆髹木框，上方为一矩形浅槽，中间的漆砂砚堂似为有意嵌入，这是目前所

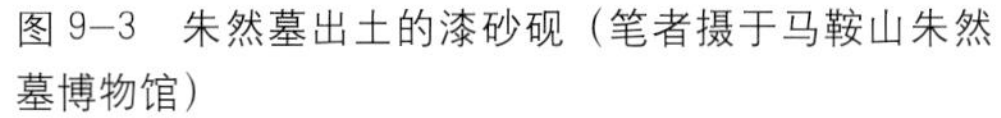

图 9–3　朱然墓出土的漆砂砚（笔者摄于马鞍山朱然墓博物馆）

图 9–4　赤乌八年制漆砂砚，1985 年出土于安徽南陵（笔者摄于安徽省博物馆）

见东汉漆砂砚中形制较为简洁的一种（图 9–4）。

两晋时期，在皇宫中有“漆砚”与“漆书砚”。据苏易简《文房四谱·砚谱》记载“东宫故事云，晋王太子初拜，有漆砚一枚，牙子百副。”“又皇太子纳妃有漆书砚一”。此漆砚与漆书砚是否为可以直接研磨墨锭的漆砂砚，目前尚缺少直接证据。不过笔者根据苏易简在《文房四谱·砚谱》中还记有“东宫故事，皇太子初拜，给香墨四丸”的史料以及江西省南昌市一座西晋晚期至东晋早期墓中出土的墨锭加以推测[5]，此漆砚极可能就是可以直接研磨香墨的漆砂砚。至于漆书砚与漆砚有何区别，或是否也为漆砂砚，尚待进一步研究。

三、唐宋金元

隋代由于立国时间短暂，有关漆器文字记载和出土的实物都比较少，漆器工艺仍承继前代使用绿沉漆于甲、弓箭之上。唐代是中国封建社会的鼎盛时期，国力强盛，经济发达，文化繁荣，交流广泛，漆器产品技艺精湛，种类增多，并被列为唐政府税收实物之一。但是，由于青瓷制造技术的逐步成熟及其社会化的趋势，作为日用生活品的漆器逐渐淡出历史舞台，向着装饰华丽的贵族专用工艺品方面发展，金银镶嵌漆器更加精致。五代十国时期，由于战争连年不断，中原地区手工业的发展受到阻碍，虽然长江以南地区因受战争破坏较少，漆器制作仍有所发展，但总体而言漆器的产量明显低于两汉时期，漆器文献与考古中发现的实物也较少，但与漆砂砚有关的文献与实物却在此时出现。如宋人陈櫄在《负暄野录》中就提到了漆砚：“漆砚亦然，本取漆匠案桌上自然久积者，质坚而铓，利于研磨。今人乃施累漆伪为，体虚而滑不可用，皆非砚之正材也。”[6] 另据清代方濬颐《续纂扬州府志》与叶名澧《桥西杂记》等记载，清代扬州漆器艺人卢映之曾在南城外买得一方上有“宋宣和内府制”铭文的漆砂砚。从此漆砂砚的铭文推测，宋徽宗宣和年间皇宫内负责监管制造器具的内府曾制作过漆砂砚。

至于宋宣和年间内府制漆砂砚的形制与样式，笔者认为现藏北京故宫博物院的一方镌有“宋宣和内府制”

图 9–5　清代卢葵生仿制的宋宣和内府漆砂砚（笔者摄于扬州双博馆）

与“葵生”款印的漆砂砚应是北宋宣和年间内府所制漆砂砚形制与样式的模仿与再现（图 9–5）。

此砚胎薄质轻，色泽浓紫，模拟端石。长 13 厘米，宽 9.4 厘米，高 3.4 厘米。砚体呈橄榄形抄手式。砚面开斜通式砚堂，后高前低，前端深凹为砚池。砚背开斜坡抄手，一端有圆形凸起，上有特意仿制的端砚石眼。砚之一侧镌有隶书“宋宣和内府制”，后镌“葵生”款印。另一侧镌有清代书画家、扬州八怪之一金农的铭文“恒河沙，沮园漆，髹而成，研同金石，既寿其年，且轻其质，子孙宝之传奕奕。嵇留山民”及“寿门”款印。

笔者之所以言此砚为北宋宣和年间内府所制漆砂砚形制与样式的模仿与再现，是因为在现存卢葵生所制漆砂砚中唯有这一方砚侧镌有“宋宣和内府制”与“葵生”款印。按理若此砚为卢葵生所制，则镌有“葵生”款印即可。若此砚为宋宣和内府所刻，则应该仅镌有“宋宣和内府制”款。只有当此砚为卢葵生仿制的宋宣和内府砚时，才会在砚上同时出现“宋宣和内府制”与“葵生”款印。

北宋汴梁沦陷之后，宋室南迁，偏安一隅的南宋王朝虽然漆器业非常发达，但漆砂砚的制作似乎并未得以延续。此外笔者在现存的宋辽金元文献中未曾见有漆砂砚制作技艺的相关著述，在现存的漆砂砚遗物中也未发现南宋至元末的作品。

四、明清之际

明朝建立后，政府对漆的生产极为重视，洪武初年，就在南京东郊设漆园、桐园、棕园，以示提倡。北京有官办“漆作”，江、浙、蜀、粤、闽等地有“民坊”，各有特色。明初永乐时，皇家曾设有果园厂，由张成之子张德刚管理事务，所制雕漆、填漆称为厂制，除御用之外，也有部分出售。漆器工艺承前代漆工技艺之精华，开后世漆器工艺之新风，推陈出新，发扬光大。明代也是漆器应用范畴最广的时期，宫殿庙宇、床榻桌椅、日常器皿、丧葬用具等无不涉及漆器工艺。此外，还出现了我国现存唯一的一部古代漆工专著《髹漆录》，它不仅是漆器工艺各门类之集大成者，而且是研究漆器发展史的重要历史文献。然而，明代漆器工艺的繁荣与辉煌并不包括漆砂砚，因为从现存文献来看，明代的宋诩虽然在《竹屿山房杂部》卷七的燕闲部中提到“倭国有漆查砚，体轻而发墨”[7]，但此砚已非中原之物。

直至清初，漆砂砚制作技艺才由扬州漆器制作者卢映之加以恢复，后由卢葵生发扬光大。据叶名澧《桥西杂记》记载："漆砂砚，以扬州卢葵生家所制为最精，顾涧[艹宾]广圻为作记。其祖映之，尝于南城外市得一砚，上有'宋宣和内府制'六字，形质类澄泥而绝轻，入水不沉，甚异之。后知其为漆砂所成，授工仿造，克适为用。葵生世其传，一时业此者遂众。凡文房诸事，无不以漆砂为之，制造既良，雕刻山水花鸟金石之文，悉臻妍巧。"[8] 清代嘉庆、道光年间的著名学者顾千里也曾作《漆砂砚记》对卢葵生制作的漆砂砚大加赞赏："有发墨之乐，无杀笔之苦，庶与彼二上品（指端砚、澄泥砚——笔者注）媲美矣！适当厥时，以济天产之不足，且补人为所未备"，并作《漆砂砚铭》："日万字墨此可磨，得之不复求宣和"[9]。此外，刊刻于清同治十三年（1874）的《续纂扬州府志》第二十四卷对此事也记载较详："卢栋字葵生，江都监生，善制漆器，漆砂砚尤见重于时。自谓先世于南城外市中买得一砚，上有宋宣和内府制六字，形质类澄泥而绝轻，入水不沉，甚异之。久之乃知为漆砂所成，授工仿造，既竭心思，始克尽善，用之者咸谓，得未曾有。今其法尚传，精巧不逮也。"[10]

从现存的卢葵生所制漆砂砚遗物来看，其制作技艺确实非同一般。如现藏于上海博物馆的清道光漆砂卢葵生款砚，圆形，直径13.1厘米，高3.2厘米，正面、背面均可研墨。砚体呈紫黑色，内含许多闪光的细小颗粒，砚侧镌有隶书"道光庚子春日葵生监制"款，底部镌有朱色隶书印"卢葵生制"。砚盒为朱漆髹饰的天地盖，盒盖用色漆绘有梅花数枝，既实用又美观（图9–6）。再如现藏上海博物馆的卢葵生制椭圆漆砂砚，整体为一不规则椭圆形，色泽浓紫，砚体平滑。砚面由后向前倾斜，左侧镌有隶书"仿停云馆藏研"，下镌行书款"古榆书屋卢氏监制"及篆文"葵生"长方印。该砚也配有漆盒，盒盖表面作折技梅花，以椰壳为枝干，花瓣用螺钿镶嵌，白梅秀枝，清疏雅致，盒底有红漆篆文"卢葵生制"方形印（图9–7）。[11]

图9–6　清道光漆砂卢葵生款砚（取自《中国文房四宝全集•砚》）　图9–7　清卢葵生制椭圆漆砂砚（取自《中国名砚鉴赏》）

就卢氏漆砂砚的创作题材而言，大致可以分为三类：其一是仿制北宋宣和年间内府所制之漆砂砚，如现藏北京故宫博物院的一方砚侧镌有"宋宣和内府制"与"葵生"款印的漆砂砚。其二是仿制一些名家所藏的端、歙等砚，如现藏上海博物馆的一方砚侧镌有"仿停云馆藏研"的漆砂砚，应该是仿制于明代著名书画家文徵明之停云馆所藏砚。其三为自行设计创作的漆砂砚，那些没有"仿制"字样的漆砂砚可以归入此类。

从卢氏漆砂砚所镌铭文与印文来看，卢氏漆砂砚可以分为两类：一类为卢葵生亲自制作者，如现藏北京故宫博物院的仿"宋宣和内府制"漆砂砚。另一类为卢葵生监制者，此类漆砂砚上往往镌有"葵生监制""卢氏监制"字样。由此笔者猜测，当年卢葵生为了提高卢氏漆砂砚的产量，极可能雇用了多名工匠进入自己的工坊从事漆砂砚生产。为了保证工匠制作出的漆砂砚质量，卢葵生应该对这些工匠进行了必要的技术指导，同时也对工匠们制作的产品进行了严格的质量监督，使之制作出了一批质量上乘的漆砂砚。为了将工匠制作的漆砂砚与自己亲手制作的加以区别，还在砚上特意标注上"监制"字样。

通过扬州卢氏一族几代人的不懈努力，清代漆砂砚的制作技艺不仅得以完善，而且在砚盒制作上还引入了螺钿、百宝嵌等多种漆艺，进一步促进了漆砂砚的发展与繁荣，使扬州成为全国漆砂砚的制作中心。当时不仅扬州地区从事漆砂砚制作的工匠人数众多，而且徽州等地的漆工艺人也前往扬州求师学艺，将扬州漆砂砚制作技艺传向更多地区。

清代后期，扬州漆器业萧条衰落，漆砂砚制作技艺再次失传。

五、当代

中华人民共和国成立之后，扬州与徽州的漆器生产分别在20世纪50年代初得以恢复，但漆砂砚的重新研制直至20世纪70年代后期，才分别在安徽省屯溪市（今安徽省黄山市屯溪区）与江苏省扬州市展开。

1978年，安徽省屯溪工艺厂老艺人俞金海，根据南京画院亚明先生收藏的漆砂砚以及有关文献，开始酝酿研制漆砂砚。他克服了重重困难，经过反复的实验，终于试制成功，使漆砂古砚重见天日，被称为“楚漆国手”。他制作的漆砂砚，以优质木料作为内坯，上等生漆为主料，配以瓷粉或金刚砂等研料混合制成。其中漆砂砚微红色似“端石”，暗黄色若“澄泥”，淡绿色像“洮河”，黑色酷似“歙砚”。配上菠萝漆砚盒，一方方乌黑发亮，似玉非玉，润若肌肤，轻巧精美，古朴典雅，可与石砚媲美。由于漆砂砚除具有其他砚的优点外，还具有小巧玲珑、携带方便及便于外出写生的优点，所以当俞金海研制出的漆砂砚刚一面市，就受到了国内外书画家们的青睐。著名书法家田芜赠诗曰：“南端北歙出深山，独有俞君作漆研。乌玉能添潇洒笔，人工巧夺胜天然。”著名书画家赖少其看到漆砂砚后惊叹不已，特挥毫称赞“功同天造”。著名作家端木蕻良尊俞金海为“楚漆国手”。

1979年年初，扬州漆器厂开始漆砂砚的试制工作。有关人员揣摩实物，走访请教，于1980年试制成功。新研制的漆砂砚用整块楠木雕成，砚堂用大漆调配金刚砂等研磨材料髹饰，以利研墨。砚堂之外用多种雕刻技法在楠木上刻出山水、花鸟、人物等，然后再罩上透明度较高的大漆。砚盒用木料制成，盒盖上用螺钿、嵌玉、嵌牙、雕漆、勾刀、刻漆、彩绘、点螺等扬州传统特色漆器工艺加以装饰。1980年3月13日，扬州漆器厂邀请扬州画院、扬州师范学院知名书画家和博物馆文物鉴赏专家参加漆砚鉴定会，到会专家一致认为，重又问世的扬州漆砂砚兼有端、歙二砚的长处和扬州漆器的特色，坚而不顽、细而不滑、发墨益毫、宿墨不干、入水不沉、坠地不损、装饰精美，既是书画家实用的文房用品，又是文人雅士案头精巧雅致的清玩。

如今歙州漆砂砚与扬州漆砂砚正沿着各自的特色之路向前发展，成为我国漆砂砚制作的两大派别。

从事歙州漆砂砚制作的人较少，所出产品也很少，其中以徽州漆艺制作技艺的国家级传承人甘而可制作的漆砂砚最为著名。其制作的漆砂砚一是发墨如油，研墨无声，不损笔毫；二是漆砚本身的色彩与花纹极似天然石材，仅凭肉眼难以区别；三是贮墨不涸，入水不沉，寒冬不冰；四是砚盒制作极其精致，尤其是菠萝漆盒的制作已达到天人合一、如梦似幻的境界，有令人叹为观止、神人共畅之感。

从事扬州漆砂砚制作的人很多，所以扬州漆砂砚产量很大，在扬州的大部分工艺品商店中都可以看到扬州漆砂砚的身影，但产品质量良莠不齐，有的甚至用合成涂料代替传统大漆。

第二节　形制样式

一、古代漆砂砚的形制样式

从 1984 年在江苏省邗江县姚庄 101 号西汉墓出土的漆砂砚来看，西汉时期的漆砂砚在形制样式上非常注重实用功能与造型艺术的结合，尤其是后高前低的倾斜式砚堂设计，既方便研墨又宜于贮墨。

三国东吴右军师、左大司马朱然墓出土的漆砂砚的形制样式更多地体现了组合文具的设计理念，利用漆砂砚木胎制作工艺特点，将漆砂砚设计为三盘一盖的长方盒形，成功地将笔架、砚、水池、研石、颜料等多种文房用具集成为一体，应为组合文具之滥觞。

北宋宣和内府所制漆砂砚虽然未见实物传世，但从宋代端砚、歙砚、洮砚、澄泥砚等形制样式种类繁多加以推测，漆砂砚的形制样式种类不会太少。从清代扬州卢葵生仿制的宋代宣和内府漆砂砚来看，北宋内府所制漆砂砚中已有经过艺术变形的抄手砚。

清代漆砂砚的形制样式较多，除圆形、椭圆形之外，还有风字形、门字形、瓜形等。另外清代的漆砂砚制作者们还十分注重砚盒的制作，在砚盒上巧用雕漆、螺钿镶嵌、百宝嵌等工艺，进一步提升了漆砂砚的艺术性。其中活动在康熙至道光年间的扬州卢氏一族为漆器世家，从卢映之到卢葵生，祖孙三代专制文房漆玩，他们与书画家合作制作的漆砂砚，从砚体到砚盒都深深打上了士大夫文化的烙印。他们除了在漆砂砚上镌刻诗、书、画、印以表达清淡雅致的情怀，还将螺钿、百宝嵌等技艺引入到漆砂砚盒的制作之中，形成了卢氏一族漆砂砚独特的风格。如现藏天津艺术博物馆底部有“卢葵生制”朱印的椭圆形漆砂砚，长 11.7 厘米，宽 7.6 厘米，高 1.6 厘米。砚盒以黑漆髹底，上嵌螺钿桃枝。整体小巧玲珑，高雅别致（图 9–8）。

图 9–8　清卢葵生制漆砂砚（取自《中国名砚鉴赏》）

除卢氏一族之外，其他人制作的漆砂砚也同样有清雅不俗之品。如现藏北京故宫博物院的清代漆砂风字砚，长 12.5 厘米，宽 8.1 厘米，高 1.9 厘米，形制为风字形，砚面周边起框，砚池开为周边略隆中心浅凹的形式，有益贮水研墨与掭笔，砚池四周与砚边处开有水槽，可使多余的水进入墨池，其设计可谓匠心独运，体现了制作者细致入微的观察与精妙的设计（图 9–9）。

另一方清代无名氏所作的朱漆瓜式砚，其砚设计为瓜形，砚面为一剖开之瓜，砚额上用金漆髹为两枚

图 9–9 清漆砂风字砚（正、背面）（取自《文房四宝•纸砚》）

图 9–10 清朱漆瓜式砚（取自《中国文房四宝全集•砚》）

经过艺术变形的瓜叶，砚堂四周微凹，砚池深陷，砚背雕有瓜叶、瓜蒂与花，布局合理，形态逼真，加之全砚色泽深红，恰似一枚成熟的金瓜。该砚砚盒以木制胎，外髹黑漆，盒内用撒螺钿工艺进行髹饰，可视为清代漆砂砚中仿生类造型的典范之一（图 9–10）。

另一方漆砂门字形砚，砚形似一繁写的“门”字，砚盒用黑漆髹饰，用螺钿嵌木兰花，清新淡雅，文人之气浓郁（图 9–11）。

图 9–11 清代漆砂门字形砚（笔者摄于安徽省博物院）

二、当代漆砂砚的形制样式

当代漆砂砚的制作主要集中在安徽省黄山市与江苏省扬州市，两者在制作技艺与形制样式上特点不同，分别被称为“歙州漆砂砚”与“扬州漆砂砚”。

就歙州漆砂砚而言，已故徽州（今黄山市）漆艺代表人物俞金海师傅所制的歙州漆砂砚，形制样式繁多，有圆形、腰圆形、长方形、瓦形、竹节形、荷叶形、仿古的太史砚形、淌槽砚形、罗汉肚形、墨海形等。还巧用各种色漆对砚表进行髹饰以增加漆砂砚的石质感，其中有紫绛色、黝黑色、石绿色、鳝黄色、虾青色等。砚匣用推光漆制作，上面雕刻着松石和梅、兰、竹、菊等花形图案，并有题款与砚铭；外包装用纸版制成的砚盒，加宋锦裱糊，贴有“俞氏漆研”印鉴，古色古香。

当下的徽州漆艺制作技艺国家级传承人甘而可所制歙州漆砂砚，不仅在形制样式上品种繁多，如风字形、八角形、椭圆形、随形、蝉形等，而且仿制的端、歙、洮、澄泥等名砚，在色彩上达到以假乱真的地步，加上在砚匣的配合上独具匠心，使漆砂砚与砚盒融合为一个整体，共显美丽特质，令人拍手叫绝。

就扬州漆砂砚而言，其形制特点可归纳为：古楠为胎，精雕细镂，漆砂砚堂，大漆髹面，黑漆推光，螺钿镶嵌。如由许从慎设计，殷春风、任宝明、赵如柏制作的软螺钿漆盒木雕漆砂砚醉翁亭，用古楠木制胎，上雕刻宋代著名文学家欧阳修笔下的瑯琊山与醉翁亭，山川秀美，古亭独立，古木苍老，山道盘曲；砚堂用天然大漆调金刚砂髹饰，发墨益毫，坚固耐磨；砚面用大漆髹饰，状似澄泥，雕刻精致；砚盖为黑推光漆面上嵌软螺钿，画面可随光变换。该砚于 1984 年获中国工艺美术品百花奖优秀创作设计二等奖。1985 年，扬州的软螺钿漆盒并木雕漆砂砚醉翁亭作为国家礼品赠送中曾根首相。再如由卢星堂设计，殷春风、任宝明、赵如柏制作的软螺钿漆盒木雕漆砂砚泰山揽胜，砚体净长 84 厘米，宽 51.2 厘米，高 10 厘米，用整块楠木雕刻而成，砚面峰回路转，飞湍如挂，两棵拔地而起的汉柏虬枝纷披、盘亘而上，柏枝环抱出一泓深潭般的砚池，漆砂层厚达 1.5 厘米，不粗不细，试用效果不亚于各类名砚。砚盒用黑推光漆砚制作，深邃晶莹。盒面左上方用软螺钿片组嵌出旭日东升，乱云飞渡，泰岳古松，郁郁葱葱，右下方嵌行书杜甫《望岳》一首（图 9–12）。砚与盒于 1985 年 4 月开工制作，1986 年 6 月完工。历时一年两个月，用工 3000 多人，其体积之大、选材之精、耗工之多，漆砚中未有胜于此者。著名国画家亚明评价：“错采镂金和芙蓉出水完美统一。”南京艺术学院保彬教授评价：“气势磅礴，技法奇巧。”文物专家王世襄为此砚作绝句两首：“钿

图 9—12 泰山揽胜漆砂砚（取自《中国名砚鉴赏》）

螺巧点江千里，抄砚精搏卢映之。今日喜看双美具，维扬髹饰靓新姿。”“岱崧松云照眼明，夜光彩贝缀来轻。才疏恨少如椽笔，试此沙凹墨一泓。”1987 年 9 月，江苏省工艺美术展览赴日本展出，泰山揽胜漆砂砚并盒以 400 余万元人民币的价格在大阪售出。

第三节 制作技艺

漆砂砚制作技艺一直缺少文献记载，即使是清代扬州的卢氏一族，虽然恢复了漆砂砚制作技艺，促进了漆砂砚的发展，但是仍未留下与漆砂砚制作技艺有关的文字资料，给后来的漆砂砚恢复带来了很大困难。如今漆砂砚制作技艺在安徽省黄山市与江苏省扬州市两地分别得以恢复与发展，虽然同为漆砂砚，但两者各具自身的技术特色。由于漆砂砚制作技艺中有些内容是制作者不愿公开的秘密，故下面所述的工艺与工序仅为其主要内容。

一、 歙州漆砂砚制作技艺

歙州漆砂砚是指在今安徽省黄山市及周边地区能工巧匠制作的漆砂砚，其技术特点是：刳木为胎，糙布加固，调灰上灰，雕刻配盒。其工序主要包括：设计、制胎、涂漆、糙布、调灰、上灰、雕刻、配盒、落款。

制作工具主要有漆刮、漆刷、漆笔、雕刀、研磨工具、调色板等。其中漆刮用于调拌漆灰、刮底灰、补灰、调制色漆、刮漆、取漆，漆刮可用木、竹、角、金属、橡皮等制成。漆刷用于髹漆，制刷的材料有人发、牛尾、猪鬃、羊毛等。漆笔用于图像描绘，毛笔、油画笔、化妆笔等均可。雕刀用于刻嵌，通常用钢制成，其刃口有平口、圆口、斜口、V形口等。研磨工具用于磨平、磨显，各种型号的磨石、水砂纸都可使用。调色板用于调制漆色，一般多选用平滑洁净的白色陶瓷板，厚玻璃板、大理石板、水磨石板亦可（图9–13）。

图9–13 歙州漆砂砚工作台

1. 设计

设计是漆砂砚制作技艺中最为重要的一个工序，常言说："没有失败的工艺，只有失败的设计。"一件成功的漆砂砚作品绝不是华丽色彩的相嵌、繁缛纹饰的交织、多种技法的堆砌，而是艺术与工艺的总体设计和把握。从某种意义上说，工艺技法服从于设计，而设计源自设计者的艺术修养。设计水平的高低之别，直接影响到漆砂砚作品的技法应用与美学感受。就具体的设计而言，歙州漆砂砚的设计可分为砚体设计与砚盒设计两个部分，两者之间密切关联，相辅相成。就砚体造型设计而言，歙州漆砂砚主要是仿制现存的历代名砚，如清宫旧藏的端、歙、澄泥砚等，造型古朴端庄，色彩与纹理几乎完全相同，视之几可乱真。就砚盒设计而言，主要是根据所制漆砂砚的样式、颜色等选用不同造型的砚盒，不同的漆艺加以髹饰，如菠萝漆、推光漆、雕漆等。

2. 制胎

制作歙州漆砂砚所用的木胎材料首选楠木。楠木为我国特有，是驰名中外的珍贵用材树种。其木材颜色为浅橙黄略灰，纹理直而结构细密，质地温润柔和，不腐不蛀，无收缩性，不易变形和开裂，空气湿度大时会发出阵阵幽香，易于加工，是软性木材中最好的一种。为了防止漆砂砚收缩变形，所用木胎材料多使用材质优良、质轻干燥、木性稳定、陈旧百年以上的老家具以及埋藏时间较长的寿材。近年来，由于陈旧百年以上的楠木在民间的存量逐渐减少，人们开始尝试使用经过沤旧处理的新楠木。其沤旧方法主要是将新砍伐的楠木用石块压在水池中进行长达半年时间的浸泡，借助于水与微生物的作用使木材中的一些化学物质溶出，然后再取出放在阴凉通风处晾干。除楠木外，陈旧多年、木性稳定的梧桐木也可以用于制作漆砂砚的木胎。

制作歙州漆砂砚木胎的工具主要是锯、斧、凿、刻刀以及笔、墨等，方法主要是挖制与斫制，卷制方法暂未发现。歙州漆砂砚木胎的制作通常是先将楠木等木材锯切成大小合适的木坯，用笔在木坯上画出设计好的漆砂砚样式，然后用平口凿、圆口凿以及多种刃口的刻刀进行挖或斫，使之与设计式样相符合，最后用木砂纸将木坯上的刀凿痕迹磨平，把木坯表面砂光（图9–14）。

图9–14 制作漆砂砚木胎（甘而可提供）

制作木胎的注意事项：一是使用凿、刀加工时要耐心地一层一层地向下挖，以免用力过度挖成凹陷，难以恢复。二是制作出的木胎大小与样式应与后续的糙布、上灰工艺统筹考虑，以保证制作出的漆砂砚造型准确、大小合适（图 9–15）。

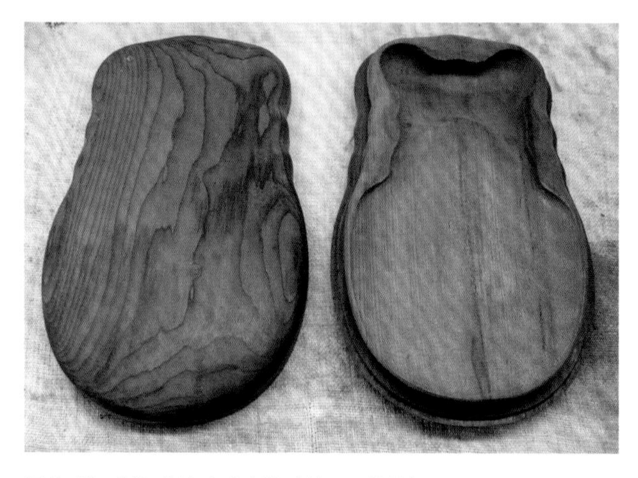
图 9–15 制好的漆砂砚木胎（甘而可提供）

3. 涂漆

涂漆的目的是利用生漆产生的漆膜将木胎与外界隔离，防止空气中的水分、刮漆灰时灰中的水分以及湿磨漆灰时的水分渗入木胎。此工艺在木胎制刻好之后进行，方法是用漆刷等将生漆均匀地涂刷在木胎表面，然后静置，使之在木胎外形成一层坚固的漆膜。涂漆的工具主要有漆刮与漆刷。若木胎上有较大裂缝，可用斜口刀沿裂缝切出 V 字形浅沟，然后用生漆拌灰填平。若木胎上有木节、孔眼等，可用生漆加灰刮平，干后磨平。

笔者通过多年尝试后认为，若要漆器经久耐用，不裂、不皱、不缩、不起皮、不掉皮，一定要用天然大漆在木胎上全面涂饰，只有这样才能将木胎与外界的水分、空气隔绝。

4. 糙布

在糙布前先要调漆，通常是用大漆加入适量的面粉调成糊状备用（图 9–16）。糙布用的夏布是一种以苎麻为原料经手工纺织而成的平纹布（图 9–17）。苎麻是一种优质高产的纤维作物，它的纤维长度是棉花的 6~10 倍，拉力比棉花大 6~7 倍。用苎麻制成的夏布坚韧耐久，是漆器制作业中糙布的主要原料。糙布用的夏布以旧夏布最适宜，新夏布必须去浆并经捶打后才能应用，否则布性太硬难以平覆于木胎之上，会造成木胎上的线条花纹不清晰。夏布的剪裁通常顺应布纹直剪，仅圆器木胎除外。在糙布时，先用刮刀将调和好的漆均匀地刮涂在木胎上，再用刮刀将漆刮涂到夏布上，然后将刮过漆的夏布覆盖在刮过漆的木胎上，用工具将夏布压在木胎上，并使每块夏布都与木胎紧密贴合，这样不仅可以增加木胎的牢固性，防止木胎开裂变形，而且可以较好地保持木胎的外形，以及木胎上雕刻的线条与花纹（图 9–18、图 9–19）。

5. 上灰

上灰之前需要调灰，调灰是用大漆与金刚砂等研磨剂进行调制，使之成为漆砂砚专用的漆砂灰（图 9–20）。漆砂灰调配是否合理直接影响漆砂砚的质量，若研磨材料颗粒太粗则损毫，太细则不发墨；若漆少灰多则损毫，漆多灰少则打滑。因此，要想解决大漆和研磨材料颗粒大小及比例关系，需要从业者刻苦实践，精心研究。为了充分体现漆砂砚“发墨”和“保笔”这两大基本功能，需要认真分析古代漆砂砚中砂粒的种类和粗细度，另外还要对端、歙、澄泥等名砚中的研磨成分与颗粒大小、密度等问题进行剖析，

图 9–16 调漆

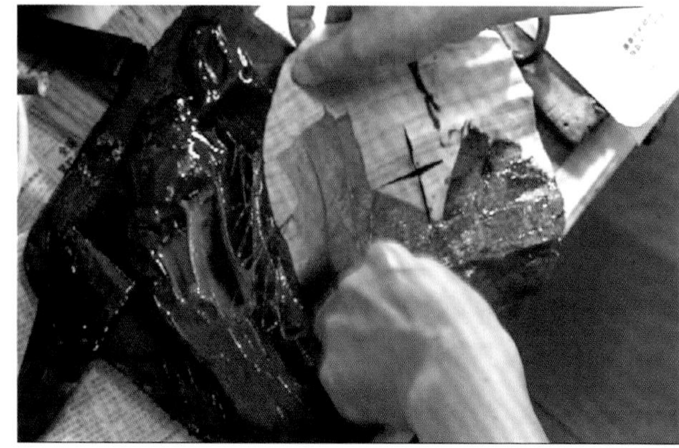
图 9–17 糙布

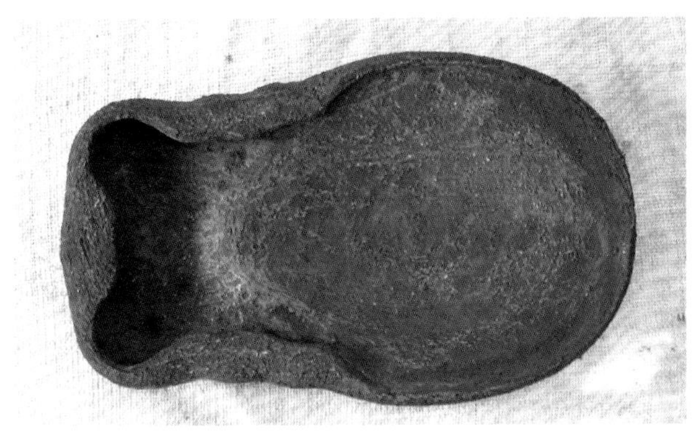

图 9–18　经过糙布的漆砂砚坯（砚面）

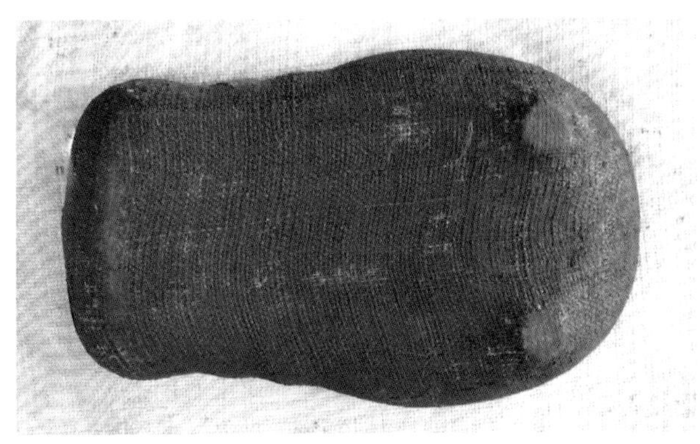

图 9–19　经过糙布的漆砂砚坯（砚背）

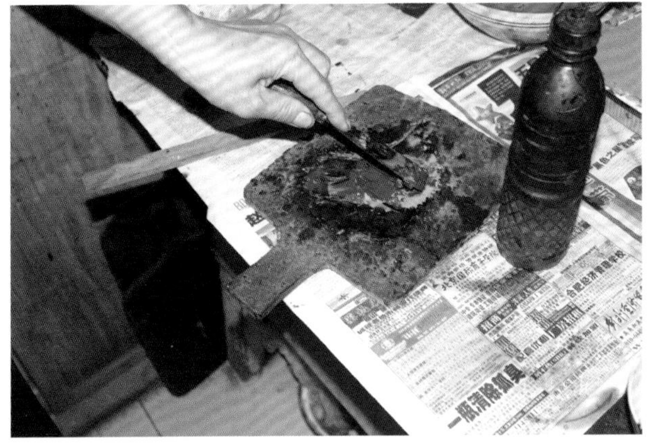

图 9–20　调灰

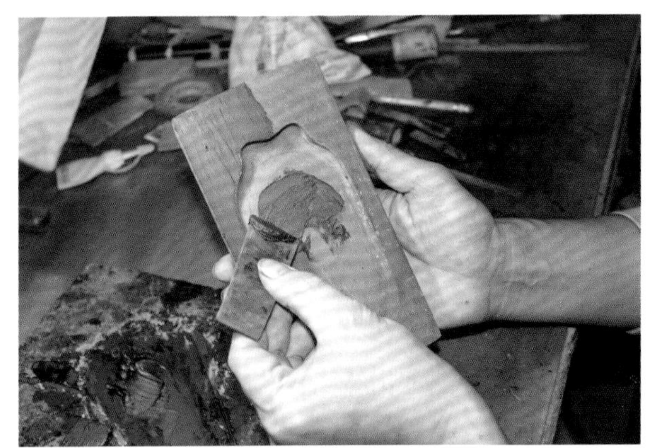

图 9–21　上灰

然后反复实践，只有这样才能制出下墨如油、不损笔毫、磨墨无杂声、品质优良的漆砂砚。

上灰是用漆刮将漆砂灰均匀地涂布在经过糙布处理的木胎上（图 9–21）。上灰要分多次进行，先上粗灰再上细灰。每次上灰不宜太厚，厚则灰松，使用性差；也不宜太薄，薄则漆多，磨墨打滑，不发墨。另外，在每次上灰后都要将砚坯静置，待干燥后用磨石与砂纸磨平（图 9–22、图 9–23）。

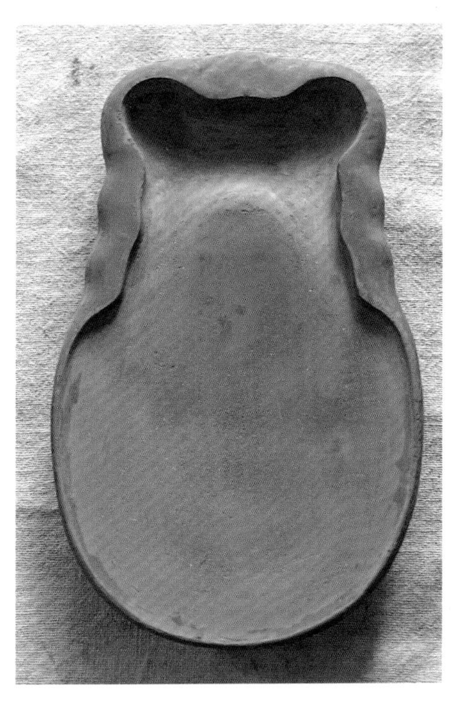

图 9–22　上灰后的漆砂砚坯 1（甘而可提供）

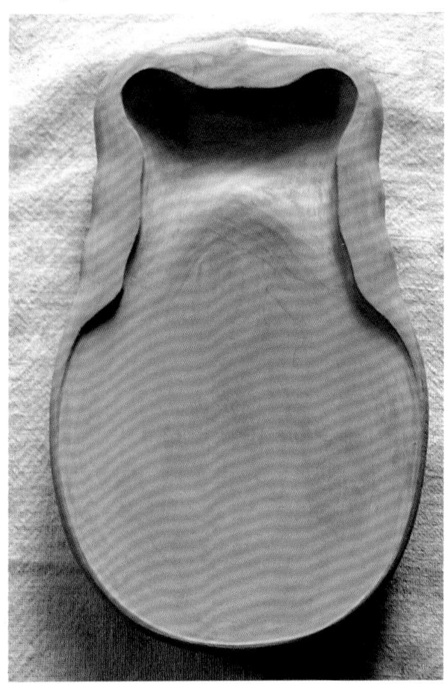

图 9–23　上灰后的漆砂砚坯 2（甘而可提供）

6. 雕刻

漆砂砚同端、歙一样也需精雕细刻，使其既具有实用性，又具有艺术欣赏性（图 9–24）。雕刻中要注意刀法与砚体的一致性，如“兰亭”“蓬莱”漆砂砚讲究精雕细刻，要求刀法干净利落。而仿古三足漆砚、长方素池砚，则讲究线条挺拔，要求刀法圆润自如。总之，无论制作何种风格的砚，都要求成竹在胸，精益求精，一丝不苟，追求完美（图 9–25）。

7. 配盒

首先要根据所制漆砂砚的形制与样式设计砚盒，然后是选用不变形的楠木、银杏等老料，裁割成大小合适的砚盒，然后调出黑、红等颜色的大漆（图 9–26、图 9–27），最后根据设计选用菠萝漆、推光漆或推光加镶嵌螺钿等用大漆髹饰成盒（图 9–28~ 图 9–31）。如仿汉瓦砚的那方漆砂砚，不仅在砚体上雕刻出乾隆御铭“其制维何，致之石渠。其用维何，承以方诸。研朱滴露，润有余文。津阁鉴，四库书”，而且还在砚盒上雕刻出汉瓦当中的青龙纹饰，由此更加突出了汉瓦砚的特色。

8. 铭文与款识

当漆砂砚与砚盒完成后，制作者通常会在砚与盒上镌刻铭文与款识。一方面标明此砚制作者的姓名，另一方面增加漆砂砚的艺术性（图 9–32）。

图 9–24　甘而可在雕刻漆砂砚

图 9–25　雕刻好的漆砂砚

图 9–26　调好的黑漆

图 9–27　调好的红漆

图 9–28　配盒范例 1（甘而可提供）

图 9–29　配盒范例 2（甘而可提供）

图 9–30　配盒范例 3（甘而可提供）

图 9–31　配盒范例 4（甘而可提供）

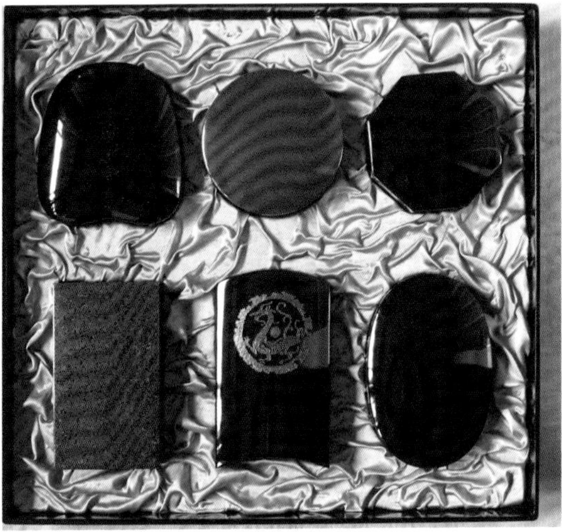

图 9–32　配好盒的成套歙州漆砂砚（甘而可提供）

二、扬州漆砂砚制作技艺

扬州漆砂砚是指在今江苏省扬州市及周边地区制作的漆砂砚。2012 年 5 月 7 日，笔者在扬州漆器总厂办公室主任孙卫华陪同下，对扬州漆砂砚的制作技艺进行了考察（图 9–33），认为其技术特点是：雕木为胎，刳木为池，漆砂砚堂，明漆砚体，推光砚盒，螺钿镶嵌。其工序主要包括：设计、制胎、调灰、上灰、上漆、制盒。其制作工具与歙州漆砂砚大致相同，主要也是漆刮、漆刷、漆笔、雕刀、研磨工具等。

图 9–33 扬州漆器总厂生产的扬州漆砂砚

1. 设计

扬州漆砂砚的设计可以分为两个部分：一是砚体设计，二是砚盒设计（图 9–34）。两者既是独立的，又是统一的，设计中要充分考虑砚盒与砚体在主题与内容上的一致性。就砚体造型而言，扬州漆砂砚主要是运用浮雕技术将大块楠木雕镂成一块有砚堂的木雕艺术品。如由许从慎设计，殷春风、任宝明、赵如柏制作的软螺钿漆盒木雕漆砂砚大涤草堂（图 9–35），选取傅抱石想象图写的石涛之大涤草堂为创作题材，用古楠木精心雕刻出虬枝盘曲的樗木、树木掩映下的草堂、草堂中仰观天空的石涛，用雄放的笔力与非凡的雕功，将傅抱石崇拜明末清初画家石涛高扬个性的创造精神，亦喜其湿墨淋漓之韵致的创作激情在古楠木上展现得淋漓尽致。砚面用透明大漆髹饰，色呈琥珀，酷似澄泥；砚膛用淡蓝色漆砂髹饰，宛然如水；砚盒用木材刳刻而成，外髹黑色漆推光，左半部用彩色夜光螺片镶嵌出由古树虬枝与大涤草堂组成的大涤草堂图，右半部用彩色夜光螺片镶嵌出当年石涛请八大山人绘大涤草堂图之事略：“石涛上人冕岁构草堂于广陵，致画南昌八大山人，求画大涤堂图，有云：平坡之上，樗散数株，阁中一老叟，即大涤子大涤草堂也。又云：请勿画和尚济，有发有冠之人也。闻原札藏临川李氏，后展转流归异域，余生也晚，不获睹矣。今经营此帧，聊记长想尔。民国三十一年春制于重庆西郊。”通过砚与盒的设计与制作，这方大涤草堂漆砂砚不仅非常和谐地将砚体与砚盒融合为一体，而且将傅抱石对石涛艺术的理解以及对石涛的崇敬心情都恰当地表现出

图 9–34 设计

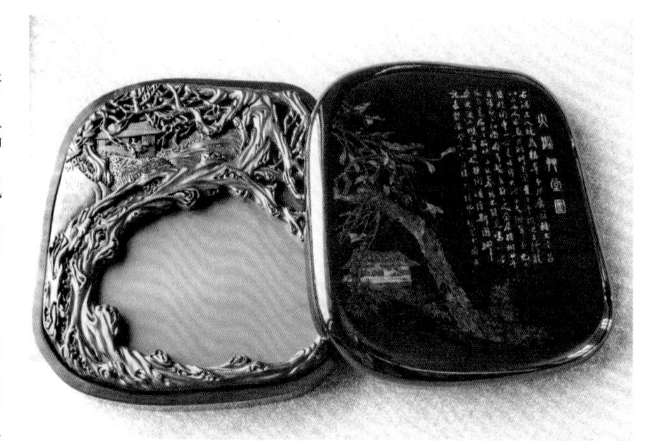

图 9–35 大涤草堂漆砂砚

来。该砚于 1987 年参加第四届全国工艺美术展览，被中国工艺美术馆作为珍品收藏。

2. 制胎

扬州漆砂砚所用的木胎也使用材质优良、质轻干燥、木性稳定、陈旧百年以上的老楠木。制作工具主要有锯、斧、凿、刀，制作方法主要是浅浮雕与深浮雕。扬州漆砂砚木胎的制作通常是取大小合适的楠木，按照设计好的漆砂砚样式，先用平凿、圆凿等开挖出一个面积大小合适的砚膛，然后用平口刀、圆口刀、斜口刀等在砚膛周围雕刻出山水树木、人物花鸟等（图 9–36），最后用木砂纸或其他工具将雕刻好的木胎表面砂光（图 9–37）。

图 9–36　雕刻

现在的扬州漆砂砚因产量较大且样式较为固定，故开挖砚膛与表面打磨多先使用电动机械，然后再由人工进一步加工，借此提高工作效率。

在制胎过程中若发现木料有裂缝，则可以用强力胶滴入裂缝中加以黏合。若发现木料有结疤或部分区域颜色较深时，则需要及时修改设计图，避免将结疤与颜色较深的部分显现在砚面上。

图 9–37　扬州漆器总厂制好的漆砂砚木胎

图 9–38　扬州漆砂砚工作台

3. 调灰

扬州漆砂砚的调灰至少有两种：一种是用大漆与磨细的砖瓦灰调制成的漆灰泥；另一种是用大漆与金刚砂混合调制成的漆砂砚专用的漆砂灰，这种漆砂灰具有较好的研磨性能。扬州漆砂砚质量的高低一方面与楠木的木材、花纹及雕刻技术密切相关，另一方面与髹饰在砚堂中的漆砂灰是否具有较好的研磨作用，即是否下墨关系密切。扬州漆砂砚对金刚砂的选择非常严格，大漆与金刚砂的比例也是独家的商业秘密。制作精良的扬州漆砂砚可以下墨如油、不损笔毫、经久耐用。

4. 打底

打底是用大漆与磨细的砖瓦灰调制成的漆灰泥刮涂在坯体上，主要作用是补平、补缺、补棱角和坚坯（图 9–39）。漆灰泥干燥后用砂纸将砚坯磨平，古代是用面砖蘸水进行打磨（图 9–40）。

5. 上灰

扬州漆砂砚的上灰是用漆刮将漆砂灰均匀地涂布在开挖出的砚堂中，其他部分不需上灰。在砚堂中上灰要分多次进行，每次上灰后都要将砚坯静置，待干燥后用磨石与砂纸磨平，然后再次上灰，直至达到要求的厚度为止（图 9–41）。

6. 上漆

扬州漆砂砚的上漆是使用透明大漆髹涂砚体中的非砚膛部分，其目的一方面是利用生漆产生的漆膜将木胎与外界隔离，另一方面是为利用透明大漆在楠木制成的木胎表面产生类似琥珀色的漆膜，使砚体更加美丽。上漆的方法是用漆刷等将大漆均匀地涂刷在木胎表面，待大漆在木胎外形成一层坚固的漆膜后，由人工将漆面打磨平滑（图 9–42）。

图 9–39　打底

图 9–40　经过打底的漆砂砚

图 9–41　上灰

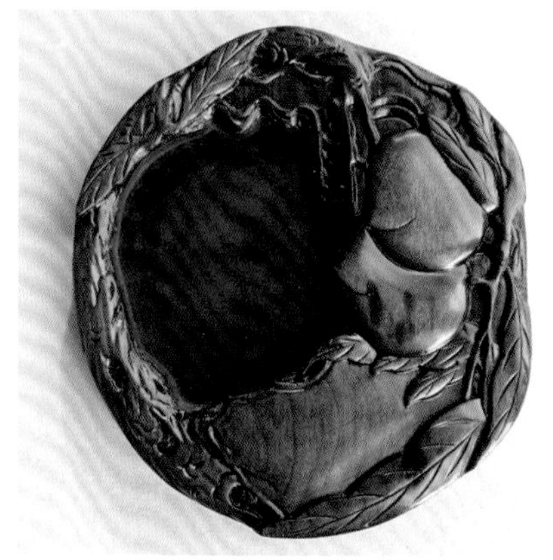

图 9–42　经过上漆的漆砂砚

7. 制盒

根据设计选用楠木、银杏等老料，制作成包括盒底与盒盖两部分的砚盒（图 9–43）。盒底通常不作过多装饰，用漆灰打底与上灰之后（图 9–44），外髹黑色推光漆，并打磨平滑（图 9–45、图 9–46）。盒盖则在打底与上灰之后，使用螺钿镶嵌漆艺进行髹饰。螺钿，又称“螺甸”“螺填”“钿嵌”“陷蚌”“坎螺”以及“罗钿”“钿螺”等，是指用螺壳与海贝磨制成人物、花鸟、几何图形或文字等薄片，根据画面需要而镶嵌在器物表面的装饰工艺的总称。这种在漆面上镶嵌螺钿的漆艺至少可以上溯到西周时期。如 20 世纪 80 年代在北京市琉璃河 1043 号西周墓地出土的一件兽面凤鸟纹嵌螺钿漆罍，其通体花纹均以蚌片镶嵌和彩绘组成凤鸟纹带、圆涡纹带和兽面（饕餮）图案，整件漆罍蚌片表面光滑平整，连缀整齐，接缝紧密，是迄今为止年代最早的螺钿漆器之一。目前所能见到最早的镶嵌螺钿的扬州漆砂砚盒为清代卢葵生所作，这种利用蚌壳天生丽质进行漆面装饰的螺钿技艺，可以在漆面上产生十分强烈的视觉效果，故被广泛应用。目前，另一种使用色彩丰富的彩贝，如珍珠贝、夜光螺、石决明等为材料制成的薄片，镶嵌在漆面上形成一种精细图案纹样的点螺装饰工艺，也被用于扬州漆砂砚砚盒的装饰，从而产生较之螺钿技艺更为细致美观的多彩视觉效果。点螺技艺完成之后，还需用大漆加以髹饰，然后用水砂纸蘸水将漆面打磨平滑，再由人工用手蘸推光油在漆面上反复摩擦，最终使漆面光可鉴人、彩贝熠熠生辉。这种用点螺漆艺制作的砚盒种类很多，如大涤草堂漆砂砚、泰山揽胜漆砂砚等（图 9-47~ 图 9-49）。

图 9-43 漆砂砚盒木胎

图 9-44 经过打底的漆砂砚盒

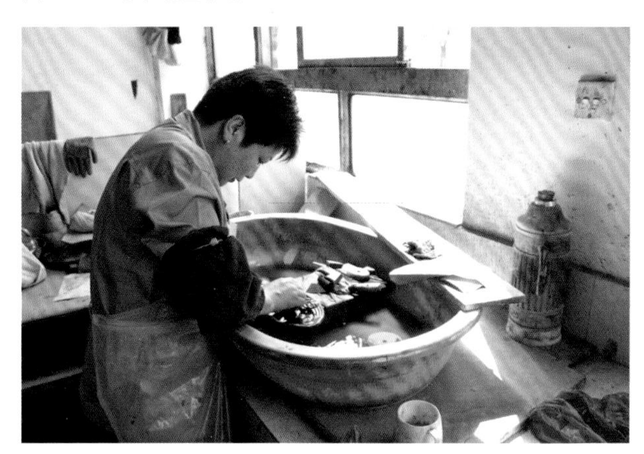

图 9-45 打磨漆砂砚盒

图 9-46 蘸水打磨中的漆砂砚盒

图 9-47 制好的漆砂砚盒

图 9-48 装有漆砂砚的砚盒

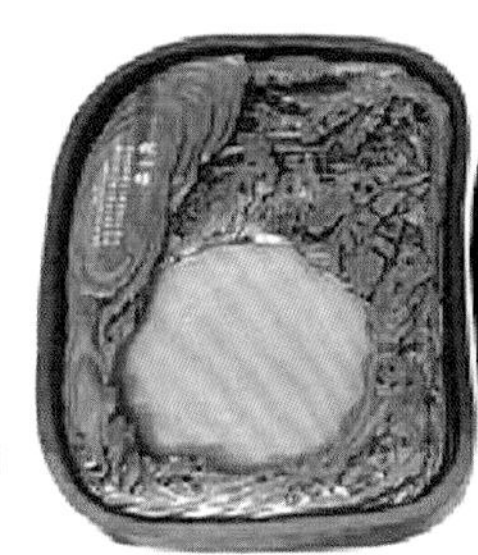

图 9-49 扬州漆砂砚部分产品

8. 包装

扬州漆砂砚的包装非常讲究，为了防止运输中漆砂砚在砚盒内晃动而在砚体与漆盒上产生擦痕，通常都会在砚盒底部铺垫上一片约2毫米厚的棉花片。另外，为了保证砚盒不被刮伤，还会在漆盒外再加一个锦盒，不仅为扬州漆砂砚提供了更好的保护，而且视觉效果更显古色古香（图9–50）。

图9—50 扬州漆器总厂生产的外套锦盒的扬州漆砂砚

注释：

[1] 李则斌：《汉砚品类的新发现》，《文物》1988年第2期，第44页。

[2] 安徽省文物考古研究所、马鞍山市文物普查工作队：《安徽马鞍山东吴朱然墓发掘简报》，《文物》1986年第3期，第5~6页。

[3] 安徽省文物考古研究所、马鞍山市文物普查工作队：《安徽马鞍山东吴朱然墓发掘简报》，《文物》1986年第3期，第14页。

[4]〔西晋〕陈寿：《三国志》卷五十六《吴书》十一。

[5] 墨锭及相关资料由江西省文物考古研究所杨军提供。

[6]〔宋〕陈櫰：《负暄野录》卷下，清知不足斋从书本。

[7]〔明〕宋诩：《竹屿山房杂部》，清文渊阁四库全书本。

[8]〔清〕叶名澧：《桥西杂记》，《丛书集成（初编）》，商务印书馆，1935年，第8页。

[9] 顾千里：《思适斋集》卷十七《砚铭九首·漆砂砚记》。

[10]〔清〕方濬颐：《续纂扬州府志》卷二十四，同治十三年刻本。

[11] 蔡鸿茹、胡中泰：《中国名砚鉴赏》，山东教育出版社，1992年，第152页。

第十章　砚林别录

中国砚的历史源远流长，种类繁多，除前面几章论述较详的端砚、歙砚、红丝砚、洮河砚、松花石砚、陶瓷砚、漆砂砚与澄泥砚外，在历史文献与现实世界中还有一些虽然流布不太广、名气不太大，但仍具自身特点的砚。为了便于分类阐述，本章按这些砚在文献中出现时间的早晚将其分为两类：一类为见诸1840年之前的古代文献者，一类为见诸1840年之后的近现代文献者。虽然笔者在搜集与整理这些砚时耗费了大量的时间与精力，但由于阅读的相关资料有限，走访考察的地点更有限，故疏漏与谬误在所难免，在此恳请专家学者予以指教。

第一节　见诸古代文献的砚

本节收录的砚为见诸1840年之前历史文献者。对其中产地可以考辨者，分别纳入现今的省、市、自治区中；产地难以考辨者，则收归为地址不详中；来自国外的另列一类；对于一些仅见其名而未言其详者则未予收录。

一、安徽省

1. 寿州紫金砚

寿州紫金砚是用寿春府寿春县（今安徽寿县）紫金山所产石料经人工雕琢而制成的砚台。最早记载寿州紫金砚的是宋代的杜绾，他在《云林石谱》卷中“紫金石”条目下记有：“寿春府寿春县紫金山，石出土中，色紫，琢为砚，甚发墨，叩之有声。余家旧有风字样砚，特轻薄，皆远古物也。”[1]由此可见，用寿春紫金山石制作的砚台，不仅具有发墨好并叩之有声的特点，而且人们采取紫金山石制作砚台的时间也远在杜绾编写《云林石谱》之前。

有关寿春紫金山的准确地点，宋元之际的史学家胡三省在注宋司马光所撰《资治通鉴》中言：“紫金山在寿春南或云即八公山。”[2]明代王祎在《大事记续编》中对“三月辛卯，唐朱元降周，周大破唐军于紫金山，齐王景达走”进行注释时言：“紫金山在安丰寿春县北与八公山相连。”[3]上述两文献一言紫金山在寿春之南，一言在寿春县北，令人是非莫辨。再查现存的三本《寿州志》，其中清乾隆三十二年（1767）与清光绪十六（1890）年的《寿州志》中并无紫金山地名，只有明代嘉靖《寿州志》（图10–1）中记载了紫金山在“州东北十里，古传山有黄金色，故名”[4]。由于此志为时任寿州知州的栗永禄组织寿州当地诸生历时两年编撰而成，应有较高的可信度，故寿州紫金山应在州城之东北十里。查现今地图，紫金山之名已不存，但从今人戚良伯等人发现优质紫金石料的张管村的地理位置来看，与明嘉靖《寿州志》所记紫金山石的产地还是较为接近的。

从现存文献来看，记载寿州紫金砚的文献数量很少，除《云林石谱》外，仅见陶宗仪《说郛》中的“寿春石”条：“寿春府寿春县紫金山，石出土中，色紫，琢为砚，甚发墨，扣之有声。余家旧有风字样砚特轻薄，皆远古物也。”由于此文献内容与《云林石谱》所记完全相同，且《说郛》成书在后，故据此推测陶氏《说郛》中记载的寿州紫金砚的相关资料应转述于《云林石谱》。

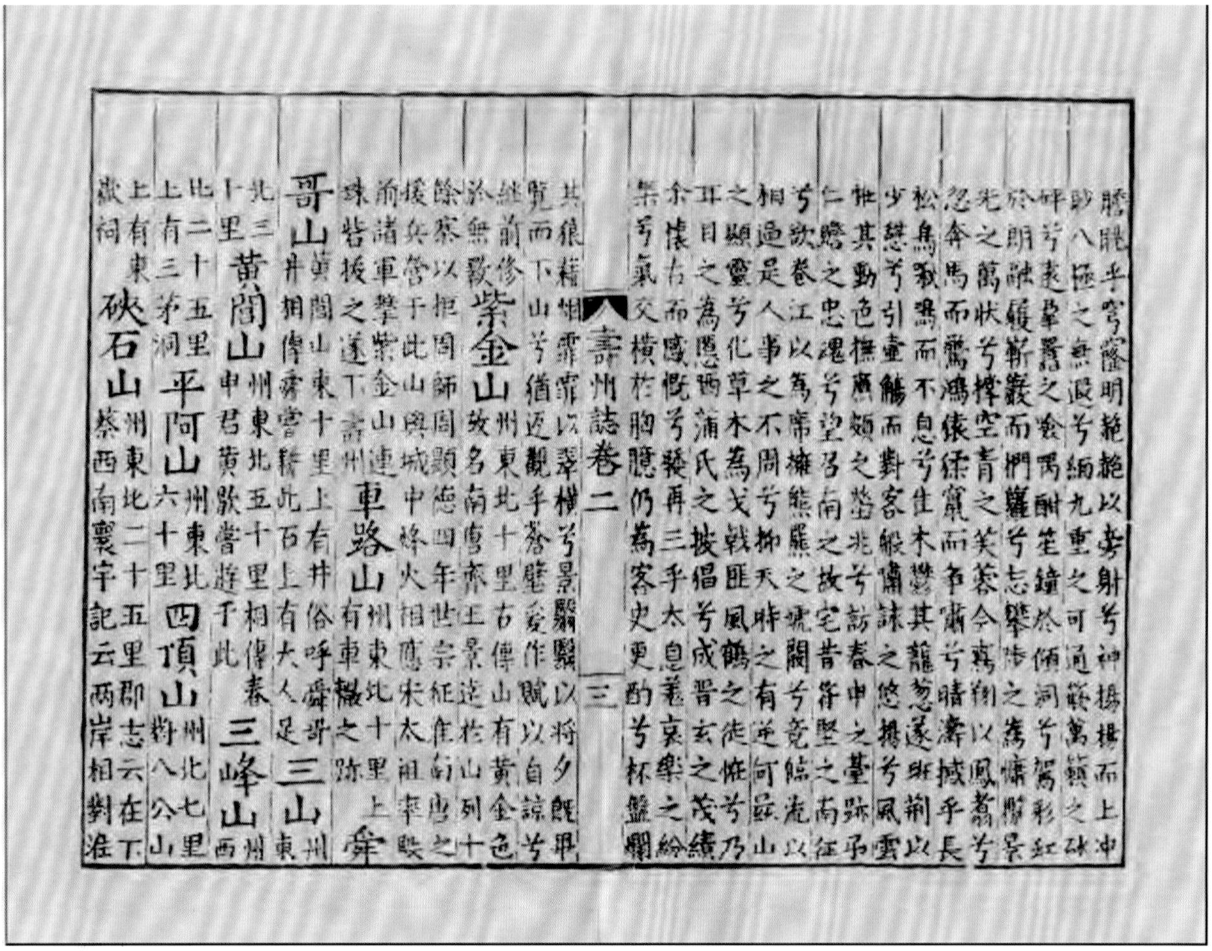

图 10–1 嘉靖《寿州志》明嘉靖二十九年（1550）刻本（现存国家图书馆）

曾有人以为，米芾在《宝晋英光集》中记载的紫金石与紫金砚为寿州所产，但细究原文“吾老年方得琅琊紫金石，与余家所收右军砚无异，人间第一品也，端歙皆出其下。新得右军紫金砚石，力疾书数日也。吾不来斯不复用此石矣”[5]可知，米芾年老方得到的紫金石产于琅琊，也就是今日之山东临沂，与寿春紫金山石的产地今安徽寿县相距甚远。

还有人以为宋代苏籀在《双溪集》卷一，《雪堂砚赋并引中》提到“伯祖父东坡先生琢紫金石为砚”[6]，其中的紫金石为寿春所产，但目前尚无确凿证据可以证明。

为此，笔者认为，寿春紫金山石砚虽然可能在宋代之前就已出现，但宋代之后，人们只能根据《云林石谱》的记载得知寿春曾经出产过一种著名的紫金山石砚，但其坑口已不为人知，石料也无人开采，其制作技艺也随之失传。

20 世纪 70 年代后期，安徽寿县一批有识之士在当地政府的大力支持下，依据历史文献对紫金山石的坑口进行了调查，使湮没千年的紫金山石重见天日，并使紫金砚制作技艺得到恢复、继承与弘扬。其中寿县紫金石艺研究所的戚良伯与柏玉麟等人，寒暑无间，奔波于岗峦起伏、翠峰垒嶂的八公山中，先后对茶山（东套）、狼涧（西套）、刘老碑、郝家圩、观音庵、马扒泉、甸疙瘩等处进行了系统的实地考察，对所获取的原石标本从工艺美术角度进行了鉴定，最终在张管村甸疙瘩石坑发现了优质紫金石料。经安徽省地质博物馆和安徽矿业协会取样分析检测证明，紫金石是国内十分罕见的优质砚石，其硬度稍大于端砚石和歙砚石。2003 年 5 月，戚良伯等人成立了寿县紫金石艺研究所，对紫金山石进行研究与开发，制作出了一批精品紫金山石砚，受到了国内外众多书画家、学者以及收藏家的好评。2004 年 1 月，“寿县紫金石砚研究与开发”项目通过了六安市科技局组织的专家鉴定并获得安徽省科技厅颁发的科技成果证书；同年 4 月 23 日参加了安徽省首届民间工艺品博览暨展销会，荣获金奖；9 月 15 日在中国豆腐文化节海峡两岸（中国·淮南）书画工艺精品展中荣获精品奖；2004 年 10 月荣获安徽省六安市政府颁发的科学进步三等奖。中央电视台旅游频道、《书法报》、《安徽日报》、《旅游博览》、《皖西日报》、寿县电视台等多家媒体都曾做过专题报道。寿县紫金石碑林艺术馆的曹化东也是紫金砚制作技艺的恢复者之一，他制作的紫金石砚参加过十多次省内外大展，作品被中国香港、日本、新加坡、韩国名家和收藏家收藏，并得到国内外著名书画家王乃壮、陈天然、傅耕野的赞扬，中国书协主席沈鹏亲自题写“中国寿春紫金砚”。1999 年国庆节前夕，曹化东用紫金石制作的古琴砚被人民大会堂收藏。另外，寿县紫金斋的冯长文，多年潜心研究紫金砚的雕刻工艺，所制紫金石砚与紫金石印章也受到众多书画家、专家、学者和收藏家的青睐。

从现已发现的紫金石来看，其大致可以分为两类。一类质地细腻、温润如玉，抚之如童肤，硬度大于端、歙，有红、黄、紫、绿、青、赭、黑等色，可分为紫金、鱼子红、月白、黄金带、紫金带、花斑、蟹壳青、金黄、碧玉、墨玉、黑子等 11 种之多。另一类为紫地黄丝或黄地紫纹，虽石质稍粗，硬度稍低，但紫黄相间，纹理甚为华美且凝重古雅，运用得当，可以产生很好的艺术效果，如下面所述的“五福临门”砚。此两种石材虽然均可用于制砚，但用前者所制之砚较为润泽，用后者所制之砚则吸水率稍高。

有关寿州紫金砚的形制与样式，从现已掌握的资料来看，古代寿州紫金砚的形制与样式仅有《云林石谱》中所记载的风字砚。风字砚的外形如汉字的“风”字，通常上窄下宽，砚面宽平，受墨处缓缓斜下而成墨池，砚背平整，是唐、五代时流行的砚式。

如今的寿州紫金砚制作技艺主要由采石、选料、锯切（图 10–3）、设计（图 10–4）、粗雕（图 10–5）、细雕（图 10–6）、精雕、打磨（图 10–7）、包装等工序构成。在雕刻技艺上既继承传统工艺，广采众家之长，又根据紫金石特有的花纹、图案、形状，采取浮雕、深雕、通雕相结合的手法，因材施艺，巧夺天工，使石质与刀艺结合得更加完美。如寿县紫金石艺研究所戚良伯先生制作的人寿年丰砚，就是巧妙地运用了石料中间一个天然形成的“年”字，两边雕刻一龙一凤，将“龙凤呈祥、人寿年丰”的寓意非常巧妙地表现出来（图 10–8）。另外一块开片花瓶砚，借用天然色彩与纹理雕刻成花瓶，观之有哥窑开片花瓶之美感（图 10–9）。

再如由汪培坤设计的井田夜鹿砚，巧妙地将紫金石中的浅色条纹与斑点设计成冰河与雪花，于此大背

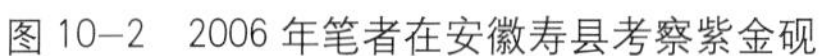
图 10–2　2006 年笔者在安徽寿县考察紫金砚

图 10–3　锯料

图 10–4 设计

图 10–5 粗雕

图 10–6 细雕

图 10–7 打磨

图 10–8 人寿年丰砚（戚良伯提供）

图 10–9 开片花瓶砚（戚良伯提供）

图 10–10　井田夜鹿砚

图 10–11　神猿献寿砚

景下凿一井形砚池，令人联想到此处有人有屋，下雕一雪中静伫之鹿，于肃穆的凉意之中寓超越凡尘之感（图10–10），令人不由得想起张籍的《寄紫阁隐者》诗：

紫阁气沉沉，先生住处深。
有人时得见，无路可相寻。
夜鹿伴茅屋，秋猿守栗林。
唯应采灵药，更不别营心。

同样由汪培坤设计的神猿献寿砚，设计者将砚石中原为石病的一条黄色石筋巧化为一根悬挂于山涧的老藤，上附两猿，一猿嬉戏，一猿献桃，给人以活泼可爱、喜气盎然之感（图 10–11）。再如一方用黄紫纹理紫金石制成的五福临门砚，以黄紫纹理作为海浪，以云纹作为砚池，四周镌五只形态各异的蝙蝠翩跹于祥云之中，寓意“长寿”“富贵”“康宁”“好德”“善终”之五福，颇有祥瑞之气（图 10–12）。

图 10–12　用黄紫纹理紫金石制成的五福临门砚

2. 宿州乐石砚、宿石砚

宿州乐石砚是用安徽宿州所产乐石制作的砚（图 10–13）。最早记载宿州乐石砚的是宋代书法家米芾，他在一幅法帖中写下了：“宿州乐石砚，润腻发墨无石脉。”[7] 此言被高似孙引入到《砚笺》之中并称之为“宿石砚”。米芾之后，虽然宋代的高似孙、明代的高濂、清代的陈元龙都记载过宿州乐石砚，但从文献学角度分析，这些记载极可能是转抄于米芾的原文，如清代陈元龙在《格致镜原》中所言“米帖，宿州乐石砚，润腻发墨无石脉”[8]。与宋人高似孙的记载相同。从宿州乐石砚并无实物遗存，且宋、明、清文献记载也仅是转抄米芾所言推断，宿州乐石砚虽然在宋代已经出现，但流布未必广泛，且极可能宋代之后已经失传。

图 10–13 琳琅满目的宿州乐石砚

20 世纪 80 年代初期，宿州乐石雕刻厂与乐石砚研究所人员经过数年努力，在宿州北部褚兰山区黑峰岭一带找到了当年制砚的旧坑，掘之制砚，终于使失传已久的宿州乐石砚重现于世。当时从事乐石砚制作的虽然也有几家，但终因条件有限而陆续退出，唯有李英创办的宿州乐石雕刻厂历经磨难，矢志不移，在各方的支持下，不断进取，开拓创新，取得了令人瞩目的成果。

李英制作的乐石砚，于 1994 年在北京举办的国际中小型企业新产品、新科技博览会上荣获金奖，并先后被中央电视台、安徽电视台、《人民日报》（海外版）、《书法报》、香港《大公报》、《中国文房四宝》、《收藏》、中国台北《砚台天地》、《艺术界》等报刊、杂志广泛地宣传报道，使宿州乐石砚逐步被中外专家、学者、书画家、收藏家以及爱好者所认可和垂爱。中国佛教协会主席、著名书法家赵朴初先生为其题书“砚林瑰宝”，当代书坛巨匠、文学艺术界名流李可染、刘开渠、陈大羽、刘炳森等也为乐石砚欣然题词予以赞誉。中国书协原主席、著名书法家沈鹏先生题书：“宿州乐石砚久已失传，今重新发掘文房中又一宝也。”《红楼梦》专家冯其庸题书：“乐石砚，米家山。生云雾，时变幻。山之灵，石一片。归宽堂，得其全。长相守，毋离散。”他还两次到宿州乐石砚厂观赏，视乐石砚为砚中极品。多年来，李英制作的一些作品出口加拿大、美国及东南亚国家和地区，也被国内外收藏家视为珍品。2005 年李英制作的几十件乐石砚精品被市政府作为宿州文化名片在中国国际徽商大会上隆重展出，备受海内外客商的关注。李英于 2006 年 4 月被安徽省工艺美术大师评审委员会推选为第一届安徽省工艺美术大师、被推荐为第五届中国工艺美术大师人选，并于 2007 年 6 月被评为安徽省非物质文化遗产乐石砚传承人。

古代的宿州乐石砚因缺少文献与实物，其石质、形制与样式等今已不详。现今的宿州乐石品种主要有蒸栗黄、胡桃玉、艾叶绿、孔雀蓝、粉青、肌黄、玄玉、胭脂红等，自然如画，耀人眼目。用宿州乐石制成的砚，刚柔并济，疏密相承，发墨良好，涩不费笔，滑不拒墨。加之乐石所独具的叩之铮铮，声清如玉的特点，可谓砚中珍品。其形制与样式大体可分为九类：①雕龙类，如二龙戏珠、龙腾虎跃、龙凤呈祥等；②神话传说类，如嫦娥奔月、西游记、弥勒佛、姜太公钓鱼等；③岁寒三友类，如松、竹、梅各种造型；④蔬菜瓜果类，表现一派丰收景象；⑤福寿类；⑥禽兽类；⑦山水盆景类；⑧花鸟鱼虫类；⑨仿古类，包括汉简、兰亭、元宝、古币、四大名著等。可谓题材广泛，形制多样，或云海狂涛，或奇峰林壑，或日月星辰，或修竹兰草，或飞禽走兽，或花鸟鱼虫，自然成趣，气韵生动，令人遐想，引人入胜，已成为集艺术性、观赏性和收藏性于一体的艺术精品。

宿州乐石砚的制作工艺主要为采石、选料、制坯、设计、雕刻、磨光、包装（图 10–14）。其中雕刻最为重要，其基本要求是新、高、奇、巧、妙、美、精、好，即题材要新、意境要高、想象要奇、造型要巧、结构要妙、形态要美、工艺要精、效果要好。在雕刻技法上，根据石料的形状色彩与设计题材，分别运用粗、细凿子和玉雕机进行雕刻。通常是先粗雕后细雕，再精雕（图 10–15）。为了创造出立体化、全方位的

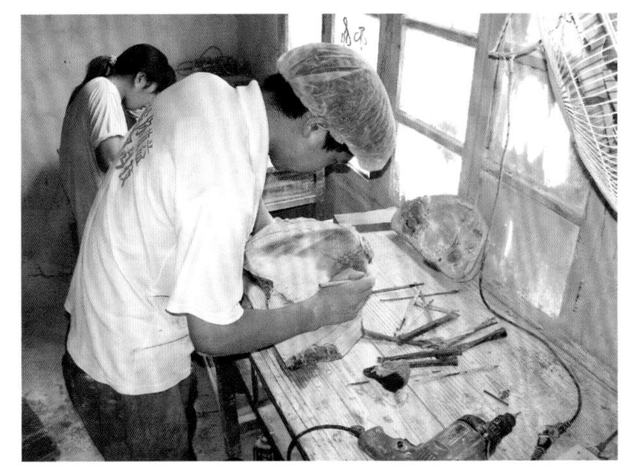
图 10–14　乐石砚制砚车间一角

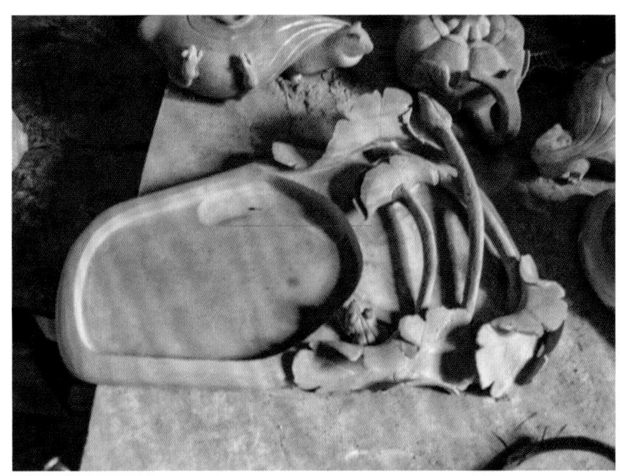
图 10–15　基本雕刻成型的乐石砚坯

图 10–16　李英在指导工人学习雕刻技艺

图 10–17　笔者在宿州乐石雕刻厂考察

艺术效果，常常是浮雕、深雕、透雕等多种技法并用，且持刀要稳，下刀要准，推刀要狠，刀法要挺秀刚健，技法要灵活多变，才能雕刻出设计完美、技艺精湛，实用价值、艺术价值与收藏价值并重的乐石砚精品（图 10–16）。

乐石砚制作技艺的特点是：在继承传统雕刻技法的同时，将玉雕加工技术与工具巧妙地运用到乐石砚的制作之中，对一些需要特殊加工的部位，使用雕刻玉器的机器进行雕刻与打磨，使乐石砚光滑莹润的石质更加充分地显现出来。

3. 宣州石砚、宣石砚

宣州石砚之名最早见于唐代诗人李白（701~762）的《草书歌行》：

少年上人号怀素，草书天下称独步。墨池飞出北溟鱼，笔锋杀尽中山兔。八月九月天气凉，酒徒辞客满高堂。笺麻素绢排数箱，宣州石砚墨色光。吾师醉后倚绳床，须臾扫尽数千张。飘风骤雨惊飒飒，落花飞雪何茫茫。起来向壁不停手，一行数字大如斗。恍恍如闻神鬼惊，时时只见龙蛇走。左盘右蹙如惊电，状同楚汉相攻战。湖南七郡凡几家，家家屏障书题遍。王逸少，张伯英，古来几许浪得名。张颠老死不足数，我师此义不师古。古来万事贵天生，何必要公孙大娘浑脱舞。[9]

据安旗、薛天纬编《李白年谱》，759 年李白“在零陵遇僧怀素，作《草书歌行》。按：《草书歌行》

前人多疑为伪作，但无坚证，姑系于此”[10]。笔者也以为《草书歌行》极可能为李白于759年游于湖南零陵所作。据此可知，宣州石砚至少在唐肃宗乾元二年（759）已经具有较高的名气，并流传到了湖南零陵。李白的《草书歌行》虽然广为流传，但最早从李白诗中慧眼相中“宣州石砚”的是高似孙。他在《砚笺》中列有“宣石砚”条，并记述如下：“李白诗：麻笺素绢排数箱，宣州石砚墨色光。”为我们保存了有关宣州石砚的重要记载。

据《元和郡县图志》记载，唐时的宣州“管县十：宣城，南陵，泾，当涂，溧阳，溧水，宁国，广德，太平，旌德”。宣州石砚究竟出于何县何地，今已难考。另外，由于自唐以来，宣州石砚仅有其名，未见实物，故对其石质、产地、色泽等也难以知晓。

2014年4月9日《安徽商报》以“失传‘宣砚’重现宣城”为题，报道了失传已久的“宣砚”终于重现人间，并获得认可。目前安徽宣砚文化有限公司正致力于宣州石砚的设计生产、研究保护与开发推广（图10–18~图10–21）。其产品受到人们的喜爱（图10–22、图10–23）。

图10–18 砚坑（安徽宣砚文化有限公司提供）

图10–19 选料（安徽宣砚文化有限公司提供）

图10–20 设计（安徽宣砚文化有限公司提供）

图10–21 雕刻（安徽宣砚文化有限公司提供）

图10–22 宣州石砚（仿石渠砚）（安徽宣砚文化有限公司提供）

图10–23 宣州石砚（仿璧水砚）（安徽宣砚文化有限公司提供）

4. 庐州青石砚

庐州青石砚首见于米芾《砚史》："庐州青石砚：大略与潭州谷山同。"查《宋史·地理志》有："庐州望，保信军节度，大观二年升为望，旧领淮南西路兵马钤辖，建炎二年兼本路安抚使，绍兴初寄治巢县，乾道二年置司于和州，五年复旧。崇宁户八万三千五十六口一十七万八千三百五十九，贡纱、绢、蜡、石斛，县三：合肥、舒城、梁。"[11] 可知宋时庐州辖地包括今安徽省合肥市与舒城县大部分地区。据清倪涛《六艺之一录》记载："'墨池'二大字，米芾书，在庐州府无为州治。"[12] 如此看来米芾极可能游历过庐州。然而，米芾《砚史》中的"庐州青石砚：大略与潭州谷山同"在陶宗仪《说郛》中却被记为"庐山青石砚：大略与潭州谷山同"，在陈元龙《格致镜原》中也被记为"庐山青石砚与潭州谷山同"，故米芾记载于《砚史》中的究竟是"庐州青石砚"还是"庐山青石砚"，有待进一步考辨。

5. 徽州婺源石

杜绾《云林石谱》中记有一种"徽州婺源石，产水中者皆为砚材，品色颇多。一种石理有星点，为之龙尾，盖出于龙尾溪，其质坚劲，大抵多发墨，前世多用之，以金星为贵，石理微粗，以手摩之索索有锋铓者尤妙，深溪为上，如刷丝罗纹、枣心，或如瓜子或眉子，两两相对。又一种色青而无纹，大抵石质贵清润，发墨为最"[13]。笔者观杜绾笔下的"徽州婺源石"似应为歙砚中的金星、罗纹、枣心眉、对眉子，可否于歙砚之外另列徽州婺源石，还请专家与读者指教。

6. 祁门文溪青紫石

杜绾在《云林石谱》中言："祁门县文溪所产青紫石，理温润，发墨，颇与后历石差坚。近时出处价倍于常，土人各以石材厚大者为贵。"[14] 此砚可否另列一类，请专家与读者指教。

7. 歙县小沟石

杜绾在《云林石谱》中还谈及："徽州歙县地名小沟，出石亦清润，可作砚，但石理颇坚，不甚剉墨，其纹亦有刷丝者，土人不知为贵。"[15] 此砚可否另列一类，请专家与读者指教。

8. 四环鼓砚

四环鼓砚首见于宋陶穀《清异录》："宣城裁衣肆用一石镇，紫而润，予以谓堪为砚材，买之琢为四环鼓砚，缀以白玉环，方圆逾一尺。"[16] 由于此紫石发现于安徽宣城，故笔者揣测此石可能产于安徽宣城，也许与历史上知名的宣州石砚有关。

9. 灵璧砚山、灵璧山石砚

灵璧石通常是指产于安徽省灵璧县境内以及灵璧周边同一山脉地域的奇石总称。宋代的戴敏曾为方岩王侍郎作《灵璧石歌》：

> 灵璧一峰天下奇，体势雄伟身巍巍。巨灵怒拗天柱椰，平地苍龙骧首尾。两片黑云腰夹之，声如青铜色碧玉。秀润四时岚翠湿，乾坤所宝落世间。鬼神上诉天公泣，谓有非常人，致此非常物，可磨斫贼剑，可侍击奸笏，可祝不老年，可比至刚德。自从突兀在眼前，溪山日夜生颜色。君不见杭州风流白使君，雅爱天竺双云根。又不见奇章公家太湖碧，高下品题分甲乙。二公名与石不磨，今到方岩有灵璧。我来欲作灵璧歌，击石一唱三摩挲。秋风萧萧淮水波，中分南北横干戈。边尘埋没汉山河，泗滨灵璧今如何？安得此石来岩阿，郁然盘礴中原气，对此令人感慨多。[17]

杜绾在作《云林石谱》时，也对灵璧石情有独钟，将其列于全书的首位。

灵璧石的种类较多，王文正在《中国灵璧石谱》中将灵璧石分为52大类464品，而笔者认为如果删繁就简，同类合并，可以简化为3类：磬石、宿石与观赏石。其中磬石的天然石材多为平板状，主要用于制磬。宿石的天然石材也多为平板状，宋代已用于制砚。而观赏石因本身具有象形状物的特点，故通常不假人工雕琢，以保存其自然形态，有大小适中、形态清奇者则被用于制成砚山、笔格等，摆放于案头作为书房清供。如高濂在《遵生八笺》中记有："大率研山之石，以灵璧应石为佳，他石纹片粗大色无小样曲折屼嵂森耸峰峦状者。余见宋人灵璧研山，峰头片段如黄子久皴法，中有水池，钱大、深半寸许，其下山脚生水，一带色白而起磥砢若波浪。然初非人力伪为此，真可宝。"[18] 并将所藏的米芾灵璧石砚山绘图于书后（图10–24），使今人得以观赏。有些灵璧观赏石也可用于制砚，如高濂就藏有一枚灵璧山石砚（图10–25），

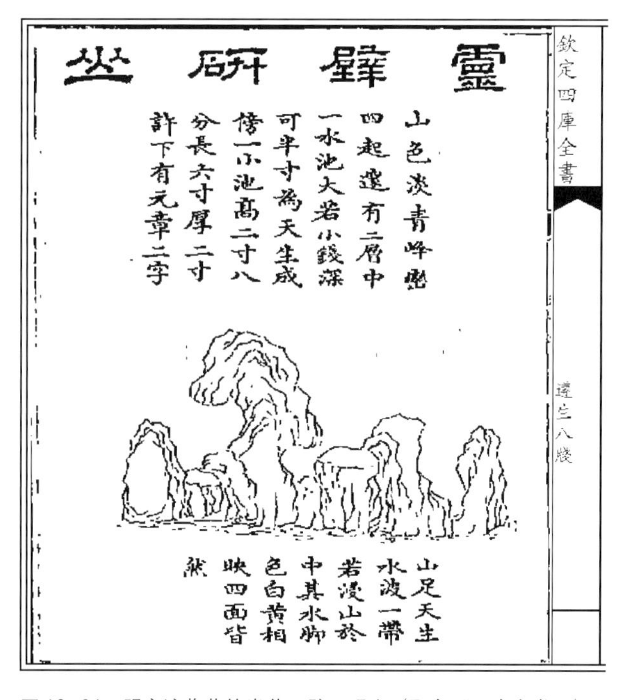

图10–24　明高濂收藏的米芾灵璧石砚山（取自《四库全书》）

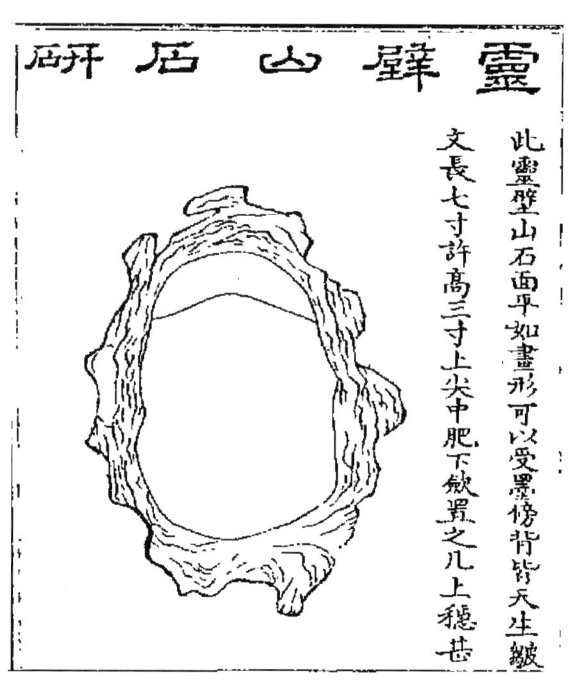

图10–25　明高濂收藏的灵璧山石砚（取自《四库全书》）

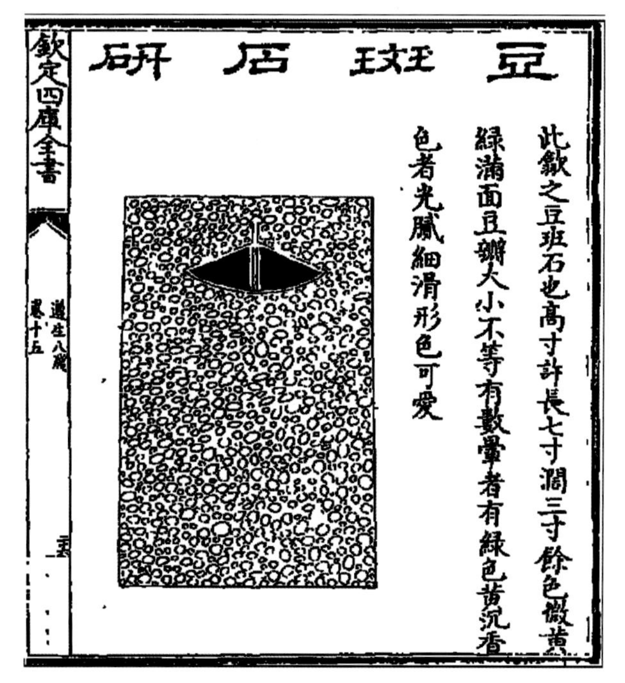

图10–26　明高濂收藏的豆斑石砚（取自《四库全书》）

图10–27　明高濂《遵生八笺》中的将乐石砚山（取自《四库全书》）

“面平如画形，可以受墨，傍背皆天生皱纹，长七寸许，高三寸，上尖中肥下敛，置之几上稳甚”[19]。

10. 豆斑石砚

明高濂在《遵生八笺》中记有豆斑石砚，言此砚是砚中极少见而又非常精妙者，故“图其形体共海内鉴家赏之”。图 10–26 为文渊阁《四库全书》中收录的《遵生八笺》中的豆斑石砚，图旁附有说明：“此歙之豆斑石也，高寸许，长七寸、阔三寸，余色微黄绿，满面豆斑，大小不等，有数晕者有绿色黄沉香色者，光腻细滑形色可爱。”

二、重庆市

1. 万州悬金崖砚、万石砚

万州悬金崖砚首见于宋唐询《砚录》，由朱长文转记于《墨池编》中，“万州悬金崖洎戎卢二州皆出石，可治为砚。悉求得之二石，皆色墨，而万石最坚，亦俱可用。”[20] 另外，《墨池编》中还有一文对万州悬金崖石砚描述较详：“万州悬金崖石，其色正黑，体虽润密而色晻昧，其间亦有文如铜屑，或时有如楚石，大点如豆，此最佳者，其发墨在歙石之下，叩之无声。”宋末赵希鹄对万州悬金崖砚的品质记之更详：“别有一种黑石金星，姿质亚端溪下岩，漆黑，石乃是万州悬金崖金星石也，色漆黑，细润如玉，隐隐金星，水湿则见干则否，发墨如泛油，无声，久用不退乏，非歙比也。今万崖亦已取尽，如得之不减端溪下岩。”[21] 另宋陆游《金崖砚铭》：“我游三峡，得砚南浦，西穷梁益，东掠吴楚，挥洒淋漓，鬼神风雨，百世宝之，莫予敢侮。”以此可见，万州悬金崖砚石品质应该很好，只可惜在宋末就已经取尽。

万石砚首见于高似孙《砚笺》“万石砚”条：“万州悬金崖石，墨，润，有铜屑，眼如豆，发墨，叩无声。”[22] 以此比较《墨池编》可知，高似孙《砚笺》中的万石砚即朱长文《墨池编》中用万州悬金崖石制成的砚。

2. 夔州黟石砚、夔石砚

夔州黟石砚首见于米芾《砚史》之中，从原文献“夔州黟石砚，色黑，理干，间有墨点，如墨玉，光，发墨不乏”[23] 可知夔州黟石砚的颜色、纹理、色泽与品质。元代的陶宗仪在《说郛》中所述的“色黑，理干，间有黑点，如墨玉，光，发墨不乏”[24]，与米芾所言完全相同。在高似孙的《砚笺》中列有“□石砚”条，但所引文献与米芾《砚史》所述相同，由此可知，“夔州黟石砚”也被称为“□石砚”。

三、福建省

1. 建溪黯淡石、黯淡滩石

建溪黯淡石可为砚首见于宋代米芾《砚史》，原文如下：“建溪黯淡石，理如牛角，扣之声坚清，磨久不得墨，纵得，色变如灰，作器甚佳。”以此可见，建溪黯淡石并非制作砚台的上等材料。建溪黯淡石在陶宗仪《说郛》与明代王世贞《弇州四部稿》中也有记载，但从内容上看极可能是转载于米芾的《砚史》原文。

宋人叶梦得（1077~1148）对黯淡滩石记之较详：“黯淡滩石，坡作凤咮石，砚铭云出北苑凤城山。余至建州求之无有，盖南剑黯淡滩石也。此石有二种，其一出卤水，去黯淡四十里，细润而不甚发墨；黯淡滩石宜墨而肤理不逮，唯兼二者其过龙尾也。”[25] 由此可见叶梦得认为黯淡石分火两种，其中一种出卤水，而卤水离黯淡有 40 里。

2. 凤咮砚

凤咮砚首见于苏轼的《凤咮砚铭并叙》：

北苑龙焙山如翔凤下饮之状，当其咮有石苍黑致如玉。熙宁中太原王颐以为砚，余名之曰凤咮。然其产不富，或以黯黮滩石为之，状酷类而多拒墨。时方为易传，铭曰：陶土涂，凿山石，玄之蠹，颍之贼，涵清泉，闷重谷，声如铜，色如铁，性滑坚，善凝墨，弃不取，长太息，招伏羲，揖西伯，发秘藏，与有力，非相待，为谁出。[26]

在此砚铭中，苏轼将凤咮砚的产地、起源、声音、色泽、研磨性等描述得相当详细。在另一篇凤咮砚铭中，苏轼对凤咮砚的品质再次加以赞赏："帝规武夷作茶囿，山为孤凤翔且嗅。下集芝田啄琼久，玉乳金沙发灵窦。残璋断璧泽而黝，治为书砚美无有，至珍惊世初莫售。黑眉黄眼争妍陋，苏子一见名凤咮，坐令龙尾羞牛后。"认为此砚非常珍贵，品质仅次于歙砚。

在高似孙《砚笺》中，将黯淡石归于凤咮砚中。南宋胡仔在对苏轼笔下的凤咮砚进行了实地考察后认为："北苑茶山乃名凤皇山也，北苑土色膏腴，山宜植茶，石殊少亦顽燥，非研材。余屡至北苑询之，土人初未尝以此石为研，方悟东坡为人所诳耳。若剑浦黯淡有一种石，黑眉黄眼，自旧人以为研，余意凤咮研必此滩之石。"[27]

但苏轼亦云："建州北苑凤凰山有石，声如铜铁，作砚至美，有如肤筠"。又云："仆好用凤咮砚，论者多异同，盖少得真者，多火黯淡滩石所乱耳。"认为凤咮非黯滩石。笔者曾请现居南平的好友龚文斌代查凤咮砚石材，其近期遗余一枚出自南平的石料，余细观之，其色苍黑但不够细腻，是否为凤咮砚石料尚难考证，故暂依苏轼之说将凤咮与黯谈石分列为两类。

3. 建州石

宋代杜绾《云林石谱》中记有："建州石，产土中，其质坚而稍润，色极深紫，扣之有声，间有如豆点不甚圆，亦有两三重石晕，琢为砚，颇发墨。往往以石点名鸲鹆眼，作端石以求售。"[28]由于建州石的品相、花纹与凤咮、黯淡石均不同，又产于土中，故另列一类。

4. 南剑石

宋代杜绾《云林石谱》中记有："南剑石，南剑州黯淡溪水出石，石质深青，黑而光润，扣之有声，作砚发墨宜笔。土人琢治为香炉诸器极精致。"在此段叙述之后，杜绾特加一注释："东坡所谓凤尾砚砯是也。"[29]由于南剑石的文献极少，加之宋人在黯淡石、凤咮砚上的争论各执一词，故暂将此南剑石另列一类，将来再做深入研究。

5. 卤水石

卤水石首见于宋代叶梦得后被《锦锈万花谷》收录，"其一出卤水，去黯淡四十里，细润而不甚发墨。"[30]明代黄仲昭在《八闽通志》中言："卤水石出南平县。宋叶梦得《避暑录》云：'石有三种：其一出卤水，可为砚，虽细润，而不甚发墨。'"《福建通志》在记述延平府物产时也言："卤水石出南平县。宋叶梦得《避暑录》云：'石有三种：其一出卤水，可为砚，虽细润，而不甚发墨。'"[31]笔者以为卤水石虽然也产自南平县，但卤水离黯淡四十里，宋人叶梦得也说黯淡滩石有二种，故暂将卤水石单列为一种。

6. 花孜石、花纹石

明代黄仲昭在《八闽通志》中言："花孜石出南平县。色青纹白，有山水禽鱼状，可为砚，为屏。世传产黯淡滩湍下，故不易得。《大明一统志》谓之'花纹石'。"刳劂于乾隆元年的《福建通志》在记述延平府物产时也言："花孜石出南平县，色青纹白，有山水禽鱼状，可为砚，为屏。世传产黯淡滩湍下，故不易得。《大明一统志》谓之‘花纹石’。”[32]据陆游《延平砚铭》“延平双龙去无迹，收敛光气钟之石，声如浮磬色苍璧，予文日衰愧匪敌。”[33]可知，延平出产的砚石色如苍璧，也许就是用花孜石或花纹石制成，故列于此。

鉴于历史文献中有关建溪黯淡石、凤咮砚、建州石、南剑石、卤水石、花纹石的阐述很少，故如何对上述砚石进行分类目前缺少更有力的文献与实物支持，故在此暂一一列出，以供专家与读者深入研究。

7. 将乐石、龙池石、龙池砚

用将乐石制成砚山首见于明代高濂的《遵生八笺》：“又见一将乐石研山，长八寸许，高二寸，四面米粞包裹，而峦头起伏作状，此更难得。”[34]高濂还将此将乐石砚山绘图附于书中（图 10–27），这可能是目前所能见到的最早的将乐石砚山图像了。

晚清的郭柏苍在《闽产录异》“海棠石”条下也提到将乐石，但评价不高：“又‘龙池石’，大者砻碑，小者制砚。虽有纹理，质松。作为墓志埋铭，出土剥蚀，片片坟起，俗名‘将乐石’，去太湖石远矣。”[35]

今人将产自将乐县的龙池石制成的砚称为“龙池砚”。2005 年 10 月，龙池砚被列为福建省首批非物质文化遗产。2008 年，将乐县质监局组织制定的“龙池砚产品标准”通过了福建省质监局审定、备案。[36]2009 年 6 月，龙池砚获国家地理标志产品保护，已有一家企业得到国家质检总局核准使用地理标志产品保护专用标志。到目前为止，将乐县已发展龙池砚制作企业和作坊 10 多个，从业人员百余名，固定矿点 3 个。年产各式砚台 1.5 万方。产品畅销浙江、上海、江西、湖北、广东等地，并远销新加坡、日本等国家。[37]

四、甘肃省

1. 通远军漞石砚

通远军漞石砚首见于米芾《砚史》，原文如下：

> 通远军漞石砚，石理涩，可砺刃。绿色如朝衣，深者亦可爱，又则水波纹间有黑小点，土人谓之湔墨点。有紧甚奇妙而硬者，与墨斗而慢，甚者渗墨无光。其中者甚佳，在洮河绿石上。自朝廷开熙河始为中国有，亦有赤紫石色斑，为砚发墨过于绿者。而不匀净又有黑者，戎人以砺刀。而铁色光肥亦可作砚，而坚不发墨。[38]

在元代陶宗仪《说郛》与清代陈元龙《格致镜原》中也有通远军漞石砚的记载，其内容与米芾《砚史》所记相同。

由以上文献来看，此通远军漞石砚可能就是洮河砚，但在证据确凿之前，暂另列一类，以待考证。

2. 巩石

宋代杜绾在《云林石谱》中记有巩石：“巩州，旧名通远军西门寨，石产深土中，一种色绿而有纹，目为水波，断为砚，颇温润，发墨宜笔。其穴岁久颓塞，无复可采，先子顷有圆砚赠东坡公，目之为天波。”[39]

3. 成州栗亭石

成州栗亭石制砚首见于米芾《砚史》，原文如下：“成州栗亭石，色青，有铜点大如指，理慢发墨不乏，亦有瓦砾之象。”[40]虽然成州栗亭石在宋代高似孙《砚笺》、元代陶宗仪《说郛》、明代王世贞《弇州四部稿》与清代陈元龙《格致镜原》中都有记载，但相对于米芾《砚史》的记载并无扩充也无新的见解，故由此可知成州栗亭石砚自宋之后可能极为罕见。

查《中国古今地名大辞典》知："栗亭县，后魏置。寻废。五代唐复置。元废。故城在今甘肃成县东。杜甫诗：'栗亭名更佳，下有良田畴。'按甘肃通志。栗亭废县。在成县东七十里。清会典图。栗亭。在徽县西北。有栗河自此南注泥阳河。即古栗亭川。九域志。栗亭川。即浊水也"[41]。

4. 成州栗玉砚

成州栗玉砚首见于宋代米芾《砚史》，原文如下："成州栗玉砚，理坚，色如栗，不甚着墨，为器甚佳。"[42]在元代陶宗仪《说郛》与清代陈元龙《格致镜原》中也记有成州栗玉砚，但与米芾《砚史》中所记基本相同。

5. 宁石砚

宁石砚由高似孙从《九域志》中辑录而载于《砚笺》之中："宁州岁贡砚十枚。"[43]另宋代赵与旹的《宾退录》也从《元丰九域志》中辑录出"砚四十枚，虢二十枚，宁端各一十枚"[44]，故知古代宁州确实产砚。由于宁州在宋元丰元年（1078）归属永兴军路庆阳府，兴宁军节度，为此笔者将宁石砚的产地划归于今日之甘肃。

6. 嘉裕石砚

嘉峪石可为砚首见于《肃镇华夷志》："嘉峪石：出嘉峪关西，可作砚。先年，兵备副使长垣侯秩题其砚云：兹石三德，体制润泽，既不废笔，又不废墨。"[45]但自明以后，嘉峪石砚极少见于文献记载，渐不为人知。

1955年10月29日到12月29日，甘肃省文物管理委员会在对"大明故特进光禄大夫柱国少保兼太子太保兵部尚书侍经筵奉敕提督十二团营前总制总督南北直隶河南江西湖广四川云贵陕西甘肃紫荆山海关等处军务都察院掌院事左都御史幸巷彭公墓"进行清理时，从一号墓出土"石砚一件，通体为七弦瑶琴式，下有四矮足，背刻'嘉峪石砚'四楷字"（图10–28）。[48]此砚是嘉峪石砚实物第一次面世，也是嘉峪石砚一名之由来。也许是源于彭泽墓中嘉峪石砚的启示，人们萌发了开发嘉峪石砚的念头，在当地政府的支持下，终于在嘉峪关市西北黑山发现了砚石，并用于制砚。

图10–28　明嘉裕石砚（取自《中国文房四宝全集·砚》）

五、广东省

茶坑石

清代钱泳在《履园丛话》中记载，近日阮云台宫保在粤东又得恩平茶坑石，甚发墨，五色俱有，较端州新坑为优，此前人之所未见。

六、广西壮族自治区

柳石砚、柳砚

柳州有石可为砚的记载首见于唐柳宗元《柳州山水近治可游者记》：

> 古之州治，在浔水南山石间。今徙在水北，直平四十里，南北东西皆水汇。北有双山，夹道崭然，曰背石山。有支川，东流入于浔水，浔水因是北而东，尽大壁下。其壁曰龙壁，其下多秀石，可砚……

高似孙首次将柳宗元《柳州山水近治可游者记》中的砚取名为“柳石砚”并收载于《砚笺》之中。柳石砚虽然在唐代就已成名，但唐以后人们诉说柳石砚时都是转录柳宗元的《柳州山水近治可游者记》，而似乎未曾再见到过实物，直到20世纪80年代，柳州有关部门在柳江沿岸重新发现砚石，柳石砚才得以恢复生产，并被称为“柳砚”。

七、贵州省

1. 思州石砚、思砚、金星石

记载思州星石潭有石可为砚的文献主要有清代《贵州通志》：“星石潭，在城东七里，产石有金银星点者可琢为砚。”[47] 由于星石潭位于思州，故世称“思州石砚”与“思砚”。

以“金星石”为名并言其可为砚的是清代的檀萃，他在成书于乾隆年间的《楚庭稗珠录·黔囊》中专门列有“金星石”条，并言：“金星石，出思州星石潭中，砚材取之颇难。水洞涡旋，湾环黯黮，逮于潭底，星光灿烂，倒影反射，洞壁通明，必善没者，腰斧凿而下……出而琢之……精光内发，如浓云郁兴中，露电影一线，欻倏闪烁，若有若无，此真金星也。工于发墨，贮水不干。”[48] 此文在对金星石的采料、雕琢以及砚的品质等方面的叙述上相当详尽，是不可多得的思州石砚史料之一。

2. 纸砚

贵州出纸砚见于清梁绍壬《两般秋雨庵随笔》第七卷“纸褥”条：“……洞庭蔡洗凡廷栋为余言，又贵州出纸砚，先伯祖谏庵公有一方，用之历年，余曾见之，可入水涤，亦一奇也。”[49]

八、河北省

1. 邺郡三台旧瓦砚

据高似孙《砚笺》记载，“邺郡三台旧瓦琢砚胜澄泥”一说源自南唐张洎的《贾氏谭录》。所谓的邺郡三台是指曹魏时建北邺城时，曹操以城墙为基础建筑的金凤台、铜雀台与冰井台。

前人对邺郡三台中的魏铜雀台古瓦砚记述较详，如苏易简在《文房四谱》中记述：“魏铜雀台遗址，人多发其古瓦，琢之为砚甚工，而贮水数日不燥。世传云：昔人制此台，其瓦俾陶人澄泥以絺滤过，加胡桃油方埏埴之，故与众瓦有异焉。”[50] 朱长文在《墨池编》中记载：“古瓦砚出相州魏铜雀台，里人因掘土往往得之，多断折者。瓦色颇青，其内晶莹，不类今瓦之有布纹。其厚有寸许，上多印工人姓氏，八分类隶书也。时有获其全者，工人因而刓其中为砚，此尤难得。大率每为砚须以沥青煮之乃可用，用之亦发墨，而非佳石之比，好事者以其古物颇爱重之。”[51]

2012年5月，笔者一行在中国社科院考古所汉唐研究室主任朱岩石教授陪同下对邺城遗址进行了考

图 10–29　笔者 2012 年 5 月在河北邺城遗址考察

图 10–30　笔者一行与朱岩石教授交流

察（图 10–29），通过对一些已经出土的砖瓦残片以及在考古工地亲自掘出的砖瓦残片进行观察后发现，言其质地细腻固然可以，但言其“贮水数日不燥”则有夸大之嫌，应该是“须以沥青煮之乃可用”（图 10–30）。

2. 汉祖庙瓦砚

取汉祖庙瓦制砚一事首见于宋代梅尧臣《宛陵集》：“忠上人携王生古砚，夸余云是定州汉祖庙上瓦为之，因作诗以答。砚取汉庙瓦，谁恤汉庙隳。重古一如此，吾今对之悲。既宝若圭璧，未知为用时。”[52] 高似孙在《砚笺》中转记此事，名之为“汉祖庙瓦砚”。

3. 磁砚

在高似孙《砚笺》中列有“磁砚”条，其内容为：“梅圣俞答王几道遗磁泥古砚诗：澄泥丛台泥，断瓦邺宫瓦，初从故人来，来自邯郸下。”粗看此条目及内容很容易误认此“磁砚”为“瓷砚”，经查梅尧臣《宛陵集》方知原文献来自《王几道罢磁州遗澄泥古瓦二砚》：“澄泥丛台泥，瓦斫邺宫瓦。共为几案用，相与笔墨假。赋无左思作，书愧右军写。初从故人来，来自邯郸下。物因人以重，谬当好事者。”[53] 即梅尧臣所记述的是产于磁州的二方澄泥瓦砚，而不是瓷砚。

九、河南省

1. 稠桑砚

稠桑砚首见于唐代李匡乂的《资暇集》：

> 稠桑砚始因元和初愚之叔翁宰虢之耒阳邑，诸季父温凊之际，必访山水以□。一日于涧侧见一紫石憩息于上，佳其色且欲（阙），随至遂自勒姓氏年月，遂刻成文，复无刓缺，乃曰：不刓不麸，可琢为砚矣。既就琢一砚而过，但惜重大，无由出之。更行百步许，往往有焉，又行乃多，至有如拳者，不可胜纪。遂与从僮挈数拳而出，就县第制斫。时有胥，性巧，请斫之，形出甚妙。季父每与俱之涧所。胥父兄稠桑逆肆人也，因季父请解胥藉而归父兄之业，于是来斫，开席于大路，厥利骤肥。土客竞效，各新其意，爰臻诸器焉。季父大中壬申岁授陕，今自元和后往还京洛，每至稠桑，镌者相率，辄有所献，以报其本，迄今不怠。季父别业在河南福昌邑下，至于弟任市其器，称福李家则价不我贱。然则其石以为诸器尤愈于砚。[54]

此砚后为苏易简辑录到《文房四谱》之中，在《文房四谱》清十万卷楼丛书本与清文渊阁四库全书本中原“耒阳”变为“朱阳”，现据苏谱以“朱阳”为正。查《旧唐书》《新唐书》与《宋史》知朱阳县在唐宋之时均属虢州，《元和郡县图志》也记载：“朱阳县，本汉卢氏县，属弘农郡。后魏太和十四年，蛮人樊磨背梁，归立朱阳郡并朱阳县，令樊磨为太守。大统三年分为朱阳郡，属东义州。周武帝保定二年又省郡，宣帝大象元年割卢氏西界以益朱阳县。隋开皇四年，北属陕州。大业三年，改属虢州。”[55]其地点在今河南省灵宝市西南朱阳镇。

2. 绝瓦砚

绝瓦砚首见于《新唐书》：“虢州……土贡绝瓦砚、麝、地骨皮……”绝是一种用蚕丝织成的粗绸，在瓦砚制作工艺中极可能用来过滤泥料，若是，则绝瓦砚与澄泥砚制作工艺应该较为相近。

3. 虢州钟馗石砚

此砚之名首见于苏易简《文房四谱》：“今睹岁贡方物中，虢州钟馗石砚二十枚，未知钟馗得号之来由也。”[56]据《中国古今地名大辞典》等，知虢州为隋置，改虢郡，治卢氏，即今河南卢氏县。大业初废。唐武德元年（618）复置，贞观中移治弘农县。天宝元年（742）改为弘农郡，乾元元年（758）复为虢州。辖境在今河南省内。

4. 唐州方城县葛仙公岩石、唐州紫石、唐石砚、方城石、黄石砚、方城黄石砚

唐州方城县葛仙公岩石可为砚首见于米芾《砚史》：

唐州方城县葛仙公岩石，石理向日视之如玉，莹如鉴，光而着墨，如澄泥不滑，稍磨之墨已下，而不热生泡。生泡者，胶也，古墨无泡，胶力尽也。若石滑磨久墨下迟，则两刚生热，故胶生泡也。此石既不热，良久墨发生光，如漆如油，有艳不渗也，岁久不乏，常如新成。有君子一德之操，色紫可爱，声平而有韵。亦有澹青白色，如月如星而无晕。此石近出，始见十余枚矣。[57]

对唐州方城县葛仙公岩产石可制砚一事，宋代的张邦基也言：“予外氏居唐州而方城下邑也，予往来必过仙公山下，地名新寨，居民多以石为工，所货之砚紫青白三种，石也亦作鼎斛盂之类。”[58]

宋人对唐州方城县葛仙公岩石砚的称呼较多，有称为“唐州紫石”者，如唐询言：“唐州紫石色泽可爱腻，不发墨，人以为端石。”[59]有称为“唐石”者，如高似孙言：“唐石佳者与端石乱真，特以无眼辨之。”[60]有称为“方城石”者，如杜绾言：“方城石，唐州方城县石出土中，润而颇软，一淡绿、一深紫、一灰白色，质细腻，扣之无声，堪镌治为方斛器皿，紫者亦堪为砚，颇精致发墨。”[61]

对唐州方城县葛仙公岩石砚的品质，除见于以上宋人的评价外，明代的张应文认为：“端石之亚有歙溪龙尾石、细罗纹石、洮河绿石、葛仙公岩方城石、万州悬金崖金星石、延平凤咮石，皆美材也。”[62]清代的潘永因也认为：“方城石，色如端溪，坚重缜密，作研极剉墨，不数磨而已盈研。”[63]

查《中国古今地名大辞典》“唐州”条，得知古称唐州的共有两地：一为“后魏置。后改为晋州。故治即今山西临汾县”。另一为“唐置。改曰淮安郡。寻复曰唐州。治比阳。即今河南泌阳县治。后徙州治泌阳。即今河南沘源县治。宋曰唐州淮安郡。金曰唐州。明降为唐县。省泌阳县入之。民国改唐县为沘源县。”[64]结合《中国古今地名大辞典》“方城县”条，“本燕方城邑。汉置县。北齐废。隋自今易州涞水县移固安县于此。取汉固安县为名。故城在今京兆固安县南。汉堵阳县地。后魏置方城县。金置裕州治此。明初省县入州。民国又改裕州为方城县。属河南汝阳道。后魏置。今阙。当在京兆密云县境。”[65]可知宋代的唐

州方城县与今河南省方城县在地域上最为接近。

"黄石砚"与"方城黄石砚"是当代人对方城县葛仙公岩石所制砚的称呼。

在黄石砚与方城黄石砚的矿位、矿物成分、化学成分、砚石矿结构、砚石的主要类型、砚石品种、矿床成因等方面的研究上，江富建与周世全做了一些工作。[66]近年来，黄石砚在继承传统的基础上，开拓创新，有了飞速的发展，年产精品5万方，品种达到百余种。除近销中国大陆外，还远销日本、东南亚和中国香港、台湾等地区。

5. 虢州石

虢州石砚首见于米芾《砚史》："虢州石，理细如泥，色紫可爱，发墨不渗，久之石渐损回，硬墨磨之则有泥香。"[67]但由于原文献未言具体产地，故有关此砚的历史有待进一步研究。

6. 虢石

宋代杜绾《云林石谱》中有"虢石"条，言其产于虢州荥阳县土中或在高山，"其质甚软，无声。一种色深紫，中有白石如圆月或如龟蟾吐气白雪之状，两两相对，土人就石叚揭取，用药点化镌治而成，间有天生如圆月形者极少得之。昔欧阳永叔赋《云月石屏诗》特为奇异。又有一种色黄，白中有石纹，如山峰罗列，远近涧壑，相亦是成片修治，镌削度其巧，辄乃成物像，以手砻之，石面高低多作砚屏，置几案间，全如图画。询之土人，石因积水浸渍，遂多斑斓"[68]。由于杜绾所述"虢石"与米芾的"虢州石"在色泽、花纹上均不相同，故视之为另外一类砚石。

7. 蔡州白砚

蔡州白砚首见于米芾《砚史》："蔡州白砚理滑可为器为朱砚。"[69]从文献描述上判断，此蔡州白砚极可能是用一种与白端相近的石料制作而成，河南境内不乏大理石产地，故蔡州白砚究竟产于何地目前尚难判定。

8. 西都会圣宫砚

西都会圣宫砚首见于米芾《砚史》的"西都会圣宫砚"条目："会圣宫石在溪涧中，色紫，理如虢石，差硬，发墨不乏，扣之无声。"[70]

据《中国古今地名大辞典》"五代梁以洛阳为西都"[71]，结合《宋史•本纪•仁宗一》中"八年，春正月甲戌，曹玮卒，辛巳作会圣宫于西京永安县。二月戊子诏五代时官三品以上告身存者子孙听用阴"[72]，以及《中国古今地名大辞典》"北宋以洛阳为西京"[73]，笔者认为米芾《砚史》中的"西都"即为"西京"，也就是宋时的洛阳。

9. 虢州澄泥砚

虢州澄泥砚宋代欧阳修始记之："虢州澄泥，唐人品砚以为第一，而今人罕用矣。《文房四谱》有造瓦砚法，人罕知其妙。向时有著作佐郎刘羲叟者，尝如其法造之，绝佳。砚作未多，士大夫家未甚有，而羲叟物故，独余尝得其二。一以赠刘原父，一余置中书合中，尤以为宝也。今士大夫不学书，故罕事笔砚，砚之见于时者惟此尔。"[74]

10. 卢村砚

卢村砚产于河南陕州，属澄泥砚类，疑为唐时物，清代姚元之在《竹叶亭杂记》中对此砚有较为详细的记载：

余在中州曾得其一，瓦质而龟形。余既莫知其所出，试以墨亦不甚奇，未之重也。及试陕州，见士子有用此者，问之，云：“殊不易得，有不发墨者伪也。”然不能言其详。山长冯梦花绶，浙人也，在陕久，见而问之，乃为余具道所考。时当冬寒，且言遇寒不冻，验之果然。冯有长诗一章，前有序叙述甚详，记以备考。序云：“村在陕州城南三十里，传有隐士卢景者，好造瓦砚，砚成悉瘗之厓壁间，村以是得名。然莫详其时代，州乘亦逸其人，惟砚窑故址犹在。人于得砚处时见开元古钱，因疑砚为唐时物云。砚之大者径尺，小者三四寸，形制如箕、如瓢、如龟鳖之甲，下有两足或四足，质似粗而甚薄，然坚致密栗不可磨削，性发墨而不渗。以盛水，暑月不涸，寒月不冻。或谓其古澄泥类也。砚之在村随处皆有，乃入土辄数丈，上多居人屋庐，禁人发掘，必俟其旁厓崩裂，始争锄土出之。又往往为沙石压损，完者百不得一，故村人甚秘惜焉。辛未夏，于州城偶得之，因记以诗：‘铿然片瓦坚于铁，大或如瓢轻如叶。陕人贻我向我言，此为古砚岁千百。父老相传作砚人，姓卢名景多高节。平生造砚不卖钱，窖之土内如埋璧。至今时代不可稽，求之志乘皆湮没。废窑毁败子孙亡，村以卢唤未曾易。窑外村前百丈厓，田夫往往挥锄掘。掘时常见开元钱，粘泥附砚相狼藉。以钱证砚砚可知，当是唐时人手泽。吾闻卢纶尉阌乡，又闻卢奂守二虢。岂其后人隐是村，藉端犹奋文人烈。不然寻常陶埴家，好名孰抱如斯癖。其时澄泥出虢州，更传石琢稠桑驿。唐人砚谱竞宝之，胜于龙尾斧柯石。二者年来早失传，搜罗不得人争惜。此砚当时不著名，胡为历劫难磨灭。尾圆头锐腹低凹，一池似月环其额。案头昂首类于蟾，裙边舒足跛同鳖。偶尔金壶勺水倾，积旬曾未虞枯竭。研之三匣墨如云，一泓终日凝灵液。瓦当铜雀世纷纷，孰优孰劣无能别。词人宝爱过琳腴，银笺珊管勋同策。吁嗟乎！作字张芝尚有池，吟诗魏野常留宅。足与黄流底柱共千秋，谁知更有区区陶瓦称奇绝。”[75]

十、湖北省

1. 归州大沱石、大沱石、归石砚

归州大沱石可为砚首见于欧阳修《欧阳文忠公集》：“归州大沱石，其色青黑斑斑，其文理微粗，亦颇发墨。归峡人谓江水为沱，盖江水中石也。砚止用于川峡，人世未尝有，余为夷陵县令时尝得一枚，聊记以广闻尔。”[76]

秭归州秭归县大沱石见于唐询的《砚录》：“秭归州秭归县大沱石，叩之无声，石色苍黄者不甚坚，正绿者乃坚，其理微少温润，上皆有文，如林木之状，又如以墨汁洒之者，亦有圆径一二寸如月状，其中亦有林木之文独色绿者，其中复有黄绿之相错如青州姜跋石。至琢为砚，远者经月近者旬，往往有文断裂。幸而完者，十亡一二。论其发墨，则过于端歙石，而资质润泽乃不逮也。此石世人罕有知者。”[77]

归州石见于杜绾《云林石谱》：“归州石出江水中，其色青黑，有纹斑如鹧鸪，质颇粗，可为砚。土人互相贵重，甚发墨。峡人谓江水为沱，故名大沱石。”[78]

归石砚之名首见于高似孙《砚笺》。从其引用唐询《砚录》中“归州大沲江之一曲，石色比如，理少，密致”一段文献来看，高氏笔下的“归石砚”就是欧阳修《欧阳文忠公集》、唐询《砚录》中的“归州大沱石砚”，也是杜绾《云林石谱》中的“归石砚”。

大沱石砚的流布并不广，清末民初人赵汝珍在《古玩指南·砚》中言：“湖北省荆州属，归州产石，名大沱石，其色青黑，其纹理微粗，亦颇发墨。归峡人谓江水为沱，盖即江水中石也，川峡人多用之，他处人士多不知也。”[79]

2. 归州吴池石砚

归州吴池石砚首见于唐询《砚录》：“又三年知归州，州之西南十余里吴池，乃江之一曲也，有石焉，

士人用之砚。至冬水涸，乃命工取而琢之。石色苍黄相半，最佳者乃正绿，石理微少密致，发墨殆过端。”[80]由此可见归州吴池石砚中最佳者的品质发墨甚至超过端砚。

3. 归州绿石砚

归州绿石砚首见于米芾《砚史》之“归州绿石砚”条，米芾对此砚的评价是：“理有风涛之象，纹头紧慢不等，治难平，得墨快，渗墨无光彩，色绿可爱，如贲色，淡如水苍玉。”[81]

对以上三种产于归州的砚石，若从文献分别出自不同著作之中进行分析，似各为一种；但若将上述三条文献进行综合分析，又似乎可将三者归并于归州大沱石之中。由于笔者目前所掌握的文献有限，也未进行实地考察，故暂时依文献来源分列为三种，待将来深入研究后再作定论。

4. 楚王庙砖砚

楚王庙砖可为砚首见于韩愈的《记宜城驿》：

> 此驿置在古宜城内，驿东北有井，传是昭王井，有灵异，至今人莫汲。驿前水，传是白起堰西山下涧，灌此城坏，楚人多死流城东陂，臭闻远近，因号其陂曰臭陂。有蛟害人，渔者避之。井东北数十步，有楚昭王庙，有旧时高木万株，多不得其名，历代莫敢剪伐，尤多古松大竹，于太傅帅襄阳，迁宜城县，并改造南境数驿，材木取足此林。旧庙屋极宏盛，今惟草屋一区，然问左侧人，尚云每岁十月，民相率聚祭，其前庙后小城盖王居也，其内处偏高，广圆方八九十亩，号殿城，当是王朝内之所也，多砖可为书砚。自小城内地，今皆属甄氏。甄氏以小城北立别墅以居，甄氏有节行，其子逢以学行为助教。[82]

高似孙在《砚笺》中列有“楚王庙砖砚”条，所引文献摘录自韩愈的《记宜城驿》。

十一、湖南省

1. 潭州谷山砚

潭州谷山砚首见于米芾《砚史》：“潭州谷山砚，色淡青，有纹如乱丝，理慢，扣之无声，得墨快，发墨有光。”[83]

在《中国古今地名大辞典》中对潭州沿革叙述如下：“隋于长沙郡置。寻复为长沙郡。唐复置。寻曰长沙郡。又改潭州。宋曰潭州长沙郡。元为潭州路。又改天临府。明初改潭州府。又改长沙府。即今湖南长沙县治。”再查清《湖广通志》，在长沙府沿革表中明确标有隋时设有潭州总管府，唐设潭州长沙府，宋设潭州长沙府，下辖长沙、衡山、安化、醴陵、攸、湘乡、湘潭、益阳、浏阳、湘阴、宁乡、善化。[84]

2. 龙牙石

宋代杜绾《云林石谱》中有龙牙石：“潭州宁乡县，石产水中或山间，断而出之，名龙牙石。色稍紫润，堪治为砚，亦发墨，土人颇重之。”[85]

3. 岳麓砚

岳麓砚首见于高似孙《砚笺》之《栾城法光岳麓砚诗》：“笔端无古亦无今，翰墨淋漓非世音。要知此物非他物，云霭西山玉一寻。”由于笔者经眼的古代文献中有关岳麓砚的记载极少，故有关岳麓砚的产地、品质、历史等，还望专家、读者提供相关资料以便深入研究。

4. 溙石砚

溙石为砚首见于宋代赵希鹄《洞天清录》：“溙石出九溪溙溪，表淡青，里深青，紫而带红，有极细润者。

然以之磨墨，则墨涩而不松快，愈用愈光，而顽硬如镜面。间有金线或黄脉直截如界行相间者，号紫袍金带。高宗朝戚里吴琚曾以进御，不称旨。”[86]

由于溙石色青，故在宋代被人冒充洮砚，赵希鹄就曾言：“今或有绿石砚名为洮者，多是溙石之表，或长沙谷山石。溙石润而光，不发墨，堪作砥砺耳。”[87]

溙石之中的紫袍金带又称金系带，如宋代朱辅在《溪蛮丛笑》中言：“金系带，砚石出黎溪，今大溪、深溪、竹寨溪、木林冈石皆可乱真，紫石胜揭石、热猺亦能砺砥，黎溪为最，盖于淘金井中取之，近亦艰得，有紫绿二色围黄线者，名金系带。”[88]

由于溙石砚中以间有金线或黄脉相间的紫袍玉带质量最佳，故虽有“伪造者以药凿嵌成之”，[89] 但毕竟留有痕迹，不难辨别。

5. 辰沅州黑石、黑端、辰沅砚

宋代赵希鹄在《洞天清录》中言：“一种辰沅州黑石，色深黑，质粗燥，或□有小眼，黯然不分明，今人不知，往往称为黑端，溪相去天渊矣。今端溪民负贩者多市辰沅研璞而归，刻作端溪样以眩人，江南士大夫被获重价。若辰沅人自镌刻者，则太雕琢。或作荷莲水波、犀牛龟鱼、八角六花等样，藻饰异常，虽极工巧而材不堪用，此亦辨辰沅砚之一法。”[90]

6. 辰州石

宋代杜绾《云林石谱》“辰州石”条下记有：“辰州蛮溪水中出石，色黑，诸蛮取之磨刃，每洗涤水尽黑，因名。黑石扣之无声，仿佛如阶州者。土人琢为方斛器物及印，材粗佳亦堪制为砚，间有温润不可多得。”[91] 因难以确定此“辰州石”与“辰沅州黑石”是否为同类，故单列于此。

7. 墨玉砚

墨玉砚之名首见于宋代赵希鹄《洞天清录》：“墨玉砚：荆襄鄂渚之间有团块墨玉璞，并与端溪下岩黑卵石同，而坚缜过之，正堪作砚。虽不如玉器，出光留其锋耳。但黑中有白玉相间，甚者阔寸许。玉石谓之间玉玛瑙，其白处又极坚硬，拒墨。若用纯黑处为砚，当在端溪下岩之次，龙尾旧坑之上。”[92]

8. 菊花石砚

菊花石砚是用产于湖南浏阳永和镇大溪河底的菊花石雕琢而成的砚。据清代张尚瑗《石里杂识》，菊花石一种产于江西吉水永丰，“青质而黄章，章为菊花，金英灿然如画”；另一种产于湖南浏阳，“黑质白章，枝叶与花一一如画”。

北京故宫博物院藏有菊花石砚多方，为清代内府旧物，其大者近尺半，小者约七八寸不等（图 10–31）。菊花石砚的砚式，皆为自然随形，利用天然形成的菊花纹，因材施艺略加琢磨而成。有的菊花石砚，不但有供研墨用的砚堂和贮存墨汁的墨池，还利用砚面的空间，雕有穿行于云的飞龙，有的在墨池上加盖，盖上雕振翅欲飞的蝙蝠，既增添了美感，又可防止墨池内的墨汁过早干涸。[93]

清末谭嗣同有《菊花石秋影砚铭》：“我思故园，西风振壑，花气微醒，秋心零落，郭索郭索，墨声如昨。”其注曰：“菊二备茎叶，水池在叶下，池有半蟹，其半掩于叶，名之曰秋影。”由此也可见菊花石砚的形制与样式之一斑。

用菊花石制成的砚，虽然美观大方，但石质坚滑，不易发墨，故收藏者多作为清赏之物而较少实用（图 10–32）。

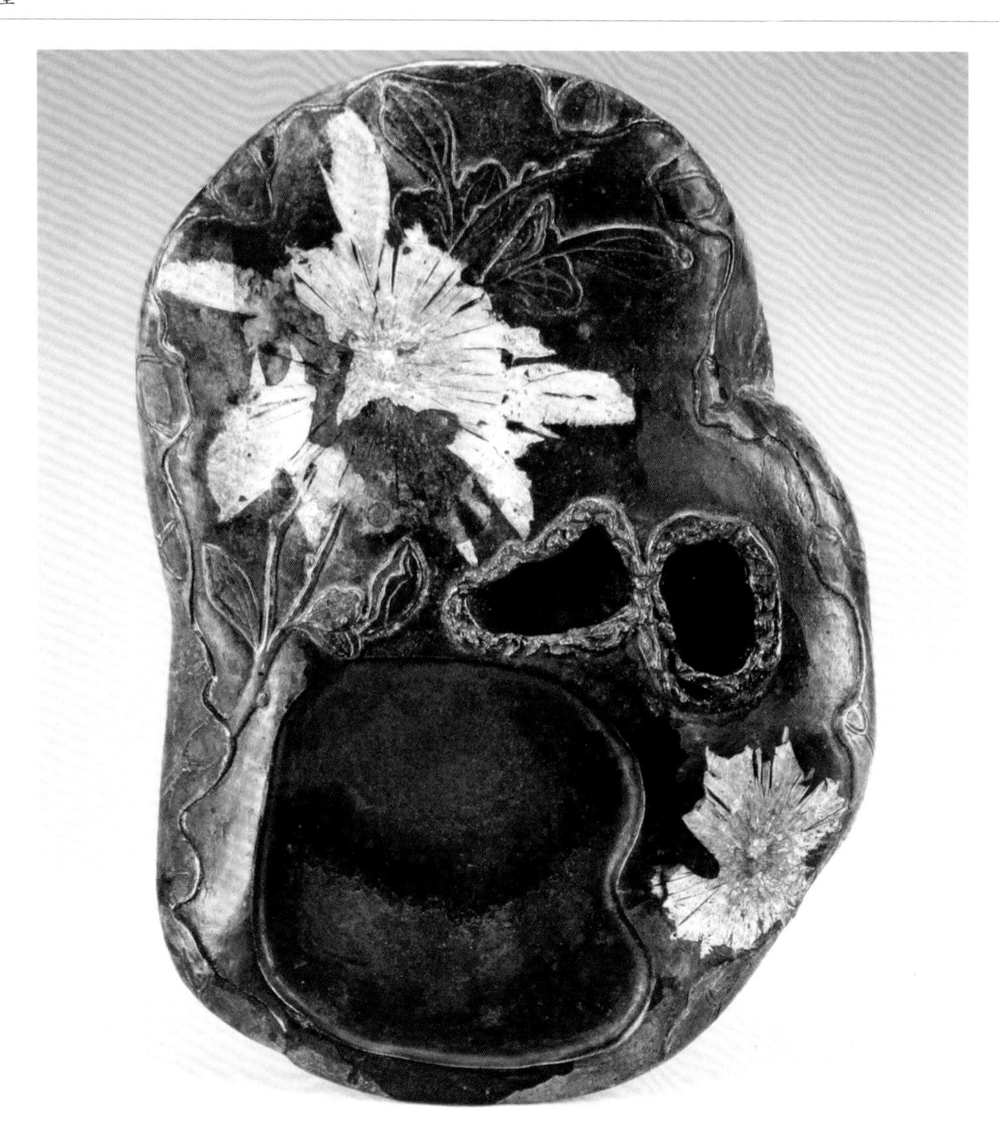

图 10–31 清菊花石砚

图 10–32 当代的菊花石砚

十二、江苏省

1. 吴都砚山石

吴都砚山石首见于苏易简《文房四谱》：“吴都有砚山石。”[94] 据《中国古今地名大辞典》“吴都”条：“江苏吴县也。左思有吴都赋。（注）吴都者。苏州是也。”[95]

2. 苏州褐黄石砚、揭黄石砚

苏州褐黄石砚首见于米芾《砚史》：“苏州褐黄石砚，理粗发墨不渗，类夔石。土人刻成砚，以草一束烧过，为慢灰火煨之色遂变紫，用之与不煨者一同，亦不燥，乃知天性非水火所移。”[96] 明代王鏊在《姑苏志》中也言：“揭黄石，理粗发墨，不渗，类夔石。土人刻成砚，以草束烧过，仍用慢灰火煨之，色遂变紫。用之与不煨者同，亦不燥。米氏《砚史》所云苏州揭黄石砚是也。”[97] 至于米芾《砚史》中的“褐黄石”为何在明代王鏊《姑苏志》中成了“揭黄石”，有待详察。

3. 䃰村石砚

䃰村石[98] 砚最早记载于宋人张邦基的《墨庄漫录》“如吴郡□村石之易得，一枚不过百钱。惟有一种曰太阳坑石，乃元章所谓近出者，坑在山顶，其石色如端溪，坚重缜密，作砚极剉墨，不数磨而已。”[99]

有关采䃰村石砚的历史，据《墨庄漫录》中“乃元章所谓近出者”可知，早在米芾见到太阳坑石之前，已经开始用䃰村石制砚。

有关䃰村石的产地，据明代王鏊的《姑苏志》与清代的《江南通志》可知“□村石出灵岩山下”。[100] 有关灵岩山地址，宋祝穆在《方舆胜览》中记之：“灵岩山，在城西二十四里，又名砚石山。吴王之别苑在焉，有馆娃宫、琴台响屧廊、西施洞……”[101]

有关䃰村石的品质，据《墨庄漫录》可知至少有两种：一种为比较易得的，价钱较便宜；另一种为出于山顶太阳坑者，石色与端砚相似，质地坚重缜密，甚发墨。明代王鏊也认为□村石有两类，其中“佳者不减歙材”[102]。清代翰林院编修汪琬曾作《擭村石砚铭》，对䃰村石砚的品质褒扬有加：“擭村良材，黄章黝质，登翁之几，杀墨宜笔，兼是二者，以相著述，其形石也，其德维玉。”[103]

乾隆皇帝对䃰村石有所偏好，在《西清砚谱》中共收存了 6 方䃰村石砚：

其一为米芾远岫奇峰砚，该砚“高五寸，宽七寸，厚一寸二分。宋坑䃰村石，色黄而黝，质理坚致，天然两峰，宾主拱揖。而左峰特耸秀，右峰下平微凹，为受墨处。峰腰大小岩窦五为砚池，有泄云决雨之势。峰顶镌篆书‘天然’二字，左峰峭壁上刻‘远岫奇峰’隶书四字，峰右坡陀刻行草‘子昂藏’三字，峰脚直插水穴，穴上有篆书‘可泉’二字，两峰间平处镌”。

其二为宋䃰村石泰交砚，“砚高六寸七分，宽六寸，厚八分。宋䃰村石外方内圆，砚首穹起，合地天交泰之义。覆手作如意形，面背四周俱随石质，自然不加磨琢。下方镌御题铭一首，隶书钤宝一曰德充符，匣盖并镌是铭，亦隶书钤宝二，曰几暇怡情、曰得佳趣”。砚背有乾隆御制宋䃰村石泰交砚铭“既方而圆，体合坤乾，吾因思泰交之义，而久具其说。于开泰之篇，无往不复，是用惧焉。如意固美，骄志应蠲，吾是以恒，自励乎习习惆然”。

其三为宋䃰村石听雨砚（图 10–33），“砚高四寸七分，上宽二寸八分，下宽三寸四分，厚七分。宋䃰村石朴素天然，不加雕琢，砚首镌草篆‘听雨’二字，四侧皴剥，下方侧镌御题诗一首，隶书钤宝一曰‘太璞’。砚背镌寒山赵宧光为悟石老禅作行书十一字，左侧有‘凡夫’二字印。考明赵宧光，号凡夫，长洲人，善草篆。悟石轩在虎邱云岩寺内生公石侧。凡夫隐于寒山，好与羽流衲子往还，是砚似系凡夫为寺僧所作。

匣盖镌御题诗与砚同，隶书钤宝二”。砚侧与砚盒有乾隆御制题宋腰村石听雨砚诗：“犹是宋坑石，千年古色含。抚看听雨篆，想共老禅参。忆昔寒山畔，每因遗迹探。临池偶一试，飞兴到江南。”

其四为宋腰村石凤池砚（图10–34），“砚高六寸，上宽三寸三分，下宽四寸五分，中微束，厚八分许。宋腰村石也，色黄而润，琢为凤字形，受墨处微洼，斜入墨池，为凤池。墨锈深厚，周有剥蚀，古意穆然，覆手穹起，下为凤足二，离几约三分许，中镌御题诗一首，楷书钤宝二，曰‘会心不远’，曰‘德充符’。匣盖并镌是诗隶书，钤宝二，曰‘比德’，曰‘朗润’。对于此砚，乾隆也是赞赏有加，御题诗曰：“龙宾休说腰村无。犹此晨星一二俱，漫诩外廷希见也，岂知内库久藏乎？沈沦佳士如方彼，剪拂良材只愧吾。制作凤池供染翰，不宜章蔡合欧苏”。

其五为宋腰村石玉堂砚（图10–35），“砚高五寸一分，宽三寸五分，厚五分。旧坑腰村石也，质细而润，扣之作木声，有似端溪之老坑石。制为玉堂式，面背四周俱有剥蚀，如未经磨砻者，然墨锈深裹，坚如胶漆，覆手镌御题诗一首，楷书钤宝二，曰‘几暇怡情’，曰‘得佳趣’。匣盖并镌是诗，隶书钤宝，一曰‘德充符’”。乾隆御制题为：“剥蚀漫嫌体不全，成形物岂久

图10–33　宋腰村石听雨砚（正、背）（取自《西清砚谱古砚特展》）

图10–34　宋腰村石凤池砚（正、背）（取自《西清砚谱古砚特展》）

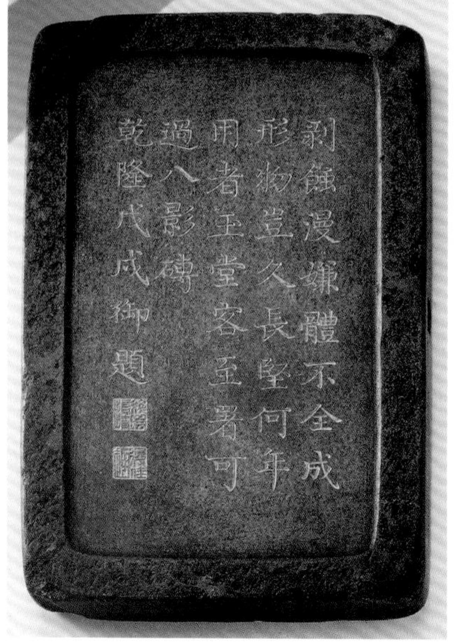

图10–35　宋腰村石玉堂砚（正、背）（取自《西清砚谱古砚特展》）

长坚。何年用者玉堂客，至署可过八影砖。”

其六为宋腰村石兰亭砚，“砚高八寸三分，宽五寸五分，厚一寸九分。腰村旧坑石也，砚面及侧面四周通刻兰亭修稧景及与会群贤。砚面天然水蛀为墨池，池下平处为受墨处，左方镌晋王羲之诗三十二字，左侧面镌王肃之诗十六字；右侧镌王丰之诗十六字，上方侧镌王彬之诗十六字；下侧镌王凝之诗十六字；覆手深一寸，中镌羲之《兰亭序》一首并行书不署书者姓氏；外跗周镌御题诗一首，楷书钤宝一曰‘乾隆宸翰’。是砚质理坚润，雕刻亦浑朴，其为旧石旧制无疑，匣盖镌御题诗与砚同隶书钤宝二”。乾隆御题诗为：“旧坑想出腰村湄，图作兰亭修稧时。韵事自来应入画，雅人端合有深思。崇山峻岭依然在，视昔犹今定不疑。欲告临池摹帖者，阿谁诚弗愧羲之。”

上述《西清砚谱》中的6方腰村石砚，在台北“故宫博物院”藏有3方：宋腰村石听雨砚，色泽青黑泛黄，尺寸为纵15.6厘米，横9.2~11.3厘米，厚1.9厘米，形制为长方形。宋腰村石凤池砚，色泽黄赭，尺寸为纵19.1厘米，横11.6厘米，厚2.8厘米，形制为凤字式。宋腰村石玉堂砚，色泽为黄白，尺寸为纵16.5厘米，横10.8厘米，厚1.5厘米，形制为玉堂式，原存放宫殿为懋勤殿。

4. 吕梁洪石

吕梁洪石可为砚见于明代徐[火勃]的《徐氏笔精》：“吕梁洪行署之北，山韫美石，可为砚。嘉靖初，张镗为主事，分司其地，始剖石制砚。姚明山涞纪其事云：‘此石贞润，受墨不让端歙。’徐州又有一种花斑石，非此类也。”[104]

吕梁洪位于徐州城东南吕梁山下，是泗水上的一段飞流湍急的河道，与徐州洪、秦梁洪并称徐州三洪，又称古泗三洪，所谓三洪即三处激流险滩。元代的袁桷曾过吕梁洪，作《徐州吕梁神庙碑》，记录了当时船行吕梁洪时的惊心动魄之景：“……余宦京师，过今吕梁者焉。春水盛壮，湍石弥漫，不复辨左回右激。舟樯林立，击鼓集壮稚循崖侧足，负縆相进挽。又募习水者，专刺棹。水涸则岩崿毕露，流沫悬水转为回渊，束为飞泉，顷刻不谨，败露立见，故凡舟至是必祷于神……”[105]

5. 常熟苑山石

常熟苑山石可为砚首见于明代王鏊的《姑苏志》：“苑山石出常熟县亦可为砚。”[106]有关苑山所在地，《姑苏志》言：“宛山或作苑，在县西南五十，高七十丈，周五里，产石坚润可为砚。”[107]笔者曾怀疑此苑山石即腰村石，但比较文献“阊阖城西有山，号砚石，在吴县西三十里，上有馆娃宫，今灵岩寺即其地也”可知，苑山在县西南50里，灵岩寺在县西30里，故暂定两者并非一类，故另列于此。由于古代文献中对苑山石砚的记载很少，故对此砚的石质、色泽、纹理、研磨性能等均不得而知。

6. 太湖砚、太湖石砚

太湖砚之名首见于由皮日休与陆龟蒙的唱和之作《松陵集》中，其中皮日休作《五贶诗》序中有：“有龟头山迭石砚一，高不二寸，其仞数百，谓之太湖砚”；陆龟蒙作《太湖砚》诗：“谁截小秋滩，闲窥四绪宽。绕为千嶂远，深置一潭寒。坐久云应出，诗成墨未干。不知新博物，何处拟重刊”。

高似孙在《砚笺》中列有“太湖石砚”条目，但观其内容即皮日休与陆龟蒙所言之“太湖砚”。

7. 紫砂砚

紫砂砚是用产于江苏省宜兴市丁山镇的紫砂泥塑造成坯后再经高温烧制而成的砚。紫砂砚结构致密，强度较大，色泽温润，古雅可爱，尤其是其器于表光挺平整之中，含有小颗粒状的变化，表现出一种砂质效果，更有一种古朴淳厚、不媚不俗的气质。用紫砂制砚可能始于清代，笔者目前所见年代最早的紫砂砚可能为现藏于北京故宫博物院的宜兴紫砂砚（图10–36）与紫砂金漆云蝠砚（图10–37）。这两方砚均为圆形，其

图 10–36　宜兴紫砂砚（笔者摄于北京故宫博物院）

图 10–37　紫砂金漆云蝠砚（笔者摄于北京故宫博物院）

中紫砂金漆云蝠砚直径 21.3 厘米，高 1.5 厘米。砚面中央凸起为砚堂，砚堂四周为墨池。砚面边框用金漆描绘缠枝灵芝纹，砚侧一周绘金色云蝠纹。砚背微凹为覆手，用弦纹加以装饰，色泽既沉穆凝重又富丽高雅。

8. **紫砂澄泥砚**

紫砂澄泥砚是将紫砂砚与澄泥砚的原材料及制作技法有机地结合起来制作而成的一种砚台，其创制时间可能在乾隆年间。在笔者经眼文献中未发现有关紫砂澄泥砚的记载，但在北京故宫博物院的展品中却明确标有紫砂澄泥砚（图 10–38、图 10–39）。此紫砂澄泥砚为六方一组的套砚，分别为仿汉石渠阁瓦紫砂澄泥砚、仿汉未央砖海天初月紫砂澄泥砚、仿宋德寿殿犀文紫砂澄泥砚、仿唐八棱紫砂澄泥砚、仿宋玉兔朝元紫砂澄泥砚、仿宋天成风字紫砂澄泥砚。此紫砂澄泥砚在《西清砚谱》中标注为“澄泥砚”，但在 2008 年的展出中却明确标注为“紫砂澄泥砚”，由于笔者未能近距离细观此砚，更未能对此砚做相关的检测分析，姑且暂时认可为“紫砂澄泥砚”。

从字面上进行分析，紫砂澄泥砚应该是紫砂与澄泥工艺的结合产物，在性质上也兼具紫砂与澄泥的特点。对于紫砂澄泥砚的制作技术，笔者以为主要有三个关键：其一是泥料的选配，即紫砂与澄泥的比例，说白了就是粗料与细料的比例。其二是烧成温度，因紫砂与澄泥的成分不同，烧成温度也不相同，故如何控制温度使混有紫砂与澄泥的砚坯在烧成后能达到粗而不刚、细而不滑的品质尤其重要。其三是造型艺术，这主要取决于制作者的文化艺术修养，从清宫旧藏紫砂澄泥砚套砚来看，在造型艺术上还是有所创新的。从《西清砚谱》所载相关内容来看，乾隆皇帝十分钟爱这套紫砂澄泥砚，故而推论这套紫砂澄泥砚的品质也应该是相当不错的。

图 10–38　紫砂澄泥砚（共 6 方）（笔者摄于北京故宫博物院）

图 10–39　紫砂澄泥砚砚盒（笔者摄于北京故宫博物院）

9. 纸砚

清人黄协埙在《锄经书舍零墨》卷一“铜砚”条下记有：“砚石之制，古人有用砖瓦者，近世则以端溪为良。《秋雨庵随笔》述滇南人善制纸砚，入水不坏，斯亦奇矣。迩来扬州人亦能为之，肌理细腻，而质极轻灵，最便客中携带。”[108] 笔者以为，《秋雨庵随笔》应为清人梁绍壬所著《两般秋雨庵随笔》，经查找此书，仅见“贵州出纸砚”，而未见有“滇南人善制纸砚”之说，故笔者猜测黄氏极可能将《两般秋雨庵随笔》中的“贵州”误记成了“滇南”。不过“迩来扬州人亦能为之……”应为黄协埙对清代扬州纸砚的真实记载。

十三、江西省

1. 兴平县蔡子池青石

最早记载兴平县蔡子池青石可为砚的是南朝刘宋人刘澄之的《宋永初山川记》，苏易简在作《文房四谱》时摘录其中与砚相关的文献：“刘澄之《宋初山川古今记》云，典平县蔡子池，石穴深二百许丈，石青色堪为砚。”[109] 高似孙在《砚笺》中也摘录了刘澄之《宋永初山川记》中与砚有关的文献，“兴平县蔡子池，穴深二百丈，石青堪砚”，但地点变更为“兴平县”。经笔者核对，中国古代地名中并无“典平县”，而与“兴平县蔡子池”相关的文献却较多。另外，在古书中“兴”作“興”，与“典”字在字形上有些相像，故笔者认为《文房四谱》中的“典平县”可能为“興平县”之笔误。

对兴平县蔡子石砚的品质，高似孙在《纬略》中言：“《东坡杂说》曰，陆道士蓄一砚，圆首斧形，色正青，皆有斜月纹，甚能光墨而宜笔，今山川记载蔡子池青石可为砚，正此之类也。”[110] 即兴平县蔡子池青石砚不仅有美丽的斜月纹，而且甚能光墨又不伤笔，应该是一种品质较为优良的砚。

也有文献认为兴平县蔡子池石可为砚来自刘澄之的《江州记》，且此砚名为“书砚”。如《太平御览》记有：“刘澄之《江州记》曰：兴平县蔡子池南有石穴，深二百许丈，石青色，堪为书砚。”另外，清代孙承泽在《砚山斋杂记》中也言：“刘澄之《江州记》曰，兴平县蔡子池南有石穴，深二百丈许，石色青，堪为书砚。”[111]

古代兴平县的位置，《中国古今地名大辞典》共记有三处：其一为“三国吴置。隋废。故址在今江西乐安县西北乐安乡。接永丰县界。今有兴平乡。即因故县为名”；其二为“南齐置。梁陈间废。故治在今四川广元县东一百十里”；其三为“周犬丘邑。秦曰废丘。汉为槐里茂陵平陵三县地。三国魏改平陵为始平。唐改曰金城。又改曰兴平。明清皆属陕西西安府。民国初属陕西关中道”。[112] 依据文献，笔者以为南朝刘宋时的兴平县应在今江西乐安县境内。

2. 吉州永福县石、吉石砚

吉州永福县石可为砚首见于唐询《砚录》：“皇祐三年，予为江西转运使，或言吉州永福县出石亦可为砚，尝取试之，虽色近紫而理粗不润，无足贵焉。”[113] 米芾也在《砚史》中言：“永福县紫石状类端之西坑，发墨过之。”由此可见，唐、米二人所见相同。

吉石砚一词首见于高似孙的《砚笺》，但从其所引内容分别来自唐询的《砚录》与米芾的《砚史》可知，高似孙《砚笺》中的“吉石砚”就是唐询《砚录》与米芾《砚史》中的“吉州永福县石砚”。

3. 吉州石

宋代杜绾《云林石谱》中有“吉州石”条：“吉州数十里，土中产石，色微紫，扣之有声，可作砚，甚发墨，但肤理颇矿燥，较之永嘉华严石为砚差胜，土人亦多镌琢为方斛诸器。”[114] 由于文献有限暂不知此吉州石与上述“吉州永福县石”与“吉石砚”有何异同，故暂单列为一种。

4. 信州水晶砚

信州水晶砚见于米芾《砚史》，但此砚不可研墨仅可“于他砚磨墨汁倾入用”[115]。

5. 庐山砚

庐山砚首见于高似孙《砚笺》：“庐山砚，与潭州谷山同。”[116]后注源自米芾《砚史》。但笔者查《四库全书》本之米芾《砚史》只有“庐州砚，大略与潭州谷山同”，而无“庐山砚”。由于历史文献的缺失，故当年米芾在《砚史》中记载的究竟是“庐州砚”还是“庐山砚”目前尚难确定。

6. 石钟山石

据高似孙《砚笺》，石钟山石砚首见于苏东坡帖“米元章得山砚于湖口石钟山侧，甚奇”[117]。石钟山位于湖口县鄱阳湖出口处，因山石多隙，水石相搏，发出如钟鸣之声而得名。北宋大文学家苏轼曾乘小舟夜泊绝壁之下探访究竟，并撰写闻名天下的《石钟山记》使之名声远播。以此山之石为砚者，目前所知仅有米芾，苏轼特为此作《米黻石钟山砚铭》：“有盗不御，探奇发瑰，攘于彭蠡，斫钟取追，有米楚狂，惟盗之隐，因山作砚，其词如賫。”

7. 修口石

用修口石制砚首见于宋代杜绾《云林石谱》：“修口石：洪州分宁县地名修口，深土中产石，五色斑斓，全若玳瑁。石理细润，或成物像，扣之稍有声。土人就穴中镌砻为器，颇精致，见风即劲，亦堪作砚，粗，发墨。”[118]修口石砚今人又称之为“修水砚”“赭砚”。[119]

8. 分宜石

宋代杜绾《云林石谱》中有分宜石：“袁州分宜县，江水中产石，一种色紫稍坚而温润，扣之有声，纵广不过六七寸许，亦罕产，不常得。土人于水中采之磨为砚，发墨宜笔，但形制稍朴，须藉镌砻。”[120]

9. 玉山石

宋代杜绾在《云林石谱》中记载了一种玉山石：“信州玉山县，地名宾贤乡，石出溪涧中，石色清润，扣之有声。土人采而为砚，颇剉墨，比来翻制新样，如莲杏叶，颇适人意。”[121]

10. 怀玉砚

怀玉砚之名见于南宋朱熹所作《怀玉砚铭》：“我辑坠简，大法以存。孰挚其宝，使与斯文。点染之余，往寿逋客。墨尔毫端，毋俾玄白。”[122]由于此铭注有“庆元丁巳三月庚子”，故知朱熹作此砚铭的时间应是1197年春。再据朱熹在《怀玉砚铭》后的一段小注“怀玉南溪近出此石，徐斯远以予，方讨礼篇，持以为赠……”可知，怀玉砚石产于南溪，被取来制砚是在南宋庆元丁巳年（1197）之前并不太长的一段时间。怀玉砚在关键所著《中国名砚•地方砚》一书中被称为“罗纹砚”，当地称之为“绢云砚”。另外，在出产怀玉砚的江西省玉山县还有一种“三清山罗纹砚”，“其石质、石色与怀玉山罗纹砚基本相同，疑是同一矿脉。其品种造型、雕刻题材和雕刻风格也与怀玉山罗纹石砚完全一致，况且二者又都出于一个县里，似无单立门户之必要”[123]。

11. 灌婴庙瓦砚

取灌婴庙瓦琢为砚首见于宋代洪迈《容斋随笔》：“赣州雩都县，故有灌婴庙，今不复存。相传左地尝为池，耕人往往于其中耕出古瓦，可窾为砚。予向来守郡日，所得者刓缺两角，犹重十斤，渖墨如发硎，其光沛然，色正黄。”

取灌婴庙瓦制成的砚在清代文献中也有记载，如王士禛在《池北偶谈》就记有：“吉水李梅公侍郎有砚，五瓣如梅花状，质如黄玉，杂翡翠丹砂之色，累累坟起。云是灌婴庙瓦，一时文士多赋之。故友邹程村作砚考，引洪文敏容斋随笔灌瓦砚铭为证。”[124]

12. 新造汉未央宫瓦砚

新造汉未央宫瓦砚首见于《王佐砚记》：“宣德中，江西宁府新造汉未央宫瓦砚，改作今布瓦样，中间刳，其四围作小绦环样，极精致，研墨颇不渴水。”[125]

13. 信州水晶砚

信州水晶砚最早见于米芾《砚史》：“信州水晶砚，于他砚磨墨汁倾入用。”考宋时信州在今江西上饶，故列于此。

十四、辽宁省

1. 桥头石

桥头石产于本溪市平山区桥头镇小黄柏峪，代表性石材有：紫云石、青云石、线石、木纹石。桥头石虽然缺少文献记载，但从现存清宫旧砚来看，此石至少在清代康乾时期已经开发。由于桥头石在“松花石砚”一章已有叙述，欲详者可参看相关章节，此处不再赘述。

2. 浮金石

浮金石可能首记于乾隆四十三年七月十三日阿桂等奉敕重修的《钦定盛京通志》中（图 10–40），在卷一百六“物产一”的“松花玉”条下有：“松花玉亦曰松花石，出混同江边砥石山。玉色净绿，光润细腻，品埒端歙，可充砚材。又有浮金石，亦可为砚。乾隆四十三年，有御制盛京土产诗：四曰松花玉，恭载天章门。”[126]在吕耀曾等纂修，刊刻于清咸丰二年（1852）的《盛京通志》中，浮金石被记录在“安石”条下：“又浮

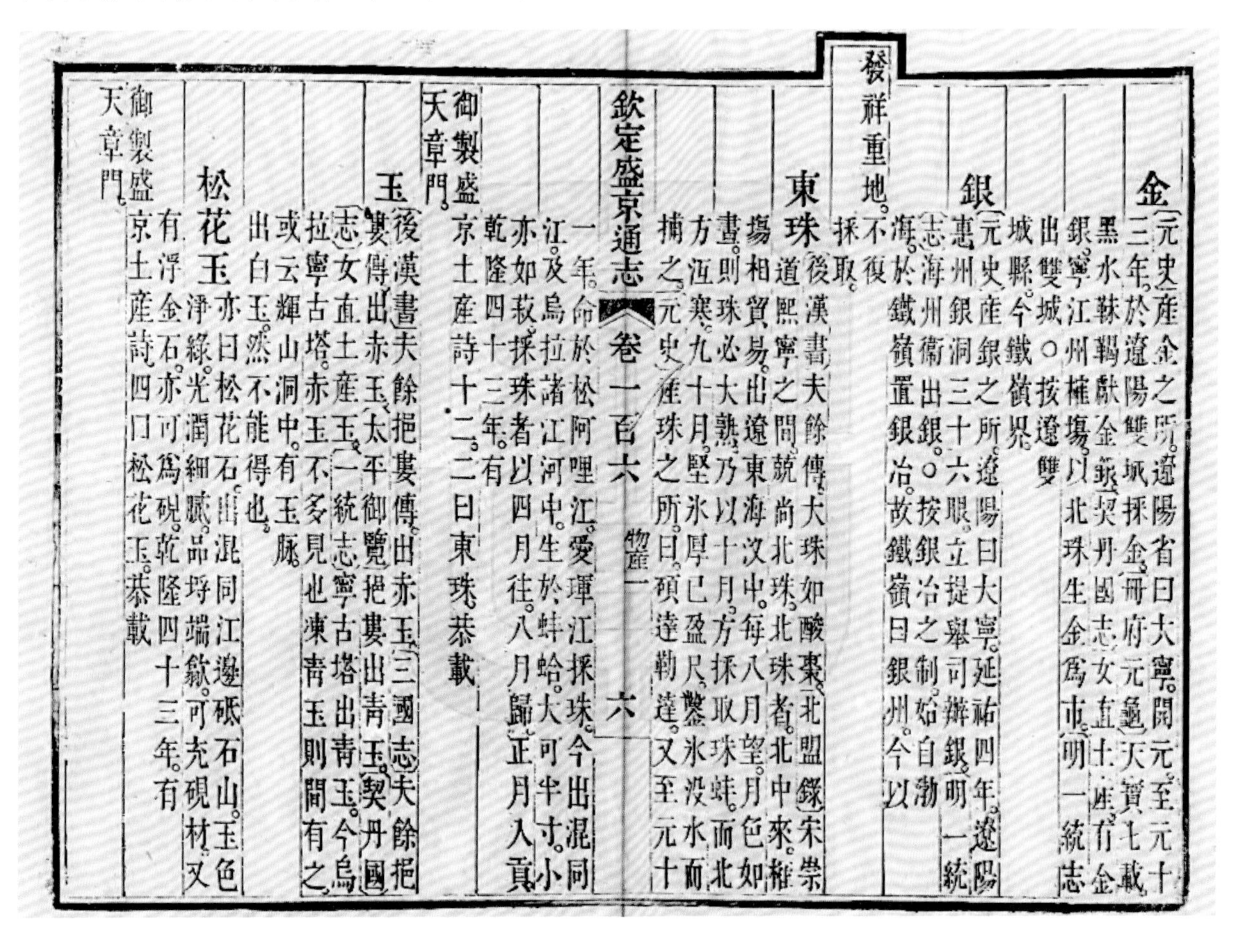
金　元史產金之所遼陽省曰大寧開元至元十
三年於遼陽雙城採金冊府元龜天寶七載
黑水靺鞨獻金銀契丹國志女直土產有金
銀寧江州榷場以北珠生金爲市明一統志
出雙城○按遼雙
城縣今鐵嶺界
銀　元史產銀之所遼陽曰大寧延祐四年遼陽
惠州銀洞三十六眼立提舉司辦銀明一統
志海州衛出銀○按銀冶之制始自渤
海於鐵嶺置銀冶故鐵嶺曰銀州今以
發祥重地不復採取
東珠　後漢書夫餘傳大珠如酸棗北盟錄宋崇
道熙寧之間競尚北珠北珠者北中來榷
場相貿易出遼東海汊中每八月望月色如
晝則珠必大熟乃以十月方採取珠蚌而北
方沍寒九十月堅冰厚已盈尺鑿冰沒水而
捕之元史產珠之所曰頑達勒達又至元十
欽定盛京通志　卷一百六　物產一　六
一年命於松阿哩江愛琿江採珠今出混同
江及烏拉諸江河中生於蚌蛤大可半寸小
亦如菽採珠者以四月往八月歸正月入貢
乾隆四十三年有
御製盛京土產詩十二曰東珠恭載
天章門
玉　後漢書夫餘傳出赤玉三國志夫餘挹
婁傳出赤玉太平御覽挹婁出青玉契丹國
志女直土產玉一統志寧古塔出青玉今烏
拉寧古塔赤玉不多見也湅青玉則間有之
或云輝山洞中有玉脉
出白玉然不能得也
松花玉　亦曰松花石出混同江邊砥石山玉色
淨綠光潤細膩品埒端歙可充硯材又
有浮金石亦可爲硯乾隆四十三年有
御製盛京土產詩四曰松花玉恭載
天章門

图 10–40　《钦定盛京通志》中有关浮金石的记载（取自中国国家图书馆）

金石可为砚。”[127] 但在翟文选、臧式毅等纂修，民国 23 年（1934）刊刻的《奉天通志》中，已经没有了浮金石的记载。笔者以为，浮金石在民国期间不见记载的原因可能与开采已罄，或坑口塌陷已无法开采有关，若为后者，倒是建议有志者不妨探寻一下，或许会有新的发现。

3. 绿端石

绿端石之名可能首记于乾隆四十三年七月十三日阿桂等奉敕重修的《钦定盛京通志》（图 10–41）中，在卷一百六“物产一”中有“绿端石”条：“绿端石，出宁古塔诸河边。”[128] 在吕耀曾等纂修，刊刻于清咸丰二年的《盛京通志》卷二十七“物产”中也记有：“绿端石，产宁古塔。”[129] 在上述两志中，虽然“绿端石”条下没有“可充砚材”等注释，但从其名为“绿端石”来推测，这应该是一种砚材，故列于此。

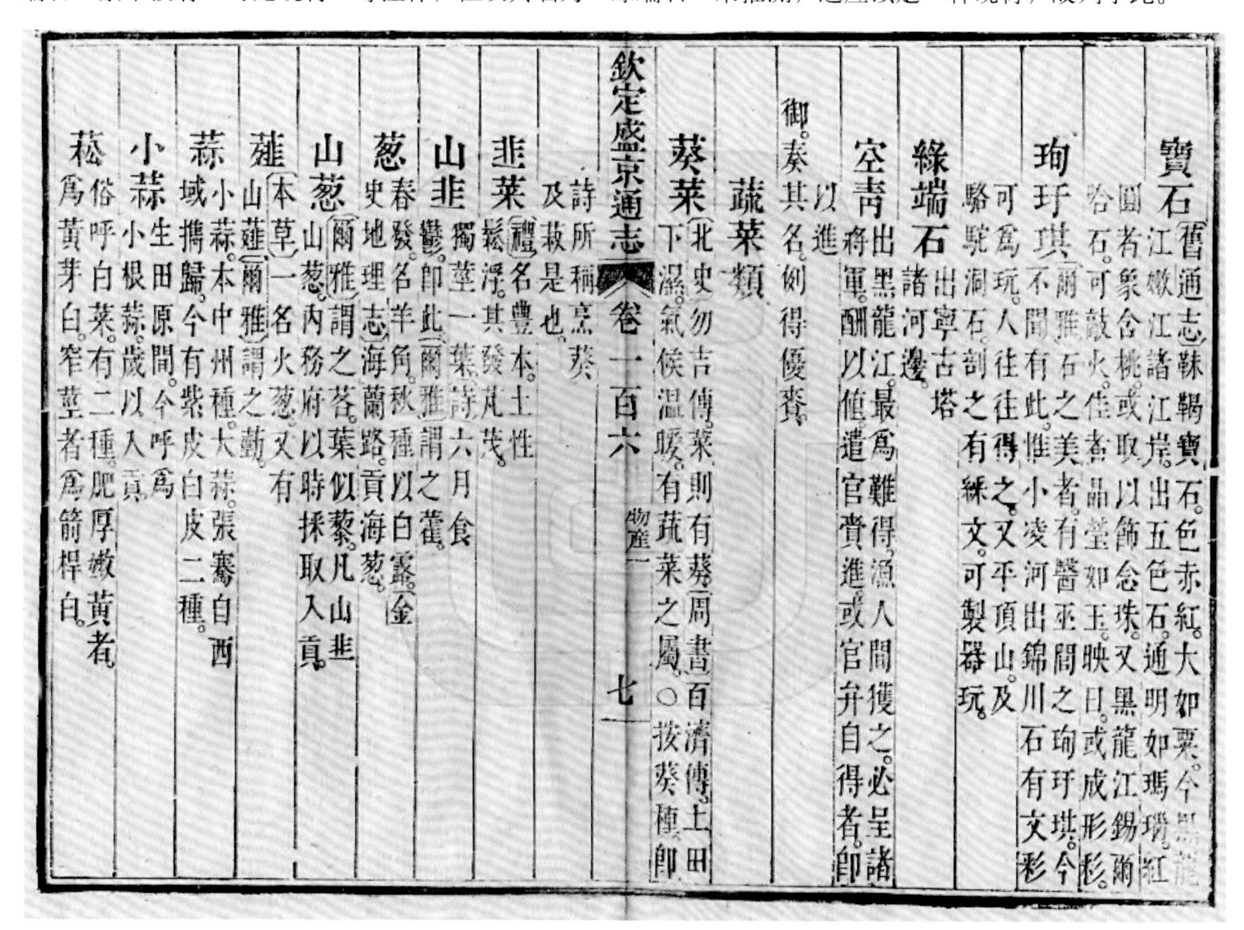

寶石（舊通志）鞢鞨寶石色赤紅大如粟今黑龍江嫩江諸江崖出五色石通明如瑪瑙紅圓者象含桃或取以飾念珠又黑龍江錫爾砼石可敲火佳者晶瑩如玉映日或成形彩

珣玗琪（爾雅）石之美者有醫巫閭之珣玗琪今不聞有此惟小凌河出錦川石有文彩可為玩人往往得之又平頂山及駱駝洞石剖之有綵文可製器玩

綠端石出寧古塔諸河邊

空青出黑龍江最為難得漁人間獲之必呈諸將軍酬以值遣官賚進或官弁自得者即以進

御奏其名例得優賚

蔬菜類

葵菜（北史）勿吉傳菜則有葵（周書）百濟傳土田下濕氣候溫暖有蔬菜之屬○按葵種即

欽定盛京通志　卷一百六　物產一　七

詩所稱烹葵及菽是也

韭菜（禮）名豐本土性鬆浮其發凡茂

山韭獨莖一葉詩六月食鬱即此（爾雅）謂之藿

葱春發名羊角秋種以白露（金史地理志）海蘭路貢海葱

山葱（爾雅）謂之茖葉似藜凡山韭山葱內務府以時採取入貢

薤（本草）一名火葱又有山薤（爾雅）謂之葝

蒜小蒜本中州種大蒜張騫自西域攜歸今有紫皮白皮二種

小蒜生田原間今呼為小根蒜歲以入貢

菘俗呼白菜有二種肥厚嫩黃者為黃芽白窄莖者為箭桿白

图 10–41　《钦定盛京通志》中有关绿端石的记载（取自中国国家图书馆）

十五、宁夏回族自治区

贺兰端

《扬大夫视笃贺兰山石砚歌》

螺丸只解磨端歙，锦袭檀盛争未歇。紫云谁信割天山，冻骨冰肌饱边雪。劚穴搜斤出珪璧，守元尚嘿观磨涅。鱼胶旧识高丽劲，风入须臾旋手切。墨云乘涨起潭潭，乌几浮光落缣缬。人闲全德可知稀，万石纵横古来说。砚惟发墨称第一，飞书等用枚皋捷。奇才倜傥时负俗，逸足超风或踶啮。责功用过事所收，都尉莫憎锋屡折。发机凿空问何自，奇揆巧试山中衲。挂钵将随鸡足定，荒塞蕉团手徐结。良姿可惜无人采，贞（碧）细审腴初割。制成夸压洮河绿，一面状如方响铁。心知（桄）吏眼能青，却赠教携过洞庭。开匣新篇指相索，谈徊边气龙炎厅。我生未遣焚笔砚，弓刀鸡鹿或梦经。空摩沂鄂制万里，燕然老去无心铭。

最早记载贺兰山有石可为砚的可能是清代的胡天游，他在《石笋山房集》中有《扬大夫视驾贺兰山石砚歌》见补充的电子版其中（殴石）为“礐”，（林攴）为“楸”字。成书于乾隆四十五年（1780）的《宁夏府志》（图 10–42）记有：“笔架山：在贺兰山小滚钟口，三峰矗立，宛如笔架，下出紫石可为砚，俗呼贺兰端。”[130]

贺兰石质地细腻莹润，色泽紫中嵌绿、紫绿交错，有玉带、云纹、眉子、石眼等形状。用贺兰石雕刻的贺兰砚雅趣天成，在我国工艺史上具有一定地位。1963 年 12 月，董必武视察宁夏时，曾为贺兰石砚题诗：

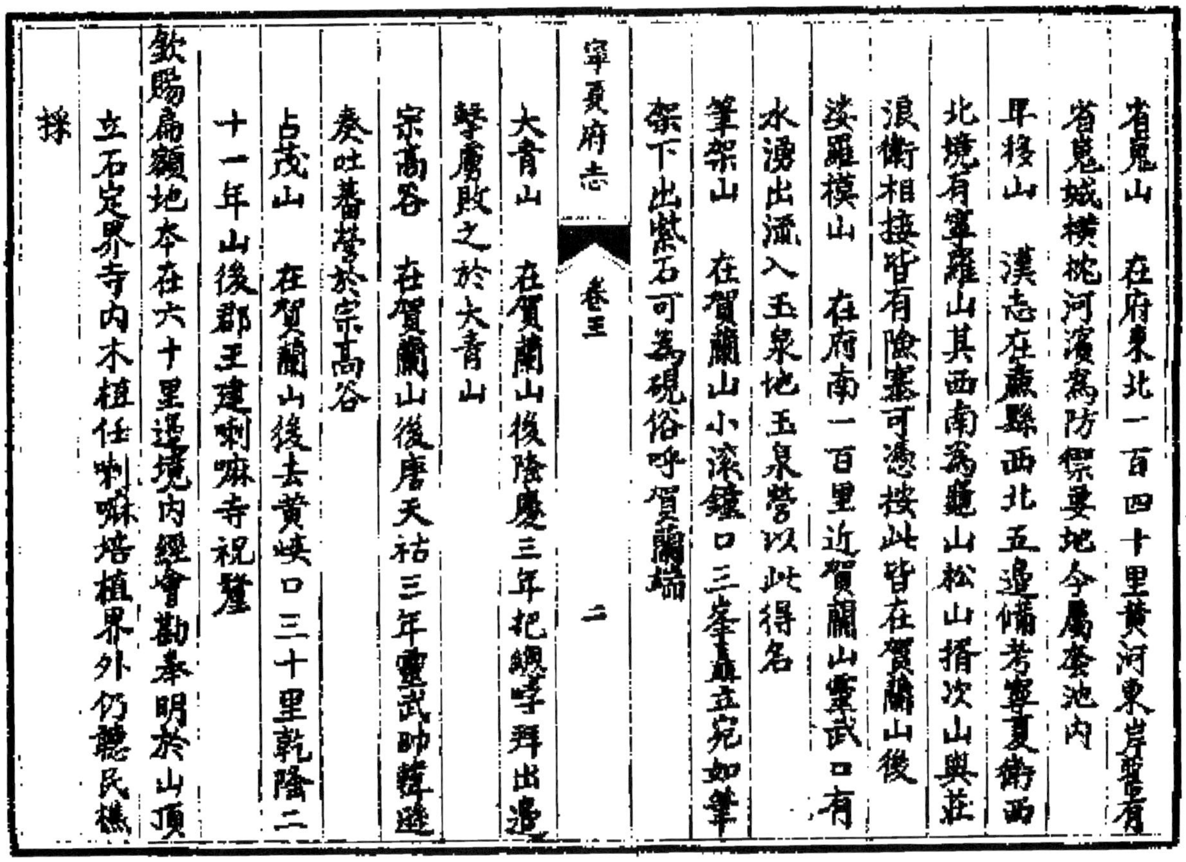

省嵬山　在府東北一百四十里黃河東岸舊有
省嵬城横枕河濱爲防禦要地今屬套池內
旱移山　漢志在廉縣西北五邊備考寧夏衛西
北境有寧羅山其西南爲龜山松山揹次山與莊
浪衛相接皆有險塞可憑按此皆在賀蘭山後
婆羅模山　在府南一百里近賀蘭山靈武口有
水湧出流入玉泉池玉泉營以此得名
筆架山　在賀蘭山小滾鐘口三峯矗立宛如筆
架下出紫石可爲硯俗呼賀蘭端
寧夏府志　卷三　二
大青山　在賀蘭山後隆慶三年把總哱拜出邊
擊虜敗之於大青山
宗高谷　在賀蘭山後唐天祐三年靈武帥韓遜
奏吐蕃營於宗高谷
占茂山　在賀蘭山後去黃峽口三十里乾隆二
十一年山後郡王建喇嘛寺祝釐
欽賜匾額地本在六十里邊境內經會勘奉明於山頂
立石定界寺內木植任喇嘛培植界外仍聽民樵
採

图 10–42　清乾隆《宁夏府志》清嘉庆三年刻本

“色为端石微紫深，纹似金星细入肌；配在文房成四宝，磨而不磷性相宜。”1997 年香港特别行政区的礼品，就是用贺兰石制作的石砚“牧归”。

十六、青海省

滩哥石砚

滩哥石砚一词首见于高似孙《砚笺》：“神龙改元，天竺僧示滩哥石砚，王□西人习知西州，言滩哥石黳黑，在积石军西。”李日华在《六研斋笔记》中也记载了此事：“又有大砚刻云大唐神龙改元七月七日，有天竺僧般剌密谛自广出译经回示此砚，验之乃滩哥石也。其坚实可爱，置几案间如厚重君子，因识于后，以永其传。”[131]

所谓“神龙改元”是指唐神龙元年，武则天以非常方式被迫离开了权力竞技场，让位于皇太子李显的一场政治斗争。据《旧唐书·本纪第七》："神龙元年正月，凤阁侍郎张柬之、鸾台侍郎崔玄暐、左羽林将军敬晖、右羽林将军桓彦范、司刑少卿袁恕己等定策率羽林兵诛易之、昌宗，迎皇太子监国，总司庶政。大赦天下……乙巳，则天传位于皇太子。丙午，即皇帝位于通天宫，大赦天下，唯易之党羽不在原限。"据此查《元和郡县志》得知唐时积石军归属于鄯州，在"廓州西一百八十里。仪凤二年置，管兵七千人，马一百匹"。

对滩哥石砚的品质、式样与历史，明代宋濂在《滩哥石砚歌并序》中描述较详：

朱舍人芾雅士也，近见滩哥石砚禁中，遂摹榻一本，装褫成轴，悬之书斋，命予作歌填其空处，歌曰：朱君嗜古米黼同，三代彝器藏心胸。滩哥古砚近获见，惊喜奚翅逢黄琮。研煤敷纸巧摹榻，访我一一陈始终。有唐四叶崇象教，梵僧航海来番禺。手持贝叶写健相，翻译华堂谈玄空。辞义幽深众莫识，当时授笔唯房融。砚中淋漓墨花湿，助溟真乘诚有功。爱其厚重为题识，七月七日元神龙。鬼工雷斧琢削古，天光电影生新容。袤将四尺广逾半，作镇弗迁犹华嵩。涉唐来宋岁五百，但见宝气浮晴虹。南渡群公竞赏识，氏名环列莹秋虫。朔元虽以实内府，弃置但使烟埃封。方今圣人重文献，毡□舟载来江东。风磨雨濯露精彩，奉敕舁来文华宫。宫中日昃万□暇，侍臣左右咸云从。紫端玄歙尽斥去，欣然为此回重瞳。重瞳一顾光照日，天章奎画分纤秾。有才沉埋恨已久，石如能语夸奇逢。维昔成周全盛日，兑戈㣈衣并大弓。藏诸天府遗孙子，用以镇国照无穷。愿将斯砚传万世，什袭不下古鼎钟。上明文德化八极，下书宽诏苏疲癃。君方执笔掌纶诰，愿以此言闻帝聪。老臣作歌在何日，洪武戊午当严冬。[132]

十七、山东省

1. 孔砚

据文献记载，此处之孔砚应为春秋时期孔子所用之砚。最早记载孔砚的是南朝刘宋人伍缉之所撰《从征记》。《隋书》《旧唐书》与《新唐书》记载伍缉之著有文集11~12卷。《从征记》最早见于北魏郦道元的《水经注》："《从征记》曰：汶水出县西南流"，唐李元甫的《元和郡县志》等也援引过《从征记》中与地理有关的若干内容，以此可见历史上确曾有过伍缉之的《从征记》一书。最早将《从征记》中的孔砚收录于《砚谱》中的是苏易简，他在《文房四谱》中言："伍缉之《从征记》云：鲁国孔子庙中有石砚一枚，制甚古朴，盖夫子平生时物也。"高似孙在《纬略》中言："鲁庙中有孔圣修六经砚，方一尺三寸，中心已穿穴。"[133]但此砚现已不存，故砚之大小及所用石料等今已难考。

2. 青州石末砚、潍州石末砚、潍砚

青州石末砚最早见于唐人韦续所纂《墨薮》："柳公权……尝评砚，以青州石末为之第一，研墨易冷，绛州墨砚次之。"[134]另《旧唐书》中也有类似记载："柳公权……常评砚，以青州石末为第一，言墨易冷，绛州黑砚次之。"欧阳修在《砚谱》中对青州石末砚有较为详细的记载："青州潍州石末研皆瓦砚也，其善发墨，非石砚之比，然稍粗者损笔锋。石末本用潍水石，前世已记之，故唐人惟称潍州。今二州所作皆佳，而青州尤擅名于世矣。相州古瓦诚佳，然少真者，盖真瓦朽腐不可用，世俗尚其名尔。今人乃以澄泥如古瓦状，作瓦埋土中久而斫以为砚，然不必真古瓦，自是凡瓦皆发墨优于石尔，今见官府典吏以破盆瓮片研墨作文书尤快也。"[135]朱长文在《墨池篇》中对青州石末砚的原料与制作工艺等叙述较详："潍州北海县石末砚，

皆县山所出烂石。土人研澄其末烧之为砚，即唐柳公权所云青州石末砚者。潍乃青之故北海县，而公权以为第一当是未见歙砚以上之品尔。以今参较岂得为然，且出于陶灼，本非自然，乌足道哉。”[136]由此可见，青州石末砚与潍州石末砚乃是人工将潍水石研磨后加水塑造成型再入窑烧造而成，与陶砚及澄泥砚制作工艺类似。

在高似孙《砚笺》中列有“潍砚”条，其内容分别为摘录自欧阳修《砚谱》的“唐人称潍州石末砚发墨粗损笔今青州擅名”，以及唐询《砚录》的“潍州石末砚，公权谓青州石末砚，潍乃青北海县”。以此来看，高似孙《砚笺》中的“潍砚”即“青州石末砚”与“潍州石末砚”。

3. 青州石砚

青州石砚首见于宋王溥所撰《唐会要》：“柳公权……常评砚，以青州石为第一，研墨易冷，绛州墨砚次之。”[137]王溥字齐物，并州祁（今山西祁县）人，是五代至宋初的著名政治家与史学家，历任后周太祖、世宗、恭帝、宋太祖两代四朝宰相。他于964年正月罢相任太子少保后，有暇钻研学问，参以唐苏冕所修《会要》与崔铉所修《续会要》，复采宣宗至唐末史事，修成《唐会要》100卷。“书凡分目五百十有四，于唐代沿革损益之制，极其详核。官号内有识量、忠谏、举贤、委任、崇奖诸条，亦颇载事迹。其细项典故不能概以定目者，则别为杂录附于各条之后。又间载苏冕驳议，义例该备，有裨考证。”[138]该书是现存会要体史书中最早的一部，具有重要的史料价值，故此书所言柳公权评砚及青州石的资料具有重要的史料价值。另外，苏易简在《文房四谱》中也言：“柳公权常论砚，言青州石为第一，绛州者次之。”且此资料更多地为后人所传抄。

比较青州石末砚与青州石砚，虽然在部分唐宋文献中两者仅有一字之差，但与其他文献相参则可发现石末砚是人工将潍水石研磨后加水塑造成型再入窑烧造而成，而青州石砚则是用青州所产天然石料雕琢而成，两者在原料使用与制作工艺上都有很大差别。

4. 青州紫金石

欧阳修与唐询对青州紫金石砚均有记载，但认识却不相同。如欧阳修认为：“青州紫金石，文理粗亦不发墨，惟京东人用之。”[139]而唐询认为：“尝闻青州紫金石，其传之四方，多以铁为筒，而匣片石于其中，颇类永福石。嘉祐六年，予知青州，至即访紫金石，所出于州之南二十里，曰临朐县界，掘土丈余乃得之，然石有重数，土人所取者不过第一第二重。至第四重，其润泽尤甚，而色又正紫，虽发墨与端歙差同，而资质殊为下。”[140]1973年，在元大都遗址中出土一方箕形砚，砚的背面有宋代书画家米芾的铭文“此琅琊紫金石，所镌颇易得墨，在诸石之上，自永徽始制砚，皆以为端，实误也。元章”。此砚现藏首都博物馆，是目前所见最早的青州紫金石砚实物。

青州紫金石在晚唐时较为知名，但到了宋代石料已经匮乏，而且制作工艺也较差，诚如高似孙所言：“晚唐竞取紫金石，芒润清响。国初已乏，琢制不精，惟一斎琢平耳。”[141]

5. 青金石

青金石可为砚首见于唐询《砚谱》，由朱长文转记于《墨池篇》：“青之西至于淄州淄川县境最为多石，遍令访之得青金石者，其色青黑相混，性少坚润而发墨，可与端歙相上下，但不甚美好耳。”有关青金石的产地与质地，《墨池篇》中另有文记之如下：“淄州淄川县青金石出梓桐山石门涧中，其色青黑相参，有文如铜屑遍布于上，亦有纯色者，理极细密而不甚坚，叩之无声，其发墨略类歙石，而色乃不逮。”[142]

6. 青雀山石

青雀山石砚首见于唐询《砚谱》，由朱长文转记于《墨池篇》：“又有青雀山石，色皆绀青，其坚润颇出歙石之右，惟用墨反不及。”[143]

7. 驼基岛石、鼍矶砚、罗文金星砚、雪浪砚、砣矶砚

驼基岛石砚首见于唐询《砚谱》，由朱长文转记于《墨池篇》：“又得登州海中驼基岛石全类歙石而文理皆不逮也。” 同在《墨池篇》中还有一篇记述驼基岛石的文献：“昔登州海中驼基岛石，其色青黑，上有罗纹金星，亦甚发墨，全类歙石，而文理皆不逮也”。[144]

驼基岛石砚又称“鼍矶砚”，据清代《山东通志》记载：“鼍矶砚出蓬莱县北海鼍矶岛，有石可砚，金星雪浪颇为世重，然不可多得。”[145] 鼍矶岛的位置在《大清一统志》中有详细记载：“在蓬莱县西北一百三十里，沙门岛北七十里，县志产美石可为砚。相对者东北为大钦岛、小钦岛、蜿矶岛，西南为高山岛、侯鸡岛，皆与沙门相连络。”[146]

在清《佩文韵府》中列有“雪浪砚”，并记述：“《一统志》，砚石，蓬莱县海中鼍矶岛下出，名罗文金星砚又名雪浪砚。”由此可知，在清代《佩文韵府》作者的眼中，鼍矶砚、罗文金星砚、雪浪砚为同物异名。

鼍矶岛又名驼基岛，今名砣矶岛，故驼基岛石砚又被称为“砣矶砚”。砣矶石含有细微的石英颗粒，映日泛针头银星，另有一些褐黄色的芝麻点匀布于石材之中，隐约可见。砣矶石还含有少量自然铜，成不规则屑片状，散布石上，闪耀发光，称为“金星”。由于这些金星硬度与石质相近，所以并不碍墨，即使出现于墨堂亦无妨碍。砣矶石的颜色多为青黑，略呈绀青、灰绿色，具有明显的明度不同的雪波纹，小的如秋水微波，大的如雪浪滚滚，着水似欲浮动，映日泛贝光，所以叫作金星雪浪。旧坑石质细润而有锋芒，下墨甚利，如鏊上蹦蜡，发墨有光，久用锋芒不退。其色泽纹理极似早年的罗纹金星歙石，因此过去和现在将砣矶石砚误定为歙石砚而收藏的，不乏其例。[147]

北京故宫博物院藏有一方砣矶石砚（图 10–43），长 18.3 厘米，宽 12.6 厘米，高 3.2 厘米。石色青紫，

图 10–43 清砣矶石砚（取自《中国文房四宝全集 · 砚》）

石质细润，表面有金星闪烁。砚背镌有乾隆御诗："驼基石刻五螭蟠，受墨何须夸马肝。设以诗中例小品，谓同岛瘦与郊寒。"此砚为乾隆皇帝御赏砚，收录于《西清砚谱》之中。

8. 青州青石

青州青石可为砚首见于米芾《砚史》："青州青石，色类歙，理皆不及，发墨不乏，有瓦砾之象。"[148]

9. 青石

在米芾《砚史》中还有一种青州所产青石被收录在"青州蕴玉石红丝石青石"条目下，米芾对此青石的描述是："青石，有粗文如罗，近歙，亦着墨，不发。"[149]从米芾在《砚史》中将这两种青石分门别类加以叙述来看，这两种青州青石应该具有较大的差别。

10. 青州蕴玉石

青州蕴玉石可为砚首见于米芾《砚史》："青州蕴玉石，理密，声坚清，色青黑，白点如弹，不着墨，墨无光，好事者但置为一器可。"

11. 淄石砚

在高似孙《砚笺》中，淄石砚[150]为一个大的类别，共包括五种不同种类：其一是淄石韫玉砚，首见于高似孙《砚笺》，高氏对其评价是"淄石韫玉砚，发墨损笔"；其二是转录于唐询《砚录》的青金石，"青金石，青黑相混，少润而发墨，与端歙上下"；其三是转录于《类苑》的淄川石门涧石，其石"青黑相错，如杂铜屑，理极细密。范文正公居长白山以为砚，发墨类歙石，久则裂"；其四是转录于唐询《砚录》中的另一种青金石，"青黑相参，点如铜屑，细密不坚，叩无声"；其五是转录于米芾《砚史》中的"淄州石，理滑易乏，在建石之次"。

据宋邵博《闻见后录》："熙宁中，初尚淄石砚，乃躬择其尤者赐。"

有关淄石砚的产地、取石方法以及石质，清代秘书院大学士孙廷铨述之较详：

> 淄石坑在城北庵上村倒流河侧，千夫出水乃可以入，西偏则硬，东偏则薄，惟中坑者坚润而光，映日视之，金星满体，暗室不见者为最精，大星者为下。米元章曰：淄石理滑易乏，在建石之次。苏子瞻曰：淄石号韫玉，发墨而损笔，端石非下岩者，宜笔而褪墨，二者当安所去取。用褪墨砚，如骑钝马，数步一鞭，数字一磨，不如骑骡用瓦砚也。不知淄石顾有发墨而不损笔者，惜二公之未见也。[151]

今人石可在《鲁砚》中对淄砚的品种、产地等叙述甚详，此处不再赘言。

12. 金雀石砚

金雀石砚见于高似孙《砚笺》："金雀石砚，淄州金雀山有蕴玉、金星二石，中砚。"其后录有北宋哲学家邵雍的诗："铜雀或常有，未常见金雀。金雀出何所，必出自灵岳。翦断白云根，分破苍岑角。水贮见温润，墨发如瀺灂。"由以上两条文献可知，金雀石砚其实是用金雀山所产石材制作的砚，其石材有两种，一为蕴玉，一为金星。由于金雀山位于淄州，故金雀石砚与上述的淄州砚、淄石砚、蕴玉石砚以及《墨池篇》中的淄州淄川县金雀山石砚等可能是异名同类。至于金雀石砚质地，唐询有所评价："淄州淄川县金雀山石，其色绀青，叩之声如金玉，较其资质乃出歙石之右，但于用墨其磨研须倍之，以此反不逮也，盖由润密之甚耳。"[152]

13. 密石

宋代杜绾《云林石谱》中有密石："密州安丘县玛瑙石产土中或出水际，一种色微青，一种色莹，白纹如刷丝，盘绕石面或成诸佛像。外多粗石笼络，击而取之，方见其质。土人磨治为砚头之类以求售，价颇廉，亦不甚珍。至有材人以此石迭为墙垣，有大如斗许者，顷因官中，搜求其价数十倍。”[153]

14. 鹊金砚

鹊金砚首见于宋代蔡襄《端明集》：“东州可谓多奇石，自红丝出，其后有鹊金、黑玉砚最为佳物。”[154]高似孙在《砚笺》中引蔡襄故说，并言：“鹊金砚，奇物。”

15. 黑玉砚

黑玉砚首见于蔡襄《端明集》：“东州可谓多奇石自红丝出，其后有鹊金、黑玉砚最为佳物。”[155]

16. 黄玉砚

黄玉砚首见于蔡襄《端明集》：“东州可谓多奇石……新得黄玉砚，正如蒸栗。”[156]

17. 黑角砚

黑角砚首见于蔡襄《端明集》：“东州固多奇石，始得红丝砚后，又得黑角砚……”[157]对黑角砚的品质，蔡襄的评价是：“黑角石尤精好。”[158]

18. 褐石砚

褐石砚首见于蔡襄《端明集》：“东州固多奇石，始得红丝砚后，又得黑角砚、黄玉砚，今得褐石砚。”[159]

19. 青州姜跂石

青州姜跂石可为砚首见于唐询《砚录》，他在谈到秭归州秭归县大沱石时言：“其中亦有林木之文独色绿者，其中复有黄绿之相错如青州姜跂石。”[160]

20. 蠛蠓砚、燕子石砚

蠛蠓砚见于清王士禛《池北偶谈》之“蠛蠓砚”条：

> 张华东公崇祯丁丑三月游泰山，宿大汶口，偶行饭至河滨，见水中光芒甚异，出之则一石，可尺许。背负一小蝠，一蚕腹下蝠近百，飞者伏者，肉羽如生。蚕右天然有小凹，可以受水，下方正受墨。公制为砚，名曰多福砚。铭之云：泰山所钟，汶水所浴，坚劲似铁，温莹如玉，化而为“鼠耳”，生生百族，不假雕饰，天然古绿，用以作砚，龙尾继躅，文字之祥，自求多福，尔雅蝙蝠服翼，郭璞注齐人呼为蠛蠓，因又名之曰蠛蠓砚。公门人刘文正、马文忠、夏考功、高中丞诸公皆为铭，赞亦奇物也。[161]

蠛蠓砚又称燕子石砚。燕子石是三叶虫化石的俗称。因其全身纵横分为三节，故名三叶虫。形如飞翔着的燕子、蝙蝠，故其化石又名燕子石、蝙蝠石。盛百二《淄砚录》载：“此石莱芜往往有之……戊子秋张莱芜愚髯曾以二石见贻，长方四寸余，背有如蝙蝠者，如蜂、蝶、蜻蜓者数十，文皆凸起，一石面有珠，蝙蝠影大寸余，不易得，名之曰鸿福砚，可为读易研朱妙品。”[162]

石可先生曾在泰安大汶口的汶水河床沙砾下挖掘了一些燕子石的标本，发现靠沙砾上层的石片略有风化，三叶虫化石多不甚完整，并易于脱落，石质较松，石片较薄，多小块，易破碎，成材的很少。深层石片较厚，并有大块，石色多为沉绿色，间或有紫褐色，但极少见。虫化石部分色微黄，凸出于石面，极为清晰，燕、蝠栩栩如生，但完整而大的也很不易得。下层石低于水平面，长年湿润，石质细嫩，沉透如玉，抚之如凝脂，惜理微滑，发墨较慢，但可以受朱墨。

除大汶口外，沂源县的燕子崖，莱芜市的口镇燕子山、团山，费县、平邑、梁山一带也先后都有燕子石发现。但沂源、莱芜的三叶虫化石比较密乱，完整的很少，虫化石的颜色与石地相近，不如大汶口的突出，理想的石材极不易得。费县、平邑、梁山所产石片很薄，石块较小，三叶虫化石比较模糊，并易于碎裂。[163]

用燕子石制砚应尽可能地保留三叶虫的完整，或用于砚面，或保存于砚底，或另制于砚盖，这样既可供欣赏古代生物，又可研墨书画，养心怡神，别具生趣。

21. 莒州砚

清嘉庆《莒州志》卷五“物产”下有：“砚，山下峪庄南沟紫绿色佳。”[164]

22. 田横石砚

用田横石制砚见于明嘉靖《即墨县志》，但仅有“田横石可琢砚”数字。清末民初仍有人用田横石制砚，销售于胶东一带，至今尚有流传。这些砚多为长方形，砚额刻梅、莲等浮雕，也有不加雕饰的墨海，均不甚精雅。同时期也有用田横石薄板作石板，供学塾和小学生用石笔在其上习字和演算之用。[165]

田横石产于岛之西南隅近海处，用于制砚的石料叫水岩，没于海底下层，须退潮时方可开采。水岩温润细腻，质密色黑，也有带金星的，映日可见，下墨颇利，发墨有光，制成的砚台颇实用。暴露于陆上的石料较干燥，质松色灰，石质结构为层层的薄片，主要用于制作石板。

23. 尼山砚

因石料取自孔子诞生的尼山而得名，据清乾隆《曲阜县志》记载：“尼山之石，文理精腻，质坚色黄，可以为砚，得之不易，近无用者。”[166]尼山石产于夫子庙东沟壑中，暴露于地上的呈灰黄色，石理多粗糙，硬度不均匀，中杂石英线，吸水渍墨，不宜制砚。深层石多柑黄色，石质坚而温润，不渗水不渍墨，发墨有光。另有自然形扁平子石，其周边因长年风化而呈叠饼状，故又称千页饼。其色亦为柑黄色，四边有褐黑色松花纹，边部较密，向内渐稀，中部则无。当地人认为这是典型的尼山石，但甚不易得。近年来在尼山五老峰下山坡发现了新坑，柑黄色，石面有疏密不均的黑色松花纹，质坚而不顽，抚之生润，甚发墨，久用不乏，同为上等砚材。

24. 柘砚、柘沟陶砚

1983 年济南市东郊王舍人庄出土一方陶质抄手砚，其砚背上印有一个长方形的戳，内有两竖行阴文楷书铭文：“柘沟徐老功夫细砚。”[167]此铭文之中，“柘沟”为地名，即宋代泗水县柘沟镇（今山东泗水县西北），是当时著名的陶砚产地，所产陶砚被称为柘砚。“徐老”应为制作此方陶砚的作坊主。“功夫细砚”意指此砚经过精细加工而成。

1990 年，在鲁砚专家石可教授的指导下，经过精心研制，柘砚生产终于恢复。目前，柘砚已有十多个品种，具有温润如玉、手触生晕、含津益墨、发墨如油、宜笔不损毫等特点。

25. 青州熟铁砚

青州熟铁砚由高似孙收录于《砚笺》之中：“青州熟铁砚发墨。”其后注明来自《贾氏谭录》。因《贾氏谭录》为宋代张洎（933~996）所撰，故可知青州熟铁砚至少在五代末北宋初已经开始制作使用。有关青州熟铁砚的样式，南宋间不知名者所撰《砚谱》记有：“青州熟铁砚甚发墨，有柄可执。”[168]

26. 青州铁砚

青州铁砚首见于欧阳修《砚谱》：“青州……又有铁砚，制作颇精，然患其不发墨，往往函端石于其中，人亦罕用，惟研筒便于提携，官曹往往持之以自从尔。”[169]由于青州熟铁砚与青州铁砚分别被收录于高似孙的《砚笺》与欧阳修的《砚谱》中，两书记载的究竟是否为一种砚还有待考证，暂分列。

十八、山西省

1. 绛州墨砚、绛州黑砚

绛州墨砚最早见于唐人韦续所纂《墨薮》："柳公权……尝评砚，以青州石末为之第一，研墨易冷，绛州墨砚次之。"[170]

绛州黑砚最早见于《旧唐书》："柳公权……常评砚，以青州石末为第一，言墨易冷，绛州黑砚次之。"

由于上述两条文献大部分内容相似，唯前者为"绛州墨砚"，后者为"绛州黑砚"，而"墨"与"黑"在字形上又非常接近，究竟谁是谁非暂难考证，故将两者并列，以供其他学者详加评判。

2. 绛州角石

绛州角石可为砚首见于欧阳修《欧阳文忠公集》："绛州角石者，其色如白牛角，其文有花浪，与牛角无异，然顽滑不发墨，世人但以研丹尔。"[171] 生活在北宋末至南宋初的曾慥在《类编》卷59中也言："绛州角石，色如白牛角。"[172] 由此可见欧阳修与曾慥所见识过的角石，不仅具有与白色牛角相似的色泽，而且还有与真牛角相似的纹理。然而，角石的色泽与纹理虽然都较为美观，但却"顽滑不发墨"，故而用角石制成的砚台研磨性较差，通常并不用于研墨，而是用来研丹。

用角石制作的砚在宋代之后的文献中也较少提及，但在民间用角石制砚并未绝迹，如清代的赵汝珍在《古玩指南》中谈到角石时所言："其色如白牛角，纹理与真牛角无异，或如浮屠、佛塔。然顽滑不发墨，世人只以研丹耳。" 即在清代，人们不仅用角石制砚，而且还用其制作佛像与佛塔。至于此"角石"是否为海洋生物角螺的化石，尚待考证。

3. 文石

用文石制砚见于清雍正《山西通志》卷四十七"物产"："文石，欧阳修《砚谱》绛州角石，其色如白牛角，其文有花浪，与牛角无异，然顽滑不发墨，世人但以研丹耳。"[173] 从此文来看，所谓文石就是角石。在同本《山西通志》卷四十七"泽州"条"物产"中也有一条与文石相关的资料，"文石，出沁木板桥村，今罕见"。但两州所产文石是否相同存疑待考。

4. 澄泥砚

山西绛州出澄泥砚的记载首见于南唐张洎《贾氏谭录》："绛县人善制澄泥砚，缝绢囊置汾水中，逾年而后取沙泥之细者已实囊矣，陶为砚，水不涸焉。"[174] 绛州澄泥砚今有生产，其技艺详见本书第八章"澄泥砚"中相关内容。

5. 吕道人陶砚

首见于米芾《砚史》："泽州有吕道人陶砚，以别色泥于其首，纯作吕字，内外透，后人效之，有缝不透也。其理坚重，与凡石等。以历青火油之坚响，渗入三分许，磨墨不乏，其理与方城石等。"[175] 由此可见吕道人陶砚是用泥烧制而成，因制作地点在泽州，故与绛州所产分而列之。

6. 形石

取形石为砚首见于宋代杜绾《云林石谱》之"形石"条，"形门西山接太行山，山中有石。石色黑，亦有峰峦，奇巧，亦可置几案间。土人往往采石为砚，名曰乌石，颇发墨，稍燥。苏仲恭有三砚，样制殊不俗"。[176]

7. 静乐腻石

静乐腻石可为砚源自清《山西通志》，静乐县"紫石山在县南百四十里，腻石可作砚"。[177]"腻"者，有光滑、细致之意，故从此石名为"腻石"推断，应是一种质地细腻的石材，值得关注。

8. 秦王研

清代谈迁在《枣林杂俎》中集“研”条下记有：“王官谷西山有秦王研，研大如碾盘，无口，下如尖底硙。春秋秦败晋师于王山谷时所遗者。”（司马图记，见《吕泾野集》——笔者注）

十九、台湾省

1. 东螺溪砚

东螺溪砚首见于杨启元的《东螺溪砚石记》：

> 彰之南四十里有溪焉。源出内山，由水沙连下分四支，最北为东螺溪，溪产异石，可裁为砚，色青而元，质润而栗。有金砂、银砂、水波纹各种，亚于端溪之石。然多杂于沙砾之中，匿于泥涂之内，非明而择之不能见；一若披沙而拣金者。
>
> 噫！天之生是石也，不知几百于兹矣。而顾埋没于泥沙不能见知于当世，盖遭遇若斯之难也。越至于今，为予得之，是其果有遭乎？使置之胜地名区，则贵游之士争致之，声价十倍，而不可得。今弃是溪也农夫、渔父或过而陋之，而士大夫终不肯跋涉厉揭，求之于荒野之间，故世莫能知；虽知而不能言。予拂而拭之，时而扬之，所以贺兹石之遭也。然吾闻是溪之源，数百里而遥，既莫知所自出，又分为数支。如此而埋没者，何可胜数；兹则所最幸者矣。由是使石工雕琢之，进而观国之光不难也。是为记。[178]

据关键介绍：“螺溪石有五大主色，即墨黑、枣红、黛绿、土黄及灰白。数十种色系，如赤色、枣红、绀紫、浓绿、灰褐、靛青、暗紫等，艳丽而富有光泽，是大陆众多砚石所难以比拟的。”[179]

按杨启元的《东螺溪砚石记》，东螺溪砚石主要为青色，按关键《中国名砚·地方砚》，螺溪石有五大主色，故而笔者认为，清代之时东螺溪砚主要取材于东螺溪，而现今的螺溪砚取材极可能包括了下述的彰化山石与大武郡山五色石。

2. 彰化山石

在清《彰化县志》还记有：“山石大小不一，多圆如卵，而不方不大。其稍大盈尺者，青色、白色、紫色俱有，惟质松脆，不及内地坚刚耳。”[180] 以此可见，台湾彰化县境之内还有一些山石可以制砚。

3. 大武郡山五色石

据《彰化县志》记载：“大武郡山，多生五色石，质坚而润，取以作砚嫌其滑，不发墨。石中有金砂者，作砚发墨，又嫌其燥。”[181] 由此文献可知，大武郡山所产五色石的石质多样，均可制砚，且各有特点。

二十、陕西省

汉瓦砚、瓦头砚

汉瓦砚与瓦头砚之名首见于明代王祎的《汉瓦砚记》：

> 汉未央宫诸殿瓦，其身如半筒，而覆檐际者则其头有面外向，其面径五寸，围一尺六寸强，有四篆字，字凡六等，曰汉并天下，曰长乐未央，曰储胥未央，曰长生无极，曰万寿无疆，曰永寿无疆。

面至背厚一寸弱，其背平，可研墨。唐宋以来，人得之即去其身以为砚，故俗呼瓦头砚也。或谓其质稍粗，又入土岁久，颇渴水，比铜爵台瓦为少劣抑。岂知铜爵瓦虽精，然曹瞒所制，无足贵者，孰与未央诸瓦，出于汉初为可重乎。洪武辛亥夏，余留长安，校官马懿张佑以此瓦相遗，其字曰长乐未央，于是为千六百年物矣，乃贮以梓，宝而用之。呜呼，物之用固系其逢也哉。[182]

二十一、四川省

1. 戎卢州试金石

戎卢州试金石可为砚首见于朱长文《墨池篇》："戎卢州试金石，状类淄州青金石而又在其下。"按理"戎卢州试金石"应该是指"戎州试金石"与"卢州试金石"两种砚石，但也许是因为戎州与卢州相邻且出产同一矿脉的砚石，故而朱长文使用了"戎卢州试金石"这个名称。笔者以为，由于戎卢州试金石中还包括了卢州试金石，故而单列于此。

2. 戎石砚、戎州试金石

戎石砚首见于高似孙《砚笺》："戎石砚，戎州试金石类淄石。"但从其内容与《墨池篇》中"戎卢州试金石，状类淄州青金石而又在其下"相近进行推断，朱长文《墨池篇》中的戎卢州试金石可能包含两种砚石：一种为戎州试金石，另一种为产在卢州境内的试金石。联系唐询《砚录》中的"万州悬金崖洎戎卢二州皆出石，可治为砚"，笔者推测从万州悬金崖到戎州与卢州都出产砚石，而且极可能是一条矿脉横亘于三州，这种砚石的石质与淄州青金石相仿，但质量稍次。

3. 泸川石砚、泸石砚

泸川石砚首见于宋代黄庭坚的《任从简镜研铭》："泸川之桂林有石黟黑，泸川之人不能有，而富义有之。以为研，则宜笔而受墨。"[183] 高似孙在《砚笺》中引入黄庭坚有关泸川石砚的内容，但单列为"泸石砚"条，并言："泸川石砚，黯黑受墨，视万岁中正砦白眉。"由此可知高似孙视泸川石砚与泸石砚为同类。

元代著名学者虞集（1272~1348）曾受赠泸石砚，并作《谢书巢送宣和泸石砚》诗："巢翁新得泸州砚，拂拭尘埃送老樵。毁壁复完知故物，沈沙俄出认前朝。豪翻夜雨天垂藻，墨泛春冰地应潮。恐召相如令草檄，为怀诸葛渡军遥。"[184] 由此诗可见，宋、元之际泸石砚在砚林中享有较高的地位。

4. 磁洞砚

磁洞砚一词首见于曾伯衮诗："山匠琢成磁洞砚，溪翁捣出浣花笺。"[185] 此诗先被宋代米芾摘录，后又被高似孙收录于《砚笺》之中。另在不著撰人名氏的南宋《砚谱》[186] 中也记有："万州有悬金崖石，又有磁洞石。"

5. 中正砦石砚

中正砦石砚之名首见于高似孙《砚笺》，但首先记载中正砦石可为砚者则是黄庭坚，据黄庭坚《任叔俭研铭》："缜栗密致，其宜墨而不败笔也，叩之铿尔，手之所及如云生础，其有玉德也。砻而不琱，美其质也。生石之渊，中正砦之蛮溪，峨眉之别也。得而器之，任广叔俭丹棱之杰也。相而铭之，山谷老子豫章之栉也。"可知，中正砦石砚产于中正砦之蛮溪，其质地细密，叩之有声，触手生晕，发墨宜笔，是一种质地优良的砚台。

6. 缸砚

缸砚一名首见于宋代苏辙《缸砚赋并叙》："先蜀之老有姓滕者，能以药煮瓦石，使软可割如土。尝以破酿酒缸为砚，极美，蜀人往往得之以为异物。余兄子瞻尝游益州，有以其一遗之，子瞻以授余，因为之赋。……”[187]

笔者以为，用破酒缸为砚是有可能的，只要有合适的雕琢工具并具备相应的雕琢功夫即可，但“以药煮瓦石，使软可割如土”不足信，至少笔者目前尚未发现有此物质。

7. 中江石砚

清代陈祥裔在《蜀都碎事》卷一中言：“今中江县出石，土人磨以为图书或砚石，理微粗纹，有极灵异者，有像人形者，有鸟兽鱼山水花木者，然此等极为难得。下次则墨白相杂，作松梅形者与背纹者甚多，然石极坚硬难镌，作砚又不下墨，良可惜耳。”[188] 由于此砚所用之石出于中江县，故笔者以为用“中江石砚”也许可以较好地将其产地表达清楚。

二十二、云南省

1. 竹砚

据苏易简《文房四谱》言：“《异物志》云：‘广南以竹为砚。’”[189]

2. 石屏文石

据清代《云南通志》，临安府石屏州有“砚山，在城南三十里，尖峰插天，产文石，可作砚”[190]。查石屏州的历史得知，唐天宝十一载（752），始号石坪邑，隶通海郡（宋改秀山郡）。元世祖至元七年（1270）始置为石坪州，先隶秀山郡阿僰万户，后改属南路，继后又改属临安路。明洪武十五年（1382）三月，改石平州，后改名石屏州，属临安府。清代沿袭明制。乾隆二十年（1755），改属临安府，隶迤南道。嘉庆十五年（1810），划亏容、思陀、瓦渣、落恐、左能五土司地隶属石屏州。同治十二年（1873）改属开广道。民国2年（1913）改称石屏县。1950年3月于建水设滇南行署，石屏、龙武两县隶属之。1958年11月1日石屏县、龙武县合并，称石屏县至今。故而清代石屏州的砚山应在今石屏县境内。

3. 大理点苍山石

用大理点苍山石制砚首见于明代丰坊所著《书诀》，在此书之中，丰坊将大理点苍石列入石砚神品之中，认为“大理点苍山石，取大径尺许，高四寸，亦如绍兴贡砚之制，用作题署，大字乃佳”[191]。

这种产于大理的点苍石，据清代高其倬的《题大理石十首》“南徼提封带百蛮，家家家在翠微间。点苍石最谙乡土，不绘平原只绘山”[192] 来看，应该为大理石的一种。大理石在我国分布极广，产地有100多处，而以云南大理苍山所产为最佳。大约在明代中期，用具有天然花纹的苍山大理石制作的屏风、围屏、插屏等流入达官贵人家中，如嘉靖初籍没朱宁货财中就有“大理石屏风三十三座”[193]。大理石也可以镶嵌于桌面、椅背之中，花纹普通的多用来制作笔架、笔筒、镇纸、烟具、茶具等。虽然大理点苍石也可以雕琢成砚，但从现今雕制的产品来看，其性多坚滑，下墨并不佳。

二十三、浙江省

1. 温州华严尼寺岩石

温州华严尼寺岩石可为砚首见于米芾《砚史》：“温州华严尼寺岩石，石理向日视之如方城石，磨墨不热，无泡，发墨生光，如漆如油，有艳不渗，色赤而多有白沙点，为砚则避磨墨处。比方城差慢，难崭而易磨。亦有白点，点处有玉性，扣之声平无韵。校理石扬休所购王羲之砚者，乃此石。今人所收古砚，间有此石形合晋画，约见四五枚矣。”[194]

2. 华严石

在宋代杜绾《云林石谱》中记有“华严石：温州华严石，出川水中。一种色黄而斑黑，一种色紫石理有横纹微粗，扣之无声，稍润，土人镌治为方圆器。紫者亦堪为砚，颇发墨”[195]。由于目前尚不清楚“华严石”与“温州华严尼寺岩石”是否相同，故单列一类。

3. 吴兴青石砚

吴兴青石砚首见于宋高宗所撰《思陵翰墨志》：“宋虞龢论文房之用有吴兴青石圆研，质滑而停墨，殊胜南方瓦石。今苕霅间不闻有此石砚，岂昔以为珍今或不然，或无好事者发之，抑端璞徽砚既用则此石为世所略。”虞龢为南朝宋书法家，苕霅（tiáo zhà）是苕溪、霅溪二水的并称，在今浙江省湖州市境内。故而可知，虽然用吴兴青石制成的砚在南朝时较为流行且品质较好，但到了北宋时已经几乎无人知晓。对吴兴青石砚之兴衰，宋代喻良能有诗喻此：“吴兴青石今无闻，歙郡刷丝端可焚。儒生谁是喜书者，安得一逢王右军。”[196]

4. 仙石砚

最早记载仙石砚的可能是皮日休，高似孙在《砚笺》中记载如下：“浮盖山仙坛洞有仙石砚，皮日休集。”宋代的汪藻曾作《浦城浮盖山仙石砚诗》：“天匠巧琢石，砚形圆带方。点生毫笔润，磨惹墨云香。”高似孙“常与客下天坛中路，获砚石似马蹄，外棱孤耸，内发墨色，幽奇天然，疑神仙遗物”，故名之仙石砚。但仙石砚似乎流传不广，宋代之后几乎不为人晓。

5. 明石砚、明州石砚

明石砚首见于米帖，被高似孙收录于《砚笺》之中并专门列有“明石砚”条，但明石砚的品质并不太好，如米芾就认为：“明州石砚石甚粗。”[197]

6. 永嘉石砚、永嘉观音石砚

永嘉石砚一词最早见于高似孙的《砚笺》，共包括两种砚：其一为源自刘宋郑缉之《永嘉郡记》中的“砚溪一源多石砚”；其二为《郑刚中集》中的“永嘉观音石砚比端溪尤良，润微不及”。

《永嘉郡记》是南北朝刘宋时郑缉之编撰的志书，方志界认为它是浙南最早的一部方志书，原书自隋唐之后便已失传，后由晚清朴学大师孙冶让从史、类书中摘录并重新加以校对、考证，汇集成书。对“砚溪一源多石砚”，孙冶让按：“砚溪今无考。”并加注曰：“《清一统志巨州府山川》：‘砚山……出紫石及金星石，皆可作砚，今作砚瓦山。’《浙江古今地名词典》：‘砚瓦山，在常山县城东南九公里，马车溪东岸，南邻江山市，属青石乡。’砚溪是否即一源出砚山马车溪，待考。”[198]

《郑刚中集》中的“永嘉观音石砚”因缺少文献，暂无考。

7. 衢砚

衢砚一词首见于明代文震亨《长物志》：“衢研，出衢州开化县，有极大者，色黑。”[199]在清《浙江通志》“常山县”下有：“砚山，崇祯《衢州府志》在县南二十里，出紫石，作砚。”[200]由于衢州产砚之地仅据文献记载就有两处，故笔者认为，衢砚应泛指所有产于古代衢州的砚。今人关键在《中国名砚•地方砚》中列有“西砚”，但笔者以为由于“西砚”的砚石产地在清代也隶属衢州府，故将西砚也纳入衢砚之中。至于此举是否妥当，还请专家、读者指正。

8. 玉带砚

清《浙江通志》中有“玉带砚，《常山县志》有紫石，有黑石，紫石中有白一条其名曰紫袍玉带，颇贵重，然不可得矣”[201]。

9. 宋复古殿瓦砚

宋复古殿瓦砚首见于陈继儒《太平清话》："孙汉阳以宋复古殿瓦为砚，瓦色黄而带白，制颇古。"[202]

10. 纸砚

据清代吴骞《尖阳丛笔》记载："海宁北寺巷，旧有程姓，工为纸砚，以诸石沙和漆成之，色与端溪、龙尾无异，且历久不败，故艺林珍视之。"[203]

11. 上皋古砖砚

宋施宿等撰《会稽志》卷十三中有："乾道中上皋耕者得古砖有文曰五凤元年三月造以献府牧洪文惠公文惠命镌以为砚置案间意甚爱之。"因此砚出于《会稽志》，故列于浙江省。

二十四、产地不明的砚

1. 太公金匮砚

太公金匮砚最早被收录在苏易简《文房四谱》中："又太公金匮砚之书曰：石墨相着而黑，邪心谗言得无污白？是知砚其来尚矣。"[204] 苏氏在此所言"太公"应为太公望，在宋代文献中太公望是一位生活在商末周初的具有传奇色彩的人物，由于太公望本身是否为一个真实的人物尚难确定，故太公砚的真实性也就令人怀疑了。

2. 叠石砚

叠石砚之名最早出自唐人所作《庄南杰寄郑碏叠石砚歌》：

> 娲皇补天残锦片，飞落人间为石砚。孤峰削叠一尺云，虎干熊跪势皆遍。半掬春泉澄浅清，洞天彻底寒泓泓。笔头抢起松烟轻，龙蛇怒斗秋云生。我今得此以代耕，如探禹穴披峥嵘。心骨惊坐中，仿佛到蓬瀛。

苏易简将此诗收入《文房四谱》之中，作为石砚的一个品种。据笔者所查文献记载，南杰生卒年不详，约唐文宗太和元年（827）前后在世，《全唐诗》存其诗9首；郑碏为何人，暂不清楚。但顾名思义，叠石砚极可能是一种用侧面看上去层次分明的沉积岩制成的砚台，估计外形与山东的徐公砚比较相像，但产于何地、有何特点尚待进一步研究。

3. 青石砚

青石砚是高似孙在《砚笺》中对青石所制之砚的统称，其中除了产地明确的"青州青石砚""兴平县蔡子池青石砚""吴兴青石砚"外，还有一些目前尚不明产地者，如记载于《东坡杂记》的"陆道士砚"、《类说》中的南唐李后主青石砚。

4. 丹石砚

丹石砚首见于苏轼的《丹石砚铭并序》：

唐林父遗予丹石砚，粲然如芙蕖之出水，杀墨而宜笔，尽砚之美。唐氏谱天下砚而独不知兹石之所出，余盖知之。铭曰：彤池紫渊，出日所浴。蒸为赤霓，以贯旸谷。是生斯珍，非石非玉。因材制用，璧水环复。耕予中洲，蓺我玄粟，投种则获，不炊而熟。[205]

在《丹石砚铭并序》中苏轼似乎描述了此石出处，但细细推敲方知纯属文学语言，史料价值不高。

5. 金坑矿石

金坑矿石可为砚首见于欧阳修《欧阳文忠公集》："余少时又得金坑矿石，尤坚而发墨，然世亦罕有。"[206]由于欧阳修未曾记此金坑矿石之来源，故金坑石砚的产地暂不明确。

6. 淮石砚

淮石砚之名首见于高似孙《砚笺》，但首记淮山溪水有石可为砚的是宋代的杨杰，他在《辟雍砚上胡先生》中言：

娲皇锻炼补天石，天完余石人间掷。掷向淮山山下溪，千古万古无人识。昼出白云笼九州岛岛岛，夜吐长虹笼太极。去年腊月溪水枯，色夺江头数峰碧。野夫采得琢为砚，一画中规外方直。方直端平象地形，形壅水流流若壁。拟法辟雍天子学，不比泮宫一隅塞。幸遇先生掌辟雍，持以献诚安敢惜。欲伐东山五大夫，受爵非材炼为墨。欲乞湘妃血泪竿，刮削除斑供简□。欲就退之借毛颖，同与先生记心画。先生记之何所先，探赜圣贤诠六籍。四时七政有未平，愿述阴阳修律历。要荒流蔡有未宾，愿摅雄略操军檄。辟雍之水流不穷，先生之材无不通。愿携此砚飞九穹，圆润化笔扶天工。[207]

杨杰，字次公，号无为子，是北宋仁宗的嘉祐四年（1059）进士，历事宋神宗、英宗、哲宗数朝，任太常、历礼部员外郎、润州（镇江）州官、无为知军、两浙提点刑狱。由于杨杰《辟雍砚上胡先生》诗中的"淮山"所在地区不明，故存疑待考。

7. 沅石砚

沅石砚一词首见于高似孙《砚笺》。在高氏所列的"沅石砚"条目下，共有两种色泽不同的沅石：其一为"色紫，间有金痕，滑不宜墨"；其二为"碧色，纹理如皱縠"。由于原文献未注明产地，不便随意猜测，故列于此。

8. 黛陁石砚

黛陁石砚首见于宋代刘敞《黛陀石马蹄砚》："一片苍山石，遥怜巧匠心。能存辟雍法，宛是马蹄金。气夺秋云湿，光涵墨海深。鱼龙随醉笔，变化出幽岑。"[208]

关于刘敞（1019~1068），《宋史》有传："刘敞，字原父，临江新喻人。举庆历进士，廷试第一。编排官王尧臣其内兄也，以亲嫌自别乃以为第二。通判蔡州，直集贤院判。"[209]刘敞学识渊博，为政有绩，出使有功。欧阳修赞其学识渊博"自六经百氏古今传记，下至天文、地理、卜医、数术、浮图、老庄之说，无所不通；其为文章尤敏赡"[210]，著有《公是集》五十四卷。

陁（tuó）为"陀"之俗字。"黛"为青黑色，再结合刘敞《黛陀石马蹄砚》诗可知，黛陁石砚是一种颜色青墨、状似马蹄的辟雍形砚，但产于何处，作者却未作说明。

9. 栗冈砚

栗冈砚首见于李白《酬殷十一赠栗冈砚》诗："殷侯三玄士，赠我栗冈砚。洒染中山毫，光辉吴门练。天寒水不冻，日用心不倦。携此临墨池，还如对君面。"李白原诗仅对栗冈砚的品质加以夸赞，并未言产于何处，高似孙虽将栗冈砚辑录于《砚笺》之中，但也未说明产于何处。故现只能存疑。

10. 花蕊石砚

花蕊石砚首见于米芾《砚史》："花蕊石亦作小朱砚。"[211]我国古代文献中记录的花蕊石产地较多，米芾《砚史》中的花蕊石究竟产于何地，存疑待考。

11. 翠涛砚

翠涛砚首见于元代倪瓒《赋翠涛砚》：

> 岳翁尝宝翠涛石，今我还珍翠涛砚，翠涛沄沄生縠纹，云章龙文发奇变。米芾砚山徒自惜，此砚颇应未曾见。我初避乱失神物，玉蟾滴泪空凄恋。珠还合浦乃有时，洗涤摩挲冰玉姿。书舟轻迅逐凫鹥，喜出火宅临清漪。松雪磨香淬毛锥，天影江波映碧滋，一咏新诗开我眉。

由倪文分析，翠涛砚应是用一种颜色翠绿的石头制成的砚。再从“此砚颇应未曾见”进行分析，翠涛砚应是宋代之后新发掘的一种砚。由于文献缺失，笔者暂难推知翠涛砚产于何地。

12. 红云砚

清代吕留良在《吕晚村先生文集》卷六论辩记题跋中言：“红云砚，余姚黄晦木宗炎所赠也，石青紫而有红文，若覆云者故名。晦木以黄金屈卮一、银几两得之，其制阔边小槽。”[212] 由于原文对红云砚的产地等未作说明，故暂列入产地不明一类。

13. 东魏兴和瓦砚

据高似孙《砚笺》记载，取东魏兴和瓦制砚首见于宋代洪迈《容斋随笔》：“先公得小瓦，簇花团，不逮铜雀，腹篆东魏兴和。”[213] 兴和（539 年 11 月 ~542 年 12 月）是魏孝静帝元善见的第三个年号，历时三年余。由于原文献未对东魏兴和瓦的产地做任何说明，故将此砚列入“产地不明”一节之中。

14. 魏兴和砖砚

魏兴和砖砚首见于《西清砚谱》（图 10–44），此砚“高四寸一分，宽二寸九分，厚六分。魏兴和时砖也，质细，声坚，古意穆然，不知何时始琢为砚。面正平，受墨处刻作瓶式，即瓶口为墨池，深二分，砚侧周镌御题铭一首……”[214]

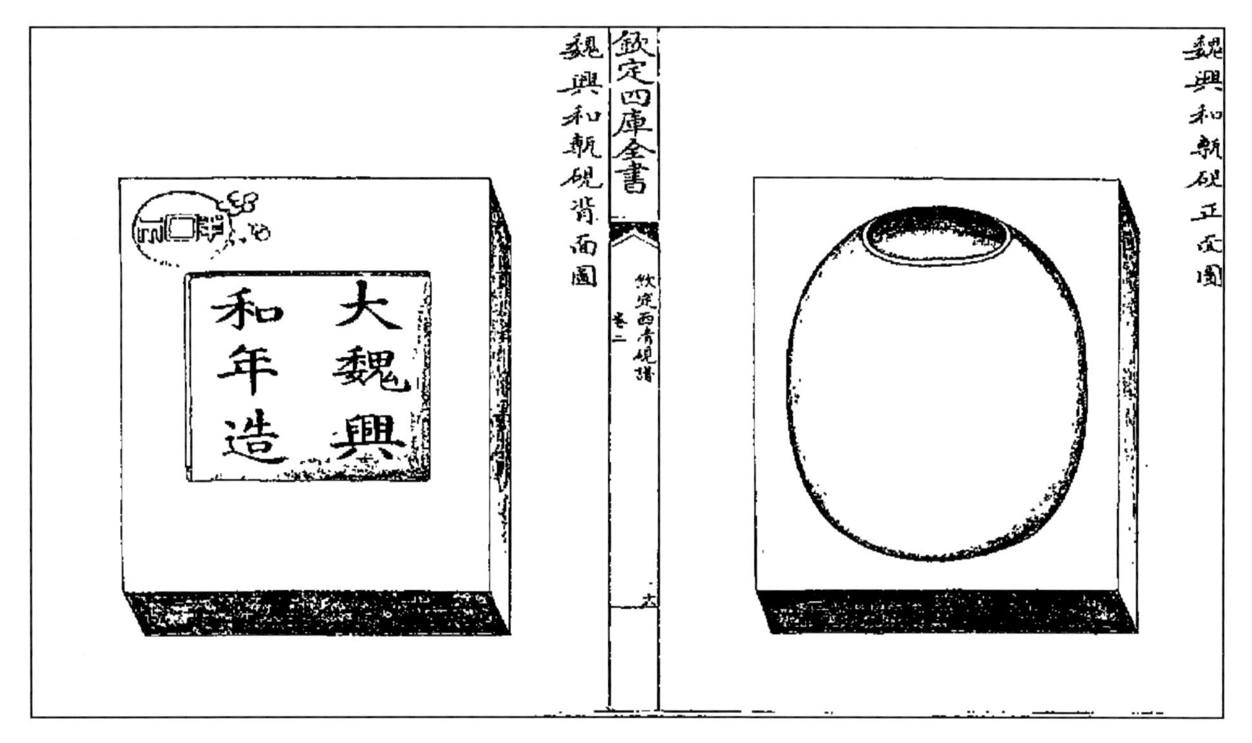

图 10–44　魏兴和砖砚（取自《西清砚谱》）

15. 古陶砚

宋王得臣《麈史》中记有古陶砚：

予友郭惟济君，泽居孝昌之青林。暑雨后斜日射溪，碛焰有光，牧童掊取之，得一陶器。体圆，色白，中虚，径六七寸，一端隆起，下生轮郭，一端绕边列以齿，齿仍缺十六以为枕也，不可用。忽得所安齿，距地酌水于轮郭间隆起处，可磨墨，甚良，方知古砚容有陶者。君泽尝为予曰，柳公权云某州磁砚为最佳，予时年少不能尽记，今追忆书之。[215]

16. 玉砚

以玉为砚的记载最早见于苏易简的《文房四谱》："昔黄帝得玉一纽，治为墨海，云其上篆文曰帝鸿氏之研。"西汉刘歆与晋代的葛洪认为："以玉为砚亦取其不冰。"[216] 据文献记载，制作玉砚的原料有碧玉、黄玉、墨玉。玉砚通常用于研磨朱砂一类的颜料，但也可以研墨，如朱长文就记有："玉亦可为砚古或有之。予在杭州尝得镇潼留后李元伯书云：'近求得玉材令匠人琢为圆砚，其发墨可爱，恨未得与予观之，后数月元伯亡，竟不果见。'"[217] 米芾曾亲自制作过苍玉砚，并对其制作技艺记述如下："玉出光为砚着墨不渗，甚发墨，有光。其云磨墨处不出光者，非也。余自制成苍玉砚。"[218]

我国产玉地点较多，用玉制砚许多匠人都能胜任，故现存玉砚究竟如何定其产地尚待学界商量。

17. 玄玉砚

用玄玉制砚见于明代丰坊的《书诀》："砚之良者，玄玉为最。温润而发墨，夏不渴水，冬不冰。其制如绍兴贡砚，高可三寸，径六寸，广三寸，面为池沟，勿蜡，下为插手，可时涤之，亦可藏笔，古砚神品，曰殷比。"[219]

18. 水精砚

用水精制砚最早见于朱长文的《墨池篇》："水精亦可为砚，予曾于屯田员外郎丁恕处见之，大才四寸许，为风字样，其用墨处即不出光，尝以墨试之，发墨如歙石，但未知久用之如何。"此话虽出自《墨池篇》，但极可能为转述唐询的《砚录》。[220] 米芾也曾使用过水精砚，但却是将墨汁研好后注入水精砚中使用。

至于水精砚能否研墨，笔者认为可从两个方面加以讨论：其一与砚面的粗糙程度有关，如果将砚面打磨得非常光滑如同镜面，则研墨时会打滑，很难将墨研磨下来；如果将砚面做成较为粗糙的磨砂面，则是可以研墨的。其二与墨的品质有关，如果用含胶量很少且结构较为疏松的墨在光滑的水精面上研磨，还是可以磨出墨汁的；如果用含胶量较多且结构坚韧的墨在光滑有水精砚上研磨，则很难研磨出墨汁。

我国水精产地较多，用水精制砚同样是许多匠人都能胜任的，故水精砚的产地如何定，也尚待学界商量。以下的玛瑙砚、琉璃砚、青铁砚等存在同样问题，不再赘述。

19. 玛瑙砚

玛瑙砚一词首见于《钱氏私志》："徽皇闻米元章有字学，一日于瑶柱殿，绷绢图方广二丈许，设玛瑙研、李廷珪墨、牙管笔、金砚匣、玉镇纸、水瓶，召米书之。上垂帘观看，令梁守道相伴赐酒。米乃反系袍袖，升高陟上，跳跃便捷，落笔如云，龙蛇飞动。闻上在帘下回顾，抗声云奇绝陛下。上大喜，尽以研匣镇纸之属赐之。"[221]

《钱氏私志》的作者是何人，据《四库全书提要》可知："《钱氏私志》一卷，旧本或题钱彦远撰，或题钱愐撰，或题钱世昭撰，钱曾《读书敏求记》定为钱愐……"其所记内容为北宋时期的一些趣闻逸事。

玛瑙主要成分为二氧化硅，由于与水化二氧化硅（硅酸）交替而常重复成层。因其夹杂氧化金属，颜色可从极淡色以至暗色。玛瑙以其色彩丰富、美丽多姿而被当成宝石或用来制作工艺品。玛瑙的硬度虽然较高，但琢磨为砚却也不难。

20. 琉璃砚

琉璃砚一词首见于李白的《自汉阳病酒归寄王明府》诗：

去岁左迁夜郎道，琉璃砚水长枯槁。今年敕放巫山阳，蛟龙笔翰生辉光。圣主还听子虚赋，相如却欲论文章。愿扫鹦鹉洲，与君醉百场。啸起白云飞七泽，歌吟绿水动三湘。莫惜连船沽美酒，千金一掷买春芳。

21. 青铁砚

苏易简《文房四谱》言："《王子年拾遗》云：张华造《博物志》成，晋武帝赐青铁砚，此铁于阗国所贡，铸为砚也。"[222]

高似孙在《砚笺》中共收录了 5 条与铁砚相关的文献：

其一是源自张洎撰《贾氏谭录》的"青州熟铁砚发墨"。其二是源自欧阳修撰《砚谱》的"青州铁砚制作颇精"。其三是源自东晋王嘉撰《王子年拾遗记》的"张华《博物志》成，武帝赐青铁砚，于阗所贡"。其四可能是源自欧阳修撰《新五代史》之晋臣传中的"桑维翰铸铁砚，曰砚弊则改，而他仕"。桑维翰，《新五代史》有传："桑维翰，字国侨，河南人也。为人丑怪，身短而面长，常临鉴以自奇曰：七尺之身不如一尺之面，慨然有志于公辅。初举进士，主司恶其姓，以为桑、丧同音，人有劝其不必举进士，可以从他求仕者，维翰慨然。乃着日出扶桑赋以见志。又铸铁砚以示人，曰砚弊则改，而他仕，卒以进士及第。"[223]据《旧五代史》列传四"桑维翰……唐同光中登进士第"[224]可知桑维翰铸铁砚应在后唐同光（923~925）之前。其五是"洪崖先生归河内，舍人刘守璋赠扬雄铁砚"。[225]扬雄（前 53~18），一作杨雄，字子云，西汉哲学家、文学家、语言学家，蜀郡成都（今四川成都郫县）人，但扬雄铁砚是确有其物还是后人杜撰现难以考证。

铁砚在宋代似乎较流行，如陆游在《寒夜读书》诗中就言："韦编屡绝铁砚穿，口诵手钞那计年。"

22. 银砚

银砚在三国时期就已出现。苏易简在《文房四谱》中也言："魏武上杂物疏云，御物有纯银参带台研一枚，纯银参带圆研大小各一枚。"[226]明代张溥所辑《汉魏六朝百三家集·魏武帝集》上"杂物疏"条中也有"御物三十种有纯银参带台砚一枚"[227]。

南北朝时期银砚仍有使用，如北魏史学家崔鸿在《十六国春秋》"刘聪"条中记有："卿赠朕柘弓银砚颇忆否。"[228]

23. 铜砚

铜砚在东魏已经出现，苏易简《文房四谱》中言："魏有芝生铜砚。"[229]高似孙在《砚笺》中言之更详："东魏孝静帝芝生铜砚，米元章铸生铜砚甚佳，李方叔帖人曰铜砚易研败笔。"[230]用铜直接浇铸成砚，目前仅见于文献记载，而现存遗物中所见的都是用铜铸成砚盒另嵌砚石，如现存安徽博物院与南京博物院的汉代铜兽形铜盒石砚，是用铜铸成砚盒后在砚盒内嵌入石板；再如现存上海博物院的元代镂空刻花铜暖砚，是用铜铸成具有暖砚作用的砚盒，然后在砚盒中嵌入石砚。

24. 蚌砚

图 10–45　笔者用牡蛎壳制成的可盛装墨汁的小墨海

苏易简《文房四谱》中言：“袁象赠庾易蚌砚。”[231] 在清代的《御定佩文韵府》中记有：“蚌砚：南史庾易传易，以文义自乐。安西长史袁彖，钦其风，赠以鹿角书格，蚌盘蚌砚，白象牙笔。”[232] 袁彖《南齐书》有传：“袁彖，字伟才，陈郡阳夏人也。……隆昌元年，卒。年四十八。谥靖子。”[233] 对此蚌砚究竟用何材料制成，笔者猜测：一种可能是将外观形态适宜的贝壳直接或嵌在木材、石料等中制成的可以注入墨汁后使用的砚（墨海），如笔者用牡蛎壳制成的可盛装墨汁的小墨海（图 10–45）。另一种可能是用砗磲的壳经雕刻研磨后制成的砚。

25. 骨砚

骨砚一词见于唐代封演所著《封氏闻见记》，内有：“李司徒勉在汀州曾出异骨一节上（止），可为砚，云在南海时有远方客所赠，云是蜈蚣脊骨。”[234] 由文献所述可知，此骨节体形较大，按理蜈蚣为节肢动物不应有内骨骼，故笔者认为此骨极可能为生活于海洋中的大型生物如鲸的某处骨骼之一或者是远古动物的骨骼化石。此骨砚在宋代李石的《续博物志》、明代陈耀文的《天中记》中均有转述。就唐代的骨器与石器加工技术而言，用动物骨骼或骨骼化石制砚均不困难。

26. 木砚

木砚一词出现于苏易简《文房四谱》中：“傅玄《砚赋》云：木贵其能软，石美其润坚，因知古亦有木砚。”可是笔者在认真研读晋人傅玄《砚赋》“采阴山之潜璞，简众材之攸宜。节方圆以定形，锻金铁而为池。设上下之剖判，配法象乎二仪。木贵其能软，石美其润坚。加采漆之胶固，含冲德之清玄”[235] 之后，并未能从中读出“木砚”的概念，自忖既然先人已作如是说，姑且认了“木砚”这个品类吧。

27. 浮楂砚

取浮楂为砚首见于南朝宋刘敬叔《异苑》：“蒋道支于水侧见一浮楂，取为研制，形象鱼，有道家符谶及纸，皆内鱼研中，常以自随。二十余年忽失之，梦人云：‘吾暂游湘水，过湘君庙，为二妃所留，今复还，可于水际见寻也。’道支诘旦至水侧，见罾者得一鲤鱼，买剖之，得先时符谶及纸，方悟是所梦人弃之。俄而雷雨，屋上有五色气，直上入云，后人有过湘君庙，见此鱼研在二妃侧。”[236]

由宋代司马光《类篇》中“楂，锄加切，水中浮木”[237] 得知，所谓的浮楂砚就是用漂浮在水面上的木头雕刻成的一种木砚。

二十五、来自国外的砚

1. 高丽砚

高丽砚首见于米芾《砚史》：“高丽砚，坚密有声，发墨，色青，间白，有金星随横文密成列，用久乏。”[238] 由于朝鲜半岛与中国的关系一直较为紧密，故高丽砚作为一种文房用品也不时流入中国，如明代的孙承恩与赵完璧都见过高丽砚并都作有《高丽砚铭》。如孙承恩的《高丽砚铭》为："有石出，箕子国。质坚贞，色润泽。工斫砚，巧镌刻。为人物，更树石。圆其腹，贮玄液。砚之制，以运墨。浑而朴，乃砚德。弃本真，费文饰。砚则美，用靡益。惠者勤，弃之惜。铭以志，镇书室。"[239]赵完璧的《高丽砚铭》为："英英紫玉，渺渺沧波。贞归华夏，契结贤科。龙光香霭，泽润江河。登瀛奇选，百战良多。补天高节，五色靡过。水旌厥信，无胥缁磨。"[240]二者都从不同角度对高丽砚的石质、色泽、雕工、文饰等进行了描述。

2. 金银莳绘砚、金砚

据《宋史》记载，日本国曾于端拱元年进奉"金银莳绘砚一筥一合，纳金砚一"[241]。

3. 金尘砚

清代湖广按察使王毓贤在《绘事备考》中言："日本古倭奴国也……太平兴国中，倭僧与其徒五人附商舶入朝，表进金尘砚、鹿毛笔、倭画屏风，太宗受之赐予甚厚。"[242]

4. 马肝石

在不著撰人名氏的《锦绣万花谷》前集卷三十二中有"马肝石，汉武时郅支进马肝石，以和丹砂食之，则弥年不肌。以拭白发，尽黑。此石亦可作砚，有光起"。

第二节　近现代崭露头角的砚

除了见诸古代文献的砚之外，近现代崭露头角的砚也不少，尤其是改革开放以来，人们开发新砚的热情越发高涨，新的砚材时有发现，极大地扩充了中国传统砚的家族。然而，令笔者大伤脑筋的是，这些在古代文献中缺少记载的砚，其历史却往往被一些不知是何用心的人或杜撰一些传说进行粉饰，或未加严格考证而张冠李戴，动辄起源于两汉东晋，繁荣于隋唐两宋，令人忍俊不禁，啼笑皆非。另外，也许是由于砚的研墨功能在当代逐渐弱化，一些原来用于制作茶具、酒具以及其他石雕艺术品的石料也被用来制成砚台，这些外形酷似砚台的产品，有的几乎没有研墨功能，有的研墨性能很差。对这些砚是否应该收入本书，笔者确实也思考良久。最后决定还是根据自己对砚的理解，粗加筛选后将这些近现代崭露头角的砚及相关论述辑录于此，以待专家学者详加考察与补充修正。

一、安徽省

紫石砚

据关键《中国名砚·地方砚》介绍，紫石砚产于安徽淮北地区的萧县，色如紫端，结构紧密，质地均匀，吸水率低，下墨较快，软硬适中，易于雕刻，贮藏量大，是一种较理想的具有良好发展前景的砚材。

二、北京市

1. 潭柘紫石砚

潭柘紫石砚是用潭柘紫石加工而成的砚。潭柘紫石产于北京市门头沟潭柘寺周边地区，石质致密，细腻温润，色紫如肝，发墨益笔。目前，潭柘紫石砚主要由门头沟区紫石砚厂用潭柘紫石加工。制作过程分为：开山采石、切制坯石、定型尺寸，然后是施以设计、凿活、铲活、磨活、配座等工艺。其作品主要有颐和园巨砚、九龙百龟砚、团城八怪砚、海鳌砚、乾隆石鼓等。[243] 虽然有学者对潭柘紫石砚的历史作过研究，但笔者因在经眼的历史文献中未见有潭柘紫石制砚的记载，故对其历史暂不发表意见。

2. 黄土坡青石砚

黄土坡青石砚是近年出现的一种砚台，其制作石料来自北京市房山区。据关键《中国名砚·地方砚》介绍，黄土坡青石砚石呈青黑色，无光泽，无明显纹理，石质略显粗松干燥。经试验尚可下墨，保湿较差。

三、重庆市

1. 嘉陵峡石砚

嘉陵峡石产于合川县嘉陵江小山峡的牛鼻峡[244]，色黑质坚，细腻润泽。用此石制成的砚具有发墨快、不损笔锋、蓄墨不腐、贮墨不涸的特点。据说明英宗时，吏部尚书合州人李实曾题诗赞美家乡的嘉陵峡石，诗云：“石质堪入玉，工艺圣手传；贵似翰家客，四宝居一员。”[245]

2. 金音石

太保金音石产于黔江地区石柱县，色黑有光，质地坚硬细密，敲之有金属之声，用此石制作的砚，具有磨墨细腻、陈墨数日不干的特点。郭沫若曾有咏秦良玉诗，其中有“谁知草檄有金音”之句，并注：“石柱有金音石，可作砚，传说秦良玉草檄用之。”因金音砚常铭刻有秦良玉所用“太子太保总镇关防印”，故又被称为“太保金音砚”。[246]

3. 北泉石砚、北碚石砚

北泉石砚又称北碚石砚，是用产于北碚北温泉附近上峡的石料制作而成。北泉石砚色泽黑灰，质地较轻，发墨较快。据张月介绍：“北泉石砚制作技术最先来自石柱，已有60多年生产历史。”[247]

四、福建省

海棠石

海棠石首见于晚清福州学者郭柏苍撰述的《闽产录异》，在该书中郭柏苍列有“海棠石”条并言：“产将乐县北乡之海棠洞。色微紫，似端州之‘梅花坑’。其质视端则绌，视歙实赢。邑人以县治北隅地脉有关；邑侯下车，开凿一二，仍禁不取。”[248]

五、广东省

恩州奇石砚

恩州奇石产于广东恩平深山之中，质地柔密，温润腻泽，色彩丰富，原主要用于制作石雕工艺品，近年来也用于制作砚台并被称为恩州奇石砚。从产地来看，此砚虽与清代钱泳在《履园丛话》中所言之“茶坑石”同产于恩州，但矿坑是否相同，目前尚难确定，故另列一类。至于是否合理，恳请专家指正。

六、贵州省

1. 织金石砚

织金石砚是用产于贵州省毕节市织金县大理石珍品晶墨玉制成的砚台。据吴大荣等报道，早在1913年“贵州省工艺展览会”上，织金石砚就获特级奖，1913年的“全国工艺品展览会”上获金质奖，1958年选送全国展览的雕刻作品《狼牙山五壮士》《小八路》《鲁迅》《织金八大景》等受到首都各界人士的好评。1970年周总理将织金砚作为礼品赠送日本客人。1975年，日本专门向织金工艺美术厂订购浮雕石砚300多副。1981年又订购各式浮雕石砚50多副。1978年，廖承志访问日本时，曾以织金石砚两副作为礼品赠送给时任日本首相大平正芳。[249]

2. 紫袍玉带砚

紫袍玉带砚是用贵州省江口、松桃、印江三县交界处的梵净山所产紫袍玉带石雕琢而成的砚。砚石以柔美的紫红色为主，中有白色夹层，厚薄不一，层理分明，有“千层美玉”之称。紫袍玉带石质地软硬适中，结构坚韧细密，手感滑腻，呵气成晕。当地用紫袍玉带石制砚的历史并不长，但利用紫袍玉带石特有的紫白分层石理，以紫红色作为砚底，以白色俏色，运用浅雕、深雕、透雕等技术制作出的紫袍玉带砚却也具有格调高雅、地方色彩浓郁的特点，颇受人们的喜爱。

3. 龙溪石砚

龙溪石砚是用产于贵州黔西南布依族苗族自治州普安县城西九龙山的龙溪石雕琢而成的砚，是黔西南州非物质文化遗产之一。龙溪石色泽紫绿，质地细密，发墨闪笔，贮水不涸。据称，清光绪年间的湖广总督张之洞在《龙溪砚记》中曾赞道：“龙溪之砚，既墨而津，金声玉穗，磨而不磷。”[250]党的十一届三中全会后，龙溪石砚的制作技艺得以传承发展，成为贵州省黔西南州极具特色的产品之一。2005年，贵州电视台《发现贵州》栏目对龙溪石砚作过专题报道。2006年，龙溪石砚作品在黔西南州“多彩贵州旅游商品大赛”中获最佳创意奖。[251]

七、海南省

琼州金星石砚

取琼州金星石制砚首见于清末民初赵汝珍的《古玩指南·砚》：“广东琼州万州之悬崖，产金星石，可作砚，色黑如漆，细润如玉，以水湿之，则金星自见，干则否，极发墨，久用不退乏，颇似端歙，甚贵重也。”

八、河北省

1. 易砚

易砚是用取自易水河畔一种色彩柔和的紫灰色水成岩制成的砚，因产于易州（今易县），故也称易水古砚。经艺人因材施艺、精心设计、精雕细琢后制成的易砚，具有造型美观、石质细腻、柔坚适中、色泽鲜明、易于发墨、书写流利的特点。1978年廖承志访问日本时，曾将“五龙戏珠”等两方易砚作为国家礼品，赠送给时任首相大平正芳。[252]

有关易砚的文献记载，马志军曾撰文：“弘治《易州志》载：砚石有紫、绿、白诸色，质细而硬，为砚颇佳。宋代鉴贡家赞易砚：质地坚润而刚，颜色嫩而纯，滑中有涩，涩而不滞笔，涩而易发墨，其色尤艳。明代鉴贡家赞易砚：质之坚润，琢之圆滑，色之光彩，声之清冷，体之厚重，藏之完整，为砚中之首。”[253]

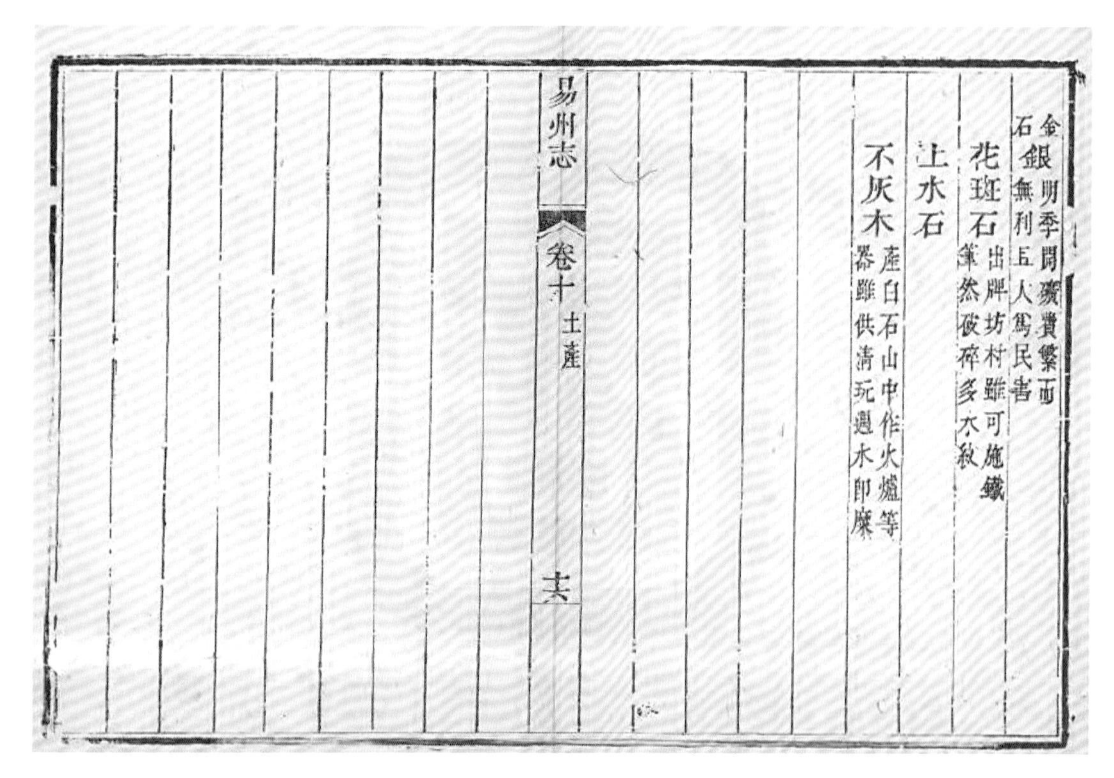
金銀明季開礦費繁而石無利且人爲民害
花斑石出牌坊村雖可施鐵筆然破碎多水紋
上水石
不灰木產白石山中作火爐等器雖供清玩遇水即糜

易州志 卷十 土產 十六

图 10–46　清乾隆十二年《直隶易州志》（国家图书馆藏）

但笔者查阅国家图书馆，据明弘治十五年（1502）刻本影印的明弘治《易州志》卷二“土产”之中并无与砚石相关的记载。再查国家图书馆藏清乾隆十二年（1747）的《直隶易州志》（图 10–46），在卷十“土产”中仅发现有“花斑石”“上水石”与“不灰木”。其中“花斑石出牌坊村，虽可施铁笔，然破碎多水纹”，其石质显然与今日所见之易砚不同；“不灰木”应为硅酸盐类矿物角闪石石棉，色白，如腐烂的木材，烧之不燃，显然也与今日所见之易砚无关；“上水石”原书未加任何说明，故是否与今日之易砚有关，目前尚难考证，不知马志军所言依据何文献。

对易砚的文物考证，潘新宇认为：“2006 年易县南北林墓区 13 号墓出土的一组石黛板是东汉时期的石砚，也是迄今发现的最早的易砚。”[254] 但笔者认为此说有待进一步检验。

从笔者经眼的文献来看，“易石”一词可能最早见于《砚小史》中的“易石”条：“王秋崖曰，石产易州，色紫性不坚，时有绿点，如眼无瞳，能下墨。”从此文献所描述的石料特点来看，正是今日用于制作易水砚的石材。由于《砚小史》虽然是清代朱二垞所撰，最早于嘉庆庚申年（1800）春镌刻，但现存于世的《砚小史》（楼外楼藏版）却是民国 24 年（1935）乙亥高氏寒隐草堂补版，此书之中极可能已加入民国期间的内容（图 10–47）。另再查描述“易石”的王秋崖，在赵尔巽主编的《清史稿》中未见其名，疑为《吴江文史资料》第九辑中记述的王秋崖，学名德锜，字振威，别署“二痴”，抗日战争前以秋崖行，抗日战争发生后更名大可，沿用至终年。1901 年农历五月初九生于青浦商洋乡渔郎村，3 岁丧父，旋即举家定居吴县周庄镇后港 21 号。幼时随兄德钟就读周庄沈氏小学，14 岁就读吴江中学。16 岁入南社，后就读东吴大学。曾任国民政府文官处乙等书记官职务，喜欢抽空“淘古董”，1984 年 1 月 22 日去世。[255] 由于易砚的历史暂时只能追溯到民国，故在未发现过硬的新资料之前，将用易石制砚的历史定为民国可能较为合理。

2. 野三坡石砚

野三坡石砚是用产于河北省涞水县野三坡一种石材雕琢而成的砚，是近年内新开发的砚之一。野三坡砚石以紫色为主，间有绿色的夹层（俗称“绿膘”），其质较为粗松，吸水率高，研墨效果差，目前仍在

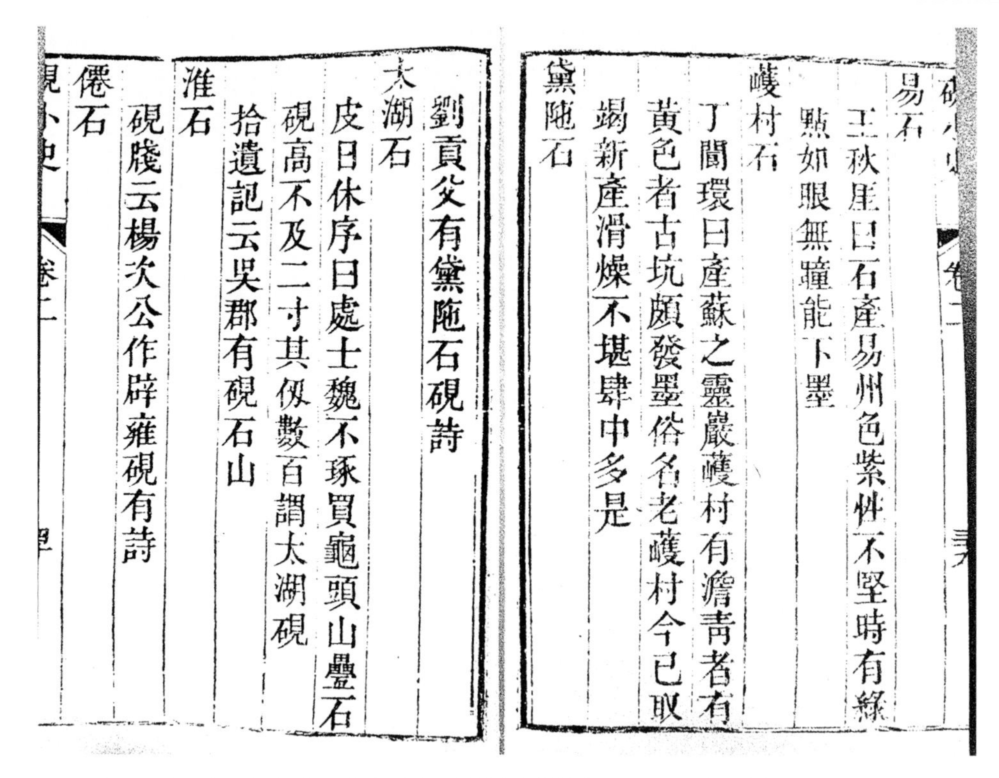
易石
王秋厓曰石產易州色紫性不堅時有綠
點如眼無瞳能下墨
䕶村石
丁閬環曰產蘇之靈巖䕶村有澹青者有
黃色者古坑頗發墨俗名老䕶村今已取
竭新產滑燥不堪肆中多是
黛陁石
劉貢父有黛陁石硯詩
太湖石
皮日休序曰處士魏不琢買黿頭山疊石
硯高不及二寸其仭數百謂太湖硯
淮石
拾遺記云吳郡有硯石山
僊石
硯牋云楊次公作辟雍硯有詩

图 10–47 《砚小史》中的“易石”条（中国科学院自然科学史研究所图书馆藏）

试产阶段。[256]

3. 乌金砚

乌金砚首见于赵汝珍的《古玩指南》：“燕畿之梅山产石，如乌金，亦有金星制砚甚佳，故颇贵重，惟佳者甚少。是以不闻于世也。” 由于《古玩指南》作者生活在清末民初，故笔者以为还是将“燕畿”出产的乌金砚放在河北较妥。至于乌金砚是否为易水砚，笔者认为应将“燕畿之梅山”所在地考证清楚，并在梅山发现与文献所言相对应的乌金砚石后再下结论为妥。

九、河南省

盘谷砚、盘砚、天坛砚

盘谷砚是用产于盘谷寺后谷内盘石制成的砚。盘谷寺始建于北魏太和三年（479），位于今河南西北部济源市北 15 千米的太行山南麓，盘谷口畔。自唐代大文学家韩愈为辞官隐居盘谷寺的好友李愿写下了著名的《送李愿归盘谷序》后，盘谷寺成为历代文人墨客向往的名胜之地。盘谷寺后谷内产盘石，据傅广生等研究，盘谷砚为粉砂质板岩，产出地层为寒武系。[257]“石质细腻湿润，坚而不脆，锋而不刚，滑而不溜，色如琼玉，声似木鱼，是制作砚台的上乘原料，古称盘砚，即现在的天坛砚。”[258]

盘谷砚因其优异的品质受到文人雅士的喜爱，现代著名书画艺术大师李苦禅曾录张金铭的《咏天坛砚》“补天琼玉落碧霄，雕工能期造化高。王屋精英现盛世，右军当嗟早风骚”赠给制砚厂作为名砚的砚铭。现代书法家赵朴初也曾挥笔题词“润笔增添，发墨生辉，盘施盘砚，喷薄风霜”来赞美盘谷砚之优良品质。

十、湖北省

1. 角石砚

角石砚使用的石料是一种远古海洋生物角螺的化石（图 10–48）。这种镶嵌有海洋化石的石料本身具有

图 10–48　角螺化石

图 10–49　角石板砚

较高的观赏价值，但若用于制砚，则因石质较硬，下墨效果不好，故主要用于玩赏（图 10–49）。

2. 云锦砚、古陶石砚

云锦砚产于湖北省恩施市，因其外表风化水蚀，形色似古代陶器，故也有人称之为古陶石砚。此砚近年才出，产量很少，市场少见，知者更少。[259]

十一、湖南省

1. 桃江石砚、舞凤石砚、凤山石砚

桃江石砚是用湖南省桃江县舞凤山所产石料雕琢而成的砚，故又称舞凤石砚，也有人称之为凤山石砚。桃江石砚质地纯净、坚密细润、色泽晶莹、坚而不脆、发墨如油、益笔不损毫。

用桃江石制砚未见于古代文献记载，但如今的桃江石砚发展迅速，年出产量可达几十万方，行销国内外。

2. 水冲石砚

水冲石砚是用湖南省吉首市仙镇营水冲石湾所产石料雕琢而成的砚，是湘西土家族、苗族自治州著名的传统工艺品。用水冲石制成的砚有温润细腻、刚柔适度、纹理晶莹、发墨益毫、贮墨不涸等特点。

3. 双峰石砚

双峰石砚是用湖南省双峰县所产石料雕琢而成的砚。双峰石色泽淡青，质地细润，发墨益毫，是一种品质较好的砚材。

4. 永顺石砚

永顺石砚是用湖南省永顺县所产含有三叶虫化石的石料制作而成的砚。此砚的石质、形态与山东所产燕子石砚基本相同，但在笔者经眼的古代文献中未见有湖南永顺用三叶虫化石或曰燕子石制砚的文字记载。

5. 龟纹石砚

龟纹石因其石上纹理颇似龟纹而得名，用龟纹石制成的砚被称为龟纹石砚。“龟纹石石质细润，肌理洁净，坚润如玉，握之生津，是一种很有实用价值和观赏价值的砚材。”[260]

十二、江苏省

新紫澄砚

在此称现代所制的紫澄砚为新紫澄砚的主要原因是：虽然清宫中藏有今人命名为“紫澄砚”的砚种（参见本章第一节“江苏省”），但这些紫澄砚的制作技艺可能早已失传，故近些年出现的紫澄砚极可能是当代人重新研制而成的，在原料配比与烧制工艺上可能有较大不同，故称之为“新紫澄砚”可能较妥。对近年来出现的紫澄砚的品质，关键在《中国名砚·地方砚》中认为：紫澄砚具有紫砂砚的“粗”和“刚”，并兼顾澄泥砚的“细”和“柔”，从而具备粗而不顽、细而不滑，刚不露骨、柔足任磨的特点。[261] 对于紫砂澄泥砚的制作技术，笔者在“紫砂澄泥砚”中已经谈及，认为主要是泥料的选配、烧成温度与造型艺术。细揣今日的紫澄砚数量较少且不太受到人们青睐的原因，估计与当代制作者在一些关键技术上尚未成熟有关。

十三、江西省

1. 金星宋砚、金星砚、星子砚

据吴山主编《中国工艺美术大辞典》言：金星宋砚产于江西庐山。此砚“金星”二字，系指石质；“宋”字指最早开采制砚人姓宋（一说金星宋砚，至宋代时广为开采制作）。关键在《中国名砚·地方砚》中言金星宋砚产于江西省九江市星子县。因砚石中含有黄铁矿形成的金星点，又出在星子县，故名“金星砚”或“星子砚”。[262]

金星宋砚石质坚密，莹滑如玉，金星密布，呵气有晕，下墨快细，蓄墨不涸。1984 年，在北京举办的全国旅游产品工艺品展销会上，金星宋砚荣获二等奖。[263]

2. 石城砚

石城砚是近年出现的一个砚种，其砚石因产于江西省石城县而被称为石城砚。而其砚石因产于江西省石城县龙岗乡的黄石山，又名“黄石”。石城砚石藏于深涧中，石质温润、呵气凝珠，石色丰富、花纹奇特。由于石城石具有美丽的天然纹理，故在制作技艺上多依其纹理而略做加工，以表现其天然之美为旨趣。石城砚石质细腻，发墨益毫，贮墨不涸，加之纹理天成，酷似水墨丹青，故面世以来受到世人的珍爱（图 10–50）。

图 10–50　笔者收存的两方石城砚（正、背）

十四、辽宁省

1. 铁岭紫石

由翟文选、臧式毅等纂修，民国 23 年（1934）刊刻的《奉天通志》中，卷一百十二“物产”之石属中记有石材多种（图 10–51）：煤、硫黄、珣玗琪、锦川石、水晶、玉石、玛瑙石、云母、金礞石、石绵、苦上石、弗石、紫石、磨石、黑石、白云石、翠石、红花石、绿石、斑文石、沙石、大理石、青石、灰石、黏土、缸泥、白石粉、红石粉、青泥、玉铅沙，其中明确指出可为砚的是紫石。“紫石，产车夫屯之南山，李千

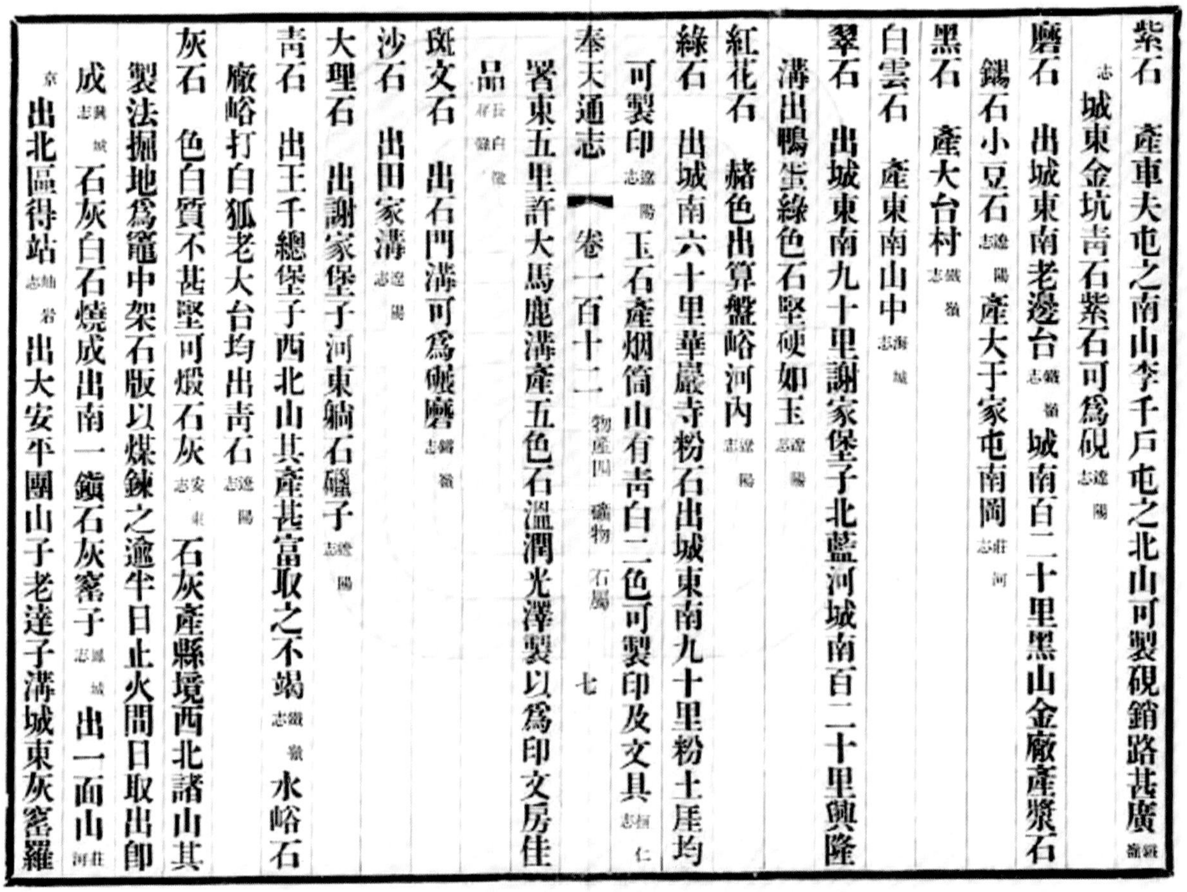

紫石　產車夫屯之南山李千戶屯之北山可製硯銷路甚廣鐵嶺志
城東金坑青石紫石可爲硯遼陽志
磨石　出城東南老邊台鐵嶺志城南百二十里黑山金廠產漿石
錫石小豆石遼陽志產大于家屯南岡莊河志
黑石　產大台村鐵嶺志
白雲石　產東南山中海城志
翠石　出城東南九十里謝家堡子北藍河城南百二十里興隆
溝出鴨蛋綠色石堅硬如玉遼陽志
紅花石　赭色出算盤峪河內遼陽志
綠石　出城南六十里華嚴寺粉石出城東南九十里粉土厓均
可製印遼陽志玉石產烟筒山有青白二色可製印及文具桓仁志
奉天通志　卷一百十二　物產四　礦物　石屬　七
署東五里許大馬鹿溝產五色石溫潤光澤製以爲印文房佳
品長白縣志
斑文石　出石門溝可爲礦磨鐵嶺志
沙石　出田家溝遼陽志
大理石　出謝家堡子河東觸石磖子遼陽志
青石　出王千總堡子西北山其產甚富取之不竭鐵嶺志水峪石
廠峪打白狐老大台均出青石遼陽志
灰石　色白質不甚堅可煅石灰安東志石灰產縣境西北諸山其
製法掘地爲竈中架石版以煤鍊之逾半日止火間日取出即
成興城志石灰白石燒成出南一鐵石灰窰子鳳城志出一面山莊河志
章海城志出北區得站岫岩志出大安平園山子老達子溝城東灰窰羅

图 10–51　《奉天通志》卷一百十二“紫石”（取自中国国家图书馆）

户屯之北山，可制砚，销路甚广（铁岭志）。”[264] 由于此紫石产于铁岭，为避免与产于辽阳的紫石相混淆，故笔者名之铁岭紫石。

2. 金坑青石

金坑青石可能首载于翟文选、臧式毅等纂修，民国 23 年刊刻的《奉天通志》中。在此志之卷一百十二“物产”紫石条下，除对紫石的产地、制砚及销路等有所叙述外，还言：“城东金坑青石，紫石可为砚（辽阳志）。”[265] 从此条目后加注可知，在辽阳城东的金坑还出产一种可以制砚的青石。

3. 辽阳紫石

辽阳紫石也可能首载于民国 23 年刊刻的《奉天通志》中，在卷一百十二“物产”之石属“紫石”条下有言：“城东金坑青石，紫石可为砚（辽阳志）。”[266] 即辽阳还有一种紫石可为砚。由于辽阳距铁岭直线距离在 100 千米以上，故此辽阳之紫石应非铁岭之紫石，为便于区分，笔者名之为辽阳紫石。

对产于辽宁且可以制为器玩的锦川石、平顶山及骆驼洞石，由于在乾隆四十三年七月十三日阿桂等奉敕重修的《钦定盛京通志》、清咸丰二年刊刻的《盛京通志》与民国 23 年刊刻的《奉天通志》中都未见有言其可为砚的记录，故而不作为砚材收录。

十五、山东省

1. 金星石砚

用于制作金星石砚的金星石产于山东费县与临沂市交界的箕山涧。由于临沂为故琅琊郡，又是东晋书圣王羲之的故乡，故金星石又称“羲之石”。金星石是经轻微硅化的优质泥质灰岩，因其中含有许多细小的硫化铁结晶，其形有圆、方、三角、多角和碎星，大者如豆，小者如针尖，肉眼观之如金光闪闪的小星星，故而称之为金星石。金星石的石料可分为上、中、下三层，各层特点不同。如上层石呈灰褐色，光泽较差，金星颜色稍暗，也较为少见，石质较软，发墨较钝。中层石黑黝发光，温润如玉，金星光泽好且大小相间，石质软硬适中，磨墨无声，发墨有光，是金星石中的上品。下层石色泽如墨玉，油然光滑，金星闪烁夺目，但石质偏硬，研墨微滑，发墨较慢。金星石中还有一种具有自然“虫蛀”边的不规则板状石块，产于溪西岸的黄土层下，用此石制砚时要尽量保留砚石上的虫蛀边、石皮与金星等天然形态，使制成之砚具有天然之趣。金星石是在 1973 年国务院有关发展工艺美术的文件下达后，地区有关单位根据民间流传的线索，在箕山涧找到的。改革开放后，金星砚的制作人员有所增加，创制了许多精品，产品行销国内外。[267]

2. 薛南山石砚

薛南山石砚是用产于临沂城西薛南山（今属苍山县境）的石料雕琢而成的砚。据《临沂县志》：“薛南山产石，皆天成砚材，若马蹄、若龟壳，四周若竹节状，小者尤佳。”[268] 薛南山石多为扁平自然形石饼，多数直径为三四寸或五六寸，很少见有大块的。薛南山石周边也有因长年风化而产生的石乳纹，其纹较深且多垂直，如竹根的密节，与徐公石周边石乳纹具有的细碎密致并有纵横纹交叉有所不同。

磨去表面后的薛南山石多呈现出灰黄绿色、藻绿色、灰黑色、鳝鱼黄色，色泽柔和沉静，有纤细纹彩，若隐若现，偶尔也会出现彩色图案。用薛南山石制成的砚，硬度适宜，质细温润，磨墨无声，发墨而不滞笔。但有的石中有石英线，制砚时需要避开。由于块头较大的薛南山石往往有断裂纹，容易破碎，所以薛南山石砚以小者为佳。

3. 浮来山石砚

浮来山石砚是用产于山东莒县城西 10 千米的浮来山砚石雕琢而成的砚。从当地有村名为“砚疃村”推测，用浮来山石制砚的历史可能较早。现今浮来山石主要分散在周围的沟壑、溪边的土层之中，为自然形态的扁平状石饼，周边有天然风化石纹，纵横交叉，别具风趣。浮来山石理细质润，与墨相亲，发墨有光。其色有绀青、褐黄、沉绿等，典型的浮来山石是沉绿底，布柑黄色的大冰纹，冰纹与石底色异而质同，青黄相间的纹理构成天然花纹，美不胜收。用浮来山石制砚，通常较少雕琢，以保持其天然风趣。[269]

笔者曾在清嘉庆《莒州志》物产中找到有关砚石的记载：“砚石，山下峪庄南沟紫绿者佳。”其名为“莒州砚”，列于本章“见诸古代文献的砚”之中，与浮来山石砚是否同一类，待考。

4. 木纹石砚

木纹石因石料本身具有紫红色深浅轮回的条纹，酷似华贵的紫檀木而得名。这种石材过去主要用于制作茶壶、茶杯等器物，用木纹石制砚是当代人所做的一种尝试。用木纹石制成的砚具有较好的研磨功能，也具有较强的艺术感染力，但由于石料产量极少，故较为罕见。[270]

5. 龟砚

龟砚一词见于清代《光绪临朐县志》：“龟砚产龙门山天池寺下溪涧中，状如龟，曝之自分底盖，中有池，不假雕琢，肌腻而润，蓄墨可数日不枯。”[271] 另据《鲁砚》所记：“龟石产辛寨龙岩寺石涧中，天然龟形，磕之底盖自分，质细而润，蓄墨数日不枯。”[272] 因笔者不知“龙门山天池寺”与“辛寨龙岩寺”是否有别，故暂不能确定上述两文献之中的“龟砚”是否应为同物。

用龟石制砚，在当地有一定的历史，但由于仅靠拣取，数量毕竟有限，加上交通闭塞，故流传不广。20 世纪 70 年代因发展农田水利，大量龟石得以面世。从形态上看，龟石多为扁平椭圆形子石，其表层为风化层，磕之则层层脱落，有如乌龟脱壳，故而名之为“龟石”。用龟石制砚，通常需要将石表的风化层除去，仅留下石核。这些石核大者直径可达 20~30 厘米，小者仅如鹅卵，颜色有黄褐、赭红、茄紫等，有同心圆式的分层，一般为外深内浅，间或有纯茄紫色的小石核，质细而嫩，为最上品，但不易得。用龟石制砚通常只须腹背凿出平面，根据其形状、色彩加以雕磨即可，以保持其自然外形。用龟石制成的砚，硬度稍高于端石，理细而不滑，发墨而不滞笔，为优质砚材之一。[273]

6. 蛤砚

蛤砚一词见于清代《光绪临朐县志》（图 10–52）："蛤砚产东南山中，状绝肖，亦能中坼，若龟砚。"[274] 由于笔者至今尚未见过蛤砚实物，也未听临朐制砚艺人们谈及，故对蛤砚的形态、色泽、石质等暂不知晓，有待以后调研。

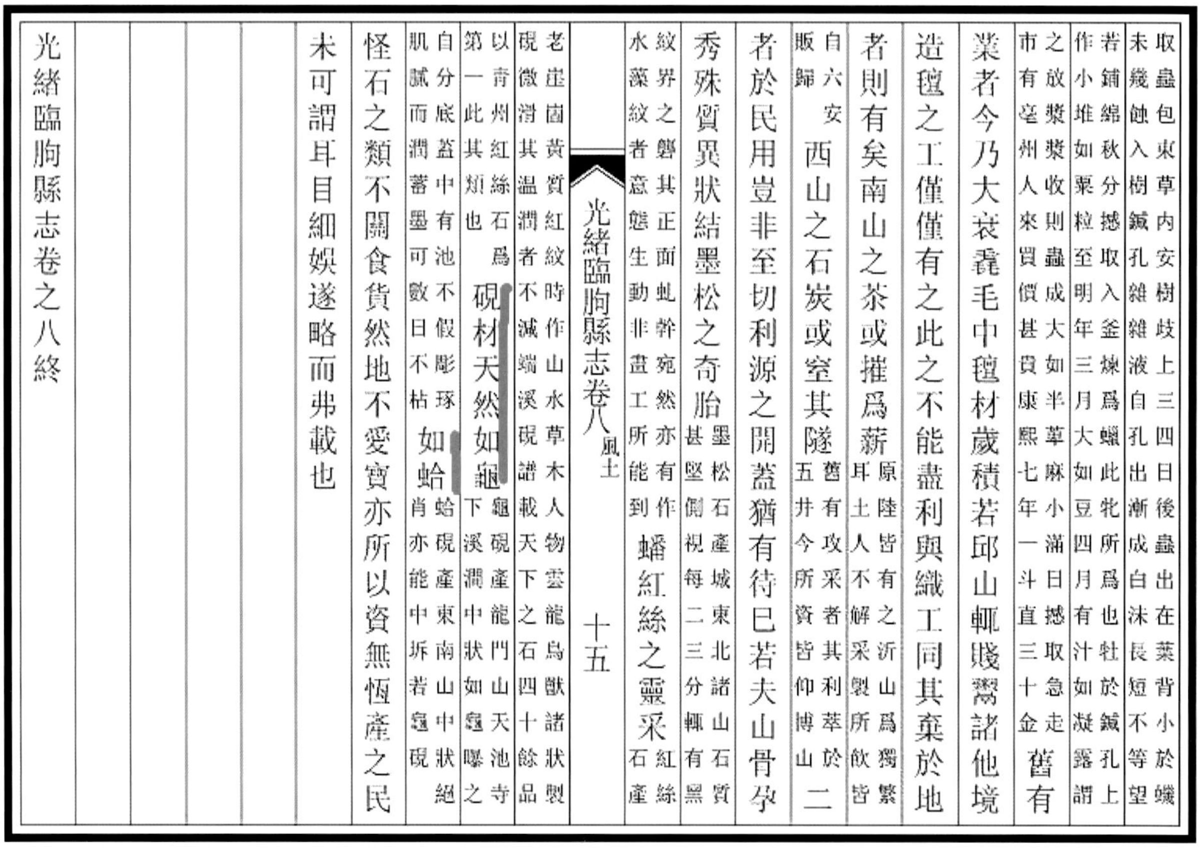

取蟲包束草內安樹歧上三四日後蟲出在葉背小於蟻未幾蝕入樹鍼孔雜雜液自孔出漸成白沫長短不等望
若鋪綿秋分撼取入釜煠爲蠟此牝所爲也牡於鍼孔上作小堆如粟粒至明年三月大如豆四月有汁如凝露謂
之放漿漿收則蟲成大如半䓍麻小滿日撼取急走市有亳州人來買價甚貴康熙七年一斗直三十金舊有
業者今乃大衰毳毛中氈材歲積若邱山輒賤鬻諸他境
造氈之工僅僅有之此之不能盡利與織工同其棄於地
者則有矣南山之茶或摧爲薪原陸皆有之沂山爲獨繁耳土人不解采製所飲皆
自六安販歸西山之石炭或窒其隧舊有攻采者其利萃於五井今所資皆仰博山二
者於民用豈非至切利源之開蓋猶有待已若夫山骨孕
秀殊質異狀結墨松之奇胎墨松石產城東北諸山石質甚堅側視每二三分輒有黑
紋界之蟠其正面虬幹宛然亦有作水藻紋者意態生動非畫工所能到蟠紅絲之靈采紅絲石產

光緒臨朐縣志卷八 風土 十五

老崖崮黃質紅紋時作山水草木人物雲龍鳥獸諸狀製硯微滑其溫潤者不減端溪硯譜載天下之石四十餘品
以青州紅絲石爲第一此其類也硯材天然如龜龜硯產龍門山天池寺下溪澗中狀如龜曝之
自分底蓋中有池不假彫琢肌膩而潤蓄墨可數日不枯如蛤蛤硯產東南山中狀絕肖亦能中坼若龜硯
怪石之類不關食貨然地不愛寶亦所以資無恆產之民
未可謂耳目細娛遂略而弗載也

光緒臨朐縣志卷之八終

图 10–52　清《光绪临朐县志》中有关龟砚与蛤砚的记载

7. 冰纹石砚

冰纹石砚是用产于山东临朐一种石材雕琢而成的砚。冰纹石出自临朐老崖崮南 10 千米，石质坚细柔润，石材多呈紫色并有浅色纹理不规则地交错其间，观之如同冰裂纹，故人们根据其颜色与花纹俗称之为"冰纹石"。冰纹石的最大特点还在于每一条浅色冰纹中还有一条纤细的银线，据此可以与安徽寿州紫金石砚相区别。用冰纹石制成的砚，触手生晕，发墨如油，石质纯净，少有石病，具有很好的实用性与观赏价值，现已有少部分流入市场，受到人们的好评。

8. 徐公石砚

徐公石砚是用沂南县徐公店村所产徐公石雕琢而成的砚。据《临沂县志》记载："徐公店，县城西北七十五里，产石可为砚，其形方圆不等，边生细碎石乳，不假人工，天趣盎然，纯朴雅观。"[275] 据徐公砚雕刻者张玉杰介绍，徐公砚的产地除了徐公店村北的砚台沟外，还有卢山、东山、胡子山与石岗岭，而且还分为老坑与新坑。徐公砚的石材多为自然形态的扁平石饼，大者逾尺，小者二三寸，周边有长期被水侵蚀留下的细碎石乳状纵横交叉的石纹，有如画家笔下的千寻古崖，山势突兀，气象万千。徐公石的颜色也较为丰富，有茶叶末、蟹盖青、鳝鱼黄、生褐、绀青、橘红、沉绿等色，有的徐公石上甚至有多种颜色同时出现，且色彩调和（图 10–53）。

徐公石砚的制作特点是巧用原石的自然形、自然边、自然色泽纹彩，而无须多加雕琢。用徐公石制成的砚硬度适宜，质嫩理细，清莹如玉，触手生晕，与墨相亲，发墨如油，置于书房，可作清供，观之别有一番情趣（图 10–54）。

图 10–53　张玉杰提供的不同产地的徐公石样品

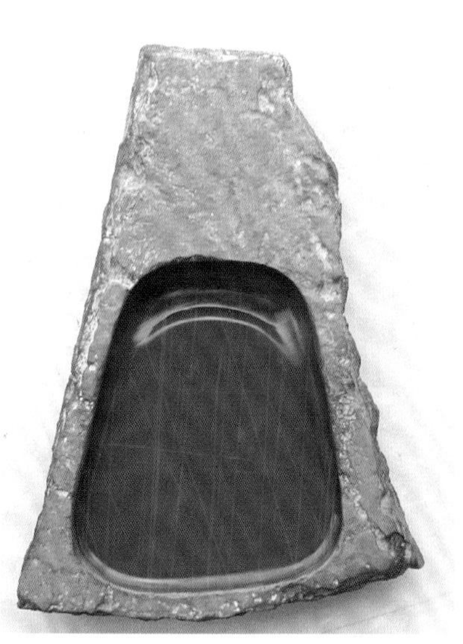

图 10–54　笔者试制徐公石砚（从左到右依次为：出坯、细磨、成品）

9. 温石砚

温石砚是用即墨县马山洪阳河底温泉下所产砚石雕琢而成的砚。有人认为“温石砚”之名是因为用温砚在严寒冬日磨墨不冰，但笔者以为此说或可商榷。温石外观多呈紫褐色、灰紫色、深紫色，石材之中常有彩色纹理，还有类似于端砚的青花、胭脂晕、朱斑、朱线、翠斑与石眼等。温石砚的石眼通常呈豆绿色，其晕可达四五层，但却极少有瞳子，另外温石的石眼除圆形、椭圆形外，还有不规则形和石柱形。用温石制成的砚，从石质、色泽、纹彩来看，与端砚较为相似，且具有晶莹温润、发墨而不滞笔的特点，为砚材上品。[276] 温石砚石料开采困难，产量很少，20 世纪 70 年代中期曾被重新发现并有少量开采，也有少量成砚出售，但近些年由于修建水库等原因，石层被淹没，已无法开采，故温石砚已不可再见。[277]

10. 泰山奇石砚

泰山奇石通常以深色岩石为背景，以白色调的岩脉在背景上勾勒出似高山流水、飞禽走兽、行草文字、仙人道姑等多种造型，神形兼备，千姿百态，栩栩如生。故用泰山奇石作为摆件，历史悠久。但若用泰山奇石制作砚台，并使之具有“抚若肌肤，发墨如油”的效果，笔者却认为值得商榷。因为泰山岩石主要为片麻岩和花岗岩，纹理粗糙、砂石多、颗粒大、石质脆硬，一敲就会脱落一大块，用作摆件效果良好，制作砚台并不合适。

11. 木鱼石砚

关键在《中国名砚•地方砚》一书中记有木鱼石砚。木鱼石是一种非常罕见的空心石头，大小不一，形态各异，空腔内有的呈卵形核状、有的呈粉砂状，有的有液体，用手摇动，可发出动听的声音，俗称“还魂石”“凤凰蛋”。用质地非常坚硬细腻的木鱼石精心雕琢成砚来盛水蓄墨，可经久不变色味，但研墨效果并不是太好。[278]

12. 鹤石砚

关键在《中国名砚•地方砚》中言鹤石砚是用产于宁阳县西北鹤山、龟山一带砖红色含粉砂、铁质、泥质的微晶石灰岩雕琢而成，组成矿物主要是方解石，另含少量粉砂、铁质、泥质物微晶结构。砚材质地细嫩，坚而不顽，发墨而不滞笔，已用来雕制随形砚等。[279]

13. 崂山绿石砚

崂山绿石产于山东青岛著名的道教圣地崂山。用崂山绿石制砚，是近年来人们所做的一种尝试。崂山绿石砚石质细腻、石肤润泽、宛如美玉，但因质地较硬过滑，不宜下墨，实用性稍差。[280]

十六、山西省

1. 台砚、段砚、五台山砚

台砚，又称段砚、五台山砚，是用山西省五台县段亩山所产石材雕琢而成。段亩山在清《山西通志》中作“段木山”，其地点在当时的定襄“县东北四十里，南北袤九里，递高四里，连青石山，接五台大关”[281]。由于《山西通志》是雍正年间敕命纂修，各地知府知州均参与其中，故其内容是较为完整也是较为可信的。既然《山西通志》中没有段亩山出产石材以及可以制砚的记载，那么至少可以说在雍正十二年之前，尚无人用段亩山所产石材制砚。

吴山在《中国工艺美术大辞典》中说：段亩山石色有红、紫、黑、绿四种，以紫、黑、绿者为最佳。石质坚实、细腻，有天然纹理，如晶似玉，研磨发墨快，发泽保湿，润笔生辉。紫色石，黑里透红，质地纯净，所制文砚，古色盎然；黑色石，磁实纹细，敦厚古朴；绿色石，晶莹透亮，有水波浮云花纹隐现石上，极为美观。[282] 关键在《中国名砚•地方砚》中也作如是说。[283] 而笔者据《山西通志》得知，在定襄县境内还有紫石山、五公山、青石山，如“紫石山在县东北三十五里，南北袤五里，递高三里，东北接五台界。五公山在县东北四十里，南北袤二十里，递高四五里，连段木山，相传五仙炼丹于此。……青石山在县东北四十里，南北袤五里，递高三里，连紫石山”[284]。故现在用于制作段砚的石料究竟是产于《山西通志》成书年代的“段木山”还是其他山，有待深入考察。

如今，在河北省定襄县河边镇和建安村有多人参加到制砚队伍之中，制砚技艺不断提高，砚台品种已达百余种，不仅为国内书画作者所喜爱，而且远销日本以及东南亚诸国。

2. 鱼子石砚

鱼子石砚产于山西定襄县，因其石有明显的鱼子状花纹，故称鱼子石。鱼子石原用于制作佛像、瑞兽等石雕，当代才试用此石制砚，研墨虽快却石质粗糙。[285]

此“鱼子石”之名未见于清《山西通志》，故极可能是近年才出现的砚石名。诚如笔者在“台砚”一条中所述，由于定襄县内多山，此鱼子石究竟产于何处，尚待进一步调查。

十七、四川省

1. 苴却砚

苴却砚因产于苴却（今永仁）而得名，是目前产量较大、流布较广、艺术水准较高的传统砚之一。有关苴却砚的历史，李刚曾在《楚雄方志通讯》上撰文言：“宣统元年（1909），苴却巡检宋光枢曾取砚三块赴巴拿马赛会展出，受到好评，被选为文房佳品。”[286]然而笔者经查找若干文献后认为此说或可商榷：其一，若李刚文中的“巴拿马赛会”为“巴拿马太平洋万国博览会”的话，那么此会开办的时间应为1915年，而非1909年。其二，在清代，苴却属大姚县。查《康熙大姚县志》，其土产中仅有土人参：出方山，体轻而性燥，不入药料。莎罗布：麻布，彝妇自织，粗疏不适用。木槵子。[287]没有砚石之类的记载。查《道光大姚县志》，其“物产志”中有谷之属、蔬之属、菌之属、果之属、蓏之属、花之属、卉之属、木之属、竹之属、花之属、羽属之类、毛之属、鳞之属、介之属、虫之属、布之属，[288]而无石头一类的记载。再查《民国大姚县地志》，“地质”条下为：“本县地质，其岩石全属水成岩，而化石绝少。惟方解石间或有之。”“本县矿产尚未发现，采取维艰，故从略。”[289]“艺术”条下为：“大姚古昔均无精习者。艺术者间或有之，亦不过金石，木之工而已。然皆粗浅，不甚业微。”[290]“工业”条下为：“本县工业，无其精奇，惟有粗浅之木、铁、铜、竹、陶、石等工而已。且向来无人设厂制造。有所需用，则雇工制作，故无品物之输出。”[291]由此可见，自清康熙到清末民初的大姚县志中均未曾出现过“苴却砚”一词，若苴却砚真的是“宣统元年（1909），苴却巡检宋光枢曾取砚三块赴巴拿马赛会展出，受到好评，被选为文房佳品”，则至少在《民国大姚县地志》中应有所记载。其三，在笔者所阅文献中，苴却砚一词最早出现在民国年间成书的《民国苴却行政区域地志》中。在此书“云南苴却行政区域地志资料细目”下，对“苴却”一词的来源、苴却行政区划的设置、苴却的位置以及苴却砚都一一做了说明：

> 一、名义　苴却于元明时代系土司管辖，命名苴却，即夷语之译音。
>
> 二、沿革　元明时代系土司管辖，编名为十六民。……后因怪案则鞭长莫及，故请设巡检分治。至民国二年改为行政区域。
>
> 三、位置　苴却在滇省西北，距省四百九十里。
>
> ……
>
> 八、地质　中区有一种化石，系由山腹中取出，质细而润，黑绿相兼，最宜砚雕，故有苴却砚之称。石多红，岩石可作建筑之用。土壤下区尤肥，多水田，中区次之，上区较瘠。[292]

综上所述，笔者认为苴却砚的制作历史极可能始于民国初年，但是否参加过“巴拿马太平洋万国博览会”有待进一步考证。

改革开放之后，苴却砚名声大震，受到众多书画家与社会名流的推崇。有关苴却砚的质品、石品、雕刻艺术等，罗春明等在《中国苴却砚》中已有详细阐述，此处不再赘言。

2. 凉山西砚

凉山西砚因产于四川省大凉山西昌市而得名。凉山西砚的石料取自四川西部金沙江流域螺髻山脉，不仅具有石质细腻、层次分明、色彩丰富、手感舒适、发墨益毫、贮水不涸的特点，而且纹理多样，美轮美奂。

凉山西砚虽是近年出现的一个新砚种，但因雕刻者多为来自安徽的歙砚雕琢高手，故在砚的设计、雕琢上具有明显的徽派风格。[293]

3. 蒲石砚、蒲砚

因以蒲江县盐井沟的蒲石琢制而成得名。[294] 蒲石砚石质坚硬细密，色泽青润，发墨益笔。有关此砚的历史，尚待考证。

4. 广元白花石砚

广元白花石产于广元境内，是一种在墨绿色或紫色或褐色石层中间夹有一层蜡黄色或白色石层的石材，层次分明，石质细密柔润，触手成晕。广元白花石砚就是用这种天然颜色相间的石料雕琢而成，具有较高的艺术观赏价值。[295]

十八、西藏自治区

仁布砚

仁布砚是用西藏仁布县所产仁布玉雕琢而成的砚。仁布玉呈暗绿、灰绿、浅绿等色，微透明，质地细腻而韧，当地人主要用于雕刻琢磨成碗、杯、盘、镯、戒指、鼻烟壶等日用工艺美术品，极富藏民族特色。仁布砚是近年来开始制作的产品之一，贮水不涸，硬度适中，可以磨墨但下墨效果不佳。

十九、云南省

凤羽砚

凤羽砚是用云南大理白族自治州洱源县西南凤羽镇所产凤羽石雕琢而成的砚。凤羽石坚实细密、石质莹润、发墨益毫，是一种较为优良的制砚材料。当下的凤羽砚生产规模较大，产品销路较广，已经成为较为知名的云南地方特色产品之一。[296]

二十、浙江省

1. 青溪龙砚

青溪龙砚又称青溪砚，其砚石又称龙眼石，产自浙江省西部淳安县青溪一带的龙眼山。龙眼石有三大石品：云龙石、雨雪石、眉子石。其中以具有云纹且布满金星的云龙石和在黑石上镶嵌着颗颗“银星”的雨雪石为上品。[297]

2. 越砚

越砚选用绍兴城南会稽山的“越石”雕刻而成。越石有黑涂涂、紫莹莹、青光光等几种。具有青花、鱼脑、虎皮、金线、银丝、蕉叶、玉带、紫袍、美人红等自然花纹。质地优良，色泽光洁，为制砚佳品。用越石雕制的砚，质细不滑，发墨细、不损毫，磨之无声，呵气成云，色致妍丽。[298]

3. 豹皮石砚

豹皮石砚因其石材纹饰颇似豹皮而得名。豹皮石产于浙江西部千岛湖一带，是近年才出现的砚种之一，市场上比较多见。

二十一、来自国外的砚

日本石砚

据邓之诚《骨董琐记》记载："福州福山有日本石砚，发于墙壁，相传倭寇压船来者，质坚细致发墨，有黄紫黑三种，莫名何石。"[299] 这种砚虽为国人所制，但原料却来自国外，现依此砚制作原料产地为据，收入于此。

注释：

[1] [13] [14] [15] [28] [29] [39] [68] [78] [85] [91] [114] [118] [153] [195]〔宋〕杜绾:《云林石谱》卷中，清知不足斋丛书本。

[2]〔宋〕司马光撰，胡三省音注：《资治通鉴》卷二百九十三，四部丛刊景宋刻本。

[3]〔明〕王祎：《大事记续编》卷七十七，清文渊阁四库全书本。

[4]〔明〕栗永禄：《嘉靖寿州志》，明嘉靖29年（1550）刻本，清文渊阁四库全书本。

[5]〔宋〕米芾：《宝晋英光集》卷八，清文渊阁四库全书本。

[6]〔宋〕苏籀：《双溪集》卷六，清文渊阁四库全书本。

[7] [22] [43] [60] [116] [117] [141] [150] [185] [197] [213] [230]〔宋〕高似孙：《砚笺》卷三，清栋亭藏书十二种本。

[8]〔清〕陈元龙：《格致镜原》卷三十八，清文渊阁四库全书本。

[9]〔唐〕李白：《李太白文集》卷六，清文渊阁四库全书本。

[10] 安旗、薛天纬编：《李白年谱》，齐鲁书社，1982年，第106页。

[11]〔元〕脱脱等：《宋史》卷八十八《地理志第四十一》。

[12]〔清〕倪涛：《六艺之一录》卷九十七，清文渊阁四库全书本。

[16]〔宋〕陶穀：《清异录》卷中，民国景明宝颜堂秘籍本。

[17]〔宋〕戴敏：《石屏诗集》卷一，四部丛刊续编景明弘治刻本。

[18] [19] [34] [89]〔明〕高濂：《遵生八笺》卷十五，明万历刻本。

[20] [51] [80] [136] [140] [142] [143] [144] [152] [160]〔宋〕朱长文：《墨池编》卷六，清知不足斋丛书本。

[21] [86] [87] [90] [92]〔宋〕赵希鹄：《洞天清录》，清海山仙馆丛书本。

[23] [38] [40] [42] [57] [67] [69] [70] [81] [83] [96] [115] [148] [149] [175] [194] [211] [218] [238]〔宋〕米芾：《砚史》，宋百川学海本。

[24]〔元〕陶宗仪：《说郛》卷九十六上，清知不足斋丛书本。

[25] [30] 转引自〔宋〕不着撰名《锦绣万花谷前集》卷三十二，清知不足斋丛书本。

[26]〔宋〕苏轼：《东坡全集》。

[27]〔宋〕胡仔：《苕溪渔隐丛话》卷四十六，清乾隆刻本。

[31] [32]〔清〕《福建通志》卷十一，清文渊阁四库全书本。

[33]〔宋〕陆游：《渭南文集》卷二十二，四部丛刊景明活本。

[35]〔清〕郭柏苍：《闽产录异》卷三十五，清文渊阁四库全书本。

[36] 瑞霖：《石出龙池，龙镌其上——漫谈福建将乐龙池砚》，《东方收藏》2011年第11期。

[37] 谢观胜：《龙池砚：闽砚之首传千年》，《福建质量技术监督》2011年第4期，第44页。

[41] 谢寿昌等：《中国古今地名大辞典》，商务印书馆，1931年，第707页。

[44]〔宋〕赵与旹：《宾退录》卷十，宋刻本。

[45]〔明〕李冰龙魁撰，高启安、邰慧莉点校：《肃镇华夷志点校》，甘肃人民出版社，2006年。

[46]甘肃省文物管理委员会：《兰州上西园明彭泽墓清理简报》，《考古通讯》1957年第1期，第47页。

[47]〔清〕鄂尔泰等总裁：《贵州通志》卷五，清文渊阁四库全书本。

[48]〔清〕檀萃著，杨伟群校点：《楚庭稗珠录》，广东人民出版社，1982年，第6页。

[49]〔清〕梁绍壬：《两般秋雨庵随笔》卷七，清道光振绮堂刻本。

[50] [56] [94] [189] [204] [222] [226] [229] [231]〔宋〕苏易简：《文房四谱》卷三，清十万卷楼丛书本。

[52]〔宋〕梅尧臣：《宛陵集》卷十一，四部丛刊景明万历梅氏祠堂本。

[53]〔宋〕梅尧臣：《宛陵集》卷五十二，四部丛刊景明万历梅氏祠堂本。

[54]〔唐〕李匡乂：《资暇集》卷下，明硕氏文房小说本。

[55]〔唐〕李吉甫：《元和郡县图志》卷七，清武英殿聚珍版丛书本。

[58] [99]〔宋〕张邦基：《墨庄漫录》卷七，四部丛刊三编景明钞本。

[59]转引自〔宋〕高似孙著《砚笺》卷三，清栋亭藏书十二卷本。

[61] [120] [121]〔宋〕杜绾：《云林石谱》卷下，清知不足斋丛书本。

[62]〔明〕张应文：《清秘藏》卷上，清光绪翠琅轩馆丛书本。

[63]〔清〕潘永因：《宋稗类钞》卷三十二《古玩第五十五》，清文渊阁四库全书本。

[64]谢寿昌等：《中国古今地名大辞典》，商务印书馆，1931年，第684页。

[65]谢寿昌等：《中国古今地名大辞典》，商务印书馆，1931年，第154页。

[66]江富建、周世全：《河南方城黄石砚矿地质特征研究》，《南阳师范学院学报》2009年第3期，第82~86页。

[71]谢寿昌等：《中国古今地名大辞典》，商务印书馆，1931年，第356页。

[72]〔元〕托克托等：《宋史》卷九《本纪第九•仁宗一》。

[73]谢寿昌等：《中国古今地名大辞典》，商务印书馆，1931年，第349页。

[74] [76] [135] [139] [169] [171]〔宋〕欧阳修：《欧阳文忠公集》卷七十二《外集二十二•谱•砚谱》，明成化本。

[75]〔清〕姚元之：《竹叶亭杂记》卷四，扫叶山房，清光绪二十九年(1903)石印本。

[77]〔宋〕朱长文：《墨池编》卷六，由于唐询《砚录》原书已佚，其内容因被宋代朱长文的《墨池篇》而得以保留，故本书引用的《砚录》内容全部转载于《墨池编》，特此说明。

[79]赵汝珍：《古玩指南•砚》。

[82]〔唐〕韩愈：《韩昌黎全集》外集卷四，第495页，中国书店1991年版，据1935年世界书局本影印。

[84]〔清〕《湖广通志》卷四，清文渊阁四库全书本。

[88]〔宋〕朱辅：《溪蛮丛笑》，清文渊阁四库全书本。

[93]傅秉全：《菊花石砚》，《故宫博物院院刊》1982年第2期，第69页。

[95]谢寿昌等：《中国古今地名大辞典》，商务印书馆，1931年，第372页。

[97] [102] [106]〔明〕王鏊：《姑苏志》卷十四，清文渊阁四库全书本。

[98]臙村石在《墨庄漫录》《方舆胜览》《江南通志》中作“? 村石”，在《尧峰文钞》中作“擭村石”，现行文中依《西清砚谱》称“臙村石”，而原文献中仍用“?”与“擭”。

[100]〔明〕王鏊：《姑苏志》卷十四，清文渊阁四库全书本；〔清〕《江南通志》卷八十六。

[101]〔宋〕祝穆：《方舆胜览》卷二，清文渊阁四库全书本。

[103]〔清〕汪琬：《尧峰文钞》卷三十七，四部丛刊景林佶写刻本。

[104]〔明〕徐㶿：《徐氏笔精》卷八，清文渊阁四库全书本。

[105]〔元〕袁桷：《清容居士集》卷二十五，四部丛刊景元本。

[107]〔明〕王鏊：《姑苏志》卷九，清文渊阁四库全书本。

[108]〔清〕黄协埙：《锄经书舍零墨》卷一，载《笔记小说大观》（第二十五册），江苏广陵古籍社刻印，1983年。

[109]〔宋〕苏易简：《文房四谱》，清十万卷楼丛书本。

[110]〔宋〕高似孙：《纬略》卷十，清守山阁丛书。

[111]〔清〕孙承泽：《砚山斋杂记》卷三，清文渊阁四库全书本。

[112] 谢寿昌等：《中国古今地名大辞典》，商务印书馆，1931年，第1234页。

[113] [217] [220]〔宋〕朱长文：《墨池编》，清知不足斋丛书本。

[119] 关键：《地方砚》，湖南美术出版社，2010年，第143~144页。

[122]〔宋〕朱熹：《晦庵集》卷八十五，四部丛刊景明嘉靖本。

[123] 关键：《地方砚》，湖南美术出版社，2010年，第143~149页。

[124]〔清〕王士禛：《池北偶谈》卷十四，清文渊阁四库全书本。

[125]〔清〕陈元龙：《格致镜原》卷三十八，清文渊阁四库全书本。

[126] 阿桂等奉敕重修：《钦定盛京通志》卷一百六，乾隆四十三年修，第6页。

[127] [129] 吕耀曾等纂修：《盛京通志》卷二十七，清咸丰二年刻本，第41页。

[128] 阿桂等奉敕重修：《钦定盛京通志》卷一百六，乾隆四十三年修，第7页。

[130]〔清〕张金城修，杨浣雨等纂：《宁夏府志》卷三，清嘉庆三年刻本，台湾成文出版社，1968年，第65页。

[131]〔明〕李日华：《六研斋二笔》卷三，清文渊阁四库全书本。

[132]〔明〕宋濂：《文宪集》卷三十二，清文渊阁四库全书本。

[133]〔宋〕高似孙：《纬略》卷八，清守山阁丛书本。

[134] [170]〔唐〕韦续：《墨薮》卷二，清十万卷楼丛书本。

[137]〔宋〕王溥：《唐会要》卷三十四，清文渊阁四库全书本。

[138]〔清〕《唐会要提要》，清文渊阁四库全书本。

[145]〔清〕《山东通志》卷二十四，清文渊阁四库全书本。

[146]〔清〕《大清一统志》卷一百三十七，清文渊阁四库全书本。

[147] 石可：《鲁砚》，齐鲁书社，1979年，第43~45页。

[151]〔清〕孙廷铨：《颜山杂记》卷四，清康熙五年刻本。

[154] [155] [156] [157] [158] [159]〔宋〕蔡襄：《端明集》卷三十四，宋刻本。

[161]〔清〕王士禛：《池北偶谈》卷二十，清文渊阁四库全书本。

[162]〔清〕盛百二：《淄砚录》，转引自《昭代丛书》，第529~530页。

[163] 石可：《鲁砚》，齐鲁书社，1979年，第56页。

[164]〔清〕许绍锦：《莒州志》卷五，清嘉庆元年（1796）刻本。

[165] 石可：《鲁砚》，齐鲁书社，1979年，第47~48页。

[166] 石可：《鲁砚》，齐鲁书社，1979年，第52页。

[167] 赵智强：《介绍两方陶砚》，《文物》1992年第8期，第94页。

[168] 不知名者：《砚谱》，清文渊阁四库全书本。

[172]〔宋〕曾慥：《类说》卷五十九，清文渊阁四库全书本。

[173]〔清〕觉罗石麟：《山西通志》卷四十七“物产”，清雍正十二年（1734）刻本。

[174]〔南唐〕张洎：《贾氏谈录》，清守山阁丛书本。

[176]〔宋〕杜绾：《云林石谱》卷上，清文渊阁四库全书本。

[177]〔清〕《山西通志》卷二十六，清文渊阁四库全书本。

[178]〔清〕周玺：《彰化县志》卷十二《艺文志/记》。

[179] 关键：《地方砚》，湖南美术出版社，2010年，第155页。

[180] [181]〔清〕周玺：《彰化县志》卷十二《艺文志/丛谈》。

[182]〔明〕王祎：《王忠文集》卷九，清文渊阁四库全书本。

[183]〔宋〕黄庭坚：《山谷集》卷十三，清文渊阁四库全书本。

[184]〔元〕虞集：《道园学古录》卷三，清文渊阁四库全书本。

[186] 据《四库全书》之《砚谱》条下“臣等谨案，《砚谱》原本不着撰人姓名，晁陈二家亦俱未着録，惟左圭刻入《百川学海》中，皆杂录砚之出产与其故实，中间载有欧阳修、苏轼、唐询、郑樵诸人之说，盖南宋初人也。”

[187]〔宋〕苏辙：《栾城集》卷十七，四部丛刊景明嘉靖蜀藩活字本。

[188]〔清〕陈祥裔：《蜀都碎事》卷一，清康熙漱雪轩刻本。

[190]〔清〕《云南通志》卷三，清文渊阁四库全书本。

[191] [219]〔明〕丰坊：《书诀》，民国四明丛书本。

[192]〔清〕《云南通志》卷二十九，清文渊阁四库全书本。

[193]〔明〕黄训：《名臣经济录》卷二十二，清文渊阁四库全书本。

[194]〔宋〕赵构：《思陵翰墨志》，清文渊阁四库全书本。

[196]〔宋〕喻良能：《香山集》卷十六，民国续金华丛书本。

[198] 郑缉之撰文，孙治让校集：《永嘉郡记校集本》，政协瑞安市文史资料委员会编印，1993年，第34页。

[199]〔明〕文震亨：《长物志》卷七，清粤雅堂丛书本。

[200]〔清〕《浙江通志》卷十八，清文渊阁四库全书本。

[201]〔清〕《浙江通志》，卷一百零六，清文渊阁四库全书本。

[202]〔清〕陈元龙：《格致镜原》卷三十八，清文渊阁四库全书本。

[203]〔清〕吴骞：《尖阳丛笔》，《丛书集成续编》第90册。

[205]〔宋〕苏轼：《苏文忠公全集》卷九十六，明成化本。

[206]〔宋〕欧阳修：《欧阳文忠公集》卷七十二，明成化本。

[207]〔宋〕杨杰：《无为集》卷三，南宋刻本。

[208]〔宋〕刘敞：《公是集》卷二十，清文渊阁四库全书本。

[209]〔元〕脱脱：《宋史》卷三百一十九《列传第七十八》。.

[210]〔宋〕欧阳修：《欧阳文忠公集》卷三十五，明成化本。

[212]〔清〕吕留良：《吕晚村先生文集》卷六论辩记题跋，清雍正三年（1725）天盖刻本。

[214]〔清〕《西清砚谱》卷二，上海书店出版社，2010年。

[215]〔宋〕王得臣：《麈史》卷三，清文渊阁四库全书本。

[216]〔汉〕刘歆撰，〔晋〕葛洪辑：《西京杂记》卷一，四部丛刊景明嘉靖本。

[221]〔宋〕《钱氏私志》，清文渊阁四库全书本。

[223]〔宋〕欧阳修：《新五代史》卷二十九《晋臣传第十七》。

[224]〔宋〕薛居正：《旧五代史》卷八十九《晋书第十五 列传四》。

[225]〔宋〕高似孙：《砚笺》卷二，清守山阁丛书本。

[227]〔明〕张溥辑：《汉魏六朝百三家集》卷二十三，清文渊阁四库全书本。

[228]〔魏〕崔鸿：《十六国春秋》卷一，明万历刻本。

[232]〔清〕《御定佩文韵府》卷七十六，清文渊阁四库全书本。

[233]〔梁〕萧子显：《南齐书》卷四十八《列传第二十九 袁彖 孔稚珪 刘绘》。

[234]〔唐〕封演：《封氏闻见记》卷八，清文渊阁四库全书本。

[235]〔唐〕欧阳询：《艺文类聚》卷五十八，清文渊阁四库全书本。

[236]〔南朝宋〕刘敬叔撰，范宁校点：《异苑》，中华书局，1996 年。

[237]〔宋〕司马光：《类篇》卷十六，清文渊阁四库全书本。

[239]〔明〕孙承恩：《文简集》卷三十八，清文渊阁四库全书本。

[240]〔明〕赵完璧：《海壑吟稿》卷九，清文渊阁四库全书本。

[241]〔元〕脱脱：《宋史•列传 / 外国 / 日本国》。

[242]〔清〕王毓贤：《绘事备考》卷六，清文渊阁四库全书本。

[243] 北京市级非物质文化遗产项目：潭柘紫石砚雕刻技艺 .http：//www.bjwh.gov.cn/

[244] [247] 张月：《话说蜀砚》，《文史杂志》1992 年第 3 期，第 40 页。

[245] 转引自吴山主编：《中国工艺美术大辞典》，江苏美术出版社，1988 年，第 826 页。

[246] 吴山主编：《中国工艺美术大辞典》，江苏美术出版社，1988 年，第 826 页。

[248]〔清〕郭柏苍：《闽产录异》，岳麓书社，1986 年，第 34 页。

[249] 吴大荣、文连祥：《蜚声海内外的织金石砚》，《西南民兵》1997 年第 7 期，第 45 页。

[250] 天然：《龙溪砚》，《中国民族》1991 年第 8 期，第 46 页。

[251] 黔西南州人民政府站群：http：//www.puan.gov.cn/Item/1922.aspx。

[252] [263] [282] 吴山主编：《中国工艺美术大辞典》，江苏美术出版社，1988 年，第 827 页。

[253] 马志军、王栓庄：《易水砚开发利用现状及发展前景》，《河北地质矿产信息》2004 年第 3 期，第 24 页。

[254] 潘新宇：《东汉易砚的发现及其传承初探》，《文物春秋》2010 年第 6 期，第 28~29、50 页。

[255] 王之泰、王秋崖：《吴江文史资料》第九辑，吴江政协网：http：//www.wjzx.gov.cn/2012-3-29/140572.html。

[256] [259] [260] 关键：《地方砚》，湖南美术出版社，2010 年，第 83 页。

[257] 傅广生、何永兰：《我国天然石砚的种类与开发》，《石材》1996 年第 4 期，第 33 页。

[258] 乔立兴、卢彩霞：《盘谷寺与天坛砚》，《中州统战》1995 年第 2 期，第 42 页。

[261] 关键：《地方砚》，湖南美术出版社，2010 年，第 122 页。

[262] 关键：《地方砚》，湖南美术出版社，2010 年，第 147 页。

[264] [265] [266] 翟文选、臧式毅等纂修：《奉天通志》卷一百十二，民国 23 年（1934），第 7 页。

[267] 石可：《鲁砚》，齐鲁书社，1979 年，第 40~43 页。

[268] 石可：《鲁砚》，齐鲁书社，1979 年，第 49 页。

[269] 石可：《鲁砚》，齐鲁书社，1979 年，第 50 页。

[270] 关键：《地方砚》，湖南美术出版社，2010 年，第 92~93 页。

[271] [274] 《光绪临朐县志》卷八。

[272] 石可：《鲁砚》，齐鲁书社，1979 年，第 53 页。

[273] 石可：《鲁砚》，齐鲁书社，1979 年，第 53~54 页。

[275] 石可：《鲁砚》，齐鲁书社，1979 年，第 37 页。

[276] 石可：《鲁砚》，齐鲁书社，1979 年，第 46~47 页。

[277] [278] 关键：《地方砚》，湖南美术出版社，2010 年，第 105~106 页。

[279] 关键：《地方砚》，湖南美术出版社，2010 年，第 106~107 页。

[280] 关键：《地方砚》，湖南美术出版社，2010 年，第 106~158 页。

[281]〔清〕《山西通志》卷二十六，清文渊阁四库全书本。

[283] 关键：《地方砚》，湖南美术出版社，2010 年，第 76 页。

[284]〔清〕《山西通志》卷二十六，清文渊阁四库全书本。

[285] 关键：《地方砚》，湖南美术出版社，2010 年，第 79 页。

[286] 李刚：《苴却砚》，《楚雄方志通讯》1984 年第 4 期，转引自《苴却砚史料汇编》（1984~2006），2006 年。

[287]〔清〕吴殿弼纂修，张海平校注：《康熙大姚县志》，第 16 页。

[288]〔清〕刘荣黼纂修，陈九彬校注：《道光大姚县志》卷六。

[289]〔清〕大姚县署纂修，张海平、卜其明校注：《民国大姚县地志》，1684 年，1692 年。

[290]〔清〕大姚县署纂修，张海平、卜其明校注：《民国大姚县地志》，1696 年。

[291]〔清〕大姚县署纂修，张海平、卜其明校注：《 民国大姚县地志》。

[292] 李家祺纂修，张海平校注：《民国苴却行政区域地志》（1715~1723）。

[293] 关键：《地方砚》，湖南美术出版社，2010 年，第 63~64 页。

[294] [298] 吴山主编：《中国工艺美术大辞典》，江苏美术出版社，1988 年，第 826 页。

[295] 关键：《地方砚》，湖南美术出版社，2010 年，第 64~65 页。

[296] 关键：《地方砚》，湖南美术出版社，2010 年，第 75~76 页。

[297] 关键：《地方砚》，湖南美术出版社，2010 年，第 129 页。

[299] 邓之诚：《骨董琐记》，北京出版社，1996 年，第 11 页。

附录

制砚工艺名词索引

（按汉语拼音音序排列）

英文前言
(Preface)

Inkstone, as a unique invention of the Chinese people, has a long history and profound culture connotations. It has played an important role in the development and progress of Chinese civilization over thousands of years, and also affected and promoted the cultural development and civilization progress of the neighboring countries. As one of the Four Treasures of Study, inkstone has irreplaceable practical value as well as artistic value incorporating the art of poetry, calligraphy, painting, carving and epigraphy.

Nearly hundreds of writings about the inkstone have been created throughout the ages. For its literature value, the writings in Song, Ming and Qing Dynasties are particularly important. These writings have mainly focused on the Duanzhou and Shexian inkstone, but also recorded more than one hundred kinds of inkstones from other places, providing a large amount of valuable materials for reference by later generations. During The Republican Period, there were not too many writings on inkstone. Among these writings, the *Record of Gansu Tao Inkstone* written by Han Junyi is the first monograph on Tao inkstone throughout history and has great historiography value. After the establishment of the People's Republic of China, a number of important writings on inkstone have come out in succession. However, most of the research monographs still focus on Duanzhou, Shexian and Lu inkstones, except for some comprehensive books and picture albums on the Four Treasures of Study. The monographs on Hongsi, Chengni, Taohe and other local inkstones have not come out until recent years. Each of these sparkling monographs on inkstone has its good points. They are treasures cherished by the academic circle, and also provide the basis for the writing of this book.

In China, various kinds of inkstones constitute a big family. From the aspect of materials, the inkstone can be divided into lithoid inkstone and non-lithoid inkstone. The lithoid inkstone refers to the inkstone that is made of natural rock produced by nature, while the non-lithoid inkstone refers to the inkstone that is made of other materials except the natural rock, such as ceramic, metal, bamboo and jade, etc. According to the statistical information collected by the author, about 130 kinds of lithoid inkstones and 43 kinds of non-lithoid inkstones have been recorded in ancient literature with real objects, while about 52 kinds of lithoid inkstones and 2 kinds of non-lithoid inkstones have been recorded in modern literature with real objects. These inkstones are distributed in many places all over the country. Some of the inkstones are only recorded in the literature without real objects, while some of them have only real objects without literature records. Also, some inkstones have been recorded repeatedly in many literatures, while some of them have been recorded in only one literature.

In order to record the inkstones appeared in history as complete as possible and maintain a clear frame structure of the book, we have listed each kind of inkstone that is more commonly recorded in literature (Duan inkstone, Shexian inkstone, Hongsi inkstone, Taohe inkstone, Songhua inkstone, Chengni inkstone, lacquer-sand inkstone and ceramic inkstone) in a separate chapter. All the other kinds of inkstones rarely recorded in literature are listed in the chapter of "Records of other inkstones", because it is difficult to conduct a thorough and comprehensive study on the historical context, shape and style, distribution area and craftsmanship inheritance, etc. for these inkstones.

This book is a sub-topic of the important project attached with great importance by Chinese Academy of Sciences. It is in the charge of Fang Xiaoyang together with Wu Dantong and Shen Xiaoxiao. Chapter1, 2, 3, 4, 9 and 10 of the book are written by Fang Xiaoyang, Chapter 5, 6 and 7 are written by Wu Dantong, and Chapter 8 is written by Shen Xiaoxiao. During the process of research and writing, we have strived to focus on traditional techniques, literature research, field investigation and the combination of simulation experiments. In addition, we have performed physical and chemical analysis with modern scientific instruments and studied the problems with Multi-evidence Method. In this way, we have achieved some satisfactory results. We have taken six years to complete the book through several drafts. Though we have tried our best, there are still some inevitable errors and mistakes. Especially, different people have different opinions on inkstone collection and classification. We are sincerely looking forward to the comments and instructions of the experts, scholars and readers.

During the research, we have successively gone to Zhaoqing in Guangdong Province, Huangshan, Shou County and Suzhou in Anhui Province, Qingzhou and Linqu in Shandong Province, Xinjiang County in Shanxi Province, Xin' an County in Henan Province, Yangzhou in Jiangsu Province and Tonghua in Jilin Province, etc. In the meanwhile, we have got the help and support of Liu Yanliang, Wang Jianhua, Cheng Juntang, Liang Huanming, Wang Peikun, Gan Erke, Cai Yongjiang, Qi Liangbo, Li Ying, Liu Ketang, Gao Dongliang, Lin Tao, Xie Yuxia, You Min, Li Zhongxian, Li Zan, Sun Weihua, Liu Zulin and other friends. Here, we want to express our heartfelt thanks to them. In addition, we would like to thank Mr. Hua Jueming and Ms. Li Xiaojuan of the Institute for the History of Natural Science, Chinese Academy of Sciences for providing us with important help and great support to facilitate the successful completion of this topic.

Fang Xiaoyang, Shen Xiaoxiao, Wu Dantong

April, 2015

英文目录
（Contents）

Appendix

制墨

前言

人工制墨是我国十分重要的传统工艺之一，从其发生、发展以至体系完备而流传至今，至少已经2000多年，并形成了博大精深的墨文化，对社会政治经济演进、中国古代文明传承具有深远的意义。

传统的制墨工艺在发展过程中，逐步融入雕刻、绘画、书法等多种艺术元素，制成的墨锭集多种艺术于一身，本身就是一件精美的艺术品，具有独特的鉴赏与收藏价值。在墨的书写、绘画功能因现代科技手段影响而不断减弱的今天，墨所具有的艺术价值就更显重要，传统的制墨工艺也因之成为我国重要的艺术遗产之一。

对兼具技术、文化、艺术等多重价值的传统制墨工艺进行研究，既是保存、传承中国特有书法绘画艺术的需要，也是光大、发扬历史、科技、文化遗产的需要，具有重要的保护价值和研究意义。然而，迄今为止，针对中国古代制墨工艺发展、演变、传承以及比较分析所进行的系统研究还不是很多。在墨的使用范围日益萎缩的今天，传统的制墨工艺也面临着技术更新、适应现实社会需求等问题。在这个时候对中国古代制墨工艺进行全面研究、梳理尤为必要。

关于我国的传统制墨工艺研究，历史上留下了许多相关文献，也有多人对比进行过相关研究。然而，综合古今文献研读情况，可以发现，关于我国传统制墨工艺，唐代及以前的文献记载还比较凌乱，缺少系统性，用墨、制墨的记载零散见于各种文献中，比如《庄子•外篇》中提及“舐笔和墨”；《后汉书》载守宫令“主御纸笔墨及尚书财用诸物及封泥”，又尚书右丞“假署印绶及纸笔墨诸财用库藏”；《汉官仪》记载了“尚书令、仆丞郎，月赐隃麋大墨一枚、小墨一枚”等等，并没有一本专门记墨的文献，从中也很难看出人工制墨的工艺发展历程。到了魏晋南北朝时期，北魏贾思勰在《齐民要术》一书中首次较为完整地记载了固体墨的制作工艺与配方，工序细致、体系完善，所记烟煤、胶、辅料都很齐全。根据工艺发展的规律可知，在工艺体系基本完备之前，还需要经过一个长期的摸索、改进的过程。但是，制墨工艺是如何发生、发展并逐步完善的，仍无法从此文献中得出清晰的脉络。宋元时代的制墨文献，虽然较以前为多，而且出现了记墨的专门著作，但分析这一时期的文献，可见两个特点：一是记人多于记事，比如北宋何薳的《春渚纪闻•记墨》、北宋苏易简的《文房四谱》、元代陆友的《墨史》等都是以记人为主，记载当时一些墨工的事迹或当时文人与墨有关的逸事等，这些记载中，有些难免带有演义性质。二是记载工艺缺乏分析，如宋代李孝美的《墨谱》和晁贯之的《墨经》是松烟墨工艺史上很重要的两本文献，对松烟墨的制作流程记载得十分详细，但这些记载仅仅是对工艺流程的一种记录，缺少流程分析，属于“记其然而不知记所以然”。明清时期有关墨的文献虽大量涌现，数量超过以前所有时代的总和，但却偏重法式或赏鉴，仅有明代沈继孙的《墨法集要》、清代谢崧岱的《南学制墨札记》等少数文献对墨的制作流程进行了详细记载。比如吴昌绶所编的《十六家墨说》，涵盖了由宋至清的十六本（篇）主要论墨文献，这其中明清占了十四，但这十四家墨说或为名墨鉴赏，或为墨家出书所做的序言，或是藏墨见闻，几乎很少涉及工艺的发展。与此相反，前面提到的两本对工艺记载比较详尽的文献《墨法集要》和《南学制墨札记》，却并未被《十六家墨说》收录。《墨法集要》和《南学制墨札记》作为油烟墨工艺史上十分重要的两本文献，虽然对工艺记载得较为详细，尤其《墨法集要》，甚至连烟碗大小、灯草长短都有细致描述，但和详述松烟墨工艺的《墨谱法式》《墨经》一样，所记内容均没能涉及更深层次的工艺流程分析、比较等。

近现代关于墨的著述中，着眼于文物收藏、鉴赏，或把传统制墨作为一种文化现象进行解读得较多。比如周绍良所著的《蓄墨小言》《清代名墨论丛》；张子高、尹润生等人所著的《四家藏墨图录》等，都是对古墨进行点评、鉴赏。虽然也有一些著作涉及到制墨工艺或中国墨史，比如尹润生所著的《墨林史话》，对墨在中国的出现历史论述得比较全面；穆孝天所著《中国安徽文房四宝》则主要着眼于对徽墨的出现、发展讨论；李亚东的《中国制墨技术源流》对制墨的工艺进行了梳理。但在工艺的实地调查、比较分析等方面进行深入研究的则不是太多。

最近十几年来，开始有人用现代技术对古墨进行分析，比如张炜等人的《古墨制作工艺及保存问题的探讨》，通过实验得出杵捣较多时烟胶的混合会更加均匀的结论，验证了杵捣在制墨工艺中的重要性；承焕生等的《中国古墨与现代墨成分研究》则指出了现代墨与古代墨的成分差别；郭延军等的《松烟和桐油烟的高分辨电镜观察》的研究结果证明松烟的颗粒度分两个区间，不如油烟颗粒均匀；方晓阳指导曹雪筠对东晋雷錞墓出土古墨的理化分析等。但这些研究多是对制墨工艺流程中的某一环节进行分析，并非对工艺史进行系统研究。

总之，从现已搜集到的资料来看，对中国古代制墨工艺发展、制墨原料的变化、制墨工艺和墨文化之间的关系、制墨工艺的几次突破等问题所进行过的系统研究还不是很多，这和墨在工艺技术史上的重要地位十分不相称。有鉴于此，笔者力图从工艺发展的传承和延续角度，对我国传统制墨工艺的发生、发展历程进行分析和讨论。在笔者多次到多家墨厂实地调研、访谈与精研文献的基础上，结合模拟实验、理化分析，对制墨工艺流程、技术要领进行分析比较，同时在工艺分析的基础上，对制墨工艺发展过程中所涉及的部分问题进行讨论。这是本篇的特色所在，也希望能从一定程度上弥补前人研究之空白。

在我国2000多年的人工制墨发展史中，松烟墨、油烟墨一直是最为重要的两种墨品，从时间上看，松烟墨先于油烟墨产生，但在各自脉络清晰的工艺发展过程中，两大工艺体系间又互有交叉、彼此消长，因此本篇对我国传统制墨工艺发展史的梳理也是以这两种墨的制作工艺为基准而进行的。为了进一步讨论影响工艺发展、传承的主要因素，本篇也对松烟墨工艺和油烟墨工艺进行了比较分析。

首先将松烟墨工艺发展划分为萌芽于先秦、成型于东汉、完善于魏晋、鼎盛于唐宋几个发展阶段，而油烟墨工艺发展则划分为渐成于南北朝、松油并重于宋、鼎盛于明清这几个阶段，并纠正了前人关于“油烟墨始于唐”的错误观点。传统制墨在长期的发展过程中形成了界限鲜明的两大时段：宋代以前以松烟墨为主流，宋代以后则以油烟墨为主流。

其次在对制墨发展史进行分析、总结的基础上，指出传统制墨工艺发展经历了五次重大突破和三个关键时期：五次重大突破是指松烟取代天然材料成为制墨原料，以胶作为制墨粘接剂，墨模的使用，添加中药材作为制墨辅料，油烟被用作制墨原料。三个关键时期是指传统制墨工艺体系初成的汉代，形质并重、松油共存的宋代，重形胜于重质的明代。并以对古代制墨工艺的文献研读和客观分析为基石，讨论了中国墨文化体系的建构历程和文化表征，以及这种文化的形成在漫长的制墨工艺发展历程中的影响。

对松烟墨的工艺分析是本篇的第二大部分，这一部分对比分析了古代的松烟烧取方法和现代的松烟烧取方法。对于松烟墨工艺，本篇从松材选取原则分析、古人烧制松烟的五种方法比较、辅料添加的原则和辅料对墨质的影响、胶的制备和使用原则、和制成型工艺的技术要领等部分进行了分析、讨论。

油烟墨的工艺分析是本篇的第三大部分，这一部分讨论了油料的选取原则，浸油、染灯草的工艺要点和对制墨结果的影响，并对古人炼制油烟的七种方法进行了详细分析。在加胶入药、和制成形部分，油烟墨与松烟墨工艺流程大致相同，则不再予以单独论述。

在分析制墨工艺时，对文献记载的部分古代松烟烧制工艺和油烟烧制工艺进行研读和比较分析，指出了各种工艺的优劣，并对部分古代工艺进行绘图复原。

对这两种制墨工艺的比较，分为两种墨品的评价和两种墨的工艺发展比较分别表述。从具体的工艺流程入手，通过对生产可能性边界、技术进步系数、生产约束条件等的研究，对松烟墨工艺和油烟墨工艺进行讨论和比较分析，归纳出松烟墨的出现早于油烟墨，以及油烟墨逐渐取代松烟墨成为制墨业主导的原因。

为了更好地比较古今工艺异同，了解工艺传承情况，本书的工艺分析结合了大量的实地调研内容。对现代松烟烧制工艺、现代油烟炼制工艺、现代制墨工艺流程、现代墨厂产品特点等进行了实地调查、分析。

除了制墨工艺历史梳理和两大制墨工艺的对比分析，本篇还通过对不同时代的文献加以综合解读，运用现代自然学科的相关知识、科学分析等方法，就制墨工艺发展中的几个问题进行讨论，比如胶在制墨中的作用和使用原则，对文献记载中极其简略的“对胶法”尝试做出分析，指出了宋应星在《天工开物》一书中所记载的松烟炼制工艺的谬误，对松烟墨的药用进行了初步讨论等。

在本书撰写过程中，作者虽然力图做到“论有所本、议有所据”，并尽力用科学的方法来解释、论证传统制墨工艺中的各个流程。但是，有时却也不得不反思，用科学的方法来解剖一项传统的工艺，究竟能从多大程度上帮助我们了解这项工艺呢？中国的传统墨锭，作为一种艺术品，其艺术特征并不仅仅体现在形制、用料等方面，而更多地体现在由传统的制墨工艺内化而来的墨的质量上。换句话说，在技术和艺术之间，中国的传统制墨更多的是倾向于后者，也因此具有了许多无法用科学视角分析的因素。比如，“轻胶十万杵”是造出好墨的基本工序之一，在技术上可以解释为经过充分的捶打，胶与烟料之间彼此融合得十分均匀。然而，利用现代机械，“十万杵”非常容易达到，如果再辅以其他手段，可以使胶和烟料的混合更为均匀。但却总是有书法家坚持认为，纯手工制出的墨和采用了机械所制出的墨，其质感存在着细微的差别。这个差别，既无法通过任何一种仪器予以检测，也很难找到一种理论来解释。再比如，制墨过程中的“退火”工序，看上去不过是把制成的墨在阴凉、通风却又不可过于干燥的环境中存放三个月到半年，这个存放的期限似乎可以通过控制存放环境的温度、湿度等予以缩短，但经过了自然“退火”的墨比工业条件下存放的墨更好用也已经成为一种共识。基于这些原因，我们有理由认为，任何一项优秀的传统工艺，其价值存在于工艺过程的本身，而不是我们所认可的工艺流程所具有的科学性。从这个角度来说，我们虽然试图通过对流程的分析、解释来模拟、复原某种工艺，但有些问题仍无法从科学的角度进行较为完美的解释。

本书系中国科学院重要方向项目子课题，由方晓阳负责并与王伟共同承担，王伟执笔，方晓阳修订。在撰写过程中，笔者曾先后到多家墨厂进行实地调研，其间得到了有关单位和个人的大力支持，尤其是宣城市书画院院长范瓦夏先生，屯溪胡开文墨厂厂长汪培坤先生，绩溪胡开文墨厂厂长汪爱军先生，歙县老胡开文墨厂厂长周美洪先生，江西聚良窑吴逢兄、吴启平先生及上海徽歙曹素功墨厂厂长徐明先生等为作者实地调查提供诸多帮助，在此一并表示感谢。

方晓阳　王伟

2015 年 4 月

第一章　墨史概论

墨的发明是我国先民对中国文化乃至世界文明的一个重大贡献，是印刷术发明与应用的物质前提。中国书画独特的艺术意境得以实现，很大一部分也是因为充分利用了我国传统的笔墨纸砚特性，并将四者有机结合起来。随着制墨工艺的发生、发展和完善，墨还具有了极高的文化价值，形成了独具中国特色的墨文化。因此，墨在中国的历史上不仅仅是一种文化用具，还是一种文化载体，传统的制墨工艺也是我国极其宝贵的文化遗产。

第一节　墨之起源

墨的起源其实很难界定一个准确的时间段。

古代人类出于书写、记事的需要、早在新石器时代就懂得了使用有色颜料。到仰韶文化时期，从出土的彩陶纹饰、符号等可见我国先民对颜料的使用已经具有较高的水平。此时，自然界的天然黑色原料，如含铁量高的色土、天然石墨、煤块、天然生漆以及海中乌贼的黑色汁液等在偶然情况下，都可能曾被用为书画、标记的颜料。因此，从广义的角度来说，认为从新石器时代开始，人类已经开始探索墨的使用，也不无道理。

随着社会发展和对颜料需求的不断增加，书写材料逐渐由天然颜料转向人工制作。经过漫长的探索，大概在商周时期，我国传统制墨工艺初见雏形，人工制墨开始出现。通过已经出土的商代后期的一些陶器、陶片和甲骨上的墨迹来看、当时社会已经使用人造墨了。另据有关科学报道、科学家们曾对河南省安阳市殷墟出土的甲骨片上残留的红、黑两色及已刻或未刻字迹所用的物料进行显微化学分析，获知当时的人已用一种与现代墨相近的碳离子混合物作为黑色的书写颜料。这种颜料可能取自植物焚烧后产生的烟垢，再经胶性物的混合，使其能附着在陶片或甲骨上。这显然证实了至迟在商代、中国已进入使用人工墨的前期。

从文献记载看，东汉时期的许慎在《说文解字》中记载："墨，从土、黑也。"也就是说，从造字原则来看，这个在先秦典籍中经常使用的"墨"字，是一种近于土质的黑色物质。这与近代学者们推测的商代墨的雏形倒有些相符。元代陶宗仪在《辍耕录》中也记载称："上古无墨，竹挺点漆而书；中古方以石磨汁，或云是延安石液；至魏晋时，始有墨丸，以漆烟、松煤夹和为之。"虽记载有所谬误，但也大体上反映了中国墨的使用由天然向人工进化的过程。

目前人们所发现的最早由人工制成的成形墨、是 1975 年在湖北云梦睡虎地四号古墓中出土的呈圆柱形的纯黑墨块。同时出土的，还有竹木简牍和一方石砚，砚上放着一块和砚相同质材的小块研石，显然是一组书写的用具。在其后的汉墓里，也发现了类似的文具组合，比如在广州发现的西汉南越王墓中就有大量直径在 1~2 厘米、呈扁圆状颗粒的墨粒与砚和研石一并出土。

第二节　发展概况

从行业发展看，传统制墨最早是“文人自制”，比如三国时期的著名书法家韦诞留下了迄今发现最早的一份制墨配方，南北朝时的张永也留下了一份制墨配方。然而，韦诞官至光禄大夫，张永贵为南朝宋文帝朝的征西将军。他们的共同点是均为当朝贵族、书法大家，所制墨也均为自己所用，并非真正意义上的墨工。

制墨业开始出现专业人员始于唐朝，唐朝的祖敏是现存文献记载中第一个专门制墨的人，其后有李阳冰、李廷珪等人，但祖敏、李阳冰、李廷珪等均为当时的墨务官，仍然带有官方背景。到了宋代，墨工开始大量出现，有名姓事迹可考者180余人。其中，来自民间的职业墨工占据绝大部分，且分布全国多个地区。

到了明清时代，有记载的墨工就更多了，常说的制墨史上“明代四大家”（罗小华、邵格之、程君房、方于鲁）和“清代四大家”（汪节庵、汪近圣、曹素功、胡开文）都是其中的佼佼者。制墨工艺还形成了不同的流派，如唐末的易水墨法、李墨工艺，明清时徽墨的“歙县”“婺源”“休宁”三大流派，也出现了不少制墨世家，比如唐末李廷珪一族前后七代20余人制墨，宋代山东陈氏、徽州张氏都是当时比较著名的制墨世家。因为整个行业的发展，墨从唐代时突破“文人自制”，成为商品，并被列入地方贡赋，如陕西隃糜和安徽徽州，都是主要的贡墨之地。唐代以来，政府还设有专门的墨务机构，制墨供朝廷所用，清代还成立专为皇室服务的“内务府墨作”。商品化生产还导致制墨业从宋代开始出现分工，出现了专门烧烟的原料制作商。到了明清，更是分工明确，清代乾隆三十六年刊行的《歙县志》就记载称“墨虽独工于歙，而点烟于婺源，捣制于绩溪人之手，歙唯监造精研而已”。

按使用目的分，从宋代开始，墨突破书写耗材的范畴，演变成一种文化象征。尤其是墨工在制作过程中，有意识地赋予墨不同的形制，融入书法、雕刻、绘画等文化元素，后期还加入髹漆、描金等工艺。此外还出现了包装精美的“集锦墨”，使墨不仅成为一种文房用品，更成为一种收藏品。追求外观华美的传统在明清时期发展到极致，此时出现了大量的墨谱，比如明代三大墨谱，即程君房的《程氏墨苑》、方于鲁的《方氏墨谱》和方瑞生的《墨海》，共收录各种墨的形制1000多例，无不美轮美奂。清代胡开文不惜耗费巨资，通过多种渠道搜集圆明园、长春园等图案，邀请名家名匠绘制雕刻，制出了以皇家园林风景为主题的《御制铭园图》墨64块，堪称为当时一绝。至迟从清代开始，除了生产实用墨以外，还生产有观赏墨、彩墨、药墨，蔚为大观。以药墨为例，胡开文墨业研制的八宝五胆墨名动天下，并沿用至今，目前已获国药准字。正是因为有了这些不同的市场需求，明清时代的制墨中心徽州所产的徽墨逐渐形成了“文人自怡”“好事精鉴”和“市斋名世”三大类型：

明清间作者甚夥，流品有三，其一则文人自怡，若太函、千秋阁……其二则好事精鉴，如罗小华临池志逸、吴季常一茎草、李耀祖黑松使者……其三则市斋名世，如程幼博元元灵气、方于鲁青麟髓……皆神采坚湛、未易名状，半螺寸珽为世共珍。[2]

当然，这种分类只是大致加以区别，所以《歙县志》在上述记载之后随即指出：“曹素功紫玉光屡充贡品同时居肆，如吴守默、汪希古、叶公侣类皆誉擅黑松，而方密庵之古隃麋、程一卿之礼堂写经墨则又所谓精鉴而兼自怡者矣。”

尽管逐步形成的墨文化博大精深，但从制墨工艺自身来看，仍然还是有其共性和基本框架。从工艺流程看，不论采用何种原料，制作目的为何，都需要经过烧烟取煤、和胶入药、模制成形这三大基本工序。从工艺要点看，烟轻、胶清、杵熟、蒸匀是制出好墨的必需条件（图 1–1）。

图 1–1　绩溪胡开文墨厂生产的苍佩室墨[1]

第三节　制墨工艺史上的三个关键时期

我国传统制墨工艺发展，经历了三个关键时期，需要特别加以注意。

第一个关键时期是汉代，这是中国传统制墨工艺体系初成的时期。中国传统制墨工艺流传 2000 多年，相较于世界其他地区的颜料制备工艺，最具特色的环节是成形、模制、加药，而这三大主要工艺都初步形成于汉代。

世界各国早期人工制造的书写颜料，几乎均为液态。唯有我国，虽然也有关于墨汁的零星记载，但并非主流，直到清代晚期才先后出现了墨盒（以绒棉浸墨水装盒）和墨汁，而早期的人工制墨一直以固体形态存在，这早已被考古发掘的实物所证实。以固态形式存在的墨，便于保存，也利于传播到不产墨的广大地区。现磨现用，则有效防止了墨汁的沉降、腐臭变质。可见，在防腐技术、化工技术匮乏的古代，固体的墨块无疑具有液态的墨汁所无法比拟的优点。

在制墨成形的基础上，墨模出现了。这一工艺首先是保证了所制的墨形制规整、标准，为批量生产奠定了物质基础；其次，墨模使用后，出现了形制便于手持的墨，这样在砚上研磨起来就更加方便，不用再像早期那样用研石碾碎；再次，墨模出现后，迅速融合了中国传统的书法、绘画、雕刻等传统文化元素，为博大精深的墨文化的最终形成创造了先决条件。墨模出现的具体年代虽无定论，但从 1975 年在湖北秦墓中出土的古墨外形仍是简单的团粒状且体形较小可以推测，至少在秦代，墨模还没有被广泛使用。1974 年，在宁夏固原县东汉墓中出土的古墨，外形比秦墨大，高 6.2 厘米，直径 3 厘米，且外形呈松塔状，墨身的松塔形花纹细腻清晰，显然是使用墨模印制而成（见图 1–2）。

图 1–2 东汉松塔墨（现存宁夏博物馆）[3]

在制墨时加入多种名贵中药材，也独现于我国的制墨工艺。三国时出现的我国史上最早的制墨配方——韦诞合墨法（详见前文）中，就已经提及添加中药材了。制墨加药还客观地使墨具有了书写以外的功能——药用。从东汉时期起，我国即开始以墨入药，《千金方》《肘后方》中都有以墨和药的配方，并形成传统，从而把中国的墨文化和中医药文化进行了融通。关于以墨入药，下文还有专门章节进行论述，这里不再展开讨论。

综上所述可见：在汉代，中国传统制墨的成形、模制、加药这三大特色均已形成，并且形成了系统的工艺理论，出现了史上第一份制墨配方。这些都表明我国传统的制墨工艺体系在汉代已经形成，今后 2000 多年的制墨工艺发展，虽历经多次重大进步，但始终没有突破这一基本体系框架。

第二个关键时期是形质并重、松油共存的宋代。文风鼎盛的两宋 300 年，继承 1000 多年的工艺积累，也迎来了中国制墨史上第一个工艺发展高峰。

从制墨工艺发展看，宋代应当是松烟墨工艺的顶峰时期。这一时期的许多墨工对影响墨质量高低的决定因素有了明确、科学的认识，比如松烟的烧制，从宋代的文献记载中能发现三种以上的烧烟方法，而这些方法都强调了一个重要环节——烟品分级，认为距发火处越远的烟越细，用来制墨也就越好。而何种松材比较适合烧烟，宋人也给出了标准，那就是富含松脂的松树。[4] 关于胶的使用，宋人也越来越有经验，当时有对胶法、再和墨、四和墨等多种工艺流传。关于对胶法、再和墨、四和墨的工艺，下文还将继续讨论。

不仅烧烟取煤、和制成形等工艺优于以前，更因为受当时文人藏墨、赏墨的风气影响，宋代的墨在外形上也更加讲究，较之以前有了较大突破，并有专门供收藏的观赏墨出现。显然，人工制墨在宋代开始了形质并重。

宋代制墨的另一个特点是油烟墨获得了较大的发展，松油并存成为宋代后期制墨业的特色。虽然松烟墨在宋代还占据着制墨业的主导地位，但用油烟制墨的风气也逐渐兴盛。从文献记载看，宋代制墨由松烟为主到松油并存也是有着较为清晰的脉络的。油烟墨法虽自南北朝时即已出现，但较为详细的油烟墨法还是唐末宋初的著名墨工李廷珪所留下的。其后，宋初的著名墨工张遇也因“以脑麝入油烟”，制成了“画眉墨”而出名。南宋绍兴年间墨工蒲大韶又发明了以松烟、油烟混合制墨的混烟墨。在宋代晚期，使用油烟制墨的墨工就更多了，比如叶茂实还因为发明了独特的“纸帐收烟”法而留名后世。

第三个关键时期是重形胜于重质的明代。明代制墨的最大特色是墨品的艺术化趋势不断增强，对墨品外观美化、形制变化的追求超过了对墨本身质量的追求。

最明显的表现就是在明代的各种记墨专著中，首次出现了极富广告色彩的墨谱。其中的代表作当推程君房的《程氏墨苑》、方于鲁的《方氏墨谱》、方瑞生的《墨海》这三大墨谱。这三大墨谱共收录各种绘制精美的图谱1000多幅。其中又以《程氏墨苑》为最多，共收录程君房所造名墨图案520式、图版50幅，分玄工、舆图、人官、物华、儒藏、缁黄六类，另有附录“人文爵里”。墨模图案为当时著名画家丁云鹏、吴廷羽等所绘，雕刻者为当时徽州木刻名工黄应泰、黄一彬等，书中还收录了申时行、董其昌、利玛窦等为该书所做的17篇序文。虽然明代记墨者较多，但除了洪武年间的《墨法集要》一书对工艺记载十分详尽外，其余各书要么不涉及工艺，要么一笔带过。

对于明代制墨崇尚外观的风气，后人已经指出这是一种舍本逐末的做法。如清代的谢崧岱在其所著《论墨绝句诗》一书的序文中即有对这一现象的评论：

> 自宋以来，晁氏则有《墨法》，始辨光色；冀公则有《墨法》，乃论制配；沿至于明，程君房有《墨苑》十二卷、方于鲁有《墨谱》六卷，大率角胜于形制之间，而于墨法，实未有闻。[5]

由此可见明代的制墨风气确实更加重视外在的美观。当然，这样的发展，也赋予了原本只是书写材质的墨更多文化内涵，使其逐渐成为文人士大夫阶层闲暇时的艺品珍玩。

第四节　制墨工艺的五次突破

综合松烟墨、油烟墨的工艺发展源流可见，中国传统制墨工艺的发展，先后经历了五次重大技术突破，在此需要特别加以讨论。

第一次工艺的重大突破是用人工烧制的松烟取代天然材料制墨，从而开始了真正意义上的人工制墨。

追溯墨的使用，可大致分为天然墨的使用和人工墨的使用两大阶段。天然墨指的是天然的黑色氧化物，比如炭黑，或是天然的生漆、乌贼墨等，也泛指一些未经刻意加工的炭黑，比如古人所用炊具，如鼎、鬲腹下的黑烟。《说文解字》对墨的释义“从土从黑”，显然指的是天然墨。考古发掘及文献记载已经基本确定天然墨的使用可以上溯到新石器时代。所谓“上古无墨，竹挺点漆而书，中古以石磨液”的记载，说的就是古人使用天然墨的情况。

人工墨的出现，最早的文献记载应当是西周时的“邢夷始制墨”，虽然仅有零星的文献记载或历史传说，却也能表明至迟从西周时期开始，古人已经从就地取材地使用天然墨开始转向有意识地人工制墨。人工制墨最初采用的原料就是松烟，用人工烧制的松烟取代天然的石墨等颜料，应当有这样几方面的原因：一是对墨的需求量不断加大，天然的材料已经不敷使用；二是人工烧制出来的炭黑用于书写的性能更好，且产量提高，能保证使用。

以人工烧制的松烟替代天然材料，使人工制墨成为可能，这对于整个传统制墨工艺的发展意义重大。

第二次重大工艺突破是开始以胶作为粘接剂，使中国传统的固体墨制作工艺趋于完美。中国传统制墨最大的特色是制墨成形，这就需要有一种粘接剂把粉末状的烟煤黏结成形。因为松树常被古人燃烧用来照明、取暖，因而以松树燃烧后产生的烟炱制墨，尚可从生活经验而来，但要选择一种合适的粘接剂，难度显然要大得多，需要进行多种尝试，反复试验多种材料才行。这也是一度采用粥饭、生漆、皂荚膏、糯米膏等作为粘接剂的原因。自从胶被广泛使用后，我国古代制墨工艺才真正开始趋于完备。简言之，在采用松烟制墨和制墨工艺形成前，古人所作的努力就是寻找合适的粘接剂。

第三次重大工艺突破是墨模的使用。具有一定形态特征的固体墨是中国传统制墨工艺的最大特征，区别于世界各国的书写材料形态。墨模的出现不晚于汉代，以模制墨的本意应当是使墨锭具有比较适合手持研磨的形制，但后来的发展却显然偏离了最初的目的，其逐渐成为集中展示书法、绘画、雕刻等传统文化的载体。直到今天，厂家拥有墨模数量的多少、刻工精细与否、质量优劣仍是衡量制墨厂家产品种类多寡、质量优劣和制墨技术水平高低的重要标志之一。

第四次重大工艺突破是在制墨时添加多种辅料，尤以名贵中药材居多。

尽管古人对加药的做法能否提高墨质一直存在争议，但添加一些芳香性药材可以使制出的墨具有天然芳香却是事实，现代理化分析也表明，某些中药材的添加确有防腐增光的效果。我们认为，加药可以对墨质的提升有辅助作用，但不能从根本上影响墨的质量，决定墨质量高低的最根本因素还是烟、胶的质量和烟胶比。

实际上，我国古人制墨加药对后世的影响，更多的不是体现在对墨质量的提升方面，而是在于形成了一种中国所特有的文化特色。因此，虽然汉代以来，关于加药一直争议不断，但制墨加药的传统还是延续至今。这一传统也使我国的制墨工艺不同于世界上其他任何民族的颜料制备工艺。

第五次重大工艺突破是油烟成为制墨的主要原料，保证了我国传统制墨业的可持续发展。我国传统制墨工艺发展史中，制墨采用的烟料除了松烟，还有漆烟以及专门以松脂烧就的烟、石油烟、工业炭黑等。但对于传统制墨工艺发展意义最大的仍是松烟墨和油烟墨两种墨品，前者开启了我国制墨工艺发展的源头。但宋代以后，因为长期的烧烟制墨，松材匮乏，直接影响到制墨工艺的传承，而以可再生的桐子榨油得到的油烟作为制墨原料，则保证了我国的传统制墨工艺得以延续。

注释：

[1] 本篇中所附各种图片、原理示意图、表格等，除注明出处的外，其余均为作者拍摄、绘制。

[2] 许承尧：《歙县志·食货志》，第107页。

[3] 图片引自互联网，网址：http://www.hanaga.com/national-treasure/view.asp?id=3840&type=normal。

[4]〔宋〕李孝美，《墨谱法式》："拣古松之肥润者"，第6页；〔宋〕晁寄一，《墨经》："东山之松色泽肥腻，性质沉重，品惟上上"，第29页。

[5]〔清〕谢崧岱：《论墨绝句诗》，第359页。

第二章　松烟墨

松烟墨系指用松木不完全燃烧后取得的烟炱作原料，再加以其他成分所制成的具有一定形制的墨锭。松是松科植物的总称。自我国开始人工制墨以来，松烟就一直是制墨的重要原料之一。历代多用松木制墨的主要原因：一是因为古人照明取暖时多用到松木，而松木含有松脂，在燃烧时可产生数量较多的烟炱，故取松烟造墨有生活实践的土壤；二是我国松木品种繁多，有近百种，分布很广，几乎所有省份都有，取材十分方便。

第一节　历史沿革

松烟墨作为我国人工制墨中最为重要的一种，出现的年代较早，比如三国时曹植的乐府诗中就已经出现了“墨出青松烟，笔出狡兔翰”[1]这样的诗句，这应当是有关松烟墨的较早记载了，说明在东汉时应当已经开始采用松烟制墨。唐代韦续所撰《墨薮》之“王逸少（即王羲之——笔者注）笔势图第十四”篇有“墨取庐山之松烟，代郡之鹿胶，十年已上，强之如石者”[2]的记载，既指出了魏晋时所用之墨为松烟墨，又从侧面说明庐山也是当时的制墨中心之一。

松烟墨不仅出现的年代较早，也是我国制墨史上最为重要的一种墨，可以说，松烟墨的工艺发展过程奠定了中国制墨工艺的基本框架。在后来的文献中常以“黑松使者”[3]“松滋侯”[4]等含有“松”字的称号，或汉魏时期松烟墨制作中心隃糜的地名作为松烟墨的代称，这些足以说明松烟墨在整个制墨业中的重要地位。

根据松烟墨制作工艺的发展、完善过程及在墨史上的地位、影响等，其工艺发展历程大致可以划分为萌芽于先秦、成型于东汉、完善于魏晋、鼎盛于唐宋这样几个阶段。

一、萌芽于先秦

这一时期的典型特征是松烟开始作为一种原料，被有意识地用于制墨，并逐步取代以往的生漆、石墨等，成为墨的主要原料。

考古发掘表明：人类对颜料的使用最早可以上溯到新石器时代。类似于赭石、木炭、石墨等天然物质应当都曾作为颜料被使用过。在新石器时代，我国先民已认识到漆的性能并用以制器，使用漆在竹木简、缣帛、墓室石壁等进行书写绘画成为可能。古书中“上古无墨，竹挺点漆而书”“虞舜造笔以漆书于方简”的记载都印证了这种推测。

但具体到松烟墨，其工艺起源的记载则并不明确。较早的记载是《述古书法纂》所记载的“西周邢夷制墨”，明代罗颀在《物原》中则进一步指出“邢夷制松烟墨”，但相关记载仅存只言片语。关于“邢夷制墨”还有一个传说：邢夷有一次无意中摸到一块松炭，手被染黑。由此有所感悟，以松炭和粥成形，即人工制墨之肇始。[5]当然，这只是传说，不足为凭。但考虑到古人照明多用含松脂较多的松枝，而松脂燃烧产生的烟色特浓，在这个背景下，发现松烟可以作为制墨的原料应该是可信的。

那么，松烟墨的出现到底始于何时呢？

从考古实物看，1975年湖北云梦睡虎地一座秦墓中出土了一块圆径2.1厘米，残高1.2厘米的圆柱形墨块，墨色纯黑。这也是目前已经发现的最早的墨的实物。1978年山东临沂金雀山一座西汉墓中也发现了一些粒状墨。[6] 从后来陆续出土的一些秦汉时的墨看，这一时期的墨系手工制作，比较粗糙、简陋，一般长不过3厘米，呈细小的丸粒、块状或团状，没有固定的形制。另外这些墨出土时一般都还伴着各种形状的石砚和研石，这说明秦时的墨在使用时是先将墨丸或小墨块放在砚上，用研石研磨后加水使用。

综上所述，秦代与西汉时期使用的墨块，和后世的墨相比，在形态上有较大差异。另外秦与西汉时期墨块也表明当时的松烟墨工艺还处在早期阶段，尚未形成完备体系，只能算是传统制墨工艺的萌芽时期。

二、成型于东汉

在汉代，关于松烟墨较为详细的文献记载开始出现，其中较早的一条出现在东汉应劭(140~205)所撰的《汉官仪》：

> 尚书令、仆丞郎，月赐隃麋大墨一枚、小墨一枚。

这里所说的隃麋墨当指隃麋(今陕西千阳)所产之墨，“隃麋”在后世诗文中也成为墨的代称。

上面这段记载同样见于北宋时晁寄一所撰的《墨经》中。[7] 这段记载至少向我们传递了四个信息。

一是“枚”字表明此时的墨系人工制成，并有了一定的形制，为固态，已非“竹挺点漆而书”时的液态。

二是墨有大、小之分，说明此时的墨已经具有不同的规格，同时，作为官员的常例供给，这个大、小的规格应非虚指，而是具有精确的标准，也就是说，此时已经出现了后世制墨普遍使用的墨模。[8]

三是隃麋墨既然可以作为官员的常例供给，说明其产量已经相当可观、稳定，同时也暗示了隃麋应为当时重要的产墨之地。

四是对墨的产地隃麋予以特别强调，则表明墨在当时可能还有别的产地，但隃麋所产应当质量较为优异。

雍正年间《山西通志》[9] 卷四十七“物产”中也有关于“隃麋墨”的记载：

> 上党松心为墨，曰隃麋，极佳。段成式送温飞卿书：隃麋松节绝已多时，予髫时犹睹陵川宗侯所制龙墨，色味俱长。

这两处记载都是将隃麋墨与松直接联系在一起，据此可以认定：汉代所说的“隃麋墨”应为松烟墨，也就是说，松烟墨工艺至迟在东汉已经较为完备。

关于松烟制墨的早期记载还有晁季一在《墨经》中所记：

> 古用松烟石墨二种，石墨自晋魏以后无闻，松烟之制尚矣。[10]

陶宗仪在《辍耕录》[11] 中所记：

> 上古无墨，竹挺点漆而书。中古方以石磨汁，或云是延安石液。至魏晋时始有墨丸，乃漆烟、松

煤夹和为之，所以晋人多用凹心砚者，欲磨墨贮渖耳。

以上记载透露出的信息是：汉代以前，用于书写的颜料基本有三种成分：漆、石墨、松烟墨。随着在实际应用中的探索、发现、改进，在汉代，人们已经开始有意识地采用松烟作为原料进行人工制墨。而且，松烟制墨的工艺发展迅速，在东汉时已经颇具规模，到了魏晋时期，松烟墨几乎完全取代了石墨，人工制墨正式进入松烟墨时代。至于石墨渐渐淡出制墨工艺的原因，应该是颜色不够黝黑、难以加工、产地有限制等。

这里还需要特别讨论的是漆与松烟墨的关系。前文已说明，漆、石墨、松烟三者中，漆是最早被使用的一种，那么，漆在松烟墨的出现过程中扮演一个什么样的角色呢？

《辍耕录》记载“至魏晋时始有墨丸，乃漆烟、松煤夹和为之”，而清代汪近圣所撰的《墨薮·附录》则记载：“古人和墨以漆、今以胶……以漆和墨、岁久则坚如铁、磨之难、且易损砚石、又不如胶之宜也。”[12]

这两处记载都很明确，区别也很明显，那么，早期的松烟墨制造过程中，究竟是“漆烟、松煤夹和”，还是“和墨以漆”呢？北宋何薳所著的《春渚纪闻》及元代陆友所著的《墨史》中均记载了北宋墨工沈珪的制墨经历，称其“后又出意，取古松煤杂松脂漆滓烧之，得烟极精细，名为漆烟”。时隔数百年后以漆烧烟制墨仍被视为“出意”，从侧面说明了魏晋时期的以漆入墨并非以漆烟入墨。明代张应文在《清密藏》中记载了唐末著名墨工李廷珪的制墨方法，对漆的作用说得就更加明确了：“其墨每松烟一斤，用真珠三两，玉屑一两，龙脑一两，和以生漆，捣十万杵，故坚如玉石，能置水中三年不坏。”仔细分析李廷珪的制墨配方可见，他的方子中并没有胶，那么，是如何制墨成形呢？显然只能靠生漆的黏结之力。

因此，笔者认为漆在早期的松烟墨制作过程中并非如《辍耕录》所载的那样以烟的形式加入。实际上，漆烟、松煤都是固体，仅有此二者也不可能糅合成形。很明显，漆在早期松烟墨制作中的作用就是后来胶的作用，也就是把漆作为一种粘接剂，松烟溶于其中。但古人很快发现了“以漆和墨、岁久则坚如铁、磨之难、且易损砚石”的缺点、而且，常说“漆见水，如见鬼”，生漆和墨，经过加热、蒸剂，本身黏性已经所剩无几，并不适于作为粘接剂。正因为如此，才舍弃漆而采用了胶作为墨的粘接剂。也就是说，漆在当时仅是胶被广泛使用前的过渡原料，和后来的漆烟墨有着本质区别，这也是符合松烟墨工艺发展历程的。

从后来胶的广泛使用、和胶之法的不断创新对松烟墨工艺的推动、完善所起的重要作用来看，我们认为：胶在制墨中的广泛使用，是我国传统制墨工艺继采用松烟为原料后的又一大突破。因为松树常被古人用来照明、取暖，因而不难发现松树燃烧后产生的烟炱，将之作为制墨原料也有生活经验的实际基础，但想找到一种合适的粘接剂以制墨成形则需要反复试验各种材料才行。可以这么说，自从胶被广泛使用后，我国古代制墨工艺才真正开始趋于完备。

三、完善于魏晋

魏晋时期，松烟墨制作工艺已经基本完善，出现了现存文献中的第一份制墨配方，这份配方对后世影响极大，后世的制墨工艺基本上都与此相似。

南北朝时期，北魏贾思勰所撰的《齐民要术》中详细记载了“合墨法”，这也是现存文献中最早的一份制墨配方，后世典籍普遍称之为“韦仲将墨法”[13]：

好醇烟捣讫，以细绢筛一一于缸内筛去草莽若细沙、尘埃。此物至轻微，不宜露筛，喜失飞去，不可不慎。墨屑一斤以好胶五两，浸梣皮汁中。梣，江南樊鸡木皮也。其皮入水绿色，解胶又益墨色。可以下鸡子白去黄五颗，亦以真朱砂一两、麝香一两别治细筛，都合调，下铁臼中，宁刚不宜泽，捣三万杵，杵多益善。合墨不得过二月、九月，温时败臭，寒则难干潼溶，见风日解碎。重不得过二三两。墨之大诀如此，宁小不大。

宋代苏易简在《文房四谱》中也记载了“韦仲将墨法”，与《齐民要术》所记相比，基本没有区别，唯原料“醇烟”的记载有所区别，《齐民要术》所记为“好醇烟”，而《文房四谱》则记为“好醇松烟”。从相关文献记载以及油烟墨产生的历史来分析，基本可以认定《齐民要术》所提到的烟还是松烟。

《文房四谱》另载冀公墨法：

冀公墨法：松烟二两，丁香、麝香、干漆各少许，右以胶水溲作挺，火烟上薰之一月可使。入紫草末色紫，入秦皮末色碧，其色俱可爱。[14]

虽不知冀公何许人，但根据张应文在《清密藏》中将之与韦诞、张永并列，并将他们归为墨工之“始”这一群体的记载，可知冀公应与韦诞所处年代相隔不远。

这两份制墨配方可说是相当完备，尤其《齐民要术》所载既有原料制备中的注意事项也有主要原料的具体用量，既详细记载了整个工艺流程、操作要领又论证了季节、气温等外界因素的影响。尤其对后世制墨工艺影响深远的是这两种墨法都开始使用中药作为制墨辅料，并论证了所添加辅料的作用，这也是制墨工艺的另一重大突破。

四、鼎盛于唐宋

唐、宋两代文风鼎盛，隋唐之际，因为皇帝的重视，古籍和佛经的大量抄写已经开始。唐代的文人喜好著书，据《新唐书》载，仅开元年间，唐代学者著书就达28469卷，再加上当时学者点校、刊印前人藏书53915卷，这个数字相当可观。北宋时，印刷术的广泛使用使文人著述之风更盛。相关产业，如制墨、造纸等，自然也都极被重视。这对制墨工艺的发展、制墨业的推进显然极为有利。

经过魏晋时期的发展，松烟墨制作工艺基本完备，再辅以如此有利的历史背景，松烟墨的制作工艺便在唐宋时期得到进一步发展、完善，松烟墨的制造也迎来了鼎盛阶段，具体表现有三。

首先，唐宋时期，技艺高超的墨工开始大量涌现，松烟墨制造工艺得到进一步提高，论墨专著开始出现。

唐代以前，文人笔墨多为自制，诸如魏晋时的韦诞、张永，唐初的李阳冰等人，虽制墨工艺高超，但这些人并非严格意义上的墨工，直至唐代祖敏出现，才有关于墨工的记载。故晁季一在《墨经》中说：“凡古人用墨多自制造，故匠氏不显。唐之匠氏惟闻祖敏。”

唐末还出现了中国制墨史上的著名墨工——李超、李廷珪父子。自李氏父子始，墨的制造进入了原料、工艺并重的时期，李氏父子对于用胶颇有心得，据说李廷珪制墨，一斤好的松烟能用去好胶一斤，比起韦诞墨法，胶的用量增加了一倍，其法被后世称为“二李胶法”。李廷珪墨的品质被誉为天下第一，号称“其坚如玉，其纹如犀，写逾数十幅不耗一二分”，据说磨处可以裁纸，后世称其为“李墨”。至北宋宣和年间已是“黄金可得李氏之墨不可得”，而此时距李廷珪离世不过百年。

有宋一代，有关墨工的记载开始大量见诸典籍，两宋300年间，有姓名可考的墨工180多人，姓名事迹俱可考者也近百人，而宋代以前，所有与制墨有关的记载不过20来人。尽管宋代墨工中有近半数墨工制墨工艺为油烟墨或松油兼制，但松烟墨在宋代得到长足发展却是不争的事实。尤其是这一时期，已经有人开始有意识地对松烟墨工艺进行总结，并著书传世。如宋初李孝美所著《墨谱法式》，从采松、造窑、发火、取烟直至和胶、加药等无不记载详尽，更兼图文并茂，堪称松烟墨法第一书。晁贯之的《墨经》也是一本十分重要的松烟墨论著，该书由松煤论起，终于匠工，既述制法，亦论养蓄，兼顾天时，并论新旧，更论产松之地、松材优劣，其论多为后世所本。其余如《文房四谱》《春渚记墨》等也都对松烟墨法、墨工进行了记载。

其次，松烟墨产量加大，其制作已经突破了古时“文人自制”阶段，开始了批量生产。

据《新唐书》载：“（玄宗朝）创集贤书院……太府月给蜀郡麻纸五千番，季给上谷墨三百三十六丸。”[15]集贤书院的官员不过十几人，这个供给数额已不算低。仅此一个部门便已如此，整个朝廷用墨可想而知，说明当时墨的产量已经不低。北宋初年宋太祖平定南唐时，缴获李廷珪所制之墨居然“连载数艘，输入内库”[16]，其数量显然十分庞大。北宋徽宗朝墨工张滋，采用李廷珪墨法制作的松烟墨品质优异，后被推荐为宫中制墨。据南宋周辉在其所撰的《清波杂志》中记载，到大观年间，张滋所制的墨，仅库存就超过十万斤。

墨的产量大幅增加还可以从制墨中心的转移、增加上体现出来。晁贯之《墨经》中有这样的一段记载：

> 汉贵扶风、隃麋、终南山之松……晋贵九江庐山之松……唐则易州、潞州之松……后唐则宣州、黄山、歙州、黟山、松罗山之松……今兖州泰山、徂徕山、岛山、峄山，沂州龟山、蒙山，密州九仙山，登州牢山，镇府五台，邢州、潞州太行山，辽州辽阳山，汝州灶君山，随州桐柏山，卫州共山，衢州柯山，池州九华山及宣歙诸山皆产松之所。兖沂登密之间山总谓之东山，镇府之山则曰西山。[17]

古人制墨，取松之地即为产墨之地，很明显，到了魏晋时代，松烟墨起源之地陕西一带的松林可能已经被砍伐殆尽，于是转而取江西庐山之松。到了唐代，制墨中心转为河北、山西。后唐时的中心明显增多，到了北宋时期，在后唐的基础上又迅速增加了大量采松之地。上述产墨之地的转移，尤其是唐宋时期制墨中心的迅速增加，意味着松烟墨的产量大幅增加，仅靠一两个地方的松材、人力所制的墨已经不敷使用，只能拓展更多的采松之地，开发新的制墨中心。

第三个表现是政府开始设置专司制墨的机构。

唐代以前，朝廷用墨基本靠地方上贡或官员自制，而从唐代开始，政府开始设立专司制墨的机构，前文提及的墨工祖敏即唐代墨工，李廷珪也因制墨技艺高超被南唐后主李煜封为墨务官。政府设置制墨机构的做法自唐开始后，一直沿袭至清。政府设置专门制墨机构，一是为了保障供给，二是为了保证质量。

然而，制墨工艺发展到宋代以后，后来居上的油烟墨逐渐赶超松烟墨，取代了其在我国传统制墨中的主流墨品地位，而且，这一格局一直延续至今。

第二节　制作工艺

一、松烟墨制作工艺的基本框架

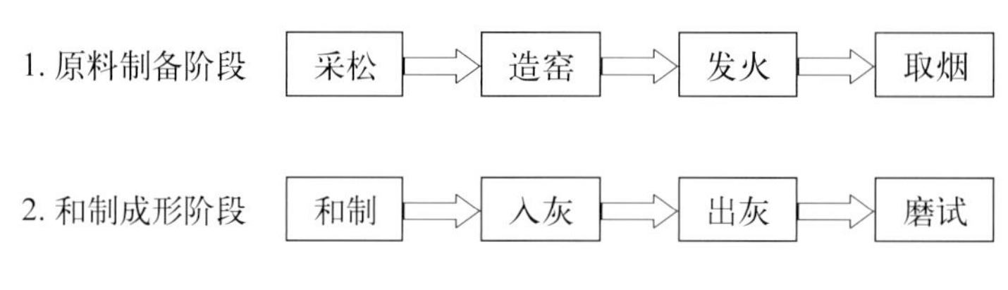

图 2–1　古代松烟墨大致工艺流程

图 2–1 为《墨谱法式》所载的松烟墨制作流程，在现实中，制墨工艺远比上图所示步骤要复杂得多，而且每一环节都十分讲究。比如古人认为采松时要尽量挑选古松，旁枝数量少于五枝的最佳；窑有立卧之分；发火时火不能太大也不能太小；取烟时应根据距火远近而分开收集；制墨前还要经过筛烟的步骤；溶胶过程十分重要，要保证胶明亮有光，有黏性而不滞窒；和制成剂分光剂、硬剂、熟剂等；入灰时灰的厚度在不同季节也不相同……

不独制作流程复杂、讲究，古人对原料的制备、添加过程也做过许多有益的探索和总结。为利于行文，本文将制墨所需物品大致分为原料和辅料两类。所谓原料，即烟、胶两种，于松烟墨，即松烟与胶。辅料则品类繁多，包括各种香料、中药材，乃至金箔、玉屑等不一而足。作为基本原料的烟、胶对所制成墨的品质起了决定作用。按古人说法，制墨要诀在于烟细、胶新、杵熟、蒸匀，或曰烟轻胶清、和剂得法即得佳墨。而辅料的添加则取决于所制墨的用途、售价，甚至墨工的喜好等多种原因，辅料对墨的品质提升究竟有无裨益，古人对此看法也不尽一致。实际上，不论是松烟墨还是油烟墨，其原料与辅料都多种多样，比如烟有远烟、项烟、身烟之别，胶有鹿胶、鱼胶、广胶之制等，至于添加的辅料就更不一而足了。表 2–1 为文献记载的不同时期部分松烟墨制作采用的原料一览，以此可见所用原料的种类与特点。

表 2–1　不同时期部分松烟墨法原料一览

朝代	墨法	原料
魏晋	韦仲将墨法	松烟、胶、梣皮、鸡子白、真朱砂、麝香
	冀公墨法	松烟、胶、丁香、麝香、干漆、紫草末、秦皮末
唐代	王君德墨	酢石榴皮、水牛角屑、胆矾、梣木皮、皂角、胆矾、马鞭草
	李廷珪墨法 1	松烟、鱼胶、栀子仁、皂角、黄檗、苏木、秦皮、白檀、酸榴皮、牛角胎、绿矾末
	李廷珪墨法 2	松烟、生漆、真珠、玉屑、龙脑

续表

朝代	墨法	原料
宋代	《墨谱法式》载古墨法 1	煤、鹿角胶、秦皮、苏木、甘松、藿香、酸石榴皮、熟漆
	《墨谱法式》载古墨法 2	煤、鹿角胶、酸石榴皮、秦皮、牛角胎、黄檗、五倍子、巴豆、颖青、绿矾、皂角、猪胆汁、藤黄、生龙脑
	王晋卿墨法	黄金、丹砂
	苏东坡墨法	松烟、金花、胭脂

需要说明的是：上述的流程控制、原料制备、药物添加等并非仅为松烟墨所有，而是古代制墨需要共同遵守的法则。下面试从原料制备、辅料作用、和制成形的步骤与操作要领等三个方面对松烟墨制作工艺进行分析。在原料制备部分，以江西聚良窑为例，对现代松烟烧制工艺进行实地调研。在和制成形部分，以对安徽绩溪胡开文墨厂、歙县老胡开文墨厂和屯溪胡开文墨厂进行的实地调研，结合文献加以分析。

二、古代松烟的烧制工艺

根据文献整理可知，古人对松烟的制备十分讲究，松材的选取、窑的设计、烧窑时火苗的大小、收烟的方法都有许多操作要领，并认为烟的质量将直接影响到墨的质量。

1. 松材的选取

比较制墨的有关文献，当以《墨经》对松烟的论述最为详细，原文照录如下：

古用松烟、石墨二种，石墨自晋魏以后无闻，松烟之制尚矣。

汉贵扶风、隃糜、终南山之松。蔡质汉官仪曰："尚书令、仆丞郎，月赐隃糜大墨一枚、小墨一枚"。

晋贵九江庐山之松。卫夫人笔阵图曰："墨取庐山松烟"。

唐则易州、潞州之松，上党松心尤先见贵。

后唐则宣州、黄山、歙州、黟山、松罗山之松。李氏以宣歙之松类易水之松。

今兖州泰山、徂徕山、岛山、峄山，沂州龟山、蒙山，密州九仙山，登州牢山，镇府五台，邢州、潞州太行山，辽州辽阳山，汝州灶君山，随州桐柏山，卫州共山，衢州柯山，池州九华山及宣歙诸山皆产松之所。兖沂登密之间山总谓之东山，镇府之山则曰西山。

自昔东山之松色泽肥腻，性质沉重，品惟上上，然今不复有。今其所有者，才十余岁之松不可比西山之大松。盖西山之松与易水之松相近，乃古松之地，与黄山、黟山、（松）罗山之松品惟上上。辽阳山、灶君山、桐柏山可甲乙。九华山品中，共山柯山品下。大概松根生茯苓穿山石而出者，透脂松，岁所得不过二三株，品惟上上。根干肥大、脂出若珠者曰脂松，品惟上中。可揭而起，视之而明者，曰揭明松，品惟上下。明不足而紫者曰紫松，品惟中上。矿而挺直者曰籤松，品惟中中。明不足而黄者，曰黄明松，品惟中下。无膏油而漫若糖苴然者，曰糖松，品惟下上。无膏油而类杏者曰杏松，品惟下中。其出沥青之余者曰脂片松，品惟下下。其降此外不足品第。[18]

为便于比较，现将《墨经》中所载各地历代产松与等级划分情况、划分标准绘成表格形式（表 2–2），以作更为直观的表达。

表 2–2 历代产松的地点、等级表

朝代	地名 / 山名	等级
汉代	扶风、隃麋、终南山	
晋代	九江庐山	
唐代	易州、潞州、上党	
后唐	宣州、歙州、黄山、黟山、松罗山	
宋代	兖州泰山、徂徕山、岛山、峄山	
	沂州龟山、蒙山	
	密州九仙山	
	登州牢山	
	镇府五台山	上上
	邢州、潞州、太行山	上上
	辽州辽阳山	甲乙
	汝州灶君山	甲乙
	随州桐柏山	甲乙
	卫州共山	品下
	衢州柯山	品下
	池州九华山	品中
	宣州、歙州黄山、黟山、松罗山	上上

对《墨经》中这段论松的文字进行仔细解读，应能发现如下信息。

一是历数各代优质产松之地。实际上也从侧面描绘了制墨中心的转移路线图。

二是从东山之松遭到过度的砍乏，导致所剩之松生长时间不过十年，烧烟质量不比西山地区的大松，可知古人更倾向于认为古松烧烟品质为上。

三是对松材的分级实则是依据所含松脂之多少，含松脂最多者，称为透脂松，品质可为上上，无膏油的则只能列为下品，这说明了松材中所含的松脂烧烟能改善松烟墨性质。

在这些信息中，较为重要的显然是古人对松材选取和松烟质量之间的关系有了较为准确的认识，那就是明确地指出年代越远、含松脂越多的松材，烧出的松烟就越好。《墨经》所持的这个观点得到了后人的认可。明代杨慎在论及松烟墨和油烟墨的特性时认为“松烟墨深重而不姿媚，油烟墨姿媚而不深重”[19]，如果用松脂烧烟制墨，则深重、姿媚兼而有之。清代谢崧岱也认为“桐烟性柔，松烟性刚；桐烟性润，松烟性燥；桐和而静，松介而烈”[20]，若用松脂烧烟制墨则能明显改善墨的品质。杨、谢二人对松脂的观点显然与《墨经》对松材的分级标准有暗合之处。

通过对现代松烟烧制工艺进行实地调查可以发现现代松烟烧制选材时，也基本依据上述原则：尽量选取生长年代较久、含松脂较多的松材，这样的松材烧出的烟黑而且多，为上等原料。而新生的松材、山坡背阴或北方的松材因为接受日照时间短，含有的松脂较少，烧出的烟多呈青、白色，而且烟量较少，不可作为烧烟原料。

2. 古代松烟烧制的方法

从现存文献来看，古人烧制松烟的方法主要有五种。

第一种是宋代李孝美在其所著的《墨谱法式》中记载的平面窑烧烟法（图 2–2），这也是现存文献中记

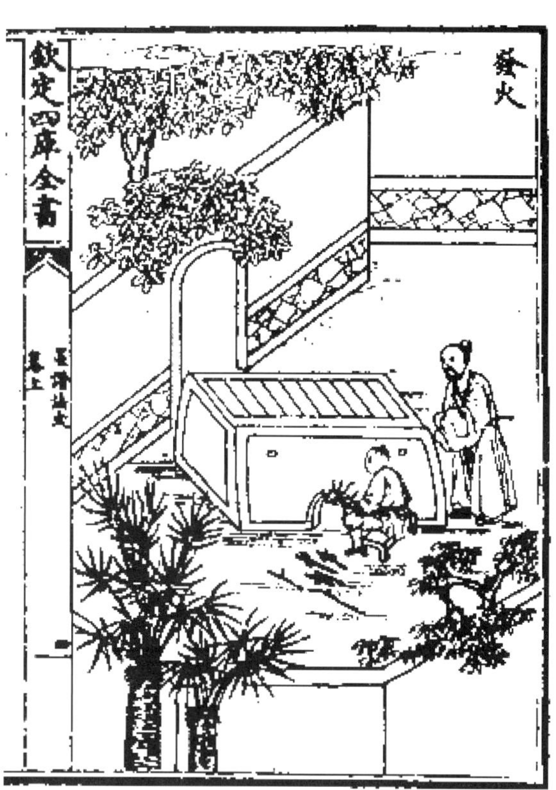

图 2–2　《墨谱法式》附图

载最早的松烟烧取方法。这种烟窑的形式是一种长方形的平面窑。窑上用 9 尺长的木板相次覆盖，然后用泥将整个窑密封。在窑的一角留有一个烟囱，烟囱的直径约 2 寸。这个烟囱的作用是当燃烧不畅或出烟受阻时可以将其打开进行疏通，疏通完毕后照原样砌好。中心部位的地面上留有出气眼，直通到烟囱以便通气。整个窑长 12 步，低的一边预留一个扫烟的小门，另一边建成巷道。巷道用石板两两相对而成，分为大巷、拍巷、小巷，巷道收尾处称为燕口。

《墨谱法式》还对烧烟采用的松材和烧烟的工艺要点进行了较为详细的记载，认为松材应当采“肥润者”，烧烟时要截作小枝，并削去签刺，以防止这些小枝先行燃烧完全，变成白灰随烟而入，这样烧出的烟就不够优质。在松枝燃烧时只能用两三根细细发火，而且要尽量保证火燃烧均匀、稳定，但又不可燃烧过旺，因为燃烧过旺的话，烟少，而且可能会有成块的灰（俗称死灰），得到的烟既不够多，也不够黑。窑上有 6~7 个火孔，但点火时一般只用三四个，留一两个孔眼作为减火用，也就是当松枝烧到六七分，快要烧完时，应移到另外的孔眼中燃烧，而原有的孔眼再马上补上新的松枝。烧烟时如果有灰落下，就要立即用湿扫帚扫到池子中，不要让灰飞扬起来。烧烟的窑一旦生火，就要接连烧十天，然后在窑内还没有完全冷下来时就从开在巷边的小门进入取烟炱。烟炱根据离烧火口的远近分为前、后、中三个等次，离烧火口最远的烟炱质量最优，中间的质量稍次于最远的，靠近烧火口的烟炱质量最差。从文献记载看，《墨谱法式》记载的这种烟窑，窑身较短，也就是烟运行的路程较短，因此并不利于烟炱的分级。但这种窑也有自己的特点，就是在窑上开有三个火眼，当主火眼中的松木快要燃尽时，则放入别的火眼中燃烧，这样主火眼中的烟炱就较少会被灰烬污染，而且整个窑烧火也较为均匀。

第二种是宋代晁季一在《墨经》一书中介绍的立式烧窑（图 2–3）。从文献描述来看，其外形是一个高一丈多的窑，窑膛较宽而开口较小，窑的顶部不设烟囱，而是以一个容量约为五斗的大瓮覆盖，在这个大瓮之上再依次覆盖五个大小依次递减的瓮，位置越往上，瓮越小。每个瓮的底部都开有一个小孔，与上面的瓮两两相通，瓮与瓮之间的接缝处用泥密封。[21] 烧烟时将松木放入窑膛内点燃，同时人为控制气流，细细发火，均匀燃烧。松木的不完全燃烧自然生成松烟气流。当上升的气流夹着松烟经过瓮底的小孔逐瓮上行时，松烟因为瓮与瓮之间的挡板作用和瓮的冷却，流速逐级变慢，烟炱也自然地滞留于各瓮之中，积在瓮的内壁。当瓮内积有厚厚一层烟炱时便可停止燃烧，等到瓮完全冷下来后，用鸡毛扫取。从最上面一个瓮内扫取的烟炱最细，质量也就最好，称为“五品”或“顶烟”，通常用于制作上等的墨；滞留在第二层瓮内的烟炱较前瓮为粗，谓之“二品”。最下面一个瓮内的烟炱最粗，通常弃之不用。从文献与推想图可见，利用立式窑烧取松烟，对场地要求不高，设备安置与操作都相对容易，通过分层叠放的瓮对粗细不同的烟炱进行分级也比较容易。但由此也可以想见，这种立窑规模受限，批量生产的能力相对不足。

图 2–3　《墨经》中记载的立式窑文献推想图[22]

第三种是宋代晁季一在《墨经》中记载的另一种窑——卧式烧窑。从文献推测，其外形可能与烧制瓷器的龙窑相似。该窑以砖石筑成，沿山坡地势高低建筑，总长达 100 尺，脊高 3 尺，宽 5 尺。烟室分节，由若干节大小烟室组成。小烟室长约 8 尺，大烟室可长达 40 尺，每个烟室之间有挡板，挡板上有一个 1 尺见方的开口供烟气流过。烟室与灶膛之间有烟道（胡口、咽口）相连，烟道长 50 尺，2 尺见方。烟道的起始端称“头”，也就是松木燃烧的灶膛，处于整个窑的最低处。烧制烟炱时，每次在灶膛内加入 3~5 片松木慢慢燃烧，每次放入的松木若超过 5 片，则产生的烟炱虽多但颗粒较粗，质量较差，反而不如少放松木，慢慢燃烧产生的烟炱质量好。松木燃烧后产生的烟气通过烟道，首先进入第一节烟室，在第一节烟室中颗粒较大的烟炱滞留一部分后，剩余的烟炱在气流的推动下，通过 1 尺见方的开口进入下一节烟室，滞留一部分后，剩余烟炱通过本节烟室的开口，到达下一个烟室，直到通过各节烟室最终到达最后一节烟室。用卧窑烧制烟炱一次需七昼夜，称为“一会”。一会结束后则停火，待窑温自然冷却后便可进入窑内扫取烟炱。通常将在靠近灶膛的烟室中扫取的烟炱被称为“近火煤”，其颗粒较粗、质量不佳，一般用于髹漆或对墨质要求不高的普通印刷等。从远离灶膛的烟室中扫取的烟炱被称为“远火煤”，粒度小、质量高。“远火煤”还可进一步分级，按照距离灶膛的远近细分为“清烟”“顶烟”。顶烟距灶膛最远，烟炱颗粒最小，质量也最好。

第四种为明代宋应星在《天工开物》中介绍的“竹篷窑”松烟烧制方法（图 2–4）[23]，其工艺流程大致如下。

首先，去除松脂，即流去松液。方法为在松树近根部处钻一小孔，放入一盏点燃的油灯缓缓烧烤，使整棵松树的树脂流到被灯烤暖的孔穴，并由此流出树外。并言若松树中的松脂不去除干净，用此烟制成的墨在使用时就会有滞结的毛病。

其次，制竹篷，用竹篾编成类似船篷的圆竹篷，一节节连接起来，大概长十多丈。竹篷的内外与接口处用纸和篾席粘糊牢固，下面也用土掩实，是为了不漏烟。竹篷中留有烟道，竹篷上每隔一段距离开一个

图 2–4　《天工开物》附图

出烟的小孔。

再次，点火烧烟，将除去松脂后的松木砍成小木片，放在竹篷的一头缓缓燃烧，松烟通过烟道进入篷内并粘附在竹篷的内壁，松木烧完后，要等待竹篷凉下来才可以收烟。

最后，收烟，竹篷凉下来后，进入篷内用鹅毛将粘附在竹篷上的松烟收集起来。靠近竹篷尾部的"清烟"颗粒最细，用于制造最上乘的书画用墨，竹篷中间的"混烟"较细，用于制造一般的书画用墨，靠近竹篷最末端的为"粗烟"，用于制造印刷用墨或另作为他用的黑色颜料。

第五种为清代谢崧岱在《南学制墨札记》中所记载的松香（即松脂）取烟法（图 2–5）。其具体操作方法是把松香堆在一起，棉条数根用油浸透（不论何油）后放在松香上，然后点火，松香燃烧后自然熔化，烟往上冲，这时用盛水的大瓦缸盖在上方，没有瓦缸的话，铜缸、铁缸也可以代替。缸不能盖得太紧，太紧火就会灭，也不能太松，太松烟就会飘走飞失，在火苗上方三四寸，使火不灭为最佳。也不必刻意追求所有的烟都不飘散，如果火灭了还可以再点。等到火点不着时，松香就已经烧完了，这时候将缸取下，等缸冷了，用小刷子把烟扫下来。一斤松香大概能得到三四钱烟。[24]

图 2–5　松脂取烟法推想图

就上述几种取烟方法而言，晁季一记载的立窑和谢崧岱记载的瓦缸取烟更为便捷，而且对场地要求较低，但相较而言，卧窑取烟的方式更有优点，这是因为卧窑的窑身较长，可收集到更远更细的碳粒，也能将取得的碳粒更精准地分出等级。卧窑中，《墨经》所载的卧窑应当最为科学，结构也最为复杂，有灶膛、烟道、取烟室等部位，这和现代的松烟烧制窑十分类似。《天工开物》所载的取烟方法，按宋应星所言，显然认为松树中所含松脂会影响制墨，但据谢崧岱在《南学制墨札记》中记载他本人经过反复实验，发现松脂烧烟制成的墨兼有松烟墨和油烟墨的特点，并专门写了一首诗描述松脂墨："桐烟儒者松豪杰，王道霸功两不侔。若把桐君松以佐，论人恰似武乡侯。"[25] 笔者比较倾向于谢崧岱的说法。而且，按《天工开物》所记，于树下开孔燃灯，全树的松脂都会顺孔流出，似乎有悖常理，未必可信。

三、现代松烟烧取方法

松烟墨自宋代以后逐渐式微，故自宋代以后已鲜见有关松烟烧制工艺的文献。2008 年 10 月，我们对江西聚良窑所采用的现代松烟烧制工艺进行了实地调研，江西聚良窑也是目前国内仅有的几家松烟烧制窑之一（图 2–6）。下面从选址、造窑、烧烟及古今工艺对比几方面讨论现代松烟烧制工艺。

图 2–6　聚良窑全貌

1. 窑址选取原则

因为松材运输不便，现代松烟窑多选址在深山之中人迹罕至之处，就地取材烧烟，当就近的松材耗费殆尽时即废弃窑不用，另行选址造窑。因此在选取窑址时，就要充分考虑到窑所能覆盖的范围、此范围内松材的储量等多种因素。一般说来，窑址的选取应考虑到以下因素。

首先是原料就近原则。造窑选址首要考虑的条件就是尽可能地离原材料近。通过实地调研得知：现代用来烧烟的松材均为山中死去的松树，而不是尚存活的松树。死去的松树又以生长时间长的最好，树龄太短则不合用，这也就限定了窑址一般只能选在人迹罕至、尚未进行过人工砍伐、再植的原始森林中。聚良窑位于江西省抚州市资溪县乌石镇横山村的聚良山中。资溪县城距离横山村大概 20 多千米，乘汽车要 1.5 小时左右才能到达，从横山村到聚良窑的距离是 10 千米左右，乘经过改装的拖拉机约需 2.5 小时可以到达，而步行则需 3 个多小时，可见聚良窑应当算相当偏僻了。

其次是要有适于造窑的山坡。现代松烟窑依山势建造，沿坡而上，这就需要有适于建窑的山坡。实地调研发现：造窑的山坡坡度大概以 45° ±10° 为宜，因为窑身的长度一般在 45~60 米，这就要求山坡还要有一定的高度。仅仅满足上述两个条件还不行，坡底还要有相当的空地，以备堆积松材，坡顶也要有相当的空地以备建造收烟棚。同时附近还要有水源。聚良窑位于近十个大小山头环绕之中的谷底，该处谷底有数百平方米的空地，并有一条小溪经过，造窑的山坡坡度在 50° 左右，但山坡不是太高，因此窑身只有 50 米左右，坡顶的空间有限，故建在坡顶的收烟棚也不是很大。据窑主介绍，按照这个坡度，理想的山坡应该更高一点，坡顶空间会更大一点。

再次是要有基本的运输条件。造窑选址还要考虑该处应有基本的运输条件以通往山外，这是因为造窑所用的原材料如砖头等，以及烧窑工人的日常生活用品要能运进来，烧成的松烟要能运输出去。聚良窑有一条简单的山路可充许经过改装的拖拉机直接开到窑下，运输条件算比较好，而大部分的窑运输条件远远不如这里，经常需要肩挑。

最后，窑址选取还要考虑到当地的政策许可与否。几乎所有的森林都严禁火种与滥砍滥伐，因此在深山中造窑烧烟需要取得当地政府或山头承包人的许可，并签订不违反法律法规的协议才行。当然，在满足这些条件后，窑主还需要向对方支付一定的费用。虽然烧烟所用松材均为山中死去的古松，近似于废物利用，但因为窑址偏远，又为明火作业，监管极为不便，所以窑主与山头承包方之间既存在信任与否的问题，还存在政策是否许可的问题。比如如今很多地方都划定了自然保护区，在这些区域里显然不会允许造窑烧烟的行为存在。

当然，在确定窑址时，需要综合考虑上述因素，比如说虽然附近松材储量较大，但没有合适的山坡，或虽有合适的山坡，但周围的松材原料匮乏，则都不是上好的窑址选取地。又或者虽然原料、地形都合适，但因为当地山头已经分片承包给多户农民而存在利益分配的问题，导致谈判难度增加或需要支付的费用太高，已经无利可图，也不适宜建窑。

2. 窑的建造方法

窑址的选取只是准备工作，窑的建造才是核心。现代松烟烧制窑分为窑头、窑筒、收烟棚、煤仓四大部分。窑头部分开有出炭口、窑口；窑筒上开有八尺、洗窑筒口、鼻孔；收烟棚是松烟收集之处；煤仓与收烟棚相连，是松烟从收烟棚清扫出来的暂时存放处，兼有除杂功能。

图 2–7 为现代松烟窑的简明示意图：

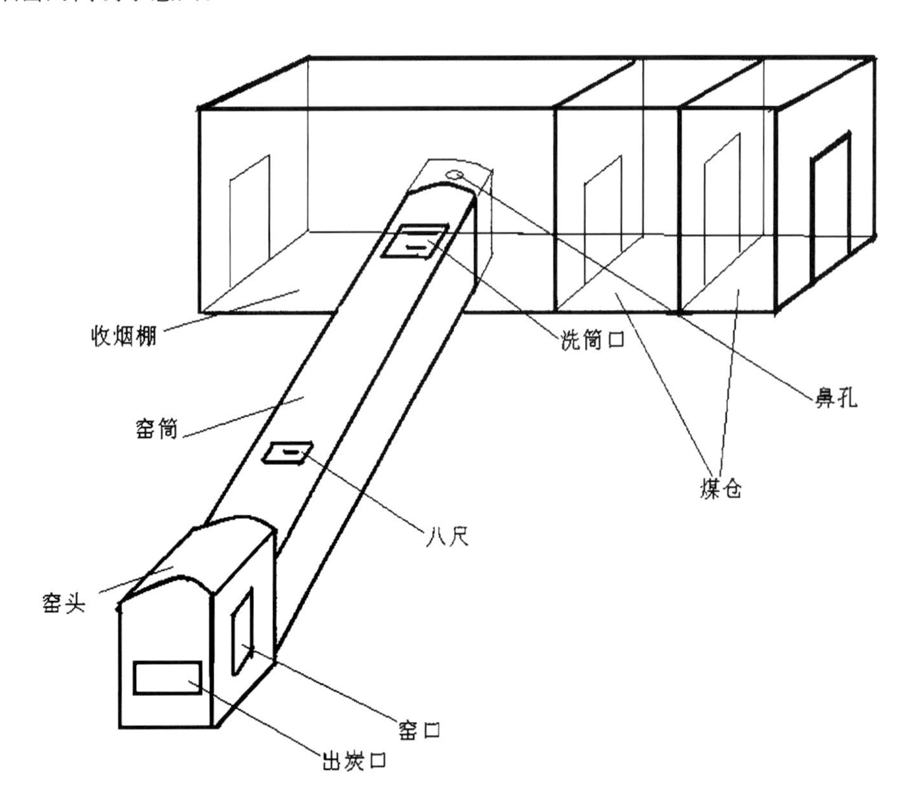

图 2–7　现代松烟窑简明示意图

窑头（图 2–8）形状大致呈平卧的筒形，长度一般在 2~2.2 米，高 90 厘米，宽 70~80 厘米，底部平整，顶部为圆拱形。窑头的建造材料为自制土坯，土坯长 60 厘米，宽 30 厘米，高 18 厘米，一面平整，一面为凹弧形。

图 2–8　聚良窑窑头

窑头开有出炭口和窑口。

出炭口位于窑头的前方，平时封闭，在窑头内松炭积满后则打开以清理窑头。根据所烧松材及火势大小不同，出炭周期也不同，一般三个小时左右即需清理一次。出炭口的大小没有标准，以便于操作为宜，聚良窑的出炭口为边长 35 厘米的正方形。

窑口大致开在窑头侧面中间部位，是松材燃烧处，窑口的宽一般在 12~15 厘米，高在 20~25 厘米。根据窑头的大小，窑口以中间为基准点，或前或后略有不等。

窑头是松材燃烧之处、松烟的发源地，也是整个松烟窑最为重要的部位，窑使用性能的优劣绝大部分取决于窑头建造的科学与否。窑头建造的关键在于窑头的长短和窑口的开口位置。窑头的长度依据山势而定，若造窑的山势较缓或窑身较长，则窑头相对短一些，以窑口在中间为基准，更靠近窑身一点。其原理是减少松材燃烧的空间，促使火苗向窑身内燃烧，以增加松材燃烧时产生的烟上飘的力度。反之，若山势较陡，则窑头偏长、窑口远离窑身一点，其原理是增大松材燃烧的空间，以抑制松材燃烧的火苗向窑筒飘，从而减小烟上飘力度。可见，窑头建造的科学与否，直接决定着松烟在窑身内上飘速度的快慢，也就直接影响到最后收集到的松烟质量的优劣和产量的多少。

当然，虽大概原理如此，但要想在实际建造中平衡各种因素，则需要长期实践积累的经验。

窑筒是松烟上行的通道，也称窑身。窑筒的建造均依山势，沿山坡上行。一般而言，山势坡度以 45° ±10° 为宜，角度太小则烟上飘力度不足，太大则烟上飘太快，且山坡太陡也不利于窑的建造。窑筒长度一般在45~60米，大概遵循的原则是山势缓则窑身短些，山势陡则窑身长些。窑筒的建造方法为沿窑筒走势，在山坡上挖一道宽约 60 厘米、深约 50 厘米的沟渠，底部整平后以砖头铺就，两墙为以版筑夯实的土墙，顶部为自制土坯。底部以砖头铺就，是为了保证在清理窑筒的时候不至于损坏底部，而两墙及顶部均为土质，则是为了耐火。建成的窑筒宽、高均为 40 厘米，顶部呈圆拱形。聚良窑所在山坡坡度约为 45°，窑筒长 48 米左右。据窑主介绍，若非山坡高度限制，窑筒再长 3~5 米，则松烟产量应该会更高些。

窑筒有八尺、洗窑筒口和鼻孔三处开口。

窑筒距窑头 8 尺处开一口，俗名即为“八尺”，八尺的功能为疏通窑头窑筒接合处。聚良窑的八尺长 30 厘米，宽 25 厘米。

洗窑筒口，简称“洗筒口”，位于窑筒距窑头三分之二处，大小比八尺略大，聚良窑洗筒口长 35 厘米，宽 30 厘米。顾名思义，洗窑筒口即为清理窑筒所设。此口与八尺一样，烧窑时密封，当有松烟郁积在窑筒内，阻碍松烟上行时即打开此口清理窑筒。

鼻孔位于窑筒末端、收烟棚内，为一直径在 9~10 厘米的圆孔。鼻孔是松烟从窑筒逸出的唯一通道。聚良窑鼻孔直径为 9 厘米，这也是大部分窑鼻孔的尺度。鼻孔的尺度太大，窑筒内的火苗可能会从鼻孔中窜出，烧坏收烟棚；太小，则降低了松烟排放速度，也容易塞结，最终影响产量。鼻孔的直径应当是众多窑工长期经验的总结。

收烟棚（图 2–9），顾名思义，就是收集松烟的处所。窑筒的鼻孔开口于棚内，烧窑时松烟即经鼻孔源源不断地飘入棚内。棚的大小并无严格要求，数十、上百平方米都可以，一般因地制宜建造即可，唯棚内

图 2–9　聚良窑收烟棚

面积若太小，可能会影响松烟排放速度。聚良窑的收烟棚限于山坡顶部地形，为一不规则四边形，大致尺度为长 30 米，宽 10 米，高 1.8 米。收烟棚地面以砖铺就，也是为便于清扫，四壁及顶部均为太阳膜[26]覆就。现代松烟窑的松烟棚以前多为茅草所封，一个收烟棚大约需要 18000 斤茅草才能建成，耗费大量人力、直到最近十年才有所革新，以太阳膜替代。太阳膜市价 10 元 / 千克，以聚良窑为例，收烟棚大约耗费太阳膜 500 千克，相较于采用茅草，其建造成本大大减少，且建造速度、效果明显占优。用太阳膜替代茅草建造松烟棚，或许是最近 50 年来松烟窑的唯一技术革新。收烟棚一般开有 2~3 个门，其中一个门与煤仓相连，是松烟外运的通道。其余门的主要功能是供扫烟时采光、通风。

煤仓即松烟的储藏之处。现代松烟窑的煤仓一般都分为储藏间与筛烟室。煤仓的大小并无一定标准，聚良窑的煤仓长 5 米，宽 3 米。煤仓的储藏间内有门与收烟棚相连，外与筛烟室相连。筛烟室内置一细绢筛，松烟从储藏间运往筛烟室过筛除杂后即可装袋。

综上所述，可见松烟窑的建造不仅需要综合考虑原料、山势等外界因素，还需要丰富的实践经验。此外，松烟窑的建造还费工费时，以聚良窑为例，十多名工人费时一个多月才最终将其建成，建造成本在两万元左右。

3. 松烟的烧制

现代松烟烧制方法大致可以分为取材、发火、通窑、收烟四大步骤。

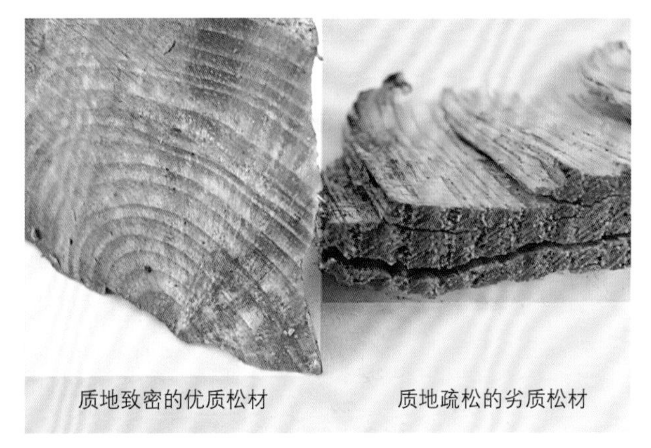

质地致密的优质松材
质地疏松的劣质松材

图 2–10　松材的优（左）劣（右）对比

取材，前已述及，现代松烟烧制，均取山中枯死的古松。松材的优劣（图 2–10）直接决定着松烟烧制的产量多少与品质优劣。据聚良窑窑主介绍，判断松材孰优孰劣的标准是松材中含松脂的多少，松脂越多，材质越好。山中古松死亡后，树皮经风雨侵蚀很快烂去，脱去树皮、细枝的松心表面较为光滑，这样的松材俗称“松光”。松心因为含有松脂，不易腐烂，甚至屹立上百年不倒，这样的松材往往就是烧窑取烟的上好原料，这正是古人极为推崇的所谓“三百年松心”。判断松材品质的简易方法有四种：一是看松材表面，含松脂较多的树干往往不易霉变，若表面发霉严重则品质不高；二是拿在手中感受重量，较重的松材则含有较多的松脂，品质也就较好；三是根据截面颜色判断，截面颜色越红、越类似角质的松材品质就越好；四是点燃后看飘出的烟色，上好的松材在燃烧时应当发出黑烟，而含松脂较少的松材或其他杂树燃烧时发出的烟多为青烟或白烟。当然，松材的选取除了要考虑松脂含量外，还应当考虑其含水量及生长位置等，比如生长在背阴山坡上的松树，因为接受日晒时间较短，松脂含量往往不高，不适于烧烟。

发火（图 2–11），由文献记载可知，古人造窑烧烟时，大多十分重视发火程序，多主张细细发火。现代窑的窑口一般都很小，以防一次投放松材过多，和古人提倡的细细发火有异曲同工之妙。调研发现：现代烧窑发火时较为重要的技术要领是保持松材燃烧均匀，这样产生的烟在沿窑筒上飘时就会形成较为平稳的气流。燃烧不均匀，则产生的烟忽大忽小，比较容易造成窑头窑身相连处的不畅通，表现为窑口内火苗向上的势头减弱，或者烟、火苗从窑口处反冒出来。

图 2–11　发火

通窑，现代窑的窑筒长度远远超过古代，而窑筒内径却小于古时，故烧窑时有烟尘郁积在所难免，通窑也就成为必需的工序。窑筒山开有八尺和洗筒口的原因也正在于此。八尺与洗筒口在烧窑时均用铁板密封，当窑筒内有烟尘郁积、上飘力度减缓时则需要打开这两处疏通。八尺位于窑头附近，窑头、窑筒接合处最易堵塞，故需要经常打开八尺疏通，而窑筒除非淤积严重，一般是每日清理一次，均在清晨进行。若烧窑技术不佳，则八尺、洗筒口的清理次数可能会大大增加，而每次打开这两处通口都伴随着大量的松烟飘散。通窑的方法是在一长毛竹片顶部绑一树枝等物，从八尺或洗筒口伸进去清扫窑筒内部。

收烟，现代松烟窑一般是连续烧窑 72 小时后停火清窑一次。清窑当日早晨 6 时许开始熄火，随即封住鼻孔，打开收烟棚的门。两个小时后，待飞烟落定，温度降下来即可开始将收烟棚内的烟扫入煤仓的储藏间，再经过筛烟室过筛即可装袋外运。扫烟时，只扫地面上积烟，四壁及顶棚积烟一般在该窑将废弃时才全部清扫。松烟产量受松材品质、烧窑技术及当时气候等因素影响。聚良窑每次收烟时，地面上松烟所积厚度在 10~20 厘米，共可清扫出松烟 600 千克左右，多时也能达到 800 千克左右。目前盛放松烟采用内衬塑料薄膜的塑料编织袋，每袋定重 30 千克，装袋封口后即成为成品。而在 20 世纪 90 年代以前，松烟采用木箱盛放、运输。

4. 与古代烧烟工艺的比较

虽然前文提到古今烧烟对所采用松材的品级判断标准是一致的，都认为松脂含量越多的松材烧出的烟质地越好，但对比古今工艺，可以发现现代松烟烧制工艺与古代已经大不相同。

从外形上看，聚良窑与《墨经》所记的立窑分属两种类型，基本无可比之处。《墨谱法式》所记的平面窑与《天工开物》所记的竹篷窑均是平地造窑，与聚良窑依山势造窑明显不同，而且，平面窑、竹篷窑与聚良窑最大的区别在于前两者均是烟道、收烟棚合一，没有专门的收烟场所，而聚良窑则有专门的收烟场所——收烟棚，此外，平面窑、竹篷窑的窑头与窑身也并无明显分界。

《墨经》所记载的卧式窑与聚良窑最为相近，都有烧松材的窑头，有松烟经过的烟道和专门收烟的烟室（收烟棚）。但两者相比，区别也是很大的：首先是聚良窑的长度要比卧式窑长，聚良窑的窑身相当于卧式窑的烟道，其长约 50 米，而卧式窑的烟道长才 50 尺（约 16 米）；其次，卧式窑根据距离发火点的远近，有大小不等的多个收烟室，保证了松烟能按品级分别收取，而聚良窑收烟则没有分级收取的措施；最后，卧式窑的收烟室明显要远远小于聚良窑的收烟室，收烟室大小虽对烧烟、取烟影响不大，但如果收烟室空间太小，则松烟流通不畅，显然会影响到产量。

现代的窑在长度上要比古时的窑长得多，古窑长者不过百尺，现代窑长者可达 60 米。但所收烟的颗粒未必胜过古窑，首先是因为现代窑不再对松烟分级收取，也就忽视了古人所谓的顶烟、项烟、身烟等，有些古人制墨时废弃不用的粗烟现代也都将其混为一体；其次，现代松烟窑都是依山势上行，窑顶的收烟棚空间又尽可能地大，这些都利于烟气上行，而古人烧烟则提倡让烟自然飘远，两者所得烟的颗粒粗细显然差别很大。

提高松烟的产量应当是现代窑相对于古代窑所做多种改变的原因。根据文献记载可知：古人在收烟时多采用鹅毛等工具，而现代窑在收烟时采用的则是类似于环卫工人所用的大扫把。像《墨经》所记载的这种长达百尺的窑要连烧7天才收一次烟，而现代窑则是3天一窑，每窑可收数百千克，产量之大显然非古代窑所能比。不仅产量上升，现代窑的效率也明显高于古代窑。以聚良窑为例，每100斤松材大概能烧烟12~15斤，而据谢崧岱记载的瓦缸取烟法，用松脂烧烟，每斤（16两）松脂才收烟三四钱，效率只是聚良窑的三分之一左右。

自明代以后，有关松烟烧制的记载很少，而造窑烧烟工艺的详细记载还尚未发现，故现代松烟窑工艺源自何时仍不得而知。但可以肯定的是这一工艺至少在解放前即已成熟，而且最近50年来也没有技术更新，原因是缺乏更新空间、能力和价值。实地调研发现：现代松烟窑工艺粗放，造窑收烟并无太高技术含量，技术更新的空间十分有限；窑的建造地一般位于深山之中，采松收烟都属于重体力劳动，从事这些工作的工人往往文化程度有限，既没有对工艺进行更新的意识，也没有更新的能力；烧烟的适用松材越来越难以寻找，烧出的松烟因不具无可替代性而价格太低、销量不佳。

工艺原始、微利经营致使现代松烟窑随时可能消亡。以我们调研的聚良窑为例：每百斤松材能烧烟12~15斤，而松材收购价格就高达每百斤19元，另外还需雇烧窑、收烟等工人数名。该窑每年产量在60吨左右，现在售价仅为5000元每吨，且销售十分困难，60吨松烟往往要经销到十几家单位才能售完。此外该窑建造成本虽然高达2万元，但由于松材越来越难寻找，故通常只能使用一年多时间，在我们调研后的半个月，该窑因附近松材难觅被迫废弃，而新窑尚不知选址何处。

四、松烟的品级划分

古人在采松取烟时对松材的选择十分讲究，同样，对于获取的松烟也有优劣之分。一般而言，颗粒较细的烟都比较轻，可以飘到较远的地方。无疑，古人取“远烟”“顶烟”这样颗粒较细的烟作为制墨的上品，说明其已经以烟的颗粒粗细来判断松烟的优劣。

《墨经》中关于烟品分级的记载如下：

> 候窑冷采煤，成块成片、头煤深者曰远火，外者曰近火，煤不堪用。凡煤贵轻，旧东山煤轻西山煤重，今则西山煤轻东山煤重；凡器大而轻者良，器小而重者否；凡振之而应手者良；击之而有声者良；凡以手试之而入人纹理难洗者良；以物试之自然有光成片者良。[27]

《天工开物》也有相关记载：

> 凡烧松烟，放火通烟，自头彻尾，靠尾一二节者为清烟，取入佳墨为料。中节者为混烟，取为时墨料。若近头一二节者，只刮取为烟子货，卖刷印书文家，仍取研细用之，其余则供漆工、垩工之涂元者。[28]

从上述记载可见，《墨经》与《天工开物》对烟的等级区分、评价都是以离火远近为标准，直观地说，就是距燃烧点越远的烟品质就越好。

调研发现：现代松烟烧制时，取烟工序中已经不再进行松烟分级，所有的烟炱都汇聚到收烟棚内，烟的品质直接取决于烧窑技术、采用原料及当时气候等因素。

五、胶的制备及使用

作为一种必需的基本原料，胶在制墨中的作用非常重要、不可或缺，从文献记载来看，古人甚至认为胶是制墨中最重要的因素。所谓“凡墨，胶为大”正是这个意思。在古人看来，虽然有好煤，但如果用胶不当，也造不出好墨。相反，如果用胶得当，就算一般的烟煤也能造出好墨。[29] 相对应地，古人对胶的制备、在制墨过程中的作用、用胶之法等论述也颇多，尤其和胶之法，一向被视为制墨工艺中的核心技术而密不示人。

胶之于墨，之所以如此重要，包含三个层次的含义：一是胶在制墨工艺中的重要作用；二是古人造墨，胶多自制，而胶的种类繁多，其制备过程中的技术要求也较高；三是胶的使用方法繁多，不同胶法对墨的质量影响极大。下面就试从这三个方面加以讨论。

（一）胶在制墨工艺中的重要作用

第一，制墨成形毫无疑问应当是胶在制墨中的首要作用。在中国，人工所制之墨一开始就是以固体的形式存在，而烟煤的颗粒呈分散状态，若要凝结为固体，势必依赖黏性物质。前已述及，在胶被广泛使用前，古人曾试过粥饭、生漆等，但粥饭的黏性主要依靠糊化的淀粉，黏性不强，且遇水会降低黏性，故无法长期保持较强的粘合性，而生漆久之则既硬且脆，不利研磨，书写时也多渣滓、窒笔，墨工在长期生产实践中所积淀的科学炼胶与兑胶方法则极好地解决了这些问题。故中国制墨始为丸，继为螺、为笏、为挺，乃至明清时期变化万千之形制，虽有墨模之功，但归根结底，莫不有赖胶之黏结之力。

第二，保证了墨能在研磨后稀释成短期内不易沉淀的液体，以供使用。墨毕竟还是一种耗材，制墨成形是为了利于存放，使用时仍需研磨成汁。制墨所用的各种烟煤主要成分均是碳粒，因为碳粒的比重大于水，再加上范德华（van der waals）力的作用，单纯的碳粒加水稀释后很快就会凝聚成团，并沉降至底部。我国古代一直使用的是毛笔，这样“泾渭分明”的墨汁根本无法使用，就更不用说为了作画所需，经常要调出浓淡不一的墨色了。而胶的加入则可以使这一问题迎刃而解，这是因为胶的四种主要成分C、H、O、N组成了一种长链糖分子——聚透明质酸，经过制墨时的杵捣加工，聚透明质酸已经与碳粒充分、均匀地混合了。在研磨墨时，已经与碳粒充分混合的聚透明质酸就均匀地附着在碳粒的几个点上，这样，每一个碳黑颗粒的表面上都黏附了许多长链糖分子，形成聚合物冕，聚合物冕阻挡了碳粒的彼此接近，有效防止了碳黑颗粒凝集在一起。而这种聚透明质酸是亲水的，加水研磨就很容易形成较为稳定的悬浮液。[30]

第三，保证墨能长期、稳固地黏附在纸上，这依然有赖于胶自身的黏性。其实，不单是墨，任何颜料都必须利用胶的黏结性质以增强其附着于欲依附物质表面的黏附力。我们知道，虽然颜料黏附在物质表面，有赖于颜料自身细小的颗粒渗透进物质表面，但如果没有胶的黏结力予以固定的话，这种附着极易脱落。据史料所载，人类对颜料的使用，最初是始于直接用木炭在石壁上标记事物，但这些标记极易脱落，就是因为没有胶质的黏结之力。相反，有些古人字画虽然由于年代久远、保存不善，纸张已经腐蚀败烂，但是画上所题之字还完好无损，甚至能以手拿起，碳的性质稳定、耐腐蚀固然是一方面原因，而另一方面好胶制墨，虽经时日，胶力不堕的原因也是不容忽视的。

第四，增加了墨在研磨时和书写时的润滑度。研磨时，好胶制成的墨与生漆所和的墨“岁久则坚如铁、磨之难、且易损砚石”不同，而是“磨之无声”，磨处也光滑平整。此外，好的墨即使磨得很浓，书写时也没有滞窒的感觉，即所谓的“虽浓磨不留笔”，这也是因为胶固有的润滑作用能减少书写时墨中碳粒、毛笔和纸张三者之间的摩擦力。

第五，能增加墨在书写时的光泽，在书画材料上体现丰富的层次感。含胶量不同的墨在书画中的光泽、墨色表现也是不同的，同样的墨在不同的纸张上也会表现出不同的墨色。

明代麻三衡在《墨志》中记载一个通过加胶来增加墨的光泽的例子：

> 书大字用松烟墨，每患无光彩而墨易脱，偶得太乙宫易高士书符用墨诀，试之果妙。其法以黄明水胶半两许，用水小盂煎至五分，蒸化尤妙，如磨松墨时，以胶水两蚬殼，研至五色见浡作，再添胶水，俟墨浓可书则止，如觉滞笔，入生姜自然汁少许，或溶胶时入浓皂角水数滴亦可。[31]

胶能帮助墨显出不同的层次感，或者根据书写纸张的不同而调整胶的比例，应当是胶自身具有光泽的特性使然。制墨用胶贵在清，清即清亮、有光泽，胶的光泽在墨研磨书写后仍有保留，也因此使得书写有层次感。比如清代谢崧岱在《论墨绝句诗》中就有过类似的论述：制墨时，一般干烟三钱可以加胶二钱，但是，如果感到书写时墨色不够鲜亮，可以再加一点胶。他还特别指出，用烟三胶二配方制成的墨是专为在白纸上书写所用，如果是在红纸或腊笺上书写，胶的用量需要加倍。[32] 用于在深色纸张上书写的墨加的胶要多于浅色纸张，其理由应当是因为同样的光泽在深浅不同的纸上表现有弱强之分。

需要特别指出的是古人不仅已经认识到如果胶法得当，胶固有的光泽能改善书写效果，同时也认识到如果胶的用量过大，胶光明显，以至于胜过墨的光泽，则会降低墨的质地。《墨经》《墨法集要》都明确指出墨“忌胶光”。

需要特别指出的是，在辨别墨有没有胶光时，还要注意一种“假无胶光”的现象。谢崧岱在《论墨绝句诗》中就注意到了这一现象，并给出了区别“真无胶光”和“假无胶光”的简单方法：墨迹在灯光、日光下，以及在白纸、红纸上看都没有胶光，这样的墨才是真的无胶光；如果墨迹在日光下看没有胶光，但在灯光下看又有，或是在白纸上看没有胶光，但在红纸上又有胶光，这都属于假无胶光。[33]

既有光泽又不掩本色的墨当然是上品，但光和色其实是矛盾的双方，想二者兼顾可不是件容易的事，这就要分清本末。谢崧岱认为，宋朝时较为看重墨色，虽然只重色不重光的墨也不能算好墨，但毕竟墨色为本，而到了明清以后却更注重光泽而忽视墨色，显然是一种舍本逐末的行为了。

加胶太少，能避免胶光，但写出的字黑而无光，而且容易洇染纸张，落笔成团；加胶过多，虽然能防止洇染纸张，但胶光太强，用于字画则很难体现出层次感，正所谓“不光防浸，不浸防光”。既要字有光泽、不浸染纸张，又不能胶光太盛，其间的分寸把握则有赖于墨工的经验、心得了，这也是胶法难以掌握的一个方面。

（二）胶的种类和制作方法

从文献记载来看，古人制墨用胶多为动物胶，文献整理发现古人制墨曾提及广胶、黄明胶、鱼胶、鹿胶、牛皮胶、阿胶等名称，但以牛皮胶（根据制法、等级不同，有时也以广胶、黄明胶呼之——笔者注）、鹿胶和鱼胶这三种使用为最多。这三种胶中又以牛皮胶使用为最多，关于牛皮胶的论述也最多。至于为何牛皮胶使用最广、论述最多，原因很简单：相比于鹿胶、鱼胶而言，牛皮胶的制作原料——牛皮更容易得到，价格也应该最低。

至于哪种胶最好，古人说法也不尽一致，比如《墨经》认为“凡胶，鹿胶为上”“鹿胶之下当用牛胶”，《文房四谱》也认为鹿胶为上，但《墨谱法式》《墨法集要》均认为鱼胶最好。虽然对哪种胶最好说法不一，但新熬制的胶胜过旧胶却是一致的认识，这是因为新胶的胶性最强。

动物皮胶的制作过程一般都以煎煮为主，原理是通过加热的方法分离出皮革中的杂质，将其中有用的胶原部分溶解出来，即所谓的“溶胶”。

下面是古代文献中关于鹿胶、牛胶、鱼胶等几种胶的制备过程，限于篇幅，均摘其大概：

1. 鹿胶的制备方法

《墨谱法式》：

大鹿角十斤，截成二寸，河水浸一月，洗净入大锅，添水五斗，黄胶四两同煮。常令沸，水耗即添汤（勿入冷水），日夜熬至二斗，方去鹿角，折滤极净，去滓再入小锅，用炭火熬至成。贮磁器中后凝，即切作片子，于通风处放干。[34]

《墨经》：

取蜕角，断如寸，去皮及赤鲜，以河水渍七昼夜，又一昼夜煎之，将成以少牛胶投之，加以龙麝。[35]

2. 牛胶的制备方法

《齐民要术》：

以沙牛皮或水牛皮，水浸四五日，令极液净洗濯，无令有泥，不须削皮（削皮费工，打胶无异）。片割着釜中（为欲旧釜大而不渝者。釜新则烧令皮着底，釜小费着火，釜渝令胶色黑）。凡水皆得煮然，咸苦之水，胶更胜长。作匕，匕头铁刀，时时彻底搅之，勿令着底（匕头不施铁刀，虽搅不彻底，不彻底则焦，焦则胶恶，是以尤须数数搅之）。水少更添，常使滂沛，经宿晬时，勿令绝火。候皮烂熟，以匕沥汁，看末后一珠，微有黏势，胶便熟矣。以初挹所滤去滓秽，泻净干盆中（挹时勿停火，火停沸定，则皮膏汁，下挹不得也）。淳熟汁尽，更添水煮之，搅如初法，熟后挹取看皮垂尽着釜燋黑无复黏势，乃弃去之。胶盆向满，舁着空静屋中，仰头令凝（盖则气变成水，令胶解离）。凌旦合席上，脱取凝胶，口湿系紧，线以割之。其近盆底，土恶之处不中用者，割去少许，然后十字拆破之，又中断，为段较薄，割作饼。唯末上，胶皮如粥膜者，为最近盆之上者次之，末下者不佳，即笨胶也。先于庭中竖槌施三重箔，令免狗鼠，于最下箔上，布置胶饼其上，两重为作荫凉并扞霜露（胶饼虽凝，水汁未尽，见日即消露，露沾濡损，难干燥）。旦起至食，卷去上箔，令胶见日（凌旦气寒，不长消释，霜露之润，见日即消）。食后还复舒箔为荫，雨即内。敞屋之下，则不须重箔。四五日绝，绝时绳穿胶饼，悬而日曝，极干乃内。屋内悬纸笼之（以防青蝇、尘上之污）。夏中虽软，相着至八月秋凉时，日中曝之，还复坚好。[36]

《墨经》：

牛用水牛皮，作家所谓乡掘皮最良，剔除去毛，以水浸去尘污，浸不可太软，当须有性，谓之夹生。

煎火不可暴，常以篦搅之不停手，贵气出不昏。时时扬起视之，以候薄厚，直至一条如带为度其脉。[37]

《墨谱法式》：

水牛皮，不以多少，生去肉并毛根，洗浸极净入大锅，慢火煮两三日，令皮极烂，如水耗，旋添湿水，候锅内有粥面为度，渐减火不添水，倾在盆内，滤取清汁，不住手搅至湿（务要出尽热气），后凝以线割之。[38]

《墨法集要》：

若用牛皮胶，当拣黄明煎造得法者（有等煎生者，煮不化）锉如指面大片子，临用先以些水洒润，候软，方下药汁中，重汤煮化……临镕之际，用慢火煎，长竹箄不住手搅，候之沫消、清澈为度。[39]

3. 鱼胶的制备方法

《墨谱法式》：

鲤鱼鳞，不计多少，浸一日，洗令极净，以无油锅内添水，用慢火煮一伏时，俟鳞烂，滤去滓，再滓稀稠，得所澄，取清者，俟凝勒作片子，或倾在半竹筒内，顿风处，俟干收。[40]

4. 鱼鳔胶（即减胶）的制备方法

《墨谱法式》：

鳔半斤，胶一斤，同以冷水浸一伏时，先将鳔用箬叶，裹定紧系，水煮百余沸，去箬叶，乘热入臼（臼头令温），急捣至烂。次入浸者，胶及猪胆汁一盏、藤黄一分。同捣至稀，得所就臼放凝，取出勒作片子放干。[41]

《墨法集要》：

鱼鳔胶，用清白如绵者。冷水浸一宿，令软，快斧剁碎，每胶一两，入巴豆仁五粒，捶碎与胶和匀，箬叶裹定，紧系之，煮十数沸，去箬叶，乘热入阔口瓶中，急杵极烂无核，和药汁内，重汤煮化。[42]

对上述制备过程进行比较，可发现不论是制鹿胶、牛胶还是鱼胶，一般都需经过洗净、浸水、去毛（渣滓）、蒸煮、搅拌、切片、晾干，这其中的关键又在于蒸煮的火候、不停搅拌及熬制生熟的判断。

对于制成的胶，古人也将之进行了详细的级别划分，或分为清而薄者、浊而黑者；或分为清者、略浑者、黑而滞者；或分为黄明者、微黑者，划分标准均为取胶的位置和胶的颜色。显然，清薄黄明者为上，反之为下。原理应当是清薄黄明的胶质地较纯，黏性较强。反之，颜色黯淡的胶，多靠近锅底，原料的渣滓混杂其中，质地不纯，胶力也不够强。

（三）胶的使用原则

古人制墨，认为“惟胶为难”“以胶为大”，所以有时虽有好煤，如用胶不当，也造不出好墨。反之，虽然烟煤一般，但如果用胶得当也能造出好墨。这其实说明了胶在制墨过程中所起的作用不仅与制备的层面有关，更与使用的方法（即胶法）互为表里、唇齿相依，甚至可以认为胶的使用方法实际上远比其制备方法更为重要。

前已提及，古人制墨讲究烟细胶新、烟轻胶清，也就是说，古人用胶，通则是选择胶性较强、质地纯正的胶，这样的话才能既减少用量又保证墨质坚固、持久。同时，墨色也因为胶的用量少而显得更黑。此外，几种胶同时使用的情况也较常见，古人认为这样使用有利于几种胶的胶性互相调解、补充。《墨经》中明确指出“胶不可单用，或以牛胶、鱼胶、阿胶掺和之”，《墨法集要》也认为鱼胶虽然黏性很强，但如果纯用鱼胶则会让制成的墨在书写时有缠笔的感觉，如果辅以牛胶，则不会出现这个问题。

然而，选择好胶、多种胶并用的通则却并非胶法的精要所在。同样的胶、烟，不同的人制成的墨品质也大不相同，这其中的奥妙似乎只可意会不可言传。比如李廷珪，当世公认胶法第一，但他去世之后胶法即失传，虽其子孙辈也以制墨为业，但所制墨品与李廷珪所制已经不可同日而语了。

考古人胶法，似乎又无迹可循。昔韦诞墨法明言“好醇烟一斤用胶五两”，史称“五两之制”，而李廷珪制墨却善用大胶，“佳煤一斤或受胶一斤”，烟胶比例已达一比一，史称“对胶”。但这却并不是用胶最多者，谢崧岱制墨，采用墨法为“烟三胶二”，并言若用于红纸、蜡笺，胶的用量还要加倍。这样的话，胶的用量就超过了李廷珪的“对胶”。而北宋墨工沈珪却“以意用胶”。也正因为胶法的难以掌握，古人才将之视为制墨工艺的精要所在，对于自己摸索出的用胶心得也都秘而不宣。比如《春渚纪闻》就记载了这样一件事：李廷珪自创对胶之法后，秘而不传，沈珪对此“引以为恨”。

因为这些原因，本文对古人制墨胶法也不可能进行详尽剖析，而只能根据文献中的相关记载予以分析，试图从中发现一些规律。

一是根据天时用胶。古人在制墨时已经意识到用胶的多少应和天时有关。《墨法集要》中就记载：“每松煤一斤，用牛胶四两或五两，药水四时俱用半斤。春冬宜减胶增水，仲夏、季夏、孟秋宜增胶减水。”这说明古人已经充分考虑到在不同的气温下，胶的挥发、分解也不同。

二是根据松烟、油烟的原料不同而区分用胶。松烟和桐油烟的性质不同，用胶时也要区别对待，松烟用胶需要胶性更强，而桐油烟用胶则更强调胶的清亮。[43]

三是根据书写纸张用胶。谢崧岱认为在白纸上书写的墨可以采用烟三胶二的配方，在红纸、蜡笺上书写的墨就要在此基础上加倍用胶。

四是根据墨欲保存的年代用胶。古人还认识到加胶多少对墨质量的影响，认为制墨时，如果用胶少烟多，那么制成的墨颜色就很黑，称为“轻胶墨”。轻胶墨颜色鲜艳，利于速售，如果保存年代久远，墨色可能就要消退。

虽然古人制墨用胶时多遵循这些规律，但毫无疑问，这些所谓的规律却绝非古人胶法的全部，欲穷古人胶法之妙等不可得，正所谓“具有精微，须分别细领也”[44]。

六、添加辅料

从韦诞墨法开始，中国古代制墨即形成了一个独特的传统——添加辅料，古人称之为“加药”，并一直沿袭至今。从制墨工艺的角度来看，制作松烟墨时较少添加辅料，如现存较早制墨工艺文献，北魏贾思勰《齐民要术》中记载的合墨法，加入的辅料仅有楞皮汁、鸡子白、真硃砂与麝香。有关添加辅料对墨质的影响，笔者曾做过分析，具体内容详见“油烟墨”中相关篇章。

七、和制

所谓和制成形，则是将准备好的各种原料、辅料进行最后的加工，以制墨成锭。应当说，前文所述的各种原料制备工作都只能算造出好墨的基础准备工作，真正决定墨最终质量的还是在和制成形阶段。优质原料的制备虽然也很重要，但在整个制墨过程中，制备出优质原料只能算是“技”，而和制成形阶段则可以称为“艺”。古往今来的墨工不计其数，而真正技艺高超、名动一时，能制出良墨的墨工也不过数百人耳。这些良工，他们所采用的原料与其他人未必有多大差别，但制成的墨的质量却有云泥之分，其中的原因显然在于对和制成形技艺的掌握和领悟。

在不同的文献中，和制成形阶段也略有不同，《墨谱法式》将之分为和制、入灰、出灰、磨试等4步，《墨经》分为罗、和、杵、丸、药、印、样、荫、事治等9个步骤，《墨法集要》分为筛烟、镕胶、用药、搜烟、蒸剂、杵捣、称剂、锤炼、丸擀、样制、入灰、出灰、研试等21个步骤。笔者经过对安徽黄山屯溪胡开文墨厂、绩溪胡开文墨厂和歙县老胡开文墨厂等多家墨厂实地调研发现，现代的墨厂制墨流程虽不像《墨法集要》所载那样繁复，但也基本按照和料、杵捣、压模、晾墨、打磨、填字、包装等古法工艺流程的步骤生产。下面即以文献记载结合现代墨厂中的工艺步骤，试对和制成形工艺加以讨论。

1. 筛烟

这是在制墨前，对炼出的烟进行的第一道处理工序，目的是对烟进行除杂或研磨。

古时对烟的除杂工序称为筛烟，《墨法集要》记载了筛烟的工序：

> 于密室中，以手按定细生绢筛子，徐徐麾下小口光净缸内，去其毛翎纸屑。
>
> 烟乃至轻之物，切忌露筛，露筛则飞扬满室矣。[45]

在现代墨厂中，和料前也要对烟进行除杂，主要分为两道工序：洗烟和筛烟。对于炼出的烟，首先要经过洗烟工序，准备一口大缸，注入清水，水位低于整个缸体的三分之二，这是为了防止在搅动时烟溢出缸外。然后在缸上放一个细的罗筛，把烟倒在筛中，用手揉搓，让板结的烟灰都自然散开，从筛孔中漏入缸中。再用竹片等搅拌，保证烟灰在缸中与水充分混合，然后静置一天到一天半，静置的过程也是杂质沉降的过程，因为杂质一般都比烟重，会沉入缸底。静置完成后，把缸里糊状的烟捞出装入编织袋中。在捞烟的过程中，动作要轻，以免搅动缸底的杂质。装袋后的糊状烟堆放在通风的房间内自然荫干，就可以使用了。在和料前，还要进行筛烟工序，现代墨厂中这一环节已经实现了机械化，基本都选用三元旋振筛筛选（图2–12）。三元旋振筛可以对多种颗粒、粉末、黏液进行筛选，筛分最细至500目（“目数”是丝网的规格单位，指1英寸，即25.4毫米的长度上，有多少个筛孔——笔者注）或0.028毫米，过滤最小可至5微米。

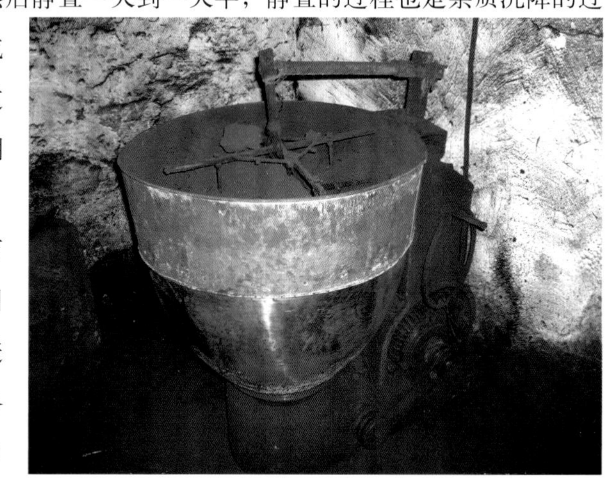

图2–12　现代墨厂的筛烟机器

2. 和料

和料的核心是根据配方确定烟与胶的比例，以及添加辅料的种类与数量。

《墨经》中有关和料的记载如下：

凡和煤，当在静密小室内，不可通风。倾胶于煤中央良久，使自流，然后众力急和之。贵润泽而光明。初和如麦饭许，搜之有声乃良胶。初取之和下等煤，再取之和中等煤，最后取之和上等煤。凡煤一斤，古法用胶一斤，今用胶水一斤，水居十二两，胶居四两。所以不善。然贯思勰墨法，煤一斤，用胶五两，盖亦为尽善也。况胶多利久，胶少利新，匠者以其速售，故喜用胶少。观易水奚氏、歙州李氏，皆用大胶。所以养墨。时大胶墨纸黄，小胶墨纸微黄，其力以是为差。凡大胶必厚，厚难于和，和之柔则善，刚则裂。若以漆和之，凡煤一斤，以生漆三钱、熟漆二钱，取青汁投胶中，打之匀，和之如法。[46]

《墨法集要》中和料分为“用药”和“搜烟”两个步骤，用药即将所要添加的药物或以胶和重汤煮化或研成粉末，然后乘热将药汁以绵滤下到烟之中央，急手搜匀。《墨法集要》还指出制不同的墨或在不同的季节制墨，和剂都有不同：

大墨最难搜和，只宜于软，硬则燥裂。手剂及有纹墨，剂宜半软。脱子墨，剂宜极软，硬则难脱不美满。洗光墨，剂亦宜软，贵在揉搙多，则墨无病。当于正月、二月、三月、九月、十月、十一月为之，余月非宜也。[47]

这里面需要特别加以分析的是加药的顺序，《墨经》《墨谱法式》对加药的时间虽语焉不详，但考其顺序，应当是熬成药汁后，在和胶的时候加入。而《墨法集要》则对加药先后有明确论述，并根据药的种类和添加目的将之分为三类：第一类是需要蒸煮的，如紫草、苏木等，天气冷时，要在前一天晚上就开始浸药，天气暖时则当日五更浸药，在接近中午时入锅煎至浓稠，然后滤去粗渣，用的时候则与胶一起煮化后加入烟内；第二类是需要研为细末的，如脑麝、朱砂、藤黄、螺青、金箔等，则是研末后直接加入剂中；第三类是为了增加墨香味的，比如蔷薇露、麝香等，则是在和剂之后丸擀之时加入，以保证香气不会因蒸剂而散失。而据《内务府墨作则例》所记，到了清代，加药的种类大大增加，加药的时机也多有变化，并且由以和胶时加药为主演变为以合墨时加药为主。在后文关于油烟墨制作工艺的论述中将对此详加讨论，此处不再赘述。

图2–13　现代墨厂采用的小型拌料机

尽管各书关于和料的记载有所不同，但毫无疑问，和料是制墨流程中最为重要的步骤之一。这一过程既包括烟胶比例、加药的种类，也包括胶的使用方法、天时的影响因素等，还包括和剂与成墨之间的关系讨论等，而这几个方面又同时对墨的质量有着根本的影响。因此，不难理解为什么和料工艺由古至今一直是墨工秘不示人的核心技术。

现代墨厂中，拌料工艺由小型拌料机完成（图2–13），这比人工拌料更均匀。拌料时，应先顺时针开动拌料机一分钟，再逆时针开动一分钟，如是反复五六次，就能把烟、胶充分混合。和料之后的墨团呈现黑色的泥状，称为墨泥，通常要放在具有较好保温性能的炕炉内，以保持一定的柔韧性。

八、杵捣

杵捣（图 2–14）一直是制墨工艺中较为重要的一环。古制墨法一贯有“三万杵”“十万杵”的说法，所谓的“烟细胶新、杵熟蒸匀”“九蒸回泽、万杵力扣”等都说明古人已经充分认识到足够的杵捣对提高墨的质量有重要作用。现代模拟实验证明，墨稞经过上万次的杵捣之后，墨坯中胶的颗粒随着捶打次数的不断增加而逐渐由大变小、由粗变细，最后变成纤维状分布，而烟的颗粒也逐渐向胶体内分散，最后填充在胶的交联网络内，形成特殊的网状结构。[48]在这个网状系统内，烟、胶两相的分布十分均匀、彼此渗透，也就是古人所谓的“杵熟”。

图 2–14　杵捣

由上述记载可见，杵捣当是整个制墨工艺中费力最多的一环，所幸到了现代，这一工序已经实现了机械化。笔者对多家墨厂实地调研后发现，目前墨厂普遍采用三辊研磨机完成这一工序。三辊研磨机适用于油漆、油墨、颜料、塑料等浆料的制造，其工作原理是通过三根辊筒的表面相互挤压及不同速度的摩擦而达到研磨效果。

图 2–15　三辊研磨机研磨墨胚

三辊研磨机的三根辊筒安装在铁制的机架上，中心在一直线上，可水平安装，也可稍有倾斜。三个辊筒间的距离可以调节，能使研磨细度达到微米级别。经过杵捣或研磨后的墨泥，再摔制成饼，是为墨胚。

图 2–15 为安徽黄山屯溪胡开文墨厂采用的上海化工机械一厂生产的三辊研磨机在研磨墨胚，图中左边为待磨的墨泥，右边为磨后的墨胚。根据该厂工艺标准，一块墨胚需反复研磨数遍，一般每小时仅能研磨 1 千克墨胚。

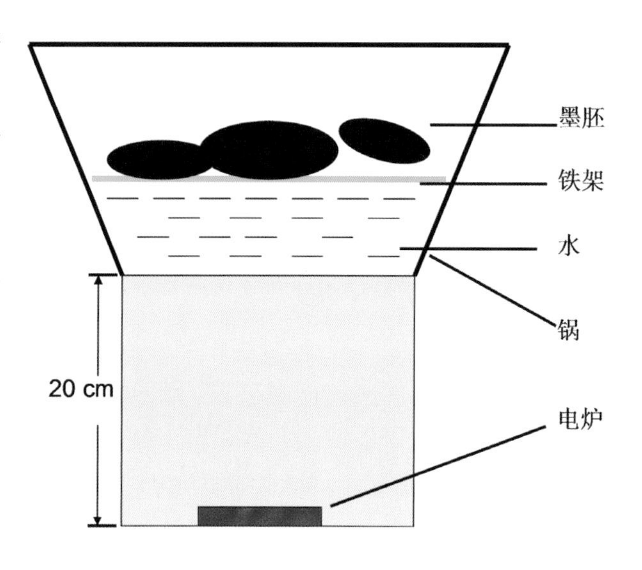

图 2–16　烘蒸简明示意图

墨胚放置一段时间后，因为温度下降，会变硬，在入模制墨的时候，还需要经过“烘蒸”，即用一个大锅，内置铁架，铁架下放水，水不超过锅的三分之一，墨胚放在铁架上，锅再放在电炉或煤炉上，锅上以麻布等覆盖（图 2–16）。墨胚经过烘蒸，会自然变软，这时候即可进行下一道工序。

九、压模

压模的重要工具是墨模(图2–17)。墨胚经烘蒸变软后,即可根据所欲制墨的大小取墨胚进行最后的捶打，然后称重，以保证制出来的墨大小标准。在称重时，称出的墨坯重量要比标称值多一点，以防后来的打磨等程序有所损耗。

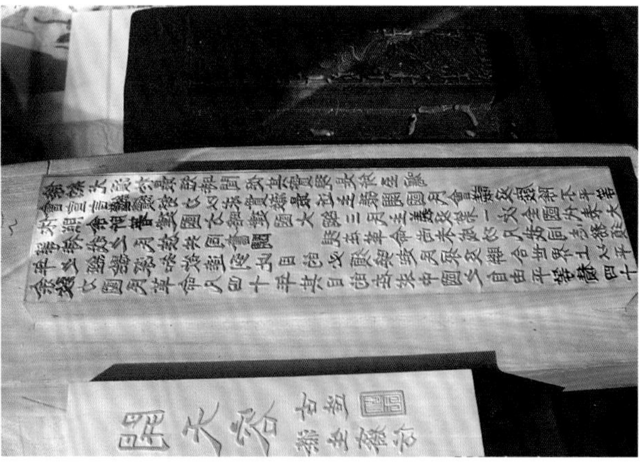

图2–17 墨模（右图为尚未制作完工的墨模）

墨模在明代沈继孙《墨法集要》中被称为“墨脱”，形制为“七木辏成，四木为墙，夹两片印板在内，板刻墨之上下印文，上墙露笋用，下墙暗笋嵌住墙，末用木箍之，出墨则去箍”[49]。这种形制一直流传到今天。

墨模最早起源于何时尚无定论，从考古发掘的墨的实物来看，西汉以前的墨，大都是形制简单的瓜子状或丸粒状，而且体积较小，一般都在1.5~2.5厘米，说明西汉以前的墨，没有固定的形制，只是制墨时随意捏制。1974年，宁夏固原县东汉墓中出土了一块松塔形墨，墨身的松塔形花纹细腻清晰，显系模印，1973年辽宁北票出土的两块北燕墨表面也有明显的模印花瓣纹，这些实物说明墨模的出现和使用应当不晚于东汉到南北朝时期。

到了明、清两朝，墨模发展达到顶峰，形制变化万千，早已突破了实用阶段的锭、挺、笏的形制。比如明代程君房的《程氏墨苑》（图2–18）、方于鲁的《方氏墨谱》（图2–19）、方瑞生的《墨海》三大墨谱共收录墨模图案1000多种，以《方氏墨谱》为例，该书分为国宝、国华、博古、博物、法宝、鸿宝六卷，内有瑞玺灵符、苍配玄珠、天马芝房、虎文龙光，乃至九鼎百物、孔甲盘盂、洛书苍篆等图案385式，蔚

图2–18 《程氏墨苑》附图

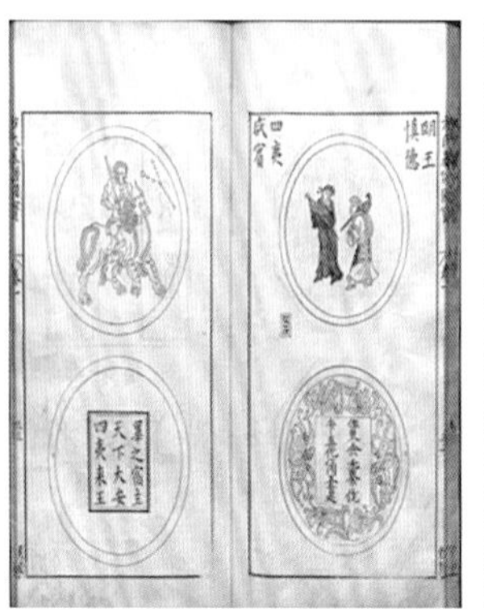

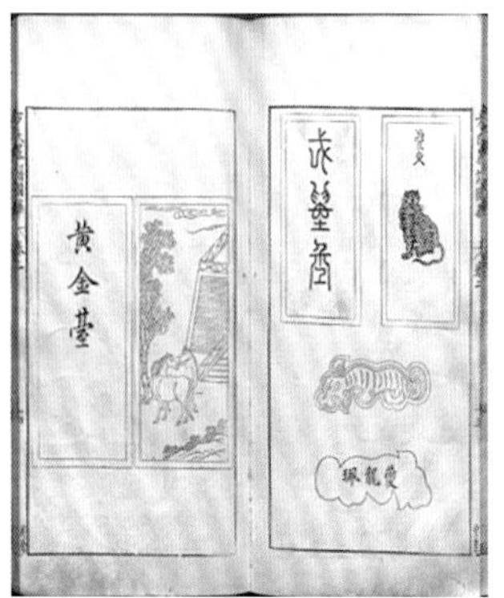

图2–19 《方氏墨谱》附图

为大观。[50]到了清代，制墨业虽有“返璞归真”之风，但承继明代之盛，仍是颇为繁复，如胡开文的“新安大好山水”16景和“御制铭园图”64景都是名动一时的墨模精品。汪近圣的墨模图案88种，其孙辈集成《鉴古斋墨薮》，广为流传。墨模雕刻的技艺也更加纷繁、精深，分为集锦墨模、仿古墨模和实用墨模等不同种类，雕刻的刀法有阴文雕、线雕、平面雕、浅浮雕等。[51]北京故宫博物院收藏了明清以来各式墨模50000余件，大部分都是明代万历至清末这一时期内的作品。墨模因融合了书法、版画、篆刻、雕刻等多项文化因素，已经形成了独特的墨模文化。作为中国墨文化的重要组成部分，当前对墨模的研究也有很多。

墨模中直接与墨体接触带有凹凸图案的木块通常被称为墨印，是用十分坚实的石楠木刻制而成。墨印的刻制是一种极难掌握的技艺，雕刻极细且需要刻制者有很强的创作能力。

模压墨锭的方法通常是先称取一定重量的墨剂，再经过“揉剂”，即用手将墨稞压在工作台上反复揉压，然后将揉过的墨剂装入墨模中，这一过程成为“下模”。古时压模用长木制成的压床（图2–20），现在则用螺旋压模机（图2–21），转动手柄对墨模加压使墨剂挤满整个墨模内的边边角角。下模之后，墨稞还要在保持压力的情况下在墨模中放置一段时间，称为“定模”，定模时间一般在四十分钟至一个小时，目的是为了保证墨稞真正定型。

图2–20　传统的压床

图2–21　现代的螺旋压模机

十、晾墨

顾名思义，晾墨是将已经成型的墨锭从墨模中取出，即“拆模”，自然晾干。关于晾墨的工序，古人以“入灰”“出灰”或“荫”来描述。

晾干的方法一般是在柴炭灰、石灰或稻麦糠中荫干，故称之为“入灰”“出灰”。

《墨经》认为用石灰荫干速度较快，但墨块容易断裂，而用稻麦糠则速度太慢，墨块容易弯曲，因此柴炭灰为最佳。而炭灰要筛干净，不能有杂质也不能潮湿。荫墨时墨下面的灰应铺平，而且要厚于上面盖的灰，墨锭还要用纸裹上。至于灰的厚薄则要随着季节不同、墨锭大小而变化。荫墨的房间以小而密封为好，并且要在室内点火，昼夜不灭，火的大小要适中，并要根据风日晴晦而随时调整。

《墨法集要》有关入灰、出灰的记载就更为详细了。

荫墨的材料：

荫墨须用稻杆灰，淋过者名曰败灰，其灰作池，无性不猛。日中晒干，罗细用之，以木方盘为灰池，不问四时天气，底灰皆用一寸以上，面灰用一寸以下。灰要摊平，不要捺实，实则不能渗湿。

荫小墨不必纸衬，大墨须用纸衬为佳。一免损色，二免灰入墨纹。每日一度，换灰须以一半干灰，一半旧灰和匀用之，不可见风，见风墨断，出灰太软亦断出灰太干则裂，不软不硬，始可出灰。出灰之后，以刷刷净，以脑麝锡合灌之，纸裹藏之。若风中吹晾，则墨曲裂。[52]

荫墨和时令、墨品种的关系：

凡二月、三月、八月、九月，灰池可荫二层。四月、五月、六月、七月，可荫一层。十月、十一月、十二月、正月，可荫三层。且如荫三层者，先铺底灰一寸，排墨一层，又铺灰一寸，排墨一层，又铺灰一寸，排墨一层，郄铺灰一寸盖之，此为三层也。春冬荫一钱二钱重者，一日两夜出灰。秋夏荫则一日一夜出灰。春冬荫一两二两重者，二日三夜出灰，大略如此，亦难太拘日数，但以墨相击，其声干响，即可出灰，此是荫松烟墨法。

若荫油烟墨，当稍迟出灰，盖油烟墨元用药水倍多于松烟墨，故干迟也。夏宜高屋阴凉处荫之，冬宜密室向阳处荫之，冬灰宜厚，夏灰宜薄。夏秋蒸湿之时，胶怕蒸败，最难制墨，可停造也。深冬极寒之时，胶怕冻败，亦难造也。冬月湿剂，莫久停几案，急急入荫，久荫出灰迟者，则粗白如松煤，色终刷不光。灰湿则晒，天阴则炒。冬寒荫室中，昼夜不去火，然火大火暴，皆为墨病，须审用之也。[53]

特制墨的荫墨方法：

荫大墨法，先用稍干灰，铺平底下，以纸上下衬墨，以灰盖之，经一日取出，别换润灰，如前纸衬灰，盖一日一度，换灰换纸，约五六日，候墨干时，不用纸衬，只以墨入干灰，假如辰时一换，午时一换，戌时一换，一日三度，干灰换之，约五六日，候墨十分干讫，取出刷净，且未可上蜡，厚纸裹起无风处，半月之后，方可见风。凡治造半斤重墨，宜用此法。[54]

荫墨出灰的方法：

取墨出灰，刷净排细筛中，阴晾一两日，再刷净，置当风处，吹晾一两日，候表里彻干，以粗布擦去浮烟，硬刷蘸蜡，刷光为度，墨干硬则光泽有色，未干而刷则皮面灰色，永刷不黑，惟水洗研光者，明亮如漆。[55]

《墨法集要》的此处记载，既考虑到灰的种类、铺设厚度又考虑到墨的种类、大小，既有时令之分又有阴晴之别，应当是古人关于晾墨最完备的记载了。

现代墨厂晾墨也有选一阴凉的房间，直接把墨锭排放在木板上荫干的。有些特殊要求或形制的墨则用桑皮纸包裹起来后吊挂在晾墨间，使其自然晾干（图 2–22）。

在晾晒的过程中，墨会因为水分散失而产生变形、弯曲，这时需要加以矫正。矫正的方法有两种：一是定期翻墨，墨在晾晒一段时间后，可能会产生墨条弯曲的现象，这时只要将之翻过来晾晒，依靠其自身重量慢慢矫正平直；二是麻线矫正法（图 2–23），即把墨锭竖起来，排成一排，两端各放一个木块，然后用麻线系好，绞紧，依靠麻线之力对有弯曲的墨进行矫正。

图 2–22 晾墨（左图为铺在木板上晾干，右图为桑皮纸包裹吊起晾干）

图 2–23 麻线矫正法

十一、打磨

将晾到六七成干的墨锭用锉刀修锉去毛刺、平整外形，或用水、兔皮、滑石、铜钱、锌头，乃至干漆、墨锭等打磨、洗刷（图 2–24）。

打磨技艺多因人而异，各有特色。如明代方于鲁创制的刮磨法，就采用“磋以锉，摩以木贼，继以脂帚，润以漆，袭以香药”的方法，经此加工之后，墨的外观可达到“其润欲滴，其光可鉴”的特殊效果。

图 2–24 打磨

《墨法集要》所载的方法则是以粗布擦去浮烟，硬刷蘸蜡，刷光为度，墨干硬则光泽有色，未干而刷则皮面灰色，永刷不黑，唯水洗砑光者，明亮如漆。

十二、填字

填字也称描金，即根据墨锭的图案和文字填描金粉、银粉及其他颜料（图 2–25）。

图 2–25 填字

图 2–26 包装精美的成品墨

十三、包装

用纸板、木板等材料根据墨锭大小、形状制成典雅、古朴、大方的包装盒（图 2–26）。包装的目的是为了防潮，保持墨的品质，同时，精美而有特色的包装也利于销售。

注释：

[1]〔明〕张溥：《汉魏六朝百三家集》卷二十八，第 45 页。

[2]〔唐〕韦续：《墨薮》，清十万卷楼丛书本，第 39 页。

[3] 唐代冯贽著《云仙杂记》卷一"陶家瓶余事"篇："玄宗御案墨曰龙香剂，一日见墨上有小道士如蝇而行，上叱之，即呼万岁，曰：臣即墨之精黑松使者也"，第 3 页。

[4] 宋代苏易简著《文房四谱》卷五："特诏常侍御案之右，拜中书，监儒林待制，封松滋侯。其宗族蕃盛，布在海内，少长皆亲砚席，以文显用也"，第 44 页。

[5] 文周：《墨》，中国华侨出版社，2008 年，第 5 页。

[6] 王志高、邵磊：《试论我国古代墨的形制及其相关问题》，《东南文化》1993 年第 2 期，第 79 页。

[7] 宋代晁寄一《墨经》：汉贵扶风、隃麋、终南山之松。蔡质汉官仪曰："尚书令、仆丞郎月，赐隃糜大墨一枚、小墨一枚"，文渊阁四库全书本，第 28 页。

[8] 考古发掘表明，出土的西汉及以前的古墨，均为细小的丸粒或块状，比如 1975 年在湖北云梦睡虎地秦墓中出土的秦墨，只是圆径 2.1 厘米、残高 1.2 厘米的柱状，在广州南岗越王墓和湖北江陵凤凰山 168 号汉墓出土的西汉墨，均为细小的瓜子状或片状墨，形制较为简单，直径或高度一般均在 1.5~2.5 厘米，应为制墨者随手捏制。但在东汉及以后的墨则形制开始较为规整，比如：1974 年，宁夏固原县东汉墓中出土了高 6.2 厘米、直径 3 厘米的松塔形墨，墨身的松塔形花纹细腻清晰，显然是使用墨模印制而成；1973 年辽宁北票北燕冯素弗墓中出土的两玫墨，表面有明显的模印花纹，一面为突出横带纹，一面似为花瓣纹；在南京江宁南朝中晚期墓中出土的一块墨丸，表面也有清晰的模印莲瓣纹，这些都表明：从东汉开始，人工制墨已经开始进入了模制时代。关于墨的形制，尹润生在《墨林史话》一书中认为"历代对于墨的单位名称并不统一，综合起来约有螺、枚、量、丸、笛、挺、锭、块等不同的名称，这样的复杂单位名称，颇有统一的必要，不如统称为锭，比较通俗易晓，不致令人误解"。综合分析墨的形制发展历程，笔者以为尹润生的这一提法并不妥当，在墨模出现以前，墨的形制多为随手捏制，墨模出现以后也是经过逐步发展才形成现在这种 6 块组合。所以螺、枚、丸等称呼实则是对当时墨形制的真实反映，换言之，通过这些称呼的变迁，可以略窥制墨成形的发展历程，

故为了方便称呼，而简单的统一称为“锭”显然并不合适。

[9]〔清〕爱新觉罗•石麟：《山西通志》卷四十七《物产》，第37页。

[10]〔宋〕晁寄一：《墨经》，文渊阁四库全书本，第29页。

[11]〔元〕陶宗仪：《辍耕录》卷二十九，文渊阁四库全书本，第14页。

[12] 萧平汉：《我国古代制墨》，《衡阳师专学报(社会科学)》1998年第2期，第81页。

[13]〔后魏〕贾思勰：《齐民要术》，文渊阁四库全书本，第399页。

此配方见于《齐民要术》卷九之“笔墨第九十一”，因述及“笔法”时明言系“韦仲将笔方”，故后世典籍转记这一制墨配方时也多将之归为“韦仲将墨法”，《晁氏墨经》将“韦仲将墨法”与“后魏贾思勰墨法”分而书之，但这两种方法其实并无区别，元代陆友在《墨史》中也对此进行了评论。韦仲将即韦诞，三国时著名书法家，据载，洛阳三都宫观建成时，魏明帝命韦诞题字，韦诞就认为“御笔墨皆不任用”，必须用张芝笔、左伯纸及他本人自制墨才能写出好字。这说明韦诞本人制墨工艺相当高超，故贾思勰所记“合墨法”实为“韦仲将墨法”是极有可能的。

[14]〔宋〕苏易简：《文房四谱》卷五，清十万卷楼丛书本，第35页。

[15]〔宋〕欧阳修：《新唐书》卷五十七，第57页。

[16]〔元〕陆友：《墨史》上卷，知不足斋丛书，第74页。

[17] [18]〔宋〕晁寄一：《墨经》，文渊阁四库全书本，第29页。

[19]〔明〕杨慎：《丹铅余录•总录》卷二十一，文渊阁四库全书本，第29~30页。

[20]〔清〕谢崧岱：《论墨绝句诗》，桑之行等编《说墨》，第363页。

[21] 宋代晁季一《墨经》：“古用立窑高丈余，其灶宽腹、小口、不出突。于灶面覆以五斗瓮，又盖以五瓮，大小为差，穴底相乘，亦视大小为差。每层泥涂惟密。约瓮中煤厚，住火，以鸡羽扫取之”，第29页。

[22] 方晓阳根据文献推想所绘。《中国传统工艺全集•造纸与印刷》，第213页。

[23] [28]〔明〕宋应星：《天工开物》，明崇祯初刻本，第371页。

[24]〔清〕谢崧岱：《南学制墨札记》，桑之行等编《说墨》，第63页。

[25]〔清〕谢崧岱：《论墨绝句诗》，桑之行等编《说墨》，第364页。

[26] 此为俗称，并非指玻璃遮光所用的太阳膜。系采用聚乙烯材料编织而成，广泛用于菜田遮阳，也叫防晒网。

[27] [37]〔宋〕晁季一：《墨经》，文渊阁四库全书本，第29~30页。

[29] 宋代晁季一著《墨经》：“凡墨，胶为大。有上等煤而胶不如法，墨亦不佳。如得胶法，虽次煤能成善墨”，文渊阁四库全书本，第30页。

[30] [法] P. G. 德热纳、J. 巴杜著，卢定伟等译：《软物质与硬科学》，第42~43页。

[31]〔明〕麻三衡：《墨志》，桑之行等编《说墨》，第93页。

[32]〔清〕谢崧岱：《南学制墨札记》，桑之行等编《说墨》，第64页。

[33]〔清〕谢崧岱：《论墨绝句诗》，桑之行等编《说墨》，第366~367页。

[34]〔宋〕李孝美：《墨谱法式》，文渊阁四库全书本，第17~18页。

[35] [46]〔宋〕晁季一：《墨经》，文渊阁四库全书本，第30页。

[36]〔北魏〕贾思勰：《齐民要术》，文渊阁四库全书本，第399页。

[38]〔宋〕李孝美：《墨谱法式》，文渊阁四库全书本，第17页。

[39] [42]〔明〕沈继孙：《墨法集要》，文渊阁四库全书本，第548页。

[40] [41]〔宋〕李孝美：《墨谱法式》，文渊阁四库全书本，第18页。

[43] 清代谢崧岱《论墨绝句诗》有记："桐松性相反，用胶亦然，桐贵清，松贵浓"。桑之行等编《说墨》，第 366 页。

[44]〔清〕谢崧岱：《论墨绝句诗》，桑之行等编《说墨》，第 366 页。

[45]〔明〕沈继孙：《墨法集要》，文渊阁四库全书本，第 547 页。

[47]〔明〕沈继孙：《墨法集要》，文渊阁四库全书本，第 551~552 页。

[48] 张炜等：《古墨的制作工艺及保存问题的探讨》，第 21~26 页。

[49]〔明〕沈继孙：《墨法集要》，文渊阁四库全书本，第 557 页。

[50]〔明〕方于鲁：《方氏墨谱》，转引自桑行之等《说墨》，第 1~5 页。

[51] 鲍义来：《徽州文化全书•徽州工艺》，安徽人民出版社，2005 年，第 173 页。

[52] [53] [54]〔明〕沈继孙：《墨法集要》，文渊阁四库全书本，第 559 页。

[55]〔明〕沈继孙：《墨法集要》，文渊阁四库全书本，第 560 页。

第三章　油烟墨

油烟墨系指用油料不完全燃烧后取得的烟炱作原料，再加以其他原料所制成的具有一定形制的墨锭。制作油烟墨所采用的油的品种多种多样，既有植物油、动物油，也有矿物油。

随着制墨手工艺的发展，制墨原料也发生变化，用油烟作为制墨原料，突破了此前制墨原料仅用松烟的单一局面。油烟墨出现的年代应当略晚于松烟墨，其后因为松烟墨工艺发展迅速，成为传统制墨工艺的发展主流，在很长一段时间里，关于油烟墨工艺发展的情况不得而知。但进入宋代以后，因为多种因素制约，松烟墨工艺发展渐趋低迷，油烟墨取代了松烟墨的主流地位，并延续至今。

第一节　历史沿革

一、渐成于南北朝

油烟墨的始创，近代有许多研究者认为是始于南唐墨工李廷珪或宋初墨工张遇，这应当是受谬误的文献记载所影响[1]，实际上，油烟墨出现的年代应当在南北朝时期，略晚于松烟墨。成书于北宋初期的《文房四谱》中就详细记载了南北朝时张永的麻子墨法：

造麻子墨法：

以大麻子油沃糯米半碗强碎，剪灯心堆于上，燃为灯，置一地坑于中，用一瓦钵微穿透其底，覆其焰上取烟煤。重研过，以石器中煎煮皂荚膏，并研过者糯米膏，入龙脑、麝香、秦皮末，和之捣三千杵，搜为挺，置荫室中，俟干，书于纸上，向日若金字也。[2]

根据《宋书》的有关记载印证，这里所说的张永当指南朝宋文帝朝的征西将军张永。从文献调研结果看，张永的麻子墨法也应当是现存文献中记载最早、最详细的油烟墨法。这份制墨配方，已经具备了后世油烟墨工艺中的浸油、烧烟、筛烟（这里对应“重研”）、溶胶（这里对应“皂荚膏”和“糯米膏”）、用药、杵捣、搜烟等主要工序。而且，根据文献记载，张永以此工艺制出的墨质量十分优异，“色如点漆，一点竟纸”。因此，文帝每得到张永上奏的表章时，都把玩不已，并“自叹供御者了不及也”。

根据工艺发展规律可知，在张永的这份体系比较完备的油烟墨配方问世之前，应该已经有前人进行过油烟墨的工艺探索。

明代弘治年间宋诩在其所著的《竹屿山房杂部》中记载了另一份比较详尽的油烟墨配方——南唐墨工李廷珪的油烟墨法：

麻油十三斤（今用桐油），以苏木一两半、黄连二两半、杏仁二两，捶碎同煎油，变色滤过，再以生油七斤和之，入盏烧烟，扫下，每烟四两半用黄莲半两、苏木四两各捶碎，水二盏同煎五七沸，色变，熟绢滤去滓，别用沉香一钱半，前药汁四两半再煎，滤次用片脑五分、麝香一钱、轻粉一钱半，又以药汁半合研滤，将余药水入黄明胶一两二分同熬，不住搅，令化醒，又内沉香脑麝，水搅匀，乘热倾烟内，就无风处和匀杵透，候光可照人，范之，干则复蒸，以滑石为末，洒墨上，瘗灰中五七日，候干，水磨洗刷明收。造墨，春夏胶多秋冬胶少。[3]

将张永的油烟墨法与李廷珪的油烟墨法相比较可见，后者明显更为详尽，浸油工序分为前后两次，溶胶用药比例及操作要领记载详尽，入灰、出灰工序完备，而且分析了天时对制墨的影响等。这表明从南北朝到唐末的几百年间，油烟墨制作工艺有了较为明显的改进并渐趋完善。

二、松油并重于宋

油烟墨制造工艺虽然到唐朝末年已经建立了较为完备的体系，但在接下来的几百年间，松烟墨工艺发展迅速，而油烟墨工艺却并没有留下更多记载。被公推为制墨史上第一人的李廷珪虽然也传下了十分详尽的油烟墨法，但其更为人称道的仍是松烟墨。

在制墨工艺臻于大成的宋代，尽管出现了多部制墨、记墨文献，有姓名事迹可考的墨工也达近两百人，但有关油烟墨的工艺记载却极其简单，只有几处零星记载，比如《春渚纪闻》简短地记载了张遇所供御墨是以“油烟入脑麝、金箔”；北宋叶梦得在他所著的《避暑录话》中简单记载了自制油烟墨之事：“用麻油燃密室中，以一瓦覆其上，即得煤，极简易”；《墨史》中对南宋墨工叶茂实制油烟墨的记载也较为简略：“用暖盒幂之以纸帐，约高八九尺，其下用碗贮油，炷灯，烟直至顶，其胶法甚奇，内紫矿、秦皮、木贼草、当归、脑子之类皆治胶之药，盖胶不治，则滞而不清，故其墨虽经久或色差淡，而无胶滞之患”。之所以出现这种现象，应当是松烟墨工艺在宋代发展已达到了高峰，未及得到较大发展的油烟墨暂时处于劣势地位。

需要特别提一下的是，在松烟墨、油烟墨并重的宋代，也有墨工试着把松烟和油烟混在一起制墨。这种混烟墨虽然并未成为传统制墨的主流，但也代表着当时墨工的一种探索。

然而，松烟墨工艺发展到宋代，尤其是南宋以后，开始逐渐走下坡路。松烟墨工艺发展后继乏力的原因很多，下文还将讨论，但受原料制约显然是重要的原因之一。当松烟墨原料匮乏时，此前未被重视的油烟墨制作技艺开始异军突起，尤其在南宋以后，油烟墨渐占上风，并最终取代了松烟墨的主流地位。成书于元初的《墨史》在记述宋末墨工时就认为“松烟之法久绝”。《四库全书》编者在点校《墨谱法式》《墨法集要》等书时也多次提及“元明以来，松烟之制久绝”。

三、鼎盛于明清

至明朝时，油烟墨已经占据主导地位，制造工艺发展成熟。明初洪武年间成书的《墨法集要》堪称集油烟墨法大成之作，该书完全以油烟墨制作工艺流程为体例，记叙详尽、可操作性极强，只在很少几处提及松烟墨法。

清代同治年间，谢崧岱所撰的《南学制墨札记》及道光年间宫廷《内务府墨作则例》详述了桐油、麻油、灯油、猪油等取烟造墨方法，有关松烟墨法已经不再出现。谢崧岱在其所撰的《论墨绝句诗》一书中甚至认为当时连古松烟墨法中烧烟取松煤的方法都已经失传，将之与木炭制作等同。从上述记载可见，到了清代，松烟墨的制作已经是一蹶不振了。

油烟墨在明清时代发展到高峰，还体现在油料的选取范围大大拓展，油烟炼制工艺更加完善。油烟墨自南北朝时即已出现，但从南北朝到宋代的这几百年间，采用的油料不外麻子油、桐油等，而在明、清两朝，植物油的种类大幅增加。比如沈继孙在《墨法集要》开篇就提及“近代始用桐油、麻子油、皂青油、菜子油、豆油烧烟”。此外，动物油也被大量采用。为便于比较，笔者把文献中记载的部分油烟墨配方以列表形式加以对比（表 3–1）。

表 3–1 历朝部分油烟墨配方

朝代	墨工 / 著述 / 墨法	原料
南北朝	张永	大麻子油、糯米、皂荚、龙脑、麝香、秦皮末
唐	李廷珪	麻油、苏木、黄连、杏仁、沉香、片脑、麝香、轻粉、黄明胶
宋	张遇	油烟、龙脑、麝香、金箔、胶
	赵佶（宋徽宗）	苏合油烟，杂以百宝
	叶梦得	麻油、胶
	叶茂实	油、紫矿、秦皮、木贼草、当归、脑子、胶
	李孝美《墨谱法式》	桐油、秦皮、巴豆、黄蘖、栀子仁、甘松香、陵零香、皂角、胶
		清油、麻子油、沥青、颍川梳头胶、秦皮
		清油、沥青、紫草、酸石榴皮、胡桃青皮、呵梨勒、青黛、皂角、胶
		麻子油、紫草、巴豆、秦皮、黄蘖、胶
		麻子油、沥、紫草、牛角胎、酸石榴皮、秦皮、草乌头、紫草、巴豆、呵梨勒
明	沈继孙《墨法集要》	桐油、芝麻油、麻油、苏木、黄脸、海桐皮、杏仁、紫草、檀香、栀子、白芷、木鳖子仁、巴豆
	方瑞生《墨海》	桐油、猪胆汁、龙脑、麝香、大黄、苏木、良姜、甘松、细辛、丁香、藿香、零陵香、排草、牡丹皮、胶
		桐油、榉皮、巴豆、黄蘖、栀子仁、甘松、藿香、零陵香、皂角
清	谢崧岱《论墨绝句诗》	松香、桐油、灯油、芝麻油、菜子油、猪油、洋油（即煤油）、苏木、熊胆、米酒
	谢崧岱《南学制墨札记》	松香、桐油、灯油（即苏子油）、麻油、猪油、苏木、巴豆、米酒
	徽州独草墨法	桐油、猪油、熊胆、冰片、麝香、苏木、紫草、江米酒、零陵香、排草、生漆、棉子、猪胆
	内务府墨作之三草墨	桐油、猪油、紫草、生漆、白檀香、零陵香、排草、猪胆、冰片、麝香、糯米酒、广胶
	内务府墨作之独草墨	桐油、猪油、苏木、生漆、紫草、排草、白檀香、零陵香、熊胆、冰片、麝香、糯米酒、广胶

由上表可见，明清时代，制作油烟墨采用的油品较之以前有了大幅增加，而且这一时期的墨工还开始对各种油品加以评判、比较，比如沈继孙在《墨法集要》中列举了多种用以烧烟的油品后，进一步指出“诸油俱可烧烟制墨，但桐油得烟最多，为墨色黑而光，久则日黑一日，余油得烟皆少，为墨色淡而昏，久则日淡一日”[4]。清代同治年间，湖南人谢崧岱在亲自实验的基础上，也对各种烧烟的油品进行点评，认为湖南土产的桐油烟最好，次之是松香（即松脂），再次是猪油，再次是灯油（即苏子油）、麻油。[5]

实际上，南宋以后，油烟墨逐渐占据我国传统制墨的主流，并且一直延续至今。根据笔者实地调研情况可知，今天安徽皖南一带的墨厂，其主要产品均为油烟墨，采用原料多为桐油。

第二节 制作工艺

一、古代油烟烧取工艺

（一）油料选取

目前所发现的最早的油烟墨配方是南北朝时张永的麻子墨法，而在油烟墨盛行的明清时代，最常用的油却是桐油，《墨法集要》中指出桐油得烟最多，谢崧岱也持此观点，并通过实验证明用松脂烧烟，一斤松脂只可以得到三四钱烟，而一般的油，比如猪油、豆油，一斤可得烟七八钱，唯有桐油最多，一斤桐油可以得烟一两二三钱。

用于烧烟的桐油不仅要选用上好桐子榨出的油，而且需要将油干晒三天，这样的油才碧清，点烟时才能火光明亮。如果桐子不好，或者含有水分，就会导致炼出的油里有杂质、水分，也有可能产生霉菌，进而导致烧出的烟也不好，所以当时有“烟清不如油清，油清不如桐子鲜明”[6]之说。

关于桐油的选取，谢崧岱在《论墨绝句诗》里的介绍也较为详细，认为虽然东南各省都出产桐油，但以湖南省所产为最好，湖南当地土产的桐油叫作山油，而外地所产的桐油叫作河油，山油用于制墨，品质远远优于河油。以山油熏烟，不仅得的烟多、色黑，并且有紫光，时间再久也不褪色。当然，谢崧岱此论可能是因为他本人为湖南人氏的原因，明代方瑞生则认为婺源的桐油最适于制墨。

（二）烧制方法

油烟的制备大致可以分为两个步骤，一是点烟前油料的前期处理程序，主要包括浸油与染灯草，二是点烟和扫烟（亦称收烟）。

1. 浸油与染灯草

浸油是点烟前的准备工序，也称“煤油”，就是把准备添加的部分药物在油中浸泡一定时日，在烧烟前再把浸有药物的油先以火煎，把所浸药物进行充分提取，滤去渣滓。

关于浸油，文献也记载了多种方法，早期的浸油相对简单，比如前文提及的张永的麻子墨法，浸油工序就是用大麻子油浸泡糯米半碗，把糯米碾碎后，放一些灯草在上面即可。到了宋代，浸油的工艺仍然没有太多要求，比如《墨谱法式》所记载的油烟墨法：

> 桐油二十斤，大粗碗十余只，以麻合灯心，旋旋入油八分上。以瓦盆盖之，看烟煤厚薄，于无风净屋内以鸡羽扫取。此二十斤可出煤一斤。秦皮二两，巴豆、黄蘖各一两，栀子仁、甘松香、陵零香各半两，皂角五挺，细槌碎，以水五升浸一宿，次日于银石器内慢火煮至耗半，滤去滓，秤取一斤，入胶四两，再熬化，尽退火，放冷经宿，旋旋入煤搜匀。
>
> 同前：

清油、麻子油、沥青作末各一斤，先将二油调匀，以大碗一只，中心安麻花点着，旋旋掺入沥青。用大新盆盖之，周回以瓦子衬起，令透气熏取，以翎子扫之。每煤四两用颍川梳头胶一两，先以秦皮水煎取浓汁四两，并胶再熬匀化，搜煤。

同前：

清油一斤、沥青一斤，先以紫草二茎，灯心十茎，共作一束，可长三寸，于一大碗胶定，倾油在内，掘一地穴子埋定，露碗唇两指，合以新盆（三五斗大）用砖子三脚衬起，点着草，至夜扫之。酸石榴皮、胡桃青皮各二枚，呵梨勒一分，青黛半两，皂角三挺，并碎之，以水二斗煮及一斗，以绵滤，取汁一斤入胶四两，再熬，不住搅，候沫散，和煤一斤（煤少再依前法烧取）。[7]

从《墨谱法式》记载的这几种油烟墨法看，当时还没有把浸油工序看得如后世那么重要，至少没有单独列出来成为一道工序，至多是把几种油进行充分混合，辅料的添加也基本上还是在烧烟工序以后进行。

而后来的浸油则相对复杂得多，制墨中需要添加一些重要辅料的时机，也由松烟墨工艺中的溶胶入药工序前移至浸油工序，较为完备的记载当属《墨法集要》中所记载的浸油工序：

桐油十五斤，芝麻油五斤，先将苏木二两、黄连一两半，海桐皮、杏仁、紫草、檀香各一两，栀子、白芷各半两，木鳖子仁六枚，锉碎入麻油内浸半月余，日常以杖搅动，临烧烟时下锅煎，令药焦，停冷，漉去粗，倾入桐油，搅匀烧之。[8]

不独明代的墨工在制墨时开始重视浸油，到了清代，浸油仍然被视为一道重要的工序，比如清代《内务府墨作则例》中也特别提及“熏烟用桐油、猪油，染灯草用苏木，煤桐油用生漆，煤猪油用紫草”，这里所说的“染”和“煤”，显然属于浸油工序。浸油的目的，古人也有所认识，方瑞生就认为在桐油里浸入紫草、苏木，混入生漆后，以灯草点燃，可以让火苗小而有光彩[9]，谢崧岱认为桐油里浸入巴豆，可以在燃烧时促进发烟[10]，让点出的烟更黑。

图 3—1　模拟古法点烟（摄于屯溪胡开文墨厂）

油为液态，无法直接点燃，所以需要借助棉条、灯草等引燃才能冒出黑烟。在点烟前，灯草一般都需进行处理，是为染灯草。染灯草的工序有的是与浸油工序合而为一，将药物、灯草等一同浸于油内，也有的是单独将药物与灯草一起煎煮。在《墨法集要》中还专门列出“灯草”一节，作为一道独立的工序予以记录：

拣肥大、黄色、坚实灯草，截作九寸为段，理去短瘦，取首尾相停者，每用十二茎，以少绵缠定头，于粗板上以手搓卷成一条，令实，复以少绵缠定尾。夏极热时，减去两茎，只用十茎搓卷。仍旧用十二茎，则得烟虽多而不良。候卷得四五百条，方用苏木浓汁煎灯草，数沸候，紫色漉出，晒令极干，纸裹藏之，勿令尘污，用则旋取。[11]

从《墨法集要》这段记载可见古人除了重视灯草的挑选和以中药材煎煮，还认识到灯草的选用也会直接影响到烧烟制墨的产量和质量、若点烟时灯草数量多，则火苗大，收烟较快，相应地，烟也比较粗，只能做一般的墨；反之，则收烟慢，烟也较细，适宜做上等墨。

这一观点应当是有其科学依据的，也可以从后来的制墨实践中得到印证：清光绪年间的《内务府墨作则例》详细地记载了制作“独草墨”和“三草墨”的用料情况，二者采用的原料重量几乎相同，但得到的油烟却相差很远，为便于直观表达，现将两种墨点烟部分的用料列表于下（表 3–2）。

表 3–2　独草墨、三草墨用料一览表 [12]

墨名	桐油	猪油	灯草	苏木	生漆	紫草	白檀香	排草	零陵香	得烟	得墨
独草墨	400 斤	200 斤	2 斤	3 斤	2 斤	2 斤	12 两	8 两	8 两	180 两	285 两
三草墨	400 斤	200 斤	4 斤	—	2 斤	2 斤	12 两	4 两	4 两	360 两	570 两

上表可以清晰地反映出灯草使用的数量和制墨数量的对比关系。不过，谢崧岱对此有不同的看法，他在自己实验的基础上指出“言灯草少则烟细，试之殊不然，亦无远细近粗之说”。结合二者推断，应该是得烟多少与粗细虽然表面上与使用灯草多少有关，但根本原因还是取决于点烟时火苗的大小。

2. 点烟（图 3–1）与扫烟

获取油烟的基本原理并不复杂，就是利用灯草引燃油料，再用容器罩在火焰上方一定距离，将容器熏黑的烟，就是制墨所需的油烟。这个过程，需要的基本器具是点火用的油盏和收烟用的烟碗。

当然，尽管原理简单，但实际操作起来，也需要一定的技巧。古人在点烟时进行了各种探索，并发明了多种取烟方法。

一是南北朝时张永麻子墨法所采用的“瓦钵取烟法”。具体的方法是在地上挖坑，把点燃的油盏放进去，然后再用一个穿透底部的瓦钵盖在燃着的油碗上方取烟。

二是《墨谱法式》记载的“地穴取烟法”。具体的方法是先在地上挖一个穴，然后把油盏固定在穴内，油盏唇露出地面两指。把浸好的油倒进碗内，以紫草、灯草合为一束点烟，油盏上用一个三五斗大的新盆盖上，用砖头垒成三脚把盆垫起来。一般早晨开始点烟，到晚上开始扫烟。

三是《墨谱法式》记载的“瓦罐法”，也是在地上挖坑，内置油盏，但收烟的用具，却是相叠起来、内部贯通的七八个瓦罐，正如前文提及的立式松烟窑方法。具体的方法是在地上挖一个深约五寸、径为七寸的坑，坑的三面都挖有通道，通道长一尺多，宽四五寸，靠近地坑的地方宽一寸，并用砖泥盖好。这三条通道的作用是保证油盏点火后有足够的空气流通，保证燃烧。油盏放在挖好的坑内，下面垫砖，使油盏唇高出通道口，这样做是为了防止从通道口进入的气流吹动火苗，影响收烟。点火后，油盏上方大小依次盖着七八只瓦罐，每只瓦罐的底部开有大小依次的小口，最后一只瓦罐底只留三分大的小眼，不要封闭，以保证通风顺畅，每两个瓦罐相接的地方都用湿纸糊好，不让透风。最下面一个瓦罐边缘开有小口，供查看点火情况，也以湿纸糊严。点火以后，烟就沿着瓦罐底部小孔，次第上飘，滞留罐内的即为所取之烟。显然，这种多个瓦罐次第堆放的取烟方法，可以对取得的烟进行自动分级。

四是《墨史》记载的南宋墨工叶茂实的“纸帐收烟法”。具体的方法是用纸搭建成一个高八九尺的类似暖阁一样的纸帐，周围密封，在纸帐内用碗贮油，点燃后发出的烟直至帐顶凝聚，然后将其扫下来。

五是《墨法集要》记载的“瓦盆法”（图 3–2）。具体的方法是选一个大的圆厚瓦盆，瓦盆内阔二尺一寸，这样才可以放下足够多的油盏。瓦盆的边缘阔一尺，可以垫砖块，衬起烟碗。瓦盆深三寸半，底部宽

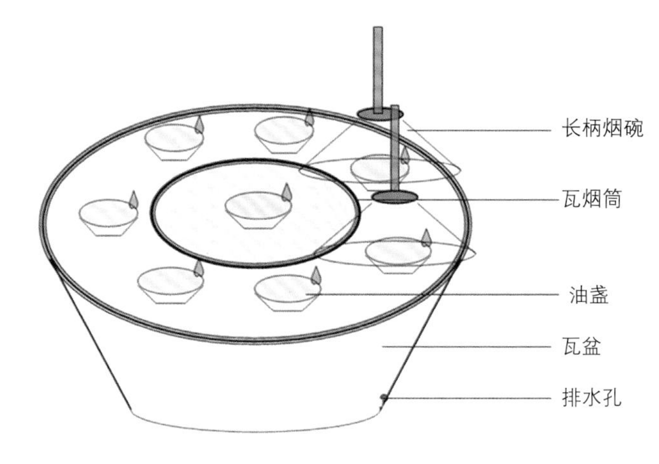

图 3-2　瓦盆点烟法文献推想简明示意图

平，靠近瓦盆底部边缘开指头大的一个孔，平时用棉纱塞住，以备放水用。把瓦盆放在约三尺高的长木架上，以便于扫烟。瓦盆内用薄砖七块绕盆缘排转，瓦盆的中央再放一个阔边瓦烟筒，烟筒内阔六寸，连缘共阔八寸，高与瓦盆口相齐，瓦烟筒内也放置一块薄砖。这样，整个瓦盆内就共放置了八块薄砖，每块砖上都放置一个油盏，油盏的口比盆口低三分。然后在瓦盆内注水，注水位比油盏口低三分，再在每个油盏内放置灯草，注油点燃，用陶炼细土烧就的长柄瓦碗或普通的大碗以长竹片扎住四周，做成长柄烟碗，沿着瓦盆和瓦烟筒的边缘盖在油盏上取烟。点烟过程中，如果瓦盆里的水变热，就要不断地注入冷水，因为温度过高，可能会导致油完全燃烧，出烟就少。但不可以一次性全部换成冷水，因为如果瓦盆内环境温度太低，烟就不往上升，得烟就很少。因此，浸水是个很关键的环节。两次点烟中间换水时，可以把靠近边缘小孔处的油盏取出，拔去塞住小孔的面纱，放干水后再塞住漏斗，加水。如果瓦盆中的水用久了有油腻浮在水面，以笊篱捞去即可，如果瓦盆内有油腻干硬之物粘在边缘，则要清理干净才可以点烟。

六是《墨法集要》记载的“水槽法”。具体的方法是用杉木做成长七尺、宽一尺四寸的水槽，水槽中间用一条木梁分成两列，并用麻筋油灰等粘牢糊好，以保证不会漏水。在水槽尾部近底处开一圆窍，以备放水，然后把水槽放在三尺高的长木凳上。水槽内垫砖，油盏一路排开，放在砖上，这样尺寸的水槽一般可以放置两排共 40 只油盏，上面以烟碗覆盖取烟，比起只能放置 8 只油盏的“瓦盆法”而言，显然大大提升了烧烟效率。

七是明代方瑞生在《墨海》中所记的“水槽法”。其法与《墨法集要》所记水槽法大体相同，区别之处在于方瑞生认为水槽大小可以因地而定，视水槽长短决定放多少油盏。水槽内放有沙子，然后注水，油盏卧在沙子上，其余方法与《墨法集要》所记一致。

关于烧烟取煤的工艺要求，早期的油烟墨法中多未有提及，或只是简单地一笔带过，如“然为灯”或是“入盏烧烟”等，油烟的扫取记载也很简单，不过是“看烟煤厚薄，于无风净屋内”以“鸡羽扫取”“以翎子扫之”“扫煤入袋”等。《墨法集要》开始详细地记载烧烟取煤的工艺特点：

宜秋深冬初，于明亮密室，上置仰尘，四向周密。

勿见风，致烟落。约四五刻扫烟一度，则一度剔去灯草，逐盏以筋剪，去灯煤，弃于水盆内，否则灯花罩了火焰，烟不能起。

忌油滴烟中及红焰灯花落烟内，则不堪用矣。

以鹅翎扫烟，入瓦盆中。经宿始可并聚一室盖之。

须以空烟碗一只替下有烟碗扫之。

每日约扫二十余度，扫迟则烟老，虽多而色黄，造墨无光不黑。室中置水盆十枚，自早至暮烧之，须拣无风之日，若有风或烟房不密，得烟皆少。夏烟亦老，必频换冷水，及减灯草为良。[13]

这段记载相当详尽，既指出了烧烟的季节要选在秋深冬初，以防烟“老”，还指出烧烟时应在密闭无风的净室里，以防风吹致烟落，同时对何时剪去灯花，何时扫烟，扫烟时要注意防止油滴、灯花落入烟中都有详细说明，极具可操作性。

当然，古人烧制油烟的方法远远不止这些，但大致原理则没有本质区别。对古人烧制油烟的几种方法进行综合比较，可以发现早期的点烟方法相对简单，大多是在地上直接挖坑，置油盏于内烧烟，对于在室内还是在室外操作，也不做特别的强调。应当说，这一时期的油烟烧制工艺，还是受到松烟烧制工艺的影响。而到了明代以后，点烟的要求明显更高，并进行了改进，主要体现在以下几方面。

一是更注重点烟的环境。早期的点烟方法多是在地上直接挖坑，然后置油盏于内烧烟，后期则改进为在大瓦盆内注水后放置油盏，或在室内放置水槽，置油盏于内烧烟。用水作为中间介质，显然更有利于烧烟环境的温度稳定，而且比较利于调节；在室内收烟，其实质是更强调营造烧烟的小环境，正所谓“点烟宜避风”。显然，在相对封闭的环境里烧烟取煤，其工作效率要高于随地挖坑点烟。

二是所用的器具也更讲究、更专业。早期的烧烟方法中，只有“碗”“大粗碗”“瓦盆”等简单的称谓，而明代以后的烧烟工艺中，对油盏、烟碗（图 3–3），乃至水槽、瓦盆的大小、形制和使用方法都有详细说明，比如《墨法集要》记载的长柄烟碗形制为：“长柄瓦碗，圆阔五寸三分，深二寸五分，柄长三寸，连柄高五寸五分。”可以推想，这种尺寸应当是工人在长期的点烟操作中逐渐改进而来，更加便于手持、扫烟等操作。有了标准化的收烟工具，不仅表明油烟墨工艺更加成熟，油烟墨的制作更加普遍，还可能意味着油烟墨生产开始有更精细的分工，而更精细的分工导致了专业工具的产生。鉴于明代的经济形态，制墨生产分工精细化是有可能的，就油烟烧制而言，明代即出现了专门在产桐油之地点烟，免去“载油之艰”的做法。[14]

图 3–3 古代烟碗

三是操作工艺更精细化。前后对比可见，后期的烧烟工艺明显比早期更为繁复、精细，更具操作性。比如关于在取烟时烟碗与油盏的高度，在早期的烧烟方法中，多含糊指出“上以烟碗取烟”“上盖以瓦盆”，但《墨法集要》就比较明确地指出碗心要正对着火焰，这样才能取到更多的烟；碗口边缘还要涂些姜汁，应当是可以阻止烟沿碗缘翻飘至碗外；急手扫烟，可以防止烟积多了厚而距火苗太近导致烟发黄，也可以防止烟厚掉落到油盏内；如果烟碗被油污内外，需要赶紧拭净，如果沾污到烟，这种烟就不能用来制墨。方瑞生在《墨海》中还特别指出了烟碗在油盏火苗上方的高度应当适宜，并给出了简要的操作要领“高不过拳，卑不累掌”，把过去的“以砖衬起”的记载予以标准化。

四是得烟更多。从文献记载看，早期的油烟烧制方法显然得烟不多，比如张永的麻子墨法，以瓦盆覆盖取烟，则不论是点烟还是扫烟，考虑到瓦盆的体积和重量，操作起来应该都不会很方便，产量也可想而知。再比如叶茂实的纸帐取烟法，虽构思精巧，但可以想见，纸帐内不可能放置太多油碗，否则可能会引燃纸帐，而且，纸帐高八九尺，只能有极少的烟可以上飘至顶、凝结下来。而到了明代以后，收烟的瓦盆等被专门制作的烟碗代替，点烟的水槽或瓦盆一般都放在三尺高的木架上，特别是在水槽内放置油盏，可以根据室内空间，尽力放置。显然，比起在地上挖坑，以瓦盆取烟要便于操作得多。扫烟时，有烟的碗拿下，同时换上无烟的碗，一天可以扫烟20余次，每个熟练的墨工可以照看数十只油盏，这些都表明明代以后的油烟烧制方法可能得烟更多。

二、现代油烟制备工艺

现代的油烟制备工艺，其基本原理与古时并无不同，仍是点燃油料，使之不完全燃烧，在火焰上方用承接装置收烟，然后扫下。基本原理虽然相同，但现代的油烟烧制方法和采用的设备，与古时相比已经产生了质的变化，实现了机械化、连续化生产，生产效率、生产能力也都大大提高。[15]

现代墨厂中的油烟制备一般选用桐油点烟，采用的方法为“滚筒取烟法”。收烟的滚筒（图3–4）一般长约10米，直径30厘米，烧烟时，滚筒不停旋转，承接滚筒下方火焰发出的烟（图3–5），故称“滚筒取烟法”。

图3–6为现代墨厂中滚筒取烟法设备的简明示意图。由图可见，滚筒取烟的设备主要分为两大部分：点火装置和收烟装置。

其基本工艺流程为：桐油因自身重力从油桶经输油管道进入雾化装置，雾化后的桐油进入输油管，经输油管上点火孔点火，目前墨厂中点火介质不再如古时一样使用灯草等，而是直接用液化气点燃。

输油管的上方有滚筒，滚筒与输油管之间的高度可以任意调节。桐油经点火孔点燃后，火苗炙烤滚筒，

图3–4　滚筒取烟设备外形

图3–5　滚筒取烟设备内部（上方为滚筒，下方较细管道为输油管）

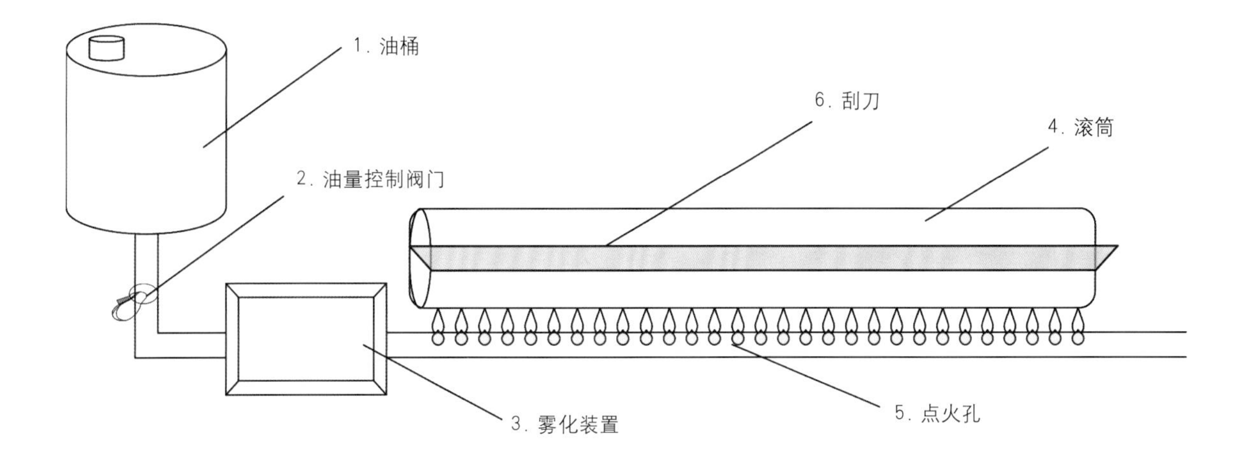

图3–6　现代油烟制备原理简明示意图（剖面局部）

滚筒不断旋转，滚筒内部用循环水冷却，经冷却的滚筒与火苗接触，产生烟炱，附着于滚筒上。滚筒的两侧装有刮刀，刮刀在滚筒转动的过程中把烟刮下，通过传送带收集在一起。

滚筒、输油管全部密封在点火舱内，以保证火苗能在无风的环境下安静燃烧。在点火舱的上方和下方各有一条通道，内与点火舱相通。这样，点火时未及附着在滚筒上的飞烟，以及刮刀在滚筒上刮烟时引起的飞烟，都可通过这两条通道收集起来。

点烟的技术要点在于火苗大小的控制。太大，则燃烧过于充分，总收烟量降低，且粗烟所占比例加大；反之，若火苗过小，则产量太低，不利于整个生产，且容易发生灭火现象。火苗的大小可通过油桶与雾化装置之间的油量控制阀来进行调节，也可通过调节输油管与滚筒间的距离来调节，以获取最佳点烟状态（图 3–7）。

调研得知：现代的滚筒点烟设备，每日可点桐油 15 千克，得烟 2 千克，其中，细烟与粗烟大致各为 1 千克。按此数字计算，则现代油烟烧制工艺的效率显然要大大超过古代烧烟工艺。

同古代油烟烧制工艺相比，现代油烟烧制工艺明显有很大进步，体现在以下几个方面。

1. 大大提升了劳动效率。古代油烟烧制工艺中，一只烟碗，每日可扫烟 20 余次，现代油烟烧制工艺中，输油管上的每一个点火孔相当于古时的一只烟碗，一节输油管上有点火孔数百个，一名技术员即可保证滚筒设备运行。

古人在扫烟时，烟碗须拿离火苗，一拿一放之间，必有烟逸失，而采用滚筒收烟，则实现了连续生产，不用担心烟的飞散逸失。沈继孙在《墨法集要》中认为“每桐油一百两得烟八两，此为至能”，而现代墨厂中采用滚筒取烟，大致每 15 千克桐油可得烟 2 千克，油、烟的投入产出比几乎上升了一倍。

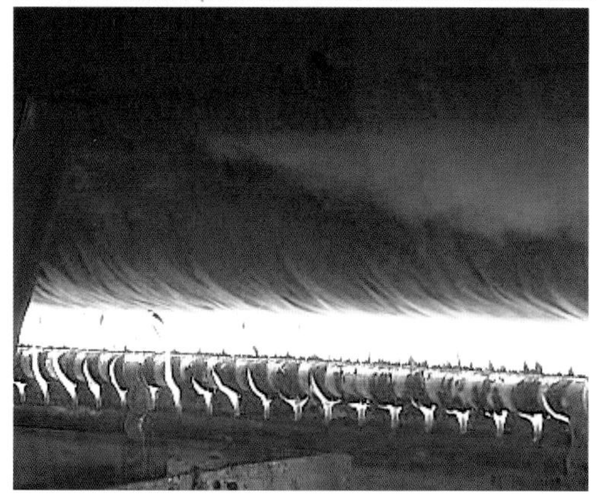

图 3–7 滚筒点烟火苗大小控制示范图

2. 降低了生产操作难度。桐油经雾化，更容易控制火苗的大小，也不用担心油量过大，未及燃烧而沾污滚筒。

以液化气为介质点火，比之古人用灯草点火也更为科学，不用随时修剪灯芯，即可保证火苗大小稳定。无须担心灯花罩住火苗，阻住油烟上升，也无须担心灯花会掉落到油中，这些改进都大大降低了生产操作难度。

3. 烟的质量有所提升。古人在进行油烟烧制时，强调烟碗中的烟要及时收集，否则，烟积得太厚，距离火苗太近，收的烟就会发黄，不适于制墨。而现代采用滚筒收烟，紧贴滚筒的刮刀保证了滚筒上的烟旋积旋收，既无须担心收集不及时而导致烟变质的问题，也保持了火苗和滚筒间的距离始终不变，这样烧出的烟质量也更均匀。

三、制胶

胶在油烟墨的制作工艺之中不可或缺，墨的质量优劣与用胶关系密切，故自古至今，制墨界对制胶之法、用胶之法、和胶之法非常重视，作为技术秘诀杜绝外传。

在制墨工艺中，油烟墨的制胶工艺与用胶原则等与松烟墨大致相同，由于在"松烟墨"一章中对胶在制墨工艺中的重要作用、胶的种类与制作方法、胶的使用原则已有详细阐述，故本节不再赘述。

四、添加辅料

从现存文献来看，中国墨虽然主要由烟、胶混合而成，但其中还添加了数量不多但种类复杂的辅料。这种被古人称为"加药"的工艺虽然自古以来不时有人表示反对，但多数墨工对此工艺加以承袭，尤其在油烟墨的制作工艺中应用得更为普遍。

纵观古今制墨文献中所记载添加的辅料，主要有鸡子白、真朱砂、麝香、丁香、檀香、香仁、干漆、紫草末、酢石榴皮、梣皮、牡丹皮、海桐皮、水牛角屑、皂角、胆矾、马鞭草、栀子仁、黄蘖、黄莲、黄芦、颖青、白檀、乌头、真珠、玉屑、金箔、龙脑、甘松、藿香、五倍子、黑豆、巴豆、丹参、茜根、胡桃、熊胆、猪胆、鲤鱼胆、蛇胆、栀子、白芷、木鳖子仁、藤黄等。其添加方法也随时代不同而有所改变，如明代以前，辅料基本是在和剂时加入，而到了清代，据《内务府墨作则例》记载，添加辅料的方式除了传统的和剂时添加外，还可以在燃油取烟时添加。[16]

《墨谱法式》"叙药篇"对各种辅料的作用进行了较为详细的分析，参见表3–3。

表3–3 各种辅料对墨质的影响

功能	药物名称
解胶益色	梣皮
至黑而泽	猪胆、鲤鱼胆
碎胶煤气	甘松、藿香、零陵香、白檀、丁香、龙脑、麝香
助色	地榆、虎杖、卷栢、五倍子、丹参、黄连、黄芦、紫草、欝金、茜根、黑豆、百药煎、苏木、胡桃、青皮、草乌头、牡丹皮、棠梨叶、呵梨勒
除湿气	皂角
去胶色	栀子、仁青黛
研无声	黄蘖
胶力不尽	川乌头
砚中迟散	酸石榴皮
增肥	巴豆
益色	绿矾、朱砂

尽管文献对一些辅料的作用做了较为详细的说明，但是，也有一些加入墨中的辅料让人无法理解其用意，比如黄金，虽然可能令写出的字有光泽，但加入黄金的墨，毕竟不是常人所能用得起的，从这个角度来看，制墨加入黄金，"噱头"可能要大于实用。

此外，即便在辅料添加已成传统、辅料种类越来越繁杂的时候，仍有墨工坚持不加药物，明朝杨慎在《丹铅余录》中就记载了宋代一位墨工蔡瑫，称他制墨"自烟煤胶外一物不用，特以和剂有法，甚黑而光"[17]。

明代谢肇淛则也对墨中加药持不赞成态度，他认为：

古人书之用墨，不过欲其黑而已，故凡烟煤，皆可为也。后世欲其发光，欲其香，又欲其坚，故造作百端、淫巧还出、价侔金玉，所谓趋其末而忘其本者也。[18]

迨至清代，谢崧岱也认为后人制墨热衷于添加药物是一种舍本逐末的行为，就对制墨时普遍添加麝香予以评论：

入麝香者，不过欲炫其目先眩其鼻耳。墨之佳否何在此？品题者鼻先于目，必非知音。以香分优劣，岂不知入麝之极易？易耶，亦可谓不达于理矣。

结合古人言论，并加以综合分析，笔者认为《墨法集要》对加药的论述应当是比较科学的：

用药之法，非惟增光、助色、取香而已，意在经久，使胶力不败、墨色不退，坚如犀石莹泽，丰腴腻理可爱，此古人用药之妙也。

药有损有益，须知其由。且如绿矾、青黛作败，麝香、鸡子青引湿，榴皮、藤黄减黑，榛皮书色不脱，乌头胶力不隳，紫草、苏木、紫矿、银朱、金箔助色发艳，俗呼艳为云头。有用香药以解胶煤气者，但欲其香，不知为病，损色，且上甑一蒸之后香气全无，用之何益。惟入蔷薇露者，其香经久不歇……然欲墨之黑，一须烟淳，二须胶好而减用，三须万杵不厌，此不易之法不可全籍乎药也。[19]

沈继孙在这里首先肯定了加药对墨质的改善作用，能增光、助色、取香，并助胶力，保证墨色不褪、保存长久。而且，他还明确指出加药有损有益，比如药加得过多会损坏墨色，还指出有些药加进去其实毫无用处，最后又明确指出，决定墨质高低的根本因素还是在于烟胶优良、和制得法，而不能过分依赖加药。显然，沈继孙的论述是很科学的。

五、和制

和制也称和料，其核心技艺是根据配方确定烟与胶的比例，以及添加辅料的种类与数量。和制对墨的品质影响极大，自古以来一直是制墨者秘而不传的绝技。烟与胶的比例通常不仅会因使用的原料不同而改变，而且还会因为和制的时间不同而改变。由于油烟墨使用的原料不同于松烟墨，故在油烟墨的和制工艺中，加入的胶与辅料不会与松烟墨相同。由于烟胶比例与添加辅料的种类与数量牵涉到制墨厂家的商业秘密，故不作讨论。

在未使用电动工具之前，和制是由人工来完成的，为了将烟、胶充分混合，需要消耗大量的体力。如今，电动小型拌料机代替了人力，不仅省时而且拌料更加均匀。和制之后的墨团呈现黑色的泥状，称为墨稞或墨泥，通常要放在具有较好保温性能的炕炉内，以保持一定的柔韧性。

六、杵捣

从炕炉内取出保温备用的墨稞，放在用树桩制成的墨墩上以六磅方铁锤反复捶打，万杵不厌，使烟细胶匀。墨的质量与捶打的次数直接有关，捶打的次数越多，造出的墨质量越好。模拟实验证明，墨稞经过一定数量的杵捣之后，墨中的胶会均匀分散并形成特殊的网状结构将烟炱包裹起来，这大概就是传统制墨工艺中为什么要反复捶打数千次甚至几万次的真正原因。目前，人工杵捣已被电力驱动的三辊研磨机所代替，在通过三根辊筒的表面相互挤压之后，墨泥中的烟与胶可充分混合。由于三辊研磨机的转动与碾压的速度很快，故而工效得以大大提高。

七、压模

压模通常由称量、揉剂与模压三道工序组合而成。所谓“称量”是用秤称取一定重量的墨剂，为了保证制成的墨锭的重量，称量墨胚的重量要稍微多一点，这样就可提前弥补因压模及晾墨过程中丢失水分而产生的损耗。所谓“揉剂”是用手工将墨稞压在工作台上反复揉压，然后将揉过的墨剂装入墨模中，准备模压。所谓“模压”是用一种叫作“坐担”的工具对放有墨剂的墨模进行加压，使墨剂挤满整个墨模内的空间，在墨剂上塑造出原先雕刻在墨模上的文字花纹。

八、晾墨与其他工序

油烟墨与松烟墨相同，也采用自然晾干的方法，晾干时间通常至少需要半年，晾干过程中要不断翻晾墨锭，防止变形。

油烟墨的打磨、填字、包装等工艺与松烟墨基本相同，具体内容可参见“松烟墨”相关章节。

第三节 松烟墨与油烟墨的比较与分析

作为中国传统制墨工艺史上最重要的两种墨品，松烟墨与油烟墨尽管在产生年代上略有先后，但却长期并存，直到现在依然如此。这两种墨品之间的比较也成为研究者必须关注的问题。

松烟墨和油烟墨作为我国制墨史上最为重要的两种墨，它们的工艺体系组成了中国传统制墨工艺体系的最主要部分。这两种制墨工艺在出现年代上有先后，松烟墨出现的年代早于油烟墨；在工艺发展过程中有传承，油烟墨的工艺基本上是在松烟墨已经奠定的工艺体系中发展起来的，但两种墨并重的阶段却相对较短。

宋代以前，松烟墨占据了人工制墨的绝对主流，在很长一段时间里，油烟墨基本上处于默默无闻的状态。进入宋代，油烟墨开始逐步兴盛，渐与松烟墨分庭抗礼，宋代也成为松烟墨、油烟墨并重的短暂时代。宋代以后，松烟墨的优势地位逐步消失，此消彼长，油烟墨则逐步兴盛。元明时代，油烟墨已经占据制墨业的主流。本章将从两种墨的质量比较、制墨工艺流程比较等角度，试着分析这两种制墨工艺前后延续和在制墨业中更替占据主流地位的原因。

一、两种墨的质量比较

从工艺发展的角度来说，工艺的更替，往往和产品质量有着直接的联系。具体到油烟墨工艺的兴盛和松烟墨工艺的衰落，也与这两种墨的自身质量有着内在的关系。

关于松烟墨和油烟墨的孰优孰劣，古人有过讨论。明代项元汴认为松烟墨和油烟墨各有特色，并无优劣之分，他在《蕉窗九录》中有如下评价：

> 松烟墨深重而不资媚，油烟墨资媚而不深重。[20]

清代谢崧岱在《论墨绝句诗》中的论述就更为详尽了：

> 桐烟性柔，松烟性刚。桐烟性润，松烟性燥。桐和而静，松介而烈。桐烟色紫，松烟色黑。桐烟悦目，松烟夺目。各有擅长，皆足以自立，优劣则随人所喜。
>
> 桐烟近王，松烟近霸；桐烟似儒者，油烟近豪杰；桐有笼盖一世之概，松有不可一世之概；一为动质，一为静质；一为承恩之树，一有气节之操，本性原不同也。故桐如贤贵命妇，德才俱优，自令人敬爱；松如绝世佳人，既负倾城倾国之貌，纵性情稍或乖张，自不能不细意体贴。[21]

虽然论述得很详尽，但谢崧岱最终还是持中立态度，认为松烟墨、油烟墨各有特色，不应舍此取彼。但研读清代以后的文献，可以发现持油烟墨质量优于松烟墨这种观点的人明显较多。1937 年出版的《歙县志》就认为“书画家辄屏不用，以（松烟墨）质浮易脱，不如油烟浓淡能成五色，久而弥光”[22]。

近现代书画名家中，很多人用墨非常讲究，认为关于松烟墨与油烟墨的使用，应根据书画的不同需要而选用，但在两种墨质量高下的评判上，也比较倾向于油烟墨。比如张大千对松烟墨和油烟墨在使用层面的见解就是：如果是绘画，则油烟墨因为有光彩而比较适合，松烟墨黑而无光，故不宜作画。但在画人物时，用松烟墨来渲染发、鬓、髭、须等则比较适合，在画工笔仕女图的时候，也要用松烟墨渲染，逐次加浓。如果用油烟墨，因为有光，而显得不够黑、不够真实。但是在画山水、花卉时，用松烟墨则不如用油烟墨作画传神。[23] 傅抱石在提及绘画时，也曾经说过最好的墨是油烟墨。

现代也有学者认为松烟追求的是烟的颗粒之细，而油烟则讲究色彩之黑，二者各有特色，在书画上的表现效果也不相同。也有研究表明松烟墨所含的碳粒，其颗粒度要比油烟墨的颗粒度更大，桐油烟的颗粒比较均匀、颗粒的直径基本上都在 30~50 纳米，而松烟的颗粒直径除了 30~50 纳米这个区间外，还有一部分颗粒直径处于 130~150 纳米这个区间 [24]，也就是说在使用过程中油烟墨的使用感觉可能会比松烟墨更为细腻。此外，也的确有书画家指出油烟墨在某些方面要优于松烟墨，以在宣纸上画线来比较，可以发现油烟墨比松烟墨更加细腻，使用起来更加顺手。[25]

现代考古发掘则证明油烟墨在耐水等方面的指标是优于松烟墨的。1988 年 1 月，在合肥南郊宋墓中同时出土了张处厚和朱觐墨各一挺。张墨为松烟墨，出土时已破损成十余块，部分已无法拿起；朱墨为油烟墨，出土时虽局部有裂纹，但形制大部完好。这表明油烟墨在黑度、光泽度、渗透性、层次性、耐水性和墨色稳定性等方面，较传统的松烟墨为优。[26]

综上所述，可见尽管松烟墨和油烟墨在书画使用中的用途或使用感觉各有特点，但从颗粒度大小、耐水性、光泽度等方面来看，油烟墨质量优于松烟墨。

二、两种墨的工艺发展比较

从松烟墨和油烟墨工艺发展的历程看，二者在宋代有过共同发展的时期，此后油烟墨工艺即迅速发展，而松烟墨工艺却一蹶不振，下面试从二者的工艺流程角度进行比较，分析出现这种现象的原因。

松烟墨工艺与油烟墨工艺的区分主要在原料获取，即松烟、油烟的获取方面。在添胶加药、和制成形部分二者并无区别，故对两种工艺的比较分析，主要着眼于松烟、油烟的获取工艺分析。

1. 生产可能性基点比较

生产可能性基点用来表示在既定环境下，启动生产所需要的生产资源和技术条件的最小数量组合，反映了资源与选择性生产的经济学特征。

松烟的烧制工艺，前面已经有过详细的讨论。文献分析可见，不论哪种松烟烧制工艺，第一步都是造窑，即生产设施的准备。一般而言，松烟窑都要由发火区、飘烟区和收烟区三部分组成（早期有部分松烟窑飘烟区即收烟区），从文献记载可见，松烟窑的规模都不小，比如《墨谱法式》中提及的平地卧窑，窑用九尺长的木板两两对倚，窑长 12 步，飘烟区为用石板对倚建成的巷道，巷道又分为大巷、拍巷、小巷等不同部分，巷道的总长也超过 12 步。《墨经》记载的山坡卧窑，沿山坡而建，长达百尺，高三尺。由这样的规模，可以推想造窑的过程不是一两个人可以完成的，而且建窑为室外作业，影响工期进程的气候等因素也较多。现代松烟窑的建造也是如此，以我们调研的江西聚良窑为例，大约需 20 位工匠参加建窑，历时半个月。

松烟窑建造完毕后，即可开始松材采集、发火烧烟，古人造墨，对松材的选取极为讲究，认为道旁松、平地松均不合用。而要保证烟窑的持续发火，往往又需要多人同时采松。在交通不便的深山中采松，显然也是一道费时费力的工序。

油烟的烧制工艺，设施要求显然要低得多。比如《墨谱法式》所记载的油烟墨法，其生产设施不过是无风净屋内备有大粗碗 10 余只，每只粗碗配备瓦盆 1 个；或是在地上挖坑，把油盏固定在坑内，油盏上用一个三五斗大的新盆盖上即可点烟。《墨法集要》所记载的“瓦盆法”算是古代烧制油烟工艺中较为繁复的，其设施要求也不过是 1 个大的圆厚瓦盆，1 个阔边瓦烟筒，1 个约 3 尺高的长木架，8 个油盏和 8 个长柄烟碗。这些设施的准备过程显然要大大短于松烟窑的建造过程。与松烟烧制工艺要室外作业不同，油烟的烧制工艺可以全部在室内完成，这就保证了烧制过程较少受到气候影响。

综上所述，可见不论是从前期的设施准备（松烟窑的建造，油盏、瓦盆的准备等），还是后期的烧烟操作，松烟的烧制工艺生产可能性基点要求都高于油烟的烧制工艺。而且，松烟烧制工艺根据人力物力进行调整的空间较小。换言之，松烟烧制过程无法因为人力的增减而部分启动或及时扩大规模，而油烟烧制工艺的可调整性则大得多，可以根据人力多少，很方便地增减点烟的油盏数量。

2. 生产约束条件比较

生产约束条件是指影响生产运行、生产效率和生产结果的人力、物力、技术、资源等各种因素的总和。关于松烟、油烟烧制工艺的人力、物力影响，在上节已经有所讨论，这里主要从生产资源，即原料的角度对两种烟的烧制工艺进行比较。

松烟烧制的原料自然是松材，但并非所有的松材都可以用来烧烟制墨。从文献记载来看，古人对制造松烟墨所需的松树材质要求极高，尤其热衷于用古松烧烟制墨，认为最好的松烟墨当采用“三百年松心”。根据《墨经》的记载，中国产松之地虽多，但可以用来烧烟制墨的松材产地却不过数十个，而且这数十个地方的松材质地也各有高低，被分为上上、上中至下下共九个等级。南宋时《新安志》曾记载了这样的一件事情：墨工戴彦衡因为造墨技艺高超，被举荐为朝廷造御墨，有官员准备就近在西湖边九里松取松作为原料制墨，以降低从外地采松的成本，戴彦衡认为不行，坚持造墨用松一定要黄山松才可以，九里松的松为平地松，平地、道旁之松都不合造墨所用。后来果然如此，有工匠又从别的山运来松材，也没有造出墨。至于为什么平地、道旁的松树不合造墨，可能需要用现代的科技手段加以分析才能探明原因，但古人造墨对松材极其讲究却是事实。对松材的这种近乎苛刻的要求，大大增加了取材烧烟的技术难度，从长远的角度看，显然不利于工艺传承。

因为对松材的要求较高，便受松树成长周期限制，再加上整个制墨业又飞速发展，适合烧烟制墨的松树原材料日益匮乏，很大程度上造成了松烟墨工艺发展难以为继。根据《墨经》的记载可知，汉代时制墨所需之松以陕西扶风、隃麋、终南山的最为知名；而到了晋代，九江庐山之松更为有名；到了唐代，优质松的产地又转为河北易州、潞州及山西上党；唐末则南迁到安徽的宣州、歙州、黄山一带。这个不断转移的路线其实也就是当地松材被砍伐殆尽的路线。沈括在《梦溪笔谈》中也写道："今齐、鲁间，松林尽矣，渐至太行、京西、江南，松山大半皆童矣。"[27]为了制墨，齐鲁一带的松林已经耗尽，甚至连太行、京西、江南如此广阔区域的山松都砍伐大半，即便沈括所述有所夸张，也足以说明造墨耗松之多及当时取材之难。

油烟墨制造虽然对取烟的技术要求很高，取烟所需时间也更长、成本更高，但油料受地域的限制却不是很明显，更兼之桐油是短期可再生资源。除桐油外，还有麻子油、菜油、猪油等多种油料可供选择。这些因素都决定了在原料对生产的约束性方面，油烟烧制工艺受到的影响更小，而松烟的烧制工艺却因为原材料的原因受到很大约束。

3. 技术进步系数比较

从经济学的角度看，技术进步是指在同样的投入条件下，能有更多产出的生产技术改善，是生产效率提高的一种宏观度量。技术进步系数是对技术进步的衡量指标，对应着技术进步的程度和范围。

具体到松烟烧制工艺，其技术进步应当主要体现在烧制工艺的操作要领和松烟窑的建造方面。由文献分析和实地调查可见，松烟烧制工艺从古至今的操作要领均要求发火时细细发火，让松材均匀燃烧。而松烟窑的建造由古至今则有所变化，大致经历了平地卧窑、立窑及沿山势而上建造卧窑三个阶段。对前文提及的几种古代松烟烧制工艺进行分析可见，自宋代以来，占据主流的卧式窑的基本构造并未发生太大变化。不论是平地卧窑，还是沿山而上的卧窑，都主要由发火区、飘烟区、收烟区三大部分组成。

现代松烟窑同几百年前相比，虽然有所不同，但却并未增加更多的科技含量或采用更多新技术。古今松烟烧制工艺对比，较为明显的区别是古人烧烟提倡让烟自然飘远，在收烟过程中，通过不同的烟室达到松烟粗细分级的目的，即使是后期的山坡卧窑，沿山势而建，松烟上行的速度已经有所提升，但仍然强调在发火时要细细发火，控制火苗大小。而现代窑虽也沿山势而建，但窑头大于古代，松材燃烧空间大大增加，而且并不强调细细发火，更讲究均匀发火，以烟不堵塞窑身为发火准则，强调松烟上行速度，且无分级控制环节。应当说，现代松烟烧制，更加重视产量，省去了松烟分级的程序。这一变化虽然加大了松烟的产量，但从质量控制的角度来说，其技术进步系数是小于零的。

而对油烟烧制工艺的古今对比却可以发现其有明显的技术进步。古时的油烟烧制工艺，设备简陋，不过是瓦盆、油盏、粗瓷烟碗等。扫烟时烟碗需拿离油盏，这就使得烟碗采烟过程不能连续，而且油盏用灯草点火，每个油盏的火苗大小不等，则油盏与烟碗之间的高度也就要逐一调节。扫烟时的工艺要求也很繁复，比如每个烟碗每日需扫烟20余次，如果不及时扫烟，则烟在烟碗里积得太厚，油盏的火苗离得太近，就容易使收的烟发黄，影响墨的质量。烟碗如果被油盏里的油沾污，则不能继续采烟。油盏灯芯也要及时修剪，否则灯花会罩住火焰，烟不能出。在拿起烟碗扫烟和剪去油盏灯芯时还要小心防止飞烟、剪下的灯芯污染油盏内的油。[28] 现代的油烟烧制工艺经过技术更新，采用滚筒取烟法，如前文图 3–4 现代油烟制备原理简明示意图所示，实现了机械化，对古代取烟的各个关键操作环节都实现了可调、可控，滚筒的使用，使发火、收烟实现了连续化，点烟通过输油管道，用液化气替代灯草，既不用担心油被飞烟污染，也免去了定期修剪灯芯的工序，且无须担心灯芯燃烧太久产生灯花罩烟。此外，通过油量控制阀门可以随意调节火苗大小，通过调节滚筒高低可以很方便地调整火苗与滚筒间的高度，滚筒附带的刮刀可以使滚筒采集的烟随采随刮，不用担心烟积得太厚而发黄。这些改进，使得油烟的烧制可以在一个标准化的环境下进行，既通过机械化操作降低了操作难度，提升了产量，又提升了烟的质量。

通过松烟、油烟烧制工艺的古今对比可以发现，松烟的烧制工艺自古至今，并没有实质的技术进步，还因为追求产量而在质量控制方面有所退步。而油烟烧制工艺则有非常大的技术进步，其技术进步指数明显大于松烟烧制工艺的技术进步指数。

综上所述，对松烟烧制工艺和油烟烧制工艺进行比较可见：松烟烧制的生产可能性基点要求高于油烟，在原料对生产约束性方面受到的影响也更大，但在工艺发展过程中，技术进步系数却远低于油烟烧制工艺。

注释：

[1] 关于李廷珪始创油烟墨的记载，见于明代宋诩所著《竹屿山房杂部》收录的一条李廷珪油烟墨法，以及文渊阁四库全书本《墨法集要》在提要的记载："古墨皆松烟，南唐李廷珪始兼用桐油"。认为张遇始创油烟墨应当是依据《春渚纪闻》的记载："熙丰间，张遇供御墨，用油烟入脑麝、金箔，谓之龙香剂。"认为张遇始创油烟墨的观点同样见诸于元代陶宗仪所撰的《辍耕录》。近代的研究者中，也有持此观点者，比如王俪阎、苏强在《明清徽墨研究》中认为自张遇开始，不断有人探索并成功运用油烟制墨（第 13 页），萧平汉在《我国古代制墨》就认为桐油烟墨出现于宋代（第 80 页）。

[2]〔宋〕苏易简：《文房四谱》卷五，清十万卷楼丛书本，第 36 页。

[3]〔明〕宋诩：《竹屿山房杂部》卷七，清文渊阁四库全书本，第 2 页。

[4] [8]〔明〕沈继孙：《墨法集要》，文渊阁四库全书本，第 540 页。

[5]〔清〕谢崧岱：《南学制墨札记》，桑之行等编《说墨》，第 63 页。

[6]〔明〕方瑞生：《墨海》、桑之行等编《说墨》，第 1112 页。

[7]〔宋〕李孝美：《墨谱法式》，文渊阁四库全书本，第 19~21 页。

[9]〔明〕方瑞生《墨海》："桐液炼以紫草，灯草染以苏木，和生漆而燃之，取其焰小而光彩也"，桑之行等编《说墨》，第 1109 页。

[10]〔清〕谢崧岱《南学制墨札记》："敲碎巴豆三四粒纳油盏中，发烟，焰得烟多"，桑之行等编《说墨》，第页 64 页。

[11]〔明〕沈继孙：《墨法集要》，文渊阁四库全书本，第 545 页。

[12] 本表依据《内务府墨作则例》第 58~59 页内容绘制。

[13] [28]〔明〕沈继孙：《墨法集要》，文渊阁四库全书本，第 546 页。

[14] 明代宋应星著《天工开物》载："或以载油指艰，遣人僦居荆、襄、辰、沅，就其贱值桐油点烟而归"，明崇祯初刻本，第 371 页。

[15] 现代油烟烧制工艺主要依据对安徽绩溪胡开文墨厂和屯溪胡开文墨厂的油烟烧制工艺实地调研内容为主。

[16]《内务府墨作则例》，桑之行等编《说墨》，第 59~60 页。

[17]〔明〕杨慎：《丹铅余录》总录卷八，文渊阁四库全书本，第 21 页。

[18]〔明〕谢肇淛：《五杂俎卷十二·物部四》，第 22 页。

[19]〔明〕沈继孙：《墨法集要》，文渊阁四库全书本，第 550 页。

[20]〔明〕方瑞生：《墨海》，转引自桑行之等《说墨》，第 56 页。

[21]〔明〕谢崧岱：《论墨绝句诗》，桑之行等编《说墨》，第 363 页。

[22] 许承尧：《歙县志》卷三《食货志》，第 108 页。

[23] 李永翘：《张大千画语录》，海南摄影美术出版社，1992 年。

[24] 郭延军等：《松烟和桐油烟的高分辨电镜观察》，《矿物岩石》2003 年第 4 期，第 18~20 页。

[25] 梁震明：《墨色的真相》，第 95 页。

[26] 胡东波：《合肥出土宋墨考》，《文物》1991 年第 3 期，第 46 页。

[27]〔宋〕沈括：《梦溪笔谈》，文渊阁四库全书本，第 227 页。

第四章　余论

作为我国最具传统民族文化特征、富有艺术价值和科学价值的传统手工技艺之一，人工制墨工艺在我国源远流长、世代相承。在我国传统制墨工艺长期发展过程中，后人的补充修改使许多工艺得以完善，逐渐形成了较为完备的工艺体系，在这个漫长的产生、发展、完善过程中，有许多问题值得深入讨论。

第一节　李廷珪之“对胶法”

“对胶法”是古人用胶方法之一，始创于唐末墨工李廷珪。《春渚纪闻》对此有记载：

每云韦仲将法止用五两之胶，至李氏渡江始用对胶而秘不传，为可恨。一日（沈珪）与张处厚于居彦实家造墨，而出灰池失早，墨皆断裂。彦实以所用墨料精佳，惜不忍弃，遂蒸浸以出故胶，再以新胶和之，墨成其坚如玉石，因悟对胶法。[1]

此处记载，很明确地将“对胶法”与韦仲将的“五两之胶”区分开来，所谓“五两之胶”是指韦诞墨法中“墨屑一斤以好胶五两”的烟胶比例。那么，对胶法的烟胶比是多少呢？从字面意思理解，古法制墨大概一斤烟只用五两的胶，而李廷珪的“对胶”则是胶、烟各半，也就是说大幅增加胶的用量。

再看看《春渚纪闻》的这段记载，沈珪因一次制墨失败，又舍不得所用的上好原料，于是蒸浸之后，加胶返工，重新和制，最后做成的墨质地反而超过以前，由此机缘巧合地悟出了对胶法，这说明对胶法的用胶量的确是大于平常制墨的。

在《墨史》中，我们找到了印证这一推论的记载：

或云廷珪佳煤一斤，可受胶一斤，入手坚重，研不滞笔，此所以独贵于世也。[2]

这表明李廷珪制墨，一斤烟煤用胶一斤，正是“对胶”的明确解释。根据《春渚纪闻》记载，李廷珪传世的墨还有一种叫“四和墨”，据此推断，应当是前后四次加胶，用胶量之大可谓达到极致。

用对胶法制成的墨，和以一般工艺制成的墨相比，孰优孰劣？再看看《春渚纪闻》的这段记载，表述清楚，说明在李廷珪以前，上溯到三国时的韦仲将制墨，用胶多为“五两之制”，李廷珪本人也是在唐末因战乱从河北易水南迁至安徽黄山制墨以后才开始采用对胶法，并秘而不宣。既然秘而不宣，那就说明用这个方法制成的墨的质量要优于采用“五两之制”的老工艺所制之墨。

《春渚纪闻》还记载了沈珪制墨的另一件事：

滕令嘏监嘉禾酒时，延致珪甚厚，令尽其艺，既成，即小丸。摩试而忽失所在，后二年浚池得之，其坚致如故。[3]

墨落入水池，两年后捞出来还“坚致如故”，可见用对胶法所制出的墨质量之优异。

对胶法相比以前的制墨工艺，不过是加大了用胶量，为何墨的质量能有这么大的提高呢？南宋《新安志》对此有评论：

> 廷珪对胶于百年外方见胜妙，盖虽精烟，胶多，则色为胶所蔽，逮年远，胶力渐退而墨色始见耳。若急于目前之售，故用胶不多而烟墨不昧，若岁久胶尽，则脱然无光如土炭耳。[4]

应当说，这段评论相当科学，指出了加大用胶量制成的墨初制成时，其外观并不如减少用胶量制成的墨色泽鲜亮，这是因为加大胶量制墨时，即使采用的是上好的精烟，但因为胶多，烟色还是难免被胶所掩盖。但很长时间过后，胶力逐渐消退，墨的本色便开始渐渐显现，对胶法的精妙之处这才体现出来。而减少用胶量制成的墨，年岁一久，胶力脱尽，墨则变得黯然无光。

从文献分析可见，古人对轻胶墨实际上是持不赞同态度的，除了前文提及的胶力脱尽、墨黯然无光这一原因外，还有这样几个原因：一是因为制墨时如果用胶太少，则墨的坚实程度必有所降低，不符合古人对墨“坚致如石”的追求；二是用胶太少，则墨无光，研出的墨汁易分层，不利书写；三是用胶少的墨不耐存放，古人对刚生产出来的物品多有放置一段时间“退其火气”的观念，而轻胶墨显然宜速用而不可久贮。

因为用对胶法等加大用胶量制成的墨有年代久远才能显出精妙的特点，所以大部分以取利为目的的普通墨工往往图一时之利，减少用胶，甚至出现了用烟都“杂取桦烟”的墨工，这也许就是名家和匠人之间的区别。

第二节　宋应星之松烟炼制工艺

作为中国科技史上最著名的科技著作之一，宋应星所著的《天工开物》在“丹青第十六·墨”篇中，也对松烟墨制作做了较为详细的介绍，前文已有提及，这里主要看看宋应星关于松烟炼制部分的记载：

> 其余寻常用墨，则先将松树流去胶香，然后伐木。凡松香有一毛未净尽，其烟造墨，终有滓结不解之病。凡松树流去香，木根凿一小孔，炷灯缓炙，则通身膏液，就暖倾流而出也。[5]

宋应星的这段记载很详细，先介绍去松脂的方法：在松树近根部处钻一小孔，放入一盏点燃的油灯缓缓烧烤，整棵松树的树脂就经过被灯烤暖的孔穴流出树外。他还特别强调了这一过程的重要性，认为如果松树中的松脂不去除干净就开始烧烟，则用此烟制成的墨在使用时就会有滞结的毛病。显然，宋应星认为以灯烤树流去松液是烧烟制墨的重要环节，会直接影响到墨质量的高低。

宋应星的这段记载，未见于别书，但近代的研究者对此却看法各异，有研究者将之作为松烟墨制作的重要工序而加以完全采纳；[6] 也有学者指出“松香在窑里不完全燃烧后可以转变成炭黑，不一定要事先除去”；[7] 还有研究者指出宋应星的这种方法实际上未必可行，这种方法不可能除去松脂，而且不含松脂的松木在燃烧时难以产生大量浓黑的烟炱。[8]

为了对宋应星记载的方法进行验证，笔者从以下几方面进行了考证。

首先，含有松脂的松树是否适合烧烟制墨？文献考证和实地调研都表明含有松脂越多，越适于烧烟制墨。古人认为松树应当含有松脂才适于发火取烟，比如成书于宋代的我国第一本制墨专著《墨谱法式》就明确提出“松选肥腻”、《墨经》更是根据松树的含松脂量多少，把松树分为九个品级。笔者在对现代松烟烧制工艺进行实地调查时也发现，现代松烟烧制工艺也认为含有松脂多的松材更利于烧烟制墨。

其次，松脂到底能不能烧烟？关于这个疑问，早在清代就有人进行过实验，清代同治年间的谢崧岱在《南学制墨札记》一书中记载了他以纯松香（即松脂）烧烟制墨之事，并进而总结松香烧烟制成的墨，品质仅次于桐油烟墨，而强于猪油烟、麻油烟等。[9] 可见，松脂烧烟不仅可以制墨，制成的墨品质还属上乘。

为了进一步讨论松脂烟是否适于制墨，笔者还将松脂烟与松烟进行了理化分析对比，松烟墨样品系采自江西聚良窑的成品，松脂烟样品系以谢崧岱记载的烧制方法自制。

松脂烟样品自制方法为采用市售松香为原料，将其置入铁盒中，以酒精炉加热，等到温度足够高的时候，松香逐渐融化、起火，这一过程约需 5~7 分钟。待松香起火后，用铁盆罩住火苗收烟。本实验收烟过程持续 10 分钟左右，得烟 3 克左右（图 4–1）。

图 4–1　自制松烟实验工具（从左至右分别为酒精炉、收烟盆、盛放松香的铁盒）

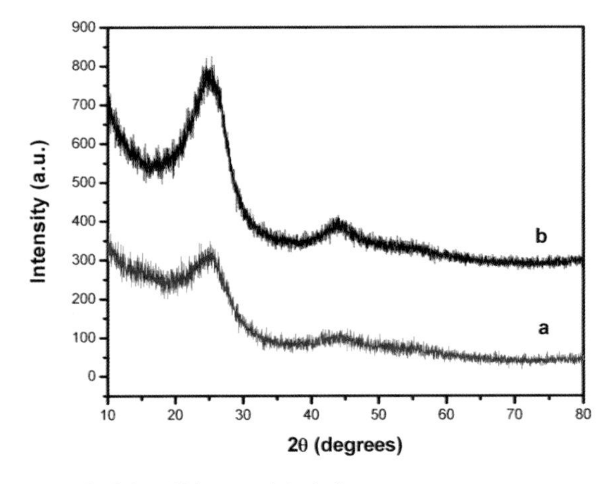

图 4–2　松脂烟与松烟 XRD 分析光谱

本方法基本按照谢崧岱所记的方法进行，但没有采用油浸棉条点火，而是直接以酒精炉加热令松香起火，防止了棉条浸油燃烧的烟混入松香烟而使烟不纯净，影响下面的分析结果。

采用的分析方法包括三种。

一是通过对两种烟进行 X 射线衍射（XRD，X-ray diffraction）（图 4–2），分析其衍射光谱，获得材料的物质成分、内部原子或分子的结构或形态等信息。

图 4–2 即为两种烟的 XRD 分析图，其中 a 为松脂烟光谱，b 为松烟光谱。从两条曲线可知，松脂烟与松烟在成分组成和内部分子结构方面，并没有明显区别。

二是通过扫描电子显微镜（SEM）扫描两种烟（图 4–3、图 4–4），分析其颗粒度大小的差别。

对松脂烟和松烟的 SEM 扫描图案进行比较可见，松脂烟的颗粒度小于松烟的颗粒度，且粒度分布也更均匀。根据传统制墨工艺所提倡的“烟细”可知，松脂烟制墨，应当优于松烟制墨，而不是如宋应星所言，可能会使制成的墨有“滓结不解之病”。

三是采用拉曼光谱分析，确定两种烟的性质等信息（图 4–5、图 4–6）。

对松脂烟和松烟的拉曼光谱进行比较可见，两种烟的拉曼光谱峰位相同，应当属同一种物质，松脂烟的拉曼光谱峰位略强于松烟，表明松脂烟形态分布更均匀，这与前面的扫描电子显微镜扫描结果是相吻合的。

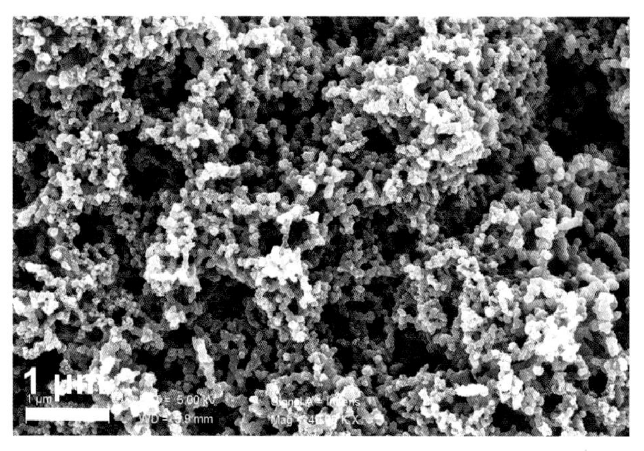

图 4—3 松脂烟 SEM 扫描图案

图 4—4 松烟 SEM 扫描图案

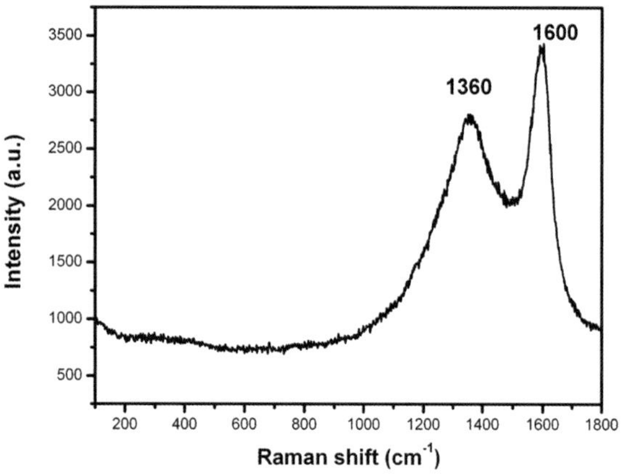

图 4—5 松脂烟拉曼光谱图

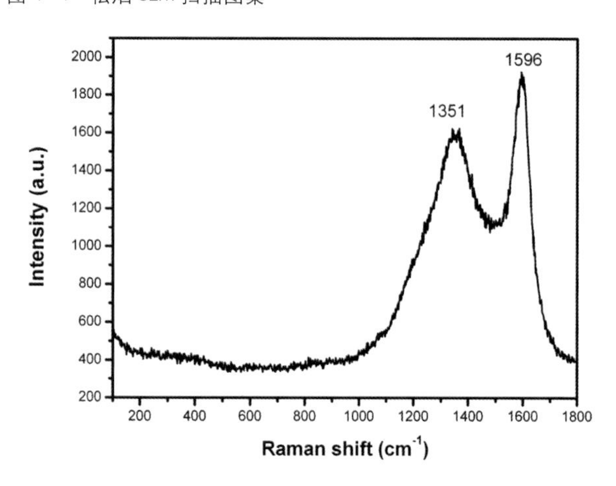

图 4—6 松烟拉曼光谱图

从上述实验可知，松烟与松脂烟的组成成分、性状表现应当基本一致，且松脂烟的颗粒更细，分布更均匀，用于制墨，应当优于松烟。

在江西实地调研松烟烧制工艺期间，笔者曾经按照宋应星所记载的方法，挑选了一枝含松脂较多的松材，试以蜡烛炙烤，结果发现若火苗距松材太远，则无松脂流出；若离得太近，则会引燃松材，根本无法实现宋应星所记载的“通身膏液倾流而出”的效果。

综上所述，我们认为宋应星记载流去松液的方法，是值得商榷的。至于他为何这么认为，可能还要结合他在《天工开物》一书中所记载的松烟烧制方法来考虑。从第二章中附图（图 2–4）可见，宋应星所记载的松烟窑窑口较小，用这种窑烧烟，对火候控制的要求较高，如果控制不好，可能就会有未及燃着的松脂随烟飘入，最终使制成的墨有“滓结不解之病”。

第三节 墨之药用

墨可以入药，这在中国古墨中并非罕事。为何墨具有药用的效果呢？这是因为前人在制墨的过程中，加入了许多原本用来治病的药材。三国时制墨名家韦诞开始在墨中添加珍珠砂、麝香等药物，开墨中加药的先河。此后历朝名墨工在制墨时均辅以各种名贵中药材，而添加了中药材制成的墨自然也可入药，据传潘谷就采用民间配方“百草灰”制成“百草霜”，以治疗伤口出血、便秘等。

在中国传统制墨工艺中，添加各种名贵的中药材作为辅料这一特色很容易让人联想到墨与中药的关系。事实上，文献记载表明，中国古墨同中药的确有很密切的联系，以墨入药和以药入墨一样，在中国也有着十分悠久的历史。

药墨治病在中医典籍中有多处记载，用途也涉及多种疾病，下面列举几例。

唐代孙思邈所著的《备急千金方》中记载：

> 治胞衣不出方：墨三寸为末，酒服。[10]

宋代王衮所著的《博济方》中记载：

> 安神丸，治小儿惊风、搐搦、化涎、镇神：使君子两枚，以面裹于慢火中煨，候面熟为度，去面用之；水银一钱，结砂子；香细墨一钱；芦荟一钱；真熊胆一钱；辰砂一钱；腊茶一钱；天竺黄半钱；青黛半钱；蝎梢三七个；乳香一钱；龙脑一钱；轻粉二钱；寒食面一钱半。[11]

明代王肯堂所著的《证治准绳》中记载：

> 黑虎丹，治诸般风证：草乌（去黑皮）一两，生用；川乌（去黑皮、生用）、甘草各七钱半；麻黄（不去根节）、甘松、熟干地黄（净洗）、藿香叶、白芷、油烟墨（烧存性）、猪牙、皂荚、川芎、当归、何首乌、南星（生用）、殭蚕（去丝）、赤小豆、羌活、白胶、香木、鳖子（去油），各半两。[12]

至明、清两代，药墨开始广为使用，尤其到明朝，李时珍著《本草纲目》时，已经对墨之药用进行了总结，在墨之释名、功效、使用禁忌、方剂等多方面做了详尽记载，下面是《本草纲目》中有关墨的部分记载：

> 墨，松之烟也。世有以粟草灰伪为者，不可用，须松烟墨方可入药。年远烟细者为佳，粗者不可用。今高丽国每贡墨于中国，不知何物合，不宜入药。鄜延有石油，其烟甚浓，其煤可为墨，墨光如漆，不可入药。
>
> 上墨以松烟用梣皮汁解胶和造，或加香药等物，今人多以窑突中墨烟，再三以麻油入内，用火烧过造墨，谓之墨烟，墨光虽黑，而非松烟矣，用者详之。[13]

李时珍在《本草纲目》中还记载了数十例以墨入药的配方，可以治疗吐血不止、卒淋不通、赤白下痢、痈肿发背、客忤中恶、飞丝入目等多种疾病，表明至迟在明代，医家用墨已经从理论上形成了体系。

需要特别指出的是：李时珍在论述墨的药用时，指出只有松烟墨可以药用，油烟墨则因为有毒，不可入药。而在明代以前的医书中，却很少有明确持这种观点者。甚而至于如前文所引，王肯堂在《证治准绳》一书中还详细记下了一份以油烟墨入药的配方。当然，至于油烟墨、松烟墨究竟能不能入药，或孰优孰劣，可能还要通过进一步的理化实验分析才能确定。

提到药墨，就不能不说极富传奇色彩的"八宝五胆药墨"，这是中药史上最具疗效的药墨，是清代制墨大家胡开文在前人基础上进行改进、完善而制成的。所谓的"八宝"是指八种较为名贵的中药材，即麝香、羚羊角、牛黄、珍珠、冰片、蟾酥、朱砂、水牛角，"五胆"是指熊胆、蛇胆、牛胆、青鱼胆、猪胆。因其选材珍贵、配伍科学、疗效卓著而名声显赫，后人曾有诗专赞此墨："五胆八宝掺松烟，千锤百炼成方圆。奇墨入纸龙凤舞，内外兼用病魔寒。"如今，八宝五胆药墨已获国药准字，这表明该墨的药用效果是经得起现代科学检验的。清代药墨中另一种比较知名的是"万应锭"，采用儿茶、黄连、冰片、牛黄入药，可以内服，也可以外敷，因适用范围较广，在清代作为皇家专用药墨而载入《清内廷法制丸散膏丹各药配方》。[14]

实际上，直至今日，在农村、山区等地仍有以墨疗病的做法。近来还有研究者指出，墨在古代的人工呼吸急救方面，也曾作为辅助药物，以解服发表，使被救治者迅速发汗，从而促使血脉畅通、呼吸兴奋，并加速血液循环。[15]

第四节　中国墨文化的建构历程和文化表征

人工制墨是我国古代一项重要工艺和技术发明，从先秦时期开始，一直延续至今，对人类社会生产生活产生了深远的影响。在人工制墨的工艺发展过程中，汇集了绘画、书法、雕刻等艺术元素，使墨从制造发展到鉴赏，从使用发展到收藏，从工艺发展到诗赋描述，与中国社会文化紧密联系。墨也早已不仅仅是一种书写用具，而是以墨产品及其产业为载体，渗透到社会的各个层面，涉及到社会行为、习俗、观念等，成为我国社会文化中不可缺少的组成部分，并因其固有的文化元素和特色传统，逐步形成了体系完整的中国墨文化，成为中国博大的传统文化中重要的一支。

然而，中国墨文化体系形成于何时、特征和表现是什么、对制墨工艺的发展有何影响，尚没有学者对此进行过深入的讨论，本节试对这些问题进行讨论。

一、墨文化的概念与内涵

文化大体上可以分为广义和狭义两种。广义的文化，又称为"大文化"，主要着眼于人与自然的本质区分，凡人类有意识地作用于自然界和人类社会的一切活动及其结果，都属于文化，也就是"人化自然"，是人类在社会历史发展过程中所创造的物质财富和精神财富的总和，诸如风俗习惯、价值观念，以及人们创造的物质产品等。著名学者梁漱溟也提出过"文化，就是吾人生活所依靠之一切"的观点。狭义的文化则被称为"小文化"，主要是排除广义文化概念中物质性的部分，将文化界定在人类精神创造活动及其结果方面，也就是更多地偏向于精神意识方面。英国人类学家爱德华·泰勒在1871年所著的《原始文化》一书中，也提出了狭义文化的早期经典概念，认为文化是包括知识、信仰、艺术、道德等元素的复杂整体。根据上述的文化概念，广义的墨文化则是伴随着人工制墨的开始而发生、发展。那么，广义的墨文化产生的标志就是我国古人制出的第一块人工墨锭，其产生年代即是第一块人工墨锭制成之时，结合前文讨论，我国广义的墨文化当是始于商周时代。这并非本文讨论的重点，本文所讨论的中国墨文化专指狭义的中国墨文化，也就是我国古人在墨的发明、使用、流通的过程中，逐步衍生的以墨为载体所表达的价值取向与精神内涵，以及形成的独具中国特色的墨文化。[16]

对于人们来说，墨首先是以物质的形式出现，作为文房用具的一种，有其实用价值。当人工制墨发展到一定的阶段后，开始逐步融入实用价值以外的元素，就具有了精神和社会的功用。一匣好墨，要选料精良，制作时添加麝香、冰片等名贵药材，方能墨香宜人。此外，墨模使墨的成品形制万千，融以书法、版画、篆刻、雕刻、髹漆、饰金等多种文化手段，再辅以意味隽永的字句，当此之时，墨的书写功能已经是次要的，收藏者更注重的是鉴赏、把玩所带来的精神享受了，这就是我们所说的墨文化。

二、墨文化形成所需的元素

墨文化（图 4–7）在文化分类上属专题文化的一个种类。作为一种专题文化，墨文化的形成需要具备两个基本要素：一是墨本身是否具有文化属性，这是形成墨文化的前提条件；二是墨的制造、使用是否能形成一种文化氛围。我国墨的使用始于新石器时代，但最初尚属于无意识利用天然用品状态，并不具备形成墨文化的属性。从商周时代开始有意识地对天然物质进行人工改进，并至迟在秦时采用松树烧烟制墨。显然，人工制墨的实践是一种对自然有意识的改造行为，人工制墨的开始即表明形成墨文化的文化属性已经具备。

图 4–7　墨文化已经成为中国传统文化的重要组成部分

但是，具备了文化属性，并不意味着墨文化的形成，还需要墨文化氛围的形成。那么，什么是文化氛围呢？首先，这是基于文化本质而产生，并依靠文化本质而继承和延续的一种体系；其次，这种体系要具有文化素质的气氛和外部环境，能与文化本质相互影响，并且涵盖的内容超过文化本质所包含的内容。

墨，最初是作为一种文房用品出现的，它所包含的文化本质即具有使用价值，而墨文化的氛围则指突破使用的范畴，形成了后来的从精心制造到把玩鉴赏，从珍惜收藏到诗赋描述这一相当完备的文化体系。

三、前墨文化时代的主要特征

墨文化氛围的形成并非一蹴而就，而是一个漫长的过程。在墨具备文化属性以后，墨的文化氛围即开始了逐步形成的过程。墨文化氛围形成的过程，也就是在人工制墨、用墨的过程中，逐渐突破使用范畴，成为文化象征的过程。这一阶段应当属于前墨文化时代，即墨已经具备了墨文化的某些表象，但尚未最终形成。

前墨文化应该始于人工制墨，终于墨文化体系正式建立的唐宋时期。前墨文化时期的最主要特征是墨在这一时期，主要的功能还是使用，社会对其使用价值关注较高，而对其文化价值关注程度并不高，因之而生发的文化现象还不明显。

汉代以前，墨的存在只是因为书写需要，作为一种耗材，其生产的方式主要是文人自制。这一时期，墨制作工艺的改进、形制的变化，都只是为了更适宜使用。比如以人工烧制的松烟取代了天然的石墨，是因为松烟墨书写效果更好，也更符合古人“黑而不亮”的审美观；使用胶作为粘接剂，取代了此前的粥饭、生漆，是因为作为粘接剂，胶的性能显然优于其他；墨的形制从最初的“枚”“丸”“螺”改进到“笏”“挺”，是为了更便于手持研磨。正是因为此时的墨还仅仅是一种书写用品，所以人工制墨在工艺自身发展以外的社会关注度并不高，比如在制墨工艺发生、发展直至完善的漫长年代中，没有一人是因为制墨技艺卓越而被记载于文献，并被后人所传抄延续，也未形成大致统一的制墨工艺标准等。

从汉代起，墨成为一种贡品，由产墨之地作为地方土产上贡给朝廷，供官方所用。在贡赋中，墨被列入土产，这本身就决定了这一时期的墨仍然是以使用功能为主要存在理由，和其他作为贡品的农产品、林产品、水产品等并无区别。因此，虽然古人早在商周时期已经开始人工制墨的实践，并在秦汉时形成了较为完备的松烟墨制作工艺，但由于没能突破使用这一本质，墨的文化氛围也就并未形成。

四、墨文化形成的标志

经过了前墨文化时代长期的积累、酝酿，墨终于在唐宋时期突破了单一的使用范畴，具有了收藏、鉴赏价值，成为一种文化载体，这标志着墨文化氛围的形成，也标志着中国墨文化体系的正式建立。其主要表现有以下几方面。

一是墨由“文人自制”的书写用品转化成有专人制作，并开始成为商品。从唐代开始，政府开始设立专司制墨的机构，由此出现了有文献可考的中国制墨史上最早的制墨专业人员——祖敏。到了唐末，制墨史上最为著名的职业墨工李廷珪也被载入文献。自此，中国传统制墨工艺和墨工开始被社会广泛关注。到了宋代，社会对制墨业的关注力度继续增加，出现了大批专门从事制墨的墨工，两宋 300 年间，有姓名、事迹可考的墨工 180 余人，而从商周到宋，有名姓可考的墨工不到 10 人。因为有了专门的从业者，从宋代开始，墨也不再只是“文人自制”，而是开始成为一种商品。这既表示了制墨行业已经高度社会化，客观上也进一步突出了墨的文化属性。

二是墨工在墨上留名，开始由“匠”向“艺”的转变。汉代以前，墨模尚未出现，制墨成形多为墨工随手捏制，由已经出土的西汉以前的墨都是细小的丸粒状便可以证明，所以这一时期的墨还不具备题款的条件。汉代以后，出现了墨模，人工制墨进入了模制时代，在墨上模印文字、图案已经成为可能，在从汉至唐的这段时间里，墨上也的确出现了各种图案、文字。从出土的墨的实物看，应当是先出现图案，再出现文字。[17] 但唐代早期，墨上的模印文字一般只是注明墨的质量特征或使用者的名号，很少留下墨工的姓氏、籍贯，比如《春渚纪闻》就记载了一笏唐高宗的镇库墨，重二斤许，质坚如玉石，上面有铭文“永徽二年镇库墨”，作者还特别指出这笏墨上没有墨工名氏。[18] 较早在墨上留下姓名的是唐代墨工祖敏，但仅存姓名，并无其他信息。唐大历年间，李阳冰制墨，在墨上的题款也仅是“臣李阳冰”几个字。到了唐末，墨工李超（李廷珪之父）在自己所做的墨上留下了“歙州李超造”的题款，除了姓名，还加上了籍贯，信息较前人丰富。李超的后人李廷珪、李承晏、李文用等延续了乃祖做法 [19]，其他墨工也纷纷仿效。这些表明到唐末时，墨工已经开始有意识地在墨上留名了。墨上留下题款，一方面是因为当时制墨业已经比较发达，墨工有了初步的品牌意识，另一方面也表明墨工已经有了通过制墨达到为时人所知、后人所记的愿望。从文化发展的趋势看，有意识地留下题款表明人工制墨已经开始了由“匠”向“艺”的转变。因为墨工在墨上留下自己的名号，和一个书画家在自己的作品上落下题款，其文化内涵是一致的。墨上留名的做法在宋代很快成为一种传统，并由此形成了制墨界的一些著名流派，如徽州地区的李氏一族、山东兖州的陈氏一族、宣城的盛氏一族。而且，这些墨工对自己的名声都很重视。成书于宋初的《春渚纪闻》提及江南徐崇嗣制墨时，认为其为取悦俗眼而败其家法，为时人所鄙。而相对应的则是《墨史》中记载的著名墨工张遇的孙子张处厚，“恐坠其家声，不汲汲于利”，并认为张处厚的做法“尤可尚也”。显然，此时已经有重视名声超过获利的墨工，也有对这种做法持肯定的社会氛围了。

三是开始更加注重墨的外表，形制不再拘泥于方便使用。秦汉时的墨属于“文人自制”，其形制简单，多是随意捏成一团，这点已经考古发掘的实物所证实。[20] 东汉以后，墨才有“枚”“丸”之说。[21] 显然，这时墨的形制还是为了便于研磨。魏晋以后，开始使用墨模，墨的形制开始变化多端。到了唐代，祖敏制墨，形制已经有了比较规整的圆形。这说明从工艺发展角度来看，墨工在制墨的过程中，已经不再拘泥于适合手持研磨的形制，而是开始有意识地注重外表的美观了。到了宋代，这种现象更为普遍，几乎所有的墨工在制墨时都更加注重外形的精致，会为自己的作品起一些文雅的名称，设计一种新颖的外形。比如成书于宋初的《墨谱法式》一书的“式”篇即留下了李廷珪、柴珣、张遇等15位墨工的共30幅墨图（图4–8），有圆形、椭圆形、长方形等，且大多数饰以龙纹、莲花、如意图案，题款文字篆、隶、行、楷均有。再比如南宋戴彦衡制墨，所用墨模上的双脊龙图是请当时的著名画家米元辉所画，整个墨做成圭璧戏虎的样子。在制墨形制不断丰富的基础上，宋代开始出现了后人所谓的“观赏墨”。顾名思义，观赏墨更注重外形美观夺目，对实际品质高下的要求倒是次要了。

四是文人在日常使用之余，开始有意识地对墨进行收藏、鉴赏。较早具有藏墨意识的要数南唐宰相韩熙载了，他专门请回家了一个墨工制墨，对制好的墨十分珍惜，即使是亲朋好友都难得一见。[22] 到了宋代，这种赏墨、藏墨之风就更盛了，其中不乏当时的名士、达官贵人，比如司马光所收藏的墨多达几百斤[23]；苏东坡藏有好墨70多丸，仍然到处搜求[24]；李公择见到别人手里有好墨就要想尽办法求取，同僚手里的墨都被他“抄取殆尽”[25]。而宋时文人千方百计所搜集的墨，显然不是为了使用，对于一些好墨，更是“不许人磨”[26]，求之不得，就出钱购买，而且出价不低，远远超过买来使用的墨。《墨史》中就记载北宋王原叔性爱墨，“屡以万钱市一丸”，买来的墨则“持玩不厌，几案床枕间往往置之，尝以柔物磨拭之，发其光色，至用衣袖，略无所惜”。南宋《新安志》记载了这样一件事：北宋王景源藏有古墨一笏，被友人

图4–8 《墨谱法式》附图

黎介然见到了，就请求以自己所用的一方价值五万钱的端石砚与他交换，王景源考虑了很久才同意交换。动辄以几万钱买一丸墨，而且时时把玩，显然已经突破了使用的概念，墨的角色在古人心中，逐渐地从原本只是书写的材质转变成与字画、古玩一样的收藏品，成为贵族和文人闲暇时候收藏、把玩的艺品珍玩。

五是墨已经能引起文化联想，产生相应的文学作品。有关墨的文学作品，在前墨文化时代已经出现，时间较早且较知名的，当属三国时曹植的乐府诗："墨出青松烟，笔出狡兔翰。古人成鸳迹，文字有改刊。"在唐宋时期，咏墨的诗词显著增多，并且不乏达官贵人、文学大家吟咏之句，比如五朝为官、三次拜相的李峤留下的"长安分石炭，上党结松心"[27]的佳句，说明当时陕西一带墨业之发达；李白留下的"兰麝凝珍墨，精光乃堪掇"[28]之句，极言松烟墨之光彩；苏东坡以"鱼胞熟万杵，犀角盘双龙。墨成不敢用，进入蓬莱宫"[29]描述时人工艺之巧、制墨之精。另一个比较重要的文化现象是从唐代开始出现了墨的别称，和后人以"楮"代纸、以"毛颖"呼笔一样，唐代开始以"黑松使者""松烟督护""玄香太守"[30]"松滋侯"[31]等作为墨的代称。

整个行业的社会属性更加明显；制者开始注重与实用无关的外在美观；用者视其为藏品；能引起文化联想，这些都标志着到唐宋之交时，墨已经突破了单纯的使用功能，可以带给鉴赏者、收藏者以精神享受，也就是说，墨文化的氛围已经形成，中国传统的墨文化也在唐宋时正式形成了自己的文化体系。墨文化体系形成以后，就一直是中国传统文化中重要的一支，墨也成为具有中国特色的文化象征。

五、墨文化和对制墨工艺发展的影响

文化的形成基于社会实践，也会影响社会实践。墨文化同样如此。在制墨工艺发展的基础上形成的墨文化，也会反过来影响制墨工艺的发展。墨文化形成以后，对制墨工艺发展的影响有以下几方面的表现。

首先，墨文化的形成促进了适合制墨工艺发展的外部环境形成。当赏墨、藏墨成为一项雅事后，文人与墨工之间以墨会友、因墨相交也就十分自然了，人工制墨也因之由过去的成于匠人之手转化为文房雅事。比较明显的体现是从宋代开始，文人、士大夫一族与墨工相交，乃至亲手制墨，一时蔚然成风。苏东坡就是其中比较著名的一例，他与当时的知名墨工潘谷交往甚密，并且还专门写过一首诗赠给潘谷，诗里称潘谷为"墨仙"。[32]不仅与墨工交往，苏东坡还亲手制墨，据称还留下了"海南松煤东坡法"。

《墨史》在记载宋代墨工时有这样一段话：

> 贺方回、张秉道、康为章皆能精究和胶之妙法，其制皆如出犀璧也。又如李元伯、李公照、王仲达、武继隆、滕元发、邵兴宗之徒往往作墨。[33]

此处所提及的这九人均为当时知名文人或在朝高官，比如贺方回为当时知名的词家；滕元发是神宗朝时龙图阁学士、扬州知府；王仲达在真宗景德年间任韶州知事；李公照疑为仁宗朝驸马都尉；康为章在鄚亭（今河北任丘一带）为官；邵兴宗则官至枢密使。不仅文人、士大夫以制墨为雅事，就连当朝皇帝宋徽宗都亲手制墨。明朝杨慎在其所撰的《丹铅余录 · 续录》卷十二中有记：

> 宋徽宗尝以苏合油搜烟为墨，至金章宗购之，一两墨价黄金一斤。欲仿为之，不能。此谓之墨妖可也。[34]

显然，宋时的文人制墨，更多的是一种“雅事”，是为了获得某种精神上的享受。显然这和早期的“文人自制”已经有了本质的差别[35]，这种风气一直流传到后世。到了明清时期，文人与墨工的关系更为密切了，许多著名的墨工，比如明代制墨四大家之一的程君房、清代制墨大家之一的曹素功，均是文人出身，他们与当时的仕宦、名流已经融为一体。比如程君房刻印《程氏墨谱》，就有100多位当时著名的书法家、雕刻家为之作序、作图、刻模，甚而至于连远渡重洋到中国传教的利玛窦都为该书作序；清代胡开文做八宝五胆药墨，其宣传推广离不开红顶商人胡雪岩的大力帮助。

毫无疑问，士大夫阶层对墨的这种偏好，客观上为制墨行业引来更多关注。虽不至于“齐桓公好服紫，一国尽服紫”，却也营造了有利于制墨业发展的外部环境。

其次，墨文化的形成，有利于制墨工艺的传承、延续。从人工制墨开始到宋代的漫长时间里，没有一本与墨有关的专门著作，因此后人也无法知晓在这漫长的时间里制墨工艺是如何一步步发展、变化和传承下来的。这大概是因为在墨文化尚未形成时，文人认为这是“末技”，没有记载价值，而墨工则想记却不会记。墨文化形成以后的宋代，制墨、记墨专著迅速批量涌现。专述制墨、藏墨逸事的《春渚纪闻》，逸事、工艺兼记的《文房四谱》，集松烟墨工艺大成的《墨经》《墨谱法式》等都出现于宋代。到了明、清两代，制墨、论墨、评墨、墨谱、墨林等各种专著更是层出不穷。这些著作的出现，不论是为推广与传承制墨工艺，还是为后人研究制墨工艺的发展变化，都有着十分重要的作用。

再次，墨文化的形成也给墨的工艺进步带来负面作用。任何事物都有正反两面，墨文化也是如此。墨文化的形成推动了制墨工艺的发展，但也在一定程度上给墨的工艺进步带来了负面影响。墨文化形成以后，人们对墨的赏玩、收藏蔚然成风，这从客观上刺激了墨工更加注重墨的观赏性和艺术性，在制墨时对书法、绘画、雕刻等外在表现形式的重视程度逐渐超过了对烟、胶等原材料质量的重视。这种注重外表之风在明代发展到了极致，明人制墨，力求外观精美，尺寸、规格、形制不以方便研磨为考量，而以出奇制胜为准则，圆形、碑形、八角形、圭形、走兽、人物等样式纷纷面世，墨上图案、文字的内容，则是山河地理、花鸟鱼虫、诗文名画、历史典故等无所不包。到了清代，虽有曹素功等制墨大家提倡“返璞归真”，但承继明代之盛，墨的形制仍是颇为繁复。北京故宫博物院收藏了明清以来各式墨模50000余件，大部分都是明代万历至清末这一时期内的作品，这些墨模虽然为人们保留了大量的具有较高工艺与艺术价值的模具，但从中也折射出明、清两朝制墨业发展舍本逐末，偏离了工艺发展正常轨道的文化心理。

注释：

[1]〔宋〕何薳：《春渚纪闻》，文渊阁四库全书本，第24~25页。

[2]〔元〕陆友：《墨史》，知不足斋丛书，第77页。

[3]〔宋〕何薳：《春渚纪闻》，文渊阁四库全书本，第25页。

[4]〔宋〕罗愿：《新安志》卷十，文渊阁四库全书本，第23页。

[5]〔明〕宋应星：《天工开物》，明崇祯初刻本，第371页。

[6]庄兴业：《台湾地区书画用墨的传统制法与成分检测分析研究》，台湾文资所，2001年，第40页。

[7]潘吉星：《中国科学技术史·造纸与印刷卷》，科学出版社，1998年，第313页。

[8]张秉伦等：《中国传统工艺全集·造纸与印刷卷》，大象出版社，2005年，第213页。

[9]〔清〕谢崧岱：《南学制墨札记》，桑之行等编《说墨》，第63页。

[10]〔唐〕孙思邈：《备急千金要方》卷三，文渊阁四库全书本，第31页。

[11]〔宋〕王兖：《博济方》卷四，文渊阁四库全书本，第 31 页。

[12]〔明〕王肯堂：《证治准绳》卷七十六，文渊阁四库全书本，第 5 页。

[13]〔明〕李时珍：《本草纲目》卷七，文渊阁四库全书本，第 24 页。

[14] 张秉伦等：《中国传统工艺全集 • 造纸与印刷卷》，大象出版社，2005 年，第 219 页。

[15] 方芳：《中国古代的人工呼吸急救历史及分析》，第 87 页。

[16] 目前关于墨文化的研究大致可以分为这样三大类别：第一类是以制墨工艺发展史为主要研究内容，把墨的出现、种类以及后来的收藏、鉴赏都视为墨文化，这实际上是属于广义文化的范畴；第二类是着眼于广义墨文化体系中的某一具体文化现象，比如以古玩鉴定的角度对某一时期、某一墨工的墨，从外形特征、收藏情况、真伪甄别、市场价格等角度进行鉴赏、分析；第三类则是与艺术表现形式的关系较为密切，着眼于墨在我国传统书画表现中所起的作用、形成的特色、对画风、流派的影响等。相较于第一种研究类型而言，本文所讨论的内容属于狭义的文化范畴，把墨文化定义为在墨同时具备了文化属性和文化氛围这两大元素之后所形成的体系，简单地说，是一种基于制墨工艺发展而发展起来的，但又有别于制墨工艺体系的文化体系。相较于后两类研究类型，本文虽讨论的是狭义性质的墨文化，但其涵盖范围又显然广于这两类研究的范围。或者更准确地说，这是基于不同研究视角的两种墨文化，前者立足于对具体的一事一物或某一具体的文化现象进行讨论，而本文则更多的是着眼于整个墨文化体系的发生、发展和最后形成。

[17] 1974 年，宁夏固原县东汉墓中出土了高 6.2 厘米、直径 3 厘米的松塔形墨，墨身的松塔形花纹细腻清晰，显然是使用墨模印制而成；1973 年辽宁北票北燕冯素弗墓中出土的两玫墨，表面有明显的模印花纹，一面为突出横带纹，一面似为花瓣纹；在南京江宁南朝中晚期墓中出土的一块墨丸，表面也有清晰的模印莲瓣纹。到了唐代，墨模制作更加精细，模印图案更加清晰，模印文字开始出现。

[18] 宋代何薳著《春渚纪闻 • 记墨》：“唐高宗镇库墨，近于内省任道源家见数种古墨，皆生平未见，多出御府所赐。其家高者有唐高宗时镇库墨一笏，重二斤许，质坚如玉石，铭曰永徽二年镇库墨，而不着墨工名氏。”何薳为北宋人，此处特别指出镇库墨不着墨工名氏，实际上反映了在宋代，墨上留名已经是一种很普遍的做法，所以才对不留姓名的行为感到奇怪，第 26 页。

[19] 宋代李孝美《墨谱法式》一书在“式”篇留下多幅古墨图谱，最早在墨上留名的为“祖敏”，但只简单留下姓名，并未提及里贯、传承等。而且祖敏本为墨务官，其留名当和李阳冰在墨上留名一样，应有监制之意。综合后来的“永徽二年镇库墨”并未留下墨工姓名，可知在唐代早期，墨上留名只是偶尔为之，至少尚未普遍。而自李超一族之后的古墨图谱中，均有墨工姓名，且里贯、传承兼备，比如著名墨工李承晏（李廷珪弟）的儿子李文用制墨，就在墨上明确标注“歙州供进李承晏男文用墨”。1988 年 1 月，安徽省合肥市文物管理处在合肥市南郊北宋墓中出土了两枚墨锭，其中一枚铭为“歙州黄山张谷□□□”，后经专家考证应为“歙州黄山张谷男处厚”。张谷是北宋时著名墨工张遇的儿子，张处厚是张谷的儿子，均为当时比较著名的墨工。这说明当时的墨工既有意识地在墨上留下名号，也不忘交代自己的工艺传承，以示精良，第 11~17 页。

[20] 王志高、邵磊《试论我国古代墨的形制及其相关问题》：1975 年，湖北云梦睡虎地一座秦墓中出土的秦墨是一块圆径 2.1 厘米、残高 1.2 厘米的圆柱形墨块；1978 年山东临沂西汉墓中发现的墨为粒状。同年在湖北江陵凤凰山出土的汉墨也是小块、呈瓜子状，可见早期的墨形制比较粗糙、简陋。第 79 页。

[21] 元代陆友著《墨史》：“东汉应劭《汉宫仪》记载：尚书令仆丞郎，月赐隃麋大墨一枚，隃麋小墨一枚。《东宫旧事》记载：皇太子初拜，给香墨四丸”，知不足斋丛书，第 84 页。

[22] 元代陆友著《墨史》卷中：“江南韩熙载自延其（指当时歙州著名墨工朱逢——笔者注）造化松堂墨，文曰‘元中子’，又曰‘射香月匣’而宝之，虽至亲昵友，无见之者”，第 76 页。

[23] 明代陶宗仪《说郛》卷七十五下："司马君实无所嗜好，独蓄墨数百斤，或以为言，君实曰：'吾欲子孙知吾所用此物何为也'"，文渊阁四库全书本，第 6 页。

[24] 元代陆友著《墨史》卷下："苏子瞻有佳墨七十丸，而犹求觅不已"，知不足斋丛书，第 86 页。

[25] 明代何良俊著《何氏语林》：李公择见墨辄夺，卿相间抄取殆尽。注：李公择为苏东坡挚友，两人都因反对新法遭贬。文渊阁四库全书本，第 23 页。

[26] 宋代祝穆所撰《古今事文类聚》别集卷十四："石昌言蓄廷珪墨，不许人磨。或戏之云：'子不磨墨，墨当磨子。'今昌言墓木拱矣，而墨故无恙，可以为好事者之戒。"据该书所记，这段话应为苏东坡自记，对照上下文应知石昌言当为苏东坡朋友，并藏有李廷珪墨，李廷珪墨被公认为天下第一品，苏东坡爱墨成癖，应是求取不得才发此戏言，虽为愤懑之语，倒也不无道理，第 35 页。

[27] 原诗全文：墨，长安分石炭、上党结松心。绕画蝇初落、含滋绶更深。悲丝光易染、叠素彩还沉。别有张芝学、书池幸见临。

[28] 原诗全文：酬张司马赠墨：上党碧松烟，夷陵丹砂末。兰麝凝珍墨，精光乃堪掇。黄头奴子双鸦鬟，锦囊养之怀袖间。今日赠余兰亭去，兴来洒笔会稽山。

[29] 原诗全文：孙莘老寄墨四首，徂徕无老松，易水无良工。珍材取乐浪，妙手惟潘翁。鱼胞熟万杵，犀角盘双龙。墨成不敢用，进入蓬莱宫。蓬莱春昼永，玉殿明房栊。金笺洒飞白，瑞雾萦长虹。遥怜醉常侍，一笑开天容。

[30] 唐代冯贽所撰的《云仙杂记》记"陶家瓶余事"篇载："玄宗御案墨曰龙香剂，一日见墨上有小道士如蝇而行，上叱之，即呼万岁，曰：臣即墨之精黑松使者也。又记：墨封九锡，（薛）稷又为墨封九锡，拜松烟督护、玄香太守兼亳州诸郡平章事"，文渊阁四库全书本，第 4 页。

[31] 宋代苏易简《文房四谱》记唐朝文嵩撰"松滋侯易元光传"，以墨拟人。易水产名墨，故墨姓易。墨黑而有光者贵，故名元光。另外，墨还有"青松子""龙宾"等称谓，也都始于唐代，第 44 页。

[32] 全诗为：潘郎晓踏河阳春，明珠白璧惊市人。那知望拜马蹄下，胸中一斛泥与尘。何似墨潘穿破褐，琅琅翠饼敲玄笏。布衫漆黑手如龟，未割冰壶贮秋月。世人重耳轻目前，区区张李争媸妍。一朝入海寻李白，空看人间画墨仙。

[33] 〔元〕陆友：《墨史》卷上，知不足斋丛书，第 71 页。

[34] 〔明〕杨慎：《丹铅余录•总录》卷二十一，文渊阁四库全书本，第 30 页。

[35] 在宋代时已经有人认识到士大夫制墨，不过是附庸风雅，未必真的亲手制墨，《春渚纪闻》就很明确地指出，虽然"近世士人游戏翰墨"，但并不是亲自动手去制，不过是"加减指授善工而为之耳"。比如苏东坡就请墨工潘衡为其制墨，取名"海南松煤东坡法"。

附录一　宋代墨工考

在中国传统制墨工艺发展史上，宋代是一个很关键的时期：松烟墨在宋代发展到了顶峰，油烟墨开始逐渐兴盛，出现了制墨工艺史上唯一的松油并重时期，整个制墨业在宋代也得到了前所未有的发展。宋代作为制墨发展史上的一个高峰，这一特点同样表现于职业墨工的大量增加。宋代以前，所有见诸文献记载的墨工不过10余人，且多数算不上是真正意义上的墨工。直到宋代，职业墨工的姓名才开始大量出现在文献中。除了宋代以外，关于墨工记载较多的时期还有明代和清代，相较而言，后人对明清时期墨工的关注度明显超过对宋代墨工的关注，即使是国祚较短的元代，也有学者对该时期的墨工进行过专门研究。显然，对宋代墨工的研究现状和宋代在制墨工艺史上的地位是不相称的，这也是本章研究的意义所在。

尽管关于职业墨工的记载是从宋代开始大量出现，但囿于年代久远，文献对墨工的记录仍显得较为零散，比如最早记录宋代制墨的《春渚纪闻》中，仅出现了30余位墨工的姓名，如果说该书因为成书时间较早而无法全面记载的话，那元代成书的《辍耕录》也仅记录了不到30位宋代墨工的姓名又是什么原因呢？制墨史上，元代陆友所撰的《墨史》无疑是最为重要的著作之一。在《墨史》中，存有姓名的宋代墨工达到130余人，所及可谓十分周全了。然而在研读多部文献后，笔者观察到宋代墨工的数量远多于上述提及的多部文献所记，有名姓可考者180余人，数量远超此前所有时期墨工之和，即使是与制墨业高度发达的明清时期相比，也不遑多让。

为便于分类讨论，本章综合文献记载内容，将宋代墨工大致分为制墨世家、士大夫一族、略述事迹者和仅存姓名者这四大类别分别论述。

第一节 制墨世家

有宋一代，出现了许多制墨世家，说明当时靠制墨为生，并世代相传的专门从业人员已经很多，制墨业的社会化程度已经很高，明显区别于“文人自制”时期。而且，家族长期经营，也保证了制墨工艺的不断发展。因此，从某种程度上可以说，制墨世家的出现，既是制墨工艺不断发展的产物，也是制墨工艺发展的特征。

1. 柴珣、柴成务、朱君德

柴珣为北宋初年墨工[1]，宣城人氏，据传曾经得到过李廷珪制墨用胶的方法，据元朝陆友所著《墨史》记载，柴珣所制的墨“出潘、张之上”（潘、张应指潘谷、张遇——笔者注），他做的一种上刻“柴珣东窑”的玉梭状墨最为知名，当时的士大夫如若获得，均当作金玉一样。

《墨史》还记载称：“其（柴珣）后有柴成务、朱君德二人，墨并狭小，挺制作不一。”看来这二人应当是柴珣的弟子。

2. 张遇、张谷、张处厚

张遇在墨史上是较为重要的一个人物，时人常将之与制墨史上的标竿人物李廷珪相提并论。张遇本易水人氏，后迁往徽州制墨，他在制墨史上的主要贡献之一是推动了油烟墨制作工艺的完善。

张遇的墨比较知名的有两品，“易水贡墨”为上，“供堂墨”次之，在当时均获得了很高的评价，苏东坡认为张遇的墨“制作精致，非常墨所能仿佛”。

关于张遇，《墨史》还记载：

> 陈无己见秦少游有张遇墨一团，面为盘龙，鳞鬣悉具，其妙如画，其背有“张遇麝香”四字，语曰：良玉不琢，谓其不借美于外也！张其后乎。《墨经》云：凡印方直最难，往往多裂，易水张遇印多方直者，其剂熟可知。[2]

此处记载明确指出了张遇制墨并不注重外表，形不美而名声具，且所制“多方直”，可见他工艺之精熟。

张谷是张遇的儿子，秉承家风，制墨工艺也为当时一绝。据《墨史》载：

> 谷制墨得李氏法，而世不多有。邹志完谓遇之子名谷，然云黟川布衣，则疑别有同姓名者，又以处厚，亦云黄山，意其自易水徙歙如李氏，故漫从家世书。[3]

这段记载还解释了为什么在提及张遇时称其为“易水墨工”，而到了张谷却为“黟川布衣”。黟川即今之安徽省黄山市黟县，历属徽州治地，张遇一族的迁徙其实正与当时制墨中心转向徽州相合。

张处厚系张谷之子。因为祖、父两代均名噪当时，张处厚为维护其名家声誉，也精于制墨，虽然当时由于社会上对墨的需求量加大，已经出现了许多“止取眼前之利”的墨工，但制墨世家出身的张处厚却不敢为取利而坏家风。据《墨史》载，时人邹志完称：

> 予用处厚墨久矣，而未之识，一旦处厚踵门，问其家世，则谷之子、遇之孙，昔李氏以墨显于江南，而遇妙得其法，至处厚，益恐坠其家声，不汲汲于利，尤可尚也。[4]

《春渚纪闻》对张处厚也有记载：

> 黄山张处厚、高景修皆起灶作煤，制墨为世业。其用远烟、鱼胶所制，佳者不减沈珪、常和。沈珪、江通辈或不自入山，亦多即就二人买烟。[5]

沈珪、常和均为当时名墨工，存名于多部记墨专著中，记载称张处厚所制不减沈珪、常和，且沈珪曾就其处买烟，也印证了其所制墨之优良、烧烟工艺之高。

1988 年 1 月，安徽省合肥市文物管理处在合肥市南郊城南乡五里冲朱岗村北宋马绍庭夫妻墓中出土了两枚墨锭，其中一枚为歙州黄山张谷□□□墨（另一枚为九华朱觐墨，见下文），其余字迹模糊不清。据安徽省博物馆专家考证，后三个字为“男处厚”。该墨的出土证实了《墨史》中记载的张谷、张处厚确有其人，而且也证实了张氏一族至迟在张谷辈即已在黄山制墨。[6]

3. 陈朗、陈远、陈惟进、陈惟迨、陈已、陈湘、陈相、陈和、陈显

此九人均系北宋初期墨工，兖州（今属山东）人，陈远为陈朗弟，陈惟进、陈惟迨均为陈远子，而陈已、陈湘、陈相、陈和、陈显五人均为陈朗孙辈。

陈朗制墨讲究和胶之法，时人评墨，曾将陈朗与李廷珪、张遇等并列。

《墨史》中记载了陈朗其人：

> 兖州人，宋初避讳，因以三翁记之。蔡君谟评墨，以李廷珪为第一，廷宽、承晏次之，张遇次之，朗又次之。（朗）不独造作有法，松烟自异。
>
> 杨如晦（宋时名画家）云：歙州诸李稍喜出光，而东山诸陈作一色皴面。皴面便于研试，盖墨色皴，语磨之倍增光黑，为鬻者之利尔。[7]

《墨史》的这段记载一方面将陈朗的制墨工艺与李廷珪作了简单比较，另外一方面，“东山诸陈”四字也表示陈朗和李廷珪一样，都来自制墨世家。《墨史》对陈氏一族的其他墨工也作了简单介绍，除了上文提及的“朗弟远，远子惟进”外，还列出了其孙辈的陈已、陈湘、陈相、陈和、陈显等五人，并指出“胶法虽在，而妙处似非其子孙可传，故墨不逮昔人”，说明其孙辈所制的墨已不如乃祖。

另外，宋时李孝美所撰《墨谱法式》之“入灰”篇也提及陈氏制墨工艺，明确指出了陈朗一族在制墨工艺上有自己独特之处。

兖州陈氏一门有诸多墨工，陈朗之后也有多位墨工散见于典籍，但从《墨经》《春渚纪闻》《墨史》中均存陈相之名可知，陈朗诸孙中，陈相应为其中之佼佼者。比如《春渚纪闻》就记载称：“东鲁陈相作方圭样，铭之曰‘洙泗之珍’，佳墨也。”

4. 潘衡、潘秉彝

潘衡、潘秉彝均为宋代神宗、哲宗年间的制墨名家。据《墨史》记载：

> 潘衡，金华人。苏子瞻云：衡初来儋耳，起灶作墨，得烟丰而墨不甚精，因教其远突宽笼，得烟几减半，而墨乃尔黑。其文曰“海南松煤东坡墨法”皆精者也。常当防墨工盗用印使得墨者疑衡。此墨出灰池中，未五日而色如此，日久胶定当不减李廷珪、张遇也。[8]

这段记载表明，潘衡制墨曾得苏轼指点，并因此得以制出“不减李廷珪、张遇”所制之墨。从《墨史》的有关记载来看，潘衡曾在海南帮助苏轼制墨，这说明苏、潘曾有相交，并共同讨论、改进制墨工艺。

潘秉彝系潘衡孙。

5. 耿仁遂、耿文政、耿文寿、耿盛、耿德真

以上五人皆歙州人氏，存名于《墨史》。耿文政、耿文寿系耿仁遂之子，而耿盛、耿德真皆系其世家。

《春渚纪闻》也记载了耿德真其人，称其“江南人，所制精者不减沈珪，惜其早死，藏墨之家不多见也”。

6. 潘谷、潘遇

潘谷乃宋代哲宗年间著名墨工，《墨经》称其系京师人，《墨史》称其为尹洛间墨师。其所制墨品种有“松丸”“狻猊”“枢廷东阁”等，被誉为墨中“神品”，潘谷本人也有“墨仙”之称。当时文人雅士对潘谷的墨倾慕之至。黄庭坚偶得潘墨半锭，欣喜异常，特制锦囊藏之。苏轼写过“徂徕无老松，易水无良工。珍材取乐浪，妙手惟潘翁。鱼胞熟万杵，犀角盘双龙。墨成不敢用，进入蓬莱宫”“一朝入海寻李白，空见人间画墨仙”之句称赞潘谷。

南宋熊克所撰《中兴小纪》载：

> 论观墨，惟李廷珪墨有骨有肉，昔道君令潘谷及蔡京令张滋造墨，皆用廷珪法，而谷止得其肉，滋止得其骨……[9]

这段话本意虽是南宋高宗皇帝品评潘谷墨不及李廷珪墨，但把他与李廷珪相提并论，显然是已经认可了潘谷的名墨工身份。更何况，道君皇帝（徽宗）都令他制墨，也说明了潘谷制墨在当时很有名气。比如《春渚纪闻》中记载潘谷制墨，称他“用胶不过五两之制，亦遇湿不败”[10]，《墨史》认为“潘谷墨香彻肌骨，磨研至尽而香不衰”[11]。

潘谷有“墨仙”之称，可能不仅因为其制墨技艺高超，还因为潘谷本人行事不拘一格，颇有仙人之风。《春渚纪闻》中记载说，元祐年间，潘谷常常自己背着墨箧在京城卖墨，并“酣咏自若”，卖墨时也不甚在意价钱，“每笏止取百钱”，没钱的话直接向他要时，也“探箧取断碎者与之不吝”。潘谷之死也颇具传奇色彩，据说有一天他忽然把以前别人写给他的欠条都烧了，然后连喝了三天的酒，最后“坐井而死”。

潘谷不仅是制墨名手，而且于墨之鉴赏也有高深造诣，仅凭手感就能推断墨的来历。据《春渚纪闻》载：

> 山谷道人云，潘生一日过，余取所藏墨示之，谷隔锦囊揣之，曰此李承宴软剂，今不易得。又揣一，曰此谷二十年造者，今精力不及，无此墨也。取视，果然。[12]

潘遇系潘谷之子，对于名家制墨有麝香之气，潘遇认为把麝香和入墨中的方法只会有损于墨质，并“不能香”，不如放在一起贮藏。这段记载见诸《墨史》：

> ……也喜墨，尝谓余曰：和墨用麝，欲其香有损于墨，而竟亦不能香也。不若并藏以熏之。[13]

从科学的角度来分析，潘遇的话似乎有一定的道理。把麝香直接研入烟煤制墨，制出的墨香气可能过于浓厚，这样的话就不如幽香来得更有韵味。古人一向认为，真正的佳妙古墨，必香而不绝，绝无刺激之奇烈暴性香味，所谓“古色古香”，兼而有之。比如明朝的文震亨就认为“墨之妙用，质取其轻，烟取其清，嗅之无香，磨之无声”。此其一。

其二，怎样才能把麝香研成细末可能是古人需要克服的主要工艺难题。一般而言，既然在墨中添加麝香，制作的定然是上等墨，烟煤的颗粒也肯定极细，甚至达到纳米级，没有现代技术协助，想把麝香研磨成这么细的颗粒显然十分困难。如果研得不够细，那么，墨在研磨时可能会有生涩感，使用过程中也许会留有渣滓。前文提及的墨工姜潜也认为“研麝入（煤）者，传之误矣”，似乎也印证了潘遇之说。

至于潘遇认为如果想让墨有龙麝之气，“不若并藏以熏之”，笔者认为潘遇的意思应该是把烟煤和麝香放在一块贮藏。烟煤是不完全燃烧生成的产物，应该具有活性炭的吸附性质，把它和麝香放在一起，从而达到吸附香气的目的，是有科学根据的，然后再及时用胶制剂，从而把烟煤吸附的麝香气味予以固定，这样就制成了具有淡淡幽香的龙麝之墨。当然，这一推想还有待科学实验的验证。

7. 陈赡、董仲渊、张顺、胡德

陈赡，江苏真定人，生卒年不可考，《春渚纪闻》载其墨“在宣和（1119~1125）间已自贵重，斤直五万，比其身在盖百倍矣”，可知陈赡约活动于北宋徽宗年间。

董仲渊、张顺二人则是陈赡的女婿。

《春渚纪闻》中关于陈赡等三人的制墨工艺还着重记载了其用胶的方法，按其记载，陈赡初造墨时“遇异人传和胶法，因就山中古松取煤，其用胶虽不及常和沈珪，而置之湿润，初不蒸则此其妙处也”[14]。陈赡死后，其婿董仲渊在他的制墨方法上，再加大胶的用量，制成的墨也更加坚致。遗憾的是董仲渊在陈赡死后不久也去世，所以董制之墨传世不多。董仲渊死后，陈赡的另一个女婿张顺（事详见下文墨工刘宁）继承了陈氏工艺，可惜所制的墨不如董仲渊所制，最后连陈赡的制墨方法也一并失传。

胡德，陈赡的外孙，名存《墨史》，有关记载仅“又有胡德者，赡之外孙也”一句，其事不详。据此推断，陈赡应该还有个胡姓女婿，但未见有记载。

8. 沈珪、沈宴

沈珪、沈宴为宋时嘉禾人，活动于北宋后期徽宗、钦宗年间。

《春渚纪闻》记：

> 庚子寇乱，余避地嘉禾，复与珪连墙而居，日为余言胶法，并观其手制，虽得其大概，至微妙处，虽其子宴亦不能传也。珪年七十余终，宴先珪卒，其法遂绝。[15]

这段话很明确地指出，在庚子年间，该书的作者何薳在嘉禾曾住在沈珪隔壁，而笔者在前面已经介绍过，何薳生活在北宋末年的哲宗到钦宗年间。那么，他所记载的“庚子”年指的就是北宋徽宗的宣和二年，也就是1120年，根据史实，当时北宋与金正兵戎相见，所谓的“寇乱”应该就是指的这个。

沈珪是当时著名的墨工，后人评沈珪的墨，认为虽“二李（廷珪、承宴）复生，亦不能远过也”。

沈珪本来是贩卖丝织品的商人，因经商需要，来到黄山，后来有人教他制墨。在烧烟和胶的使用上，沈珪都有其独到的造诣，他烧烟时，在松煤中添加脂漆，这样烧出的烟颗粒极细，而且色泽黑亮，称为“漆烟”。《春渚纪闻》及《墨史》均有记载：

> 后又出意，取古松煤杂松脂漆滓烧之，得烟极精细，名为漆烟。[16]

在制墨工艺上，沈珪还发掘出了当时已经失传的李廷珪“对胶”制墨法。北宋何薳所著的《春渚纪闻》对此有记载，南宋罗愿所著的《新安志》曾全文引用了《春渚纪闻》的这段话，前后印证可推理出《春渚纪闻》

的相关记载应为事实。这段相关记载如下：

> 每云韦仲将法止用五两之胶，至李氏渡江始用对胶而秘不传，为可恨。一日与张处厚于居彦实家造墨，而出灰池失早，墨皆断裂。彦实以所用墨料精佳，惜不忍弃，遂蒸浸以出故胶，再以新胶和之，墨成其坚如玉石，因悟对胶法。[17]

用对胶法制成的墨，坚如玉石，据称可经水浸两年而其坚如故，故有“沈珪对胶，十年如石，一点如漆”的说法。而且，时间越久，对胶墨的精妙之处就越能显现，原因是对胶墨虽然采用的是上好的漆烟，但因为用的胶较多，则墨色为胶所蔽，而经年历岁之后，胶力渐退，这时候，墨色才能体现。《春渚纪闻》还记载了用沈珪的墨和当时另一制墨名家张孜的墨相比较的事情，可以说明沈珪对胶法制成的墨之特色：

> 有持张孜墨，较珪漆烟而胜者。珪曰此非敌也，乃取中光减胶一丸，与孜墨并，而孜墨反出其下远甚。……对胶于百年外方见胜妙，盖虽精烟，胶多，则色为胶所蔽，逮年远，胶力渐退而墨色始见耳。若孜墨，急于目前之售，故用胶不多而烟墨不昧，若岁久胶尽，则脱然无光如土炭耳。孜墨用宜西北，若入二浙，一遇梅润则败矣。[18]

沈宴，沈珪之子，事迹不可考，虽其父沈珪为当时制墨名家，但他并没有学到乃父对胶法制墨的精髓，而且比沈珪去世还早。

9. 朱觐、朱聪

朱觐，九华人，北宋哲宗、徽宗年间墨工。

《春渚纪闻》称他善用胶，所做的软剂出光墨为当时一绝。元代陆友所撰《墨史》和明代方瑞生所撰《墨海》也均有记载。朱觐做墨“善用胶，做‘软剂出光墨’”，与滕元发、苏东坡为同时代人。《墨海》辑录苏东坡评墨语：“孙叔静用剑脊墨，极精妙，其文曰：‘砂室常和’……墨甚坚黑，近世善墨惟朱觐及此。”《墨庄漫录》也称“有……九华朱觐嘉禾沈珪金华潘衡之徒皆不愧旧人”。

宋朝李纲在其撰写的《梁溪集》第十四卷中有七律“试九华朱觐墨”，全文如下：

> 九华山顶老松烟，名重初因玉局仙。样古法精珪并制，胶清煤馥玉同坚。试将毛颖轻轻染，须遣陶泓细细研。居士年来无恋着，惟于三子欲逃禅。

李纲为两宋名臣，在他的著作中居然能有一首诗专记朱觐之墨，也从侧面印证了朱觐之墨确为一时之珍。该诗中“胶清煤馥玉同坚”一句无疑是对朱觐墨的真实描绘。

1988年1月，在合肥市南郊一北宋古墓中出土了一枚九华朱觐墨，据该古墓墓碑记载，其年代为宋徽宗重和戊戌年（1118）三月甲申。那时的墓中就已将朱觐的墨作为随葬品，也说明了至少在徽宗年间他就已相当知名。合肥出土的这枚九华朱觐墨呈梭形，墨锭长21厘米，中部宽3.4厘米，两端宽1厘米，厚0.7厘米，出土时断为三截，右上角边残缺一小块，修复后重47克。墨为松烟制成。墨正面中间有阳文楷书“九华朱觐墨”五个字，背面中部的枣核形线框内有凤开花纹，线框两端处各有一圆形印纹，印文圈内有阳文楷书“香”字。[19]

九华朱觐墨是首次发现的宋代著名墨工所制的墨宝，虽形制较大，并经数百年埋藏，但出土时不过局部有裂纹，形状仍较完整，而且名、款俱全，看来李纲称朱觐墨“玉同坚”并非夸张，也说明了朱觐制墨用胶确有独到之处。

明朝沈继孙所撰的《墨法集要·搜烟》中有这样的记载：

> 大墨最难搜和，只宜于软，硬则燥裂。手剂及有纹墨剂宜半软，脱子墨剂宜及软，硬则难脱不美满。洗光墨剂也宜软，贵在揉搓，多则无病。[20]

而朱觐的墨以“软剂出光”知名，并且墨锭较大，都说明了他在制墨上的精到之处。

在这里，也有必要简单说一下所谓的“软剂”，根据古籍所记推断，软剂应当是指制墨时调和的烟泥制剂较软。之所以能软，不外乎两个环节做得好：首先是所用的胶、烟好，这样才能制出没有生涩、黏滞感的墨坯；其次是烟、胶比例适当，并经充分混合，两者相互渗透、分布均匀。据称墨史上最受推崇的南唐墨工李廷珪就善作“软剂”，有“墨仙”之称的北宋墨工潘谷善作一种“手握子”墨，推其意，应该也属软剂之一种。

朱聪是朱觐的儿子，制墨技术虽然不及其父，但所制的爱山堂墨也是当时的精品，《春渚纪闻》称“庄敏滕公作郡日，令其子（即朱聪）制[21]，铭曰爱山堂造者最佳”，连当时一郡的长官都让他制墨，可见朱聪的墨在当时也是有很高的名声。

10. 常和、常遇

常和、常遇乃北宋后期墨工。

据《墨史》记载：

> 常和隐居嵩山，墨虽晚出，颇自珍惜。胶法殊精，必得佳煤然后造，故其价与潘陈特高。收其赢，以起三清殿。其铭曰紫霄峰造者，岁久磨处真可截纸。[22]

《春渚纪闻》载：

> 大室[23]常和，其墨精致与其人已见东坡先生所书，极善用胶。余尝就和得数饼，铭曰“紫霄峰”造者，岁久磨处真可截纸。[24]

靠卖墨所得，居然盖起一座三清殿，可见其墨之昂贵，而磨处可以裁纸，其墨之坚致也可见一斑。

常遇系常和之子。

《春渚纪闻》及《墨史》均载：

> （常和）子遇不为五百年后名，而减胶售俗。如江南徐熙，作落墨花，而子崇嗣取悦俗眼而作没骨花，败其家法也。

显然，作者对常遇是持一种否定的态度的，认为他只为眼前利益，减少用胶，把墨做得很光鲜，以满足普通人需要。

这段记载同时也说明，在宋代，随着用墨量加大，制墨匠人已远远不止见诸各类典籍中的名家了，还有大量民间匠人为满足各种社会需求而制作了各种档次的墨。

11. 胡景纯、胡世英、胡友直、胡国瑞、胡沛然、胡文中

以上六人均系北宋真宗朝墨工，潭州（今湖南长沙）人。

《春渚纪闻》中有关于胡景纯的记载：

> 潭州胡景纯，专取桐油烧烟，名桐花烟。其制甚坚薄，不为外饰以眩俗眼。大者不过数寸，小者圆如钱大。每磨研间，其光可鉴，画工宝之，以点目瞳子如点漆云。[25]

《墨史》中也对胡景纯作了记载，除了《春渚纪闻》中的相关内容外，还有如下内容：

> ……李彦颖云长沙多墨工，唯胡氏墨“千金獭髓”者最著。州之大街之西安业坊，有烟墨上下巷，永丰坊有烟墨上巷。今有郑子仪，自谓得胡氏法。俊臣俗名为胡院子。世英，友直、国瑞、沛然、文中皆景纯子孙，俱世其业。[26]

这两段记载说得很明确，胡景纯的制墨工艺特点是专取桐油烧烟，称之为“桐花烟”。他制成的墨薄而坚实，并且不为了墨的外形好看而在墨上装饰，制成的墨锭大的不过数寸，小的则不过像铜钱那样大小，一加研磨，则其光可鉴，作画时用来点瞳子，就像用漆点出的一样光亮，故当时的画工都以胡景纯墨为宝。虽然长沙有很多墨工，但胡景纯制的千金獭髓墨最为著名。《墨史》中提及的李彦颖似指北宋真宗朝吏部尚书。

胡世英、胡友直、胡国瑞、胡沛然、胡文中等五人均系胡景纯子孙。

12. 叶世英、叶世杰

这二人均为南宋御前墨工，福建人，曾经造德寿宫墨。

据《墨史》记载：

> 叶世英，闽中人。周子充《玉堂杂记》云：丁酉十一月壬寅，内直宣召至清华阁，既退，中使传旨赐世英墨五团。世英，御前墨工也。弟世杰。[27]

这段记载中所说的皇帝即南宋孝宗皇帝，周子充即南宋绍兴二十一年（1151）进士周必大，必大字子充，一字洪道庐陵人，撰有《玉堂杂记》三卷。在《玉堂杂记》卷中，确有“中使传旨，赐诗本并戊戌小春茶二十銙、叶世英墨五团以代赐酒。世英，御前墨工也”的相关记载。

既然一朝皇帝都曾将叶世英的墨赐予臣下，其墨应该不会太差。

根据《墨史》记载，叶世杰系叶世英之弟，事迹不详。

13. 李世英、李克恭、李乐温

李世英为南宋初年墨工，存名于《辍耕录》《墨史》《格致镜原》等书。

据《辍耕录》载，李世英所制墨“款曰丛佳堂李世英”，但《墨史》《格致镜原》等其他典籍均记为“丛桂堂”，从后者。

《墨史》中对李世英的记载相对较为详细：

> 李世英绍兴中在吴秦王益府治墨，一日王为世英进墨入内，率一圭重十两，高宗见其墨挺厚大难执，遂不御而还之。其铭为“丛桂堂李世英”造者特佳。子克恭。[28]

从这段记载中可以看出，李世英的墨曾经被进奉给当时的高宗皇帝，推算起来，应该质地不错，可惜因为墨挺太大，被高宗皇帝认为不好拿而退回。

南宋叶绍翁所撰的《四朝见闻录》中也记载了高宗嫌李世英墨太大之事。

据《辍耕录》载，李克恭、李乐温皆李世英之子。

14. 赵令衿、赵子觉、赵伯鹿

以上三人皆为南宋初年墨工，宋宗室，应为福建人氏，具体年代不可考。

南宋陈槱所撰的《负暄野录》中对赵令衿、赵子觉有较为详细的介绍，对赵子觉的记载尤为详细：

> 近世言墨法者，盖推吾乡雪斋赵彦先子觉。彦先，乃故安定郡王超然居士中表之子也。其墨法本无宗承，但自少时笃好制造，集诸家名方，且招延良工，无方不试，无时不作。参合众技，舍短取长，积日累月，遂造其妙。中兴三朝，咸见贵重，名播遐迩，目无潘、李。彦先所造墨至多，今物故已数十年，墨之在人间者亦渐稀少，间有藏得数笏者，与玉宝同贵。彦先亦已嗣王封，有子十四人，持麾把节，亦已太半，皆能绍其法，然各务从仕，鲜复留意。余人得其传者，有郡士黄元功、朱知常、诸葛武仲、唐从之、周达先、叶茂实，及天台陈伯叔、琴隐、薛道士之徒。虽皆颇异常品，然较之真雪斋所造，要之不及也，余与雪斋诸子侄，皆宛转有姻好，尝为余言：世俗相传，咸以对胶为奇。先公尝云，此大不然。若用是法，非特坚顽难磨，且终不能黑。大抵当以十分为率，而煤六而胶四，乃为中度。但取烟贵轻，而杵贵多，自臻其妙次第，泛论阙大概如此，至其要妙，非言之所述也。[29]

《墨史》下卷中也有相关记载：

> 赵令衿，字表之，宋宗室。封安定郡王。子子觉，嗣子觉，字彦先，幼俊敏有文，世授墨法。手自制铭曰“雪斋”为世所贵，得之者价比金玉。彦先有子十四人，仕皆通显。惟伯鹿传其胶法最精，铭曰“超然清芬如在”。超然，表之自称也。世言李氏对胶之妙，彦先以谓非特坚钝难磨，且终不能黑。其法用煤六分，胶四分，始为中度。但取烟贵轻，杵和贵匀，熟耳煎胶，以麋鹿角为上，驴胶次之，阿井胶又次之。至其要诀，又非人所能知也。[30]

元方回所编《瀛奎律髓》卷二十三中有关于赵彦先的记载：

雪斋赵子觉，字彦先，超然居士令衿之子。为严倅（注：宋官职名）时，放翁（注：即陆游）为郡守，杨诚斋（注：即杨万里）以诗寄放翁，谓“幕中何幸有诗人”，又曰“青眼何妨顾德邻”，谓子觉也。此诗亦似放翁。

关于赵令衿父子的记载也见于清朝康熙年间厉鹗所撰《宋诗纪事》卷八十五：

令衿，太祖五世孙，号“超然居士”，官左朝散大夫，主管台州崇道观。

子觉，字彦先，号“雪斋”，太祖六世孙、令衿之子。为严倅时，放翁为郡守，诚斋以诗寄放翁，有“幕中何幸有诗人”之句。谓子觉也有《雪斋集》。

《宋诗纪事》中还转引了《负暄野录》中关于赵氏父子制墨的记载：

近世言墨法，盖推吾乡雪斋赵彦先子觉。彦先乃故安定郡王超然居士令衿表之之子也。其墨法本无师承，但自少时笃好制造，招延良工，参合众技，遂造其妙。中兴三朝，咸见贵重，名播遐迩。《墨史》：宗室赵令衿，善制墨，子子觉、孙伯康[31]皆传其胶法，铭曰“超然清芬如在”。

陶宗仪所撰的《辍耕录》中，仅存赵彦先之号“雪斋”。

关于赵彦先雪斋墨的质地，南宋王迈在其所撰的《臞轩集》卷十六中专门有《试五墨五首》诗记之，诗云：

雪斋凡数种，此种出清漳。或作西斋号，南州许擅场。长沙游玩地，多有墨工奇。旧说胡光烈，今夸郑子仪。柯山叶茂实，胶法颇精坚。潘李今何处，斯人得正传。齐峰何处是？似亦出柯山。此是西山物，研磨双泪潸。墨上署臣字，必曾经进来。一年磨一寸，须作墨中魁。

从上面这些相关的记载可见：

赵令衿，字表之，号超然居士，为宋宗室，太祖赵匡胤五世孙，官封安定郡王。关于他的制墨工艺，未见有较为详细的记载，但从他的孙子赵伯鹿制墨铭为“超然清芬如在”可以推断，他有可能制过铭为“超然清芬”的墨，《墨史》中记载了他的名字可能也是这个原因。当然，身为皇室宗亲，官居王位，他制墨肯定是以自娱为主，他的子孙应当也是如此，比如其子赵彦先，也封王位，赵彦先有子十四，“仕皆通显”，这样的望族自然不会把制墨当成主要营生。

赵彦先，字子觉，号雪斋，赵令衿之子，并继承了其父的王爵。和他的诗文名动一时一样，赵彦先在制墨上也有其独到之处。根据记载，他的制墨工艺没有师承，不过是爱好使然，从少时起就招纳一些制墨名家，并糅合这些名家工艺的精髓，后自成一家，但是其中的精妙之处却又“非人所能知也”。可见他的墨是在综合名工技艺的基础上制成的，也无怪乎“咸见贵重，名播遐迩”了。他所制墨落款为“雪斋墨宝”。

关于赵彦先制墨，有一点需要提出来说一下的就是他对墨中加胶量的论述。他对时人特别推崇的李廷珪对胶法提出质疑，认为墨中如果加胶太多，可能会导致制成的墨“特坚钝难磨”，而且颜色不黑。并提出了在制墨时用煤六胶四的比例较为合适。至于用胶，他认为麋鹿角为上，驴胶次之，阿井胶又次之。根据记载，赵彦先曾招集了不少名工共同制墨，那么他认为胶多则墨不黑且难磨应该是在实践基础上提出的。既然如此，李廷珪的对胶法又缘何会受到后世墨工的广泛推崇呢？这可能要通过实验来加以验证了。

赵伯鹿，赵彦先之子，在制墨上得到了其父的真传，所制墨铭为“超然清芬如在”。

15. 刘文通、刘士先

此二人均为南宋墨工，籍贯可能在浙江天台一带，大概活动在南宋理宗朝。

关于刘文通，《墨史》中有简单记载：

> 刘文通，子士先。端平间供御墨工。

但关于其子刘士先，其他一些典籍中的记载则稍微详细点。《辍耕录》中存刘士先名，并说他“尝造缉熙殿墨”，据此可知他和乃父一样，也是供御墨工。

《清秘藏》卷下之“叙制墨名手”篇中也有“齐峰刘士先”的记载，说明刘士先籍贯应为齐峰。[32] 关于刘士先的记载同样见诸元代袁桷所著之《清容居士集》，该书卷四中有《以刘士先子墨赠薛玄卿》诗，如下：

> 虚堂集万灶，高下旭流萤。寒膏玉虫缀，幽光耿晶荧。巡行蚁旋磨，灶手日不停。范围金屑精，胶轧桂杵灵。刘氏祖子孙，妙诀通玄冥。沉沉缉熙殿，函封英露零。龙笺掣鲸海，黯淡松花馨。往事归逝水，残璧传千龄。云馆道气寂，守黑深仪刑。散发结琼章，研摩固幽扃。持此以远慰，点翰补黄庭。

袁桷为元朝名臣，元成宗大德（1297~1307）初年，入翰林撰修，后官至侍讲学士。以他的身份，将一锭墨送人，并且专门写了一首诗记述，可见他十分珍视刘士先的墨。而他诗中所说的薛玄卿即薛道士，号称“上清外史”，也为当时造墨能手。

考袁桷年代，他著书立说时，南宋新亡不久，这时候刘墨就已如此珍贵，足见其制墨技艺之精良。

16. 郭忠厚、郭玘、郭喜

此三人为祖、父、孙，约活动在南宋宁宗、理宗年间。

《墨史》中有关于三人的记载：

> 郭忠厚，以墨名家。忠厚子玘，玘子喜。忠厚墨至今尚有麝气，其面为双脊龙文，幕曰“嘉定己卯，臣郭忠厚造”会稽王宣子家藏玘墨一挺，铭曰“复古殿制，端平乙未，臣郭玘造”。[33]

这段记载表明，郭忠厚、郭玘父子分别为宁宗、理宗制过御墨。关于郭氏父子之墨究竟如何，虽无详细记载，但既能供御墨，应该有其精到之处。到了元代，郭忠厚之墨仍有流传，并作为精品被当时的书画家视为妙品，比如著名画家黄公望就曾用郭忠厚墨作过一幅《溪山雨意图》。[34]

17. 蒲大韶、蒲知微、史威、文子安、梁杲、梁思温

蒲大韶，南宋高宗朝墨工，字舜美。蜀阆中（今四川省阆中县）人，为油松烟墨创始者。他制墨时采

用松油烟各半的工艺，所制成的墨可以经久不败，为当时士大夫所喜用。他制的墨落款为“书窗轻煤，佛帐余馥”[35]。

李孝美所著的《墨谱法式》一书中曾简单提及蒲大韶的制墨工艺：

取煤：又一种柏煤，出终南，蒲大韶多用之。

和制：入胶水等分，复用真烟发之，迟二日入套板。俟稍干，微火薰五七刻，冷后加明胶佳。蒲大韶和制与李氏异，见《宣靖录方》。[36]

《墨谱法式》的这两处记载表明了蒲大韶制墨所用烟、胶均有独特之处，既然用柏树烧烟，所得“烟煤薄，取最不易”，就说明了这种烟肯定优于一般的烟；关于其用胶，根据《墨谱法式》的这句简单记载可知，应该和李廷珪制墨用胶方法不同，可惜未能查阅到记载中所提及的《宣靖录方》的具体内容。

清朝康熙年间，陈元龙所撰《格致镜原》一书中也提及蒲大韶墨，称他的墨一般题款为“书窗轻煤，佛帐余馥”，该书还记载称蒲大韶曾“得墨法于（黄）山谷，多题云‘锦屏蒲舜美’”。

关于蒲大韶，《墨史》中的记载最为详细：

蒲大韶，阆中人。得墨法于黄鲁直。所制精甚东南，士大夫喜用之。尝有中贵人持以进御，高宗方留意翰墨。视题字曰锦屏蒲舜美。问何人，中贵人答曰蜀墨工蒲大韶之字也。即掷于地曰：一墨工而敢妄作名字？可罪也。遂不复内。自是，印识即言姓名。

云大韶死，子知微传其法，与同郡史威皆著名。夔帅韩球令造数千斤，愆期不能，就遣人逮之，舟覆江中，二工皆死。所售者，皆其族人及役作窃大韶以自贵之。

何子楚云近世所用蒲大韶墨，盖油烟墨也。后见《续仲永》言：绍兴初，同中贵郑几仁抚谕吴少师玠于仙人关，回舟自涪陵来，大韶儒服手刺，就船来谒。因问油烟墨何得如是之坚大也？大韶云，亦半以松烟和之，不尔则不得经久也。

又周昭礼云大韶，涪州乐温人。聟（同壻，即婿）文子安梁杲渠州人皆世业此。梁胶法精而价直昂，蒲粗而损，梁直大半出蜀者[37]，利其廉，携以来者，皆蒲墨也。虽均名川墨，而工制异。外有幸厚，又居蒲下，其家无人。杲有子思温，绍其业。[38]

这段记载中还提及了前人周昭礼对蒲大韶的有关记载，周昭礼即周辉，南宋人，有《清波杂志》《清波别志》等著作传世。关于蒲大韶的记载即见于《清波别志》：

东南士大夫尚川墨，蒲大韶，恭州乐温人。婿文子安、梁杲，渠州人，皆世业此。梁胶法精而价高，蒲粗而损。梁有大半出蜀者，利其廉携以来者皆蒲墨也。虽均名川墨，而工制异。此外有幸厚，又居蒲下，其家无人，辉恶札。初无所择，或得数片，但知光而黑为贵，莫辨精粗，为人取去，乏则复取于人。非干磨墨，墨磨人，何用储蓄之多？士有此癖者爱护甚，至梅霖月至，垂于腋下行步。若环佩声，虽曰贵，陈久实不用，终为弃物。今日试梁墨，因书所闻。[39]

综合上述记载，可以得出以下事实：

蒲大韶系四川人，应该活动在南宋高宗年间，他的制墨工艺有独到的地方，一是采用柏树烧烟制墨，二是采用了松油烟各半的工艺。尤其采用后者制出的墨，墨挺较松烟墨为大，墨质较油烟墨为坚，堪称一绝。因此，他制的墨也得以进贡给朝廷。

上述史料还记载了蒲门其他墨工及有关联的墨工。蒲大韶的儿子蒲知微得到了其父的传授，和同乡史威俱为川中著名墨工，可惜为悍吏所害。文子安和梁杲均是蒲大韶的女婿，文、梁二人都是制墨世家出身，也是川中名墨工，其中梁杲的制墨工艺似乎还精于蒲大韶。梁思温是梁杲之子，继承了梁家的制墨业。

值得一提的是宋高宗看到蒲大韶在墨上题款而“即掷于地，曰：一墨工而敢妄作名字？可罪也。遂不复内。自是，印识即言姓名”。这一记载说明在两宋期间，尽管制墨业有了较大的发展，墨工也常与士大夫相交，但墨工毕竟还只是墨工，其身份依然不过是手工业匠人，在统治阶层、士大夫看来，他们甚至是只配有姓名，而不配有字、号的阶层。这和苏轼否认潘衡代为制墨是一个道理。而且，两宋墨工见之史册者凡百余人，但没有一人有详细生卒年月，大部分只记籍贯、姓名，也说明士大夫著书时虽然记载了墨工，但心里仍然持有阶级有别的观念。

第二节　士大夫一族

作为一种文房用品，墨在早期是“文人自制”，这也使得墨和文人士大夫一族有着天然的联系。制墨工艺史上的第一份制墨配方出自著名书法家韦诞，他本人同时也是朝廷官员，官至光禄大夫。而南朝时宋文帝的征西将军张永所制的墨也深得文帝的喜爱。或许是受整个制墨业高度发展的影响，宋代文人士大夫制墨的风气之盛又明显超出以前，因此多部文献在记载墨工时，也同时收录了这一群体。

1. 赵佶

赵佶乃北宋徽宗皇帝，字不详，号宣和主人，教主道君皇帝。

作为一朝天子，赵佶于书画一道颇有造诣，书画之余，自己也动手制墨。当然，他不同于所有传统意义上的墨工，因为他采用了苏合油烟制墨，价值高昂，所以无法推而广之，但也算独具一格。

明代王世贞所撰的《弇州四部》、杨慎所撰的《丹铅余录•续录》、清朝倪涛所撰的《六艺之一录》、清朝姜绍书所撰《韵石斋笔谈》等书均有宋徽宗以苏合油搜烟，杂以百宝和墨，每两值黄金一斤，被称为“墨妖”的记载。

很明显，王世贞是将宋徽宗的苏合烟墨法和其他各家相提并论，表明了苏合烟墨法是赵佶所创，不同于其他各家。

且不说用苏合油烧烟制墨有何优良之处，仅其“价同黄金”就非一般人所能用得起，杨慎的记载很明确：到金章宗时，宋徽宗所制的苏合油烟墨一两就已经价值黄金一斤了。而金章宗在位时间和宋徽宗在位时间相差还不到 100 年。这样的墨，只有贵为一朝天子才能有财力制造，也难怪被称为“墨妖”了。

2. 王诜

王诜，即王晋卿，北宋神宗朝驸马。

《仇池笔记》[40] 一书中有王晋卿的相关记载：

> 王晋卿造墨，用黄金、丹砂。墨成，价与金等。

明朝潘之淙所撰的《书法离钩》里有和《仇池笔记》相同的记载。北宋苏轼所撰《东坡志林》中也有王诜的相关记载。

从这些简单的记载中可见王晋卿本人身在仕宦，制墨不过为附庸风雅，他本人为当时书画大家，想来对所用之墨有着较高的要求。但有关他制墨的具体工艺却不可考，从现有的资料来看，他在制墨时加入黄金等贵重材料更可能是为了体现其身份尊贵而已。

3. 沈括

沈括（1031~1095），字存中，浙江钱塘（今杭州）人，生于官宦之家。写出了闻名中外的科学巨著《梦溪笔谈》。在《梦溪笔谈》中，沈括首先提出以石油烧烟制墨的方法。

4. 苏轼

宋时，文人制墨渐成风气，但多是假墨工之手制墨，《墨史》就明确记载了宋时士大夫作墨不过是“成于匠手而假名耳”。作为当时的善书者，苏轼对墨的关注应当更甚于一般人。而苏轼本人也的确乐与墨工交往，还曾多次作诗文称颂当时著名墨工潘谷的墨。在用墨、品墨，并与墨工结交之余，苏轼也有自己的墨品“海南松煤”传世。

当然，作为士大夫群体代表的苏轼，所谓制墨不过是一时娱乐，以资风雅而已，估计也不太可能亲自动手制墨，大约是提出某种创意，再假墨工之手制成。《春渚纪闻》对此记载较为详细：

> 近世士人游戏翰墨……然不皆手制，加减指授善工而为之耳。如东坡先生在儋耳令潘衡所造铭曰“海南松煤东坡法”墨者是也，其法或云每笏用金花烟脂数饼，故墨色艳发，胜用丹砂也。[41]

5. 贺方回、张秉道、康为章、李元伯、李公照、王仲达、武继隆、滕元发、邵兴宗

以上九人名存《墨史》，墨史中关于这九人的记载如下：

> 贺方回、张秉道、康为章皆能精究和胶之妙法，其制皆如出犀璧也。又如李元伯、李公照、王仲达、武继隆、滕元发、邵兴宗之徒往往作墨，然都成于匠手而假名耳。[42]

这九人或为当时知名文人，或为当朝高官，因此《墨史》将这几人记在一起。比如贺方回为当时知名的词家；滕元发神宗朝时官至龙图阁学士、扬州知府；王仲达为真宗景德年间韶州知事；李公照为仁宗朝

驸马都尉；康为章在鄚亭（今河北任丘一带）为官；邵兴宗则官至枢密使。与上文提到的苏轼一样，这九人显然也非职业墨工。

第三节　略述事迹者

宋代墨工中，除了前面提及的制墨世家、士大夫之外，还有以下20余人，有籍贯、简要事迹流传。

1. 姜潜

姜潜，字至之，兖州人，隐居奉符之太平镇。他制墨对烟的要求极高，认为没有好烟，便制不出好墨。《墨史》对此有记载：

> 文潞公通判州事，日访墨于姜。姜曰："近颇难得，当求佳煤自制。"久之携纸囊访公，曰此即煤也。写之则盈盘，按之则如故。又曰，此亦可以如茶，啜之无害。公如其言，啜一茶瓯，食顷忽发欬声，香气上袭，芳馥如麝。姜曰，此所谓麝煤也，研麝入者，传之误矣。墨成，颇珍惜之。[43]

倒在盘子里，看上去是满满一盘，但用手按，却感觉好像盘子里没有东西，烟煤之细可见一斑。更为神奇的是，这种烟煤竟然可以如茶，饮之无害。

2. 晁季一

晁季一，本名晁贯之，字季一，系宋时知名墨工，但生卒年不可考，只知其曾任检讨官。文渊阁《四库全书总目提要》在提及晁贯之时称："（《墨经》）题曰晁氏撰，不着时代名字。"《春渚纪闻》记载称晁季一平生没有什么其他嗜好，唯独一见墨丸即喜动眉宇，藏墨之余，自然也动手制墨，他所制的墨铭曰"寄寂堂""寄寂轩"，晁氏制墨时特别讲究和胶之法，制出的墨据称"墨如犀璧"。

晁季一为后世墨工所仰，不仅因为他本人制出了质地优异的墨，还因为他撰写了《墨经》一书。《墨经》是一部论述制墨之书，全书共涉及20个问题，涵盖了选材、烧烟、墨的外形、知名墨工等内容。[44]

3. 王顺

王顺，山东兖海人，精于制墨。山东兖州一带因为有陈朗一族十余位墨工，冠盖一时，后虽有技艺高超之人，但因为诸陈名气过大而难为世人所知，墨工王顺便是因诸陈之故，成名较晚，但《墨史》载，较诸陈而言，"其（王顺）法尤精"。杨如晦认为"顺墨稍坚重，有光，虽浓磨不留笔，似得廷珪妙处"。

王顺制墨，烟胶并重，他认为"墨贵轻清，盖烟远则轻，胶远则清。墨家昧此，多丕谙乏坚致，非善法也。如李廷珪真墨，坚如角石，年逾多而光采如新，斜斫薄处可以刻纸。或云廷珪佳煤一斤可受胶一斤，入手坚重，研不滞笔，此所以独贵于世也”[45]。

4. 王迪

王迪，西洛人，也有人认为王迪系镇州人，后定居于西洛，应为北宋墨工，生卒年不详，可能活动于北宋前期。其事见《春渚纪闻》：

> 西洛王迪，隐君子也。其墨法止用远烟、鹿胶，二物锐泽出。陈赡之右文潞公，尝从迪求墨，久之持烟一奁见公，且请以指按烟。指起烟亦随起，曰此烟之最轻远者……自有龙麝气，真烟香也。[46]

《春渚纪闻》的这段记载明确介绍了王迪制墨采用的材料，那就是最轻远的烟，以及鹿胶、麝香，用这些材料制出的墨“烟香自有龙麝气”。同时在这里，何薳还称一般人用这些材料制墨时，容易吸收空气中的湿气，影响墨质，并且往往只能闻到麝香而没有烟香，然而，对于王迪是采用什么样的工艺解决了这些问题，作者却没有记载。

5. 苏澥

苏澥，字浩然，号支离居士，武功（今陕西省武功县）人，宋神宗年间的制墨名家，时任秘阁校理一职。他制的墨皆“作松纹皴皮，而坚致如玉石”，时称“断金碎玉”。因为质地优异，名气甚至传到当时的朝鲜国。据称他还仿制过前朝名家李廷珪的墨。因此，苏浩然的墨在当时十分珍贵，有人即使得到半笏、寸许，也要“争相夸玩”。连他自己的孙子也“所藏不过数笏”。这还不算，就连苏澥本人，对自己所制的墨也十分珍视。《墨史》记载了这样一件趣事：“神宗朝高丽人入贡，奏乞浩然墨，诏取其家，浩然止以十笏进呈，其自珍秘如此。”意思是连皇上让他献墨，也不过只拿出了十笏，珍贵固然，但也可以据此推断出苏澥制墨，的确产量不高。等到北宋大观年间，苏澥的墨已经非常少见，在求之不得的情况下，就有人开始仿造。当时的另一著名墨工沈珪就应他人之请，假托苏澥之名，做了数百丸墨送给当时喜好收藏者及当朝贵人。

6. 刘宁

刘宁，江苏真定人氏，宣和年间墨工。《墨史》记载：

> 刘宁，真定墨工也，与同郡张顺各尊其艺，素不相下。康倬为章使之造墨，但多以钱遗之，不问所造之多寡，故尝得佳品。宣和乙巳春，为章赴官郏亭，将行，二人皆以墨献。张力言其墨胜刘，刘云无多言，得以试之耳。取二汤壶，炽炭熬之使沸，各投墨一笏煮之，自巳及酉，取视之，张墨已融败拆裂，刘墨坚如故，叩之琅然，张乃大服。刘曰：二煤与胶皆一，所以异者，万杵耳。

这里所说的宣和乙巳应系宣和七年（1125）。此处关于刘、张二人斗墨的记载非常精彩，自巳及酉，在沸水中连煮四个时辰（相当于现在的八个小时），仍然“坚如故，叩之琅然”，的确是上等之墨了。更让人称奇的是，制出这样的好墨，其工艺要诀居然只不过是“万杵耳”，联想李廷珪制墨，“必十万杵”，可见杵数之多寡的确对墨质高下极为重要。

7. 张滋

张滋，徽宗朝墨工，江苏真定人。名存南宋熊克所撰《中兴小纪》《墨庄漫录》及《墨史》等。大观初年，曾为朝廷制供御墨。南宋周辉所撰的《清波杂志》中有张滋墨的有关记载：

大观东库，物有入而无出。只端研有三千余枚，张滋墨，世谓胜李廷珪，亦无虑十万斤。[47]

张滋所制之墨竟被誉为胜过李廷珪所制，可见品质之高。更令人称奇的是，其所制之墨竟有十万斤之多，据此推断，张滋可能是带领了一批墨工为朝廷制御墨。关于张滋所制之墨质量之优、数量之多最详细的记载当见于北宋蔡绦所撰的《铁围山丛谈》[48]：

昔有张滋者，真定人。善和墨，色光黳，胶法精绝，举胜江南李廷珪。大观初时，内相彦博许八座光凝共荐之于朝廷，命造墨入官库，是后岁加赐钱至三十二万。政和末，鲁公辞政而后止。滋亦能自重，方其得声价时，皇帝燕越二王呼滋至邸，命出墨，谓虽百金不吝也。滋不肯，曰：滋非为利者，今墨乃朝廷之命，不敢私遗人。二王乃丐于上，诏各赐三十斤。然滋所造实超今古，其墨积大观库无虑数万斤。

这段记载基本上把张滋制墨的名气、个人经历叙述清楚了，并描写了张滋因制御墨而自重身价，不愿私为他人制墨的逸事。《墨史》中援引了蔡绦的记载，并称“世有‘宣和睿制’者，盖滋所作也”。

关于张滋墨的品质，《中兴小纪》记载了南宋高宗皇帝赵构的一段评价，笔者认为是相当公允的：

论观墨，（上曰）惟李廷珪墨有骨有肉，昔道君令潘谷及蔡京令张滋造墨，皆用廷珪法，而谷止得其肉，滋止得其骨，虽暗中人亦可知也。

按照南宋高宗皇帝赵构的评价，张滋制墨，虽然不及李廷珪，但能与李廷珪相提并论，并能得“其骨”，与当时号称“墨仙”的潘谷齐名，应该也算名气大大了。而且，连皇帝都知道，这本身就证明了张滋墨的精良。

8. 蔡瑫

蔡瑫，三衢（今属浙江常山）墨工。蔡家虽然累世造墨，但其制墨工艺却并不高明，不论是取烟还是和胶，都不如当时的一些知名墨工，其制墨甚至用桦树烧烟。《春渚纪闻》记载了蔡瑫的有关事迹，认为他制墨只为眼前利益。然而，在明朝杨慎（1488~1559）所撰的《丹铅余录》第四卷中，有关蔡瑫的记载却为：

又云三衢蔡瑫，自烟煤胶外一物不用，特以和剂有法，甚黑而光。

同是《丹铅余录》第八卷，杨慎在论胶时，再次提及蔡瑫，并将之与潘谷并列，认为到明朝时，徽州所谓的制墨名家所制之墨和潘谷、蔡瑫所制相比尚差之甚远，更不用提李廷珪了：

徽墨今名第一者，上比潘谷、蔡瑫，中间犹容十许人，况李廷珪乎？

在明朝潘之淙所撰的《书法离钩》中也有同样的记载，再早的还有《仇池笔记》一书也记载了蔡瑫其人，认为蔡瑫在制墨上还是有其过人之处的。

综合分析，笔者认为，杨慎和潘之淙等人的记载应该是准确的，如果蔡瑫其人真的像《春渚纪闻》所载的那样，“取烟和胶皆出众工之下……止取利目前也”，想在多部典籍中存名显然是不可能的。因为宋时制墨业已经相当发达，从业者非常之多，有名可考的墨工就有100多人，其他藉藉无名之辈恐怕无法计数，在这么多从业者中，蔡瑫既然能名存史册，工艺上自然有其精妙之处。

既然这样，为什么在《春渚纪闻》中，蔡瑫被认为只是一般的墨工呢？笔者认为，这似乎和蔡瑫采用的制墨工艺和当时占主流地位的工艺不同有关。受李廷珪、张遇等前朝墨工影响，北宋时，墨工制墨已视加药为制墨之必要，而蔡瑫“烟煤胶外一物不用”，难免被时人诟病，认为其工艺不精。

9. 叶梦得

叶梦得，北宋末南宋初苏州吴县人，字少蕴，号石林居士。

其为一时大儒，颇好翰墨，宋廷南迁后，自云“平生嗜好屏除略尽，惟此物（墨）未能忘”。并为无好墨所扰，称“黑者正难得”，在他看来，如果墨写字不黑，则“视之耄耄然使人不快意”。他还根据墨的颜色黑与不黑，对当时的几大制墨名家进行品评，认为“惟近岁潘谷亲造者黑，他如张谷、陈瞻与潘使徒造以应人所求者，皆不黑也”。

在求好墨不得的情况下，叶梦得开始自己制墨。他本人所著的《避暑录话》记载了此事：

数年来乞墨于人，无复如意，近有授余油烟墨法者，用麻油燃密室中，以一瓦覆其上，即得煤，极简易。胶用常法，不多以外料参之，试其所作良佳。大抵麻油则黑，桐油则不黑。世多以桐油贱不复用麻油，故油烟无佳者。

从这段记载来看，叶梦得采用的制墨工艺相对较为简单、易行，这是符合他制墨自用这一事实的。南宋初，宣歙之地的制墨业中心地位正逐渐形成，叶梦得也意识到徽州地区之所以墨业日趋发达，是因为当地松树资源丰富，且质地优异，他认为“惟黄山松丰腴坚缜，与他州松不类”。

10. 叶茂实

叶茂实，太末（今属浙江）人，有“三衢叶茂实”之称。

据《墨史》记载：

叶茂实，太末人，善制墨。周公瑾言其先君明叔佐郡日，尝令茂实造软帐，烟尤轻远。其法：用暖盒幂之以纸帐，约高八九尺，其下用碗贮油，炷灯，烟直至顶，其胶法甚奇，内紫矿、秦皮、木贼草、当归、脑子之类皆治胶之药，盖胶不治，则滞而不清，故其墨虽经久或色差淡，而无胶滞之患。

《墨史》的这段记载详细地记录了叶茂实的制墨工艺：把暖房用纸帐覆盖，纸帐高约八九尺，下面用碗贮油烧烟，烟柱就可以直至帐顶。他用胶也与众不同，治胶时加入了紫矿、秦皮、木贼草、当归等。这样制墨所用的胶就清淡而无胶滞之患。

南宋王迈在其所撰的《臞轩集》卷二中有《墨研至寸许犹不忍弃》诗专记叶茂实墨，诗云：

> 昔闻李廷珪，制墨如点漆。迩来剥松皮，颇说叶茂实。岁月暗消磨，论功归简策。终年不忍弃，投闲依研席。

王迈在南宋宁宗、理宗朝为官，官至司农少卿，他的这首记叶茂实墨的诗是叶墨精良的直接见证。而且，也从侧面说明叶茂实至迟在南宋宁宗、理宗朝时就以墨闻名了。

11. 戴彦衡

戴彦衡，新安人，绍兴年间墨工，曾制作过御墨。有名品“双角龙文墨”，墨上的图画据说是宋代画家米友仁亲手所绘。

关于戴彦衡其人，《墨史》中有较为详细的记载：

> 戴彦衡，新安人。绍兴间复古供御墨盖彦衡所造。自禁中降，出双角龙文，或云米友仁侍郎所画也。中官欲于苑中作墨灶，取西湖九里松作煤，彦衡力持不可，曰松当用黄山所产，此平地松岂可用?人重其有守。《新安志》云彦衡自绍兴八年以荐作复古殿等墨，其初降双脊龙样是米元晖所画，继作圭璧及戏虎样时，议欲就禁苑为窑，稍取九里松为之。彦衡以松生道傍平地不可用。其后衢池工载它山松往造，亦竟不成。彦衡常出贡余一圭示米公，米公以为少有其比。[49]

12. 吴滋

吴滋，南宋孝宗朝墨工，新安（今安徽省歙县）人。

《墨史》中有关于吴滋的记载：

> 吴滋，新安人。滋家世藏汪彦章帖云吴滋作墨，新有能声。绍兴庚申于新安郡斋，授以对胶法试之，当见其佳。孝宗在东宫以滋所造甚佳，例外犒绤钱二万。其法取松烟、择良胶，对以杵力，故滓不留砚。李司农若虚云新安出墨旧矣，唯李超父子擅名。近日墨工尤多，士大夫独称吴滋使精意为之，不求厚利，骎骎及前人矣。滋领其言。

比《墨史》成书更早的《新安志》卷十中有同样的记载。这段记载表明吴滋制墨师承李廷珪法，以松烟制墨，辅以重胶。因为制墨，他竟然得到了当朝皇帝的额外赏赐。这一方面表示他制墨工艺高超，另外也从一个侧面表明徽州地区在南宋时开始逐步成为制墨业中心。

第四节 仅存姓名者

综合整理《春渚纪闻·记墨》《文房四谱》《墨史》《墨谱》《墨经》《新安志》《负暄野录》《辍耕录》《墨法集要》《墨庄漫录》等多部文献记载，大致有以下近百位墨工或出现在某一文献中，或多部文献中均有记载，但却仅存姓名，或是在姓名下简略地介绍籍贯、时人评价。

周明法、林鉴、陈泰、裴言、郭玉、薛安、薛容、李清、郑涓、张孜、陈昱、高景修、高庆和、张浩、吴顺图、居彦实、江通、关珪、关瑱、曹知微、梅鼎、郭遇明、徐熙、徐崇嗣、梅赡、张雅、高肩、叶谷、黄元功、詹从之、诸葛武仲、周达先、樊宗亮、陈伯叔、琴隐、薛道士、杨振、侯璋、石宪、萧风、彭云、彭绍、张㮴、姚孟明、李英才、杜大椿、张楚材、朱鼎臣、潘昱、陈中正、丘攽、谢东、徐禧、翁彦卿、解子诚、韩伟升、徐知常、周朝式、镜湖方氏、黄表之、寓庵、田守元、朱知常、胡智、陈琦、刘忠恕、僧清一、张居靖、何南翔、陈赟、杨伯起、俞林、李果、戴溶、潘士衡、潘士龙、杨逢辰、叶子震、柴德言、张公明、孙永清、朱仲益、林杲、舒泰之、舒天瑞、陈伯升、陈道真、郑宣方、文龙、项应珍、范厚叔、翁寿卿、王大用、周伯起、王惟清、丁真一、侍其瑛、东野晖、景焕。

如《春渚纪闻》《墨史》记载："（徽宗）崇宁（1102~1106）以来，都下墨工如张孜、陈昱、关珪、弟瑱、郭遇明，皆有声称而精于样制；江南徐熙，作落墨花，而子崇嗣取悦俗眼而作没骨花，败其家法也；侯璋、石宪、萧风、彭云、彭绍、张㮴、姚孟明、李英才、杜大椿、张楚材、朱鼎臣、陈中正，已上十二人，咸精其艺，淳熙以来，士大夫喜用其墨，视前代无愧矣。"

《春渚纪闻》《新安志》《墨史》记载："黄山张处厚、高景修皆起灶作煤制墨为世业，其用远烟、鱼胶所制佳者不减沈珪、常和。沈珪、江通[50]辈或不自入山。亦多即就二人买烟令渠用胶止，各用印号耳。"

《墨史》记载，周明法、林鉴、陈泰三人皆兖州人氏，俱为当时制墨名家，据称所制之墨"得意者皆不减诸陈，（指陈朗一族），但尚新耳"；"张居靖善造墨，黄鲁直试之，谓其鹿胶极坚黑，作皮肉不减曩时歙州煤。其光泽不足，良以岁月深远，爽调护耳"；裴言为北宋神宗元祐年间墨工，曾为当时的曹王造墨，因此"料精而墨善"；"宣道或曰：宣德不知何许人，墨皆范张遇，即未究郡国之来，姓名之出。李伯阳以其形制俱类廷珪，疑歙州人也"。

《负暄野录》载：余人得其（指赵彦先——笔者注）传者，有郡士黄元功、朱知常、诸葛武仲、唐从之、周达先、叶茂实及天台陈伯叔、琴隐薛道士之徒。

《墨庄漫录》《墨史》分别载："尚余一巨挺，极厚重，印曰'河东解子诚'，又一圭印曰'韩伟升'。胶力皆不乏精采，与新制敌，可与李氏父子甲乙也"；"张浩，唐州人，居桐柏山。其墨精致，胶法甚奇，吴顺图于每岁造至百斤，遂压京都之作矣"。

《辍耕录》载："叶邦宪尝早复古殿墨"；"寓庵得李潘心法"。

《墨史》《姑苏志·五十六卷》之"杂技"篇记载："丁真一，吴郡道士，善制墨，面云'玄中子'"；"王惟清制墨，面云'净名斋'，幕云'姑苏山人'"。

《墨史》《居易录》记载："东坡题跋云此墨兖人东野晖所制，每枚必十千，信非凡墨之比。东野氏，周公之裔，至今居曲阜云。"

《墨史》《清异录》记载："蜀人景焕，博雅士也。志尚静隐，卜筑玉垒山，茅堂花榭，足以自娱。尝得墨材甚精，止造五十丸，曰：'以此终身。'墨印文曰'香璧'阴篆曰'副墨子'。"

小结

根据笔者粗略统计，宋代墨工中有名姓存于各种典籍中的有180多人，虽然这个数字仍不免有遗漏之处，但已足以证明制墨业在当时已经十分发达，这是符合历史事实的。经过盛唐积累，科技、文化、经济等在宋朝均获得了长足的进步，尤其是唐末五代十国长期分裂割据局面结束之后，国家得到统一，经过休养生息，迅速恢复元气。相比以往的统治者而言，宋代统治者更加重视文治，尤其是印刷术的发明、发展，表示当时已经进入一个文化高峰期，文化交流、传播的增加，显然将带动制墨业的迅速发展。

从墨工的分布可见，除了传统的制墨中心河北外，河南、山西、山东、安徽、四川、湖南、湖北、福建、浙江、江西等地均涌现出诸多制墨名家，尚未形成宋代以后的"无墨不徽"的局面，这应该是符合当时的墨业发展实况的。宋代以前，制墨业中心应在山西、河北一带，而经过唐末战乱后，这些地区的墨业中心地位受到冲击，新的中心尚未建立，是以墨工分布范围较广。但从此时墨工分布上可见，安徽宣歙一带墨工已经明显多于其他地方，可以称为名家的就有张遇、沈珪等数十人，这也可视为徽州地区日后成为墨业中心的先兆。

关于墨工的记载也表明，以墨这一文化标志为载体，达官贵人间逐渐兴起品墨、藏墨，进而动手制墨之风，和墨工相交也蔚然成风，并被视为雅事，这在历史上的其他行业是不多见的。而且，与墨工相交的这一风气直接影响到后世。

然而，墨工毕竟还只是墨工，尽管上至一朝皇帝宋徽宗，下至封建士大夫苏轼、黄山谷等都有过制墨的记录，可他们毕竟不能算真正的墨工，而且这些人虽然和墨工有交往，但也没有忘记阶级差别。苏轼否认潘衡代为制墨；宋高宗斥责蒲大韶身为一墨工竟敢妄自留名；两宋墨工见之史册者近200人而无一人有详细生卒年月，凡此种种均可说明。

注释：

[1]《春渚纪闻》称柴珣为"国初时人"，意指北宋初年，《墨史》也称柴珣为宋时墨工，唯元代陶宗仪所撰《辍耕录》列柴珣名于唐墨工部。明王世贞在其所撰的《弇州四部稿》中也注意到了这个问题：陶以柴珣列唐，而蘧云国初人，其不同乃尔。但王世贞仅是作以记录，并没有说明为什么会有这个明显的差异。综合分析，笔者认为柴珣应活动于唐宋之交，但他在制墨方面的主要成就应该在北宋时期。

[2][4]〔元〕陆友：《墨史》卷上，知不足斋丛书，第75页。

[3] [7]〔元〕陆友：《墨史》卷上，知不足斋丛书，第 76 页。

[5] [10] [12] [16] [18] [24]〔宋〕何薳：《春渚纪闻》，文渊阁四库全书本，第 25 页。

[6] [19] 胡东波：《合肥出土宋墨考》，第 46 页。

[8]〔元〕陆友：《墨史》卷中，知不足斋丛书，第 79~80 页。

[9]〔宋〕熊克：《中兴小记》，文渊阁四库全书本，第 2 页。

[11] [13] [43] [45]〔元〕陆友：《墨史》卷中，知不足斋丛书，第 77 页。

[14] [15] [17] [46]〔宋〕何薳：《春渚纪闻》，文渊阁四库全书本，第 24 页。

[20]〔明〕沈继孙：《墨法集要•搜烟》，第 551 页。

[21]〔元〕陆友著《墨史》中此处记载为“另其手制”，则究竟“爱山堂造”是朱觐制，还是其子朱聪制，尚待考证，第 79 页。

[22] [27] [28]〔元〕陆友：《墨史》，知不足斋丛书，第 79 页。

[23] 与《墨史》相印证，“大室常和”应为“太室常和”之误。太室，即嵩山。

[25]〔宋〕何薳：《春渚纪闻》，文渊阁四库全书本，第 27 页。

[26]〔元〕陆友：《墨史》卷中，知不足斋丛书，第 80 页。

[29]〔宋〕陈櫄：《负暄野录》卷下，文渊阁四库全书本，第 9 页。

[30] [33]〔元〕陆友：《墨史》卷中，知不足斋丛书，第 83 页。

[31]《墨史》中记赵令衿孙名伯鹿，《宋诗纪事》中记为伯康，并称引自《墨史》，考其差异，应为雕工刻版之误，姑从《墨史》，作伯鹿。

[32]《辍耕录》中则将齐峰与刘士先断开，认为齐峰亦墨工名，疑有误。

[34] 明代张丑著《清河书画舫》卷十一记载：“黄公望溪山雨意图一卷，宋笺本墨画，款识云：此是仆数年前寓平江光孝寺，陆明本将佳纸二幅，用大陀石砚、郭忠厚墨信手作之。”

[35]《清秘藏》作“佛帐余韵”。

[36]〔宋〕李孝美：《墨谱法式》，文渊阁四库全书本，第 8 页。

[37] 与下文《清波杂别志》的记载相对照，此句中“直”字应为“有”字之误，即应为“梁有大半出蜀者”。

[38]〔元〕陆友：《墨史》卷中，知不足斋丛书，第 81~82 页。

[39]〔宋〕周辉：《清波别志》，文渊阁四库全书本，第 6 页。

[40] 清朝纪昀等在校订《四库全书》时，认为“《仇池笔记》二卷，旧本题宋苏轼撰，疑好事者集其杂帖为之，未必出轼之手”。

[41]〔宋〕何薳：《春渚纪闻》，文渊阁四库全书本，第 26 页。

[42]〔元〕陆友：《墨史》卷中，知不足斋丛书，第 76~77 页。

[44] 陆友在《墨史》中认为《墨经》并非晁贯之所著，而是其兄晁说之所著，该段记载如下：“其（晁贯之）兄说之，字以道，深于名理，尤喜造墨，着《墨经》三卷，论产松之地、烟煤制造之法，及自古墨工知名者，凡三篇”，第 78 页。

[47]〔宋〕周辉：《清波杂志》卷五，文渊阁四库全书本，第 3 页。

[48]〔宋〕蔡绦：《铁围山丛谈》，文渊阁四库全书本，第 36 页。

[49]〔元〕陆友：《墨史》，知不足斋丛书，第 82 页。

[50] 明代张应文所著的《清秘藏》中亦记为“江通”。但《新安志》《墨史》中之相关记载均为“汪通”，应系雕工刻版之误，存疑待考。但此处所提及之江通、汪通当指一人，姑从“江通”记。

附录二

制墨工艺名词索引

（按汉语拼音音序排列）

N

P

Q

R

S

T

W

X

Y

Z

英文前言
(Preface)

Traditional manual ink production craft is one of the essential crafts in China、 which is inherited and improved into a mature system during a long period of time lasting for at least two thousand years、 and has conceived a profound and marvelous ink culture which is of great meaning to the development of the politics and economy of the society and the inheritance of Chinese ancient civilization.

Various art elements such as engraving、 painting、 and calligraphy have been gradually integrated into the traditional ink stick production craft during its development process. Therefore the produced ink stick、 integrating various art forms、 is a beautiful work of art with unique value in appreciation and collection itself. Since the writing and drawing functions of ink stick are becoming weaker and weaker under the influence of modern technology in nowadays、 its artistic value becomes even more important. Consequently、 traditional ink stick production craft has become one of the important artistic heritages in China.

Research on traditional ink production craft which has multiple values such as technique、 culture、 and art is the demand of keeping and inheriting China-specific calligraphy and paintings、 as well as the demand of carrying forward historical、 technical、 and cultural heritage. It has important value of protection and research significance. While、 systematic researches on the development、 evolution、 inheriting and comparative analysis of Chinese traditional ink production craft are insufficient till now. With the shrinking range of application of ink stick、 the traditional ink production craft is faced with problems such as technological updating and meeting the need of current society. And it is necessary to make comprehensive study on Chinese traditional ink production craft.

In history、 many people have made relevant research on Chinese traditional ink production craft and many of the relevant documents are left. However、 through comprehensive scrutiny of documents of different periods、 we can find that documentary records on Chinese traditional ink production craft are usually scattered and lack of systematicness before and in the Tang Dynasty. We can only find bits of records about ink application and production in various documents. For example、 *The Outside Chapters of Chuang Tzu* has mentioned "licking the writing brush and the ink"、 *The History of the Later Han Dynasty* has recorded that Shougongling、 a kind of ancient Chinese official title、 is "mainly responsible for the management of paper、 writing brush、 and ink stick as well as materials used by the minister and sealing clay"; and the Right Prime Minister is "temporarily responsible for the storage of seal、 paper、 writing brush、 and ink stick"; *Official System Regulations of Han Dynasty* has recorded that "Chief of Secretariat and Puchenlang shall be granted a large and a small Yumi-made ink sticks per month" and so on. But there is no document special for ink stick and it is difficult to figure out the history of the man-made craft for ink stick in the existing documents. Till the Wei、 Jin、 Northern and Southern Dynasties (AD 220~589)、 Jia Sixie in the Northern Wei Dynasty (AD 368~534) has、 for the first time、 completely recorded the production craft and recipe for solid ink in his book *Important Arts for the Common People's Needs* with meticulous process、 perfect system、 and complete materials of soft coal、 glue、 and auxiliary materials. From the regular pattern of craft development、 we can get that there shall be a long term of finding and improving before the craft system is generally completed. While from the documents、 we can not figure out a clear context of the occurrence、 development、 and improvement of ink production craft. Though there were more documents in ink production and even works special for ink stick till Song and Yuan Dynasties (AD 960~1368)、 these documents have two features: the first is that there are more records on person than events、 for example、 the *Record of Heard Tales in Spring*, *about Ink Stick* by He Wei in North Song Dynasty (AD 960~1127)、 *Register on Four Treasures of Study* by Su Yijian、 and *History of Ink Stick* by Lu You in Yuan Dynasty (AD 1271~1368) are mainly focused on record of stories or anecdotes of ink craftsmen at that time and those records would inevitably have a sort of property of historical romance; the second is that the recorded craft is lack of analysis. For example、 the *Manual of Ink Stick Production* written by Li Xiaomei and *Book of Ink-Stick* written by Chao Guanzhi of Song Dynasty (AD 96~1279) are two important documents in the history of production craft for Turpentine-soot ink with quite detailed records about the production process of Turpentine-soot ink. However、 it is only a record of technological process with no process analysis which is said to be "recording the method without the principles why using this method" . Till the Ming and Qing Dynasties (AD 1368~1911)、 there sprung up a large number of documents about ink stick which exceeded the sum of all such kind of documents before. But documents in that period of time emphasized on rules or appreciation. Only a few documents such as the *Collection of Ink Stick Production* written by Shen Jisun in Ming Dynasty (AD 1368~1644) and the *Note on Ink Stick Production of Nanxue* written by Xie Songdai in Qing Dynasty (AD 1644~1911) have had detailed records on the process of ink stick production. Take the *Sixteen Doctrines on Ink Stick* by Wu Changshou for example、 it has collected sixteen major documents about ink stick from Song Dynasty to Qing Dynasty、 in which fourteen are in Ming Dynasty. However、 the fourteen doctrines are about appreciation of famous ink stick、 prefaces of books written by experts or knowledge about ink collection、 but the development of ink production craft is rarely involved. On the contrary、 the above mentioned documents *Collection of Ink Stick Production* and *Note on Ink Stick Production of Nanxue* which have detailed records about ink production craft are not collected in the *Sixteen Doctrines on Ink Stick*. Although the *Collection of Ink Stick Production* and the *Note on Ink Stick Production of Nanxue*、 as two of the very important documents in the craft history of oil-soot ink、 have had detailed records on ink production crafts、 especially the *Collection of Ink Stick Production* which has recorded even the size of the bowl and the length of the rush. Just as the *Rules of Ink Stick Production Manual and the Book of Ink Stick* in which the production craft of Turpentine-soot ink is specified、 further analysis and comparison on technological process are not involved.

Research on ink stick at modern and contemporary period seems to have continued traditions of Ming and Qing Dynasties、 focusing on cultural relics collection and appreciation、 or taking the traditional ink production as a kind of cultural phenomenon to interpret. For example、 the *Talks on Ink Collection* and the *Symposium on Famous Ink Sticks* written by Zhou Shaoliang、 *Antique Catalog of Famous Ink by Four Experts in Ming Dynasty* written by Zhang Zigao and Yin Runsheng and so on are all about comments and appreciation in ancient ink、 while specific ink production crafts are rarely involved. Many other documents refer to the ink production crafts or history of Chinese ink. For example、 the *Historical Narrative about Ink Sticks* by Yin Runsheng has made complete description on the history of the emerging of ink sticks in China; *Four Treasures of Study in Anhui*, *China* written by Mu Xiaotian mainly focuses on the emerging of ink sticks and the discussion on the development;

Origin and Development of Ink Production Crafts in China written by Li Yadong has made a description on the ink production crafts. These documents mostly focus on the research on traditional history of ink production in China and information about crafts is limited to literature study、 while deep study on field survey、 comparison and analysis on the craft is not enough.

In recent dozen years、 some people began to make analysis on the ancient ink through modern technology. For example、 the *Discussion on Production Craft and Storage of Ancient Ink Stick* written by Zhang Wei and other people have concluded through experiments that the mixing of soot and glue would be more uniformed with more pestling thus the importance of pestling in ink production is tested and verified; *Research on Compositions of Ancient and Modern Ink Stick in China* written by Cheng Huansheng etc. has pointed out the differences in compositions of ancient ink and the modern ink; research results of *Observing Turpentine soot and Tung-oil-soot by High-resolution Transmission Electron Microscopy* by Guo Yanjun etc. have verified that the granularity of turpentine-soot can be divided into two parts which is not as even as granularity of oil-soot; and physical and chemical analysis on the ancient ink stick excavated at the Leidiao Tomb at the Eastern Jin Dynasty (AD 317~383) is made by Cao Xuejun under the instruction of Fang Xiaoyang. But these researches are mostly analysis of one certain process of ink production、 while systematic research on technological history、 and researches on analysis and simulation to the environment of ink production by means of modern technology are limited.

From data have been collected now、 we can see that systematic researches made on problems such as development of ancient ink production craft in China、 changing of materials for ink production、 relationship between ink production craft and ink culture、 and several breakthroughs in the development history of ink stick、 are limited. It is unsuited to the important position of ink in the history of technology. On that basis、 the occurrence and development of Chinese traditional production of ink stick is analyzed and discussed in the book from the viewpoint of inheritance and continuity of the ink technology. Meanwhile、 the procedure and main points of the production of ink stick are compared and some questions concerned on the development of the technology are discussed. This is the feature of this book and we also hope that it would be able to fill the gaps of the previous researches to some extent.

As one of the two most important types of Chinese ink、 the turpentine-soot ink is produced earlier than the oil-soot ink in the history of Chinese artificial ink production over two thousand years. The two production systems are interwoven with each other though each has a clear production procedure. Therefore、 investigation on Chinese traditional production of ink stick are on the basis of the two different production of the two types of ink stick. For further discussion of the main factors of the production and inheritance of the technology、 comparison analysis on the production of the turpentine-soot ink with that of the oil-soot ink are made in this book.

The history of the production of the turpentine-soot ink can be divided into some phases、 that is、 sprouted in Qin Dynasty、 constructed in East Han dynasty、 improved in Wei and Jin Dynasties and finally reached the climax in Tang and Song Dynasties. However、 the production of the oil-soot ink can be separated into other different phases、 which took shape in Northern and Southern Dynasty、 existed with the turpentine-soot ink in Tang Dynasty and Song Dynasty、 consummated in Ming Dynasty and Qing Dynasty. The book corrects the wrong viewpoint of the former researchers who thought the oil-ink came out in Tang Dynasty. Traditional production of ink stick can be separated into two clear periods in the long period of development、 that is、 the production of turpentine-soot ink prevailed before Song Dynasty、 whereas、 the oil-soot ink took the lead after Song Dynasty.

On the basis of the analysis and sum-up of the development history of ink stick、 the book points out that traditional development of the ink stick underwent five great breakthroughs and three key periods. The first great breakthrough is that turpentine-soot became the raw material instead of the natural material、 the second is that the glue was used、 the third is that the ink modules were used in the production、 the fourth traditional Chinese drugs were added as the additive materials、 and the fifth is that oil-soot was used as the raw material. The three key periods are constituted by Han Dynasty when the traditional ink-stick production systems are formed、 Song Dynasty when the turpentine-soot ink and oil-soot ink both existed and shape and quality are both given attention and Ming Dynasty when shape is given more attention than quality. Based on the researches of the literature and analysis of the ancient production of the ink-stick、 the book discusses the construction procedure of Chinese ink culture system and the influence of the culture expression on the long production history of the ink-stick production crafts.

The second part of the book is the analysis of the turpentine-soot ink. The part compares the burning techniques to make turpentine soot in ancient times with those in modern times. The book analysis and discusses、 the principles of the choosing of the pine、 comparison of the five methods of burning to get pine by ancient people、 the principles and the influence of additive materials、 the preparation and the use of the glue、 the essential points in the form of the technology and so on.

The third part analyses China oil-soot ink craft. It discusses the principle of choosing oil、 the points about oil immersion and common rush dyeing、 and its effect on ink production. Also、 it expounds in detail seven ancient methods of oil refining. In the steps of mixing and shaping、 the technical processes of China oil-soot ink and turpentine-soot ink are the same and will not be discussed again separately.

When analysing ink production craft、 by comparing parts of the ancient China oil-soot ink firing craft and turpentine-soot ink firing craft in the documents、 the dissertation points out the advantages and disadvantages of all crafts and restores some ancient crafts by drawing.

The article compares the two ink production crafts with each other from the products' evaluation to the development history. By analysing the production possibility frontier、 the technology progress coefficient and production constraint condition、 it draws a conclusion that in fact turpentine-soot ink appeared earlier than China oil-soot ink and explains the reasons why China oil-soot ink replaced turpentine-soot ink and became the main craft in ink production industry.

In the analysis of craft、 abundant on-site surveys are provided in the book about modern China oil-soot ink firing craft、 modern turpentine-soot ink firing craft、 modern ink production and characteristics of modern ink products、 in order to compare ancient and modern craft's differences and understand craft inheritance better.

The book not only describes the ink production craft history and compares two methods of the crafts、 but also debates several problems in the ink production development. Through comprehensive scrutiny of documents of different periods、 by applying modern natural science knowledge and using analysis methods、 effect and usage principle of glue in ink production is discussed. Eventually the book points out the mistakes about turpentine-soot refining craft documented in *Exploitation of the Works of Nature* written by Song Yingxing and comes to primary concludes about turpentine-soot ink's medicinal use.

During the writing of this book、 although we strive to achieve well-founded discussion and comment and make every effort to expound and prove various processes of traditional ink production craft through scientific method、 we still have to rethink profoundly how much the scientific method can help in analysing and understanding this traditional craft. As an artwork、 the artistic characteristics of traditional Chinese ink stick are not only reflected in external factors such as the formation and ingredient、 but also internalized to the quality through the traditional ink production craft. In other words、 between technology and art、 the traditional Chinese ink production craft is more inclined to the latter; therefore、 there are many factors that can not be analysed from the perspective of science. For example、 "good quality glue and hundred thousand of pestlings" is one of the basic principles for production of ink stick with good quality. It can be explained from the perspective of technology as that perfectly even mixing and soot can be achieved through sufficient pestling. A hundred thousand of pestlings are easy to be achieved with the help of modern machines and the glue and soot can be more evenly mixed supplemented by other means. But there are always some calligraphers insist that there are delicate differences existing between those made by handwork totally and by machine. These differences can not be detected by any machine and it is also difficult to find a theory to explain that. Moreover、 let us take "annealing" during ink production for example. It looks as it just means to keep the produced ink stick at a shady、 cool and ventilated place where it is not too dry for three to six months; and the length of the time limit for storage may be able to be shortened through controlling over factors such as the temperature and humidity of the environment for storage. However、 it is commonly agreed that the naturally annealed ink sticks are better than those stored under industrial conditions. On the above mentioned reasons、 we have reasons to regard that the value of any excellent traditional craft is the process itself but not the scientificalness of our recognized technological process. From that perspective、 may our attempts to simulate and restore a certain craft through analysis and explain to the process be a kind of futile effort?

This book is a result of sub-project of an important project of Chinese Academy of Sciences、 taken charge by Fang Xiaoyang and written by Wang Wei; and both of the two would take responsibility for this book together. While composing of this book、 the authors have made field researches at several ink stick factories and have got substantial supports from many units and people、 especially Mr. Fan Waxia (president of Xuancheng Painting and Calligraphy Academy)、 Mr. Wang Peikun (director of Tunxi Hu Kaiwen Ink Stick Factory)、 Mr. Wang Aijun (director of Jixi Hu Kaiwen Ink Stick Factory)、 Mr. Zhou Meihong (director of The Old Hu Kaiwen Ink Stick Factory in Shexian)、 Mr. Wu Fengxiong and Mr. Wu Qiping (Jiangxi Juliang Kiln)、 Mr. Xu Ming (director of Huishe Caosugong Ink Stick Factory in Shanghai) and so on. Here we want to express our thanks to them again together.

Fang xiaoyang Wang wei

April.2015

英文目录
(Contents)

Foreword